U0275024

中国石油地质志

第二版・卷四

辽河油气区

辽河油气区编纂委员会　编

石油工业出版社

图书在版编目（CIP）数据

中国石油地质志. 卷四，辽河油气区 / 辽河油气区编纂委员会编. —北京：石油工业出版社，2022.8

ISBN 978-7-5183-5134-3

Ⅰ. ①中… Ⅱ. ①辽… Ⅲ. 石油天然气地质 – 概况 – 中国②油气田开发 – 概况 – 辽宁 Ⅳ. ① P618.13 ② TE3

中国版本图书馆 CIP 数据核字（2021）第 259528 号

责任编辑：王金凤　白云雪　王宝刚
责任校对：张　磊
封面设计：周　彦

审图号：GS（2022）0145 号

出版发行：石油工业出版社
（北京安定门外安华里 2 区 1 号　100011）
网　址：www. petropub. com
编辑部：（010）64523537　图书营销中心：（010）64523633
经　销：全国新华书店
印　刷：北京中石油彩色印刷有限责任公司

2022 年 8 月第 1 版　2022 年 8 月第 1 次印刷
787 × 1092 毫米　开本：1/16　印张：40.75
字数：1125 千字

定价：375.00 元

《中国石油地质志》

（第二版）

总编纂委员会

《中国石油地质志》

第二版・卷四

辽河油气区编纂委员会

主　任： 孟卫工

副主任： 祝永军

委　员： 李晓光　孙洪斌　单俊峰　张战文　陈永成　李玉金

编　写　组

组　长： 李晓光

副组长： 单俊峰　陈永成

成　员： （按姓氏笔画排序）

马志宏　于海波　于亮亮　王　丹　王占忠　王延山

王佳林　王高飞　王建飞　王志勇　冉　波　刘　邦

刘兴周　刘宝鸿　刘志江　刘纯高　许卫华　苍瑞波

陈　昌　陈星州　杜庆国　李玉金　李秀明　李宗亮

李金鹏　李敬含　时林春　汪百齐　张　卓　张　斌

张子璟　张凤莲　张泽慧　张海栋　金　科　周　宏

周铁锁　周　燕　宫振超　胡英杰　赵立旻　郭彦民

高庆胜　高荣锦　钱宝娟　徐建斌　殷敬红　康武江

韩　霞　雷安贵　慕德良　裴家学　鞠俊成

审稿专家组

组　长：祝永军

副组长：孙洪斌

成　员：李晓光　张战文　陈振岩　单俊峰　郭　平　邹启伟
李明阁　胡英杰　刘宝鸿　魏　喜　王拓夫　陈　勋
周绍强　惠　民　冯殿生　冯国忠　王仁厚

序

三十多年前，在广大石油地质工作者艰苦奋战、共同努力下，从中华人民共和国成立之前的“贫油国”，发展到可以生产超过 1 亿吨原油和几十亿立方米天然气的产油气大国，可以说是打了一个大大的“翻身仗”，获得丰硕成果，对我国油气资源有了更深的认识，广大石油职工充满无限信心、继续昂首前进。

在 1983 年全国油气勘探工作会议上，我和一些同志建议把过去三十年的勘探经历和成果做一系统总结，既可作为前一阶段勘探的历史记载，又可作为以后勘探工作的指引或经验借鉴。1985 年我到石油勘探开发科学研究院工作后，便开始组织编写《中国石油地质志》，当时材料分散、人员不足、资金缺乏，在这种困难的条件下，石油系统的很多勘探工作者投入了极大的热情，先后有五百余名油气勘探专家学者参与编写工作，历经十余年，陆续出版齐全，共十六卷 20 册。这是首次对中华人民共和国成立后石油勘探历程、勘探成果和实践经验的全面总结，也是重要的基础性史料和科技著作，得到业界广大读者的认可和引用，在油气地质勘探开发领域发挥了巨大的作用。我在油田现场调研过程中遇到很多青年同志，了解到他们在刚走出校门进入油田现场、研究部门或管理岗位时，都会有摸不着头脑的感觉，他们说《中国石油地质志》给予了很大的启迪和帮助，经常翻阅和参考。

又一个三十年过去了，面对国内极其复杂的地质条件，这三十年可以说是在过去的基础上，勘探工作又有了巨大的进步，相继开展的几轮油气资源评价，对中国油气资源实情有了更深刻的认识。无论是在烃源岩、油气储层、沉积岩序列、构造演化以及一系列随着时间推移的各种演化作用带来的复杂地质问题，还是在石油地质理论、勘探领域、勘探认识、勘探技术等方面都取得了许多新进展，不断发现新的油气区，探明的油气田数量逐渐增多、油气储量大幅增加，油气产量提升到一个新台阶。截至 2020 年底（与 1988 年相比），发现的油田由 332 个增至 773 个，气田由 102 个增至 286 个；30 年来累计探明石油地质储量增加 284 亿吨、天然气地质储量增加 17.73 万亿立方米；原油年产量由 1.37 亿吨增至 1.95 亿吨，天然气年产量由 139 亿立方米增至 1888 亿立方米。

油气勘探发现的过程既有成功时的喜悦，更有勘探失利带来的煎熬，其间积累的经验和教训是宝贵的、值得借鉴的。《中国石油地质志》不仅仅是一套学术著作，它既有对中国各大区地质史、构造史、油气发生史等方面的详尽阐述，又有对油气田发现历程的客观分析和判断；它既是各探区勘探理论、勘探经验、勘探技术的又一次系统回顾和总结，又是各探区下一步勘探领域和方向的指引。因此，本次修编的《中国石油地质志》对今后的油气勘探工作具有新的启迪和指导。

在编写首版《中国石油地质志》过程中，经过对各盆地、各地区勘探现状、潜力和领域的系统梳理，催生了"科学探索井"的想法，并在原石油工业部有关领导的支持下实施，取得了一批勘探新突破和成果。本次修编，其指导思想就是通过总结中国油气勘探的"第二个三十年"，全面梳理现阶段中国各油气区的现状和前景，旨在提出一批新的勘探领域和突破方向。所以，在 2016 年初本版编委会尚未完全成立之时，我就在中国工程院能源与矿业工程学部申请设立了 "中国大型油气田勘探的有利领域和方向" 咨询研究项目，全国有 32 个地区石油公司参与了研究实施，该项目引领各油气区在编写《中国石油地质志》过程中突出未来勘探潜力分析，指引了勘探方向，因此，在本次修编章节安排上，专门增加了"资源潜力与勘探方向"一章内容的编写。

本次修编本着实事求是的原则，在继承原版经典的基础上，基本框架延续原版章节脉络，体现学术性、承续性、创新性和指导性，着重充实近三十年来的勘探发展成果。《中国石油地质志》修编版分卷设置，较前一版进行了拆分和扩充，共 25 卷 32 册。补充了冀东油气区、华北油气区（下册・二连盆地）两个新卷，将原卷二"大庆、吉林油田"拆分为大庆油气区和吉林油气区两卷；将原卷七"中原、南阳油田"拆分为中原油气区和南阳油气区两卷；将原卷十四"青藏油气区"拆分为柴达木油气区和西藏探区两卷；将原卷十五"新疆油气区"拆分为塔里木油气区、准噶尔油气区和吐哈油气区三卷；将原卷十六"沿海大陆架及毗邻海域油气区"拆分为渤海油气区、东海—黄海探区、南海油气区三卷。另外，由于中国台湾地区资料有限，故本次修编不单独设卷，望以后修编再行补充和完善。

此外，自 1998 年原中国石油天然气总公司改组为中国石油天然气集团公司、中国石油化工集团公司和中国海洋石油总公司后，上游勘探部署明确以矿权为界，工作范围和内容发生了很大变化，尤其是陆上塔里木、准噶尔、四川、鄂尔多斯等四大盆地以及滇黔桂探区均呈现中国石油、中国石化在各自矿权同时开展勘探研究的情形，所处地质构造区带、勘探程度、理论认识和勘探进展等难免存在差异，为尊重各探区勘探研究实际，便于总结分析，因此在上述探区又酌情设置分册加以处理。各分卷和分册按以下顺序排列：

卷次	卷名	卷次	卷名
卷一	总论	卷十四	滇黔桂探区（中国石化）
卷二	大庆油气区	卷十五	鄂尔多斯油气区（中国石油）
卷三	吉林油气区		鄂尔多斯油气区（中国石化）
卷四	辽河油气区	卷十六	延长油气区
卷五	大港油气区	卷十七	玉门油气区
卷六	冀东油气区	卷十八	柴达木油气区
卷七	华北油气区（上册）	卷十九	西藏探区
	华北油气区（下册）	卷二十	塔里木油气区（中国石油）
卷八	胜利油气区		塔里木油气区（中国石化）
卷九	中原油气区	卷二十一	准噶尔油气区（中国石油）
卷十	南阳油气区		准噶尔油气区（中国石化）
卷十一	苏浙皖闽探区	卷二十二	吐哈油气区
卷十二	江汉油气区	卷二十三	渤海油气区
卷十三	四川油气区（中国石油）	卷二十四	东海—黄海探区
	四川油气区（中国石化）	卷二十五	南海油气区（上册）
卷十四	滇黔桂探区（中国石油）		南海油气区（下册）

《中国石油地质志》是我国广大石油地质勘探工作者集体智慧的结晶。此次修编工作得到中国石油、中国石化、中国海油、延长石油等油公司领导的大力支持，是在相关油田公司及勘探开发研究院1000余名专家学者积极参与下完成的，得到一大批审稿专家的悉心指导，还得到石油工业出版社的鼎力相助。在此，谨向有关单位和专家表示衷心的感谢。

中国工程院院士 翟光明

2022年1月 北京

FOREWORD

Some 30 years ago, under the unremitting joint efforts of numerous petroleum geologists, China became a major oil and gas producing country with crude oil and gas producing capacity of over 100 million tons and billions of cubic meters respectively from an 'oil-poor country' before the founding of the People's Republic of China. It's indeed a big 'turnaround' which yielded substantial results, allowed us to have a better understanding of oil and gas resources in China, and gave great confidence and impetus to numerous petroleum workers.

At the National Oil and Gas Exploration Work Conference held in 1983, some of my comrades and I proposed to systematically summarize exploration experiences and results of the last three decades, which could serve as both historical records of previous explorations and guidance or references for future explorations. I organized the compilation of *Petroleum Geology of China* right after joining the Research Institute of Petroleum Exploration and Development (RIPED) in 1985. Though faced with the difficulties including scattered information, personnel shortage and insufficient funds, a great number of explorers in the petroleum industry showed overwhelming enthusiasm. Over five hundred experts and scholars in oil and gas exploration engaged in the compilation successively, and 16-volume set of 20 books were published in succession after over 10 years of efforts. It's not only the first comprehensive summary of the oil exploration journey, achievements and practical experiences after the founding of the People's Republic of China, but also a fundamental historical material and scientific work of great importance. Recognized and referred to by numerous readers in the industry, it has played an enormous role in geological exploration and development of oil and gas. I met many young men in the course of oilfield investigations, and learned their feeling of being lost during transition from school to oilfields, research departments or management positions. They all said they were greatly inspired and benefited from *Petroleum Geology of China* by often referring to it.

Another three decades have passed, and it can be said that though faced with extremely complicated geological conditions, we have made tremendous progress in exploration over the years based on previous works and acquisition of more profound knowledge on China's oil and gas resources after several rounds of successive evaluations. New achievements have been made in not only source rock, oil and gas reservoir, sedimentary development, tectonic evolution and a series of complicated geological issues caused by different evolutions over time, but also petroleum geology theories, exploration areas, exploration knowledge, exploration techniques and other aspects. New oil and gas provinces were found one after another, and with gradual increase in the number of proven oil and gas fields, oil and gas reserves grew significantly, and production was brought to a new level. By the end of 2022 (compared with 1988), the number of oilfields and gas fields had increased from 332 and 102 to 773 and 286 respectively, cumulative proved oil in place and gas in place had grown by 28.4 billion tons and 17.73 trillion cubic meters over the 30 years, and the annual output of crude oil and gas had increased from 137 million tons and 13. 9 billion cubic meters to 195 million tons and 188.8 billion cubic meters respectively.

Oil and gas exploration process comes with both the joy of successful discoveries and the pain of failures, and experiences and lessons accumulated are both precious and worth learning. *Petroleum Geology of China*'s more than a set of academic works. It not only contains geologic history, tectonic history and oil and gas formation history of different major regions in China, but also covers objective analyses and judgments on discovery process of oil and gas fields, which serves as another systematic review and summary of exploration theories, experiences and techniques as well as guidance on future exploration areas and directions of different exploratory areas. Therefore, this revised edition of *Petroleum Geology of China* plays a new role of inspiring and guiding future oil and gas exploration works.

Systematic sorting of exploration statuses, potentials and domains of different basins and regions conducted during compilation of the first edition of *Petroleum Geology of China* gave rise to the idea of 'Scientific Exploration Well', which was implemented with supports from related leaders of the former Ministry of Petroleum Industry, and led to a batch of breakthroughs and results in exploration works. The guiding idea of this revision is to propose a batch of new exploration areas and breakthrough directions by summarizing 'the second 30 years' of China's oil and gas exploration works and comprehensively sorting out current statuses and prospects of different exploratory areas in China at the current stage. Therefore, before the editorial team was fully formed at the beginning of 2016, I applied to the Division of Energy and Mining Engineering, Chinese Academy of Engineering for the establishment of a consulting research project on 'Favorable Exploration Areas and Directions of Major Oil and Gas Fields in China'. A total of 32 regional oil companies throughout the country participated in the research project, which guided different exploratory areas in giving prominence to analysis on future exploration potentials in the course of compilation of *Petroleum Geology of China*, and pointed out exploration directions. Hence a new dedicated chapter of 'Exploration Potentials and Directions of Oil and Gas Resources' has been added in terms of chapter arrangement of this revised edition.

Based on the principles of seeking truth from facts and inheriting essence of original works, the basic framework of this revised edition has inherited the chapters and context of the original edition, reflected its academics, continuity, innovativeness and guiding function, and focused on supplementation of exploration and development related achievements made in the recent 30 years. This revised edition of *Petroleum Geology of China*, which consists of sub-volumes, has divided and supplemented the previous edition into 25-volume set of 32 books. Two new volumes of Jidong Oil and Gas Province and Huabei Oil and Gas Province (The Second Volume ·Erlian Basin) have been added, and the original Volume 2 of 'Daqing and Jilin Oilfield' has been divided into two volumes of Daqing Oil and Gas Province and Jilin Oil and Gas Province. The original Volume 7 of 'Zhongyuan and Nanyang Oilfield' has been divided into two volumes of Zhongyuan Oil and Gas Province and Nanyang Oil and Gas Province. The original Volume 14 of 'Qinghai-Tibet Oil and Gas Province' has been divided into two volumes of Qaidam Oil and Gas Province and Tibet Exploratory Area. The original volume 15 of 'Xinjiang Oil and Gas Province' has been divided into three volumes of Tarim Oil and Gas Province, Junggar Oil and Gas Province and Turpan-Hami Oil and Gas Province. The original Volume 16 of 'Oil and Gas Province of Coastal Continental Shelf and Adjacent Sea Areas' has been divided into three volumes of Bohai Oil and Gas Province, East China Sea-Yellow Sea Exploratory Area and South China Sea Oil and Gas Province.

Besides, since the former China National Petroleum Company was reorganized into CNPC, SINOPEC and CNOOC in 1998, upstream explorations and deployments have been classified based on the scope of mining rights, which led to substantial changes in working range and contents. In particular, CNPC and SINOPEC conducted explorations and researches under their own mining rights simultaneously in the four major onshore basins of Tarim, Junggar, Sichuan and Erdos as well as Yunnan-Guizhou-Guangxi Exploratory Area, so differences in structural provinces of their locations, degree of exploration, theoretical knowledge and exploration progress were inevitable. To respect the realities of explorations and researches of different exploratory areas and facilitate summarization and analysis, fascicules have been added for aforesaid exploratory areas as appropriate. The sequence of sub-volumes and fascicules is as follows:

Volume	Volume name	Volume	Volume name
Volume 1	Overview	Volume 14	Yunnan-Guizhou-Guangxi Exploratory Area (SINOPEC)
Volume 2	Daqing Oil and Gas Province	Volume 15	Erdos Oil and Gas Province (CNPC)
Volume 3	Jilin Oil and Gas Province		Erdos Oil and Gas Province (SINOPEC)
Volume 4	Liaohe Oil and Gas Province	Volume 16	Yanchang Oil and Gas Province
Volume 5	Dagang Oil and Gas Province	Volume 17	Yumen Oil and Gas Province
Volume 6	Jidong Oil and Gas Province	Volume 18	Qaidam Oil and Gas Province
Volume 7	Huabei Oil and Gas Province (The First Volume)	Volume 19	Tibet Exploratory Area
	Huabei Oil and Gas Province (The Second Volume)	Volume 20	Tarim Oil and Gas Province (CNPC)
Volume 8	Shengli Oil and Gas Province		Tarim Oil and Gas Province (SINOPEC)
Volume 9	Zhongyuan Oil and Gas Province	Volume 21	Junggar Oil and Gas Province (CNPC)
Volume 10	Nanyang Oil and Gas Province		Junggar Oil and Gas Province (SINOPEC)
Volume 11	Jiangsu-Zhejiang-Anhui-Fujian Exploratory Area	Volume 22	Turpan-Hami Oil and Gas Province
Volume 12	Jianghan Oil and Gas Province	Volume 23	Bohai Oil and Gas Province
Volume 13	Sichuan Oil and Gas Province (CNPC)	Volume 24	East China Sea-Yellow Sea Exploratory Area
	Sichuan Oil and Gas Province (SINOPEC)	Volume 25	South China Sea Oil and Gas Province (The First Volume)
Volume 14	Yunnan-Guizhou-Guangxi Exploratory Area (CNPC)		South China Sea Oil and Gas Province (The Second Volume)

Petroleum Geology of China is the essence of collective intelligence of numerous petroleum geologists in China. The revision received vigorous supports from leaders of CNPC, SINOPEC, CNOOC, Yanchang Petroleum and other oil companies, and it was finished with active engagement of over 1,000 experts and scholars from related oilfield companies and RIPED, thoughtful guidance of a great number of reviewers as well as generous assistance from Petroleum Industry Press. I would like to express my sincere gratitude to relevant organizations and experts.

Zhai Guangming, Academician of Chinese Academy of Engineering

Jan. 2022, Beijing

前言

辽河油气区位于辽宁省中西部和内蒙古自治区的东南部，包括渤海湾盆地辽河坳陷及其外围盆地。1955 年开始油气普查，1965 年获油气发现，1970 年开始投入开发，1986 年原油产量超过 1000×10^4t，成为全国第三大油田，1995 年达到产量高峰 1552×10^4t。到 2018 年底，累计建成 39 个油气田，连续 33 年原油年产量保持在千万吨以上。

辽河坳陷是渤海湾盆地的重要组成部分，油气资源丰富，是典型的复式油气富集区。外围盆地是指邻近辽河坳陷的中—新生代和中—新元古代盆地，包括众多断陷型残留凹陷，油气资源较为丰富。

在 60 余年的勘探实践中，广大勘探工作者面对复杂的勘探对象，勇于创新，大胆实践，不断加强地质规律研究和新技术、新方法的研发与应用，地质认识不断深化，经历了“局部构造高点控油”“二级构造带控油”“复式油气聚集带”“满凹含油”的认识变化过程，建立或发展了“复式油气聚集带理论”“变质岩内幕油气成藏理论”和“富烃凹陷满凹含油理念”，形成了一整套适合辽河油气区油气藏特点的勘探思路和配套技术。先后在构造、岩性地层、基岩和火成岩油气藏的勘探中获得重大突破，发现了包括稀油、普通稠油、超稠油、高凝油等不同油品类型的多个大、中型油气田，为油田的持续稳定发展提供了资源保障。

1993 年出版的《中国石油地质志 · 卷三 辽河油田》分“下辽河坳陷”和“下辽河坳陷外围盆地”两篇二十三章，总结了辽河油田前 30 年的勘探开发科技成果和地质规律，在后期的油气地质研究与勘探实践中发挥了十分重要的指导作用。近 30 年来，辽河油田勘探工作进入了新的历史时期，各方面都取得了新的进展和突破。为了全面反映 60 多年来油气勘探主要成就，全面、系统、完整地记录油气勘探实践史料，同时为广大油气勘探工作者提供具有较高参考价值的工具书，按照《中国石油地质志（第二版）》总编纂委员会的工作部署和要求，对 1993 年出版的《中国石油地质志 · 卷三 辽河油田》进行修编。

辽河油田对本次修编工作高度重视，成立了以总经理孟卫工为主任、油田公司首席专家祝永军为副主任的领导小组，并组织部分有丰富实践经验的石油地质工作者成立了专家审核组和编写组。按照“学术性、承续性、创新性、指导性”的总体要求，在中国石油地质志编委会专家的指导下，通过对兄弟油田修编工作的调研，经过充分酝酿，制订了详细的编写提纲和工作计划。通过大量资料的系统整理、归纳和分析研究，在 1993 年版的基础上，充分融合近 30 年新成果、新认识，修编完成了《中国石油地质志（第二版）· 卷四 辽河油气区》。

本卷分“辽河坳陷”和“外围盆地”两篇十九章。

第一篇：辽河坳陷，分为十四章，对辽河坳陷地层、构造、沉积、烃源岩、储层及油气藏形成条件与油气分布规律等进行了全面论述。本次修编新增了“页岩油地质”和“典型油气勘探案例”两个章节，“页岩油地质”介绍了页岩油成藏条件及勘探成果，“典型油气勘探案例”系统总结了西部凹陷兴隆台变质岩潜山、西部凹陷西斜坡、大民屯凹陷和东部凹陷中南部火成岩四个领域的发现过程、成功经验与启示，以期为其他类似领域的勘探工作提供有益借鉴。

第二篇：外围盆地，与 1993 年版相比变化较大，由原版的十章变为五章。重点对勘探和认识程度较高，且拥有矿权的开鲁、彰武、赤峰和建昌四个盆地的石油地质条件、规律认识和勘探成果进行了系统论述。

本卷资料截止时间为 2018 年底，部分延伸到 2019 年。

第一篇主要编写人为：第一章李玉金、徐锐，第二章、第九章陈永成，第三章王占忠、鞠俊成，第四章刘宝鸿、郭彦民、陈昌、时林春、于海波、王志勇、刘志江、慕德良，第五章鞠俊成、王丹，第六章王延山、徐建斌、韩霞、李宗亮，第七章马志宏、钱宝娟、张卓，第八章王延山、刘纯高、周宏、张艳芳，第十章胡英杰、汪百齐，第十一章张凤莲、康武江、周燕，第十二章金科、李玉金、许卫华、赵立旻、王高飞、李秀明、张泽慧、高荣锦、王建飞、李敬含、高庆胜、于亮亮、陈星州、张子璟、李金鹏、杜庆国，第十三章刘宝鸿、张海栋、刘兴周、李秀明、李金鹏、张斌，第十四章刘宝鸿、王延山、李玉金、杨一鸣、巩伟明、白东昆、赵慧轩。第二篇主要编写人为：第一章雷安贵，第二章殷敬红、裴家学，第三章刘邦、殷敬红、宫振超，第四章冉波、苍瑞波，第五章周铁锁。

全卷在分章节编写的基础上，进行了多次审稿。李晓光组织陈永成、李玉金、冯殿生、冯国忠、时林春等辽河油田勘探开发研究院专家进行审阅和修改，形成第一稿。祝永军组织张战文、李晓光、孙洪斌、陈振岩、单俊峰、李明阁、王拓夫、胡英杰、刘宝鸿、周绍强、惠民、王仁厚、魏喜、陈勋等辽河油田公司专家对第一稿进行审阅修改，形成第二稿。邀请陶士振、袁选俊、吴小洲、邓胜徽、池英柳、赵长毅、方向、王世洪、郭秋麟、贾进华等专家进行审阅，并根据专家意见做了补充和完善，形成第三稿。孟卫工在志书修编过程中多次提出指导意见，并对全书进行了审阅。翟光明、胡见义、戴金星、赵文智、邹才能等院士，高瑞祺、杜金虎、何海清、胡素云、顾家裕、龚再生、范土芝等领导专家对修编工作给予了具体指导。

辽河油田公司勘探开发研究院制图厂承担了图件的主要清绘工作。

本卷力求能够比较全面地反映辽河油田勘探工作的历史进程、沉积盆地的地质结构和石油地质特征的基本观点与研究成果，以期能成为广大地质工作者重要的参考文献。由于水平所限，书中错、漏之处敬请读者批评指正。

本卷在编写过程中除参考有关单位、个人的公开发表资料外，主要根据辽河油田历年来大量工作成果报告及有关数据综合编写而成。

在此谨向关心、支持、协助本卷编写工作以及引用资料的单位和个人表示衷心的感谢。

PREFACE

Liaohe oil and gas area is located in the central and western part of Liaoning Province and the southeast part of Inner Mongolia Autonomous Region, including Liaohe Depression in Bohai Bay Basin and several peripheral basins. The general survey of oil and gas began in 1955, oil and gas discoveries were made in 1965, development began in 1970. In 1986, the annual output of crude oil exceeded 10 million tons, made Liaohe Oilfield the third largest oilfield in China. In 1995, the peak output reached 15.52 million tons. By the end of 2017, a total of 39 oil and gas fields have been built, and the crude oil production has remained above 10 million tons for 32 consecutive years.

Liaohe Depression is an important part of the Bohai Bay Basin. It is rich in oil and gas resources and is a typical compound oil and gas enrichment area. Peripheral basins refer to Mesozoic, Mesoproterozoic and Neoproterozoic basins adjacent to Liaohe Depression, including many residual sags of fault sag type, oil and gas resources are relatively abundant.

In the exploration of more than 60 years, the vast numbers of exploration workers have the courage to innovate and practice boldly in the face of complex exploration objects, constantly strengthen the research of geological theories, develop and applicate new technologies and methods, continuously deepen geological understanding. The exploration process has undergone a number of cognitive changes, such as oil distribution controlled by structural high points, oil distribution control by secondary structural belts, compound oil and gas accumulation belts, and sag-wide oil-bearing, and established or developed theories of compound oil and gas accumulation belts, oil and gas accumulation in metamorphic rocks, and the concept of sag-wide oil-bearing in hydrocarbon-rich sags. A set of exploration ideas and supporting technologies are formed which is suitable for the characteristics of oil and gas reservoirs in the Liaohe oil and gas region. Based on above, major breakthroughs have been made in the exploration of structure, lithologic strata, bedrock and igneous rock oil and gas reservoirs, and several large and medium-sized oil and gas fields of different oil types including thin oil, ordinary heavy oil, super heavy oil, and high pour point oil have been discovered. This achievement provides resource guarantee for the sustained and stable development of Liaohe Oilfield.

Liaohe Oilfield, Vol.3, *Petroleum Geology of China* (1993's edition), is divided into two parts and twenty-three chapters, namely 'Lower Liaohe Depression' and 'Adjacent Basins of Lower Liaohe Depression'. It summarizes the scientific and technological achievements and geological theories of exploration and development in the first 30 years of Liaohe Oilfield, and plays a very important guiding role in the later oil and gas geological research and exploration. In the past 30 years, Liaohe oilfield exploration has entered a new historical period, and new progress and breakthroughs have been made in all aspects. In order to fully reflect the main achievements of oil and gas exploration in the past 60 years, comprehensively, systematically and completely record the historical data of oil and gas exploration, and provide a reference book with high reference value for the majority of oil and gas exploration workers, the 1993's edition of 'Liaohe Oilfield, Vol.3, *Petroleum Geology of China*' is revised according to the work deployment and requirements of the compilation committee.

Liaohe Oilfield attached great importance to this revision work and established a leading group with general manager Meng Weigong as the team leader and oilfield company chief expert Zhu Yongjun as the deputy team leader, and organized some petroleum geologists with rich practical experience to set up an expert review group and writing group. In accordance with the overall requirements of 'objectivity, inheritance, innovation, and guidance', a detailed compilation outline and work plan was made based on the guidance of experts from the compilation committee of Petroleum Geology of China and investigations on the revision work of other oilfields in China. Based on the 1993's edition, the new edition Liaohe Oilfield, Vol.4, *Petroleum Geology of China* has been revised by systematically sorting, summarizing and analyzing a large amount of data. The new edition fully integrates new achievements and new understandings of the past 30 years.

This volume is divided into two parts and nineteen chapters, named Liaohe Depression and Peripheral Exploratory Areas.

The first part, Liaohe Depression, is divided into fourteen chapters, which comprehensively discusses the strata, structure, sedimentation, source rocks, reservoir rocks, formation conditions of oil and gas reservoirs and distribution of oil and gas in Liaohe Depression. Two chapters are added in this revision : Shale Oil Geology and Analysis of Typical Exploration Cases. Shale Oil Geology introduces the conditions of shale oil accumulation and exploration results. Analysis of Typical Exploration Cases systematically summarizes the discovery process, successful experience and enlightenment in four areas, include igneous rocks in Xinglongtai metamorphic buried hills in Western sag, western slope in Western sag, igneous rock reservoir in Damintun sag and central and southern part of Eastern sag. The successful experience and enlightenment are expected to provide useful reference for the exploration work in other similar area.

The second part, Peripheral Exploratory Areas, is quite different from the 1993's edition, which has changed from ten chapters to five chapters. This paper focuses on the petroleum geological conditions, theories and exploration results of Kailu, Zhangwu, Chifeng and Jianchang basins, which have a high degree of exploration and understanding and have mineral rights.

Data of this volume is updated to the end of 2018, and part of it is updated to the end of 2019.

The main authors of part one are as follows. Chapter 1: Li Yujin and Xu Rui. Chapter 2 and Chapter 9: Chen Yongcheng. Chapter 3: Wang Zhanzhong and Ju Juncheng. Chapter 4: Liu Baohong, Guo Yanmin, Chen Chang, Shi Linchun, Yu Haibo, Wang Zhiyong, Liu Zhijiang and Mu Deliang. Chapter 5: Ju Juncheng and Wang Dan. Chapter 6: Wang Yanshan, Xu Jianbin, Han Xia and Li Zongliang. Chapter 7: Ma Zhihong, Qian Baojuan and Zhang Zhuo. Chapter 8: Wang Yanshan, Liu Chungao, Zhou Hong, Zhang Yanfang. Chapter 10: Hu Yingjie, Wang Baiqi. Chapter 11: Zhang Fenglian, Kang Wujiang, Zhou Yan. Chapter 12: Jin Ke, Li Yujin, Xu Weihua, Zhao Limin, Wang Gaofei, Li Xiuming, Zhang Zehui, Gao Rongjin, Wang Jianfei, Li Jinghan, Gao Qingsheng, Yu Liangliang, Chen Xingzhou, Zhang Zijing, Li Jinpeng, Du Qingguo. Chapter 13: Liu Baohong, Zhang Haidong, Liu Xingzhou, Li Xiuming, Li Jinpeng, Zhang Bin. Chapter 14: Liu Baohong, Wang Yanshan, Li Yujin, Yang Yiming, Gong Weiming, Bai Dongkun, Zhao Huixuan.

The main authors of part two are as follows. Chapter 1: Lei Angui. Chapter 2: Yin Jinghong and Pei Jiaxue. Chapter 3: Liu Bang, Yin Jinghong and Gong Zhenchao. Chapter 4: Ran Bo and Cang Ruibo. Chapter 5: Zhou Tiesuo.

The first draft is formed based on review and revises by expert team from E&D Research Institute of Liaohe Oilfield Company. This expert team is organized by Li

Xiaoguang, and include Chen Yongcheng, Li Yujin, Feng Diansheng, Feng Guozhong, Shi Linchun, etc. Expert team of Liaohe Oilfield Company reviews and revises the first draft. This expert team is organized Zhu Yongjun, and include Zhang Zhanwen, Li Xiaoguang, Sun Hongbin, Chen Zhenyan, Shan Junfeng, Li Mingge, Wang Tuofu, Hu Yingjie, Liu Baohong, Zhou Shaoqiang, Hui Min, Wang Renhou, Wei Xi, etc. Experts of the compilation committee, include Tao Shizhen, Yuan Xuanjun, Wu Xiaozhou, Deng Shenghui, Chi Yingliu, Zhao Changyi, Fang Xiang, Wang Shihong, Guo Qiulin, Jia Jinhua and others reviewed the first draft and given useful advises. Meng Weigong put forward guiding opinions many times in the process of compiling the local records, and reviewed the whole volume. Academicians, experts and leaders given specific guidance to the revision work, include Zhai Guangming, Hu Jianyi, Dai Jinxing, Zhao Wenzhi, Zou Caineng and other academicians, Gao Ruiqi, Du Jinhu, He Haiqing, Hu Suyun, Gu Jiayu, Gong Zaisheng, Fan Tuzhi and other experts and leaders.

The drawing factory of E & D Research Institute of Liaohe Oilfield Company undertakes the main drawing work.

This volume tries to fully reflect the historical process of exploration in Liaohe Oilfield, the basic viewpoints and research results of geological structure and petroleum geological characteristics of sedimentary basin, so as to become an important reference for geologists. Due to the limited experience, the mistakes and omissions in this paper are for your criticism and correction.

Liaohe Oilfield, Vol.4 is mainly based on a large number of work achievement reports and relevant data of Liaohe Oilfield over the years. In additional, it referred to the public information of relevant units and individuals.

The heartfelt thanks should be taken by units and individuals, which/who given attentions, supports, assists, and materials.

目录

第一篇　辽河坳陷

第二篇　外围盆地

CONTENTS

Part Ⅰ Liaohe Depression

Part Ⅱ Peripheral Exploratory Areas

第一篇

辽河坳陷

第一章 概　　况

辽河坳陷位于辽宁省中南部，北起沈阳市，南入辽东湾，东、西大致以沈阳—大连、沈阳—山海关铁路为界，地跨沈阳、辽阳、鞍山、盘锦、营口、锦州六市十县；地理上位于下辽河平原，土地肥沃，水系发达，是水稻等粮食作物及各类水产品的主要生产基地；构造上位于渤海湾盆地的东北部（图 1-1-1），属新生代大陆裂谷盆地，油气资源丰富，是辽河油田勘探开发的主战场。1955 年开始油气勘探，1970 年投入开发，1986 年原油产量突破 1000×10^4t，1995 年达到产量高峰 1498×10^4t，2018 年原油产量 968×10^4t，为全国最大的稠油、高凝油生产基地。截至 2018 年底，累计发现 32 个油气田，探明石油地质储量 23.66×10^8t，溶解气地质储量 $1393.10\times10^8m^3$，气层气地质储量 $725.27\times10^8m^3$；累计生产原油 4.60×10^8t，累计生产天然气 $556.13\times10^8m^3$；拥有探矿权区块 8 个，面积 $9131km^2$，开采权区块 28 个，面积 $2892km^2$。

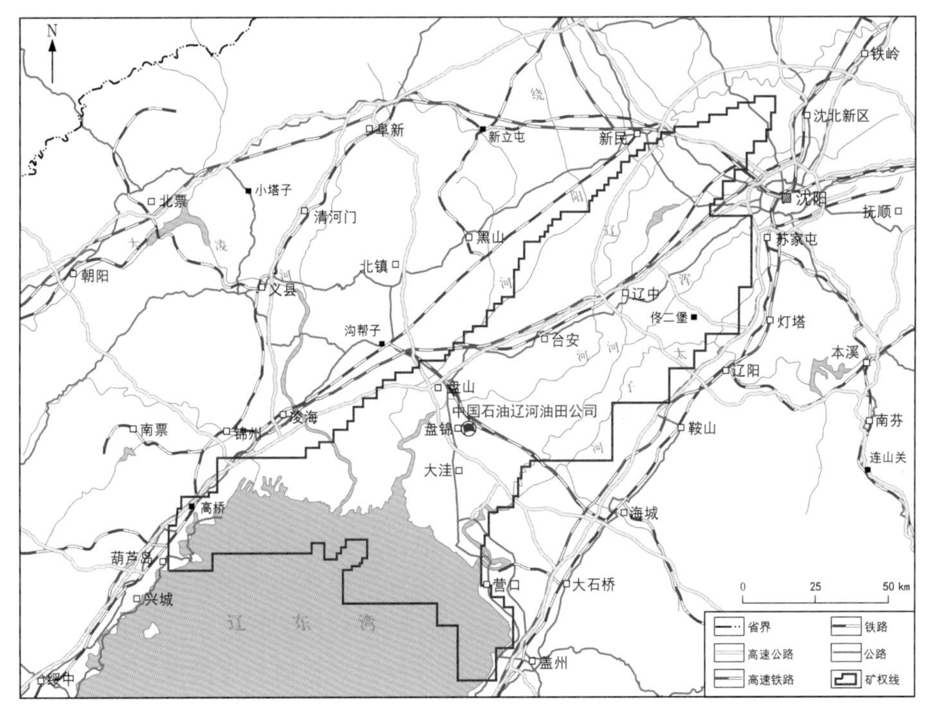

图 1-1-1　辽河坳陷地理位置图

第一节　自 然 地 理

辽河坳陷所处地区地势平缓，土地肥沃，气候适宜，交通便利，矿产和旅游资源丰富，经济发达，便于油气资源的勘探开发和销售。

一、自然地理

辽河坳陷地理上处于下辽河平原，西毗医巫闾山，东邻千山山脉，北抵康平、法库丘陵，南入辽东湾。地貌特征总体为北高南低，由北向南逐渐倾斜，地面海拔平均高度约 4m，最高 18.2m。大凌河、饶阳河、辽河、浑河、太子河等多条河流经此汇归入海，中南部河流间沼泽、苇塘、碱滩遍布，是著名的辽河三角洲（图 1–1–1）。

二、气候与地震

下辽河平原地处暖温带大陆性半湿润季风气候区，四季分明、雨热并行、干冷同期、温度适宜、光照充裕。年平均气温在 10℃左右。6—8 月为高温天气，最高气温可达 35℃，最高月平均气温为 22～25℃；1—2 月为严冬季节，最低气温可达 –26℃，最低月平均气温在 –12℃左右。每年 11 月中旬至翌年 3 月为封冻期，7—8 月为雨季，年降雨量为 600～900mm。春、秋两季多风，东北风与西南风交替变化，平均风速为 3.0m/s。

辽河坳陷位于郯庐断裂带上，区内及周边天然地震活动频繁，特别是近 170 多年来，大小地震不断，给人民生命财产造成了巨大损失。最早的地震记录可追溯到 1164 年，根据记录，共发生里氏 7 级以上地震 1 次，6 级以上地震 4 次，5 级以上地震 10 次，5 级以下的有感地震不计其数。震级较大的有 1164 年 5 月沈阳里氏 5.2 级地震，1256 年 9 月建平里氏 6.3 级地震，1856 年 4 月大连里氏 6.7 级地震，1975 年 2 月海城里氏 7.3 级地震。目前辽宁全省范围内已形成了一个完整的天然地震监测网，其中辽河油田勘探开发研究院地震台位列其中，对预防天然地震发挥了积极作用。

三、经济地理

本区地处辽宁省中南部，陆、海、空交通网络发达，交通运输体系完善，境内外客货运输周转便利。东、西边缘分别有沈阳—大连、北京—哈尔滨铁路大动脉通过，中部有沟帮子—海城铁路横贯全区。区内公路四通八达，高速公路与国道、省道、县道交织成网。市市通高铁，县县有高速。沿海分布的万吨级营口港、盘锦港、锦州港，是东北和蒙东地区最近和最便捷的出海口。周边有我国东北地区的枢纽机场沈阳桃仙国际机场、大连周水子国际机场和鞍山腾鳌机场、锦州湾机场、营口兰旗机场等支线机场，拥有一百多条国内国际航线。

区内旅游资源丰富，有多个著名的旅游胜地，东西两侧有千山、闾山国家级森林公园和省级地质公园，奇峰、峭石、古松和寺庙建筑景观独特。南部海陆交接区有总面积达 800km^2 的双台子河口国家级自然保护区，是我国十大湿地之一，分布着亚洲最大的红海滩和芦苇荡；栖息着 230 多种鸟类，拥有丹顶鹤、黑嘴鸥等国家一类、二类珍稀保护动物 30 多种。丰富的自然景观和人文景观成为国际旅游路线上的靓丽景点。

区内地表土地肥沃，水网密集，水稻、玉米、大豆、高粱、苹果、鱼、虾、蟹等特色农产品产量可观，地下铁、煤、油气等矿产资源丰富，钢铁、煤炭、石油化工、机械制造、船舶制造、航空航天等大中型国有企业分布于各个城市。既是我国的主要粮食生产基地，又是我国重要的老工业基地，经济发达。辽河油田总部位于该区中南部被誉为“湿地之都”的盘锦市。

第二节　区 域 地 质

辽河坳陷为渤海湾盆地的一部分，是在华北地台基础上，基于中生代、新生代区域拉张背景，在地幔上隆和裂陷作用下形成的多旋回新生代大陆裂谷盆地，具有“三凸三凹”的构造格局。自下而上发育新太古界、中—新元古界、古生界、中生界、新生界等五套地层，新生界古近系的多套湖相暗色泥岩为主要烃源岩，各套地层均发育性能较好的储层，存在若干个新生古储、自生自储和古生新储型油气藏。

一、区域地质背景

辽河坳陷位于渤海湾盆地东北部（图 1–1–2），前中生代的大地构造属华北地台，是辽冀台向斜的一部分，西连燕辽沉陷带，东邻辽东台背斜，北抵内蒙地轴东段。经历陆块形成、陆块平稳发展、南北陆缘定型三个阶段的演化，发育新太古界、中—新元古界、古生界。

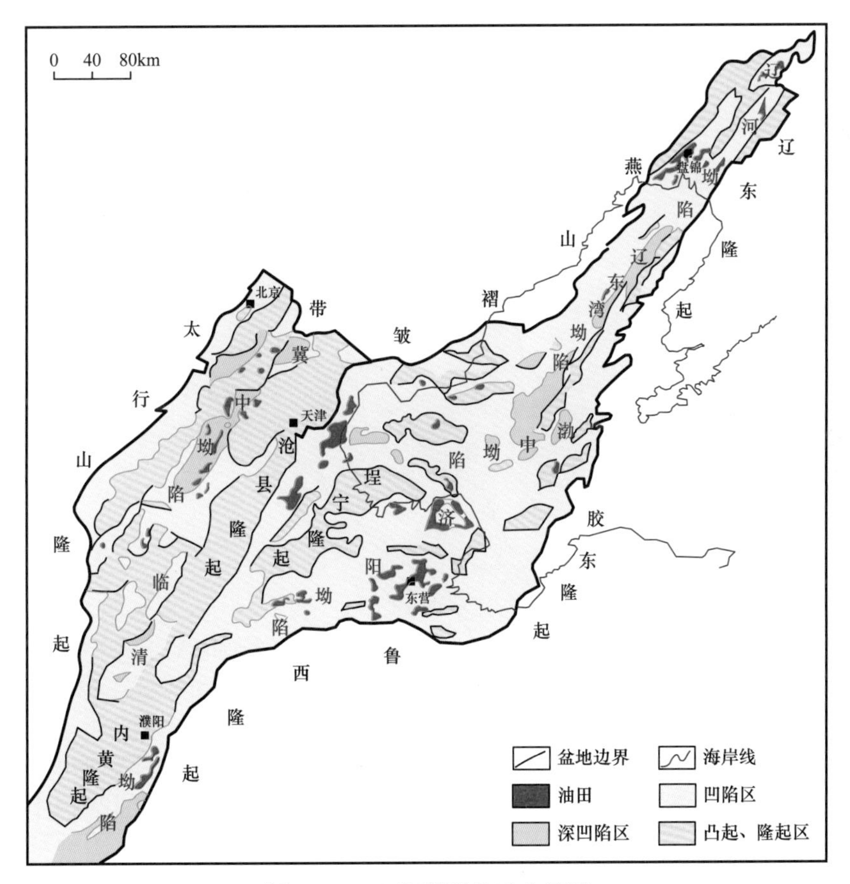

图 1–1–2　辽河坳陷构造位置图

中生代，在燕山运动的作用下，该区及周边断裂和火山活动强烈，区内发育以火山岩碎屑岩沉积为主的上侏罗统—下白垩统陆相沉积地层。

古新世以来，在喜马拉雅造山运动的作用下，由于太平洋板块向欧亚板块的俯冲和深部地幔物质的上涌，经历地壳拱张—裂陷—坳陷三大演化阶段，沉积了古近系、新近系和第四系等面貌不同的构造层，形成了古近纪断陷盆地、新近纪与第四纪坳陷盆地。新近纪盆地面积约 12400km^2。

二、基本石油地质特征

1. 断裂及构造

断裂活动是辽河坳陷构造运动的主要形式，具有断层数量多、规模大，以张性正断层为主的特点。多期多组的断层在平面上纵横交错，在剖面上互相切割，控制着坳陷的构造格局及演化。区内断裂可分为两大类：一类是深切前新生界基底、长期继承性发育、控制坳陷展布和一级构造带、二级构造带形成的主干断裂；另一类是受主干断裂活动和沉积作用控制而形成的沉积盖层中的次级断裂。已发现三级以上断裂有 400 多条，其中一级断裂 5 条，二级断裂 17 条。

受主干断裂控制，辽河坳陷整体呈北东向狭长状展布，具有凹凸相间排列的构造格局。根据基岩起伏、断裂特征以及古近纪沉积发育情况，可划分为东部凹陷、西部凹陷、大民屯凹陷、东部凸起、中央凸起、西部凸起等三凸三凹 6 个二级构造单元（图 1-1-3）。东部凹陷、西部凹陷具有东断西超、东陡西缓、东深西浅的箕状断陷特点，大民屯凹陷为三条断层所围限的三角形断陷。坳陷整体北高南低，沉积中心自北向南迁移。

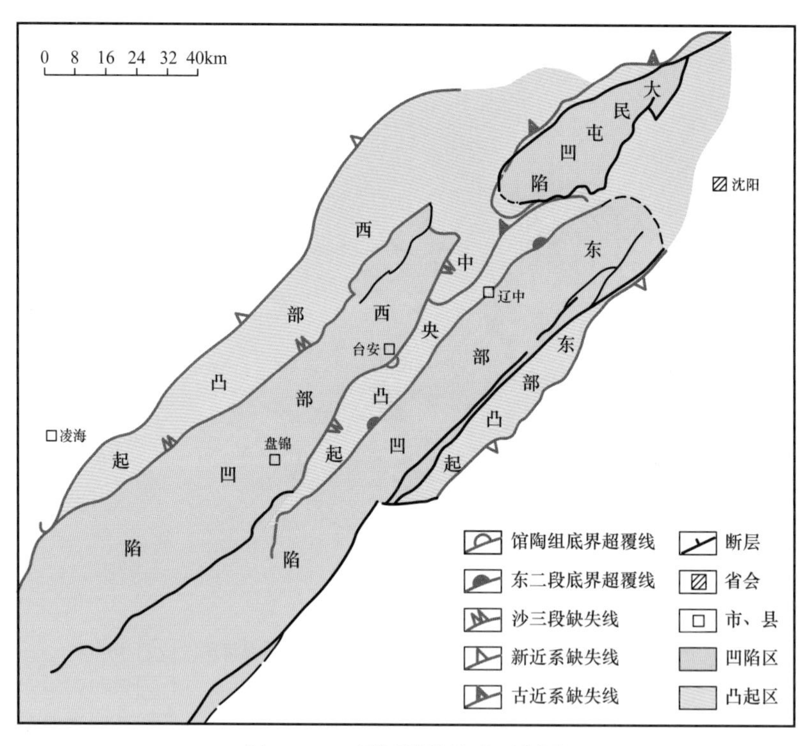

图 1-1-3 辽河坳陷构造区划图

2. 地层及沉积

辽河坳陷自下而上发育新太古界、中—新元古界、古生界、中生界、新生界等五套地层。新生界为断坳期的主要地层，其中古近系和新近系是油气勘探的重点层系，自下而上发育古近系房身泡组、沙河街组、东营组，新近系馆陶组、明化镇组（表 1-1-1）。

表 1-1-1　辽河坳陷新生代地层与沉积特征表

界	系	统	组	段	亚段	层位代码	地震反射层	最大厚度/m	界限年龄/Ma	火山活动 期次	火山活动 年龄/Ma	构造运动	构造演化 阶段	构造演化 时期	构造—沉积旋回（下降←→上升）	二级层序	三级层序	湖泛面	体系域	四级层序 个数	四级层序 代码	沉积环境与主要沉积物	生储盖组合 生	储	盖
新生界	第四系	更新统	平原组			Qp	T_0	420±	2.58			喜马拉雅运动	Ⅵ	坳陷期		Ⅱ						松散的风成黄土及河流相泥、砂			
	新近系	上新统	明化镇组			N_2m	T_1	950±	5.33													河流相至泛滥平原相沉积环境，泥岩及砂砾岩			
		中新统	馆陶组			N_1g	T_2	340±	24.6	六															
																						（全区上升剥蚀）			
	古近系	渐新统	东营组	一段		E_3d_1		760±	30.8	五	24.7 28.9		Ⅴ	再陷期		Ⅰ	SQ_4	MFS	高位	4	SQ_4^4	水退平原化，河流相砂、泥			
																					SQ_4^3				
				二段		E_3d_2		1100±	33.5		30.8 33.8							FFS	水进		SQ_4^2	短暂浅水湖盆环境，泥岩及砂岩			
				三段		E_3d_3	T_3	1230±	36.0										低位		SQ_4^1	缓慢水进，冲洪积环境杂色砂泥岩			
			沙河街组	一段	上	E_3s_1		1360±		四	36.9		Ⅳ	扩张期			SQ_3	MFS	高位	3	SQ_3^3	浅水广湖环境，暗色泥岩、油页岩及中—细砂岩			
					中																				
					下													FFS	水进		SQ_3^2				
				二段	上	E_3s_2		440±	38.0		38.4								低位		SQ_3^1	缓慢水进，浅湖环境，底部粗碎屑砂砾，上部泥岩			
					下		T_4															（长期、大范围剥蚀）			
		始新统		三段	上	E_2s_3		2200±		三	39.5		Ⅲ	深陷期			SQ_2	MFS	高位	4	SQ_2^4	快速水进，发育大范围深水湖盆环境，粗碎屑砾岩、砂砾岩与暗色泥岩			
																					SQ_2^3				
					中													FFS	水进		SQ_2^2				
					下		T_5		43.0		42.4								低位		SQ_2^1				
				四段	上	E_2s_4		1220±		二	44.1		Ⅱ	初始裂陷期			SQ_1	MFS	高位	3	SQ_1^3	缓慢水进，浅湖环境，砂、泥及少量碳酸盐岩			
																		FFS	水进		SQ_1^2				
									45.4		45.4								低位		SQ_1^1				
					下		T_6															（剥蚀或无沉积）			
			房身泡组	上段		E_2f_1		300±	54.9	一	46.4		Ⅰ	拱张期								火山岩夹杂色砂、泥岩			
		古新统		下段		E_1f_2	Tg	>1200	65.0		56.4 65.0														
中生界	白垩系	上统	孙家湾组			K_2s		700±				燕山运动										红色砂砾岩、砾岩、砂岩夹泥岩			

太古宇为辽河坳陷最古老的变质岩结晶基底，全区分布，以混合花岗岩、花岗片麻岩、变粒岩为主。中—新元古界主要分布在西部凹陷和大民屯凹陷西北部，为一套碳酸盐岩夹碎屑岩的海相地层。古生界主要分布在东部凸起、东部凹陷中部和西部凹陷曙光地区，中央低凸起海月地区也有分布，主要为奥陶系的深灰色厚层状石灰岩和石炭系的石灰岩、页岩及石英岩互层。

中生界为一套陆相沉积地层，主要发育上侏罗统—下白垩统，不整合于前中生界之上，其沉降中心位于东部凸起和西部凸起，坳陷内沉积较薄，为一套火山岩、河湖沼泽相沉积碎屑岩夹煤层，局部有燕山期花岗岩侵入。

古近纪是裂谷盆地形成期，受基底起伏和构造运动影响，各地区沉积物类型和厚度有所差异。房身泡组为裂谷盆地的初始期，下段为玄武岩段，上段为暗紫色泥岩夹砂岩、碳质泥岩和煤层，全区分布。沙河街组沉积时期是裂谷湖盆发育的兴盛期，沉积了厚达6000m的可生储油气的暗色泥岩和砂岩，可进一步划分为沙四段、沙三段、沙二段、沙一段四个层段。沙四段主要分布于西部凹陷西北部、大民屯凹陷；沙三段各大凹陷皆有巨厚沉积；沙二段沉积期发生较大范围沉积间断，沙二段在大民屯凹陷、西部凹陷西南部和北部、东部凹陷东南部缺失；沙一段沉积期再次发生水进，地层全区发育。东营组沉积期地壳缓慢抬升、沉积萎缩，盆地中部和北部过补偿充填沉积，为巨厚的泛滥平原相灰绿色砂、泥互层，南部相变为深灰色泥岩与砂岩互层。

新近纪转化为坳陷，地层覆盖广大地区，形成统一的坳陷，总体呈现南部厚北部薄，滩海地区中东部可达1500m，岩性较单一，主要为砂砾岩层。

3. 烃源岩

辽河坳陷发育多套烃源岩，主要为古近系湖相泥页岩，其次为石炭系—二叠系、白垩系等煤系地层。受盆地多旋回发育、演化控制，坳陷内部古近系沙四段、沙三段、沙一段—沙二段和东营组发育多层次、大面积分布的生油、生气源岩，其中沙四段、沙三段烃源岩地质、地球化学条件优越，为主力烃源岩。平面上，西部凹陷和大民屯凹陷的烃源岩有机质丰度高、类型好，东部凹陷次之。石炭系—二叠系烃源岩主要分布在东部凸起，白垩系阜新组、沙海组、九佛堂组烃源岩主要分布在坳陷西部的兴隆镇和宋家洼陷，梨树沟组烃源岩主要分布在坳陷东部的青龙台—三界泡一带和驾掌寺—油燕沟一带。

4. 储层

辽河坳陷发育沉积岩（碎屑岩、碳酸盐岩）、火成岩、变质岩三类四种类型储层，以古近系碎屑岩储层为主。各凹陷基底主要为新太古界的花岗片麻岩、角闪花岗岩、混合花岗岩以及中—新元古界的碳酸盐岩、石英岩、变余石英砂岩等，在长期的构造运动、风化剥蚀、淋滤等内外地质应力作用下，形成了以裂缝为主兼有溶孔的储集空间，有利于油气聚集。下古生界的碳酸盐岩、中生界的碎屑岩亦都有不同程度的储集能力。但无论是从储集性能，还是储集体数量、规模而言，均不及古近系碎屑岩储层。

5. 生储盖组合

辽河坳陷古近纪沉积的多旋回性导致多层次的生、储油层的广泛分布，而生油层经成岩作用、有机质演化排烃后，本身也是良好的区域性盖层。根据盆地各含油层生储盖组合的配置方式，宏观上可划分为新生古储、自生自储和古生新储三大类成藏组合。

新生古储成藏组合是由古近系生油，中生界碎屑岩、古生界碳酸盐岩、中—新元古界碳酸盐岩和新太古界混合花岗岩储油的倒装式成藏组合。一般是沙四、沙三段生油层位于潜山不整合面之上，或超覆于潜山之上，或分布在潜山周围，或以断层面与潜山直接接触，古近系生成的油气进入潜山储层，而古近系生油层同时又是良好的盖层，形成新生古储成藏组合。

自生自储成藏组合是古近系最重要的成藏组合，以沙四、沙三段组合为代表，其次是沙二、沙一段及东营组成藏组合。由于构造活动和沉积作用的旋回性，古近系大部分层段在纵向上砂泥岩分异较好，每个岩性段内可形成若干个生储盖组合形式（葛泰生，1993；马玉龙，1994）

古生新储成藏组合是由古近系生油、新近系馆陶组或明化镇组碎屑岩储油的成藏组合，以次生气藏或次生油藏为主。

第三节　油气勘探简况

从 1955 年开始，辽河坳陷开展了大量的地球物理综合勘探和油气钻探，实践中探索建立了复式油气聚集带理论和变质岩内幕油气成藏理论，以及火成岩、页岩油成藏模式，形成了针对不同地表条件、不同勘探对象的具有地域特色的地震勘探技术和井筒技术系列，累计发现 17 套含油气层系，找到 32 个油气田。

一、勘探工作量与油气发现

勘探早期以重力、磁力和电法勘探为主，1961 年开始应用地震勘探方法。1964 年 7 月，地质部第一普查勘探大队在东部凹陷的黄金带构造上开始钻第一口探井——辽 1 井，发现油气显示，证实了坳陷的含油气性。1965 年 7 月 16 日，位于东部凹陷大平房构造上的辽 2 井首先获工业气流，证实了坳陷的油气勘探价值。之后相继在热河台、荣兴屯、欧利坨子等构造钻探获工业油气流或见油气显示。1967 年，地质部将这一地区的勘探工作移交给石油工业部，由大庆油田的石油勘探队伍南下组成六七三厂，开始了大规模的油气勘探开发工作。

截至 2018 年底，辽河坳陷已进行了重力、磁法、电法、地震等多种方法的地球物理综合勘探，累计完成 1：20 万重力 20525km^2、地面磁测 27962.5km^2、航空磁测 20325km^2、大地电流 9475km^2；完成 1：10 万垂向测深 1888km^2；完成 1：5 万及更高精度的重磁力地面测量 11052km、航空磁测 2000km^2、电法 4839km；完成二维地震 65618km（其中数字二维地震 56989km），三维地震 18236km^2（其中二次三维地震 8216km^2，目标采集 1240km^2）。累计完钻各类探井 2839 口、进尺 776.21×10^4m（表 1-1-2）。

发现全国闻名的“小而肥”复式油气聚集区。在新太古界、中—新元古界、古生界、中生界和新生界发现了 17 套含油气层系，油气藏埋藏深度从 321m 到 5190m；发现了多种储层类型，按岩石类型分为沉积岩、火成岩和变质岩 3 类；发现了多种油气藏类型，按油气藏成因和圈闭形态可划分为构造、地层岩性、潜山、复合 4 大类 11

个亚类19种油藏类型；发现了凝析油、稀油、高凝油、普通稠油、特稠油和超稠油等多种油品类型；找到了兴隆台、曙光、欢喜岭、大平房、热河台、茨榆坨、静安堡、月海等32个油气田，累计探明石油地质储量23.66×10^8t，探明溶解气地质储量$1393.10\times10^8m^3$，探明气层气地质储量$725.27\times10^8m^3$（表1–1–3、图1–1–4）。

表1–1–2　截至2018年底辽河坳陷勘探现状表

坳陷	凹陷	矿权面积 / km^2	地震		探井		探明油气地质储量		
			二维 / km	三维 / km^2	井数 / 口	进尺 / 10^4m	石油 / 10^8t	溶解气 / 10^8m^3	天然气 / 10^8m^3
陆上	西部	1510	21527	6599	1466	372.61	16.47	825.93	406.00
	东部	3887	23226	6122	834	244.66	2.46	331.15	237.34
	大民屯	1045	7117	2370	431	127.38	3.50	192.69	33.97
	小计	6442	51870	15091	2731	744.65	22.43	1349.77	677.31
滩海		2689	5119	3145	108	31.56	1.23	43.33	47.96
合计		9131	56989	18236	2839	776.21	23.66	1393.10	725.27

表1–1–3　截至2018年底辽河坳陷探明储量埋深分类统计表

油藏中部埋深 /m	西部凹陷 /10^4t	东部凹陷 /10^4t	大民屯凹陷 /10^4t	滩海 /10^4t	小计 /10^4t
500～2000	116285	8934	12830	10053	148103
2000～3500	33565	15637	21940	2263	73404
3500～4500	13875		202		14077
≥4500	1014				
合计	164739	24571	34972	12316	236598

从1970年3月国务院批示成立辽河石油勘探会战指挥部开始，先后投入开发32个油气田。1986年原油产量突破1000×10^4t，辽河油田成为全国第三个大油田和全国最大的稠油、高凝油生产基地。1995年达到产量最高峰1498×10^4t。截至2018年底，累计生产原油4.60×10^8t、天然气$556.13\times10^8m^3$，当年产原油967.94×10^4t、天然气$5.68\times10^8m^3$，油气当量产量在千万吨以上稳产33年（表1–1–4、图1–1–5、图1–1–6）。

二、理论认识与勘探技术发展

随着勘探程度的提高，成藏理论（认识）和勘探技术在应对日趋复杂的勘探对象的攻关与实践中得到了不断发展和提高，保证了油气的不断发现。

1. 理论认识

辽河坳陷是一个裂谷型含油气盆地，其发育具有多旋回性和阶段性，且断裂活动贯穿于裂谷演化的全过程，构造破碎，并伴随有多期火山喷发，油气成藏条件复杂，对它的认识大体经历四大阶段。

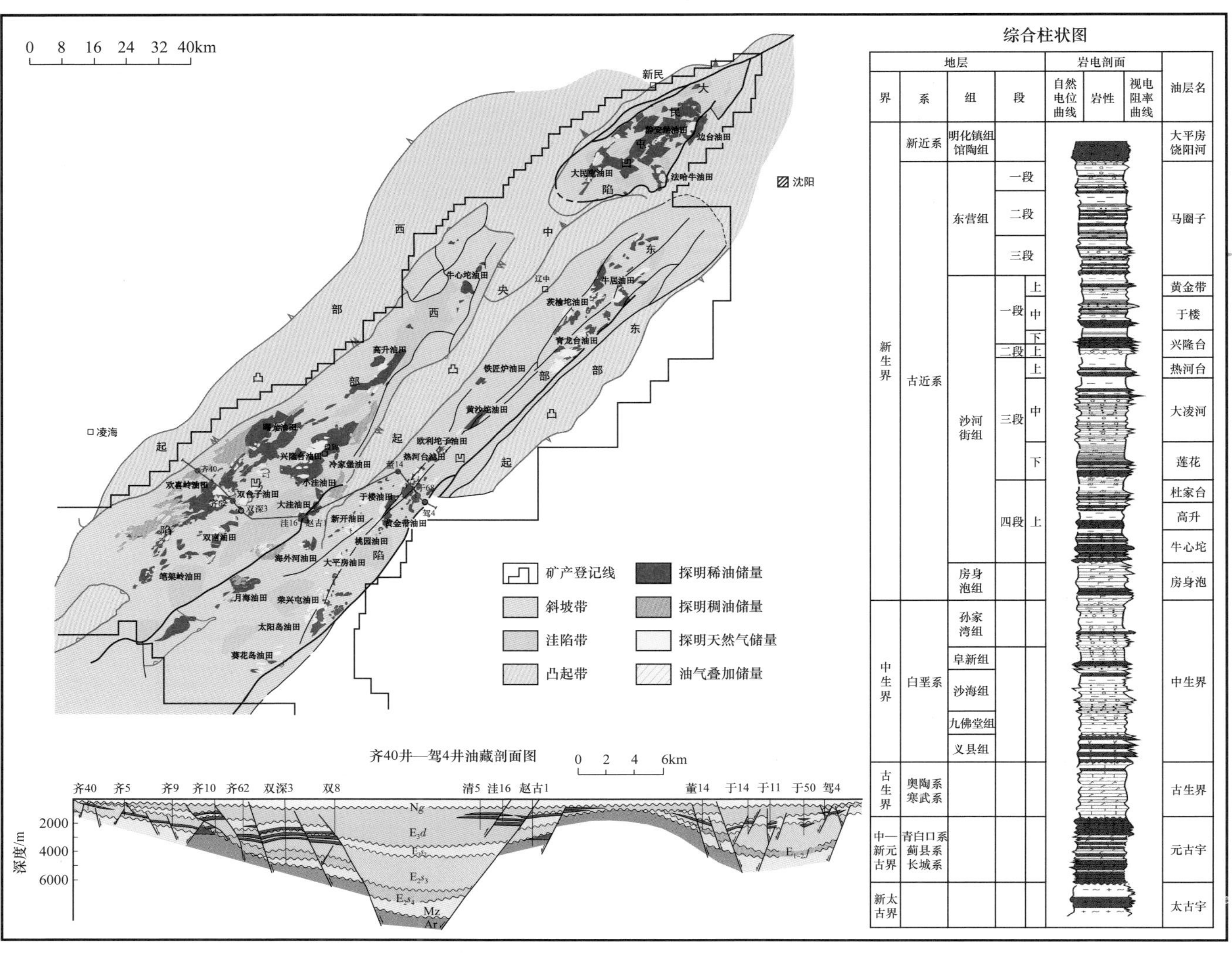

图 1-1-4　辽河坳陷截至 2018 年底油气勘探成果图

表 1-1-4　截至 2018 年底辽河坳陷原油分类统计表

探明石油地质储量 /10^8t				原油年产量 /10^4t				原油累计产量 /10^8t			
稀油	稠油	高凝油	合计	稀油	稠油	高凝油	合计	稀油	稠油	高凝油	合计
10.69（占比 45.18%）	10.08（占比 42.60%）	2.89（占比 12.22%）	23.66	294.80（占比 30.46%）	603.32（占比 62.33%）	69.82（占比 7.20%）	967.94	1.95（占比 42.27%）	2.24（占比 48.80%）	0.41（占比 8.93%）	4.60

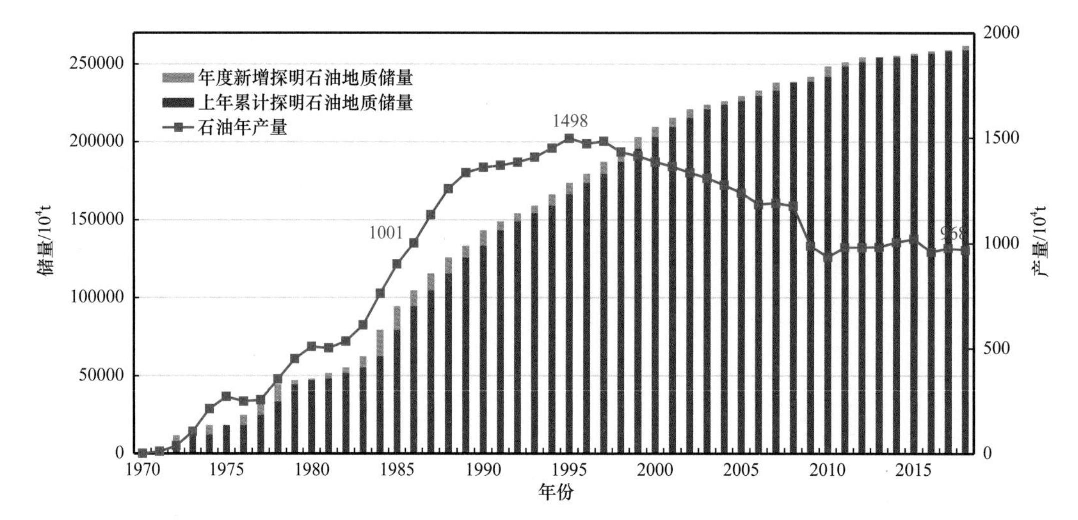

图 1-1-5　辽河坳陷石油储量和产量变化曲线图

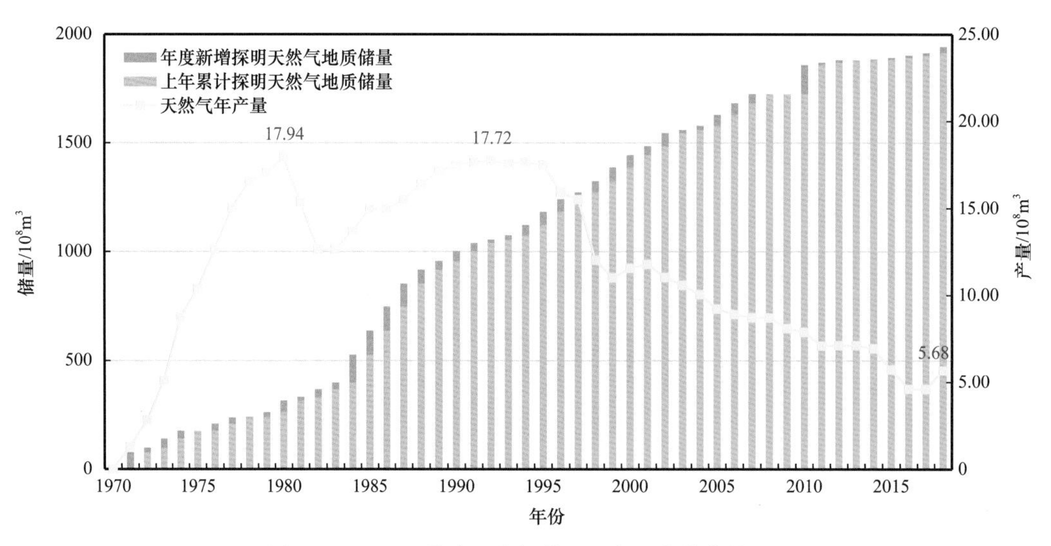

图 1-1-6　辽河坳陷天然气储量和产量变化曲线图

1）20 世纪 60 年代“局部构造高点控油”认识

1967 年 3 月，石油工业部接管下辽河地区的油气资源勘探后，指派大庆油田勘探队伍组织实施。受当时地质认识和技术条件限制，把出油气点较多的东部凹陷中央构造带看作长垣式的构造带，采用先打高点，后打鞍部和两翼的做法，结果在高点部位的井出油，而在鞍部和两翼的井则落空。结合之前地质部钻在翼部的辽 4 井、辽 7 井等的钻探情况，得出了“下辽河盆地构造小，油气分布受局部构造的高点控制”的片面认识，进而形成了“找鸡蛋，占高点，守山头”的部署思想。到1970年，虽然发现了热河台、黄金带两个油气田和黄金带、于楼、兴隆台等多个含油气构造，但仅新增探明石油地质储量2000×10^4t。

2）20世纪70年代“二级构造带控油”认识

1970—1975年，钻探东部凹陷于楼—黄金带和西部凹陷兴隆台低断阶获工业油气流，打破了“局部构造高点含油”的思想约束，按照“二级构造带是油气聚集的基本单元”的理念，把兴隆台构造作为整体集中勘探，迅速扩大了含油气面积，探明了第一个亿吨级储量的兴隆台油田。1975年9月的辽河油田勘探技术座谈会上，明确了“二级构造带控油”的地质内涵：油气的聚集、富集，不仅受构造因素控制，而且还受岩相带的控制，构造岩相带是控制油气聚集的基本地质单元。

1976—1978年，按照“二级构造带控油”的理念集中勘探西部凹陷西部斜坡带，先后发现了曙光、高升、欢喜岭三个亿吨级储量大油田。

3）20世纪80年代“复式油气聚集带”理论

20世纪80年代初期，辽河油田在深化石油地质综合研究的同时，加强了与渤海湾盆地兄弟油田协同研究，升华地质认识，建立了不同类型构造带油气藏分布模式，形成了“复式油气聚集（区）带”理论：从属于一个构造带的多个含油层系、多个油水系统和多种油气藏类型组成的油气藏群，纵向上互相叠置，平面上迭合连片，构成一个复式油气聚集带。该理论使各凹陷正向二级构造带的不同层系、不同构造部位全部成为探索对象。

20世纪80—90年代，在“复式油气聚集（区）带”理论指导下，广泛应用二维、三维数字地震技术，整体解剖二级构造带，断块、岩性并举，不同层系兼顾，辽河坳陷三大凹陷的多个构造带都获得了新的规模发现。其中，西部凹陷西部斜坡带中南段勘探成果继续扩大，上、下台阶发现大面积的稠油、稀油油藏，欢喜岭油田、曙光油田成为储量规模达4×10^8～5×10^8t的特大型油田；西部凹陷东部陡坡带由北到南多点开花，发现了冷家—雷家、小洼—海外河、海南—月东3个亿吨级储量区；大民屯凹陷中央构造带发现沙三段和太古宇+元古宇潜山高凝油油藏，探明了储量规模近2×10^8t的静安堡油田。储量的快速增长，带来了油气产量的迅速提升。1986年辽河油田年生产原油登上年产千万吨台阶，成为全国石油系统的“油老三”。

4）21世纪以来的富油气坳陷“满凹含油”理念

进入21世纪，面对主要正向二级构造带已基本探明、整装油气田和大型构造油气藏发现概率越来越小的严峻形势，按照富油气凹陷“满凹含油”的理念（赵文智等，2004），勘探工作跳出二级构造带范围，向全凹陷的基岩、岩性、火成岩和非常规油气藏领域进军，取得了一系列规模储量发现和油气成藏新认识。

（1）建立变质岩内幕油气成藏理论，将基岩勘探领域从“潜山风化壳”拓展到整个含油气盆地基底。

辽河坳陷基岩油气藏勘探，大致经历了1972—1994年高潜山、1994—2005年低潜山、2005—2010年潜山内幕、2010年以来的基岩块体四个阶段。前两个阶段都是基于潜山顶部风化壳成藏认识，探索范围集中在潜山顶部200m以内，2005年兴隆台潜山主体部位钻探的兴古7井，在厚达1640m的太古宇变质岩内幕发现多井段富含油气后，开启了变质岩内幕油气成藏机理的系统研究与钻探实践。到 2010 年，不仅在兴隆台潜山带探明了含油幅度 2300m 亿吨级整装变质岩潜山油气藏，还在中央凸起南部的赵家潜山和大民屯凹陷西南部的前进潜山太古宇变质岩内幕获得了工业油气流。

实践中逐步深化地质认识，形成了变质岩内幕油气成藏理论：变质岩内幕由多种岩类构成，具有层状或似层状结构；在统一构造应力场的作用下，不同类型的岩石因其抗压和抗剪能力的差异，形成非均质性较强的多套裂缝型储层和非储层组合；不整合面、不同期次的断裂及内幕裂缝系统构成立体化的油气输导体系；油气以源—储双因素耦合为主导构成有效运聚单元，形成多套相对独立的新生古储型油气藏。该理论实现了三项突破：一是突破变质岩为“均一块体”的认识，确认其内幕储层与非储层可交互发育；二是突破暗色矿物含量多的岩石不能成为储层的认识，建立“优势岩性”序列及其控制下的油气差异聚集模式；三是突破“高点控油、风化壳控藏”的认识，创建变质岩内幕与风化壳一体化成藏新模式。该理论的提出使基岩勘探领域得到极大拓展，横向上从占凹陷 10%～15% 的“潜山”拓展到整个含油气盆地基底，纵向上由幅度 200m 以内的风化壳延伸到不小于烃源岩的最大埋深。

因为成藏认识的不断深化，辽河坳陷的基岩勘探实现了从中高潜山到低潜山、再从低潜山到潜山内幕、从凹陷区到凸起区、从局部潜山到全坳陷基岩的转变。截至 2018 年底，累计探明石油地质储量 4.16×10^8t，建成年产 200×10^4t 的生产能力，成为油田增储建产的重要领域。

（2）转变勘探思路，岩性油气藏成为碎屑岩领域增储上产的主要对象。

从 1973 年认识到辽河坳陷存在岩性油气藏开始，在以构造油气藏为主要对象进行勘探的同时，按照“砂对砂、泥对泥”的较为简单的地层岩性对比手段，在复式油气聚集带发现了一系列地质现象较为明显的岩性油气藏。21 世纪以来，根据辽河坳陷“窄凹陷、近物源、相变快”的地质特点，加强地层层序、构造格局、沉积储层等攻关研究，建立了陡坡型、缓坡型和洼陷型岩性油气藏成藏模式，形成了“古地貌控砂、相带控储、物性控藏”新认识，发展了岩性油气成藏理论，并在三个凹陷的斜坡区和洼陷区探明了铁 17、沈 225、雷 64、双 229 等富集高效的岩性油气藏。

经过多年探索，辽河坳陷古近系碎屑岩勘探实现了从构造向岩性、从斜坡区向洼陷区、从中浅层到中深层的转变。累计探明石油地质储量 19.18×10^8t，其中，构造油藏 13.44×10^8t，岩性油藏 5.74×10^8t，成为辽河油田千万吨稳产的支柱。

（3）突破“火山岩不利于油气成藏”传统认识，在国内率先实现“规模增储”和“开发上产”。

1997 年位于东部凹陷中部的欧 26 井在沙三段火成岩中获高产油气流，改变了以往火成岩不利成藏的认识，勘探思路上实现了从避火成岩到找火成岩的转变，逐步摸索形成了火成岩发育区地震采集、有利火成岩分布预测等配套技术，1999—2006 年在黄沙坨、欧利坨子和热河台探明石油地质储量 3223×10^4t，建成年产 50×10^4t 的火山岩油气田。实践中形成了“近油源、近断裂、近优势相带油气富集”的认识，建立了火成岩岩性、岩相划分及识别标准，构建了火成岩机构模式。近年来，针对东部凹陷大平房—小龙湾地区沙三段火成岩，钻探红 22 井、于 68 井等获工业油气流，新增控制石油地质储量 4495×10^4t。

（4）页岩油攻关取得重要进展，有望成为深化勘探的重要接替领域。

沙河街组沉积时期，辽河坳陷经历多个稳定沉降期，沉积中心以半深湖—深湖亚相沉积为主，泥岩或页岩与粉细砂岩或白云质碳酸盐岩大面积频繁互层发育，它们既是富油气凹陷的有效烃源岩，也是页岩油和致密油气大规模成藏的有利区。2011 年以来，优选西部凹陷雷家地区和大民屯中部沙四段，按照地质—工程一体化紧密协作的理念，开展资源潜力预测、“七性关系”及配套工程技术等攻关研究与钻探实践，初步形成了烃源岩、储层、工程“三品质”评价预测和油层改造增产技术系列，建立了宏观、微观“三明治”式源储一体页岩油成藏模式，以及“甜点”识别方法和评价标准。在两个目标区预测页岩油资源量 4.65×10^8t，完钻页岩油探井 21 口，获工业油流 17 口，新增控制石油地质储量 4199×10^4t，预测石油地质储量 4711×10^4t。

2. 地震勘探技术

地震勘探作为落实构造、寻找油气藏的主要手段，在持续的攻关实践中逐步发展形成了针对不同地表条件、不同勘探对象的具有地域特色的地震资料采集—处理—解释技术系列。

地震资料野外采集从 1976 年前的模拟二维地震逐步发展到 2013 年开始的“两宽一高”目标地震采集，覆盖次数由勘探初期的单次测量，逐步提高到 2013 年以来的 240～828 次覆盖，形成了滩海过渡带、陆上复杂地表及城区、高密度宽方位、井中地震等四大类采集技术；地震资料处理从 20 世纪 90 年代的叠后偏移成像处理逐步发展到 2014 年开始的“两宽一高”地震资料处理，形成噪声压制地震处理、宽频保幅地震处理、连片叠前时间偏移处理、叠前深度偏移处理、“两宽一高”地震处理技术；地震资料解释于 1990 年开始从纸剖面手工解释逐步转为人机联作数字地震解释，并逐步发展形成了三维地震构造解释技术（地震层位标定、断层解释、地震层位解释与追踪、变速成图）、地震储层预测技术（碎屑岩储层、裂缝性储层、页岩油和致密油“甜点”叠前地震预测）。地震资料成像精度和识别地质体的能力不断提高，从早期的落实区域构造格局、正向构造圈闭，到目前的落实微幅构造、刻画有效储层分布，保证了不同类型油气藏的不断发现（郭平等，2017）。

3. 井筒技术

为应对日趋复杂的勘探对象，井筒技术在持续的攻关、实践中得到了不断发展，形成了以快速定向钻进、油气层保护、成像测井与储层评价、油气层改造增产为核心的工程配套技术系列，保证了地质目的的实现。

钻探技术从 1975 年前的“两大一高”（大钻压、大排量、高钻速）强化钻井方法，逐步发展形成了以导向钻井、欠平衡钻井为代表的，针对不同地质地理条件的水平井、控压钻井和大位移斜井等钻井技术系列；录井技术从早期的人工现场岩屑录井，发展到目前的多参数自动检测、远程传输的综合录井；测井技术从 20 世纪 60 年代末以电阻率测井为主的模拟记录时代，发展到 1997 年以来的成像测井，形成了低渗透、火成岩、变质岩、裂缝型复杂储层测井解释评价技术；油气层改造增产技术从 20 世纪七八十年代的小型压裂发展到现在的“千方砂、万方液”的水平井体积压裂，处理井深由小于 1000m 的浅层压裂发展到 5100m 的深层压裂，形成低渗透油藏分层多级压裂、大硬度变质岩潜山超高温压裂、水平井分段压裂等技术系列；试油技术从 20 世纪 80 年代中期以前的常规试油，发展到2000年以来的联作技术，形成了射孔—测试两联作技术，射孔—测试—排液三联作技术和射孔—测试—排液—措施四联作技术（任芳祥等，2011）。

三、勘探程度与剩余潜力

1. 勘探程度

辽河坳陷总体上已进入勘探中晚期（查全衡，2003）。凹陷区整体实现三维地震满覆盖，完成二次三维采集8216km^2，局部地区的目标采集1240km^2；累计完钻各类探井2839口，探井密度整体达到0.32口/km^2，陆上主要正向构造带已达1～2口/km^2。作为辽河油田勘探开发主战场的辽河坳陷，陆上勘探程度较高，常规石油资源探明率已达57.5%，其中，资源量最大的西部凹陷已高达66.4%；辽河滩海勘探程度较低，石油资源探明率仅26.4%。常规天然气资源探明程度较低，探明率为17.1%（表1-1-5）。

2. 剩余潜力

辽河坳陷油气资源丰富，西部凹陷和大民屯凹陷是全国著名的“小而肥”富油气凹陷，拥有较高的油气资源丰度和探明储量丰度（表1-1-6）。尽管勘探程度比较高，但其富油气断陷盆地的基本性质又决定了该区勘探不可能一蹴而就，仍然具有较大的勘探潜力。

表1-1-5 截至2018年底辽河坳陷勘探程度表

地区	凹陷	二次及目标三维地震覆盖程度/km^2/km^2	探井密度/口/km^2	石油资源探明率/%	天然气资源探明率/%
陆上	西部	1.05	0.57	66.4	21.1
	东部	1.07	0.25	46.3	21.9
	大民屯	1.92	0.54	55.0	7.6
	小计	1.16	0.41	61.5	19.6
滩海		0.80	0.05	26.4	6.2
辽河坳陷		1.07	0.32	57.5	17.1

表1-1-6 截至2018年底辽河坳陷石油资源丰度统计表

地区	凹陷	有利面积/km^2	资源量/10^8t	资源丰度/10^4t/km^2	探明含油面积/km^2	探明地质储量/10^8t	探明储量丰度/10^4t/km^2	剩余资源丰度/10^4t/km^2
陆上	西部	2560	24.80	97	619.16	16.47	266	33
	东部	3300	5.31	16	202.21	2.463	122	9
	大民屯	800	6.36	80	201.33	3.50	174	36
	小计	6660	36.47	55	1022.70	22.43	219	22
滩海		2140	4.66	22	47.42	1.23	259	16
辽河坳陷		8800	41.13	47	1070.12	23.66	221	20

注：资源量为“十三五”资源评价结果。

从资源上看，各类油藏还有可观的剩余资源待探明。根据“十三五”资源评价结果，辽河坳陷待探常规石油资源 17.47×10^8t，待探常规天然气资源 3505×10^8m^3，待探页岩油资源 4.66×10^8t，待探致密油资源 1.92×10^8t，待探页岩气资源 3173×10^8m^3，待探致密气资源 2472×10^8m^3（表 1–1–7）。

从勘探领域上看，存在四方面不均衡性，尚有较大的继续探索空间。一是层系不均，浅层勘探程度高，深层勘探程度低，3500m 以上探井密度达 0.32 口 /km^2，3500m 以深探井密度仅 0.04 口 /km^2；二是区带不均，正向构造带勘探程度高，负向构造带和斜坡区勘探程度低；三是海陆不均，陆上已到勘探中晚期，海域仍处于勘探早期；四是类型不均，构造油藏勘探程度高，地层岩性油气藏勘探程度低，非常规油气藏勘探刚刚起步。

表 1–1–7　截至 2018 年底辽河坳陷分领域待探地质资源统计表

油藏类型		总资源量 /（油：10^8t；气：10^8m^3）	探明储量 /（油：10^8t；气：10^8m^3）	探明率 /%	待探资源量 /（油：10^8t；气：10^8m^3）
常规油	碎屑岩	27.40	19.18	70.0	8.22
	基岩	11.59	4.16	35.9	7.43
	火成岩	2.14	0.32	14.9	1.82
	小计	41.13	23.66	57.5	17.47
常规气		4230	725	17.1	3505
页岩油		4.66			4.66
页岩气		3173			3173
致密油		1.92			1.92
致密气		2472			2472

第二章 勘探历程

辽河坳陷的勘探工作始于1955年，至2018年已经历了64年。从指导的理论、应用的技术、地质认识的不断变化及勘探成果的取得等因素考虑，可将其勘探历程分为区域普查与稀井广探、局部详探与重点突破、拓展勘探与规模增储、深化陆上与加快滩海、精细勘探与稳定发展五个阶段（图1-2-1）。

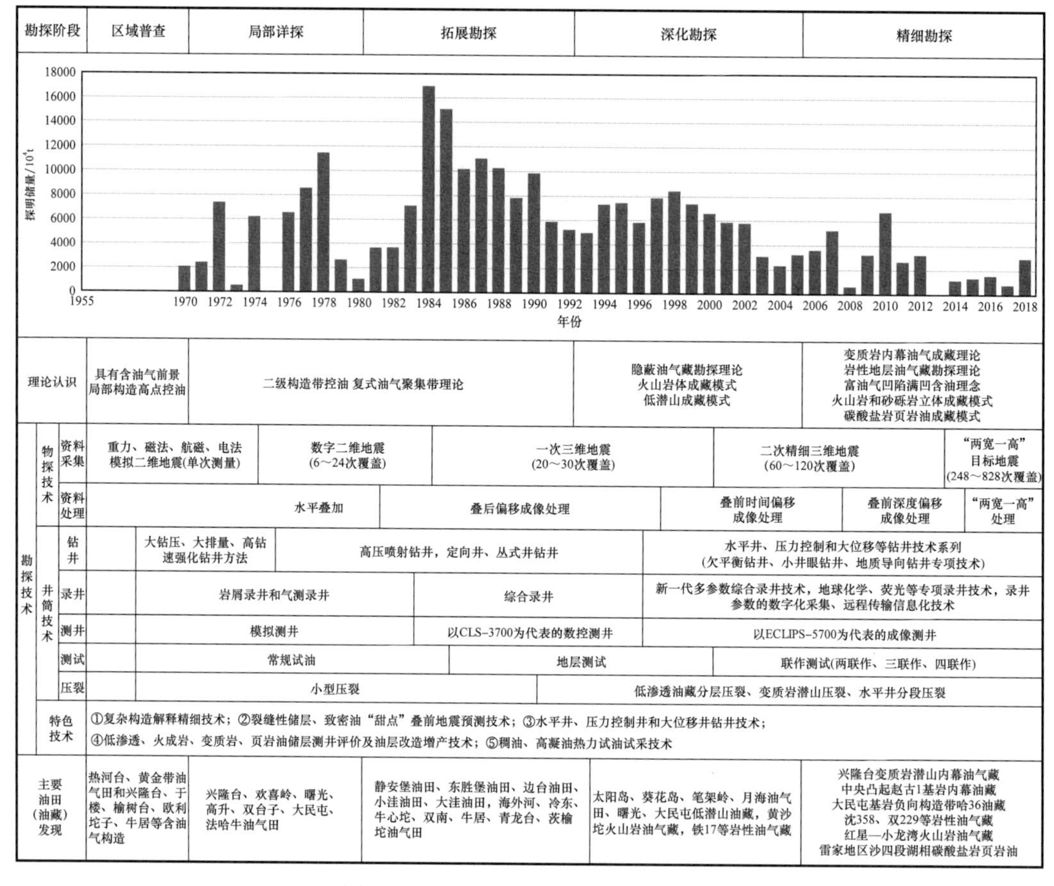

图1-2-1 辽河坳陷勘探阶段划分图

第一节 区域普查与稀井广探阶段（1955—1969年）

20世纪50年代中期，为了满足我国经济建设的需要，党中央决策要在全国更大范围内开展勘探，把石油勘探布局向东转移，以改变我国石油工业偏居西北一隅的不合理局面。从1955年开始，地质部第一普查大队就开始了对辽河平原的石油普查。

从1955年开始勘探到1964年的近10年时间，主要开展了以地球物理方法为主的普查勘探，包括重力、磁法、航磁、电法、地震等（表1-2-1）。

以此为基础，基本查明了坳陷的分布范围、基底结构及其埋藏深度、边界位置和接触关系，划分了次一级的构造单元（凹陷和凸起），初步查明了各凹陷内二级构造带的轮廓，并对辽河坳陷的含油气远景进行了初步评价。

辽河坳陷钻探工作首先从东部凹陷的南部地区展开。1964年地质部在黄金带构造钻探第一口区域探井——辽1井。该井虽因工程报废而未试油，但可喜的是首次钻探就发现很好的油气显示。1965年7月16日，在东部凹陷南部大平房构造上钻探的第二口区域探井——辽2井在东营组1236.04～1251.80m，10.8m/4层试油，抽汲定深400m，日产油1.68t，首次在古近系获得工业油气流，从而发现了辽河坳陷的第一个含油气构造——大平房含油气构造。

1964—1966年，地质部在辽河坳陷的多个构造上先后钻探井13口，有5口井获工业油气流（表1-2-2），肯定了辽河坳陷的含油气远景。

1967年2月，国家为了解决鞍钢用气的需要，要求大庆油田组成一支勘探队伍，探明辽河坳陷天然气储量。在充分调查踏勘的基础上，于1967年3月成立了大庆油田六七三厂，正式接管辽河坳陷的油气资源勘探。勘探工作也是从东部凹陷南部开始。当时除了拓展已有的勘探成果外，整个勘探工作的特点是：地震勘探以详查、落实局部构造为主，寻找更多的有利圈闭。钻探部署着眼于区域展开，以预探地震发现的局部构造为主要目标，局部详探建产能，并把勘探的范围扩展到西部凹陷。

到1969年，共完钻探井35口，其中获工业油气流19口，发现了兴隆台、黄金带、于楼、榆树台、欧利坨子、牛居等具有工业开采价值的六个含油气构造，证实热河台和黄金带两个含油气构造为油气田。1970年发现桃园含油气构造。

这一阶段主要开展了地层、构造等基础地质研究，初步明确了勘探的主攻方向，为勘探重点地区的确定准备好了条件。

由于当时地震勘探程度很低，而且使用的设备是“5・1型”地震仪，精度很低，直到1968年冬才部分地使用磁带地震仪，但工作量很少，且多次覆盖还没有提到日程上来，因此区域勘探也是在这个基础上展开的。由于对凹陷的石油地质特征缺乏全面认识，把东部凹陷中央构造带看作长垣式的构造带，于1967年确定了整体解剖方案。采用先打高点，后打鞍部和两翼的做法，结果在高点部位的井出油，而在鞍部和两翼的井如热1井、热2井、黄2井则落空。联系地质部钻在翼部的辽4井、辽7井、辽13井等的钻探情况，得出了“下辽河盆地构造小，油气分布受局部构造的高点控制”的片面认识。在部署的指导思想上，导致“找鸡蛋，占高点，守山头”。具体做法是：在第一口井出油后，“顺着轴线追，向着两翼摸，打到油层往外扩，打到水层往里缩”，摸着石头过河，未能完全打开勘探局面。这是在对断块油田的特点及其规律尚未完全认识和掌握以前，勘探工作指导思想的真实写照。

本阶段累计新增探明石油地质储量2000×10^4t，平均每口探井探明石油地质储量17×10^4t。

表 1-2-1　1955—1964 年地球物理勘探工作量表

项目	物性测定		重力测量		航空磁测		地面磁测		
	密度 / 块	磁化率 / 块	剖面 / km	面积（1：20 万）/ km^2	面积（1：100 万）/ km^2	面积（1：20 万）/ km^2	面积（1：20 万）/ km^2	面积（1：10 万）/ km^2	剖面 / km
工作量	15956	12999	485	20525	54062.5	20325	27962.5	4100	485
项目	扭称测量	垂向测深			大地电流		地震测量		
	面积（1：10 万）/ km^2	面积 / 点 /km^2	面积（1：20 万）/ 点 /km^2	面积（1：10 万）/ 点 /km^2	面积（1：50 万）/ 点 /km^2	面积（1：20 万）/ 点 /km^2	反射剖面 / km	折射剖面 / km	地震测井 / 口
工作量	1167	270/660.5	1329/118	199/985	53/1888	985/9475	23100.11	63.25	23

表 1-2-2　辽河坳陷早期探井（地质部钻探）试油成果简表

井号	所处构造位置	层序号	层位	试油井段 / m	厚度 / m	层数	试油日期	工作制度	产油		产气		产水		试油结论
									油 / m^3/d	累计产油 / m^3	气 / m^3/d	累计产气 / m^3	水 / m^3/d	累计产水 / m^3	
辽 2	大平房	S1-1	E*d*	1236.04～1251.80	10.8	4	1965.07.16—1965.08.12	抽汲定深 400m	1.68	29.83					油层
辽 3	荣兴屯	S1-1	E*d*	2027.12～2063.13	13.18	5	1966.04.20—1966.06.21	8mm 油嘴自喷	17.2	142.76	11176		11.49	73.94	油层
辽 6	热河台	S1-1	Es_1	1712.00～1713.60	1.6	1	1966.06.19—1966.12.13	12mm 油嘴自喷			201722				气层
辽 11	热河台	S3-1	Es_1	1540.80～1556.30	15.5	3	1967.08.31—1967.10.04	10mm 油嘴自喷			157227				气层
辽 12	欧利坨子	S3-1	Es_1	1579.20～1669.80	33.2	8	1967.09.21—1967.10.06	4mm 油嘴自喷			20400				气层

第二节　局部详探与重点突破阶段（1970—1980 年）

1970 年初，燃料化学工业部唐克副部长来辽河视察工作，听取辽河坳陷三年来的勘探成果和对地质规律认识的汇报，研究扩大辽河坳陷的勘探部署，酝酿组织辽河坳陷的石油会战。1970 年 2 月 29 日，燃料化学工业部军管会向国务院呈送了《关于加速下辽河盆地石油勘探的报告》，报告中指出："根据已掌握的地质资料，我们认为下辽河盆地是一个高产油气区。""勘探和开发这样的油田，钻探成功率很高，花钱少，收效快，不仅可以很快解决鞍钢和辽宁的燃料问题，而且可以为海上勘探提供情况，为石油高速发展准备条件"（孙崇仁，2010）。1970 年 3 月，经国务院批准，石油工业部正式决定加速辽河地区油气资源的勘探，调集大港油田近万名勘探队伍与原大庆六七三厂的勘探队伍一起，组成辽河石油勘探会战指挥部，也称"三二二油田"。

辽河石油勘探会战指挥部的成立，标志着一个新勘探阶段的开始，勘探队伍迅速扩大，钻井队由 1969 年的 6 个，增加到 1970 年的 21 个，地震队伍也由原来的 2 个增加到 11 个，特别是在 1970 年冬到 1971 年春的地震勘探年度内，组织了一次地震小会战，参加会战的地震队多达 27 个。地震技术装备也有很大改善，模拟多次覆盖逐步取代了单次测量，地震资料的精度和质量都有所提高。

辽河地区石油会战开始以后，由于勘探队伍的扩大、技术力量的增强、技术装备的更新、地震资料的精度和质量的提高，促使勘探工作产生了质的飞跃。区域展开达到一定程度，需要在最有利的部位集中力量进行整体解剖。因此，这一时期勘探的主导思想是：在重点地区，集中力量进行钻探，并以一定力量甩开进行区域预探，在有利的勘探领域继续扩大勘探成果。

一、详探兴隆台，兼探大构造

1969 年，开始钻探兴隆台构造，在兴隆台构造的高点部署了兴 1 井、兴 2 井两口预探井。同年 9 月，兴 1 井在沙一段中部（于楼油层）试油，8mm 油嘴自喷，日产油 152.4t，首次获得百吨以上高产油气流，从而发现了兴隆台含油构造。此后一年多时间，主要是扩大含油面积，但在油田扩边上仍未完全摆脱"局部构造高部位含油"的思想约束，沿兴隆台油田轴线向北东方向的高部位追踪，仅发现了陈家含油区块。

1972 年，吸取前期的教训，解放了思想，在油田扩边上"下山头，出胡同，勇上低断块（阶）"，取得丰硕成果：在于楼—黄金带东侧及兴隆台南部的低断阶钻探中，有 6 口井获工业油气流，其中于 9 井、于 11 井、兴 15 井、兴 53 井都是百吨级高产井。实践进一步打破了"局部构造高点含油"的思想约束，深化了对断块油田石油地质规律的认识，总结出断块油田具有"五多"的特征，即多含油断块、多油气层、多种油藏类型、多套压力系统、多种流体性质，其中以多含油断块为核心，它是一个复杂断块油田的本质所在。一个断块经过钻探未获得工业油气流，并不意味着另外的断块也不含油气；高断块不出油，并不意味着低断块也不能出油。这样就跳出了局部构造高点控制油气的圈子，开阔了视野，使断块油田的勘探向前迈出了一大步。

1972 年的勘探实践和成果，揭示了西部凹陷是辽河坳陷主要的生油凹陷，深而开阔，具有更大的含油远景。兴隆台构造带是该凹陷内的一个二级构造带，是“凹中之隆”，处于陈家、盘山、清水诸生油洼陷之间，构造位置十分有利。

1973 年，决定把主要勘探力量投入到西部凹陷，从而实现当年辽河油气勘探的第一次重大战略转移，制订了“区域甩开与重点解剖相结合，集中主要力量拿面积、夺高产”的勘探原则。加强高产规律的研究，提出“占断块，打高点，沿断层找高产，找到高产多打眼”的勘探方法。当年涌现高产井 28 口，并相继出现兴 411 井、马 20 井等初试日产千吨和双千吨的高产油井。但是，由于过分强调夺高产，“眼睛盯着小断块，唱起断层歌”，忽视了解剖二级构造带，结果造成后备探区、后备储量跟不上油田开发需要，“多处出油无面积，找到高产无储量”的被动局面。

1974 年，进一步总结经验教训，认识到辽河坳陷内发育的两组断裂系统中，北东向的断裂系统发育时期较早，活动时间较长，延伸距离较远，除形成坳陷及凹陷边界的一级断层外，还控制各二级构造带的形成。这些北东向的断裂大都发生在辽河坳陷主要成油期以前，并在整个成油期继续活动，其活动的强度和相应形成的二级构造带隆起的幅度，是控制油气藏形成的主导因素，它们直接决定了各二级构造带的含油范围、油藏高度和油气水的组合关系。北西西方向的断裂发育时期较晚，活动的时间较短，大多是一些延伸不长的断裂，是发生在辽河坳陷主要成油期以后的断裂系统，它们可以把二级构造带切割成许多个复杂的断块，但并不控制油气藏的形成，只对一个二级构造带内已经形成的油气藏起局部调节作用，成为许多各具特色的独立小油气藏。这些被分割了的小断块油气藏仍保持了一个二级构造带所控制的油气藏共性。一个二级构造带就是一个油气聚集带，基于这种认识，因而，每一个二级构造带都应该作为油气勘探的基本单元进行综合评价、整体部署、分块实施、择优先探。在整体解剖兴隆台构造带和西部凹陷西部斜坡带的过程中，都贯穿了这个指导思想，取得了明显的效果，大大加快了勘探进程。同年，以兴隆台构造带为主战场，集中优势兵力打歼灭战，探面积，建能力，成果显著，很快扩大了含油气面积，形成了生产能力。到 1975 年就全面拿下了兴隆台油田，年产原油从 1970 年的 2152t，增长到 1975 年的 245.4×10^4t，达到一个新的高度。

在兴隆台集中力量进行勘探和产能建设的同时，区域勘探也有重要进展，在东部凹陷北部的牛居—青龙台断裂背斜构造带、西部凹陷的西部斜坡带和大民屯凹陷同时展开。

东部凹陷北部的牛居—青龙台断裂背斜构造带面积 303km^2，也是一个凹中之隆。早在 1971 年进行区域预探时，牛居构造上的牛 1 井就已经获得工业油流。1974 年，在牛居构造的主体部位部署钻探了牛 5 井，在沙一段中部（于楼油层）试油获日产原油 254m^3、天然气 25060m^3 的高产油气流。但是，由于该地区地质构造条件十分复杂，当时的地震技术尚不足以认识其规律性，于 1975 年暂时中断勘探。

大民屯凹陷是辽河坳陷三个主要生油凹陷中最小的一个凹陷，面积 800km^2。经过 1961—1970 年的地震勘探，对大民屯凹陷的地质、构造特点和二级构造带的展布情况已经有了基本的认识。1971 年 3 月，在前进断裂背斜构造带和静安堡断裂鼻状构造带首先钻探，先后完成了沈 1 井和沈 2 井两口预探井，尽管当时地震手段比较原始，编制的构造图精度不高，两口井都没有部署在构造的高部位，但钻探的结果都发现了油气显示，测井资料综合解释有油层，初步肯定了大民屯凹陷的含油气前景。沈 2 井因为发现的油层很薄，未下油层套管而地质报废；沈 1 井试油虽未获工业油气流，但首次在大民屯凹陷发现特殊的油品——富含地蜡的高凝油。同年，为了进一步认识大民屯凹陷的含油气情况，在前进断裂背斜构造带中段的腰岗子高点上又部署了沈 5 井和沈 6 井。1972 年，这两口井试油先后获得工业气流和工业油流，打开了这一地区勘探的新局面，接着该构造带北段的大古城子高点和南段的前当铺高点也都先后获得了工业油、气流，发现了前进（大民屯）油田。1972 年以后，在集中钻探前进断裂背斜构造带的同时，还在凹陷内实施了区域勘探。经过 5 年勘探，到 1975 年底，大民屯凹陷共完钻探井 66 口，进尺 15.54×10^4m，钻探了 6 个二级构造，找到了前进（大民屯）、法哈牛两个油气田，并发现了曹台、静安堡、偏堡子、韩三家子、大荒地等含油构造，初步探明石油地质储量 4602×10^4t。原油性质在各区变化大，有稀油、高凝油、低凝油等多种油品（表 1–2–3）。由于当时的试油、试采工艺未过关，致使高凝油井均无法开发。同时，受当时的地震勘探技术的局限，得不到深层反射资料，对基底的形态结构缺乏认识。恰在此时，西部凹陷的西斜坡勘探取得重大突破，暂时中断大民屯凹陷的勘探。

表 1–2–3　大民屯凹陷原油性质变化简表（1975 年）

原油性质	密度 /（g/cm³）		黏度（50℃）/（mPa·s）		含蜡量 /%		凝固点 /℃	
	最小	最大	最小	最大	最小	最大	最小	最大
变化值	0.78	0.93	1.3	55.0	3.3	53.5	–23	61
代表井	沈 30	沈 49	沈 30	沈 49	沈 30	沈 1	沈 49	沈 32

到 1975 年底，辽河坳陷已累计完成二维地震测线 19740km，完成各类探井 369 口，探井总进尺为 92.08×10^4m，勘探工作进入到一个新的阶段。在主攻兴隆台的同时，还抓紧了对其他地区的区域勘探，并为新的勘探主战场的选择和接替准备了必要的条件。

二、主攻西斜坡，发现三个大油田

西部凹陷的西部斜坡带原来叫作高升—西八千断裂鼻状构造带，是因其从北到南由一系列自西向东倾没的鼻状构造组成而命名，总勘探面积达 1230km²，占整个西部凹陷面积的一半以上。经过多年地震勘探，对这个面积很大的西部斜坡带的构造面貌和地质特征已经有了基本了解，并且在这个斜坡带上发现了高升、曙光、杜家台、胜利塘、齐家、欢喜岭、西八千等受断裂控制、以鼻状构造为主要特征的局部构造圈闭，已经具备了进行预探的条件。

西部斜坡带的预探开始于 1973 年，当年在该带南段钻探了千 1 井和锦 1 井两口预探井，千 1 井位于斜坡的最高部位，未发现油气显示；锦 1 井经过试油，首次在沙二段（兴隆台油层）3128.8～3131.4m 井段获得少量油和气，这足以说明西部斜坡带具备了油气成藏的基本条件。

1975 年 4 月，斜坡带南段的欢喜岭地区，杜 4 井在沙四段（杜家台油层）2641.8～2659.0m 试油，射开 3 层 8.4m，10mm 油嘴求产，日产油 113.8t、天然气 13953m³，获高产油气流。这是欢喜岭油田的发现井，也是西部斜坡带的发现井。同月，西部斜坡带中段的曙光地区杜7井也在杜家台油层获得高产油流，在1946.4～2016.0m井段试油，6mm油嘴自喷，日产油71.4t、天然气5706m^3，这是曙光油田的发现井。

西部斜坡带勘探取得重大突破，步入了西斜坡石油会战的新时期。勘探力量迅速向西斜坡集中，在斜坡范围全面展开。1975年9月，局勘探技术座谈会认真总结前期勘探工作，深化了对石油地质规律的认识，兴隆台和西斜坡钻探实践所揭示的地质特征说明，油气的聚集、富集，不仅受构造因素控制，而且还受岩相带的控制，明确提出了构造岩相带是控制油气聚集的基本地质单元的观点。在勘探方法上，认真总结了兴隆台勘探的教训，认识到对一个二级构造带的早期勘探而言，没有一定的勘探程序，探一块，开发一块，不仅速度上不去，油田建设也十分被动。会议明确要求：勘探必须地震先行，钻探应按预探、整体解剖、详探的程序进行。

上述认识及时指导了西斜坡的钻探，沿斜坡轴向的中高部位部署了13口预探井，垂直轴向（沿倾向）部署了14条剖面，剖面尽可能过预探井，整体解剖斜坡带，成效显著。1975年9月，西部斜坡带北段高升地区的高1井又在沙四段（高升油层）试油获得工业油流。至此，整个西部斜坡带从南到北捷报频传、全面开花，勘探的形势越来越好。

根据西部斜坡带勘探的大好形势，1975年底，石油化学工业部组织了曙光石油会战。大庆油田的石油队伍亦南下并肩作战，在曙光地区大约200km^2的范围内进行全面勘探和开发，在不到两年的时间里就基本探明了曙光油田，新增探明石油地质储量8196×10^4t。

1977年，高升油田进入全面勘探，其主要含油目的层为沙三段（莲花油层），是发育在沙三段内部的一个浊积砂体，油层厚而且集中，几乎没有明显的泥岩隔层，高点部位油气层的厚度可达200m以上，虽然含油范围仅有16km^2，但却是一个油、气储量丰度很高的油田。经过一年勘探，就探明石油地质储量8943×10^4t。

1978年，勘探与开发的重心移到了西部斜坡带南段的欢喜岭油田。南部欢喜岭地区的构造面貌和断裂发育程度要比北部高升地区复杂得多。在欢喜岭地区，斜坡带又可以进一步分为上台阶、高垒带、下台阶等三个次级带，这三个带的特征由南向北一直可以延伸到曙光油田。由于上台阶主要是稠油分布的区域，而下台阶油层的埋藏深度又太大，因此从一开始就把着眼点放在勘探高垒带上。高垒带油层埋藏深度适中、油层巨厚、产量很高、储量丰富。按照先肥后瘦、先易后难、先浅后深的原则，首先集中勘探了高垒带上的锦16、欢26两个高产区块，以后以滚动勘探开发方式，逐步扩展。到1978年底，就基本探明高垒带的含油气面积和石油及天然气地质储量，取得非常明显的勘探效果。探明高垒带以后，继续扩大成果，一方面大胆钻探下台阶低断块，另一方面集中勘探上台阶稠油富集区，并进行稠油开采攻关，很快取得经济效益。

西部斜坡带从开始预探发现油田，到初步探明近3×10^8t石油地质储量，并全面投入开发，前后只用了5年时间，特别是1975年以后，基本上是一年勘探、开发一个大油田，三年跨出三大步，不但体现了较高的勘探速度和成效，而且也体现了勘探技术水平的提高。在这一阶段，石油地质储量有大幅度增长，累计新增探明石油地质储量2.98×10^8t，平均每口探井探明地质储量为168×10^4t。

在主攻西部斜坡带的同时，通过对曙2井、曙71井、曙4-5-23井等录井资料的复查和研究，确认在西斜坡的曙光—高升地区，存在以震旦亚界（中—新元古界）碳酸盐岩为储油层的潜山油藏，为辽河油区的深层勘探开辟了新领域。1979年，曙光古潜山勘探取得重大突破，10余口井获工业油流，其中有5口井获100t以上的高产油流。此外，在本阶段后期，还加强了双台子构造带的石油地质研究，发现了双台子油气田。

这一阶段的地质研究，除含油区带评价等部署研究外，还展开了生油研究、油气聚集单元研究、古潜山油藏类型及形成条件研究、油气分布聚集规律研究和辽河断陷形成机制研究，及时为勘探部署提供依据。

此阶段是辽河坳陷油气勘探的大发现时期，发现并建成了兴隆台、黄金带、热河台、于楼、大平房、前进（大民屯）、法哈牛、高升、曙光、欢喜岭和双台子等11个油气田，累计探明石油地质储量 4.8×10^8t，勘探成效显著。

第三节　拓展勘探与规模增储阶段（1981—1992年）

西斜坡勘探的大好形势，致使几年中几乎集中了辽河全部勘探力量投入在西斜坡，忽略了甩开钻探搞接替的问题。在相继拿下三个大油田后，后续勘探方向不明，1980年出现当年储量负增长（-103×10^4t）的局面。通过反思，再次确定甩开钻探找发现、扩大新区搞接替的思路。迅速把勘探力量分配到三个凹陷：西部凹陷探双南、东侧陡坡带；东部凹陷重上牛居—青龙台构造带、预探茨榆坨；二次勘探大民屯凹陷。

在地质研究方面，及时加强了烃源岩地球化学、以凹陷为单元的构造、沉积及其演化特征、油气藏类型及分布富集规律、古潜山储层等研究工作。按照石油部门的统一安排，开展了辽河油区第一次油气资源评价，首次资源评价结果表明：辽河坳陷石油远景资源量为 30.5×10^8t（陆上 23×10^8t，滩海 7.5×10^8t），天然气资源量为 $3500 \times 10^8 m^3$（陆上 $2500 \times 10^8 m^3$，滩海 $1000 \times 10^8 m^3$）。丰富的油气资源极大地鼓舞了辽河油田广大勘探人员的士气，满怀信心地投入到扩大已有成果，开辟新区、新领域的奋斗中。通过扎实的地质研究，提出在陆相凹陷湖盆中广泛存在扇三角洲、浊积岩（湖底扇）的观点，建立了构造、沉积及油气藏分布模式、复式油气聚集带模式。这些新观点、新认识，及时指导了勘探部署，使勘探工作取得更有成效的进展。

一、二探大民屯凹陷，发现静安堡潜山大油田

1. 地震先行，应用新技术，搞清凹陷结构

从1980年冬开始，在大民屯凹陷重新部署地震详查，进行模拟12次覆盖和数字24次覆盖地震连片测量，使资料品质有了明显改善，得到了较好的深层反射资料，主要地层界面都获得了清晰的反射，资料品质的改善为搞清凹陷结构提供了先决条件。在进行资料解释的同时，还应用了地震地层学解释方法，通过对地震、地质和测井资料的综合研究，认为基底为太古宇、元古宇和中生界；新生界沉积厚度达6000m以上，经受多期构造运动，断裂发育；凹陷发育早，沙四段—沙三段沉积厚度占80%以上，缺失沙二段，而沙一段、东营组和新近系亦均较薄；沙四段为主要生油层，分布面积广，生油条件好，油气资源丰富；生油岩之上广泛发育沙三段河流三角洲和扇三角洲，生储盖配置

条件和油气藏保存条件好，含油气丰度较高。以高含蜡、高凝固点原油为主。

2. 勘探潜山油藏，开辟新的勘探领域

早在1971年初开始勘探大民屯凹陷时，就已经在凹陷东北部的沈2井发现了中—新元古界，揭开厚度8.5m，岩性为铁质石英细砂岩，未发现油气显示，由于揭开厚度较少，当时层位难以确定。1973—1975年，在静安堡、曹台、法哈牛、韩三家子等构造上先后有8口探井钻遇太古宇混合花岗岩，揭开潜山厚度最大可达339m，沈31井、沈32井、沈41井、沈47井及法9井等5口井在混合花岗岩中见到了油气显示，曹台潜山上的沈41井在混合花岗岩井段裸眼测试获油流，由于原油为高凝油，未能求得产量，但初步证实了大民屯凹陷的太古宇混合花岗岩潜山是含油的。

1982年，在解释二维地震733.0测线叠加剖面时，在2～3s的两个强反射层之间找到了一个杂乱反射相，层速度高，故将上反射层解释为沙三段底界，下反射层解释为太古宇顶界，高速层为巨厚的浊积体，认为浊积砂体既有构造背景，储层又发育，是十分有利的圈闭，并在有利部位部署一口预探井——胜3井。1982年12月，该井在2633m钻遇太古宇变质岩，见到良好的油气显示，试油获183.8t的高产油流（表1-2-4），从而发现了东胜堡潜山。潜山顶面深度与原解释砂体顶面深度基本相符，但却不是砂岩，原来认为深层强反射是基底，实际上是侧面波，这是解释上的一个失误。随后，用钻井标定层位，在偏移剖面上解释断层，识别潜山反射，作出了潜山顶面构造图，证实东胜堡潜山是一个单断型潜山。随后在潜山不同部位部署一批探井，很快探明潜山石油地质储量2984×10^4t。

1984年初，在静安堡断裂鼻状构造带上钻探新生界砂岩油藏的静3井，加深钻探进入潜山，结果发现了中—新元古界石灰岩潜山油藏。该井在井深2632m以下发现一套灰质白云岩，岩心观察裂缝十分发育，而且有很好的油气显示，在揭开白云岩段80m后完井，进行裸眼测试，用热电缆在井下加温的方法获得了自喷，日产油114t（表1-2-4），这是在大民屯凹陷首次发现的中—新元古界石灰岩油藏。静3井获高产油流后，根据这一地区的地震反射特征，预测了中—新元古界石灰岩可能分布的区域，很快就控制了静北石灰岩油藏的分布范围。经部署十字剖面井钻探，均钻遇中—新元古界，并见到很好的油气层，3口井试油获得日产千吨高产油气流，其中安74井获得日产油2508t、天然气$6\times10^4m^3$，成为中—新元古界潜山第一口双千吨井，也是辽河油田继马20井之后的第二口双千吨高产油井。1983年以后，大民屯凹陷的勘探全面展开，勘探重心放在凹陷东部地区，并以潜山油藏作为勘探的主要目标。大民屯凹陷此时已成为勘探的重点地区，当时集中17台钻机（相当于全局钻探井动用钻机总数的60%）进行钻探。

表1-2-4 大民屯凹陷胜3井、静3井试油简表

井号	试油井段/m	层位	厚度/m	层数	射孔日期	工作制度	日产量			试油结论
							油/t	气/m^3	水/m^3	
胜3	2815.00～2878.00	Ar	63	5	1983-02-24	10mm油嘴	183.8	9964		油层
静3	2640.00～2712.84	Pt	72.84	1	1984-01-05	13mm油嘴（酸后）	114.0	2051		油层

在地震先行、应用新技术解释的同时，还加强了烃源岩、沉积、古潜山储层等以油气藏形成条件为中心的综合研究。使大民屯凹陷古潜山勘探不断取得新进展，1984 年，通过安 36 井、哈 3 井等的钻探，先后发现了边台和法哈牛潜山油气藏；上覆的古近系也先后发现了沈 84—安 12 块沙三段、法哈牛块沙三段等油气富集区，使古近系油藏叠合连片。

由于大民屯凹陷原油性质具有高凝固点、高含蜡的特点，在此阶段的勘探实践中，经过引进、消化，应用和发展了一整套适合陆相高含蜡、高凝固点原油的测试技术和油层保护技术，地层测试技术有效地解决了高凝油层试油难的问题。热力试油、试采工艺是动用高凝油储量的关键性技术。1982 年，对静安堡断裂鼻状构造带北部的沈 95 井用热水循环的方法进行高凝油热采试验，由原来不出油，通过热水循环取得日产原油 17.6t 的可喜成果，为高凝油分布区域的勘探和开发闯出了一条新路子。1983 年，又对静安堡断裂鼻状构造带中段的沈 84 井进行高凝油热采试验，用下电缆（下深 1200m）的办法，在井下加热开采高凝油取得成功，日产油达 42t，终于突破了高凝油的试油和开采难关，为高凝油全面开发奠定了基础。

继中期勘探发现油田之后，为了给油田开发提供更准确的构造，从 1984 年冬开始进行三维地震试验，1986 年开始进行三维地震资料采集。通过资料解释，进一步发现了非背斜圈闭及小断块、小幅度构造及潜山圈闭，为凹陷的进一步勘探提供了勘探目标。与此同时，围绕储层岩性、裂缝特征、油藏性质、驱动能量、储量等问题开展了油藏评价，根据三维地震解释结果进一步精心部署，发现和扩大了含油面积，使大民屯凹陷成为现实的储量接替区。

至 1989 年底，大民屯凹陷累计探明石油地质储量 26686×10^4t，建成 300×10^4t 原油年生产能力，成为我国最大的现代化高凝油生产基地。

二、再探东部凹陷北段，找到三个中等规模油田

东部凹陷北部地区主要包括牛居—青龙台断裂背斜构造带、茨榆坨潜山披覆构造带、头台—沈旦堡断阶带等正向二级构造单元。

牛居—青龙台断裂背斜构造带是一个洼中之隆，构造面积约 300km^2。早在 1966 年地质部就在牛居构造上钻了第一口预探井——辽 9 井，发现油气显示。1971 年钻探了牛 1 井，在沙一段获得工业油气流，证实牛居构造是一个具有工业价值的含油构造。1974 年在牛居构造主体部位的高垒块上钻探了牛 5 井，该井在沙一段 2350.4～2403.0m 试油获得高产油气流，自喷日产油 254t、天然气 25060m^3，且不含水。1974—1975 年间，以牛居构造为中心，对整个地区展开全面勘探，先后钻探了牛居、青龙台、头台、四方台、茨榆坨、彰驿站等局部构造，几乎对所有二级构造带都进行了钻探，共完成探井 16 口，除牛居构造上的牛 5 井获高产油气流外，其他构造上的探井全部落空，使东部凹陷北部地区的勘探再一次处于低潮。分析原因，是由于这一地区地质构造条件复杂，现有的地震勘探手段（模拟 6 次覆盖）还难以认识地下，从而暂时中断对这一地区的钻探。此后，随着地震技术的改进，用数字地震仪部署地震详查，并把覆盖次数增加到 24 次，同时，改进野外施工和资料处理方法，取得较好的地震反射资料。在这个基础上反复落实局部构造，对圈闭范围、轴线方向、断层组合、断块划分、高点位置等方面都搞得比

较清楚和准确，为这一地区的重新钻探打好了基础。

从 1980 年开始，对东部凹陷北部地区进行第三轮钻探，以牛居—青龙台断裂背斜构造带为重点进行整体解剖，除进一步证实牛居构造是一个具有工业开采价值的油田外，1980 年钻探的龙 10 井在沙三段 1747.2～1803.6m 井段试油获工业油流，终于在青龙台构造取得重要进展。1979 年 9 月开钻，1980 年 1 月试油的茨 2 井在 1801.0～1807.4m 井段获低产气流，勘探首先在茨榆坨披覆构造带的南段取得进展，开拓了这一地区勘探的新局面。

经过几年勘探，先后在东部凹陷北段发现了牛居、青龙台、茨榆坨三个油气田，成为重要油气富集区之一。

三、扩展勘探西部凹陷，探明储量大幅增长

这一时期，西部凹陷的钻探，一是在西斜坡继续扩大勘探成果，二是台安—大洼断裂带、双台子—鸳鸯沟地区甩开钻探。西斜坡在前一阶段，尽管找到三个亿吨级规模的大油田，但探明储量只有 2.98×10^8t，而在本阶段中，按复式油气聚集带模式，通过向上、下台阶扩边，在油田内部找新的含油区块、新的油气藏类型。探明石油地质储量年年有新的增长，至 1989 年，探明石油地质储量已达 7.7×10^8t，相当于又找到三个亿吨级大油田，勘探成果十分显著。

1986—1992 年，集中力量勘探了台安—大洼断裂带，取得了重大突破。

1986 年，经过西部凹陷北部地区的专题研究，应用综合物探方法重新编图，对西部凹陷北部的构造面貌有了新的认识，使西部凹陷的北缘整整向北扩展了 $200km^2$（过去曾认为是中央凸起的组成部分），在其中发现了牛心坨东断阶带、牛心坨断裂背斜构造带、牛心坨向斜带、西部逆掩断裂带等次一级构造单元，其中牛心坨断裂背斜构造带是一个洼中之隆，构造面貌清楚，面积达 $40km^2$，是一个十分有利的构造。同时，结合 1983 年东北煤田勘探公司钻探的牛 2 孔和牛 3 孔在沙四段发现生油岩这一信息，1987 年在牛心坨构造的南倾部位部署实施了张 1 井获得了工业油流，发现了一套新油层——沙四段牛心坨油层，揭开了牛心坨油田勘探的序幕。

1987 年，在清水洼陷台安—大洼断层西侧钻探的洼 16 井在东营组试油获百吨以上高产油流，发现了东部陡坡带的又一个油田——大洼油田，新增探明石油地质储量 3343×10^4t。

1988 年，在海外河构造带上钻探的海 2 井在东营组获得了高产油流，新增探明石油地质储量 3666×10^4t。

1989 年，在深入分析二维地震资料和地质资料的基础上，精细解释了三维地震资料，综合研究了本区的构造形态、圈闭类型和储层分布规律。认为雷家—冷东断阶带是一个受台安—大洼主干断裂活动影响，并在其控制下形成的被北东、北西两组断层切割而复杂化了的长轴背斜，西临陈家洼陷，油源条件十分优越。在这些认识的基础上，在冷东—雷家地区中段部署钻探了冷 37 井，该井在沙三段裸眼中途测试获 100t 以上的高产油流，发现了冷 37 含油富集断块，勘探取得突破性进展。1990 年冷东—雷家地区整体评价全面展开，在构造带新发现冷 43 稠油富集区块，油层厚度达 200m 以上，当年完成探井 18 口，进尺 44028m，发现了冷 60、冷 61 等多个含油断块。1991 年，在冷 43、

冷 61 等断块新增探明石油地质储量 4434×10^4t。随后的几年，雷家—冷东地区不断有新的发现，探明储量不断增长，使该地区的累计探明石油地质储量超亿吨，是辽河坳陷继高升油田、曙光油田、欢喜岭油田、静安堡油田之后的第五个亿吨级复式油气富集区。

此外，在本阶段初期，对双台子—鸳鸯沟地区开展了地震地层学、构造特征及勘探方向等基础地质研究，于 1982 年钻探双南构造。同年 6 月，双 91 井获百吨级高产油气流，发现了双南油田。

总之，拓展阶段是辽河油田增储上产高速发展时期，以西部凹陷西斜坡和台安—大洼断裂带以及大民屯凹陷为重点，自 1983 年至 1989 年每年新增石油地质储量在 7000×10^4t 以上，1984 年新增石油地质储量达到高峰为 1.69×10^8t，此后四年间，年新增石油地质储量均超过 1×10^8t。随着储量的大幅度增长，油田产量亦快速提高，1986 年辽河油田年生产原油 1001×10^4t，天然气 $15\times10^8m^3$，登上年产千万吨台阶，取得了全国石油系统“油老三”的地位。拓展勘探成果显著，相继发现了大洼、海外河、冷家堡、牛心坨、双南、青龙台、茨榆坨、东胜堡、静安堡、边台等油气田，为辽河油田的快速增产奠定良好基础。

第四节　深化陆上与加快滩海阶段（1993—2005 年）

随着勘探程度的提高，辽河坳陷陆上主要构造带均已钻探，辽河油田决策层依据辽河坳陷资源潜力，提出了“要敢于打破框框、创新思维，要突破禁区，以大发现、大突破为主要目标，形成新的储量接替战场”的指导思想。并制订“深化坳陷陆上，加快滩海和外围盆地，扩展新区”的战略部署。通过加强石油地质条件的研究，强化新技术的应用，积极甩开预探，勘探实现了从砂岩向火成岩、从高中潜山向低潜山、从构造向岩性、从陆上到海域的转变。

一、辽河坳陷陆上深化勘探成效显著

1. 突破传统认识，低潜山油气藏勘探取得重要成果

自 1972 年，辽河油田发现兴隆台古潜山至本阶段前，已历时 20 年的古潜山油气藏勘探和研究工作，实现了由变质岩潜山到碳酸盐岩潜山的转变，但勘探工作主要集中在高、中潜山上，且一度受阻，进展缓慢。

1995 年初，在追踪杜 300 井区沙四段杜家台油层时，利用二维地震资料，重新落实曙 103 圈闭，经综合研究和评价认为，该圈闭是沙四段杜家台油层披覆在潜山上的复合圈闭，面积约 $3.3km^2$，部署实施曙 103 井。1995 年 3 月，该井钻遇潜山地层时，在中—新元古界白云质灰岩段见良好油气显示，完钻后在 3359.6～3400.0m 井段试油，18mm 油嘴求产，获日产油 437t、日产气 $45823m^3$ 的高产油气流。随后，在曙 103 井周围以 400m 井距部署实施曙 103-1 井等 4 口试采井，均获高产油气流。1996 年，该区在中—新元古界新增探明石油地质储量 570×10^4t。曙 103 井的成功钻探，突破了过去认为西部凹陷西斜坡潜山具有统一油水界面（-3000m）的认识，从而为重新认识、评价辽河坳陷陆上古潜山油藏提供了新思路，进一步拓宽了勘探领域。

从 1999 年开始，利用大民屯凹陷已有的三维地震资料，开展了全凹陷 $800km^2$ 的潜

山连片编图，在搞清潜山大构造格局的同时，对潜山带进行了重新划分，把大民屯凹陷潜山从东到西分为高、中、低三个潜山带。通过对成藏条件的重新认识，摆脱以往认为大民屯凹陷潜山油水界面统一为 -3080m 传统认识的束缚（陈振岩等，2007），使大民屯凹陷潜山的油气勘探不断向纵深扩展，极大地扩展了潜山纵深勘探领域。2001 年 1 月 26 日，沈 625 井在中—新元古界 3157.37～3215.18m 井段中途测试，液面 940.77m，获日产 300t 以上的高产油流，随后部署实施的沈 229 井在中—新元古界 3198.52～3252.17m 井段试油，15mm 油嘴求产，日产油 160m^3，从而发现了安福屯低潜山油藏。2001 年 5 月 24 日，沈 628 井中途测试，在太古宇 3371.71～3541.57m，10mm 油嘴求产，获日产 117m^3 的高产油流，发现东胜堡西侧低潜山油藏。2003 年 12 月 22 日，沈 262 井在中—新元古界 3512.0～3532.0m 井段试油，获日产 150t 的高产油流，发现了平安堡低潜山油藏。2004 年 4 月 23 日，大民屯凹陷沈 266 井在太古宇 3683.1～3728.1m 井段试油，26m/4 层，日产油 18.02t，将大民屯凹陷潜山油水界限下推 700m 以上。在大民屯凹陷低潜山累计新增探明石油地质储量 3982×10^4t。

按照低潜山成藏模式，对兴隆台潜山带南北两侧的低潜山开展了进一步评价和钻探，也获得了重要突破。2003 年 12 月 4 日，在马古潜山钻探马古 1 井，该井在太古宇 3844.83～4081.02m 井段，裸眼测试，6mm 油嘴求产，获日产油 23.8t、天然气 5.8×10^4m^3 的高产油气流。随后在陈古潜山钻探了陈古 3 井，该井在潜山 4700m 出油，刷新了辽河坳陷潜山出油底界新纪录。2004 年，在马圈子潜山部署实施的马古 3 井，在 911m 厚的中生界之下，钻遇 441m 的太古宇，在太古宇试油，获工业油气流。证实了巨厚中生界之下仍可形成潜山油气藏。

低潜山和潜山深层勘探的成功，不仅极大地拓展了勘探领域，也为基岩油气藏的勘探和研究奠定了良好的基础。

2. 解放思想，火成岩油气藏勘探取得重要突破

位于东部凹陷热河台构造的热 24 井于 1971 年 8 月完钻，在沙三段钻遇厚约 200m 的火山岩，录井 39m 油斑、富含油显示；1975 年 3 月，该井针对 2186.0～2241.0m 井段火山岩试油，液面求产（958.00m），日产 42.24m^3 的工业油流，引起了研究人员的注意。但由于当时碎屑岩勘探效果更好，这一领域的勘探与地质研究工作未能及时深入。20 世纪 70—90 年代，火成岩油气藏勘探一直处于探索阶段。1997 年 5 月 25 日，位于东部凹陷欧利坨子地区的欧 26 井在沙三段 1849.3～1855.0m 粗面岩中试油，8mm 油嘴求产，日产油 148.29t、日产气 20154m^3，展示了火山岩广阔的勘探前景，揭开了辽河坳陷以火成岩油气藏为目标的勘探序幕。

1999 年 11 月 27 日，小 22 井在火山岩中获得高产油气流，发现了以火山岩为主要目的层的千万吨级的黄沙坨油田，之后，陆续在青龙台、驾掌寺等地区的火成岩勘探中获得成功。新钻探井的成功，推动了对老井火成岩的重新认识，经复查，红星、黄金带、热河台、欧利坨子和青龙台等地区的一批老井在火成岩井段中重新试油，获得工业油气流。此外，西部凹陷牛心坨地区的坨 32 井在中生界流纹岩中发现了厚层油气层，并获得工业油气流；西部凹陷大洼地区的洼 609 井在中生界安山岩、凝灰岩中获日产油 24.4t、日产气 10.9×10^4m^3 的高产油气流。火成岩油气藏的勘探在这一阶段取得了重要突破。

至2005年底，经过初期探索、目标勘探到立体勘探，辽河坳陷已在100余口井的火成岩中见到良好油气显示，其中50余口井获工业油气流，发现了粗面岩、辉绿岩、流纹岩、凝灰岩、安山岩等五种火成岩油气藏，已在黄沙坨、欧利坨子、热河台等地区的沙三段中亚段粗面岩中探明石油地质储量 3223×10^4t，建成了黄沙坨和欧利坨子两个千万吨级的油田。在牛心坨和大洼地区中生界分别探明石油地质储量 717×10^4t 和 223×10^4t。火成岩成为辽河坳陷陆上增储上产的重要领域。

3. 创新找油思路，岩性油气藏勘探取得实质性进展

辽河油田岩性油气藏勘探起步较晚。20世纪90年代以来，在中国石油天然气股份有限公司的大力支持和推动下，积极学习兄弟油田岩性油气藏勘探经验，并结合自身特点，总结出一套适合于辽河坳陷的岩性油藏勘探思路和做法：层序分析定格架，属性分析定砂体，沉积分析定相带，精细解释定目标。应用岩性油藏勘探的找油思路，有效拓展了老区找油领域，大大加速了辽河油田岩性油藏勘探的步伐。

1）大民屯凹陷岩性油气藏

在前期的勘探中，大民屯凹陷西部斜坡带上已有多口井在沙三段、沙四段见到不同程度的油气显示，但一直没有发现规模储量。研究表明，大民屯凹陷沙三段、沙四段待探明资源量较大，特别是沙四段，基本没有探明储量。西部斜坡带上沙三段、沙四段具备良好的油源、构造和储层条件。因此，目标放在了西斜坡中北段新落实的沙三段、沙四段砂体上。2001年10月3日，在斜坡带下倾部位部署实施沈225井，该井在沙三段电测解释低产油层9.5m/2层，沙四段电测解释油层10.3m/3层，差油层33m/5层，对沙四段3285.0～3234.0m井段试油，平均液面2000m，折日产油12.86t。沈225井的钻探成功揭示大民屯凹陷西部斜坡带良好的勘探前景。随后根据沉积相研究和储层预测，先后在该斜坡带部署实施了沈257井、沈267井、沈268井等探井，它们均在沙四段岩性油气藏勘探中取得了良好的效果。至2005年底，大民屯凹陷西部斜坡带沙四段岩性油气藏勘探累计探明石油地质储量 1140×10^4t，打开了大民屯凹陷沙四段岩性油气藏勘探的新局面。

2）东部凹陷西部斜坡带岩性油气藏

按照岩性油气藏的勘探思路和方法，在东部凹陷西部斜坡带开展层序地层学研究，将沙三段细划为低位、湖侵和高位三个体系域，确定了西部斜坡带沙三段上亚段、沙三段中亚段是岩性油藏发育的有利部位。依据上述认识，以主要层系为目标，开展了以砂体为单元的储层预测和岩性油气藏成藏条件研究，在铁匠炉地区沙三段中亚段、沙三段上亚段预测两套有利含油砂体，面积分别为 $22km^2$ 和 $37km^2$。部署实施铁17井，该井在2465.0～2337.5m井段，试油三层，均获工业油流。铁17块新增探明石油地质储量 336×10^4t。铁17岩性油气藏的发现，突破了简单斜坡不利于形成规模油藏的认识。

3）西部凹陷坡洼过渡带岩性油气藏

西部凹陷勘探程度高，研究人员把注意力转向了鸳鸯沟至齐家下台阶所处的坡洼过渡带，该带勘探程度相对较低、勘探难度亦大，但却是发育岩性油藏有利地区。以此认识为基础，对坡洼过渡带进行了评价和优选。先后在鸳鸯沟、齐家地区岩性油藏勘探获得了成功，使岩性油气藏勘探在西部凹陷初步形成了规模。

在该区沙三段发现锦307等多个岩性砂体，落实圈闭17个，砂体面积 $96.8km^2$，部

署了锦 306 井、锦 307 井、齐 231 井、齐 232 井、齐 233 井等多口探井。经实施均见到良好的油气显示并获得工业油气流。为此及时总结岩性油气藏勘探的成功经验，并重点在鸳鸯沟地区沙二段的锦 307 井区开展岩性油气藏勘探，同步展开深入地质研究。在层序约束下以锦 307 出油层为出发点，刻画有利微相内的砂体，再结合供油断层、微构造等研究成果，部署实施了锦 310 井，该井在沙二段共电测解释油层 34.7m/9 层，差油层 7.9m/4 层，在 3376～3369.7m 井段试油，获日产油 85m^3 的高产油流，使鸳鸯沟地区岩性油气藏的勘探取得实质性进展，当年投入开发。锦 307、锦 310、齐 231、齐 233 等岩性油气藏勘探的成功均证明坡折带为岩性油藏有利分布区。

2002 年，西部凹陷东部陡坡带的近源扇体勘探也取得了重要突破。位于雷家地区雷 64 井在沙三段 2042.0～2065.0m 井段试油，10mm 油嘴求产，日产油 95.46t，日产气 11512m^3，充分展示了陡坡带近源扇体岩性油气藏的勘探潜力。

“十五”期间，应用岩性油气藏勘探思路，在勘探程度较低的地区、层系以及老区均取得实质性突破，累计新增探明石油地质储量 2928×10^4t。

此外，1994—1995 年，辽河油田为加大甩开勘探的力度，提出了风险勘探的新举措——局长上点将台、专家部风险井，并对勘探成果实行相应的奖励。实施风险探井 12 口，6 口井电测解释油气层，廖 1 井、河 8 井、詹 1 井、玉 1 井等 4 口井获工业油气流。其中，在西部凹陷南部双台子河口构造深层部署实施的詹 1 井，在沙二段 3056.6～3646.5m 井段，电测解释油层、差油层 34.6m/10 层，在 3583.0～3652.0m 井段试油，11mm 油嘴求产，日产油 52.45m^3，日产气 73415m^3，发现了深层高产富集的凝析油气藏；在东部凹陷北部侯家构造深层部署实施的玉 1 井，该井在沙二段电测解释油层 18.7m/4 层，在 3204.4～3208.9m 井段试油，8mm 油嘴自喷，日产气 13227m^3。风险勘探取得了较好效果。

二、辽河滩海油气勘探获重要发现

辽河滩海位于辽东湾北部，隶属辽宁省，地域范围涵盖葫芦岛—鲅鱼圈连线以北，海图水深 5m 以内的滩海地区。地表环境可划分为陆滩、海滩、潮间带和极浅海四种类型。矿产登记面积 3475km^2，其中陆滩面积 701km^2，海滩面积 1000km^2，潮间带 736km^2，极浅海面积 1038km^2。

20 世纪 80 年代，辽河油田成为中国第三大油田后，为了夯实资源基础，不断提高产量，开始将目光投向辽河滩海地区。1987 年完成 1∶20 万重力测量和 1∶5 万航磁测量及若干条二维地震采集。通过对仅有的磁力、重力和部分二维地震资料采用类比的方法进行分析认为，辽东湾滩海地域“三凸夹两凹”的区域地质结构与辽河坳陷陆上基本对应，预测完全可能蕴藏着与陆上同样丰富的油气资源。

按照中国石油天然气总公司“关于加快渤海湾海域油气勘探”的战略部署，于 1989 年 5 月 2 日成立了辽河石油勘探局浅海勘探公司，开展辽河滩海地区油气勘探工作。

1990—1995 年，辽河滩海地区的油气勘探以区带预探为主，期间完成二维地震 5595.65km，测网密度达 $0.5km \times 1.0km$。在中、西部探区重点区块开展了三维地震勘探，共采集三维地震 812.3km^2。通过二维、三维地震资料联合解释，并依据邻区的勘探成果，进行区带地质评价。1990 年，首先在滩海中部仙鹤—月牙断鼻构造带优选南部的月牙构造，部署实施了滩海地区第一口预探井 LH10-1-1 井。该井在东三段见到了良好油气显示，但试油未获得工业油气流。而后，进一步将工作重点转移到西部凹陷和东部凹陷，并先后在西部凹陷的笔架岭构造和东部凹陷的太阳岛、葵花岛构造部署实施了 LH4-1-1 井、LH13-1-1 井和 LH18-1-1 井等，均获得工业油气流，从而发现了笔架岭、太阳岛、葵花岛油田。

在此期间，在西部笔架岭油田完钻探井 11 口，8 口井获得工业油气流，其中 LH4-1-2 井和架岭 1 井分别在东三段和沙一段获得日产 50t 以上的高产油气流。新增探明石油地质储量 245×10^4t，探明含油面积 3.0km^2。

在东部太阳岛、葵花岛构造共完钻探井 16 口，10 口井在东营组获得工业油气流。其中葵花岛构造首钻的 LH18-1-1 井在东三段上部试油，有两层获百吨以上的高产油气流，最高日产油 329.24m^3，日产气 39590m^3，成为辽河滩海单井产量之最。根据钻探成果，在太阳岛、葵花岛两个含油气构造探明石油地质储量 1635×10^4t，探明含油面积 13.3km^2。探明天然气地质储量 7.48×10^8m^3，探明含气面积 2.8km^2。

“八五”期间，辽河坳陷陆上围绕中央凸起油气勘探成果丰富，相继在冷东断阶带、小洼、大洼、海外河低凸起披覆构造带油气勘探获得重要突破，累计探明 2×10^8t 规模地质储量。滩海海南—月东低凸起披覆构造带为陆上中央凸起带向海域的自然延伸，处于同一的构造应力场中，中新生代构造演化和成藏地质条件十分类似，具有较大的勘探潜力。而在该时期，滩海东部油气勘探处于低潮，葵花岛主体钻探的葵花 6 井、7 井、12 井相继落空，太阳岛构造钻探的 LH13-2-1 井也失利。面临的主要问题是地震资料品质差、构造格局不清、成藏机制不清。在此情况下，滩海勘探工作进行了第一次战略转移，即将勘探工作重心转移到了中部海南—月东披覆构造带。

1996 年，在二维地震资料精细解释的基础上，优选海南和月东两个构造的有利部位分别部署实施了一口预探井，即海南 1 井和月东 1 井，在东营组试油都获高产油气流，使海南—月东构造带的勘探获得了重大发现。同期在葵花岛—太阳岛构造带钻探的葵花 6 井、7 井、12 井和 LH13-2-1 井相继失利，揭示出该带构造破碎、油水关系复杂的特点。由此将辽河滩海地区的勘探重心转移到了中部海南—月东构造带，并加大了勘探投入和研究力度，连续采集三维地震 516.448km^2，构造带主体实现了三维地震满覆盖。利用三维地震资料，结合钻井等资料，采用多项先进、适用的勘探理论和技术，对该带构造格局、油源条件、沉积相带及储层发育特征等基本石油地质条件进行系统研究，落实有利圈闭。1996—2000 年，共完钻探井 16 口，其中 11 口井在东营组试油获油气流，累计探明石油地质储量 10336×10^4t，面积 42.3km^2，发现了辽河滩海的第一个亿吨级油气田——月海油气田。

“十五”初期，由于中部探区对外合作，滩海勘探工作进行了第二次战略转移，即将勘探工作重点再次转向东部。2001 年，燕南构造带首次进行三维采集和处理，2001—2002 年，在系统构造解释和储层预测的基础上，优选有利圈闭，相继部署燕南 1 井、2 井和燕南 101 井，均在馆陶组发现稠油层，说明燕南潜山披覆构造带是洼陷中油气运移的主要指向区。此外，钻井还在潜山之上揭露了 200m 左右的沙三段暗色泥岩，说明沙三段沉积时期湖盆范围广泛，作为洼中低隆起的燕南潜山勘探潜力大。

2002 年，对葵花岛构造进行二次三维采集，完成三维工作量 213km^2，地震资料品质得到明显改善。在此基础上，利用二次采集的三维资料进行构造重新解释，并开展沉积储层的预测与评价；对该区已完钻井资料进行重新复查，优选有利勘探目标，2003年相继在太阳岛构造和葵花岛构造主体部署太阳9井和葵花18井2口探井，均在东二段获日产 $10\times10^4m^3$ 以上的高产气流；2004年对重新采集的三维地震资料进行了处理和构造精细解释，部署实施了太阳6井、太阳10井和葵花19井等评价井，使该带的勘探成果进一步扩大。

在深化勘探阶段，各类国家攻关项目与科技专项的实施，对辽河坳陷深化勘探起到了很大的推动作用。一是"八五"国家重点科技攻关项目102项"大中型气田形成条件、分布规律和勘探技术研究"的实施，为深化辽河坳陷天然气形成条件、分布和富集规律研究，搞清天然气资源分布，落实天然气勘探目标提供了良好的机会，同时也极大地促进了辽河坳陷天然气勘探进程，取得了良好的效果。二是中国石油天然气总公司"九五"科技攻关项目"中国东部深层石油地质综合评价与勘探目标选择"的实施，明确了辽河坳陷深层油气资源潜力及勘探前景，建立了深层四种不同类型复式油气聚集带成藏模式，并依此指导勘探目标评价及部署研究，在深层构造、砂砾岩体、深埋潜山及火成岩等多个领域取得了重要突破，也为后续深层研究和部署积累了资料，提供了经验。三是岩性地层油气藏科技攻关项目的实施，使岩性地层油气藏勘探进入了一个新时期，勘探领域不断扩大，勘探成效显著。辽河探区岩性地层油气藏在"十五"期间新增探明石油地质储量 8866×10^4t，占新增探明总储量的45%。

第五节　精细勘探与稳定发展阶段（2006年至今）

进入"十一五"，辽河坳陷的油气勘探已完全进入高成熟勘探阶段，面对主要正向二级构造带已基本探明、整装油气田和大型构造油气藏发现概率越来越小的严峻形势，辽河勘探科研人员以富油气凹陷"满凹含油"理念（赵文智等，2004）为指导，致力于理论和技术创新，建立了基岩、岩性、火成岩和致密油气藏等成藏新模式，丰富和发展了石油地质勘探理论，勘探工作不断获得重要进展，发现了一系列整装油气藏，新增探明石油地质储量 28385×10^4t，为油田持续稳定有效发展奠定了坚实基础。

一、创新变质岩潜山成藏理论，基岩油气藏勘探获重大突破

"十一五"以来，通过总结西部凹陷和大民屯凹陷中、高潜山及低潜山勘探的成功经验，开展了变质岩潜山内幕成藏条件和勘探技术的攻关研究与实践，实现了从潜山风化壳勘探到潜山内幕勘探，再到整个基岩勘探的重要转变。

兴隆台潜山带由兴隆台潜山、马圈子低潜山和陈家低潜山组成，具有太古宇和中生界双元结构，当时勘探的主要目标是太古宇潜山。在前期对马圈子和陈家两个低潜山探索成功的基础上，认识到高潜山深部应该具有更优越的成藏条件。2005年10月28日，位于兴隆台潜山主体部位的兴古7井完钻。该井在2590m钻遇太古宇，完钻井深4230m，揭露太古宇厚度1640m，共解释油层136m/17层，差油层414.5m/45层。试油3次均获得工业油流，其中第三次试油在3592.0～3653.5m井段，52m/4层，8mm油嘴求产，

获日产油 66.46t、日产气 23049m^3 的高产油气流。兴古 7 井的钻探使兴隆台潜山的含油底界纵向下延 1300m，证实潜山内幕含油，发现了潜山内幕油气藏。随后部署实施的马古 5 井、兴古 8 井等探井和兴古 7–1 井、兴古 7–3 井等评价井，也在潜山内幕获得了工业油气流。

兴隆台潜山内幕的突破，拉开了潜山内幕油气藏勘探的序幕，是辽河坳陷变质岩内幕勘探的里程碑，标志着辽河坳陷基岩勘探进入了一个全新时期。

2008 年，按照“整体部署、整体评价”的勘探思路，应用新采集的城市三维地震资料，对兴隆台潜山带进行了精细构造解释和综合评价。整体部署了陈古 2 井、兴古 9 井、马古 7 井等 13 口探井和兴古 7–10 井等 6 口评价井，完钻后均获工业油气流。其中马古 6 井、马古 7 井、马古 8 井、马古 9 井、马古 12 井等 5 口井获得百吨级高产油气流。同时将兴隆台潜山带太古宇油藏出油底界扩展到 4660m，潜山含油幅度超过 2360m。

2010 年，兴隆台潜山带累计新增探明石油地质储量 1.27×10^8t，整体勘探获得巨大成功。

在这一勘探理念的指导下，2008 年在中央凸起南部部署了风险探井赵古 1 井，该井在潜山内部 3230.0～3270.0m 井段试油获得工业油流（日产油 27.48t，日产气 2550m^3），实现了中央凸起内幕勘探的重大突破。

2010 年，在大民屯凹陷基岩块体低部位部署了沈 309 井和胜 27 井，试油均获工业油流，日产油分别为 14.56t 和 34.2t。这些发现突破了过去对大民屯凹陷产油层深度下限的传统认识，提出了“基岩油气藏底界深度可以大于生油岩底界深度”（李晓光等，2017）的新认识，丰富了基岩油气成藏理论，拓展了基岩油气藏的勘探领域。

2006—2017 年，辽河坳陷基岩勘探新增探明石油地质储量 19210×10^4t，并建成超 100×10^4t 的年生产能力，成为辽河油田弥补产量递减、稳产千万吨的重要领域。

二、加强成藏模式研究，岩性油气藏勘探成果不断扩大

“十一五”到“十二五”期间，针对辽河坳陷“窄凹陷、近物源、相变快”的地质特点，依据岩性地层油气藏地质理论（贾承造等，2008），在三维地震资料精细采集、处理的基础上，通过开展地层层序、构造格局、沉积储层、油层改造等攻关研究，建立了陡坡型、缓坡型和洼陷型岩性油气藏成藏模式，形成了“古地貌控砂、相带控储、物性控藏”新认识，深化了成熟盆地碎屑岩油藏分布规律认识，丰富了岩性油气成藏理论。形成了厚层砂砾岩体期次划分技术、针对非均质性砂砾岩的有效储层预测技术，较好地解决了有效储层预测和勘探目标优选问题，有效地指导了岩性油气藏的勘探，实现了勘探领域从斜坡区向洼陷区、从中浅层到中深层的转变，勘探成果不断扩大。

1. 大民屯凹陷西部陡坡带砂砾岩体勘探

大民屯凹陷西部陡坡砂砾岩体勘探目标可分为沙四段上亚段上部及沙四段上亚段下部两个层组。下层组主要以前进扇体、平安堡扇体和安福屯扇体为主，上层组主要以兴隆堡扇体及广泛分布的浊积砂体为主。以平安堡和安福屯扇体为主要目标，部署探井 6 口，其中沈 354 井和沈 358 井处于最有利的扇三角洲前缘亚相，沈 357 井和沈 365 井位于扇三角洲平原亚相，沈 356 井和 367 井处于前扇三角洲亚相。沈 354 井、沈 357 井、

沈358井和沈365井试油均获得工业油流，其中，沈365井在沙四段3582.0～3616.0m井段试油，34.0m/5层，压后平均液面3081.21m，日产油6.6m³。2015年，在安福屯扇体低位域砂砾岩和平安堡扇体水进域砂砾岩中，新增探明含油面积9.07km²，新增探明石油地质储量1123.82×10⁴t。

2. 西部凹陷清水洼陷岩性油气藏勘探

清水洼陷是西部凹陷的生油气中心，油源条件十分优越，同时也是勘探程度最低的地区之一。依据西部凹陷整体已进入高成熟勘探阶段的现实，油气勘探思路也必然发生巨大的转变，洼陷区岩性油气藏成为重要的勘探领域。在高精度层序地层格架划分建立的基础上，通过叠前叠后多属性优选，对沙一段主要目的层湖侵域三个准层序的沉积相展布进行分析。整体看，清水洼陷沙一段湖侵域沉积时期，受边界大洼断层的控制，来自东侧中央凸起的物源入湖形成扇三角洲沉积，其水下分流河道及水下分流河道侧缘微相最为有利，发育构造—岩性油气藏。利用叠后叠前反演预测有效储层发育区，利用AVO流体因子预测含油气区，以此为依据进行井位部署和钻探。洼111井、双229井、双246井等探井获高产油气流。其中双229井沙一段下亚段共解释油层10.8m/3层、差油层6m/3层、油水同层3.7m/2层，在3352.6～3366.0m井段试油，压后日产油52m³，日产气4592m³，累计产油163m³。该区累计新增探明石油地质储量730×10⁴t，取得了良好的勘探效果。

3. 滩海海月披覆构造带滩坝砂体勘探

研究区基底南北高、中间低，主体发育多个低幅度潜山。古近系超覆、披覆于潜山之上，发育有披覆背斜、断鼻、地层及岩性等多种圈闭类型。研究认为，海月构造带东三期以滩坝砂沉积为主，具备形成岩性油气藏条件，2000年钻探的海南24井在东三段2187.3～2192.9m井段，5.6m/1层试油，8mm油嘴求产，日产油169m³，日产气5950m³，充分展示了滩坝砂岩性油气藏勘探的潜力。

综合应用多种地球物理技术，对海月构造带东三段滩坝砂体进行了系统描述，共识别18个有利砂体，叠合面积41.5km²。2013年，整体部署了海南25井、海南26井和海南27井等3口探井。优先钻探海南25井，在东三段见到良好油气显示，电测解释油层9.4m/4层，差油层3.9m/3层，在2076.6～2085.2m井段，5.2m/6层测试，平均液面1598m，折算日产油1.21t，反洗井洗出油2.4m³；水力泵排液，深度1986.15m，地面泵压20MPa，折算日产油4.2m³。钻后评估认为，目标区储层单层厚度薄、横向变化快，受地震资料分辨率限制，单砂层无法识别，加之目的层泥质含量高、物性差，未达到预期效果，其他两口井暂缓实施。

三、精细岩体岩相刻画，火成岩油气藏勘探取得新成果

“十一五”期间，按照“邻近烃源岩、以喷发岩为主要目标”的部署原则，在东部凹陷大平房—黄金带地区钻探的红22井、红23井获得工业油气流。但因地震资料品质较差，无法准确刻画火山岩体和有利相带展布范围，未上报储量。“十二五”以来，针对火成岩刻画中的瓶颈问题，引进技术，联合攻关，探索形成了火成岩发育区地震低频采集处理解释技术、火成岩体识别与预测技术、火成岩有利目标评价优选技术；建立了火成岩岩性和岩相划分及识别标准，构建了火成岩机构模式；提出了“近油源、近断

裂、近优势相带油气富集”的规律认识。在靠近驾掌寺断裂带一侧的近油源地区，集中部署了 17 口探井，已有 10 口探井获工业油气流。其中，于 70 井在 4449.00～4495.70m 井段粗面质火山角砾岩中试油，压后日产油 17.9m^3；于 68 井在 3315.50～3351.20m 井段辉绿岩及凝灰质砂岩中试油，压后日产油 55.66m^3。2014 年，在红星—小龙湾地区沙三段中亚段粗面质角砾岩、玄武质火山沉积岩、辉绿岩、凝灰质砂岩中整体上报了预测石油地质储量 5084×10^4t，叠合面积 28.3km^2。2016 年和 2017 年升级控制含油面积 36km^2，控制石油地质储量 4495×10^4t。

借鉴东部凹陷火成岩勘探的成功经验，2016 年辽河油田公司成立了“大洼中生界一体化研究项目组”，由地质、测井、岩矿、物探、地球化学等多学科人员组成，重点针对储层岩性评价与目标优选开展联合攻关。研究认为，大洼—海外河断裂使清水洼陷烃源岩与中生界各套地层相互对接，形成良好源储配置条件；中生界三个油组岩性发育特征、内部层状结构和优势储层发育层段的差异性，决定了大洼中生界具有形成多层系含油的地质条件，形成了“多期油气充注，多层系含油，有效储层控制油气富集”的油气成藏认识。通过老井试油（洼 605 井等）与新井钻探（洼 121 井等）相结合，取得了良好的勘探效果。2016 年在中生界Ⅰ油组新增预测含油面积 4.5km^2，预测石油地质储量 1265×10^4t。2017 年升级控制含油面积 5.4km^2，控制石油地质储量 1626×10^4t。

四、积极寻找接替领域，页岩油攻关进展顺利

页岩油勘探是辽河油田的重要接替领域，在“十二五”初期刚刚起步。

“十二五”以来，按照“搞清资源、储备技术、逐步突破”的思路稳步推进。按照地质—工程一体化紧密协作的理念，优选西部凹陷雷家地区和大民屯凹陷中部沙四段湖相泥岩开展了资源潜力预测、岩矿鉴定、测井识别与储层评价、优势岩性岩相划分以及配套工程技术等攻关研究与钻探实践，在成藏认识和勘探技术两个方面均取得较大进展。

建立了辽河坳陷页岩油成藏认识：辽河坳陷具备页岩油大规模成藏条件。坳陷内的烃源岩—过渡相带—沉积砂体具有时空连续分布特征，常规油气与页岩油“有序聚集”；湖相碳酸盐岩具备页岩油成藏条件，湖相白云岩具有“满洼含油、连续分布、优质储层发育区富集”的特征。

形成了基于“七性关系”研究的湖相碳酸盐岩“三品质”评价技术系列：湖相碳酸盐岩页岩油“七性关系”测井评价方法及模型、地震资料叠前储层预测（岩石物理建模）技术、页岩油成藏主控因素分析与有利区带评价优选技术，建立了页岩油藏评价的方法和标准。

在两个目标区预测页岩油资源量达 4.65×10^8t，完钻页岩油探井 21 口，获工业油流 15 口（新井 13 口，老井试油 2 口）。2014 年在雷 88 块杜家台油层新增控制含油面积 17.8km^2，控制石油地质储量 4199×10^4t；2017 年在雷 99 块高升油层新增预测含油面积 77.5km^2，预测石油地质储量 4711×10^4t。

五、加强油气分布规律研究，葵东、龙王庙地区油气勘探获重要成果

辽河滩海太阳岛—葵花岛构造带油气勘探取得成功后，2005—2006 年，加强了对

该区油气分布规律的研究。根据西部凹陷油气分布特点，油气具有围绕生油洼陷呈带状分布的规律性，可以分为三个带，第一个带称为内带，以天然气为主。第二个带称为中带，以稀油为主，局部地区天然气较为富集，且本带内溶解气占优势。第三个带为外带，保存条件相对较差，以稠油为主。同样，滩海东部也应具有类似的分布规律。目前已经在内带发现了太葵天然气，在外带发现了燕南稠油。按照环洼分布的认识，在它们之间应该存在以聚集稀油为主的构造带。为此，加强了该区带的构造精细解释。通过精细研究，发现了葵东构造带，并发现了葵东Ⅰ号、葵东Ⅱ号、葵东Ⅲ号构造。

2005 年，在燕南断层下降盘的葵东Ⅰ号构造南高点部署实施了葵东 1 井，该井在东一段、东二段解释油层 84.1m/29 层，气层 17.4m/11 层，试油 4 层均获百吨以上高产油气流。随后在葵东Ⅰ号构造完钻探井 4 口，在东二段试油均获得工业油气流，其中葵东 101 井、葵东 103 井获得百吨以上高产油气流。2007 年，在葵东Ⅰ号构造新增探明含油面积 $3.3km^2$，石油地质储量 1533×10^4t；新增探明含气面积 $1.18km^2$，天然气地质储量 $7.0 \times 10^8m^3$，取得良好的勘探效果。

2007 年 9 月，中国石油天然气股份有限公司勘探计划会上确定辽河滩海地震资料重建，开展“整体部署、整体研究、整体评价、三年准备”的工作思路，2007—2009 年，重点开展三方面工作：一是二次三维地震采集整体部署、分步实施、连片处理，完成滩海三维地震资料重建；二是“地层层序、构造特征、沉积体系、油气成藏、区带优选”整体研究；三是潜力区带整体评价和目标优选，储备接替目标。通过三年研究，梳理了滩海地区勘探层系及目标，评价优选了中央构造带及两翼、葵花岛中深层、燕南潜山带等多个有利区带。

2009 年首先在海月潜山的东翼开展部署研究工作。在海月东坡和龙王庙地区先后部署实施了盖南 1 井、海月 1 井和龙王 3 井，其中盖南 1 井在东二段 2623.6～2694.6m，17.4m/5 层，10mm 油嘴求产，日产油 $45.6m^3$，日产气 $235424m^3$；龙王 3 井在东三段 3127.8～3157.0m，25.7m/3 层，10mm 油嘴求产，日产气 $48638m^3$。

2010 年在盖南 1 井和龙王 3 井成功钻探的基础上，在海月东坡又先后部署实施了盖南 2 井、海东 1 井、海东 2 井，均未取得预期效果，勘探目标转向了海月潜山及其西侧仙鹤构造带。仙鹤构造带受海南断层控制，沙河街组沉积时期，发育近岸水下扇，砂体发育，且近油源，具备较好的油气成藏条件，该构造带仙鹤 3 井、仙鹤 4 井均在沙三段获得了工业油气流；海月潜山带多口探井揭露潜山，均见到油气显示。2011 年，在该区带针对古近系沙河街组和潜山，先后部署实施了仙鹤 4 井、仙鹤 5 井、仙鹤 7 井、月古 1 井等 4 口探井。这 4 口井在沙河街组及潜山均获得了低产油气流，但未达到滩海规模、可动用储量要求，同时也说明了滩海地区地质情况的复杂性。

2012 年，为了探索滩海地区中深层的含油气情况，选择葵花岛构造沙河街组，部署实施了风险探井——葵深 1 井。该井在沙一段测井解释油层 8.7m/4 层，气层 11.2m/2 层，差油层 29.2m/13 层；沙三段测井解释油层 4.1m/2 层，差油层 27m/10 层。在沙一段试油三次，均为含油水层。在东三段 3154.4～3118.4m，20.5m/9 层，平均液面 1204.3m，折日产油 4.95t，为低产油层。

2014 年，为整体解剖葵花岛和龙王庙构造带，在龙王庙构造带部署实施了龙王 5 井。该井东营组整体储层发育程度较差，在东三段测井解释气层 5.6m/5 层，沙一段测井解释气层 9.2m/4 层，未试油。

2015 年以来，中国石油勘探与生产分公司委托中国石油勘探开发研究院与辽河油田共同开展了“辽河滩海地区石油地质综合研究与目标优选”项目的一体化研究，主要解决滩海地区构造样式及演化、主力烃源灶迁移变化规律、规模砂体及潜力勘探层系等制约勘探关键问题，主要研究内容包括陆—滩—海古近系层序格架与地层分布、陆—滩—海郯庐断裂分段性与构造样式、陆—滩—海沉积演化及重点区沉积储层、陆—滩—海烃源岩演化及研究区烃源灶、成藏条件及区带目标评价等，系统研究了滩海地区油气分布、富集的规律性，明确了重点勘探领域及目标。这一时期，滩海地区的勘探工作主要以精细研究为主，没有钻探工作量。

精细勘探阶段，在国家和中国石油多项油气攻关项目与科技专项的支持下，辽河油田主要开展了“辽河坳陷基岩油气成藏规律及勘探技术研究”“辽河坳陷增储领域、有利区带与评价技术研究”“海域大油气田形成条件与勘探技术优选研究”“辽河探区页岩油形成机理与目标评价”“辽河坳陷增储领域地质评价与勘探实践”“辽河探区重点勘探领域综合评价及预探目标优选”和“辽河油田原油千万吨持续稳产关键技术研究”等。这些项目的实施，对辽河坳陷精细勘探起到了很好的支撑作用。

第三章　地　　层

辽河坳陷探井钻遇和周边出露地层包括新太古代至新生代发育的多套层系，共分7个界、15个系级地层单位，包括辽西和辽东两个地层分区约90个组级岩石地层单元（表1–3–1），时间跨度近3000Ma，地层累计厚度大于15000m。新太古界—古元古界为褶皱变质岩结晶基底，中元古界—新元古界—古生界为华北地台型沉积盖层。中生界和新生界为台褶带断陷盆地沉积盖层，其中，新生界古近系为辽河坳陷内主要生、储油气层系。本章利用录井、测井、地震、古生物、同位素测年等资料，运用岩石地层、生物地层、年代地层等方法，针对各个层系的分布特征、地层厚度、岩性组合、古生物化石、电性特征、火山岩同位素年代、地层接触关系等方面进行了描述。

本次修编与原版比较对太古宇、古元古界、中元古界—新元古界、古生界、中生界以及新生界等地层信息进行了厘定；进一步补充了含油气重点地层分布内容，如新生界古近系沙河街组各段和东营组、古生界石炭系—二叠系山西组、中生界地层对比格架及等厚图，前中新生代基岩地层岩性地质图等；细化了新太古界古潜山钻遇岩性。辽河坳陷现行划分方案与2014年中国地层表简版（姚建新等，2015）和《中国区域地质志·辽宁志》（辽宁省地质勘察院，2017）划分方案基本一致。

根据辽宁省地层区划方案，辽河坳陷新生代地层分布区属于东北—华北地层大区华北地层分区的下辽河地层小区（图1–3–1）。新生代基底地层区划分为两种类型，以中央凸起东缘为界，以西为辽西地区，以东为辽东地区。中央凸起、西部凹陷、西部凸起和大民屯凹陷属辽西地区，称辽西（燕辽）型，对应燕辽地层分区辽西地层小区；东部凹陷、东部凸起属辽东地区，称辽东型，对应辽东地层分区太子河地层小区。

第一节　新太古界—古生界

新太古界—古生界是辽河坳陷中新生代沉积盆地的基底，周边出露和钻遇地层自下而上有新太古界、古元古界、中元古界、新元古界、古生界，共5套地层（图1–3–2）。

依据2014年中国地层表划分方案，太古宇四分，包括：始太古界、古太古界、中太古界、新太古界。根据区域地质资料和岩石测年结果，辽河坳陷普遍钻遇新太古界，是坳陷最古老的基岩地层。除东部凸起中北部有浅变质岩系外，辽河坳陷大部分地区为新太古界区域变质岩类和混合岩类。古元古界在坳陷的东南部有分布，在坳陷内部也有零星钻遇，主要为一套浅变质岩类。中—新元古界主要分布在辽河坳陷西部凹陷中部、大民屯凹陷中北部，岩性主要为海相碳酸盐岩夹碎屑岩。古生界主要分布在辽河坳陷东部腾鳌断层以北地区及西部凹陷中部、大民屯凹陷北部及滩海地区的海月、燕南潜山带，主要为海相—海陆过渡相沉积（图1–3–3）。

表 1-3-1 辽河坳陷及邻区新太古代—新生代地层序列简表

年代地层			岩石地层单元	
界	系	统	下辽河地层小区	
新生界	第四系	全新统	冲积层	
		更新统	平原组	
	新近系	上新统	明化镇组	
		中新统	馆陶组	
	古近系	渐新统	东营组	一段
				二段
				三段
			沙河街组	一段
				二段
		始新统		三段
				四段上
			房身泡组	上段
		古新统		下段
中生界			辽西地层小区	辽东地层小区
	白垩系	上统	孙家湾组/泉头组	大峪组
			张老公屯组	
		下统	阜新组	聂尔库组
			沙海组	
			九佛堂组	梨树沟组
			义县组/沙河子组	小岭组
			张家口组	
	侏罗系	上统	土城子组	
		中统	髫髻山组	
			海房沟组	小东沟组
				三个岭组
				大堡组
				转山子组
		下统	北票组	长梁子组
			兴隆沟组	北庙组
	三叠系	上统	老虎沟组（羊草沟组）	
		中统	后富隆山组	林家组
		下统	红砬组	红砬组
古生界	二叠系	乐平统	蛤蟆山组	蛤蟆山组
		阳新统	石盒子组	石盒子组
		船山统	山西组	山西组
	石炭系	上统	太原组	
				太原组
			本溪组	本溪组
		下统		
	泥盆系	上统		
		中统		
		下统		
	志留系	普里道利统		
		拉德洛统		
		文洛克统		
		兰多弗里统		
	奥陶系	上统		

年代地层			岩石地层单元			
界	系	统	辽西地层小区	辽东地层小区		
古生界	奥陶系	中统	马家沟组	马家沟组		
		下统	亮甲山组	亮甲山组		
			冶里组	冶里组		
	寒武系	芙蓉统	炒米店组	炒米店组		
		第三统	崮山组	崮山组		
			张夏组	张夏组		
			馒头组	馒头组		
		第二统	昌平组	碱厂组		
		纽芬兰统		大林子组		
				葛屯组		
新元古界	震旦系			金县群	兴民村组	
					崔家屯组	
					马家屯组	
					十三里台组	
					营城子组	
				五行山群	甘井子组	
					南关岭组	
					长岭子组	
	南华系			桥头组三段		
				桥头组一段二段		
	青白口系		景儿峪组	南芬组		
			龙山组	钓鱼台组		
				永宁组		
中元古界	待建系		下马岭组			
	蓟县系		铁岭组			
			洪水庄组			
			雾迷山组			
			杨庄组			
			高于庄组			
	长城系		大红峪组			
			团山子组			
			串岭沟组			
			常州沟组			
古元古界			华北地层区 燕辽地层分区 辽西地层	胶辽地层区 辽吉地层分区		
				榆树砬子群		
			魏家沟岩群 迟家杖子岩群	辽河群	盖县岩组	
					大石桥岩组	
					高家峪岩组	
					里尔峪岩组	
					浪子山岩组	
新太古界			小塔子沟岩组 遵化岩群	鞍山岩群	上部	樱桃园组 大峪沟组 茨沟组
					下部	通什村组 石棚子组

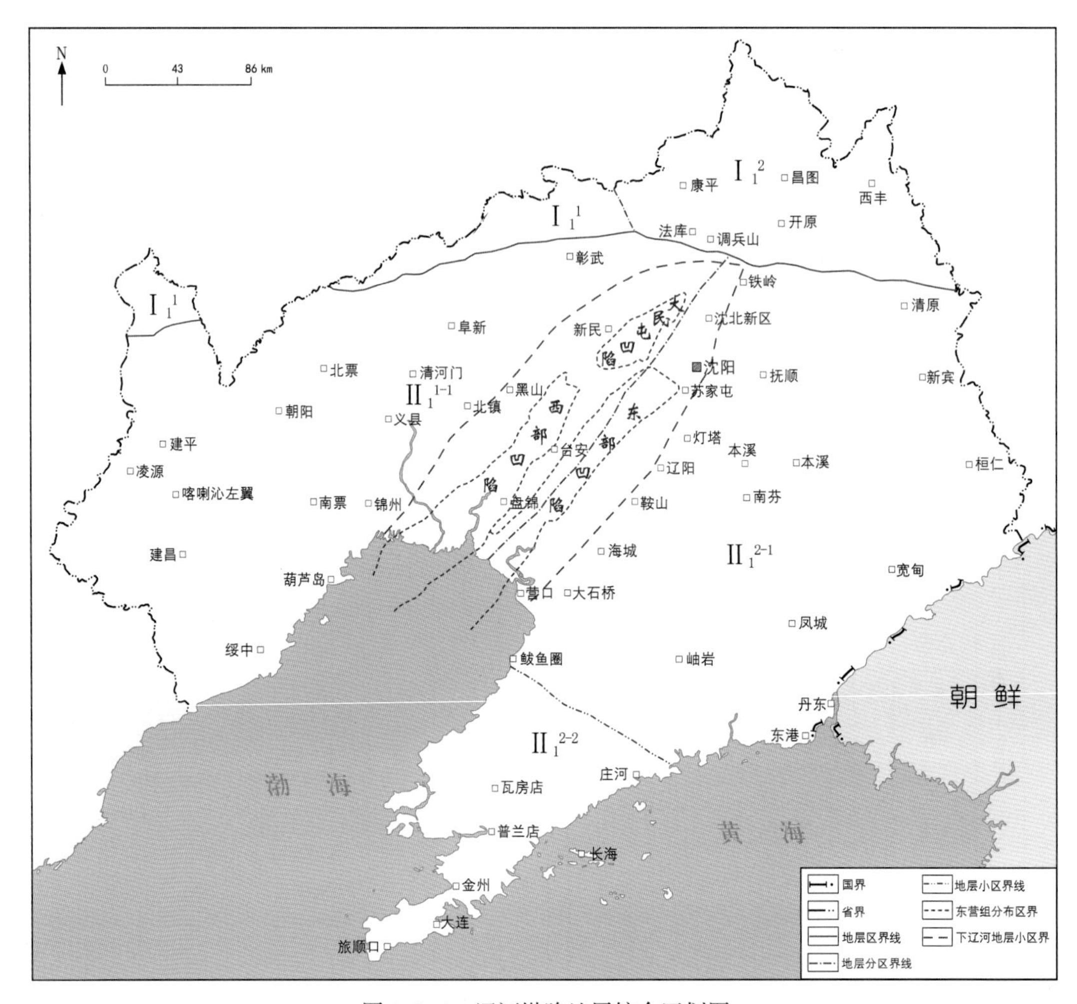

图 1-3-1　辽河坳陷地层综合区划图

I_1—内蒙古草原地层区；I_1^1—赤峰地层分区；I_1^2—锡林浩特－磐石地层分区；II_1—华北地层区；II_1^{1-1}—燕辽地层分区辽西地层小区；II_1^{2-1}—辽东地层分区太子河地层小区；II_1^{2-2}—辽东地层分区大连地层小区

一、新太古界—古元古界

新太古界（Ar_3）在辽河坳陷古潜山油气藏勘探中占有重要地位，分布广泛，岩性复杂，厚度巨大，为一套遭受区域变质和混合岩化作用而形成的中深变质岩系。出露于燕辽地层分区者为遵化岩群小塔子沟岩组，出露于辽东地层分区者为鞍山岩群。新太古界为辽河坳陷最下部的结晶基底，在辽河坳陷三大凹陷及中央凸起和坳陷周围广泛钻遇。兴隆台潜山和中央凸起内幕揭露程度最高，赵古 1 井揭露最大视厚度 1739.0m（未穿）。岩性多为黑云斜长片麻岩、变粒岩、斜长角闪岩、混合花岗岩、混合岩等（表 1-3-2）。

新太古界上部为一套板岩、千枚岩、片岩等，仅在东部凸起中北部有分布，辽河坳陷内未钻遇。

太古宇岩心样品通过锆石铀铅法测得全岩同位素年龄值为 2500Ma 左右（表 1-3-3），与周边出露的遵化岩群小塔子沟岩组和鞍山群年龄值相近（周边为 2400Ma 左右——铀铅法），时代属于新太古代。

地层						地质年龄/Ma	视厚度/m	代表井
宇	界	系	统	组	层位符号			
显生宇(Ph)	中生界(Mz)	侏罗系(J)	上统	土城子组	J_3t	145	783～1650	马古 6
	古生界(Pz)	二叠系(P)	阳新统	石盒子组	P_2s	257 277	200～457	王参1
			船山统	山西组	C—P*s*	295	210～300	
		石炭系(C)	上统	太原组	C_2t		60～90	
				本溪组	C_2b	320	60～70	
		奥陶系(O)	中统	马家沟组	O_2m	438	590～714	界古1
			下统	亮甲山组	O_1l		164	王参1
				冶里组	O_1y	485	134～232	曙古97
		寒武系(€)	芙蓉统	炒米店组	$€_4c$		183	曙古32
			苗岭统	崮山组	$€_3g$	500	91	
				张夏组	$€_3z$		183	
				馒头组	$€_{2\text{-}3}m$		257～365	曙古7
			第二统	昌平组	$€_2c$		83～183	
元古宇(Pt)	新元古界(Pt_3)	青白口系(Pt_3^1)		景儿峪组	Pt_3^1j		132	曙古403
				龙山组	Pt_3^1l	1000	125	
	中元古界(Pt_2)	蓟县系(Pt_2^2)		洪水庄组	Pt_2^2h		174～244	曙108
				雾迷山组	Pt_2^2w		266～548	曙古191
				杨庄组	Pt_2^2y		224～284	
				高于庄组	Pt_2^2g	1400	140～1079	安61 安68 安87 安81
		长城系(Pt_2^1)		大红峪组	Pt_2^1d	1600	287～594	曙古158
	古元古界(Pt_1)			辽河群		2500	＞313	界古1
太古宇(Ar)	新太古界(Ar_3)						＞1020	胜10
							＞1633	兴古7
						2800	＞545	齐古15

深度/m：500 1000 1500 2000 2500 3000 3500 4000 4500 5000 5500 6000 6500 7000 7500 8000 8500

密度/ g/cm³：1 2　岩性剖面　自然伽马/ API：0 150

石灰岩　白云质灰岩　白云岩　灰质白云岩　燧石结核灰岩　砾屑灰岩　泥质灰岩　含泥白云质灰岩　角砾状含钙质硅质岩　板岩　石英岩（变质石英砂岩）　变粒岩　斜长角闪岩　片麻岩　混合花岗岩

煌斑岩　辉绿岩　闪长岩　闪长玢岩　角砾岩　砂砾岩　石英砂岩　海绿石细砂岩　细砂岩　粉砂岩　泥岩　页岩　煤层　角度不整合　平行不整合

图 1-3-2　辽河坳陷新太古界—古生界综合柱状图

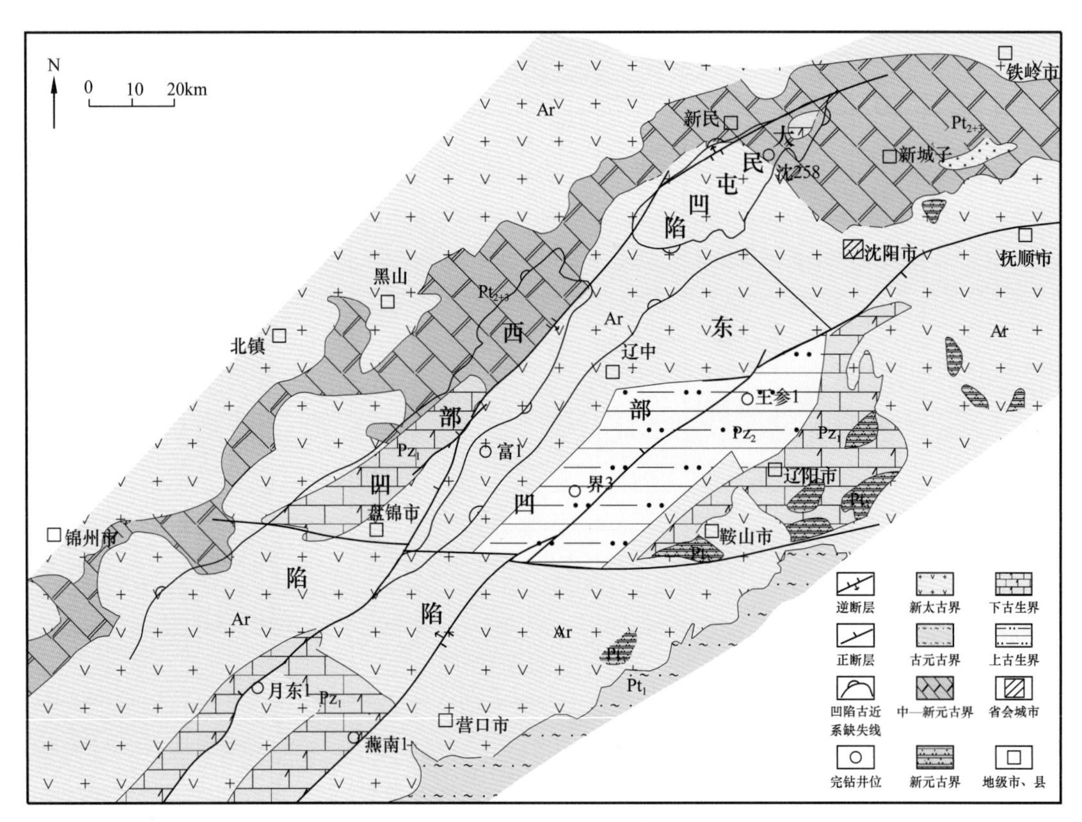

图 1-3-3　辽河坳陷前中生界基岩地层分布图

表 1-3-2　辽河坳陷新太古界潜山变质岩类型统计表

大类	亚类	岩石组成
区域变质岩	片麻岩类	黑云斜长片麻岩、角闪斜长片麻岩等
	长英质粒岩类	黑云斜长浅粒岩、角闪斜长浅粒岩、斜长浅粒岩、二长浅粒岩等
	角闪质岩类	斜长角闪岩、角闪石岩等
混合岩	混合岩化变质岩	混合岩化片麻岩、混合岩化变粒岩等
	注入混合岩类	条带状混合岩、浅粒质混合岩等
	混合片麻岩类	条带状混合片麻岩、花岗质混合片麻岩等
	混合花岗岩类	斜长混合花岗岩、二长花岗岩等
动力变质岩	构造角砾岩类	构造角砾岩等
	压碎岩类	碎裂岩、碎斑岩、碎粒岩等
	糜棱岩类	糜棱岩等
	构造片岩类	片状斜长角闪岩、片状角闪岩等

表 1-3-3　辽河坳陷太古宇岩石实测铀铅法同位素年龄数据表

岩类	井号	井深 /m	类型	岩性	年龄 /Ma
变质岩	兴古 9	4033.5	岩心	混合岩化黑云斜长片麻岩	2443 ± 12
	兴 603	2861.0	岩心	角砾状混合岩	2467 ± 18
	兴古 7-21-20	3992.0	岩心	混合片麻岩	2581 ± 26
	兴古 4	2654.0	岩心	混合花岗岩	2586 ± 35
	前 32	2905.0	岩屑	混合花岗岩	2483 ± 40
	前 34	3301.0	岩心	混合花岗岩	2388 ± 30
	沈 301	3400.0	岩屑	混合花岗岩	2495 ± 52
	沈 288-2	4054.0	岩心	角闪斜长片麻岩	2568 ± 12
	沈 236	2905.0	岩心	角闪斜长片麻岩	2506 ± 27
	沈 288-2	3791.0	岩心	角闪斜长变粒岩	2581 ± 21

古元古界（Pt_1）广泛分布于辽东地区。自下而上分为两个群：下部称辽河群，上部称榆树砬子群。岩性主要由绢云母片岩、大理岩夹菱镁矿、变粒岩、浅粒岩夹透闪滑石片岩和透闪岩及滑石岩、石英岩夹石英片岩等中浅变质岩系组成。仅在辽河坳陷东部凹陷界古 3 井等钻遇。

二、中—新元古界

中—新元古界在辽宁出露有长城系（Pt_2^1）、蓟县系（Pt_2^2）、待建系（Pt_2^3）、青白口系（Pt_3^1）、南华系（Pt_3^2）和震旦系（Pt_3^3）。

辽西地区中—新元古界分布广泛，发育良好，总厚度可达 11666m（辽宁省地质勘察院，2017）。辽河坳陷西部凹陷和大民屯凹陷钻遇燕山型中—新元古界的长城系、蓟县系、待建系和青白口系，未见南华系和震旦系，地层总厚度大于 3000.0m。大民屯凹陷安 86 井揭露厚度最大，视厚度 905.0m。岩性以海相沉积的碳酸盐岩夹碎屑岩为主。钾氩法测得海绿石单矿物同位素年龄值 786～883.2Ma（表 1-3-4），地质时代属于新元古代。辽河坳陷东部凹陷尚未钻遇中—新元古界。

表 1-3-4　辽河坳陷元古宇海绿石单矿物实测钾氩法同位素年龄数据表

井号	井深 /m	矿物特征	矿物产状	测定年龄 /Ma
曙古 2	2305.0	绿色、黄绿色，卵圆形	同生沉积	786.0 ± 20
曙古 15	2125.5	绿色、黄绿色，卵圆形	同生沉积	860.1 ± 8.5
曙古 15	2130.0	绿色、黄绿色，卵圆形	同生沉积	803.1 ± 20
曙古 15	2133.0	绿色、黄绿色，卵圆形	同生沉积	807.0 ± 20
曙古 12	2133.5	绿色、黄绿色，卵圆形	同生沉积	797.0 ± 20
曙 54	3335.5	绿色、黄绿色，卵圆形	同生沉积	795.1 ± 20

续表

井号	井深 /m	矿物特征	矿物产状	测定年龄 /Ma
曙古 403	2001.3	绿色、黄绿色，卵圆形	同生沉积	883.2 ± 8.7
辽西地区景儿峪组	野外露头	绿色、黄绿色，卵圆形	同生沉积	860.1 ± 8.5
		绿色、黄绿色，卵圆形	同生沉积	865.4 ± 8.5

南华系和震旦系在辽河坳陷未钻遇，仅在辽河坳陷东部太子河、复州—大连两个地区有出露，其中后者地层出露较全，厚度大，有轻微变质；在太子河地区零星出露。

辽河坳陷中—新元古界地层层序是以长城系大红峪组石英岩为底，角度不整合超覆在新太古界鞍山岩群之上，自下而上为长城系、蓟县系和青白口系。缺失长城系下部的常州沟组、串岭沟组、团山子组和待建系下马岭组。

1. 中元古界长城系（Pt_2^1）

长城系自下而上包括：常州沟组、串岭沟组、团山子组、大红峪组四个组级地层单元。辽河坳陷钻遇大红峪组。

大红峪组（Pt_2^1d）在坳陷内分布范围广，在北镇、新民等地也有零星出露，辽西露头标准剖面地层厚度 300～1000m。岩性主要为灰白色、灰色、暗灰色厚层、巨厚层中细粒、中粒石英砂岩、含长石石英砂岩、长石砂岩、钙质砂岩，夹紫灰色、浅红色、灰褐色、深灰色钙质粉砂岩及白云岩；下部夹少量深灰色板岩、灰绿色、褐灰色泥岩。该组在坳陷内角度不整合于新太古界之上，与上覆高于庄组整合接触。

在辽河坳陷杜家台、胜利塘、静北等潜山钻遇，杜古 44 井、曙古 158 井、安 81 井等最为典型。以曙古 158 井 931.0～1525.0m 井段为代表剖面，视厚度 594.0m（未穿），岩性上部为灰黑色板岩，下部为浅灰色、灰色夹紫红色变质石英砂岩，底部有灰色辉长岩侵入体。静北潜山钻遇大红峪组岩性为灰白色、灰色石英岩、变余石英砂岩、钙质砂岩。

2. 中元古界蓟县系（Pt_2^2）

蓟县系自下而上为高于庄组、杨庄组、雾迷山组、洪水庄组、铁岭组五个组级地层单元，整合于长城系之上，由碳酸盐岩和碎屑岩组成，总厚度 2387～6517m。在辽河坳陷除铁岭组之外，其余地层均有钻遇，各组地层特征如下。

1）高于庄组（Pt_2^2g）

高于庄组分布范围与大红峪组基本一致，厚度稳定，在辽西地区地层厚度 1295.4～1374.8m。岩性主要为深灰色、灰黑色、灰色薄层—厚层燧石条带或燧石结核白云岩、叠层石泥晶、粉晶白云岩夹细粒石英砂岩、含锰砂质白云岩、含锰粉砂岩，中下部碎屑岩偏多，夹多层灰黑色粉砂质页岩。该组与下伏大红峪组为整合接触，与上覆杨庄组为平行不整合接触。含叠层石 *Conophyton* cf.，*Cylindricus* cf.，*Scopulimorpha* cf.，*Straifera* cf. 等。含微体古植物化石 *Asperatopsophaera partiali* Schep，*A.wumishanensis* Sin et liu，*Leiopsophosphaera crassaa* Tim 等。

在静北潜山及曙光低潜山带钻遇，安 61 井、安 68 井、安 87 井、曙古 71 井、杜古 2 井、曙 56 井等最为典型。以安 68 井 2596.0～3267.1m 井段为代表剖面，视厚度

671.1m（未穿）。岩性为灰色、灰白色白云岩、白云质灰岩、泥灰岩，夹多层钙质砂岩及板岩，偶见紫红色白云岩、石灰质角砾岩夹层。未见化石。

2）杨庄组（Pt_2^2y）

辽西地区杨庄组厚度300.0～541.8m。岩性为粉色、浅粉色及紫红色砂质白云岩、含石英粒白云岩及灰白色、灰黑色燧石条带或结核白云岩、含燧石结核角砾岩，底部以一层角砾状硅质岩与高于庄组平行不整合接触。

在静北潜山钻遇，以安86井3148.0～3432.5m井段为代表剖面，视厚度284.5m。岩性为棕红色、浅红色、肉红色白云岩，叠层状白云岩，硅质云岩，顶部为厚约20m的底砾岩。底部以白云岩与下伏新太古界不整合接触。

3）雾迷山组（Pt_2^2w）

雾迷山组分布与杨庄组基本一致，在辽西地区地层厚2014.0～5457m。岩性为深灰、灰白色中厚层、厚层白云质灰岩、燧石条带或含燧石结核白云质灰岩、条纹状灰岩，夹叠层石灰岩及硅质层，底部以石英砂岩或石英角砾岩与杨庄组整合接触。

在静北潜山安61井、安86井等和曙光潜山曙古101井、曙古105井、曙古191井等钻遇。以曙古191井2710.0～3210.0m井段（未穿）为代表剖面，视厚度500m。岩性为大套灰色厚层灰质白云岩夹灰绿、深灰色薄层板岩，偶见灰色石英砂岩。

4）洪水庄组（Pt_2^2h）

在辽西地区洪水庄组分布范围较小，地层厚59.0～183.7m。其岩性下部为薄层白云岩夹黑色页岩，页岩中含黄铁矿结核；中部为灰黑色、灰绿色夹紫色页岩，含黄铁矿结核；上部为黄绿色、黑色页岩或灰色钙质页岩。平行不整合于雾迷山组之上。该组产微体古植物化石 *Leiopsophosphaera solida* Liu et Sin，*Trachysphaeidium* cf.，*raminatum* Andr，*Laminarites* aff.*Antiquissimus* Eichw 等。

在曙光潜山曙108井、曙古191井等钻遇。以曙108井3514.00～3758.15m井段（未穿）为代表剖面，视厚度244.15m，岩性主要为绿灰色、灰色页岩、粉砂质页岩，夹砂岩条带或透镜体，富含云母片，自然伽马曲线呈箱状高值。本组富含微体古植物化石，常见种属有：*Leiopsophosphaera* sp.，*Ar ofavosina* sp.，*Trachysphaeridium rugsum*，*Navifusa* sp.，*Leiofusa* sp.，*Zonosphaeridium minutum*，*Trachysphaeridium incrasatum* 和 *Trachysphaeridium simplex*。

5）铁岭组（Pt_2^2t）

该组分布范围与洪水庄组相同，在辽西东南部地区缺失中上部，厚13.2～335.0m。其下部岩性为灰白色、灰黑色中厚层含燧石结核及条带白云岩，含锰灰质白云岩，夹页岩，底部以一层厚2～10m的薄层石英砂岩与洪水庄组分界；中部岩性为绿色页岩夹含锰白云质灰岩，有两层含锰菱铁矿（呈扁豆体群），延长较远，层位稳定，是主要的锰矿层；上部岩性为灰色、深灰色薄层、中厚层石灰岩，夹竹叶状石灰岩；顶部为薄层石灰岩夹杂色页岩。与下伏洪水庄组整合接触。

铁岭组在辽河坳陷未钻遇。

3. 中元古界待建系下马岭组（Pt_2^3x）

辽西地区出露面积较小，仅在凌源、喀左有分布。该组岩性稳定，厚度变化大，自凌源向四周逐渐减薄，厚22.0～189.0m。岩性主要由灰黑、灰绿色页岩、粉砂质页岩组成，夹少量粉砂岩扁豆体，页岩层面上含白云母碎片，偶夹赤铁矿扁豆体。底部为黄绿、灰白色薄层、中厚层中细粒石英砂岩夹页岩，产微体古植物化石 *Asperatoposphosphaera* sp.，*A.wumishanensis* Sinet Liu，*Paleamorpha punctulata* Sin et Liu 等。最底部以 0.2m 厚的灰白色粗粒含砾石英砂岩与铁岭组平行不整合接触。

下马岭组在辽河坳陷未钻遇。

4. 新元古界青白口系（Pt_3^1）

青白口系从下而上包括龙山组和景儿峪组，与下伏地层下马岭组为平行不整合接触。

1）龙山组（Pt_3^1l）

辽西地区龙山组最厚可达 129m。主要岩性为灰白色中厚层含海绿石含砾中粗粒长石石英砂岩及粉砂质页岩。与下伏下马岭组为平行不整合接触。

曙光潜山钻遇，以曙古 169 井 3543.0～3621.0m 井段为代表剖面，视厚度 78.0m，岩性为浅灰、绿灰色含海绿石石英砂岩夹深灰色板岩。与下伏中元古界浅灰色灰质白云岩夹灰黑色板岩地层平行不整合接触。

2）景儿峪组（Pt_3^1j）

景儿峪组在辽西地区分布范围与龙山组基本一致，厚度 11.4～60.8m，岩性为一套紫红、紫灰、灰绿色薄层—中厚层含泥白云质灰岩，夹磷酸盐岩结核层。与下伏龙山组紫色、绿色页岩整合接触，与上覆古生界寒武系第二统昌平组灰色厚层硅质条带灰岩呈平行不整合接触。

坳陷内曙光潜山曙古 403 井、曙古 169 井等钻遇。以曙古 169 井 3471.0～ 3543.0m 井段为代表剖面，视厚度 72.0m，岩性为紫红、紫灰色白云质灰岩。牛心坨地区牛 3 孔井、宋 3 井见灰色石灰岩、黄灰色泥灰岩、白云岩、灰白色石英岩及石英砂岩。根据产状及岩性特征判断属新元古界。

三、古生界

古生界在辽河坳陷及周边地区均有分布，主要发育有下古生界寒武系、奥陶系，上古生界石炭系和二叠系，厚度 1877.0～4160.0m（辽宁省地质勘察院，2017），缺失下古生界上奥陶统、志留系、上古生界泥盆系和下石炭统。辽河坳陷东部凸起乐古 2 井揭露古生界较齐全（王仁厚，2008，2010），总厚度 2291.0m。下古生界分布广泛，在辽河坳陷东部凸起、东部凹陷三界泡潜山和燕南潜山、西部凹陷曙光潜山（董熙平等，2001）、大民屯凹陷静北潜山及中央低凸起月东潜山均有钻遇（王仁厚等，2001，2005）。与下伏新元古界为平行不整合接触，与上覆中生界为角度不整合接触。

1. 寒武系（€）

寒武系在辽东和辽西地层小区均有分布，依据 2014 年中国地层表划分方案，划分为第二统（$€_2$，原下统—中统）、第三统（$€_3$，原中统—上统）、芙蓉统（$€_4$，原上统）。自下而上包括：第二统碱厂组（辽西为昌平组），第二统—第三统馒头组（原馒头组、毛庄组、徐庄组），第三统张夏组、崮山组（原崮山组、长山组），芙蓉统炒米店组（原凤山组），5 个组级岩石地层单位。乐古 2 井揭露厚度 752.0m。以乐古 2 井和王参 1 井钻遇古生界剖面为代表，根据岩性、电性、古生物特征自下而上分述如下。

1）碱厂组（ϵ_2j）

以乐古2井2667.0～2850.0m为代表剖面，视厚度183.0m。岩性下部为灰白色、浅红色石英中砂岩，灰色、紫红色灰质泥岩；上部为灰黑色、灰色白云质灰岩、含白云灰岩，底部以紫红色泥岩为界。视电阻率曲线为块状缓波形中—高阻。与下伏新太古界不整合接触。

2）馒头组（$\epsilon_{2-3}m$）

以乐古2井2410.0～2667.0m为代表剖面，视厚度257.0m。岩性下部以紫红色含灰泥岩、泥岩为主，夹灰色中厚层含白云灰岩、石灰岩、灰质泥岩；上部为紫红色泥岩、灰质泥岩与灰色含白云灰岩、石灰岩以及绿灰、灰紫色灰质泥岩不等厚互层。视电阻率曲线为块状齿形高阻。与下伏碱厂组整合接触。在野外露头剖面泥岩和石灰岩中均产三叶虫、腕足类等生物化石，生屑灰岩含少量海绿石。在曙古32井2089.5～2364.6m井段（原徐庄组）褐灰色云质灰岩中，产纤细齿丛牙形石化石（*Phakelodus tenuis*）。

3）张夏组（ϵ_3z）

以乐古2井2410.0～2175.0m为代表剖面，视厚度235.0m，岩性为灰色夹深灰色中厚层灰岩夹薄层泥晶含云灰岩、含泥粒质泥晶灰岩、亮晶鲕粒灰岩、雾斑状含砂屑—生物碎屑灰岩，偶夹灰色泥岩。生物化石稀少，仅见微小且保存不好的牙形石。视电阻率曲线为块状缓波形高阻。与下伏馒头组整合接触。王参1井钻遇厚度69.0m（未穿），在3200.1m产细瘦原沃尼昂塔牙形石（*Prooneotodus tenuis*）；曙古43井在1913.5m产纤细齿丛牙形石（*Phakelodus tenuis*）、克兰兹费氏牙形石（相似种）（*Furnishina* cf. *kranzae*）等化石。

4）崮山组（ϵ_3g）

以王参1井3061.0～3136.0m为代表剖面，视厚度75.0m。岩性为灰色泥灰岩、石灰岩，夹灰色薄层竹叶状石灰岩（砾屑灰岩）、紫色薄层页岩、薄层石英粉砂岩。与下伏张夏组整合接触。王参1井3061.0～3111.0m井段（原长山组）石灰岩中产：加勒廷原沃尼昂塔牙形石（*Prooneotodus gallatini*），费氏牙形石（*Furnishina furnishe*），原沃尼昂塔牙形石（*prooneotodus rotundatus*）等多种牙形石化石。曙古48井深2472.5m，产加勒廷原沃尼昂塔牙形石（*Prooneotodus gallatini*），寒武米勒齿牙形石（*Muellerodus cambricus*）等牙形石化石及海绵骨针和小壳化石等其他门类化石。

5）炒米店组（ϵ_4c）

以王参1井3001.0～3061.0m为代表剖面，视厚度60.0m。岩性以灰色中厚层生物碎屑灰岩为主，夹灰色泥灰岩、云质灰岩、中薄层竹叶状石灰岩。与下伏崮山组整合接触。

2. 奥陶系（O）

奥陶系在辽东和辽西地层小区均有分布，主要发育中—下奥陶统。自下而上包括：下奥陶统冶里组、亮甲山组，中奥陶统马家沟组3个组级地层单位，缺失上奥陶统。王参1井揭露厚度861.0m。以王参1井钻遇古生界剖面为代表，根据岩性、电性、古生物特征自下而上分述如下。

1）冶里组（O_1y）

王参1井2934.0～3001.0m，视厚度134.0m。岩性为灰色细晶、微晶白云岩夹角砾灰岩、泥晶灰岩及少量黄绿色薄层页岩，白云岩含量达90%以上。未见化石，与下伏炒米店组整合接触。视电阻率曲线呈块状缓波齿状中高阻。与下伏地层岩性界线清楚，界线之上以细晶白云岩为主，界线之下以石灰岩为主。在辽东野外露头剖面中，黄绿色页岩中富产笔石、三叶虫、介形虫等化石。曙古97井1716.6～1836.0m井段紫色、浅灰色石灰岩中见丰富的牙形石化石。

2）亮甲山组（O_1l）

王参1井2821.0～2934.0m，视厚度113.0m。岩性为一套灰色细晶、粉晶白云岩夹深灰色含燧石结核白云质灰岩和角砾屑白云岩、白云质灰岩等；多呈块状构造，一般发育有小溶孔，孔洞多被结晶白云石充填。未见化石，与下伏冶里组整合接触。视电阻率呈块状缓波齿状中高阻。与下伏地层岩性界线清楚，界线之上以细、粉晶白云岩夹含燧石结核白云质灰岩为主，界线之下以白云岩夹砾屑泥灰岩为主。在辽东野外露头剖面中，下部深灰色岩层中所夹生物灰岩含保存完好的角石、珊瑚、腹足类化石。

3）马家沟组（O_2m）

王参1井2140.0～2821.0m，视厚度681.0m。分上、下两段。

下段（2495.0～2821.0m）岩性为黑灰色泥晶灰岩，偶夹灰色泥岩、粒屑灰岩、粉晶云岩、硅质岩及泥晶云质灰岩等，属浅海相潮坪碳酸盐岩沉积。该井2702.1m产牙形石化石，常见的属种有：长山三角牙形石（*Tripodus changshanensis*）、稀少帆牙形石（*Histiodella infrequensa*）、坚硬小针牙形石（*Belodella rigida*）、弯曲尖牙形石（*Scolopodus flexilis*）和箭牙形石（未定种）（*Oistodus* sp.）。此外还见三叶虫化石碎片等其他化石。视电阻率曲线呈微波形高阻。

上段（2140.0～2495.0）按颜色和岩性等特征，自下而上可分为三部分：下部以灰色厚层泥晶灰岩为主，夹少许云岩、泥岩；中部为灰、黑灰色厚层灰岩与薄层灰岩互层，偶夹灰黑色泥岩；上部为灰色厚层泥晶灰岩与灰黑色砂屑灰岩呈不等厚互层，顶部有26m厚的两层紫红、紫灰色角砾状石灰岩。该井2175.8m产牙形石碎片。视电阻率曲线为块状平缓微波型中阻。

本组以黑灰色厚层石灰岩与下伏亮甲山组整合接触。

3. 石炭系、二叠系（C、P）

上古生界石炭纪—二叠纪地层在辽东、辽西地区均有分布，其中辽东地区地层发育更为齐全，厚度较大，在812～2263m之间。在东部凸起有钻遇，王参1井、乐古2井、佟3井、辽M1井等揭露厚度535.0～778.0m。石炭系—二叠系自下而上划分为：上石炭统本溪组、太原组，上石炭统—二叠系船山统山西组，二叠系阳新统石盒子组，二叠系乐平统蛤蟆山组等5个岩石地层单元。以王参1井钻遇石炭系—二叠系剖面为代表，根据岩性、电性、古生物特征自下而上分述如下。

1）本溪组（C_2b）

该组下部含铁质（山西式铁矿）、泥质砾岩层、G层铝土矿及灰色的砂页岩层为湖田段，上部紫色、黄绿色砂页岩为新洞沟段。地层厚50～300m。与下伏奥陶系马家沟组为平行不整合接触。

王参1井2079～2140m，视厚度61m。下部由薄互层状杂色、紫红色泥岩及灰色泥质粉砂岩和粉砂岩组成，含腹足类化石（岩屑）；上部由黑色厚层泥岩及灰色粉砂岩、中细砂岩组成，夹碳质页岩或煤线，含腕足类化石及植物碎片。视电阻率曲线呈尖刀状或山峰状中高阻、锯齿状中低阻。

2）太原组（C_2t）

太原组是指从石灰岩开始出现至结束的一套海陆交互相地层，为页岩夹砂岩、煤、石灰岩组成的多旋回沉积地层。地层最厚超过200m，由东向西减薄。含丰富的海百合茎、牙形石、腕足类及蜓科化石。

王参1井2037～2079m，视厚度42m。岩性由灰色泥灰岩、浅灰色生物碎屑灰岩、黑色泥页岩夹粉砂岩、粗砂岩组成。视电阻率曲线呈尖刀状或山峰状中高阻。本组富含牙形石化石，常见的种属有：微小双颚牙形石（*Diplognathodus minutus*），*Idiplognathodus* sp.，*Idiplognathodus magnificus*，微小曲颚牙形石（*Streptognathodus parvuls*），*Hindeodella* sp.，*Lonchodina* so.，*Streptognathodus expansus*，*Scolopodus* sp.，纤细曲颚牙形石（相似种）（*Streptognathodus* cf. *gracilis*）。此外还见海百合茎、蜓类和腕足类等其他门类化石。

与下伏本溪组整合接触。

3）山西组（C—P*s*）

山西组整合于太原组之上，其岩性为灰色砂岩、粉砂岩与黑色页岩互层，夹煤层和铝土页岩。该组厚度变化不大，均为100m左右。

王参1井1810～2022m，视厚度212m。岩性主要为黑色泥岩、碳质泥岩夹5套煤层及煤线组成，与灰色厚层状粉砂岩、细砂岩不等厚互层，底部为大段灰黑色石英粗砂岩夹薄层泥岩。视电阻率曲线为块状、山状中高阻。本组富含高等植物化石。

4）石盒子组（P_2s）

岩性主要为灰色砂岩与黄绿色、黄色、紫色等杂色页岩、粉砂质页岩互层，含两层铝土矿或黏土矿。该组厚度602～1481m。底部以黄绿色石英杂砂岩与山西组黑色页岩整合接触，顶部以蛤蟆山组厚层泥质胶结砾岩平行不整合接触。

王参1井1362～1810m，视厚度448m。按岩性组合分为两段：下段为灰色、灰白色厚层、巨厚层状中细粒、粗粒石英砂岩夹棕色泥岩；上段以灰色厚层、巨厚层粗砂岩、细砂岩、粉砂岩与泥质粉砂岩不等厚互层为主，夹紫红色、灰紫色、灰色泥岩、粉砂质泥岩。视电阻率曲线下部呈块状或箱状高阻，上部呈块状高阻与尖齿或山状中低阻。本组富含孢粉化石。

石炭系—二叠系在东部凸起较发育，下部山西组、太原组、本溪组保存完整，厚度较稳定；上部蛤蟆山组和石盒子组向东逐渐遭受剥蚀。纵向上，石盒子组最发育，厚度最大，钻遇最大厚度457m，但该组大部分遭受剥蚀，西厚东薄、分布局限，主要分布于东部凸起西南侧斜坡带；山西组较发育，钻遇厚218m，具有分布广、厚度较稳定的特点，预测在东部凹陷也有分布；本溪组和太原组分布较稳定，厚度较薄，钻遇厚度103m（图1-3-4）。平面上，沉降中心位于东部凸起东南部，山西组地震资料解释最大厚度在325m以上（图1-3-5）。

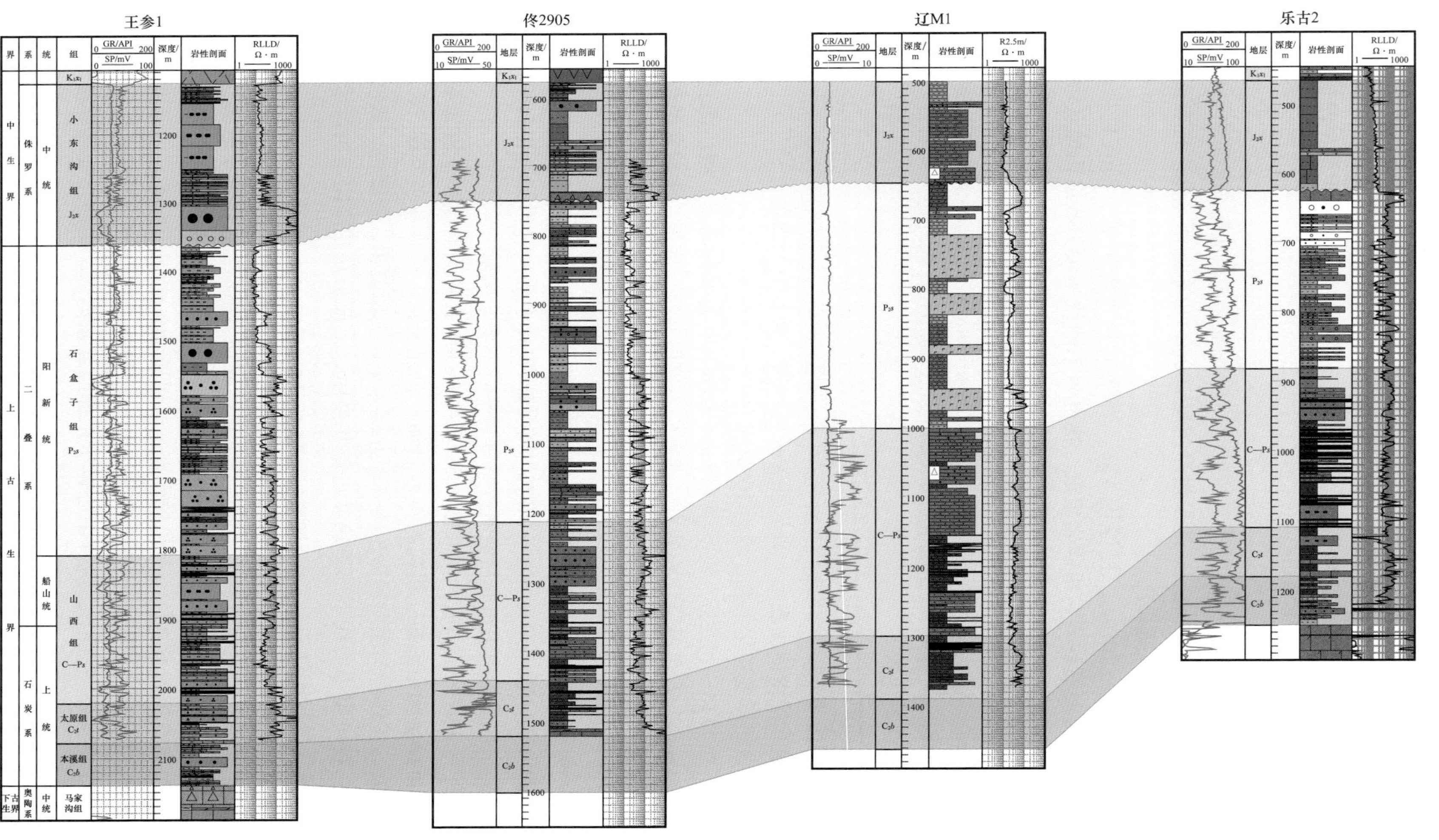

图 1-3-4　东部凸起石炭纪—二叠纪地层层序格架剖面图

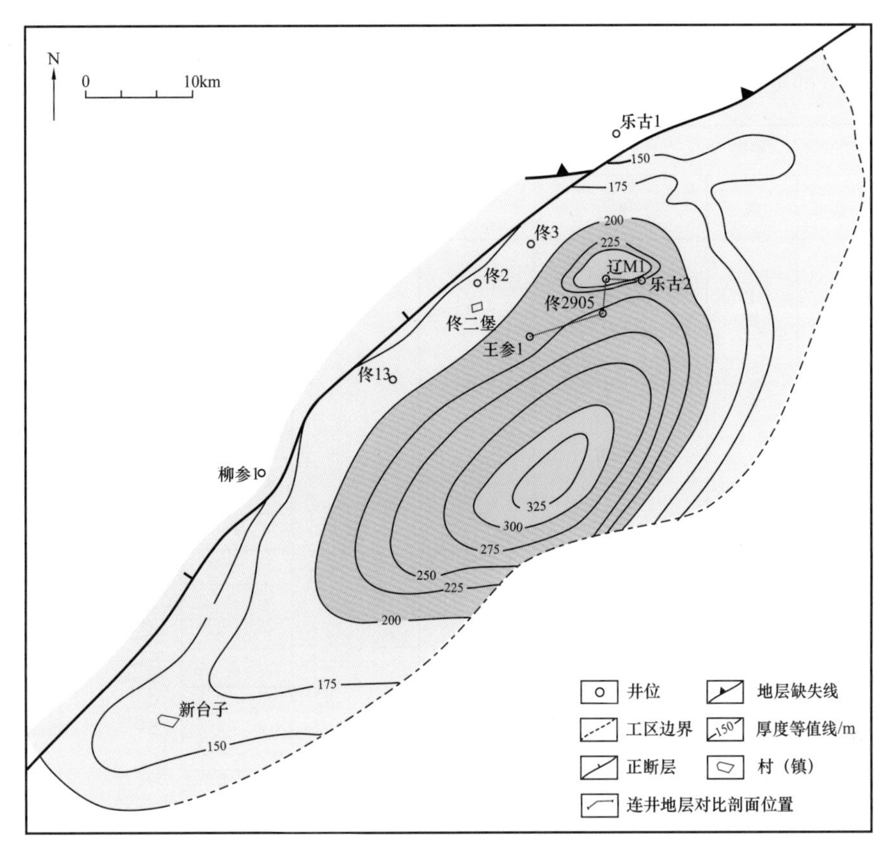

图 1-3-5　东部凸起山西组厚度等值线图

第二节　中 生 界

中生界是辽河坳陷最新基底，在坳陷及周边分布广泛，辽西和辽东地区露头比较完整，出露有三叠系、侏罗系和白垩系，为一套陆相火山岩—碎屑岩沉积。辽河坳陷钻遇地层以侏罗系和白垩系为主，三叠系基本缺失（图 1-3-6）。中生界在辽河坳陷三大凹陷和东、西部凸起均有揭露，只有中央凸起和大民屯凹陷主体部位缺失该套地层。宋家洼陷尖 1 井揭露中生界厚度 2528.0m（图 1-3-7）。与上覆、下伏地层均为角度不整合接触。

一、侏罗系（J）

侏罗系在辽西地区自下而上划分为下统兴隆沟组、北票组，中统海房沟组、髫髻山组，上统土城子组 5 个组级地层单元；辽东地区自下而上划分为下统北庙组、长梁子组，中统转山子组、大堡组、三个岭组、小东沟组 6 个组级地层单元（表 1-3-1）。辽河坳陷仅钻遇中侏罗统小东沟组（J_2x）和上侏罗统土城子组（J_3t）。

1. 小东沟组（J_2x）

小东沟组分布于辽东地区，在东部凹陷和东部凸起有钻遇。王参 1 井 1127～1362m，视厚度 235m。下段岩性主要为灰红色块状细砾岩、灰色、棕色厚层、巨厚层粗砂岩夹紫红、灰色等杂色泥岩、粉砂质泥岩、泥质粉砂岩；上段岩性主要为灰色粉砂岩、泥质粉砂岩夹紫红色泥岩。视电阻率曲线下部呈箱状高阻，上部呈尖齿状中—低阻。该组相当于辽西海房沟组上部地层。本组与上覆白垩系和下伏古生界均为角度不整合接触。

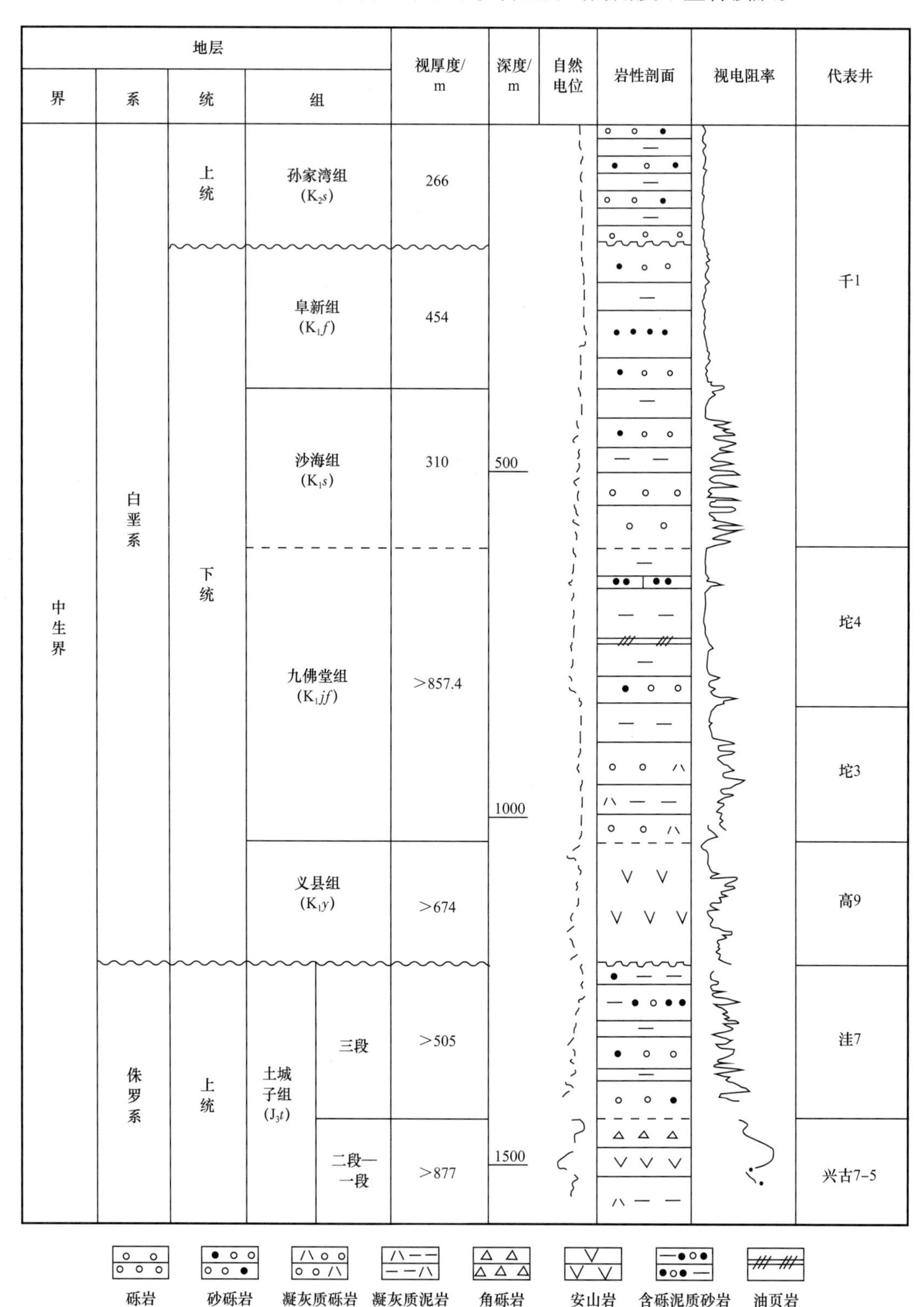

图 1-3-6　西部凹陷中生界综合柱状图

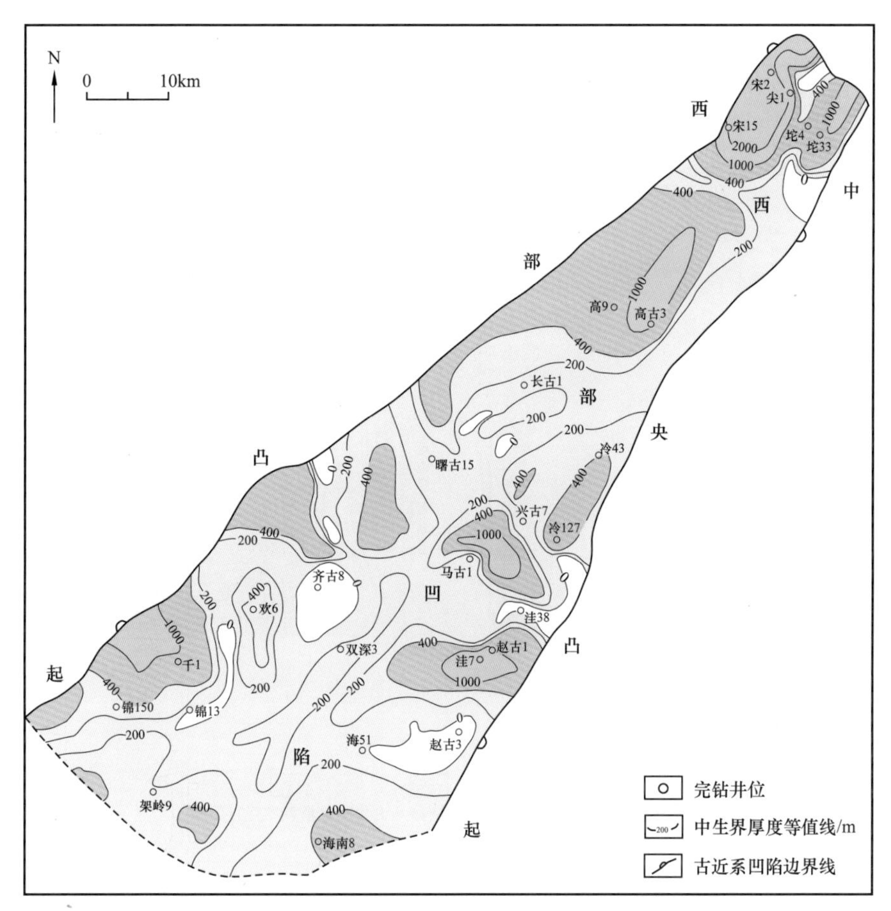

图 1-3-7　西部凹陷中生界厚度等值线图

2. 土城子组（J_3t）

土城子组主要分布在辽西地区，在西部凹陷有多井钻遇。岩性变化较大，为义县组火山岩之下的一套陆相红色粗碎岩沉积组合。根据岩石组合自下而上可分为一段、二段、三段。一段在兴古 7-5 井 3185～4062m 井段揭露，视厚度 877m（未穿），岩性为灰紫色安山岩、紫红色角砾岩与大套灰、紫红色凝灰质泥岩互层，夹薄层黑色碳质泥岩，角砾成分为花岗岩；二段在兴古 7-24-16 井 3325～4108m 井段揭露，视厚度 783m（未穿），岩性为大段浅灰、浅红色角砾岩，角砾成分为花岗岩；三段在洼 7 井 2880～3385.56m 井段揭露，视厚度 505.56m（未穿），岩性以大套的紫红色砂岩、砂砾岩为主，间有灰色的砂砾岩，夹有紫红色、灰色、灰绿色泥岩。该组与下伏中侏罗统髫髻山组为平行不整合接触。

二、白垩系（K）

白垩系在辽河坳陷及周边分布较为广泛，以下白垩统为主，局部残留上白垩统底部。为一套火山喷发—河湖相碎屑岩沉积层系。辽河坳陷西部地区钻遇地层自下而上：下白垩统义县组、九佛堂组、沙海组、阜新组和上白垩统孙家湾组。辽河坳陷东部地区钻遇地层自下而上：下白垩统小岭组、梨树沟组、聂耳库组及上白垩统大峪组（表 1-3-1）。白垩系与上覆、下伏地层均为角度不整合接触（图 1-3-8）。

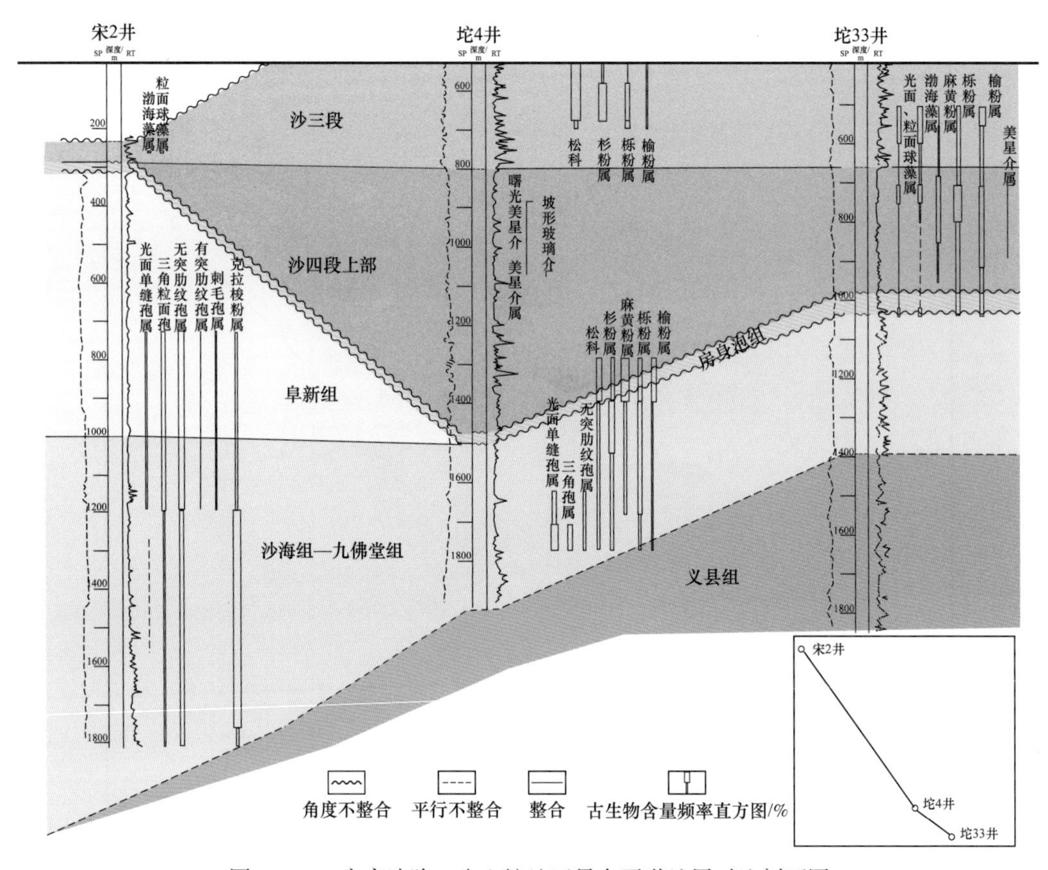

图 1-3-8　宋家洼陷—牛心坨地区早白垩世地层对比剖面图

1. 义县组（K_1y）

义县组（小岭组）主要分布于西部凹陷的牛心坨潜山、高升潜山、兴隆台潜山、小洼潜山、西八千地区及西部凸起的宋家洼陷、兴隆镇洼陷，东部凹陷的油燕沟潜山、三界泡潜山、青龙台潜山及东部凸起。界 3 井、界 16 井、王参 1 井、荣 100 井、宋 1 井、坨 33 井、杜 63 井、齐古 2 井、齐 1 井、欢 6 井等均有钻遇。位于三界泡潜山带的界 16 井在 2180.0～3016.0m 井段钻穿该组，最大视厚度 836.0m，下部岩性以中性安山岩、凝灰岩为主，上部岩性以中酸性灰白色英安岩、凝灰岩和酸性流纹岩为主。全坳陷岩性具有可对比性。与下伏地层呈角度不整合接触。

西部凹陷南部地区欢 6 井、杜 63 井火山岩实测同位素年龄分别为 143.0Ma、147.6Ma（表 1-3-5），与辽西阜新盆地八家子后山露头玄武岩、尖山子露头安山岩（义县组顶）同位素年龄相一致（陈义贤等，1997；章凤奇等，2007），地质年代属于早白垩世义县组沉积时期。

2. 九佛堂组（K_1j）

九佛堂组（梨树沟组）主要分布在宋家洼陷、三界泡潜山带和东部凸起。宋家洼陷宋 1 井、宋 2 井、宋 3 井、宋 14 井、尖 1 井等钻遇，宋 1 井钻穿该组视厚度 710m。三界泡潜山和东部凸起有界 3 井、柳参 1 井、王参 1 井等钻遇，柳参 1 井钻穿该组，最大视厚度 542.0m。为一套以湖相沉积为主的含火山碎屑沉积岩组合，产较多热河生物群等动物化石。按揭示岩性组合特征分上、下两段。

表 1-3-5　义县组火山岩实测同位素绝对年龄统计表

采样地点或井号	井深 /m	岩性	绝对年龄 /Ma
阜新盆地八家子后山、尖山子	露头	玄武岩、安山岩	147.0，143.9
欢 6	1992～2627	流纹岩、凝灰岩、蚀变玄武岩	143.0
杜 63	1608～1630	安山岩	147.6

下段：以宋 1 井 1738.0～2448.0m 和宋 2 井 1706.0～1808.0m 井段为代表，下部岩性以浅灰色火山角砾岩为主，夹薄层深灰色粉砂质泥岩；上部岩性以灰、深灰色凝灰质泥岩为主，夹浅灰色泥质细砂岩、薄层凝灰质砂砾岩。宋 1 井所见化石以孢粉为主，裸子植物花粉占绝对优势，达 77.6%，其中以松科花粉最为繁盛，云杉粉（0～12.6%）含量较高，气囊分化差的古老松柏类花粉有一定含量；此外还含有四字粉（0～2.3%）、原始松柏粉（0～12.9%）、假云杉粉（0～5.0%）。蕨类孢子化石的数量类型均少（5.8%），无突肋纹孢、南京无突肋纹孢只在该组顶部出现，但数量极少，未见有突肋纹孢、光面单缝孢，无被子植物花粉。

上段：以界 3 井 1918.0～2119.0m 井段为代表。岩性主要为一套深灰、灰黑色泥岩、页岩，夹灰色灰质细砂岩、褐灰色油页岩及灰色泥灰岩。电性特征：视电阻率曲线上部呈较平直弱齿状低阻，下部为山状、尖刀状中高阻；声波时差为锯齿状高值。

本组与下伏义县组为平行不整合接触或整合接触。

3. 沙海组（K_1s）

沙海组在兴隆镇和宋家洼陷最发育，千 1 井、宋 1 井、宋 2 井等有钻遇，宋 3 井揭露最大厚度 598.0m。

以宋 2 井 1166.0～1655.0m 井段为代表。根据岩电特征可分为上下两段。

下段：为一套浅灰色厚—中层砂砾岩，含砾粗砂岩和深灰色、灰黑色泥岩、碳质泥岩互层，夹薄层细—粉砂岩，泥质粉砂岩，偶见凝灰质粉砂岩，具粒序层理和水平层理。

上段：以深灰色泥岩为主，夹浅灰色泥质粉砂岩，细砂岩、粗砂岩以及少量页岩，碳质泥岩。电性特征：视电阻率曲线在下部一般呈尖刀状和块状，上部呈锯齿状。主要化石有：孢粉化石仍以裸子植物占绝对优势（92.8%），并达到极繁盛时期，云杉粉明显高于双束松粉，气囊分化差的古老松柏类花粉仍然存在，但数量极少。蕨类植物孢子较少（7.3%），无突肋纹孢较九佛堂组发育（4.8%），有突肋纹孢、光面单缝孢开始出现并有一定含量，仍无被子植物花粉。化石组合与辽西沙海组面貌相似，但蕨类植物不发育。

该组与下伏九佛堂组呈平行不整合接触。

4. 阜新组（K_1f）

阜新组在兴隆镇和宋家洼陷发育，以宋 2 井 528.0～1166.0m 井段为代表。根据岩电特征可分为上下两段。

下段：岩性为一套褐色、褐灰色、灰白色中—厚层砂砾岩、粗砂岩、高岭土质砂岩，深灰、浅灰色泥岩互层，碳质泥（页）岩发育，砂岩中植物碎屑含量较高。视电阻率曲线呈箱状或山字形中阻。

上段：岩性以浅灰色、深灰色泥岩为主，夹浅灰色砂砾岩、粗砂岩和泥质粉砂岩，上部砂砾岩发育，具交错层理。视电阻率曲线呈锯齿状低阻。

该井段发育孢粉化石：蕨类植物花粉占绝对优势（59.3%～71.4%），海金沙科孢子比较发育，无突肋纹孢，有突肋纹孢较下伏地层明显增加。裸子植物花粉开始下降（28.1%～32.0%），以气囊分化好的双气囊粉（松科、双束松粉、云杉粉）为主，气囊分化差的古老松柏类，原如松柏粉、假云杉粉、四字粉由九佛堂组、沙海组的较高含量逐渐减小。以上孢粉组合特点与辽西地区、开鲁盆地阜新组面貌基本一致。

该组与下伏沙海组呈整合接触（图 1-3-8）。

5. 孙家湾组（K_2s）

孙家湾组主要分布在西部凸起，东部凸起，西部凹陷的高升至西八千地区、大洼地区，东部凹陷的董家岗地区及大民屯凹陷的网户屯地区。以宋 2 井、曙 14 井、曙 32 井、高 2 井、杜 61 井、董 1 井、董 13 井、开 29 井等为代表。宋 2 井 321.0～528.0m 井段钻遇本组，岩性主要为一套棕红色厚层泥质粉砂岩和泥岩互层，局部地区底部发育紫红、砖红色砂砾岩、砾岩。层位与辽西的孙家湾组、辽北的泉头组、辽东的大峪组相对应。该组与下伏地层呈不整合接触。

第三节　新 生 界

辽河坳陷新生界属陆相断陷湖盆沉积，沉积地层巨厚，钻井揭露累计最大厚度 9285.0m。运用岩石地层学、生物地层学、年代地层学、层序地层学及矿场地球物理测井方法，把古近系和新近系划分为古新世—早始新世玄武岩喷发沉积旋回、中晚始新世—渐新世沉积旋回、中新世—上新世 3 个沉积旋回，同时建立了介形类、腹足类、藻类、孢粉、鱼类等古生物化石组合、亚组合及化石带，并与渤海湾盆地其他坳陷建立了对比关系（姚益民等，1994），将新生界自下而上划分为古近系房身泡组、沙河街组、东营组，新近系馆陶组和明化镇组，第四系平原组 6 个组级岩石地层单元。

一、古近系（E）

古近系自下而上划分为古新统—始新统的房身泡组、始新统—渐新统的沙河街组和渐新统的东营组（图 1-3-9）。

1. 房身泡组（$E_{1-2}f$）

房身泡组可分上、下两段，视厚度 0～1510.0m。下段主要为古新世晚期的玄武岩段，上段主要为始新世早期的暗紫红色泥岩段。

1）房身泡组下段（$E_{1-2}f_1$）

该段玄武岩在辽河坳陷分布广泛，厚度变化大，分布范围受基底断裂控制，沿北东向呈带状分布。西部凹陷饶阳河至大洼一线以北的广大地区、东部凹陷、大民屯凹陷均有分布，其中，高升、三界泡、青龙台、小龙湾、茨榆坨、静北地区厚度大，最厚达

1200m（表 1-3-6）。岩性为黑色玄武岩、绿灰、褐灰色辉石玄武岩，灰紫、灰黑色橄榄玄武岩，暗紫色蚀变玄武岩夹深灰、暗棕红色泥岩。本段下部在青龙台、房身泡、台安、高升等局部地区发育有黑色泥岩、碳质泥岩、煤线或薄煤层。

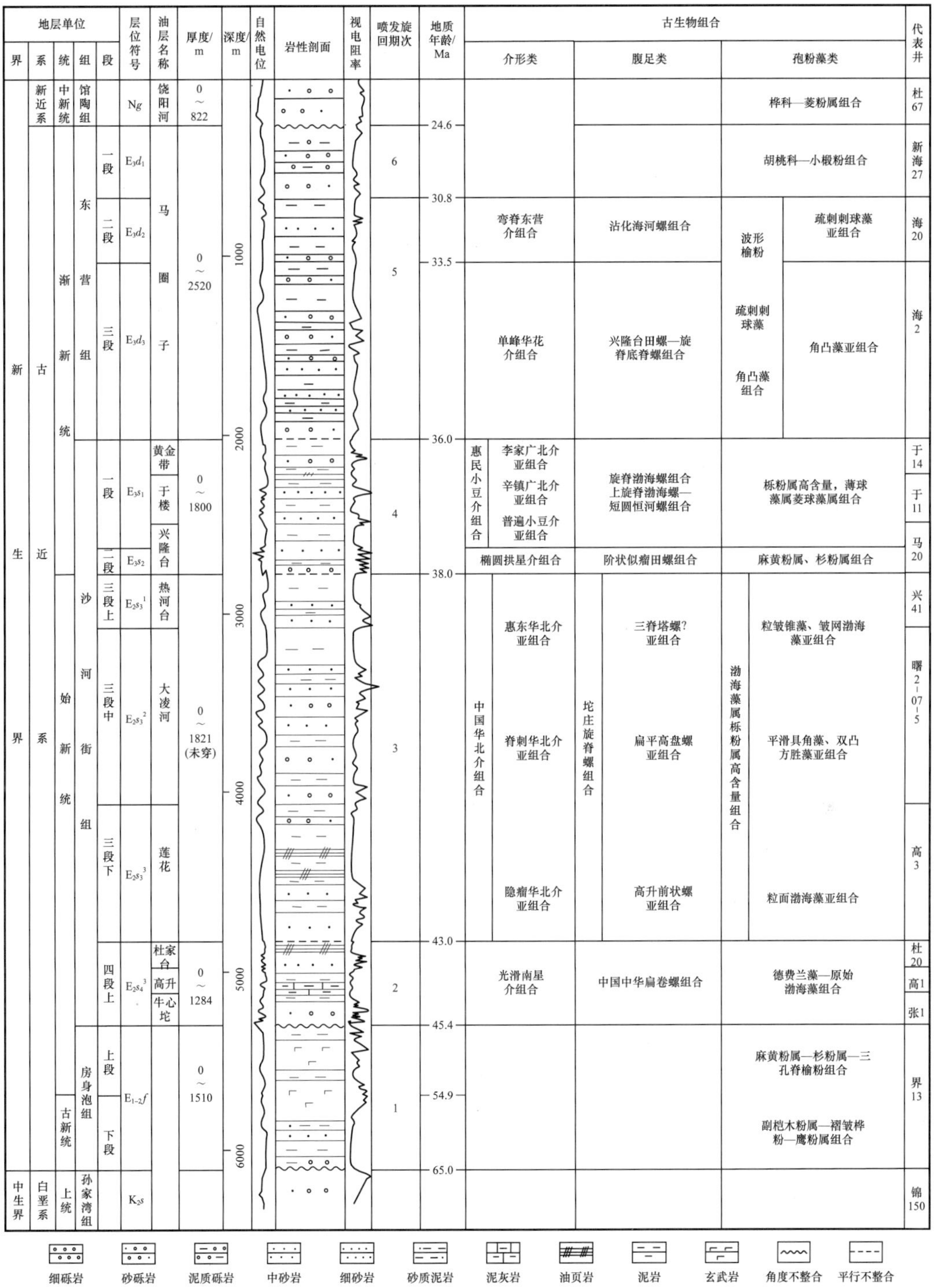

图 1-3-9　辽河坳陷古近系综合柱状图

表 1-3-6　辽河坳陷房身泡组（$E_{1-2}f$）玄武岩最大厚度数据表

地区	东部凹陷				西部凹陷		大民屯凹陷
井号	茨 7	龙 11	小 3	界 4	高参 1	高古 1	安 64
井段 /m	2462～3525	2463～2898	1931～3053	1446～2404	1958～3162	1374～2517	2796～3209
最大厚度 /m	1063①	435	1122①	958①	1204①	1143	413

① 未钻穿厚度。

岩石化学分析结果显示，本段玄武岩均属碱性玄武岩。其中，西部凹陷属钾质系列碱性玄武岩，大民屯凹陷和东部凹陷属钠质系列碱性玄武岩（表 1-3-7）。

表 1-3-7　辽河坳陷玄武岩岩石化学分析成果表

项目	西部凹陷	东部凹陷	大民屯凹陷
SiO_2	46.36	45.66	45.57
Fe_2O_3	6.24	6.41	7.27
FeO	4.88	5.21	5.39
Al_2O_3	15.50	14.91	15.27
TiO_2	1.87	1.79	1.63
MnO	0.14	0.35	0.24
CaO	8.53	7.48	7.19
MgO	6.09	7.35	7.18
K_2O	1.79	0.70	0.98
Na_2O	2.91	2.52	3.65
P_2O_5	0.39	0.43	0.29
L	4.65	6.52	4.52
σ	6.51	3.90	8.34
Fe_2O_3/FeO	1.28	1.25	1.35
MF	0.65	0.61	0.64

注：（1）L 为烧失量；（2）σ 为里特曼指数，$\sigma=(K_2O+Na_2O)^2/(SiO_2-43)$，$\sigma \geqslant 3.3$ 为碱性，$\sigma < 3.3$ 为非碱性；（3）MF：铁镁指数，$MF=(FeO+Fe_2O_3)/(FeO+Fe_2O_3+MgO)$；（4）表内其他数字单位为 %。

界 4 井、沈 111 井、龙 23 井等 3 口井样品钾氩法测得玄武岩全岩同位素年龄 56.4～68.0Ma（表 1-3-8），与渤海湾盆地侯镇组和抚顺老虎台组相当，时代为古新世。该段与下伏地层呈不整合接触。

2）房身泡组上段（$E_{1-2}f_2$）

该段在西部凹陷的兴南、鸳鸯沟、胜利塘至大有地区，东部凹陷的茨榆坨地区，大民屯凹陷的静安堡地区均有分布，厚度 0～305.5m，以杜 79 井、杜 183 井、杜 201 井、茨 14 井、锦 11 井等较为典型。岩性以暗紫红色泥岩为主，局部发育玄武岩、玄武质和凝灰质泥岩，质纯细粒、造浆性强，与暗紫红色蚀变玄武岩不易区分。茨榆坨与静安堡地区为玄武质、凝灰质泥岩，位于大段玄武岩之上。

表 1–3–8　辽河坳陷房身泡组（$E_{1-2}f$）火山岩钾氩年龄数据表

地区	西部凹陷					大民屯凹陷		东部凹陷			抚顺
井号	高 8	高 3–4–04	曙 74	雷 11	曙古 33	沈 101	沈 111	开 12	界 4	龙 23	
井深 /m	1499～2245	1944～1991	1070～1290	2427～2470	1603～1837	3176～3200	2305～2374	2495～2522	1446～2404	3094～3128	
年龄 /Ma	44.8	46.5	46.4	46.7	48.5	47.9	56.4	48.6	63.2	68.0	66.2

高 8 井、沈 101 井、开 12 井等 7 口井样品钾氩法测得玄武岩全岩同位素年龄 44.8～48.6Ma（表 1–3–8），与渤海湾盆地孔店组和沙四段中下部相当，时代相当于始新世早期。

房身泡组在东部凹陷的龙 1 井、房 1 井及海 1 孔玄武岩段的泥岩夹层中发育有较多的孢粉化石。以龙 1 井为代表，被子类花粉占优势，含量占 78.8%～90.7%，其中 *Betulaceoipollenites bituitus* 拟桦粉占 19.9%～47.9%，*Betulaepollenites plicoides* 褶皱桦粉占 0～34.7%，*Quercoidites* 栎粉属占 1.8%～27.7%，*Ulmipollenites dnclulosus* 波形榆粉占 1.2%～11.4%，*Momipites coryloides* 拟榛粉占 0.7%～7.5%，见少量 *Alnipollenites metaplasmus* 异常桤木粉，*Engelha-rdtioidites microcoryphaeus* 小首黄杞粉、*Caryapollenites triangulus* 三角山核桃粉、*Jugl-anspollenites verus* 真胡桃粉、*Aquilapollenites spinulosus* 小刺鹰粉。裸子类花粉次之，含量占 9.3%～18.8%，*Pinaceae* 松科占 6.6%～23.6%，*Taxodiaceaepllenites* 杉粉属 2.7%～12.4%，*Ephedripites* 麻黄粉属占 0.6%～2%。蕨类孢子稀少。以被子类花粉占绝对优势及拟桦粉、褶皱拟桦粉高含量为特征。

2. 沙河街组（$E_{2-3}s$）

根据岩性、电性、生物组合特征自下而上可分为沙四段上亚段、沙三段、沙二段、沙一段。其中沙四段上亚段、沙三段属于始新世中晚期，沙二段、沙一段属于渐新世早中期。该组与下伏房身泡组呈不整合接触。

1）沙四段上亚段（$E_2s_4^3$）

始新世早期，辽河坳陷处于隆升状态，未接受沉积，到始新世晚期开始沉降，大民屯凹陷和西部凹陷沉积了沙四段上亚段地层，东部凹陷仍处于隆升状态。以浅湖、半深湖相泥岩、油页岩及扇三角洲相砂砾岩、砂岩沉积为主，局部发育湖相碳酸盐岩。

沙四段上亚段视厚度 0～1284.0m。雷 18 井揭示厚度最大。两个凹陷沉积差异十分明显，以西部凹陷为代表，可细分成三个岩性段，自下而上分别为牛心坨油层、高升油层和杜家台油层。

（1）牛心坨油层（$E_2s_4^{3-n}$）。

牛心坨油层主要分布在大民屯凹陷和西部凹陷北部牛心坨地区，视厚度 0～436.0m。岩性主要为砂砾岩、砂岩、粉砂岩、泥岩、油页岩、薄层泥灰岩、白云质灰岩和玄武岩等。始新世中期该区进入断陷期，伴随有火山活动，岩性主要为玄武岩。属于辽河坳陷第二期岩浆活动。

（2）高升油层（$E_2s_4^{3-g}$）。

高升油层主要分布在大民屯凹陷和西部凹陷曙光以北地区，视厚度0～505.0m。岩性主要为泥岩、油页岩、泥灰岩、鲕粒灰岩、泥晶灰岩、粒屑灰岩、砂岩等，其中西部凹陷高升地区的湖相碳酸盐岩和大民屯凹陷的厚层油页岩特点明显。高升油层顶部发育的油页岩和薄层石灰岩，组成沙四段上亚段下特殊岩性段。

（3）杜家台油层（$E_2s_4^{3-d}$）。

杜家台油层在西部凹陷和大民屯凹陷广泛分布，视厚度0～458.5m。岩性主要为砂岩、砂砾岩、泥岩、油页岩、钙质页岩、白云质灰岩等。顶部灰色泥岩与油页岩、钙质页岩、白云质灰岩薄层互层，组成沙四段上亚段上特殊岩性段。

沙四段上亚段沉积时期生物开始繁盛，介形类、腹足类、藻类、孢粉等化石丰富。

① 介形类为 *Austrocypris levis*（光滑南星介）组合。主要标志化石有 *Austrocypris levis*（光滑南星介）、*A.posticaudata*（后翘南星介）、*Candona acclivis*（坡形玻璃介）、*Cypris postilonga*（后长金星介）、*C. bella*（美丽金星介）、*Cyprinotus shuguangensis*（曙光美星介）、*C. altilis*（肥实美星介）、*C. shandongensis*（山东美星介）、*Ilyocypris liuqiaoensis*（柳桥土星介）、*I.subliugiaoensis*（近柳桥土星介）。

② 腹足类为 *Sinoplanorbis sinensis*（中国中华扁卷螺）组合。主要有：*Valvata shuguangensis* sp.（曙光盘螺），*V*（*Cincinna*）*applanata*（扁平高盘螺），*Hydrobia liuqiaoensis*（柳桥水螺），*Micropyrgus simplus* sp.（简单微塔螺），*Baicalia Gerstfeldtia shenyangensis*（沈阳杰民螺）、*Sinoplanorbis sinensis*（中国中华扁卷螺），*S. spiralis*（旋纹中华扁卷螺），*S.conjungens*（连接中华扁卷螺），*Hope-iella speciosa*（特殊河北螺）等。此外还偶见完整的鱼化石。

③ 藻类化石开始发育，主要有 *Bohaidina primitipus*（原始渤海藻），*Leioisphaeridia*（光面球藻属）。

④ 孢粉化石以 *Taxodiaceaepllenites*（杉粉属）、*Ephedripites*（麻黄粉属）、*Lonicerapollis tenuipolaris*（薄极忍冬粉）高含量组合为特征。其中牛心坨油层和高升油层为杉粉属、*Ulmipollenite*s（榆粉属）、*Celtispolle-nites*（三孔朴粉）高含量带；杜家台油层杉粉属、麻黄粉属连续分布，为松科、*inaperturo-pollenite*s（无口器粉属）高含量带。

2）沙三段（E_2s_3）

始新世中晚期，辽河坳陷整体处于裂谷拉张深陷期，沉积了巨厚的半深湖—深湖相砂泥岩地层，马深1井揭示厚度最大，为1821.0m（未穿）。地层在三大凹陷广泛分布，但沉积特点具有明显的差异性。

（1）西部凹陷。

以广泛发育重力流沉积为特点，主要为扇三角洲、湖底扇沉积，自下而上分下、中、上三个亚段。下亚段（莲花油层），视厚度13.0～300.0m，岩性较粗，主要为砂砾岩、砂岩、粉细砂岩夹泥岩、油页岩；中亚段（大凌河油层），视厚度800.0～1300.0m，岩性以深灰色、灰黑色大段泥岩为主，夹砂砾岩、砂岩和细砂岩；上亚段（热河台油层），视厚度160.0～400.0m，岩性为灰色厚层状砂砾岩与砂岩、深灰色泥岩互层。

（2）东部凹陷。

以火山活动强烈、火山岩发育为特点。主要以扇三角洲、湖沼相沉积为主，自下而上分下、中、上三个亚段。中下亚段，视厚度 0～1400.0m，岩性主要为砂砾岩、砂岩、粉细砂岩、泥岩、粗面岩、玄武岩、辉绿岩等，中南部地区火山岩发育，北部次之；上亚段，视厚度 0～1200.0m，岩性以浅灰色砂岩、灰色泥岩、灰黑色碳质泥岩为主，中南部地区煤层发育。

（3）大民屯凹陷。

以发育三角洲沉积为特点，主要为三角洲、扇三角洲、泛滥平原沉积，全区分布。自下而上分四个亚段，分别为四、三、二、一亚段。安 12 井钻遇沙三段 1124.0～2694.0m，视厚度 1570.0m。其中，四亚段 2293.0～2694.0m，视厚度 401.0m，岩性以浅灰色厚层状含砾不等粒砂岩、粗砂岩、高岭土质细砂岩为主，与深灰色泥岩不等厚互层；三亚段 1889.0～2293.0m，视厚度 404.0m，岩性下部为浅灰色砂砾岩、含砾砂岩夹深灰色泥岩，上部为灰、灰绿、深紫、褐色泥岩夹含砾砂岩、砂岩；二亚段 1471.0～1889.0m，视厚度 418.0m，岩性以灰、绿灰色含深紫色泥岩为主，夹灰色厚层含砾粗砂岩、砂岩。一亚段 1124.0～1471.0m，视厚度 347.0m，岩性为浅灰、褐色厚层砂砾岩、含砾不等粒砂岩，中细砂岩与灰色、深灰、深紫色泥岩不等厚互层。

沙三段火山岩为辽河坳陷第三期岩浆活动产物。湾 3 井、茨 20 井等玄武岩同位素年龄的实测值为 39.4～42.4Ma（表 1-3-9），地质年代为始新世中晚期。

表 1-3-9　东部凹陷沙三段玄武岩实测年龄数据表

井号	茨 20	湾 3	热 21	于 52
井深 /m	2326～2383	3184～3245	2112～2748	2002～2818
年龄 /Ma	42.4	39.4	39.5	40.9

沙三段生物繁盛，介形类、腹足类、藻类、孢粉等化石丰富。

① 介形类为 *Huabtinia chinensis*（中国华北介）组合，主要有 *H. chinensis*（中国华北介）、*H. huidongensis*（惠东华北介）、*H. costatispinata*（脊刺华北介）、*H. ventricostata*（腹脊华北介）、*H. triangulata*（三角华北介）、*H. obscura*（隐瘤华北介）、*Camarocypris ovata*（卵形横星介）、*Cyprois mina*（小型拟星介）、*Virgat-ocypris striata*（细纹纹星介）、*Candona postabscissa*（后陡玻璃介）、*C.posticoncava*（后凹玻璃介）、*C. compta*（精美玻璃介）、*C.adulta*（远伸玻璃介）、*Fusocandona xinglongtainensis*（隆台纺锤玻璃介）等。根据各属种纵向上的发育特点，分为三个亚组合。

隐瘤华北介亚组合：东部凹陷分布于大湾至茨榆坨一带，西部凹陷分布于高升至大有斜坡边缘带，大民屯凹陷分布于北部静安堡地区。主要有 *Huabeinia obscura*（隐瘤华北介）、*H.yonganensis*（永安华北介）、*H. trapezoidea*（梯形华北介）、*Candona acclivis*（坡形玻璃介）。所在层位为沙三段下部。

脊刺华北介亚组合：分为华北介发育区和玻璃介发育区。东部和西部凹陷为华北介发育区，主要有脊刺华北介、腹脊华北介、三角华北介、小型拟星介及后凹玻璃介。大民屯凹陷为玻璃介发育区，在东部和西部凹陷也有分布，主要有 *Candona subgrandis*（近长大玻璃介）、*C.grandis*（长大玻璃介）及远伸玻璃介，仅个别井见到单刺华北介。该亚组合所在层位为沙三段中部。

惠东华北介亚组合：有细纹纹星介、*Pseudocandona declivicostata*（斜脊假玻璃介），分布在东、西部凹陷，而大民屯凹陷仅沼泽拟星介大量发育为沼泽环境的指相化石，所在层位为沙三段上部。

② 腹足类为 *Liratina tuozhuangengis*（坨庄旋脊螺）组合，所在层位为沙三段，自下而上分三个亚组合。

Prososthenia gaoshengensis（高升前壮螺）亚组合：产自西部凹陷西斜坡高升至大有地区沙河街组三段下部。主要有 *Campeloma qijiaensis*（齐家肩螺）、*Prososthenia gaoshengensis*（高升前壮螺），*C.orientalis*（东方肩螺），*Amerianna angularis*（角状阿梅里亚螺）。

Valvata（*Cincinna*）*applanata*（扁平高盘螺）亚组合：主要有扁平高盘螺、坨庄旋脊螺，产于沙河街组三段中部。

Pyrgula tricarinata（三脊塔螺）亚组合：本亚组合在东部凹陷、西部凹陷、大民屯凹陷均被钻遇。本亚组合主要有三脊塔螺，*Stenothyra paucilineata*（少纹狭口螺），*Bohaispira tetracostata*（四旋脊渤海螺），*Glyptophysa carinata*（棱角雕滴螺）等，产于沙河街组三段上部。

③ 藻类化石为 *Bohaidina*（渤海藻属）–*Parabohaidina*（副渤海藻属）组合，分布于沙河街组三段，主要属种有渤海藻属、副渤海藻属、*Conicoidium*（锥藻属）、*Angularia*（具角藻属）、*Dinogymniurn*（沟裸藻属）、*Bipolaribucina*（极管藻属）、*Leiosphaeridia*（光面球藻属）、*Granodiscus*（粒面球藻属）等。自下而上可细分出以下几类。

Bohaidina granulata（粒面渤海藻）–*Bosedinia laevigata*（光面百色藻）亚组合，代表化石有 *Canningia micibaculata*（细棒坎氏藻）、*Granodiscus granulatvs*（粗粒面球藻）、*Dinogymnium amphidoxosum*（可疑沟裸藻）、粒面渤海藻，光面百色藻等，层位相当于沙河街组三段下部。

Angulariaglabra（平滑具角藻）–*Dictyotidium microreticulatum*（细网面球藻）亚组合，代表化石有 *Bohaidina microreticulata*（细网渤海藻）、*Horologinella biconvexa*（双凸方胜藻）、*Dinogymnium capereta*（起皱沟裸藻）、平滑具角藻、细网面球藻，层位相当于沙河街组三段中部。

Conicoidium granorugosum（粒皱锥藻）–*Bohaidina retirugosa*（皱网渤海藻）亚组合，代表化石有 *Granodiscus staplinii*（斯氏粒面球藻）、*Leiosphaeridia cf. similis*（相似光面球藻）（比较种）、*Bohaidina retirugosa*（皱网渤海藻）、*Parabohaidina laevigata*（光面副渤海藻）、*Conicoidium granorugosurn*（粒皱锥藻）、*Filisphaeridium aspersum*（污脏棒球藻）、*Dinogymnium granulatum*（颗粒沟裸藻）、极管藻属等，分布层位为沙河街组三段上部。

④ 孢粉为 *Quercoidites*（栎粉属）、*Ulmipollenites*（榆粉属）高含量组合为特征。大民屯凹陷和东部凹陷北部地区沙三段中、下部藻类化石较少，但 *Alnipollenites*（桤木粉属）、*Tiliaepollenites*（椴粉属）、*T.instructus*（椴粉）、*T.microreticulatus*（细网椴粉）含量高。

3）沙二段（E_3s_2）

渐新世早期，辽河坳陷在始新世晚期短暂抬升的背景下再次沉降，沉积了滨浅湖相砂泥岩地层（与沙一段下亚段合称兴隆台油层）。主要分布在西部凹陷，最大厚度440m，东部凹陷中北部局部地区也有分布。与下伏沙三段呈平行不整合接触。

岩性以浅灰白、肉红色砂砾岩、长石砂岩、钙质砂岩为主，局部地区见长石砂岩夹灰绿色、棕红色、灰色泥岩。电性特征为视电阻率曲线呈块状高阻，自然电位曲线呈箱状或钟状负异常。

本段以西部凹陷兴隆台地区最为典型，砂砾岩中砾石成分为肉红色花岗岩，俗称"高粱米砂岩"，并作为区域对比标志层。东部凹陷黄金带、于楼、热河台构造带两侧和牛居地区有小范围沙二段分布，岩性特征与兴隆台地区相似，但因砂砾成分变化，已经失去了"高粱米"特征。

沙二段化石单调，仅见少量介形类。*Camarocypris elliptica*（椭圆拱星介）组合分布在西部凹陷兴隆台以南地区，东部凹陷仅分布在黄金带至热河台构造带东西主断层下降盘的低部位。主要代表化石有椭圆拱星介、*Cypria gergara*（丰富丽星介）、*Potamocyprella levis*（光滑小河星介），*C. recla*（直似玻璃介），*Pseudocandona boxingensis*（博兴假玻璃介）等。

4）沙一段（E_3s_1）

沙一段在辽河坳陷广泛分布，沉积了一套滨浅湖相的砂泥岩地层（兴隆台油层、于楼油层和黄金带油层）。岩性以灰、深灰色泥岩为主，与灰白色砂岩、砂砾岩不等厚互层。分三个亚段：下亚段褐灰色、浅灰色钙质页岩发育，局部地区见泥灰岩、白云质灰岩夹层；中亚段灰、深灰色泥岩夹褐色油页岩或生物灰岩、鲕粒灰岩薄层；上亚段以灰色、深灰色、褐灰色大段泥岩为主。视厚度0～1360.0m。与下伏沙二段呈整合接触。

各凹陷岩性组合有一定差异，大民屯凹陷和东部凹陷为砂岩与泥岩间互类型，泥岩隔层薄，韵律性不强。西部凹陷砂岩与泥岩分异性好，泥岩隔层厚，砂岩组明显，韵律性强，横向上从湖盆边缘向凹陷中心，呈现厚层块状砂岩—层状砂岩—夹层状粉细砂岩变化，纵向上具有反旋回沉积特征。

沙一段生物繁盛，介形类、腹足类、藻类等化石丰富。

（1）介形类为 *Phacocypris huiminensis*（惠民小豆介）组合，是广泛分布于三个凹陷的沙一段化石组合。主要有：*Xiyingia magna*（大西营介）、*X.luminosa*（光亮西营介）、*Guangbeinia xinzhenensis*（辛镇广北介）、*G.lijiaensis*（李家广北介）、*Glenocypris rugosa*（褶皱洼星介）、*Eucypris faviformais*（蜂巢真星介）、*Eucypris lelingensis*（乐陵真星介）、*Candona sinensis*（中华玻璃介）、*C. diffusa*（伸玻璃介）、*Pseudocandona deplanata*（扁假玻璃介）、*Phacocypris vulgata*（普通小豆介）和惠民小豆介等。自下而上分为三个亚组合。

普通小豆介亚组合：化石数量多，沿泥岩层面密集分布。主要标志化石有普通小豆介、扁假玻璃介，遍布三个凹陷。

辛镇广北介亚组合：广泛分布于三个凹陷，按属种组合可分成西营介发育区和湖花介、洼星介发育区。西营介发育区指西部凹陷兴隆台以南和东部凹陷热河台以南广大地区。主要标志化石有辛镇广北介、惠民小豆介组合中的成员，除扁假玻璃介和李家广北介外均可在此亚组合出现。东部和西部凹陷的北部及大民屯凹陷为湖花介、洼星介发育区。主要标志化石有褶皱洼星介、*Eucypris fida*（诚实真星介）、*Limnocythere variabilis*（易变湖花介）等。

李家广北介亚组合：分布于西部凹陷兴隆台以南及东部凹陷黄金带以南地区。主要标志化石有李家广北介。

（2）腹足类为 *Bohaispira supracarinata–Gangetia brevirota*（上旋脊渤海螺—短圆恒河螺）组合，广泛分布于三个凹陷的沙一段中、下部。自下而上分成两个亚组合：

Pseudostenothyra lirellata（小脊假狭口螺）亚组合，层位位于沙河街组一段下部；

Bohaispira shalingensis（沙岭渤海螺）亚组合和 *Stenothyra jinxianensis*（锦县狭口螺）亚组合，产自层位沙一段中部。

（3）藻类化石为 *Tenua-Rhombodella*（薄球藻属—菱球藻属）组合。主要代表化石有：*Tenua bifidis*（分叉薄球藻）、*T. biornatisum*（双饰薄球藻）、*Rhomhodella variabilis*（变异菱球藻）、*R.lubiforma*（管突菱球藻）、*Filisphaeridium baculatum*（棒形棒球藻）、*Paucibucina*（疏管藻属）、*Oligosphaeridium*（稀管藻属）等。

沙一段 + 沙二段，在东部凹陷的黄金带、牛居、茨榆坨地区，西部凹陷的大有地区及大民屯凹陷的三台子地区发育黑色玄武岩，属于辽河坳陷新生代第四期岩浆活动产物。黄 105 井、红 5 井等玄武岩全岩钾氩法测定同位素绝对年龄范围为 36.0～38.6Ma（表 1–3–10），地质年代为渐新世早期。

表 1–3–10　辽河坳陷沙一段 + 沙二段（E_3s_{1+2}）玄武岩钾氩年龄数据表

地区	东部凹陷					西部凹陷
井号	黄 105	黄 51	沟 1	茱 7	红 5	锦 2–25–10
井深 /m	2492～2567	2166～2650	2421～2434	1899～2220	2902～2933	872～896
年龄 /Ma	平均 37.2/2	36.9	平均 37.5/2	37.7	38.6	37.1

3. 东营组（E_3d）

渐新世中晚期，辽河坳陷湖盆收缩，沉积中心南移，形成典型的退覆式沉积，东营组全区分布，坳陷南部地区以湖相沉积为主，中北部地区以河流相沉积为主。揭露最大视厚度 2520m（海东 1 井）。与下伏沙河街组为平行不整合—整合接触。

岩性主要为灰色、灰绿色、绿灰色、褐灰色、棕红色泥岩、砂质泥岩，浅灰色、灰白色砂岩、长石砂岩、含砾砂岩、砂砾岩沉积组合。

东营组是辽河坳陷的主要含油层系之一，称为马圈子油层，按沉积旋回和岩性组合细分为三段，自下而上为东三段、东二段和东一段。东三段为灰色、灰绿色泥岩及碳质泥岩与含砾砂岩、砂砾岩互层；东二段以灰色、深灰色泥岩为主，夹灰色、灰绿色细砂岩；东一段为灰色、褐灰色厚层砂砾岩、泥质砂岩，夹灰绿色、灰紫色泥岩、含砾泥岩。

东营组沉积时期东部凹陷火山活动强烈，荣兴屯—黄沙坨地区发育了多期次厚层玄武岩，牛居及大民屯凹陷北部地区亦见薄层玄武岩，为辽河坳陷第五期岩浆活动产物。大 15 井、黄 64 井、荣 21 井等玄武岩全岩钾氩法测定年龄范围为 24.7～36.0Ma（表 1–3–11），地质年代为渐新世中晚期。

表 1-3-11　辽河坳陷东部凹陷东营组（E_3d）玄武岩钾氩年龄数据表

井号	大 15	红 5	红 13	红 10-18	红 8-10	沟 1	黄 64	台 10	荣 21	黄 104
井深 /m	1652～2242	2046～2667	1971～2887	2028～2303	1851～2173	1271～2387	1660～1743	2168～2188	1227～2717	1864～1881
年龄 /Ma	24.7	平均 30.7/6	34.4	32.6	35.9	平均 33.5/5	29.7	32.6	平均 33.6/3	36.0

东营组介形类、腹足类和藻类化石较丰富。

（1）介形类分为两个组合。

① *Chimocythere unicuspidata*（单峰华花介）组合。

本组合分布于西部凹陷兴隆台以南，东部凹陷桃园至荣兴屯一带及中央凸起南部倾没带的东营组三段。主要标志化石有单峰华花介、*C.shangheensis*（商河华花介）、*Limnocythere posticliva*（后斜湖花介）、*Dongyingia ventrispinata*（腹刺东营介）、*D. bispinata*（双刺东营介）、*D. spongiformis*（蜂孔东营介）、*D. dorsinodosa*（背瘤东营介）、*Hebeinia arca*（拱背河北介）、*Phacocypris lepida*（精美小豆介）、*P.pisiformis*（豆状小豆介）。自下而上分三个亚组合：一是豆状小豆介亚组合，以含拱背河北介、豆状小豆介为特征；二是蜂孔东营介亚组合，主要标志化石有蜂孔东营介，背瘤东营介；三是单峰华花介亚组合，主要标志化石有单峰华花介、商河华花介、后斜湖花介、腹刺东营介和双刺东营介。除欢双南部地区外一般不含单蜂华花介及商河华花介。三个亚组合化石分别产自东三段的下、中、上部。

② *Dongyingia inflexicostata*（弯脊东营介）组合。

主要标志化石有弯脊东营介、*D. labiaticostata*（唇形脊东营介）、*D.biglobicostata*（双球脊东营介）、*D.florinodosa*（花瘤东营介）、*D.floricostata*（花脊东营介）、*D. impolita*（粗糙东营介）、*Berocypris striata*（指纹瓜星介）、*Phacocypris guangraoensis*（广饶小豆介）、*Candonopsis liaoningensis*（辽宁似玻璃介）、*Candona laevigata*（低平玻璃介）、*Candoniella extensa*（伸长小玻璃介）、*Chinocythere cornuta*（具角华花介）、*C.xinzhenensis*（辛镇华花介）等。

在欢双地区南部至海外河地区，指纹瓜星介、近指纹瓜星介、双球脊东营介、唇形脊东营介在纵向上分成一条较稳定的绝迹界线，将东二段分成上、下两部分。在绝迹线之下和单峰华花介之上为指纹瓜星介、双球脊东营介带，为东二段化石，主要分布在西部凹陷兴隆台以南及东部凹陷欧利坨子以南地区。

（2）腹足类分三个组合。

① *Bohaispira spiralifere*（旋脊渤海螺）组合。

分布范围小，仅见于东部凹陷、西部凹陷的南部，化石产自沙一段上部至东三段下部。自下而上分两个组合：一是旋脊渤海螺亚组合，化石产自沙一段上部（沙一段中部油页岩以上）至东三段底部。主要有：旋脊渤海螺、*B. panshanensis*（盘山渤海螺）、*Sinostenothyra simpler*（简单中华狭口螺）、*Nannopyrgula raris*（珍奇矮塔螺）、*Ancylastrum bohaiensis*（渤海曲肿螺）等；二是 *Yonganospira*（*Bohaispirella*）*bellula*

（美丽小渤海螺）亚组合，化石产自东三段下部，分布在西部凹陷南部兴隆台、马圈子、欢喜岭等地区。常见属种 *Viviparus xinglongtaiensis*（兴隆台田螺）、*Tianjinospira monostichophyma*（单列瘤天津螺）、*Micromelania monilifera*（串珠微黑螺）、*Stenothyra*（*Basilirata*）*nodilirata*（瘤脊底脊螺）、美丽小渤海螺、*Y.*（*Bohaispirella*）*angularis* 具角小渤海螺、*Y.*（*Bohaispirella*）*simplica* 简单小渤海螺、*B.magna*（高大渤海螺）、*B.ornatinoda*（瘤饰渤海螺）、旋脊渤海螺、*Glyptophysa sinensis*（中国雕滴螺）等，其中美丽小渤海螺、高大渤海螺、瘤饰渤海螺、中国雕滴螺是该亚组合的标志化石。

② *Viviparus xinglongtaiensis*（兴隆台田螺）组合。

化石产自东三段上部碳质泥岩、灰色泥岩与砂岩互层段。仅见于西部凹陷南部马圈子、双台子、鸳鸯沟、清水、海外河等地。以兴隆台田螺及单列瘤天津螺大量出现，在个体数量上占优势的重要成员有：*Liratina maquanziensis*（马圈子旋脊螺）、*Tulotomoides liaoheensis*（辽河似瘤田螺）、*Stenothyra crassitesta*（厚壳狭口螺）、*Emmericia oxycera*（尖锐埃默氏螺）、*Haihenia* aff.*zhanhuaensis* 沾化海河螺（近亲种）等。

③ *Haihenia zhanhuaensis*（沾化海河螺）组合。

分布广、数量多的标志化石有：*Valvata*（*Atropidina*）*pileiformis*（帽形上旋螺）、*Tianjinospira distichophyma*（双列瘤天津螺）、*Stenothyra humeralis*（显肩狭口螺）、*S.*（*Praviumbonia*）*liaoheensis*（辽河扭顶螺）、*S.*（*Basilirata*）*primocostata*（早脊底脊螺）、*Caviumbonia pyrguloides*（塔螺型凹型螺）、*Micromelania daiwaensis*（大洼微黑螺）、沾化海河螺、*H.tricarinata*（三脊瘤海河螺）、*Nodilirata truncatellata*（平顶瘤脊螺）、*Hebeispira hebeiensis*（河北河北螺）、*H.glypta*（雕饰河北螺）等。本组合普遍分布于西部凹陷兴隆台以南及东部凹陷欧利坨子以南地区的东二段“成对砂岩”之下的灰色、灰绿色泥岩夹砂岩中。

（3）藻类化石为 *Dictyotidium-Rugasphaera*（网面球藻属—皱面球藻属）组合。

分两个亚组合，即 *Prominangularia*（角凸藻属）亚组合，分布于东三段；*Baltisphaeridium laxispinosum*（疏刺球藻）亚组合，分布于东二段。

二、新近系（N）

古近纪末期，辽河坳陷经历一次准平原化过程，整体进入盆地坳陷发展时期，沉积地层分为中新统馆陶组和上新统明化镇组。馆陶组为厚层状含砾砂岩、砂砾岩、含砂砾岩夹薄层泥岩组合，明化镇组下部为砂岩、泥岩间互层，上部为砂砾岩、砾岩夹泥岩组合，共同组成一个粗—细—粗的完整沉积旋回。

1. 馆陶组（N_1g）

馆陶组在辽河坳陷分布较为广泛，北部边缘地区局部缺失，为一套辫状河沉积体系，整体上南厚北薄，揭露最大视厚度 822.5m（葵西 1 井）。该组为辽河坳陷主要含油气层系之一，称饶阳河油层。与下伏地层呈不整合接触。

岩性主要为灰白色厚层砾岩、砂砾岩，夹薄层灰绿色、黄绿色砂质泥岩。底部砾岩富含燧石颗粒，砾石成分复杂。南部滩海地区岩性较细，以浅灰色、灰白色厚层状粉砂岩、细砂岩、砂砾岩为主，与灰色、灰绿色、灰黄色泥岩不等厚互层。

该时期火山活动微弱，在东部凹陷大平房—荣兴屯地区及红星、黄金带地区于馆陶组中下部有零星分布。岩性为薄层状玄武岩，累计厚度 10.0～80.0m，时代为中新统。

馆陶组以孢子花粉化石为主，为 *Piceaepollenites*（云杉粉属）–*Betulaepollenites*（桦科）组合。反映中新世孢粉化石组合特征。

（1）被子植物花粉 51.4%～81.1%，平均含量 53%，仍占优势。桦科花粉、桤木粉属 0.6%～7.4%，拟桦粉属 1.1%～9.1%，拟榛粉 0～3.2%，枥粉属 0～3.1%，桦粉属 0～3.2%，桦科 0～18%，在本段经常出现，含量也较上下地层高。草本植物花粉：眼子菜粉属 0～1.4%，浮萍粉属 0～0.7%，小菱粉 0～13.1%，伏平粉属 0～1.3%，在本段出现频繁，小菱粉化石在本段开始出现。

（2）裸子植物含量 13.3%～41%，以双气囊花粉占优势，松粉属 2.5%～8.7%，云杉粉属在本段经常出现，为 2.9%～12%，含量较高。

（3）蕨类孢子含量 2.7%～34.9%。水龙骨单缝孢属 0～31.7% 仍属高位。粗肋孢属在本段出现。拟槐叶萍孢 0～1.5%、莱蕨孢 0～1.0%，有一定含量。

本组以桦科花粉、云杉粉属含量偏高，出现粗肋孢属、小菱粉等化石，区别于东营组一段水龙骨单缝孢属—松粉属—胡桃科组合。

藻类化石不甚发育，主要有 *Leiosphaeridia hyalina*（透明光面球藻）、*Comasphaeridiumspinatum*（细刺藻）、*C.umintum*（微刺藻）、*Comasphaeridium*（毛球藻属）等化石出现，含量少，不能建组合。

2. 明化镇组（N_2m）

明化镇组全区广泛分布，为一套河流相沉积体系，揭露最大视厚度 823.0m（海东 1 井）。

下部岩性为黄绿色、灰绿色、浅棕红色泥岩、杂色泥岩与浅灰色、灰白色、黄绿色粉砂岩、砂岩、含砾砂岩间互层；上部岩性以浅灰白色粗粒含砂砾岩、砂岩为主，夹黄绿色砂质泥岩。颗粒下细上粗，分选性差，成分复杂，以石英为主，含较多的长石及花岗岩、石英岩、火山岩岩块，砂泥质胶结，胶结松散。与下伏馆陶组呈整合接触。

明化镇组以孢子花粉化石为主，其组合为 *Magnastriatites*（粗肋孢属）–*Sporotrapoidites*（菱粉属）组合，反映上新世孢粉化石组合特征。

（1）被子植物花粉占绝对优势，菱粉属数量急剧增加，是本区新近纪最繁盛期。草本植物花粉唇形三沟粉 0～1.7%，蒿粉属 0～1.6%，蓼粉属 0～6.1%，禾木粉属 0～8.1%，藜粉属 0～14.5% 含量偏高。栎粉属、榆粉属及桦科花粉仍有一定含量。

（2）蕨类孢子粗肋孢属连续出现，水龙骨科孢子含量较高。

（3）裸子植物花粉以松粉属为主但含量急剧下降。

本组以小菱粉高含量，粗肋孢属连续出现及数量较多的草本植物花粉区别于云杉粉属—桦科组合。

三、第四系（Q）

第四系平原组（*Qp*）在辽河坳陷全区分布，揭露最大视厚度 439.0m（油 1 井）。沉积物未成岩，可分为上下两套岩性组合。下部为褐黄色砂层、含砾粗砂层；上部为浅灰色粉砂层夹土黄色黏土、砂质钙质黏土层、泥砾层与浅灰色、黄灰色砂层、砂砾层间互。在坳陷南部地区见丰富的现代海相生物，有小笔螺、牡蛎、介形虫等。在东部凹陷于楼地区见未完全碳化的树木枝干，于1井在井深18m处曾获蒲州胡桃核果，时代属更新世中期。与下伏地层呈不整合接触。

第四节　新生代地层对比与分布

辽河坳陷新生代地层在三个凹陷均发育，地层特征具有相似性。同时由于各凹陷所处构造位置及断裂活动的差异性，造成地层发育特征及分布格局各具特色。可以通过标志层及古生物组合等特征进行全区划分对比。

一、地层对比标志层

古近系是辽河坳陷新生代主要的生烃及含油层系，剖面中发育多套可供对比的古生物组合和岩性标志层，以及火山岩层同位素绝对年龄值。在进行油气田勘探开发过程中，是用来划分对比地层建立地层格架、进行油层（砂层）组划分与对比的重要依据。因此识别地层剖面中的标志层意义重大，是地层划分对比的基础。

辽河坳陷古近系发育5套具有区域性意义的古生物组合与岩性标志层，尤其是西部凹陷。局部地区性的辅助标志层在各凹陷差别较大，仅作简略记述。

1. 区域性标志层

1）沙四段上亚段特殊岩性段对比标志层

（1）下部油页岩与薄层石灰岩（下特殊岩性段）对比标志层。

岩性以褐灰色油页岩、钙质页岩、白云质灰岩、粒屑灰岩、泥晶灰岩与灰色泥岩薄层间互为特征，一般厚150～200m，视电阻率曲线呈锯齿状，位于沙四段高升油层顶部，是划分高升油层的标志岩性段。主要分布在西部凹陷中北段及大民屯凹陷。

（2）上部油页岩与薄层云质灰岩（上特殊岩性段）对比标志层。

岩性以褐灰色油页岩、钙质页岩、白云质灰岩与灰色泥岩薄层间互为特征，一般厚40～50m，视电阻率曲线呈锯齿状，位于沙四段上亚段上部杜家台油层顶部，是划分杜家台油层的标志岩性段。西部凹陷西斜坡及兴隆台、双北地区广泛分布，大民屯凹陷已相变成泥岩。

2）沙三段下亚段油页岩或钙质页岩对比标志层

岩性以褐色油页岩、钙质页岩与灰黑色泥岩间互为特征，一般厚100～200m，电阻率曲线呈齿状，位于沙三段下亚段莲花油层顶部，是划分莲花油层的标志岩性段。与沙四段上、下特殊岩性段的区别是无薄层石灰岩、泥灰岩。主要分布在西部凹陷的西斜坡及兴隆台地区和东部凹陷热河台地区。以高3井1393～1525m代表井段为例。

3）沙一段中亚段油页岩对比标志

岩性以褐灰色油页岩为特征，一般厚20～30m。视电阻率曲线“U”形特征明显。西部凹陷除西斜坡的较高部位外，其余地区均有分布，曙光和西八千地区相变成生物灰岩；东部凹陷在欧利坨子以南地区明显可见，牛居地区已相变成泥岩或劣质油页岩；大民屯凹陷标志不清。

4）馆陶组块状砂砾岩对比标志层

岩性以大套厚层块状砂砾岩为特征，位于馆陶组底部，一般厚50～100m。视电阻率曲线呈箱状高阻。

2. 其他辅助对比标志层

1）西部凹陷局部地区性辅助标志层

沙四段高升油层顶部为低阻平直稳定泥岩标志层；沙一段底部上为钙质页岩标志层；沙一段中部为齿状低阻泥岩标志层；沙一段上部为厚层高阻砂岩标志层；东二段顶部为“成对砂岩”和含螺泥岩标志层。

2）东部凹陷局部地区性辅助标志层

沙三段顶部为碳质泥岩集中段标志层；沙一段下部为稳定分布的高感应泥岩标志层；沙一段中部为富含化石高感应灰色泥岩标志层；东二段顶部为低电阻负自然电位泥岩标志层。

3）大民屯凹陷局部地区性辅助标志层

沙四段顶部为“V”形高感应标志层；沙一段下部为低电阻高感应“漏斗群”标志层。

二、地层划分与对比

辽河坳陷新生代共发育 13 套古生物组合或亚组合，将古近系和新近系划分出 13 套生物地层单元。其地层层序、地层时代和各组段化石组合特征如图 1–3–9 所示。根据古生物组合、岩电组合、标志层、岩石测年、地层接触关系、地震反射特征等资料，确定了西部、东部、大民屯凹陷的各组段地层划分与对比关系（图 1–3–10）。

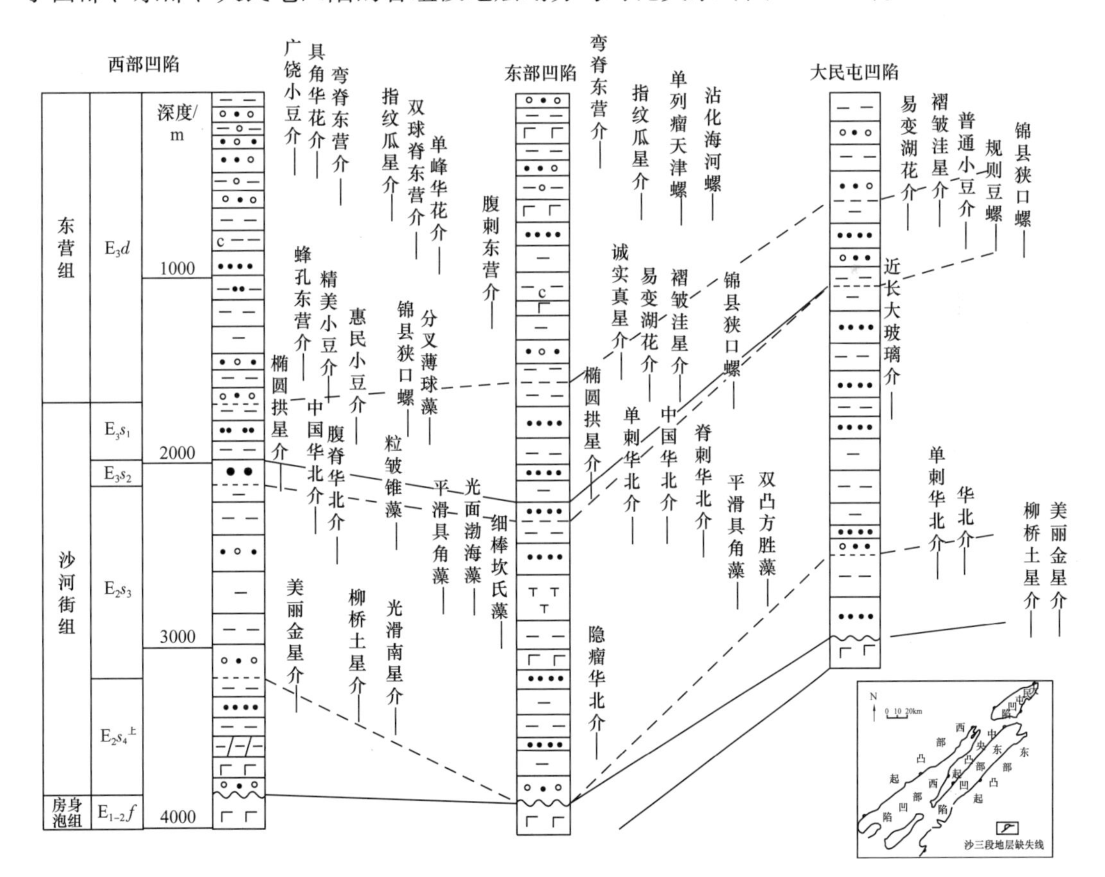

图 1–3–10　辽河坳陷古近系地层对比略图

1. 古新统—始新统房身泡组（$E_{1-2}f$）

古近系的底界划在大段玄武岩层的底或暗紫红色泥岩段的底界（无玄武岩分布地区），相当于 T_g 地震反射界面，即划在与前古近系不同地层接触的不整合界面上，分以下 4 种类型。

（1）大段玄武岩与下伏新太古界区域变质岩潜山面接触，兴隆台、茨榆坨、前当堡、曹台潜山属此类。

（2）大段玄武岩与中—新元古界的板岩、石英岩、白云岩、石灰岩等不同地层接触，如曙光潜山、静安堡北潜山。

（3）大段玄武岩与中生界不同层位接触（孙家湾组暗紫红色砂砾岩，阜新—沙海组或九佛堂组灰黑色泥岩及下部砂砾岩夹煤层，义县组中酸性火山岩、火山角砾岩、花岗角砾岩），如西部凹陷西斜坡，东部凹陷的三界泡、青龙台、房身泡，中央凸起的大洼、小洼，东部凸起带及大民屯凹陷安 92 井以北等局部地区均属此类。

（4）暗紫红色泥岩段与下伏不同地层接触面为界（与新太古界区域变质岩潜山面，中—新元古界潜山面，晚中生代不同岩层接触面），如曙一区及以南的齐家、欢喜岭、西八千、鸳鸯沟及牛心坨等地区。

2. 始新统—渐新统沙河街组（$E_{2-3}s$）

1）沙四段上亚段（$E_2s_4^3$）

该亚段以褐灰色泥岩夹油页岩、碳酸盐岩特殊岩性段和含有光滑南星介化石为地层划分对比依据。西部凹陷发育的高升和杜家台油层两组区域对比标志层，对应大民屯凹陷下特殊岩性标志层和上部“V”形高感应辅助标志层。西部凹陷发育全，大民屯凹陷缺失牛心坨油层，东部凹陷全部缺失。辽河坳陷缺失渤海湾盆地中南部早始新世的孔店组和沙四段中、下亚段。其底界相当于 T_6 地震反射界面。

2）沙三段（E_2s_3）

该段以褐色油页岩、钙质页岩与灰黑色泥岩间互特殊岩性段和含华北介、渤海藻化石组合为地层划分对比依据。西部凹陷和大民屯凹陷一般以莲花砂砾岩体的底界作为沙三段的底界，相当于沙四段上亚段南星介组合灭绝的界线，在砂砾岩不发育的泥岩区，往往以沙四段上亚段上特殊岩性段或泥岩段的顶界来划分。东部凹陷一般以房身泡组玄武岩顶界为沙三底。其底界相当于 T_5 地震反射界面。

3）沙二段（E_3s_2）

沙二段是沙河街组一、二段沉积旋回的下部粗碎屑段。以其本身的岩性、电性特征及含椭圆拱星介、粗状拟黑螺、雕纹拟黑螺、锦县微黑螺，且杉粉属、麻黄粉属含量高而区别于沙河街组三段。其底界相当于 T_4 地震反射界面。

4）沙一段（E_3s_1）

沙一段沉积时期湖盆范围扩大，三个凹陷水域连成一体，生物化石面貌一致，剖面特征相似，以沙一段中亚段褐灰色油页岩区域对比层及含惠民小豆介化石组合为主要对比依据，结合其他辅助标志层分两种情况进行划分对比。

（1）在沙二段发育地区，以下部钙质页岩标志层为沙一段底界，相当于椭圆拱星介组合灭绝的界线。东部凹陷牛居地区以沙一段下部高感应低电阻泥岩底为界。

（2）在缺失沙二段地区，沙一段层状砂岩与沙三段巨厚泥岩或碳质泥岩直接接触的地区，沙一段底界为沙三段泥岩或碳质泥岩顶界；沙一段层状砂岩与沙三段块状砂砾岩直接接触的地区，沙一段底界为沙三段块状砂砾岩顶部。

3. 渐新统东营组（E_3d）

东营组沉积时期，受构造变动的影响，断陷北部抬升，南部沉降，水域范围明显收缩，使各凹陷的边缘和断陷北部地区的剖面类型具有退覆沉积特点。东营组典型剖面在西部凹陷南端的鸳鸯沟、双南地区，剖面具反旋回沉积特征。西部凹陷局部地区性辅助标志层即东营组二段顶部成对砂岩和含螺泥岩标志层为划分对比依据。东营组底界一般以灰绿色泥岩与砂岩互层段的底来划分；在沙一段中部油页岩标志层稳定分布地区，以标志层之上第一个砂岩组的底界来确定。其底界相当于 T_3 地震反射界面。

4. 中新统馆陶组（N_1g）

东营组沉积末期，受喜马拉雅造山运动的影响，辽河坳陷由拉张为主的断陷期转化为以挤压抬升为主的坳陷期，三大凹陷整体抬升，东营组顶部地层普遍遭受剥蚀。新近系馆陶组底部厚层砾岩分布稳定，是馆陶组底界的区域性对比标志层。新近系和古近系之间的不整合面十分明显，相当于 T_2 地震反射界面。

5. 上新统明化镇组（N_2m）

明化镇组沉积时期，辽河坳陷由坳陷期转化为以构造隆升为主的消亡期。分两个岩性段，下段为灰绿色、黄绿色、杂色泥岩与砂岩互层，上段为灰白色厚层、块状砂砾岩段。底界以层状砂岩与馆陶组块状砂砾岩段来划分。其底界相当于 T_1 地震反射界面。

6. 第四系平原组（Qp）

与明化镇组之间的界线划在明化镇组顶部块状、厚层砂砾岩的顶面或平原组底部褐黄色砂砾层的底界。其底界相当于 T_0 地震反射界面。

三、古近系分布特征

1. 地层分布特点

从辽河坳陷古近系厚度等值线图中（图 1-3-11）看出：古近纪断陷湖盆中的沉积岩夹火山岩地层主要分布在三大凹陷内，古近系分布总面积为 8700km^2，最大地层厚度 8000m，一般为 3000～5000m，东部凹陷和西部凹陷南部地区厚度较大。古近系分布区内，其中大于 3000m 等值线的面积为 3244km^2，包括东部凹陷 1636km^2、西部凹陷 1278km^2、大民屯凹陷 330km^2；大于 5000m 等值线的面积为 1168km^2，包括东部凹陷 679km^2、西部凹陷 458km^2、大民屯凹陷 31km^2。

沙河街组四段上亚段、沙三段、沙一段—沙二段和东营组等 4 套主要沉积地层厚度平面分布特征如下。

1）沙四段上亚段

沙四段上亚段在辽河坳陷北部大民屯凹陷和西部凹陷中北部发育，东部凹陷该段地层全部缺失（图 1-3-12）。全区沙四段上分布面积 4341km^2，最大地层厚度 1200m，一般为 600m，大民屯凹陷西南部和西部凹陷中北部地区厚度较大。其中西部凹陷分布面积 3399km^2，厚度大于 600m 的面积为 459km^2；大民屯凹陷分布面积 942km^2，厚度大于 600m 的面积为 234km^2。

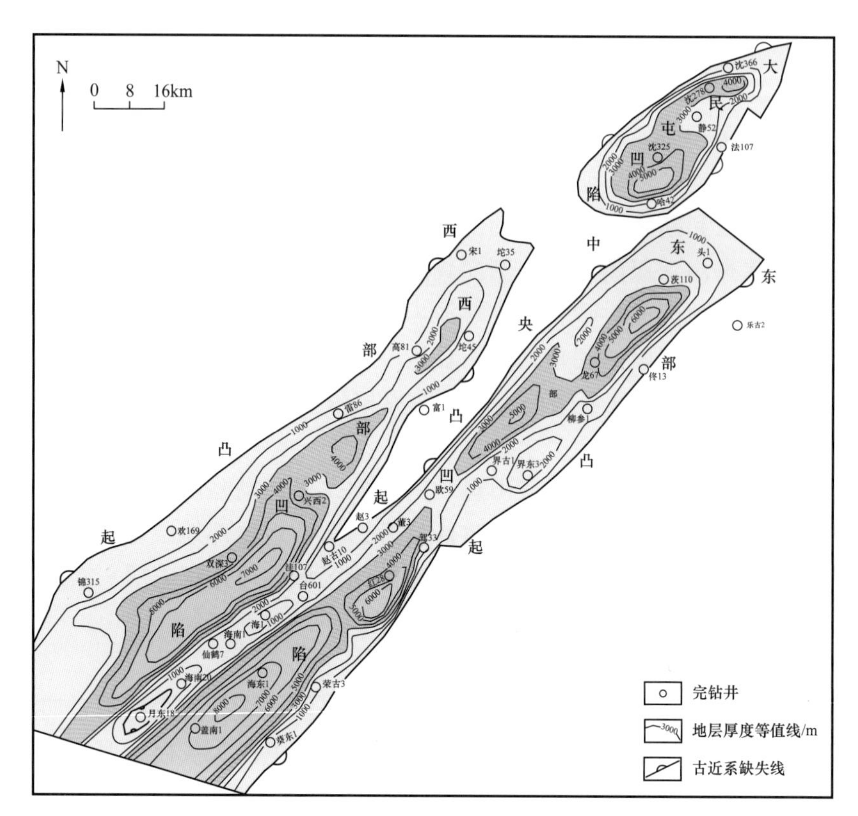

图 1-3-11　辽河坳陷古近系厚度等值线图

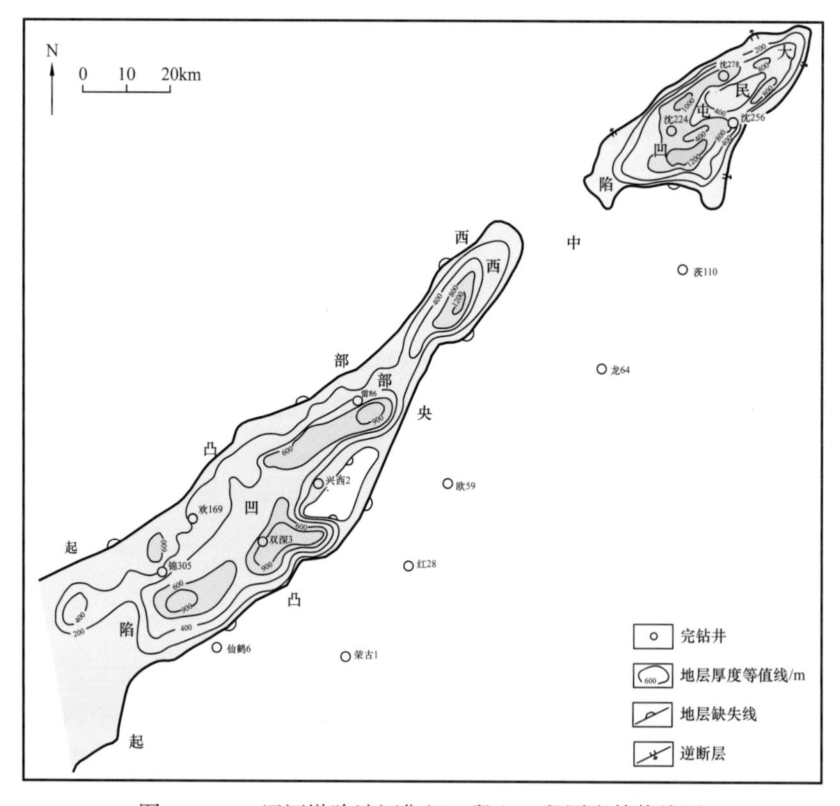

图 1-3-12　辽河坳陷沙河街组四段上亚段厚度等值线图

2）沙三段

沙三段在辽河坳陷西部、东部、大民屯三大凹陷内广泛分布（图 1-3-13）。全区分布面积 7211km^2，最大地层厚度 2600m，一般为 800～1400m，大民屯凹陷南部、东部凹陷及西部凹陷中南部地区厚度较大。其中东部凹陷和西部凹陷分布面积为 6504km^2，厚度大于 800m 的面积为 2794km^2；大民屯凹陷厚度均大于 800m，分布面积为 354km^2。

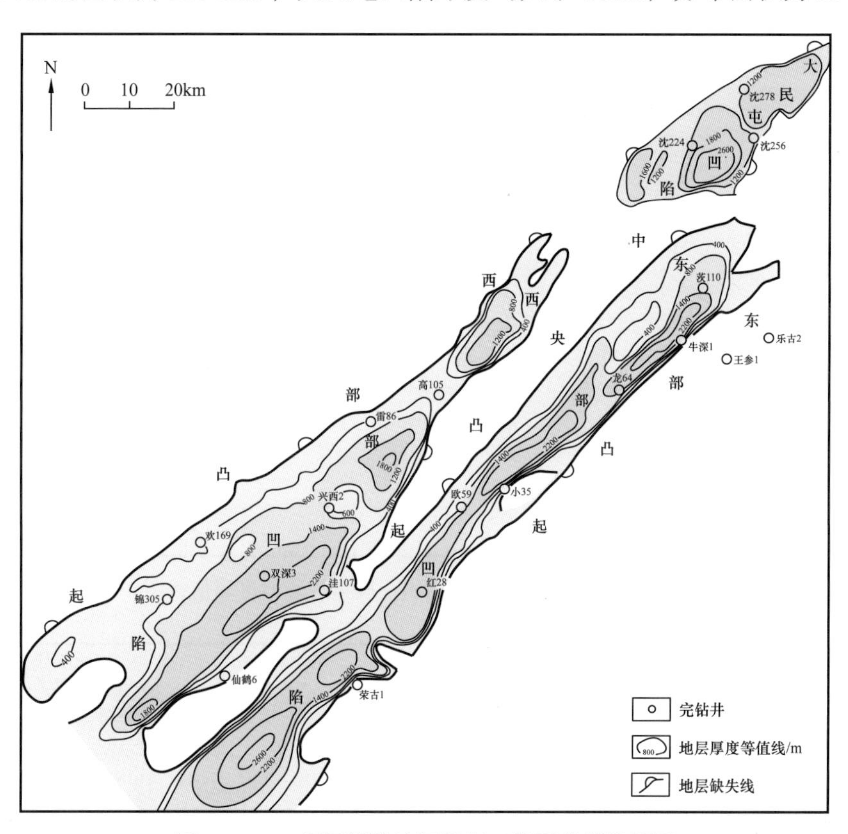

图 1-3-13　辽河坳陷沙河街组三段厚度等值线图

3）沙一段—沙二段

沙一段—沙二段在辽河坳陷西部、东部、大民屯三大凹陷内广泛分布（图 1-3-14）。全区分布面积为 7674km^2，最大地层厚度 1600m，一般为 400～800m，东部凹陷及西部凹陷中南部地区厚度较大。其中东部凹陷和西部凹陷面积为 6968km^2，厚度大于 800m 的面积为 670km^2；大民屯凹陷厚度均小于 800m，分布面积为 706km^2。

4）东营组

东营组在辽河坳陷西部凹陷、东部凹陷、中央凸起南部倾没带及大民屯凹陷均有分布（图 1-3-15）。全区分布面积为 9225km^2，最大地层厚度 3200m，一般为 400～1600m，东部凹陷和西部凹陷南部地区厚度较大。其中东部凹陷和西部凹陷面积为 8415km^2，厚度大于 800m 的面积为 3445km^2；大民屯凹陷厚度均小于 800m，分布面积为 810km^2。

2. 地层分布的主要控制因素

1）边界深大断裂控制沉积地层分布

辽河坳陷古近纪地层分布具有断陷盆地的沉积特点。受郯庐断裂系主干断裂控制和

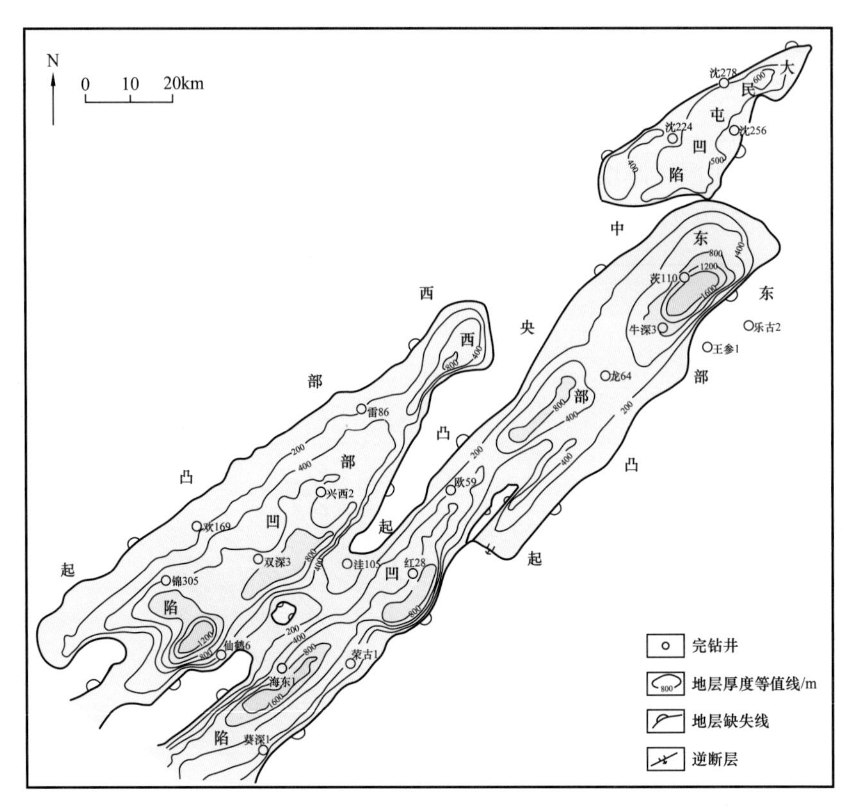

图 1-3-14　辽河坳陷沙河街组一段 + 二段厚度等值线图

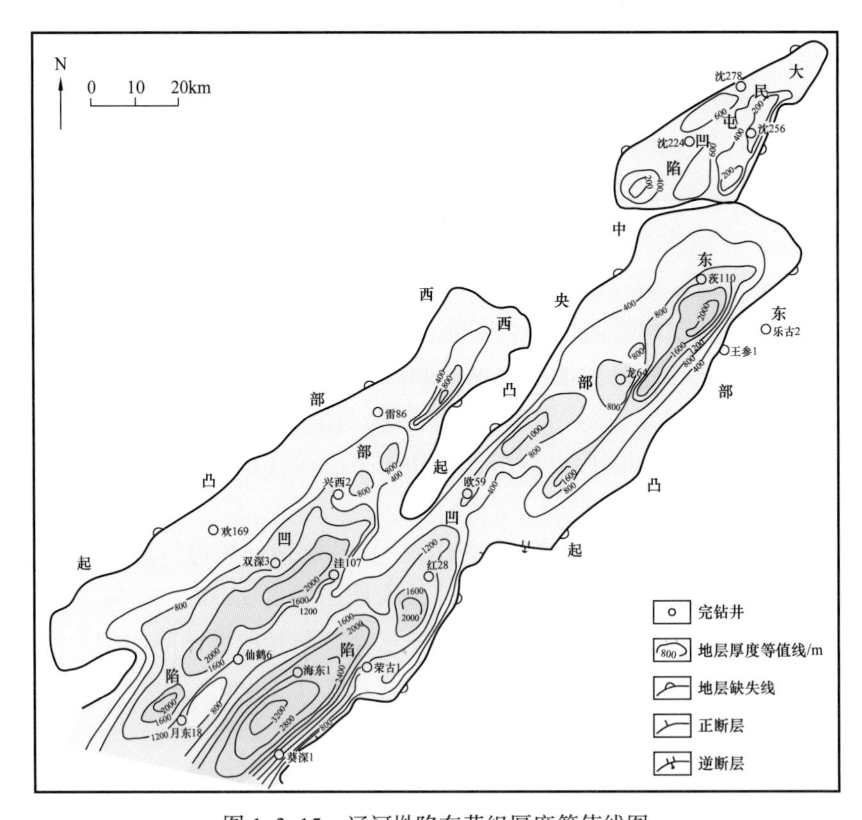

图 1-3-15　辽河坳陷东营组厚度等值线图

断层活动影响，地层主要分布在东部、西部和大民屯三大断陷形成的沉积凹陷内，厚度变化大。在西部凹陷东侧的台安—大洼深大主干断裂下降盘洼陷带，地层发育齐全、沉积厚度大；向西侧斜坡带超覆减薄，并且上部地层遭受隆升剥蚀。在东部凹陷东侧的营口—佟二堡主干断裂下降盘洼陷带，地层发育齐全、沉积厚度大，向西侧中央凸起隆起区超覆尖灭。

新近纪地层分布具有坳陷盆地的沉积特点。馆陶组和明化镇组分布广、沉积厚度较薄、变化较小，呈北薄南厚的变化趋势，广覆于下伏断陷盆地的各凹陷和凸起区不同地层之上。形成典型的下断上坳的盆地双重结构（图 1–3–16）。

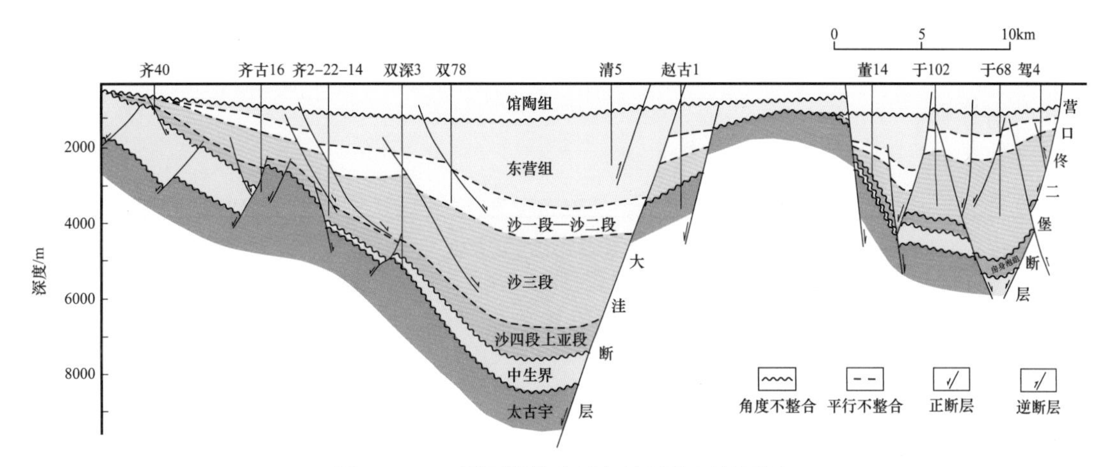

图 1–3–16　辽河坳陷古近纪地层格架剖面图

在大民屯凹陷断陷早、中期，凹陷沉降，沙河街组四段和三段地层发育齐全、沉积厚度大。断陷晚期凹陷抬升，缺失沙二段，沙一段和东营组沉积减薄。西侧地层发育较为齐全，沉积厚度大；东侧挤压隆升较为强烈，地层剥蚀较为严重，仅残留沙四段、沙三段（图 1–3–17）。

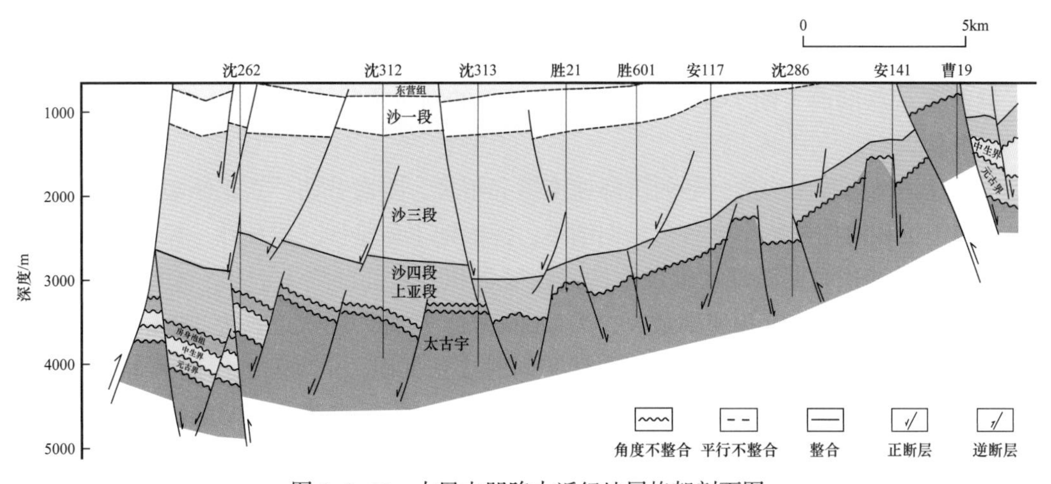

图 1–3–17　大民屯凹陷古近纪地层格架剖面图

2）构造演化控制沉降中心迁移

辽河坳陷古近纪由老至新沉降中心由北向南迁移。在辽河坳陷古近系各组段地层厚度等值线平面图上看出：沙四段上亚段沉积时期，沉积地层主要在辽河坳陷北部大民屯凹陷和西部凹陷中北部地区发育，沉降中心位于大民屯凹陷中南部荣胜堡洼陷和西部凹陷北部牛心坨洼陷，地层厚度最大。沙三段沉积时期，沉积地层在西部、东部、大民屯三大凹陷广泛发育，沉降中心分别位于西部凹陷中南部清水洼陷，东部凹陷中南部驾掌寺洼陷，大民屯凹陷中南部荣胜堡洼陷。沙一段—沙二段沉积时期，沉积地层分布同沙三段沉积时期基本一致，沉降中心向南迁移至辽东湾滩海盖州滩洼陷地区。东营组沉积时期，沉积地层主要在西部凹陷和东部凹陷发育，大民屯凹陷主要分布在凹陷中部且厚度较薄，沉降中心继续向南迁移至辽东湾滩海海南和盖州滩洼陷地区。

在西部凹陷南西—北东向地质剖面图上看（图 1–3–18）：纵向上自古近系沙四段上亚段至新近系明化镇组，由老至新地层厚度由北向南增大，表明地层由老至新沉降中心由北向南迁移。

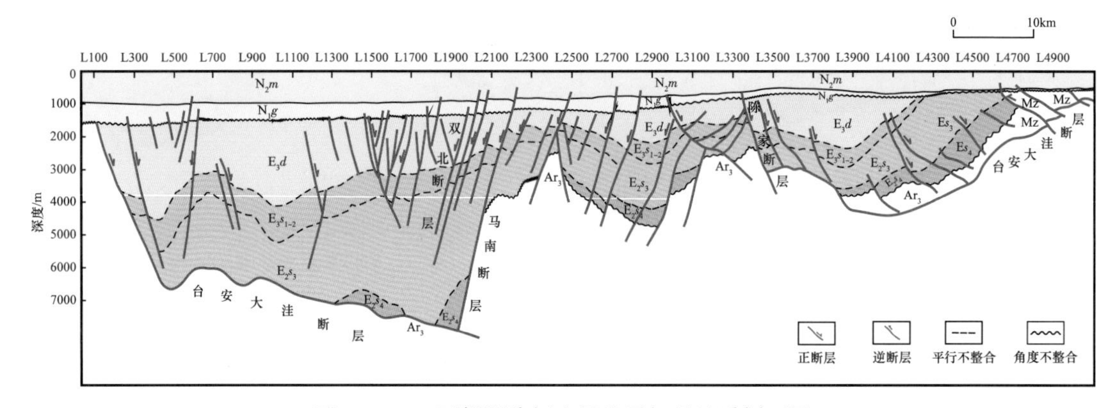

图 1–3–18　西部凹陷新生界地震解释地质剖面图

3）断裂强度控制不同阶段沉积速率

为了较全面地反映盆地沉积速度的变化情况，采取作示意性剖面的方法进行了研究，即以地层沉积时间为横坐标，以一般公认的各组段的大概厚度与沉积时间的比值（即沉积速率）为纵坐标，分别编制了全坳陷和东部凹陷、西部凹陷、大民屯凹陷这四条沉积速率示意剖面（图 1–3–19），对辽河坳陷的新生界发育过程进行粗略分析，得出以下几个认识。

（1）辽河坳陷各次构造运动的沉降速率差异很大，主次分明，真正断裂强度大的深陷期以沙四上沉积时期开始，到东营早期结束，深陷期主体是沙三段到沙一段沉积时期。断陷初期沙四上沉积时期西部和大民屯凹陷接受沉积，东部凹陷未沉积，全坳陷沉积速率较大，其中大民屯凹陷沉积速率最大，为 333m/Ma，西部凹陷次之，为 250m/Ma。断陷中期沙三段沉积时期东部、西部和大民屯凹陷同时接受沉积，全坳陷沉积速率大，为 300～440m/Ma，其中东部凹陷沉积速率最大，为 440m/Ma，大民屯和西部凹陷次之。断陷晚期东营组时期，辽河坳陷自南向北构造抬升，各段及不同凹陷沉积速率差异较大；东三段深陷期为 320m/Ma，东二、东一段和大民屯凹陷东营组一般为 31～111m/Ma。

（2）辽河坳陷三个主要凹陷主要深陷期开始与结束的时间有先后之分；大民屯凹陷主要深陷期开始得最早，从沙四上沉积时期开始，结束得也早，到沙一段沉积末期结束。东部凹陷主要深陷期开始得最晚，从沙三段沉积早期开始，结束得也晚，到东营早期结束。西部凹陷居中。

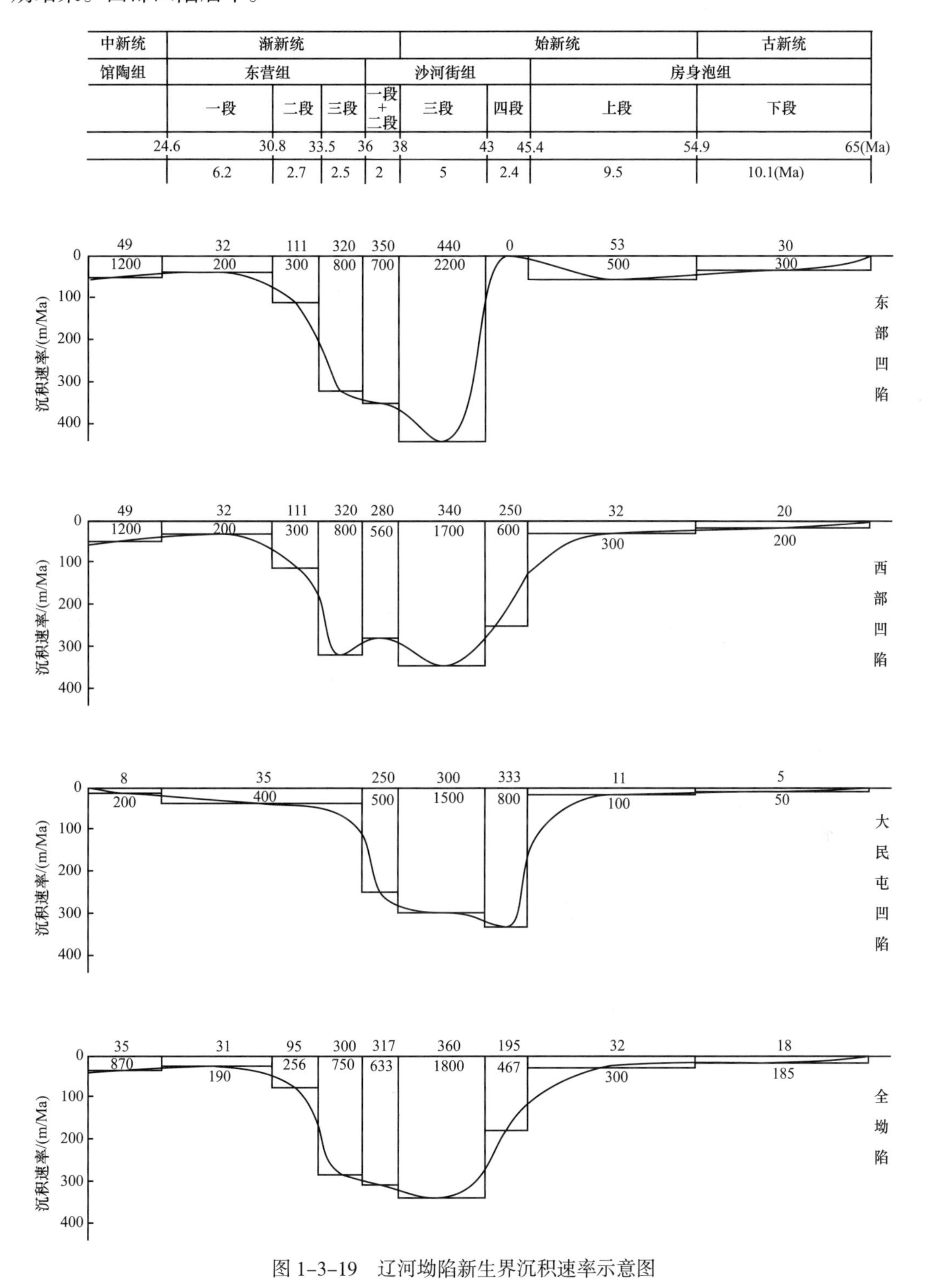

图 1-3-19　辽河坳陷新生界沉积速率示意图

第四章　构　　造

辽河坳陷新近系总面积 12400km^2，根据基底起伏特点，可划分为“三凸三凹”六个二级构造单元，其中坳陷古近系面积约 7060km^2，是油气勘探开发的主要集中区。

第一节　区域构造背景

辽河坳陷东邻辽东台背斜，西接燕辽沉陷带，北达内蒙地轴东段，与松辽盆地相望，介于各个构造性质不同的大地构造单元之间。前新生代属于华北板块北缘燕山造山带的一部分，新生代则是渤海湾裂谷系的东北端，形成和演化与中生代—新生代纵贯中国东部的郯庐断裂活动密切相关。

一、大地构造背景

按槽台学说，辽河坳陷位于华北地台的东北部，隶属辽冀台向斜的北段，西为燕辽沉陷带，东为辽东台背斜，与辽东湾共同列为地台的三级构造单元。上述构造背景决定了辽河坳陷基底具有华北地台型的地质演化和类似的结构特征（图 1-4-1）。

按板块构造学说，辽河坳陷及其邻区均位于中国东部大陆边缘北东向展布的西太平洋板块俯冲构造域与近东西向分布的欧亚构造域的交叉复合部位。中生代—新生代期间本区构造格局的形成与演化、岩浆活动均受控于这一大地构造背景。此外，辽河断陷又位于郯庐断裂带上，在中—新生代，郯庐断裂的活动及运动方式，对断陷内基底的改造和盖层的发育演化有着重大影响。由于处于特殊的大地构造位置，本区地质演化与相邻的辽东、辽西、松辽盆地存在着显著差异。

前新生代辽河坳陷及其邻区属于华北板块北缘燕山造山带的一部分。而新生代则位于渤海裂谷系的东北端，是中—新生代华北地台活化背景下形成的大陆裂谷盆地，与辽东湾合称辽河裂谷，主要充填沉积地层为新生界。

二、辽河坳陷构造格局

辽河坳陷和辽东湾共属于渤海湾盆地，同属于一个构造单元，都是郯庐断裂带的一部分。辽河坳陷新生代整体呈“三凸三凹”的构造格局，在北端为“两凸一凹”，在中南部东西向表现为“三凸两凹”，辽东湾地区则为“四凸三凹”的特点，辽河滩海地区处于辽河坳陷陆上向海域辽东湾的过渡地带，兼具“三凸两凹”和“四凸三凹”的特点（李晓光等，2007c）（图 1-4-2）。

辽河坳陷至辽东湾新生代构造格局横向上的差异表现在以下几个方面。

辽河坳陷西部凹陷：对应辽东湾辽西凹陷。古近纪时辽河西部凹陷与辽西凹陷是相连的，构成一个北东向的凹陷带，为一个东断西超的半地堑，沿主干断层发育了呈右行排列的众多次级洼陷。至辽河滩海地区，由于葫芦岛凸起的插入，使西部凹陷在滩海地区分为两支，西支由葫芦岛凸起西侧向西南插入，并很快收口，古近系沉积厚度变薄，东支由海南洼陷向南与辽西凹陷相通。

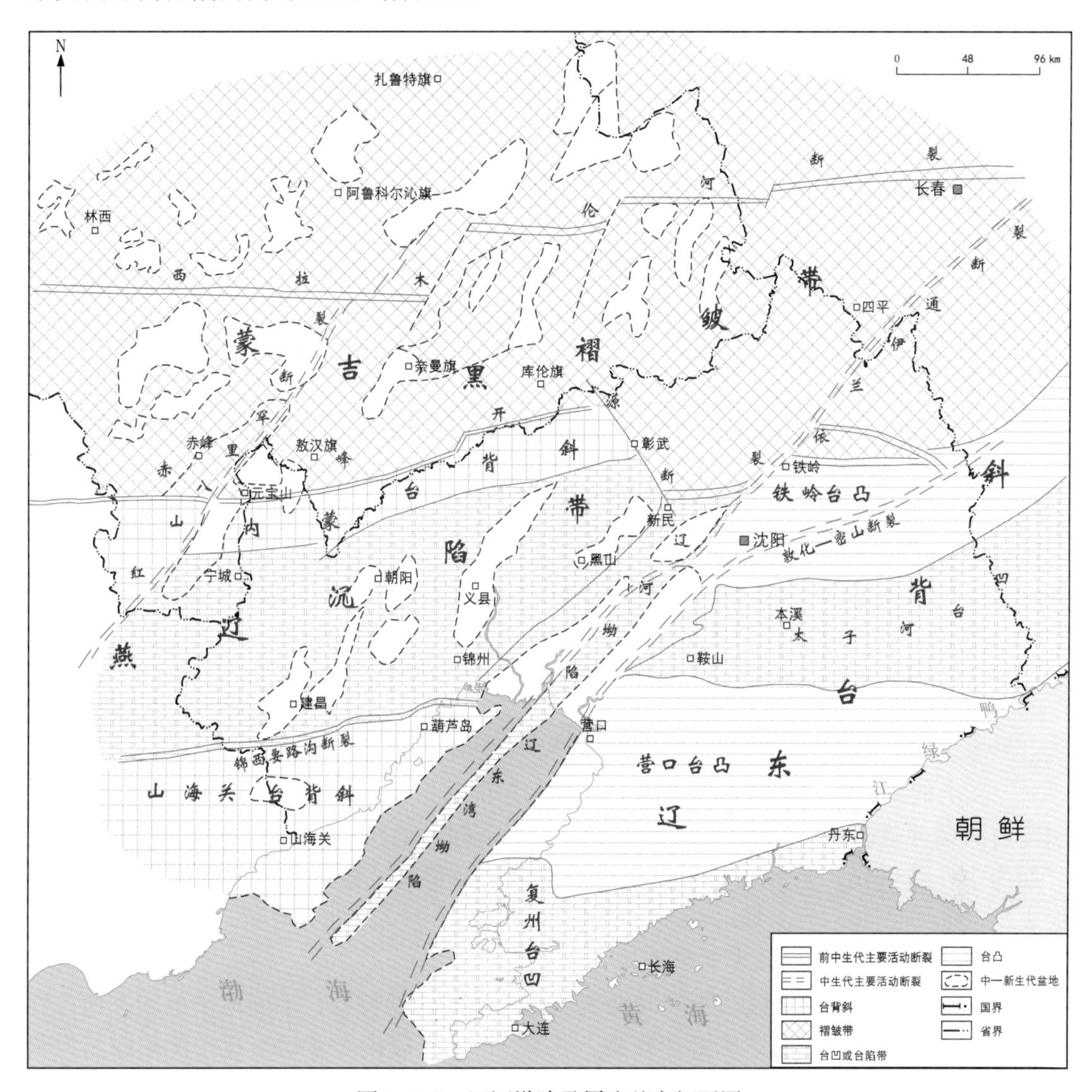

图 1-4-1 辽河坳陷及周边基底纲要图

辽河坳陷中央凸起：与辽东湾海域辽西低凸起在古近纪早期是一个统一的凸起，总体上呈地垒状，凸起由北向南逐步下倾。凸起带上起伏不平，发育多个潜山，如海外河、月东潜山等。古近纪中后期潜山逐渐为沉积层所披盖，形成最有利的含油构造带。

辽河坳陷东部凹陷：与辽东湾的辽中凹陷在古近纪早期为一个统一的凹陷，古近纪中晚期由于营潍断裂活动，在海域的辽中凹陷分离出辽东凸起和辽东凹陷，因而形成了辽河坳陷东部凹陷横向对应辽中凹陷。辽河坳陷东部陡坡带南段（滩海地区）包括燕南潜山带和燕东洼陷带两个次级构造单元，燕东洼陷带向海域变宽变深，到海域对应辽东凹陷。滩海燕东洼陷带宽为2～6km，最大深度为1000m，而辽东凹陷宽8～12km，最大埋深约2500m，是典型的单断式半地堑凹陷，充填的地层以东营组为主。

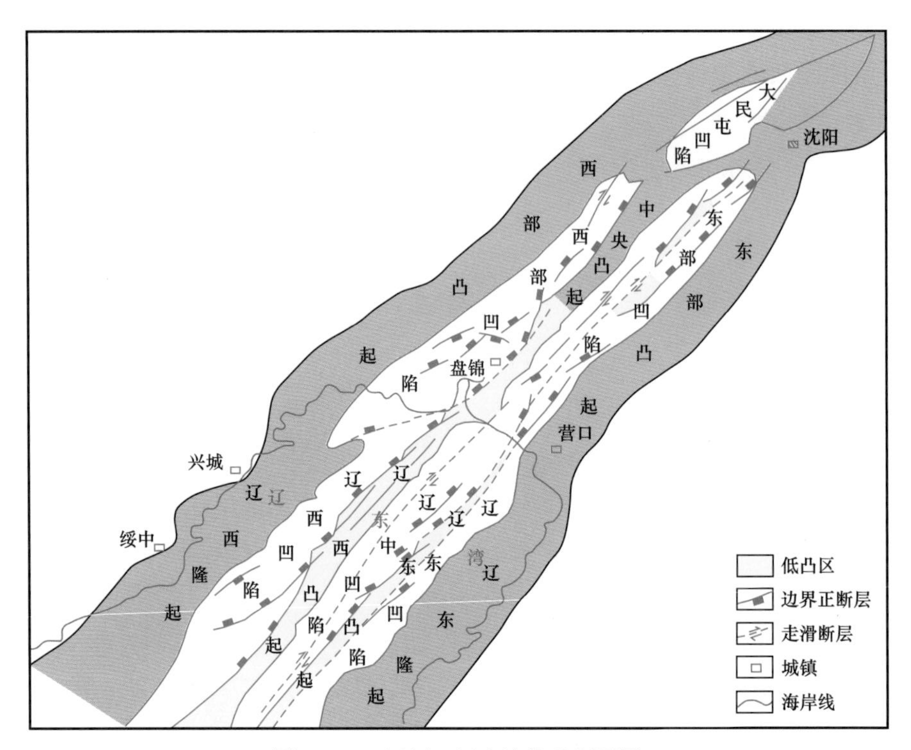

图1-4-2　辽河—辽东湾构造纲要图

三、辽河坳陷与郯庐断裂的关系

广义上的郯庐断裂带是东亚大陆一系列北东向巨型断裂系中的主干断裂带，仅在中国境内的延伸就超过2400km，切穿了中国东部不同大地构造单元。郯庐断裂主要活动时期为中—新生代，是一条现今仍在活动的深大断裂带，控制了该区域的构造演化和形成。

1. 郯庐断裂的分段性及发育位置

郯庐断裂带在不同地段、不同时期表现为不同的活动特征，不同地段也均有地方性的命名：第一段苏皖境内名为郯庐断裂（狭义）；第二段山东潍坊至辽宁沈阳段名为营潍断裂；第三段沈阳以北分为东、西两支，东支为敦化—密山断裂，西支为依兰—伊通断裂。

一般认为，辽河坳陷处于广义郯庐断裂带的中段——营潍断裂带上（图1-4-3）。关于郯庐断裂带主干断裂的发育位置，在渤海海域看法较一致，即营潍断裂位于辽东湾—渤海东部—莱州湾。但是在辽河坳陷区，郯庐断裂带主干断裂的发育位置和归属性问题、依兰—伊通和敦化—密山断裂与营潍断裂的转换关系问题等，均存在较大争议，前人有三种不同看法：一是辽河东部凹陷营口—佟二堡断裂为营潍断裂带；二是辽河东部凹陷的主干断裂均属营潍断裂带；三是辽河坳陷的断裂全部归为营潍断裂带。

横穿辽河坳陷的岩石圈结构构造综合地球物理解释剖面显示（卢造勋，1987，1992）（图1-4-4）：辽河坳陷区地壳具有上、中、下三层结构，地壳平均速度明显高于其两侧的山区，盆地下部的地壳厚度比东部山区要薄。辽河东部凹陷对应的20～30km地壳中层为空白反射带，深层地壳出现垂直的杂乱反射，地层反射界面发生扭曲变形，莫霍面错断2～3km，在解释出的9个错断中横向对比规模最大；而西部凹陷对应的中、深层地壳均表现为垂直的杂乱反射，各时期地层反射界面均较破碎，但莫霍面错断幅度相对较小。

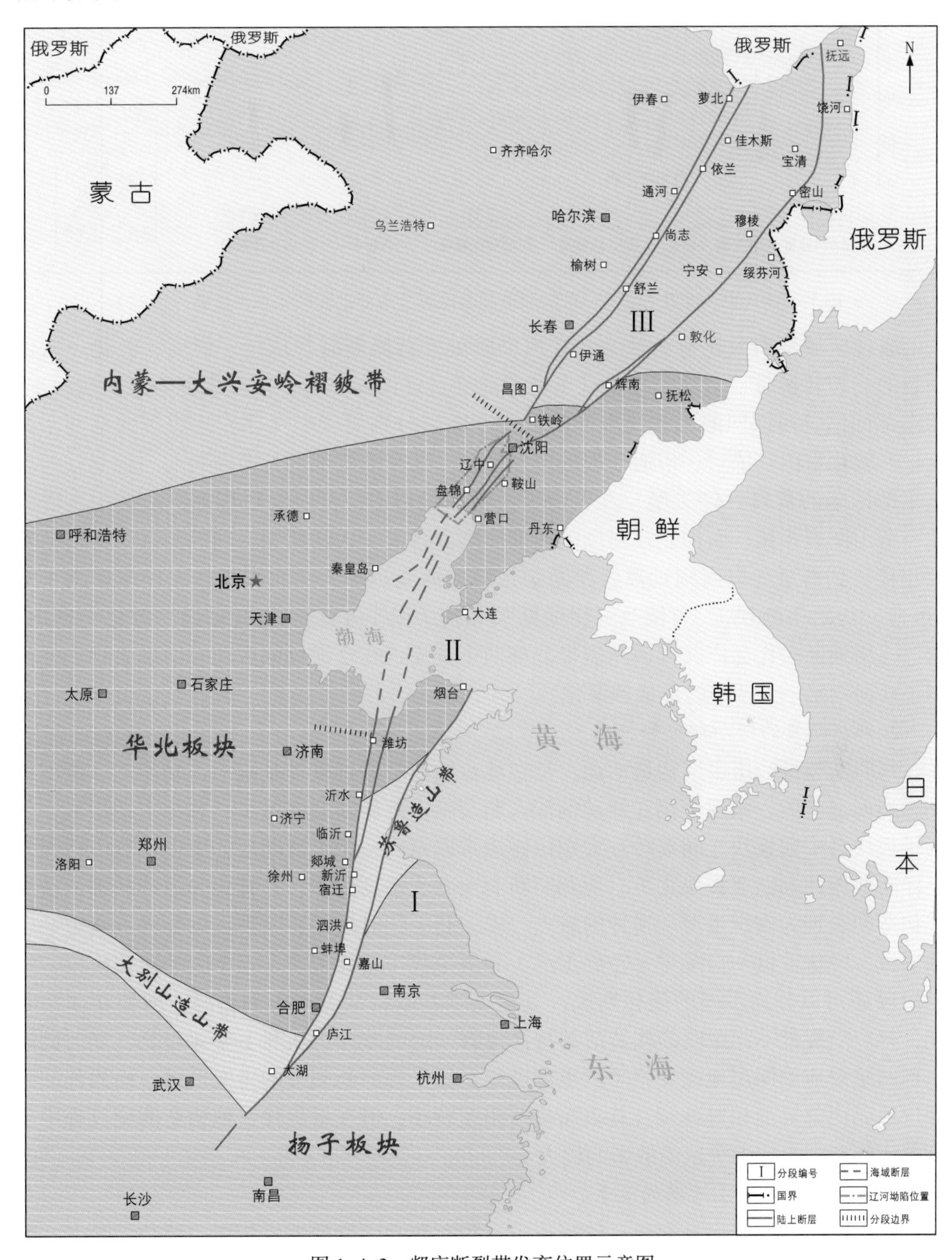

图1-4-3　郯庐断裂带发育位置示意图

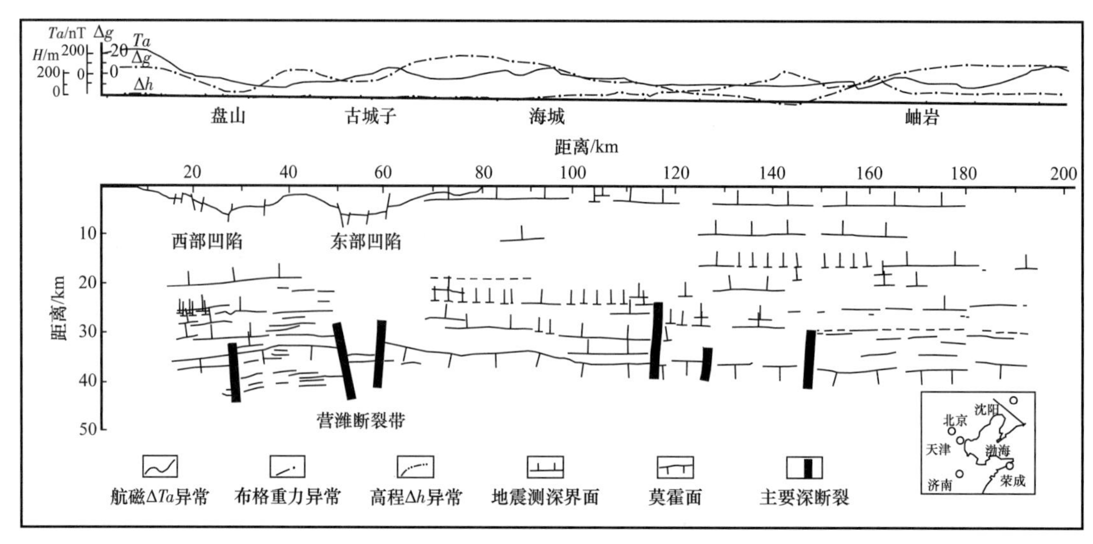

图 1-4-4　辽宁闾阳—海城—东沟深地震测深综合解释剖面图（据卢造勋，1987）

通过区域资料对比分析认为，辽河坳陷处于营潍断裂与依兰—伊通、敦化—密山断裂的交切转换带，营潍断裂自辽东湾向北穿过辽河坳陷时，已经表现为东、西两支，即东部凹陷、西部凹陷和大民屯凹陷的主干断裂分别属于广义郯庐断裂带北部两个分支——敦化密山、依兰—伊通断裂的南延部分：辽东湾东部的营潍断裂北与控制辽河坳陷东部凹陷的营口—佟二堡、二界沟等主干断层相连，再向北则与郯庐断裂的东支敦化—密山断裂相接；而控制辽河坳陷西部凹陷的台安—大洼断裂，向南与辽东湾辽西断裂相接，到秦皇岛以南则远离营潍断裂带转向西南延伸，向北则穿过大民屯凹陷东部（边台—法哈牛断层），与依兰—伊通断裂相接（图 1-4-1）。也就是说，敦化—密山、依兰—伊通断裂作为广义郯庐断裂带北部两个分支，在辽河坳陷区均有明确表现，并控制了辽河坳陷三大凹陷的形成和演化。

2. 郯庐断裂的活动期次和特点

郯庐断裂带经历多期构造活动，是在地台结晶基底拼接带基础上，受印支、燕山运动影响而成就的一条现今仍在活动的深大断裂带。郯庐断裂南段于三叠纪末期形成，是扬子板块与中朝板块之间秦岭—大别山碰撞带以东的一条走滑断层；中生代燕山期因太平洋向西俯冲到欧亚板块之下，使郯庐断裂向北大幅度延伸，并转化为逆冲断裂；新生代构造期表现为右行走滑—逆冲的特点。中—新生代时期郯庐断裂可以分为三叠纪—中侏罗世、晚侏罗世—白垩纪（左旋走滑）和新生代（右旋走滑）三个大的演化阶段，每一阶段还可以分为不同的演化期次，其运动学基本特征有一定的差异，即使在同一时期，郯庐断裂带不同区段的构造活动特征也有一定的差异。从图 1-4-4 可见，辽河坳陷东部凹陷对应的深层地壳发生了严重的破碎，属于郯庐断裂带的主变形带。而西部凹陷深层地壳内部界面相对连续，莫霍面错断幅度较小，但在新生代盆地构造演化过程中受到郯庐断裂带右旋走滑运动的影响较大。

3. 郯庐断裂与火山活动的关系

辽河坳陷古近系房身泡组—沙河街组沉积时期火山岩的喷发频率（层数）最多、喷发强度（厚度）较大，火山岩占地层比例也最大。将断裂运动与火山作用特点相比较可见，郯庐断裂辽河段火山作用最强的时期，发生在拱升张裂期和裂陷走滑断裂运动由弱变强的中期，即房身泡组沉积期和沙河街组沉积中期。而到了走滑构造运动最显著的东营组时期，火山喷发表现为高频率（层数多）、低强度（层薄）的特点。与古、始新统相比，渐新统东营组中火山岩所占地层比例明显减少许多。

辽河坳陷新生代盆地充填，属于典型的受到同期走滑运动改造的裂谷作用产物，是郯庐断裂系统新生代活动的结果。火山岩作为盆地充填的重要组成部分，无疑也是区域构造作用的结果。从断裂发育和火山活动二者间时空配置关系看，火山岩主要发育于主干走滑断层附近，且厚度大于1km的火山岩距主干断裂通常在2km范围内。因此推测，郯庐断裂系主干走滑断层是辽河段火山作用的主要岩浆运移通道。基于火山岩研究结果，始新世及渐新世郯庐断裂系统大规模的右旋走滑运动，在辽河坳陷的切割深度达到了软流圈。根据现今该区的岩石圈结构，推测当时该区的断裂切割所构成的岩浆疏导系统深度应大于90km。

郯庐断裂带地温场表明大地热流值较高，渤中幔隆区在2000m深处的地温80～90℃，大地热流值平均为2.1HFU，辽河坳陷大地热流值平均1.5HFU，最高值达2.24HFU。因此，按地热分类，辽河坳陷属于热盆。坳陷内控制凹陷的主干断层以伸展运动为主，后期受走滑作用的改造，使盆地基底伸展率达23.8%。上述特点说明辽河坳陷属典型的大陆裂谷盆地，特殊的大地构造位置使基底和盖层构造特征、形成和演化极为复杂。

第二节　构 造 层 序

渤海湾新生代盆地的形成和演化都是地台破坏和改造过程的一部分，区域大地构造演化过程可以划分为三大阶段，即：太古宙—古元古代准地台形成阶段，中元古代—古生代准地台盖层发育阶段，中—新生代准地台破坏改造阶段。准地台破坏和改造过程可以分为印支、燕山和喜马拉雅3个构造运动旋回，不同构造运动旋回在渤海湾盆地及周边地区的表现特征有一定的差异。喜马拉雅旋回又经历了古新世—始新世裂陷、渐新世持续裂陷—衰减及新近纪—第四纪的整体坳陷沉降三个各具特色的构造演化时期（漆家福等，1992，1994，1995）。多旋回、多幕次构造运动均导致区域不整合或局部不整合、假整合面的产生。辽河坳陷位于渤海湾盆地北部，经历了多期构造运动和多期沉积旋回，决定了辽河坳陷具有复杂的地层接触关系和多构造层的复式结构。

一、构造层的划分

根据辽河坳陷构造特点、区域不整合面发育特征和油气勘探主要目的层，大致划分为三个构造层，即：前古近系基底构造层、古近系构造层、新近系—第四系构造层（图1-4-5）。

1.前古近系基底构造层

辽河坳陷基底由最古老太古宇结晶基底、中—新元古界—古生界—中生界构成。中—新元古界为一套浅变质的海相碳酸盐岩和碎屑岩沉积，不整合于太古宇之上。中生界分布广泛，为一套火山岩夹碎屑岩。前古近系基底构造层在中生代晚期由此前的挤压环境转变为拉张环境，形成了基底块断系统。经历海西、印支、燕山和喜马拉雅等多旋回构造运动和风化剥蚀，中—新元古界、古生界、中生界地层均为局部残留地层，与古近系形成区域不整合接触。

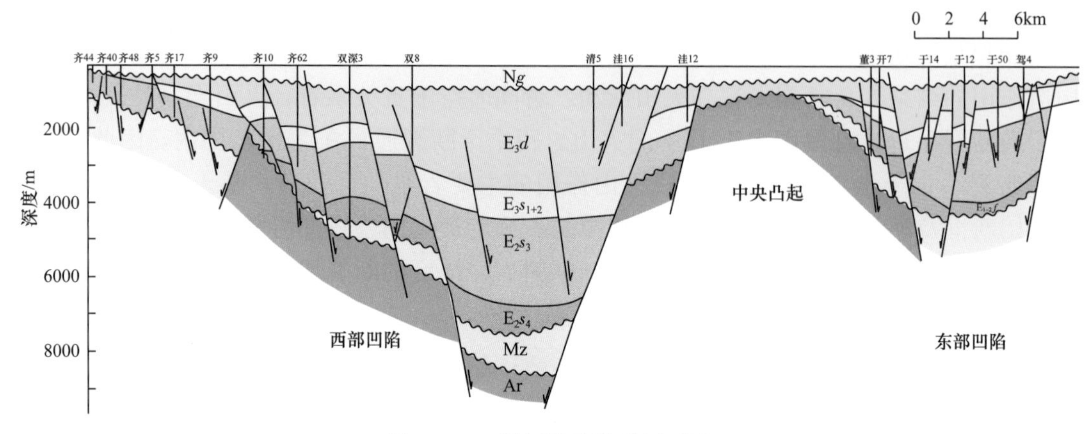

图 1-4-5　辽河坳陷地质剖面图

2. 古近系构造层

由古近系房身泡组、沙河街组和东营组组成。房身泡组下段为盆地拱张期岩浆活动喷发的大套玄武岩，上段为暗紫红色泥岩。沙河街组和东营组为大陆伸展盆地断陷阶段沉积陆相河湖碎屑岩，与下伏前古近系基底呈角度不整合接触。古近系构造层呈楔状、梯形块状充填于盆地内部半地堑、地堑之中，卷入基底主干断裂变形，并形成盖层断裂系统，其形成和展布受基底断块系统控制。根据该阶段构造运动特点，古近系构造层可进一步划分为 4 个亚构造层：房身泡组—沙四段亚构造层、沙三段亚构造层、沙一段—沙二段亚构造层和东营组亚构造层。

3. 新近系—第四系构造层

由新近系馆陶组、明化镇组和第四纪平原组组成，为大陆伸展盆地坳陷阶段沉积的陆相河流成因碎屑岩，与下伏古近系呈角度不整合接触。新近系—第四系构造层呈层状或毯状披覆于下伏的半地堑、地堑和地垒之上，很少卷入下伏构造层的断裂变形。新近系—第四系构造层使彼此相邻的半地堑、地堑连通，使整个盆地区成为统一的地质构造单元——陆内坳陷。

综上所述，辽河坳陷具有多个构造层在空间上相互叠置的复式结构，表现为前古近系盆地基底、古近系构造层和新近系—第四系构造层在空间上相互叠置。

二、地震地质层序的划分

根据地震地质层序界面反射特征，辽河坳陷新生界内部共识别和确定了古近系和新近系—第四系两个二级层序共五个三级层序（表 1-1-1）。

1. 二级层序界面

1）古近系底界面

地震层位为 T_g，其地震反射特征为：在界面之上可见地层逐层上超，在中央凸起、西部凹陷西坡及大民屯凹陷均可见，在界面之下局部地区可见削蚀现象，如大民屯凹陷北部、东部凹陷东坡。具有较强反射能量，较连续，一般2～3个强相位，分布范围较广，但在房身泡组发育区和深凹陷区特征不十分明显。

2）新近系底界面

地震层位为T_2，在界面之上可见低角度超覆，界面之下，在坳陷边部可见东营组削蚀现象，具有两个强相位反射轴，连续性好，产状平缓，在全坳陷内可追踪。

2. 三级层序

1）房身泡组—沙四段层序

该层序包括房身泡组（$E_{1-2}f$）和沙四段（E_2s_4）。由于房身泡组和沙四段在各个凹陷不同构造单元沉积厚度、岩性组合变化较大，该层序的地震地质特征不尽相同：东部凹陷缺失沙四段，房身泡组火山岩直接与沙三段接触，形成一个良好的反射界面；大民屯凹陷房身泡组较薄，沙四段为湖相泥岩与沙三段砂岩接触，形成一个较连续的反射层，即使沙三段泥岩与沙四段接触亦可见一个弱反射连续性较好的层，沙四段为一个空白带或弱反射相带，其特征明显；西部凹陷沙三段和沙四段基本上连续沉积，反射界面不十分清楚，仅在斜坡区局部见沙四段上部削蚀和沙三段上超现象。总体上，房身泡组与前古近系之间为角度不整合关系，沙四段与下伏房身泡组不整合接触，其顶—底对应的地震反射层为T_5—T_g。

2）沙三段层序

沙三段（E_2s_3）沉积时期，辽河坳陷进入主成盆期，沉积厚度大、范围广，但由于构造运动的不均衡性，各凹陷的活动阶段、沉积特征有较大差异：东部凹陷断裂活动强烈，主干断裂和次级断裂控制了长条状凹陷，因此具有较快的补偿速度；西部凹陷处于次要地位，发育北东向和近东西向两组断裂，形成东陡西缓、南宽北窄的宽阔的深水湖盆；大民屯凹陷受北东向和近东西向两组断裂控制，其特征介于东、西部两个凹陷之间。

沙三段末期曾一度上升受剥，形成不整合，有较好的反射界面，连续性较好，一般为2～3个相位，在西部凹陷和大民屯凹陷较为明显，可见沙三段剥蚀和沙一段—沙二段顶超现象；东部凹陷以1～2个强相位为特征。沙三段层序内部多为亚平行组合或弱反射。沙三段与上、下地层间均为区域不整合—假整合—整合接触，其顶—底对应的地震反射层为T_4—T_5。如在西部凹陷西部斜坡，主要表现为超覆接触关系，反映沙三湖盆不断扩大的历史。沙三构造层厚度及其变化都很大，是凹陷强烈断陷作用时期的产物。

3）沙一段—沙二段层序

该层序包括沙一段（E_3s_1）和沙二段（E_3s_2），顶—底对应的地震反射层为T_3—T_4。沙一段—沙二段是同一沉积旋回的产物，地震层位T_4层相当于沙一段—沙二段底界。沙一段—沙二段在各凹陷发育情况差异较大，大民屯凹陷缺失沙二段，东部凹陷仅局部有沙二段，西部凹陷沙二段分布广泛，可形成一个明显反射层。T_3层相当于东营组底界，东营组与沙一段是连续沉积，没有大面积连续反射，局部有1～2个中强振幅的同相轴可对比。沙一段—沙二段层序中，地震相大多为平行、亚平行组合，中强振幅，反映砂泥岩互层。沙一段—沙二段与上、下地层间均为区域不整合—假整合—整合接触。在西部凹陷西斜坡区和中央凸起区不整合接触的关系表现得非常显著，沙三段被不同程度地削截，而沙一段—沙二段则存在一定的超覆现象；在洼陷区和中央构造带，沙一段—沙二段主要是假整合覆盖在沙三段之上。

4）东营组层序

东营组（E_3d）层序顶—底对应的地震反射层为 T_2—T_3。东营组沉积时期，本区断陷活动沉积中心大幅度向南转移，沉降速度明显减慢，中北部地区进入欠补偿状态。由于东营组末期地壳抬升、受削，有较明显的削蚀现象，内部反射相当于亚平行结构，局部有丘状结构，反映河流相沉积。东营构造层与下伏的沙一段—沙二段以假整合接触为主，局部见不整合接触，如西部凹陷西斜坡和中央凸起。东营构造层在西部凹陷、大民屯凹陷北部反转构造带剥蚀，是走滑构造作用时期的产物。

5）新近系—第四系层序

该层序包括新近系馆陶组（N_1g）、明化镇组（N_2m）和第四系平原组（Qp）。新近系沉积时期盆地进入坳陷阶段，具有地层厚度薄、岩性单一、平面分布稳定等特征，与下伏地层呈区域不整合接触关系，地震层位为 T_2 层。第四系平原组（Qp）与新近系间为整合接触关系。

第三节　构 造 演 化

辽河坳陷处于特殊的大地构造位置，前新生代和新生代分属于不同的地质单元，因此，辽河坳陷的形成和演化按照两个时期不同作用影响形成的基底和盖层两套构造层进行描述。

一、基底构造演化特征

辽河坳陷基底现今构造的形成也是多次构造运动叠加的结果。基底及潜山内部构造起始于晚太古代吕梁期，形成于海西期；外部构造（主要为断裂）起始于印支—燕山期，定形于喜马拉雅期。基底构造的形成基本上可分为两种不同构造演化阶段，即太古宙—中生代构造发展阶段形成了古潜山的雏形，古近纪构造发展阶段最终形成了古潜山（张巨星等，2007）。

1. 太古宙—中生代构造演化阶段

辽河坳陷结晶基底是由新太古界和古元古界构成，经过五台和吕梁运动发生强烈褶皱和区域变质作用。结晶基底上第一套沉积盖层是中—新元古界和古生界以碳酸盐岩为主的海相沉积，这是华北地台的共同特征。以东部凹陷茨东断层为界，以东地区为东西向的太子河沉降带，沉积一套以碎屑岩和海相碳酸盐岩为主的中—新元古界及古生界；西部凹陷以台安—大洼断层为界，以西地区属于燕辽沉降带，沉积一套以海相碳酸盐岩为主的大红峪组以上地层及古生界。中间地带是当时的抬升剥蚀区，故有人把辽河坳陷中央凸起划归山海关—青原古陆的一部分。

海西运动至印支运动，辽河坳陷基底整体抬升并使第一套盖层发生强烈褶皱变形，形成褶皱山系。印支运动至燕山运动，形成一系列北东向断裂，对此前形成的褶皱山系进行系统的切割和抬升作用，中—新元古界及古生界分布区在经历了长期、强烈的风化剥蚀，尤其是凹陷区中—新元古界及古生界遭受风化剥蚀时间跨越了整个中生代，因而三个凹陷中的中—新元古界和古生界是残存的地层。其中大民屯凹陷残存的是向斜的收敛部（图 1–4–6），西部凹陷残存的是半个向斜。显然只有向斜构造才能被残留下来，而且只是一部分；东部凹陷及东部凸起背斜轴部残存地层多为奥陶系或寒武系，向斜地层保留较完整。

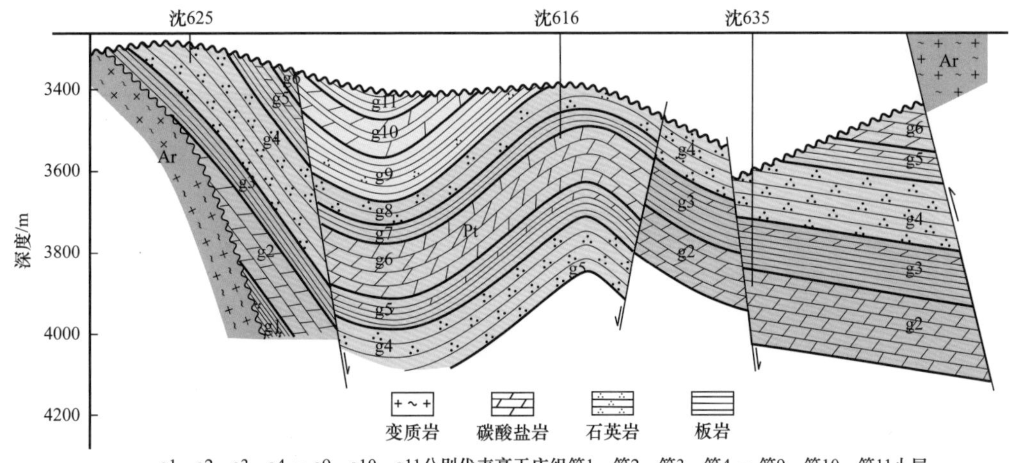

g1、g2、g3、g4 … g9、g10、g11分别代表高于庄组第1、第2、第3、第4 … 第9、第10、第11小层

图 1–4–6　辽河坳陷大民屯凹陷安福屯潜山地质剖面

在风化剥蚀作用和夷平作用改造下，基底先期形成的山系相对高差变小，有相当的地区变成低矮的丘陵。因此三个凹陷在接受古近系沉积之前的地形有古地貌山，也有古地貌的丘陵地。有的古地貌山相对高差可达千米以上。如西部凹陷的兴隆台潜山，当时古地貌山相对高差达 1300m，一般也可达 300～500m；西部凹陷齐家—曙光古潜山带、东部凹陷的茨榆坨潜山带、大民屯凹陷的中央潜山带等，均属当时形成的古地貌山系。其中较高的古地貌山系在古近纪沉积时期，沙四段或沙三段才能超覆其上；曙光低潜山带属于当时的丘陵地，所以早在房身泡组沉积时就逐渐把这种丘陵地淹没其下。

中生代，基底形成了凹隆相间的构造格局。其中西八千—胡家镇断裂系控制西部凸起地区成为中生代沉积凹陷，沉积了侏罗系—白垩系的湖相碎屑岩及火山岩；而今构造的西部凹陷则是中生代的长期隆起区；中央凸起及其以东地区，为中生代的晚侏罗世—早白垩世的沉积凹陷区。

辽河坳陷先期古地貌山系及丘陵地的形成是印支褶皱变动、燕山运动形成的断裂及差异风化剥蚀夷平作用的综合结果。

2. 古近纪构造发展阶段

古近纪时期基底构造可根据发生时间的先后和应力场的作用方式不同划分为两期，即早期构造和晚期构造。早期构造发生于房身泡组、沙四段、沙三段沉积时期，以东西向拉张应力场形成的断裂系统及箕状构造为特征；晚期构造对应沙一段—沙二段至东营组沉积时期，以东西向的挤压应力场为主及右旋走滑而形成的基底逆断层为特征。

古近纪早期，由于欧亚板块与太平洋板块相互作用及地壳与地幔相对运动，导致辽河坳陷基底形成强大的北西向拉张应力场，基底产生一系列北东走向断层，并且多为西掉，使断层下降盘向东翘倾掀斜，逐渐使基底形成东陡西缓的箕状构造。早期房身泡组玄武岩的裂隙喷发及中期沙四、沙三段湖相—深湖相沉积都是这种断裂系作用的结果。早期北东向西掉断层加大了古地貌山的幅度，并且使古潜山呈北东向带状分布。北东向西掉断层对于低潜山带的形成尤为重要。一般低潜山，原来都是古地貌的丘陵地，其相对高差都很小，房身泡组的火山岩及红层很快将其淹没。由于沙四段—沙三段沉积时期形成的北东向西掉断层把原低矮的丘陵相对高差加大，形成幅度较大的古潜山，西掉断层还可把玄武岩及红层断开，使潜山储层直接与沙四段—沙三段烃源岩相接触。如西部凹陷曙光低潜山、大民屯凹陷胜东低潜山、安福屯低潜山等，均属于这种性质（图 1–4–7）。

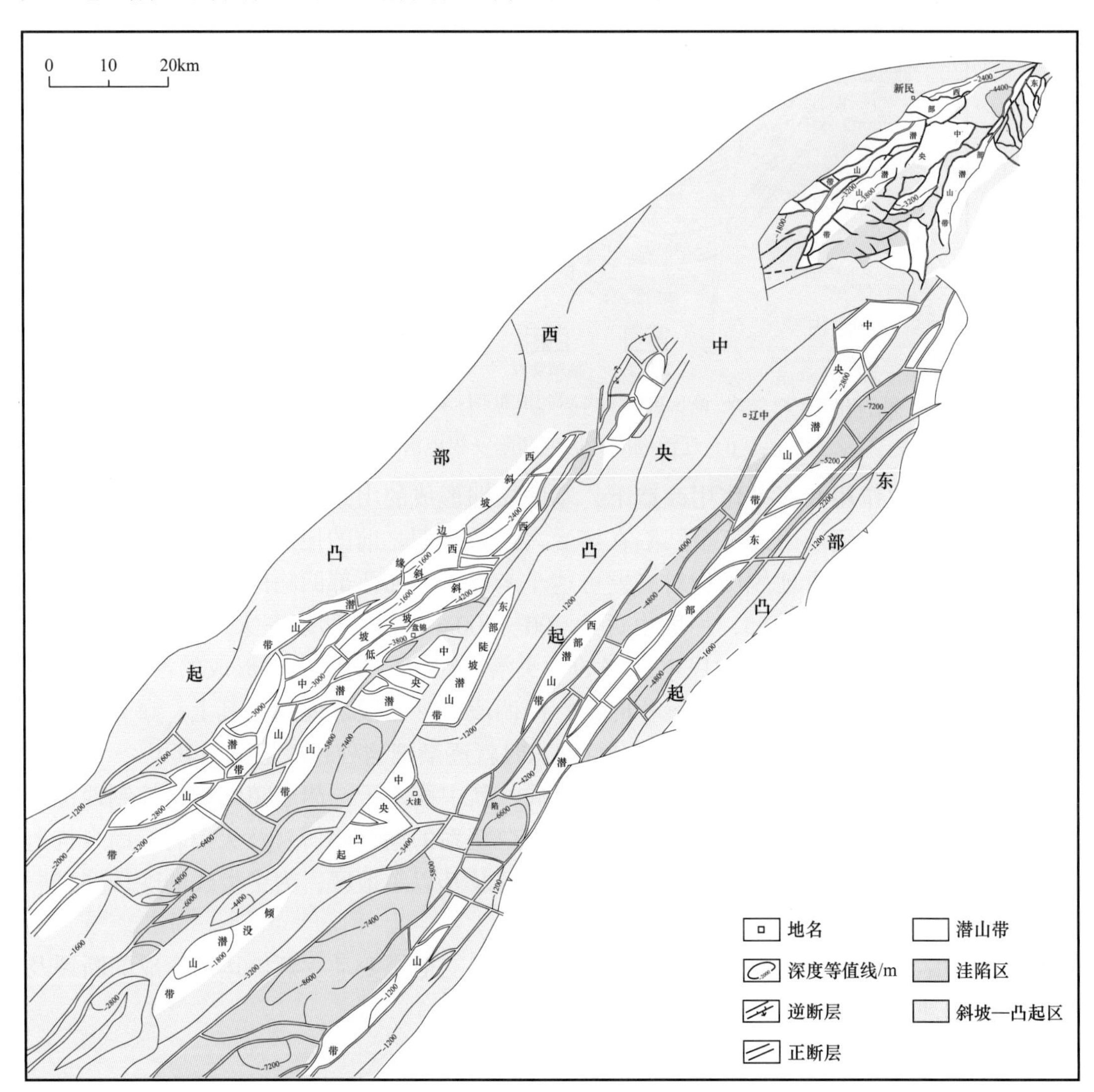

图 1–4–7　辽河坳陷前中生界顶界构造图

古近纪晚期，辽河坳陷逐渐由侧向拉张应力场逐渐转变成侧向挤压应力场，三大凹陷发生右旋走滑，沿着原控制三个凹陷形成的大断层向北推移。这是由于太平洋板块运动方向由北北西向转变成北西西向，并且印度板块迅速向北推移，导致辽河坳陷产生压扭性构造变动，西部凹陷及大民屯凹陷北部的锐角收敛区在向北走滑过程中，基底受到挤压应力最大，结果使两个凹陷北部都各自形成了一些逆断层。西部凹陷以冷东及牛心坨地区逆断层最发育，如冷 123 潜山就是由推覆体所形成，大民屯凹陷北部曹台逆断层是高角度逆断层，形成了地垒式曹台古潜山。

经历了上述的基底演化，辽河坳陷基底形成了呈北东向带状展布的古潜山。

西部凹陷可分为五排古潜山带：第一带是西斜坡边缘古潜山带，主要有胜利塘潜山、曙光高潜山等；第二带是西斜坡中潜山带，主要有西八千、欢喜岭、杜家台—曙光潜山等；第三带是西斜坡低潜山带，主要有笔架岭、锦州、齐家、曙光低潜山、高升潜山等；第四带是中央潜山带，主要是双台子、兴隆台、牛心坨潜山带；第五带是东部陡坡潜山带，主要是冷东—雷家潜山带。其中杜家台、曙光、胜利塘、高升等均为中—新元古界及古生界潜山，其余为新太古界潜山。

中央凸起倾没潜山带：包括月东、海南、海外河、榆树台、赵家、小洼潜山。其中海南潜山为古生界潜山，其余均为新太古界潜山。

大民屯凹陷可分为三个古潜山带：第一带是西部潜山带，主要是前进、平安堡、安福屯潜山；第二带是中央潜山带，主要是东胜堡、静安堡、静北等潜山；第三带是东部潜山带，主要是法哈牛、边台、曹台、白辛台潜山等。其中静北、平安堡、安福屯和白辛台潜山为中—新元古界潜山，其余主要为新太古界潜山。

东部凹陷可分为三个古潜山带：第一带是西部潜山带，主要是沙岭、铁匠炉潜山；第二带是中央潜山带，主要是燕南、油燕沟、三界泡、青龙台、茨榆坨等潜山；第三带是东部潜山带，主要是沈旦堡等潜山；其中燕南、油燕沟、三界泡潜山为古生界、元古界潜山，其余均为新太古界潜山。

二、盖层构造演化特征

辽河坳陷新生代构造位于渤海湾盆地的北段，构造演化与郯庐断裂活动密切相关。按照区域构造运动和地层发育特征，新生代构造演化经历了地壳拱张、裂陷和坳陷三个大的阶段，其中裂陷阶段又进一步分为初陷期、深陷期、扩张期、再陷期四个发育期（图 1-4-8）。

1. 拱张阶段（房身泡组沉积时期）

古新世早期本区地壳处于区域性拱张状态，进入新一幕裂谷发育初始阶段，沿中部古隆起区东西两侧产生一系列北东向和北西向的张性断裂系统。北东向形成控制裂谷盆地发育的主干断裂，如边台—法哈牛断裂、大民屯断裂、牛心坨—台安—大洼断裂、营口—佟二堡断裂等，它们都具深断裂的性质，走滑作用表现不明显，共同特点是：

（1）断面西倾，形成基岩面西翘东倾，在断层上升盘形成单面型潜山，在下降盘形成槽谷；

（2）沿着断裂伴有多期次碱性玄武岩喷发，呈带状分布，是辽河裂谷规模最大、分布最广的一次岩浆活动，在三个凹陷均有广泛分布；

（3）由于重力均衡作用，发育高角度正断层，局部形成浅水环境。

2. 裂陷阶段（沙河街组—东营组沉积时期）

辽河坳陷演化经历了先期裂陷后期走滑。在古新统—始新统沉积时期主要表现为伸展作用，控凹正断层发育，断层下降盘一侧地层厚度大，反映出断陷充填特点；渐新世伴随着郯庐断裂右旋走滑活动，走滑作用逐渐增强，到渐新世晚期达到高峰。

1）初始裂陷期（沙四段沉积时期）

房身泡组沉积末期，在近东西向水平拉张应力作用下开始裂陷，形成了北东向延伸的半地堑式箕状凹陷，为凹陷的雏形发育期。随着主干断裂活动的增强，基底断块发生差异裂陷，由于主干断裂发育时间和活动强度的差异，各凹陷的发育时间和下陷幅度也不同（图1-4-9）。

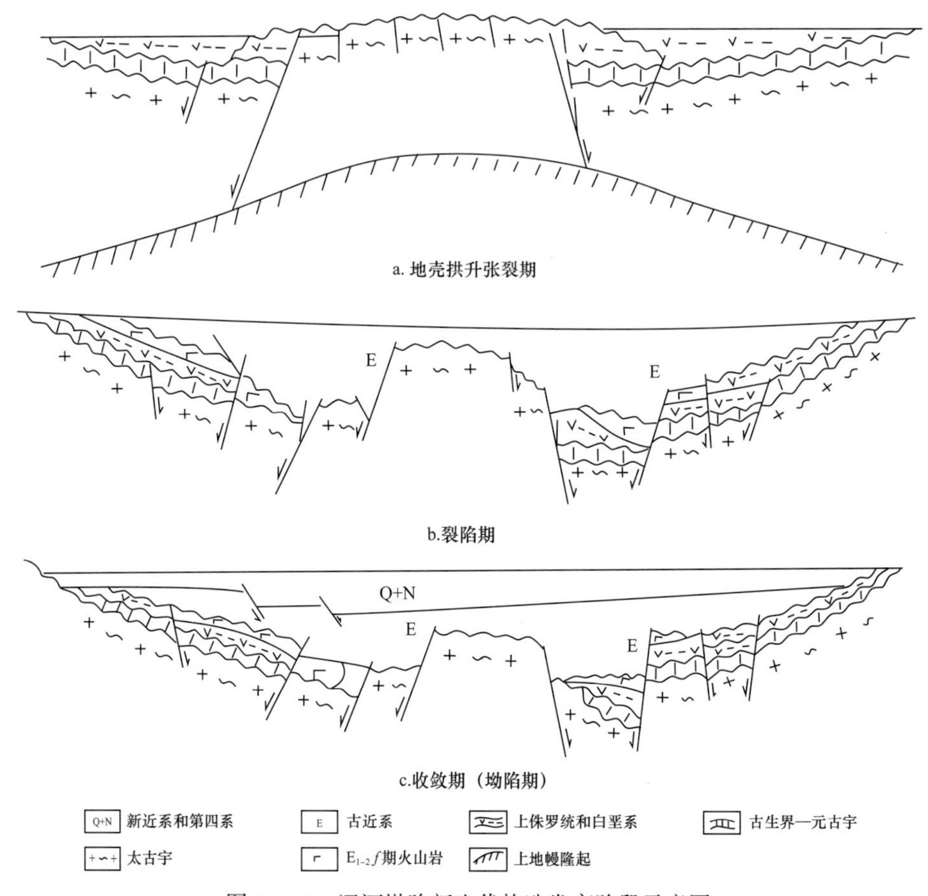

图1-4-8　辽河坳陷新生代构造发育阶段示意图

大民屯凹陷最早成为地堑式凹陷，沙四段沉积范围广、厚度大，沉降中心在安福屯—静安堡地区，最大厚度大于1700m。形成的沉积环境为半深湖—深湖环境，水体最深，水域范围最大，形成了广泛分布的沙四段厚层、质纯的深湖相暗色泥岩，成为本区最重要的生油岩；在凹陷的西侧发育了众多短轴粗粒扇三角洲砂体则成为重要的油气储层。

西部凹陷随着牛心坨、台安主干断裂活动依次增强，处于下降盘的基底断块依次形成一系列洼陷。牛心坨断裂发育早、强度大，下陷幅度超过1500m。西部凹陷主要为浅湖—半深湖环境，形成了多套储层，由下而上分别形成了牛心坨油层（扇三角洲砂体）、高升油层（鲕粒灰岩储层）和杜家台油层（扇三角洲砂体和湖湾白云岩储层）；同时，这也是生油岩的主要形成期之一。

东部凹陷在沙四时期基本处于隆起剥蚀状态，缺失该套地层。

2）深陷期（沙三段沉积期）

进入沙三段沉积时期，辽河坳陷处于进一步快速扩张、大幅度下陷的深陷时期，三个凹陷主干断裂均发生大规模陷落活动。沙三早—中期，受东西向水平拉张作用，由于边界断层和基底断层的再次继承性发展，形成了垒—堑式构造格局，并接受了沙三段浅湖—半深湖—深湖环境的碎屑岩沉积。沙三段沉积晚期，受近东西向构造应力挤压、抬升，三个凹陷遭受不同程度剥蚀。

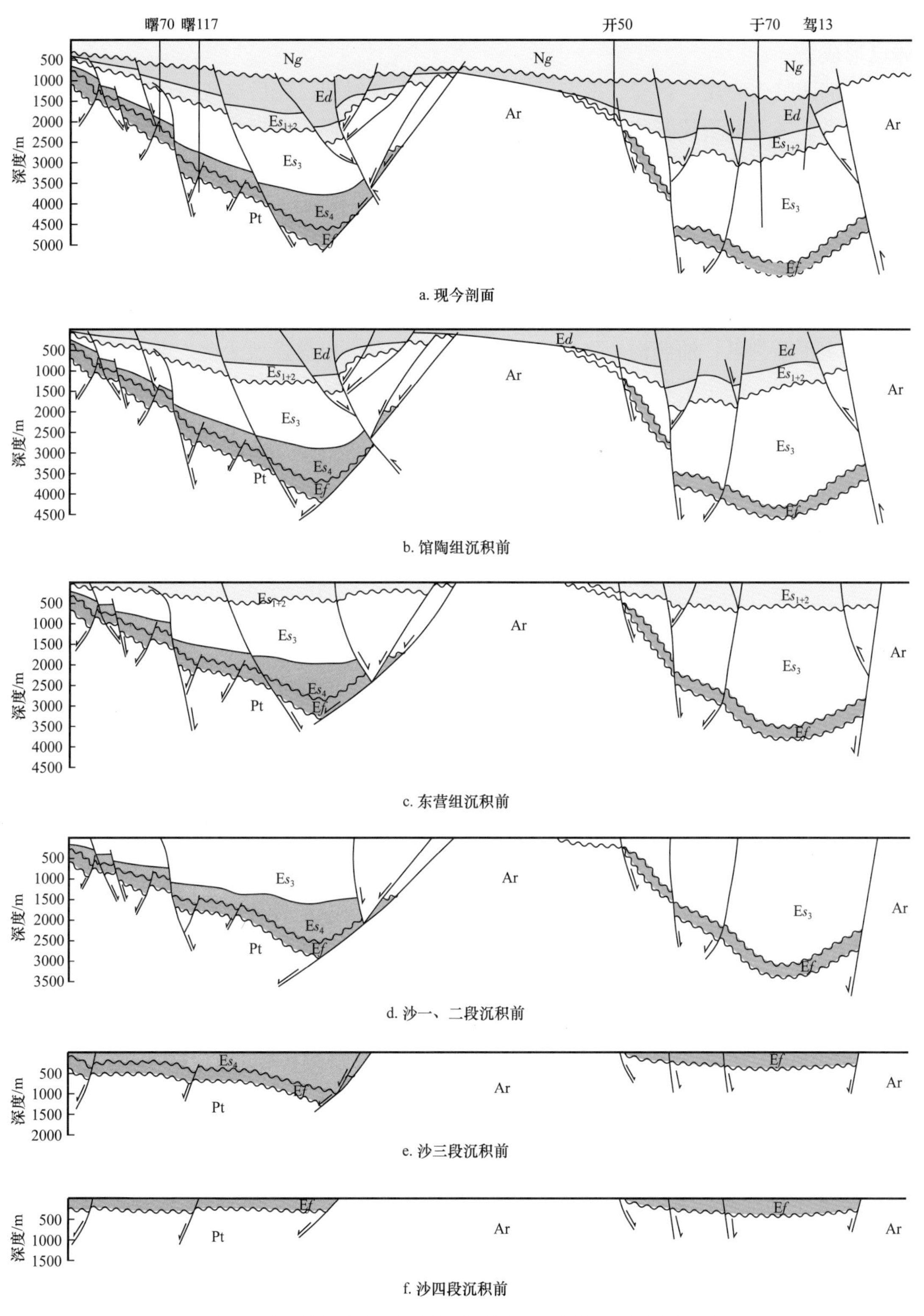

图 1-4-9 辽河坳陷（西部、东部凹陷）新生代构造演化图

大民屯凹陷近东西向的韩三家子断裂，与持续活动的东边界边台断裂、西边界大民屯断裂构成三角形地堑凹陷。沉降中心由北向南迁移到受韩三家子、荣胜堡断裂控制的荣胜堡洼陷，最大下陷幅度达 3000m。这时期，前当堡、东胜堡、静安堡翘倾断块披覆带已形成。

西部凹陷牛心坨、台安、冷家堡、大洼断裂在这时期已先后连成一个整体，形成主干断裂系。主干断裂拉张陷落使凹陷东侧大幅度沉陷，形成典型的箕状凹陷。由于断裂活动强度的差异，从北至南形成四个沉降中心：台安、盘山、清水和鸳鸯沟洼陷，其沉降幅度分别为 1500m、2200m、3200m 和 2000m。此时曙光、齐家、欢喜岭、兴隆台等翘倾断块披覆带已形成。

东部凹陷主干断裂在沙三段沉积早期继续活动，到沙三段沉积中期开始大规模地强烈拉张陷落，牛居、欧利坨子、驾掌寺、界西、荣兴屯等断裂发育成贯穿凹陷中央连成一体的主干断裂系。油燕沟、佟二堡、二界沟等断裂也相继强烈活动。主干断裂的展布及其组合形式，决定了东部凹陷是一个狭长形凹陷，其结构为复杂的箕状形态。由于断裂活动的差异，从北往南形成了四个沉降中心，即牛居—长滩、于家房子、二界沟、盖州滩洼陷，其最大沉降幅度分别为 3000m、2100m、3000m、3300m。伴随有强烈的火山岩浆喷发，主要分布在黄沙坨、热河台、红星、驾掌寺等地区。这时期茨榆坨、三界泡等翘倾断块披覆带已形成。

大规模的快速拉张、裂陷，使凹陷湖盆呈现深水或半深水湖盆的沉积环境，沉积了巨厚的暗色泥岩，西部凹陷最大厚度可达 1200m。在非补偿条件下，广泛发育浊流沉积，以西部凹陷最为典型。到沙三晚期，各凹陷出现了明显的差异：西部凹陷基本上保持前期沉积环境；大民屯凹陷北部、东部凹陷中、北部的广大地区，在过补偿和补偿的条件下，转为湖泊沼泽、河流沉积，广泛发育三角洲体系和泛滥平原体系。

3）扩张期（沙一段—沙二段沉积期）

沙三段沉积末期，盆地内三个凹陷经历了不同程度的抬升剥蚀。沙一段—沙二段沉积期开始，在近东西向水平拉张应力作用下，凹陷整体沉降，水体逐渐扩大，此时最大沉降速率达 0.9mm/a，接受较厚的沙一段—沙二段沉积。火山活动仍以东部凹陷为主，有两期喷发，主要分布在青龙台、荣兴屯—大平房一带。这时期，东部和西部凹陷均以浅湖相沉积为主，发育扇三角洲体系；大民屯凹陷仅有短暂浅湖环境，主要为泛滥平原相沉积（图 1-4-10）。

4）再陷期（东营组沉积时期）

到东营组沉积期，辽河裂谷再度扩张，基底差异沉陷。各凹陷的下陷幅度差异较大。大民屯凹陷下陷最小，北段最大幅度仅 200m，南段为 900m；西部凹陷居中，北段为 1600m，南段达 2600m；东部凹陷下陷幅度最大，北部为 2400m，南段达 2600m。渐新世晚期，区域应力场发生变化，使凹陷的主干断裂产生了右行平移。它使主干断裂系的不同地段产生正断层与逆冲断层转换、派生断裂雁行排列和逆冲断层等多种形式。

这一时期岩浆活动仍然活跃，各个凹陷的正向和负向构造带均已发育成现今的形态。由于侵蚀基准面的不断下降，水系流域扩大，浅水湖盆均迁缩至各凹陷南端。在过补偿条件下，广泛发育冲积扇、泛滥平原、三角洲相沉积。到东营组沉积末期抬升剥蚀，裂陷阶段趋于停止。

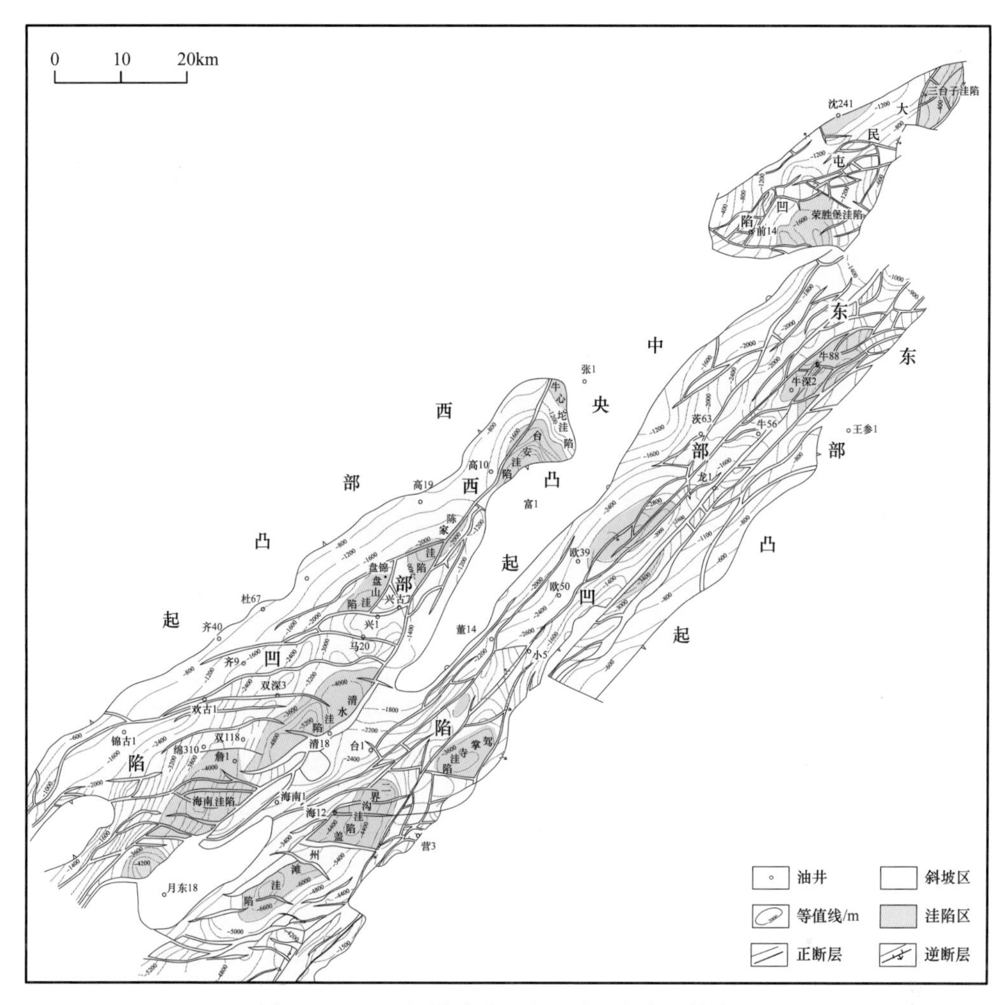

图 1-4-10 辽河坳陷沙一段—沙二段底界构造图

3. 坳陷阶段（新近纪—第四纪）

新近纪开始，辽河坳陷的发育进入整体坳陷阶段。馆陶组巨厚砂砾岩、砾岩覆盖在古近纪不同时代的地层之上，呈区域不整合接触。这一时期，火山活动明显减弱，仅在东部凹陷的大平房、荣兴屯地区见零星的新近纪早期的玄武岩分布。此时郯庐断裂表现为剪切走滑的活动特征，但强度较小，主干断层断距一般 50～100m，原控制各凹陷边界的主干断裂往往有反向活动，基本不控制沉积作用。构造形态起伏较小，基本上呈现由北向南倾斜。

沉积上，馆陶组、明化镇组及第四系平原组呈毯状覆盖整个辽河坳陷，并且自北向南逐渐增厚。

总体来讲，辽河坳陷新生代以来经历三个构造演化时期，由分隔的小型半地堑到较大规模的半地堑凹陷，最后整体沉降为统一的坳陷，其演化过程基本遵循了大陆内部裂陷盆地演化的一般规律。

第四节 断裂特征

辽河坳陷经历了多期构造运动，断裂活动贯穿了坳陷发育的始终，控制着构造的基本格局。辽河坳陷新生界具有裂谷盆地的主要特征，表现为断层数量多、规模大，以张性正断层为主，多期多组，在平面上纵横交错，在剖面上互相切割。辽河坳陷共发现的主干断裂、次级断裂及其伴生断裂有近千条之多，其中一级断裂5条，二级断裂17条（表1-4-1）。一级断裂控制了三大凹陷的形成与发展，二级断裂控制着各二级构造带的展布及特征，三、四级断裂将构造带进一步分割成许多大小不等的局部构造或断块，构成辽河坳陷基本的油气成藏构造单元。

表1-4-1 辽河坳陷一、二级主要断层要素表

凹陷	断裂名称	断开层位	性质	走向	倾向	倾角/(°)	断距/m	延长/km	级别
西部凹陷	台安—大洼	Ar—N*m*	正断	NE	NW	40～60	200～5000	150	Ⅰ
	鸳鸯沟	Ar—N*m*	正断	NE	SE	60～70	100～800	20	Ⅱ
	齐家	E_2s_4—E_2s_3	正断	SN	NW	40～60	300～1000	30	Ⅱ
	杜家台	Ar—N*g*	正断	NE	SE	60～70	100～800	15	Ⅱ
	曙光	Ar—N*g*	正断	NE	SE	50～60	150～700	12	Ⅱ
	高升—坨西	E_2s_4—Nm	正—逆	NE	W	50～60	150～700	24	Ⅱ
	陈家	Mz—N*g*	正—逆	NNE	NWW	60～70	200～2000	22	Ⅱ
	笔架岭	Ar—E*d*	正断	NE	NW	30～50	400～800	18	Ⅱ
东部凹陷	营口—佟二堡	Ar-N*m*	正逆	NE	NW- SE	40～90	100～2000	170	Ⅰ
	盖州滩—二界沟	Ar—N*m*	正	NE	SE	40～70	100～2000	85	Ⅱ
	燕南—驾掌寺—界西	Ar—N*m*	正逆	NE	NW	50～80	100～2000	140	Ⅱ
	茨西	Ar—N*m*	正	NNE	NWW	50～60	200～1000	65	Ⅱ
	茨东	Ar—N*m*	正	NE	SE	50～60	200～1200	60	Ⅱ
	界东	Pz—N*m*	正	NE	SE	60～80	100～1500	60	Ⅱ
	燕东—油燕沟	Pz—N*m*	正逆	NE	SE	70～80	100～1000	10	Ⅱ
大民屯凹陷	边台—法哈牛	Ar—E*d*	正—逆	NE	SE	50～60	200～1800	45	Ⅰ
	大民屯	Ar—E*d*	正—逆	NE	NW	50～85	100～3000	55	Ⅰ
	韩三家子	Ar—E*d*	正	EW	SN	40～60	300～3500	20	Ⅰ
	安福屯	Ar—Es_4	逆	NE	SE	50～60	200～1000	18	Ⅱ
	前进	Ar—E*d*	正	NE	NW	50～60	50～1500	20	Ⅱ
	静安堡	Ar—Es_4	正	NE	NW	50～60	200～300	23	Ⅱ
	荣胜堡	Ar—E*d*	正	NW	SW	50～60	200～2400	14	Ⅱ

一、断裂展布特征

辽河坳陷现今断裂系统大体分为两套，即前新生代基底断裂和新生代盖层断裂，而新生代断裂是控制现今凹陷的主要断裂。

1. 基底断裂

辽河坳陷断至基底的断层主要为北东向断层，其次为近东西向断层，这些断层的进一步活动控制了坳陷的形成和演化（图 1-4-11）。

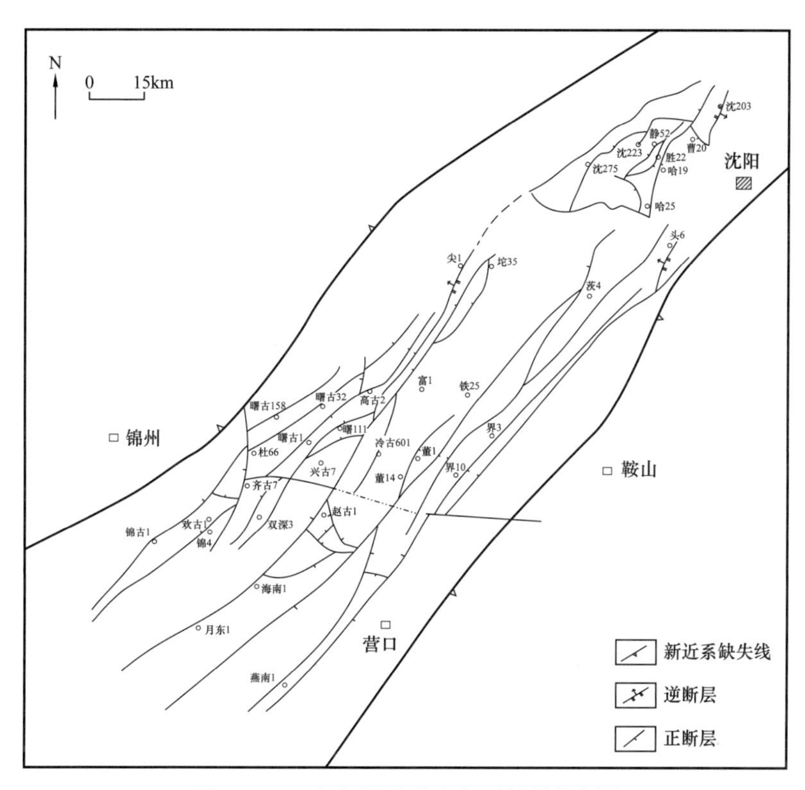

图 1-4-11　辽河坳陷基底主要断裂分布图

西部凹陷基底历经多次构造运动，形成了多期、多走向断裂系统。前新生代及新生代早期断裂为控制潜山格局的主干断裂，主要为北东走向，这些断层延伸距离长、切割潜山幅度大，如：台安—大洼断层，延续长度可达 150km 以上，切割潜山使上下盘落差幅度最大可达 5000m。前中生代、中生代及新生代形成的复杂断裂系统控制了西部凹陷基底东西分带、南北分块的格局，形成了西部凹陷由西到东的五排潜山带。

东部凹陷基底发育的北东走向断裂位于现今东部凹陷荣兴屯至青龙台一线，控制中、古生界及元古界（荣古 4 井、界古 1 井钻遇）的分布和构造格局。腾鳌断层断面北倾，控制了东部凹陷三界泡—青龙台潜山乃至东部凸起的前中生代沉积，上升盘仅零星发育厚度较小的中生界，多数为太古界。控制东部凹陷形成和沉积的主要大断层是北东走向的营口—佟二堡断层，延伸长约 170km。凹陷内还发育多条北东走向断层，其中：茨东断层为东掉，延伸长约 60km；茨西断层为西掉，延伸长约 65km；盖州滩—二界沟断层为东掉，南北长约 85km。茨东和茨西断层控制了茨榆坨潜山带的形成。燕南—驾掌寺—界西断层、营口—佟二堡断层控制了三界泡—青龙台潜山带的形成。

大民屯凹陷长期活动的基底断裂可切断盆地基底岩系及盖层岩系，平面延伸距离几十千米，控制凹陷地层沉积，多数是凹陷的边界断层。主要断层有：东边界边台—法哈牛断层，北东走向，延伸长 45km；韩三家子断层，近东西走向，延伸长 20km；西侧边界大民屯断层，延伸长超过 50km，是高角度逆断层，由于断层面的扭曲，可使某些局部呈现正断层性质。这三条断层控制大民屯凹陷形成和演化。早期基底断裂分布于沙四下部至基底地层中，以北东向和近东西向为主。多数断层倾角较陡、断层面平直、断距大小不一，断层性质为同向、反向正断层及逆断层，如安福屯断裂、东胜堡断裂等，早期断裂控制基底潜山呈北东向条带状分布。

2. 盖层断裂

新生代断裂在中生代断裂的基础上表现了“继承、发展、新生”三个特点，“继承”是指中—新生代断裂的位置和性质相同，前者的规模大于后者，多数终止于始新世末—渐新世初期。“发展”是指控制新生代凹陷边界的断裂在中生代末期处于初发状态，在新生代开始活动逐渐强烈，造成新生代活动规模远大于中生代，属于长期活动的断裂。“新生”是在中生代产生的断裂之外，古近纪—新近纪形成的新生断裂，一般产生于新生代的中晚期，活动时间比较短，常与早期断裂斜交，并对早期断裂有不同程度的切割作用，局部地区出现了走滑逆断裂（陈全茂等，1998）。

西部凹陷新生代构造变形表现为以北北东—北东向基底正断层为主构成的伸展构造系统，和以北北东向深断裂右旋走滑位移诱导的走滑构造系统的叠加构造变形特征，同一条断层在不同时期可以表现出不同的力学性质。盖层断层主要在上部构造层发育，包括沙河街组、东营组、馆陶组和明化镇组。西部凹陷盖层断层与控凹断层在整个上部构造层内的断层是一致的，控凹断层位于凹陷的东部，从南到北分别为海南断层、海外河断层、大洼断层、冷东—雷家断层、台安断层等，具有分段演化特征。新近系沉积以坳陷特征为主，控凹断层对新近系沉积的控制作用不是很大。

东部凹陷的断裂具有主控断裂多、发育时间长、断裂性质复杂、组合类型多样等特点。控制新生代坳陷的断层既对基底断裂有一定的继承性，又存在新生特征。发育时间长是这类断裂的特点，但最主要的发育期是古近纪，尤其是古新世—始新世（房身泡组—沙三段沉积时期）。东部凹陷次级断裂具有如下特点：一是其对坳陷形成和演化的控制作用相对较小，二是因为它们或者是早期主要断裂的派生断层，或者发育时期以晚期为主。次级断裂的主要作用是局部构造的定型与构造单元的分割，对渐新世以来东部凹陷构造格局的形成起着重要作用。

大民屯凹陷盖层断裂主要分布于沙四段至东营组，断层以近东西走向为主。断层下界除个别可能断至沙四底界，其他基本上终止于沙四段的大段泥岩中，上界一般断至古近系东营组，最高可达新近系馆陶组。断层的倾角上陡、下缓，主要盖层断层近平行排列分布，表现为同向倾斜的“多米诺式”正断层组。断层按倾向分为北北西倾和南南东倾两组，在局部二者发生相交。盖层断裂系统中断裂的分布与基底的古潜山或古地形呈镜像关系，即基底潜山隆起较高的地区，往往其上部的古近系地层中的断裂也较为发育，显示古近系中伸展构造的发育除受区域性拉张的影响外，在局部地区还受到基底潜山的影响。

3. 主干断裂特征

辽河坳陷主干断裂是郯庐断裂的重要组成部分，在中生代构造格局上继承、改造并进一步新生，是郯庐断裂系继续活动在浅层位上不同的表现形式。新生代早期有五条一级断裂，均断至莫霍面以下，并有多期岩浆活动，它控制凹陷的发生和发展，发育具有多期性、分段性、多样性三大特点。特别是一级断裂展布的分段性，在不同构造部位发育时间及发育强度不同，营口—佟二堡和台安—大洼断层最为明显，呈左侧列式排列。

1）台安—大洼断裂

是一长期活动的大型生长断层，位于西部凹陷的东缘，为西部凹陷主体的东部边界，北东走向，长度为150km，平均走向为42°。台安—大洼断层长期继承性发育，控制了西部凹陷发生、发展演化，在不同时期、不同段落的性质和活动存在很大的差异（图1–4–12）。

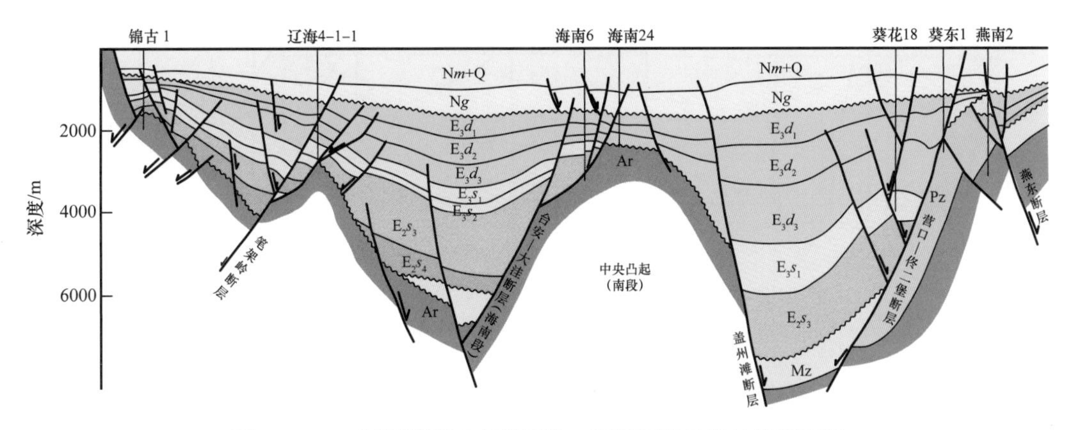

图1–4–12 辽河坳陷过东部凹陷、西部凹陷构造地质剖面图

北段指高升至牛心坨一段，有明显伸展断层特征，断面为铲式，它的北端由于后期构造扭动作用，使断裂复杂化，出现逆冲断层与伸展断层并存，断层最大落差4700m，延伸长46km，控制着台安洼陷形成与发展。中北段指冷家堡地区，断裂比较复杂，大体有三条不同发育期的断层，从东往西，发育期由老至新。东侧靠中央凸起一条是沙三段沉积前期的，仍保持伸展断层特征，为断面平面状，与派生断层组合为羽状断层，控制沙三段沉积，中间一条断面倾角变陡，靠西一条为逆冲断层，断层延伸33km。中南段指小洼至海外河一段，断面北陡南缓，断面形态由平面状变为铲状，有明显的伸展断层特点，与派生断层组合为羽状和阶梯状组合类型，延伸38km，控制清水洼陷形成、发展。南段指滩海地区海南—月东断层，区内延伸长度58km，最大落差3500m，控制了海南洼陷的形成，断面多为平面状，倾角北缓南陡，沿断层发育派生断层呈阶梯状组合。

2）营口—佟二堡断裂

是东部凹陷与东部凸起的分界断裂，作为一级主干断裂，控制东部凹陷沉降及火山活动，长期发育，贯穿凹陷南北，控制东部凹陷形成与演化，延伸长度170km，断距一般1000～2000m，最大超过5000m。以腾鳌断裂为界，北段表现为正断层性质，南段为逆冲断层性质。

北段指腾鳌断层至永乐地区一段，其断面北西倾，呈较陡的平面状，倾角

60°～80°，断层落差大，基底落差达 4000m，延伸长约 100km，控制东部凹陷三界泡、青龙台潜山形成以及界东、青东、长滩洼陷沉积，是一条长期发育的断层；南段指腾鳌断层至油燕沟一段，此段作为东部凹陷在此段的边界，过去称驾东断层，表现出逆冲断层性质，断面南东倾，据分析，早期曾经控制西侧古近系沉积，新生代右旋走滑作用使之呈现逆断层性质；可见营口—佟二堡断裂是由多条断层组成的，发育时间、断面倾向、倾角各段表现不尽相同，之间连接关系亦不同。营口—佟二堡断裂对东部凹陷火山活动的控制作用十分明显（单家增等，2004）。

3）边台—法哈牛断裂

即大民屯凹陷东边界断裂，由三条近北东走向且呈雁行分布的张扭及压扭性断层组成。由南向北依次发育法哈牛断裂、曹台断裂、白辛台断裂，总的延伸长度约 45km（图 1-4-13）。

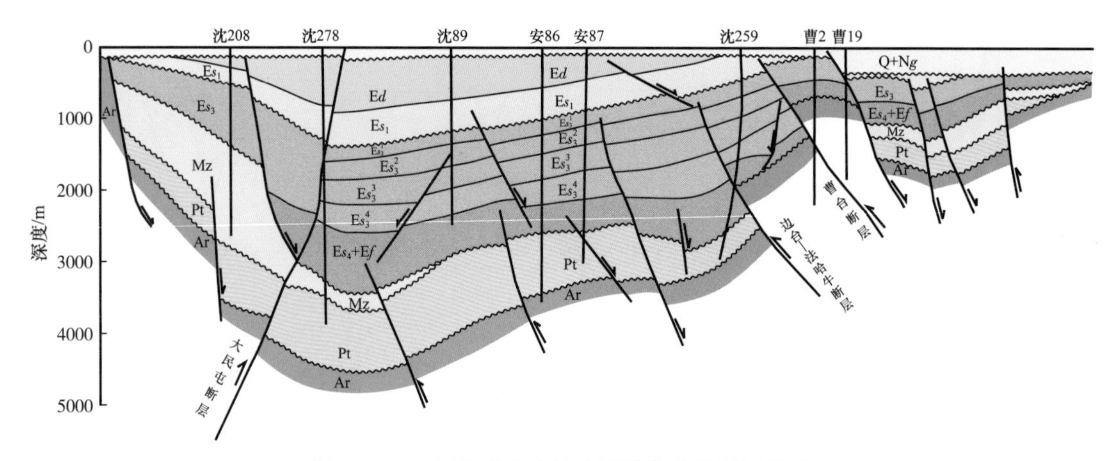

图 1-4-13　辽河坳陷大民屯凹陷构造地质剖面图

法哈牛断层：为凹陷东部一条长期发育的边界断层。其走向为北东向，延伸长度 12km，断面西倾的张扭性正断层，最大断距达 1600m。该断层强烈活动期在沙三段沉积时期，与荣胜堡断层共同控制法哈牛潜山披覆构造的形成和发育。

曹台断层：是控制凹陷东部边界断层之一。该断层北东向展布，延伸长度 18km。古近纪晚期受郯庐断裂活动的影响，发生右旋走滑，该断层表现为逆断层性质。受曹台断裂强烈活动的影响，边台—曹台潜山迅速抬起，发育大型潜山披覆构造。

白辛台断层：位于三台子地区的东侧，走向北东，延伸长度 15km。该断层在凹陷形成时期为一条西倾正断层，控制着凹陷北部地区的元古宇、中生界沉积与分布。至晚期（东营组沉积时期）受右旋区域构造应力场的作用，转变为东倾逆断层，具走滑性质。

4）大民屯断裂

即大民屯凹陷西边界断裂，延伸长度超过 50km，其走向为北东向，断层倾向北西，断距 100～3000m，断层性质北逆南正，由南向北断距逐渐增大。该断层前古近纪开始发育，东营组沉积末期，在右旋走滑应力场作用下，断层倾角较陡，有些位置甚至近于直立，走滑标志明显。该断层控制着凹陷的西部边界、凹陷的形态及古近纪沉积，具有延伸长、断距大的特点。

5）韩三家子断裂

即大民屯凹陷南边界断裂，近东西走向，延伸长度约20km，其断面北倾，断距具有中间大、向东西两端逐渐减小的特点。该断层在古近纪早期活动剧烈，使荣胜堡洼陷急速下降，地层沉积厚度快速增大，沉积物在重力作用下，湖岸产生滑塌。该断层控制了荣胜堡洼陷沙河街组的沉积，在侧向挤压力作用下，形成不明显的浅层背斜构造。它是一条控制大民屯凹陷构造沉积演化的边界断层之一。它的发育使大民屯凹陷发育更完整，成为三面为断层控制的三角形凹陷。

二、断裂发育演化特征

辽河坳陷以发育张性正断层为主，但在西部凹陷的陈家、大民屯凹陷的曹台—边台、东部凹陷的营口—佟二堡断裂局部发育了多期走滑逆断层。辽河坳陷断裂极为复杂，各期断裂不仅大小、性质、走向、倾向不同，即便同一走向的断裂，由于发生的时间、产生的原因和活动时间长短的不同，其所起的作用也各有差异。

1. 断裂走向特征

按照断层的走向，大体可分为北东、北西和近东西向三组。

1）北东向断层

北东向断层是辽河坳陷的主要断层。这些断层虽然走向一致，但在裂谷发育的过程中，各条断层活动的时间、产状、性质、规模和作用互不相同，因此，又可以进一步划分为三种类型。

（1）中生代西倾和东倾正断层：主要分布在西部凹陷、大民屯凹陷的西侧和东部凹陷二界沟西、驾掌寺西、茨输坨东。中生代盆地是受这些断裂控制发育而成的，它们均断入基岩，并控制中生界的分布范围，断距一般为500～600m，延伸较长，最长达28km，倾向北西和南东，倾角50°～70°，在西部凹陷由东向西将基底阶错开，并形成一系列单面山，剖面上基底形状呈波浪状，平面上成一道道山脊，沿着上述断裂带常伴有火山喷发。

（2）早古近纪西倾正断层：主要分布在凹陷的东侧，是辽河坳陷的主干断裂。如台安—大洼、营口—佟二堡、边台—法哈牛断裂等，规模很大，倾角较陡，达45°～70°，多断入地壳深部，沿断裂带常伴发生火山喷发，延伸20～170km，断距可达数千米，局部形成多个断阶带。

（3）沙河街组三段至东营组沉积时期正断层：属于盖层断层，开始于沙河街组三段沉积时期，终于东营组沉积末期，延伸长8～33km，断距一般在50～500m，倾向南东和北西均有，以南东方向为主，倾角45°～70°，断层倾向均与地层倾向一致，基本上是边沉积边断裂的同生断层，很少断入基岩。

2）北西向正断层

北西向正断层一部分与中生代断裂同时发生，主要对新生代盆地起分割作用，延伸较短，一般在5～15km，但多数为新生代早期北东向正断层的派生断层，一般长1～5km，断距小于100m，最大400m，与北东方向断层相交构成网格状。

3）近东西向正断层

近东西向正断层形成时期较晚，主要发育在东营组沉积时期。多将早期北东向的断层切割，是坳陷内发育比较晚的一组边沉积、边断落的同生断层。数量多，常成组出现，延伸长度一般在 7～25km，断距 100～400m。南倾为主，北倾少量，下降盘由于牵引作用，能形成滚动背斜，这组断裂很少断到基岩。

2. 断裂活动性质

辽河坳陷断裂活动具有早期伸展和晚期走滑两套断裂系统。早期发育基底伸展正断层，并多为中生界的继承；新生代早期辽河坳陷主要受拉张作用，主要发育伸展断层，控制盆地的形成；渐新世后区域应力场发生变化，在右旋运动作用下，产生走滑断层和挤压逆冲断层（图 1–4–14）。

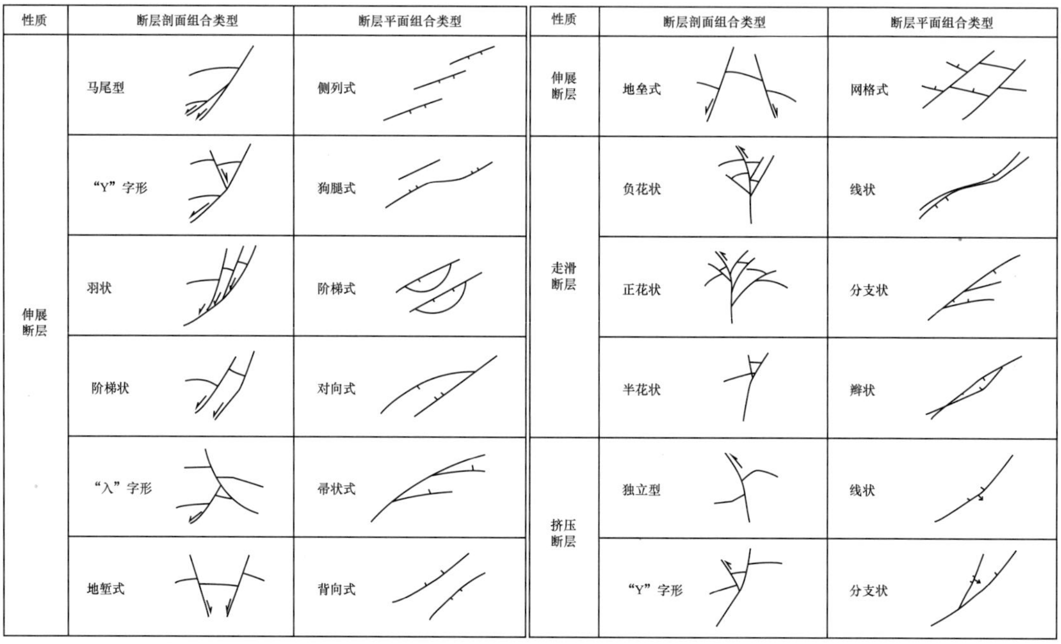

性质	断层剖面组合类型	断层平面组合类型	性质	断层剖面组合类型	断层平面组合类型
伸展断层	马尾型	侧列式	伸展断层	地垒式	网格式
	“Y”字形	狗腿式	走滑断层	负花状	线状
	羽状	阶梯式		正花状	分支状
	阶梯状	对向式		半花状	辫状
	“入”字形	帚状式	挤压断层	独立型	线状
	地堑式	背向式		“Y”字形	分支状

图 1–4–14　辽河坳陷断裂组合类型图

1）伸展断层

辽河坳陷伸展断层是主要断层，数量上占绝对优势，占总数 80% 以上，分布于各构造单元。从伸展断层的几何形态看，西部凹陷和大民屯凹陷其特征更为明显，东部凹陷由于后期改造，其特征不像前者突出。

（1）阶梯状断层：在较开阔的缓坡带上或向着深洼陷边缘交替带上比较发育。如西部凹陷西斜坡，出现一系列阶梯状断层，兴隆台构造带与清水洼陷交替带上也有阶梯状断层，这些断层均向洼陷一侧节节下掉，形成台阶，每个台阶均可能形成局部断鼻构造。

（2）“入”字形断层：在西部凹陷欢喜岭、齐家地区和大民屯凹陷东胜堡地区比较发育。它由古近纪早期发育的西掉正断层和后期发育的东掉正断层构成“入”字形断层。它是辽河坳陷十分重要的断层组合类型，能形成潜山与盖层叠覆式复合圈闭。

（3）羽状断层：剖面呈羽状，平面呈帚状或树枝状分布，常发育于主干断层下降盘一侧，主干断层与低序次的分支断层呈一定交角，其角度为 20°～70°，主干断层与分支断层之间均可构成小幅度圈闭，如大洼—海外河地区。

（4）"Y"字形断层：在狭长深凹陷的主干断层之下表现明显，东部凹陷较常见，如牛居地区可以看成以佟二堡为主干断裂，牛居断层为分支断层构成一个大的"Y"字形断层，平面呈狭长条带状分布，三界泡地区的界东断层和界6断层组成反"Y"字形，西部凹陷笔架岭构造也见此类型。

（5）地堑式断层：往往在深洼陷出现，它可以由主干断层之间构成，也可以由次一级分支断层之间组合形成，如牛居地区可以认为佟二堡与茨东断层是一个地堑型，龙王庙构造上是小地堑，在地堑中常形成褶皱。

（6）马尾形状断层：主干断层与其派生分支断层构成马尾状，断层向下撒开，分布在主干断层下降盘一侧，如营口—佟二堡大断裂上形成一些小型阶状断块。

（7）地垒式断层：由两条背向的断层构成地垒状，在基底和盖层构造均可见，分布于各个凹陷二级构造带上，分布较广，常常形成局部地垒型圈闭。

2）走滑断层

主要表现为早期伸展、后期走滑改造特征，具有走滑性质的断层主要有大民屯凹陷断层、东部凹陷黄金带—欧利坨子断层、茨西断层、茨东断层等，西部凹陷台安—大洼断层、陈家、东部凹陷营口—佟二堡断层等也具有走滑性质。

3）逆冲断层

边台、曹台断层是逆冲断层，倾角由南向北，由陡变缓，在断裂带上产生许多小断裂，延伸长98km。西部凹陷牛心坨地区高升—坨西断层、东部凹陷荣兴屯断层等均为逆冲断层。

3. 断裂发育期次

按断裂发育时期可分为前新生代断裂和新生代断裂。新生代构造格局继承中生代的构造格局，断裂仍以北东向为主要断裂，同时发育了近东西向和近南北向的断裂，从断裂发育时间、活动时间长短，分为三期断裂。

1）早期（$E_{1-2}f$—E_2s_3）发育断裂

此期断裂多为沿袭中生代断裂继续发育的断层，走向为北东向，断面西倾，控制基底潜山的发育，主要形成单面型潜山。活动时间一般在沙三早、中期结束，它控制沙四段及沙三段下部沉积，在西部凹陷西斜坡和大民屯凹陷较突出。如：大民屯凹陷东胜堡断层，控制东胜堡潜山的发育，在断层上升盘潜山顶部缺失房身泡组，沙四段也较下降盘厚度变薄。齐家、欢喜岭也具有同样特点，在东部凹陷比较少见。

2）中期（E_3s_1—E_3d）发育断裂

指渐新世为主要发育期的断裂。渐新世以来中国东部地应力场由左旋运动转为右旋运动，断裂活动也发生了较大的变化。

（1）从断裂走向上看：除北东走向断裂继承性发育外，还新产生北东向走向和近东西向的断裂。特别是早期断裂发育区，北东向新断裂发育较明显，走向和位置基本上相近，但断层倾向则相反，即：断面早期西倾，中期东倾，构成"入"字形断裂组合关系。这种现象在西部凹陷和大民屯凹陷较明显，如：东胜堡潜山上的静安堡断层在其上升盘形成安12—沈84半背斜构造；西部凹陷锦16块、齐家构造等。近东西向断裂不仅对前期断层有改造作用，同时还对渐新世地层起着一定的控制作用，对构造（断块）的形成、油气分布起着重要作用。其分布范围较广，各凹陷均可见。断层大多向洼陷中心下掉，如马圈子断裂带由多条平行断层组成，断面南倾，向清水洼陷下掉；鸳鸯沟地区可见此类型。还有近南北向的一组断层，主要是一组逆冲断裂，分布于主干断裂边上，北西向的断层较少。

（2）从断裂性质来看：除伸展断层外，走滑断裂发育，逆冲断层也随走滑作用而形成。渐新世时期右旋走滑运动使原来伸展断裂受到改造，特别是长期活动的断层，如台安—大洼断层、营口—佟二堡大断裂等，都发生走滑运动，产生一些新的走滑断层，如大平房—黄金带断裂等是北东走向断层，近东西向走滑断层序次相对较低。在主走滑断裂活动作用下还产生一些低序次的逆冲断层，如冷家堡、三台子、荣兴屯等逆冲断层。比较而言，东部凹陷走滑断层较发育，反映渐新世时期，郯庐断裂在辽河坳陷活动主要表现在东部凹陷。

（3）从断层活动强度、活动时间来看：大民屯凹陷和西部凹陷均具有从北向南迁移的特点，即北部强度弱，活动时间早，南部强度大，活动时间晚。东部凹陷此特点不明显，而是中间弱，南、北强度大。

3）晚期（Ng）发育断层

新近纪，辽河坳陷已转入坳陷期，断裂活动明显减弱。除了继承原来的断裂活动外，新产生一组北东走向的断层，分布在主干断层之上，其断面倾向与原断层相反，如牛心坨地区和大民屯凹陷东界断层，均产生了一组东掉断层。该时期新生断层数量较少，活动强度也较小，且主要分布在凹陷北部。

其中，台安—大洼、营口—佟二堡、二界沟断层是从 $E_{1-2}f$—Ng 长期活动的断层。该期断裂是新生代开始时产生的一组新生的北东走向和个别为东西走向的断裂。其特点是：（1）活动时间很长，从新生代开始，一直活动到新近纪早期；（2）均属伸展断裂，同时也受到后期走滑运动的改造，如台安—大洼、营口—佟二堡、二界沟等断层，控制了新生代的构造发育和古近系沉积，形成凹凸相间的构造格局；（3）落差、延伸长度都比较大；（4）分布在各凹陷的边界上或者凹陷内大型二级构造带上；（5）活动强度平面上早期北强南弱，后期南强北弱，台安—大洼断层较为突出，使沉降、沉积中心从早到晚由北向南转移，并在每一个部位活动强度不一致，具有明显的分段性，活动强度最大的地方对应着深洼陷；（6）活动随时间不同具有波动性，弱—强—弱—强—弱，反映了拱张—深陷—抬升—再沉陷—衰退的构造发育史。

断裂活动是裂谷发生和发展的主导因素，对辽河坳陷各凹陷及其二级构造带的形成、对沉积体系和火山活动等均起着控制作用，使辽河坳陷为多凸多凹、凹凸相间的构造格局，具有多沉积中心、多生油中心、多物源方向、多种类型的储集体和多套生储盖组合、多种类型二级构造带和多种类型圈闭等石油地质条件。

第五节　构造单元划分

根据辽河坳陷基底性质、盖层构造特点和一级断层的控制作用，辽河坳陷整体划分为“三凸三凹”六个一级构造，即：西部凹陷、东部凹陷、大民屯凹陷和中央凸起、西部凸起、东部凸起（图 1-4-15、表 1-4-2）。

在一级构造划分的基础上，根据基底起伏和盖层的构造形态特征、断层的控制作用，进一步划分为若干个亚一级构造带，每个亚一级构造带还可以进一步划分若干个二级构造带。

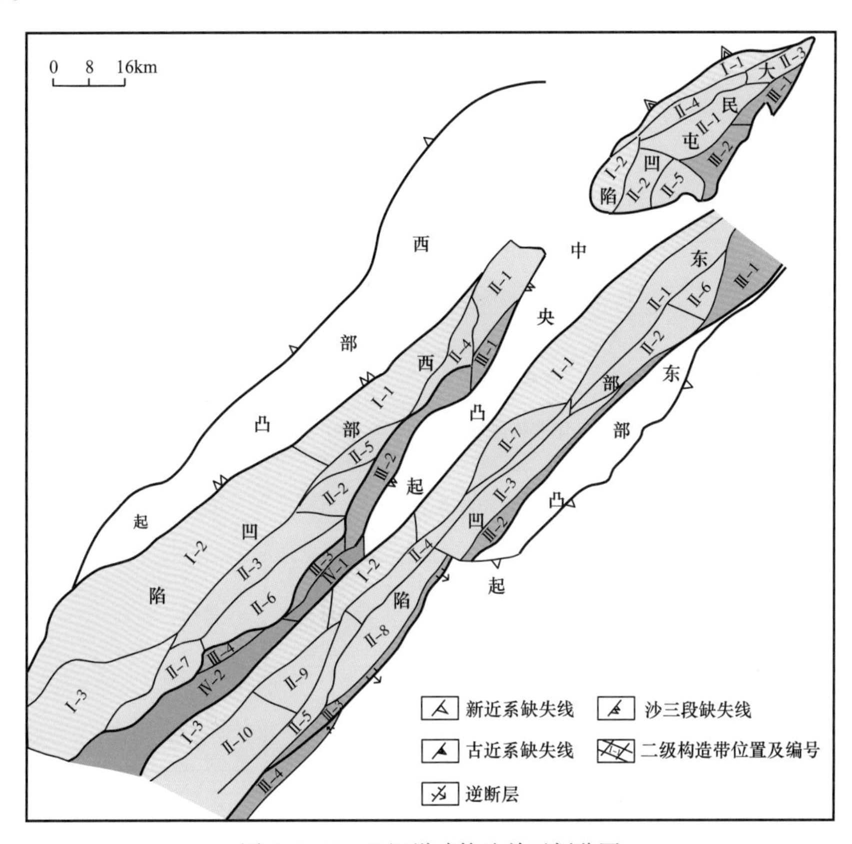

图 1-4-15 辽河坳陷构造单元划分图

表 1-4-2 辽河坳陷构造单元划分表

一级构造	亚一级构造带	二级构造带	面积 /km²	构造编号	典型局部构造
西部凹陷	西部斜坡带	曙北—高升构造带	350	Ⅰ-1	高升断鼻
					曙光断鼻
		欢喜岭—曙光斜坡带	1000	Ⅰ-2	欢喜岭断背斜
					齐家断背斜
					鸳鸯沟断鼻
		笔架岭—葫芦岛构造带	400	Ⅰ-3	笔架岭断鼻
					葫芦岛潜山
	中央构造带	牛心坨构造带	150	Ⅱ-1	牛心坨构造
		兴隆台构造带	120	Ⅱ-2	兴隆台断背斜
					马圈子断背斜

续表

一级构造	亚一级构造带	二级构造带	面积 /km^2	构造编号	典型局部构造
西部凹陷	中央构造带	双台子构造带	130	Ⅱ-3	双台子断背斜
					双南断背斜
		牛心坨—台安洼陷	80	Ⅱ-4	牛心坨洼陷
					台安洼陷
		陈家—盘山洼陷	80	Ⅱ-5	陈家洼陷
					盘山洼陷
		清水—鸳鸯沟洼陷	250	Ⅱ-6	清水洼陷
					鸳鸯沟洼陷
		海南洼陷	170	Ⅱ-7	海南洼陷
	东部陡坡带	坨东构造带	80	Ⅲ-1	坨东断阶
		冷东—雷家构造带	220	Ⅲ-2	雷家断阶
					冷家断阶
		清东陡坡带	100	Ⅲ-3	清东陡坡
					海外河断阶
		仙鹤构造带	70	Ⅲ-4	仙鹤构造
					架东构造
中央凸起	北部凸起带		1000		
	南部倾没带	大洼—小洼构造带	150	Ⅳ-1	小洼披覆背斜
					大洼断鼻
		海外河—月东构造带	350	Ⅳ-2	榆树台披覆背斜
					海外河披覆背斜
					海南—月东披覆构造
东部凹陷	西部斜坡带	铁匠炉—大湾斜坡带	500	Ⅰ-1	大湾斜坡
					铁匠炉斜坡
		新开—董家岗斜坡带	300	Ⅰ-2	董家岗斜坡
					新开斜坡
		盖州滩—榆树台斜坡带	400	Ⅰ-3	榆树台斜坡
					盖州滩斜坡
	中央构造带	茨榆坨构造带	320	Ⅱ-1	茨榆坨潜山
		牛居构造带	160	Ⅱ-2	牛居断背斜

续表

一级构造	亚一级构造带	二级构造带	面积/km²	构造编号	典型局部构造
东部凹陷	中央构造带	三界泡—青龙台构造带	280	Ⅱ-3	青龙台潜山
					三界泡潜山
		黄金带—于楼—热河台构造带	230	Ⅱ-4	黄沙坨断背斜
					欧利坨子断背斜
					热河台断背斜
					于楼断背斜
					黄金带断背斜
					桃园断背斜
		大平房—葵花岛构造带	430	Ⅱ-5	大平房断背斜
					荣兴屯断背斜
					太阳岛断背斜
					葵花岛断背斜
					龙王庙断背斜
		牛居—长滩洼陷	180	Ⅱ-6	牛居—长滩洼陷
		于家房子洼陷	110	Ⅱ-7	于家房子洼陷
		驾掌寺洼陷	160	Ⅱ-8	驾掌寺洼陷
		二界沟洼陷	180	Ⅱ-9	二界沟洼陷
		盖州滩洼陷	380	Ⅱ-10	盖州滩洼陷
	东部陡坡带	头台子—沈旦堡构造带	200	Ⅲ-1	头台子断阶带
					沈旦堡断阶带
		界东—青东陡坡带	200	Ⅲ-2	青东断阶带
					界东断阶带
		驾东陡坡带	90	Ⅲ-3	驾东断阶带
		油燕沟—燕南构造带	220	Ⅲ-4	油燕沟潜山
					燕南潜山
大民屯凹陷	西部斜坡带	兴隆堡陡坡带	80	Ⅰ-1	
		网户屯斜坡带	60	Ⅰ-2	
	中央构造带	静安堡构造带	140	Ⅱ-1	静安堡潜山
					东胜堡潜山
		前进—安福屯构造带	110	Ⅱ-2	安福屯潜山
					前进断背斜

续表

一级构造	亚一级构造带	二级构造带	面积 /km²	构造编号	典型局部构造
大民屯凹陷	中央构造带	三台子洼陷	70	Ⅱ-3	三台子花状构造
		安福屯洼陷带	90	Ⅱ-4	安福屯洼陷
					平安堡潜山
		荣胜堡洼陷	80	Ⅱ-5	泥岩刺穿构造
	东部陡坡带	边台—曹台构造带	90	Ⅲ-1	白辛台潜山
					曹台潜山
					边台潜山
		法哈牛构造带	80	Ⅲ-2	法哈牛断背斜
					胜东断槽
西部凸起			960		
东部凸起			1600		

一、西部凹陷

西部凹陷面积 2560km²，中央深陷带基底最大埋深 8400m，是一个宽缓的长期发育的继承性凹陷，呈单断箕状（半地堑）结构，由北向南，层位变新。西部凹陷共划分为三个亚一级构造带，即西部斜坡带、东部陡坡带、中央构造带；又进一步共划分 14 个二级构造带，其中正向构造带 10 个，负向构造带为 4 个（表 1-4-2）。负向构造带自北而南为：牛心坨—台安洼陷，基底最大埋深洼陷 4800～5600m；陈家—盘山洼陷，基底最大埋深 4800～6000m；清水—鸳鸯沟洼陷，基底最大埋深 7000～8400m；海南洼陷，基底最大埋深 7500m。

1. 西部斜坡带

西部斜坡带由北向南分为曙北—高升构造带、欢喜岭—曙光斜坡带、笔架岭—葫芦岛构造带三个二级构造带，由东向西可进一步分为坡洼过渡带和西部缓坡带。坡洼过渡带位于西部凹陷的中西部，主要沿东营组厚度突变线延伸分布，向东与中央构造带相接。坡洼过渡带主要受始新统的基底断层在渐新统时期走滑导致上部断层向盆倾斜所致，是在正断层垂向运动的同时又发生旋转所形成的一条复杂构造过渡带。根据其几何学、运动学特征可分为南、中、北三段：南段位于兴隆台构造带西南侧，其沙四段主要发育地垒—地堑样式，沙三段内断层多为向盆倾斜的正断层；中段主要位于兴隆台构造带的西侧，由一系列切割始新统和渐新统的东倾多米诺断块组成；北段受陈家走滑断层控制，以花状构造为主，向东在陈家断层两侧始新统地层厚度差异较大，走滑特征明显。西部缓坡带大致可分为南、北两段，台安—大洼断层的活动带动内部地层顺时针旋转，致使缓坡带地层发生明显的剥蚀现象，且北段剥蚀现象要远大于南段。南部始新统呈向东单斜，北部受晚期走滑作用的影响地层有明显褶皱变形。

2. 中央构造带

中央构造带位于西部凹陷的中部，古近系主要由下部始新统铲式结构和上部渐新统地堑结构垂向叠置形成复式断陷结构特征。其始新统的沉积主要受台安—大洼断层控制，渐新统的沉积主要受中央洼槽两侧深部走滑断裂带浅层东西向断层活动控制，因此其沉积中心轴向明显呈东西走向展布。洼槽带内部受深部潜伏走滑断层和潜山分布的影响，由北向南可依次划分为 7 个二级构造带：牛心坨构造带、牛心坨—台安洼陷、陈家—盘山洼陷、兴隆台断裂背斜构造带、双台子构造带、清水—鸳鸯沟洼陷、海南洼陷。

3. 东部陡坡带

东部陡坡带位于古近系复式断陷的东部边缘，由控制西部凹陷形成发展的主边界断层和分支断层及其相关构造变形构成，由北向南可依次划分为坨东构造带、冷东—雷家构造带、清东陡坡带、仙鹤构造带 4 个二级构造带。其东部边界可以以古近系的分布或突变线为界，西部边界以主断层面与上盘基底面的切割线或盖层中的分支断层影响范围为界，东邻辽河中央凸起。东部陡坡构造带是一条复杂的断裂构造带，主干断层称为台安—大洼断层。主干断层在新生代不同时期的几何学、运动学特征有明显变化，导致不同区段的结构特征不同，大致可以分为南、中、北三段。南段，控制渐新统地堑断陷的东部边界主断层利用或改造了控制始新统复式半地堑的边界断层。中段控制始新统半地堑的台安—大洼断层被陈家断层切割改造，形成一个狭长的走滑断层夹持断块。北部受陈家断层走滑影响，发育明显的构造反转现象，向北地层抬升，渐新统剥蚀严重。

二、中央凸起

辽河中央凸起面积约 1500km^2，位于辽河坳陷三大凹陷之间。西、北两侧以大断层为界，东侧以沙一段底界超覆线为界。是一个长期发育的继承性隆起，北高南低，由北向南逐渐倾没，古近系及部分新近系层层超覆其上。中央凸起总体构造形态表现为：中部隆起高、宽度大；中央凸起北部为一整体隆起，在北东端，中央凸起分为两支，一支呈北东向延伸，夹在东部凹陷与大民屯凹陷之间，另一支呈北北东向延伸，夹在西部凹陷与大民屯凹陷之间，自中部分别向西南端，中央凸起倾没，宽度变窄；南部倾没带可划分为两个二级构造带，即大洼—小洼构造带、海外河—月东构造带。

三、东部凹陷

东部凹陷是一个发育相对较晚的凹陷（陆上部分面积 3300km^2），呈狭长不对称凹陷结构，斜坡基底坡度很大，古近系向上倾方向超覆很快，凹陷内多期火山活动强烈，规模较大。东部凹陷共划分为 3 个亚一级构造带和 17 个二级构造带，其中正向构造带 13 个，负向构造带 5 个（表 1-4-2）。负向构造带自北而南为：牛居—长滩洼陷，基底最大埋深 5100m；于家房子洼陷，基底最大埋深 4500m；二界沟洼陷，基底最大埋深大于 7000m；驾掌寺洼陷，基底最大埋深 8000m；盖州滩洼陷，基底最大埋深超过 10000m。

1. 西部斜坡带

整体上为中央隆起的背景上继承性发育的东倾北东走向斜坡，西以超覆线为界与中央凸起相邻，东以盖州滩—二界沟断层为界与中央深陷带相邻。本区前新生界基底为太古宇、中生界，整个古中央隆起对全区古近系的沉积起到明显的控制作用，表现在古近系基本上围绕着基底斜坡形成了多期超覆带，在斜坡带南段（盖州滩斜坡）和北段（大湾斜坡）尤其明显。在西部斜坡带中部的新开地区发育新开西、新开、开 38—开 39、开 41—开 43 等断层，将该带划分出多个断阶，控制断阶带的次级断层对油气藏的形成起控制作用。

2. 中央构造带

位于东部凹陷中央部位，部分属于凹中之隆。受盖州滩—二界沟断裂、燕南—驾掌寺—界西断裂、营口—佟二堡断裂夹持，由南至北，依次发育葵花岛、太阳岛、荣兴屯、大平房、桃园、黄金带、于楼、热河台、欧利托子、黄沙坨、铁匠炉、大湾、牛居等雁行排列的断裂背斜构造，每列构造具串珠状展布并与区域构造走向呈锐角（一般为 30° 左右，体现出与走滑运动有关的特征）相交的特点。雁行排列的断裂背斜构造，其成因机理复杂，既有同沉积作用，又与后期平移断裂形成的应力场有关，形态大多已经不完整。一些次级断层，如荣西逆断层（荣兴屯断层）、大平房断层、黄于热断层、黄沙坨断层、牛居断层等，将其切割成断鼻、断块等构造形态。同时，中央构造带（盖州滩洼陷、二界沟洼陷、长滩洼陷）作为东部凹陷埋深最大的地区，广泛发育沙三段沉积时期暗色泥岩，是东部凹陷最好的烃源岩。

3. 东部陡坡带

东部陡坡带主要由翘倾的基岩块体和沉积盖层披覆其上形成。经燕南 1 井、荣古 4 井、永 3 井等探井钻探证实，地层主要是新生界以及中生界、古生界、元古宇。潜山带下部基底可形成潜山圈闭，上部盖层可发育披覆背斜构造和断鼻、断阶构造。受营口—佟二堡断裂带以及次级断裂夹持，由南至北，依次发育燕南、油燕沟、驾东、界东、青东、沈旦堡等构造单元。

四、大民屯凹陷

大民屯凹陷面积约 800km^2，基底最大埋深在 7000m 以上。大民屯凹陷是一个早期发育、晚期退缩的早收敛型凹陷，受三条边界断层控制，呈不对称的三角形地堑凹陷结构。共划分为 3 个亚一级构造带和 9 个二级构造带，其中正向构造带 6 个，负向构造带 3 个（表 1–4–2）。负向构造带自北而南为：三台子洼陷，基底最大埋深近 4000m，安福屯洼陷，基底最大埋深约 4500m，荣胜堡洼陷，基底最大埋深约 7000m。

1. 西部斜坡带

大民屯凹陷西部斜坡带发育兴隆堡陡坡、网户屯斜坡两个二级构造单元。侏罗世晚期在本区发育了一系列北东向的大断裂。主要断裂发生左旋走滑活动，切割了前中生界基底，截断原来东西向古隆起，把它们初步改造成为北东向凹凸相间排列、东西向带状分布的构造格局。兴隆堡陡坡带基底南、北两端为中生界、太古宇双元结构，中段沈 208 井至沈 210 井区基底残留元古宇，为三元结构，上覆古近系沙四组、沙三组、沙一组及东营组。靠近大民屯凹陷的西部边界，在古近系沙三段、沙四段沉积时期广泛发育多期次冲积扇—扇三角洲扇体，多个扇体重合叠置，与构造配置形成良好的构造—岩性圈闭。

2. 中央构造带

大民屯凹陷中央构造带呈中间隆、南北两洼形态，由南至北发育荣胜堡洼陷、东胜堡—静安堡—静北潜山带、胜东低潜山带、平安堡—安福屯洼陷、三台子洼陷。大民屯凹陷古潜山形成是前中生代时期印支褶皱变形、燕山断裂活动及差异风化剥蚀夷平作用的综合结果，该时期是形成古潜山的雏形阶段。在中生代时期，北东向断裂的活动和继承性发育，为新生代凹陷构造格局的形成及古潜山的定形奠定了基础，同时也揭示了以断块垂直升降运动为主的构造活动特色。本区主要发育东胜堡、静安堡、静北、安福屯、胜东、平安堡等潜山，近北东向展布，一般埋深在2000～4000m，上覆地层为沙四段暗色泥岩，从高部位到低部位均见到良好的油气显示。新生代受右旋走滑构造运动控制，沙三段至东营组沉积末期主要发育东西、北东向两组断裂，中央构造带主要表现为静安堡断裂背斜和前进半背斜两大构造带。安福屯洼陷和荣胜堡洼陷是本区主力生烃洼陷。三台子洼陷是大民屯凹陷地层保留最全的地区，为中—新元古界—中生界、新生界沉积洼陷，荣胜堡洼陷沙河街组沉积时期强烈沉降，为新生界沉积洼陷。

3. 东部陡坡带

东部陡坡带位于大民屯凹陷东侧，整体地层西倾。东部陡坡带是大民屯凹陷构造活动最复杂的地区。由于边界断层的产状、活动强度的变化及受后期走滑作用改造的方式和程度的差异，构造特征自南向北差异明显。南部地区构造活动以沙三段沉积早期的拉张为主；中部法哈牛—边台地区既有早期的拉张活动，又有晚期的走滑活动；北部三台子地区以晚期的走滑活动为主。不同的构造活动产生不同的构造变形并发育不同类型的构造样式。

东部陡坡带基底岩性差异大。南部发育太古宇变质岩，北部在其基础上发育中—新元古界沉积岩和残留的中生界砂砾岩。因埋藏深度的差异，发育了一系列北东走向的高低不一的潜山。受凹陷东部边台—法哈牛断裂系强烈控制，由南至北依次发育法哈牛潜山、边台—曹台潜山、白辛台潜山。

五、西部凸起

西部凸起面积960km^2，是彰武—黑山中生代盆地与下辽河新生代盆地的重叠部分。主要发育中生代洼陷，是在太古宇和中—新元古界基底上发育起来的。白垩世末期，断裂活动加剧，西部凸起整体抬升，遭受强烈剥蚀，从而结束了中生界的发展历史。按中生界构造特征，西部凸起共划分为8个三级构造带，其中：正向构造4个，由南往北依次为新庄子、下洼子、南二家屯、徐家围子凸起；负向构造4个，从南至北依次为兴隆镇洼陷、公兴河洼陷、胡家镇洼陷和宋家洼陷，它们的中生界最大埋深分别为3200m、2400m、1600m和3100m。

六、东部凸起

东部凸起整体上是一个北东走向、北西倾斜的斜坡，南北长约80km，东西宽约20km，面积为1600km^2。东部凸起自下而上发育太古宇、古生界、中生界和新生界。东部凸起构造上具有北西低、东南高的单斜的特征。控制东部凸起构造的断裂主要有以下两条：营口—佟二堡断层是一条长期发育的断层，断层为北东向展布，主要控制古近系和上古生界地层沉积，是划分东部凹陷和东部凸起的区域性大断层，断裂深入地壳，最大断距在4000m以上，它的发育控制了中生界小岭组酸性火山岩的喷发。腾鳌断层是一条古生代断层，断层为东西向展布，主要控制该区上古生界沉积，该断层以南地区地层剥蚀严重。

第六节　构造样式

辽河坳陷依据构造几何特征、构造演化和构造运动特征，可划分为三种主要构造样式：即伸展构造、走滑构造和反转构造（孙洪斌等，2002；王同和等，2001；王燮培等，1990）。

一、伸展构造

根据构造分布及正断层的组合状况，可将伸展构造划分为下列几种类型。

1. 潜山披覆构造

潜山披覆构造是古潜山上的沉积层因差异压实作用而形成的一种披覆式背斜构造。潜山长期处于隆升状态，晚期沉积地层（古近系、新近系）逐渐超覆、披覆其上而形成背斜构造，一般构造规模较大，且因其位于有利位置，是油气勘探的有利区带。潜山披覆构造是内、外地质营力综合作用的产物。它由剥蚀面以下的核部古潜山和剥蚀面以上的披盖构造两部分组成。所有的潜山披覆构造都经历了两个发育阶段，前一阶段是地壳上升并遭受剥蚀，后一阶段是地壳下降并被埋藏。辽河坳陷中央凸起南部倾没带（海外河、海南、月东）、西部凹陷兴隆台（图 1-4-16）、大民屯凹陷东胜堡—静安堡、东部凹陷燕南、茨榆坨、三界泡等均为潜山披覆构造。

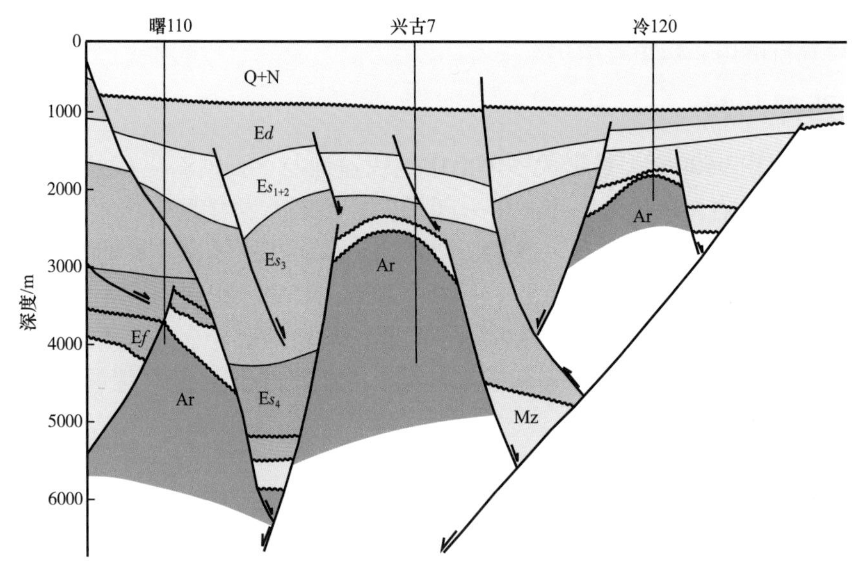

图 1-4-16　西部凹陷兴隆台潜山披覆构造

兴隆台潜山披覆构造是在古潜山的背景上长期继承发育起来的，其基底为太古宇与中生界双元结构，基底被早期断裂切割成多个独立的断块，由南至北依次发育马圈子低潜山、兴隆台高潜山、陈家低潜山。潜山之上为古近系沙三段、沙一段—沙二段、东营组披覆沉积地层，潜山形态定型于东营组沉积末期。由于受多期断裂活动的改造，构造形态为长轴呈北北东向展布的断裂背斜带。晚期发育的近东西向三级断层将兴隆台背斜构造分割成多个断块。东营组沉积时期，受到冷东断裂带的挤压、逆冲作用，断块沿断层面发生了水平平移运动，同时发生了不同程度的右旋扭动。上述多期构造活动对兴隆台构造带油气起到再分配作用，因而形成了从新太古界、中生界、沙三段、沙一段—沙二段、东营组多层系油气聚集。

茨榆坨构造带为一受茨西和茨东断层活动控制所形成的地垒。其西侧为茨西洼陷，东侧为牛居—长滩深陷带，北侧为茨北洼槽，南侧由于茨西、茨东断层距离的减小直至交会，茨榆坨地垒逐渐减小直到消失。构造带内地层产状整体呈西高东低、北高南低的构造形态。茨西断层、茨东断层是控制茨榆坨构造带两侧的边界断层。茨西断层为北北东走向、北西倾向的正断层；茨东断层为北东走向、南东倾向的正断层。

大民屯凹陷中央构造带是依附于东胜堡潜山、静安堡—静北潜山之上的大型断裂背斜披覆构造。东胜堡潜山是北东走向相对狭长的新太古界单面山；静安堡—静北潜山为北东走向、东—西—北三面受断层控制形成的大型断鼻构造，为新太古界、中—新元古界双元结构潜山。其上覆沙河街组、东营组发育了被晚期东西向断层强烈改造的不规则长轴断裂背斜构造。

2. 翘倾断块构造

翘倾断块是指在拉张应力作用下，断块沿断面发生旋转而形成的断块翘倾形态。辽河坳陷翘倾断块构造分布广泛，多与基岩翘倾有关，在西部凹陷西斜坡、大民屯凹陷和东部凹陷北段较明显，根据其断层产状和岩层组合关系，主要发育反向翘倾断块（图 1–4–17）、顺向翘倾断块。

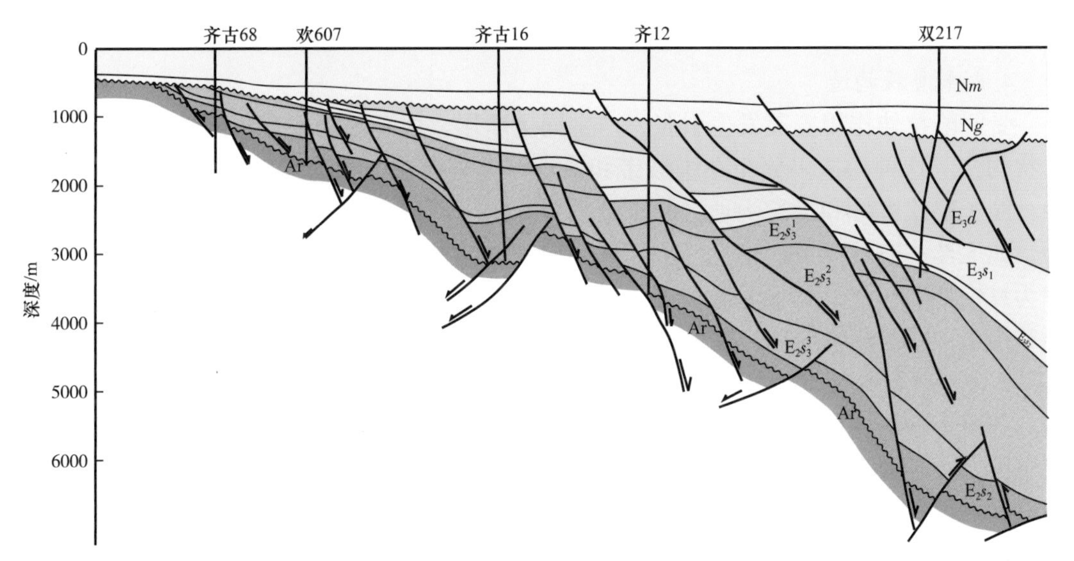

图 1–4–17　西部凹陷双台子构造带反向翘倾断块构造

反向翘倾断块：是由于断块的转动方向与断层倾向相反形成的。这种构造样式主要发育于西部凹陷西部斜坡带，早期发育的一系列的西掉基底正断层与控凹边界断层平行，断块随断裂的活动发生掀斜，断层倾向与地层的倾向相反，形成反向翘倾断块。

顺向翘倾断块：是由于断块的转动方向与断层倾向相同形成的。在西部凹陷西部斜坡带至中央洼陷带，古近系沙三段至东营组发育一系列顺向翘倾断块，将整个斜坡断开成多个独立的断块圈闭。大民屯凹陷东胜堡潜山带东翼，断层倾向与地层倾向方向相同，断层切割太古宇基底，在沙四段泥岩中尖灭，形成顺向翘倾断块构造。

3. 滑动断阶构造

滑动断阶是指铲式主断层活动时，由于边缘重力不稳，造成地层沿边缘铲式正断层面节节下掉，在断层下降盘形成的多级台阶。

西部凹陷东部陡坡带受台安—大洼—海南主干断层及分支断层活动影响，形成了一系列的滑动断阶构造。东部凹陷盖州滩—二界沟断阶带是由一系列节节向凹陷一侧下掉形成的顺向滑动断阶（图 1-4-18）。这种构造紧邻生油洼陷，油气沿断面运移，断阶带捕获油气形成含油气区带，为油气勘探的主要目标。

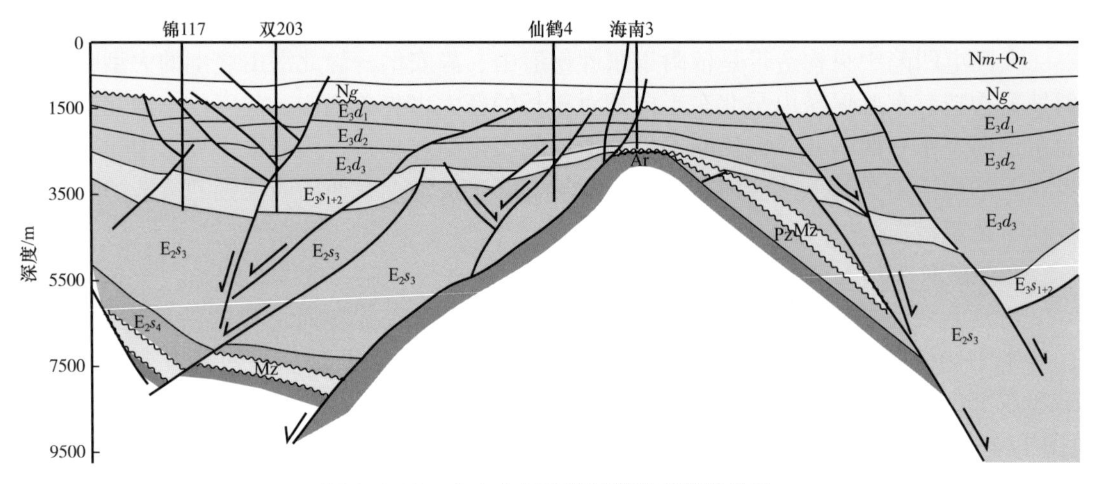

图 1-4-18　中央凸起南段两翼滑动断阶构造

4. 断裂鼻状构造

受凹陷拉伸作用盖层发生引张，产生同生断层，由于断层发育程度差异，形成断裂鼻状构造。这种构造多分布在缓坡带和接近深洼陷部位，呈阶状节节向洼陷中心下掉，如马圈子、欢喜岭和鸳鸯沟地区都十分发育。主干断层与其派生断层之间也会形成此类型，如大洼—海外河地区可见。上述属同向断鼻构造，即断层面与地层产状同向。另一种为反向断鼻构造，即断层面与地层产状反向，如静安堡构造带上的安 12 断块，它的鼻状构造（或半背斜构造）发育在断层上升盘。

5. 滚动背斜构造

是由于断层伸展和沉积物重力滑动产生沿铲式正断层分布的逆牵引构造。它位于断层下降盘，滚动背斜两翼不对称，构造轴线与主断裂走向基本平行，构造高点靠近断层，高点偏移的轨迹与断面大致平行，发育在斜坡区与深陷区过渡带或其他同生断层附近，如齐家背斜构造。

二、走滑构造

走滑构造是地壳或岩石圈在水平剪切应力作用下产生的构造组合，包括走滑断裂及其伴生构造。按照其几何形态分类，在剖面上可以划分为正花状和负花状构造，而在平面上表现为雁列式构造和帚状构造。受郯庐断裂带的影响，辽河坳陷伴生了众多的走滑扭动构造。

1. 正花状构造

正花状构造是在走滑挤压应力背景下形成的，在辽河坳陷东部凹陷、西部凹陷的东部陡坡带附近和坡洼过渡带，受营口—佟二堡断层、大洼—海外河两条主干断裂带长期分段活动的影响，古近系在挤压段形成一系列正花状构造，剖面上有明显的构造反转现象。如东部凹陷的太阳岛、荣兴屯、桃园、黄金带、于楼、热河台、牛居等构造，西部凹陷东部的冷东、牛心坨构造等，均为典型的正花状构造。

大民屯凹陷由于东、西两侧边界断层的长期走滑挤压活动，凹陷北部两条断层形成锐角剪切，形成三台子正花状构造（图 1-4-19）。三台子断层位于正花状构造两翼相交的轴部，断层直立，断面倾向摇摆不定，变换较大。正花状构造两翼的边界是向上变缓，向外撒开的压扭断层组，向深部合并在三台子断层上。该构造自沙三段至东营组均具花状形态，向上随着层位的变新，面积逐渐变大。这些都清晰地显示出走滑断层的特点。

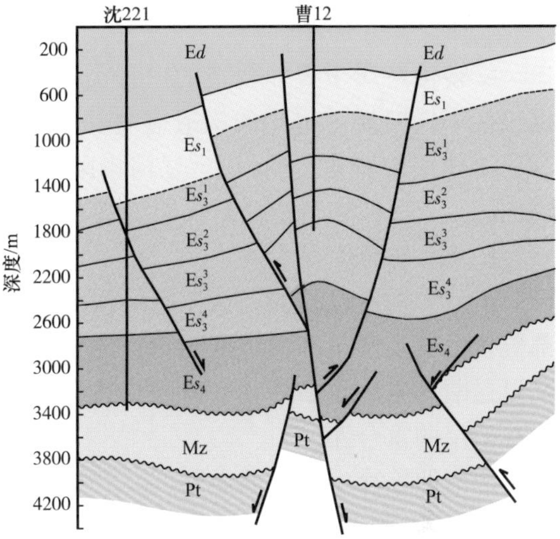

图 1-4-19　大民屯凹陷三台子正花状构造

2. 负花状构造

负花状构造是在控制凹陷两翼的断裂走滑拉张应力背景下形成的，在辽河坳陷东、西部凹陷的中央深陷带和坡洼过渡带局部发育，如东部凹陷葵花岛构造、龙王庙构造，是在燕南断层和盖州滩断层走滑拉张作用下，形成的典型负花状构造（图 1-4-20）。

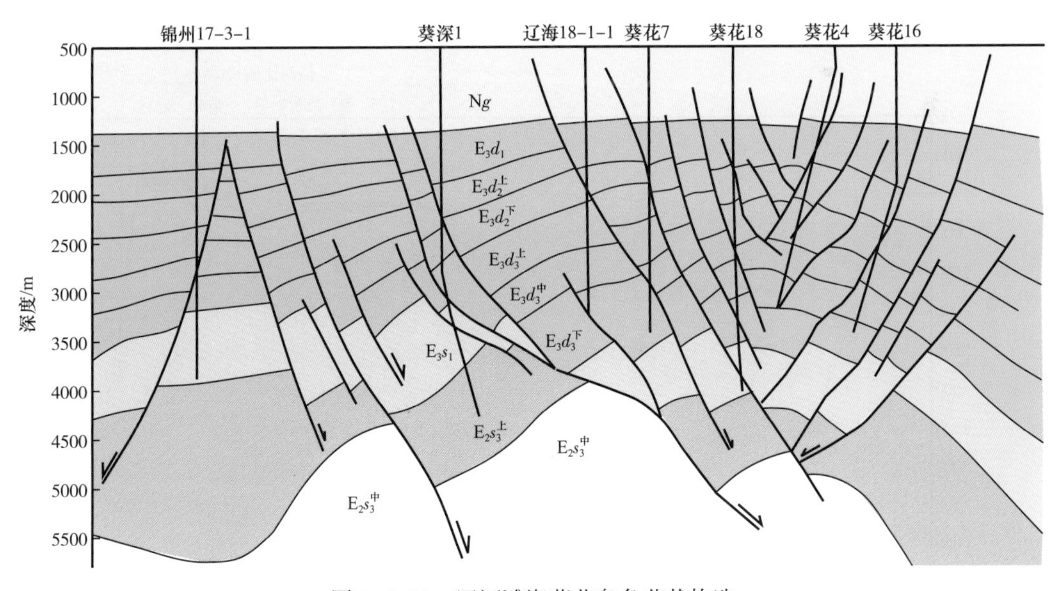

图 1-4-20　辽河滩海葵花岛负花状构造

3. 雁列褶皱构造

雁列褶皱是扭动带中最主要和最有油气远景的构造，其特征如下：构造沿一线性带排列；单个褶皱彼此近平行；单个褶皱轴与扭动带有一定交角；褶皱轴常被低序次走滑断层错开；不同构造发育期的构造轴线发生偏移；褶皱构造两翼不对称。如：东部凹陷大平房、黄金带、于楼、热河台、欧利坨子等构造是沿着黄金带—欧利坨子走滑断层呈带状展布，单个构造轴线近南北向，彼此近平行呈雁列式，构造轴线与主断层夹角8°～45°，一般约30°，走滑断层使构造发生错位。

三、反转构造

反转构造属于叠加构造的一种类型。叠加构造包括时间上相同，空间上紧密伴生，也包括不同时期、不同的构造应力共同作用，是伸展构造与压缩构造相互转化的结果，是变形作用的转化（反转）。辽河坳陷构造反转有两种基本类型，即正反转构造和负反转构造。正反转构造特征是早期沉降，晚期上隆；负反转构造正好相反。

1. 正反转构造

正反转构造也是伸展挤压叠加构造。断层弯曲部位是断层位移受阻或释放应变的局部位置，其走滑位移常转变为垂直差异位移，造成局部应力场的改变，早期正断层晚期又以逆断层方式重新活动，原来构造洼地转为构造高点，形成反转构造，其与正花状构造有一定的重合性。

西部凹陷冷家地区的逆断裂背斜构造形态是在古近系沙三段沉积时期构造拉张的基础上，沉积了一套较厚的沙三段；在东营组沉积时期，受到走滑挤压，发生构造反转，成为北东走向长轴背斜形态。东部凹陷荣兴屯断层早期为一伸展正断层。渐新世，燕南断裂受区域应力场改变影响，发生走滑运动，在其增压弯曲部位，由于走滑位移受阻而遭受挤压而隆升，形成典型反转构造（图1-4-21）。大民屯凹陷主要发育正反转构造，沿法哈牛断层和曹台断层分布，早期为正断层，东营组沉积时期由于区域构造应力场的变化产生逆冲活动，形成正反转构造和伴生的压扭性背斜构造。

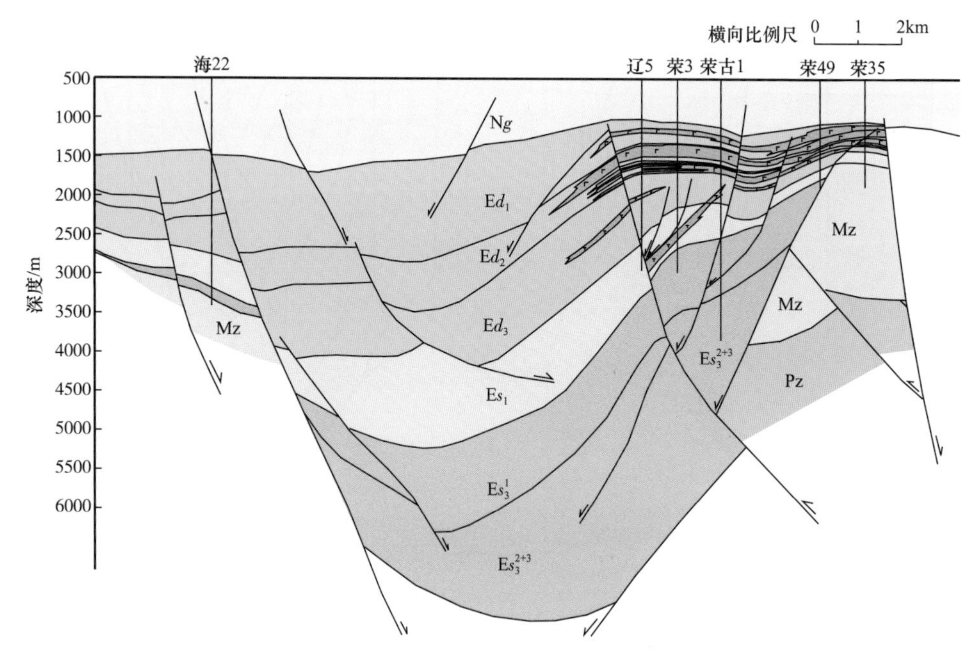

图1-4-21 东部凹陷荣兴屯正反转构造

2. 负反转构造

负反转构造也是伸展走滑叠加构造。是指在早期拉张作用之后，发生走滑作用所产生的一类构造，早期逆断层晚期以正断层方式活动，原来构造高转为构造低，与负花状构造有一定的重合。

四、其他类型

泥底辟作为一种特殊的构造类型，仅在大民屯凹陷荣胜堡洼陷发育此类型构造（图 1-4-22），并被钻探证实，获工业油气流。泥底辟构造发育在长期沉降的洼陷之中，下部有巨厚的欠压实泥岩，其上覆盖密度较大的砂岩层，在基底抬升过程产生水平侧向压力，下部泥岩局部增厚，顶面突起，形成泥底辟构造。泥底辟构造地震特征十分明显，在剖面可见，泥底辟构造顶面向上凸起，底板较平缓，地震相外形像塔状，内部反射结构为空白或乱岗状，在外围有较连续的反射层次，沿泥底辟边缘往上翘起，翘起幅度随深度增加而减少。构造顶部发育对偶断层，使构造顶部陷落，平面上多呈圆形或椭圆形，也有狭长状，在速度剖面上可见有一个低速区。它是生长构造，具有顶部地层薄、侧面厚的特点。

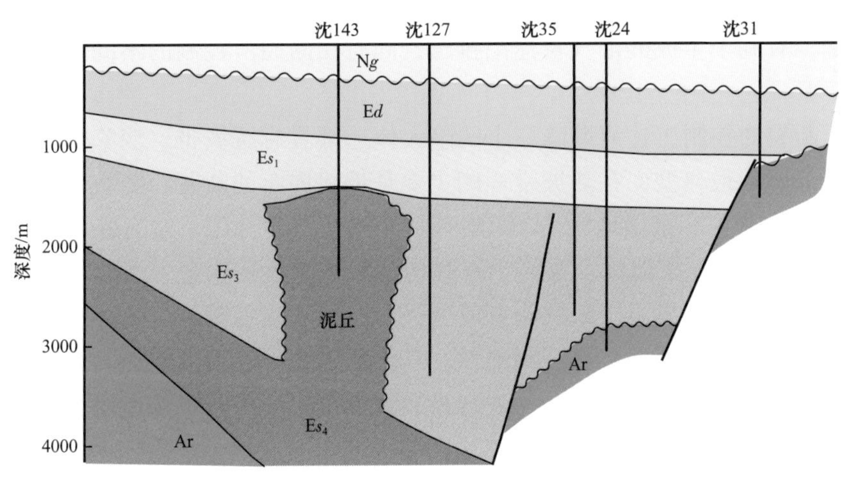

图 1-4-22　大民屯凹陷荣胜堡洼陷泥底辟构造

第七节　构造与油气分布

辽河坳陷三大凹陷的活动时期和特点有较大差别，受边界断层控制，长期处于分隔状态，仅在局部地区短时期沟通，因此三大凹陷为各自独立封闭的含油气系统。不同期次、不同性质的断裂活动控制了各凹陷主要正向构造带和生烃洼陷的形成，也控制了多种类型圈闭和油气聚集区带的形成。

一、断裂对构造圈闭的控制作用

辽河坳陷断裂十分发育，按性质分为伸展断层、走滑断层、挤压断层三种类型，按规模大小和对地层的控制作用分为主干断裂系和派生断裂系两类，形成了丰富的局部构造样式。

1. 主干断裂

主干断裂（一级断层）长期发育，控制了辽河三大凹陷的形态特征和二级构造带的形成，其共同的特点是呈北东方向展布，延伸长，断层落差大，多期发育，分段展布，性质多变。主干断裂主要有两期：一期是早期以伸展作用为主的反向补偿正断层，是大型的地质块体陷落或翘倾旋转断层；另外一期是晚期以走滑作用为主的张扭性或挤压—逆冲断层。它们从宏观上对各凹陷进行了分割，控制了地层的空间展布，形成了辽河坳陷北部抬升，南部沉陷，东西分带，总体上呈箕状的凹陷形态特征。

受主干断裂分段差异性活动的影响，辽河坳陷三大凹陷沉降中心转移有明显的差异。由于凹陷狭小，沉降中心与沉积中心基本吻合。大民屯凹陷沉积中心由西北逐渐向东南方向转移，西部凹陷由北向南、由西向东逐渐转移，东部凹陷由中段向南、北两端转移。辽河坳陷发育有 13 个沉降中心，分布在主干断层的下降盘一侧，是断裂分段性活动的直接结果。同时，由于主干断裂发育的长期性和裂陷活动的不均一性，这些地方往往也是地史时期的沉积中心部位，即裂陷中心就是生油气的中心。因此，根据裂陷中心的迁移可以指导油气勘探方向，即不同时期生烃洼陷与长期、分段、差异活动的主干断裂相匹配，有利于生成的油气自洼陷排出，同时在断裂所控制的不同时期的构造带聚集成藏。

受主干断裂的控制，辽河坳陷三个凹陷大体上都具有缓坡带、深陷带和陡坡带的三分性。以西部凹陷最典型，在陡坡带一侧主要是带状展布的断阶，陡坡带和深陷带之间局部发育逆冲构造（冷家堡地区）；深陷带是洼陷最深的部位，常有断裂背斜构造（兴隆台地区）；缓坡带下倾部位发育同生滑脱构造和地垒披覆构造，缓坡上倾部位多为断阶。大民屯凹陷因为边界主干断裂晚期改造强烈，缺少缓坡带的构造面貌，但深陷带和陡坡带的形态特征与西部凹陷具有相似性。东部凹陷主干断裂活动更为强烈，且受狭长的空间限制，二级构造带更为复杂，表现为缓坡带窄小，深陷带构造组合多样化，缺少陡坡带的构造特点。

2. 派生断裂

派生断裂是主干断裂的伴生产物，是构造短期阶段性活动的结果，与主干断裂组合，形成了辽河坳陷丰富的局部构造样式。基于区域上早期伸展和晚期走滑的宏观构造背景，派生断裂在早期伸展阶段主要以调节性的正向和反向正断层的形式出现；到晚期走滑阶段多为逆冲、羽状和雁列状分布在主干断裂的周围。

多期次、多种性质的构造活动，成就了辽河坳陷丰富的局部构造样式。按构造成因，可划分为伸展构造、走滑构造、反转构造等局部构造样式。其中：伸展构造样式是主要构造样式，进一步可以分为翘倾断块、滚动背斜、断裂鼻状构造、披覆背斜、滑动断阶等形式；走滑构造样式又进一步分为雁列构造和花状构造等；伸展构造样式和走滑构造样式是辽河坳陷主要的含油气构造圈闭。

二、二级构造带控制油气复式聚集

由于裂谷盆地构造演化的周期性、阶段性及其所控制的沉积环境的差异性，造就了多层次、多类型的构造样式和圈闭条件。这些圈闭按一定规律分布在凹陷的不同部位，加之多期、多组系断裂活动的影响和改造，同一地区大多以多种类型的圈闭复合、叠加连片分布，形成复式油气藏圈闭群，即所谓复式油气聚集带。根据裂谷盆地各凹陷的基底结构、断块活动状态、与盖层构造的成因联系以及油气运、聚等特点，辽河坳陷复式油气聚集带可划分：斜坡型、陡坡型（断阶）、中央背斜构造等多种类型复式油气聚集带（图 1-4-23）。

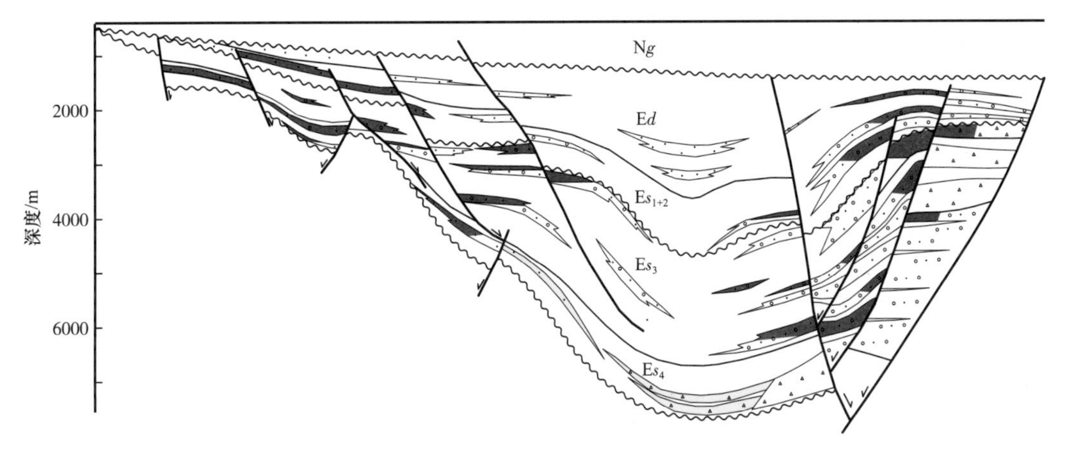

图 1-4-23　西部凹陷缓坡带—洼陷带—陡坡带成藏模式图

1. 斜坡型复式油气聚集带

包括东、西部凹陷的西侧斜坡及大民屯凹陷西南部的大民屯—前当堡复式油气聚集带。由于它们的发育演化历史不同，油气富集程度和油藏规模差异较大。

1）西部凹陷西斜坡复式油气聚集带

西部凹陷西斜坡经历了“早洼晚斜”、底超上剥的发育过程。前古近纪凹陷西侧的缓坡带自北向南发育徐家围子、南二家屯和下洼子三个古隆起，向凹陷延伸、倾没，古近纪继承性发育成断裂鼻状构造带。始新世早期发育的多条北东向西倾反向正断层，将鼻状隆起切割成多排翘倾状断块山，造成斜坡古地貌复杂化。初陷期扇三角洲沉积体系在翘倾断块山低部位超覆沉积；深陷期北东向东掉断层进一步改造和影响，形成堑垒相间的构造格局，由斜坡向洼陷形成扇三洲—浊积扇沉积体系，由于物源水系继承性发育，砂体叠置连片分布。沙三段沉积晚期斜坡边缘强烈翘倾遭受剥蚀，使斜坡边部及高断块部位，新近系直接与沙三段中部接触，估算剥蚀厚度可达千余米，这是西斜坡基岩至新近系馆陶组油气十分富集的地质基础，构成由潜山、地层岩性、断块、断鼻、滚动背斜等多种类型油气藏组成的复式油气聚集带。

由于构造、沉积作用在缓坡带表现的不均衡性，该带自北向南以三个基岩鼻状隆起为主体，形成高升、曙光、欢喜岭三个石油地质储量亿吨以上的油气富集带。

2）东部凹陷西部斜坡复式油气聚集带

东部凹陷西斜坡是一个长期发育的继承性斜坡，在这个狭窄的斜坡上，水陆交替，发育的冲积扇及洪积型扇三角洲逐层超覆于斜坡带。自北而南发育 4～5 个平缓的鼻状隆起。成油条件和油气富集程度远不如西部凹陷西斜坡，斜坡的中北段可能处于扇体的根部，油气圈闭及保存条件较差，目前尚未发现油气聚集；而中、南段，古近系砂泥岩分异及油源条件相对变好。因此，目前仅在斜坡中、南段找到新开油气富集区。主要油气藏类型为断鼻、断块、构造—岩性等。

2. 中央构造复式油气聚集带

位于裂谷盆地各凹陷的中央部位，按其成因类型大致可分为三个亚类：挤压背斜、潜山与盖层构造复合的断裂背斜。由于大多处于深陷带一侧，位于各时期扇三角洲、浊积体系的前部和有利岩相带，主要为背斜、断鼻、断块、构造—岩性等圈闭复合体，构成中央构造复式油气聚集带。

1）挤压背斜复式油气聚集带

包括牛居—青龙台、欧利坨子—黄金带、大平房—荣兴屯。这些地区在古近纪早期，裂谷盆地拉张深陷时期处于洼陷区，晚期走滑改造，形成雁列式背斜构造带（图 1-4-24）。一般具有多套含油层系、多种油气藏圈闭类型叠加连片分布的复式油气聚集带，是辽河油田最早发现的油气聚集带。

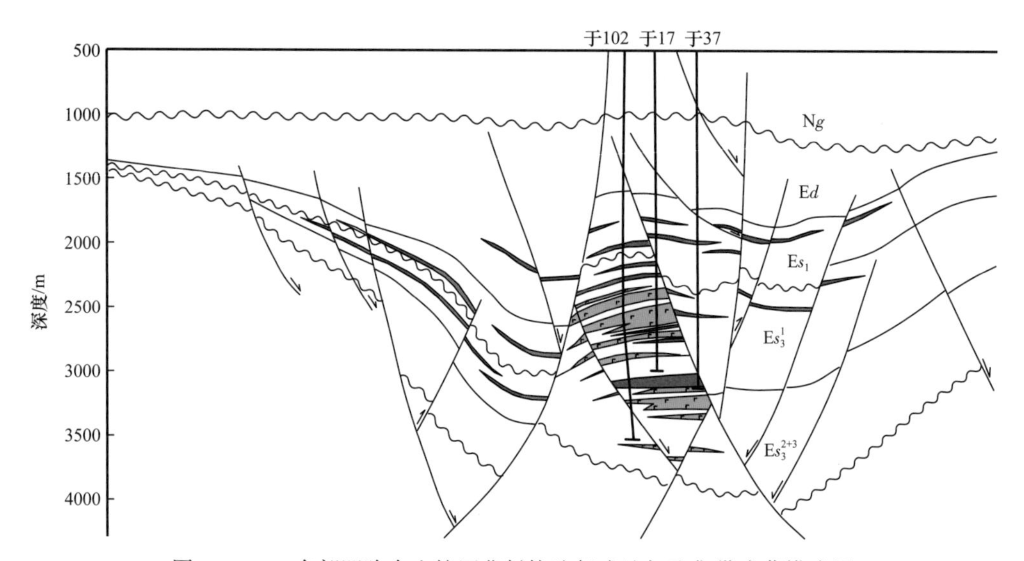

图 1-4-24　东部凹陷中央挤压背斜构造复式油气聚集带成藏模式图

2）潜山—盖层复合型复式油气聚集带

兴隆台、静安堡构造带位于深陷区，都有潜山背景，沙四段、沙三段超覆其上。由于各时期沉积体系多沿潜山低洼部位充填，在正向正断层和反向正断层共同作用下，形成潜山、背斜、断块、构造—岩性等多层次、多类型圈闭集合体（图 1-4-25），成藏条件优越，是中央构造带油气最富集的复式油气聚集带（吴奇之等，1997）。

另外，包括茨榆坨、三界泡、油燕沟、中央隆起南部倾没带等潜山，一般潜山隆起较高，沙一段上部、东营组超覆或披覆沉积。主要发育潜山、断块构造、岩性尖灭和地层超覆等圈闭复合体，构成有利的复式油气聚集带。

3. 陡坡（断阶）型复式油气聚集带

包括三个凹陷的东侧陡坡（断阶）。由于主干断裂发育演化的多期性和阶段性，多为 2～3 条大致平行的断层夹持的断阶，在晚期走滑扭动反转构造作用的改造和影响下，形成断裂背斜、断块、潜山、岩性等圈闭复合体，是重要的复式油气聚集带。如雷家—冷东、边台、头台—沈旦堡等。

总之，特殊的地理位置及多期次构造演化活动，造就了辽河坳陷极其复杂的构造地质条件，也成就了全国典型的“小而肥”的多种类型复式油气聚集区。

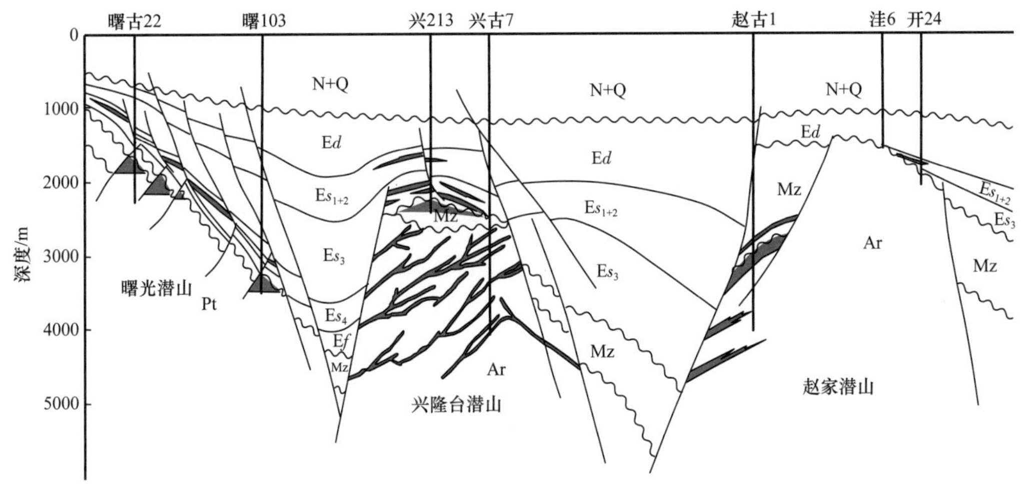

图 1-4-25　西部凹陷潜山披覆型复式油气聚集带成藏模式图

第五章　沉积环境与相

辽河坳陷沉积环境与相的研究工作始于20世纪70年代，经历了从无到有，由点到面，认识程度由浅到深，微相划分由粗到细的发展过程。对沉积发育的古地貌背景、构造特征、沉积相类型及成因机制、相标志、微相展布及沉积演化等方面取得了较为成熟的认识，有效推动了辽河坳陷油气的勘探进程。新生界古近系是辽河坳陷碎屑岩勘探研究的主要层系，因此，本章重点叙述古近系沉积环境与相。

第一节　沉积相类型

辽河坳陷古近纪为陆相环境，发育了河流、湖泊作用形成的典型沉积相类型，主要包括冲积扇、扇三角洲、辫状河三角洲、曲流河三角洲、湖底扇、湖相等（冯增昭，1994；薛叔浩等，1997；回雪峰等，2003；冯有良，2005；孙洪斌等，2008；杨红，2009；王珏，2017），在局部地区发育滨浅湖云坪、灰坪、灰泥坪和鲕粒滩等碳酸盐岩沉积。各凹陷在不同的构造演化阶段，受控于边界性质、古地貌特征等因素，具有不同的沉积相类型和分布。

一、冲积扇相

冲积扇是由山间河流所携带的粗粒碎屑物质，在坡度变缓处的山前地带堆积而成，具有季节性、突变性和多发性的特征。辽河坳陷古近纪各期均有冲积扇相发育，位于凹陷边缘，由于后期抬升剥蚀，保存不完整，多具有上凹下凸形态。

1. 岩性特征

冲积扇具有特殊的岩性组合，以东部凹陷北部地区沙三段上部为例，沉积剖面的岩性以碎屑粒径大为重要标志，岩性以砾岩、砂砾岩为主体，夹有红色、杂色泥岩和薄碳质岩层。单层厚度较大，粗碎屑比例高，砾：砂：泥大约为4：3：3。

在岩石学性质上，以成熟度极低为显著特征。砂岩类型主要为岩屑长石砂岩、长石岩屑砂岩和杂砂岩。在碎屑颗粒成分上，依地区不同差异很大，在东部凹陷北段邻近凸起物源区，岩屑含量高达28%～45%，长石含量为25%～30%，石英为32%～35%；在东部凹陷西部斜坡中段和南部董家岗地区，长石含量较高，可达27%～45%，岩屑含量为5%～32%，石英仅为27%～38%。泥质夹层薄而不稳定，多为红色、杂色含砂泥岩。分选差，颗粒大小不等，结构混杂，颗粒以基质支撑较多见，颗粒形状基本为具棱角的条状及椭圆状，磨圆度很低。

2. 沉积构造特征

辽河坳陷的冲积扇砂体规模较小，叠合厚度数百米，其形态多为楔状，前端过渡为扇三角洲或冲积平原（图 1–5–1），沉积层序在下部多为反韵律，上部则过渡到扇三角洲分流河道或辫状河流的正韵律，沉积物为洪流与泥石流交替。

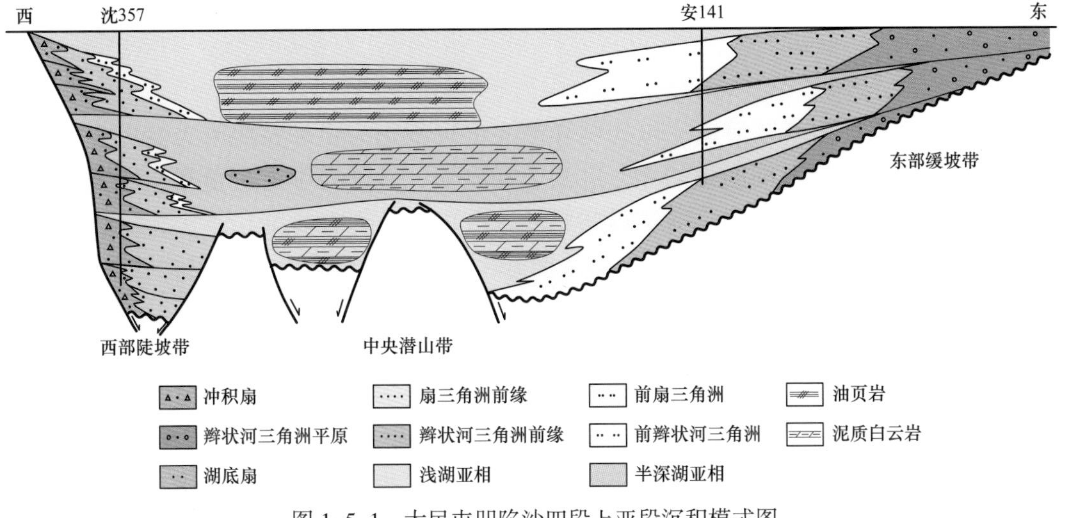

图 1–5–1　大民屯凹陷沙四段上亚段沉积模式图

在洪流沉积中，洪积层理明显，由若干组砾石向砂级变化的粒序组合，组合底部为冲刷面，向上可见槽状、楔状交错层理，层理细层不清晰，多是由颗粒的定向排列和粒级的变化显示。泥石流沉积呈杂乱的、层理不发育的块状体。由于冲积扇的粒级普遍较粗，缺少细粒级的床砂形态，因此冲积扇的沉积构造较简单，构造组合关系亦单调。

冲积扇砂体的粒度特征在概率累积曲线上表现为宽区间低斜度的多段式，与典型的现代冲积扇粒度分布特征十分相似。由于冲积扇沉积环境不适于生物的繁衍和保存，故在冲积扇中少见生物化石。

二、冲积平原相

辽河坳陷演化过程中，旋回水退时期的古地貌低洼处、相对平坦的地域多发育冲积平原相。大民屯凹陷和东部凹陷在古近纪各期沉积旋回中，冲积平原相均较发育，西部凹陷在东营组发育该类沉积。

冲积平原为河流冲积作用形成。在沉积剖面中，砂岩与泥岩呈频繁交替出现，砂岩单层厚度一般为 2～10m，很少大于 20m；泛滥盆地中发育暗色泥岩，厚度变化较大，单层厚度从数米到数十米甚至上百米。

1. 泥岩类沉积物

该类沉积物在冲积平原沉积中所占比例较大，多形成于河道间的广阔地域。

在排水不畅环境下，例如东部凹陷沙三段沉积后期，以及全坳陷东营组沉积时期，为广泛的沼泽环境。在沉积剖面中，为杂色的泥质岩类夹碳质泥岩、煤层（厚薄不一，厚者达 2m，薄者仅数厘米）、薄层粉砂岩等组合，局部甚至可见直立的植物根系。泥岩不纯，常混有粉砂，甚至粗砂和砾石。

在排水畅通的高地环境中，如大民屯凹陷沙三段中后期及东部凹陷沙一段沉积时期的凹陷边缘，暴露而氧化条件明显，泥岩颜色较杂，其中红色地层发育，大民屯凹陷静安堡地区红层厚达 150～300m，形成大面积的红色泥岩沉积区。此外，泥岩中有大量钙质和铁锰质结核，植物碎屑和植物根系减少，植物向河道方向集中，植物根系多在粉砂质泥岩中。

2. *砂岩类沉积物*

冲积平原相砂岩，以河道（包括侧缘漫滩）沉积物为主，其次为天然堤、决口扇等。河道沉积为下粗上细的正韵律，底部为冲刷面，砂砾岩中见少量泥质滞留物，向上由砾过渡到粉砂甚至泥岩。河道砂的颗粒成分中，长石含量变化不大，多数地区在 25%～35% 区间，而石英和岩屑含量因地而异，以中—细砂岩最为常见，粉砂岩次之，具有长距离搬运的特点。

在沉积构造上，由底部冲刷面向上，分别为小型槽状交错层理、楔状交错层理、板状交错层理及纹层为主。见因河流摆动、迁移改道所造成的废弃河道充填沉积，大型高流态的层理类型较少见。河道两侧一般为细粒具波状纹层的河漫滩及天然堤沉积，在泛滥盆地边部形成决口扇。与冲积扇相砂岩相比，冲积平原河道砂体具有较高的成熟度。

三、河流相

河流沉积相在辽河坳陷古近系分布较为普遍，各个时期均有不同程度地发育，尤以早期的裂陷阶段和晚期的萎缩回返阶段分布范围最广泛。河流相的沉积剖面呈砂、泥交替叠合的特征，不同的河道类型或河流的不同部位砂泥比例不尽相同，甚至差异很大，但均具有河流相沉积物所固有的砂泥交替的二元结构。按照河道形态，并结合粒级粗细、砂岩厚度大小、沉积构造和沉积序列等相标志，又可分为辫状河、曲流河两种类型。辫状河主要发育在河流体系的上游地区，其形成时的坡降较大，河道不固定，经常分叉、汇合，其间以心滩（河道沙坝）分隔；因河水流量变化较大，河床宽而浅，河岸易受侵蚀，河漫滩不发育，沉积物以粗粒为主。曲流河常发育于凹陷长轴方向，河流体系的中、下游地区，形成时的坡降较小，河道较稳定，并呈弯曲状。常因侧向侵蚀，在其凸岸堆积而形成边滩沉积（点沙坝），其沉积物以细、粉砂岩为主，河漫滩发育。

辫状河与曲流河的河道有许多共性，比如岩性剖面均为下粗上细的正旋回特征，沉积相序也以正韵律层为主，沉积构造均为牵引流成因，底部冲刷构造常见等。并且，在一定的地质条件下，这两种类型的河流可以相互转化，形成一个由辫状河与曲流河沉积交织而成的复合体。另外，它们也有许多差别，主要表现在砂岩单层厚度、粒级粗细、砂地比及宽深比、沉积相序的完整性、沉积构造的发育程度及其类型等诸多方面，构成了区分辫状河与曲流河的基础。

1. *辫状河*

辫状河岩性以砂砾岩为主，具槽状交错层理等明显的沉积构造，并具牵引流特征。可划分为河道、河漫滩两个亚相；其中河道又可划分为心滩、辫状水道两个微相。东营组沉积时期，辫状河在靠近物源区广泛发育。

心滩的岩性主要为灰色、浅灰色砂砾岩、中粗砂岩和细砂岩，常与灰色、灰绿色泥岩组成正旋回剖面。砂地比值较高，一般为50%～70%。单砂层厚度较大，一般为5～10m，最厚达15m以上。自然电位曲线多呈箱状中高幅负异常，其次为钟形负异常，电阻率曲线为齿化箱形和锯齿状（图1-5-2）。当辫状河道砂体厚度较大时，在地震剖面上可见较清晰的河道充填地震相。

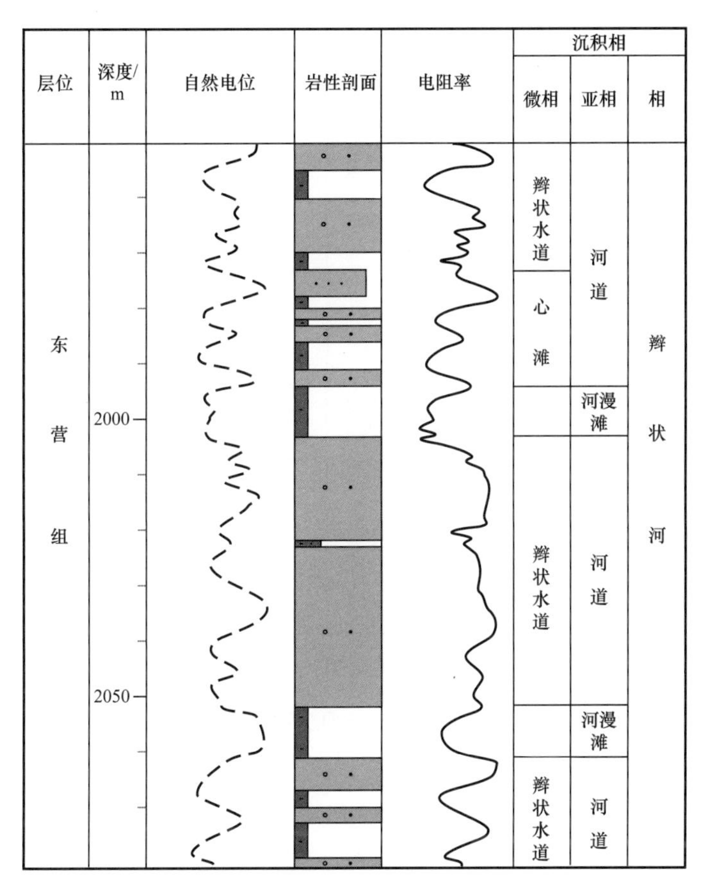

图1-5-2　辫状河沉积序列（冷35井）

2. 曲流河

曲流河以砂岩和泥岩沉积为主，具有典型的二元结构特征。在西部凹陷东营组沉积时期、大民屯凹陷沙三段沉积时期，曲流河沉积广泛发育。曲流河相可划分为河床、堤岸和河漫3个亚相。河床亚相又可分为边滩和河床滞留沉积两个微相；堤岸亚相可分为天然堤和决口扇两个微相；河漫亚相可分为河漫滩、河漫湖泊和沼泽3个微相。

曲流河河道的岩性主要为粗砂岩、细砂岩与灰色、浅灰色和灰绿色泥岩组成正旋回剖面。垂向上表现出明显的粒序正递变特征，下部以细砂岩或粉细砂岩为主；向上变为粉砂岩及泥质粉砂岩。电阻率曲线主要有钟形、齿化钟形、小型箱形、指形等类型，曲线幅度中等（图1-5-3）。在曲流河的河床亚相沉积中，常发育低角度的交错层理、小型槽状交错层理和平行层理等，砂体底部常见冲刷充填构造。与辫状河道相似，当河道砂体厚度较大时，在地震剖面上可见较清晰的河道充填地震相，内部反射结构为强反射特征。

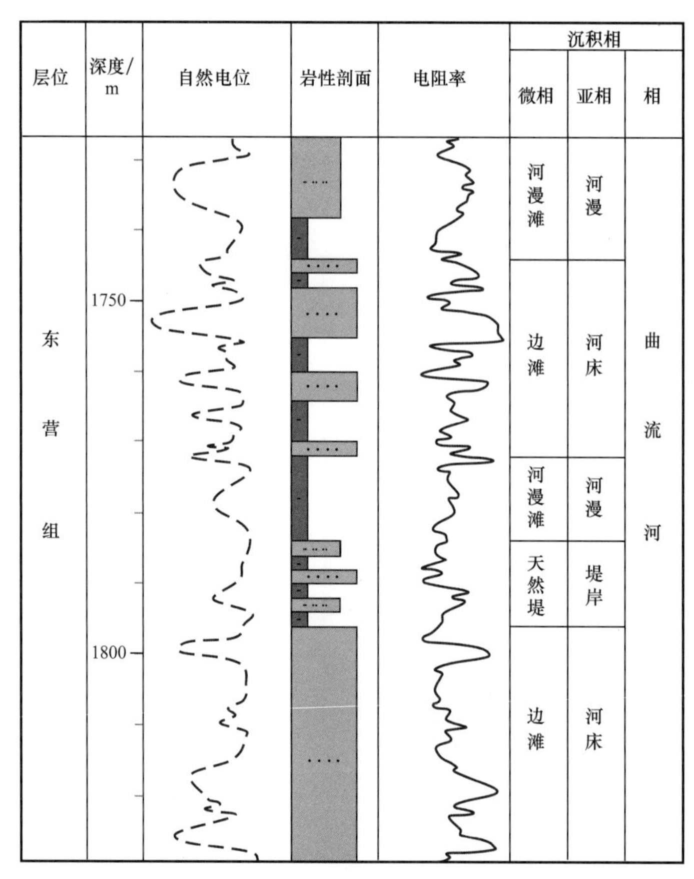

图 1–5–3　曲流河沉积序列（清 5 井）

曲流河河道砂岩的粒度中值一般为 0.1～0.25mm，分选中等，多呈次棱角状。粒度概率图上类型多样，以两段为主，跳跃总体占 65%～85%，斜率较陡，跳跃总体与悬浮总体的截点 ϕ 值在 2.2～3.5 之间（图 1–5–4）；C—M 图上有较为发育的递变悬浮（QR）段及均匀悬浮（RS）段，PQ 相对不发育（图 1–5–5）。

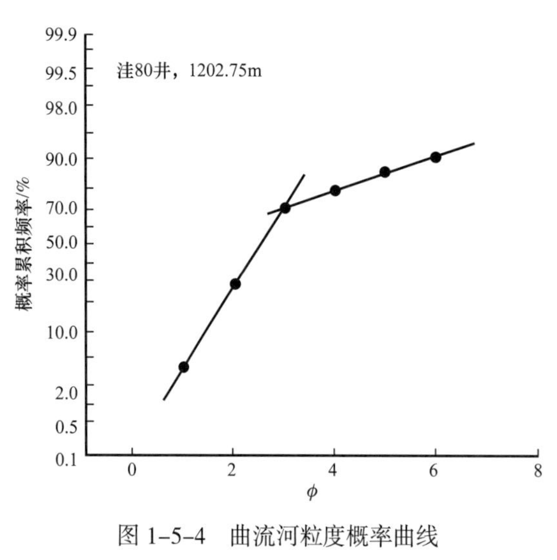

图 1–5–4　曲流河粒度概率曲线

四、辫状河三角洲相

辫状河三角洲是辫状河进积到湖盆中形成的富含砂、砾质碎屑的三角洲，发育于湖盆短轴方向或长轴方向斜坡较陡部位。辽河坳陷西部凹陷沙四段（图 1–5–6）、沙一段—沙二段、东营组（图 1–5–7），大民屯凹陷沙三段，东部凹陷沙三段、东营组均有发育（樊爱萍等，2009）。

1. 岩性特征

辫状河三角洲沉积为灰色、灰白色、灰黄色砂砾岩、含砾砂岩、中细砂岩、粉砂岩与灰色、褐灰色、绿灰色泥岩呈不等厚互层（图 1–5–8），局部夹灰黑色碳质泥岩及薄煤层。砂岩成分成熟度和结构成熟度中—较低，以长石砂岩为主，长石含量一般为 30%～42%，石英含量一般为 33%～51%，岩屑含量 10%～20%，分选中等—较差，颗粒为次棱角—次圆状。

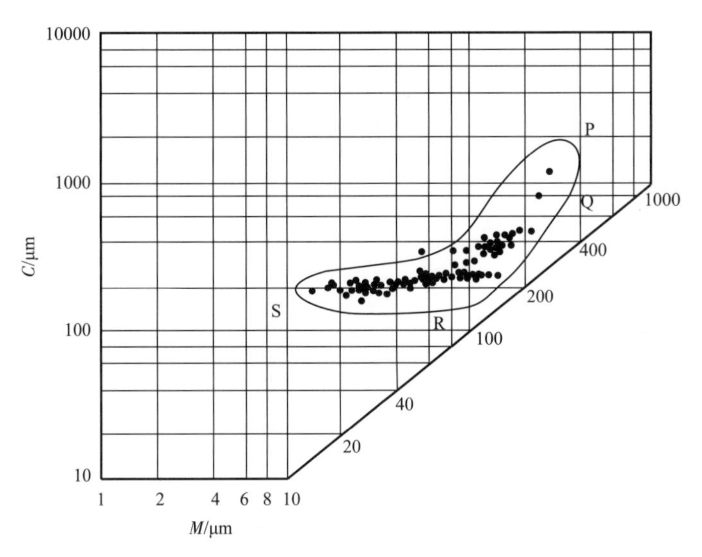

图 1-5-5　曲流河 C—M 图（洼 16 井）

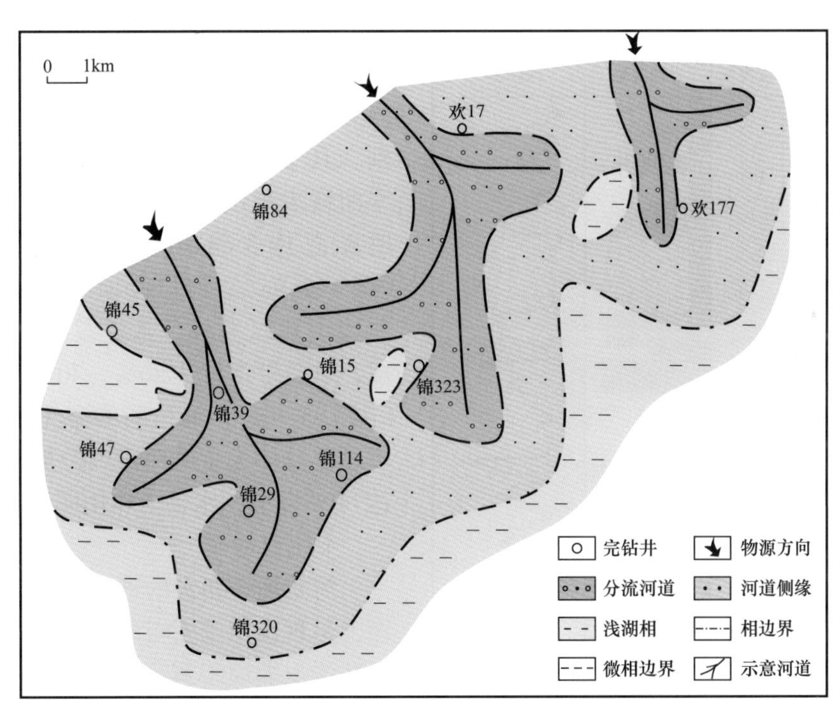

图 1-5-6　西部凹陷西八千沙四段辫状河三角洲微相图

2. 沉积构造特征

辫状河三角洲水动力条件较复杂，发育较强水流作用下的冲刷充填构造，可见反映沉积物快速堆积的块状层理、斜层理、槽状交错层理、楔状交错层理及弱水流作用形成的小型波状、脉状及沙纹交错层理。冲刷充填构造是由水流侵蚀下伏的细粒岩层，并在其上沉积砾级沉积物形成，冲刷面起伏不平，砾石成分以石英、长石和中酸性喷出岩屑为主，粒径为 2～3.5mm；不清晰的斜层理、槽状交错层理、楔状交错层理出现在含砾砂岩和细砂岩中，反映较快速堆积作用；波状层理、沙纹层理出现在粉砂岩、泥质粉砂岩中，含植物碎屑，反映较弱的牵引作用。

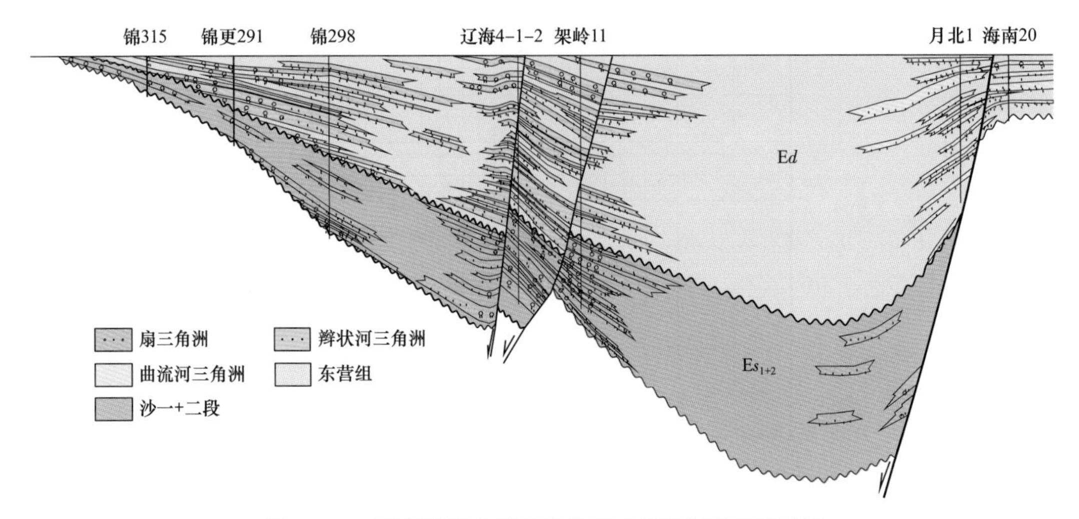

图 1-5-7　西部凹陷东营组辫状河三角洲典型沉积剖面

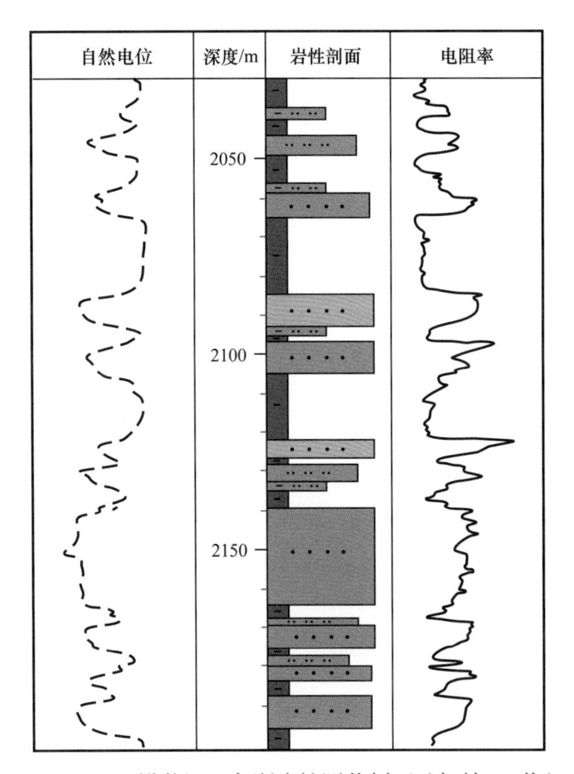

图 1-5-8　辫状河三角洲岩性测井剖面（架岭 11 井）

3. 粒度分布特征

辫状河三角洲粒度分布显示出以牵引流为主的特征，不同微相亦存在明显的差别。具交错层理，分流河道砂岩粒度概率曲线表现出以跳跃总体为主的两段式，跳跃总体含量 70%～80%，分选中等（图 1-5-9a）；河口沙坝砂岩的粒度概率曲线由跳跃总体、悬浮总体及过渡带组成，过渡带含量达 20%～30%，分选中等（图 1-5-9b）；河道间的溢流沉积呈现出以悬浮总体为主的两段式，悬浮总体含量达 60%以上，水动力作用明显减弱。

4. 电性特征

辫状河三角洲的进积作用，在垂向层序上呈现出由细变粗的反旋回，在自然电位曲线上响应于漏斗形—箱形—钟形的进积式曲线组合。前三角洲响应于偶有起伏的泥岩基线，辫状河三角洲前缘河口坝—远沙坝响应于漏斗形曲线组合，分流河道为箱形—钟形组合。

退积式的辫状河三角洲垂向上呈现出由粗变细的正旋回，规模小于进积式辫状河三角洲，自然电位曲线响应于箱形（钟形）—指形—齿形的曲线组合。上部的辫状河三角洲前缘远端沉积响应于指形—齿形曲线组合，下部的辫状河三角洲分流河道响应于箱形或钟形的曲线组合。

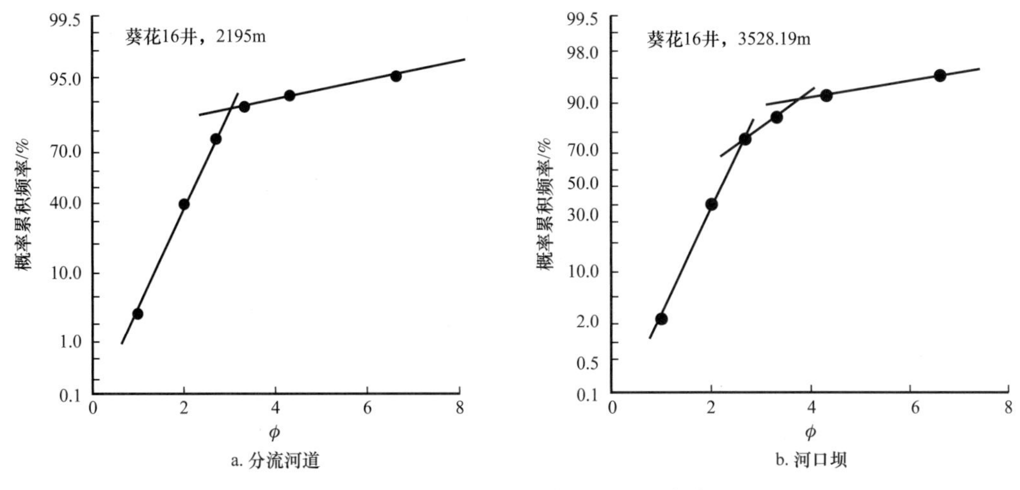

图 1-5-9　辫状河三角洲常见粒度概率曲线

5. 微相及沉积序列特征

辫状河三角洲可划分出辫状河三角洲平原、三角洲前缘和前三角洲三个亚相单元。辫状河三角洲平原由辫状河道和河道间两种微相组成；辫状河三角洲前缘包括分流河道、河口沙坝和远沙坝三种微相。

辫状河道沉积颜色杂，粒度粗，分选差，不稳定矿物含量高，发育冲刷充填构造。自下而上的沉积序列为具冲刷底面的砂砾岩和含砾砂岩，具槽状和板状交错层理的含砾不等粒砂岩，长石中细砂岩，具波状交错层理的粉砂岩。

河道间沉积主要由棕褐色、灰绿色块状泥岩、粉砂质泥岩、灰黑色碳质泥岩及薄煤层构成。煤层的存在是区分扇三角洲与辫状河三角洲的重要标志。

辫状河三角洲前缘水下分流河道与辫状河三角洲平原亚相的辫状河道相似，是辫状河道向水下的自然延伸。由于水动力条件变弱，粒度变细，厚度减薄，层理规模变小。

河口沙坝沉积微相由含砾的中细砂岩组成，并与下伏的灰色泥岩突变接触。河口沙坝底部为具平行层理或低角度交错层理的细砂岩，向上为楔状和槽状交错层理细砂岩至粗砂岩，交错纹层平直或略显下凹状，砂岩单层厚 1～3m，垂向上构成向上粒度变粗、沉积构造规模加大的反韵律。

远沙坝为较弱水动力条件下沉积，岩性为浅灰色粉砂岩，以发育波状层理、沙纹交错层理为特征，顺层富集炭屑，生物扰动构造较为发育，垂向上构成向上粒度变粗、砂层厚度加大的反韵律，序列一般厚数十厘米至 1m。

辫状河三角洲朵叶体的频繁迁移和摆动使其平面上呈大型复合扇形体，向湖区推进距离较远；剖面上呈大型前积体，多期辫状河三角洲旋回垂向叠置发育，可形成巨厚岩系。

五、曲流河三角洲相

曲流河入湖后形成较细粒三角洲。不同于海盆水体中形成的三角洲，湖盆水体中发育的三角洲大多具有河口坝砂体不发育的特点，而以分流河道构成主要砂体骨架。

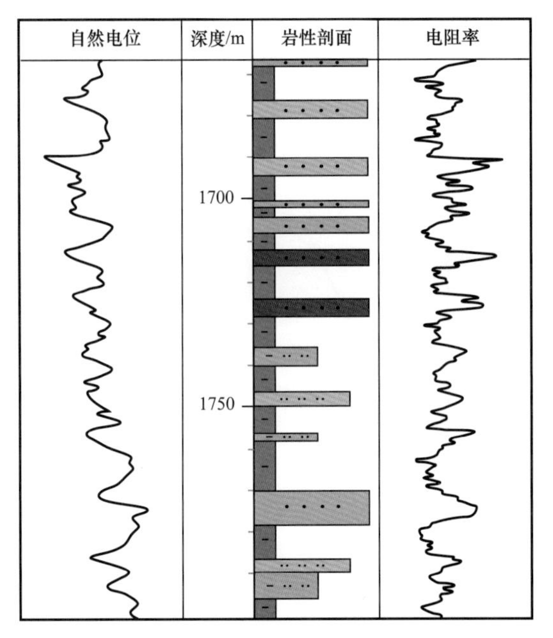

图 1-5-10 曲流河三角洲岩性测井剖面（海 25 井）

三角洲可划分为三角洲平原、三角洲前缘和前三角洲亚相。其中三角洲平原可分为分流河道、天然堤、决口扇和河漫沼泽 4 个微相；三角洲前缘亚相可分为水下分流河道、河道间、水下天然堤、河口坝和席状砂微相。

西部凹陷东营组沉积时期，湖盆向东南部萎缩，全区广泛发育长轴方向河流相，在东南部入湖形成曲流河三角洲。碎屑物源区离湖盆的沉积中心较远，物源充足，坡降小，碎屑物质经长距离搬运，充分分异，故沉积物粒度较细，以浅灰色含砾砂岩、细砂岩和粉砂岩与绿灰色、灰色泥岩互层为特征。广泛发育牵引流沉积构造，细砂岩中发育斜层理、楔状交错层理、板状交错层理和块状层理等。粉砂岩中发育似浪成交错层理、小型沙纹层理和透镜状层理。此外还见有砂泥互层层理及平行层理。由于三角洲的进积作用，垂向上形成向上变粗变厚的层序，电阻率曲线呈现出明显的进积式组合。下部的前三角洲表现为微有起伏的平直泥岩基线，中部曲流河三角洲前缘呈漏斗形—钟形组合，上部的三角洲平原呈分散的钟形—箱形组合（图 1-5-10）。

粒度概率曲线同样反映出以牵引流为主的沉积特征。常见的概率曲线为：由跳跃总体和悬浮总体构成，跳跃总体由斜率不同的两段、三段构成（图 1-5-11）。

六、扇三角洲相

扇三角洲体系是从附近高地推进到稳定水体（海、湖）中的冲积扇。由山区河流携带的碎屑物，近源堆积在水陆交互带的水上及水下浅水地带，主要由陆上冲积扇和水下前缘带组成。前缘带前方的湖相泥岩（夹薄砂层）可视为前扇三角洲。辽河坳陷发育的各期扇三角洲，因构造活动强烈而频繁，水上部分的冲积扇大都受到不同程度的剥蚀，前扇三角洲与湖相沉积不易区分（盛和宜，1993；张金亮等，2004）。

1. 扇三角洲分布特征

扇三角洲分布与辽河坳陷演化关系密切。在时间上，它多发生于构造旋回的初期，例如西部凹陷第一旋回初期（沙四段沉积时期）及第二旋回初期（沙二段沉积时期）。空间上扇三角洲多位于断陷盆地（凹

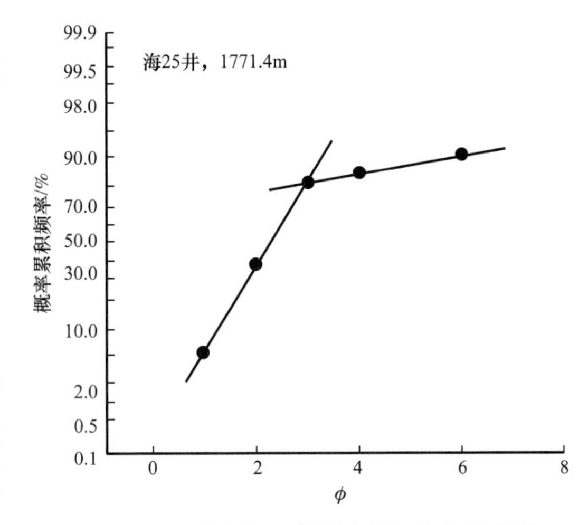

图 1-5-11 曲流河三角洲常见粒度概率曲线

陷）边缘，例如西部凹陷，扇三角洲在大断层一侧（东部陡坡带）和依托山地一侧（西部斜坡）发育（图 1–5–12）。

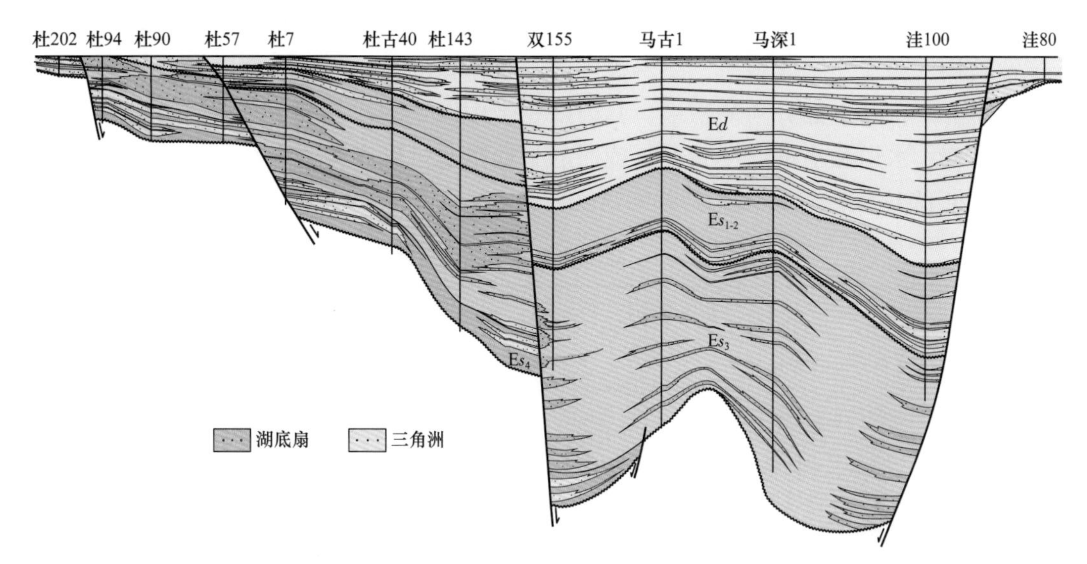

图 1–5–12　西部凹陷近东西向古近系典型沉积剖面

辽河坳陷在其演化、发育的不同阶段，三个凹陷均发育有扇三角洲，其中，西部凹陷的扇三角洲以前缘亚相和前扇三角洲亚相为主，前缘亚相发育水下分流河道、河道侧缘和前缘席状砂等微相（图 1–5–13）。化石生态习性属于不流动或流动微弱的淡水至微咸水浅湖属种，陆上环境生物化石属种单调，并以含陆生生物（例如植物遗迹、炭屑等）为特征。

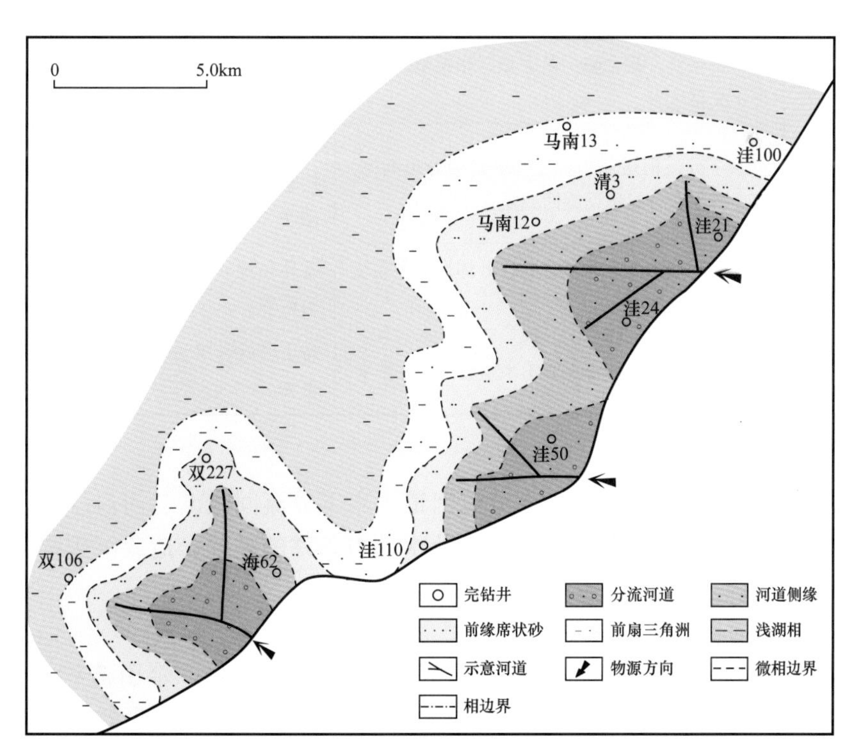

图 1–5–13　西部凹陷大洼地区沙一段扇三角洲微相展布图

辽河坳陷的扇三角洲多沿短轴方向发育，具有明显的近源、快速沉积的特点。砂岩成熟度偏低，颗粒成分复杂，结构混杂。在沉积剖面中以颗粒粗大的砂岩和砂砾岩为主，岩石类型属低成熟的硬砂质长石砂岩和杂砂岩，结构上多为分选差、颗粒不均匀的不等粒结构。颗粒磨圆度较低，呈不规则的、具棱角的片状、条状和球粒状。扇三角洲的相序组合中，陆上部分为冲积扇，其前缘相带中以正韵律的水下分流河道为主体，韵律层序多变，水退和水进层序并存，旋回的早期以水进层序为主，与常态三角洲区别明显，具体见表 1–5–1。

表 1–5–1　扇三角洲与常态三角洲特征

特征	扇三角洲	常态三角洲
大地构造位置	构造运动活跃地区	构造运动稳定地区
物源距沉积区	距离近、坡降大	距离较远、坡降较小
水力学行为	具有与山区辫状河流相似的水力学特征，呈不稳定的高流速定向水流，对底层床砂具有较强牵引能力，具高流态水力学行为	水流稳定，多为低流速定向性不明显的喷射流，对底层床砂的作用不明显，具低流态水力学行为
砂体岩石学性质	普遍显示低成熟度，组成岩石的颗粒成分复杂，颗粒结构混杂	岩石成熟度高，颗粒成分较简单，结构均匀
沉积物粒度	以粗颗粒为主，砂砾岩发育，粒度中值一般大于 1mm	以砂级和粉砂级为主，粒度中值小于 0.1mm
沉积构造组合	冲刷现象明显，具各类牵引层理，大型槽状交错层理发育，并夹有浊流、甚至碎屑流沉积物	冲刷现象少，牵引层理发育，大型交错层理较少，基本无浊流沉积物
相序关系	各相带被压缩在有限的空间内，相带窄，相邻相带呈突变，甚全缺少某亚相，相类型少，相序不完整	各亚相带发育齐全，相带较宽，相邻相带呈渐变关系，亚相类型多，相序完整
代表性亚相典型	以水下分流河道亚相为主，单砂层为正韵律，多个砂层叠合显示反旋回或复合旋回	以河口沙坝为主，单砂层为反韵律，多个砂层叠合为反旋回或复合旋回，呈明显的水退层序
砂体形态及控制因素	砂体呈不规则的扇状或带状，砂体形态主要受湖底形态控制	砂体呈扇状、指状或辐射状，形态主要受水流影响
砂体规模	一般较小，仅为数十平方千米至数百平方千米	较大，数百平方千米至数千平方千米，甚至更大

2. 扇三角洲前缘微相特征

扇三角洲前缘亚相中，发育水下分流河道、水下分流间浅滩、河口沙坝、席状砂等微相类型。由于各微相所处沉积环境不同及水动力条件的差异，造成沉积物的层理构造及组合特征不同。

1）水下分流河道微相

由较强水流冲积而成，沉积剖面以粗或较粗的碎屑为主，牵引流构造十分发育，层理构造与辫状河很相似，局部夹有浊流甚至碎屑流沉积物，岩性多为粗砂岩、含砾砂岩甚至砾岩。砂泥岩分异较好，砂岩成组集中发育，砂岩单层厚度较大，一般为

7～20m。冲刷面和冲刷充填构造较发育，粗颗粒的砂砾岩底部常见冲刷面，并具滞留沉积物，向上分别为槽状和板状交错层理、斜层理和叠合层理（爬升和水平均有），此外还发育有薄层的平行层理和少量粒序层理，顶部为纹层状泥岩，单砂层多为正韵律层序。

在粒度分析中，概率累积曲线形态为牵引流水动力搬运的特点。分流河道具交错层理砂岩的概率曲线，表现为以跳跃总体为主的两段式，缺少牵引总体，跳跃总体含量达80%，分选较差，细截点 ϕ 值为 2～3，反映了较强的水动力条件（图 1-5-14a）。C—M 图同样显示牵引流特征，多数点对应于 Q—R 段内，即递变悬浮搬运，少量点对应于 R—S 正常悬浮段内（图 1-5-15）。

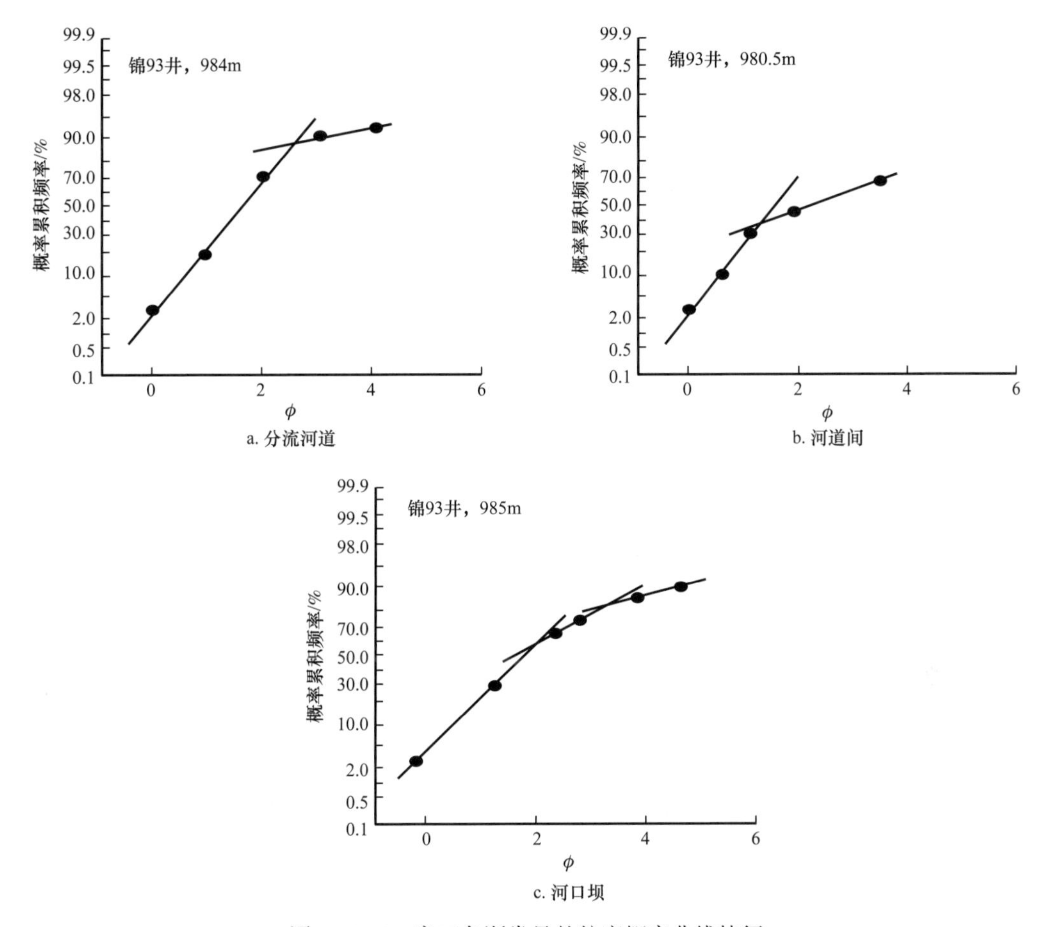

图 1-5-14　扇三角洲常见的粒度概率曲线特征

在电性曲线上，水下分流河道自然电位曲线呈突变式箱形，与泥岩具有明显的分异性，视电阻率曲线为高阻的特征。

2）水下分流河道间浅滩微相

浅滩微相的发育受古地貌控制，发育于水下分流河道两侧高地（古隆起），根据岩性可分为鲕滩和砂泥滩。鲕滩分布局限，主要在西部凹陷缓坡的古隆起上（沙二段沉积时期），是局部特定条件下的沉积物。浅滩相带常见的是砂泥滩，岩性剖面呈砂、泥岩薄互层状，不同部位上，或泥岩偏多或砂岩偏多。在泥质岩类中，受季节变化影响的水平纹层，如钙质页岩十分发育，泥岩层面上具小波痕，以及保存完整的鱼化石等，反映了浅滩的宁静环境。砂质岩颗粒较细，以粉砂岩为主，细砂岩次之。沉积构造简单，主要见脉状或透镜状层理，也有波状纹层和小型板状交错层理。粒度分析概率累积曲线表现为以悬浮总体为主的两段式，分选差（图 1-5-14b）。

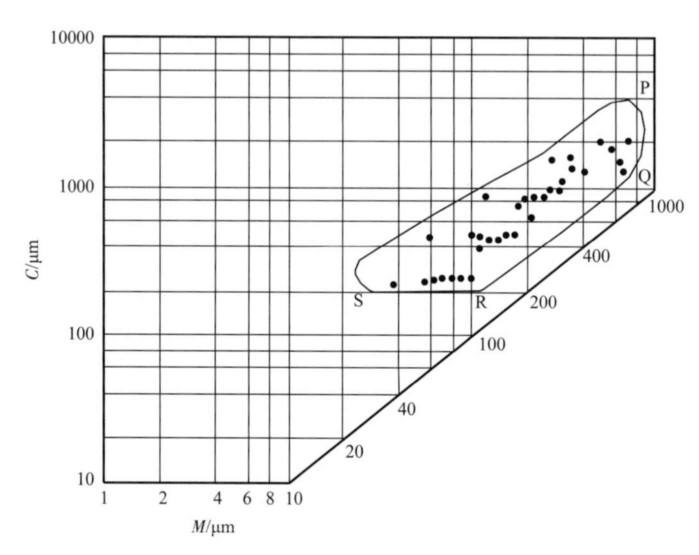

图 1-5-15　扇三角洲前缘水下分流河道 C—M 图（锦 129 井）

3）河口沙坝和席状砂微相

河口沙坝微相位于水下分流河道向湖盆中心延伸方向上，是水下分流河道单向水流减弱，呈喷射流状态下的沉积物。沉积剖面为砂、泥岩不等厚互层，砂岩略多，呈中—薄层状。在岩石学性质上，成分成熟度未见明显提高，结构成熟度变好，砂岩颗粒较均匀。

沉积物层理构造主要发育小型板状交错层理、斜层理及波状纹层。粒序组合上以反韵律为主，同时可见由反韵律过渡到正韵律的复合韵律，水下滑动面和同生断层作用形成的变形层理较多见，生物扰动遗迹也很发育。

粒度结构分布特征在概率累积曲线上，由于冲刷回流作用，跳跃总体变为两段式，细截点 ϕ 值为 3～3.5（图 1-5-14c）。河口沙坝的电性特征较为明显，显示出反韵律的粒序结构。自然电位曲线在砂层上部呈负高值，视电阻率（微电极）曲线砂层上部呈现为高阻的特点。

席状砂微相主要分布于前缘，岩性为薄层粉—细砂岩，层理构造为水平纹层或波状纹层。粒序结构多为复合韵律。

总之，扇三角洲前缘亚相中，水下分流河道沉积物占有突出地位，其他各微相的发育状况取决于水下河道的发育规模，事件性沉积物较常态三角洲多见，例如浊流或碎屑流沉积物等。

七、湖底扇相

湖底扇体系是指湖泊中沉积物重力流作用形成的浊积岩集合体。辽河坳陷古近纪以西部凹陷沙三段沉积时期的湖底扇体系最为典型（金万连等，1981；鞠俊成等，2004；

耳闯等，2011）。该时期强烈沉陷，形成了持续时间较长的深水湖盆环境，为湖底扇体系的沉积提供了必要条件。岩性为杂基支撑中粗砂岩或含砾砂岩、细砾岩。顶底与上覆、下伏较深水湖相泥岩突变接触，单层厚度可达数十米（图 1–5–16）。

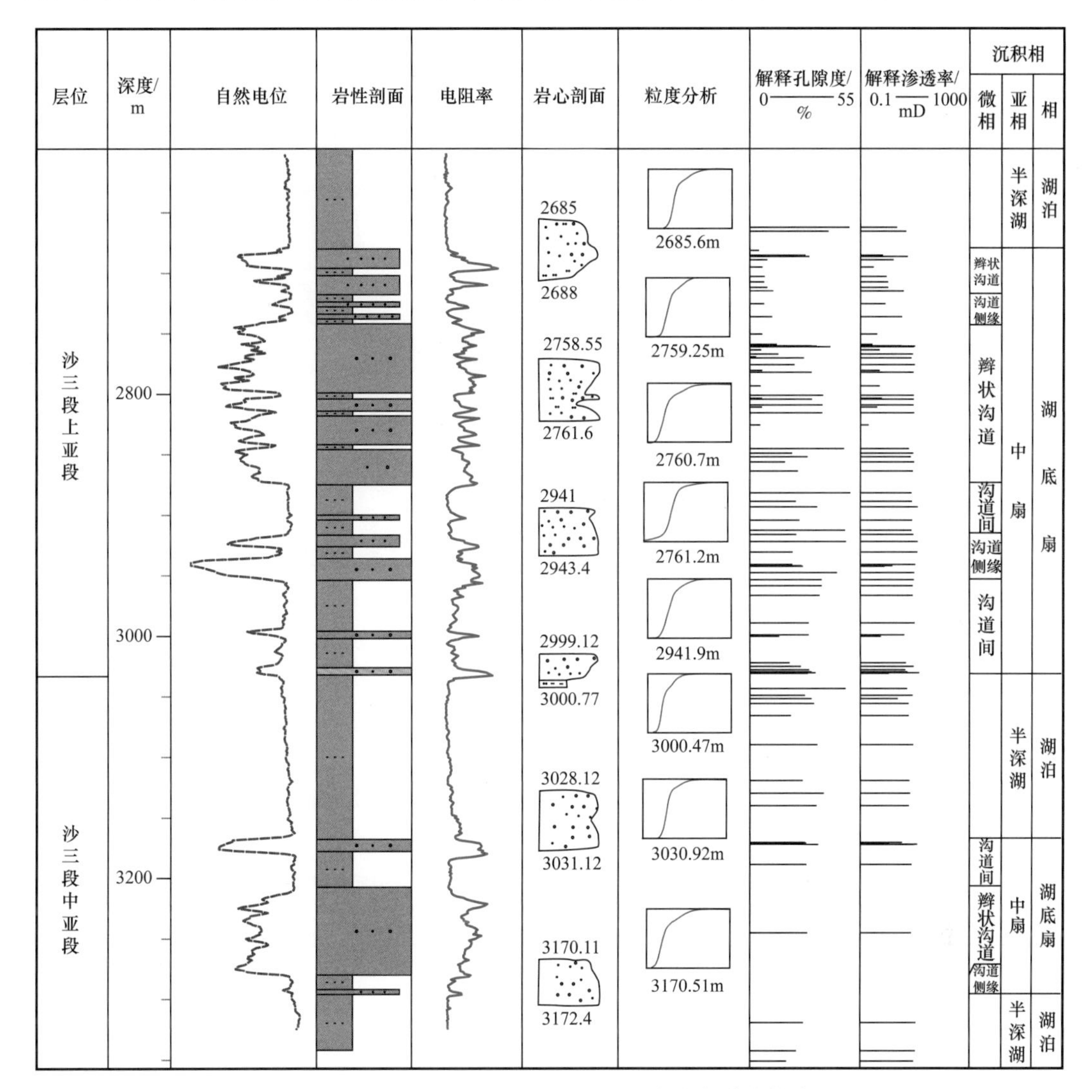

图 1–5–16　西部凹陷双 216 井沙三段湖底扇单井综合图

典型重力流沉积特征的层理有递变层理、叠覆递变层理、包卷层理、滑塌变形层理，中粗碎屑岩常见撕裂屑、直立砾、漂砾、泄水构造、揉皱变形、火焰状构造类型。

从成因机制上，湖底扇主要分为滑塌堆积、碎屑流沉积和浊流沉积 3 种沉积类型（图 1–5–17），相带上可分为内扇、中扇和外扇 3 个亚相带（表 1–5–2）。内扇主要由滑塌堆积和碎屑流沉积组成，中扇主要由碎屑流和浊流沉积组成，外扇主要由浊流沉积组成（张振国等，2013）。

古生物组合反映了深水湖盆的古地理环境，目前发现的介形类化石主要为地方性深水生态习性的属种，以华北介和纺锤玻璃介组合为代表，此外还有渤海藻、粒皱锥藻组合，其中纺锤玻璃介反映深水环境，与贝加尔深水湖泊内发育的玻璃介同属一个类。

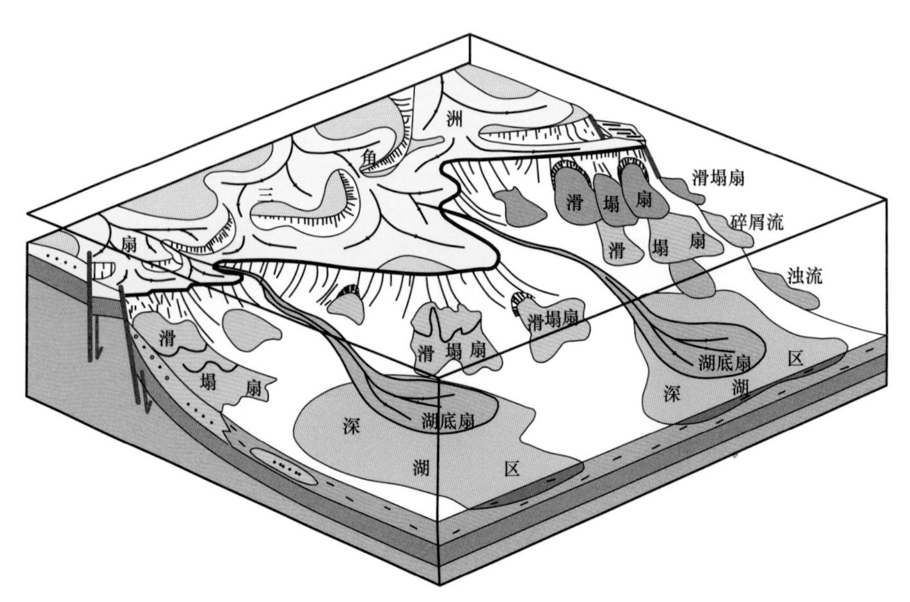

图 1-5-17　西部凹陷沙三段湖底扇沉积模式图

表 1-5-2　湖底扇微相划分表

沉积相	亚相	微相	岩石相
湖底扇	内扇	主沟道、漫溢（碎屑流、浊流）	滑塌泥砾岩、块状泥质砾岩、块状泥砂质砾岩
	中扇	辫状沟道、辫状沟道间、沟道前缘及侧缘（碎屑流、浊流）	深灰色杂基支撑块状砾岩、粒序递变层理砂砾岩、砾状砂岩、块状粒序层理中—细砂岩、波纹层理细粉砂岩、滑塌变形、揉皱构造、撕裂屑
	外扇	面式浊流	波状泥质粉砂岩、深灰色—暗色韵律泥岩夹薄层砂岩

1. 内扇亚相

湖底扇内扇分布不广，主要为灰绿色、灰色中层状砾岩，常与砂岩、泥岩等构成向上变细的韵律，即砾岩—砂岩、砾岩—泥岩或砾岩—砂岩—泥岩的韵律层，发育块状层理与正粒序层理等。

2. 中扇亚相

位于内扇与外扇之间，常呈叠覆舌状体，是湖底扇的主要沉积单元。岩性为灰色、杂色中—厚层状砾状砂岩、含砾砂岩及细—粗粒长石质杂砂岩。发育块状构造、冲刷—充填构造、正粒序层理，完整或不完整的鲍马序列、重荷及变形构造、沙纹层理等。一般与半深湖亚相的泥质岩呈不等厚互层。

1）中扇辫状沟道微相

辫状沟道微相沉积物主要为砂岩和砾岩。砂砾岩中常见泥砾、泥质条带（多呈撕裂状或发生塑性变形），杂基支撑砂砾岩相和颗粒支撑砾岩相则较少发育，在重力流沉积的底部（冲刷面之上）偶见。辫状水道连续沉积的砂砾岩厚度一般较大，间歇期泥岩薄，多被再一次重力流所冲刷、侵蚀。沉积层序以正韵律为主。粒序递变层理普遍发育，具突变和冲刷充填构造。单沟道沉积测井相表现为中—高幅箱形或齿化箱形到钟形曲线组合，齿中线内收敛或下倾、平行变到水平、平行，具突变及加速渐变的顶、底。电阻率曲线为密集的锯齿状中高值。

（1）大套砾、砂、泥混杂堆积，厚度大，以粗粒沉积为主，分选、磨圆较差，砂砾岩和砾岩以杂基支撑为主，少量颗粒支撑；

（2）有或无冲刷面，递变粒序层理、块状层理；

（3）以碎屑流为主，见浊流和少量牵引流特征，碎屑流泥质含量高，发育大量滑塌变形构造；

（4）电性特征一般为钟—箱形，电阻率幅度差明显；

（5）一般出现在大套沉积物底部。

2）中扇辫状沟道侧缘（间）微相

层厚几十厘米。沉积层序为深水泥岩夹中—薄层砂岩、粉砂岩，具波状和水平层理。测井相为中低幅对称齿形或强齿化钟形到指形曲线组合，向上幅度减小，齿中线水平，且相互平行。

辫状沟道侧缘（间）微相的主要特征：

（1）砾、砂、泥混杂堆积，叠加厚度小于辫状沟道厚度，以细粒沉积为主，夹厚度不等泥岩，沟道侧缘厚度及粒度略大于沟道间；

（2）主要发育粒序层理、平行层理和波状层理；

（3）浊流—碎屑流沉积，发育少量的泥砾和泥岩撕裂屑和滑塌变形构造；

（4）电性特征主要为锯齿形；

（5）发育在大套沉积的上部或顶部，与沟道沉积伴随出现。

3）中扇辫状沟道前缘微相

位于辫状水道前缘，以粉砂岩或细砂岩组成薄层，厚度多在5m以下。沉积物分布宽阔而层薄，主要是高密度浊流沉积的场所，低密度浊流也常见。由于重力流流出水道后侵蚀能力减弱，砂岩中少见泥质砾石及泥质条带，泥岩及粉砂岩夹层增多，发育递变层理、水平层理及滑塌变形层理。测井相为中低幅齿化尖峰或尖峰形曲线。

中扇辫状沟道前缘微相主要特征：

（1）细砾、砂、泥混杂堆积，粒度较细，分选、磨圆较好；

（2）主要发育递变粒序层理、平行层理、波状层理；

（3）发育少量的泥砾和泥岩撕裂屑；

（4）电性特征为锯齿形或指形；

（5）发育在大套沉积物顶部或与泥岩互层。

3. 外扇亚相

外扇是经典浊流沉积的场所，不发育水道。沉积物为泥岩、粉砂岩和砂岩，三者呈薄互层，砂岩和粉砂岩中常见炭屑，具波状层理及变形层理。间歇期泥岩增多增厚，浊积岩砂体多呈中—薄层状夹于大段泥岩中。测井相为低幅分散的齿形曲线。

（1）细粒的粉细砂岩与泥岩互层，泥岩厚度较大；

（2）发育粒序层理、波状层理和平行层理；

（3）以经典浊流沉积为主，不完整的鲍马序列，少量的泥岩撕裂屑；
（4）电性特征为指形或锯齿形；
（5）发育在大套泥岩的顶部。

第二节 沉积相平面分布

辽河坳陷三个凹陷的沉积发育受构造运动控制。不同强度和不同作用时间的构造运动，造成各凹陷以及同一凹陷不同时期古地貌特征差异大，导致古近纪各层段沉积环境存在巨大的差异，沉积相的平面分布各具特色。

一、房身泡组沉积时期沉积环境特征

据古生物资料，房身泡组发现的植物孢粉化石属于温暖、潮湿的亚热带气候环境，降水量丰富。但该期坳陷处于萌发、孕育阶段，尚未形成大面积的蓄水湖盆，没有稳定的湖泊环境（全区未发现水生生物），碎屑沉积物少，仅在厚层块状玄武岩中见有薄层褐灰、暗紫色泥岩。

二、沙河街组沉积相平面分布

影响沙河街组沉积的构造运动在坳陷内发育强度和时间极不均衡，直接造成三个凹陷环境上的区别，因而导致沉积体系不同。

1. 沙四段上亚段

沙四段上亚段分布于西部凹陷和大民屯凹陷，东部凹陷缺失该套地层。西部凹陷沙四段上亚段包括牛心坨、高升、杜家台油层，其中牛心坨油层只在凹陷北部地区揭露，高升油层分布于中北部，杜家台油层全凹陷分布。大民屯凹陷沙四段上亚段，层位相当于高升、杜家台油层。该时期为辽河坳陷裂陷初期，沉积凹陷范围有限，未能形成开阔的深水湖盆，水体的进退均较迅速，以浅水环境为主，主要发育冲积扇—扇三角洲—辫状河三角洲沉积体系。受后期构造变动而遭受严重剥蚀，凹陷边部沉积相带保存不全，现今范围为残留的部分（图 1-5-18）。

1）大民屯凹陷

据地层对比和火山岩发育情况分析，大民屯凹陷的断裂活动较早，沉降幅度大，沙四段沉积时期辽河坳陷的沉降及沉积中心位于大民屯凹陷北部及西部凹陷牛心坨地区。

高升油层沉积初期可能存在较短时间的河流沉积环境，其后以湖泊环境为主。该期的古地貌形态呈西高东低、南高北低的特征，由水进形成的湖盆具有北深南浅的特点。从高升期到杜家台期，湖域面积不断扩大，暗色泥岩占优势，远超现今凹陷所占面积。

在大面积浅水湖泊环境的背景下，仅在凹陷南端有小面积的陆上沉积环境。凹陷内由断层活动造成的基岩单面山（例如东胜堡潜山等）长期出露。在水进不断扩大的过程中，沉积物充填超覆在不同时代和岩性的基底之上。

初期（相当于高升早期）的沉积物主要为红色砾岩组成的冲积扇—河流沉积体系，继之为杂色泥岩（北部区域）和粗碎屑砂砾岩组成的冲积扇—扇三角洲体系（王丹等，

2007；史彦尧等，2007）。凹陷大部分区域为水体所覆盖，呈浅水环境，大致以大民屯至东胜堡一线为界，以北地区水体稳定，普遍发育一套油页岩和薄层白云岩；以南区域水体动荡，油页岩不发育。

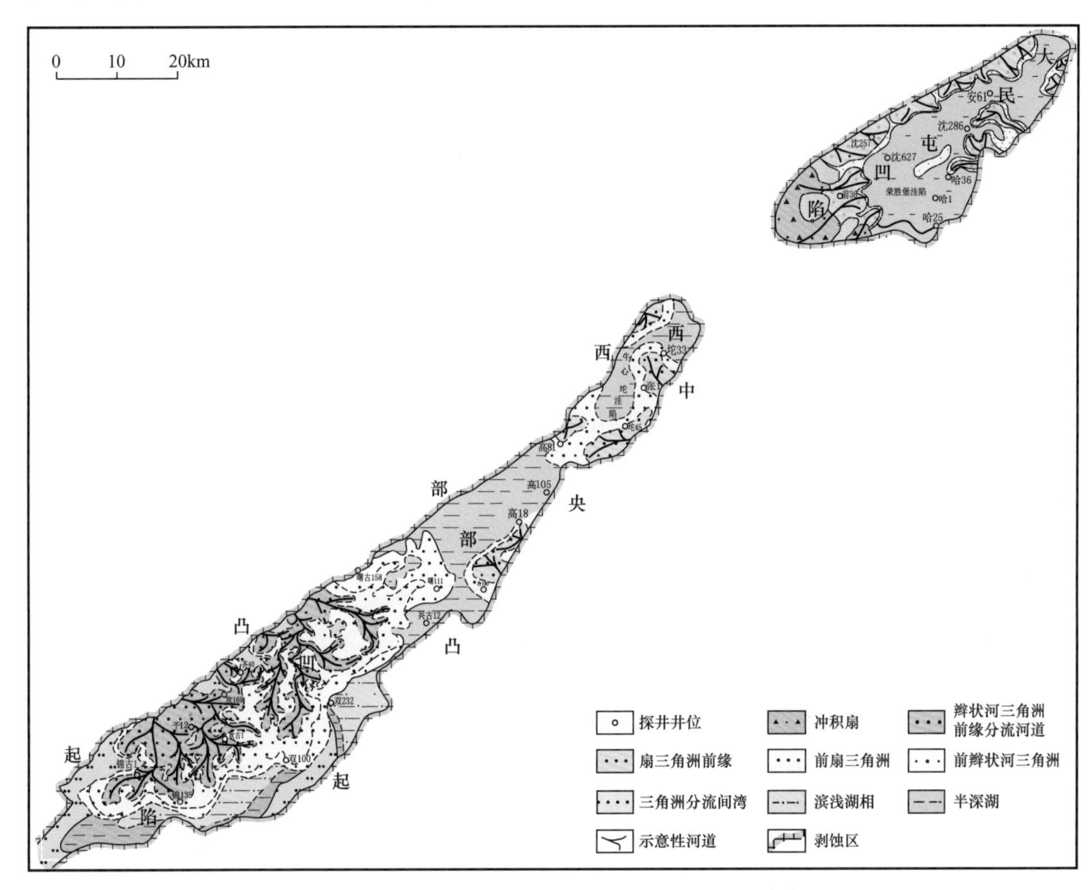

图 1-5-18　辽河坳陷沙四段上亚段沉积相平面分布图

油页岩沉积后水进速度加快，为最大水域范围时期。西侧是沙四段沉积时期大民屯凹陷的陆源碎屑主要供给区，由西侧山地向凹陷中心输送大量碎屑。湖盆边缘浅水地区沉积了以砾岩、砂砾岩为主夹暗色及杂色泥岩的扇三角洲沉积体，在凹陷西南端（前当堡外侧），堆积了以粗碎屑的砾岩、砂砾岩及红色、杂色泥岩为主的冲积扇沉积物。凹陷东北部仍为稳定的沉降区，沉积了以厚层、质纯、暗色泥岩为主的半深水湖相沉积物。该相带较宽阔，直至东部边界，湖泊边缘相现今保存不完整。

从高升油层沉积期至杜家台沉积期，大民屯凹陷主要发育两类沉积体系：冲积扇—扇三角洲体系和浅湖—半深湖体系，沉积过程具有快速堆积的特点。前当堡、东胜堡、静安堡等潜山，长期出露呈孤岛，周围沉积物逐层超覆，末期全部覆盖。

2）西部凹陷

沙四段沉积时期西部凹陷主体以滨浅湖环境为主。牛心坨油层沉积时期以冲积扇—扇三角洲粗碎屑沉积为主，高升油层沉积时期为砂泥岩互层沉积，局部发育碳酸盐岩，杜家台油层沉积时期则以砂泥岩为主。

受基底古地貌形态的控制，凹陷的沉积环境南北差异明显，大致以中部的曙光—兴隆台潜山一线为界，形成南北两种环境。

高升—杜家台油层沉积时期，西部凹陷和大民屯凹陷的构造活动性质具有相似之处：断裂活动为拉张性质，断裂走向均以北东向为主，凹陷均初具箕状形态，且在早期发育火山活动。凹陷均演化至以扩张为主的湖盆发展阶段，形成持续水进，最终发展成具有相当规模的以浅水—半深水湖盆为主的沉积环境，并发育有相似的沉积体系。

西部凹陷北部地区无明显水流注入，呈半封闭的湖湾区，发育了浅湖相沉积物（李毅等，2017）。封闭的环境造成了该期的水体具有高矿化度的特征，碳酸盐岩沉积物相对发育，主要为白云质灰岩、钙质页岩和粒屑（鲕粒）灰岩。此外还有泥岩、油页岩夹薄层粉砂岩，其中薄层状粒屑（鲕粒）灰岩在高升地区局部集中，成为优质储层。

南部地区为砂泥岩沉积区，碳酸盐岩沉积物不发育。陆源碎屑来自西部凸起，凹陷东侧无明显物源，因此沿西侧一带砂岩发育。来自西部凸起陆源碎屑，由山区河流携带进入凹陷，由北向南分别发育了曙光、齐家—欢喜岭—西八千三角洲。砂体形态受地貌控制，低处为河道，高地为浅滩，横向上呈带状连续分布，砂体的岩石学特征显示了近源沉积的特点。

2. 沙三段

沙三段沉积时期，辽河坳陷整体湖盆进一步扩张，断裂活动频繁，强烈的块断运动造成各凹陷基底大幅度沉降。沙三段由下至上，发育了莲花油层、大凌河油层和热河台油层。

该期控制三个凹陷发育的断裂活动差异大，各凹陷扩张程度不一，其中西部凹陷最为强烈，大民屯凹陷相对较弱。沉积环境存在明显差异：西部凹陷以湖底扇为代表（任作伟等，2001；张震等，2009），东部凹陷由于断裂分割明显，具有多沉积中心，沉积相类型为湖底扇、扇三角洲和冲积扇（于兴河等，1999；王青春等，2014），大民屯凹陷水退特征明显，发育曲流河三角洲沉积体系（图 1–5–19 至图 1–5–21）。

1）大民屯凹陷

沙三段沉积时期的大民屯凹陷，呈持续水退特征，早—中期表现为平稳、缓慢水退，晚期则为强烈、迅速水退，形成了具有水退特征的各种沉积要素和沉积体系。

（1）沙三段沉积早—中期。

沙三段沉积初期，凹陷东界断层的南段（法哈牛地区）较为活跃，北段相对平稳，改变了前期（沙四段沉积期）北低南高的地貌特征，南部沉降，北部相对抬升。凹陷的沉降中心明显南移，水体由北向南逐渐退缩。湖盆水域较沙四段沉积时期小，凹陷南北两端为陆上沉积环境，中央为湖盆环境。其中北端的陆上环境面积不断扩大，杂色地层、碳质层具有一定分布范围。在湖盆内部，湖底形态呈北高南低，局部发育水下隆起，水体较沙四段沉积时期浅，浅水生物拟星介、阶状似瘤田螺等发育。

物源供给区发生变化，凹陷主物源供给区是北端三台子地区，影响范围占凹陷的一半以上。沿凹陷长轴的河流由北东—南西方向贯穿全区，携带陆源碎屑由北东向南西依次发育了冲积平原相、曲流河—曲流河三角洲相，构成了断陷湖盆长轴方向典型的河流—三角洲体系。

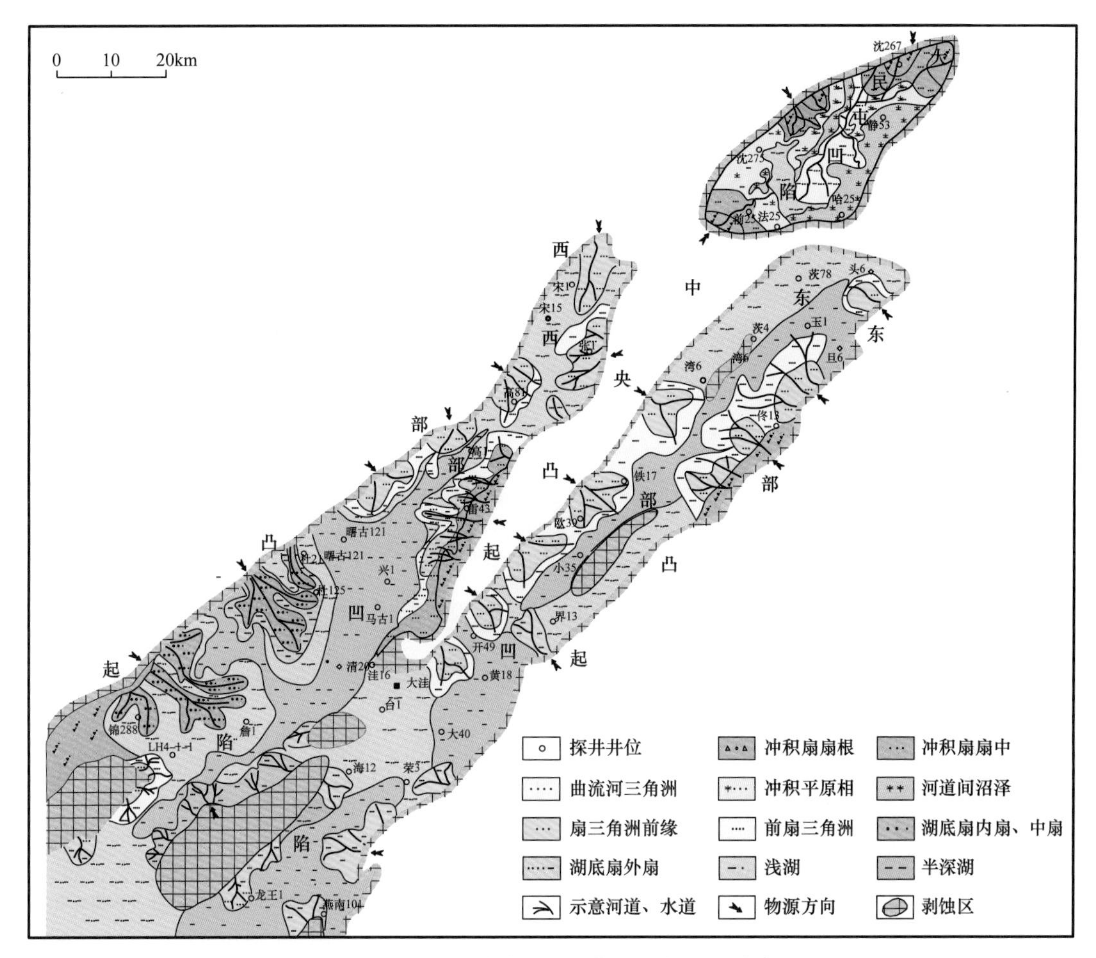

图 1-5-19　辽河坳陷沙三早期沉积相平面分布图

（2）沙三段沉积晚期。

断裂活动减弱，凹陷迅速回返，周边碎屑物大量充填，水域面积几乎消亡。除局部地区具有零星的、小面积的不稳定湖沼外，其他广大地区皆为陆上环境，发育冲（洪）积扇、冲积平原相，北东向物源活跃。

本阶段大民屯凹陷河流冲积作用明显，各微相配置关系错综复杂。沉降作用减弱和长期的充填，使凹陷逐渐演化成排水畅通的高地，氧化条件明显，发育大面积的红色地层，其中北部地区的红层连续厚度达 200m 以上。

2）西部凹陷

湖底扇发育受古地貌控制明显，西部凹陷沙三段呈深陷湖盆环境，水体经历浅—深—浅的演化旋回，造成沉积环境的差异。

（1）沙三段沉积早—中期。

西部凹陷为深水湖盆环境，发育了以湖底扇为典型特征的冲积扇—扇三角洲—湖底扇体系。凹陷现今边界是残留边界，尚保留一部分扇三角洲沉积，原始沉积边界较现存广。

在凹陷东部边界大断裂强烈活动的带动下，湖盆急剧沉降，水进加剧，使凹陷成为以面积广阔的深水环境为主的断陷湖盆，沙三段沉积时期（尤其是中期）成为古近纪辽河坳陷最大的一期水进过程。深水湖盆和高差大的地貌条件，造成湖盆边缘的早期碎屑物处于不稳定状态，受外力触发，以及自身重力作用下，以重力流方式进入湖盆，形成深水环境的重力流沉积。

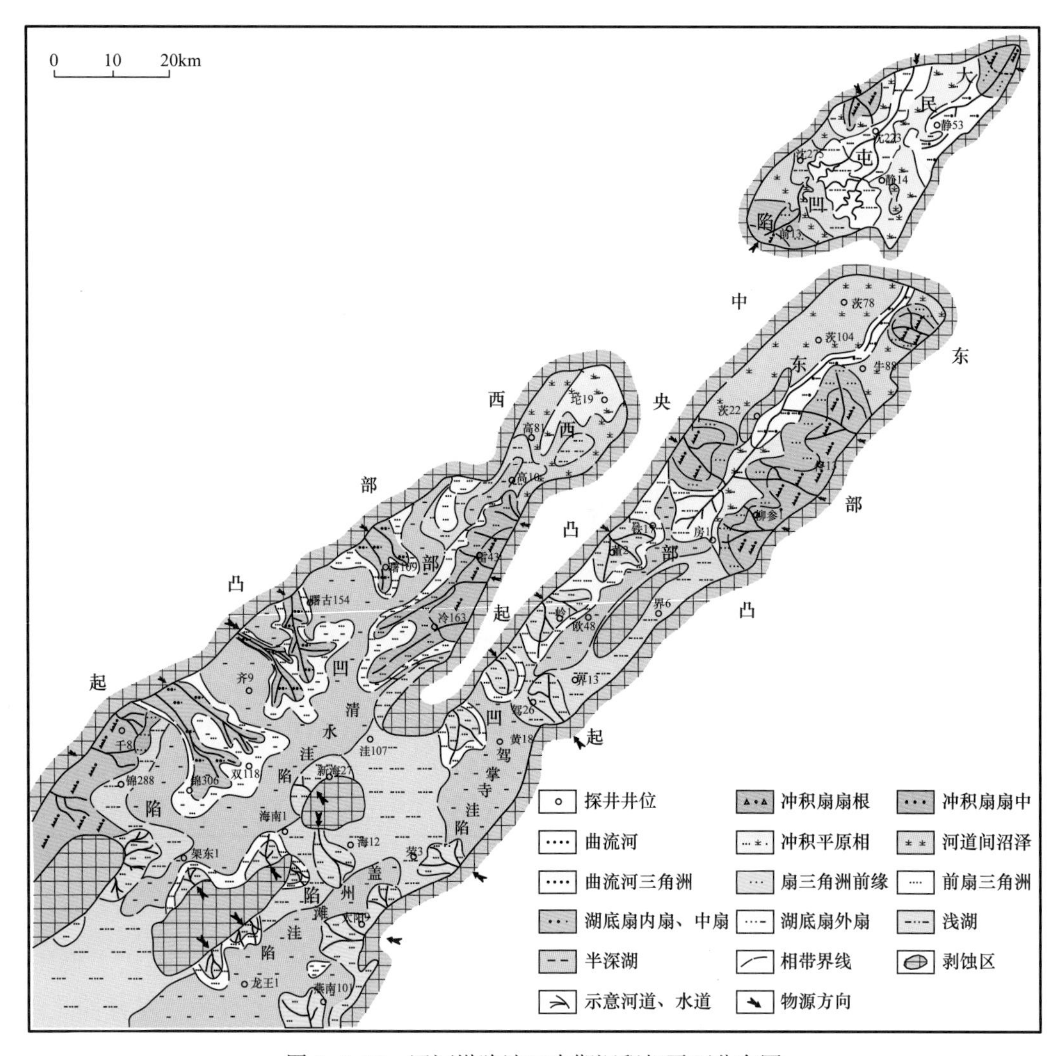

图 1-5-20　辽河坳陷沙三中期沉积相平面分布图

根据凹陷的地貌形态，可将湖底扇划分为缓坡型和陡坡型。在初期阶段（莲花油层沉积期），东部边界大断裂北段（高升地区）最为活跃（图 1-5-22），来自东侧中央凸起的碎屑物沿边界断层的陡坡以阵发式快速滑塌，堆积在断阶或断崖下，成为冲积扇或扇三角洲，进入湖底则为湖底扇（柳成志等，1999）。由于受地形南倾的影响，故以南流为主，集中分布在断崖下断槽内，呈狭长形向南延伸、向北迅速尖灭。与此同时的西侧南部齐家、欢喜岭地区，也发育莲花油层的冲积扇—扇三角洲—湖底扇沉积体系，凹陷边部冲积扇及扇三角洲部分多被剥蚀。

中期阶段凹陷的西侧更趋活跃，发育了欢喜岭至曙光一带的缓坡形湖底扇沉积体系。由于该区地形较缓，碎屑物沿水下峡谷向湖底输送，沉积在峡谷内的浊积岩体，成缓坡型块状碎屑流浊积岩，即缓坡滑塌相；沉积在湖盆深处的部分，根据其距岸远近和成因机制分别为碎屑流—浊流浊积相和层状浊流浊积相。峡谷内的地貌形态对浊积岩的分布起着重要的控制作用，沉积作用和构造作用不断改造峡谷内的地形，水下峡谷既是碎屑供给通道，又是重要的沉积场所，峡谷间高地则发育纯净的厚层深湖相暗色泥岩（图 1-5-17）。

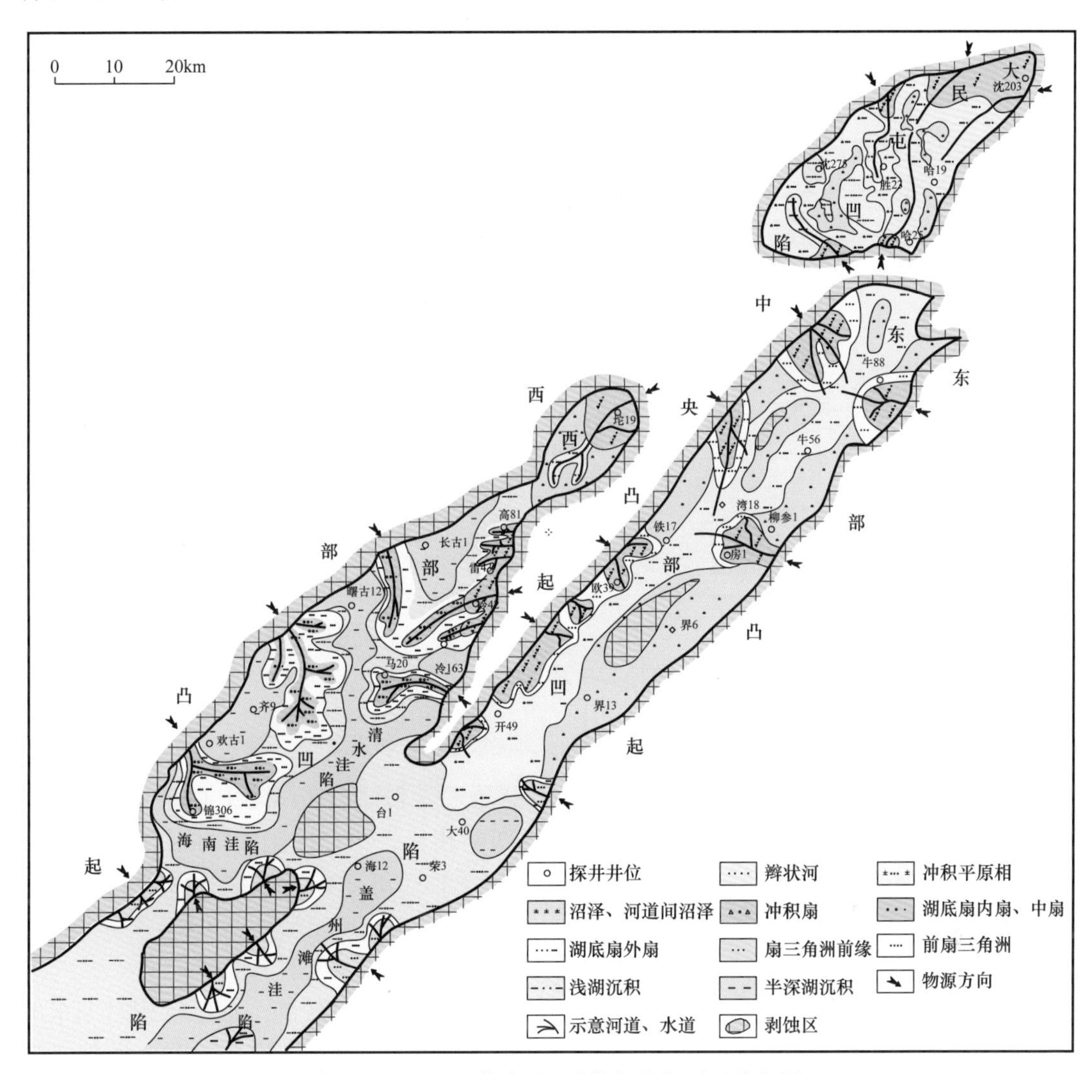

图 1-5-21　辽河坳陷沙三晚期沉积相平面分布图

无论是陡坡还是缓坡，浊积岩体的分布无一例外地受地貌形态控制，相对而言，受流体影响较小，沉积物重力流的运动受地貌环境的制约。

（2）沙三段沉积晚期。

断裂活动减弱，湖盆扩张规模变小，凹陷北端隆升，深水湖盆水域面积收缩。沉积环境较早—中期变化大，具体表现为湖岸线的变迁和水体深度的变化，湖水逐渐变浅，但仍以湖泊环境为主。

由于湖岸的迁移，浊积岩发育区也随之向南迁移。在凹陷东侧陡坡带上，由早—中期的高升地区转移至兴隆台—冷家地区，受冷东断崖或断阶的影响，成为一个新的浊积岩发育区。来自中央凸起的碎屑物由东断崖（断阶）进入凹陷，由边缘向凹陷发育了冲积扇—扇三角洲—湖底扇沉积体系（图 1-5-22），该体系的分布受断阶（冲积扇、扇三角洲）和断槽（湖底扇）的控制，呈南延条状。兴隆台地区也发育小范围的沙三段上亚段的浊积岩，由于受兴隆台隆起的影响，沉积物重力流在流动过程中，受地形约束，在不同部位的发育状况不一，并多以薄层透镜体状产出。在西侧，同样受北端隆起的影响，早期北部水下峡谷消失，南部峡谷依然保留，但湖底扇的发育规模、范围较早期大为缩小，而扇三角洲范围不断扩大。

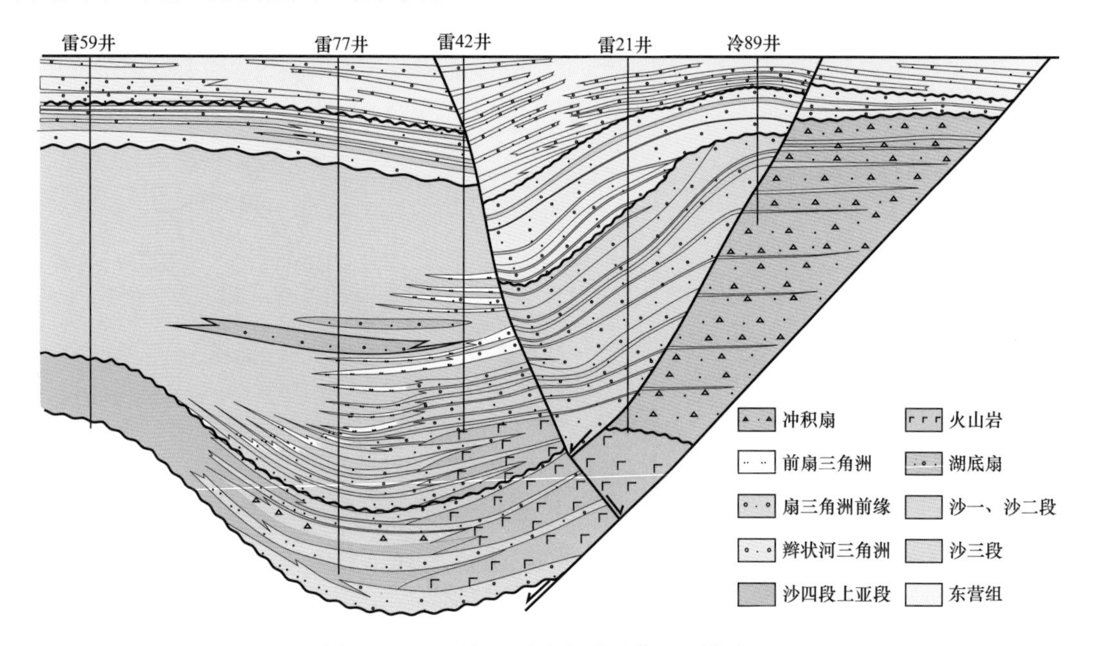

图 1-5-22　西部凹陷东部陡坡带沉积模式图

沙三段沉积后期水域收缩，局部地区隆升甚至遭受剥蚀，在凹陷中心部位和深大断裂下降盘一侧仍保留深水湖盆环境。与大民屯凹陷相比，西部凹陷的沉陷持续时间长，呈稳定沉降状态，凹陷早期的峡谷具有明显的继承性（继承沙四段沉积时期的水下河道），后期的继承性已不明显。

3）东部凹陷

东部凹陷由于沙四段沉积时期呈隆升状态，造成凹陷发育较晚。沙三沉积时期东部凹陷首次扩张，以强烈的断裂分割形式开始了沙三段沉积时期的扩张、水进，并伴有强烈的火山活动，堆积了巨厚的火山岩，局部地区影响了沉积砂体分布。

北东走向的茨东断裂和贯穿凹陷的营口—佟二堡深断裂相伴活动，并由此派生一系列近东西向断裂，交叠形成带状分布的隆洼起伏、垒堑相间的构造格局，由北至南分别发育茨榆坨、三界泡、油燕沟、海外河潜山等为主体的古隆起带，古隆起两侧（或一侧）分别为长滩、于家房子、驾掌寺、二界沟、盖州滩等洼陷构成的沉陷带。凹陷东侧为陡坡的断阶带，西侧为缓坡的斜坡带。与西部凹陷和大民屯凹陷相比，东部凹陷狭窄，结构复杂，造成沉积环境复杂多样。

该期的沉积环境演化明显分为两个阶段，早—中期阶段呈扩张、水进为主的特点，晚期则为水退的特点。

（1）沙三段沉积早—中期。

除东西两侧和茨榆坨、三界泡、海外河等潜山外，均发生不同环境的沉积作用。早期以河流和浅湖相为主，发育了冲积扇—河流—湖泊沉积体系，随着水进范围扩大，湖泊范围扩展，在凹陷北端东侧（牛居—青龙台地区）断阶下形成具有一定面积的深水湖盆。由于紧邻东侧断阶，坡降大，碎屑物从岸边进入水体后，迅速到达湖底而快速堆积。在断阶带和茨榆坨潜山之间的狭槽内，形成冲积扇—扇三角洲—湖底扇沉积体系。中期以后，东部凹陷逐渐水退。

（2）沙三段沉积晚期。

凹陷水退特点明显。断裂活动的衰弱和碎屑的大量充填，使凹陷早—中期形成的湖盆逐渐淤填，湖水由北向南退出，最终消亡，整个凹陷以陆上环境为主。地貌特征略显北高南低，地势平坦，与两侧山地高差减小。除凹陷两侧边缘发育粗碎屑的冲积扇外，其他广大区域均为冲积平原。在平原环境中，河流往复改道、变迁形成冲积平原。在以河流沉积作用为主的环境中，穿插着局部的、短暂的湖泊和湖沼沉积物，尤其是在凹陷中央的河道两侧和河道间，因排水不畅，常发育泛滥盆地，植物生长繁盛。在地层中见有丰富的碳质层及薄煤层。碳质层和煤层北部较南部发育，由北向南层位有逐渐变新的趋势（王宇林等，2008；高丽华等，2010；韩作振等，2010）。

综上所述，在沙三沉积时期，辽河坳陷三个凹陷的环境演化、变迁均受断裂构造运动的影响。断裂运动的强度差异，导致了各具特色的环境变迁史。总体特征为：在时间上早—中期沉降明显，为坳陷的最大水域期，深水湖盆为代表环境；晚期水退、回返。在空间上西部凹陷沉降幅度最大，长期发育较为典型的深水环境。

3. 沙一段—沙二段

沙二段沉积时期至沙一段沉积时期是辽河坳陷新一轮沉降、扩张期，形成了新的水进—水退旋回。旋回又可以分为早、晚两个发育、演化阶段：早期阶段（相当于沙二段沉积时期），仅在西部凹陷表现为扩张及缓慢水进，大民屯凹陷扩张活动未开始，东部凹陷仅局部区域发育该段上部地层；晚期阶段（相当于沙一段沉积时期），三个凹陷的扩张活动逐渐趋于一致，但活动强度有差别。

1）大民屯凹陷

沙三段构造旋回末期的全面抬升所造成的剥蚀局面，对本旋回早期的环境仍具有影响，沙二段沉积时期仍处于剥蚀状况。晚期阶段，即沙一段沉积时期，凹陷全面扩张，沉积范围迅速扩大。但与前期旋回相比，未形成稳定、持久的大面积水域环境。碎屑供给充足，北端两侧为主要物源供给区，对凹陷沉积物分布有决定性影响，由北向南依次发育冲积扇、冲积平原，南端碎屑供给规模较小，受其影响与控制，在西南端发育小规模的冲积扇（图 1–5–23）。

该阶段大民屯凹陷以河流作用形成的冲积平原相占优势，除发育河道及河道间沉积外，尚发育泛滥盆地和岸后沼泽沉积物，岩性为杂色泥岩、碳质层和粉细砂岩。

2）西部凹陷

（1）沙二段沉积时期。

本期西部凹陷除西侧边缘和北部地区有剥蚀现象外，其他地区快速恢复到湖泊环境。中央凸起和西部凸起分别为陆源碎屑供给区，河流分别从东西两侧沿凹陷短轴方向入湖，由于坡降大，河流冲刷能力强，碎屑供给充足，粒级粗，沉积速率快，发育了一系列辫状河三角洲沉积体系。

受断阶的影响，凹陷东侧的地貌形态呈陡坡状，中央凸起的陆源碎屑由河流携带经陡坡进入湖盆，充填了断阶下的洼槽后继续前积到湖盆内部，沉积了扇三角洲砂体。以牵引流搬运方式为主的砂砾中，夹有由洪水与大坡度地形条件共同作用形成的少量浊流或碎屑流沉积物。

凹陷西侧是缓坡带，发育了缓坡型的齐家和欢喜岭辫状河三角洲砂体。与陡坡相比，缓坡型三角洲延伸距离远，相带宽。多支河流从西部凸起注入湖盆后，水下河道流经的距离较长，各亚相带发育齐全，除水下分流河道和河口沙坝以外，在水下分流河道两侧的古隆起或高地上，发育分流间滩。由东西两侧向湖盆推进的三角洲砂体向湖中心延伸远，因此仅保留了范围较小的湖相泥岩沉积物。

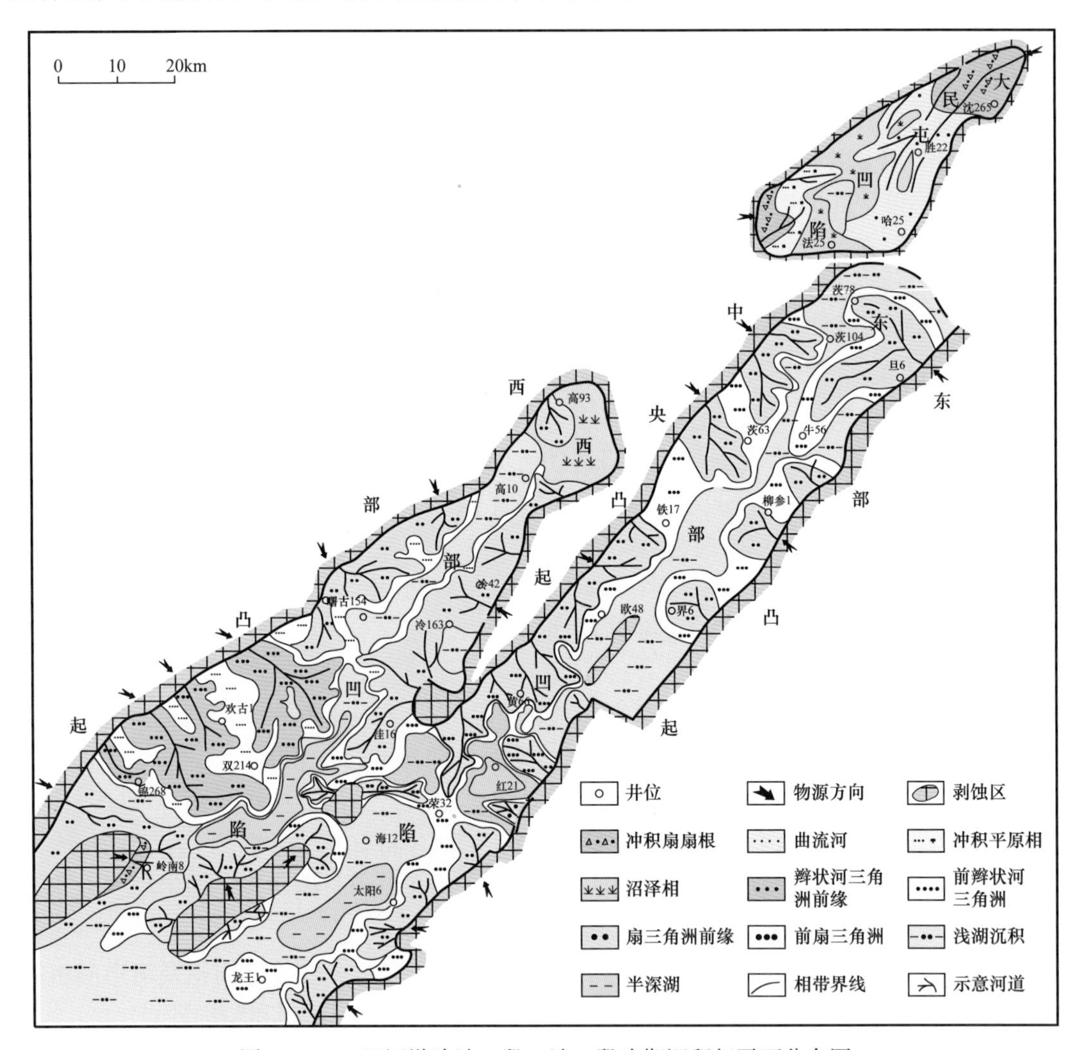

图 1-5-23　辽河坳陷沙一段 + 沙二段晚期沉积相平面分布图

（2）沙一段沉积时期。

西部凹陷进一步扩张和沉降，湖盆水域范围明显超过沙二段沉积时期。周边水系发育，碎屑供给丰富。沉积环境与条件是沙二段沉积时期的继续与发展，主要沉积特征与沙二段沉积时期基本相似。

由于沙二段沉积时期的沉积充填，晚期东西两侧的陡坡、缓坡型特征已明显，从两侧向湖盆推进的砂体特征大致相似，凹陷中心部位为湖相沉积。

由于水进的影响，该阶段扇三角洲、辫状河三角洲砂体颗粒明显变细，水下分流河道向后退缩，河口坝及席状砂相对发育，中心部位的湖相泥岩沉积范围扩大。旋回末期，湖盆逐渐淤填，回返特征明显。

3）东部凹陷

是本构造—沉积旋回中接受沉积最晚的一个地区。

（1）沙二段沉积时期。

除热河台、于楼东侧西掉断层下降盘的狭长地带、大湾及牛居等三个局部地区外，大部分地区仍处于剥蚀状态，没有沉积。在三个沉积小洼地内，热河台—于楼地区及牛居洼地东侧断崖下的沈旦堡地区有局部浅水环境，发育扇三角洲体系；大湾及牛居地区为冲积扇，牛居与沈旦堡之间发育了冲积平原沉积。

（2）沙一段沉积时期。

水域开始扩大，凹陷内渐为水体覆盖，除东界断层北端的牛居地区水体较深外，其余广大地区为浅水环境，在凹陷两侧发育短轴辫状河三角洲。

在总的水进扩张过程中，曾有数次水退，在垂向剖面上冲积平原与浅湖相叠置，冲积平原内的泛滥盆地生物化石稀少。沙一段沉积末期，全坳陷三个凹陷的扩张、裂陷减弱，使沙河街组一段顶部沉积，在局部范围内遭受不同程度的剥蚀，结束本沉积旋回。

4. 东营组

东营组沉积时期是由断陷向坳陷转化的一个时期。块断运动不明显，呈大面积升降。在全坳陷范围内，西北部隆升，东南端倾没。新生的一系列近东西方向的小断距同生断层，使坳陷节节向南沉降，沉降中心及沉积中心向南移动，造成了东营组沉积时期的北高南低、西高东低的地形特征。

这一时期三大凹陷连为一体，分割的特点已经基本消失，大民屯凹陷南端与东部凹陷北部相连，西部凹陷与东部凹陷在南部沟通，原凹陷间的环境差异性不明显，沉积演化具有统一性。

由于扩张运动向南、向东转移，中央凸起南端和东部凹陷东侧均为东营组地层超覆，西部凹陷西侧翘起，东营组及沙河街组上部地层遭受剥蚀，形成一个北东走向的古近系剥蚀区。

本阶段早—中期的水进，形成较广阔的浅湖环境，但过补偿的沉积作用使之很快充填，湖盆衰退，坳陷迅速转入水退阶段。因此东营时期以河流冲积环境的沉积作用为主，发育了冲积扇—曲流河—曲流河三角洲沉积体系，以河流作用的冲积平原相为优势相类型（图 1–5–24）。

东营组沉积时期的冲积平原环境在辽河坳陷古近系中具有代表性，以长轴方向的河流为主、侧向河流为辅的多支水系在平原上迁移，沉积了总厚度 300～1200m 的砂泥岩层，砂岩和泥岩的分异性较差，单层厚度不等，横向上不稳定，河道、河道间、沼泽等微相错综复杂。炭屑含量较多，局部出现碳质层，甚至煤层，植物根系遗迹较常见。整个东营组的岩性组合，大部分地区砂质岩类偏多，但砂岩的粒级明显变细，反映了碎屑颗粒呈长距离搬运的特点。泥质岩类以杂色为主，大多数泥岩含粉砂。

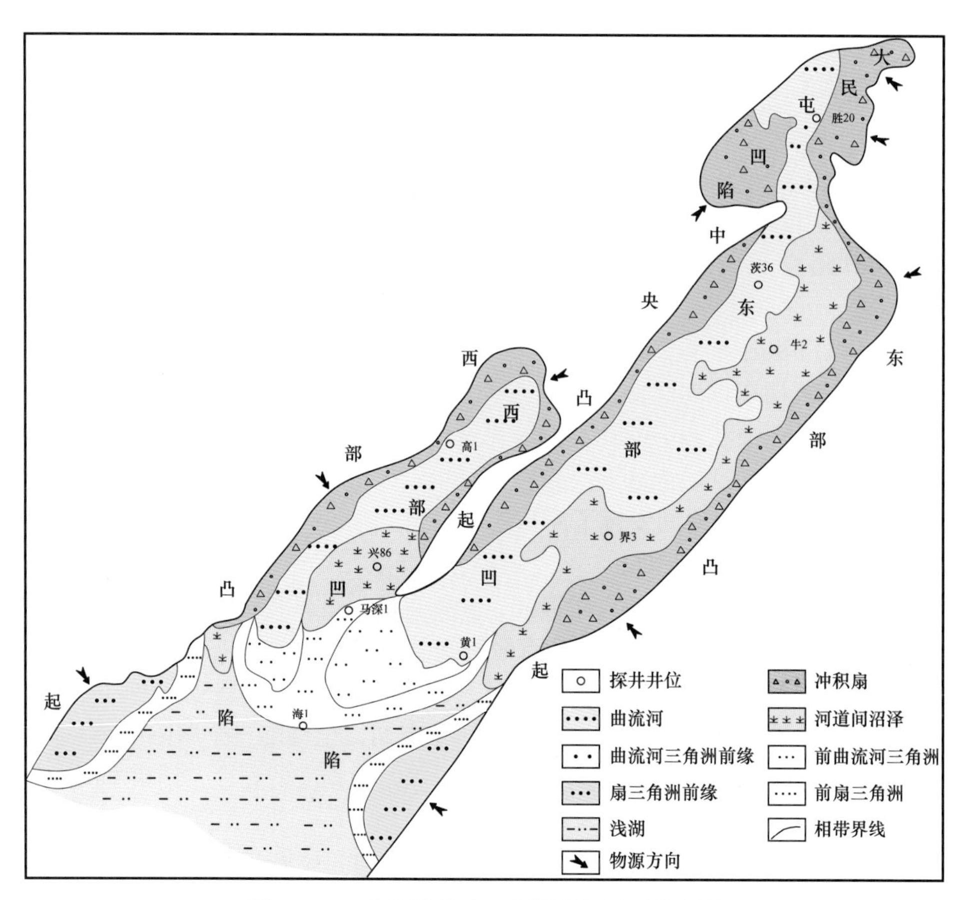

图 1-5-24　辽河坳陷东二段沉积相平面分布图

整个东营组的岩性剖面，从下至上粒级组合呈粗—细—粗的结构特征，反映了从水进开始到水退结束的完整沉积旋回。末期全坳陷抬升，结束本旋回沉积。

第三节　沉积演化与沉积充填模式

辽河坳陷是在前古近系（太古宇、中—新元古界、古生界和中生界）基底上发育的一个新生代断陷型坳陷。各凹陷近北东向展布，以东、西两侧物源为主，呈近源沉积的特点，沉积类型多样，相带横向变化快，具有独特的沉积演化与充填模式。

一、沉积演化

古近纪强烈的裂陷和块断运动，沉积了巨厚的暗色泥岩及砂砾岩建造；新近纪及第四纪断裂活动渐弱，坳陷形式取代了断陷，沉积了杂色砂泥岩建造。其中，以裂陷期的沉积层最为发育，是辽河坳陷沉积盖层的主体。裂陷期的构造运动，直接控制了坳陷内古近系的沉积，由老至新分为四个构造—沉积旋回：沙四段上亚段沉积旋回、沙三段沉积旋回、沙二段至一段沉积旋回及东营组沉积旋回。各旋回的顶底存在着程度不一的沉积间断。根据各个旋回构造活动的差异性，将坳陷的沉积演化分为四个阶段，即沙四段上亚段沉积时期的初始沉降阶段、沙三段沉积时期的强烈沉降阶段、沙一段—沙二段沉积时期的平稳沉降阶段和东营组沉积时期的断坳转换阶段。由于各凹陷边界条件、控凹断层活动时间、强度的不同，造成其沉积演化特征既有一致性，同时也存在一定的差异。

1. 大民屯凹陷

1）沙四段上亚段沉积时期

由地层对比和玄武岩发育情况分析，大民屯凹陷在沙四段上亚段沉积时期，断裂活动较早，沉降幅度大。以湖泊环境为主，古地貌形态总体西高东低、南北高中间低，半深湖—深湖相主要位于南侧的荣胜堡洼陷。这一时期特别是中后期湖域面积广，远超过现今凹陷范围。除湖泊环境外，凹陷西侧及西南侧有小面积的陆上沉积环境。

在西抬东降、古地貌上西高东低的构造背景下，初期水进过程中的沉积物覆盖在不同时代和岩性的基底地层之上，沉积物主要为红色、杂色泥岩（北部区域）、粗碎屑砂砾岩（前当堡）。此后，凹陷大部分区域为水体覆盖，呈浅水环境。大致以大民屯至东胜堡一线为界，以北水体稳定，普遍集中发育一段油页岩，以南油页岩基本不发育。油页岩沉积后，水进速度加快，为水域范围最大时期。凹陷西侧及西南端山地是陆源碎屑主要供给区，近源区发育不规则的冲积扇（图 1-5-18），水陆交互带及浅水地区沉积了以短轴物源为主的扇三角洲砂砾岩体。凹陷东部为稳定的沉降区，沉积了以厚层、质纯暗色泥岩为主的半深水—深水湖相沉积物。该相带较宽阔，直至东部剥蚀边界。在北部地区发现了浊积岩（静 74 井区），分布局限，呈孤立的透镜体，夹持在暗色泥岩中。其中，扇三角洲前缘分流河道砂岩、湖底扇中扇辫状沟道砂岩为本阶段的主要储集岩。同时，凹陷中部广泛分布的油页岩也是重要的非常规储层。

2）沙三段沉积时期

大民屯凹陷在沙三段沉积早期，继承了沙四段沉积晚期的沉积格局，并受凹陷沉降中心转移控制，开始逐渐水退。早期表现为初始的缓慢水退，晚期则表现为强烈水退。

该期凹陷东界南段断层活动强烈，南部沉陷，北部相对抬升。水体由北向南逐渐退缩，范围较沙河街组四段沉积时期缩小，凹陷南、北两端为陆上环境，中间为湖盆环境，其中北端陆上环境较为典型，红色地层分布较广。在湖盆内部，湖底形态北高南低，并有水下隆起，水体较沙河街组四段沉积时期为浅，水介质性质为淡水。此阶段大民屯凹陷有来自西侧、西南侧、东侧和北侧的四个陆源碎屑供给区，北侧的三台子物源，由北东向河流携带，由北至南入湖，形成曲流河三角洲沉积体系，在三维地震剖面上显示清晰的前积结构。其次是凹陷东侧的法哈牛—边台物源区，由断裂活动形成断阶，造成凹陷内外高差加大，在断层下降侧形成冲积扇—扇三角洲沉积体系。凹陷西南侧物源继承性发育，并逐渐衰退，由其控制下发育的冲积扇覆盖范围较前减小。

沙三段沉积后期凹陷迅速回返，水域面积明显收缩，除局部地区保持了零星的、小面积水域外，其他广大地区为陆上环境。冲积平原相发育，范围广。以红色泥岩发育为其显著特征，局部地区粗碎屑从边缘高地向凹陷中央推进，红层厚度达 200m 以上，凹陷南部西侧和北部发育冲积扇体系。

3）沙一段—沙二段沉积时期

沙河街组三段沉积末期全面抬升所形成的剥蚀局面，对本阶段的沉积环境产生了较大的影响，沙河街组二段沉积时期大民屯凹陷仍处于剥蚀状态，全凹陷基本缺失该段沉积。晚期沙河街组一段沉积时期，湖盆扩张明显，沉积面积扩大。但与沙三段旋回相比，水域面积明显变小，碎屑物补给较快，物源区有两处，以北端为主要物源，对沉积物分布有决定性影响，由北向南河流沉积作用所形成的冲积平原相占绝对优势。冲积平原中亚相类型复杂，除发育河道及河道间沉积物外，还发育泛滥洼地和岸后沼泽沉积物，岩性为杂色泥岩、碳质层（草炭）和粉—细砂岩。此外，凹陷西南端发育次要物源，受其控制在凹陷西南端发育小范围的冲积扇相。

4）东营组沉积时期

东营组沉积时期是辽河坳陷第三次大规模扩张期，也是由断陷向坳陷转换的一个特征时期。与主沉降期相比，块断运动明显减弱，晚期呈现为大规模翘倾。整体上看，凹陷西北端隆升，东南端倾没，大民屯凹陷南端与东部凹陷北部相连，北部地区成为主要物源供给区。凹陷的东西两侧仍有充足的碎屑供给，造成了沉积速度大于沉降速度，过补偿的沉积作用使大量碎屑充填，发源于三台子地区的远源曲流河三角洲体系覆盖了凹陷的大部分地区，主要发育冲积平原沉积。凹陷东西两侧发育冲积扇体系，前端相变于三台子河流三角洲的冲积平原。沉积物的岩性组合中，以砂质岩类偏多，剖面呈粗—细—粗的结构特征，反映了水进开始到水退结束的沉积过程。末期随辽河坳陷整体抬升，与上覆的新近系呈区域不整合接触关系。

2. 西部凹陷

1）沙四段上亚段沉积时期

西部凹陷沙四段沉积时期的初始裂陷沉积主要位于凹陷北部牛心坨地区，分布范围窄，为一套冲积扇—扇三角洲—辫状河三角洲—滨浅湖相砂泥岩沉积，以凹陷东侧中央凸起物源为主，向西过渡为滨浅湖沉积。在本期凹陷的中心部位，发育一套云坪沉积，为云质泥岩和泥质云岩互层（丁志刚等，2011；王夏斌等，2019）。

随断陷加剧，沉积范围逐渐扩大，高升油层沉积范围向南扩展到曙光地区。高升油层与下伏牛心坨油层的沉积类型具有继承性，物源仍以东部的中央凸起为主，发育一套扇三角洲沉积，局部地区有来自西侧西部凸起的物源，发育小型的扇三角洲。在本期凹陷的中部高升—雷家地区，为封闭的湖湾环境，由于缺少两侧物源的注入，造成了该区的水体具有高矿化度的特征，碳酸盐岩沉积物相对发育，主要为白云质灰岩、钙质页岩和鲕粒灰岩（单俊峰等，2014），此外还有泥岩和油页岩夹薄层粉砂岩。总厚一般为100～150m，其中鲕粒灰岩局部集中，成为优质储层。

沙四段沉积时期杜家台油层沉积范围继续向南扩展，波及整个凹陷，整体发育一套滨浅湖的扇三角洲—辫状河三角洲沉积。以西部凸起物源为主。沿凹陷西侧，由北至南分别发育了曙光、齐家—欢喜岭和西八千辫状河三角洲沉积。扇体沿古地貌低洼处向东侧凹陷中心展布，砂体形态受地貌形态制约，低处为河道，高地为浅滩，横向上连为一体。辫状河三角洲砂体前端，为较开阔湖相泥岩沉积区。水体含盐度低，碳酸盐岩沉积物不发育，近源沉积特征明显。扇三角洲和辫状河三角洲前缘分流河道砂岩埋藏深度适中，物性好，为杜家台油层段的优质储层。

在凹陷的中北部，物源不发育，仅在东侧有来自中央凸起的小规模物源注入，发育小型的近源扇三角洲。在扇三角洲前缘，继承性发育浅水碳酸盐岩沉积，岩性主要为泥质云岩和云质泥岩，云质含量变化大，高值区可形成有效储层，为西部凹陷沙四段页岩油发育区。

2）沙三段沉积时期

沙三段沉积早期，凹陷快速沉陷，水域面积加大，形成了面积广阔的深湖环境，东西两侧凸起区大量碎屑物进入湖盆，在凹陷两侧形成扇三角洲—辫状河三角洲沉积体系。碎屑物在自身重力作用下，向凹陷中心滑动，形成深水环境的浊积岩沉积物。初期东侧冷家—高升地区断裂活动强烈，中央凸起碎屑物质沿边界断层迅速下滑，形成陡坡滑塌碎屑流成因的冲积扇—扇三角洲—湖底扇沉积体系。而在凹陷西侧，由于坡度较小，以扇三角洲—辫状河三角洲沉积为主，在凹陷的中心部位，发育缓坡型浊积砂体。

沙三段沉积中期，凹陷水域面积达到全盛期，东西两侧物源继承性发育，西侧物源影响范围广，由北至南发育高升、杜家台、齐家、欢喜岭和西八千大型辫状河三角洲，在西斜坡的前缘及洼陷区则以缓坡型湖底扇浊积岩为主（龙武等，2007），大套砂砾岩与厚层深色泥岩互层（图 1–5–25）。在凹陷东侧，冷家—高升扇体继承性发育，南侧的海外河地区，来自中央凸起碎屑物直接入湖，发育小型的陡坡型扇三角洲—近岸水下扇沉积体系。

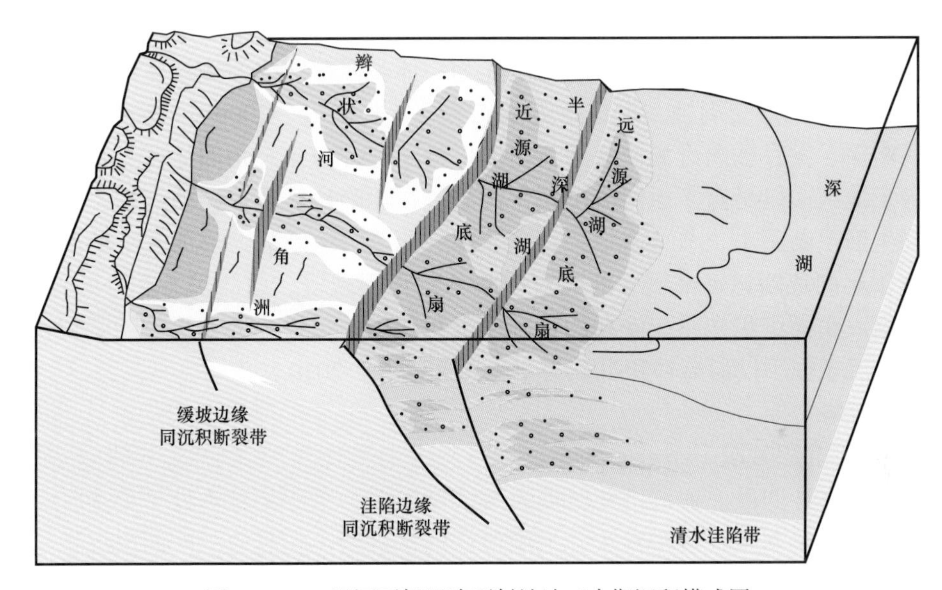

图 1–5–25　辽河西部凹陷西斜坡沙三中期沉积模式图

沙三段沉积晚期湖盆收缩，东西两侧物源继承性发育，但规模明显变小。晚期凹陷整体抬升，凹陷边部地层遭受剥蚀，与上覆沙二段呈角度不整合接触，凹陷中心部位则为平行不整合。

西部凹陷整个沙河街组三段沉积时期，整体以深水环境为主，后期扩张及裂陷幅度虽然较前期减小，甚至局部地区遭受剥蚀，但凹陷中心部位仍保留深水湖盆的特征，并有浊积岩发育。与大民屯凹陷相比，西部凹陷的沉陷持续时间长久，呈稳定沉降状态，其中早期的峡谷具有明显的继承性，后期由于沉积物的填平补齐，继承性逐渐不明显。

3）沙一段—沙二段沉积时期

沙二段沉积时期，凹陷呈北窄南宽、东陡西缓的古地貌特征。西侧边缘及北侧局部地区处于剥蚀环境外，在其他较大的范围内，快速恢复到湖盆的沉积环境，河流从东、西两侧进入湖盆，中央凸起和西部凸起为物源供给区，沿凹陷短轴方向进入湖盆的水系，冲积能力强，沉积速度快，发育了一系列扇三角洲—辫状河三角洲沉积体系（王凯，2002）。

凹陷东侧的地形受断阶影响形成陡坡，中央凸起的碎屑物质由河流携带进入湖盆，充填了断阶下的洼槽后继续前积到湖盆内部，沉积了陡坡型扇三角洲砂体。

凹陷西侧是缓坡带，发育了缓坡类型的曙光、杜家台—齐家及西八千辫状河三角洲沉积体系。与陡坡相比，缓坡型辫状河扇三角洲相带宽阔，亚相带发育齐全，除水下分流河道和河口沙坝以外，其前缘相带还发育分流间浅滩。辫状河三角洲向凹陷中心前积范围广，仅保留了小范围的前辫状河三角洲和滨浅湖泥岩沉积物。

沙一段沉积时期随沉降加剧，湖盆扩张，出现稳定的深水湖盆，沉积环境与沙二段沉积时期具有继承性，但扇体规模小，在凹陷中东部以湖相细粒沉积为主，辫状河（扇）三角洲粗碎屑沉积主要位于凹陷两侧，尤以西侧最发育。凹陷东侧冷家、大洼地区发育近源扇三角洲沉积。

4）东营组沉积时期

东营组沉积时期，由于西北端隆升，东南端倾没，西部凹陷沉降及沉积中心向南迁移，并在南部与东部凹陷沟通，两个凹陷连为一体。西部凹陷西侧整体抬升，东营组及局部地区沙河街组遭受剥蚀，形成古近系剥蚀区（杨雪等，2006）。该期西部凹陷沉积水体北浅南深，发育轴向远源曲流河三角洲体系。高升河流三角洲体系一直覆盖到马圈子、双台子地区。以泛滥平原河流沉积占优势，在洼陷地区残留湖泊沉积。该时期近东西向的同生断层断距小，节节南掉，切割北东、北西向老断裂，形成复杂的网格状断裂系统。由于小的块断运动减弱，断裂对凹陷分割作用减弱。西侧仍有充分的碎屑供给，形成近源扇三角洲沉积体系。晚期的过补偿沉积作用使大量碎屑充填，凹陷较快地转入水退时期，沉积作用以河流冲积沉积为主（田文元等，2010）。

3. 东部凹陷

1）沙三段沉积时期

东部凹陷在沙四段上亚段沉积时期断裂活动微弱，全凹陷基本处于夷平状态。沙三段沉积时期是凹陷新生代规模最大、范围最广的水进期。在经历了沙四段沉积时期的隆起后，以强烈的断裂分割形式，开始了沙三段沉积时期的构造活动。茨东断裂和贯穿南北的营口—佟二堡深断裂强烈活动，并伴生一系列近东西向断裂、东向与东西向构造切割，形成呈带状分布的隆洼起伏、垒堑相间的构造格局。由北至南分别发育茨榆坨、三界泡、油燕沟潜山为主体的古隆起带，两侧分别为长滩、于家房、驾掌寺、二界沟、盖州滩等洼陷构成的深陷带。后期，凹陷的扩张、沉陷减缓，转为水退。

沙三段沉积早期，除西侧边部和茨榆坨、三界泡潜山外，整个凹陷为湖水覆盖。由于沉降速度较快，碎屑物的补偿不足，在西侧斜坡上，自新开至大湾一线发育冲积扇—扇三角洲沉积体系，沉积一套以砂砾岩为主夹有杂色泥岩的岩性组合。东侧青龙台地区，由于坡降大，碎屑物从陡坡入湖，迅速到达湖底，在断崖和茨榆坨高垒之间的狭槽内形成了扇三角洲—湖底扇沉积体系（邢宝荣等，2008）。

沙三晚期裂陷及扩张活动减弱，由于早期沉积物的充填，地势较平坦，略呈北高南低，两侧山地高差变小，湖水由北向南逐渐退出。除牛居至青龙台地区和东坡边缘地区发育冲积扇外，其余皆为冲积平原相。在冲积平原内，河流往复改道，河道间的洪泛区内植物繁盛，地层中碳质泥岩由北向南增多。

2）沙一段—沙二段沉积时期

该时期东部凹陷接受沉积晚，沙二段沉积时期除热河台—于楼东侧，断层下降盘的狭长地带、大湾及牛居等三个局部地区外，大部分地区仍处于剥蚀状态，在三个沉积小洼地内，热河台—于楼地区及牛居洼地东侧断崖下的沈旦堡地区，局部存在浅水环境，发育扇三角洲体系，大湾及牛居地区为冲积扇，牛居与沈旦堡之间发育冲积平原沉积。

沙一段沉积时期，水域开始扩大，凹陷内渐为水体覆盖，除牛居地区水体较深外，其余均为浅水或陆上环境。由于凹陷北高南低、西高东低，西斜坡主要发育冲积扇及冲积平原沉积，东坡北部和中部地区为冲积扇—扇三角洲沉积，而在上述地区之间的广阔低洼地带为浅湖。在总体扩张进程中，存在数次水退，因此在垂向剖面上冲积平原与浅湖相互叠置。冲积平原内的生物化石稀少，平面上不易划出界线。沙一段沉积末期，全坳陷扩张、裂陷减弱，沙一段顶部在局部范围内遭受不同程度的剥蚀，结束本沉积旋回的发育。

3）东营组沉积时期

东部凹陷在东营组沉积时期，与大民屯凹陷和西部凹陷相比，断裂活动最强烈，沉积体系复杂，分割性强，差异性大，产生多洼陷、多沉积中心。在黄金带以南和牛居、茨榆坨等地区有多层厚度较大的黑色玄武岩分布，测得玄武岩全岩钾氩年龄24.7～36.0Ma。在东营组末期，大部分地区被充填成陆地，发育了从北向南的河流三角洲沉积，基本上分为东西两条河流体系。该时期辽河坳馅整体向南倾斜，水体南移并逐渐干涸，结束了长期的湖泊历史。

综上所述，辽河坳陷古近纪的沉积演化过程受构造运动的控制，具有鲜明的阶段性。从全坳陷的角度看，沉积演化的阶段性是统一的。但是受基底古地貌和构造运动的分割，导致了三个凹陷发育的不均衡性，造成各凹陷沉积相类型、沉积体系组合、环境特征等诸方面差异大，沉积相类型丰富，为寻找各类圈闭提供了有利的沉积条件。

二、沉积充填模式

辽河坳陷在古近纪的断裂活动决定了坳陷的性质和类型。初期张裂运动活跃，北东走向西倾基底断裂普遍发育，形成东陡西缓的箕状凹陷。深陷阶段，西倾基底主干断裂活动加剧，同时发育东掉断层，使坳陷的基岩形态复杂化，影响和控制了各凹陷的沉积作用和沉积体系类型。

1. 初陷期沉积模式

在初始沉降阶段，包括初始扩张和再次扩展期，如沙河街组四段、沙一段—沙二段沉积时期，沉降速度与沉积速度相近，呈均衡补偿状态。受控于坳陷（凹陷）边界性质、古地貌形态及碎屑物供应速率，沿湖盆短轴方向的缓坡带主要发育冲积扇—辫状河三角洲沉积体系（图 1-5-26）；沿湖盆短轴方向的陡坡带主要发育冲积扇—扇三角洲沉积体系。

构造运动形成的大坡降地质背景、冲积扇直接入湖是形成扇三角洲的必要条件。辽河坳陷在初始沉降阶段，例如在西部凹陷，控凹断层北东向展布，沉积、沉降中心位于凹陷的东侧，造成该期古地貌背景差异大，西侧为缓坡，发育冲积扇—辫状河三角洲沉积体系，砂体延伸距离远，规模大，在凹陷的中东部过渡为滨浅湖相泥质沉积。而在凹陷东侧，坡度大，来自中央凸起的碎屑物近源快速入湖，形成冲积扇—扇三角洲沉积体系。砂体垂向累积厚度大，但平面延伸距离近，向凹陷方向快速过渡为湖相泥质岩沉积。

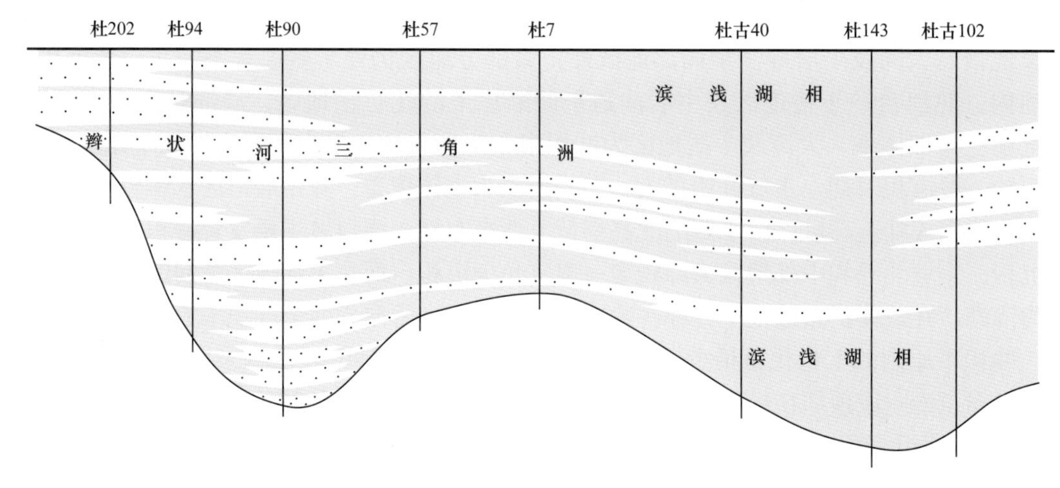

图 1-5-26　初陷期沉积模式

2. 深陷期沉积模式

深陷阶段，如沙三段沉积时期，沉降速度大于沉积速度，在凹陷的中心部位呈深水湖盆环境，沉积物补偿不足，沿凹陷的短轴方向发育冲积扇—扇三角洲—湖底扇体系，西部凹陷和东部凹陷沙三段均属此类型；沿凹陷的长轴方向则发育冲积扇—曲流河三角洲体系，如大民屯凹陷。该阶段以湖底扇体系占优势，在西部凹陷表现得最为明显。快速深陷形成欠补偿沉积造成的深水湖泊环境，以及事件性因素是辽河坳陷湖底扇体系发育的必要条件。湖底扇沉积为事件性沉积，剖面宏观上表现为巨厚的砂砾岩层（可达数百米）与厚层暗色泥岩互层。在以浊流成因为主的剖面中，见许多冲刷现象。在深陷阶段中，强烈的沉陷和块断运动，使凹陷边缘甚至已沉积在湖盆内的碎屑物质处于不稳定状态，在诱发因素（地震、洪水等）作用下，依靠自身重力滑入湖盆，沿古地貌低洼处最低轴线分布，多次叠加，形成了湖底扇体系（图 1-5-27）。

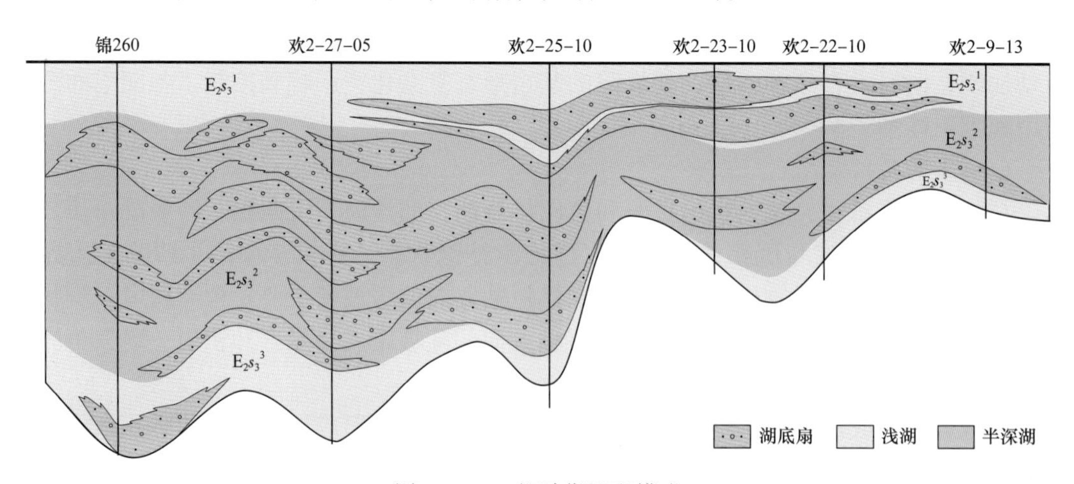

图 1-5-27　深陷期沉积模式

3. 断坳转换期沉积模式

东营组沉积时期，辽河的坳陷性质开始发生质的变化。由前期的断裂活动和块断运动为主要形式的构造运动，转为早断晚坳为主要形式的构造运动。早期以断为主造成的局部欠补偿沉积，在各沉积凹陷的局部地区，仍有浅水湖盆的存在，中晚期以坳陷为主，当沉降速度小于沉积速度时，呈现过补偿状态而淤填，从湖泊环境转为河流冲积平原环境，在全坳陷范围内，冲积平原相沉积占优势（图 1-5-28）。

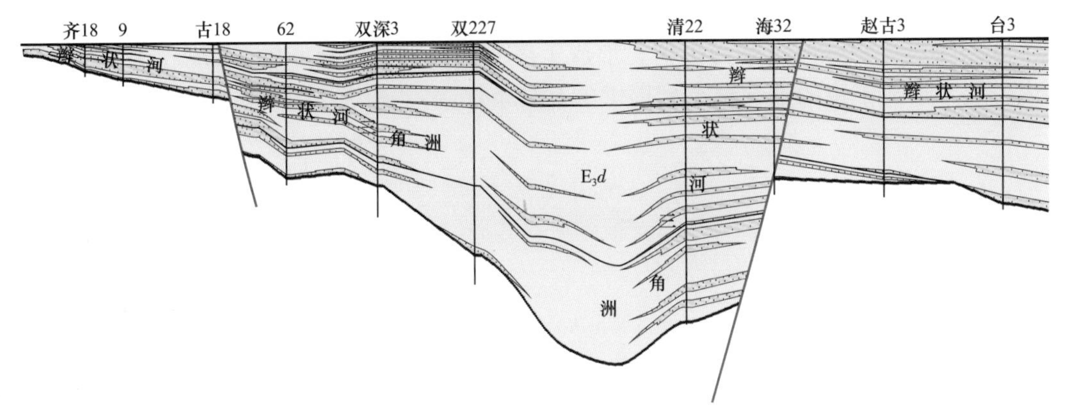

图 1-5-28　断坳转换期沉积模式

总之，辽河坳陷古近纪各阶段的沉积体系，以冲积扇、扇三角洲、辫状河三角洲和湖底扇为代表，短轴方向物源控制的沉积体系占主导地位。湖水对沉积物的再改造作用弱，体系规模不大，分布受地形控制明显。辽河坳陷位于构造运动活跃地区，断裂活动频繁，古地貌坡降大，物源区与沉积区紧邻，各沉积体系在横向上过渡快，相带狭窄，分异不明显，沉积物普遍为低成熟度类型。此外，以河流冲积平原相、三角洲相为代表的长轴物源控制的沉积体系，沿小坡降的短轴方向物源和长轴方向物源的发育与否，和坳陷的性质有关：在湖盆呈断陷性质时，短轴方向的物源占优势；湖盆呈断坳性质时，长轴方向的物源占优势。

综上所述，辽河坳陷古近纪的沉积演化过程具有以下特征。

（1）坳陷或凹陷都具有明显的分隔性。

辽河坳陷在古近纪处于裂谷构造活动的高峰期，强烈频繁的断裂活动和块断运动将坳陷（凹陷）分割成高低起伏、隆洼相间的复杂状态。

（2）坳陷具有多物源、多沉积中心。

断裂运动造成各凹陷长期分隔，沉积作用在各自被分隔的局部区域内独立进行，多物源、多沉积中心的特征十分明显，且以短轴物源为主。

（3）具多种类型的沉积体系。

被分隔的坳陷或凹陷内各自独立进行的沉积作用，受各自的断裂运动和古地貌条件控制。断裂活动的时间、强度在各沉积区表现不一，造成沉积演化、沉积体系发育的特殊性和多样性。

（4）事件性沉积作用占重要地位。

坳陷的构造运动频繁，块断运动强烈，是诱发事件性沉积作用的主导因素。坳陷裂陷期的深陷阶段，事件性沉积则更为明显。

（5）沉积演化具阶段性，沉积过程具突变性。

由于构造活动的分期性，造成沉积演化具阶段性，沉积过程既有继承性，同时也具有突变性特点，古近系形成沙四段、沙三段、沙一段—沙二段和东营组等四个沉积旋回，各旋回发育典型的沉积相类型。

（6）沉积物以近源快速堆积的低成熟度岩性为主。

沿大坡降的短轴方向上物源供给充足，凹陷内沉积物普遍具有沉积速率高、岩石成熟度低的特点。快速的沉降与沉积，形成了多套规模发育的良好生、储、盖组合，为坳陷内各层系形成丰富的油气藏类型提供了有利条件。

第六章　烃源岩

辽河坳陷是一个新生代坳陷，发育古近系沙四段、沙三段、沙一段—沙二段及东营组等多套烃源岩，其中沙四段和沙三段烃源岩厚度大、分布广、有机质丰度高、类型好、生烃演化序列完整，是辽河坳陷的主力烃源岩，油源对比证实了辽河坳陷油气主要来自沙四段和沙三段烃源岩。另外，中生界发育白垩系九佛堂组（梨树沟组）、沙海组和阜新组等烃源岩，并具有一定的生烃能力；古生界发育石炭系和二叠系潜在烃源岩。

第一节　形成环境与分布

烃源岩的规模和品质与盆地的构造运动、水体深浅、气候和生物发育等环境有着密切的关系。始新世，辽河坳陷构造活动进入裂陷阶段，水体由浅至深，气候由干热至温暖湿润。沙四段和沙三段沉积时期，低等水生生物广泛发育，为油气生成提供了丰富的物质基础。

一、新生界

1. 沙四段

沙四段烃源岩主要发育在西部凹陷和大民屯凹陷，东部凹陷普遍缺失沙四段（李应暹等，1997）。根据植被中麻黄、凤尾蕨的出现和分异度减小，推断沙四段沉积时期为亚热带较干热型气候，气温偏高，晚期水域面积扩大，耐旱植物减少，气候转湿热。

大民屯凹陷沙四段沉积早期为裂谷盆地沉降初期，该时期气候温暖潮湿，属中亚热带气候，主要为浅湖—半深湖环境。南北水体略有差异，大致以大民屯至东胜堡为界，其北水体比较闭塞、安静，为微咸水还原环境，细菌、藻类等水下生物和低等浮游生物非常丰富。烃源岩岩性主要为油页岩和钙质泥岩，面积 220km^2，平均厚度在 150m 左右，最大厚度达 300m，中间潜山和古隆起部位厚度较小，一般为 50～150m。沙四段沉积晚期，凹陷迅速沉降，水进速度加快，水域范围达到最大，为半深湖—深湖环境。水质变淡，出现淡水盘星藻，化石种属、数量明显减少，生物以陆源被子类和裸子类植物为主，藻类仅占 3.1%。烃源岩岩性为暗色泥岩，面积约 600km^2，厚度一般在 300～1000m，厚度中心主要在南部的荣胜堡洼陷，推测最大厚度可达 1800m。

西部凹陷沙四段沉积早期，轮藻、腹足类及介形类等水生生物较为发育，属种多、数量丰富。高升粒屑灰岩中介形类占粒屑总含量的 5%～40%。鲕粒灰岩、粒屑灰岩连片成浅滩。该时期水域较窄，为浅湖环境，烃源岩主要分布在北部，厚度相对较薄。沙四段沉积晚期，湖盆面积大、水体较深，为半深湖环境。半咸水、强还原环境下低等水生生物较繁盛，有利于优质烃源岩发育，是西部凹陷主力烃源岩之一。烃源岩岩性主要为暗色泥岩和钙质泥岩，部分地区发育油页岩。厚度呈北厚南薄分布，自北向南主要分布在牛心坨、高升、盘山和齐家地区，面积约 1500km^2，厚度一般在 100～300m，厚度中心在牛心坨洼陷，推测最大厚度达 700m（图 1-6-1）。

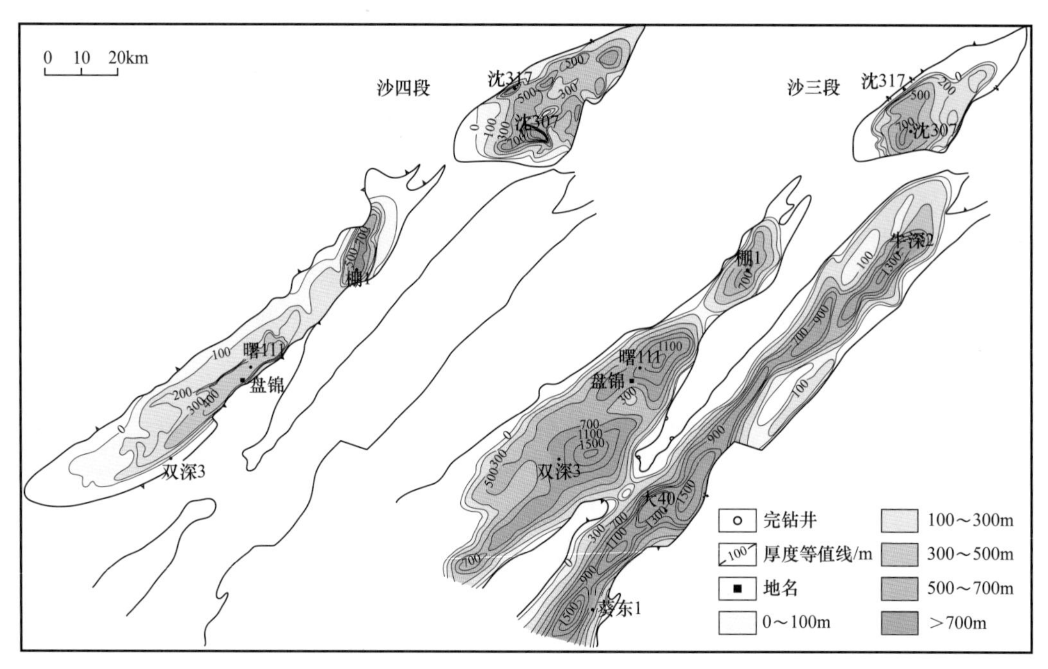

图 1-6-1　辽河坳陷沙四段和沙三段烃源岩厚度等值线图

2. 沙三段

沙三段沉积时期，处于湖盆发展的深陷期，由于断裂作用，盆地显著下降，成为古近纪水体最深的时期。褐灰色、深灰色厚层泥岩广泛发育，水面辽阔，气候温暖湿润，生物繁盛，生物组合面貌全区比较相似。各类化石种属分异度南高北低，基本上反映了辽河坳陷水质南部较北部咸，尤其是西部凹陷最为明显。这种沉积环境决定了烃源岩南部较北部发育，西部凹陷较东部凹陷发育。

大民屯凹陷沙三段沉积时期湖盆收缩，湖水向南退缩，属水退式沉积，下部砂岩与暗色泥岩互层，上部砂砾岩与紫红色、灰绿色泥岩互层，烃源岩仅在南部荣胜堡洼陷较为发育，面积约 300km^2，厚度超过 1000m。

西部凹陷沙三段沉积时期水域广阔，呈东陡西缓的箕状深水湖盆，沉积以深湖—半深湖相暗色泥岩为主，面积约 2450km^2，烃源岩平均厚度为 500m，厚度中心在清水洼陷，推测最大厚度可达 1500m 以上，为主力烃源岩之一。

东部凹陷由于补偿速度较快，沙三段下部以深湖—半深湖相暗色泥岩为主，为主力烃源岩；中部以滨浅湖相砂、泥岩互层为主；上部以沼泽相砂、泥岩与碳质泥岩、煤层互层为主，为次要烃源岩。东部凹陷烃源岩总体表现为南段和北段厚度大，中段较薄，南段盖州滩洼陷和北段牛居—长滩洼陷最厚在 1300m 以上，中段洼槽区厚度仅在 700～900m（图 1-6-1）。另外，东部凹陷沙三段上亚段自北向南还发育一套呈“串珠状”分布的煤层，其平均厚度在 20m 左右（张卫华等，1997；妥进才等，1999）。

3. 沙一段—沙二段

沙一段—沙二段沉积时期为湖盆再陷期，基底沉降不均衡，各地沉积厚度有所差异。东部凹陷和西部凹陷均以浅湖相沉积为主，大民屯凹陷仅有短暂浅湖环境，烃源岩主要发育在东部凹陷和西部凹陷。

沙二段分布局限，主要分布在西部凹陷。沙一段沉积时期，在经历了沙二段沉积时期填洼补齐后，湖泊范围大面积扩展，分布较广。沙一段沉积早期，金星介科小个体三大凹陷广泛发育。沙一段沉积中期腹足类生物纵横向都很丰富，为富营养浅水湖泊，水静且淡。其中东部凹陷和西部凹陷南部地区与渤海湾盆地主体湖泊连通，生物面貌比较一致，水质较咸，水体较深，而东部凹陷和西部凹陷北部地区生物面貌与大民屯凹陷比较接近，水质较淡，水体较浅。沙一段沉积晚期，湖泊大规模由北向南退缩，是沙一段湖泊范围最小时期。

烃源岩岩性以暗色泥岩为主，夹少量油页岩和钙质页岩。厚度和分布远不如沙三段，西部凹陷烃源岩平均厚度在 250m 左右，厚度中心在清水洼陷，厚度达 600m。东部凹陷平均厚度也在 250m 左右，厚度中心在牛居洼陷，厚度达 600m（图 1–6–2）。

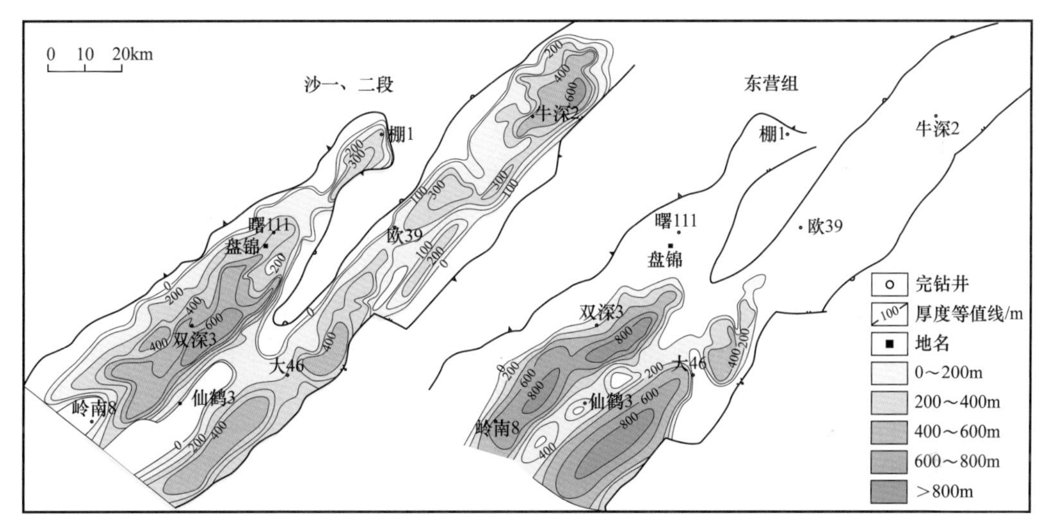

图 1–6–2 辽河坳陷沙一段—沙二段和东营组烃源岩厚度等值线图

4. 东营组

东营组沉积时期，湖泊局限于东部凹陷和西部凹陷南部和滩海地区，而北部地区和大民屯凹陷主要是化石罕见的砂泥岩互层的河流相沉积。

东三段沉积时期，湖泊局限于西部凹陷曙光、兴隆台以南及东部凹陷大平房、荣兴屯一带。腹足类化石在西部凹陷南部及中央凸起带南部海外河地区比较丰富，适于淡水湖泊沼泽环境的田螺成为优势类型；东二段沉积时期湖泊范围向北向东显著扩大，为明显的水进期。渤海湾盆地类型的介形类、腹足类成为本区优势类型；东一段沉积时期，湖泊大规模向南退缩，仅在清水地区以南还残留着一个含有生物的浅水湖泊。

东营组烃源岩较沙河街组面积小，厚度薄，岩性主要为暗色泥岩。西部凹陷烃源岩厚度平均在 400m 左右，厚度中心分布在鸳鸯沟洼陷、清水洼陷，厚度达 800m；东部凹陷相对较厚，平均在 500m 左右，厚度中心在盖州滩洼陷，厚度可达 800m（图 1–6–2）。

二、中生界

中生界烃源岩主要分布在辽河坳陷西部的宋家、兴隆镇洼陷和坳陷东部的油燕沟—驾掌寺、青龙台—三界泡一带。坳陷西部自下而上发育了白垩系九佛堂组、沙海组和阜新组，坳陷东部发育了白垩系梨树沟组（相当于九佛堂组）。

中生代时期，在西部凸起的太古宇和中—新元古界基底上发育了中生界白垩系。其中九佛堂组见有孢粉化石，裸子植物占绝对优势，达 77.6%，蕨类孢子化石的数量与类型均较少，仅在顶部见有数量极少的无突肋纹孢、南京无突肋纹孢化石；沙海组裸子植物继续占绝对优势（92.8%）并达到极繁盛时期，无突肋纹孢较九佛堂组发育，有突肋纹孢、光面单缝孢开始出现；阜新组蕨类植物花粉占绝对优势，无突肋纹孢、有突肋纹孢较下伏地层明显增加，裸子植物花粉开始下降。上述生物组合反映由九佛堂组至阜新组地貌由高山深湖向高差较小的低洼沼泽演化，古气候由温暖潮湿向湿热演化，沉积环境由弱还原的浅湖—半深湖逐渐演变为弱氧化—弱还原浅水沼泽相。坳陷西部沿北东向分布着兴隆镇、公兴河、胡家镇、半拉门和宋家 5 个残留的中生界洼陷，但是烃源岩仅分布在宋家和兴隆镇洼陷，宋家洼陷烃源岩厚度中心在宋 10 井区，分布面积约 170km^2，九佛堂组、沙海组、阜新组烃源岩最厚分别为 150m、300m 和 300m。兴隆镇洼陷下白垩统烃源岩厚度较大，其中九佛堂组最大厚度为 700m，沙海组为 1200m，阜新组为 900m，分布面积约为 310km^2。

坳陷东部梨树沟组沉积时处于湖盆扩张期，主体为滨浅湖—半深湖—深湖亚相沉积，主要发育了一套暗色的湖相泥岩及油页岩。水生生物和植物孢粉化石较为丰富，有介形虫、叶肢介、腹足类和鱼类化石；孢粉化石有细肋纹无突类纹孢、拟克拉梭粉、小皱球粉银杏属及苏铁属等。沉积水域中酸性介质少，二价铁和还原硫含量高，属于弱还原—还原性环境，这为形成有效烃源岩提供了良好的条件。烃源岩主要分布在南部的油燕沟—驾掌寺和北部的青龙台—三界泡一带，面积约 1000km^2，厚度一般为 100～200m，最大达 300m 以上。

第二节　地球化学特征

烃源岩中有机质丰度决定生成油气的能力，有机质类型决定生成油气的倾向性，有机质热演化程度决定着有机质生成油气的数量（陈义才等，2007；侯读杰等，2011；刚文哲等，2011）。辽河坳陷新生界烃源岩由上至下，有机质丰度变高，类型变好，演化程度变高。

一、有机质丰度及类型

1. 有机质丰度

有机质丰度是指单位质量岩石中有机质的数量。主要指标有总有机碳（TOC）、氯仿沥青“A”、总烃和生烃潜力（S_1+S_2），其中最常用的是 TOC。

1）新生界

辽河坳陷古近系烃源岩岩性主要为暗色泥岩，部分层位发育油页岩和钙质泥岩。有机质丰度评价总体在一般—优质（表 1-6-1）。

表 1-6-1　辽河坳陷古近系烃源岩有机质丰度特征表

凹陷	层位	岩性	TOC/%	氯仿沥青“A”/%	总烃/μg/g	生烃潜量/mg/g	评价结果
大民屯	Es_1	暗色泥岩	0.60	0.0262	24	1.06	一般
	Es_3	暗色泥岩	2.23	0.0570	152	3.04	好
	Es_4^{3-d}	暗色泥岩	2.10	0.0673	501	2.15	好
	Es_4^{3-g}	油页岩、钙质泥岩	7.52	0.2174	1345	24.02	优质
西部	Ed	暗色泥岩	1.19	0.0670	361	1.94	一般
	Es_1	暗色泥岩	1.85	0.1103	358	2.37	好
	Es_3	暗色泥岩	2.03	0.1375	543	3.59	好—优质
	Es_4	暗色泥岩、钙质泥岩	2.87	0.2167	1142	1.24	优质
东部	Ed	暗色泥岩	0.83	0.0573	212	2.03	一般
	Es_1	暗色泥岩	1.09	0.0452	149	6.30	一般
	Es_3^1	暗色泥岩	1.42	0.0604	269	2.74	好
	Es_3^{2+3}	暗色泥岩	2.42	0.1424	696	6.83	好—优质

（1）大民屯凹陷。

大民屯凹陷纵向上有机质丰度呈现非均质性变化，整体来说由下向上，TOC 逐渐变小。

沙四段下部发育油页岩，TOC 普遍大于 2%，最高可达 15%，平均 7.52%，高值区位于安福屯洼陷和东胜堡洼陷，为优质烃源岩。沙四段上部 TOC 在 0.5%～2.5% 之间，平均 2.1%，高值区位于安福屯洼陷和荣胜堡洼陷，为好烃源岩。整个沙四段烃源岩 TOC 在 2%～13% 之间，高值区在安福屯洼陷。

沙三段 TOC 在 1%～2.52% 之间，平均 2.23%，高值区位于荣胜堡洼陷，为好烃源岩（图 1-6-3）。沙一段 TOC 较小，平均为 0.6%，为非烃源岩。

（2）西部凹陷。

沙四段烃源岩有机质丰度普遍较高，TOC 在 0.5%～6.3% 之间，平均为 2.87%，高值区分布在西部凹陷西侧各洼陷。沙四段不同部位也有一定差异，如盘山洼陷曙古 168 井沙四段顶部页岩和底部含钙页岩 TOC 最高可达 8%，中部暗色泥岩 TOC 在 2% 左右（图 1-6-4）。平面上，TOC 高值区随着沉积中心的迁移而变化，沙四段下部高值区主要分布在高升—牛心坨地区，最高可达 4%；沙四段上部高值区主要在盘山—陈家洼陷，最高可达 5 %。

沙三段烃源岩 TOC 在 0.5%～18.1% 之间，平均为 2.03%（图 1-6-3），高值区在清水洼陷。沙三段下亚段和沙三段中亚段高值区都在陈家—清水洼陷，最高分别可达 5% 和 4%；沙三段上亚段高值区在清水洼陷，最高可达 3%。

沙一段—沙二段 TOC 在 0.5%～3% 之间，平均值为 1.85%，高值区在陈家—清水洼陷北部。

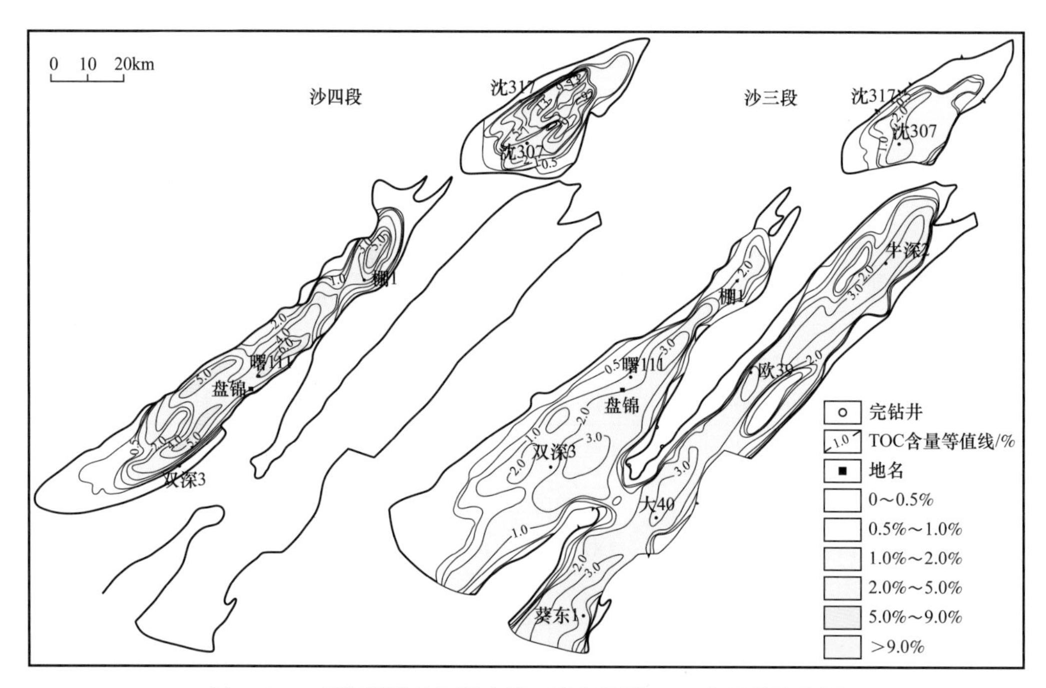

图 1-6-3 辽河坳陷沙四段和沙三段烃源岩 TOC 含量等值线图

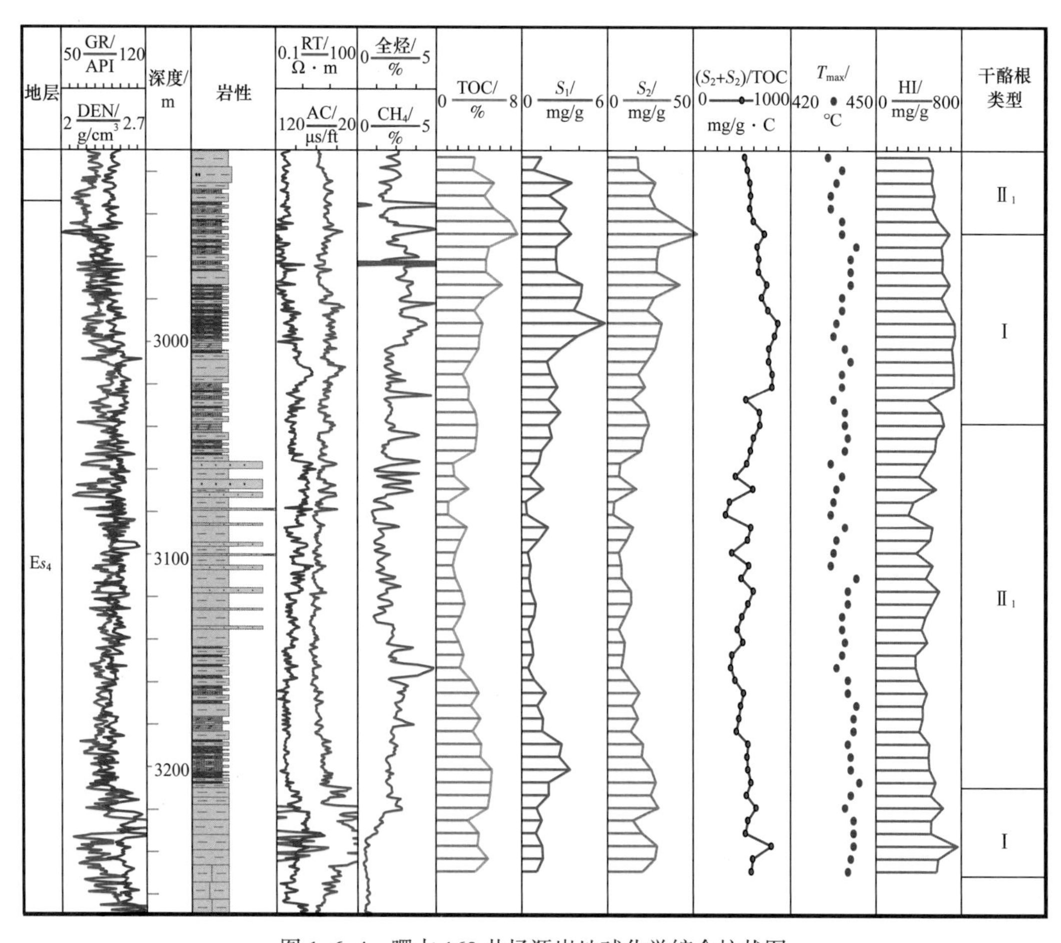

图 1-6-4 曙古 168 井烃源岩地球化学综合柱状图

东营组烃源岩 TOC 在 0.5%～1.5% 之间，平均值为 1.19%，高值区在海南洼陷和清水洼陷南部地区（图 1–6–5）。

（3）东部凹陷。

沙三段烃源岩 TOC 主要在 1%～3% 之间（图 1–6–3），平均为 2.42%，高值区在牛居洼陷和盖州滩洼陷。沙三段中下亚段平均值为 2.42%，存在北、中、南段三个高值中心，沙三段上亚段 TOC 平均值为 1.42%，高值区主要分布在北部地区。沙一段—沙二段 TOC 较小，平均为 1.09%，高值区分布在牛居洼陷和盖州滩洼陷。东营组 TOC 更小，平均为 0.83%，高值区分布在盖州滩洼陷。

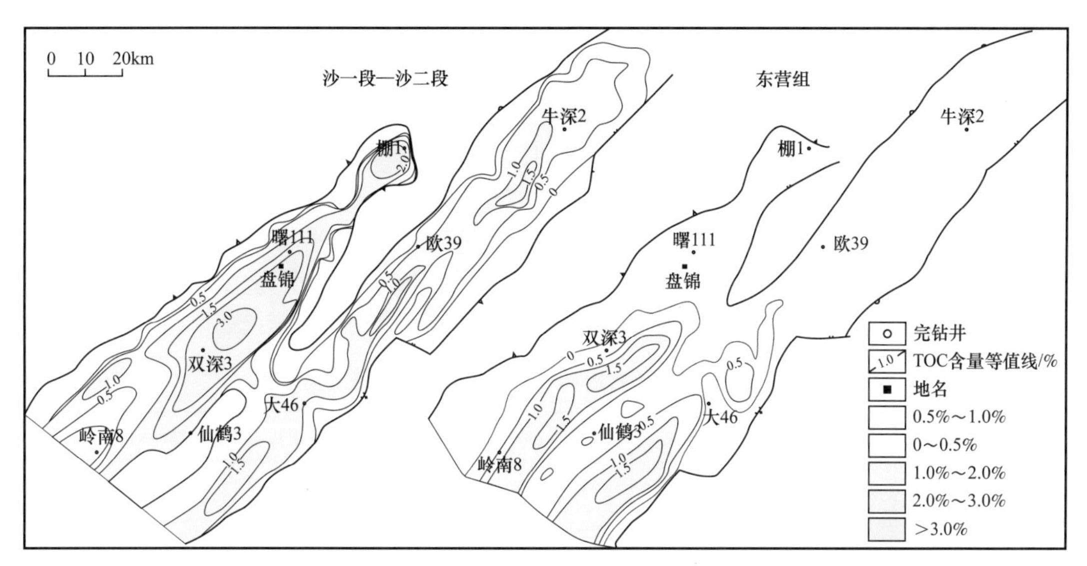

图 1–6–5 辽河坳陷沙一段—沙二段和东营组烃源岩 TOC 含量等值线图

2）中生界

坳陷西部宋家洼陷烃源岩包括九佛堂组、沙海组和阜新组泥岩。其中宋家洼陷九佛堂和沙海组有机质丰度高，TOC 平均为 2.96% 和 2.21%，为优质烃源岩。阜新组有机质丰度较低，为一般烃源岩。兴隆镇洼陷沙海组 TOC 平均 1.06%，整体为一般烃源岩。

坳陷东部中生界梨树沟组 TOC 平均为 1.74%，氯仿沥青“A”和总烃指标也达到好烃源岩级别。详细的丰度参数和评价结果见表 1–6–2。

表 1–6–2 辽河坳陷中生界烃源岩有机质丰度参数表

地区		层位	TOC/%	氯仿沥青“A”/%	总烃 /（μg/g）	生烃潜量 /（mg/g）	评价结果
坳陷西部	宋家洼陷	K*f*	0.66	0.0112	0.14	2.35	一般
		K*sh*	2.21	0.2780	1374	5.69	优质
		K*jf*	2.96	0.4670	2600	8.72	优质
	兴隆镇洼陷	K*sh*	1.06	0.0250	59	6.21	一般
坳陷东部		K*l*	1.74	0.1154	532	1.09	好

2. 有机质类型

1）新生界

（1）大民屯凹陷。

沙四段下部油页岩有机显微组分以类脂体为主，一般大于50%，均值为53.4%；壳质体和镜质体均值分别为17.4%和21.8%；惰质体含量极少。有机质类型以Ⅱ$_1$型为主，部分Ⅰ型。沙四段上部烃源岩有机质类型以Ⅱ$_2$型为主，部分为Ⅲ型。沙三四亚段烃源岩以Ⅱ$_2$型有机质为主，含少量Ⅲ型（表1–6–3）。干酪根元素H/C和O/C原子比划分结果与上述一致。

（2）西部凹陷。

沙四段烃源岩有机质类型以Ⅱ$_1$为主，部分Ⅰ型。类脂体介于3.9%～99.3%之间，平均为71.5%；壳质体介于0～68.2%之间，平均为3.5%；镜质体介于0.9%～90.6%之间，平均为21.8%；惰质体介于0.6%～45.2%之间，平均为3.2%。沙三段烃源岩有机质类型以Ⅱ$_1$为主，类脂体介于1.3%～97.2%之间，平均为66.9%；壳质体介于1%～68%之间，平均为4.9%；镜质体介于1%～97%之间，平均为25.8%；惰质体介于0.7%～87.2%之间，平均为2.4%。沙一段和东营组都以Ⅱ$_1$型为主（表1–6–3）。西部凹陷烃源岩干酪根元素划分类型结果显示出相似的特征。

表1–6–3　辽河坳陷古近系干酪根显微组分含量及类型表

凹陷	层位	类脂体/%	壳质体/%	镜质体/%	惰质体/%	类型指数	主要类型	样品数
大民屯	Es_3^4	25.0	26.7	43.2	5.1	0.8	Ⅱ$_2$	56
	Es_4^{3-d}	34.9	34.6	24.6	5.9	27.9	Ⅱ$_2$	49
	Es_4^{3-g}	53.4	17.4	28.1	1.2	40.0	Ⅱ$_1$	14
西部	Ed	37.9	8.0	51.9	2.2	0.6	Ⅱ$_2$	24
	Es_1	55.9	5.7	34.9	3.6	28.8	Ⅱ$_2$	45
	Es_3	66.9	4.9	25.8	2.4	48.5	Ⅱ$_1$	69
	Es_4	71.5	3.5	21.8	3.2	53.7	Ⅱ$_1$	28
东部	Ed	24.1	9.4	58.2	8.4	24.4	Ⅱ$_2$	13
	Es_1	47.7	8.0	41.9	2.5	18.2	Ⅱ$_2$	48
	Es_3	45.8	6.9	43.1	4.3	11.7	Ⅱ$_2$	67

（3）东部凹陷。

沙三段烃源岩有机质类型绝大部分为Ⅱ$_2$型，类脂体介于1%～98.3%之间，平均为45.8%；壳质体介于0～95.4%之间，平均为6.9%；镜质体介于0～93.8%之间，平均为43.1%；惰质体介于0～84.1%之间，平均为4.3%。其中，沙三段中下亚段烃源岩有机质类型以Ⅱ$_1$型、Ⅱ$_2$型为主，含有部分Ⅰ型和Ⅲ型，沙三段上亚段有机质类型较沙三段中下亚段要差一些，以Ⅲ型为主，体现了煤系地层有机质特征。沙一段和东营组都以Ⅱ$_2$型为主。

综上所述，沙四段烃源岩有机质类型西部凹陷优于大民屯凹陷，大民屯凹陷沙四段下部优于沙四段上部。沙三段烃源岩有机质类型西部凹陷优于东部凹陷，东部凹陷优于大民屯凹陷。这些特征与烃源岩形成环境和发育特征是一致的。

2）中生界

坳陷西部的宋家洼陷九佛堂组有机质类型以Ⅱ$_1$型为主，Ⅱ$_2$型为辅，类型较好；沙海组较九佛堂组差一些，以Ⅱ$_2$型为主，少量Ⅱ$_1$型和Ⅲ型；阜新组则为Ⅲ型。兴隆镇洼陷沙海组有机质类型主要为Ⅲ型。

坳陷东部的梨树沟组有机质类型较好，以Ⅱ$_1$型为主，占45.2%，其次为Ⅰ型和Ⅲ型。

二、有机质成烃演化及成熟度

辽河坳陷由断陷到坳陷的演化过程，为形成巨厚的富含有机质烃源岩创造了优越的地质环境，也为有机质转化成油气提供了有利条件。辽河坳陷三大凹陷地质发育史各不相同，决定了烃源岩有机质热演化存在一定差异。

1. 地温梯度

辽河坳陷的地温梯度主要受基岩起伏、岩性、埋深和地下水动力条件等因素影响。根据系统测温井资料和试油静温资料，三大凹陷地温梯度存在一定差异。

纵向上，大民屯凹陷新近系和古近系的地温梯度差异较小，而西部凹陷和东部凹陷差异明显。西部凹陷和东部凹陷新近系沉积厚度大、馆陶组水层发育，受其影响新近系和古近系的地温梯度差异较大。新近系和第四系的地温梯度明显较低，介于20～30℃/km；古近系地温梯度较高，介于30～40℃/km，个别层段超过40℃/km；大民屯凹陷新近系不发育，沉积厚度一般为200～300m，馆陶组水层不发育，所以新近系和古近系的地温梯度差异不大。

平面上，地温梯度总体表现为凸起带高于凹陷带；西部凹陷、东部凹陷古近系地温梯度高于大民屯凹陷；各凹陷内地温梯度也存在南高北低的变化趋势。

烃源岩的成熟度除了受地层温度主导外，还与热力作用的时间长短密切相关，对于辽河坳陷新生界而言，时代较老的地层，例如沙四段和沙三段，如果上覆地层厚度小或被剥蚀时，其生烃门限深度相对比较浅；相反，上覆地层厚度大时，其生烃门限深度则相对较深，这就是下文大民屯凹陷生烃门限深度小于东部凹陷和西部凹陷的重要原因。

2. 有机质成熟度与演化

1）新生界

辽河坳陷新生界古近系烃源岩可划分为未成熟、成熟、高成熟和过成熟4个热演化阶段，大民屯、西部和东部三大凹陷热演化阶段划分的深度大体相同（表1–6–4）。

表1–6–4　辽河坳陷古近系烃源岩热演化阶段划分表

演化阶段		未成熟	成熟	高成熟	过成熟
R_o/%		<0.5	0.5～1.3	1.3～2.0	>2.0
平均深度/m	大民屯凹陷	<2400	2400～4400	4400～5200	>5200
	西部凹陷	<2800	2800～4400	4400～5000	>5000
	东部凹陷	<2800	2800～4600	4600～5300	>5300

（1）大民屯凹陷。

地球化学研究结果表明，烃源岩在2400m左右，镜质组反射率 R_o 达到0.5%，进入生烃门限（图1-6-6）。进入成熟阶段后，S_1、I_{HC} 和 I_p 都开始逐渐变大。

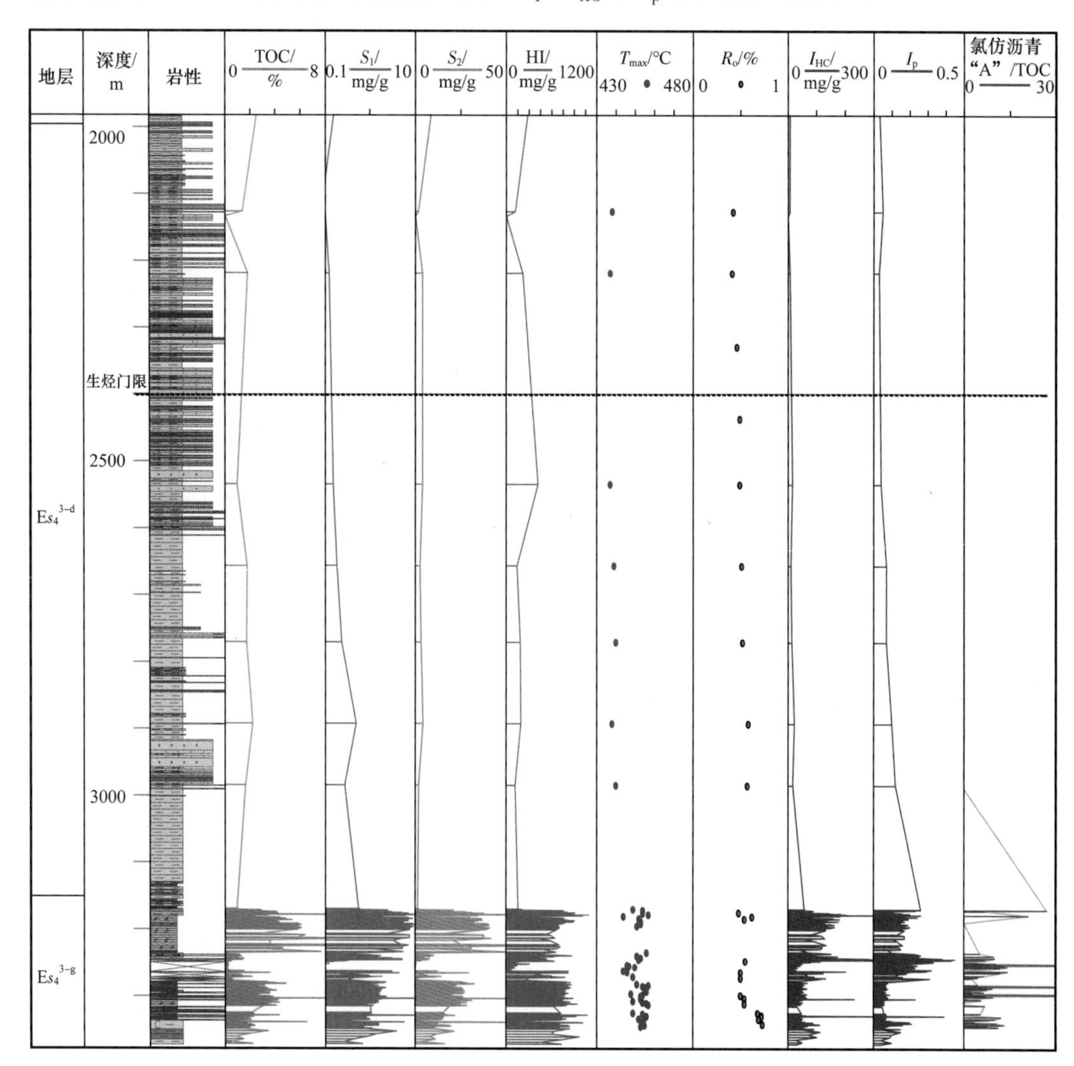

图1-6-6 大民屯凹陷沙四段地球化学综合柱状图

沙三段烃源岩 R_o 一般在0.5%～1.0%，处于成熟阶段，在凹陷南部的荣胜堡洼陷 R_o 最高大于1.3%，处于高成熟阶段；沙四段烃源岩 R_o 一般在0.6%～1.0%，处于成熟阶段，凹陷南部的荣胜堡洼陷 R_o 普遍大于1.3%，最高超过2.0%，处于高成熟—过成熟阶段（图1-6-7）。

（2）西部凹陷。

双兴1井的地球化学研究结果显示，埋深在2600～2800m，烃源岩 R_o 达到0.5%，岩石热解最高峰温 T_{max} 达到436℃，进入生烃门限。进入成熟阶段后，各项地球化学指标都开始变大；埋深达到3200m左右时，S_1 和 S_2 和HI达到最高值，此后开始逐渐下降；到4400m左右时，R_o 达到1.3%，T_{max} 达到450℃，I_{HC} 和 I_p 达到最大值，此后开始逐渐减小，烃源岩也开始进入高成熟阶段（图1-6-8）。

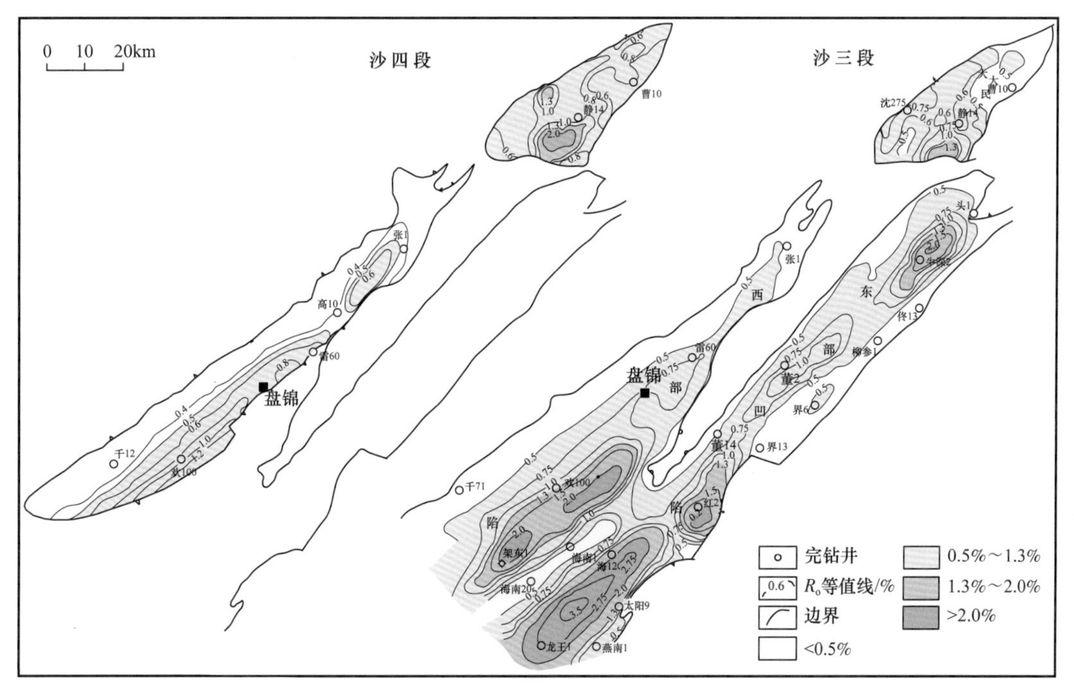

图 1-6-7 辽河坳陷沙四段和沙三段烃源岩 R_o 等值线图

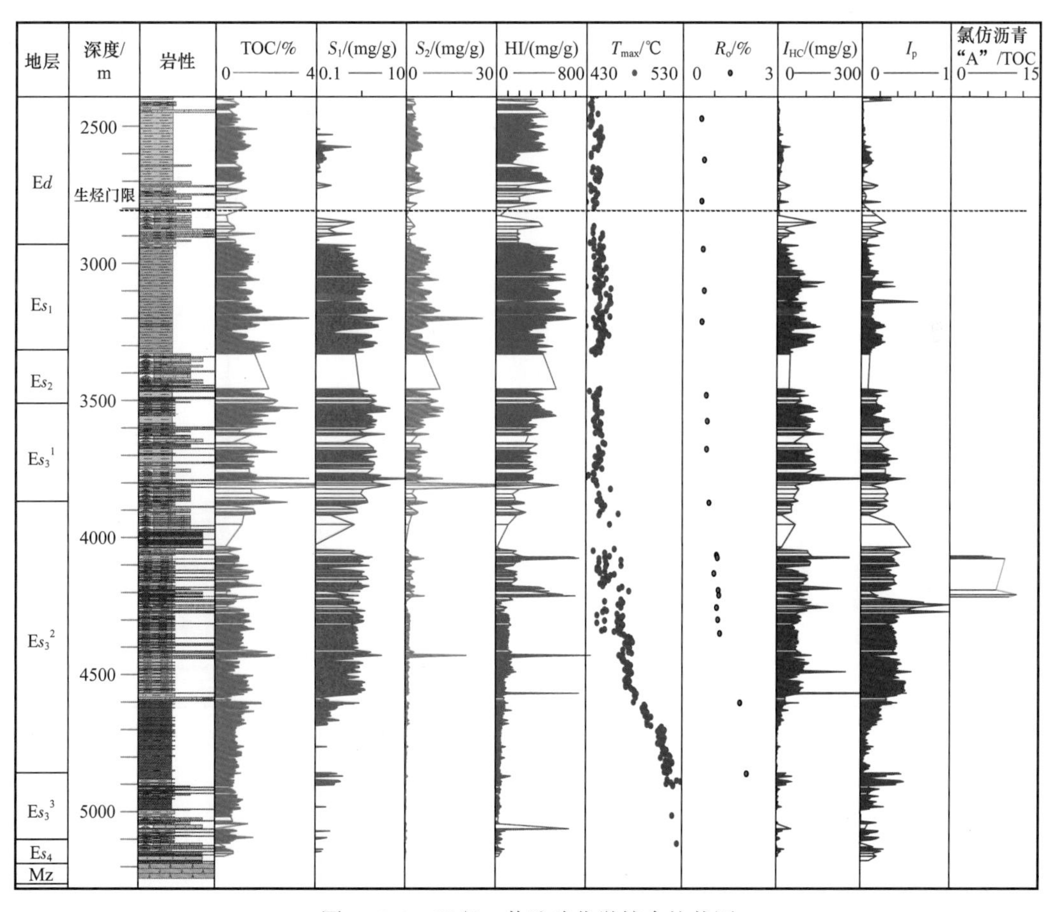

图 1-6-8 双兴 1 井地球化学综合柱状图

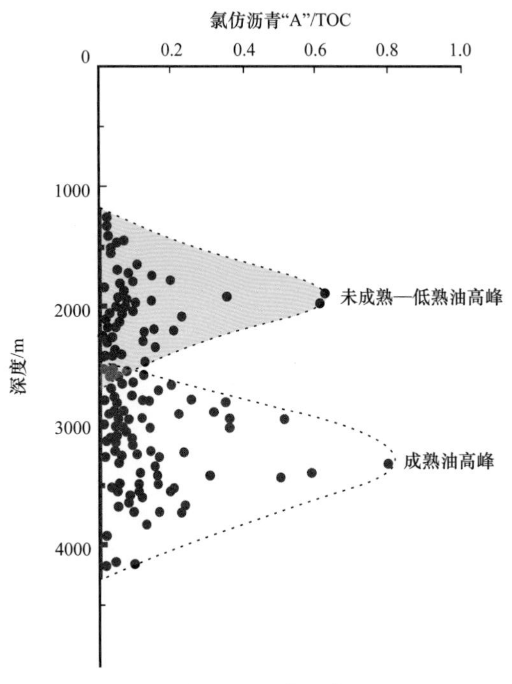

图 1-6-9　西部凹陷氯仿沥青“A”/TOC与深度关系

从整个西部凹陷来看，烃源岩在深度2800m左右达到生烃门限（R_o=0.5%），在4400m左右进入高成熟阶段（R_o=1.3%）。实测资料展示，西部凹陷烃源岩热演化序列完整，存在未成熟—低熟和成熟两个“生烃高峰”，可生成不同成熟阶段的油气，如低熟油、成熟油、凝析油、裂解气等（王铁冠等，1995，1997；朱芳冰，2002；史建南等，2007）。沙四段烃源岩主要分布在牛心坨和盘山洼陷，现今处于低成熟—成熟阶段（R_o=0.3%～0.9%）；沙三段烃源岩主要分布在陈家和清水洼陷，现今主体进入生烃高峰期（R_o>1.0%），清水洼陷和海南洼陷达到高成熟阶段（图 1-6-7、图 1-6-9）。

沙三段纵向上热演化指标显示，烃源岩从埋深2800m开始R_o达到0.5%，进入成熟阶段后，随后各项地球化学指标都开始变大；埋深达到3500m左右时，I_{HC}和I_p开始快速变大；到4500m左右时，R_o达到1.3%，T_{max}达到450℃，I_{HC}和I_p也达到最大值，此后开始逐渐减小，烃源岩也开始进入高成熟阶段（图 1-6-10）。

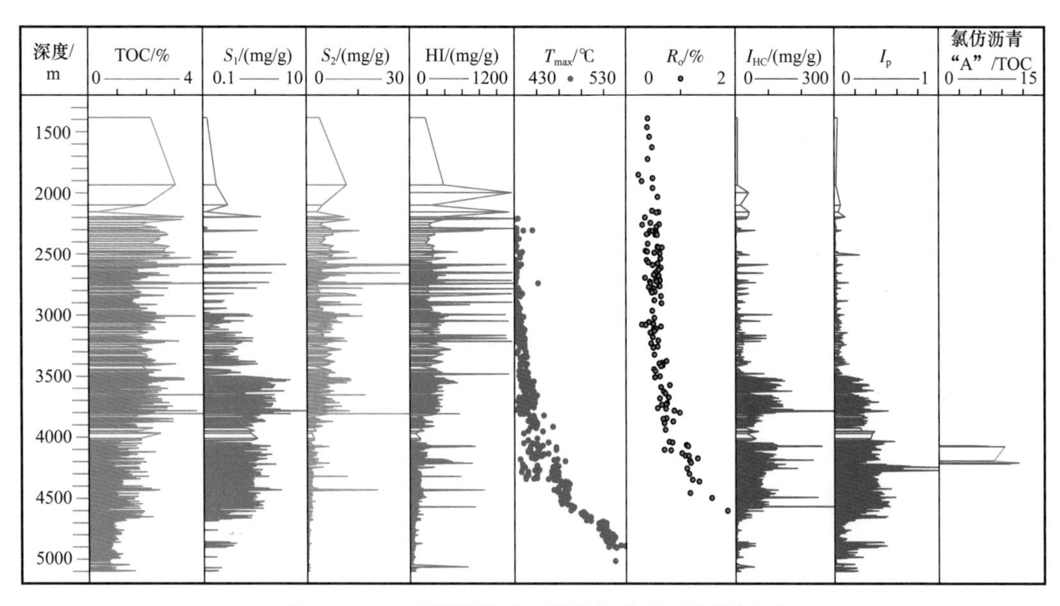

图 1-6-10　西部凹陷沙三段热演化地球化学剖面

（3）东部凹陷。

大15井的地球化学结果显示，埋深在2600～2800m烃源岩R_o达到0.5%，T_{max}达到435℃，进入生油门限。进入成熟阶段后，S_1和S_2开始缓慢增加，HI、I_{HC}和I_p变化不大（图 1-6-11）。

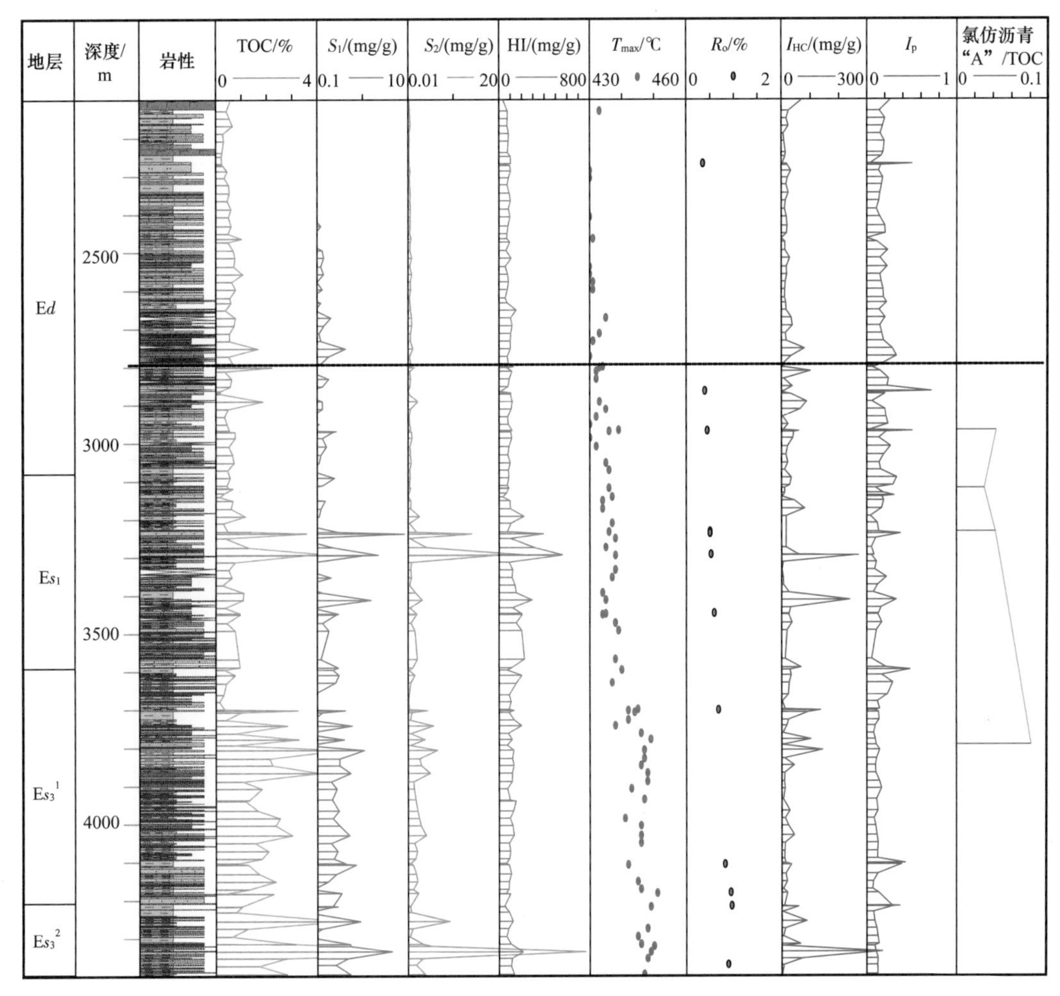

图 1-6-11　大 15 井地球化学综合柱状图

平面上，东部凹陷中段沙三段烃源岩埋深浅，处于低熟—成熟阶段（R_o=0.5%～1.0%）。南段和北段埋深大，超过 6000m，烃源岩热演化程度高。北部的牛居—长滩洼陷 R_o 最高达到 2.0%，进入高成熟阶段的晚期；南部的盖州滩洼陷烃源岩 R_o 最高超过 3.0%，进入过成熟阶段（图 1-6-7）。另外，东部凹陷火山岩夹层中烃源岩样品 R_o 高于远离火山岩的相应层位和深度的样品，该现象已被证实是受火山作用影响所致（陈振岩等，1996，2011；张占文等，2005）。

2）中生界

辽河坳陷及周边不同地区中生界由于后期抬升剥蚀程度不相同，造成热演化阶段划分有所差异。

坳陷西部的宋家洼陷，中生界烃源岩的 T_{max}、R_o 等指标表明（表 1-6-5），烃源岩在 1300m 开始进入成熟阶段。兴隆镇洼陷中生界烃源岩的成熟门限深度约为 1050m。千 6 井 2090.5m 中生界烃源岩的实测 R_o 为 1.23%，表明区内有机质热演化已经达到成熟阶段，具备生油气条件。

坳陷东部中生界烃源岩生烃门限在 2000m 左右。青龙台地区的中生界烃源岩 R_o 都大于 0.5%，东部凸起中生界烃源岩 R_o 一般介于 0.74%～1.25% 之间，佟 2 井中生界烃

源岩 R_o 的最大值为 1.25%，T_{max} 为 446℃，表明坳陷东部中生界烃源岩基本处于生油高峰阶段。

表 1-6-5　中生界烃源岩热演化阶段数据表

地区		演化阶段	深度 /m	T_{max}/℃	R_o/%
坳陷西部	宋家洼陷	未成熟	＜1300	421～430	＜0.50
		成熟	1300～2440	431～444	0.50～1.04
	兴隆镇洼陷	成熟	＞1050	434～446	0.50～1.23
坳陷东部		成熟	＞2000	427～597	0.50～1.25

3. 烃源岩生烃期

辽河坳陷三大凹陷的生烃特征既具有相似性，又存在差异性（图 1-6-12）。其烃源岩主力生烃期基本相同，其中东营组沉积期是烃类大量生成、排出时期。

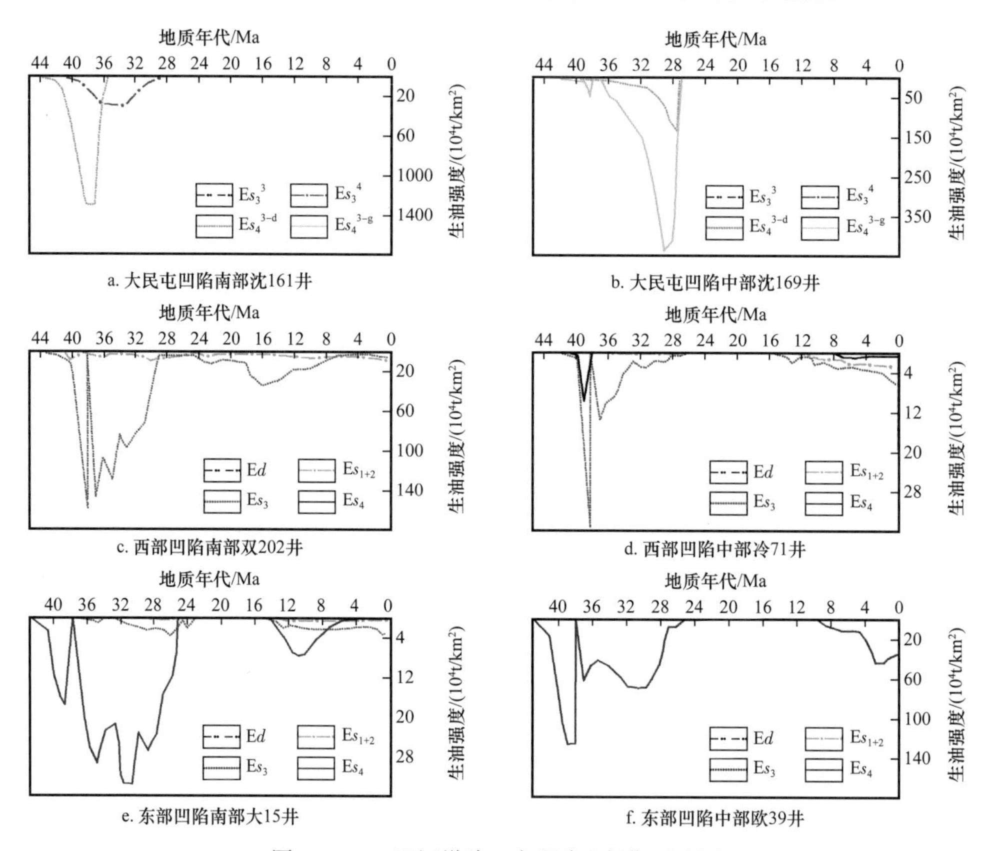

图 1-6-12　辽河坳陷三大凹陷生烃期对比图

大民屯凹陷主力烃源岩生烃期只有一期，为沙一段到东营组沉积时期。西部凹陷和东部凹陷主力烃源岩都发育两个生烃期：第一期也在沙一段到东营组沉积时期，为主力生烃期，第二期在馆陶组沉积期至今。造成这一差异的原因主要与三大凹陷晚期的构造活动的差异性和由此产生的不同热力作用有关。

受沉积、沉降中心迁移影响，不同地区主力生烃时间和生烃强度存在一定差异。

大民屯凹陷沙四段上部烃源岩在荣胜堡洼陷生烃较早，在 41Ma（沙三四亚段沉积期末）就开始生烃，到 36Ma（沙一段沉积期末）生油基本结束（沈 161 井）；在安福屯洼陷这套烃源岩生油较晚，在 36Ma 开始生油，至东营组沉积期末生油结束（沈 169 井）。

西部凹陷第二期生烃强度由北向南增强，如北段的冷 71 井生烃强度为 7×10^4t/km^2，南段的双 202 井生烃强度为 28×10^4t/km^2。

东部凹陷的第二期生烃强度南段（大 15 井）和中段（欧 39 井）没有明显的差异。

三、烃源岩综合评价

生烃强度是综合评价烃源岩生烃能力的重要指标，影响生烃强度的关键参数包括烃源岩的有机质丰度、类型、热演化程度、厚度和面积等。

1. 新生界

辽河坳陷主力烃源岩是西部凹陷的沙三段和沙四段，东部凹陷的沙三段和大民屯凹陷的沙四段（表 1–6–6）（李晓光等，2007a，2007b，2017；马玉龙等，1997）。

表 1–6–6　辽河坳陷主力烃源岩特征表

凹陷	层位	岩性	面积 / km^2	厚度 / m	TOC/ %	氯仿沥青“A” / %	总烃 / μg/g	有机质类型	R_o/ %
大民屯	Es_3^4	暗色泥岩	300	50～800	2.23	0.0570	152	Ⅱ$_2$	0.47～1.50
	Es_4^{3-d}	暗色泥岩	600	50～800	2.15	0.0673	501	Ⅱ$_2$	
	Es_4^{3-g}	油页岩、钙质泥岩	220	50～600	7.52	0.2174	1345	Ⅱ$_1$	
西部	Es_3	暗色泥岩	2450	50～1800	2.03	0.1375	543	Ⅱ$_1$	0.30～2.05
	Es_4	暗色泥岩、钙质泥岩	1500	50～700	2.87	0.2167	1142	Ⅱ$_1$	
东部	Es_3	暗色泥岩	2500	50～1500	2.34	0.0894	314	Ⅱ$_2$	0.35～1.60

大民屯凹陷主力烃源岩是沙四下亚段油页岩和钙质泥岩，其次是沙四段上亚段和沙三段 + 沙四段亚段的暗色泥岩；西部凹陷主力烃源岩为沙四段暗色泥岩、钙质泥岩、油页岩和沙三段暗色泥岩；东部凹陷主力烃源岩为沙三段中下亚段暗色泥岩，其次是沙三段上亚段的煤系泥岩。

综合评价认为，辽河坳陷三个凹陷主力烃源岩 TOC 平均值均大于 2%，其中西部凹陷和大民屯凹陷的烃源岩有机质丰度相对更高。有机质类型也是西部凹陷和大民屯凹陷优于东部凹陷。三大凹陷主要演化阶段处于低成熟—高成熟阶段，西部凹陷和东部凹陷局部地区烃源岩达到过成熟阶段。辽河坳陷主力烃源岩生烃强度显示，沙四段高值区在大民屯凹陷南部的荣胜堡洼陷，最高可达 6000×10^4t/km^2 油当量，沙三段高值中心在西部凹陷南部的清水洼陷，也达 5000×10^4t/km^2 油当量（图 1–6–13）。

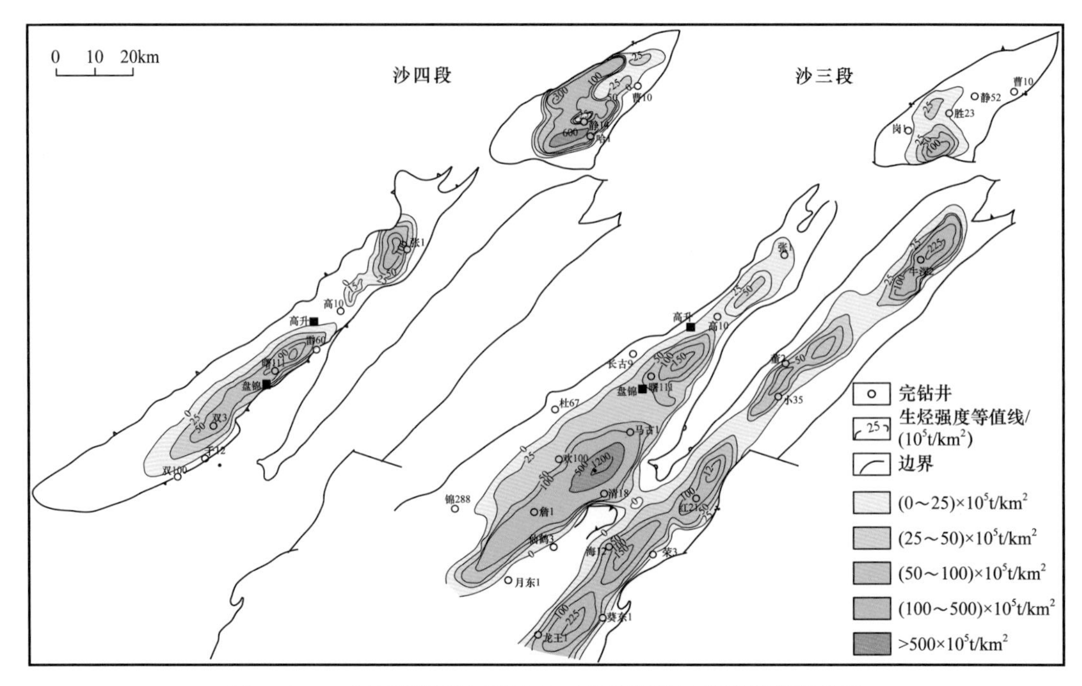

图 1-6-13 辽河坳陷沙四段和沙三段烃源岩生烃强度等值线图

2. 中生界

坳陷西部宋家洼陷的九佛堂组和沙海组烃源岩分布范围约占整个洼陷面积的一半。有机质丰度都很高，为优质烃源岩，九佛堂组和沙海组有机质类型以Ⅱ$_1$型和Ⅱ$_2$型为主，主要处于成熟演化阶段。而阜新组为一般的Ⅱ$_2$—Ⅲ型烃源岩，部分处于成熟阶段。兴隆镇洼陷的沙海组烃源岩为好的Ⅲ型烃源岩，已达到成熟阶段，主要分布在千 6 井—千 8 井一带，沉积厚度较大。整体来说，坳陷西部地区的中生界烃源岩主要分布在残留洼陷内，范围较小，供烃能力有限（表 1-6-7）。

辽河坳陷东部的梨树沟组烃源岩有机质丰度较高，TOC 平均 1.74%，大于 2% 的优质烃源岩主要分布在界 10 井和界 12 井以及龙 1 井、龙 25 井和龙深 1 井附近；有机质类型为Ⅱ$_1$—Ⅲ型，处于成熟—高成熟阶段，综合评价为好烃源岩。但是由于烃源岩分布范围有限，而且主要分布在凹陷基底隆起区的青龙台—三界泡一带，经历过多次抬升剥蚀，难以为大规模油气聚集提供物质基础。

表 1-6-7 辽河坳陷中生界烃源岩特征表

地区		层位	面积 / km^2	厚度 / m	TOC/ %	氯仿沥青“A”/ %	总烃 / μg/g	有机质类型	R_o/ %
坳陷西部	宋家洼陷	K*f*	170	50～300	0.66	0.0112	0.14	Ⅱ$_2$—Ⅲ	0.50～1.04
		K*sh*		50～300	2.21	0.2780	1374.00	Ⅱ$_1$—Ⅱ$_2$	
		K*jf*		50～192	2.96	0.4670	2600.00		
	兴隆镇洼陷	K*sh*	310	50～850	1.06	0.0250	59.00	Ⅲ	0.60～1.23
坳陷东部		K*l*	1000	50～522	1.74	0.1154	532.00	Ⅱ$_1$—Ⅲ	0.50～1.25

第三节　原油特征与油源对比

辽河坳陷油气资源丰富，油品性质多样，通过油源对比研究可以明确各类原油的来源。

一、原油物理化学性质

辽河坳陷原油性质差异大，除正常原油外，还有高密度、高黏度的稠油和高含蜡、高凝固点的高凝油等，它们的分布均具有明显的差异性。

1. *原油物理性质*

辽河坳陷不同的油气聚集区，其原油物理性质有较为明显的差异（表 1-6-8）。同一凹陷内的原油物理性质也不相同，其中西部凹陷的原油物理性质差异性较大，大部分原油密度高，最高可达 1.04g/cm^3（20℃），黏度高，最高可达 231900mPa·s（50℃），含蜡量、凝固点比较低；东部凹陷的原油物理性质普遍较好，原油密度较低、黏度较低，但在茨榆坨、燕南等地区也分布有高密度、高黏度原油；大民屯凹陷的原油除南部地区外，原油含蜡量、凝固点都明显高于西部凹陷和东部凹陷，最高分别可达 56.86% 和 72℃（表 1-6-9）。

表 1-6-8　辽河坳陷原油物理性质统计表

指标	密度（20℃）/g/cm^3	黏度（50℃）/mPa·s	凝固点 /℃	含蜡量 /%	含硫量 /%	沥青质 + 胶质 /%	初馏点 /℃	总馏量 /%
最大值	1.0400	231900	72	56.86	1.53	59.32	296	250.0
最小值	0.7120	0.48	−72	0.02	0	0.66	7	2.4
平均值	0.8624	25.90	26	12.40	0.10	12.8	105	39.8

表 1-6-9　辽河坳陷三大凹陷原油物理性质对比表

指标	大民屯凹陷		西部凹陷		东部凹陷	
	范围	平均值	范围	平均值	范围	平均值
密度（20℃）/（g/cm^3）	0.7818～0.9796	0.8581	0.773～1.0400	0.8684	0.7120～0.9835	0.8418
黏度（50℃）/（mPa·s）	0.01～693.19（100℃）	9.60	0.6～231900.0（50℃）	29.7	0.48～583.60（50℃）	6.50
凝固点 /℃	−23～72	40	−72～49	19	−54～44	23
含蜡量 /%	0.13～56.86	23.50	0.02～30.80	9.60	0.20～43.30	13.60
含硫量 /%	0.030～0.270	0.088	0～1.530	0.106	0.020～0.470	0.072
沥青质 + 胶质 /%	1.49～33.30	12.20	0.66～59.32	13.60	2.14～35.65	9.70
初馏点 /℃	11～250	109	7～296	114	55～266	100
总馏量 /%	5.5～75.0	36.0	2.4～250.0	32.0	9.7～94.8	45.0

2. 原油化学组成

辽河坳陷原油化学组成也具有一定的差异性。大民屯凹陷原油饱和烃含量高于西部凹陷和东部凹陷，沥青质含量远低于西部凹陷和东部凹陷（表 1-6-10）。

表 1-6-10　辽河坳陷原油化学组成统计表

指标	大民屯凹陷		西部凹陷		东部凹陷	
	范围	平均值	范围	平均值	范围	平均值
饱和烃 /%	46.12～81.55	69.05	20.00～90.00	56.56	20.00～78.20	57.16
芳香烃 /%	10.71～31.17	16.98	4.35～32.12	15.19	3.71～38.25	15.67
沥青质 /%	0～13.87	1.19	0～29.89	7.94	0.64～34.03	7.22

总体上来看，辽河坳陷原油中碳元素含量在 80%～90% 之间，一般在 86% 左右，氢元素含量一般在 11.5% 左右，钒卟啉含量甚微，镍卟啉含量为几微克每克到 400μg/g，平均值为 97.27μg/g。因此，辽河坳陷原油为低含硫、低钒 / 镍比值，高含蜡的石蜡基石油，具有典型的陆相原油特点，与国内外海相成因的石油性质有着明显的差别。

二、不同类型原油特征及分布

按照原油的物理化学特征，可以将辽河坳陷的原油划分为稀油（正常稀油和成熟煤型油）、稠油（原生稠油、次生稠油）、高凝油以及凝析油四个大类（表 1-6-11）。

表 1-6-11　辽河坳陷原油物理化学特征表

指标	稀油		稠油			高凝油	凝析油
	正常稀油	成熟煤型油	原生稠油	次生稠油			
				降解稠油	严重降解稠油		
密度（20℃）/（g/cm^3）	0.80～0.90	0.78～0.82	0.87～0.97	0.90～0.95	>0.95	0.84～0.90	<0.78
黏度 /（mPa·s）	2～50（50℃）		>300（50℃）	30～500（50℃）	>500（50℃）	3～100（100℃）	
蜡含量 /%	5～25	一般<5	3～10	<10	<5	>20	>5
硫含量 /%	0.01～0.35		0.20～0.60	>0.20	>0.25	0.01～0.20	
沥青质 + 胶质 /%	5～30	一般<5	>25	25～40	>40	5～30	
凝固点 /℃	5～40		0～40	-5～5	<0	>40	<-20
总馏量 /%	30～70		10～40	10～30	<20	25～60	>70
饱和烃 /%	平均 65.47	50.00～76.48	20.00～50.00			平均 70.56	>90.00
饱和烃 / 芳香烃	平均 4.34	1.29～3.25	平均 1.77			平均 6.25	

1. 稀油

1）正常稀油

辽河坳陷成熟正常稀油分布较为广泛，西部凹陷南段，东部凹陷以及大民屯南部均发育正常。其物理性质好，饱和烃含量高，正构烷烃含量丰富，异构烷烃和环烷烃含量少；原生藿烷占藿烷总量的50%以上，未检出25-降藿烷；在甾类萜类系列中，$C_{29}20S/20(S+R)$一般大于0.5，$C_{31}20S/20(S+R)$一般大于0.6，说明其异构化已趋于平衡，原油已经完全成熟。

2）成熟煤型油

成熟煤型油仅见于煤层较为发育的东部凹陷荣兴屯、大平房、桃园地区，原油品质好，其密度分布范围为0.78～0.82g/cm^3（20℃），饱和烃含量分布范围为50%～76.48%，芳香烃含量分布范围为23.52%～41.17%，全油碳同位素值（$\delta^{13}C$，PDB）介于-25.14‰～-26.43‰之间。

2. 稠油

1）原生稠油

由于原生稠油是低热应力作用阶段的产物，其物理性质表现为密度较大、胶质沥青质含量较高，所以又称低熟油。辽河坳陷原生稠油主要分布在西部凹陷北部地区，密度均大于0.87g/cm^3(20℃)，在未遭生物降解的情况下，密度一般在0.89～0.92g/cm^3(20℃)之间。沥青质+胶质含量通常大于25%，成熟度很低的原油可达到50%，如雷39井（2366.0～2388.3m）为53.24%。其族组分具有烃类含量相对较低、非烃沥青质含量相对较高的特点，全油碳同位素值（$\delta^{13}C$，PDB）小于-28‰。

2）次生稠油

次生稠油在西部凹陷浅层普遍存在（埋深小于2000m），都不同程度地遭受次生改造作用，主要为生物降解作用，出现轻质馏分缺失与损耗现象，原油沥青质重质馏分含量增加，饱和烃中正构烷烃等轻质组分均不同程度地缺失或损耗。原油中甾萜类环状化合物受到生物降解作用影响的程度和产物不同。微生物对五环三萜类的降解结果是产生了完整系列的25-降藿烷系列（碳数为C_{26}、C_{28}—C_{34}），此系列是许多强烈生物降解油中的一种典型化合物系列。其中降解稠油密度一般分布在0.90～0.95g/cm^3（20℃），黏度一般分布在30～500mPa·s（50℃），蜡含量小于10%，硫含量大于0.20%，沥青质+胶质含量为25%～40%，凝固点为-5～5℃，总馏量10%～30%；严重降解稠油密度一般大于0.95g/cm^3（20℃），黏度一般大于500mPa·s（50℃），蜡含量小于5%，硫含量大于0.25%，沥青质+胶质含量大于40%，凝固点小于0℃，总馏量小于20%。

3. 高凝油

国内习惯把蜡含量大于20%、凝固点大于40℃的原油定义为高凝油。辽河坳陷的高凝油主要分布在大民屯凹陷北部和西部，其全油碳同位素值（$\delta^{13}C$，PDB）以小于-26‰为主。

高凝油的形成与生油母质、成熟度和析蜡作用密切相关。首先，大民屯凹陷沙四段下部发育油页岩，油页岩中针叶高等植物孢子体和角质体碎屑等富氢成分是生成高凝油的主要物质基础，而高等植物中纤维素等贫氢成分（经历强烈微生物改造而富氢）和低等水生生物（车轴藻和细菌）是重要补充。其次，大民屯凹陷烃源岩进入生烃高峰后，安福屯洼陷烃源岩长期处于成熟早期阶段，有利于生成含高碳数烷烃的高蜡高凝油。再次，原油运聚过程中的析蜡作用，也是高蜡高凝油形成的重要机制。

4. 凝析油

高成熟凝析油是与天然气伴生的液态烃，具有密度低，黏度低，凝固点低，饱和烃含量高，蜡、硫、沥青质和胶质含量低，总馏量高（最高可达 95%）的特点，碳同位素值（$\delta^{13}C$，PDB）小于 –25‰。该类原油在辽河坳陷西部凹陷双台子地区有所分布，双 202 井 3958.1～4203.5m 井段三次试油所产原油都是典型的凝析油，其外观清澈透明，原油密度在 0.773～0.780g/cm^3（20℃）之间，–20℃未凝，饱和烃含量大于 90%；原油碳同位素值（$\delta^{13}C$，PDB）为 –24.3‰，伴生天然气密度在 0.63～0.68g/cm^3 之间，干燥系数在 0.83～0.91 之间。

三、原油成因分类及特征

原油成因分类是一项比较复杂的工作，目前国内尚无统一的分类标准，一般都是根据油区各自的特点和需要进行分类。根据辽河坳陷原油母源有机质类型、沉积相和水介质等特征，将原油划分为强还原咸化半深湖型、还原微咸化半深湖型、弱还原—弱氧化淡水半深湖—深湖型和氧化淡水湖沼型 4 种类型。不同成因类型原油的特征见表 1–6–12。

表 1–6–12　辽河坳陷各类原油生物标志物地球化学特征表

各类原油特征		强还原咸化半深湖型	还原微咸化半深湖型	弱还原—弱氧化淡水半深湖—深湖型	氧化淡水湖沼型
正构烷烃	碳数分布形态	前峰型	后峰型	前峰型或双峰型	前峰型为主
	主峰碳	—	nC_{27} 或 nC_{29}	—	nC_{17}
类异戊二烯	Pr/Ph	<1.0	约 1.9	1.0～3.0	1.5～4.0
萜烷	伽马蜡烷 /C_{30} 藿烷	高	较低	低	低
	奥利烷 /C_{30} 藿烷	低	较高	低	高
	长链三环萜 / 藿烷	—	较高	低	—
甾烷	C_{27}，C_{28}，C_{29} 规则甾烷	斜坡形	反“L”形，C_{28} 高	“V”形，反“L”形和“L”形	反“L”形，C_{28} 低
	4– 甲基甾烷	无	较低或无	中等	无
	重排 / 规则甾烷	非常低	较低	中等或较高	高
分布	大民屯凹陷	无	北部和西部	南部	无
	西部凹陷	陆上北部和西斜坡	无	陆上中南部和滩海	无
	东部凹陷	无	无	陆上和滩海	大平房等地区

1. 强还原咸化半深湖型

1）分布特征

强还原咸化半深湖型原油主要分布在西部凹陷曙光地区的前古近系，牛心坨、雷家、高升、杜家台地区的沙四段和沙三段。

2）生物标志物特征

强还原咸化半深湖型原油的正构烷烃一般呈前峰型分布，Pr/Ph 值一般小于 1.0，CPI 和 OEP 平均值在 1.0 左右；萜类化合物，伽马蜡烷 /C_{30} 藿烷值高，奥利烷 /C_{30} 藿烷值低；甾类化合物，C_{27}、C_{28}、C_{29} 规则甾烷呈均势或斜坡形分布，C_{27}/C_{29} 规则甾烷值分布范围为 0.26～1.00，不含 4– 甲基甾烷和重排甾烷。这些生物标志物特征说明其母源沉积环境为强还原、咸水菌藻类贡献较大、富碳酸盐岩的咸化深湖环境（图 1–6–14）。

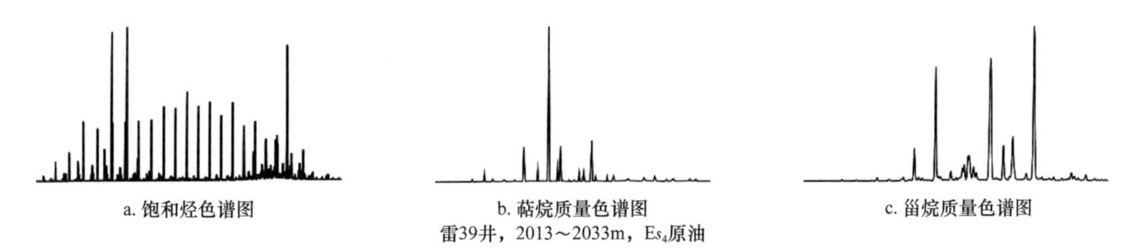

图 1–6–14　辽河坳陷强还原咸化半深湖型原油饱和烃气相色谱与萜烷、甾烷质量色谱图

2. 还原微咸化半深湖型

1）分布特征

还原微咸化半深湖型原油主要分布在大民屯凹陷边台—静北地区的前古近系，东胜堡—静安堡地区和安福屯洼陷周边的沙四段、沙三段。

2）生物标志物特征

还原半深湖型原油的含蜡量非常高，正构烷烃多呈后峰型分布，主峰碳一般为 nC_{27} 或 nC_{29}，其 $\sum C_{21-}/\sum C_{22+}$ 值小于 0.6，分布范围为 0.36～0.58，（C_{21}+C_{22}）/（C_{28}+C_{29}）值一般小于 1.1，分布范围为 0.75～1.67，Pr/Ph 值平均为 1.9，Pr/nC_{17} 和 Ph/nC_{18} 值分布范围为 0.17～0.55 和 0.07～0.17；萜类化合物中三环萜烷含量相对较高，C_{24} 四环萜烷 /C_{26} 三环萜烷值较高，长链三环萜 / 藿烷值较高，伽马蜡烷 /C_{30} 藿烷值较低，且奥利烷峰有较强的显示；甾类化合物中 C_{27}、C_{28}、C_{29} 规则甾烷呈反“L”形或近“V”形分布，以 C_{29} 规则甾烷为主，含量大于 40%，含 4– 甲基甾烷。这些生物标志化合物特征说明其母源沉积环境为还原的微咸化半深湖环境，生源构成以高等植物为主，混有少量低等水生生物，且受到厌氧细菌的改造。从甾萜类化合物的构型转化上来看，该类原油属于成熟原油（图 1–6–15）。

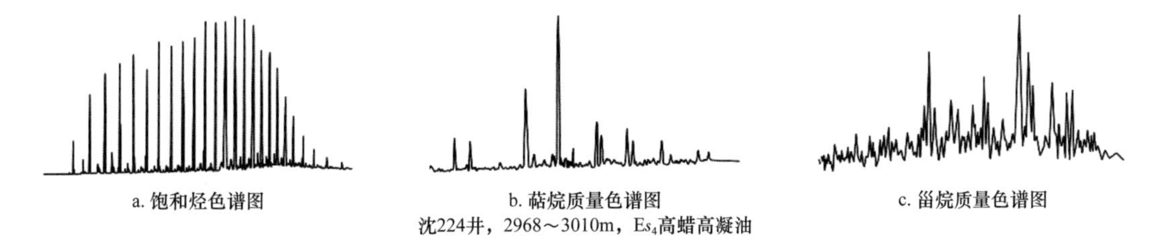

图 1–6–15　辽河坳陷还原微咸化半深湖型原油饱和烃气相色谱与萜烷、甾烷质量色谱图

3. 弱还原—弱氧化淡水半深湖—深湖型

1）分布特征

弱还原—弱氧化淡水半深湖—深湖型原油在辽河坳陷广泛分布，具体分布在大民屯

凹陷南部荣胜堡洼陷周边的沙三段；西部凹陷中南部和东部凹陷的前古近系、沙三段、沙一段—沙二段、东营组和馆陶组。

2）生物标志物特征

弱还原—弱氧化淡水半深湖—深湖型原油饱和烃含量高，其中正构烷烃含量高，异构烷烃和环烷烃含量少。正构烷烃多呈前峰型或双峰型分布，Pr/Ph 值分布范围为 1.0～2.5；原生藿烷占藿烷总量的 50% 以上，未检出 25- 降藿烷，伽马蜡烷 /C_{30} 藿烷值中等或较低，奥利烷 /C_{30} 藿烷值低，长链三环萜 / 藿烷值低；辽河坳陷由北向南，C_{27}、C_{28}、C_{29} 规则甾烷分布形态呈反“L”形至“V”形至“L”形规律变化，含 4- 甲基甾烷，重排甾烷 / 规则甾烷值中等或较高；$\alpha\alpha\alpha C_{29}$ 甾烷 $20S/(S+R)$ 一般大于 0.5，$C_{31}20S/(S+R)$ 一般大于 0.6。这些特征说明其烃源岩沉积环境为弱还原—弱氧化、高等植物和低等水生生物混合输入的淡水半深湖—深湖环境，黏土含量丰富，甾烷异构化已趋于平衡，烃源岩已完全成熟。

辽河坳陷弱还原—弱氧化淡水半深湖—深湖型原油总体上具有以上这些类似的特征，但是在大民屯凹陷、西部凹陷和东部凹陷之间还是存在区别。

（1）大民屯凹陷。

大民屯凹陷弱还原—弱氧化淡水半深湖—深湖型原油的正构烷烃主峰碳为 nC_{19} 或 nC_{21}，呈前峰型分布，C_{21-}/C_{22+} 值一般大于 0.6，分布范围为 0.69～1.48，C_{21+22}/C_{28+29} 值一般大于 1.5，分布范围为 1.45～2.37，Pr/Ph 值大于 1.2，Pr/nC_{17} 和 Ph/nC_{18} 值分布范围分别为 0.48～0.72 和 0.33～0.49，反映其烃源岩沉积于开阔弱氧化的水体中。Ts/（Ts+Tm）、$\alpha\alpha\alpha C_{29}$ 甾烷 $20S/(S+R)$、C_{29} 甾烷 $\beta\beta/(\alpha\alpha+\beta\beta)$、$C_{31}$ 升藿烷 $S/(S+R)$ 和 C_{32} 藿烷 $S/(S+R)$ 平均值分别为 0.58、0.5、0.41、0.57 和 0.57，反映其为成熟原油；（C_{20}+C_{21}）/（C_{23}+C_{24}）三环萜、C_{29} 藿烷 /C_{30} 藿烷、Ol/C_{30} 藿烷和藿烷 / 甾烷平均值分别为 0.89、0.45、0.08、25.81，C_{27}、C_{28}、C_{29} 规则甾烷呈反“L”形分布，C_{28} 规则甾烷含量低，含有 4- 甲基甾烷，反映其母质来源以高等植物输入为主，低等水生生物输入为辅；C_{30} 藿烷 /C_{29}Ts、伽马蜡烷 /C_{30} 藿烷、C_{24} 四环萜 /C_{26} 三环萜平均值分别为 0.45、0.06、0.83，反映其烃源岩沉积环境为富黏土的淡水环境（图 1-6-16）。

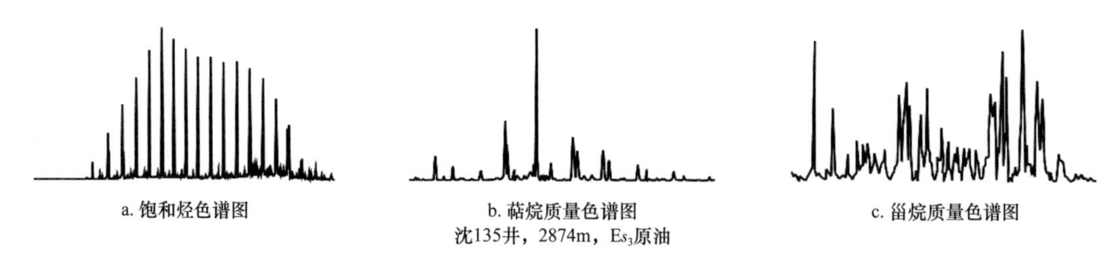

图 1-6-16　大民屯凹陷弱还原—弱氧化淡水半深湖—深湖型原油饱和烃气相色谱与萜烷、甾烷质量色谱图

（2）西部凹陷。

西部凹陷弱还原—弱氧化淡水半深湖—深湖型原油 Pr/Ph 值分布范围为 1.0～1.9，Pr/nC_{17} 和 Ph/nC_{18} 值都较小，CPI 和 OEP 平均值都在 1.0 左右；伽马蜡烷 /C_{30} 藿烷一般较低；$\alpha\alpha\alpha C_{29}$ 甾烷 $20S/(S+R)$ 值普遍大于 0.35，西部凹陷陆上 C_{27}、C_{28}、C_{29} 规则甾烷呈“V”形分布，滩海地区 C_{27}、C_{28}、C_{29} 规则甾烷呈“L”形分布，含有 4- 甲基甾烷，重排甾烷含量中等或较高。这些生物标志物特征反映其烃源岩已进入成熟阶段，母源沉

积环境为开阔相对偏氧化、高等植物和低等水生生物混合输入的淡水环境，且由陆上至滩海低等水生生物贡献比例增加（图 1-6-17）。

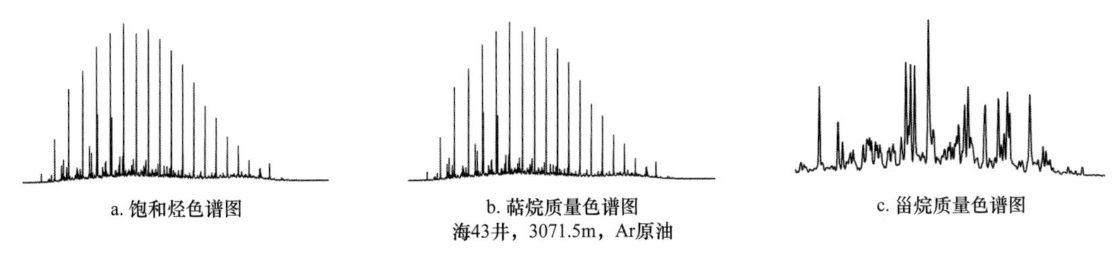

图 1-6-17　西部凹陷弱还原—弱氧化淡水半深湖—深湖型原油饱和烃气相色谱与萜烷、甾烷质量色谱图

（3）东部凹陷。

东部凹陷弱还原—弱氧化淡水半深湖—深湖型原油，总体上 Pr/Ph 值大于 1.9，伽马蜡烷 /C_{30} 藿烷很低，长链三环萜 / 藿烷值低，$\alpha\alpha\alpha C_{29}$ 甾烷 20*S*/（*S*+*R*）值除欧利坨子地区外，普遍大于 0.35，东部凹陷陆上 C_{27}、C_{28}、C_{29} 规则甾烷呈“V”形分布，滩海地区 C_{27}、C_{28}、C_{29} 规则甾烷呈“L”形分布，C_{28} 规则甾烷相对西部凹陷较低，含 4- 甲基甾烷，反映其烃源岩已进入成熟阶段，母源沉积环境为开阔氧化、高等植物和低等水生生物混合输入的淡水环境，且由陆上至滩海低等水生生物贡献比例增加（图 1-6-18）。

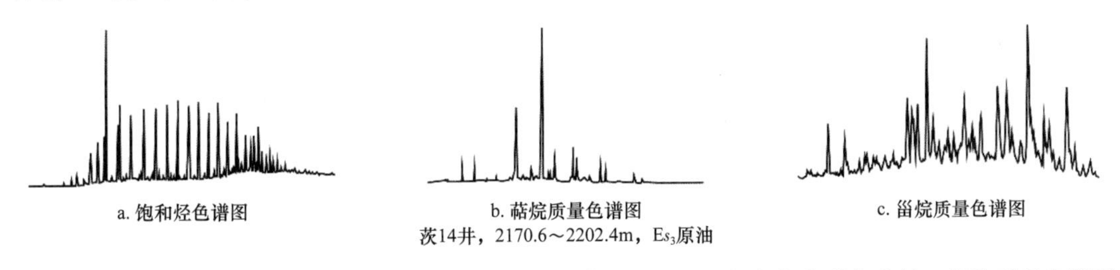

图 1-6-18　东部凹陷弱还原—弱氧化淡水半深湖—深湖型原油饱和烃气相色谱与萜烷、甾烷质量色谱图

4. 氧化淡水湖沼型

1）分布特征

东部凹陷荣兴屯、大平房、桃园地区发现了氧化淡水湖沼型原油，一般称为煤型油。

2）生物标志物特征

氧化淡水湖沼型原油 OEP 值分布范围为 0.93～1.08，都为成熟油，Pr/Ph 值普遍大于 2.0，最高可达 3.98，原油倍半萜中 8*β*（*H*）锥满烷含量高，分布普遍，二萜类中海松烷、降海松烷及扁枝烷普遍含量高，陆源三萜类中几乎没有发现羽扇烷，但普遍检测到奥利烷，碳同位素值（$\delta^{13}C$，PDB）分布范围为 −24.50‰～−26.22‰，一般大于 −26.00‰。

四、烃源岩类型及生物标志物特征

辽河坳陷烃源岩以沙三段和沙四段为主要烃源岩，中生界、沙一段—沙二段以及东营组受其生烃能力及分布影响，只在坳陷局部地区对油气有贡献。根据沙四和沙三时期的构造活动、水体深浅、气候和生物发育等环境情况，可以将烃源岩划分为强还原咸化半深湖相油页岩，还原微咸化半深湖相油页岩，弱还原—弱氧化淡水半深湖—深湖相泥岩和氧化淡水湖沼相泥岩四类。

1. 强还原咸化半深湖相油页岩

1）分布特征

强还原咸化半深湖相油页岩发育在西部凹陷沙四段上部，主要分布在西部凹陷的雷家、高升、曙光和齐家地区，而且烃源岩厚度呈北厚南薄分布，在雷家、高升地区厚度可达 500m。

2）生物标志物特征

西部凹陷沙四段上亚段油页岩正构烷烃分布以前峰型为主，Pr/Ph 值一般小于 1.0，反映其沉积环境为强还原性。在质量色谱图上，可以看出烃源岩生物标志物特征为伽马蜡烷 /C_{30} 藿烷值高，贫重排甾烷、C_{28} 规则甾烷含量高，贫 C_{30} 甾烷，C_{27}、C_{28}、C_{29} 规则甾烷呈斜坡形或均势分布，表明其母质为高等植物和咸水藻类混合输入，沉积环境为咸化碳酸盐岩环境（图 1–6–19）。

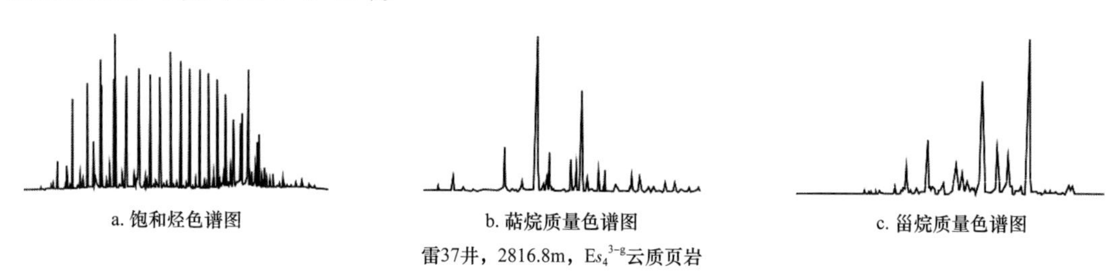

图 1–6–19 辽河坳陷强还原咸化半深湖相烃源岩饱和烃气相色谱与萜烷、甾烷质量色谱图

2. 还原微咸化半深湖相油页岩

1）分布特征

还原微咸化半深湖相油页岩发育在大民屯凹陷沙四段下部油页岩，主要分布在大民屯凹陷安福屯洼陷和胜东洼陷，发育规模受盆地内的古隆起和水体介质特征的双重控制，最大厚度达 300m，平均厚度在 150m 左右。

2）生物标志物特征

大民屯凹陷沙四段下部油页岩，在饱和烃气相色谱图上，正构烷烃具有双峰或后峰型分布特征，表明油页岩有机质中低分子量烃类和高分子量烃类含量都较多。在 *m*/*z*191 质量色谱图上，萜类化合物以五环三萜烷为主，三环萜烷含量较低，三环萜 / 藿烷值较高，C_{29}/C_{30} 藿烷值较低，伽马蜡烷 /C_{30} 藿烷值较低，这表明沙四段下部油页岩有细菌和藻类脂体的贡献，并且经过了微生物强烈的改造作用，形成于缺氧、微咸化的沉积环境。在 *m*/*z* 217 质量色谱图上，甾类化合物中 C_{27}、C_{28}、C_{29} 规则甾烷呈反“L”形或近“V”形分布（C_{29} 规则甾烷占优势），含有 4– 甲基甾烷（图 1–6–20）。

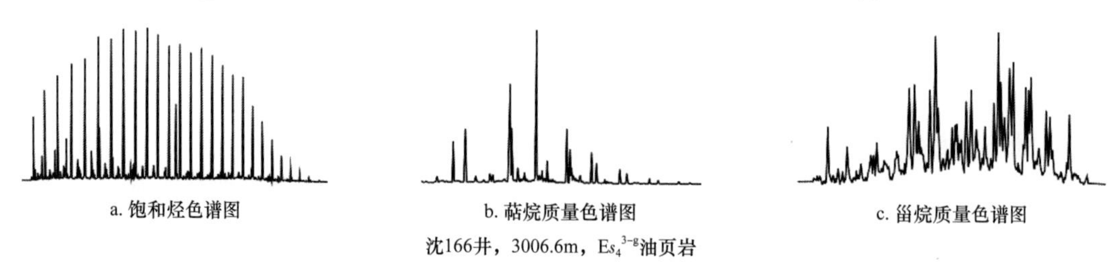

图 1–6–20 辽河坳陷还原微咸化半深湖相烃源岩饱和烃气相色谱与萜烷、甾烷质量色谱图

3. 弱还原—弱氧化淡水半深湖—深湖相泥岩

1）分布特征

弱还原—弱氧化淡水半深湖—深湖相烃源岩在辽河坳陷广泛分布，包括大民屯凹陷沙四段上部—沙三四亚段泥岩、西部凹陷沙三段泥岩和东部凹陷沙三段中下亚段泥岩。其中，大民屯凹陷沙四段上部—沙三四亚段泥岩主要分布在荣胜堡洼陷，最大厚度都可以达到600m；西部凹陷沙三段暗色泥岩分布广、厚度大，在清水洼陷地区厚达1500m；东部凹陷沙三段中下亚段泥岩分布广，呈南北段厚，中段薄的特征。

2）生物标志物特征

还原—弱氧化淡水半深湖—深湖相烃源岩的正构烷烃多呈前峰型或双峰型分布，萜烷中伽马蜡烷/C_{30}藿烷比值低，奥利烷/C_{30}藿烷值低，甾烷中C_{27}、C_{28}、C_{29}规则甾烷分布形态在坳陷内由东北向西南呈反“L”形至“V”形至“L”形规律变化，含有4-甲基甾烷和重排甾烷。这反映其烃源岩沉积环境为弱还原—弱氧化、高等植物和低等水生生物混合输入的淡水半深湖—深湖黏土环境。

辽河坳陷弱还原—弱氧化淡水半深湖—深湖相烃源岩总体上具有以上这些特征，但大民屯凹陷、西部凹陷和东部凹陷还是存在一定差异性。

（1）大民屯凹陷。

大民屯凹陷沙四段上部—沙三段四亚段泥岩正构烷烃具有前峰型的分布特征，有机质中富含低分子量烃；萜烷以五环三萜烷为主，三环萜烷含量较低，三环萜/藿烷比值高，C_{29}/C_{30}藿烷比值低，藿烷/甾烷比值高，伽马蜡烷/C_{30}藿烷比值低；C_{27}、C_{28}、C_{29}规则甾烷呈反“L”形分布（图1-6-21）。

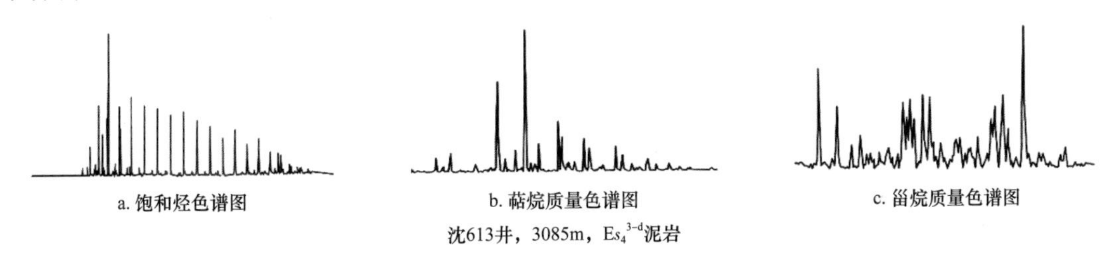

图1-6-21 大民屯凹陷弱还原—弱氧化淡水半深湖—深湖相烃源岩饱和烃气相色谱与萜烷、甾烷质量色谱图

（2）西部凹陷。

沙三段烃源岩生物标志物特征为正构烷烃分布以前峰型或双峰型为主，Pr/Ph值一般分布在1.0～2.0之间，伽马蜡烷/C_{30}藿烷值低，含重排甾烷，C_{28}规则甾烷含量低，含4-甲基C_{30}甾烷，其中C_{27}、C_{28}、C_{29}规则甾烷在陆上呈“V”形分布，在滩海地区呈“L”形分布，表明其母质为高等植物和藻类混合输入，沉积环境为弱还原—弱氧化的淡水黏土环境（图1-6-22）。

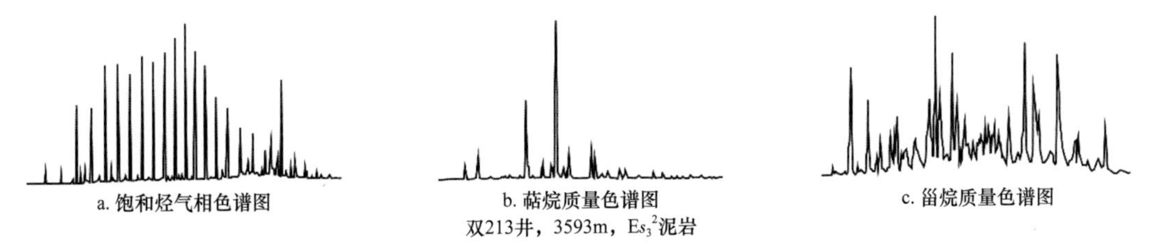

图1-6-22 西部凹陷弱还原—弱氧化淡水半深湖—深湖相烃源岩饱和烃气相色谱与萜烷、甾烷质量色谱图

（3）东部凹陷。

沙三段中下亚段烃源岩生物标志物特征为：伽马蜡烷 /C_{30} 藿烷值低，含重排甾烷和 4- 甲基 C_{30} 甾烷，C_{27}、C_{28}、C_{29} 规则甾烷陆上呈“V”形分布（图 1-6-23），滩海地区呈“L”形分布，表明其沉积环境为弱还原—弱氧化淡水黏土环境，母质来源为高等植物和低等水生生物的混合。

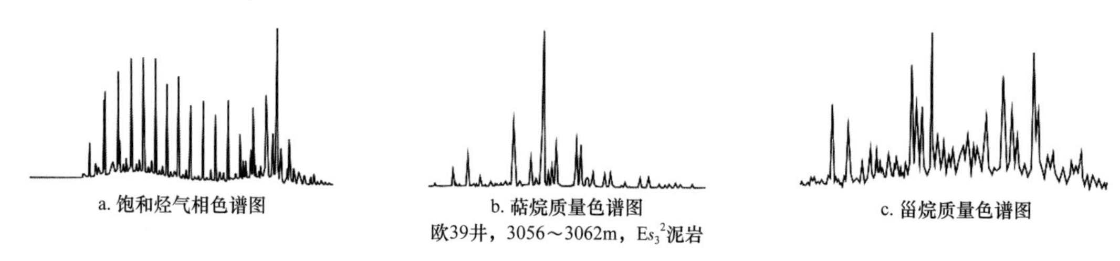

图 1-6-23　东部凹陷弱还原—弱氧化淡水半深湖—深湖相烃源岩饱和烃气相色谱与萜烷、甾烷质量色谱图

4. 氧化淡水湖沼相煤系泥岩

1）分布特征

氧化淡水湖沼相烃源岩发育在东部凹陷沙三段上亚段，为煤系泥岩，其煤层平均厚度在 20m 左右，自北向南呈“串珠状”分布。

2）生物标志物特征

沙三段上亚段烃源岩生物标志物特征为：Pr/Ph 值大于 2.0，伽马蜡烷含量低，贫重排甾烷，贫 C_{30} 甾烷，C_{27}、C_{28}、C_{29} 规则甾烷呈反“L”形分布，表明其沉积环境为淡水沼泽环境，母质生源构成以高等植物为主（图 1-6-24）。

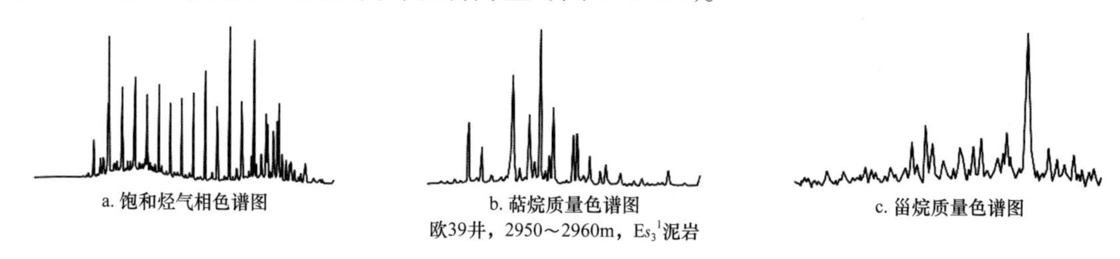

图 1-6-24　辽河坳陷氧化淡水湖沼相烃源岩饱和烃气相色谱与萜烷、甾烷质量色谱图

五、油源对比

辽河坳陷古近系直接覆盖在古老的基岩之上，其沉积的多旋回性决定了多层次生、储、盖成藏组合的广泛分布。按其配置方式可将辽河坳陷成藏组合划分为三类：前古近系新生古储型、古近系自生自储型和新近系古生新储型。三个凹陷烃源岩的性质控制了原油的性质，烃源岩的分布又控制了油气藏的空间分布（表 1-6-13）。

1. 强还原咸化半深湖型原油来源

原油和烃源岩多项生物标志化合物参数指标的对比表明，西部凹陷北段和西斜坡的强还原咸化半深湖型原油与西部凹陷陈家—盘山洼陷的强还原咸化半深湖相沙四段烃源岩类似，都有 Pr/Ph 值小于 1，C_{27}、C_{28}、C_{29} 规则甾烷呈斜坡形分布，富含 C_{28} 规则甾烷，伽马蜡烷 /C_{30} 藿烷值很高等特征（图 1-6-25）。西斜坡的原油遭受强烈的生物降解而稠变。北段低熟油保存较好，其甾烷异构化比值较低，$\alpha\alpha\alpha C_{29}$ 甾烷 20*S*/（*S*+*R*）值一般小于 0.32，C_{29} 甾烷 $\beta\beta/(\alpha\alpha+\beta\beta)$ 值约为 0.26，萜烷分布也显示出低热演化程度特征，Ts/Tm 值一般小于 0.3，明显小于成熟油，其相对较高丰度的 13α14α- 三环萜烷和 8α（H）升补身烷和脱羟基维生素 E（DHVE），也反映出该原油的低熟特征。

表 1-6-13　辽河坳陷各类原油油源对比结果统计表

<table>
<tr><th>原油类别</th><th>分布凹陷</th><th>分布地区</th><th>分布地层</th><th>主力烃源岩</th></tr>
<tr><td rowspan="2">强还原咸化深湖型</td><td rowspan="2">西部</td><td rowspan="2">陆上北部和西斜坡</td><td>曙光地区的前古近系</td><td rowspan="2">西部凹陷沙四段油页岩</td></tr>
<tr><td>雷家、高升、杜家台地区古近系沙四段和沙三段</td></tr>
<tr><td rowspan="2">还原微咸化半深湖型</td><td rowspan="2">大民屯</td><td rowspan="2">北部和西部</td><td>边台—静北地区前古近系</td><td rowspan="2">大民屯凹陷沙四下亚段油页岩</td></tr>
<tr><td>东胜堡—静安堡构造和安福屯洼陷周边古近系沙四段、沙三段</td></tr>
<tr><td rowspan="7">弱还原—弱氧化淡水半深湖—深湖型</td><td>大民屯</td><td>南部</td><td>荣胜堡洼陷周边地区古近系沙三段</td><td>大民屯凹陷荣胜堡洼陷沙四段上部—沙三段四亚段泥岩</td></tr>
<tr><td rowspan="3">西部</td><td rowspan="3">陆上中南部和滩海</td><td>中央凸起、兴隆台地区前古近系</td><td rowspan="3">西部凹陷沙三段泥岩</td></tr>
<tr><td>古近系沙三段、沙一段—沙二段、东营组</td></tr>
<tr><td>新近系馆陶组</td></tr>
<tr><td rowspan="3">东部</td><td rowspan="3">陆上和滩海</td><td>茨榆陀地区前古近系</td><td rowspan="3">东部凹陷沙三段中下亚段泥岩</td></tr>
<tr><td>古近系沙三段、沙一段、东营组</td></tr>
<tr><td>新近系馆陶组</td></tr>
<tr><td>氧化淡水湖沼型</td><td>东部</td><td>荣兴屯、大平房、桃园地区</td><td>古近系沙一段</td><td>东部凹陷沙三段上亚段煤系泥岩</td></tr>
</table>

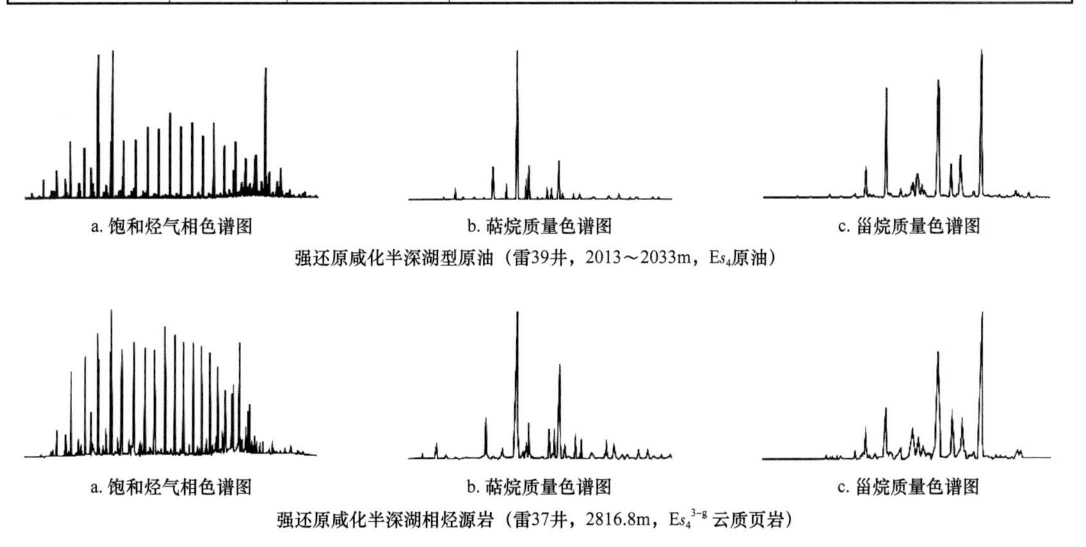

图 1-6-25　辽河坳陷强还原咸化半深湖型原油来源

2. 还原微咸化半深湖型原油来源

该类原油分布在大民屯凹陷北部和西部。萜类化合物中 C_{24} 四环萜烷 /C_{26} 三环萜烷值较高，伽马蜡烷 /C_{30} 藿烷值较低，奥利烷 /C_{30} 藿烷值很高，萜类化合物中三环萜烷含量相对较高，长链三环萜 / 藿烷值较高。甾类化合物中 C_{27}、C_{28}、C_{29} 规则甾烷呈反“L”形分布，C_{28} 规则甾烷含量较高。这些特征表明该类原油来自大民屯凹陷安福屯洼陷沙四下亚段油页岩（图 1-6-26）。

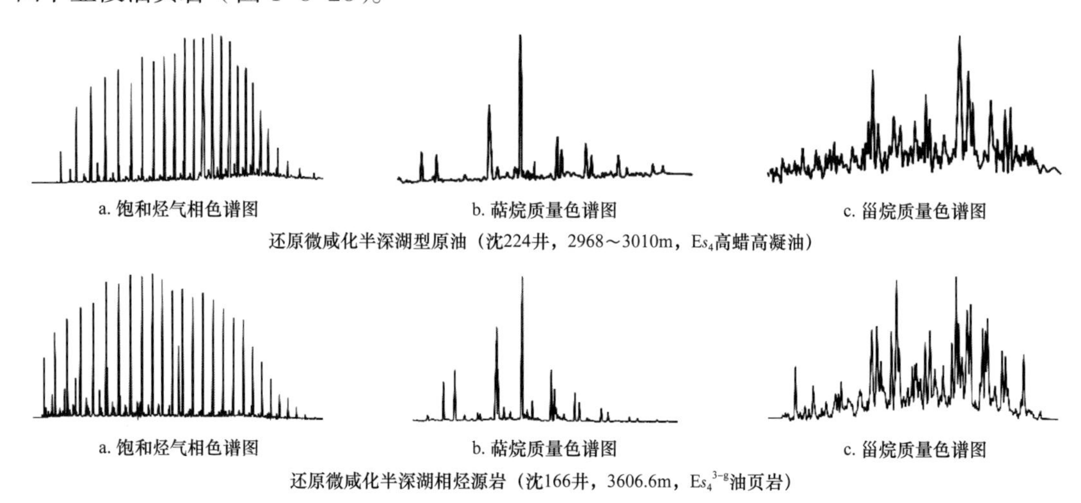

图 1-6-26　辽河坳陷还原微咸化半深湖型原油来源

3. 弱还原—弱氧化淡水半深湖—深湖型原油来源

该类型原油在辽河坳陷三大凹陷都有广泛分布（图 1-6-27、图 1-6-28、图 1-6-29）。

油源对比证实该类原油来源于 Pr/Ph 值介于 1.0～2.0，伽马蜡烷 /C_{30} 藿烷值中等或较低，奥利烷 /C_{30} 藿烷值低，长链三环萜 / 藿烷值低，含 4- 甲基甾烷，重排甾烷 / 规则甾烷值较高的沙三段烃源岩。沙三段烃源岩由北向南沉积水体变深，低等水生生物输入变多，有机质类型变好，其生成的原油中 C_{27}、C_{28}、C_{29} 规则甾烷分布由北向南呈反“L”形至“V”形至“L”形变化。

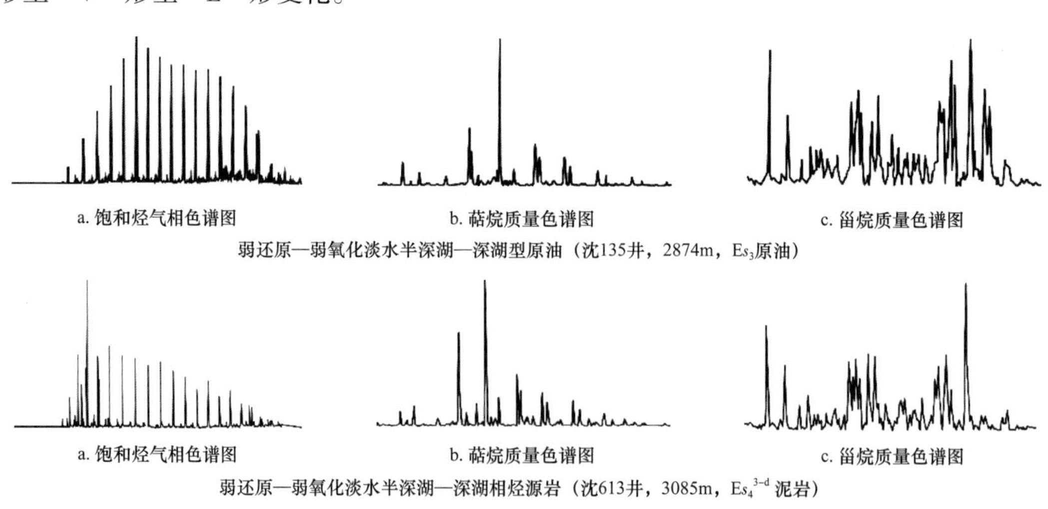

图 1-6-27　大民屯凹陷弱还原—弱氧化淡水半深湖—深湖型原油来源

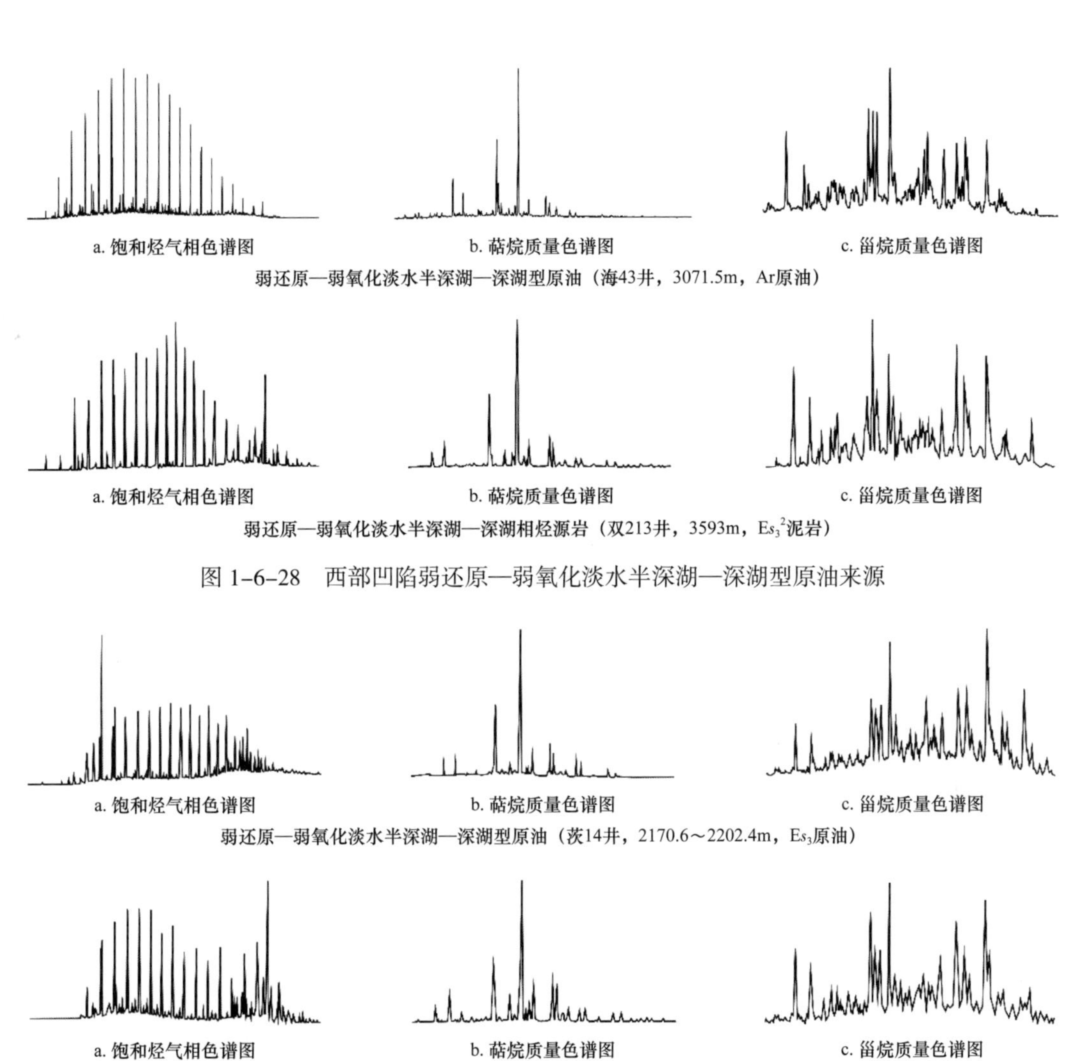

图 1-6-28　西部凹陷弱还原—弱氧化淡水半深湖—深湖型原油来源

图 1-6-29　东部凹陷弱还原—弱氧化淡水半深湖—深湖型原油来源

另外，该类原油西部凹陷在冷东地区为低熟原油，甾烷和萜烷的分布显示其低熟的热演化特征；在双台子地区存在该类高成熟的轻质油和凝析油，其饱和烃含量近 90%，检测不出 C_{10} 以上正构烷烃系列的存在；Pr/Ph 值为 1.17，Pr/nC_{17}，Ph/nC_{18} 分别为 0.31 和 0.26；$\delta^{13}C$ 值为 −24.3‰，表明可能经历了较高的热分解作用和强烈的分异作用。

4. 氧化淡水湖沼型原油来源

氧化淡水湖沼型原油只在东部凹陷荣兴屯、大平房和桃园地区有所发现，其生物标志物、碳同位素和族组成等特征与东部凹陷沙三段上亚段煤系烃源岩有良好的亲缘关系。

第七章　储　　层

辽河坳陷受基底构造演化和沉积成岩作用控制，广泛发育了多类型储层。按层系划分，主要有新生界、中生界、古生界、中—新元古界、新太古界五套储层，按储层岩性分为碎屑岩、碳酸盐岩、火成岩、变质岩四种储层。

第一节　碎屑岩储层

碎屑岩是辽河坳陷最主要的储层，主要分布于新生界古近系，其次分布于中生界和新生界新近系。

一、新近系碎屑岩储层

新近系碎屑岩储层以馆陶组砂砾岩、不等粒砂岩为主，主要分布于东部凹陷大平房、燕南，西部凹陷杜家台、海外河和月东等地区。

据杜 212-42-1260 井岩心观察结果，馆陶组储层岩性以中砂岩、粗砂岩和不等粒砂岩为主，砂砾岩和砾岩次之。岩石组分以陆源碎屑为主，平均含量为 94.2%，碎屑组分中石英占 42.9%，长石占 32.1%，岩屑占 25.0%。岩屑成分以变质岩岩屑为主，占岩屑的 78.7%，中性和酸性岩浆岩岩屑占 15.8%，沉积岩岩屑占 5.5%。碎屑成分中，砾屑直径较大，一般为 3～20mm，少数 60mm 以上，颗粒磨圆度多为次棱角—次圆状，颗粒接触类型为点接触。填隙物以泥质为主，黏土成分以蒙皂石和高岭石为主。胶结类型以接触型为主，孔隙型次之，多为泥质胶结，少量样品有泥晶方解石胶结物。储集空间主要以粒间孔为主，其次为粒内孔、收缩孔、裂隙孔和微孔等各类孔隙。通过对馆陶组油层 127 块冷冻取心样品分析，平均孔隙度为 36.3%，平均渗透率为 5539mD，平均泥质含量为 5.9%，属于特高孔特高渗储层。

二、古近系碎屑岩储层

古近系碎屑岩是最重要的油气储层，纵向上主要发育 10 套油气层，包括沙四段的牛心坨油层、高升油层和杜家台油层，沙三段的莲花油层、大凌河油层和热河台油层，沙一段—沙二段的兴隆台油层、于楼油层和黄金带油层，东营组的马圈子油层（图 1-7-1）。古近系碎屑岩储层层层叠置，断续相接，呈叠加连片、广泛分布的特点（图 1-7-2、图 1-7-3）。不同沉积相带形成的砂岩储层，产状特征也各具特色（表 1-7-1）。

1. 储层特征

1）岩性特征

古近系碎屑岩储层结构类型以中砂岩、粗砂岩、含砾砂岩、砂砾岩为主，其次为细砂岩、粉砂岩。砂岩成分类型主要为长石砂岩、岩屑长石砂岩和长石岩屑砂岩，岩屑砂岩很少，主要分布于西部凹陷牛心坨地区，未见石英砂岩（图 1–7–4）。

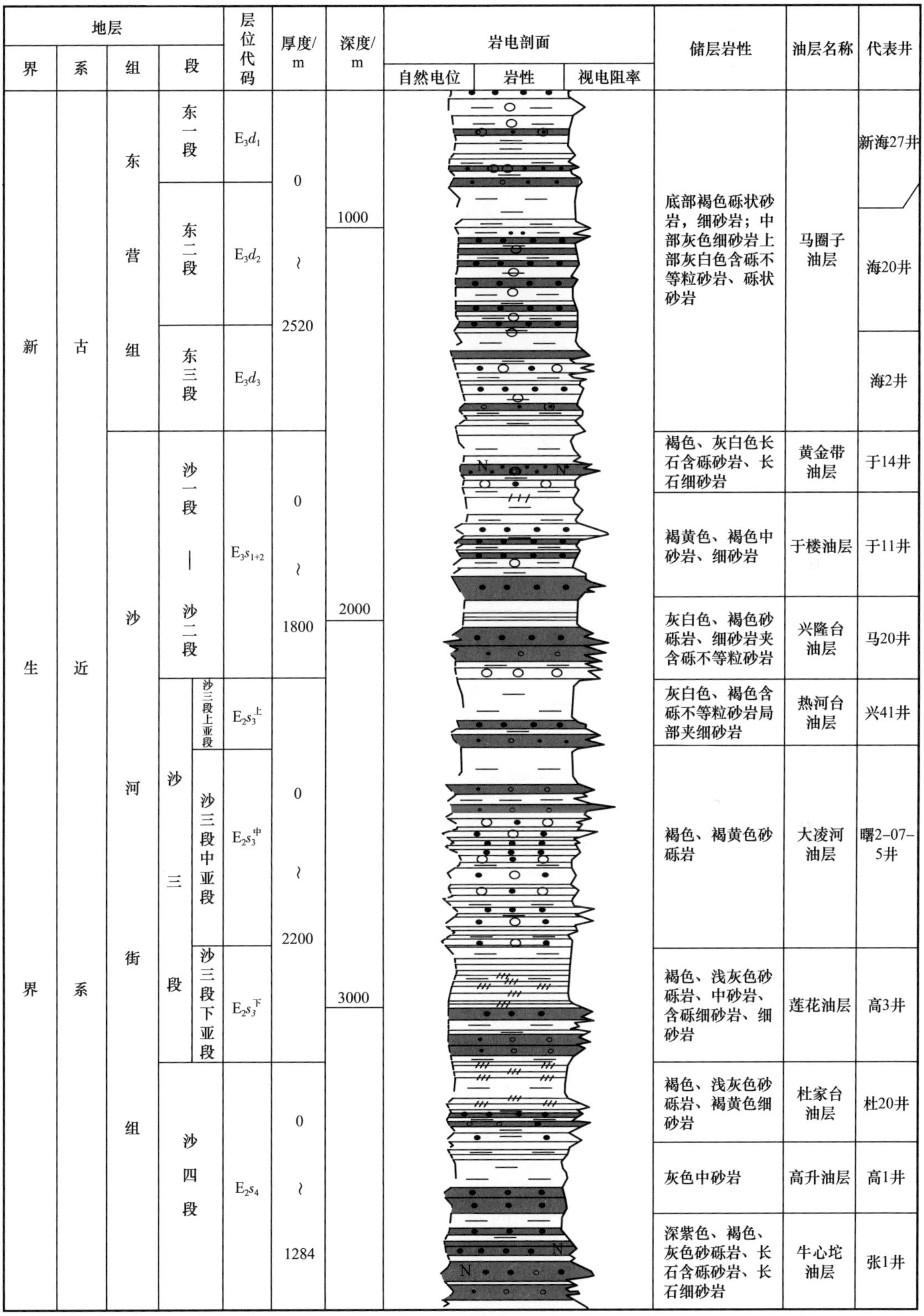

地层				层位代码	厚度/m	深度/m	岩电剖面			储层岩性	油层名称	代表井
界	系	组	段				自然电位	岩性	视电阻率			
新生界	古近系	东营组	东一段	E_3d_1	0 ~ 2520	1000				底部褐色砾状砂岩，细砂岩；中部灰色细砂岩上部灰白色含砾不等粒砂岩、砾状砂岩	马圈子油层	新海27井
			东二段	E_3d_2								海20井
			东三段	E_3d_3								海2井
		沙河街组	沙一段—沙二段	E_3s_{1+2}	0 ~ 1800	2000				褐色、灰白色长石含砾砂岩、长石细砂岩	黄金带油层	于14井
										褐黄色、褐色中砂岩、细砂岩	于楼油层	于11井
										灰白色、褐色砂砾岩、细砂岩夹含砾不等粒砂岩	兴隆台油层	马20井
			沙三段 沙三段上亚段	$E_2s_3^{上}$	0 ~ 2200					灰白色、褐色含砾不等粒砂岩局部夹细砂岩	热河台油层	兴41井
			沙三段中亚段	$E_2s_3^{中}$						褐色、褐黄色砂砾岩	大凌河油层	曙2-07-5井
			沙三段下亚段	$E_2s_3^{下}$		3000				褐色、浅灰色砂砾岩、中砂岩、含砾细砂岩、细砂岩	莲花油层	高3井
			沙四段	E_2s_4	0 ~ 1284					褐色、浅灰色砂砾岩、褐黄色细砂岩	杜家台油层	杜20井
										灰色中砂岩	高升油层	高1井
										深紫色、褐色、灰色砂砾岩、长石含砾砂岩、长石细砂岩	牛心坨油层	张1井

图 1–7–1　辽河坳陷古近系碎屑岩储层综合柱状图

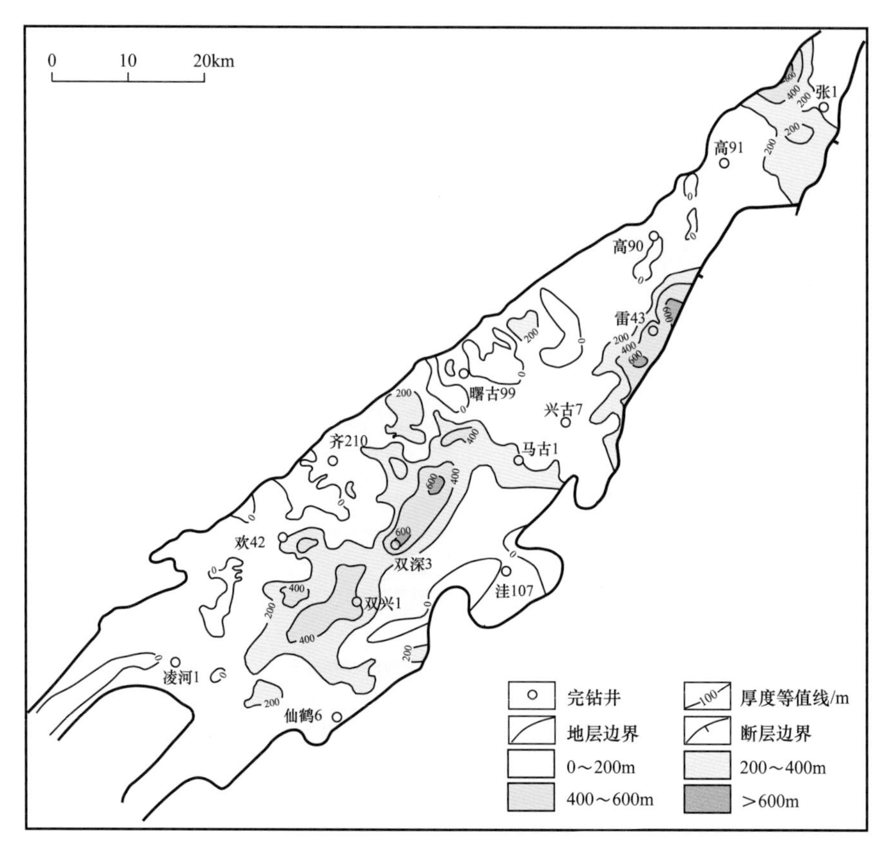

图 1-7-2　西部凹陷沙三段中亚段砂岩厚度等值线图

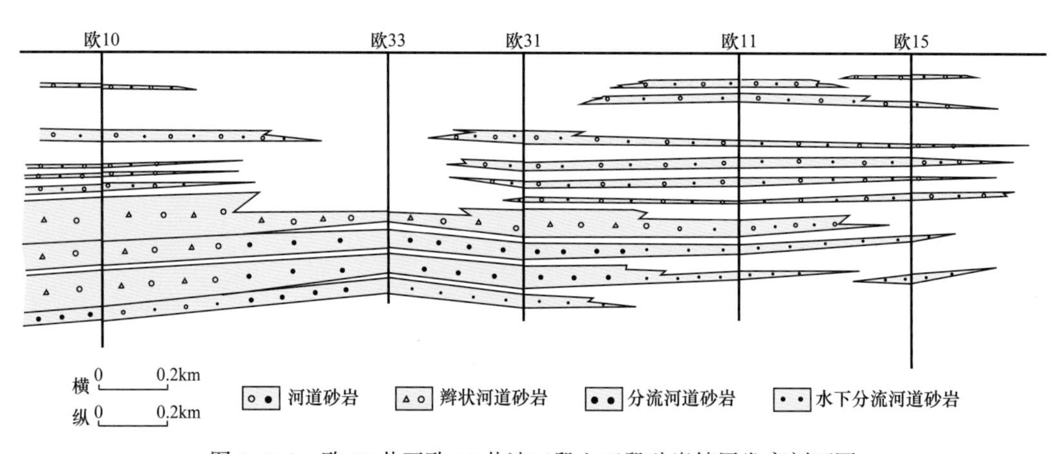

图 1-7-3　欧 10 井至欧 15 井沙三段上亚段砂岩储层发育剖面图

碎屑颗粒成分中，石英含量为 30%～50%，以单晶石英为主，多晶石英较少，大约 70% 以上的石英颗粒来自火成岩和变质岩，来自沉积岩中的石英颗粒较少；长石含量为 20%～30%，高者可达 50%，长石类型以正长石为主，条纹长石、微斜长石和斜长石较少；岩屑含量较高，可达 20%～40%，高者大于 50%。岩屑成分复杂，受物源控制，不同地区、不同部位变化较大。西部凹陷东侧的岩屑成分较单一，主要为混合岩、混合花岗岩岩屑；西部凹陷西侧的岩屑成分复杂，主要有玄武岩、安山岩、凝灰岩、流纹岩、花岗岩、硅质岩、碳酸盐岩、砂岩、泥岩等岩屑。

表 1-7-1 不同相带砂岩储层产状特征表

特征		冲积扇	河流	三角洲	扇三角洲	湖底扇
产状		块状	中—薄层状	中层状	中—厚层状	厚—块状
厚度 /m	砂体单层厚度	＞10	0.5～5	2～5	2～10	1～10
	砂岩组厚度	＞10	5～20	5～30	5～50	＞50
	单井总厚度	＞200	100～500	50～300	100～300	＞500
形状		不规则扇状	带状、片状或透镜状	扇状或舌状	指状或带状	带状或透镜状
岩石相		砾岩相	含砾砂岩和中—细砂岩相	中—细砂岩相	含砾砂岩和中—粗砂岩相	砾岩、含砾砂岩和中—粗砂岩相
砂体规模 /km^2		数十	数百	近百	几十	几十

古近系砂岩储层中，填隙物含量变化较大，其变化区间在 2%～45%。其中，陆源杂基含量的高低在很大程度上指示了沉积作用的水动力条件。高黏度、高密度、高能量流动介质搬运条件下形成的砂体和低黏度、低密度、低能量流动介质搬运条件下形成的砂体，其杂基含量普遍较高，可达 15%～20%，甚至更高；具有一定密度的高能水流搬运条件下形成的砂体，如扇三角洲水下分流河道、河道砂体，其杂基含量较低，一般为 5%～10%，高者不大于 15%。杂基成分与沉积相带有着密切的关系，扇三角洲水下分流河道砂岩多以泥质为主，水下分流河道间浅滩砂岩中有较高的泥灰质含量，它也与沉积期间的水介质化学成分以及湖水面的升降变化有关。胶结物种类较多，主要由碳酸盐类矿物、自生黏土矿物、自生硅质矿物、黄铁矿、方沸石等组成，碳酸盐类矿物、自生黏土矿物中的高岭石、石英次生加大等较为普遍。

不同沉积相带形成的储层成分成熟度有一定差异（表 1-7-2），其中，河道、水下分流河道主体和侧缘、河口沙坝储层的成分成熟度高于冲积扇相和湖底扇相储层。它们的分选和磨圆较好，碎屑颗粒较均匀，填隙物含量较少，结构成熟度相对也较高。

表 1-7-2 不同相带砂岩储层颗粒及填隙物含量表

相带		岩性	骨架颗粒含量 /%			填隙物含量 /%
			石英	长石	岩屑	
冲积扇相		砾岩	8.0	10.0	40.0～70.0	＞15.0
河流相	河道	砂岩、含砾砂岩	35.0～40.0	30.0	25.0～30.0	10.0
扇三角洲相	水下分流河道主体	含砾砂岩、砂砾岩	30.2	34.0	26.0	7.6
	水下分流河道侧缘	中—粗砂岩	35.4	39.0	14.0	9.7
	河口沙坝	中—粗砂岩	34.0	40.1	10.8	14.3
湖底扇相	碎屑流浊积岩	砾岩	10.0	12.0	60.0～70.0	＞15.0
	浊流浊积岩	含砾砂岩	15.0～25.0	20.0～30.0	40.0～60.0	＞15.0

2）储层物性特征

古近系碎屑岩储层类型和分布层系多，成因复杂，骨架颗粒粒径相差悬殊，填隙物含量变化较大，决定了其储层物性的多变性。

东营组储层物性最好，沙一段—沙二段储层次之，沙三段、沙四段储层物性相对较差（表 1–7–3）。同一层段不同亚段的储层物性也不同。例如，大民屯凹陷沙三段二亚段储层孔隙度多在 20% 以上，最大可达 29.3%，渗透率以大于 500mD 者居多，最大可达 14099mD；沙三段四亚段储层孔隙度多为 10%～15%，最大为 25.4%，渗透率多为 10～100mD，个别高者大于 2000mD，低者小于 1mD。可见，碎屑岩储层物性纵向上主要受埋藏深度控制。

表 1–7–3 东部凹陷古近系储层物性统计表

地区	层位	平均孔隙度 /%	平均渗透率 /mD
荣兴屯	E_3d	19.97	375
大平房	E_3d	24.61	394
	E_3s_1	19.80	113
桃园	E_3d	26.78	1223
	E_3s_1	18.21	64
	E_2s_3	14.18	4
黄金带	E_3s_1	21.67	340
热河台	E_2s_3	20.11	55
大湾	E_3s_1	8.50	11
茨榆坨	E_3s_1	27.50	898
	E_2s_3	22.20	274
青龙台	E_2s_3	26.50	1077
牛居	E_3d	28.00	1554
	E_3s_1	23.80	829
	E_2s_3	18.70	172

不同沉积相带形成的储层物性也不同。辫状河道储层的孔隙度多小于 15%，渗透率多小于 50mD；河道储层孔隙度多在 20%～30%，渗透率变化较大，主要分布在 1～50mD。扇三角洲水下分流河道储层，储层物性一般较好，孔隙度为 20%～25%，渗透率多在 1000mD 以上。但是在不同部位仍有差别，水下分流河道的中下游储层物性更好。例如，西部凹陷兴隆台—马圈子扇三角洲（沙一段—沙二段），位于水下分流河道上游的兴 58 井区储层孔隙度为 21.4%，渗透率为 1473mD，而位于下游的兴 42 井区，因结构成熟度的提高和泥质含量的减少，孔隙度变化不大，而渗透率明显变好，可达 4742mD。湖底扇相中碎屑流成因的浊积岩储层物性变化较大，有的层段孔隙度可达

22% 左右，渗透率达 1000mD，有的层段则较差，渗透率仅为 1～600mD，甚至更低；浊流成因的浊积岩储层物性以底部递变层段上部至下平行纹层段较好，孔隙度多在 20% 左右，渗透率在 20～1000mD。

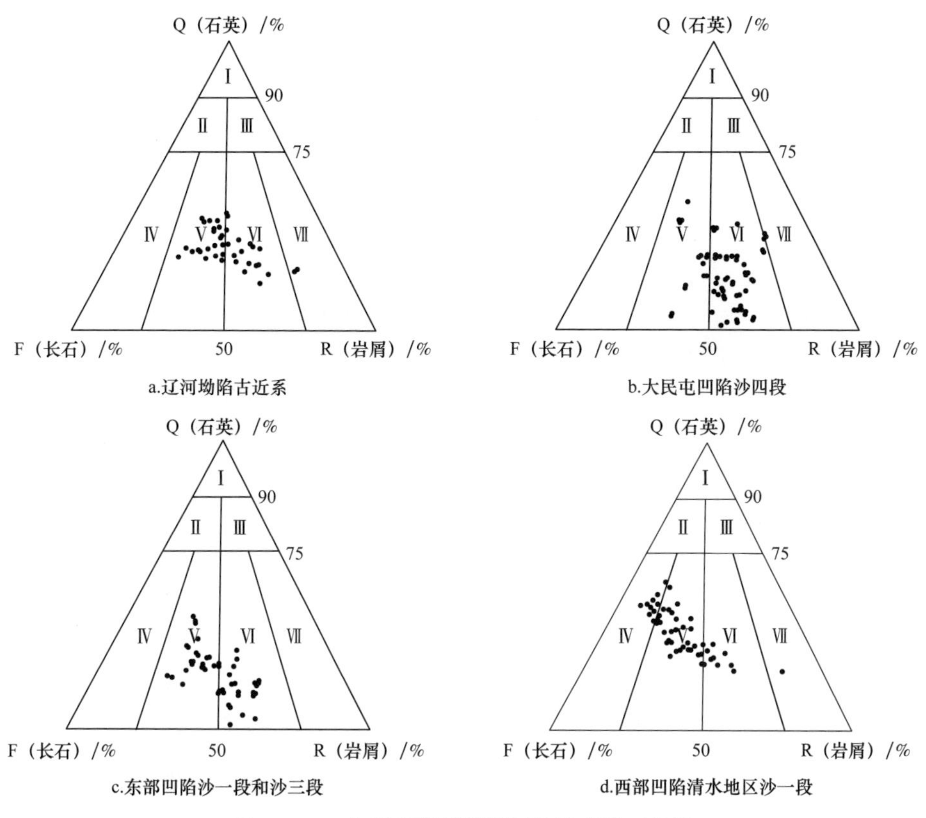

图 1-7-4　古近系碎屑岩储层砂岩类型三角图

Ⅰ—石英砂岩；Ⅱ—长石石英砂岩；Ⅲ—岩屑石英砂岩；Ⅳ—长石砂岩；
Ⅴ—岩屑长石砂岩；Ⅵ—长石岩屑砂岩；Ⅶ—岩屑砂岩

3）储集空间类型

古近系碎屑岩储层的储集空间类型主要为孔隙型，以原生粒间孔和粒间扩大孔最为常见，以粒间溶孔、粒内溶孔为较多见，也少见铸模孔、胶结物溶孔、贴粒孔等（图 1-7-5）。

不同岩性储层的储集空间也有一定差异。例如，大民屯凹陷砂砾岩、砾岩储层的储集空间主要有粒间孔、溶蚀孔、微裂缝、溶蚀缝，砂岩储层主要以粒间孔、溶蚀孔为主，见少量粒内溶孔，个别存在长石完全溶蚀形成的铸模孔。

4）孔隙结构特征

古近系碎屑岩储层的孔隙结构较复杂，喉道与孔隙的不同配置关系，形成了多样的孔隙结构类型。

以渗透率为主线，依据压汞分析参数和铸体薄片参数，结合岩性、岩石骨架结构及孔隙类型等，建立孔隙结构类型划分标准（表 1-7-4），将古近系碎屑岩储层孔隙结构划分为 4 个大类 41 个亚类（孟卫工等，2007b）。

a. 粒间孔，粗粒岩屑长石砂岩，单偏光，25×
马20-18-18井，2193.73m，沙二段

b. 粒内溶孔，不等粒长石岩屑砂岩，单偏光，25×
雷28-13井，2313.80m，沙三段

c. 铸模孔，长石溶孔，细—中粒岩屑长石砂岩，单偏光，100×
双兴1井，3996.13 m，沙三段

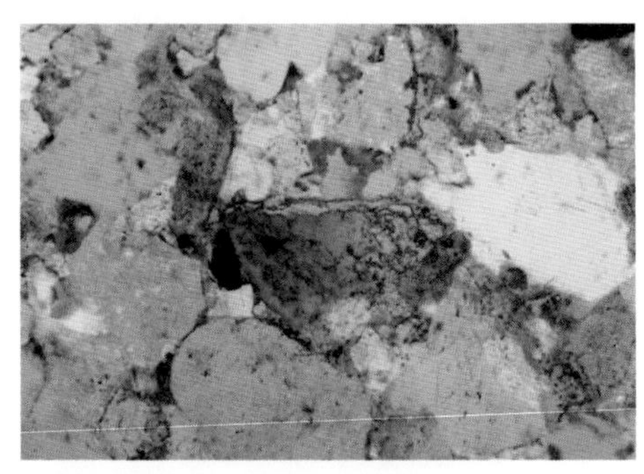

d. 胶结物溶孔，不等粒长石岩屑砂岩，单偏光，100×
双兴1井，4012.6m，沙三段

e. 粒间溶孔，砂砾岩，单偏光，50×
兴古10井，3724.2m，中生界

f. 微裂缝，砂砾岩，单偏光，50×
兴古10井，3778.43m，中生界

g. 裂缝，砂砾岩，单偏光，25×
赵古11井，2338.68m，中生界

h. 破碎粒间孔和裂缝，砂砾岩，单偏光，25×
赵古11井，2340.65m，中生界

图 1-7-5　西部凹陷碎屑岩储层储集空间类型图

表 1-7-4　古近系碎屑岩孔隙结构类型划分标准

项目	渗透率 /mD		孔隙大小 /μm		喉道大小 /μm				均匀程度	
					孔喉半径均值		最大连通孔喉半径	主要流动孔喉半径平均值		
级别及标准	高	≥1000	大	≥100	粗	≥50	≥100	≥100	均匀	≥0.35
	中	100～1000	中	20～100	中	10～50	55～100	30～100	较均匀	0.25～0.35
	低	10～100	小	<20	细	1～10	5～55	5～30	不均匀	<0.25
	特低	<10			微细	<1	<5	<5		

高渗大孔粗喉道型：岩性以含砾砂岩为主。孔隙结构具有高配位数和低孔喉比等特点。岩石骨架呈游离—支架状，颗粒呈点接触。孔隙以原生粒间孔隙和粒间扩大孔为主，见颗粒溶孔。孔隙间连通性较好，孔隙中充填有少量自生高岭石等黏土矿物，石英偶见次生加大。依据孔喉分选的均匀程度可分为均匀、不均匀型两个亚类。

高渗大孔中喉道型：岩性主要为含砾砂岩，其次为中—粗砂岩。孔隙结构具有较高配位数和较低孔喉比等特点。岩石骨架呈镶嵌—支架状，颗粒呈线—点接触。孔隙以粒间扩大孔和原生粒间孔为主，粒内溶孔常见。孔隙间连通性较好，粒间多见呈"斑状"分布的自生高岭石，少见伊利石和蒙皂石，石英具弱次生加大。依据孔喉分选的均匀程度可分为均匀、较均匀、不均匀型 3 个亚类。

高渗大孔较细喉道型：岩性主要为中—粗砂岩，其次为细砂岩。孔隙结构具有较高配位数和较低孔喉比等特点。岩石骨架呈镶嵌—支架状，颗粒呈线—点接触。孔隙以粒间扩大孔为主，颗粒溶孔较发育。孔隙间连通性较好，常见呈"斑状"分布的自生高岭石，多见颗粒具微菱铁矿膜，石英具弱次生加大。依据孔喉分选的均匀程度可分为均匀、较均匀、不均匀型 3 个亚类。

高渗大孔细喉道型：岩性主要为含砾砂岩、中—粗砂岩，其次为细砂岩。孔隙结构具有高配位数和较低孔喉比等特点。岩石骨架呈镶嵌—支架状，颗粒呈点—线接触。孔隙以粒间扩大孔为主，颗粒溶孔发育。孔隙间连通性较好，常见呈"斑状"分布的自生高岭石，石英次生加大较常见。依据孔喉分选的均匀程度可分为均匀、不均匀型两个亚类。

高渗中孔较细喉道型：岩性以粗—中砂岩为主，其次为粗砂岩、含砾砂岩。孔隙结构具有较低配位数和中等孔喉比等特点。岩石骨架呈支架—镶嵌状，颗粒呈点—线接触。孔隙以粒间扩大孔为主，颗粒溶孔发育。孔隙间连通性较好，粒间自生高岭石呈"斑状"分布，石英具弱次生加大。此类孔隙结构储层仅见均匀型。

高渗中孔细喉道型：岩性主要以中—细砂岩为主。孔隙结构具有较低配位数和中等孔喉比等特点。岩石骨架呈支架—镶嵌状，颗粒呈点—线接触。孔隙以粒间扩大孔为主，颗粒溶孔发育。孔隙间连通性较好，粒间自生高岭石呈"斑状"分布，石英具弱次生加大。此类孔隙结构储层仅见较均匀型。

中渗大孔中喉道型：岩性主要为砂砾岩，其次为中—细砂岩。孔隙结构具有较高配位数和较低孔喉比等特点。岩石骨架呈镶嵌—支架状，颗粒呈点—线接触。孔隙以原生粒间孔、粒间扩大孔为主，颗粒溶孔较发育。孔隙间连通性较好，常见高岭石呈“斑状”分布，石英普遍具弱次生加大。此类孔隙结构储层仅见不均匀型。

中渗大孔较细喉道型：岩性主要为含砾砂岩、中—粗砂岩，其次为细砂岩。孔隙结构具有高配位数和较低孔喉比等特点。岩石骨架呈镶嵌—支架状，颗粒呈点—线接触。孔隙以粒间扩大孔为主，粒内溶孔发育。孔隙间连通性较好，粒间自生高岭石发育，石英多具弱次生加大。依据孔喉分选的均匀程度可分为均匀、较均匀、不均匀型 3 个亚类。

中渗大孔细喉道型：岩性主要为中—粗砂岩。孔隙结构具有较低配位数和较高孔喉比等特点。岩石骨架呈支架—镶嵌状，颗粒呈点—线接触。孔隙以粒间扩大孔为主，溶孔发育。孔隙间连通性较好，粒间自生高岭石较发育，石英具弱次生加大。依据孔喉分选的均匀程度可分为较均匀、不均匀型两个亚类。

中渗中孔较细喉道型：岩性为中—粗砂岩、含砾砂岩。孔隙结构具有较高配位数和较高孔喉比等特点。岩石骨架呈支架—镶嵌状，颗粒呈点—线接触。孔隙以粒间扩大孔为主，溶孔发育。孔隙间连通性较好，粒间自生高岭石常见，石英具次生加大。依据孔喉分选的均匀程度可分为均匀、较均匀、不均匀型 3 个亚类。

中渗中孔细喉道型：岩性为中—细砂岩、含砾砂岩。孔隙结构具有较低配位数和较高孔喉比等特点。岩石骨架呈支架—镶嵌状，颗粒呈点—线接触。孔隙以粒间扩大孔为主，溶孔发育。孔隙间连通性较好，粒间见自生高岭石，局部见自生绿泥石，石英次生加大较发育。依据孔喉分选的均匀程度可分为均匀、较均匀、不均匀型 3 个亚类。

低渗大孔细喉道型：岩性为含砾砂岩、粗砂岩、细砂岩。孔隙结构具有低配位数和高孔喉比等特点。岩石骨架呈支架—镶嵌状，颗粒呈点—线接触。孔隙以粒间扩大孔为主，溶孔发育。孔隙间连通性较好，粒间见自生高岭石等黏土矿物，石英次生加大发育。依据孔喉分选的均匀程度可分为均匀、不均匀型两个亚类。

低渗大孔微细喉道型：岩性以含砾粗砂岩为主，其次为砂砾岩。孔隙结构具有较低配位数和高孔喉比等特点。岩石骨架呈支架—镶嵌状，颗粒呈线接触。孔隙以粒间扩大孔为主，粒内溶孔较发育。孔隙间连通性较差，粒间多发育黏土矿物，以伊/蒙混层为主，高岭石次之。此类孔隙结构储层仅见不均匀型。

低渗中孔细喉道型：岩性为含砾砂岩、中—细砂岩、粉砂岩。孔隙结构具有较低配位数和较高孔喉比等特点。岩石骨架呈支架—镶嵌状，颗粒呈线接触。孔隙以粒间扩大孔为主，溶孔发育。孔隙间连通性一般，粒间自生高岭石发育，粒表见菱铁矿膜，石英次生加大发育。依据孔喉分选的均匀程度可分为均匀、较均匀、不均匀型 3 个亚类。

低渗中孔微细喉道型：岩性为含砾砂岩、粗砂岩、细砂岩、粉砂岩。孔隙结构具有较低配位数和高孔喉比等特点。岩石骨架呈镶嵌状，颗粒呈线接触。孔隙主要为粒间扩大孔、部分粒内溶孔和微孔。孔隙间连通性较好，粒间黏土矿物发育。依据孔喉分选的均匀程度可分为较均匀、不均匀型两个亚类。

特低渗大孔微细喉道型：岩性为细砂岩、含砾砂岩。孔隙结构具有低配位数和高孔喉比等特点。岩石骨架呈镶嵌状，颗粒呈镶嵌—线接触。孔隙主要为粒间扩大孔和各种微孔。孔隙间连通性差，粒间自生黏土矿物发育，石英次生加大较发育。此类孔隙结构储层仅见不均匀型。

特低渗中孔细喉道型：岩性为细砂岩、含砾砂岩。孔隙结构具有低配位数和高孔喉比等特点。岩石骨架呈镶嵌状，颗粒呈线接触。孔隙为微孔和部分粒内溶孔。孔隙间连通性差。依据孔喉分选的均匀程度可分为较均匀、不均匀型两个亚类。

特低渗中孔微细喉道型：岩性为砂砾岩。孔隙结构具有低配位数和高孔喉比等特点。岩石骨架呈镶嵌状，颗粒呈线接触。孔隙为微孔和部分粒内溶孔。孔隙间连通性差，粒间多为泥质杂基，局部为自生黏土矿物所充填，部分储层石英次生加大发育，局部碳酸盐胶结较强烈。依据孔喉分选的均匀程度可分为均匀、较均匀、不均匀型 3 个亚类。

特低渗小孔微细喉道型：岩性为粉砂岩、细砂岩、含砾砂岩。岩石骨架呈镶嵌状，颗粒呈线—镶嵌接触。孔隙不发育，在偏光显微镜下少见自生高岭石等的微孔。依据孔喉分选的均匀程度可分为均匀、较均匀、不均匀型 3 个亚类。

2. 成岩作用

古近系碎屑岩在完成沉积作用之后，就进入了漫长的成岩作用阶段，在成岩阶段中经历了机械压实作用、胶结作用、溶解作用、交代作用、重结晶作用、蚀变作用、黏土矿物转化作用等（图 1-7-6），岩石的结构、组分等发生了明显的变化，在一定程度上降低或改善了储层的储集性能。

1）成岩作用对孔隙的改造

成岩作用对储层孔隙的影响是不同的，有的起破坏性作用，损失孔隙；有的起建设性作用，不断扩大孔隙。

破坏性成岩作用主要包括机械压实作用、胶结作用、交代作用、重结晶作用、蚀变作用等，使岩石中某些矿物组合发生变化，通过占据或破坏而损失孔隙，损失的孔隙程度不一。例如，机械压实作用，改变了原始沉积岩石的颗粒排列方式，使其由松散状变为致密状，损失了孔隙。以 1500m 为界，孔隙损失大约在 10%，1500m 以下，机械压实对孔隙的影响较小。

建设性成岩作用，主要为各种溶解作用。当泥质中有机质脱羧基作用产生 CO_2 和蒙皂石释放层间水进入孔隙形成酸性水，破坏了原孔隙水矿物之间的化学平衡时，就会对储层的易溶组分进行溶解。碎屑颗粒的溶解，如长石、富含长石的岩屑和含铁镁矿物的喷发岩、混合花岗岩、片麻岩等岩屑的溶解，对孔隙发育有一定影响和积极意义。填隙物的溶解中，杂基的早期溶解普遍，可产生或扩大粒间溶孔，碳酸盐胶结物溶解后，可形成粒间晶内溶孔和颗粒与胶结物接触处的贴粒孔隙（张占文等，2002）。

2）成岩相

古近系碎屑岩储层中，对油气关系密切的成岩相可分为碳酸盐成岩相、自生黏土矿物成岩相、石英次生加大相、黏土矿物转化相等四种成岩相，每种成岩相又可进一步分为成岩亚相。砂质岩、泥岩都有各自的成岩相特点。

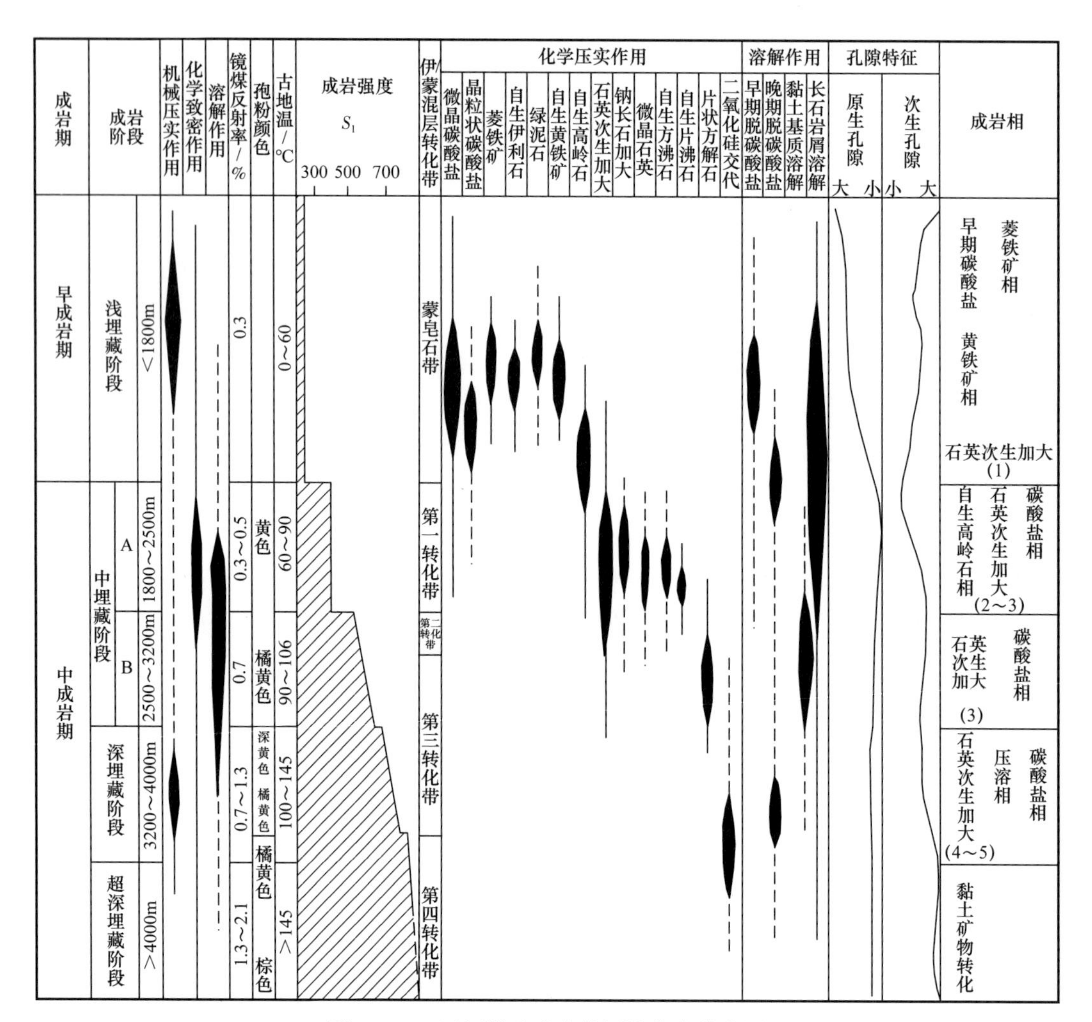

图 1-7-6 辽河坳陷成岩作用演化史综合图

（1）砂质岩成岩相特点。砂质岩成岩相中，常见的有碳酸盐成岩相、自生黏土矿物成岩相、石英次生加大相等。

① 碳酸盐成岩相。包括晶粒状碳酸盐和嵌晶状碳酸盐两个成岩亚相。

晶粒状碳酸盐成岩亚相，多发育于裂谷活动相对平静、坳陷下陷缓慢时期，在浅部就可形成，在 1000～2300m 井段较普遍，再往深处逐渐消失。以晶粒状碳酸盐矿物呈散点状或栉壳状分布在碎屑颗粒周围为特点，与晶粒状碳酸盐伴生的矿物有草莓状黄铁矿、菱铁矿、自生伊利石等。晶粒状碳酸盐形成于早成岩时期，易于被溶解产生次生孔隙。

嵌晶状碳酸盐成岩亚相，处于偏晚成岩时期。碳酸盐矿物主要有方解石和白云石，特点是结晶透明程度高，常具有双晶纹或连生晶体，与碎屑颗粒构成嵌晶结构或镶嵌粒状结构，通常以充填粒间孔隙为主，并选择交代碎屑颗粒，使砂粒呈悬浮状直到彼此孤立为止，除此之外，常沿着矿物的解理、层间裂缝充填或呈脉状贯入。嵌晶状碳酸盐矿物以沉淀为主，很少发生溶解。

② 自生黏土矿物成岩相。包括自生高岭石、自生伊利石和自生绿泥石两个成岩亚相。

自生高岭石成岩亚相，形成于中—浅埋藏成岩时期。其形成与泥岩排放有机酸的阶段一致，开始出现在1400～1600m，富集最常见在2000～2600m。此阶段正是低熟油和过渡带气的生成阶段。自生高岭石的大量生成主要是泥岩大量向富含长石碎屑的砂岩排放有机酸，有机酸使长石发生溶解，降低了pH值，提高了孔隙液的酸度而致。自生高岭石常与石英次生加大相伴，在1800～2000m，并在成岩强度相对较强的层段中比较普遍。由于自生高岭石的沉淀析出与砂岩中的碎屑成分——长石发生溶解和蚀变有关，因此，自生高岭石成岩亚相带一般对应次生溶孔发育带。

自生伊利石和自生绿泥石成岩亚相，形成时期早于晶粒状碳酸盐成岩亚相。自生伊利石和自生绿泥石在pH值较低的介质条件下溶解，在碱性水介质条件下沉淀析出。自生伊利石又称水云母，常沿着颗粒表面形成黏土膜；自生绿泥石在富含中—基性火山岩屑和中—基性斜长石的砂岩中较发育，通常以孔隙衬垫式产生，在碎屑颗粒边缘晶体垂直生长，呈栉壳状或针状向孔隙中心延伸。

③ 石英次生加大成岩相。石英次生加大成岩相形成时期早于嵌晶状碳酸盐成岩亚相。石英次生加大多以斑状结构形式产出，同时伴随出现长石次生加大，它的很强的非均匀性导致了储层的非均质性。石英次生加大级别随埋藏深度增加而增大，但压溶程度也相应增加，因此，石英次生加大程度在一定深度范围内递增。根据地温梯度测算，石英次生加大的温度范围为45～104℃，这正是泥岩中蒙皂石向伊/蒙混层转化相对应的深度，其转化释放出的SiO_2离子进入水体，使富含SiO_2离子的水与砂岩发生交换，进而促使了石英次生加大。石英次生加大只是占据了部分孔隙空间，仍可为深层保留相当多的残余原生孔隙创造了条件。

（2）黏土岩成岩相特点。古近系黏土岩存在四个成岩矿物相带，每个矿物相带有明显的分布规律。

① 蒙皂石成岩矿物相带。蒙皂石存在于从古近系顶部（埋深约600m）至2700～2800m，主要为沉积初期生成的蒙皂石，伴生有相当数量的高岭石和少量伊利石。此相带主要表现为受机械压实作用，不断排出孔隙水，在2700～2800m处，蒙皂石迅速转化为伊/蒙混层矿物，排出第一层间水，出现第一个排液高峰，同时蒙皂石消失。

② 伊/蒙混层成岩矿物相带。伊/蒙混层矿物从2700m开始向深部逐渐减少，到4500～4600m处，降到50%左右，脱出第二个层间水，往深处变为伊利石相带。伊/蒙混层由蒙皂石转变而来，与伊/蒙混层相伴生的有伊利石、绿泥石和高岭石等。

③ 伊利石成岩矿物相带。此带主要位于4500m以下深度，在2700～4500m之间与伊/蒙混层矿物和绿泥石共生。伊利石主要由蒙皂石转变而来。

④ 绿泥石成岩矿物相带。绿泥石是在蒙皂石转化为伊/蒙混层时，有一部分蒙皂石与铁、镁离子结合转变而成。绿泥石大量出现在2700～2800m，含量可高达5%～18%，向2800m以下缓慢降低。

3）孔隙度随深度演变规律

孔隙演变的宏观规律决定于成岩系统类型。辽河坳陷各凹陷的成岩系统类型为具开启带的持续埋藏成岩系统，成岩系统内成岩矿物序列、成岩相序、黏土矿物转化、有机质的热演化等多种成岩变化彼此内在联系着，显示出很强的规律性。这种规律性突出地表现为各种成岩作用的分带性，从而决定了孔隙随深度呈现的演变规律（图1–7–7）。

孔隙度总体上随深度增加而降低，但由浅至深有 A、B、C、D、E、F 六个高孔隙度带，分别与 a、b、c、d、e、f 六个封隔带相匹配，与成岩相序中六个成岩相带在空间分布上具一一对应的关系。

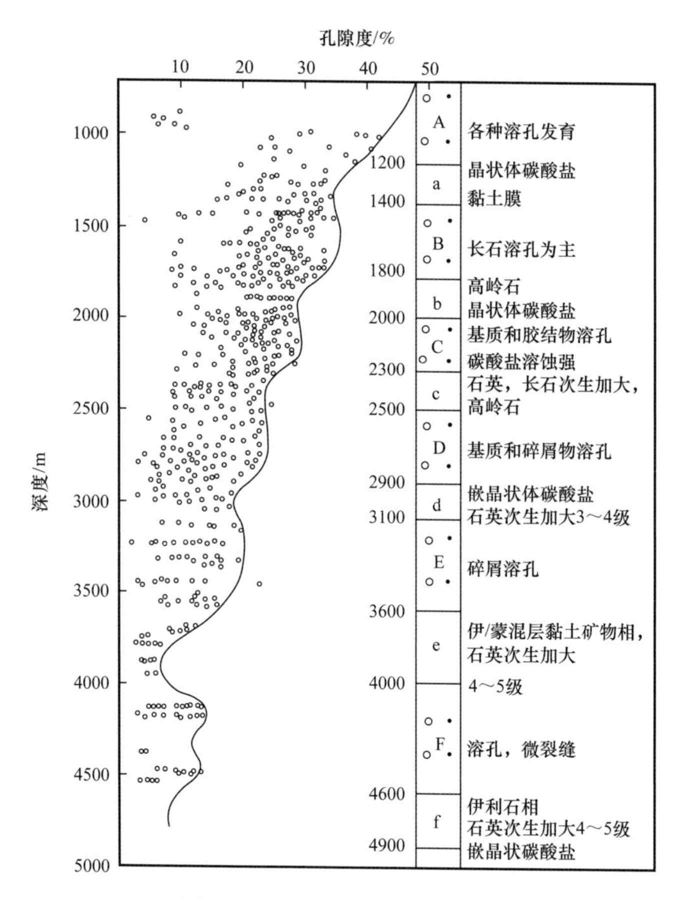

图 1-7-7 孔隙度随深度变化图

A 高孔隙度带：小于 1200m，成岩作用以机械压实作用为主，其他成岩作用微弱。原生孔隙受机械压实作用的影响使孔隙度降低。该带是由于有机酸和二氧化碳的进入而造成碳酸盐矿物和少量长石的溶解所致。

B 高孔隙度带：一般在 1400～1800m，主要为长石溶孔带，位于晶粒状碳酸盐致密带 a 带之下，是由于有机质脱羧作用形成的大量低分子脂肪酸对铝硅酸盐中长石溶解而形成。

C 高孔隙度带：一般在 2000～2300m，以碳酸盐胶结物溶孔为主，是辽河坳陷主要的高孔隙度带。蒙皂石向伊利石转化，随着转化脱水，脱羧作用生成的大量 CO_2 和有机脂肪酸被带到储层中，加速碳酸盐和铝硅酸盐的溶解而形成。

D 高孔隙度带：集中分布于 2500～2900m，溶蚀孔隙发育，为混合溶孔带。当到达门限深度（2800m）时，蒙皂石消失，转变为伊 / 蒙混层矿物，大量富含有机酸和二氧化碳的水从泥岩中排入储层，发生了大规模的初次运移。这种成岩环境的急剧变化，泥岩孔隙也常被成岩矿物堵塞，引起厚层泥岩普遍出现欠压实，形成异常高压。在超压驱动下，地层水向超越带上下迁移。在上覆地层中引起碳酸盐、铝硅酸盐和二氧化硅的大量溶解，进而形成了混合溶孔带。

E 高孔隙度带：集中分布于 3100～3600m，位于伊 / 蒙混层黏土矿物成岩相带。溶蚀作用较强，次生孔隙较发育，原生孔隙可能不占优势。

F 高孔隙度带：集中分布于 4000～4600m，为溶孔和微裂缝发育带。

3. 储集性能主控因素

古近系碎屑岩储层储集性能的优劣主要受沉积作用、母岩岩性、成岩作用等一系列因素控制。

1）沉积作用对储集性能的影响

沉积作用对储层储集性能的影响主要表现在两个方面：一方面是组成岩石的骨架颗粒结构特征；另一方面是填隙物含量。从某种意义上讲，沉积作用对储层储集性能的影响是决定性的，这是因为埋藏后的一切成岩作用及所引起的各种变化都是在原始沉积作用的基础上进行的，但这一切又决定于沉积体系。

扇三角洲砂体，多是以颗粒支撑及分选较好的砂岩为主，孔隙度可达 15%～35%，渗透率达 500～5000mD，高者大于 10000mD；湖底扇砂体，多以黏土基质支撑及分选差的砂岩、砂砾岩为主，孔隙度一般为 10%～25%，渗透率为 1～1000mD。

2）母岩岩性对储集性能的影响

沉积物的碎屑成分来自物源区，碎屑成分不同，实际上就是物源区母岩的差异（张占文等，2002）。物源区母岩岩性的差异决定了储层的碎屑成分，也影响了储层的储集性能。

大量薄片观察和自生矿物测试统计资料表明：以花岗岩成分为主的砂岩，在成岩过程中抗机械压实能力强，抗破坏性化学压实作用能力也强，一般情况下，产生溶解作用的机会较多，成岩作用对孔隙保存有利。例如，西部凹陷兴 20 区块至兴 42 区块储层的碎屑成分以花岗质碎屑为主，孔隙度为 20%～27%，渗透率为 1400～5700mD。

3）成岩作用对储集性能的影响

成岩作用使沉积间断面附近的储层储集性能变好。沙一段和沙三段之间为一个沉积间断面，沙一段底部的扇三角洲砂体受大气淡水淋滤影响，不稳定矿物发生溶解作用，孔隙度和渗透率得到提高。西部凹陷兴隆台扇三角洲水下分流河道、河口沙坝砂体，遭受强烈溶解，孔隙度为 25%～31%，渗透率为 5000～10000mD，高者可达 19000mD。

成岩作用对坳陷边缘开启带储层具建设性改造。坳陷边缘开启带主要分布在各凹陷的斜坡部位，表现为原生成岩作用弱，表生成岩作用强，开启带上存在沙四段与沙三段、沙三段与沙一段（或沙二段）、东营组与馆陶组等多个沉积间断面，容易发生强烈的淋滤和溶解作用，使储层的储集性能得到改善。西部凹陷曙光、欢喜岭地区的扇三角洲砂体中，黏土杂基常被溶解，甚至全溶，也有长石、石英、岩屑颗粒被溶现象，孔隙度可达 43.2%，渗透率达 17887mD。

三、中生界碎屑岩储层

中生界碎屑岩储层比古近系碎屑岩储层分布范围小，主要分布在西部凹陷兴隆台—马圈子、宋家、西八千—欢喜岭、大洼、东部凹陷三界泡等地区。中生界碎屑岩储层存在辽东型和辽西型两种不同岩性组合。辽西型，以西部凹陷为代表，包括下白垩统九佛堂组、沙海组、阜新组、上白垩统孙家湾组等储层；辽东型，以东部凹陷、东部凸起为代表，包括上侏罗统小东沟组和下白垩统梨树沟组等储层。不同凹陷不同地区，储层厚度差异较大。西部凹陷欢喜岭地区储层累计最大厚度达 200m，而东部凹陷三界泡地区储层具有层数多、厚度薄的特点，单层厚度 1～2m，少数 3～5m，累计厚度在 20～50m。

1. 岩性特征

中生界碎屑岩储层岩性主要有砾岩、砂砾岩、含砾不等粒砂岩、中—粗砂岩等，这些岩性在西部凹陷均有揭露。以兴隆台地区中生界碎屑岩储层为例，岩性主要为花岗质砾岩、混合砾岩、粗砂岩、中砂岩、不等粒砂岩等，花岗质砾岩和混合砾岩均具砾状结构，花岗质砾岩中砾石以太古宇花岗质岩块为主，次为酸性浅成岩、中酸性喷出岩块，粒间或碎块间被方解石充填，而混合砾岩中砾石包括火山质砾石、花岗质砾石。砂岩类储层碎屑成分主要为石英、长石和岩屑，其中岩屑以花岗质岩为主，次为酸性浅成岩，填隙物以黏土杂基为主，局部为方解石胶结。

2. 储层物性

不同地区的中生界碎屑岩储层物性不同。兴隆台地区，根据 176 块岩心孔隙度统计结果，最大孔隙度为 17.6%，最小孔隙度为 2.4%，平均孔隙度为 7.3%；根据 130 块岩心渗透率统计结果，最大渗透率为 14.6mD，最小渗透率为 0.009mD，平均渗透率为 1.12mD，属于特低孔特低渗储层。欢喜岭地区，平均孔隙度为 16.2%，平均渗透率为 192mD，属于中孔中渗储层。大洼地区，平均孔隙度为 14.19%，平均渗透率约为 20.35mD，属于低孔低渗储层。

不同层位的储层物性也不同。宋家洼陷阜新组上亚段为中孔中渗储层，物性最好；阜新组下亚段和沙海组为低孔低渗、低孔特低渗储层，物性较差；九佛堂组为特低孔超低渗储层，物性最差（表 1-7-5）。

表 1-7-5　宋家洼陷中生界碎屑岩储层物性统计表

层位		孔隙度 /%	样品数	渗透率 /mD	样品数	类型
阜新组	上亚段	19.5	190	63.61	113	中孔中渗
	下亚段	13.2	271	35.50	178	低孔低渗
沙海组		12.1	123	4.13	100	低孔特低渗
九佛堂组		8.8	139	0.61	68	特低孔超低渗

3. 储集空间及孔隙组合

中生界碎屑岩储层中可见粒间孔、粒间溶孔、粒内溶孔、胶结物溶孔、铸模孔、构造缝、溶蚀缝等，也可见粒间扩大孔、微裂缝等（图 1-7-5）。兴隆台地区中生界碎屑岩储层的储集空间主要为孔隙型和裂缝型，以溶孔和构造缝为主，其次也见粒间孔、溶解缝和节理缝。

不同类型的孔隙可以组合在一起。例如，宋家地区储层储集空间有三种孔隙组合类型。第一种是粒内溶孔—原生孔隙组合，以原生粒间孔隙为主，粒内溶孔较发育，孔隙连通性好，为较好的孔隙组合，主要分布于阜新组中上部砂岩中；第二种是粒内溶孔—粒间扩大孔组合，以粒间扩大孔为主，粒内溶孔发育，孔隙连通性好，为较好的孔隙组合，主要分布于阜新组下部砂岩和沙海组砂岩之中；第三种是粒内溶孔—胶结物溶孔组合，以胶结物溶孔为主，其次为粒内溶孔，孔隙连通性较差，见于沙海组、九佛堂组和义县组砂岩中。

辽河坳陷碎屑岩储层在纵向上有规律分布，平面上成带出现。以具中—高孔（孔隙度≥15%）、中—高渗（渗透率≥50mD）的水下分流河道砂岩、河道砂岩等为最好的储层。除了古近系，中生界碎屑岩储层也是辽河坳陷重要的勘探对象。

第二节 变质岩储层

变质岩储层是辽河坳陷最古老的基底储层，主要发育于中—新元古界和新太古界。中—新元古界变质岩储层主要分布于西部凹陷杜家台、胜利塘、曙光和大民屯凹陷安福屯、静北等潜山，新太古界变质岩储层分布于三大凹陷和中央凸起。

一、中—新元古界变质岩储层

变质岩储层层位为大红峪组，岩性主要为石英岩、变余石英砂岩。石英岩碎屑成分主要为石英，含量在 90% 左右，含少量长石等其他矿物，填充物主要为自生石英和伊利石。变余石英砂岩多为变余长石石英砂岩，以半自形粒状结构为主，石英重结晶者为镶嵌接触，局部发育粒间孔。具中砂—粉砂状结构，粒径为 0.03～0.5mm，分选中—较好，次圆状，镶嵌接触，再生胶结或孔隙式胶结。在测井响应特征上表现为“四低一高”，即低自然伽马、低补偿中子、低光电吸收指数、低密度、高时差。

变质岩储层储集空间主要为裂缝和孔隙。裂缝以构造裂缝为主，主要为高角度缝和网状缝，分布不均匀，向深部发育程度变差。裂缝开度一般在 0.01～0.03mm，有的可达 0.05mm。孔隙可见残余粒间孔、粒内溶孔、粒间溶孔、微孔等，最大的溶孔孔径可达 0.6～2mm。

常规物性分析结果显示，中—新元古界变质岩储层最大基质孔隙度为 14.3%，最小为 0.8%，平均为 5.18%；最大渗透率为 25mD，最小小于 1mD，平均为 7.3mD。

二、新太古界变质岩储层

新太古界变质岩储层是一种中—高级变质程度的储层，受古构造、古地貌、风化剥蚀等地质背景控制。

1. 岩性特征

变质岩储层的岩石类型主要有区域变质岩、混合岩、动力（碎裂）变质岩三类九亚类（宋柏荣等，2017），见表 1-7-6。主要储层岩性特征如图 1-7-8 所示。

片麻岩类在坳陷内分布极广，主要为黑云斜长片麻岩，其次为黑云二长片麻岩、黑云钾长片麻岩、黑云角闪斜长片麻岩，呈明显的片麻状构造，具鳞片粒状变晶结构或中—粗晶花岗变晶镶嵌结构。当暗色矿物含量小于 20% 时，在构造和溶蚀改造下，可形成储层。东部凹陷茨榆坨潜山以黑云二长片麻岩分布最广泛，呈灰绿色、灰白色或肉红色，镜下观察具粒状变晶结构、块状构造。主要矿物有斜长石、黑云母、钾长石及石英，斜长石 25%～40%，黑云母一般为 20%～25%，最高可达 40%，钾长石多属微斜长石，一般为 20%～25%，石英占 10%～15%。长英质粒岩类主要分布在大民屯凹陷东胜堡潜山和边台潜山、西部凹陷海外河潜山、齐家潜山等，主要有浅粒岩、黑云斜长变粒岩等。浅粒岩，晶粒大小 0.10～1.00mm，暗色矿物含量小于 10%，主要由石英和长石组成，岩石脆性强，在构造应力作用下易破碎，裂缝发育，可以成为好储层；变粒岩，晶粒大小 0.10～1.00mm，具有细粒均粒它形鳞片粒状变晶结构，块状构造，可形成中等储层。混合岩化变质岩类，包括混合岩化变粒岩、混合岩化片麻岩等，主要矿物成分为黑云母、斜长石、角闪石、石英及少量碱性长石。注入混合岩类，新生脉体含量为 15%～50%，包括角砾状混合岩、条带状混合岩、浅粒质混合岩等，主要矿物以石英、斜长石、碱性长石为主，次为黑云母、角闪石，具有粗粒花岗变晶镶嵌结构。浅粒质混合岩是一种特殊类型的注入混合岩，是原岩为浅粒岩混合岩化形成，在大民屯凹陷东胜堡潜山发育。混合片麻岩类，残留的基体含量小于 50%，主要矿物成分以石英、斜长石、碱性长石为主，次为黑云母、角闪石，具有鳞片粒状变晶结构、花岗变晶结构和片麻状构造。混合花岗岩类，残留的基体极少，主要包括斜长混合花岗岩和二长混合花岗岩等，一般呈片麻状构造，具花岗变晶结构，也是原生花岗岩混合岩化的结果，主要分布在大民屯凹陷静安堡潜山、中央凸起南部地区等。

表 1-7-6　辽河坳陷新太古界变质岩储层岩石类型

岩石类型		岩石名称	主要矿物成分
区域变质岩	片麻岩类	黑云斜长片麻岩、角闪斜长片麻岩、黑云角闪斜长片麻岩等	黑云母、斜长石、角闪石及少量石英
	长英质粒岩类	黑云斜长变粒岩、黑云角闪斜长变粒岩、黑云角闪二长变粒岩、斜长浅粒岩等	黑云母、斜长石、角闪石和石英
混合岩	混合岩化变质岩类	混合岩化变粒岩、混合岩化片麻岩等	黑云母、斜长石、角闪石、石英及少量碱性长石
	注入混合岩类	角砾状混合岩、条带状混合岩、浅粒质混合岩等	以石英、斜长石、碱性长石为主，次为黑云母、角闪石
	混合片麻岩类	条痕状混合片麻岩、条带状混合片麻岩、花岗质混合片麻岩等	以石英、斜长石、碱性长石为主，次为黑云母、角闪石
	混合花岗岩类	斜长混合花岗岩、二长混合花岗岩等	石英、斜长石、碱性长石
动力（碎裂）变质岩	构造角砾岩类	角砾岩、圆化角砾岩等	石英、斜长石、碱性长石
	压碎岩类	碎裂混合花岗岩、长英质碎裂岩、碎斑岩、碎粒岩等	石英、斜长石、碱性长石
	糜棱岩类	混合花岗岩质糜棱岩、浅粒岩质糜棱岩等	石英、斜长石、碱性长石

a. 黑云斜长片麻岩，鳞片粒状变晶结构，片麻状构造，正交偏光
兴古7井，3648.91m

b. 黑云角闪斜长变粒岩，鳞片粒状变晶结构，正交偏光
沈276井，3811.19m

c. 条带状混合岩，新生花岗质脉体条带状，正交偏光
哈35井，3405.5m

d. 斜长浅粒岩，岩石破碎，裂缝及破碎粒间孔中含油，正交偏光
胜601-H604井，3245.89m

e. 混合花岗岩，岩石破碎，裂缝中含油，正交偏光
沈309井，3044.77m

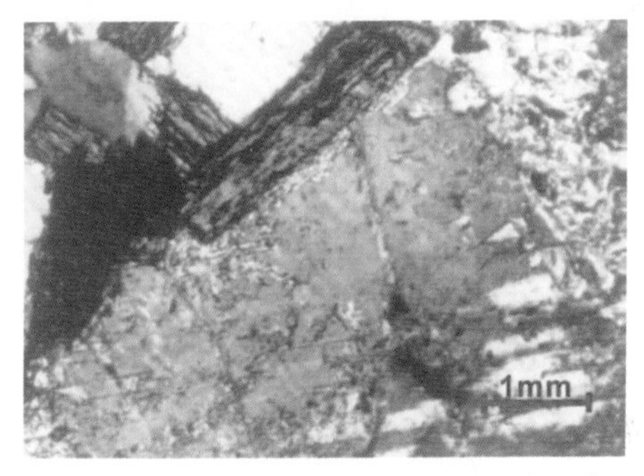

f. 混合片麻岩，花岗变晶结构，片麻状构造，裂缝发育
缝中含油，正交偏光
兴古7井，3718.34m

g.碎裂混合花岗岩，碎裂粒间孔，单偏光，50×
沈224井，3135.4m

h.浅粒质混合岩，裂缝及破碎粒间孔，单偏光，50×
胜25井，3404.04m

图 1-7-8　新太古界变质岩储层主要岩性微观图

动力（碎裂）变质岩是构造作用改造形成的，其原岩仍然是区域变质岩、混合岩等。主要包括构造角砾岩类、压碎岩类、糜棱岩类等，分布局限，受构造断裂带控制，多呈狭长的带状分布于大民屯凹陷边台、曹台和东部凹陷茨榆坨等潜山，在西部凹陷兴隆台潜山个别地区也有发现。

不同地区分布的储层岩性有所不同。西部凹陷兴隆台潜山储层岩性主要为注入混合岩类、混合片麻岩类等，大民屯凹陷潜山带为浅粒岩、变粒岩、片麻岩类、混合花岗岩类等，东部凹陷茨榆坨潜山主要为片麻岩类。这些储层岩性与角闪岩、板岩等非储层岩性一起共同构成了变质岩内幕的“层状”或“似层状”结构。兴隆台潜山岩石类型多样，包括片麻岩类（黑云斜长片麻岩）、混合花岗岩类、混合片麻岩类、角闪岩类等变质岩，也包含了侵入岩。由于这些岩性在区域构造应力相同的条件下形成裂缝的程度不同，造成发育成为储层的难易程度不同，使得潜山内幕形成多套储隔层组合，从而形成了储层分布的“层状”或“似层状”发育特征（马志宏，2013），如图 1-7-9 所示。

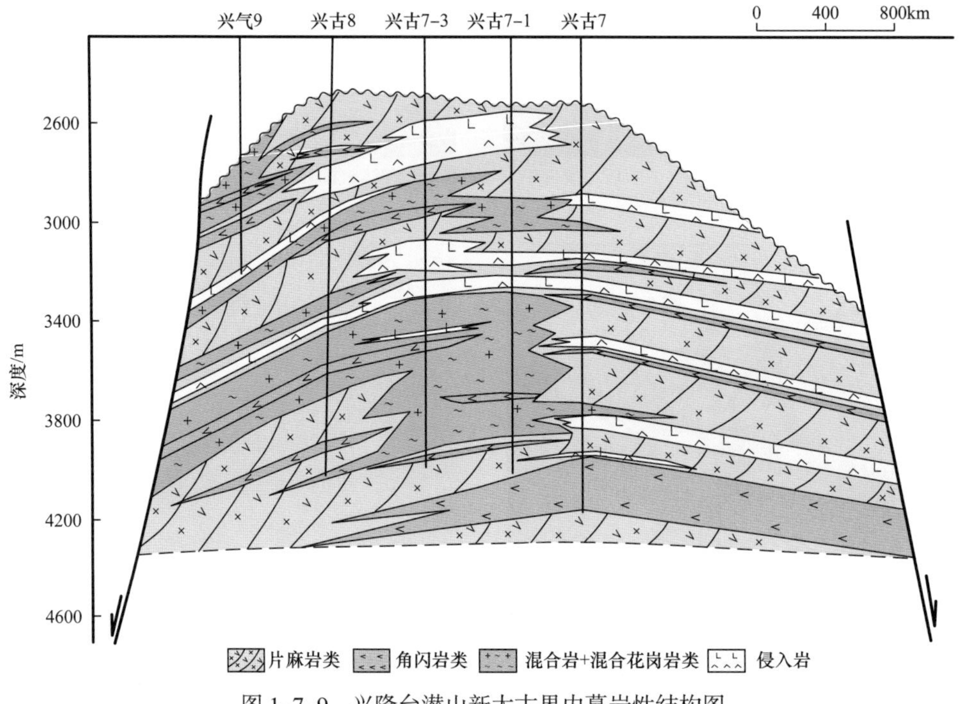

图 1-7-9　兴隆台潜山新太古界内幕岩性结构图

2. 电性特征

由于矿物组成、元素成分、化学成分和结构构造的差异性，变质岩在测井曲线上表现出不同的响应特征（宋柏荣等，2011）。主要有三种类型：第一种类型是以长英质矿物成分为主的浅粒岩及其混合岩。密度在 2.60～2.68g/cm^3，补偿中子在 0～0.84%，自然伽马一般为 80API 左右，光电吸收截面指数较低，在 3.0 左右，在密度与补偿中子测井曲线上显示出“正差异”的曲线关系，即补偿中子曲线处于密度曲线的右侧。这类岩石由于暗色矿物含量少，在构造作用下容易形成裂缝，为好储集岩。第二种类型是以角闪石等暗色矿物组成的岩石类型。密度大于 2.75g/cm^3，补偿中子大于 4%，在密度与补偿中子测井曲线上呈现“负差异”的曲线关系，即密度曲线为高值位于右侧，补偿中子增大而位于左侧。这类岩石暗色矿物较多，裂缝不发育，为非储集岩。第三种类型是一种过渡型，当黑云母含量在岩石中大量增加时，使岩石骨架中的含氢指数和密度增加，密度在2.65～2.70g/cm^3，补偿中子在1.3%～3.0%之间，使两条曲线向中间靠拢到一起，呈绞合状。具有此种测井曲线特征的岩石，也可作为储集岩。主要变质岩储层岩性的具体测井响应值及曲线形态特征如表1-7-7和图1-7-10所示。

表1-7-7　辽河坳陷新太古界主要储层岩性测井响应值及曲线形态特征

岩石类型	测井识别类型	测井响应值			测井曲线形态特征	
		密度/g/cm^3	补偿中子/%	自然伽马/API	密度—补偿中子	自然伽马
黑云（角闪）斜长片麻岩等	片麻岩类	2.65～2.85	5～12	40～120	中等的"负差异"	中—高值锯齿状
黑云（角闪）斜长变粒岩等	变粒岩类	2.70～2.80	3～12	30～105	中等的"负差异"	中值较平直状
斜长（二长）浅粒岩	浅粒岩类	<2.65	<6	50～110	"正差异"或绞合状，曲线较平直	中值较平直小齿状
浅粒质混合岩	浅粒质混合岩	<2.65	<6	>50	"正差异"或绞合状，曲线较平直	中值较平直状夹高值
条带状、角砾状混合岩等	注入混合岩类	2.67～2.75	3～8	70～200	绞合状或"正负差异交替"，曲线锯齿状	中—高值锯齿状
混合片麻岩类	混合片麻岩类	2.61～2.70	3～6	70～155	绞合状或小的"正差异"，曲线锯齿状	高值锯齿状
混合花岗岩类	混合花岗岩类	2.52～2.65	1～3	75～180	大的"正差异"	高值小锯齿状

3. 储层物性

新太古界变质岩储层具有基质岩块和裂缝双重孔隙介质的特点。

基质岩块储层物性可以通过岩心实测获得。据200个样品的物性分析结果，新太古界变质岩储层孔隙度最大为13.3%，最小为0.6%，平均为5.1%。其中孔隙度1%以下占10%，1%～5%占49%，5%以上占41%。渗透率最大为953mD，最小为0.53mD。其中，渗透率1～10mD占17%，10～100mD占13 %，1mD以下占70%。总的来说，以浅色矿物为主的构造角砾岩、混合花岗岩类、浅粒岩类等储层物性较好。随着暗色矿物含量的增高，储层物性变差。

不同潜山储层物性不同。大民屯凹陷东胜堡潜山具有高渗透的特点，如胜10井、胜11井的平均渗透率分别为224.3mD和373.4mD。而静安堡潜山具有低渗透性的特点。同一潜山不同部位储层物性也有差异。兴隆台潜山顶部的孔隙度一般高于中深层，但渗透率变化不大，普遍较低（表1-7-8）。

裂缝分为宏观裂缝和微裂缝，岩心所能测量的裂缝开度大于10μm者为宏观裂缝，小于10μm者为微裂缝。宏观裂缝孔隙度可通过三种方法获得：一是岩心测量统计法，

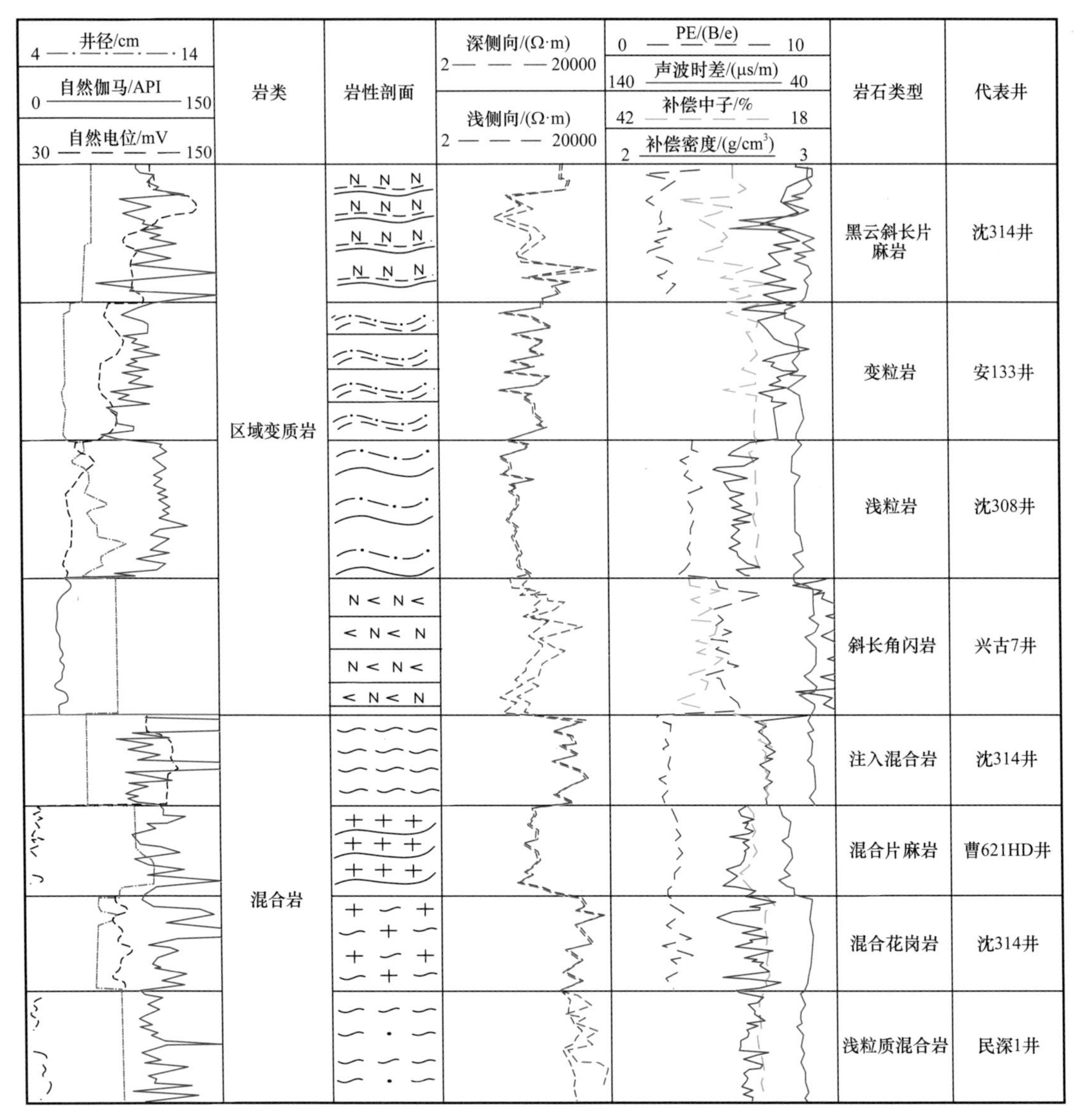

图 1-7-10 新太古界主要岩石类型测井曲线综合特征图

表 1-7-8 兴隆台潜山不同部位物性统计表

部位	井号	块数	孔隙度 /%		渗透率 /mD	
			范围	平均值	范围	平均值
潜山顶部	兴古 2	2	5.4～13.3	9.35	0.31～0.32	0.32
	兴古 4	9	1.7～3.9	2.84	0.10～0.56	0.33
	兴 70	4	6.4～8.8	7.48	＜1.00	＜1.00
	兴 229	9	4.5～13.8	7.19	0.24～4.00	1.29
	兴 603	9	2.4～7.2	5.56	0.09～3.74	1.31
	兴古 7	5	5.9～8.4	6.96	0.36～0.84	0.61
潜山内幕	兴古 7	9	0.6～7.8	3.50	0.09～0.36	0.22

主要针对开度大于0.1mm的裂缝；二是测井资料计算法，包括双侧向电阻率法、多矿物模型法、声（电）成像测井解释法等；三是经验法。在西部凹陷兴隆台潜山，根据兴古7井、兴古10井等5口井微电阻率扫描成像测井和井周声波成像测井资料，解释宏观裂缝孔隙度分布在0.52%～0.76%，平均为0.63%；用岩心统计法统计的宏观裂缝孔隙度主要分布在0.3%～0.8%，平均为0.53%；用多矿物模型法解释的宏观裂缝孔隙度主要分布在0.3%～0.5%，平均为0.39%。经过综合分析对比，兴古潜山、马古潜山、陈古潜山的宏观裂缝孔隙度分别确定为0.3%、0.3%、0.5%。

4. 储集空间

新太古界变质岩储层的储集空间主要为孔隙和裂缝。孔隙包括溶蚀孔隙、粒间孔隙、晶间孔隙；裂缝包括宏观裂缝和微裂缝。

溶蚀孔隙是指在非埋藏或埋藏较浅的条件下，表生的雨水、地下水对其中的硅酸盐矿物溶蚀后产生的溶孔或溶洞，它在大民屯凹陷东胜堡潜山和西部凹陷齐家潜山的混合岩中可以见到。但是，表生雨水和地下水对硅酸盐的溶解作用，无论是在溶解速度上还是在溶蚀规模上都远不及碳酸盐岩。因此，变质岩溶蚀作用所产生的溶孔、溶洞极为有限，往往沿着裂缝产生一些溶蚀现象，形成少量溶孔、溶缝等，但对于裂缝开度的加大作用却不容忽视。

粒间孔隙和晶间孔隙在成因上与基岩张性断裂带相关。基岩张性断裂带往往可形成断层角砾岩，角砾之间发育粒间孔隙。基岩破碎时，其角砾的大小及分布状态不符合一般砂岩的正态概率分布特征，而是符合罗辛分布规律。因此，孔隙结构具有极大的非均质性，粒间孔隙的孔喉半径分布是随机的。在有些大角砾之间，形成了大的粒间孔，实际上是孔洞。孔洞在埋藏条件下充满了地层水、水溶液中溶解的硅质成分往往以石英晶体的形式析出。在漫长的地质年代中，这些较大的粒间孔逐渐被石英晶体所填充，但是石英晶体之间仍然有孔隙存在，即石英的晶间孔隙。这两种孔隙分布十分有限，仅见于断层带附近。大民屯凹陷的胜21井、沈301井的混合花岗岩中可见到碎裂颗粒粒间孔。

裂缝是变质岩储层中最重要的储集空间，它还可以作为油气流动的通道。宏观裂缝和微裂缝在变质岩中是同时存在的，而微裂缝更具有普遍性。

宏观裂缝的形成受岩石物理性质和构造运动强度双重控制。暗色矿物含量较低的刚性岩体发生断裂易于形成宏观裂缝。西部凹陷兴隆台潜山发育宏观裂缝，多为中、高角度张开缝，裂缝张开度为0.1～0.2mm，裂缝面延伸较长，多切割岩心，表现出晚期裂缝切割早期裂缝，反映出多期裂缝发育的特点。大民屯凹陷胜西低潜山的宏观裂缝多为中、高角度缝，裂缝张开度为0.1～1.5mm。宏观裂缝一般包括两种成因类型，一类是区域性节理缝，节理缝密度很小，一般在线距数米范围内仅有一条，虽然分布广泛，但不大可能成为变质岩的主要储集空间；另一类是由构造运动形成的构造裂缝，构造裂缝密度较大但分布不均匀，一般沿着基岩断裂带可以形成裂缝密集带，是变质岩储层主要的储集空间。

微裂缝主要是由风化作用形成的。变质岩表层风化带是微裂缝发育带，电性特征表现为低电阻特征。微裂缝有长石类矿物解理缝、石英微裂缝、晶间缝、片理和片麻理缝四种存在形式，主要发育于片麻岩和混合岩中。大民屯凹陷静安堡潜山可见长石矿物的解理缝、晶间缝、片麻理缝等微裂缝；西部凹陷兴隆台潜山马古2井的混合花岗岩中发育微裂缝，延伸长度较小，多与宏观裂缝相伴生。

岩石类型及矿物成分、构造作用和溶蚀（淋滤）作用是影响新太古界变质岩储层储集空间的主要因素。不同的岩石类型及矿物成分具有不同的抗风化和溶蚀程度。对于石英、长石等浅色矿物的岩石，脆性强，在应力作用下容易破碎产生裂缝；而对于黑云母和角闪石等暗色矿物组成的岩石，抗压能力强，黑云母等柔性矿物往往成为填隙物堵塞裂缝或破碎粒间孔，角闪石等暗色矿物容易蚀变成绿泥石和碳酸盐交代等，堵塞储集空间。构造作用受区域构造应力场的控制，在构造应力作用强烈部位，大量形成多组、多期次的构造裂缝，与碎裂粒间孔隙等储集空间交织成储集空间网络。溶蚀（淋滤）作用可以形成溶蚀孔隙，使原来的储集空间得到增加。此外，古表生风化作用、孔隙的充填作用、岩石的结构和构造、岩石所处的岩体位置等也在一定程度上影响变质岩储层的储集空间。

5. 变质岩内幕储层发育的控制因素

新太古界变质岩内幕储层发育的控制因素包括岩石类型、构造作用、物理风化作用和化学淋滤作用、岩浆侵入、矿物充填等（李晓光等，2017）。

1）岩石类型的影响

岩石类型对形成变质岩内幕储层起着重要作用。在同样的构造应力的作用下，暗色矿物含量低的岩石容易产生裂缝成为储层，而暗色矿物含量较高的岩石不易产生裂缝，不能成为有效储层。在西部凹陷兴隆台潜山，暗色矿物含量超过 25% 的岩石难以形成有效储层。浅粒岩、混合岩、变粒岩、片麻岩都可成为内幕储层，但形成储层的程度有从易变难的趋势（表 1–7–9）。

表 1–7–9　西部凹陷变质岩储层有效孔隙度统计表

潜山或区块	岩石类型	孔隙度 /%		
		基质有效孔隙度	裂缝有效孔隙度	总有效孔隙度
兴隆台	斜长片麻岩	4.65～5.86	0.37～0.58	5.00～6.00
马圈子	斜长片麻岩	4.60～4.80	0.16～0.37	5.00
冷家	混合花岗岩、片麻岩	4.80～7.70	0.40～0.90	5.70～8.60
齐家	混合花岗岩、斜长片麻岩	3.50	0.50	4.00
牛心坨	混合花岗岩	4.34	1.72	6.05
欢 612	混合花岗岩	4.00	0.40	4.40

2）构造作用的影响

构造作用是形成储集空间、改善储集性能的有利因素。研究表明，在褶皱拱张部位曲率越大、断裂强烈发育的区域，岩石裂缝越发育。这些裂缝不仅作为主要的储集空间，而且更重要的是作为形成酸性水溶液和油气运移的通道。例如，西部凹陷兴隆台潜山受多期构造运动褶皱和断层作用，使得潜山岩石的构造变形十分强烈，形成了有效裂缝而具备了储集渗流能力，为潜山整体含油创造了条件。西部凹陷齐家潜山和大民屯凹陷东胜堡潜山的高产井均分布于裂缝密集的断裂带附近。

辽河坳陷构造裂缝形成主要分为两期。辽河坳陷形成之前，基底处于古地貌山阶段，多次构造运动及长期风化、淋滤作用，形成了构造裂缝及区域节理缝；东营组沉积时期，辽河坳陷主干断裂以伸展为主转化为以走滑为主，使部分基岩受到强烈的侧向压扭作用，局部地区形成逆断层，在逆断层上盘形成主要的构造裂缝发育带。如西部凹陷冷东逆断层带上的冷南潜山及大民屯凹陷东侧逆断层带上的曹台潜山等都由此而形成。

3）物理风化作用、化学淋滤作用的影响

由机械碎裂作用形成变质岩储集体孔隙发育带，继构造作用和物理风化作用之后，化学淋滤作用促使储集空间发育。由于原岩中不稳定组分的溶解、滤失，加大了缝隙的开度，使储层的孔隙度、渗透性变好，有利于油气的储存和运移。在西部凹陷兴隆台潜山、齐家潜山和大民屯凹陷东胜堡潜山的变质岩中均见到溶孔、溶缝的分布。

4）岩浆侵入的影响

主要表现在两方面：一方面使新太古界发生了不同程度的混合岩化和碎裂岩化，有利于储层发育；另一方面形成致密隔层，为变质岩内幕油气藏的形成创造了条件。

5）矿物充填的影响

在变质岩裂缝中形成的自生石英、碳酸盐矿物、绿泥石和黄铁矿等充填，对储层储集性能产生不利影响，使储层物性变差。

变质岩储层研究取得了两方面新认识：一是变质岩内幕由多种岩类构成，具有层状或似层状结构；二是变质岩内幕存在非均质性较强的多套裂缝型储层和非储层组合。这些认识指导并推动了辽河坳陷变质岩的油气勘探。

第三节　火成岩储层

火成岩储层主要分为喷发岩储层（称为火山岩储层）和侵入岩储层。火山岩储层主要分布在新生界古近系，其次分布在中生界（图1-7-11）；侵入岩储层分布在新生界古近系沙三段，在西部凹陷兴隆台潜山的新太古界中也可见到。

一、古近系火成岩储层

古近系火成岩储层平面上主要分布在东部凹陷，以沙三段为主（图1-7-12），其次为沙一段。在西部凹陷曙北地区、东部凹陷茨榆坨地区等也可见到房身泡组火成岩储层。

1. 储层特征

1）岩石类型

古近系火成岩储层的岩石类型以中—基性火成岩为主，主要有玄武岩、辉绿岩、辉长岩、闪长岩、粗面岩、粗安岩、粗面质凝灰岩等，主要岩石类型为粗面岩，其次为辉绿岩、玄武岩。

粗面岩，属于中性喷出岩。颜色多为灰色、绿灰色、深灰色，块状构造，岩石具少斑或聚斑等斑状结构。斑晶由透长石、斜长石、歪长石等组成。透长石较粗大光洁，宽

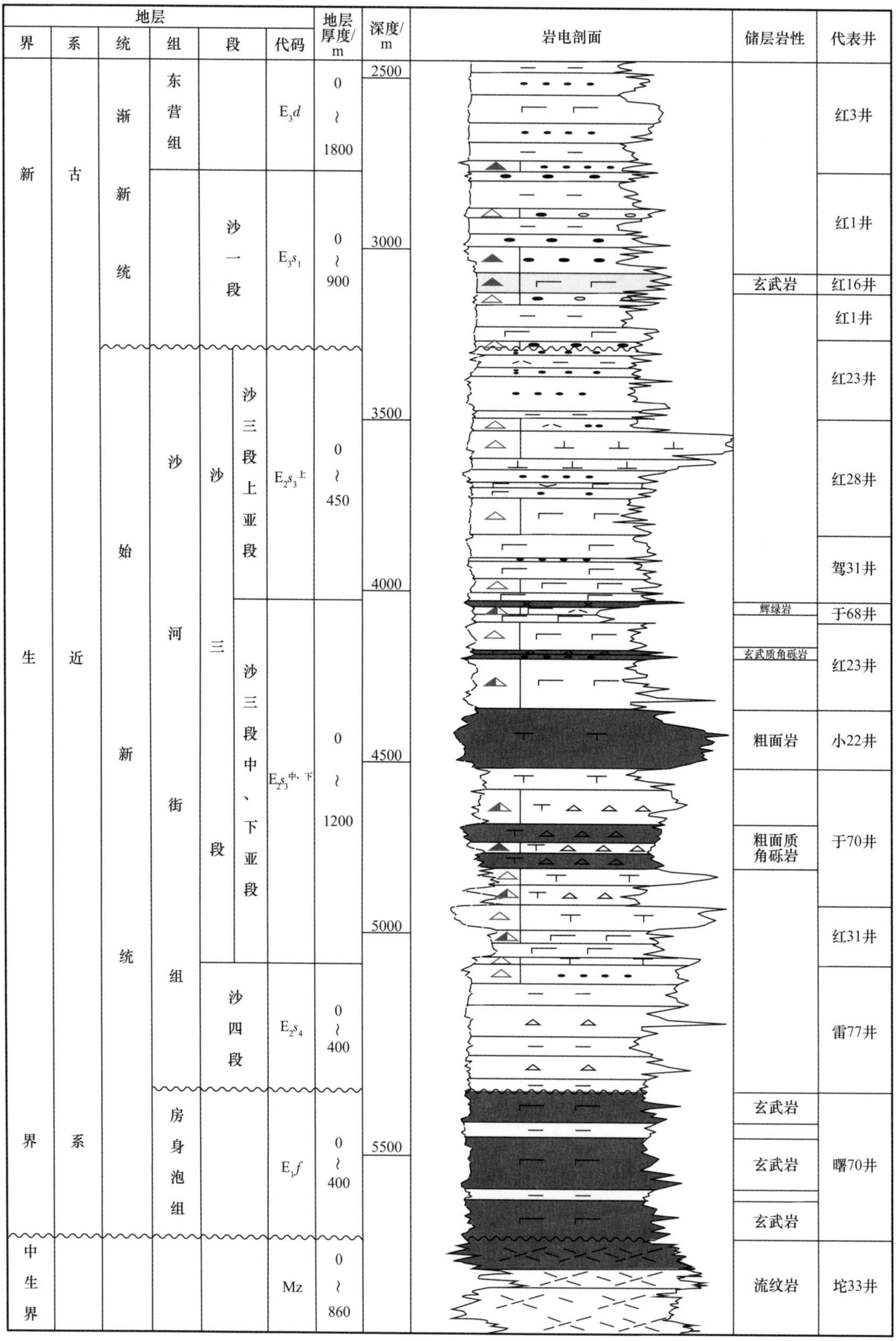

地层						地层厚度/m	深度/m	岩电剖面	储层岩性	代表井
界	系	统	组	段	代码					
新生界	古近系	渐新统	东营组		E_3d	0~1800	2500			红3井 红1井
				沙一段	E_3s_1	0~900	3000		玄武岩	红16井 红1井
		始新统	沙河街组	沙三段 沙三段上亚段	$E_2s_3^{上}$	0~450	3500 4000		辉绿岩	红23井 红28井 驾31井 于68井
				沙三段 沙三段中、下亚段	$E_2s_3^{中、下}$	0~1200	4500 5000		玄武质角砾岩 粗面岩 粗面质角砾岩	红23井 小22井 于70井 红31井
				沙四段	E_2s_4	0~400				雷77井
			房身泡组		E_1f	0~400	5500		玄武岩 玄武岩 玄武岩	曙70井
中生界					Mz	0~860			流纹岩	坨33井

图 1–7–11 辽河坳陷古近系火成岩储层综合柱状图

板柱状晶体，呈它形—自形，有的见环带，一般已蚀变；斜长石多具环带结构，多较不规则；歪长石具麻点状构造。基质由板条状的碱性长石、斜长石和辉石、角闪石、铁质矿物等细小晶粒以及细小的玻璃质组成（赵澄林等，1999），具粗面结构或交织结构等。主要分布在东部凹陷中南部地区沙三段。

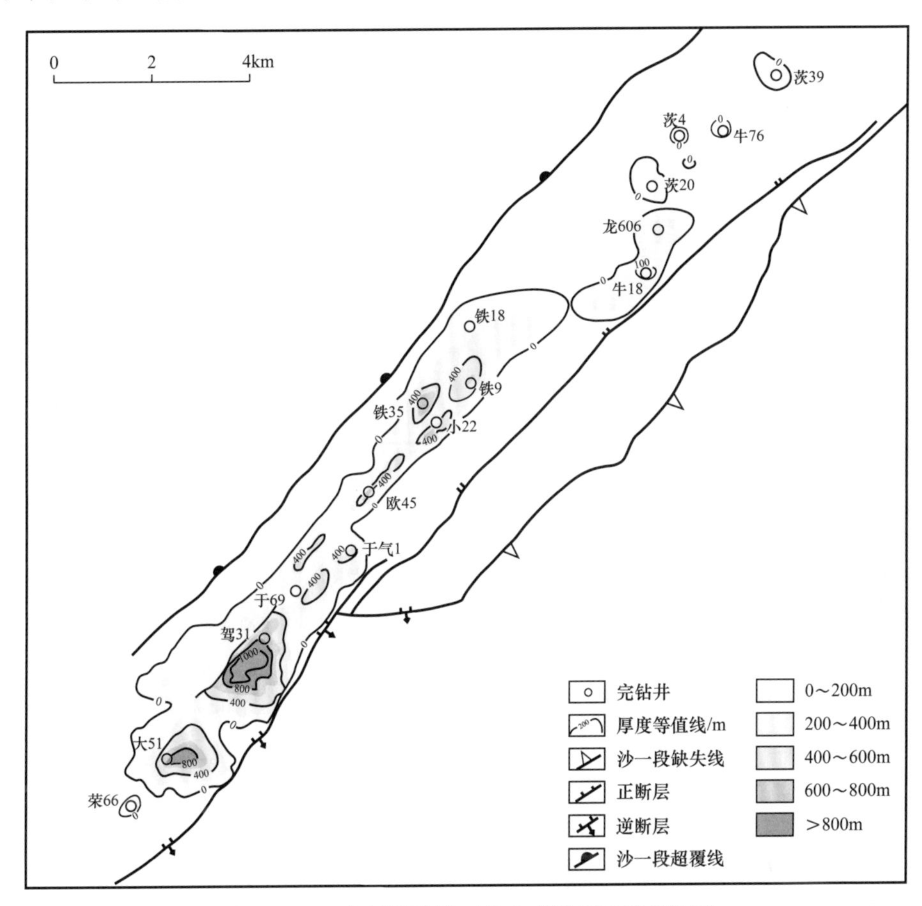

图 1-7-12　东部凹陷沙三段火成岩厚度等值线图

辉绿岩，属于基性浅成侵入岩。颜色为灰白色、灰黑色、浅绿灰色等，具典型的辉绿结构，个别见嵌晶含长结构。主要矿物成分为单斜辉石和富钙斜长石。辉石呈半自形—它形，可见绢云母化；斜长石呈自形—半自形长条状，普遍发育双晶，少数见环带。次要矿物成分为橄榄石、角闪石、黑云母等。主要分布在东部凹陷青龙台地区沙三段、驾掌寺地区沙一段和沙三段。

玄武岩，属于基性喷出岩。颜色为灰黑色、深灰色、深绿灰色等，具气孔结构、斑状结构、似斑状结构和杏仁构造、块状构造。斑晶以斜长石为主，半自形—自形板状、长板状，蚀变一般达中—深等，为方沸石化等。一些岩石可见辉石、橄榄石。辉石呈它形—半自形粒状、短柱状，有些具裂理、环带，蚀变为绿泥石化、方沸石化等；橄榄石呈它形粒状，裂纹发育，蚀变为伊丁石化、蛇纹石化。基质中微晶斜长石呈半定向排列，一般形成格架，辉石和少量橄榄石分布于其格架中，也可见少量隐晶—玻璃质、磁铁矿等，具填间结构、填隙结构、隐晶玻璃结构、交织结构等。主要分布在西部凹陷曙北地区和东部凹陷茨榆坨地区的房身泡组。

2）岩相类型

火成岩储层的发育受火成岩岩相的控制。火成岩岩相进一步可分为喷出岩岩相和侵入岩岩相。喷出岩岩相可分为爆发相、溢流相、侵出相和火山沉积相等（赵澄林等，1999）（图 1–7–13）。每种火成岩岩相又可根据火成岩形成机制、产状和空间分布等特征进一步划分亚相。

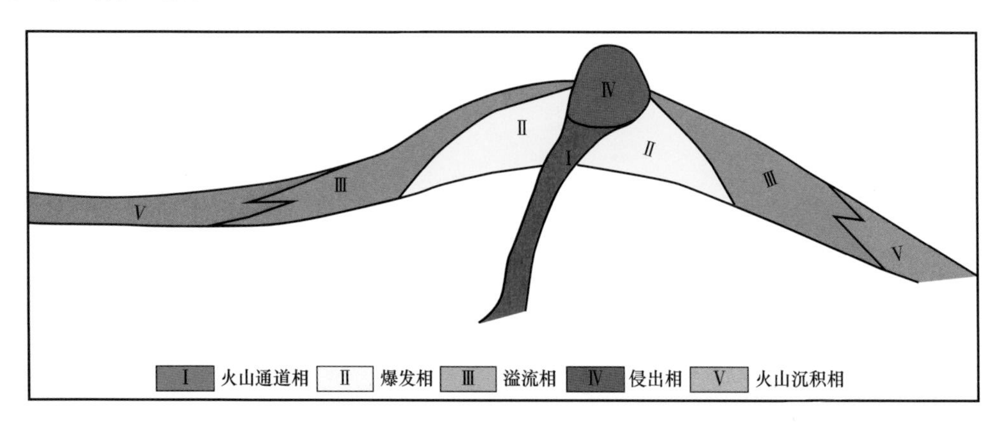

图 1–7–13 辽河坳陷古近系火山岩岩相模式图

针对东部凹陷新生界火成岩发育的地质特征，基于古火山机构及其产物研究的岩相分类原则，依据岩浆作用方式（爆发、溢流、侵出或侵入）和就位环境（封闭、半开放、开放和水域环境）的不同，同时考虑火山机构不同部位物质组成的差异等，将东部凹陷火成岩岩相分为火山通道相、爆发相、溢流相、侵出相、火山沉积相和侵入相 6 种相类型 16 种亚相类型。每种亚相的结构、构造特征和特征岩性不尽相同（表 1–7–10）。

3）储层物性

火成岩储层储集空间的连通性较差，非均质性较强，使火成岩储层的孔隙度和渗透率有较差的相关性。粗面岩孔隙度一般为 7.85%～19.07%，玄武岩孔隙度为 6.67%～21.4%，辉绿岩样品较少，孔隙度一般小于 10%。火成岩储层渗透率多小于 1mD。

东部凹陷火成岩储层基质孔隙度一般为 0.9%～29.2%，平均为 9.2%，渗透率为 0.01～56mD，平均为 0.23mD。角砾熔岩、角砾化粗面岩、粗面岩储层的储集物性相对较好，例如，欧 8 井 2170.9m 角砾熔岩储层孔隙度可达 21.08%，渗透率达 2.4mD。欧 26 井 2195.2m 角砾化粗面岩储层孔隙度为 10.63%，渗透率为 1.67mD；2193.5m 粗面岩储层孔隙度为 11.37%，渗透率为 0.277mD。

4）储集空间

火成岩储层的储集空间主要有孔隙和裂缝两种类型。它们一般不独立存在，而是按不同的方式组合在一起，形成复杂的空间网络（马志宏，2003）。

孔隙几何形态变化各异，孔状、线状、片状、洞穴状、串珠状等都有所见，多为不规则形态，可分为原生孔隙和次生孔隙。原生孔隙有气孔、残余气孔、斑晶间孔、晶间孔、杏仁体内孔、收缩孔等；次生孔隙有斑晶溶蚀孔、基质溶蚀孔、杏仁体溶蚀孔、蚀变物溶蚀孔和交代物溶蚀孔等。

表 1-7-10 东部凹陷古近系火成岩岩相分类及特征

相	亚相	结构、构造特征	特征岩性
火山通道相（地下封闭环境—地表半开放环境）	隐爆角砾岩亚相	隐爆角砾结构、锯齿状拼合构造	玄武质 / 粗面质隐爆角砾岩
	次火山岩亚相	斑状结构、全晶质中—细粒结构、柱状和板状节理	粗面斑岩、细晶岩
	火山颈亚相	堆砌机构、环状、柱状和放射状节理	熔岩、火山碎屑熔岩、（熔结）火山碎屑岩
爆发相（地表开放环境）	火山碎屑流亚相	火山碎屑结构、熔结火山碎屑结构	火山碎屑熔岩、（熔结）火山碎屑岩
	热基浪亚相	凝灰结构、平行、交错和波状层理	岩屑 / 晶屑凝灰岩
	空落亚相	凝灰结构、粒序层理	凝灰岩
溢流相（地表开放环境）	复合熔岩流亚相	玻基斑状结构、间隐结构、气孔、杏仁和枕状构造	气孔—杏仁玄武岩
	板状熔岩流亚相	间粒结构、柱状和板状节理、块状构造	致密玄武岩、粗面岩
	玻质碎屑流亚相	淬碎角砾结构、玻璃质结构、角砾状构造	角砾化玄武岩
侵出相（地表半开放环境）	外带亚相	自碎 / 淬碎角砾结构、玻璃质结构	角砾化粗面岩、粗面质角砾 / 集块熔岩
	中带亚相	霏细结构、微晶结构、流动构造	微晶粗面岩
	内带亚相	粗面结构、多斑 / 聚斑 / 碎斑结构、块状构造	块状粗面岩
火山沉积相（地表水域环境）	含外碎屑火山沉积亚相	碎屑结构、交错和粒序层理	凝灰质砾岩 / 砂岩 / 泥岩
	再搬运火山碎屑沉积亚相	沉火山碎屑结构、粒序和水平层理	沉凝灰岩 / 火山角砾岩 / 集块岩
侵入相（地下封闭环境）	边缘亚相	细粒结构、斑状结构、辉绿结构、流动构造	辉绿岩、辉长岩
	中心亚相	中—粗粒结构、辉绿结构、辉长结构、块状构造	辉绿岩、辉长岩

裂缝复杂多样，表现为粗和细、长和短、开启和闭合、密集和稀疏均有所不同，可分为原生裂缝和次生裂缝。原生裂缝有冷凝收缩缝、收缩节理和砾间缝等；次生裂缝有构造缝、风化缝等（马志宏，2003）。构造缝是辽河坳陷火成岩储层中最重要的储集空

间类型，至少有三期：第一期为在构造运动比较剧烈时期产生的较大的构造裂缝，这些构造裂缝中甚至混有原岩角砾，并常被后期充填的碳酸盐矿物所交代；第二期的构造裂缝部分充填方解石、沸石，部分充填油气，有的构造裂缝全部被油气充填；第三期的构造裂缝形成于油气运移之后，未被充填。第二期的构造裂缝有利于油气的勘探。

依据储集空间的形成机制、形态和分布特征等，东部凹陷火成岩储层储集空间分为 9 种类型 15 种亚类（表 1–7–11、图 1–7–14）。

表 1–7–11　东部凹陷沙三段火成岩储层储集空间类型及特征

类型		亚类	形成机制	特征
原生	气孔	砾内气孔	挥发分出溶，气泡聚合成孔	形态多为圆形、椭圆形等，常分布于熔岩流的顶部和底部
	格架孔	砾间孔	颗粒支撑作用、自碎角砾化	刚性角砾堆砌残留的空隙，不规则棱角状
		粒间孔	成岩压实作用	形态不规则，常沿碎屑边缘分布
		晶间孔	结晶作用	多边形，显微镜下可见，为自生矿物格架间孔隙，常充填火山玻璃、粒状暗色矿物或蚀变矿物，分布于中基性熔岩流的中部
	收缩缝	基质收缩缝	失水、冷却收缩	不规则状，规模不大，裂开部分只拉开而不发生错动
	碎裂缝	斑晶炸裂缝	压力、温度骤降、气体膨胀	裂而不碎，斑晶形貌可见
		自碎缝	自碎角砾化（重力、塌陷、膨胀、流速差）	单成分角砾，位移不大，视域范围内可拼接还原
		淬碎缝	淬火、过冷却	单成分碎屑，锯齿状，沿碎屑边缘分布
次生	溶蚀孔	晶内溶蚀孔	溶解作用	矿物晶体（斑晶或晶屑）部分或完全溶解，长石溶蚀孔最为常见
		基质溶蚀孔		筛孔状，大小、分布不均
		杏仁体溶蚀孔		杏仁体部分或全部溶蚀
	隐爆缝	热液角砾缝	高压流体作用、热液角砾化	枝杈状、网脉状，常分布于火山通道附近
	风化缝	风化裂缝	机械破碎	漏斗状、蛇曲状、枝杈状，常分布于风化壳（旋回顶面）内
	溶蚀缝	溶蚀缝	溶解作用	延伸方向上缝宽不一致，缝壁不规则
	构造缝	构造裂缝	构造应力作用	规模不等，可穿层，边缘平直，延伸远，成组出现

a. 砾间孔，粗面质火山角砾岩，铸体薄片，单偏光，20×，欧51井，3192.68m，沙三段中亚段

b. 碱性长石晶间孔（沸石充填），粗面岩，正交偏光，40×，小28井，3074.2m，沙三段中亚段

c. 斑晶炸裂缝，粗面岩，正交偏光，40×，小28井，3075.45m，沙三段中亚段

d. 斑晶溶蚀孔，玄武岩，铸体薄片，单偏光，100×，驾31井，3732.24m，沙三段上亚段

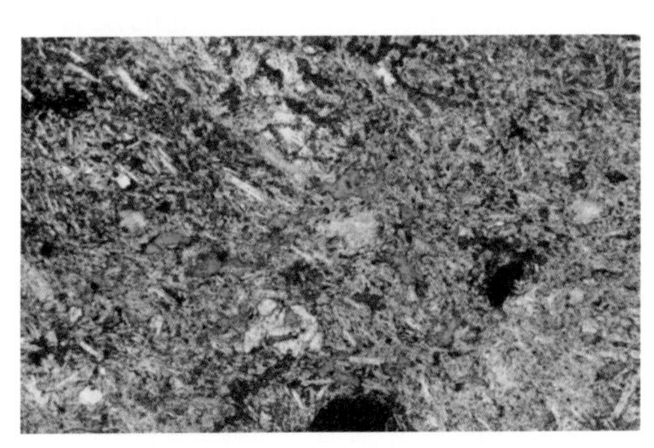

e. 基质溶蚀孔，粗面岩，铸体薄片，单偏光，50×，于70井，4374.1m，沙三段中亚段

f. 构造裂缝，辉绿岩，铸体薄片，单偏光，100×，于69井，3896.5m，沙三段中亚段

g. 溶蚀孔，辉绿岩，岩心照片，驾26井，3349.31m，沙三段中亚段

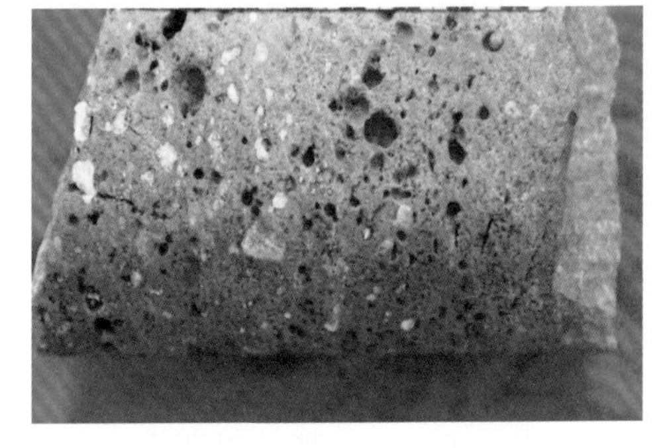

h. 气孔、杏仁体内孔，玄武岩，岩心照片，驾31井，3732.34m，沙三段上亚段

图 1-7-14　东部凹陷沙三段火成岩储层储集空间

2. 储集性能影响因素

火成岩储层的储集性能影响因素主要有岩性、岩相、构造作用和溶蚀作用。

1）岩性

粗面岩和玄武岩基质孔隙度和渗透率略好于辉绿岩，但总体上差别不大。东部凹陷火成岩储层按岩性主要分为三类储层：Ⅰ类储层为角砾化粗面岩、粗面质角砾岩、玄武质角砾岩等，整体上储集性能最好；Ⅱ类储层为块状粗面岩、气孔玄武岩、沉火山碎屑岩等，储集性能中等；Ⅲ类储层为辉绿岩、致密玄武岩，储集性能最差。

2）岩相

实测物性统计表明，爆发相、侵出相外带及中带亚相、火山通道相火山颈亚相、溢流相玻质碎屑流亚相、火山沉积相含外碎屑火山沉积亚相的储集性能最好；火山通道相隐爆角砾岩亚相、溢流相复合熔岩流亚相、侵出相内带亚相的储集性能中等；溢流相板状熔岩流亚相、火山沉积相再搬运火山沉积亚相、侵入相的储集性能最差。

3）构造作用和溶蚀作用

火成岩体受构造应力作用容易破碎，形成不同尺度、不同方向、不同性质的多种裂缝。这些构造裂缝不仅为油气运聚提供了良好的通道，同时也是油气的主要储集空间。因此，它不仅改善了储层，而且连通了原有储集空间——气孔及各种孔、洞、缝，使岩石的储集性能变好。

火成岩为高温低压环境的产物，当岩体暴露于地表或水体中，其中的不稳定组分会发生溶蚀，形成一定量的溶蚀孔、缝，改善了岩石的储集性能。溶蚀孔、缝的发育往往伴随构造裂缝的发育，它可为水溶液提供通道。如东部凹陷欧 29 井第三次取心，溶蚀作用较强烈，褐铁矿化非常普遍，岩石疏松多孔，甚至黏土化。

二、中生界火成岩储层

中生界火成岩储层分布在西部凹陷牛心坨、齐家、兴隆台—马圈子、大洼、东部凹陷荣兴屯等地区。储层岩性有安山岩、流纹岩、英安岩、凝灰岩、火山角砾岩等。

安山岩主要为灰紫色、浅灰色、灰绿色、灰黑色等，具斑状结构、玻基斑状结构。斑晶主要为长石、辉石、角闪石或黑云母；基质由长石和石英微晶、少量暗色矿物等组成，具交织结构。主要分布于东部凹陷荣兴屯地区、西部凹陷齐家地区、大洼地区、辽河滩海燕南地区等。

流纹岩多为灰白色、灰绿色、浅灰红色、灰黄色，一般为斑状结构。斑晶为石英、碱性长石（钠长石）及云母；基质由碱性长石微晶、石英微晶、玻璃质及暗色矿物等组成，为霏细结构、隐晶质结构。主要分布在西部凹陷牛心坨地区。

英安岩可见浅灰色，为斑状结构。斑晶含量为 1%～10%，以斜长石为主，含少量石英；基质主要为微晶斜长石和石英，含较多玻璃质，为霏细结构、交织结构等。主要分布在西部凹陷牛心坨地区、大洼地区、兴隆台地区等。

凝灰岩颜色一般为浅灰色、绿灰色、深灰色、灰黑色，具玻屑—岩屑、岩屑—玻屑等凝灰结构。中酸性—酸性凝灰岩以玻屑、晶屑为主，岩屑很少超过 20%；中基性凝灰岩中，晶屑和岩屑增多。岩屑多属玄武玻璃质岩屑，成不规则状，具有显微斑晶斜长石，具玻基交织结构；玻屑呈不规则碎屑状，有的具有脱玻化现象；晶屑主要由长石组成，少见石英。主要分布于西部凹陷大洼地区、牛心坨地区等。

火山角砾岩为火山角砾结构。砾石多为分选较差、棱角状和次棱角状的角砾，在90%左右，成分主要以基性、中性、酸性喷出岩块为主，含少量花岗质岩块。砾石间填隙物为与砾石同成分的细碎屑、泥质和绿泥石、白云石等。火山角砾岩在洼609井、洼605井、洼7井和马古6井、兴99井、兴68井中有所钻遇。

中生界火成岩储层储集空间主要有孔隙型和裂缝型。孔隙中主要可见角砾间孔、溶孔（图1-7-15），在荣76井和兴99井、洼19-26井安山岩中分别也可见到气孔和晶间

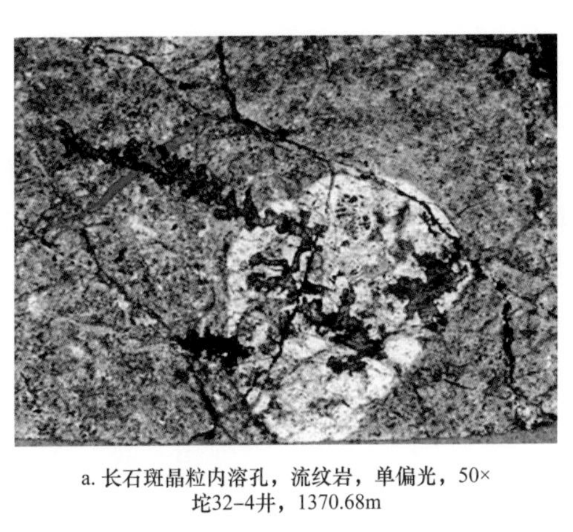

a. 长石斑晶粒内溶孔，流纹岩，单偏光，50×
坨32-4井，1370.68m

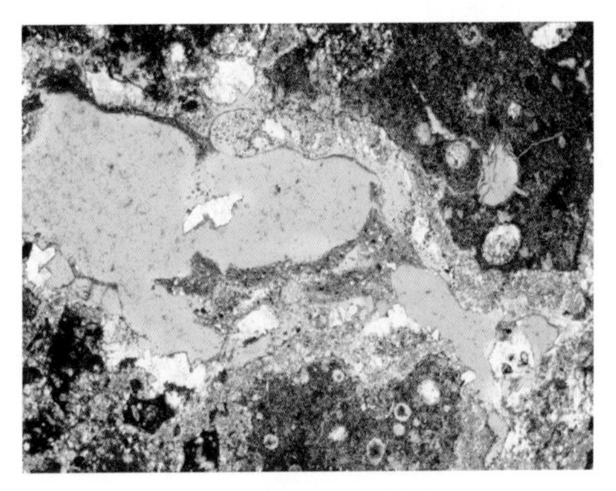

b. 溶蚀孔，火山角砾岩，单偏光，25×
洼7井，1816.84m

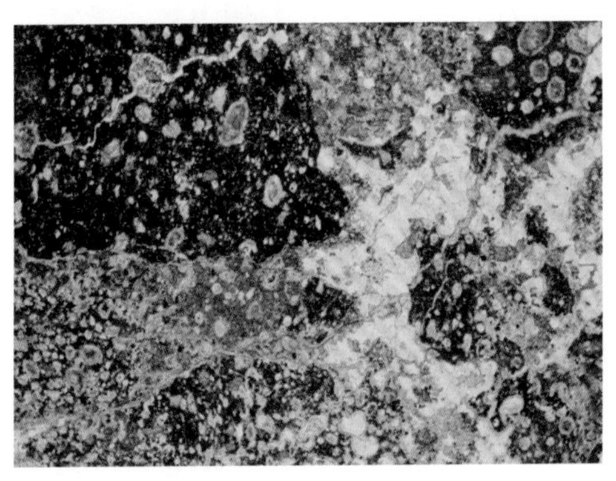

c. 裂缝，火山角砾岩，单偏光，25×
洼7井，1821.05m

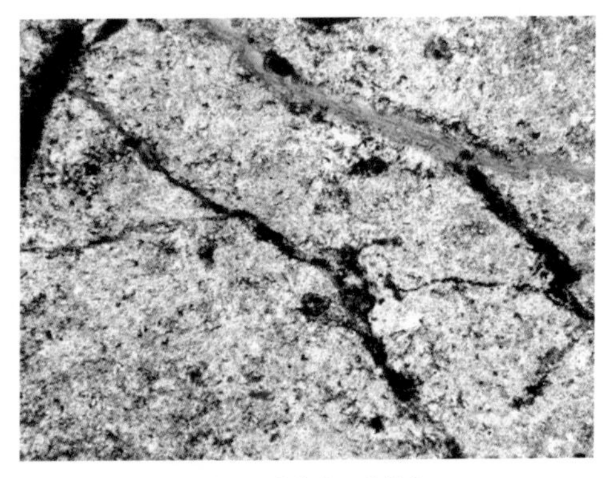

d. 微晶溶孔，流纹岩，单偏光，10×
坨32-1井，1368m

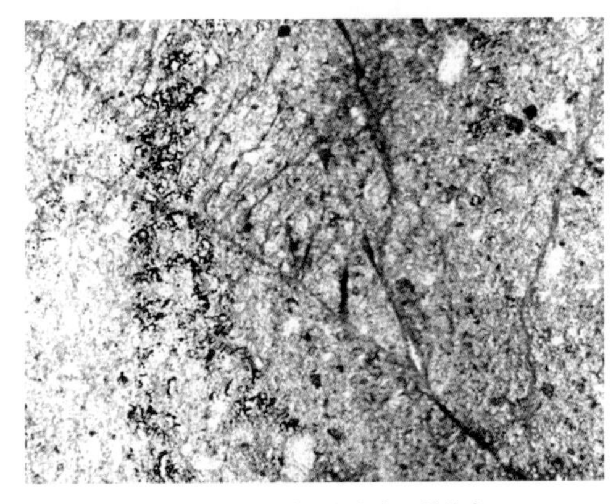

e. 三期构造裂缝，流纹质凝灰岩，单偏光，25×
坨32-7井，2054.93m

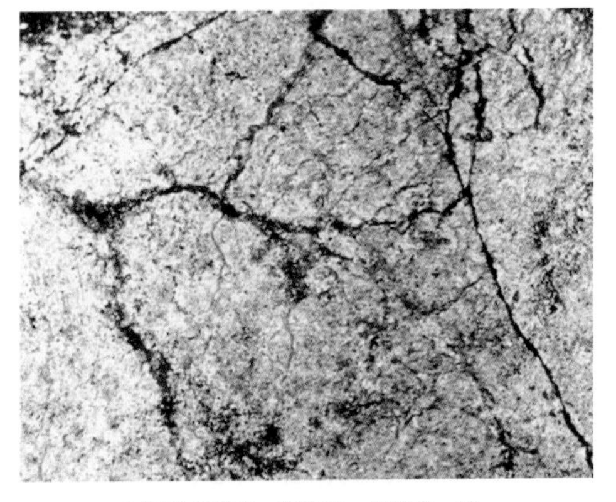

f. 网格状裂缝，流纹岩，单偏光，25×
坨32-1井，1368m

图1-7-15　中生界火成岩储层主要储集空间类型图

孔。溶孔在西部凹陷兴隆台地区、牛心坨地区的酸性喷发岩中较多见，而在其他地区相对少见。在兴隆台地区，溶孔以斑晶和基质溶孔为主，次为砾间溶孔，溶孔大的可以成为溶洞；牛心坨地区的溶孔以微晶的溶蚀孔为主，次为斑晶溶孔。裂缝包括构造裂缝、砾间缝、晶间缝、矿物解理缝和溶蚀缝等，以构造裂缝最发育，以微裂缝为主。例如，在西部凹陷牛心坨地区，发育三期构造裂缝，一期裂缝宽度为2～10mm，二期裂缝宽度0.5～3mm，三期为一些微裂缝。这些裂缝以高角度裂缝为主，相互切割并交织在一起，局部可呈密集网络状。

不同凹陷不同地区的火成岩储层物性有很大的不同。东部凹陷荣兴屯地区安山岩的孔隙度分布很分散，在1.0%～16.3%间变化；渗透率的差别更明显，最大渗透率为12mD，最小为0.12mD，普遍较低。西部凹陷牛心坨地区流纹岩，据坨32井储集物性分析，孔隙度在4.9%～11.8%，渗透率在0.12～52.2mD。同一凹陷同一地区的火成岩储层物性也有一定的差异。西部凹陷大洼地区储层在纵向上分为两段：Ⅰ段储层岩性为玄武质火山角砾岩，孔隙度在12.2%～24.7%，渗透率在0.100～9.509mD（表1-7-12）；Ⅱ段储层岩性为安山岩和流纹质溶结凝灰岩等，孔隙度在12.1%～18.1%，渗透率小于1mD（表1-7-13）。

表1-7-12　大洼地区中生界Ⅰ段火成岩储层物性表

井号	孔隙度/%			渗透率/mD		
	最小值	最大值	平均值	最小值	最大值	平均值
洼7	19.1	31.8	24.7	2.560	27.000	9.509
洼603	10.6	20.0	17.1	0.081	6.680	1.708
洼19-26	7.4	23.8	17.1	0.041	13.000	1.997
洼19	8.8	14.6	12.2	0.036	0.119	0.100
洼39	4.0	21.4	13.2	0.012	20.300	2.838

表1-7-13　大洼地区中生界Ⅱ段火成岩储层物性表

井号	孔隙度/%			渗透率/mD		
	最小值	最大值	平均值	最小值	最大值	平均值
洼19-26	13.4	22.5	17.7	0.052	1.440	0.520
洼609	9.9	13.8	12.1	0.100	0.400	0.210
洼51	16.1	18.9	18.1	0.019	0.030	0.027

辽河坳陷火成岩储层研究取得两项新进展：一是划分了沙三段火成岩岩相类型，建立了岩相模式；二是沙三段粗面岩是最好的储集岩类，其次为火山角砾岩。有效推动了辽河坳陷火成岩勘探进程。

第四节　碳酸盐岩储层

辽河坳陷碳酸盐岩储层纵向上主要分布在新生界、古生界、中—新元古界。新生界碳酸盐岩储层主要见于西部凹陷曙光、雷家、高升、牛心坨等地区的沙四段，分布相对局限；古生界碳酸盐岩储层主要分布在西部凹陷曙光潜山、东部凹陷三界泡潜山和东部凸起；中—新元古界碳酸盐岩储层主要分布在大民屯凹陷平安堡、安福屯、静北、曹东和西部凹陷曙光等潜山。

一、沙四段湖相碳酸盐岩储层

西部凹陷沙四段碳酸盐岩厚度一般在 10～20m，最大厚度大于 200m（图 1-7-16）。储层主要分布在杜家台油层和高升油层，为湖相沉积。杜家台油层成层性较好，形成横向连续的地层单元，而高升油层分布不很连续，主要受古地貌和沉积环境的影响。两套储层叠合面积达 450km^2。

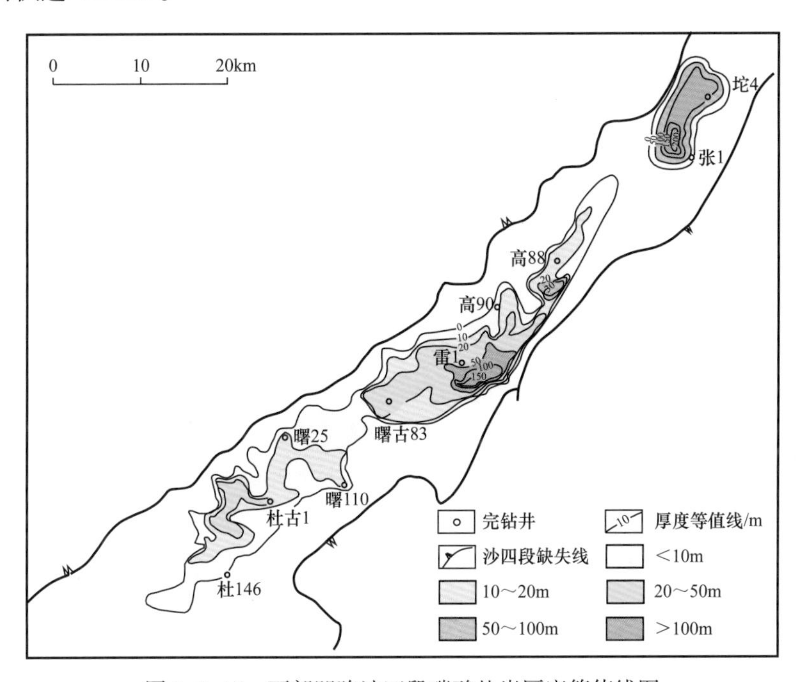

图 1-7-16　西部凹陷沙四段碳酸盐岩厚度等值线图

1. 岩石类型

沙四段碳酸盐岩储层岩性主要为石灰岩类和白云岩类。其中，白云岩类分布在西部凹陷曙光、高升、雷家等地区，石灰岩类分布在西部凹陷曙光、高升等地区。

白云岩类岩性主要包括泥晶云岩、含泥泥晶云岩、泥质泥晶云岩、含泥含方沸石泥晶云岩、含泥方沸石质泥晶云岩、泥晶粒屑云岩、含泥粒屑泥晶云岩等岩石类型（表 1-7-14）。泥晶云岩是主要储层岩性，一般为褐灰色、灰黑色或灰黄色，具泥晶结构，呈厚层状，与深灰色泥岩或褐灰色油页岩间互层。主要成分中，白云石含量为 37.7%，黏土含量为 26.1%，石英含量为 16.9%，斜长石含量为 15.5%，方解石含量为 3.8%。

表 1-7-14　雷家地区沙四段碳酸盐岩储层岩性分类表

主要岩石类型		成分及含量 /%		
		泥质 （包括黏土、小于 0.01mm 石英和长石）	方沸石	白云石
白云岩类	泥晶云岩	≤10		＞90
	含泥泥晶云岩	10～25		75～90
	泥质泥晶云岩	25～50		50～75
	含泥含方沸石泥晶云岩	10～25	10～25	50～80
	含泥方沸石质泥晶云岩	10～25	25～35	40～60
	泥晶粒屑云岩	≤10		＞90
	含泥粒屑泥晶云岩	10～25		70～90

粒屑灰岩是石灰岩类的主要类型，是湖盆初期扩张阶段滨浅湖高能水动力环境下沉积的碳酸盐岩。它仅分布于西部凹陷高升地区的高升油层，单层厚度普遍较薄，一般仅为 1～2m，累计厚度为 10～25m。粒屑灰岩是一套内碎屑石灰岩，主要矿物成分为原生泥晶方解石，含量变化范围在 50%～95% 之间，既可组成各种碳酸盐内粒屑，也可以以基质形式分布于粒屑之间；亮晶方解石在粒屑灰岩中含量不稳定，一般小于 30%，除少部分由微弱重结晶作用形成外，均系成岩后经溶解交代作用形成。陆源碎屑成分主要为玄武岩块、花岗岩块、石英及长石等，平均含量在 5% 左右，砂粒直径在 0.04～0.15mm 之间，95% 以上以陆源碎屑形式分布于粒屑灰岩之中，少部分作为粒屑中鲕粒的核心。

粒屑灰岩的主要结构有团粒、鲕粒、生屑结构。团粒包括泥晶灰岩组成的球粒、生物粪粒及内部组构不清的“假鲕粒”，镜下多呈浑圆的球粒状，透明度很差，显污浊，内部组构不清，呈黄褐色。成分以泥晶方解石为主（90%），混有 3%～10% 的泥质。直径一般在 0.05～0.15mm 之间，个别粒径可达 0.25mm。鲕粒包括正鲕、薄皮鲕、空心鲕、复合鲕，以薄皮鲕较常见。直径 0.05～0.3mm 之间，分选中等，以椭圆形为主，少量圆形，内部放射状组构不发育。包壳厚度均小于核心的直径。核心成分以泥晶方解石组成的团粒为主，次为陆源碎屑，个别核心由介形虫碎片组成。生屑结构中以介屑结构多见，介形虫保存不完整，均以亮晶方解石交代的介形虫碎片存在于岩石中，含量小于 30%，长轴定向排列。原生的泥晶基质和次生的亮晶胶结物有接触式、孔隙式、基底式三种分布类型。泥晶基质含量大于 30%，呈基底式分布；亮晶胶结物多呈孔隙式、接触式胶结。

在西部凹陷曙光地区局部可见泥晶灰岩、含颗粒或颗粒质灰岩、颗粒灰岩等石灰岩类岩性。

2. 电性特征

西部凹陷雷家—高升地区的沙四段碳酸盐岩在 3700 系列测井曲线上特征比较明显，总体上具有“三低一高”的响应特征，即低自然伽马、低补偿中子、低声波时差、高密度。一些岩性，如含泥泥晶云岩、含泥方沸石质泥晶云岩、泥晶粒屑云岩具有一定的测井响应值和测井曲线形态特征（表 1–7–15）。

表 1–7–15　雷家—高升地区沙四段碳酸盐岩测井响应特征表

岩性	测井响应值					测井曲线形态特征
	自然伽马 / API	双侧向 / Ω·m	声波时差 / μs/ft	补偿中子 / %	密度 / g/cm^3	密度—补偿中子包络面积
含泥泥晶云岩	50～80	8～20	70～100	30～40	2.35～2.45	三个格左右
含泥方沸石质泥晶云岩	70～100	40～1000	58～-90	20～36	2.30～2.50	RT＞300Ω·m 小于三个格 RT＜300Ω·m 大于三个格
泥晶粒屑云岩	15～40	10～80	70～85	25～33	2.40～2.55	三个格左右

3. 储层物性

通过对沙四段碳酸盐岩储层的 84 个样品进行分析，西部凹陷雷家—高升地区碳酸盐岩储层的平均孔隙度为 8.75%，最小为 1.7%，最大为 21.2%，有 50% 的样品孔隙度大于 8.4%。

不同岩性储层物性有差异。在杜家台油层白云岩类储层中，含泥泥晶云岩的孔隙度介于 4%～12% 的占 67%，渗透率小于 1mD 的占 81%；含泥方沸石质泥晶云岩的孔隙度介于 0～4% 的占 54%、4%～12% 的占 33%，渗透率小于 1mD 的占 42%，介于 10～100mD 的占 33%。在高升油层白云岩类储层中，泥晶粒屑云岩储层物性以中高孔中低渗为主，含泥含砂粒屑泥晶云岩储层物性以中高孔低渗或特低渗为主，泥质泥晶云岩储层物性以中孔低渗或特低渗为主。

另外，粒屑灰岩具有与中—细砂岩类似的分选较好的结构特征，但填隙物含量较高，多为泥灰质，碳酸盐含量最大为 82%，最小为 46.4%，一般在 55% 左右。据 156 块样品分析化验结果，平均孔隙度为 23.5%，平均渗透率为 15mD，储层物性表现为高孔中渗特征。

4. 储集空间

沙四段碳酸盐岩储层的储集空间包括孔、洞、缝三大类型，具体类型及特征如表 1–7–16 和图 1–7–17 所示。根据孔、洞、缝及其组合形式，沙四段碳酸盐岩储层以孔隙—裂缝型和裂缝型储层为主，见少量裂缝—孔洞型储层。

二、古生界碳酸盐岩储层

古生界碳酸盐岩储层主要为海相沉积的风化壳和内幕储层，分布在西部凹陷曙光潜山、东部凹陷三界泡潜山、东部凸起和辽河滩海燕南潜山、海月潜山等。仅在曙光潜山获得勘探突破，主要分布于中潜山带，以往划归为元古宇。根据牙形石资料和地层划分对比，将该套地层暂归为中—下寒武统和下奥陶统冶里组。在三界泡潜山、燕南潜山、海月潜山和东部凸起等储层中见不同程度的油气显示。

1. 岩石类型

古生界碳酸盐岩储层岩性以石灰岩类为主，其次为白云岩类。根据化学成分分类原

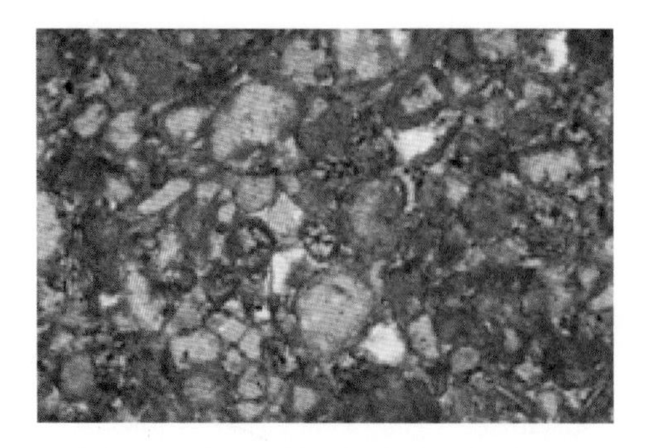

a. 粒间孔，泥晶粒屑云岩，铸体薄片，单偏光，100×
雷86井，1656.70m

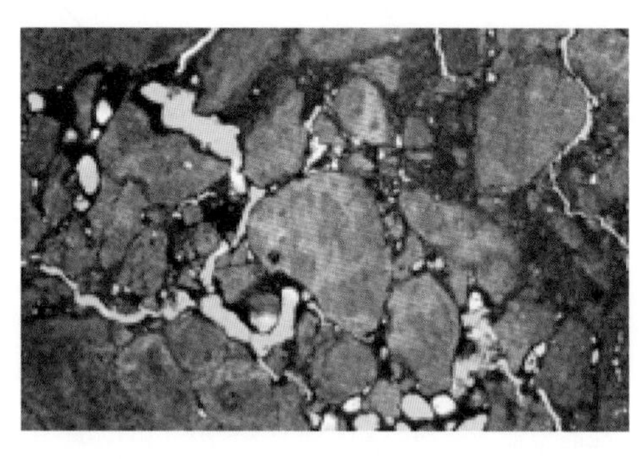

b. 角砾粒间孔，角砾状泥晶云岩，铸体薄片，单偏光，25×
雷29-15井，2541.68m

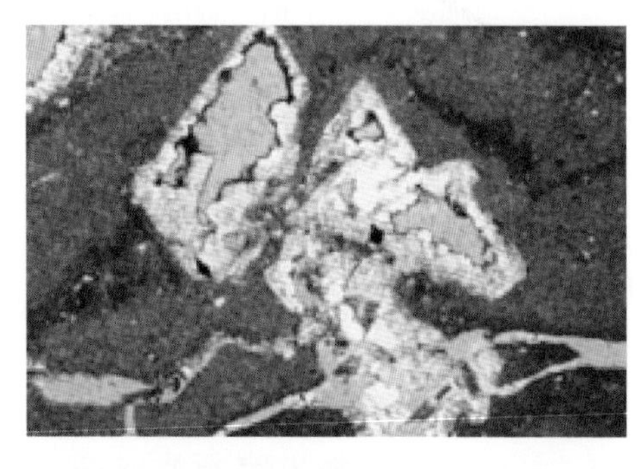

c. 溶孔，含泥方沸石质泥晶云岩，铸体薄片，单偏光，50×
雷36井，2562.60m

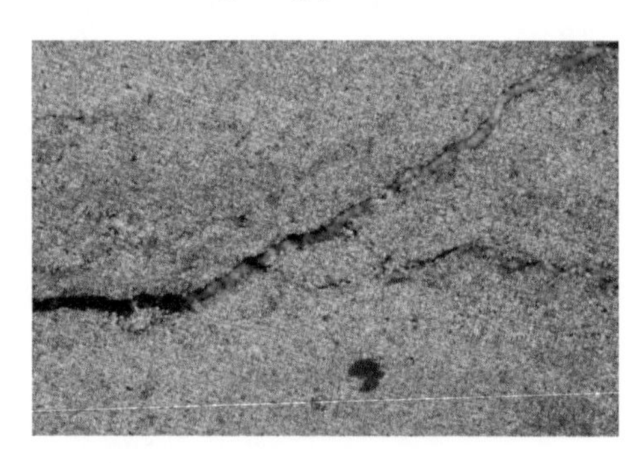

d. 张裂缝，含泥泥晶云岩，铸体薄片，单偏光，50×
雷36井，2513.04m

e. 穿层裂缝，含泥含方沸石泥晶云岩，正交偏光，25×
雷36井，2568.08m

f. 晶间孔、溶孔及微裂缝，含泥含方沸石泥晶云岩
铸体薄片，单偏光，50×
雷36井，2570.00m

g. 晶间微孔，含泥泥晶云岩，扫描电镜，1600×
雷36井，2513.04m

h. 粒间孔及溶孔，泥晶粒屑云岩，扫描电镜，1815×
高25-21井，1869.87m

图 1-7-17　雷家地区沙四段碳酸盐岩储层储集空间类型图

则，按钙镁比的大小可分为石灰岩、含云灰岩、云质灰岩、灰质云岩、含灰云岩、白云岩（表 1–7–17）。碳酸盐岩的主要矿物由白云石、方解石、黏土、石英和菱锰矿、菱铁矿组成。

表 1–7–16　雷家—高升地区沙四段碳酸盐岩储层储集空间特征表

类型			特征
孔	粒间孔隙		常见于粒屑云岩、粒屑灰岩中，粒屑含量越高，粒间孔隙越发育
	晶间孔隙		白云石、裂缝中的方沸石等充填物的晶间孔隙
	溶孔		除晶间孔隙以外的粒间、粒内和矿物溶孔等，常见于较纯泥晶白云岩、粒屑云岩、粒屑灰岩中
洞	溶洞		孔隙直径大于 2mm 的溶蚀孔
缝	构造缝	穿层缝	不严格受岩性控制，规模较大，常切穿小岩层，并呈高角度与岩层斜交
		层内缝	见于白云岩中，规模小，与层面垂直并终止于层面
	微裂缝		包括微构造缝和成岩缝，规模较小，有时二者难以区分
	缝合线		多充填泥质、沥青质

表 1–7–17　碳酸盐岩化学成分分类表

岩石名称		$CaCO_3$/%	$CaMg(CO_3)_2$/%	CaO/MgO
石灰岩类	石灰岩	95～100	0～5	＞50.1
	含云灰岩	75～95	5～25	9.1～50.1
	云质灰岩	50～75	25～50	4.0～9.1
白云岩类	灰质云岩	25～50	50～75	2.2～4.0
	含灰云岩	5～25	75～95	1.5～2.2
	白云岩	0～5	95～100	1.4～1.5

石灰岩类常见类型主要为泥晶灰岩、含颗粒或颗粒质灰岩、颗粒灰岩。泥晶灰岩，在弱重结晶作用影响下，多具粉晶结构，岩石结构致密，并伴有微弱的白云石化。岩石常具纹层构造、藻纹层或泥质纹层，广泛发育缝合线构造。主要分布在曙光潜山。含颗粒或颗粒质灰岩，颗粒含量在 10%～25% 或 25%～50%，颗粒类型以生物粒屑细粒、砂屑、球粒等为主。岩石具纹层构造，裂隙一般较发育。颗粒灰岩，颗粒含量大于 50%，以鲕粒、砂屑、砾屑、生物粒屑为主，多见于中、上寒武统。根据填隙物的不同，可将颗粒灰岩细分为泥晶颗粒灰岩、亮晶颗粒灰岩、泥亮晶或亮泥晶颗粒灰岩。

白云岩类主要有泥晶及泥微晶云岩、粗粉晶—中细晶云岩、颗粒云岩、颗粒质云岩、亮晶鲕粒灰质云岩等类型。泥晶及泥微晶云岩，在埋藏重结晶作用控制下，大部分具泥微晶结构。成分多含生屑、藻、铁泥质、陆源碎屑等，不纯。徐庄组和老庄户组部分潮上白云岩主要是准同生白云岩，并具有颜色为氧化色、薄层、富含铁、泥、陆源砂、含膏盐矿物假晶、多具藻纹层、鸟眼、干裂纹等结构特征。粗粉晶—中细晶云岩，皆为准同生后的成岩白云岩，粒晶相对粗大，白云石自形程度较高，具等粒或不等粒嵌晶结构。各种颗粒或颗粒质灰岩经成岩白云石化，均可形成颗粒白云岩或颗粒质白云岩。在曙光地区下古生界可见的残余生屑云岩即属此类。亮晶鲕粒灰质云岩，属于颗粒虽已形成但尚未胶结成岩的准同生阶段产物，富含有机质和生屑，内部结构致密，鲕粒内部多白云石化。

西部凹陷曙光潜山的白云岩组分中不同程度地存在石英碎屑和长石碎屑，也可见与颗粒云岩过渡的混积岩。

2. 储层物性

常规物性分析结果显示，西部凹陷曙光潜山古生界碳酸盐岩储层最大孔隙度为27.71%，最小孔隙度为0.1%，平均孔隙度为3.0%；最大渗透率为670mD，最小渗透率为0.1mD，平均渗透率为0.1mD。一般具特低孔特低渗特征，局部发育高孔高渗储层。

东部凸起冶里组储层孔隙度一般为13.7%～23.1%，平均孔隙度为16.96%，渗透率为10.2mD，为中—高孔中渗储层；下马家沟组储层孔隙度一般为2.8%～7.4%，平均孔隙度为4.43%，渗透率为3～9mD，为特低孔—低孔低渗储层。据王参1井9个岩心样品分析，张夏组储层一般为特低孔—低孔特低渗储层，孔隙度一般为2.9%～5.1%，平均为3.53%，8个样品的渗透率小于1mD，一个样品因有裂缝，渗透率可达118mD。

根据界3井物性分析，东部凹陷三界泡潜山奥陶系石灰岩平均孔隙度为0.71%，最大孔隙度为1.17%，具特低孔特征；平均渗透率为1.75mD，最大渗透率为4mD，具低渗特征。

3. 储集空间

孔隙、溶洞和裂缝是古生界碳酸盐岩储层的储集空间类型。孔隙包括晶间孔、晶间溶孔、粒内溶孔、铸模孔、粒间溶孔、超大溶孔、微孔等（图1-7-18）。溶洞中孔洞直径多数小于2mm，个别最大达6mm，在曙古43井、曙古47井、曙光低潜山个别井和曙103潜山中可见到。裂缝以高角度构造裂缝为主，多发育三组或三组以上，多呈网状分布，有后期裂缝切割早期裂缝的现象。当白云岩有泥质岩夹层时，其白云岩的裂缝只在内部延伸，不穿切泥质岩夹层。

孔隙、裂缝和溶洞主要构成裂缝—溶洞型、孔隙—溶洞—裂缝复合型、裂缝型和溶蚀孔隙—溶洞型四种储集空间组合。裂缝—溶洞型是下古生界最为发育的储集空间组合类型，常分布在断裂破碎带和潜山风化壳附近。基质孔隙不发育，以裂缝和溶洞形成块状及网络状的储集空间组合。孔隙—溶洞—裂缝复合型，常见于冶里组—亮甲山组白云岩或者粗粒灰岩中，分布于潜山风化壳和断裂破碎带附近。发育孔隙、溶洞、裂缝三种储集空间，钻井常见放空、漏失及扩径。孔隙主要是白云岩晶间孔及风化坍塌角砾间孔，溶洞多沿断层及裂缝发育。裂缝型，储集空间以裂缝为主，裂缝多为高角度裂缝，裂缝面不平滑，呈半充填特征，主要分布在上、下马家沟组的致密石灰岩中，钻井过程中见钻井液漏失，但无钻具放空及扩径现象。溶蚀孔隙—溶洞型，储集空间以溶蚀孔隙、溶洞为主，裂缝不发育或者被充填，部分发育微裂缝，主要分布在上、下马家沟组厚层石灰岩及云质灰岩中。

a. 溶孔，细—粉晶云岩，单偏光，50×
曙古175井，3986.63m

b. 构造裂缝和溶蚀缝，细—粉晶云岩，单偏光，25×
曙古175井，3986.63m

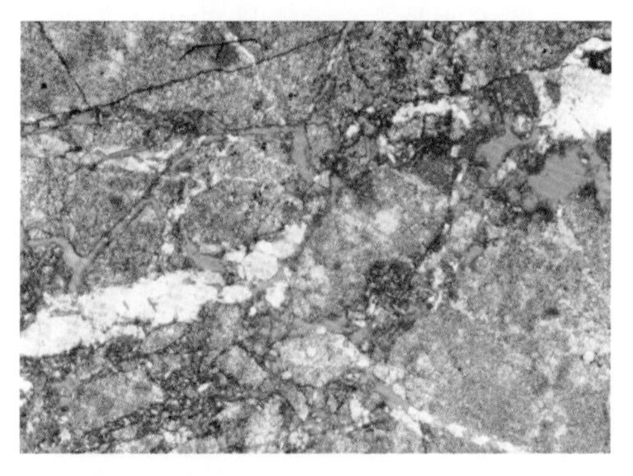

c. 构造裂缝和破碎粒间孔，角砾状粉—泥晶云岩，单偏光，25×
曙古175井，3988.33m

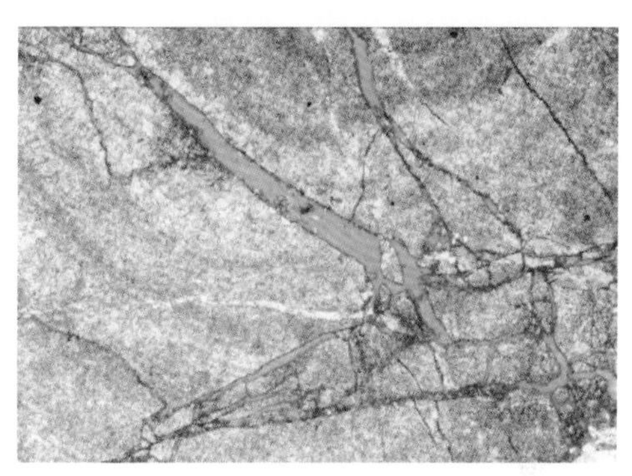

d. 构造裂缝，角砾状粉—泥晶云岩，单偏光，25×
曙古175井，3988.33m

e. 晶间溶孔发育，有的部位为白云石铸模孔，扫描电镜
曙古1井，1861.00m

f. 晶间孔发育，且相互连通，扫描电镜
曙古11井，1801.95m

图 1-7-18　西部凹陷曙光潜山古生界碳酸盐岩储层储集空间类型图

三、中—新元古界碳酸盐岩储层

中—新元古界碳酸盐岩储层为海相沉积的风化壳和内幕储层，主要分布于大民屯凹陷，储集层位为长城系的高于庄组和大红峪组。在西部凹陷曙光潜山也揭露高于庄组储层。

1. *岩石类型*

大民屯凹陷中—新元古界碳酸盐岩储层岩性以白云岩为主，次为灰质云岩、云质灰岩等，在泥质岩小层中多以夹层或互层形式出现。

白云岩颜色多为鲜艳的红色，有肉红色、紫红色、粉红色等，灰色少见。其化学成分特点是 MgO 含量极高，前人曾在静北潜山作过碳酸盐岩全分析，MgO 含量已达白云岩的理论值，有的 MgO 达到过饱和，成为菱镁矿白云岩。在安福屯潜山，有 8 块样品的 CaO/MgO 值为 1.42～1.48（理论值为 1.4），应属纯白云岩，但 SiO_2 含量高达 8.56%～27.2%，含一定量的 Al_2O_3（表 1-7-18）；在平安堡潜山，对沈 257-22-32 井的大红峪组两小层进行碳酸盐岩全分析，大多数样品也属纯白云岩，SiO_2 含量在 2.0%～42.6%，也含一定量的 Al_2O_3。因此，将白云岩定名为硅质云岩及含泥硅质云岩。同时，SiO_2 含量高的特点反映出大民屯凹陷白云岩的沉积环境应是浅海域—较深海域的沉积环境。从白云岩结构构造上分析，安福屯潜山可见砾屑云岩、细砾屑云岩、鲕粒云岩等。静北潜山多为微粉晶云岩、微粉晶（含）泥质云岩和微粉砂（砾）屑云岩、藻屑云岩，多见微粉晶结构，局部含泥质，夹硅质条带（团块），质脆易破碎，形成构造角砾状云岩；可见锥状叠层石、凝块石等，反映出波浪较强的高能沉积环境。

表 1-7-18　安福屯潜山碳酸盐岩全分析数据表

井号	井深 /m	SiO_2/%	Al_2O_3/%	CaO/%	MgO/%	CaO/MgO	岩石定名
沈 223	3331.00	10.50	3.03	25.17	17.04	1.48	含泥硅质云岩
	3332.50	8.56	1.61	26.62	17.98	1.48	硅质云岩
	3673.00	30.19	5.48	17.62	12.14	1.45	硅质泥云岩
更沈 169	3323.40	12.09	1.45	25.40	17.88	1.42	硅质云岩
	3328.20	8.89	1.32	26.58	18.68	1.42	硅质云岩
	3329.00	12.18	1.20	25.82	17.96	1.44	硅质云岩
	3329.40	27.20	3.66	19.62	13.30	1.48	含泥硅质云岩
沈 169	3503.60	14.09	4.80	23.41	15.81	1.48	含泥硅质云岩

西部凹陷中—新元古界碳酸盐岩储层可见含砂亮晶鲕粒云岩、含砂亮晶粒屑云岩、含砂粒屑—泥晶云岩等岩性（图 1-7-19）。

2. 储层物性

大民屯凹陷中—新元古界碳酸盐岩储层物性包括基质的和裂缝的两部分。

孔隙度为基质孔隙度和裂缝孔隙度之和。常规物性分析表明，白云岩储层最大基质孔隙度为 4.0%，最小为 0.5%，一般为 0.65%～3.69%。裂缝孔隙度的计算方法是利用岩心对裂缝进行定量描述，求取体积裂缝密度和裂缝开度，二者乘积即为裂缝孔隙度。据 4 口井岩心统计，安福屯潜山白云岩最大孔隙度为 1.5%，最小为 0.27%，平均为 0.79%；静北潜山白云岩的 12 口井 39 块岩心统计表明，平均裂缝孔隙度为 0.61%。此外，采用双侧向电阻率和成像测井资料也可计算裂缝孔隙度。对平安堡潜山 13 口井 130 个解释储层段进行计算统计，白云岩最大裂缝孔隙度为 1.8%，最小为 0.1%，平均为 0.46%。

最大基质渗透率为 250mD，最小为 0.015mD，一般为 0.341～3.52mD。

3. 储集空间

中—新元古界碳酸盐岩储层的储集空间为裂缝和基质，裂缝包括构造裂缝、层间缝、压溶缝、节理缝、溶蚀缝等，也可见溶洞、粒内溶孔、粒间溶孔（图 1-7-19）。裂缝具有两方面特点：一是裂缝宽度窄、充填差，绝大多数为有效缝，岩心观察到储层裂缝多为张开缝，裂缝面延伸较长，多切割整块岩心，裂缝张开度 0.02～0.2mm 不等，个别溶蚀缝宽可达 4mm；二是高角度、多组裂缝发育，垂向延续性差。岩心上见到的裂缝多发育三组或三组以上呈网状分布的裂缝，有些岩心破碎成小块，无论是张开缝还是填充缝，都是以高角度缝和斜交缝为主，极少见有水平缝。当储层中有泥质岩夹层时，裂缝只在内部延伸，不穿切泥质岩夹层。

a. 含砂亮晶鲕粒云岩，正交偏光，100×
曙古169井，3726.00m

b. 含砂亮晶粒屑云岩，正交偏光，50×
曙古169井，3670.00m

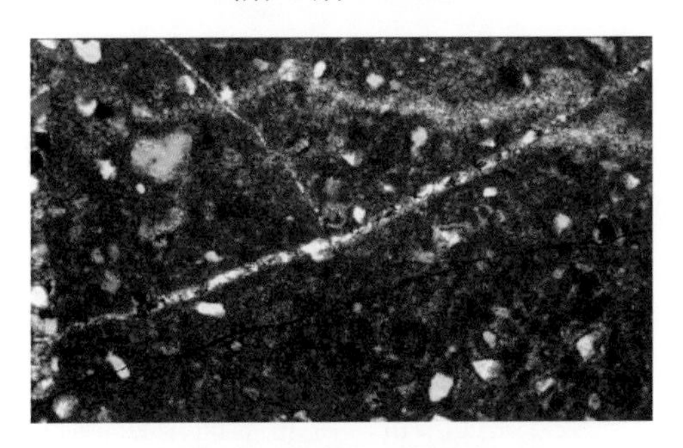

c. 含砂粒屑—泥晶云岩，正交偏光，50×
曙古169井，3714.00m

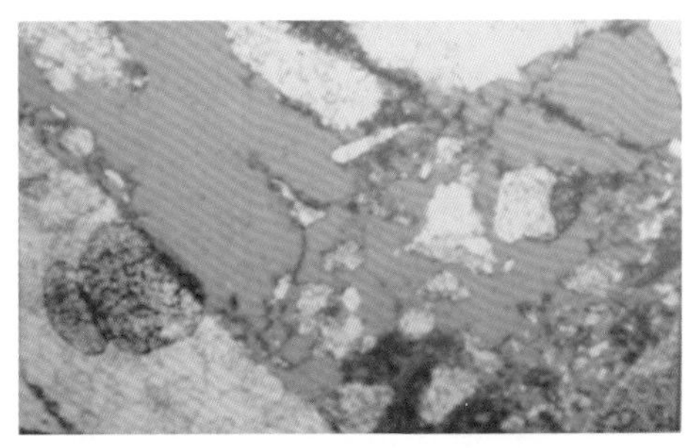

d. 溶蚀缝、碎裂粒间溶孔，白云岩，铸体薄片，单偏光，50×
安84井，2816.53m

e. 节理缝，白云岩，扫描电镜，1056×
沈257-20-18井，3327.14m

f. 晶间微缝，白云岩，扫描电镜，2187×
沈257-20-18井，3251.35m

图 1-7-19　辽河坳陷中—新元古界碳酸盐岩储层微观特征图

沙四段碳酸盐岩储层为湖相沉积而成，与海相沉积的古生界和中—新元古界碳酸盐岩储层相比，分布范围相对较窄，厚度相对较小。同时，不同的沉积环境也造就了两者储层特征的差异性。古生界和中—新元古界碳酸盐岩储层无论是在顶部的风化壳部位还是在内幕，都可成为较好的油气储层。

第八章　油气田水文地质

在含油气沉积盆地的形成演化过程中，地层水是油气生成、运移、聚集的动力和载体，沉积体系中的烃源岩和油气总是与地层水相伴生（程汝楠，1991）。辽河坳陷含水层较为发育，古近系含水层在西部、东部和大民屯三个凹陷埋深差异较大，地层水主要为 $NaHCO_3$ 型，属于典型的在淡水湖泊基础上发育的陆相油田水。随着深度增加，地层水矿化度呈增大趋势，纵向上大致可划分为自由交替带、交替缓慢带、交替阻滞带和交替停滞带四个水文地质带，各带油气成藏条件有较大差异，对油气成藏具有较好的控制作用，进而形成不同的油气水组合。

第一节　油田水分布与化学特征

油田水分布及化学特征主要受沉积环境和构造演化控制，断裂活动的阶段性和继承性导致油田水分布及化学特征既有规律性又存在复杂性。根据油田水化学特征能够推断沉积环境和构造活动情况，从而预测烃类流体运移及保存情况。

一、油田水分布

1. 地下水补给、径流、排泄条件

辽河坳陷地形平坦开阔，北高南低，海拔一般不超过 7m，自北东向南西倾斜，坡降 0.02‰。地貌形态单一，为堆积地形。东部和西部地貌成因类型分别为浑河冲积扇前缘和大凌河冲积扇前缘，中部为下辽河冲积平原。地表水系发育，源远流长的辽河、浑河、太子河、大凌河及其支流流经全坳陷，为各层系地下水的补给提供了来源。

1）第四系

辽河坳陷地势低洼，是区域地表水和地下水的汇集中心，大量的降水、河水、灌溉水、地下水径流为区内第四系地下水的补给提供了丰富的来源。南部的滨海平原地区含水层颗粒细，地下咸水基本无人开采，径流迟缓、排泄不畅，常在地表形成积水洼地。区内地下水位埋深一般小于潜水蒸发极限深度，潜水蒸发是第四系地下水的主要排泄方式。

2）新近系

新近系发育明化镇组和馆陶组两个含水岩组，其补给以邻区同层含水层的径流和第四系地下水的越流为主，老基底侧向补给为辅。另外有少量的线状构造天窗的补给。在天然条件下，地下水由东、西、北三面向西南运动，地下水力坡度 0.07‰～0.1‰，径流迟缓。在开采条件下，区内地下水由四周向开采漏斗中心汇集。人工开采成为区内地下水的唯一排泄方式。

3）古近系

古近系东部、西部和大民屯三大凹陷分割性较强，深层地下水无论在水平方向还是垂直方向上的补给条件，均比新近系和第四系差，主要补给来源有山前的隐伏碳酸盐岩岩溶水的顶托补给、山前主要冲积、洪积扇的侧向径流以及在开采条件下的越流补给。古近系物源来自凹陷周缘凸起，相变快，含水层在横向分布的延展性、连续性和稳定性均比较差，导致径流更加迟缓，深层承压水开采前基本处于封闭状态，边界径流排泄量甚微。

2. 层组划分及水文地质特征

辽河坳陷含水层系较多，主要含水介质为储集物性较好的砂岩、砾岩及砂砾岩储集层。自上而下包含四套含水层，其中第四系含水层为潜水层，新近系、古近系及前古近系含水层多数为承压水层。这里主要阐述与油气关系密切的含水层。

1）新近系含水层组

新近系含水层组包括明化镇组和馆陶组。馆陶组探明一定规模油气储量。

馆陶组：馆陶组含水层全坳陷分布，为淡水。岩性以河流相、河漫滩相的砂岩、砂砾岩为主，夹薄层泥岩或透镜体。受地势和物源控制，西部凹陷搬运能力强于东部凹陷及中央凸起区，堆积物的厚度、粒度较东部凹陷及中央凸起区厚、粗，泥岩夹层少。含水层厚度：西部凹陷 130～350m，中央凸起 100～200m，东部凹陷 14～160m。渗透率一般在 2586～5539mD，涌水量为 1000～5000m^3/d，个别地区小于 1000m^3/d。

2）古近系含水层组

古近系含水层组包括沙河街组和东营组。沙河街组在三大凹陷均有分布，沉积地层厚度受边界断层、古地形及构造运动影响变化较大，尤其在西部凹陷北段该套含水层遭受强烈剥蚀，厚度较薄；东营组在各凹陷厚度分布差异较大，总体表现为南厚北薄。该套含水组合随埋深增加，成岩作用增强，物性变差。据统计，沙四段含水层孔隙度为 10%～28%，渗透率为 0.99～2250mD；沙三段含水层孔隙度为 7%～30%，渗透率为 0.23～3243mD；沙一段—沙二段含水层孔隙度为 10%～32%，渗透率为 5～5726mD。目前钻井试采资料揭示单井涌水量一般小于 50m^3/d，大者可达 100～300m^3/d，是坳陷内生、储油地层。

3）前古近系含水层组

前古近系含水层主要包括中生界、古生界、元古宇和太古宇。

中生界主要为河湖相碎屑岩和火成岩，主要分布在辽河坳陷东部凸起、西部凸起、中央凸起南部倾没端及兴隆台、大洼、三界泡和青龙台等地区。碎屑岩孔隙度一般在 5.8%～20%，渗透率 7～194mD，含水量低。

古生界奥陶系和元古宇铁岭组、雾迷山组和高于庄组均为碳酸盐岩岩溶裂隙性储层。古生界分布在西部凸起、东部凸起、中央凸起南部倾没端及三界泡地区。元古宇主要分布在西部凹陷北部、大民屯凹陷静北及其以西地区。大民屯凹陷主要为白云岩储层，西部凹陷主要以石灰岩和白云岩为主，均为双重介质储层，基质孔隙度在 3.1%～10%，基质渗透率多小于 1mD，总体来看西部凹陷碳酸盐岩含水性要稍好于大民屯凹陷。

太古宇为一套变质岩系储层，岩性主要为混合花岗岩和片麻岩等，分布广泛，均为双重介质储层，基质孔隙度在2.0%～5.0%，基质渗透率多小于1mD。

3. 含水层埋深特征

第四系含水层埋藏较浅，一般不超过400m，埋深变化表现为由北向南，由东西两侧向中间加深。

新近系含水层因受下伏构造层形状、新构造运动和沉积相变的控制和影响，埋深变化呈现由北东向西南、由东西两侧向中间加深的趋势（图1-8-1）。以馆陶组为例，坳陷东北部馆陶组底界埋深较浅，为300m左右，到西南部的海南—月东地区加深到1600m左右；坳陷中部馆陶组底界埋深在800～1600m，向东西两侧变浅。

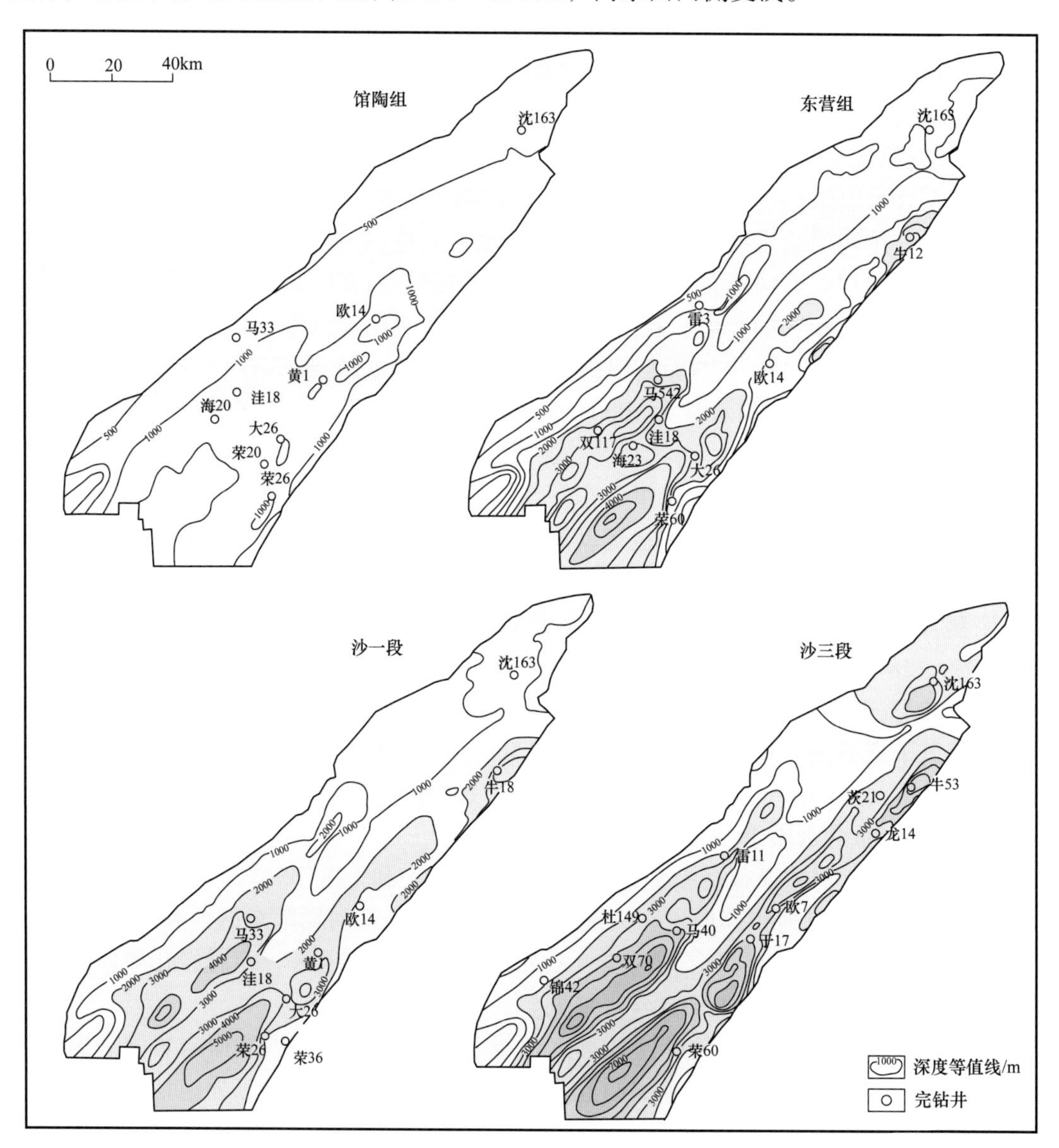

图1-8-1 辽河坳陷含水层底界埋深图

古近系含水层分割性较强，在三大凹陷基本独成体系，埋深有较大差异。大民屯凹陷东营组含水层埋深由北部及东、西两侧的800m向南部的荣胜堡洼陷增加到1100m。西部凹陷东营组含水层埋深由北部及东、西两侧800m左右向中南部清水、鸳鸯沟及海南洼陷增加到3300m。而东部凹陷东营组含水层埋深由中部热河台的1800m向东北的牛居—长滩洼陷增加到3000m，向西南的盖州滩洼陷增加到5000m。沙河街组含水层埋深变化与东营组具有相同的规律。沙一段含水层在大民屯凹陷由北部及东、西两侧1000m埋深向南部荣胜堡洼陷增加到1500m；在西部凹陷由北部及东、西两侧1000m左右向中南部清水、鸳鸯沟及海南洼陷增加到4500m；在东部凹陷由热河台的2000m向东北的牛居—长滩洼陷增加到4500m，向西南的盖州滩洼陷增加到5500m。沙三段含水层在大民屯凹陷由北部及东、西两侧2000m埋深向南部荣胜堡洼陷增加到4500m；在西部凹陷由北部及东、西两侧1000m左右向中南部清水、鸳鸯沟及海南洼陷增加到7000m；在东部凹陷由热河台的2500m向东北的牛居—长滩洼陷增加到7000m，向西南的盖州滩洼陷增加到8000m。

前古近系含水层埋藏深度与古近系埋深密切相关，总体表现为凸起区埋藏较浅，向凹陷内埋深增加。

二、油田水化学特征

1. 油田水类型

油田水分类比较实用的是使用传统的苏林分类法，苏林认为地层水的化学成分决定于一定的自然环境，因而他把地层水按化学成分分成四个自然环境的水型：（1）硫酸钠（Na_2SO_4）水型，代表大陆冲刷环境条件下形成的水，一般来说，此水型是环境封闭性差的反映，该环境不利于油气聚集和保存，为地面水；（2）碳酸氢钠（$NaHCO_3$）水型，代表大陆环境条件下形成的水型，在油田中分布很广，它的出现可作为含油良好的标志；（3）氯化镁（$MgCl_2$）水型，代表海洋环境条件下形成的水型，一般多存在于油、气田内部；（4）氯化钙（$CaCl_2$）水型，代表深层封闭构造环境下形成的水，它所代表的环境封闭性好，有利于油、气聚集和保存，是含油气良好的标志。辽河坳陷新生界含水层油田水主要为$NaHCO_3$型，其次为$MgCl_2$型、$CaCl_2$型，Na_2SO_4型最少（表1-8-1）。

表1-8-1　辽河坳陷新生界地层水化学特征统计表

层位		统计	离子浓度/（mg/L）			总矿化度/mg/L	水型（样品数）
			SO_4^{2-}	Cl^-	Na^++K^+		
新近系	明化镇组	样品数	7	7	7	7	$NaHCO_3$（8）
		范围	5～91	35～301	115～297	503～1167	
		平均值	27	111	156	657	
	馆陶组	样品数	9	9	9	9	$NaHCO_3$（9） $CaCl_2$（1）
		范围	10～207	62～4920	179～1770	601～4904	
		平均值	61	842	719	2668	
古近系	东营组	样品数	2048	2174	2174	2172	$NaHCO_3$（2132） $CaCl_2$（13）、$MgCl_2$（16） Na_2SO_4（9）
		范围	0～26017	3～88739	26～52129	344～89227	
		平均值	65	747	1077	3381	

续表

层位		统计	离子浓度 /（mg/L）			总矿化度 / mg/L	水型（样品数）
			SO_4^{2-}	Cl^-	Na^++K^+		
古近系	沙一段	样品数	5290	5304	5298	5288	$NaHCO_3$（5150） $CaCl_2$（22）、$MgCl_2$（32） Na_2SO_4（14）
		范围	0～4035	4～143436	6～81805	31～153550	
		平均值	59	736	1321	4188	
	沙三段	样品数	3994	4010	4007	3990	$NaHCO_3$（3882） $CaCl_2$（63）、$MgCl_2$（56） Na_2SO_4（7）
		范围	0～3982	2～147514	2～91230	2～88833	
		平均值	85	1090	1434	4037	
	沙四段	样品数	340	340	340	340	$NaHCO_3$（335） $CaCl_2$（1）、$MgCl_2$（4） Na_2SO_4（1）
		范围	0～2027	35～51594	11～32511	294～90031	
		平均值	112	1049	1441	4633	

辽河坳陷油田水类型主要为 $NaHCO_3$ 型，新近系与古近系又略有差异。古近系断裂活动强烈，沿断裂带分布一些 $CaCl_2$ 和 $MgCl_2$ 型水。如西部凹陷海外河、大洼、小洼地区，东部凹陷的荣兴屯、黄金带、驾掌寺、欧利坨子、青龙台、茨榆坨地区及大民屯法哈牛、静安堡、东胜堡地区都发现 $CaCl_2$ 和 $MgCl_2$ 型水。

2. 油田水的化学组成与演化规律

油田水化学组成主要包括溶解状态的各种离子和溶解气，常见的离子包括 K^+、Na^+、Ca^{2+}、Mg^{2+} 等阳离子和 Cl^-、SO_4^{2-}、CO_3^{2-}、HCO_3^- 等阴离子。

1）离子组分

辽河坳陷古近系、新近系油田水离子组分统计结果（表 1–8–2）展示，各含水层阴离子排列顺序一致，为 HCO_3^-> Cl^-> CO_3^{2-}> SO_4^{2-}，阳离子排列顺序略有差异，即明化镇组阳离子排列顺序为 Na^++K^+>Ca^{2+}>Mg^{2+}，其他含水层阳离子排列顺序为 Na^++K^+>Mg^{2+}> Ca^{2+}。阳离子中 Na^++K^+ 占绝对优势，一般为 73.9%～96.62%；Mg^{2+} 含量一般为 1.79%～8.95%；Ca^{2+} 含量最小，一般为 1.59%～17.15%。阴离子中 HCO_3^- 含量占据优势，一般为 43.97%～66.2%；Cl^- 含量一般占第二位，为 21.66%～38.68%；CO_3^{2-} 含量一般仅占 6.22%～12.06%；SO_4^{2-} 含量更少，一般为 2.18%～5.87%，分布不稳定。上述阴离子排列顺序表明辽河坳陷油田水偏淡。

纵向上，Na^++K^+、Cl^- 和 HCO_3^- 随深度增加表现为先增加再降低的变化趋势（图 1–8–2），最高值出现在 2500m 附近，可能指示烃源岩生烃门限或大气淋滤水活动影响的下限。从不同层系来看，地层水化学特征虽然总体上受层系控制没有明显深度差异，但统计（表 1–8–1）表明各层系地层水依然存在一定的差异性，即 Na^++K^+、Cl^-、SO_4^{2-} 和矿化度随着层位由新至老总体呈增加趋势。

2）离子组合特征

上述主要阴阳离子当量相互组合，可以反映地下水的封闭性能及氧化还原性能，可用于探讨与油气藏的关系（孙向阳等，2001；胡绪龙等，2008）。

表 1-8-2　油田水离子组分统计表

层位	统计	离子含量 /%							样品数
		Na^++K^+	Ca^{2+}	Mg^{2+}	Cl^-	SO_4^{2-}	CO_3^{2-}	HCO_3^-	
明化镇组	范围	57.73～84.82	10.08～23.39	1.52～18.96	16.39～47.48	0.86～20.01	4.31～14.60	30.72～75.76	8
	平均值	73.90	17.50	8.95	29.27	5.48	9.10	56.16	
馆陶组	范围	52.17～99.29	0.43～22.94	0.29～42.73	19.00～94.10	0～19.92	0～28.73	3.39～68.43	10
	平均值	84.22	7.24	8.54	38.68	5.87	11.48	43.97	
东营组	范围	6.16～99.87	0～49.91	0.06～93.32	0.37～99.76	0～97.61	0～95.24	0～95.62	2170
	平均值	95.47	1.87	2.65	28.88	2.18	12.06	56.88	
沙一段	范围	0.61～100.00	0～96.23	0～78.42	2.10～99.46	0～51.68	0～87.22	0～96.08	5218
	平均值	96.62	1.59	1.79	21.66	2.18	9.95	66.20	
沙三段	范围	0.21～100.00	0～61.86	0～94.91	1.02～99.86	0～72.44	0～89.41	0～97.62	4008
	平均值	93.29	3.35	3.36	27.68	3.25	8.38	60.68	
沙四段	范围	6.97～100.00	0～67.44	0～40.81	3.09～95.26	0～25.55	0～39.09	2.38～91.09	341
	平均值	93.49	2.85	3.65	36.09	4.34	6.22	53.36	

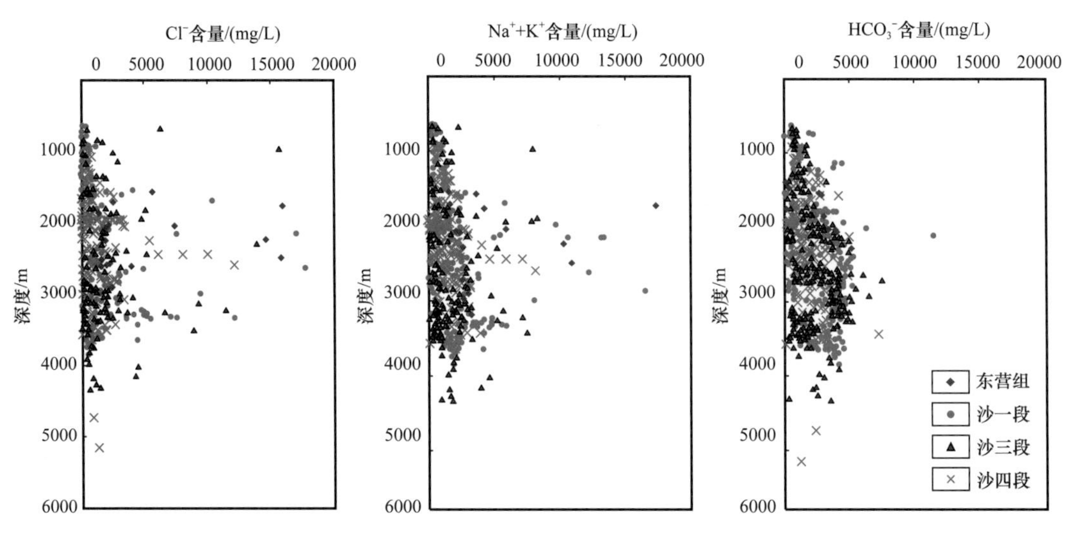

图 1-8-2　辽河坳陷新生界油田水主要离子纵向演化规律

（1）氯镁系数（$\gamma_{Cl^-}/\gamma_{Mg^{2+}}$）。是反映地层封闭性的重要指标，属于环境指标。其值越大说明封闭性越好，越有利于油气聚集和保存（陈建平等，2000）。辽河坳陷油田水氯镁系数总体上与含水层埋深有正相关关系，即埋深较浅的部位氯镁系数较小，埋深较大的部位氯镁系数也较大。

沙一段在坳陷北部、东西两侧边部及中央凸起南部倾没端埋藏较浅，氯镁系数值较小，在 0～20 之间；而埋藏较深的双 76、锦 117、大 26、牛 105 及欧 39 等井区，氯镁系数值较大，一般在 20～50，个别达到 100 以上（图 1-8-3）；局部埋藏较浅地区氯镁系数较大，如洼 21、海 26 井区，其氯镁系数较高是由于台安—大洼断裂沟通深部流体，造成深部流体在浅层侵位，导致氯镁系数增大。

沙三段氯镁系数平面分布与沙一段具有相似的特征，埋藏较深地区氯镁系数较大，较浅地区氯镁系数较小。

（2）脱硫系数（$\gamma_{SO_4^{2-}}\times 100/\gamma_{Cl^-}$）。是反映地下水氧化还原环境的重要指标，系数越小，地层越封闭，还原环境越强，对油气的保存越有利（邸世祥，1991）。

新近系脱硫系数变化范围较大，大部分介于 0.13～19.21 之间，个别较高，在 30～60 之间，而且与层位和深度之间的关系不明显，反映了辽河坳陷新近系水体的流态比较复杂和地层水环境的多变特性。

古近系脱硫系数平面分布与沉积中心有着较好的一致性或匹配性。脱硫系数低值区对应凹陷沉积中心，即暗色泥岩发育区，脱硫系数较小，油气保存条件好。如沙三段脱硫系数分布平面图（图 1-8-4）展示，西部凹陷的牛心坨洼陷、陈家—盘山洼陷、清水—鸳鸯沟洼陷、海南洼陷，东部凹陷的二界沟—盖州滩洼陷、黄金带—于楼—热台河深陷带、欧利坨子洼陷、青龙台及茨榆坨潜山带北部，大民屯凹陷荣胜堡洼陷及边台—静安堡南部洼槽区为暗色泥岩发育区，泥地比高，保存条件好，相应的脱硫系数值较低，一般在 0～10 之间。其他地区沉积砂体较为发育，砂地比高，保存条件差一些，相应的脱硫系数值较高，一般大于 20，高者达 100 以上。

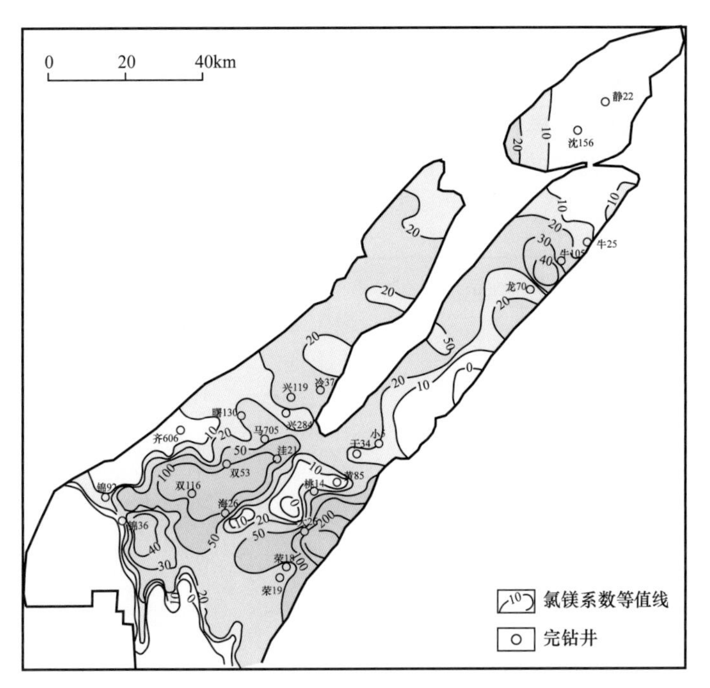

图 1-8-3　沙一段油田水氯镁系数平面分布图

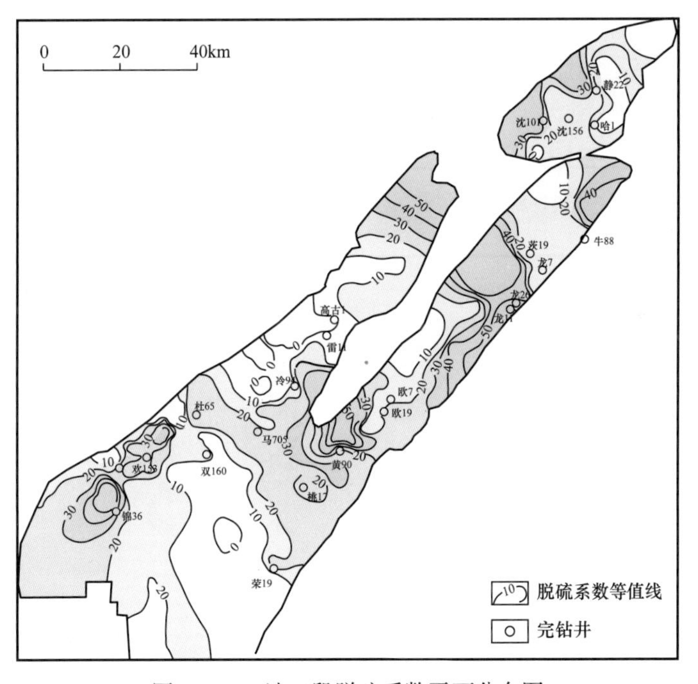

图 1-8-4　沙三段脱硫系数平面分布图

3）矿化度

新近系矿化度总体比较低。明化镇组一般为 370～900mg/L，馆陶组一般 470～800mg/L。明化镇组咸水区较高，为 3000～10000mg/L。

古近系矿化度较新近系明显增大。由东营组至沙三段，总矿化度依次增大，并且平面分布具有一定规律性，即由边部向洼陷区矿化度增高。沙一段，西部凹陷矿化度高值区位于清水—鸳鸯沟洼陷（图 1–8–5），达 12000mg/L，东部凹陷矿化度高值区位于二界沟—盖州滩洼陷、牛居—长滩洼陷，达 20000mg/L；沙三段，矿化度在东、西部凹陷分布与沙一段有相似趋势，差异性表现在西部凹陷鸳鸯沟—双台子地区矿化度大大高于沙一段，达 26000 mg/L，东部凹陷铁匠炉地区出现一个高值区。另外，大民屯凹陷南部也出现一个高值区（图 1–8–6）。

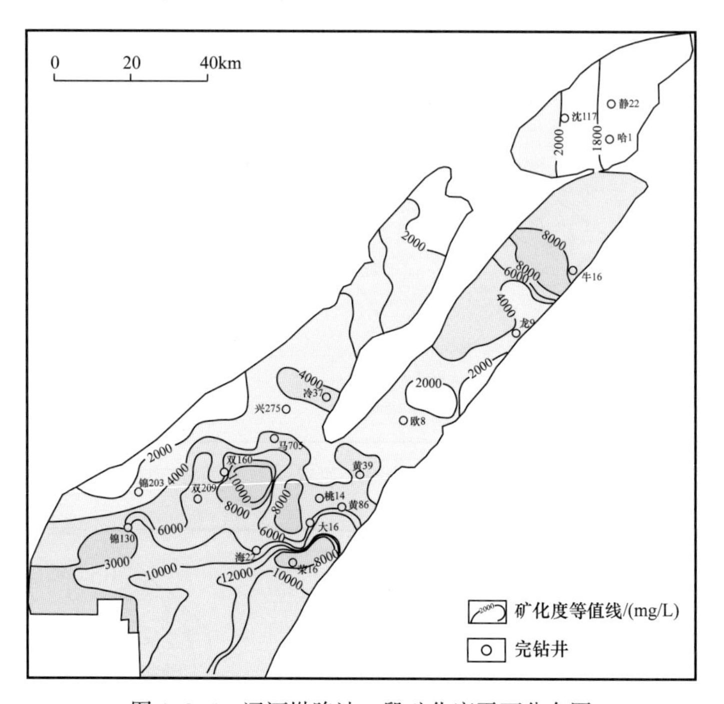

图 1–8–5　辽河坳陷沙一段矿化度平面分布图

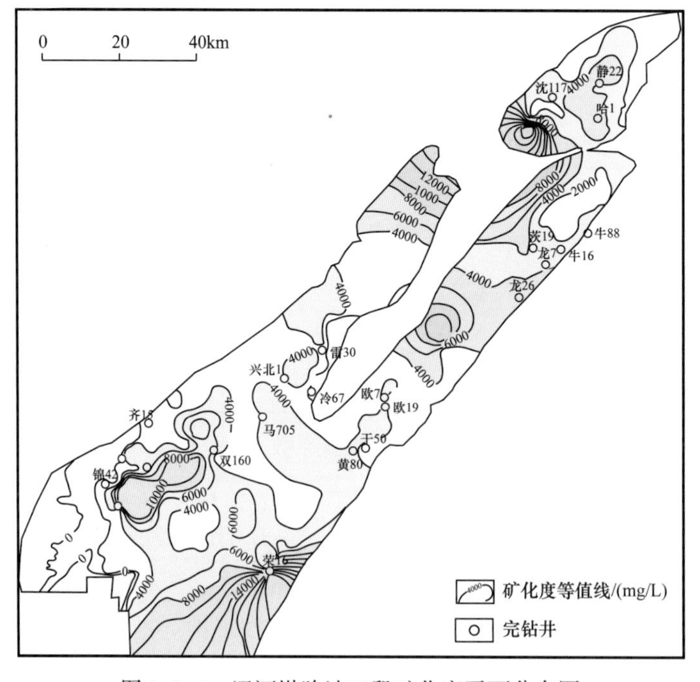

图 1–8–6　辽河坳陷沙三段矿化度平面分布图

油田水矿化度和埋深的关系在新近系和古近系呈现不同的特征，新近系明化镇组和馆陶组矿化度和深度关系不大，一般在500mg/L左右，而古近系油田水矿化度与深度总体上呈正相关关系，主要表现在埋藏深度增加，油田水矿化度升高（图1-8-7）。

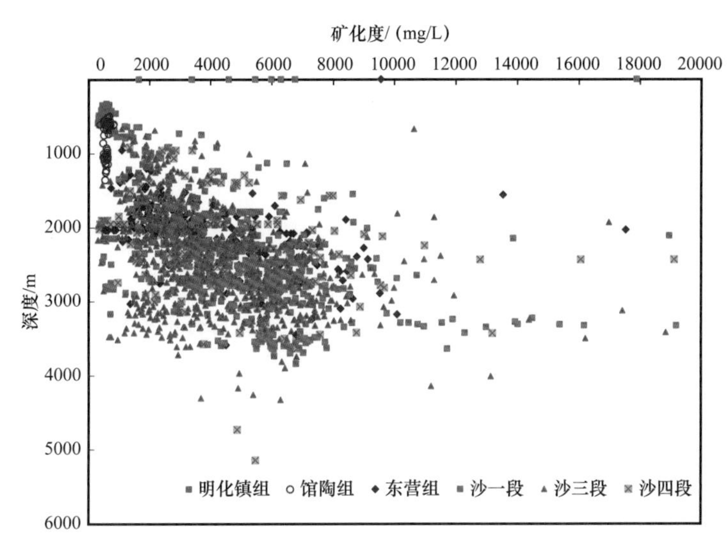

图1-8-7　辽河坳陷地层水矿化度与深度关系图

4）微量元素及成分

油田水中微量元素及成分统计（表1-8-3）表明，兴隆台油层油田水中含有特殊的微量元素及成分：I、Br、B、NH_4、C_6H_6O。一般来说，微量元素及成分与油气没有直接关系，但可作为间接指标，表明油田水具有一定的封闭性质，有利于油气藏保存。

表1-8-3　兴隆台油层油田水微量元素及成分统计表

项目	矿化度/（mg/L）	微量元素及成分/（mg/L）				
		I	Br	B	NH_4	C_6H_6O
区间值	601～11170	0～10.75	0～50.00	21～32.90	6.50～21.50	0～0.58
代表井	海27 高2-5-3 兴53	欢19 高2-2-6	兴10 高2-2-6	马2 兴19	马2 马14	高2-3-5 高3-2-6

第二节　油田水成因及油气水组合特征

沉积盆地的气候、沉积环境和构造演化决定了地下水的成因和地下水动力场的形成演化（楼章华等，2006）。辽河坳陷古近系油田水以$NaHCO_3$型为主，矿化度主体分布在2000～8000mg/L，属于典型的淡水湖泊基础上发育起来的陆相油田水。油田水与石油、天然气相伴生，三者之间存在明显的相关性，其组合特征与相应的地质条件密切相关。根据油气水性质，可以划分为稠（重）油—淡水组合，轻气—淡水组合，轻油—重气—淡水组合和高凝油—重气或轻气—淡水等四种组合类型。

一、油田水成因

1. 新近系、第四系油田水成因

降水在渗入地下进入非交换库后，不再进行同位素交换，只能按衰变规律和混合规律变化。根据环境同位素特点，通过环境同位素的方法确定地下水成因及年龄。根据稳定同位素取样分析资料判断，区内地下水主要为大气降水渗入溶滤形成。第四系、新近系明化镇组及馆陶组地下水中氢、氧同位素组成见表 1–8–4。各层水丰度相近，三个含水层中的地下水均来源于大气降水。三个含水层中的地下水放射性 ^{14}C 年龄测定结果表明，第四系下部承压水平均年龄 1.644×10^4a，明化镇组地下水平均测定年龄 1.668×10^4a，馆陶组地下水平均测定年龄 2.121×10^4a。

表 1–8–4　天然水氢、氧同位素组成及取样分析成果表

天然水类型	δD/‰	$\delta^{18}O$/‰	备注
海水	0～10	0～–1.0	比较标准：SMOW
大气降水	–400～10	–60.0～0	$\delta D=8\delta^{18}O+10$
沉积水	–50～–5	–4.5～3.0	（H、Craigh 直线）
再生水	–65～–20	5.0～25.0	
初生水	–80～40	7.0～9.5	
区内地下水	δD/‰	$\delta^{18}O$/‰	地下水起源
第四系下部淡水	–80.9～–63.1	–10.42～–8.73	大气降水
明化镇组淡水	–83.4～–65.7	–10.76～–9.44	大气降水
明化镇组咸水	–69.9	–10.05	大气降水
馆陶组淡水	–88.4～–69.8	–10.08～–8.73	大气降水

2. 古近系油田水成因

古近系地层水由于受到渗滤浓缩的正变质作用，地层水咸化形成沉积埋藏水，凹陷边缘凸起区受大气降水的溶滤渗入作用，地层水淡化形成溶滤渗入水，相应的具有 3 种地层水动力场作用模式，即沉积埋藏水在压力驱动作用下沿压力降低方向的离心流，沉积埋藏水在超压释放或构造作用驱动下沿断层、裂缝等的穿层越流，以及溶滤渗入水在重力驱动作用下的向心流。其中沉积埋藏水离心流、穿层越流与溶滤渗入水向心流共同作用还可以形成混合水。地下水的化学类型通常也反映地下水的成因，按苏林分类法，$CaCl_2$ 型水为深成水，是地下水经较强的深部变质作用形成的，而 $NaHCO_3$ 型水，多数认为有后生水的加入，大多数是深成水经淡化作用形成的，两者之间的过渡带是 $MgCl_2$ 型水。

总体而言，辽河坳陷古近系油田水以 $NaHCO_3$ 型水为主，矿化度主体分布在 2000～8000mg/L，$CaCl_2$ 型水和 $MgCl_2$ 型水仅在深大断裂附近的构造圈闭或潜山内幕储层中有所发现。因此，辽河坳陷古近系地层水属于典型的淡水湖泊基础上发育起来的陆相油田水。

二、油气水组合类型及特征

油田水与石油、天然气相伴生，三者之间存在明显的相关性，其组合特征与相应的地质条件密切相关，根据形成条件，可以划分为以下四种组合类型。

1. 稠（重）油—淡水组合

稠（重）油—淡水组合的平面分布具有一定的规律性。主要出现在坳陷内部二级构造带边部或边部与凸起相接部位，凹陷边部地层不整合及主断层上盘逆牵引背斜或下盘的披覆构造带中。油藏深度一般在2000m以浅，油田水与地表水交替活跃，矿化度较低，一般在2000mg/L左右，水型均为$NaHCO_3$型。

1）曙一区超稠油—淡水组合

该组合位于西部凹陷西部斜坡带边部古近系剥蚀线附近，发育古近系兴隆台油层和新近系馆陶组油层。

兴隆台油层兴Ⅰ—Ⅴ组属于层状边水油藏，油层的形成主要受断层控制，纵向上相互叠加形成了多套油水组合，造成油水界面不统一，但是边水一般不活跃，分布范围较小；兴Ⅵ组属于边底水油藏，受构造和岩性控制。构造高部位油层比较发育，油层边界一般受断层遮挡控制。由于超稠油高密度、高黏度等物理性质，使其流动能力极差，造成同一断块内油水界面参差不齐。

馆陶组（杜84块）属于边顶底水油藏，油层呈下凹上凸的扁长透镜体状，平面上呈顶凸底凹的椭圆形。在油藏边部，油水呈现间互分布现象，边水指状侵入；四周被地层水包围，没有统一的油水界面，油水关系复杂。

曙一区超稠油区块油田水为$NaHCO_3$型淡水。兴隆台油层地层水总矿化度为1900～3000mg/L，Ca^{2+}、Mg^{2+}变化较大，从5mg/L到110mg/L，Cl^-含量为140～390mg/L，Na^++K^+含量为570～790mg/L。馆陶组油层水性与兴隆台油层相近（表1-8-5）。

表1-8-5　曙一区超稠油区块油、水性质统计表

层位	区块	离子含量/（mg/L）					总矿化度/mg/L	油	
		Na^++K^+	Cl^-	SO_4^{2-}	HCO_3^-	CO_3^{2-}		密度/g/cm^3	含蜡量/%
兴Ⅰ—Ⅴ	杜84井区	612	390	96	854	0	1957	1.0040	2.03
	杜212井区	786	767	173	923	38	2795	1.0060	1.76
	杜813块	701	377	129	1271	50	2614	1.0098	2.30
	杜80块	674	387	88	992	50	2211	1.0040	4.95
兴Ⅵ	杜229块	577	140	—	1112	104	1942	1.0100	1.97
馆陶组	杜84块	516	129	24	1243	127	2112	1.0007	2.44

该类组合特征是高密度（1.004～1.01g/cm^3）、低含蜡量（小于5%）的重油与总矿化度大多小于5000mg/L的$NaHCO_3$型淡水共生。

2）月东特稠油—淡水组合

该组合位于辽河坳陷中央凸起南部倾末端，发育新近系馆陶组油层和古近系东营组

油层。

月东油田受多重因素控制，油气水关系复杂。油藏主体部位为普通稠油，低部位由于受边底水氧化作用渐变为特稠油，原油密度在0.96～1.00 g/cm^3，含蜡量小于5%，为重油。地层水为$NaHCO_3$型，各层平均总矿化度为1391.9～5179.5 mg/L，为淡水（表1-8-6）。

表1-8-6 月东油田地层水性质统计表

层位	离子含量							总矿化度/mg/L	水型	pH值
	阳离子/（mg/L）			阴离子/（mg/L）						
	K^++Na^+	Mg^{2+}	Ca^{2+}	Cl^-	SO_4^{2-}	HCO_3^-	CO_3^{2-}			
NgⅠ	400.1	15.9	65.8	555.1	20.1	307.9	25.5	1391.9	$NaHCO_3$	7.59
NgⅡ	632.3	13.5	136.3	1024.7	61.3	285.2	16.0	2169.0	$NaHCO_3$	7.77
Ed_1Ⅱ$_1$	443.1	14.6	5.2	278.6	8.0	638.3	67.3	1455.0	$NaHCO_3$	8.50
Ed_1Ⅱ$_2$	697.4	5.6	26.7	448.1	82.5	814.5	68.4	2218.1	$NaHCO_3$	8.20
Ed_1Ⅲ	1124.0	220.5	85.5	1313.0	199.5	1809.5	30.0	4767.0	$NaHCO_3$	7.80
Ed_2	1584.1	24.1	19.9	942.2	86.8	2396.5	151.2	5179.5	$NaHCO_3$	8.00

2. 轻气—淡水组合

轻气—淡水组合主要分布在浅层，环洼分布。这些天然气可能是早期形成的天然气后期经过微生物的改造作用造成的。其特征是丙烷含量降低，丙烷的碳同位素组成变重。

1）兴隆台油田东营组轻气—淡水组合

该组合位于西部凹陷兴隆台构造带浅层，四面环洼。东营组轻气分布于兴北地区，具有气层单层厚度小、层数多，多套含油气层组叠加连片分布的特点，主要沿着断层在构造的高部位分布，纵向上分布范围由深到浅逐渐变小，每一个含气砂体即为一个独立的气藏，没有统一的气水界面。甲烷含量平均96.5%，乙烷含量平均1.3%，气体相对密度为0.575，为轻气。地层水矿化度随着埋深的增加也逐渐增大，地层水总矿化度分布在1828～3606mg/L之间，平均2715mg/L，为$NaHCO_3$型淡水（表1-8-7）。

表1-8-7 兴北地区地层水性质统计表

断块区	层位	离子含量									总矿化度/mg/L	水型
		阳离子/（mg/L）				阴离子/（mg/L）						
		K^++Na^+	Ca^{2+}	Mg^{2+}	总值	HCO_3^-	Cl^-	SO_4^{2-}	CO_3^{2-}	总值		
兴20	E_3d	561.4	13.7	4.3	579.4	885.3	226.1	2.4	135.0	1249.0	1828.2	$NaHCO_3$
兴1	E_3d	939.1	5.0	3.0	947.1	732.6	815.6	65.5	148.8	1763.0	2709.6	$NaHCO_3$

2）雷61块轻气—淡水组合

该组合位于冷东逆冲构造带，西邻陈家洼陷。雷61块气层厚度较大，叠加连片分布，为边底水的纯气藏，气水界面为 -1268m，含气幅度 70m。天然气相对密度为 0.5748，甲烷含量 97.255%，为轻气。地层水总矿化度大于 9000mg/L，水型为 $NaHCO_3$ 型淡水。

3. 轻油—重气—淡水组合

轻油—重气—淡水组合分布邻近生油气洼陷（清水洼陷），淡水介质条件下，发育十分丰富的陆源有机质，生油母质以腐殖—腐泥型为主，又具备较高的热演化条件（成熟晚期），烃产物为轻油、重气。轻油、重气伴随着油田水进行运移，被浅部古近系储层捕获形成轻油—重气—$NaHCO_3$ 型水；而被洼中古隆起（太古宇潜山内幕）捕获则形成轻油—重气—$CaCl_2$ 型水组合（太古宇潜山内幕为 $CaCl_2$ 型深成变质水）。

1）双 6 井区轻油—重气—淡水组合

该组合位于洼中隆双南—双台子构造带，东邻清水、鸳鸯沟深洼。双 6、双 67 块兴隆台油层整体为层状复合型块状油气藏特点，按圈闭成因分类均为“断层遮挡的屋脊状断鼻构造油气藏”，按油气水空间分布分类，双 6 块为“气顶边水油环油气藏”、双 67 块为“气顶底水油藏”。断块内有统一的油气水界面和压力系统。油气层平面上集中于构造高部位，表现为复合型气顶边、底水构造油藏特点，处于构造最高部位的双 6 块，在构造顶部全部为气层所占据。纵向上表现为储层集中，连续分布的特点，油气层最小埋深 2288m，油层最大埋深 2540m。双 6 区块地面原油密度在 0.8362～0.8611g/cm^3，为低含蜡、低含硫的轻油。天然气甲烷含量 80.14%～81.9%，凝析油含量 183～289g/m^3，相对密度为 0.6886～0.7131，为重气。地层水总矿化度大于 9000mg/L（表 1–8–8），为 $NaHCO_3$ 型淡水。

表 1–8–8　双 6 区块地层水性质统计表

井段 /m	Cl^- 含量 /（mg/L）	HCO_3^- 含量 /（mg/L）	总矿化度 /（mg/L）	水型
2550.4～2554.4	1258.83	4942.62	9315.65	$NaHCO_3$
2537.8～2552.0	1152.45	5033.64	9068.19	$NaHCO_3$

2）兴隆台潜山轻油—重气—淡水组合

该组合位于兴隆台潜山构造带，四面环洼。兴古潜山太古宇油藏埋深 2335～4670m，油层从潜山顶部到底部均有发育。兴隆台潜山太古宇油藏为风化壳—内幕型潜山油气藏，油层分布受裂缝发育程度控制，裂缝发育程度受岩性、构造活动强度的控制。油藏类型为裂缝性块状底水油藏，油水界面 4670m。兴古 7 井潜山油藏地面原油密度为 0.8133～0.8423g/cm^3，黏度为 3.04～5.3mPa·s，凝固点在 18～31℃，含蜡为 7.6%～24.8%，胶质 + 沥青质 1.76%～7.38%，属轻油。天然气相对密度 0.6190～0.7621，平均 0.655，甲烷含量 80.07%～90.98%，平均 86.16%，属溶解气。地层水为 $CaCl_2$ 型，总矿化度为 5614.57～5771.96 mg/L，为淡水（表 1–8–9）。

4. 高凝油—重（轻）气—淡水组合

高凝油—重（轻）气—淡水组合仅发现于大民屯凹陷，高凝油、重气形成与沙四段上段下部“油页岩”烃源岩及较低的热演化程度密切相关。低凝油、轻气的形成推测与成藏期后淡水环境细菌对高蜡油的改造有关。另外高升地区发现的重油—轻气—淡水组合，天然气也是原油被甲烷菌降解形成的。

沈84—安12区块高凝油—重（轻）气—淡水组合，位于大民屯凹陷静安堡构造带，油藏类型为岩性—构造油藏，具有多套油水系统，无统一油水界面，众多含油气砂体叠加，油水关系复杂。油层分布受构造和岩性双重控制。受构造控制，高部位油层层数多，厚度大。油层受储层砂体控制，油气聚集在岩性圈闭中呈透镜状或薄层状，单个油层规模较小，延伸不远。原油凝固点约47℃，含蜡量约36%，析蜡点58℃，属高凝油。天然气分为气层气和溶解气两种类型。不同类型天然气所含组分及性质有所不同。气层气为干气，相对密度为0.5617，甲烷含量较高，一般高达97%以上，重烃含量一般在1%以下，丙烷以上含量0.2%左右；溶解气数量较少，性质变化较大，密度比较大，甲烷含量较低，丙烷以上含量较高，其他非烃含量也较高。地层水矿化度一般1000～4000mg/L，矿化度随埋深增高，为$NaHCO_3$型淡水（表1-8-10）。

表1-8-9　兴隆台潜山带地层水性质统计表

区块	层位	取样井段/m	离子含量/（mg/L）		总矿化度/mg/L	水型
			Cl^-	HCO_3^-		
兴古潜山	Ar	4328.2～5438.0	3058.43	259.34	5614.57	$CaCl_2$
马古潜山	Ar	4363.2～4565.0	3173.67	152.55	5771.96	$CaCl_2$

表1-8-10　沈84块油田水性质统计表

层位	pH值	总矿化度/mg/L	阳离子浓度/（mg/L）			阴离子浓度/（mg/L）		
			Na^+	Mg^{2+}	Ca^{2+}	Cl^-	SO_4^{2-}	HCO_3^-
$E_2s_3^1$	7.07	988.30	317.23	6.67	7.73	31.66	28.13	688.66
$E_2s_3^2$	7.32	1659.51	483.46	8.11	8.75	103.81	33.62	806.16
$E_2s_3^3$	7.94	3349.79	1126.65	8.82	17.88	724.90	61.08	1722.94
$E_2s_3^4$	7.73	4163.48	1247.23	12.93	17.79	459.93	63.46	2220.31

第三节　油田水文地质特征对油气成藏的控制作用

油田水文地质特征对油气的生成、运移和保存等成藏要素均具有重要影响。

一、异常超压环境抑制烃源岩生烃热演化

地层中流体（油田水、烃类）排泄不畅是超压产生的根本原因。辽河坳陷古近系沙河街组由于沉积速率大或泥岩连续沉积厚度大，油田水排泄不畅造成超压普遍存在。超压抑制烃源岩生烃演化（郝芳，2005）。大民屯凹陷发育两个超压层，过凹陷北部沈208井至曹5井剖面（图1-8-8）展示，洼陷部位上超压层发育在沙三段内，深度为1900～2300m；下超压层发育在沙四段内，深度为2600～3100m。总体上说，安福

屯洼陷在1900～3100m是超压发育段。该段内实测镜质组反射率值随埋深变化增加缓慢（图1-8-9）。1900m烃源岩镜质组反射率（R_o）为0.52%，至3018m镜质组反射率增至0.6%，尽管期间有个别高值点，但总体上看超压区间内，镜质组反射率仅有微幅的增加，体现了超压对烃源岩热演化的抑制作用。异常超压对烃源岩热演化的抑制作用，使得大民屯凹陷生油井段长、液态烃下限明显向深部偏移。这种特征对大民屯凹陷富油贫气具有重要的控制作用。

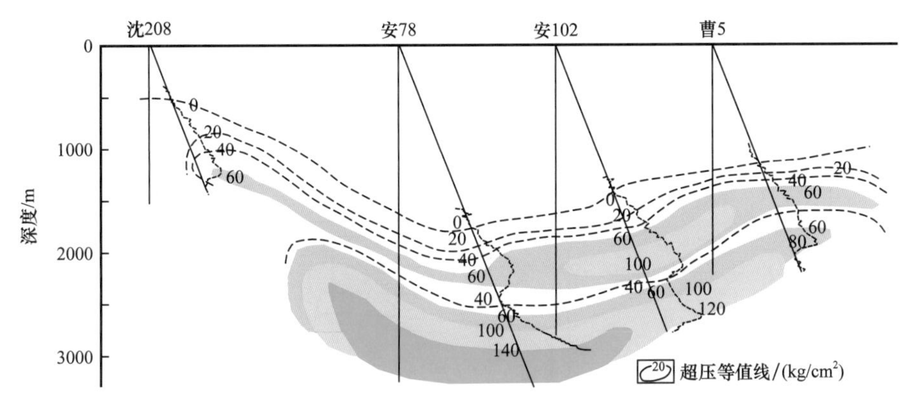

图1-8-8　大民屯凹陷北部超压剖面图

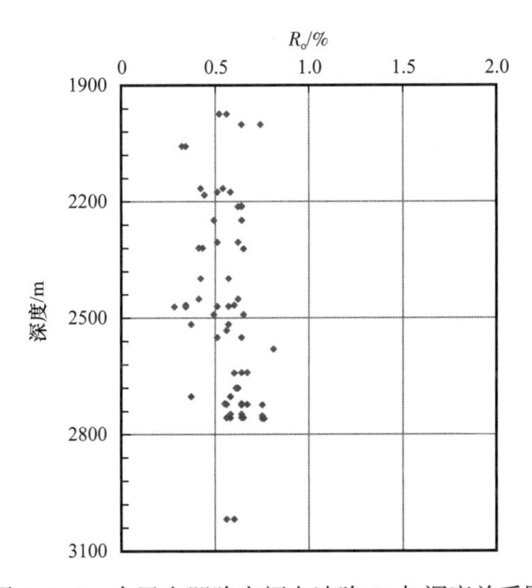

图1-8-9　大民屯凹陷安福屯洼陷 R_o 与深度关系图

二、超压封存箱对下伏油气具有良好的封闭作用

油藏盖层的封闭机理主要有毛细管封闭作用、压力封闭作用以及浓度封闭作用等。流体的渗流总是由高势能区向低势能区流动。如果在储层的上覆盖层中有超压存在，则储层中的流体就难以穿过该超压层（欠压实泥岩段）。因为具有异常高压的欠压实泥岩段，不仅能阻止游离相的烃类运移，对呈水溶相和油溶相方式运移的烃类也可以形成有效的封闭层。从这个意义说，压力封闭比毛细管封闭更有效（Swarbrick，1999；刘伟新等，2011）。

大民屯凹陷内由流体超压系统形成的封盖层主要有两个（图1-8-10）：上封盖层底

界埋深大致在2000m，发育于沙三段三亚段内，主要对沙三段和沙四段内的油气运聚起封盖作用；下封盖层底界埋深在3000m左右，发育于沙四段，主要对潜山油气藏起封盖作用（郝芳等，2000）。上封盖层使得沙三段以上地层几乎没有油气聚集，且沙三段油气主要聚集在沙三段三亚段；下封盖层使得沙四段生成的油气向下运移，进入潜山内并封盖在潜山内，使得潜山油气储量占了凹陷探明储量的一半左右。

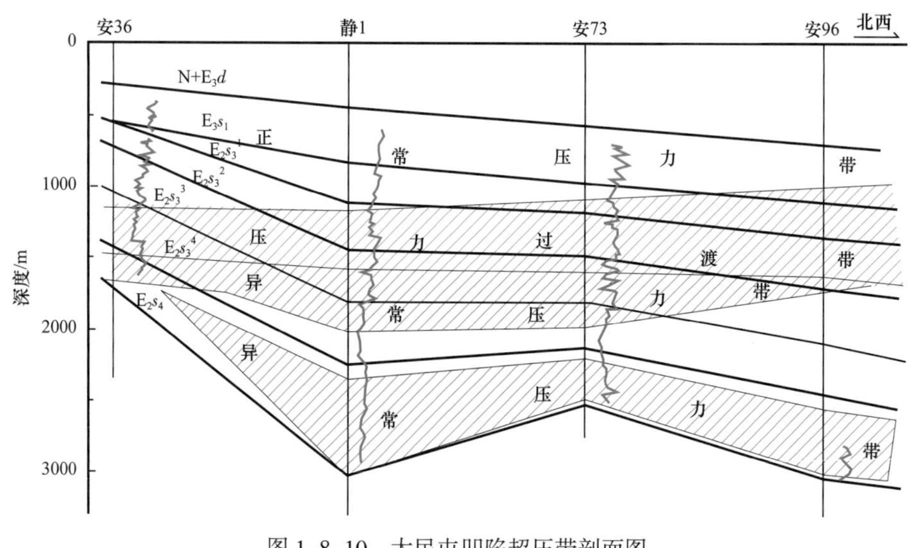

图1–8–10　大民屯凹陷超压带剖面图

三、油田水文地质特征反映油气藏保存和破坏环境

古水文地质条件对辽河坳陷水化学特征的形成具有较强的影响，其中断层是影响洼陷水化学特征的一个重要因素，断裂构造纵横分布，活动期长，可能使水体的流动变得复杂。辽河坳陷水化学特征在空间上的变化规律性较差，尤其是不同层位间地下水化学特征变化不明显，表明断裂的沟通作用比较好。

油田水文地质带的划分是对油气富集与保存的定性评价。其划分依据主要有油田水无机组分、化学系数以及总矿化度等，并考虑盆地地形地貌、地表水系、地层出露与断层的关系等因素。油田水无机组分有Na^+、K^+、Ca^{2+}、Mg^{2+}、Cl^-、HCO_3^-、SO_4^{2-}等，根据这些参数变化及其化学系数对比，可探讨其与油气运聚及保存的关系。前文已述及氯镁系数越大、脱硫系数越低，反映地层水活动越弱，指示含油气圈闭保存条件越好。辽河坳陷纵向上大致可划分为自由交替带、交替缓慢带、交替阻滞带和交替停滞带四个水文地质带（图1–8–11）：1250m以浅应属于自由交替带，地下水矿化度低，氯镁系数较小，不利于油气保存；1250～2100m为交替缓慢带，地下水矿化度中等，具有一定的油气成藏条件；2100～3500m为交替阻滞带，地层水矿化度较高，氯镁系数较大，成藏条件较优；超过3500m为交替停滞带，地下水矿化度高，脱硫系数较小，虽然保存条件优越，但储层物性变差。

纵向上水文地质特征对油气藏保存具有重要影响外，断裂开启程度同样决定油气藏保存条件，且在流体性质上具有明显的响应特征。以西部凹陷小洼油田为例，小洼油田构造上处于辽河坳陷中央凸起南部倾没带与西部凹陷东部陡坡带交会处，为海外河—小洼构造带与雷家—冷东构造带的衔接部位。小洼油田总体上为轴向北北东展布的断裂背斜构造，轴向上南高北低。大洼断层为本区的主干断层，断面上陡下缓，断距大，活动时期长，控制着本区构造的形成、地层沉积及油气分布。大洼断层派生的近南北向、北东向两组断层将小洼油田切割为多个断块。洼 60 区块、洼 38 区块处于大洼断层的上升盘，油藏埋深在 1155～1510m；洼 82 区块、洼 83 区块、冷 124 区块、冷 136 区块处于大洼断层的下降盘，油藏埋深在 1245～2200m。小洼油田原油大部分为稠油，只有冷 124 区块（1600～2200m）原油属稀油。据 13 口井 33 个样品的统计结果，稠油地面原油密度在 0.9585～0.9992g/cm^3，黏度在 168～3100mPa·s（100℃），凝固点在 3～49℃，含蜡在 2%～7%，胶质 + 沥青质含量 32%～53%；冷 124 区块稀油地面原油密度在 0.9215～0.9261g/cm^3，黏度在 112～260mPa·s，凝固点在 10～12℃，含蜡在 4%～6%，胶质 + 沥青质含量 25%～32%。平面上原油物性变化不大，纵向上，随着油层埋藏深度的增加，原油物性逐渐变好。体现出由于断层活动使得自由交替带底界向下延伸，造成深部稀油油气藏遭受水洗、氧化而稠变。冷 124 区块油藏没有稠变，是由于断层的封闭性阻碍了其与浅层水的沟通。

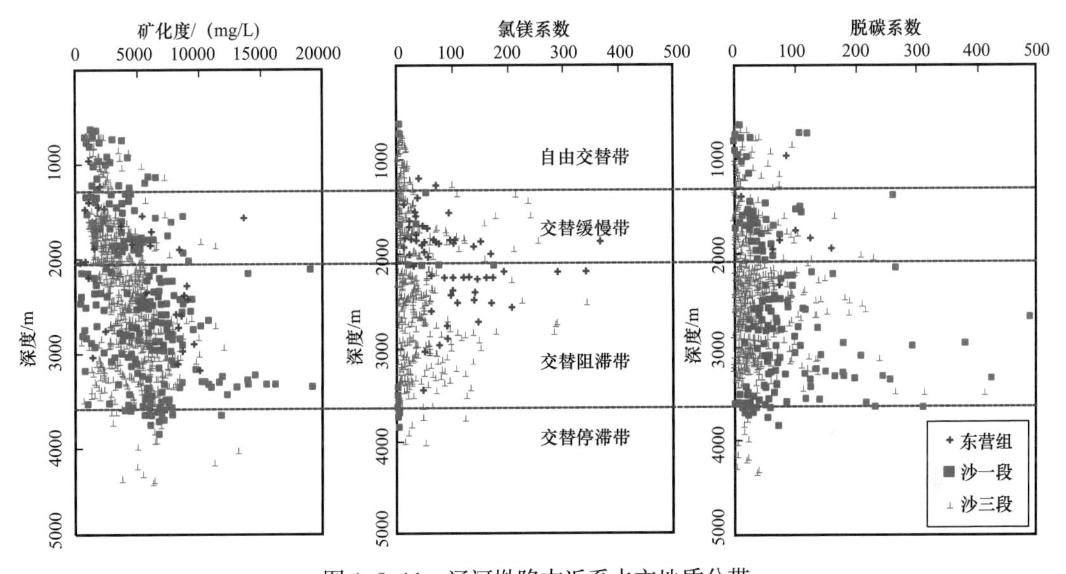

图 1-8-11　辽河坳陷古近系水文地质分带

由于断裂活动强度、活动时间以及断层两侧岩性条件的差异，往往出现同一条断层不同部位封堵与开启的差异。因此，根据流体性质的变化可以进一步搞清断层性质，并且追踪寻找油气藏。

第九章　天然气地质

勘探实践表明，辽河坳陷不仅蕴藏着丰富的石油，而且还赋存大量的天然气，具有油气共生并存的特点。截至 2018 年底，辽河坳陷已探明气层气地质储量 $725.27\times10^8m^3$，溶解气地质储量 $1393.10\times10^8m^3$（图 1-9-1），1980 年最高年产天然气达 $17.94\times10^8m^3$（图 1-9-2），累计生产天然气 $556.13\times10^8m^3$（含溶解气），成为我国东部重要的天然气生产基地之一。

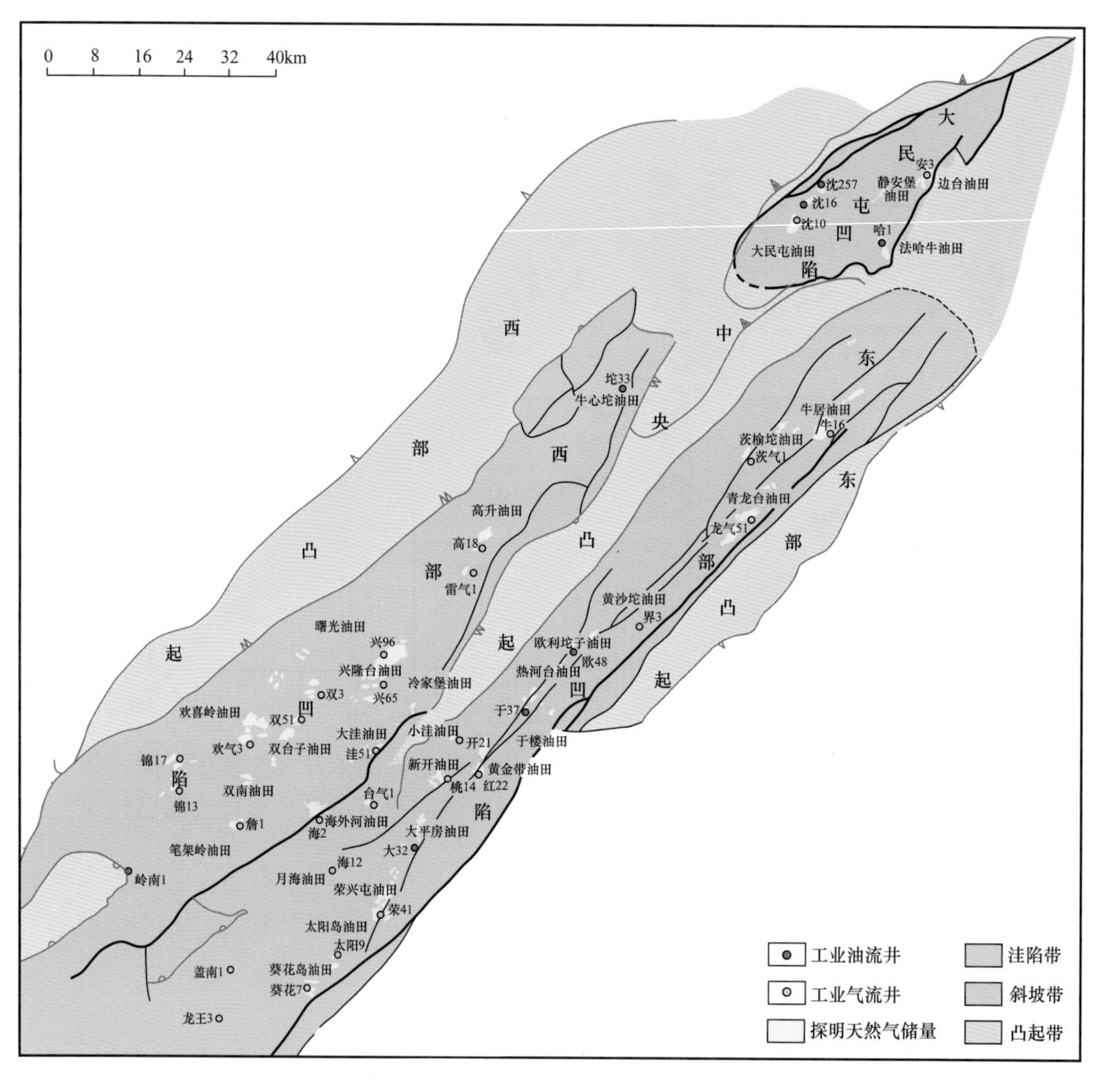

图 1-9-1　辽河坳陷天然气勘探成果图

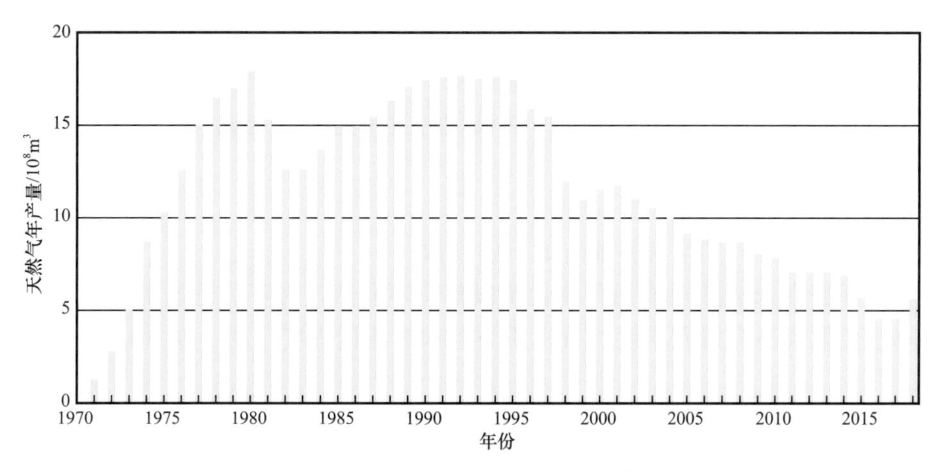

图 1-9-2　辽河油田历年天然气产量直方图

第一节　成藏条件及特征

辽河坳陷天然气成藏条件优越，有以重力构造为主的多构造类型及其复式圈闭展布在凹陷的不同部位；有以Ⅱ型有机质为主的广泛分布的多类型气源岩，并置于完整的热演化序列之中；有变质岩、碳酸盐岩、火成岩等储集岩系，更有多层叠置、广泛分布的砂岩储层；有多层系、大面积分布的良好盖层。这些基本地质条件，决定了辽河坳陷天然气具有资源丰富、分布广泛的基本特点。

一、气源岩特征

辽河坳陷的区域地质背景，奠定了气源岩的发育基础。辽河坳陷存在多套气源岩：石炭系—二叠系、上侏罗统发育煤型气源岩；古近系发育沙四段、沙三段、沙一段—沙二段和东营组四套气源岩，除东部凹陷沙三段上亚段含有较多煤型气源岩外，主要是油型气源岩。

关于烃源岩特征，在前面的“油气生成”部分已做详细介绍，这里以古近系为重点，简要介绍与天然气生成有关的相关特征。

1. 气源岩有机质丰度下限的确定

从总体上看，辽河坳陷属油气同源的坳陷。在评价油源层与气源层时，其具有一致性，即好的生油岩也是好的气源岩。评价烃源岩不仅要看它能生成多少烃类，还要看它的排出效率，而生成的烃量必须大于岩石对烃的吸附量，才能有效排出。岩石对气态烃的吸附能力远比液态烃低，气态烃分子量小，比液态烃更容易从源岩中排出和运移，因此，差的生油岩并不等于是差的气源岩。为了探讨气源岩的评价方法，选取 9 块有机质丰度低的未成熟样品（其中东部凹陷 7 块、西部凹陷 2 块）进行排烃—解吸模拟实验，根据烃源岩产气率与气态吸附量之间的关系，对气源岩有机质丰度下限进行研究。

实验结果表明，烃气产率一般为 0.0136～0.088m^3/t，而大部分气态烃吸附量在 0.001～0.06m^3/t，虽然烃生产率与吸附量均有随有机质丰度增高而增大的趋势，但实验表明，当有机质丰度大于 0.25％时，烃气产率基本上都大于气态烃吸附量，可视为辽河坳陷气源岩有机质丰度的下限值。由此可见，在一定范围内不利于生油的烃源岩，仍有利于生气，甚至是好的气源岩，从而提高了对沙一段和东营组气源岩评价标准，使气源岩的分布范围更加广泛。尤其对生物—热催化过渡带这个特定成气阶段而言，东营组已具备生气能力，是过渡带气的气源之一。

2. 气源岩生气性能分析

研究表明，烃源岩的生气性能有如下的规律。

（1）烃源岩在未成熟至成熟各演化阶段都有不同数量和不同性质的天然气产出，气体的产率主要取决于有机质丰度、有机质类型和热演化程度（图 1-9-3）。

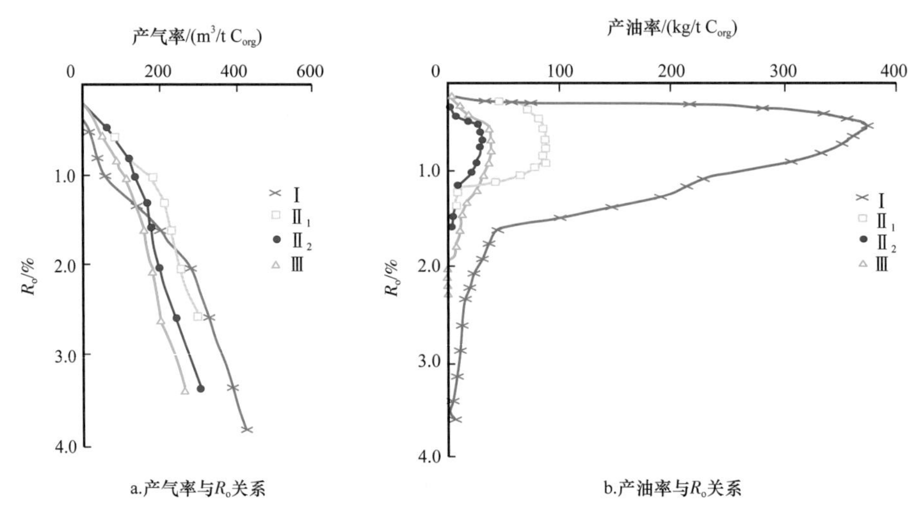

图 1-9-3　辽河坳陷产烃率曲线图

（2）好的生油岩也是好的气源岩。即使在生油岩的主要生油阶段，仍有 5%～10% 的天然气产出，其中$Ⅱ_1$型干酪根无论是产油率还是产气率均大于$Ⅱ_2$型和Ⅲ型干酪根。这是西部凹陷油气相对富集的一个重要原因。Ⅰ型干酪根在 R_o<1.3% 时，液态烃产率（58.8kg/t C_{org}）大于气态烃产率（9.96kg/t C_{org}）；显然这一阶段，主要以产油为主，这与自然演化相一致；当 R_o>1.3% 时，产油率下降，产气率升高；当 R_o>2.0% 时，天然气以裂解气为主，$Ⅱ_2$型和Ⅲ型干酪根以产气为主，这是东部凹陷天然气相对比较富集的重要因素之一。

（3）不同干酪根类型在不同演化阶段，其干燥系数不同（图 1-9-4），各样品的热解气的干燥系数基本呈马鞍形变化，即在低成熟、高成熟和过成熟阶段，干燥系数比较大，而在产烃高峰期，即成熟阶段（R_o 为 0.7%～1.3%），干燥系数较低。

（4）热解气产率与有机质丰度有着十分密切的关系，随着有机质丰度增加，热解气产率增大。碳质泥岩有着明显高于其他烃源岩的产气率。并且在未成熟和低成熟阶段也有较高的产气率（图 1-9-5、表 1-9-1）。

（5）不同层位烃源岩的生气能力明显不同，例如东部凹陷三套气源岩以沙三段最好，最大生气强度为 $140.0\times10^8m^3/km^2$（图 1-9-6），其次为沙一段，东营组最差，仅为 $12.5\times10^8m^3/km^2$。不同地区气源岩的生气能力也有差别，西部凹陷沙三段最大生气强度为 $520.0\times10^8m^3/km^2$（图 1-9-7），明显高于东部凹陷相同层位的生气强度。

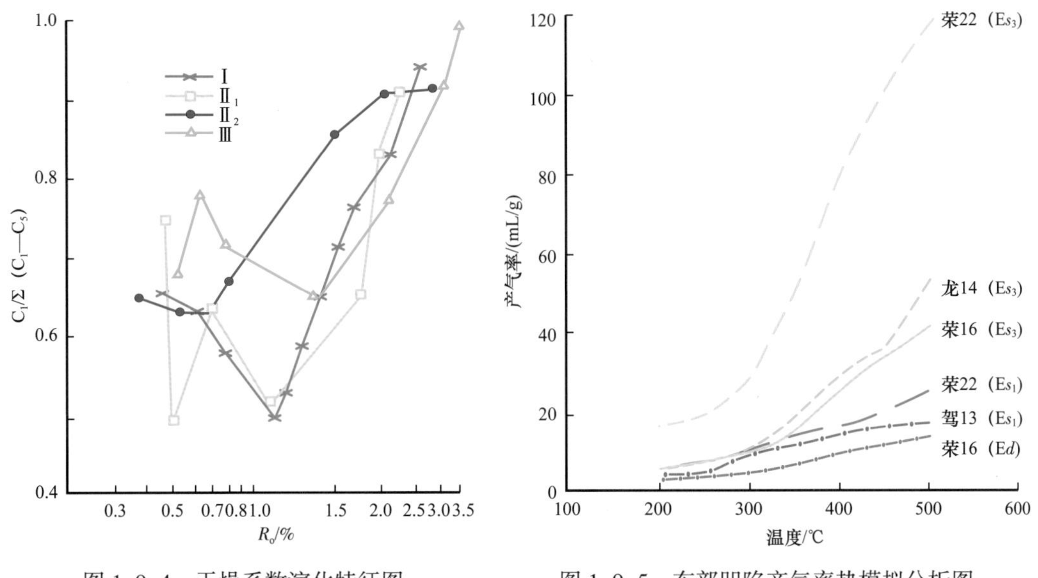

图 1-9-4　干燥系数演化特征图　　　　图 1-9-5　东部凹陷产气率热模拟分析图

表 1-9-1　东部凹陷产气率热模拟数据表

井号	深度 / m	层位	岩性描述	碳含量 / %	类型	产气量 /（mL/g）						
						200℃	250℃	300℃	350℃	400℃	450℃	500℃
荣 16	1681.0	E*d*	浅灰色泥岩	1.17	Ⅲ	2.38	2.93	3.93	5.78	8.65		12.90
荣 16	2089.0	Es_3	黑色泥岩	3.84	$Ⅱ_1$	4.19	6.61	9.23	13.40	24.90	32.90	40.80
荣 22	1743.0	Es_3	碳质泥岩	19.65	$Ⅱ_2$	15.70	18.20	28.00	49.90	79.60	101.00	117.00
龙 14	1622.0	Es_3	碳质泥岩	7.34	$Ⅱ_2$	5.16	5.11	8.66	17.40	28.70	35.70	51.50
驾 13	2340.5	Es_1	灰黑色泥岩	2.71	$Ⅱ_1$	2.87	3.90	4.94	9.78	14.70	19.10	
荣 22	1607.0	Es_1	灰色泥岩	2.54	$Ⅱ_1$		5.16	6.22	7.88	13.70	19.40	24.20

综合上述，辽河坳陷具有多套气源岩，它们有机质丰度高，母质类型多样，处于由低到高的不同演化阶段，有良好的生气性能。天然气生成具有多阶连续的特点，并且气源岩有机质丰度下限值较低，使气源岩分布比油源岩更具有广泛性。

二、储层特征

辽河坳陷有多种类型的天然气储层：按层系划分，主要有新太古界、中—新元古界、古生界、中生界和新生界等；按储层岩性可分为变质岩、碎屑岩和岩浆岩，且以古近系碎屑岩储层为主。它们绝大多数既储油又储气，为坳陷大规模油气聚集提供了空间。因储层特征在第七章已有详细介绍，本部分仅做简要描述。

1. 潜山储层

1）新太古界

新太古界潜山储层主要由花岗片麻岩、角闪花岗岩、混合花岗岩等组成，其中以花岗片麻岩分布最为广泛，遍及整个辽河坳陷，储集空间为晶孔、溶孔和裂缝，且以裂缝

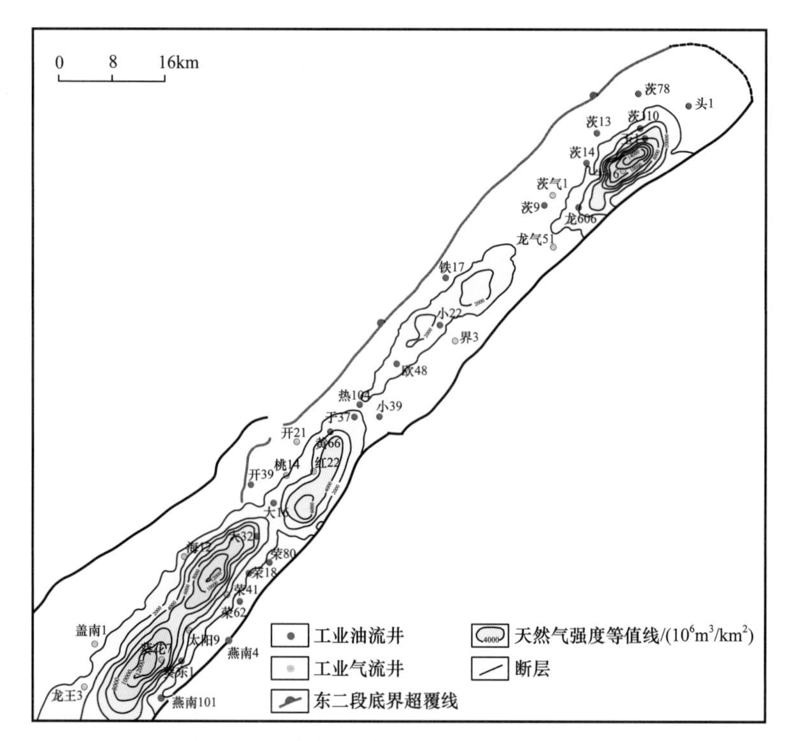

图 1-9-6 东部凹陷沙三段生气强度分布图

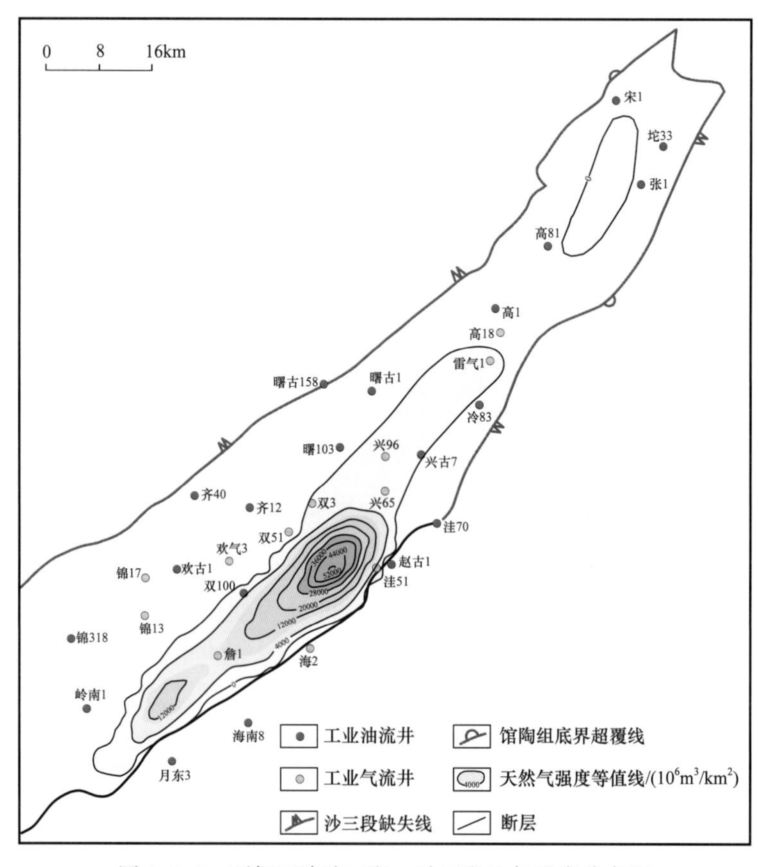

图 1-9-7 西部凹陷沙三段 + 沙四段生气强度分布图

为主，溶蚀作用对裂缝起到一定的改造作用，连同其他孔隙，是新太古界潜山储层的主要储集空间。截至 2017 年底，已发现油气藏的主要有兴隆台潜山、齐家潜山、东胜堡潜山、静安堡潜山、边台潜山、茨榆坨潜山等。

2）中—新元古界

中—新元古界潜山储层主要由碳酸盐岩、石英岩、变余石英砂岩组成。受沉积时期山海关—清源古陆的影响，中—新元古界主要分布于西部凹陷的曙光—杜家台—牛心坨西侧地区及大民屯凹陷的西部和北部地区。碳酸盐岩储层的储集空间为粒间孔、晶间孔、溶孔（溶洞）及裂缝，且以溶孔（溶洞）及裂缝为主，石英岩和变余石英砂岩除含少量的粒间孔及晶间孔外，以裂缝为主，孔隙发育特征与新太古界变质岩相似。目前发现油气藏的主要有静安堡潜山、平安堡潜山、曙光潜山、高升潜山等。

2. 碎屑岩储层

辽河坳陷碎屑岩储层主要指新生界碎屑岩，特别是砂岩，是坳陷分布最广泛、最重要的储层。

在坳陷发育过程中，整体伴随着湖泊沉积，以扇三角洲沉积为主，其次为深湖浊流沉积。初陷期和扩张期以扇三角洲沉积为主，在局部较平静地区，可形成（鲕）粒屑灰岩沉积（高升组）；深陷期浊流沉积很发育，多以扇三角洲—湖底扇体系的形式出现；衰减期河流体系发育；新近纪出现正常河流三角洲体系。根据其形成环境可分为冲积扇相、河流相、扇三角洲相、三角洲相、湖底扇相等。这些沉积相带构成了众多的储层类型，它们在平面上自湖盆边缘向中心延伸，在垂向上相互叠置，形成多层次、大面积分布的储层，为油气储集提供了良好的条件。

由于辽河坳陷狭窄，断裂活动强烈，沉积物主要由两侧短小河流供给。这种沉积条件导致各种沉积体系的规模都很小，大多数碎屑沉积体系都小于 300km^2。沉积体系规模小，其相带在狭长形凹陷中紧密排列，必然导致储层横向变化大，连通性差。一般砂体宽度只有几百米，长度 1.0～2.0km，小者长宽只有几十米，常呈透镜体形式出现，砂体间连通性较差（图 1–9–8）。

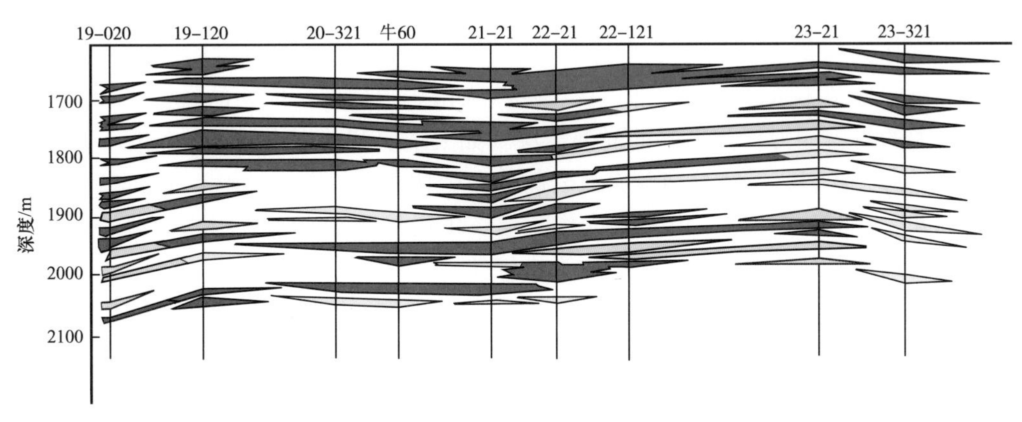

图 1–9–8　牛居油气田东营组油气藏剖面图

3. 火成岩储层

辽河坳陷还发育一种特殊的储层——火成岩储层。主要集中于中生界和古近系，其中中生界以安山岩为主，古近系以玄武岩、粗面岩为主。古近系玄武岩，西部凹陷和大民屯凹陷主要出现在房身泡组，东部凹陷各层系都有大面积分布，叠加面积可占凹陷的70%以上，且随时代变新有向南、向北迁移的规律。20世纪70年代在热河台构造上的热24井、热11–7井和热9–7井的火山岩中分别获得了日产72t、14t和14.3t的工业油流，为油田又开辟了一个新的勘探领域，曾一度引起了人们的注意，但由于受各方面条件的限制，再加上20世纪70年代初碎屑岩勘探效果好，领域广阔，而未能及时加强火山岩的勘探。

近年来的勘探表明，火成岩并不是铁板一块，它们在外力的作用下可以产生很多的裂缝，有的火山岩（如凝灰岩、火山角砾岩等）还可以具有像砂岩类那样的孔隙空间，这些缝、洞为油气储存提供了良好的空间。特别是位于断层附近，邻近或位于生油岩之中的火山岩，十分有利于油气成藏。例如，位于齐家地区的齐112井安山岩，裂缝和气孔发育，常规试油日产油仅2.85t，酸化后可达6.5t；三界泡地区的界13井粗面岩，常规试油日产油仅3.77t，压裂后日产量增加到6.54t。火山岩在特定的条件下，可以形成密集构造裂缝而成为良好的储层。不仅获工业油气流，甚至可以富集高产，如东部凹陷红星地区的红28井，在沙三段3361.4～3408.9m的玄武岩、玄武质砾岩中试油，9.3m/3层，8mm油嘴求产，日产油108m^3，日产气24864m^3；2019年在桃园火成岩体部署实施的风险探井驾探1井，在沙三段中下亚段4360.0～4396.0m的玄武质角砾岩中压裂试油，8mm油嘴求产，获日产32.52×10^4 m^3的高产气流，取得深层火成岩气藏勘探的新突破，使火成岩成为深层天然气勘探重要领域。

三、盖层特征

1. 盖层岩石类型及分布

辽河坳陷所发现的天然气盖层有泥质岩、砂质岩及火成岩三大类。泥质岩包括泥岩、页岩、钙片页岩（纹层状钙质页岩）等，分布于各时代的广阔区域，是主要的封盖层。火成岩盖层主要是层状分布的玄武岩，在局部地区构成良好的直接盖层。砂质岩盖层是特殊条件下形成的盖层，主要是致密化的低孔渗砂岩，如富泥粉砂岩、富泥浊积砂岩、高成岩强度的致密砂岩等。

火成岩作为盖层在辽河坳陷是普遍存在的。沙一段至东营组沉积时期火山活动频繁，主要集中分布于东部凹陷南部地区，这些火山岩盖层保持原始的致密坚硬状态，对油气有较大的封盖能力，是良好的局部盖层。如大平房和荣兴屯地区，就有一些油气藏的直接盖层为玄武岩，气藏分布与玄武岩的分布密切相关（图1–9–9）。西部凹陷欢喜岭油气田锦45块油气藏，就是由玄武岩作盖层。牛居地区和大民屯凹陷中部地区，发育东二段的玄武岩，厚度10～20m，也成为良好盖层。

泥质岩盖层是形成区域盖层和直接盖层的主要类型，下面重点介绍泥质岩盖层的分布特点。

1）沙四段泥岩盖层

沙四段沉积时期发育了牛心坨、高升、杜家台三套地层，每一套下部都以扇三角洲或浅湖砂层为主，上部都以浅湖相泥质岩为主。泥质岩为泥岩、页岩、灰云质纹层状泥岩，主要发育于西部凹陷和大民屯凹陷，累计厚度较大，最厚可达700m以上。这部分位于上部的泥岩，正是下部砂岩和潜山油气藏的直接盖层。

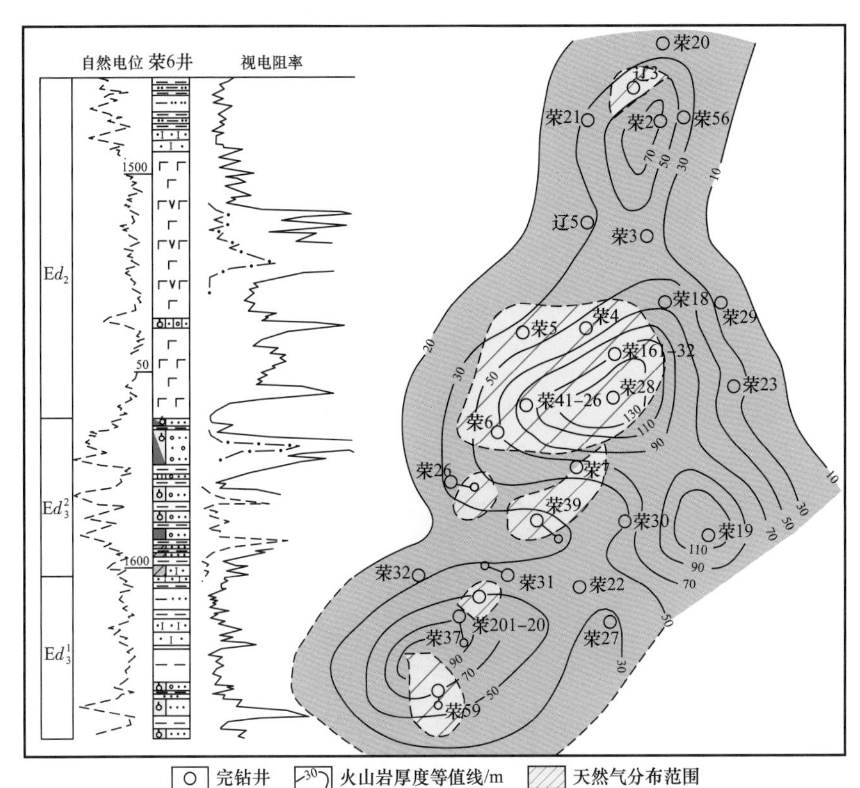

图 1-9-9　荣兴屯地区火成岩与天然气藏分布关系图

在大民屯凹陷，该泥岩广泛分布，厚度 100～500m，是潜山油气藏和深层油气藏的良好盖层。

2）沙三段泥岩盖层

西部凹陷沙三段泥岩除凹陷边缘地区外，都属于深湖相泥岩，含砂量很少。包括褐灰色、深灰色泥岩、油页岩、页岩等岩类。岩性组合一般为厚层泥岩夹厚层浊积砂岩，在边缘为扇三角洲砂体与泥岩互层。沙三段泥岩很发育，全凹陷广泛分布，累计厚度达 500～1000m，在盘山洼陷厚达 1388m 以上（曙 1 井和曙古 19 井）。

沙三段中上部的泥岩，质地较纯，连续厚度可达 100～500m，一般大于 200m（图 1-9-10），大部分地区处于产生欠压实的深度范围内，是广泛分布的最优区域性盖层。沙三段各类油气藏的直接盖层都是沙三段的优质泥岩，封盖性能良好。

东部凹陷的厚层泥岩主要发育在沙三段中亚段，北部的牛居、茨榆坨，中部的热河台、于楼、黄金带，南部的桃园、大平房、荣兴屯等地区，都发现了该套泥岩，连续厚度 50～500m，累计厚度可达 800m 以上，可以成为区域盖层。沙三段上亚段，多为砂泥岩薄互层，泥岩层 10～30m，连片性差，只能形成局部盖层。在茨榆坨、牛居、青龙台地区，发育连续厚度大于 50m 的厚层泥岩，封盖条件较好。

大民屯凹陷沙三段泥岩，也是在沙三段下亚段较发育，厚层状，分布广泛，沙三段中—上亚段则为薄层状，分布局限。

3）沙一段泥岩盖层

西部凹陷沙一段沉积早期和晚期都属于浅湖扇三角洲沉积，砂泥互层，以砂岩为主。泥岩夹层较薄，一般厚度 20～30m。这种泥岩常可作为直接盖层，分布很局限，不能成为区域盖层，如高升、曙光、西八千、冷家堡等凹陷边缘地带。

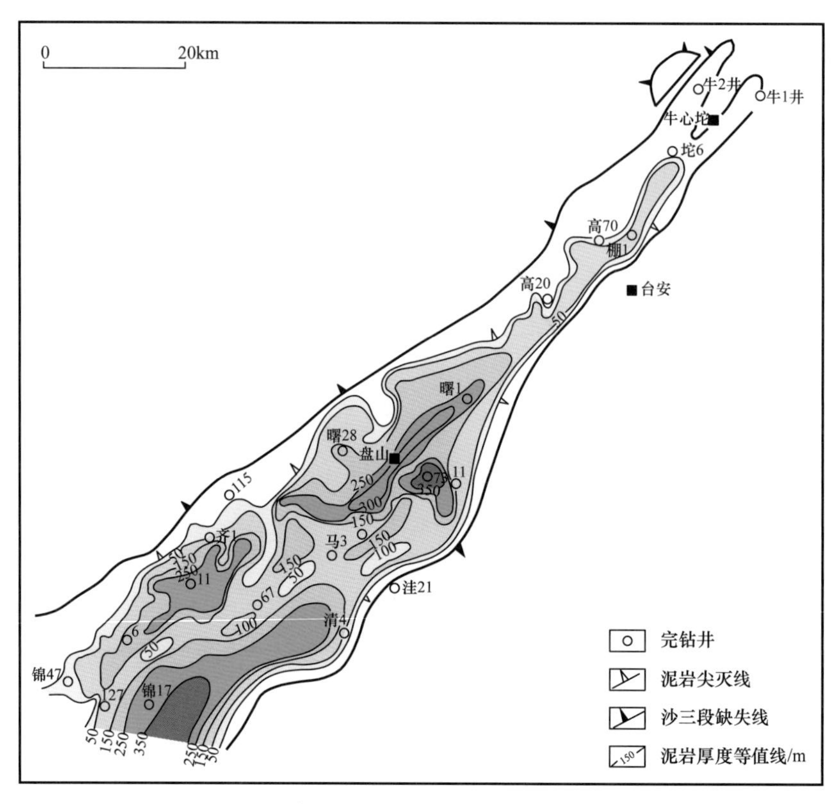

图 1-9-10　西部凹陷沙三段上亚段泥岩厚度等值线图

沙一段沉积中期，属水进期沉积，泥岩分布广泛，除边缘地区外，泥岩都很发育，累计厚度 300～500m。连续厚度也比较大，一般在 100～400m（图 1-9-11）。这层泥岩质纯，处于形成欠压实的有利深度，大范围内形成超压，是优质区域性盖层，也是西部凹陷封盖天然气藏最多的一个区域性盖层。兴隆台、双台子、齐家、欢喜岭等高产气田，都在这个区域盖层的保护之下。

东部凹陷沙一段泥岩盖层与西部凹陷相似，也是沙一段中亚段泥岩较发育。连续厚度一般 20～30m，厚者可达 80m，主要发育于凹陷中段，东部凹陷南北泥岩盖层变为薄层，与砂岩组成薄互层，封盖条件差。

东部凹陷沙一段上亚段和下亚段都是薄层泥岩，夹于砂层之中，可以成为各砂层的良好直接盖层。北部牛居地区和南部二界沟地区较发育。

4）东营组泥岩盖层

西部凹陷东营组是河湖相沉积。在鸳鸯沟洼陷有较大范围的湖相泥岩，连续厚度可达 300m，可以成为小区域的优质盖层（图 1-9-12）。在清水洼陷和盘山洼陷也有较厚的泥岩夹层，连续厚度可达 20～30m。其余广阔地区，都是以河流相沉积为主，砂岩夹薄层泥岩。泥岩层厚度一般 5~10m，含砂较重，只能作为直接盖层。

东部凹陷中段和南段泥岩盖层较发育，可以在较大范围内连片分布，如黄金带地区东二段的“细脖子泥岩”就是优质盖层，连续厚度可达 20～40m（图 1-9-13）。

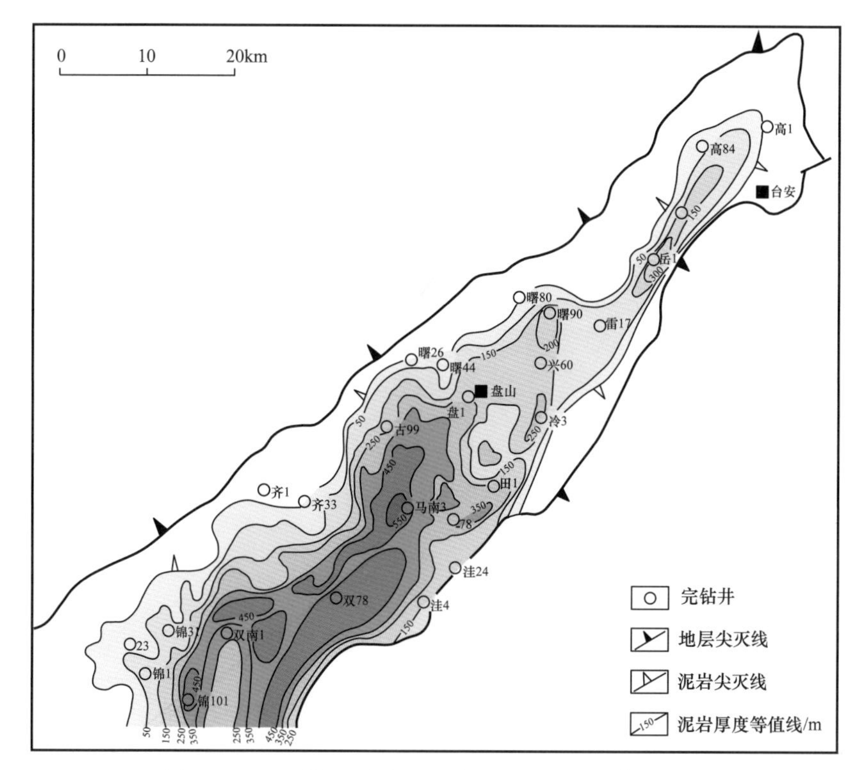

图 1–9–11　西部凹陷沙一段中亚段泥岩厚度等值线图

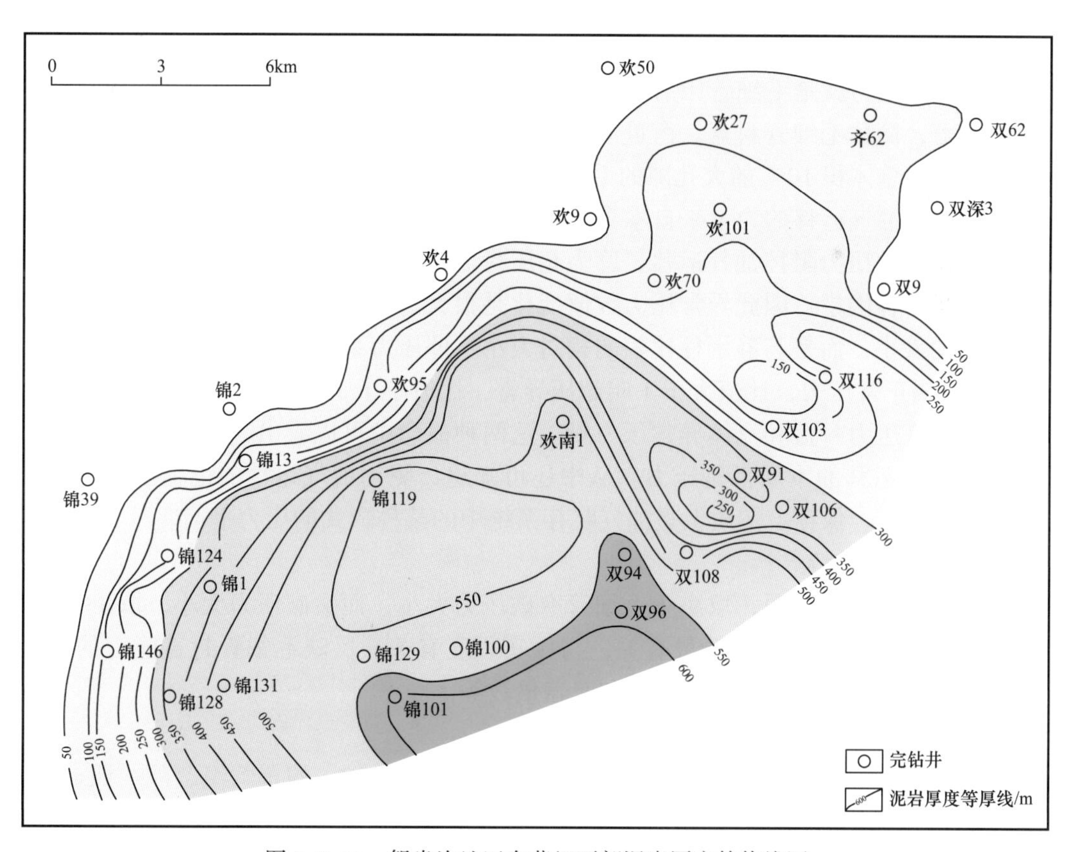

图 1–9–12　鸳鸯沟地区东营组下部泥岩厚度等值线图

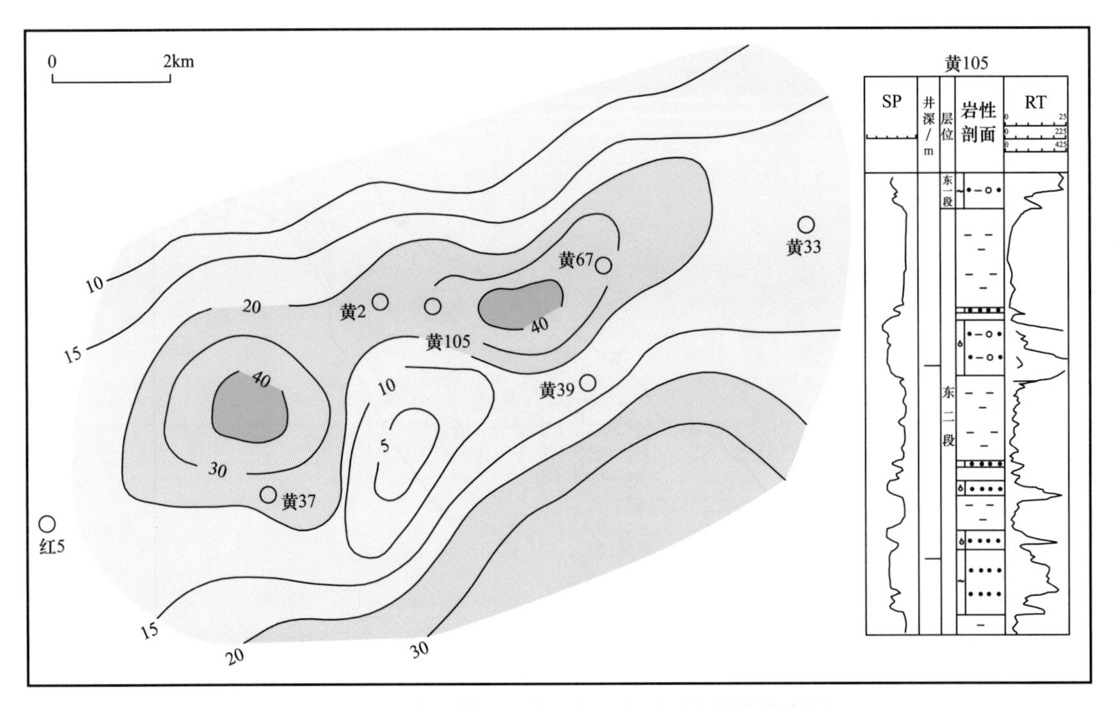

图 1-9-13　黄金带地区东二段“细脖子”泥岩分布图

2. 盖层封盖类型

辽河坳陷盖层的封盖类型可以分为两大类：一类为低孔渗岩石微小孔隙的毛细管作用力；另一类为孔隙流体（地层水）的压力。

毛细管作用力就是毛细管压力。孔隙越细小，毛细管压力越大。这种封盖叫作毛细管压力封盖，简称毛细管封盖。衡量毛细管压力大小的指标是其突破压力。突破压力是指占岩石孔隙总体积 10% 的大孔隙的毛细管压力。

流体阻挡油气运移的力量来自本身所具有的压力，欠压实泥岩中的水依靠其超过静水柱压力的异常压力阻挡油气运移，称为超压封盖，或叫异常流体压力封盖。地层超压大小取决于多种因素，因此异常压力数值变化是很大的。衡量异常压力的封盖能力并不是超压值的大小，而是与静水柱比较的相对大小，即压力系数的大小。压力系数理论上比值为 1，叫正常压力，比值大于 1 叫超压异常，比值小于 1 叫低压异常。

从毛细管压力封盖和流体异常压力封盖这两种概念中可以看出，无论固体或流体封盖，阻挡油气运移的本质都是压力。从中还可知道，驱动油气运移的也是压力。可见，油气运移、聚集、保存，实质上是油气赋存系统中的某种形式的压力平衡。

1）毛细管封盖特点

毛细管封盖能力强弱，取决于毛细管突破压力大小。而突破压力大小，取决于孔隙大小。孔隙大小又与泥岩含砂量有关，与压实程度有关。反映毛细管封盖能力的参数，除突破压力之外，还有封盖气柱高度和遮盖倍数等。

（1）毛细管突破压力。

西部凹陷泥岩盖层发育，系统采集了从井深 754～3722m 的东营组、沙一段、沙三段、沙四段各层位的样品，测试了突破压力、孔隙度、孔隙中值半径、封盖气柱高度、遮盖倍数等各项参数，基本上控制了全凹陷的变化。

测试结果表明，东营组突破压力平均值为1.78MPa，沙一段为2.58MPa，沙三段为3.31MPa，沙四段为3.42MPa。埋深1000m以浅，突破压力较低，1000m以深，基本压实，突破压力增大。随埋深加大，突破压力略有增高，但无线性关系。随层位变老，突破压力平均值增高，但各样品的高低变化也是很大的。

突破压力与岩性关系密切。泥质岩盖层可以分为三类，其突破压力有明显差别（图1-9-14）。

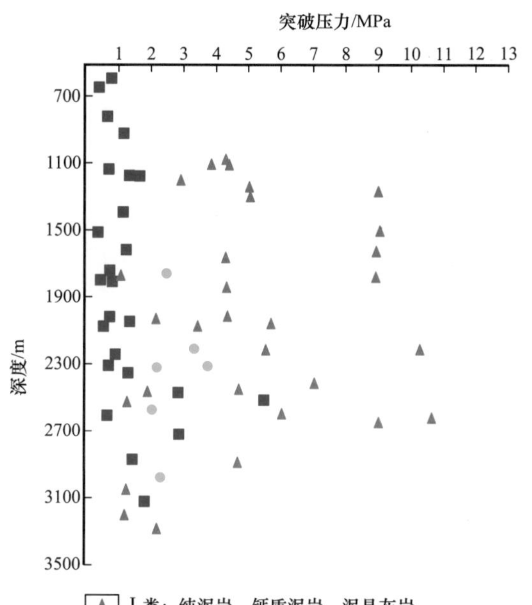

图1-9-14　西部凹陷不同类型泥质岩突破压力与埋深关系图

第一类，包括纯泥岩、钙质泥岩、泥灰岩，它们的含砂量小于10%，突破压力为1～11MPa，变化较大，但多数为4～10MPa。封盖能力最强。

第二类为纹层状钙质泥岩、含粉砂泥岩，突破压力为2～4MPa。突破压力偏低，与纹层的层面缝隙有关，实际封盖能力并不比第一类泥岩差，封盖能力较强。如曙2-9-004井在大套砂层中夹有2m厚的纹层状泥岩，就能封住一个气藏（图1-9-15）。

第三类为粉砂质泥岩、纹层状粉砂质泥岩，砂质含量10%～30%，中值半径大于10nm，孔隙较大。突破压力一般小于4MPa，个别可达5MPa。封盖能力弱。

（2）封盖气柱高度。

西部凹陷的泥岩盖层所具有的封盖气柱高度都比较大。对85块样品（其中沙三段31块，沙一段38块，东营组12块，沙四段和沙二段各2块）进行统计分析（图1-9-16），最小封盖气柱12m，最大封盖气柱高度1056m，平均288m。封盖气柱高度大于120m的样品占73%，其中沙三段大于120m的占68%，沙一段占76%，东营组占58%。

随机抽样提取107个实际气藏做统计分析，平均气藏高度为41.5m，最大235m，最小2.5m。小于100m的占94%，其中小于35m的占52%，35～100m的占42%，大于100m的仅6个，不到6%，可见半数以上的气藏高度小于35m。

泥岩的平均封盖气柱高度（280m）是平均气藏高度（41.5m）的6.9倍，说明古近系大部分泥岩作为直接盖层是合格的。

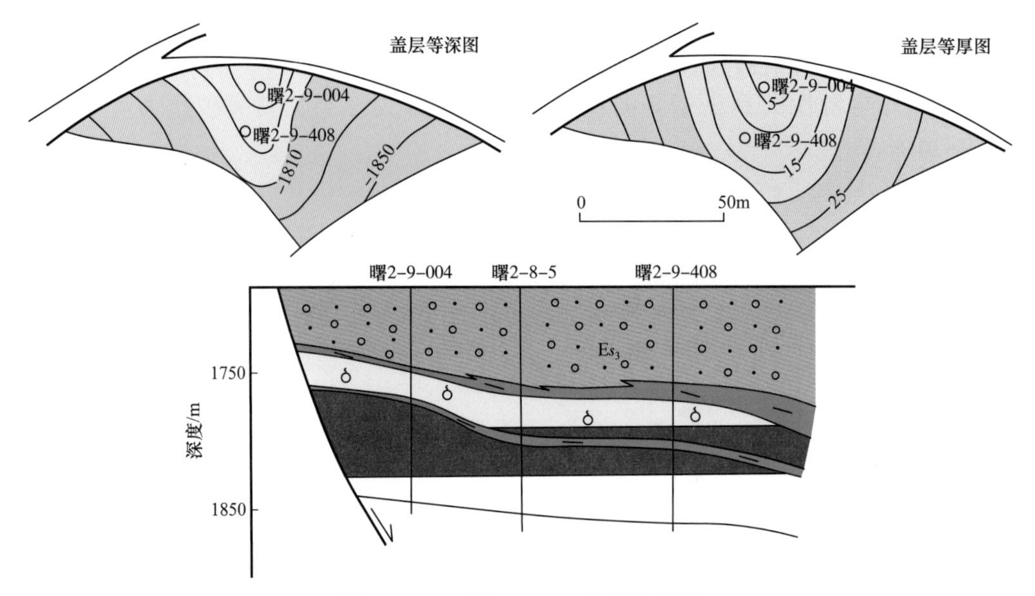

图 1-9-15　曙 2-9-004 气藏综合图

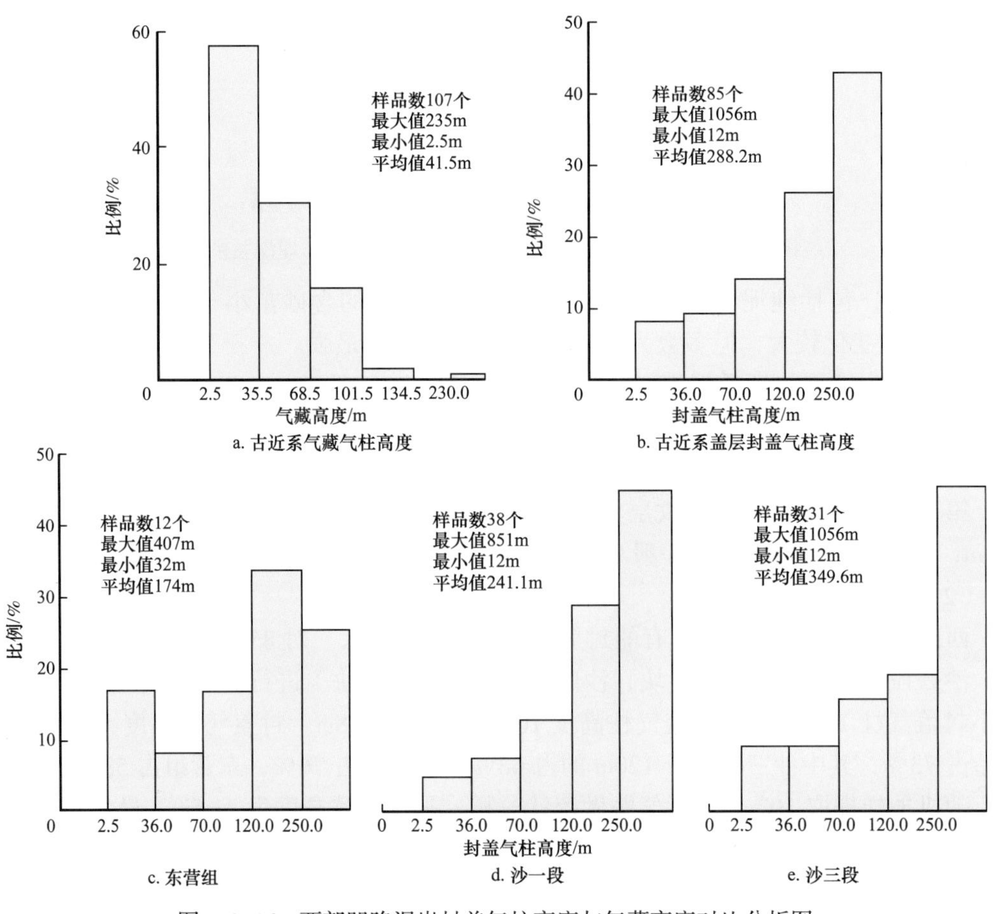

图 1-9-16　西部凹陷泥岩封盖气柱高度与气藏高度对比分析图

东部凹陷泥岩的质量与西部凹陷有明显的差别，表现在突破压力上，东营组平均为 1.57MPa，比西部凹陷（1.78MPa）略低；沙一段为 3.36MPa，明显高于西部凹陷（2.58MPa）；沙三段为 2.71MPa，明显低于西部凹陷（3.31MPa）。产生这种差别的主要原因是含砂量不同所致，含砂量高的泥岩微孔隙明显偏大（图 1–9–17）。

东部凹陷泥岩封盖层的封盖气柱高度为 20～900m，多数为 100～400m（图 1–9–18）。实际气柱高度一般为 20～50m，遮盖倍数为 8～10 倍。可见泥岩的毛细管封盖能力足以封住各类气藏，是良好的天然气盖层。

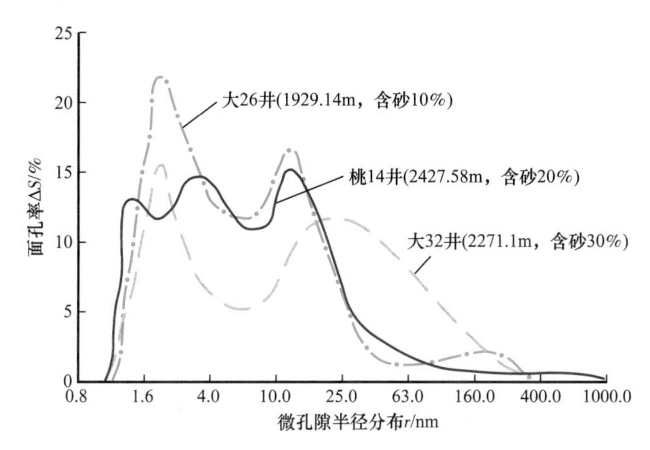

图 1–9–17　东部凹陷不同含砂量泥岩盖层微孔隙结构分布图

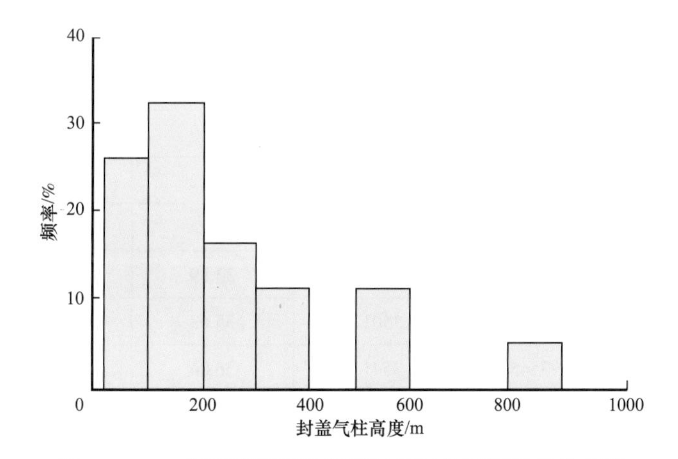

图 1–9–18　东部凹陷泥岩盖层封盖气柱高度频率分布图

2）地层流体压力封盖层特点

研究表明，厚层泥岩在脱水时，顶底面附近向储层排水快，较早压实，而且靠近储层容易产生成岩矿物堵塞孔隙，这样就导致中间部位的泥岩排水不畅，形成欠压实带。上覆岩层的一部分负荷加到欠压实带中的孔隙水上，导致孔隙流体产生大于静水柱压力的超压异常。产生超压异常的泥岩厚度一般超过 30m。辽河坳陷的厚层泥岩较发育，同样也存在大量的超压异常。这种超压异常是封盖油气藏的理想条件。以西部凹陷为例，简要介绍地层流体超压封盖的基本特点。

（1）超压体系的特点。

钻井、试油及开发过程中发现普遍存在地层流体超压，压力系数 1.20～1.25，最高

1.29。采用以声波时差计算法为主，用试井资料进行校正的方法，对西部凹陷的地层流体超压进行了系统的计算。

表 1–9–2 是声波时差计算地层压力与实测值的比较，完全可以达到研究的精度要求。28 个点的均方差为 3.32%，最大偏差值为 7.47%，最小偏差值为 0.22%。

表 1–9–2　地层流体压力计算值与实测值对比表

井号	井段 /m	实测压力		计算压力	
		中深 /m	压力值 /MPa	深度 /m	压力值 /MPa
兴 4	1735.6～1766.4	1751.0	16.76	1749	16.39
	1984.0～2009.6	1996.8	21.24	1978	21.55
洼 16	2344.1～2349.1	2346.6	23.05	2336	24.44
	2222.0～2254.0	2238.0	22.10	2226	21.95
马 70	3025.2～3045.6	3035.4	30.66	3061	32.79
齐 62	3388.2～3705.0	3546.6	35.92	3553	36.87
欢气 1	1395.0～1442.0	1418.5	14.29	1423	15.69
欢 2–6–26	3106.8～3132.8	3119.8	36.12	3094	37.01
双 62	2432.0～2438.0	2435.0	23.92	2430	24.44
清 4	3631.2～3640.8	3636.0	43.90	3673	44.23
齐 40	853.0～894.8	862.8	8.26	880	8.92
齐 108	1085.9～1108.0	1096.0	10.09	1113	9.93
	1225.5～1247.9	1236.7	12.10	1241	13.78
	1354.3～1362.1	1358.2	13.22	1363	14.03
锦 129	3270.2～3320.9	3295.6	32.22	3309	32.08
锦 117	3425.0～3454.0	3439.9	33.89	3445	35.27
	3499.0～3504.4	3501.7	35.63	3493	36.36
	3539.6～3545.5	3541.5	36.04	3541	40.87
	3589.4～3603.2	3596.3	35.81	3586	39.33
双 76	1958.4～1966.0	1962.2	18.01	1981	20.92
	2880.8～3123.0	2889.3	30.25	2904	28.25
双 92	3377.4～3448.0	3412.7	33.38	3410	34.90
双 118	3437.0～3526.0	3481.0	34.59	3480	35.46
双 108	3483.0～3530.8	3506.9	34.98	3506	35.75
双 82	2857.8～2870.2	2864.0	31.09	2855	29.01
双 90	3136.0～3205.6	3170.8	32.61	3135	34.40
双 6	2499.4～2528.0	2513.7	25.03	2514	22.68
兴 92	2016.8～2051.4	2034.1	24.67	2009	24.13

根据西部凹陷地层水矿化度低的特点和试油资料的精度情况，把地层压力系数0.90～1.10定为正常压力，超过1.10作为超压异常。计算结果表明，西部凹陷在埋深1200～3400m范围内普遍存在超压现象。泥岩中的压力系数一般为1.40～1.80，最高1.90。实测砂岩和油气层中的压力系数为1.05～1.25，超压层压力系数为1.10～1.25，最高可达1.29。这些资料充分证明西部凹陷存在超压异常。同时也说明超压异常并不高，属于低压差的超压异常。超压体系发育于1200～3400m，可以分为上下两层（图1-9-19、图1-9-20）。

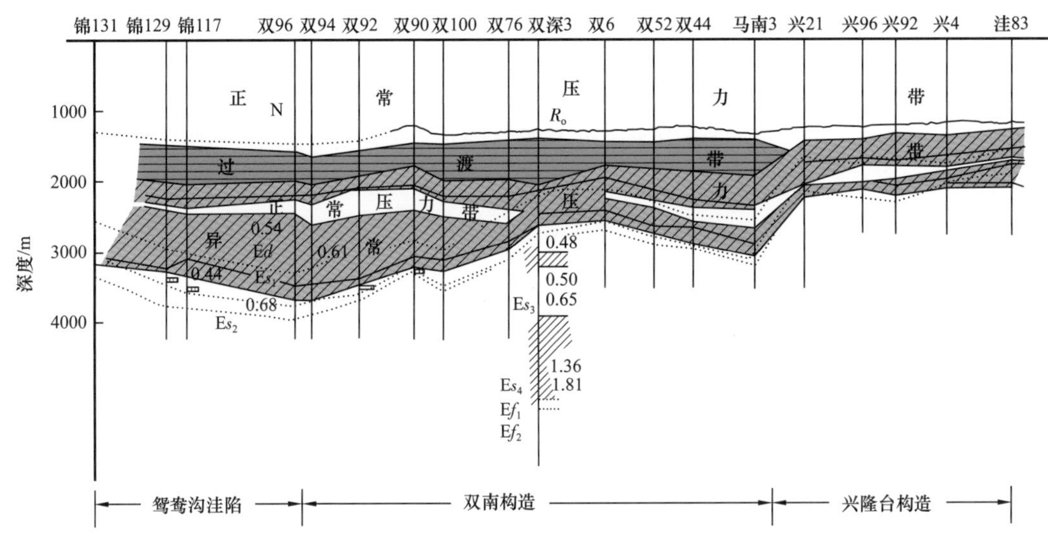

图1-9-19　西部凹陷泥岩流体超压体系SW—NE向变化图

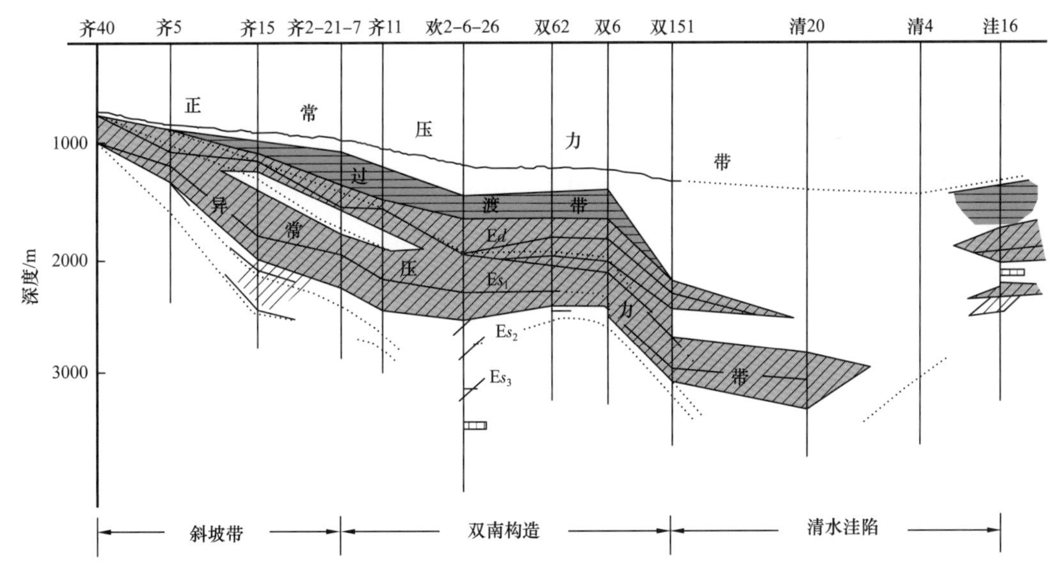

图1-9-20　西部凹陷泥岩流体超压体系NW—SE向变化图

上层超压体系具有三层结构：顶部为超压过渡带，中部是主超压带，下部是降压带，局部保留超压，部分已恢复正常压力。上超压体系中的砂岩渗透率很高，兴隆台地区在埋深1600～2100m地带，砂岩渗透率为500～4000mD。双台子、鸳鸯沟地区在

1300～2500m 地带，砂岩渗透率为 500～3000mD。这就表明上层超压体系的形成并不是砂岩泄流不畅，而是由于泥岩流体压力大幅度升高造成的。

下层超压体系比较简单，属单层结构，底界起伏很大。下层超压体系中的砂岩渗透率显著降低，兴隆台地区位于 2100m 以下，双台子、鸳鸯沟地区位于 2500m 以下，砂岩渗透率普遍为 500mD。这表明下层超压体系的形成主要是砂岩孔隙被阻塞、泄流不畅造成的。

东部凹陷的泥岩盖层形成超压的条件不如西部凹陷好，主要是泥岩厚度较薄，大部分地区厚度小于 30m，不能形成超压。大于 30m 的厚层泥岩分布范围较小，只能形成局部超压层。

大民屯凹陷沙四段和沙三段下亚段为厚层泥岩，可以形成超压，因此泥丘发生于沙三段下亚段的泥岩中段；沙三段中亚段以上各层段几乎没有厚层泥岩，很少形成超压层。

（2）超压体系变化的控制因素。

西部凹陷超压体系变化的控制因素基本上为沉积、成岩和构造活动三种。

① 沉积对超压的控制作用。

沉积对超压体系的控制作用，主要表现在超压体系的分布和厚度变化受沉积控制，主要是受厚层泥岩分布范围的控制。超压体系在洼陷部位最厚达 2450m（图 1-9-19、图 1-9-20），在兴隆台、双台子背斜带厚度为 800～1200m，到欢喜岭、齐家、曙光、高升斜坡带厚度减薄到 500～600m。这些变化直接受厚层泥岩盖层分布所控制。

② 成岩作用对超压体系的控制作用。

成岩作用对超压体系的控制表现在超压体系与埋藏深度有关，超压体系穿越层位，其界面是个穿时面。超压体系顶面比较平坦，埋深约 1200m，这是进入超压的起点深度界面。

超压体系之所以能形成，关键在于成岩矿物堵塞了孔隙通道，造成泥岩排液不畅而变成欠压实泥岩。研究中还发现，除泥岩欠压实引起超压外，还发现泥岩中黏土矿物定向排列片理化，降低了颗粒支撑能力，是产生超压的一个重要原因。欠压实和片理化都是成岩作用过程中的产物，与埋深密切相关。由此可见，成岩作用是控制超压体系形成的关键因素。

③ 构造作用对超压体系的控制作用。

从超压体系的形态变化可以看到明显的构造控制作用。超压体系顶面埋深一般为 1200m，到斜坡部位向上抬升到 800m，到洼陷中则下陷到 1400m 左右（图 1-9-20）。顶面这种抬升和下降恰好与晚期的构造升降一致。超压体系本应随成岩作用调整在一定的深度范围内（成岩相带浮动现象），但是，由于晚期构造运动属于新构造运动，发生在第四纪，时间短促，还来不及调整就位，便成为现今看到的这种构造差异。在引起升降的断裂部位，超压体系往往出现突变现象，如兴隆台和马圈子之间的晚期断层引起超压体系突变（图 1-9-19）就是很好的实例。有的超压层在断层部位因压力释放而消失，这也是属于构造控制超压的一种现象。超压体系底面，在兴隆台、双台子、鸳鸯沟等地区形成背斜，构成了大型的闭合带，这与二级构造带一致。

可见，控制超压体系形态变化的三种因素中，沉积是基本因素，成岩是关键因素，构造是改造因素。

（3）超压体系的封盖能力。

超压体系的封盖能力主要表现在主封盖面的剩余压力大小上。

上层超压体系的主封盖面定为第一主封盖面。上层超压体系分为三层，第一主封盖面埋深约 2000m，大部分地区位于第二层中下部，在高部位移至第三层。第一主封盖面的平均剩余压力为 11.09MPa，在兴隆台和鸳鸯沟地区可高达 17.42 MPa。双台子地区 13.00 MPa，向斜坡方向在齐家、欢喜岭地区下降至 6.00 MPa（表 1–9–3、表 1–9–4）。

下层超压体系的主封盖面定为第二主封盖面，位于超压体系中下部，大致平行于体系的底面，起伏很大，随构造变化。平均剩余压力为 12.74MPa，双台子地区最高达 21.99MPa，兴隆台、清水、鸳鸯沟地区可达 15.00MPa 以上，向西斜坡方向下降至 2.20MPa 以致消失，至大洼断裂带附近的清 4 井也消失。

这些数据表明，超压体系具有很强的封盖能力。只要将超压体系封盖与毛细管封盖作一简单的对比（表 1–9–5），就不难看出，超压封盖是毛细管封盖能力的 3.4～7.2 倍。因此，得出了基本结论：西部凹陷最好的区域盖层是异常压力封盖层，毛细管封盖居第二位；同时第二主封盖面剩余压力比第一主封盖面略高，第二主封盖面是最重要的区域性封盖面。

表 1–9–3 西部凹陷纵向剖面第一主封盖面、第二主封盖面剩余压力数据表

井号		锦 131	锦 129	锦 117	双 96	双 94	双 92	双 90	双 100	双 76	双深 3
最大剩余压力/MPa	第一主封盖面		14.64	17.42	13.06	7.76	11.52	11.74	8.38	11.12	10.20
	第二主封盖面	10.52	10.56	14.64	21.99	17.22	17.24	19.82	21.56	15.95	16.46
井号		双 6	双 52	双 44	马南 3	兴 21	兴 96	兴 92	兴 4	兴 83	平均
最大剩余压力/MPa	第一主封盖面	13.32	9.74	12.94	13.54	17.21		8.12	14.89	9.88	12.06
	第二主封盖面	12.63	8.38	14.13	13.64	4.89	3.45	9.05	17.31	10.25	13.67

表 1–9–4 西部凹陷横向剖面第一主封盖面、第二主封盖面剩余压力数据表

井号		齐 40	齐 5	齐 15	齐 2–21–7	齐 11	欢 2–6–26	双 62	双 6	双 151
最大剩余压力/MPa	第一主封盖面	5.84	7.76	9.45	6.82	13.64	10.58	11.70	12.93	9.50
	第二主封盖面	2.15	9.27	5.83	10.55	11.54	21.64	14.68	12.63	12.65
井号		清 20	清 4	洼 16	平均					
最大剩余压力/MPa	第一主封盖面			9.01	9.72					
	第二主封盖面	15.56		9.08	11.42					

表 1-9-5　超压流体封盖与毛细管封盖能力对比表

超压流体剩余压力 /MPa			毛细管突破压力 /MPa		
	第一主封盖面	第二主封盖面	东营组	沙一段	沙三段
平均值	11.09	12.74	1.78	2.58	3.31
最大值	17.42	21.64	5.58	8.77	10.87
最小值	6.00	2.20	0.33	0.13	0.09
第一主封盖面与毛细管封盖能力比			6.2	4.3	3.4
第二主封盖面与毛细管封盖能力比			7.2	4.9	3.8

四、运移和聚集特征

天然气的运移与聚集是一个涉及面广、理论性强的地质问题，这里仅介绍辽河坳陷中天然气运移、聚集的简要特征。

1. 天然气运移的基本特征

1）短距离运移

从辽河坳陷三大凹陷发育史看，在漫长的地质历史中三大凹陷基本上是处于分隔状态，只是在局部地段有短暂沟通。这就导致不同凹陷在物源、沉积环境、母质类型、油气性质、富集程度等方面具有明显差异，这种差异说明在坳陷内，凹陷是独立的油气单元，古近系油气是在凹陷范围内生成、运移和聚集的。由于凹陷小，即使是狭长形的东部、西部凹陷亦都有多个生气中心，而且各套气源岩都有大面积分布，这就决定绝大多数油气具有就地聚集或短距离运移特点。

2）纵向运移比横向运移更活跃

（1）从天然气原始组分的分布特征来看，天然气的原始组分构成既受热演化程度控制，又受运移控制。天然气在运移过程中，由于甲烷分子最小，活动性大，乙烷以上的重烃组分、其活动性相对小或被岩层吸附，总的趋势是随着运移甲烷富集。辽河坳陷大部分含油气区都有随层位由老到新，甲烷含量逐渐增高、重烃含量相对降低的分布特点。特别是晚期断裂活动强烈，具有多套含油气层的构造或地区，这一变化规律尤为明显（表 1-9-6）；少数地区天然气组分变化较复杂，垂向变化规律不很明显，如曙光、牛居地区等。

这种天然气组分分布特点，部分与热演化程度有关，但大量的天然气甲烷碳同位素分析表明，组分构成的变化规律更主要的是受控于天然气的纵向运移。

另外，在同一构造带的不同构造部位（断块），一般从低部位（或低断块）至高部位（或高断块），甲烷含量明显增高，重烃含量相对降低，如兴隆台油田沙一段和曙四区沙四段（杜家台油层）溶解气就是明显的例子（表 1-9-7）。

（2）按徐永昌等（1979）提出的天然气甲烷碳同位素组成与母质成熟度（R_o）的关系模式，利用甲烷碳同位素分析数据，计算辽河坳陷生气母质的 R_o 值，再按不同凹陷各自建立的 R_o 与埋深的关系公式，计算相应气源岩的埋深，其结果见表 1-9-8。

表 1-9-6　不同层位天然气组分分布表

构造单元	油气田	气层气组分							油层溶解气组分						
		层位	密度 / g/cm^3	CH_4/%	C_{2+}/%	CO_2/%	N_2/%	样品数 / 个	层位	密度 / g/cm^3	CH_4/%	C_{2+}/%	CO_2/%	N_2/%	样品数 / 个
西部凹陷	兴隆台	E*d*	0.5758	96.69	1.65	0.09	1.57	7	E*d*	0.5321	95.58	3.48	0.02	0.94	3
		$Es_1^{中、上}$	0.5912	95.10	3.61	0.16	1.13	12	$Es_1^{中上}$	0.6114	93.13	6.23	0.02	0.51	16
		$Es_1^{下}$	0.5895	94.80	3.63	0.14	1.35	11	$Es_1^{下}$	0.6203	92.28	6.55	0.04	0.71	3
		Es_{3+4}	0.6580	87.15	12.50	0.23	0.06	4							
	欢喜岭	$Es_1^{中}$	0.5735	96.86	2.07	0.50	0.58	4	$Es_1^{下}$	0.5993	92.74	1.34	0.56	2.36	3
		$Es_1^{下}$ Es_2	0.6275	91.88	6.42	0.93	0.77	4	Es_2	0.7094	82.70	15.35	0.72	1.31	15
		Es_3	0.6463	85.72	10.80	1.04	1.37	7	$Es_1^{中上}$	0.7194	79.52	1.00	0.49	1.28	16
		Es_4	0.6836	81.47	15.10	1.09	2.27	5	$Es_3^{下}$	0.7460	77.70	20.10	0.65	1.57	25
		Ar	0.6739	82.54	15.30	0.36	1.46	3							
东部凹陷	黄金带	E*d*	0.6212	90.24	9.59	0.08	0.27	4	$Es_1^{上}$	0.7400	80.09	19.25	0	0.08	2
		$Es_1^{下}$	0.6689	85.69	13.50	0	0.76	4	$Es_1^{中}$	0.7319	78.06	21.50	0.07	0.31	8
		$Es_1^{中、下}$	0.7365	79.13	20.40	0.00	0.47	10	$Es_1^{下}$	0.7597	76.51	23.32	0.04	0.20	4

表 1-9-7　兴隆台油田沙一段溶解气 CH_4 及同系物比值分布表

断块区（断块）	平均油层中深 /m	CH_4/%	CH_4/ C_{2+}	iC_4H_{10}/nC_4H_{10}	密度 /（g/cm^3）
马 70	3105.2	75.29	3.47	0.46	0.75
马 19	2806.9	79.24	4.24	0.47	0.76
马 7	2248.9	83.03	7.52	0.70	0.69
兴 42	2079.1	91.50	14.67	5.60	0.63
兴 209	1790.7	92.78	16.33	7.93	0.62
兴 58	1992.4	95.98	32.78	13.04	0.60

从表 1-9-8 中看出，东营组天然气产层一般在 1500～1900m，而烃源岩深度多数大于 3150m，除马 1021 井是本层段形成的低熟气外，其他均是来自下伏的沙一段至沙三段气源；沙一、沙二段的天然气大多数产层与烃源岩埋深接近，主要是早期形成的生物气，生物—热催化过渡带气和原油伴生气具有自生自储的特点，少数井的天然气则是来自沙三段；沙三、沙四段（含古潜山）尽管亦有纵向运移，但仍是在本层段范围，均属自生自储或新生古储性质。这一结论与以往采用正烷烃、原油中的藻类、孢粉、生物标记化合物等方法进行油源对比所得结论是完全一致的。

据统计，辽河坳陷已探明天然气地质储量中，次生气的地质储量约占 60%，而在区域盖层较差的地区，如大民屯凹陷几乎 100% 是次生气。可见，纵向运移的活跃正是辽河坳陷天然气运移的重要特点之一。

2. *超压封盖层在运聚中的控制作用*

两套超压封盖层对油气的宏观分布有重要的控制作用。封盖层形成的阶段不同，对油气分布的影响有很大差异。总的来说，辽河坳陷（主要指西部凹陷）超压体系在两个阶段的变化，对油气运聚有重大影响。一个阶段是古近纪末期，另一个阶段是新近纪末期（相当于现今的超压体系）。

古近纪末期下超压体系就已经形成，主要分布在鸳鸯沟、清水、盘山洼陷区域，向周边可延伸到双台子、马圈子地区以及齐家、欢喜岭的局部地区，埋深 1100～2000m，厚度 100～200m。

新近纪末期，下超压体系进一步发育，同时形成了上超压体系。下超压体系增厚，范围扩大，覆盖了兴隆台地区、盘山洼陷，向斜坡上扩展到曙光下台阶、齐家、欢喜岭西侧。上封盖体系的分布范围比下封盖体系更广阔，盘山、清水、鸳鸯沟洼陷区均被上封盖体系覆盖，向北延伸到高升鼻状构造、牛心坨洼陷区，向西扩展到曙光下台阶、齐家、欢喜岭、斜坡带下侧。两套封盖层合起来分布深度为 1200～3400m，厚度可达 500～2200m。

两套超压封盖发育演化的差异性，对油气聚集具有明显的控制作用，具体如下。

双台子、鸳鸯沟地区，两套封盖层都发育得早而且完整，油气受双重封盖，难于发生垂向运移，因此大多数油气藏都位于下封盖层之下，少部分位于两个封盖层之间，浅层次生油气藏不太发育。

表 1-9-8　根据天然气 $\delta^{13}C_1$ 推算烃源岩埋深表

层位	井号	井深 /m	$\delta^{13}C_1$/（‰，PDB）	计算烃源岩深度 /m
东营组	马 1021	1580.0～1928.0	−48.21	2100
	双 76	1758.0～1966.0	−46.22	2600
	兴气 1	1528.0～1577.0	−44.01	3250
	黄 105	1703.0～1804.0	−43.78	3100
	牛 13	1793.0～1827.0	−43.54	3200
	荣 6	1536.0～1593.0	−38.40	4450
	红 8−12	1737.2～1761.0	−36.33	4950
沙一段—沙二段	辽 12	1579.0～1591.0	−60.65	＜1000
	欧 8	1529.6～1556.4	−56.00	＜1000
	于 34	2277.4～2485.8	−51.40	1200
	黄 11−10	1947.0～2064.0	−46.42	2450
	黄 3	2195.0～2241.0	−46.29	2500
	兴 216	1756.0～1795.0	−42.67	3600
	双 32−22	2390.0～2396.0	−37.76	4950
沙三段	高气 1	1414.0～1436.0	−45.34	2250
	沈 19	1873.4～2037.8	−45.16	2250
	沈 12	1898.0～2018.0	−44.12	2500
	双 3	2786.0～2860.0	−40.47	4200
	欧 6	2260.0～2267.6	−39.90	4400
	齐 62	3398.0～3702.0	−37.97	4900
沙四段及潜山	曙 4−8−018	1370.0～1385.6	−47.25	2350
	曙 1−33−24	1508.0～1547.0	−46.76	2400
	齐 2−20−8	2532.0～2590.0	−39.60	4450
	兴 68	2468.0～2718.0	−37.20	5100
	兴 213	2196.0～2236.0	−36.34	5300

计算公式：（1）$\delta^{13}C_1=14.8\ln R_o-41$

（2）西部凹陷：$h=4100.043\ln R_o+4074.125$

（3）东部凹陷：$h=3652.735\ln R_o+3807.47$

（4）大民屯凹陷：$h=3447.045\ln R_o+3281.807$

兴隆台地区，下封盖层发育较晚，油气垂向运移活跃，浅层次生油气藏发育。在新近纪生烃高峰期之时，形成了上封盖层，阻止了油气向上运移，因此，大多数油气藏位于两个封盖层之间，下封盖层之下的油气藏相对较少。

高升油田没有形成下封盖层，早期轻质组分散失油质变稠，晚期才形成了上封盖层，后来的轻质组分得到保存，因此稠油藏具有大气顶，在稠油藏的下部靠近盘山洼陷油源方向的雷家一侧，后续运移到的油气形成了稀油藏。

斜坡带边缘，两套超压封盖层都未到达此地，具毛细管封盖能力的泥岩盖层也很少，因此只有稠油油藏，缺乏天然气藏。

位于斜坡与洼陷之间的曙光、齐家、欢喜岭地区，超压封盖层不稳定，厚度变化大，断裂发育，因此，油气藏小而分散。但是这些地区翘倾断块发育圈闭类型多，油气源充足，累计储量却比较丰富。

冷家堡、大洼、海外河地区，同属台安—大洼断裂带，超压封盖层发育有很大差别。冷家堡下封盖层不发育，早期油气变成稠油。当晚期发生右行平移形成逆冲断层之后，下盘油藏大量运移到上盘，更增加了稠油储量。大洼、海外河地区，发育上下两套封盖层，将油气保存在深部成为稀油。当晚期的平移断裂发生时，油气从深部运移到浅部。这样，大洼、海外河地区就以稀油为主，稠油也有分布，仅在大断裂通道附近。

第二节　天然气成因类型

天然气的生成过程在自然界十分普遍，成因类型多样。天然气在生成后的运聚过程中又经历着复杂的途径，而且，不同成因的天然气，往往混合聚集，以气体混合物形式存在于某一地质体中（张义纲，1991），这就导致天然气成因分类具有难度和复杂性。

一、天然气组分及同位素组成特征

1. 天然气组分组成特征

辽河坳陷1600多口井的天然气组分分析表明，已发现的天然气主要为富烃、贫H_2S、少N_2和CO_2的烃类天然气，含有微量有机汞及He、Ar等稀有气体组分。

烃类天然气中主要为甲烷，其含量随烃源岩所处热演化阶段、气藏埋深、储气层时代和运移距离等因素而变化，总的来看，未成熟或过成熟阶段形成的气，甲烷含量高；处于低熟到高熟阶段形成的气甲烷含量相对较高，而且随成熟度提高，甲烷含量相应降低。而运移气在运移过程中，由于甲烷分子量小、更活跃，重烃组分易被吸附，运移距离越长，甲烷越富集。例如浅层气（埋深小于1500m），它们多属未成熟的生物气、热催化过渡带气或来自深部的次生气，其甲烷含量大于95%，最高达100%，重烃含量一般小于5%，并随分子量的增加而减少；处于中深层的原油、凝析油伴生气，一般处于低—中—高成熟阶段，甲烷含量70%～95%，重烃含量一般大于5%，最高达41.2%；古潜山气藏中甲烷含量70%～90%，重烃含量较高，与古近系原油伴生气有相似的组成特征，反映它们之间有相近的母质来源。

此外，伴生气的烃类组成与原油性质有关，如大民屯凹陷高凝油、低凝油伴生气甲烷含量多数大于95%，C_{2+}含量小于5%；而稀油伴生气甲烷含量一般小于90%，C_{2+}含量大于10%（表1-9-9）。

表 1-9-9 大民屯凹陷沙三段不同气藏油气性质表

类型		井号	埋深 /m	原油性质		天然气性质						
				密度 /（g/cm^3）	凝固点 /℃	相对密度	CH_4/%	C_{2+}/%	CO_2/%	N_2/%	干燥系数	iC_4/nC_4
溶解气	高凝油	安 9	1727	0.9025	42	0.5851	93.43	1.20	0.15	5.21	78.0	0.12
		安 12	1743	0.8453	48	0.5638	99.27	0.51	0.15	0.08	195.0	1.50
		静 65-23	1810	0.8506	51	0.5859	96.45	2.80	0.19	0.57	34.0	0.58
		静 64-30	2003	0.8448	46	0.5880	94.50	3.33	0.21	1.86	28.0	2.28
		静 62-14	1775	0.8524	45	0.5707	97.55	1.22	0.43	0.80	80.0	
	低凝油	胜 15	1642	0.9467	-23	0.5994	94.06	3.80	1.44	0.69	25.0	2.50
		静 101	1527	0.9435	0，未凝	0.5672	97.70	0.98	0.45	0.82	99.7	
		安 12	1364	0.9570	-20	0.5642	98.45	1.70	0.41	0.17	98.0	
		静 67-31	1451	0.9520	-1，未凝	0.5657	98.41	0.84	0.63	0.13	117.0	
	稀油	法 1	2226	0.8356	24	0.7948	71.12	26.00	0	0.23	2.7	0.25
		哈 1	2404	0.8263	25	0.6810	81.25	14.25	0.51	3.87	5.7	0.85
		沈 30	2590	0.8032	26	0.7027	77.67	21.70	0	0.40	3.6	0.80
		沈 142	2522	0.8429	26	0.7890	52.12	46.79	0	1.08	1.1	0.60
		沈 12	2958	0.8531	30	0.6745	88.40	10.31	0	1.23	8.6	0.45
		沈 19	1939	0.8246	22	0.6270	89.47	10.02	0	0.47	8.9	0.73
生物气		岗 7	1460				98.06	0.84	0.15	0.95		
		沈 16	1450			0.5704	97.31	1.40	0.28	1.00	70.0	0.13
		沈 65	1451	0.8470	27	0.5758	96.75	1.80	0.35	1.12	54.0	0.15
次生气		安 12	1558	0.9154	39	0.5598	98.97	0.63	0.23	0.24	157.0	
		安浅 12	1456	0.8869	41	0.5588	99.25	0.29	0.23	0.23	342.0	
		安 76	1099	0.8905	44	0.5767	95.22	0	0.47	4.31		
		安 63	1220			0.5612	98.65	1.61	0.10	0.64	152.0	

CO_2 含量一般很低，古近系和新近系气藏一般低于 2%，绝大部分低于 1%，中生界或花岗岩潜山气藏中 CO_2 含量均低，但在石灰岩潜山中 CO_2 含量可能在 3% 以上，这可能与围岩性质有关。

N_2 含量变化幅度较大，古近系气藏中一般低于 3%，而中生界气藏可达 18.4%。

He、Ar 惰性气体在辽河坳陷天然气中含量一般较低。He 含量在古近系和新近系气藏中为 0～176mg/L；在中生界较高，界 3 井为 987mg/L，接近工业开采标准（1000mg/L）。而在一些火山活动强烈、深大断裂发育区，如边台、兴隆台、三界泡等地 He 含量相对较高；Ar 的含量在 0.033%～0.282% 之间，最高达 0.799%，其中 23 口井 Ar 含量大于 0.1%。

有机汞分布范围在古近系为 14.28～26.52μg/m³，在中生界（界 3 井）为 15.3μg/m³。一般认为有机汞包括烷基汞、芳基汞和少量络合汞。实验证明：煤型气中有机质汞含量比油型气低，而吸附汞（游离汞）则比油型气高（陈践发等，2000）。

纵观整个坳陷天然气的组分特征，古近系高烃类丰度、干燥系数和低 CO_2、N_2、H_2S 和 He 丰度，反映了年轻沉积盆地的油气演化特征。

2. 天然气稳定碳、氢同位素组成特征

1）天然气烃类组成与甲烷碳同位素分布的相关特征

图 1-9-21 是天然气甲烷碳同位素（$\delta^{13}C_1$）和甲烷与总烃比值［$C_1/\Sigma(C_1—C_5)$］关系图，从图 1-9-21 坳陷的天然气划分出几个不同的类型。

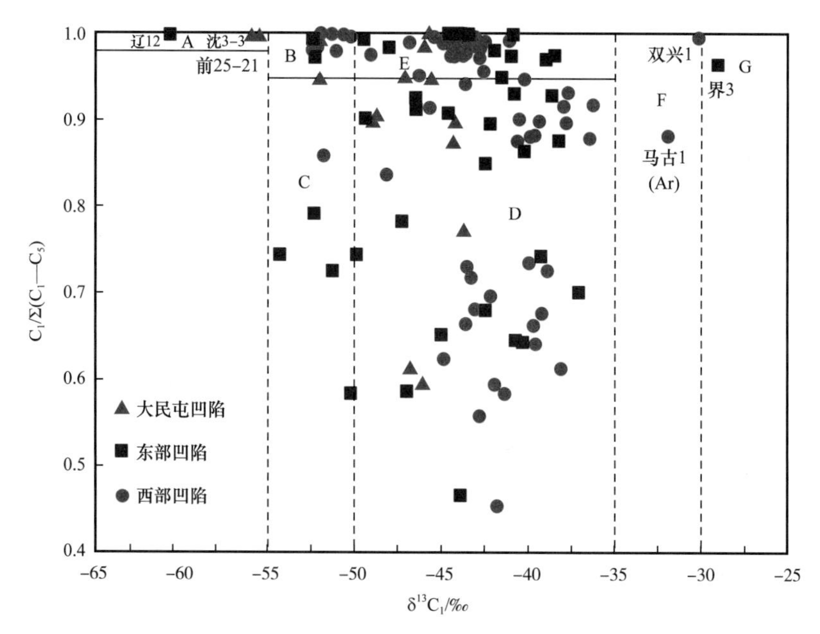

图 1-9-21　$\delta^{13}C_1$ 与 $C_1/\Sigma(C_1—C_5)$ 关系图

A 型：其特点是气体组分偏干，甲烷碳同位素偏轻。欧 8 井、辽 12 井属这种类型，辽 12 井产层为 Es_1，埋深 1580～1590m，$C_1/\Sigma(C_1—C_5)$ 为 0.997，$\delta^{13}C_1$ 为 -60.7‰，反映了生物成因气的特点（戴金星，1992）。

B 型：其特点是气体组成偏干，$C_1/\Sigma(C_1—C_5)$ 大于 0.95，乙烷以上的重烃组分（C_{2+}）含量在 0.3%～5.5% 之间，甲烷碳同位素偏轻，但比 A 型略重。这类气体在辽河坳陷三个凹陷中均有分布。例如，西部凹陷的新马 215 井、欢 2–9–21 井，东部凹陷的热 36 井、辽 6 井，大民屯凹陷的岗 7 井、沈 65 井等。该类型气是烃源岩处于特定演化阶段—未成熟热演化阶段的产物，是介于生物气与热解气之间的成因类型。

C 型：其特点是甲烷碳同位素较轻，在 –55‰～–49‰之间，乙烷以上的重烃组分（C_{2+}）含量相对较高。这种类型气主要分布在东部凹陷的热台河、于楼、黄金带地区和茨榆坨地区，如热 8 井（$Es_3^{中}$）、于 8 井（$Es_3^{中}$）、于 34 井（$Es_1^{中}$）、黄 34 井（$Es_1^{下}$）、茨 38–198 井（Es_3）等井，它们的共同特点是 $\delta^{13}C_1$ 与 B 型气近似，表明两者成熟度相近，而重烃含量稍高，又与热解气相似，可能是成熟的热解气与 B 型气的混合类型。

D 型：其特点是甲烷碳同位素在 –50‰～–35‰之间，气体组分偏湿，乙烷以上重烃组分含量变化范围较大，C_1/Σ（C_1—C_5）比值在 0.45～0.95 之间，从图 1–9–21 中看出，这类天然气有随重烃含量增加，甲烷碳同位素组成变重的趋势。这是烃源岩处于低—高成熟演化阶段的产物，是与原油、凝析油伴生的天然气类型（又称热解气）。

E 型：其特点是天然气组分较干，C_1/Σ（C_1—C_5）比值在 0.8～1.0 之间，而甲烷碳同位素分布特点与 D 型相同，$\delta^{13}C_1$ 为 –50‰～–35‰，表明它们是相同成熟阶段的产物，只是由于在运移过程中，丢失了部分或大部分乙烷以上的重烃组分。使其组分比 D 型天然气更干。这类气即是通称的次生气（或称运移伴生气）。辽河坳陷内，多期强烈的断裂活动和多层次、大面积的储层广泛发育，导致天然气多次纵向或横向的运移、聚集，因此，E 型气是坳陷内常见的天然气类型。

F 型：其特点是天然气组分偏干，C_1/Σ（C_1—C_5）比值在 0.85～1.0 之间，甲烷碳同位素在 –30‰～–35‰之间，这是烃源岩处于高成熟—过成熟阶段的产物，具有裂解气的特征。

G 型：目前只有界 3 井一个样品，其主要特点是甲烷碳同位素比油型气重（$\delta^{13}C_1$ 为 –28.98‰），气体组分中氮含量高（18.4％）、氦含量富集（987×10^{-6}），具有煤型气的特点。虽只有一个点，但是它代表了一个重要类型。从同位素资料分析，该井 $^3He/^4He$ 为（5.46 ± 0.14）$\times10^{-6}$，比空气高出 39 倍，$^{40}Ar/^{36}Ar$ 为 2505，是空气中比值的 78 倍，表明具有深部来源的特征，即是说，有可能有幔源气的混入。

2）天然气甲烷碳、氢同位素组成特征

天然气烃类组分中的碳同位素组成，主要取决于母质类型和母质热演化程度，氢同位素组成则主要反映生气母质生成环境和热演化程度。

（1）甲烷 $\delta^{13}C_1$ 频率分布特征。

从图 1–9–22 可以看出，辽河坳陷的天然气主要为热解气（$\delta^{13}C_1$ 集中分布在 –50‰～–38‰之间），而生物—热解过渡气以及同位素组成与之相似的天然气亦有相当广泛的分布；目前仅在局部地区有生物气和煤型气。

（2）甲烷碳、氢同位素组成特征。

根据天然气的甲烷碳、氢同位素数据作相关关系图（图 1–9–23），可明显地把辽河坳陷的天然气划分成五种组合类型。

a 型：$\delta^{13}C_1$ 为 60.7‰，δD 为 –204‰，应为生物成因气。

b 型：$\delta^{13}C_1$ 在 –55‰～–49‰之间，δD 在 –275‰～–225‰之间，属于这一组成特征

的天然气包括上述的B型和C型，即生物—热解过渡气和混合气。在西部凹陷和大民屯凹陷主要为过渡气，而东部凹陷则部分为混合气。

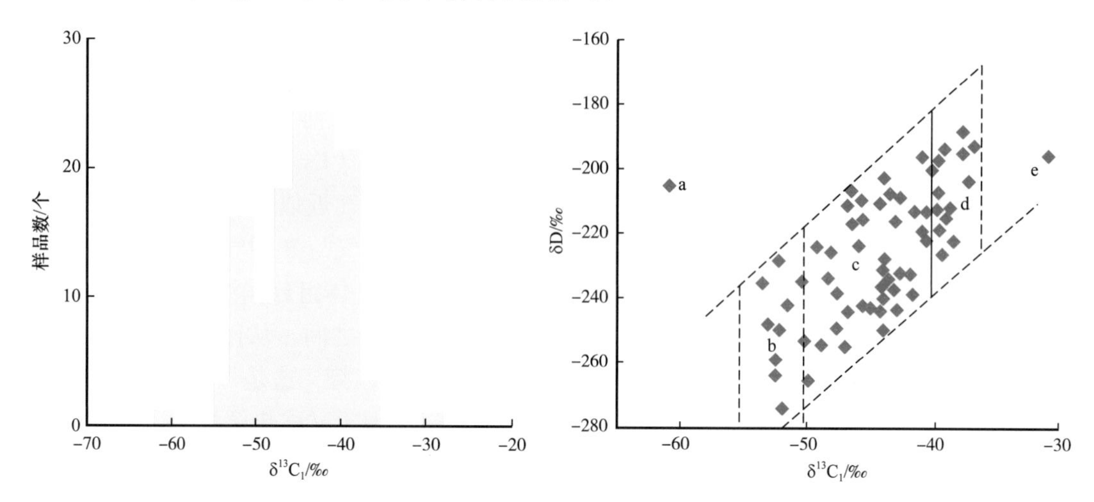

图1-9-22　天然气$\delta^{13}C_1$分布频率直方图

图1-9-23　辽河坳陷天然气$\delta^{13}C_1$与δD相关图

c型：$\delta^{13}C_1$在−50‰～−40‰之间，δD在−260‰～−200‰之间，该类型天然气是烃源岩在成熟演化阶段生成的产物，绝大部分与原油伴生并存，也有部分是经运移的次生气。即相当于上述的D型和E型。

d型：$\delta^{13}C_1$在−40‰～−35‰之间，δD在−235‰～−185‰之间，此类天然气的甲烷碳、氢同位素组成均偏重，分析其原因可能有两种：一是Ⅰ、Ⅱ型干酪根在高成熟热演化阶段的产物；二是由Ⅲ型干酪根所生成，成熟度不是很高。

具有这一同位素组成特征的天然气主要分布在西部凹陷（锦2-10-22井、兴213井、齐2-21-011井等）和东部凹陷（荣6井、欧6井、红5井等）。研究表明，西部凹陷的母质类型（沙河街组）是以Ⅰ～$Ⅱ_A$型干酪根为主，而东部凹陷的母质类型是以$Ⅱ_B$～Ⅲ型为主。由此可以认为西部凹陷属于这一类型的天然气是高成熟阶段的产物，是高成熟凝析油伴生气；而东部凹陷划入d型的天然气，主要是与母质类型有关，其成熟度不一定很高。

e型：$\delta^{13}C_1$为−29‰，δD为−194‰，从$\delta^{13}C_1$、δD值看，这类天然气是与Ⅲ型干酪根或煤有关的煤型气。

3. 非烃和稀有气体组分及同位素特征

在辽河坳陷的天然气组分中，含有一定量的非烃气（CO_2、N_2、H_2S）和稀有气体（He、Ar），虽然在整个组分中含量很低，但对研究天然气形成、演化、运移和保存有重要意义。

1）二氧化碳（CO_2）

CO_2的同位素测定，国内研究尚欠广泛，世界上CO_2同位素$\delta^{13}C_{CO_2}$值变化范围为−42‰～27‰，一般来说，有机成因的CO_2相对富含^{12}C，而无机成因的CO_2则富含^{13}C。据国内有关资料，我国生油岩中有机质（Ⅰ型、Ⅱ型干酪根）热解成因的$\delta^{13}C_{CO_2}$值在−24‰～−16.5‰之间，而煤层气（Ⅲ型干酪根）中的$\delta^{13}C_{CO_2}$为−24.9‰～−7.2‰，对辽河油田埋深小于2000m的四个浅层气样做同位素测定（表1-9-10）。

表 1-9-10　二氧化碳丰度及同位素统计表

井号	干燥系数	$\delta^{13}C_1$/‰	CO_2 含量 /%	$\delta^{13}C_{CO_2}$/‰	产层深度 /m
欢气 1（$Es_1^{中}$）	0.9988	−45.7	1.79	−9.93	1389.0～1395.0
双 76（Ed）	0.9929	−54.8	2.33	−18.73	1758.4～1966.0
兴气 3（Ed—Es_1）	0.9922	−44.6	2.28	−10.55	1505.0～1570.4
辽 12（$Es_1^{中}$）	0.9966	−62.7	1.97	−14.19	1579.2～1591.0

从表 1-9-10 可得以下结论。

（1）CO_2 含量较低，均在 2%左右。

（2）干燥系数高，反映浅层气的特点，结合 $\delta^{13}C_1$ 分析，辽 12 井是生物气，双 76 井属偏生物气的生物—热解过渡气，欢气 1 井、兴气 3 井是中深部位形成的热解气经运移而富集的次生气，基本包括了辽河坳陷浅层气的三大类型。

（3）$\delta^{13}C_{CO_2}$ 值比国内Ⅰ型、Ⅱ型有机质 CO_2 同位素偏重，基本上在煤型气的同位素分布范围，可能与东营组、沙一段、沙三段上亚段部分以偏腐殖的干酪根生气母质有关。

2）氮气（N_2）

辽河坳陷天然气中 N_2 含量略高于 CO_2，新生界气藏中一般小于 5%，大部分小于 3%，中生界较高，界 3 井达 18.4%，但只有 1 口井，代表性不强，古潜山气藏中由于围岩影响，一般 N_2 含量高于古近系。烃类气体中的 N_2 有多种来源，主要是有机成因，一般来说地层时代越老，气藏中 N_2 含量相对越高，在各种成因的天然气中，微生物成因气或石油伴生气 N_2 含量在 0.1%～3.35%之间，煤型气在 0.03%～13.44%（张子枢，1988）。

研究表明，$N_2/Ar_{空}$值可以判别天然气中 N_2 的来源，若 $N_2/Ar_{空}$大于 84，则可能有深源或其他来源的 N_2 混入。辽河坳陷天然气中 N_2 的含量一般较低，$N_2/Ar_{空}$值亦低，只有界 3 井、安 76 井 $N_2/Ar_{空}$大于 84，分别达到 1088 和 200，根据四川盆地天然气研究（徐永昌等，1979），可以认为界 3 井、安 76 井天然气中的 N_2 有可能有深源气体混入。兴 213 井 $N_2/Ar_{空}$值亦达到 80.48，也不能完全排除有深源气体加入的可能。

3）稀有气体

He、Ar 在地壳中通常以掺和物形式存在于烃类天然气中，其含量很少达到 1%，辽河坳陷天然气中 He、Ar 含量绝大多数很低（表 1-9-11）。

He、Ar 的同位素：$^3He/^4He$ 和 $^{40}Ar/^{36}Ar$ 值在不同地层中亦有区别，通过 32 个样品测定（表 1-9-11 中仅列一部分），新生界天然气中，$^3He/^4He$ 值为 2.78×10^{-7}～3.58×10^{-6}；$^{40}Ar/^{36}Ar$ 值为 310～808；中生界气藏中 $^3He/^4He$ 值为 5.46×10^{-6}，$^{40}Ar/^{36}Ar$ 值为 2585。

由于这两种气体的成因有放射性成因、宇宙成因，He 还有地幔成因，前两者成因是区域性的，而地幔成因的 He 则常是局部性的，只有通过深大断裂才能运移至上部地层，因此 He 含量局部富集，就可能意味着有幔源气的混入。界 3 井、安 76 井氦丰度相对较高，附近均有深大断裂存在，有可能是幔源气混入的结果。

表 1-9-11　辽河坳陷 CH_4、He、Ar 丰度及同位素数据表

编号	井号	层位	层段 /m	$\delta^{13}C_1$/‰	He/10^{-6}	$^3He/^4He$/10^{-7}	^{40}Ar	$^{40}Ar/^{36}Ar$	CH_4/%
01	热 38	Es_2下	1721～1764	-53.28	63.8	12.40	964	371	98.51
02	曙 4-8-3	Es_4	1016～1081	-52.38	7.0	4.50	747	342	97.28
03	新马 215	Es_1中	2410～2421	-52.09	34.6	2.73	641	239	97.71
04	界 3	J_3	2009～2046	-28.98	987.5	54.60	1432	2585	78.56
05	兴 213	Es_4	2196～2236	-36.37	63.8	14.70	725	1047	90.46
06	沈 12	Es_3下	1898～2018	-41.21	15.0	1.96	695	741	88.40
07	齐 2-20-8	Ar	2532～2590	-39.60	7.2	6.04	673	375	87.62
08	安 76	Es_3	1028～1128	-45.69	176.3	8.08	273	390	95.22
09	荣 6	Ed	1536～1583	-33.40	7.0	2.48	790	808	96.67
10	高气 1	Es_3下	1414～1436	-45.34	9.1	9.67	979	310	98.87

二、天然气成因类型划分

辽河坳陷基底埋藏较深，有较大体积的气源岩处于过成熟演化阶段，构成了辽河坳陷从未成熟至过成熟的完整演化系列，不同演化阶段，有不同类型的天然气形成。按有机质演化程度可分为四种成因类型。

1. 生物气

生物气是生物化学作用的产物，甲烷含量多数在 98% 以上，重烃含量在 0.01%～0.1%之间，$\delta^{13}C_1$ 值为 -100‰～-55‰，多数为 -80‰～-60‰，稀有气体同位素组成等于或接近大气值，埋藏浅，辽河坳陷生物气 $\delta^{13}C_1$ 为 -61‰～-56‰（图 1-9-21 中 A 型），产层埋深为 1500m 左右，以辽 12 井为代表。

2. 生物—热催化过渡带气

简称过渡带气，形成于生物化学作用基本结束，至热降解成熟作用阶段的过渡层段。具有生物气与成熟热解气之间的过渡特征。$\delta^{13}C_1$ 值为 -55‰～-50‰之间（图 1-9-21 中 B 型），在辽河坳陷有广泛的分布，以东部凹陷最为丰富。R_o 值为 0.25%～0.6%，埋深在 1500～2800m，如东部凹陷的热 36 井、辽 6 井，西部凹陷的新马 215 井、欢 2-9-21 井，大民屯凹陷的岗 7 井、沈 65 井等。

该类天然气是“七五”和“八五”攻关研究中确定的具有成因意义的天然气新类型。有必要对其形成的地质条件及分布特点作简要介绍。

1）过渡带气的成气地质条件

过渡带气形成有其特定的地质条件，包括盆地特征、形成时代、沉积相、烃源岩形成的古地理环境和有机质演化所处的温度、压力、埋深等诸因素。

辽河坳陷是新生代的裂谷盆地，裂谷演化史是多期块断裂陷，具有多个构造—沉积旋回，形成了多套生储盖组合。具有沉积速度快、沉积厚度大和基本连续沉积的特点。

这种地质条件有利于过渡带气的形成。

生物—热催化过渡带气主要发育在中生代、新生代以腐殖母质为主的陆相沉积盆地。在河湖、沼泽环境下，发育扇三角洲、三角洲、泛滥平原的沉积体系。基本上以砂泥互层为主，这种偏腐殖的母质类型和砂泥间互的生储组合，有利于气体的形成和运移。

过渡带气形成过程中，黏土矿物，特别是蒙皂石的催化作用至关重要，如果水体矿化度太高，会加速蒙皂石向伊利石转化，从而降低了蒙皂石的催化活性，降低了过渡带气的产率。

温度是影响有机质转化的最主要的和长期起作用的因素，一般地说，只有当温度增高到一定门限值时，有机质才能转化为油或气。然而过渡带气有机质处于岩石成岩转化最为迅速的阶段，大量的黏土矿物（蒙皂石、伊/蒙混层）的存在，作为良好催化剂，可加速有机质向油气转化，为低温演化阶段过渡带气的形成奠定了基础。研究表明，过渡带气的形成温度为40～85℃。

压力在有机质演化中的作用，对液态烃的形成影响不大，对气态烃来说，压力增大不利于气态分子的形成，但一定的压力条件又有利于有机质的加氢作用，富氢对形成CH_4有利。过渡带层段一般压力较低，有利于气态烃的形成，并且吸附作用亦弱，有利于气态烃呈游离态。另一方面，它的压力又比生化作用带略高，可使泥岩成岩作用加强，形成优于生物成岩气的盖层条件。

过渡带气形成演化阶段在R_o=0.3%～0.6%，对于辽河坳陷来说，相应的埋藏深度在1500～2800m。

2）过渡带气的分布特点

辽河坳陷天然气主要为热催化气，但生物—热催化过渡带气在辽河坳陷内也有广泛的分布，以东部凹陷最为广泛。辽河坳陷过渡带气主要分布在1000～2500m层段（图1-9-24）。从图1-9-24上可以看出，西部凹陷主要在1000～2000m，东部凹陷在1500～2500m乃至3000m亦有分布，而大民屯凹陷与西部凹陷相似，也主要分布在1000～2000m，但1000m之上也有分布，分布浅于1000～1500m的过渡带气主要是经过运移作用形成的。

辽河坳陷证实的过渡带气源岩分布主要为古近系，但三个凹陷有所差异，西部凹陷和大民屯凹陷主要为沙四段—沙三段，而东部凹陷主要为沙一段和沙三段，东营组也是较好的气源岩。不同凹陷以成带分布为主。西部凹陷主要分布在西斜坡和北部地区。大民屯凹陷主要分布在凹陷的不同部位。而东部凹陷由于其母质类型有利于形成过渡带气，在凹陷中部成带连片分布，北至茨榆坨、南至荣兴屯，都有自生自储的过渡带气。

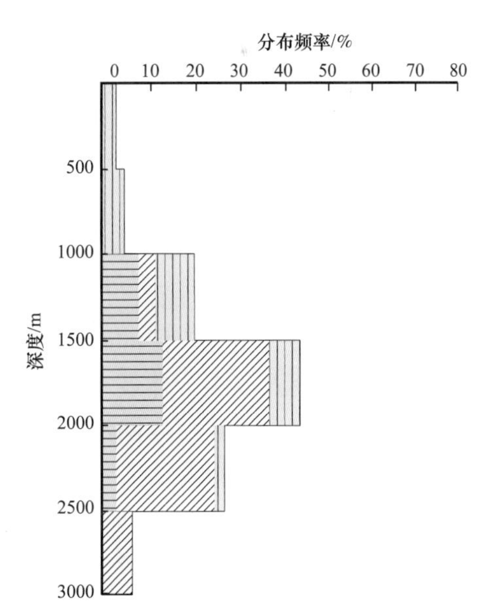

图1-9-24　辽河坳陷过渡带气垂向分布图

综上所述，辽河坳陷存在多种类型天然气，过渡带气亦具有广泛的分布，过渡带气的提出，在学术和实践上都具有重要意义。

3. 热解气

包括成熟至高成熟的原油—凝析油伴生气，天然气组分中重烃含量相对较高，可达10%～30%，稀有气体同位素组成属壳源型，天然气甲烷 $\delta^{13}C_1$ 为 −50‰～−36‰（图 1-9-21 中 C、D、E 型），在辽河坳陷分布最广泛，如欢气 1 井（Es_3）、兴气 3 井（Ed—Es_3）、安 76 井（Es_3）、大 32 井（Es_1）、欧 6 井（Es_1）等井的天然气均属此种类型。

4. 裂解气

高温裂解气是指有机质热演化进入过成熟阶段（R_o>2.0%），在高温作用下，残余有机质，特别是早期生成的液态烃进一步裂解形成的干气。天然气甲烷 $\delta^{13}C_1$ 为 −35‰～−30‰（图 1-9-21 中 F 型）。至 2017 年底，这类天然气在辽河坳陷内发现较少，个别井（双兴 1 井、马古 1 井）的 $\delta^{13}C_1$ 虽然已属这一范围，但要确定属裂解气，尚有待进一步研究。

以上说明，辽河坳陷存在多种成因类型的天然气。并且很多天然气是以混合气的形式出现。如无机成因气和有机成因气的混合（界 3 井），煤型气和油型气的混合，更重要的是同源不同期或同期不同源的混合也是普遍存在的。

第三节　天然气分布富集规律

辽河坳陷地质条件十分复杂，多期块断活动及其构造、沉积演化过程，形成了既优越又复杂的石油天然气地质条件，同时也决定了油气分布富集受多种地质因素控制，而天然气与石油既有共性，又有特殊性。下面简要分析辽河坳陷天然气分布富集的规律性。

一、天然气分布特征

辽河坳陷天然气资源丰富，但因受分析样品等局限性的影响，难以全面准确总结不同类型天然气在平面及纵向上的分布特点。下面仅就辽河坳陷天然气分布的基本特征做简要描述。

1. 广泛性

从成藏基本地质条件看，辽河坳陷有大面积、多层系生油气源岩，置于完整的热演化系列之中；更有十分广泛的碎屑岩储层，从凹陷边缘到中心，可多层系叠置连片；有众多类型的圈闭及其组合体展布在凹陷的各个部位；有多层良好的封盖条件，有利于油气保存。这就决定了辽河坳陷油气资源丰富，油气藏分布十分广泛，显示了“整凹陷含油气”的基本特点，而天然气运移的活泼性导致它比油藏具有更为广泛的分布。

（1）在平面上，凡是有油藏存在的地方，一般都有气藏分布；尚未发现油藏的地区，则已找到了气藏，如三界泡构造带；一些“贫油区”，则可以是气藏发育区，如小龙湾地区等。

（2）在纵向上，目前发现最浅的气藏埋深为 321m（民 6 孔），最深的埋深达 5190m

（双兴1井）。

按（油）气藏类型分析，在凹陷的不同部位往往呈现特征的（油）气藏组合：在凹陷陡坡带，以断阶型断块（油）气藏为主，兼有地层超覆、岩性、滚动背斜和极少数逆冲断裂褶皱背斜（油）气藏；在缓坡带，以披覆背斜、滚动背斜、断块（油）气藏为主，兼有断鼻、地层超覆、地层不整合和岩性（油）气藏；凹陷中部以各种成因的同生背斜、断块（油）气藏为主，兼有基岩潜山和岩性（油）气藏。

由以上分析看到，凹陷不同部位的主要（油）气藏组合中，都有断块（油）气藏存在，换言之，断块（油）气藏可以出现在凹陷的任何部位，具有最广泛的分布，这是辽河坳陷中油气藏的重要类型之一。

2. 层次性

（油）气藏的空间展布、组合特点在纵向上主要表现为层次性，不同层次具有不同类型的（油）气藏组合，这种纵向上（油）气藏类型组合主要受地质结构与热演化程度控制。

按热演化程度，自上而下：埋深小于1600m以气藏为主，分布有生物气、生物—热解过渡气和来自深层的次生气藏，天然气绝大多数为纯气藏。埋深1600～3500m为（油）气藏，主要是石油、凝析油伴生气和部分未成熟过渡气，有纯气藏（夹层气）、气顶气藏（包括凝析气顶气藏）、边水气藏，而以气顶气藏为主。埋深大于3500m，又以气藏为主，主要是凝析气和裂解气。归纳其纵向分布序列，自上而下为：气藏—（油）气藏—凝析气藏—气藏。

按区域地质结构，辽河坳陷分为前古近系基底、古近系和新近系三个层次，均有区域不整合面分隔。

前古近系主要为“新生古储”的成藏组合，均属不整合（油）气藏类型，以油藏为主，气藏亦很发育，目前已在结晶基岩潜山中发现凝析气藏。

古近系为“自生自储”的成藏组合，以各类同生背斜和断块（油）气藏为主，并有多种非构造（油）气藏类型，这是最重要的勘探领域。

新近系为“古生新储”的成藏组合，为次生油气藏，目前已在明化镇组发现岩性气藏（如大平房构造）。

3. 分带性

（油）气藏分布的另一个重要特点是具有明显的分带性。分布广泛，具有“整凹陷含油气”特点，主要是指（油）气藏的分布领域而言。而各类（油）气藏在地质体中的赋存状态又是不均一的，通常是按某一成因联系成带富集。众多的形态各异、大小不一的各种类型（油）气藏有规律地组合在一起构成复式（油）气藏聚集带，不同类型的复式聚集带分布在凹陷的特定部位，有着各自的成因和不同的圈闭及（油）气藏组合，富集程度亦有明显的差异；同一类型的复式聚集带有着相同的成因和油气运移、聚集过程，有类似的圈闭和（油）气藏组合。例如兴隆台复式（油）气藏聚集带，是一个以基岩翘倾断块体为核心的大型披覆背斜构造带，盖层圈闭与潜山紧密相连，并受基岩翘倾断块体控制，圈闭形成较早，又紧邻生油气洼陷，油气源充足，盖层条件好，沙三段、沙一段的油气不断向构造高部位运移、聚集，形成一个高度富集的（油）气藏集合群体。自下而上，下部有基岩潜山凝析气藏，边部为地层超覆和上倾尖灭岩性（油）气藏，中部为披覆背斜、滚动背斜、断块（油）气藏，构造高部位以气藏为主；上部相当于东营组，其主体和边部均以各类岩性气藏为主（图 1-9-25）。

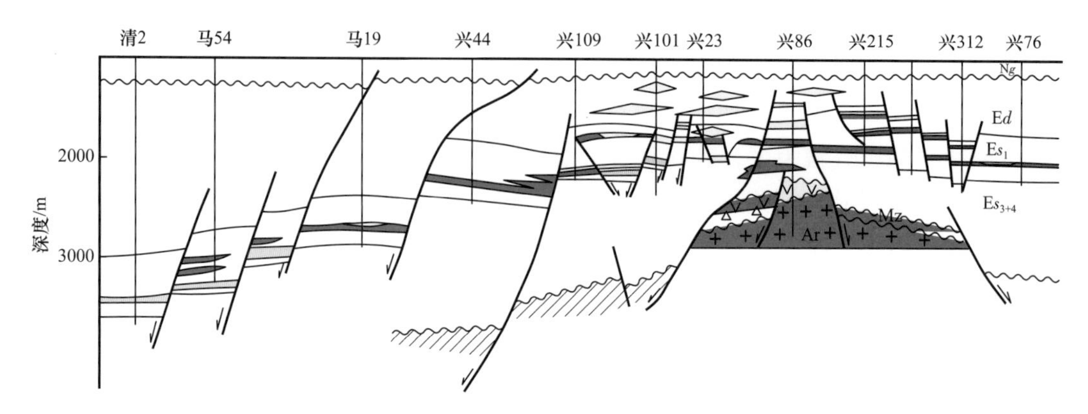

图 1-9-25　西部凹陷兴隆台复式油气聚集带剖面图

东营组以次生岩性（油）气藏为主，（油）气藏组合更为复杂，主要受沉积体系和断层控制，不同类型聚集带，有的以透镜体气藏为主，如兴隆台东营组气藏；有的是油气藏并存，油、气、水关系十分复杂，以牛居东营组次生（油）气藏为例，牛居属于中央同生背斜复式（油）气藏聚集带，位于洼中之隆，沙三段、沙一段油气通过断裂运移到东营组聚集，牛居地区东营组属泛滥平原辫状河沉积，广泛发育砂岩透镜体岩性油藏和气藏（图 1-9-8），据牛 12 等 8 个断块统计，东三段有 284 个含油气砂体，其中油气砂体 107 个，气水砂体 116 个，纯气砂体 61 个，每一个含油气砂体就是一个油藏或气藏。一个复式（油）气藏聚集带实际上就是一个以复式圈闭带为基础的多层系、多联系（油）气藏高度密集的复合体。

4. 油气共生并存

辽河坳陷具有多种有机质类型，但主要以混合型为主，在相同的热演化条件下，有机质在生油的同时也生成了天然气。这就决定了辽河坳陷是一个油气共源、油气共存的坳陷，也就是说，天然气具有和石油基本相同的分布富集规律。主要表现在：天然气的产出常与油层间互，构成气、油、水组合或以夹层气产出，更多的是与油共存，构成大小不一的气顶，如高升油气田、双台子油气田等。按储量统计，坳陷内各种气顶气的储量约占天然气总储量的 3/5。此外，原油中存在大量的溶解气，截至 2017 年底，辽河坳陷探明的溶解气地质储量是 $1364.95\times10^8\mathrm{m}^3$，是已探明气层气地质储量的 1.88 倍。可见坳陷内发现的天然气，主要是原油伴生气，以多种形式与原油并存，其中溶解气是油气并存的主要形式。

二、天然气富集的主要控制因素

辽河坳陷天然气资源十分丰富，但在富集程度上又存在明显的差异性，它反映在凹陷之间、凹陷内部的不同地区和层次之间的富集差异（王秋华等，1989）。这种差异性，是由多种地质因素造成的，分析辽河坳陷天然气富集的控制因素，主要有以下方面。

1. 气源岩生气强度控制天然气富集

按有机成气理论，充足的气源是天然气富集的物质基础。辽河坳陷古近系多层系、大面积分布的气源岩，正是天然气富集的首要条件，而气源岩是否具有生气潜力取决于气源岩厚度、有机质丰度和热演化程度等多种因素。

西部凹陷，在清水洼陷生气中心周边有兴隆台、双台子、双南、欢喜岭、洼16陡坡等天然气富集带，围绕生气中心呈环带状分布（图1–9–26）。高升富集带为盘山与台安两个小型生气中心所夹持。

东部凹陷的二界沟—驾掌寺生油气中心及其周围地区，其生油量、生气量分别占凹陷总生油量的70%和总生气量的75%，加上牛居生油气中心，则可达到90%和95%。从勘探现状分析，生气强度及生气中心明显控制天然气的富集，天然气富集区带都是围绕生气中心展布。天然气探明地质储量都分布在牛居、黄金带—驾掌寺、二界沟—盖州滩三个生气中心及其周围（图1–9–26）。

大民屯凹陷亦不例外，沙四段生气中心在凹陷北部，最大生气强度为$100\times10^8m^3/km^2$，沙三段生气中心转移到荣胜堡，最大生气强度达$300\times10^8m^3/km^2$，目前探明储量亦是围绕着这两个中心分布。

由此可见，生气中心及其生气强度是天然气成藏和富集的十分重要的控制因素，生气中心范围广、强度大，则天然气富集程度高，反之则富集程度低。在一些远离生气中心的地区，尽管亦可形成气藏或工业性气流，但一般富集程度都很低。这一点也正是小型裂陷盆地与大型坳陷盆地不同之处。

2. 区域分布的优质封盖层控制天然气富集

辽河坳陷之所以天然气富集，是与其既具有多层次、大面积分布的区域泥岩盖层（毛细管压力封盖），又具有多层发育的超压封盖（特别是西部凹陷）密切相关的（张占文等，1996）。

1）区域分布的泥岩盖层控制天然气富集

西部凹陷和东部凹陷都有沙三段上亚段和沙一段两个全凹陷分布的区域盖层，它们均具有突破压力高、封闭性能好的特点。此外，在东营组还存在虽然不是全区性分布，但仍具有地区性分布的区域盖层，如牛居、黄金带、兴隆台—双南等地区，这些区域盖层层层遮挡，起着很好的保存作用。

区域盖层发育的凹陷，无论在地区上或层位上，天然气富集程度都高（图1–9–27）。

西部凹陷与东部凹陷，各类盖层呈多层次分布，主要气藏分布在沙一段及其以下的层位，气藏埋深较大，目前钻遇的气藏的最大埋深达5190m（双兴1井）。这一层段已探明天然气地质储量占凹陷总地质储量的79.5%，其中西部凹陷为84%，东部凹陷为68%。东营组缺乏大面积分布的区域盖层，气藏分散，多为储量小的岩性气藏。

东、西两个凹陷比较，西部凹陷$Es_3^{上}$和Es_1两个区域盖层都比东部凹陷好，而且西部凹陷还有Ed等区域盖层，因此天然气富集程度高，一些储量较大的气藏（田）都位于西部凹陷，如兴隆台、双台子、双南、高升等。

大民屯凹陷主要烃源岩层是沙四段和沙三段一部分。由于沉积环境的差异，自沙三段中亚段以后就以砂泥岩薄互层为主，横向变化大，缺乏大面积稳定分布的区域盖层，只有一些局部盖层或直接盖层对油气起遮挡作用，气藏分布较分散，埋藏亦浅，除法哈牛地区埋藏较深外，一般埋深小于1850m，更多的是分布在小于1500m层段，目前

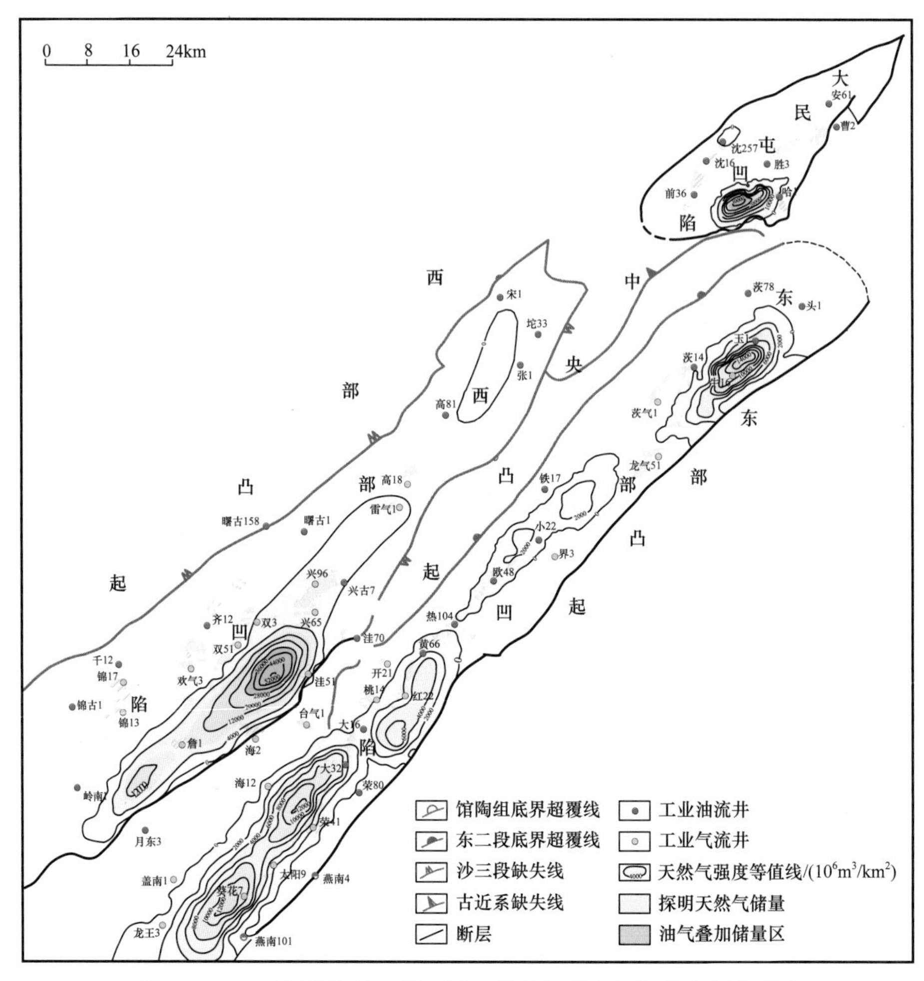

图 1-9-26 辽河坳陷沙三段 + 沙四段生气强度与气藏分布关系图

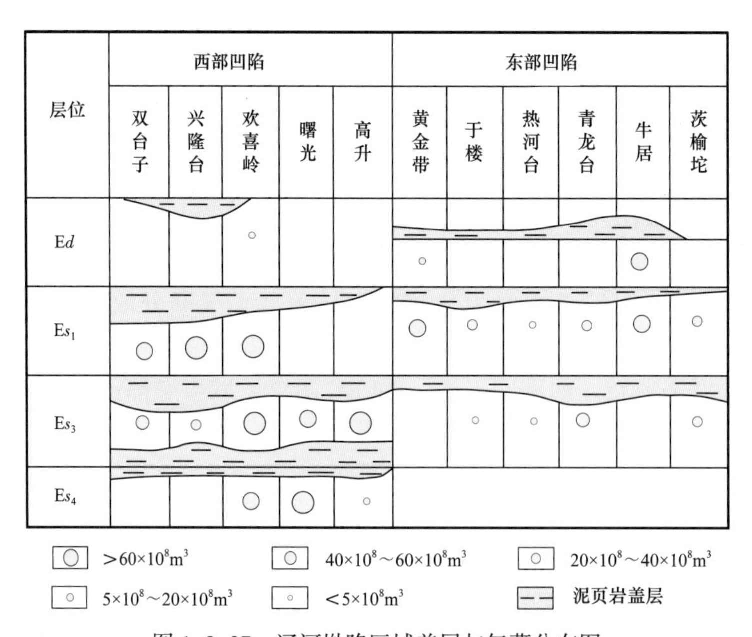

图 1-9-27 辽河坳陷区域盖层与气藏分布图

发现最深气藏法53-45井为2380m，最浅气藏是边台的民6井为321m。气藏类型以油型次生气藏为主，兼有生物—热解过渡气气藏。这些浅气藏天然气的相对密度一般小于0.59，甲烷含量高，都在95%以上，属干气性质（表1-9-12）。

表1-9-12　大民屯凹陷沙三段天然气性质统计表

地区	相对密度	CH_4/%	C_2H_6/%	C_3H_8/%	iC_4H_{10}/%	nC_4H_{10}/%	C_{5+}/%	CO_2/%	N_2/%
沈16—沈67块	0.5634～0.5758	98.84～97.93	0.74～0.42	0.72～0.12	0～0.50		0～0.13	0～0.57	0～0.03
沈84—安12	0.5615～0.5884	98.77～95.39	1.63～0.62	2.31～0.62	0.14～0.16		0	0.22～0.06	0.64～0.20
法哈牛	0.5658～0.5758	98.15～97.93	2.86～0.42	1.62～0.12	0～0.28		0	1.45～0.22	1.10～0.01
边台	0.5594～0.5630	99.14～98.20	1.05～0.39	0.11～0.05	0		0	0.18～0.05	1.25～0.13

2）超压封盖控制天然气富集

（1）区域性超压封盖层控制富气区。

研究证明，只有区域性超压封盖层发育的地区，才能形成天然气富集区（张占文等，1999）。西部凹陷发育2～3套超压封盖层，上超压封盖层分布范围很广，北至台安洼陷，南至鸳鸯沟洼陷，西侧覆盖高升、曙光、欢喜岭斜坡带内侧。在上封盖层分布区都找到了气藏。中封盖层发育于高升以南的广阔地区，下封盖层仅发育于兴隆台以南的洼陷区。兴隆台以南的西部凹陷南段，成为西部凹陷的富气区，探明天然气地质储量占全凹陷的88%，兴隆台、双台子、齐家、欢喜岭、大洼、海外河、笔架岭等气田都在这个地区，高产大气藏也发育在这个地区。

东部凹陷的黄金带、桃园、荣兴屯、牛居等地区，发育有地区性封盖层，这些地区形成了天然气藏局部富集带。

（2）缺乏区域性超压封盖层的地区气藏规模小，浅层次生气藏发育。

区域性超压封盖层不发育的地区，如大民屯凹陷，仅能依靠泥岩毛细管封盖，难以有效封盖气藏，大批深部气藏散失，向上运移到浅部，形成浅层次生气藏，气藏小而分散，灌满程度很低。由于有相当多的天然气散失，这种地区天然气储量丰度偏低。

东部凹陷的青龙台、大平房等地区也属于超压封盖不发育地区，浅层次生气藏发育。牛居、黄金带、荣兴屯等地区，虽然发育地区性超压封盖层，但超压层分布范围小，且主要分布在洼陷区，不能覆盖整个复式构造带，这些地区也是浅层次生气藏较发育。

（3）不同阶段的超压封盖层，发育不同层次的气藏。

西部凹陷发育三套超压封盖层，但各层发育时期不同，分布范围大小不一致，所封盖天然气藏的层次有很大差别。这一点在前面的“超压封盖层在运聚中的控制作用”部分已做过介绍，这里不再赘述。

3. 断裂发育带控制油气富集

1）主干断裂带控制油气富集

主干断裂一般断距很大，在其一侧往往是深陷带，因此主干断裂通常控制了生油洼陷。西部凹陷的大洼—台安断裂，控制了牛心坨、陈家、清水、海南等洼陷的形成；东部凹陷的营口—佟二堡断裂，控制了牛居—长滩、二界沟、盖州滩等洼陷的形成。

断裂又是古地形的突变带，因此主干断裂控制了沉积物源体系和沉积相带的变化，也控制了二级构造带的展布，同时，主干断裂也是主要的油源断层，所以主干断裂往往控制着油气藏的分布（廖兴明等，1996；陈振岩等，2002）。从已探明的油气分布来看，成带分布的油气，大多沿主干断裂展布（图 1–9–28）。

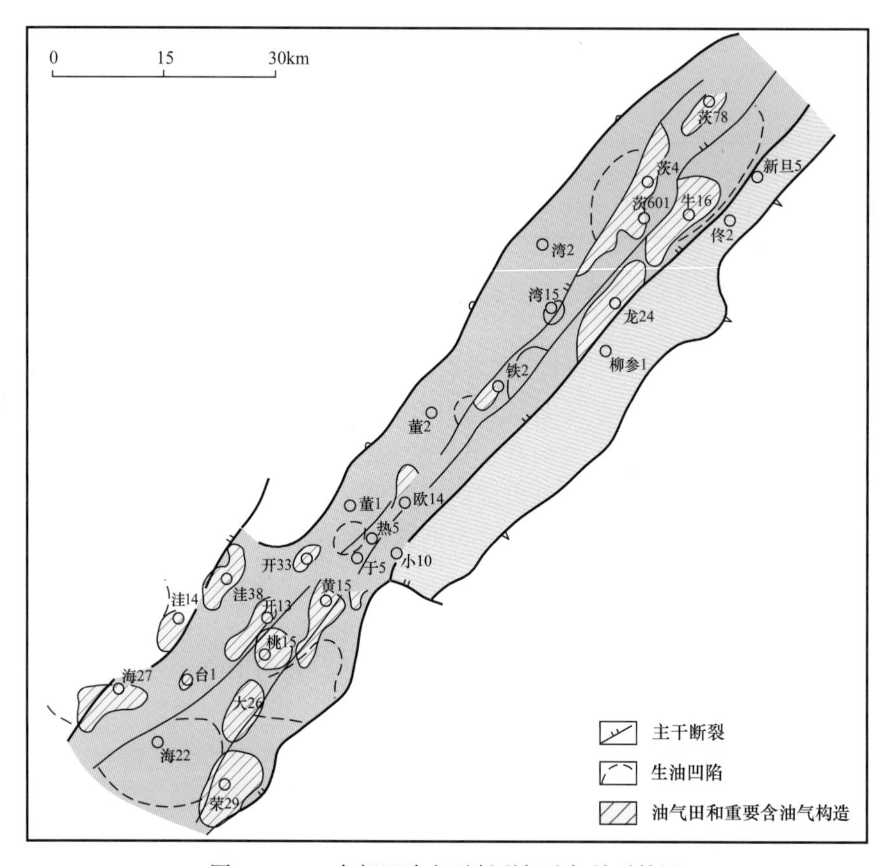

图 1–9–28　东部凹陷主干断裂与油气关系简图

2）次级断裂对油气的侧向封堵及油气的再分配起重要作用

断裂在油气运移聚集中的开启和封闭的双重性在复杂断块区表现得最为明显。断裂既是构成断块圈闭群的遮挡条件，又是深部油气向上运移聚集的通道，否则就不可能有数十至上百个多层系油气藏沿断裂叠瓦式分布。深部烃源岩的油气及已形成的原生油气藏的油气沿断层垂向运移距离可达上千至数千米。

辽河坳陷（陆上）新近系不具备生油气条件或东营组生成的油气极为有限，难以在这些地层中形成原生油气藏，目前这两个层系中发现的油气藏大多是深部烃源岩中的成熟油气或被破坏的原生油气藏的油气，沿断裂向浅层运移形成的次生油气藏。

4. 复式圈闭带类型控制天然气富集

复式圈闭带对天然气藏的富集起到了非常突出的控制作用。辽河坳陷发育多种类型的复式圈闭带，它们的富集程度取决于复式圈闭带在凹陷中的位置、复式带类型、封盖能力、运移聚集方式和气源序列等多种因素的配合作用。

1）中央背斜带气藏最富集

中央背斜带属于凹中之隆，最优越的条件就是位置好，处于生气的黄金地段，气源成因序列较长或完整，多期成气，长期聚集，气源充足；背斜型圈闭，封闭空间大；凹陷中心区盖层发育，层次多，多具超压封盖层，封盖能力强；天然气藏得到有效保护。多种有利因素配合协调，使中央背斜带成为最富集的复式圈闭带。西部凹陷兴隆台、双台子（包括双南）断裂背斜带，探明天然气储量占全凹陷的 64.6% ；东部凹陷牛居、青龙台、欧利坨子、黄金带（包括热河台、于楼）、桃园、大平房、荣兴屯等气田，探明储量占全凹陷的 92.2% ；大民屯凹陷的静安堡、东胜堡等构造带探明储量占全凹陷的 58%。全坳陷三大凹陷的中央背斜带探明储量占坳陷总储量的 68.0%。由此可见，中央背斜带是最富集的复式圈闭带。

2）翘倾断块带气藏丰富

翘倾断块复式圈闭带是仅次于中央背斜带的富气带。翘倾断块带是一种很好的圈闭类型，多具背斜构造，主要由反向断层遮挡形成整体圈闭；坡侧总是向生气洼陷延伸，有利于油气聚集；大多数翘倾断块带位于生气洼陷边缘，气源充足，盖层发育良好，气藏十分丰富，如齐家、欢喜岭、茨榆坨、大民屯、前当堡等油气田；有些翘倾断块带位于凹陷边缘，远离生气中心，气源不足，封盖层变差，气藏就不太发育，如曹台、三界泡、油燕沟等翘倾断块。翘倾断块带探明天然气储量很丰富，西部凹陷占 17.1%，大民屯凹陷占 40.4%，东部凹陷占 7.8%。

3）断阶带、同生断裂滑脱带气藏较丰富

断阶带位于主干断裂带，断裂长期活动，有利于深部气藏运移到浅部成藏，浅层气藏发育，特别是晚期气藏很丰富，如冷家堡、大洼、海外河、边台、法哈牛等断阶带，发现了较丰富的天然气。断阶带很破碎，圈闭较小，封闭条件较差，多为小气藏。

同生断裂滑脱带位于斜向洼陷的过渡地带或翘倾断块带向洼陷过渡地带，同生断层下延到洼陷之中，地层向洼陷倾斜，气源充足；圈闭类型以滚动背斜为主，封闭条件良好，常常是富气地带，如曙光下台阶、齐家和欢喜岭下台阶等地区。

总之，辽河坳陷油气资源丰富，是一个油气共源、油气共存的坳陷，地质条件十分复杂，多期块断活动及其构造、沉积演化过程，形成了既优越又复杂的石油、天然气地质条件，奠定了复式油气聚集的客观格局，也决定了油气分布富集受多种地质因素控制。而天然气与石油既有共性，又有特殊性，这不仅表现在烃源岩方面，而且在储层、盖层、运聚等方面都有自己特点，这就需要客观分析、区别对待。

在前期的天然气勘探中，经过几代辽河人的不懈努力，取得了丰硕的勘探成果。据第四次资源评价，辽河坳陷天然气地质资源量为 $4230 \times 10^8 m^3$，2018 年底，所探明的天然气储量仅为地质资源量的一半左右，勘探潜力较大。只要抓住本质，从凹陷、构造带、区块的具体地质条件出发，对勘探目标反复认识、深入研究，必然会有所突破，有所发现。

第十章 页岩油地质

页岩油是指赋存于富有机质页岩层系中的石油。富有机质页岩层系烃源岩内的粉砂岩、细砂岩、碳酸盐岩单层厚度不大于5m，累计厚度占页岩层系总厚度比例小于30%，无自然产能或低于工业石油产量下限，需采用特殊工艺技术措施才能获得工业石油产量。辽河油田在以往勘探开发过程中，已经在生烃泥页岩层系中发现了页岩油资源，主要分布在西部凹陷雷家沙四段湖相碳酸盐岩和大民屯凹陷静安堡地区沙四段的油页岩、泥质白云岩和互层状泥页岩、粉砂岩之中。本章对辽河坳陷油页岩的基本分布特征和页岩油类型进行了简要叙述，并以雷家和静安堡地区为重点，对页岩油勘探成效进行了介绍。

第一节 油页岩分布及页岩油类型

辽河坳陷油页岩的形成受控于三个主要地质条件，即缓慢沉降期欠补偿湖盆沉积环境，温暖潮湿的古气候条件和碱性微咸、还原稳定的水介质条件。研究表明，沙四段沉积时期的湖盆持续裂陷，缓慢沉降。在重力和热能的平衡调整作用下，断块沿着拉开的断面作垂直滑动，上盘向下滑动，不断地拉张陷落，形成初始补偿沉积湖盆，并逐渐发育成辽河坳陷的一系列次级小洼陷，这些洼陷及周边缓坡带油页岩较发育（图1-10-1），是形成页岩油藏的有利地区。沙四段沉积时期湖盆具有“盆小水浅”的特征，古湖盆以地堑式断陷为特征，洼陷面积较小，湖盆中心为浅湖—半深湖相，沉积物主要是油页岩、钙质页岩等暗色泥页岩。局部地区，受潜山古隆起地形阻隔，导致水体流通不畅，形成闭塞湖湾相，沉积物为纹层状泥页岩与非纹层状泥页岩交互叠置，其中纹层相以油页岩、钙质页岩为主，非纹层相以深灰色泥岩、泥灰岩等为主，并含有粒屑碳酸盐岩、富泥质碳酸盐岩、含碳酸盐岩油页岩、粉砂质泥页岩等。此时气候开始由干旱转为湿润，在温暖潮湿气候条件下，各种生物十分繁盛。当盐类来源充足时，表层水为微咸水，深部底层水为半咸水，此时水动力条件弱，水体稳定，含氧量低，属于还原环境。湖盆中心有碳酸盐岩沉积，也有有机质堆积，因为这里是高生物产率与缺氧环境的叠加区，因此与碳酸盐岩互层的页岩常富含有机质。其中TOC大于2%的页岩为与碳酸盐岩纹层呈互层的含钙页岩、钙质页岩、油页岩等，这些页岩的有机质主要是由藻质体组成的Ⅰ型和$Ⅱ_1$型干酪根，生烃潜力高，含油量高，易于形成页岩油。由于构造演化和沉积发育的差异性，导致辽河坳陷沙四段油页岩主要分布在西部凹陷和大民屯凹陷。

西部凹陷沙四段油页岩主要发育在沙四段，沙四段自下而上分为高升和杜家台油层，杜家台油层自上而下进一步划分为杜一、杜二、杜三3个油层组。主力油页岩就发

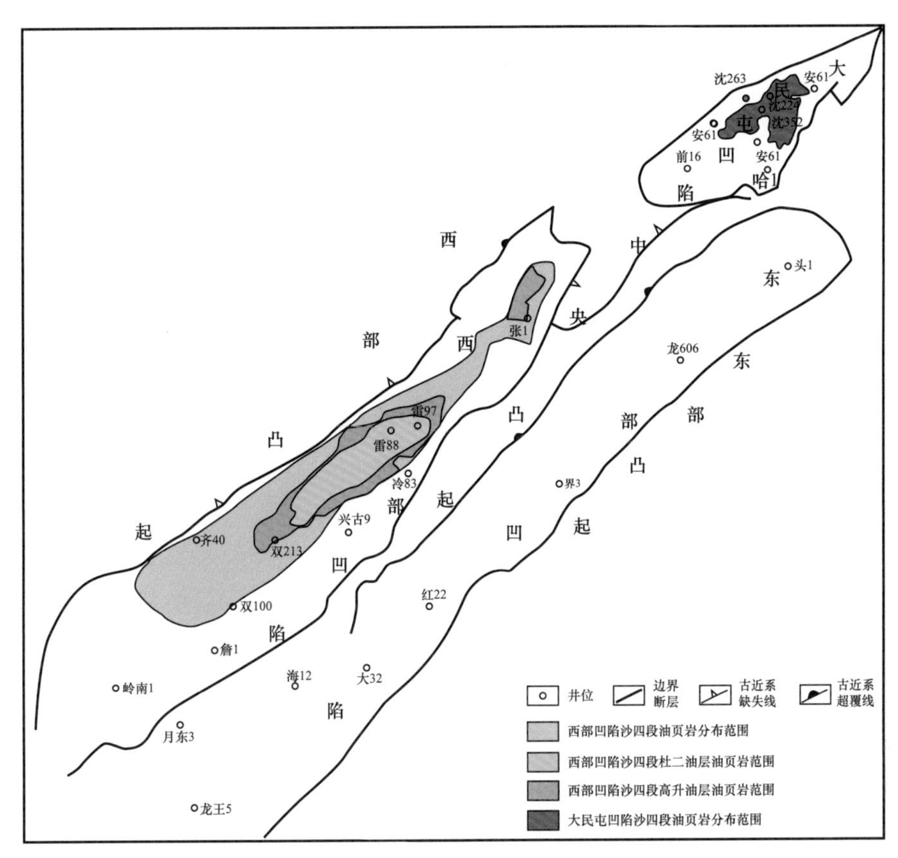

图 1-10-1　辽河坳陷沙四段油页岩分布范围

育在杜二油层组和高升油层中部。杜二油层组的油页岩特征为油页岩夹薄层砂岩或白云岩，横向连续性强，发育稳定，整体厚度大，测井响应具有高电阻率、高时差特征。主要分布在曙光—雷家地区，面积 164km²，厚度在 20～60m 之间。高升油层的油页岩特征为页岩夹石灰岩，横向连续性强，发育稳定，整体厚度大，测井响应具有高电阻率、高时差特征。主要分布在杜家台—曙光—雷家地区，面积 213km²，厚度在 20～50m 之间。

油页岩地球化学指标具有“两高一低”的特点，有机质丰度高，杜二油层组的油页岩 TOC 值一般为 4%～8%；生油潜力高（$S_1+S_2>22$mg/g）；高升油层的油页岩 TOC 值一般为 3%～6%，$S_1+S_2>20$mg/g；热演化程度低（R_o 值在 0.3%～0.72% 之间），干酪根类型以Ⅰ—Ⅱ$_1$ 型为主。

大民屯凹陷沙四段沉积期发育一套碳酸盐岩和油页岩沉积体，分布面积 220km²。综合考虑岩性变化及声波时差和电阻率曲线的响应特征，将页岩油层段自上而下细分为Ⅰ油层组、Ⅱ油层组和Ⅲ油层组。Ⅰ油层组以油页岩为主，主要发育含碳酸盐岩油页岩，分布最稳定；Ⅱ油层组以泥质云岩为主，地层厚度相对较薄，发育泥质云岩、砂岩、油页岩，岩性及厚度变化大；Ⅲ油层组为白云岩与油页岩互层，岩性及厚度变化快。

烃源岩地球化学指标有所差异，其中Ⅰ油层组烃源岩有机碳含量平均为 8.5%，最高达 19.3%，热演化程度平均 0.55%，干酪根类型以Ⅰ型和$Ⅱ_1$型为主；Ⅱ油层组烃源岩有机碳含量平均 2.1%，最高达 3.1%；热演化程度平均 0.49%，干酪根类型以Ⅰ型为主；Ⅲ组烃源岩有机碳含量平均 6.3%，最高达 10.6%，热演化程度平均 0.64%，干酪根类型以Ⅰ型和$Ⅱ_1$型为主。

页岩经过成熟演化为油页岩，以油页岩为基础，形成多种类型页岩油。根据页岩储层类型，将辽河坳陷页岩油划分为四种类型，分别是湖相碳酸盐岩型、纯油页岩型、薄层砂泥互层型和混积岩型（表 1-10-1）。湖相碳酸盐岩型页岩油，如西部凹陷雷家地区沙四段高升油层、沙四段杜三油层组，其特征是被油页岩包裹，稳定分布，单层厚度 2～20m，埋藏深度在 2200～3000m 之间。纯油页岩型页岩油，如大民屯凹陷中部沙四段Ⅰ油层组、西部凹陷雷家地区沙四段杜二油层组、西部凹陷雷家地区沙四段高升油层。其特征是有机质丰度高，连续性好，单层厚度 30～50m，埋藏深度在 2300～3000m 之间。薄层砂泥互层型页岩油，如西部凹陷曙光地区沙四段、大民屯凹陷中部沙四段Ⅱ油层组，其特征是薄砂体与油页岩互层，砂体单层薄，连续性较差，单层厚度 2～5m，埋藏深度在 3000～4500m 之间。混积岩型页岩油，如大民屯凹陷中部沙四段Ⅲ油层组，其特征是泥质云岩、砂岩、油页岩互层，岩性及厚度变化快，油藏埋深在 2000～3500m 之间。

表 1-10-1　辽河坳陷页岩油类型及分布特征

类型	发育地区及层位	特征	埋藏深度 /m
湖相碳酸盐岩型	西部凹陷雷家地区沙四段高升油层 西部凹陷雷家地区沙四段杜三油层组	油页岩包裹，分布较稳定，单层厚度 2～20m	2200～3000
纯油页岩型	大民屯凹陷中部地区沙四段Ⅰ油层组 西部凹陷雷家地区沙四段杜二油层组 西部凹陷雷家地区沙四段高升油层	有机质丰度高，连续性好，单层厚度 30～50m	2300～3000
薄层砂泥互层型	西部凹陷曙光地区沙四段 大民屯凹陷静安堡地区沙四段Ⅱ油层组	薄砂体油页岩互层，砂体单层薄，连续性较差，单层厚度 2～5m	3000～4500
混积岩型	大民屯凹陷中部地区沙四段Ⅲ油层组	泥质云岩、砂岩、油页岩互层，岩性及厚度变化快	2000～3500

总的来看，辽河坳陷页岩油藏主要分布在洼陷带，富集规模受烃源岩品质、储层物性、裂缝发育程度、地层压力等多种因素控制，具有典型的源储一体特征。油页岩有机质丰度高、生烃潜力高、热演化成熟度低，油品性质偏稠，流动性差。

第二节　西部凹陷雷家地区沙四段页岩油

雷家地区油气勘探起步较早，已在沙四段发现了湖湾环境下形成的高升和杜家台碳酸盐岩油层，但由于对这类油藏缺乏认识，勘探开发效果未达预期。按照页岩油勘探理念，对雷家地区开展了新一轮的研究和部署，形成了较为系统的认识。雷家地区沙四段自下而上发育高升和杜家台油层，由于研究需要，把杜家台油层从上而下进一步划分为杜一、杜二、杜三 3 个油层组。

一、沉积环境

1. 古地貌特征

通过西部凹陷雷家地区构造详细解释，对古地貌进行恢复，编制了古地貌图，以研究古地貌对沉积的影响。受西斜坡古隆起、兴隆台—中央古隆起的夹持，雷家地区为一个湖湾相环境，内部受曙光潜山地形分割，形成曙光、盘山、陈家 3 个深浅不一的洼槽，在洼槽区沉积了包含碳酸盐岩的大量细粒沉积物，烃源岩与储层交互发育，形成源储共生的良好配置关系。

2. 湖盆水体性质

西部凹陷雷家地区沙四段样品 Ba（钡）含量介于 518～799μg/g，均值 658.5μg/g，与海相沉积碳酸盐岩有较大差别，说明沙四段碳酸盐岩应为湖相沉积产物。B（硼）含量介于 157～165μg/g，均值 162μg/g，远高于陆相淡水沉积的 B 含量。Sr（锶）含量主体介于 521～830μg/g，均值约为 675.5μg/g，较高的 B、Sr 含量反映了白云石形成时的水体盐度较高。Sr/Ba 介于 0.65～1.67 之间，均值 1.23，仅一个样品 Sr/Ba 小于 1，整体上呈现出咸水特征。样品中 V/（Ni+V）[钒 /（镍 + 钒）] 的含量比值为 0.49～0.93，均值 0.72，表明该期水体为还原环境。利用雷 84 井、雷 88 井等的能谱测井资料，可知凹陷中心沙四段 Th/U（钍 / 铀）值小于 4，印证了上述结论。Th/K（钍 / 钾）值总体低于 6，表明水动力较弱，为低能环境。

3. 沉积相类型及分布

西部凹陷雷家地区沙四段主要发育 3 种沉积环境：分别是湖泊相，扇三角洲相、三角洲相次之。湖泊相可进一步划分为滨浅湖亚相及半深湖、深湖亚相。滨浅湖亚相又可进一步划分为砂质滩坝微相、粒屑滩微相、滩间微相及泥质浅湖微相；半深湖、深湖亚相可进一步划分为泥质湖底、泥云质湖底、云泥质湖底、泥灰质湖底、灰泥质湖底微相等。

高升油层沉积时期，盆地隆凹相间的地貌特征依然较为明显，湖盆的分隔性较强，沉积物在平面上的不同区域有较大变化。沿西部缓坡带边缘，滨浅湖滩相沉积较为发育，其中以粒屑滩微相为主，砂质滩坝及滩间均有沉积。湖盆中央主要发育半深湖—深湖亚相泥云质湖底微相，向东受物源影响，碳酸盐岩相对欠发育，以灰泥质或云泥质湖底微相为主；至湖盆东部边缘，受台安—大洼断裂与中央凸起的控制，扇三角洲相较为发育（图 1–10–2）。在高升地区、曙光—兴隆台地区存在一些近北东向展布的水下低隆起，这些低隆起上的陆源物质十分少见，同时又位于湖盆浪基面之上，为颗粒碳酸盐岩的发育创造了十分有利的条件，形成了多个粒屑碳酸盐岩的发育带。

杜家台油层沉积时期，基本继承了高升油层沉积时期的沉积格局（图 1–10–3），但陆源碎屑物质的供给程度高于高升油层沉积时期，水上隆起的范围有所缩小，北部高升低隆起已全部浸没于水下，并迅速演变为半深湖—深湖亚相。与高升油层沉积时期相

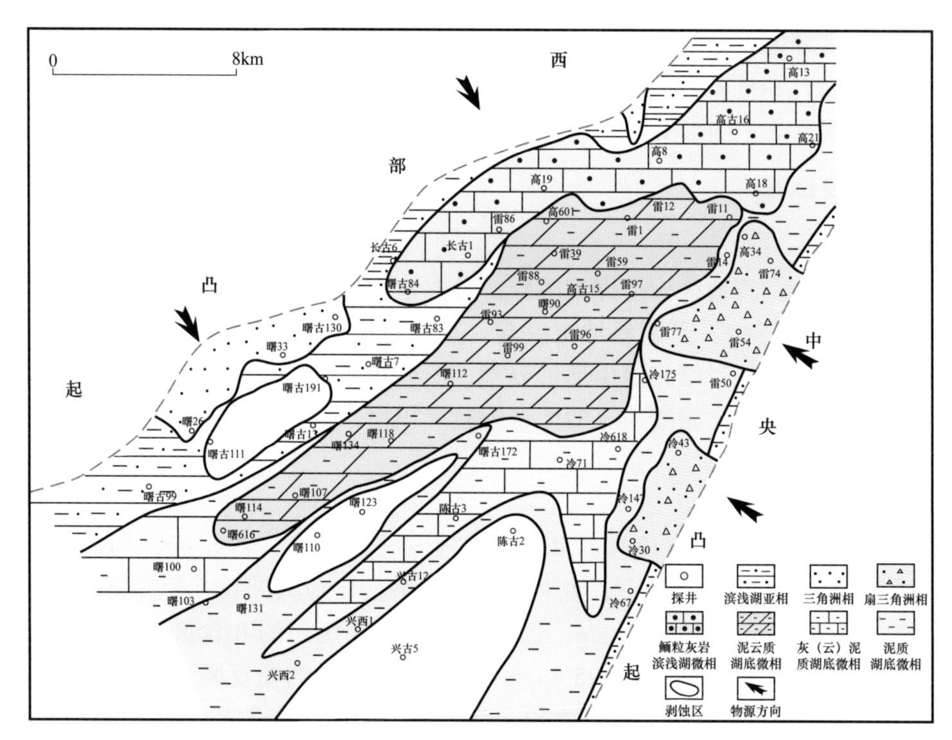

图 1-10-2　西部凹陷雷家地区沙四段高升油层沉积时期沉积相分布图

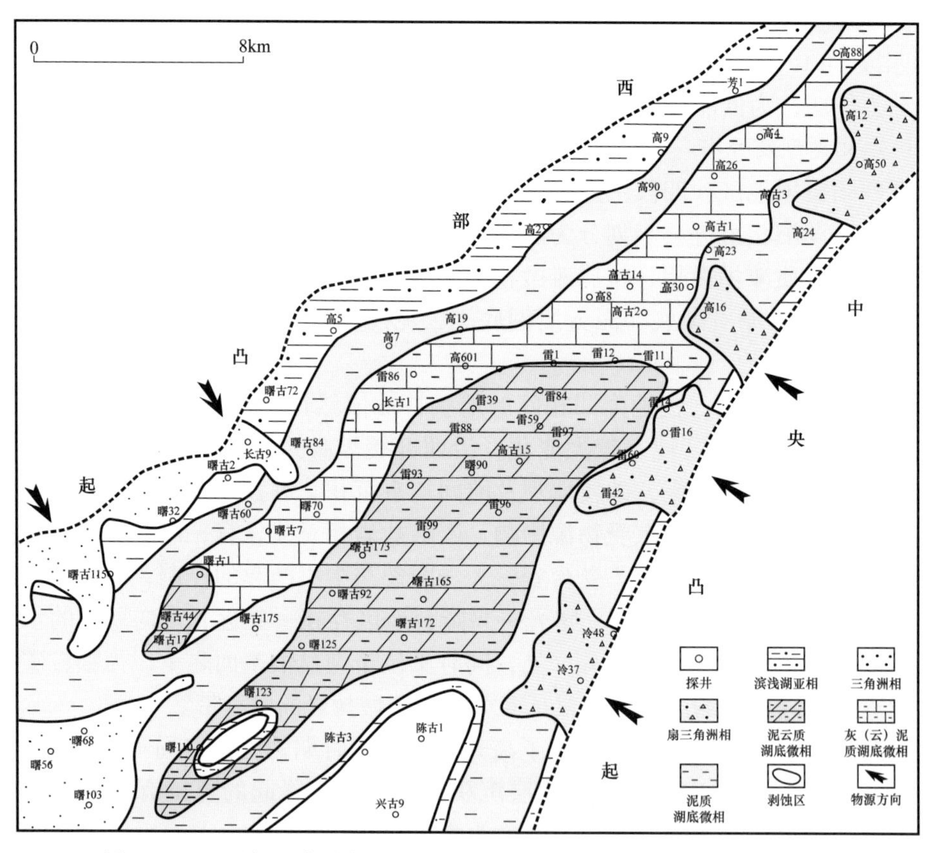

图 1-10-3　西部凹陷雷家地区沙四段杜家台油层沉积时期沉积相分布图

比，杜家台油层沉积时期隆凹相间的地形已经逐渐被填平，湖盆的分隔性已变得不太明显，西部缓坡带的滩相沉积基本消失，以半深湖亚相泥岩沉积为主，向凹陷中心依次过渡为半深湖—深湖亚相的泥灰质湖底微相、泥云质湖底微相；至东部陡坡带，以扇三角洲相沉积为主。

二、烃源岩特征

西部凹陷沙四段烃源岩有机碳含量普遍较高，其中油页岩（包括灰质页岩、含灰页岩）有机质含量在3.23%～9.05%之间，均值4.89%，氯仿沥青"A"含量在0.24%～1.24%之间，均值0.62%，生烃潜量在12.2～47.18mg/g之间，均值30.78mg/g。一般泥岩有机质含量在2.25%～3.84%之间，均值3.22%，氯仿沥青"A"含量在0.21%～0.69%之间，均值0.50%，生烃潜量在10.9～17.3mg/g之间，均值14.71mg/g。总之，TOC普遍大于2%，干酪根类型以Ⅰ—Ⅱ$_1$型为主，腐泥组分含量平均为76.3%，壳质组分平均为3.8%，镜质组分含量平均为19.7%，惰质组分平均为3.5%。沙四段油页岩烃源岩主体处于低成熟—成熟演化阶段，分别以R_o=0.3%、R_o=0.5%、R_o=1.3%为下限，分为低熟油页岩（R_o=0.3%～0.5%）和成熟油页岩（R_o=0.5%～1.3%）两类。低熟油页岩主要分布在杜家台—雷家—高升一带及牛心坨地区（图1-10-4），面积285km^2，平均厚度90m；成熟油页岩主要分布在曙光—雷家—高升一带和牛心坨地区，总面积245km^2，平均厚度90m。

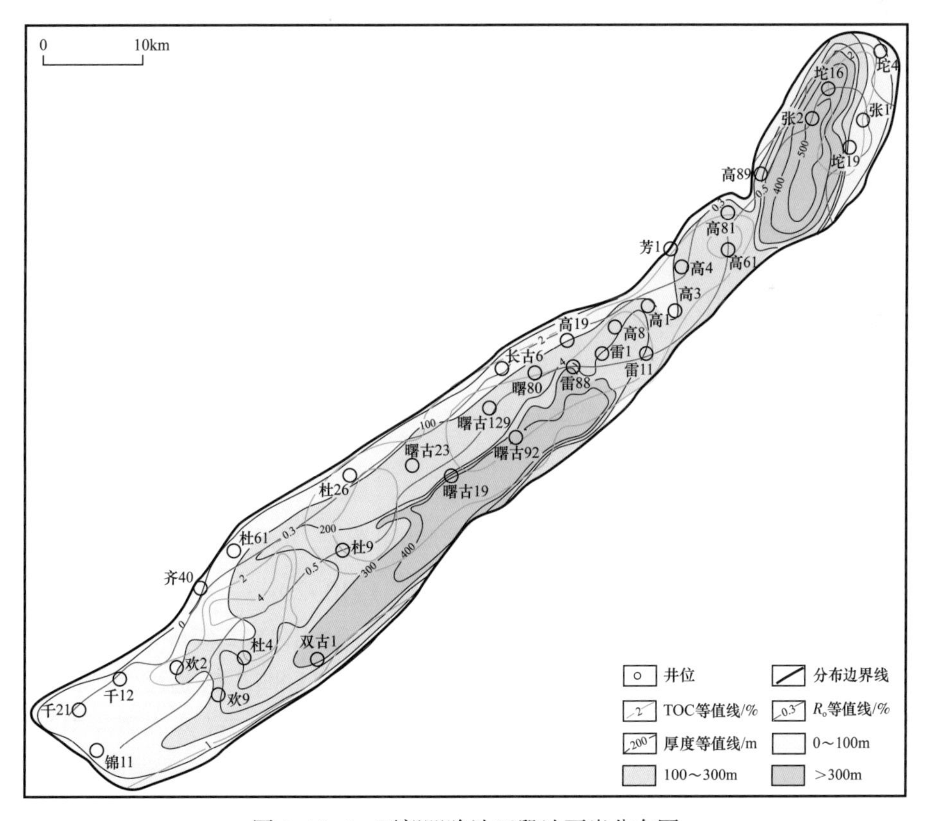

图1-10-4　西部凹陷沙四段油页岩分布图

三、储层特征

1. 岩性

根据岩心观察和分析测试资料，将沙四段目的层岩性划分为白云岩类、方沸石岩类、泥页岩类及过渡岩类。杜家台油层和高升油层在岩性和矿物组合上有所不同。根据白云石、方沸石和泥质比例，杜家台油层主要划分为含泥泥晶云岩、含泥方沸石质泥晶云岩、泥质含云方沸石岩和含云方沸石质泥岩四大类；根据白云石、生物碎屑和泥质比例，高升油层主要划分为泥晶粒屑云岩、含泥粒屑泥晶云岩、泥质泥晶云岩和云质页岩四大类。

2. 储集空间及物性

结合储层各种实验测试资料，将储集空间划分为孔隙和裂缝两大类七种类型。根据岩心观察和薄片分析，雷家地区沙四段碳酸盐岩储层以孔隙—裂缝型和裂缝型为主，见少量裂缝—孔洞型储层。其中，杜家台油层含泥泥晶云岩和含泥方沸石质泥晶云岩发育收缩缝和溶孔，容易形成储层，泥质含云方沸石岩次之，含云方沸石质泥岩最差；高升油层泥晶粒屑云岩和含泥粒屑泥晶云岩发育粒间孔、裂缝、溶孔和晶间孔，容易形成储层，泥质泥晶云岩次之，云质页岩最差。岩心分析孔隙度一般在2%～14%，平均9.5%。岩心分析渗透率一般在0.1～30mD，小于1mD的比例达到34%（图1-10-5）。在部分孔隙度较小的样品中存在一些渗透率值急剧增大的数值点，这是由于发育微裂缝增大孔隙连通性而提高渗透率的原因，表明这些样品受微裂缝的影响很大。

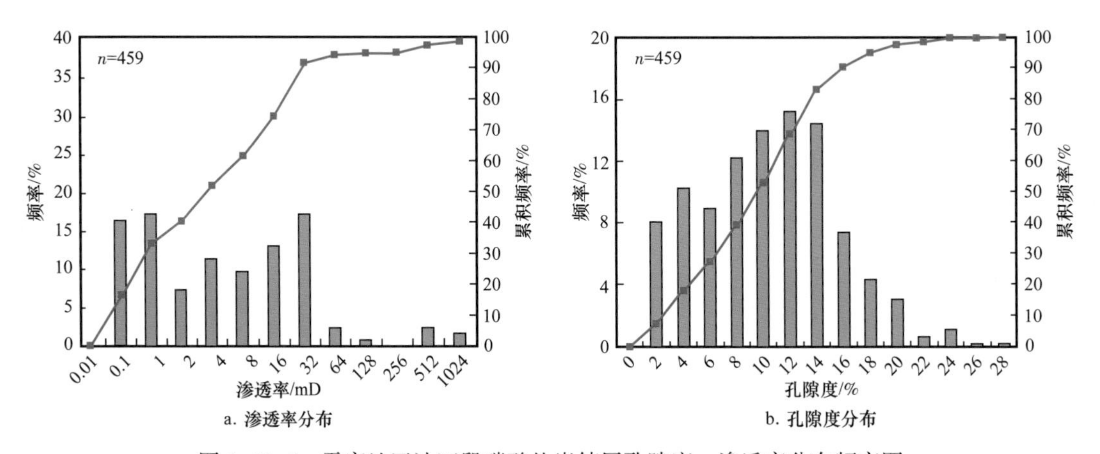

图1-10-5　雷家地区沙四段碳酸盐岩储层孔隙度、渗透率分布频率图

根据物性分析结果，将高升油层分为三类（表1-10-2）：一类储层为泥晶粒屑云岩，储集性能最好，储集空间为粒间孔和溶孔，如高25-21井1882.65m铸体薄片中粒间溶孔、粒内溶孔发育，扫描电镜下溶孔发育，孔隙度值为15.8%，渗透率为5mD；二类储层为泥质泥晶云岩，储集空间为裂缝和溶孔，如雷36井2682.7m铸体薄片中裂缝发育，电镜下微裂缝、溶孔发育，孔隙度为10.3%，渗透率小于1mD；三类储层为含碳酸盐泥页岩，如曙古173井3048.8m铸体薄片见层间裂缝，扫描电镜见晶间孔，孔隙度值介于5.4%～6.2%，渗透率小于1mD。

表 1-10-2　雷家地区沙四段高升油层各类储层及物性特征

储层岩石类型	储层岩心宏观照片	储集空间铸体薄片（单偏光）	储集空间镜下特征扫描电镜	孔隙度 / %	渗透率 / mD
泥晶粒屑云岩		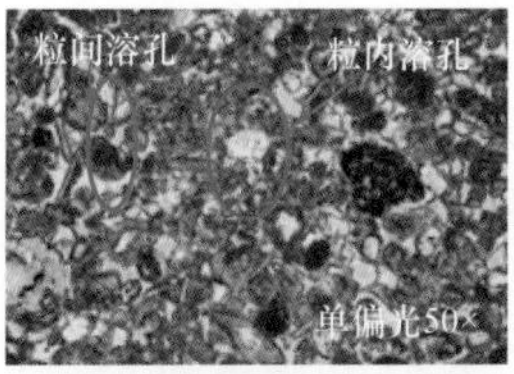		15.8	5
泥质泥晶云岩	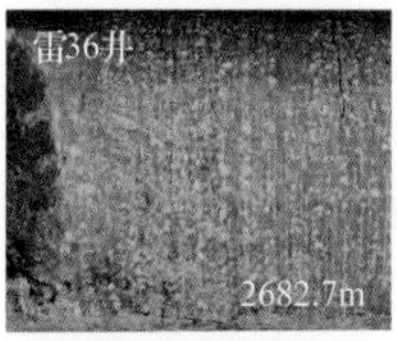	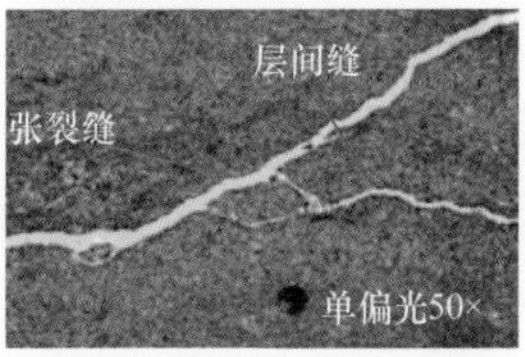	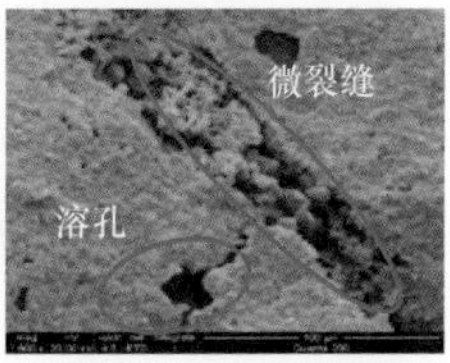	10.3	<1
含碳酸盐岩泥页岩	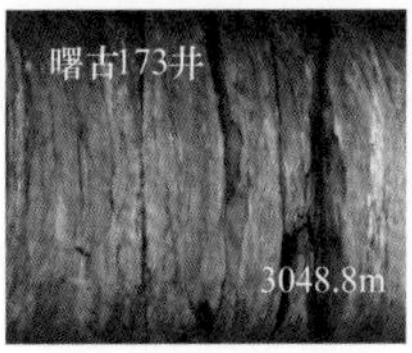		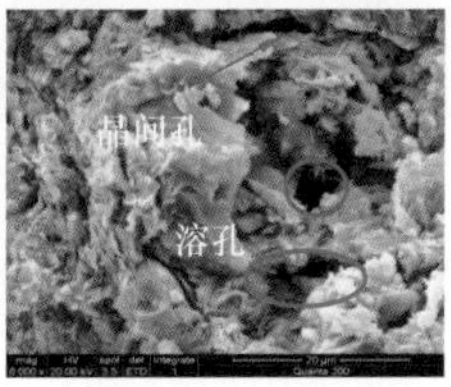	5.4～6.2	<1

杜家台油层也分为三类（表 1-10-3）：其中一类储层为含泥泥晶云岩，如雷 88 井 2570.83m 铸体薄片见到层间裂缝和溶蚀孔隙，扫描电镜下溶孔发育，孔隙度值为 10.5%，

表 1-10-3　雷家地区沙四段杜家台油层各类储层及物性特征

储层岩石类型	储层岩心宏观照片	储集空间铸体薄片（单偏光）	储集空间镜下特征扫描电镜	孔隙度 / %	渗透率 / mD
含泥泥晶云岩		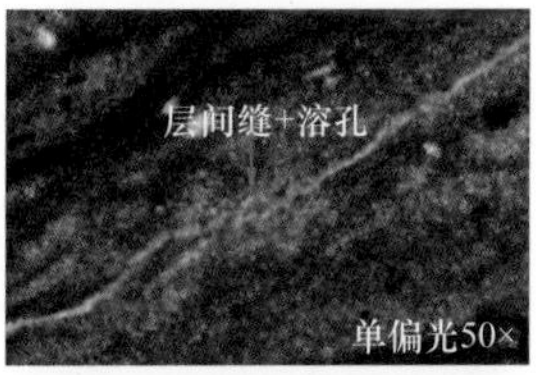		10.5	<1
含泥方沸石质泥晶云岩				4.8～6.1	<1
含云泥岩				3.5～5.8	<1

渗透率小于 1mD；二类储层为含泥方沸石质泥晶云岩，如曙古 165 井 3008.17m 宏观岩心裂缝发育，铸体薄片见层间裂缝，电镜下晶间孔、溶孔发育，孔隙度值介于 4.8%～6.1%，渗透率小于 1mD；三类储层为泥质含云方沸石岩、含云方沸石质泥岩。如雷 93 井 2676.22m 铸体薄片见到层间裂缝、张裂缝，扫描电镜见到残余溶孔，孔隙度值介于 3.5%～5.8%，渗透率小于 1mD。

3. 脆性及地应力

页岩油的体积压裂设计中，岩石的脆性及地应力特征是重要的考虑因素。目前一般是利用高精度密度测井、电成像测井以及阵列声波资料，以岩石力学实验测量数据、测井数据建立相关模型，计算页岩油储层段的脆性值及地应力大小和方位。在相同应力条件下，随泥质含量增大，岩石产生裂缝由易变难，脆性变小，如泥质含云方沸石岩的脆性指数＞泥质含方沸石云岩的脆性指数＞含方沸石云质泥岩的脆性指数＞灰质页岩的脆性指数。因此，脆性指数高值区往往与优势岩性分布区具有一致性。

雷家地区沙四段储层的岩石脆性指数在 35%～75% 之间，其中杜三油层组整体脆性相对较好，一般大于 50%，脆性指数在方沸石发育区相对较高，如雷 88 井杜三油层组为高脆性指数段，在该层段试油，即获得日产油 27t 的较好效果。杜二油层组岩石脆性较差，这主要是泥质含量增加的缘故。高升段岩石脆性较杜三油层组略差，高脆性区分布较局限，雷 96 井脆性相对较高，压裂之后获日产油 4t，跟脆性较好存在一定的关系。通过成像测井资料，可知该区最大水平主应力方向为北西—南东向，并计算得到最大最小水平主应力差值在 5～10MPa。

四、油藏特征

1. 含油性特征

沙四段多口井见油气显示，如高 25-21 井、高 3-4-3 井、雷 86 井、雷 36 井、雷 84 井、雷 88 井以及雷 93 井等，均在岩心中观察到了油气显示，并在薄片鉴定的过程中，于孔缝中发现了原油。根据岩性、物性及含油性联测结果，随着岩心中白云石含量增加、泥质含量降低，岩心分析孔隙度和渗透率升高，同时岩心的油气显示级别也逐渐升高（图 1-10-6）。利用核磁测井资料，得到雷家地区沙四段储层的含油饱和度在 30%～85% 之间。雷家地区沙四段油层呈环带状分布，受白云岩厚度和分布范围影响，有白云岩存在就有油层，并且岩性越纯，含油性越好。在产能特征上，表现为随着白云石含量增大，产能变好。工业油流井段白云石含量大于 40%，高产油流井段白云石含量大于 50%。

2. 成藏特征

雷家地区页岩油藏主力产层是杜三油层组湖相碳酸盐岩储层，它与上部的杜二油层组及下伏的高升油层的泥质烃源岩呈夹层状分布。同时在杜三油层组和高升油层碳酸盐岩储层内部，泥质岩与碳酸盐岩也呈高频率的互层发育，储层紧邻的上部、下部，以及本层段高频互层的泥质岩，都可以对碳酸盐岩储层提供丰富的油气，属于典型的自生自

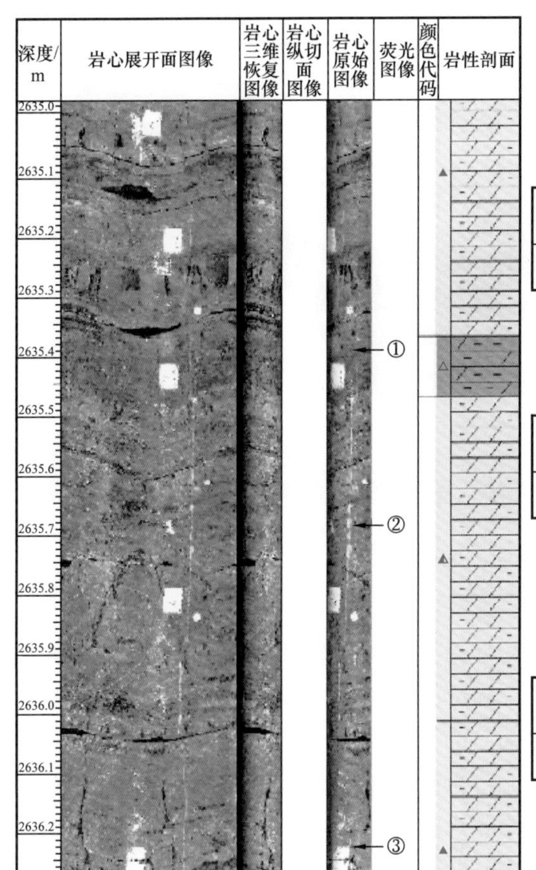

取样点①2635.4m，云质泥岩
岩心孔隙度：1.9%；渗透率：2.81mD

黏土含量	石英	钾长石	斜长石	方解石	赤铁矿	菱铁矿	黄铁矿	方沸石	白云石类
5.2	3.0	6.8	32.9	7.9		2.2	2.8	10.6	28.6

取样点②2635.68m，含方沸石泥质泥晶云岩
岩心孔隙度：2.7%；渗透率：9.78mD

黏土含量	石英	钾长石	斜长石	方解石	赤铁矿	菱铁矿	黄铁矿	方沸石	白云石类
5.3		5.0	29.2					12.3	48.2

取样点③2636.22m，泥质泥晶云岩
岩心孔隙度：7.3%；渗透率：3.98mD

黏土含量	石英	钾长石	斜长石	方解石	赤铁矿	菱铁矿	黄铁矿	方沸石	白云石类
8.7	4.3	3.6	20.2			1.1			62.1

图 1-10-6　雷 84 井沙四段岩心岩性、物性及含油性特征图

储配置关系。油源对比结果也证实这种结论，杜三油层组原油的甾烷 / 萜烷质量色谱图与杜二油层组含灰页岩、高升油层的云质泥岩谱图整体表现相似。表明雷家沙四段油源来自邻近的高升油层和杜二油层组优质烃源岩层，或者是储层内部互层的泥质烃源岩，与沙三段烃源岩无关。

雷家地区泥质云岩页岩油成藏具有显著的特点：在源储配置关系方面，属于典型的自生自储，泥质云岩位于灰质页岩或者油页岩之中；在运移通道方面，油气主要是靠自身的裂缝和溶孔沟通进入储集空间，或者与裂缝相关的微纳米级孔隙和喉道进入储集空间。裂缝和溶蚀孔是密不可分的，溶孔多沿着裂缝走向分布，裂缝与溶孔的特殊微观匹配关系，既降低了页岩油充注的阻力，又提高了储层的含油饱和度；在充注动力方面，主要是靠优质烃源岩的异常压力，由于生烃膨胀作用产生了较高压差，可以突破储层微裂缝—微孔隙所受的毛细管阻力；在储集空间方面，泥质云岩储层裂缝和溶孔较为发育，脆性也相对较大，在构造作用力和有机酸的溶蚀作用下，能够形成局部“甜点区”。勘探开发实践证实，雷家地区沙四段具有连续型油藏的分布特征，整体含油，局部富集（图 1-10-7），油层分布主要受白云岩厚度和分布范围影响，有白云岩存在就有油层，并且岩性越纯，含油性越好，油层厚薄变化与岩层厚薄变化基本一致。

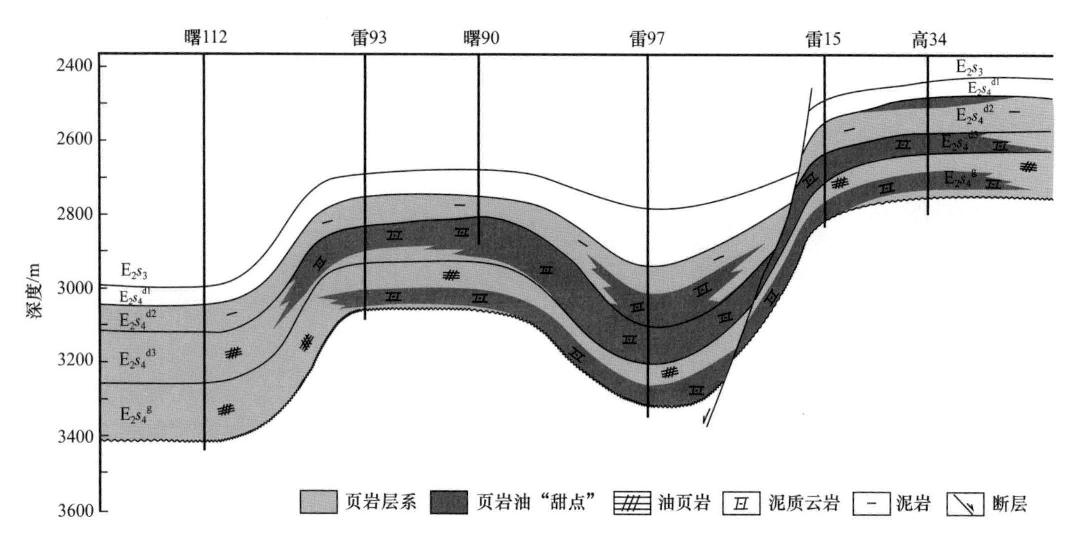

图 1-10-7　雷家地区页岩油成藏模式图

3.“甜点”预测

由于沉积条件、成岩作用和破裂作用的发育差异，使得在致密储层中因为优势岩性的存在，或建设性成岩作用改造了储层，或者局部天然裂缝的发育而使渗透率提高，改善了物性，形成油气“甜点”富集区。“甜点”的刻画需要测井和地震资料结合应用，提高预测的精度。在岩石岩心联测工作基础上，首先开展页岩油“七性”关系研究，识别“甜点”纵向分布位置，明确岩性是雷家地区页岩油分布的主控因素，即岩性控制物性，岩性、物性综合控制含油性，岩性、孔隙结构及孔喉控制产能。其次利用“两宽一高”地震资料，开展叠前反演，预测“甜点”平面分布范围，为目标评价提供部署建议。

采用岩心刻度测井建立储层岩性、物性、含油性、脆性、地应力各向异性测井评价方法及模型（图 1-10-8）。岩性识别上，优选敏感测井项目，建立岩心刻度测井的多矿物模型，确定出岩石矿物组分及其相对含量，将雷家地区白云岩储层岩性划分为白云岩、泥质岩和方沸石岩三大类；物性评价上，采用核磁共振测井和微电阻率成像测井对孔隙结构进行评价，建立准确的物性模型，计算孔隙度平均值为 10%；含油性评价上，利用压汞资料刻度核磁 T_2 谱，构建伪毛细管压力曲线，实现含油性的纵向连续定量评价，目的层含油饱和度在 30%～85% 之间；脆性评价上，用三轴应力实验结果来标定阵列声波测井得到的杨氏模量、泊松比等弹性参数值，建立它们之间的拟合关系，实现参数转换，对脆性进行评价，结果为岩石脆性指数在 35%～75% 之间；地应力评价上，利用阵列声波测井资料提取快慢横波的方位、速度和幅度信息，从而确定地应力方位、大小以及纵横向各向异性等，结果显示雷家地区沙四段应力方向为北西—南东向，最大最小水平主应力差在 5～10MPa 之间。

通过岩石物理实验及精细的测井解释，建立岩石物理模型，进行精确的速度预测，得到速度、密度等各种弹性参数，并优选敏感弹性参数，构建岩石物理量版。开展叠前反演、多参数弹性反演，预测岩性，最终优选杨氏模量作为云质页岩预测的弹性参数。杜三油层组云质页岩主要分布于雷 93 井至高 34 井一线，最大厚度达 100m，储层最厚

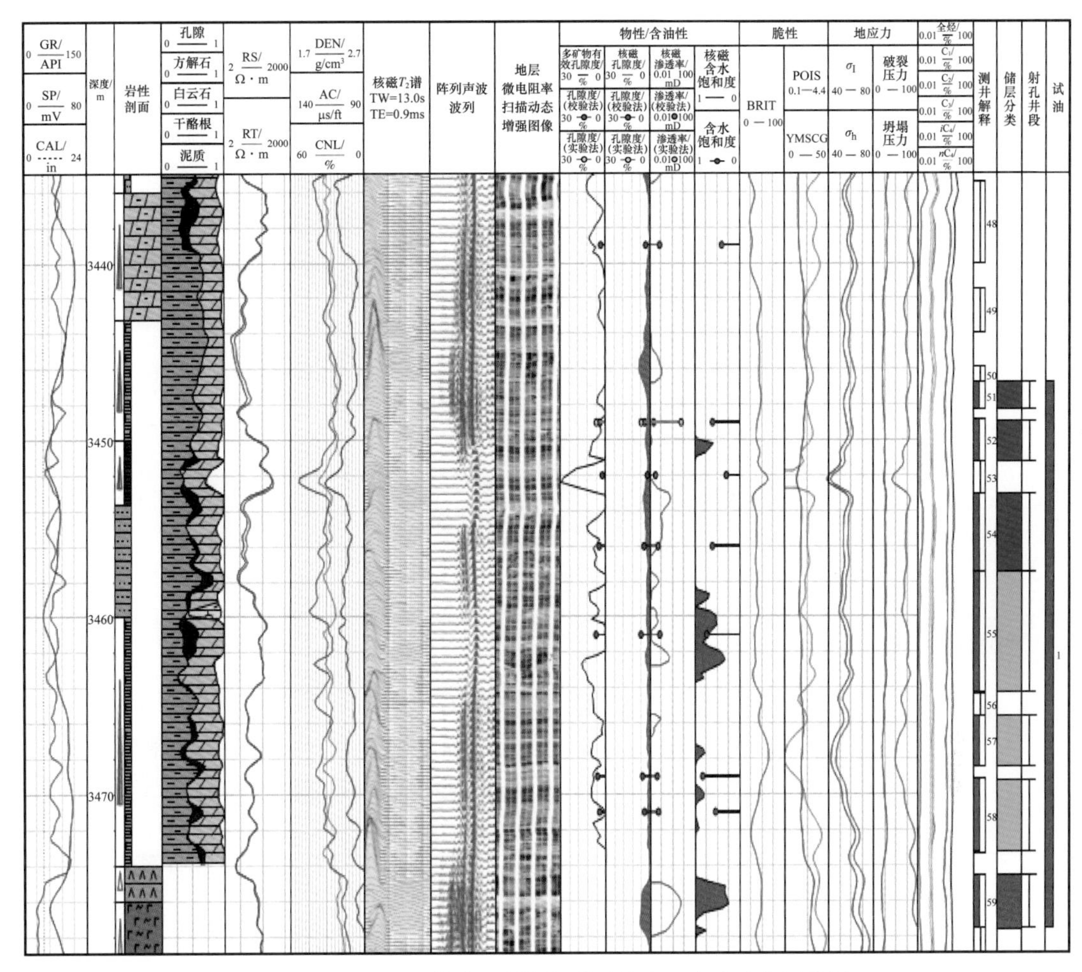

图 1-10-8　雷 99 井沙四段湖相碳酸盐岩页岩油综合评价图

的区域在雷 97 井附近。勘探实践证实，“甜点”区工业油流井大多集中在储层厚度大于 20m 的区域（图 1-10-9）。白云石含量与横波阻抗相关系数达到 0.85，由横波预测结果得到白云石含量较高储层的分布，杜三油层组白云石含量高值区主要集中在雷 93 井、雷 88 井、雷 97 井、雷 3 井、雷 18 井等井区。白云石含量与含油性密切相关，出油层段白云石含量大多在 40% 以上。物性和脆性受岩性控制，其高值区分布范围与白云石含量分布相类似，白云石含量越高，储层物性越好，脆性指数越高。杜三油层组孔隙度下限标准为 6%，脆性指数的下限值为 50%。各向异性反演结果显示，杜三油层组的裂缝密度高值主要分布在北东向和近东西向主干断裂附近。最终，雷家地区杜三油层组“甜点”区将由优势岩性厚度、白云石含量、孔隙度、脆性指数和裂缝分布叠合确定。

五、勘探成效

早在 20 世纪 90 年代，该区块就已经在沙四段发现了碳酸盐岩油气藏，在杜家台油层探明石油地质储量 1007×10^4t，在高升油层探明石油地质储量 335×10^4t，局部投入开发，效果一般。2010 年在雷家地区周边部署钻探的高古 2 井、高古 10 井、高古 14 井等均在沙四段碳酸盐岩中获得了油气显示，2011 年完钻的高古 15 井在沙四段泥质白云岩

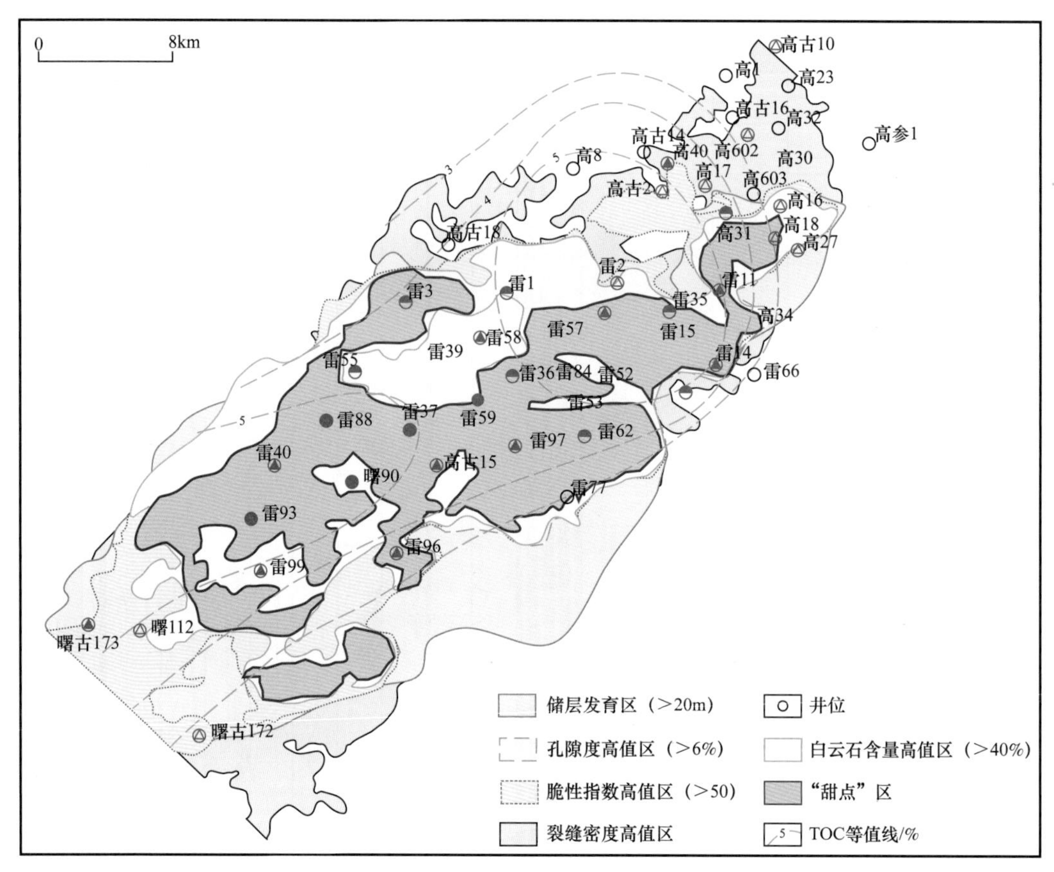

图 1-10-9　雷家地区杜三油层组“甜点”预测分布图

中获得了工业油流。

2012 年针对沙四段湖相碳酸盐岩，在雷家地区进行了物探攻关，开展 210km^2 的“两宽一高”地震资料采集，为页岩油“甜点”预测夯实了资料基础。其后，钻探雷 88 井、雷 93 井等，在沙四段杜家台油层获得工业油流，雷 96 井、雷 99 井等在沙四段高升油层获得工业油流。

雷 88 井：试油井段 2565.0～2614.5m；49.5m/11 层；Hiway 压裂，累计挤入压裂液 711.6m^3，加砂 35m^3，压后 5mm 油嘴求产，日产油 27.1m^3。雷 96 井：试油井段 3541.4m～3559.9m，14.9m/4 层，压前折算日产油 3.95t，压后日产液 18m^3，日产油 9.4t。雷 99 井：试油井段 3446.7～3477.6m，30.9m/13 层，压前地层测试，平均液面 2840.9m，日产油 0.03t，日产水 0.057m^3，压后日产油 21.6m^3。

2012—2018 年，雷家页岩油储层改造攻关取得了良好的效果，针对沙四段目的层共完成压裂井 18 口，获工业油气流井 15 口。水平井体积压裂可实现纵向穿层压裂，从而实现储层的有效动用，同时体积压裂规模大，可有效提高单井产能。压裂设计除了要考虑页岩自身物理化学特性之外，还需要考虑射孔密度、裂缝导流能力、裂缝密度及压裂液返排的综合影响。雷家页岩油主要采用速钻桥塞 Hiway 分级压裂技术，优选压裂液体系，按照“直井控面积，水平井提产”的方式投入开发。如雷 88 井至杜 H5 井，水平段长度 781m，油层钻遇长度 750m，油层钻遇率 80%，综合解释油层 291m/28 层，差油层

783.5m/39 层。采用水力泵入式快钻桥塞分段压裂技术，在 3276.0～4198.0m（共 922m）完成 12 段压裂改造，累计加砂 646m^3，注入液量 13882.2m^3，最高施工排量 10.0m^3/min。压后初期采用 2mm 油嘴排液，排液初期日产油 31.9t。截至 2018 年底，累计产液 12352t，累计产油 8478t。

2013 年雷家地区沙四段杜家台油层湖相碳酸盐岩页岩油新增预测石油地质储量 5118×10^4t；2014 年升级控制石油地质储量 4199×10^4t；2017 年高升油层新增预测石油地质储量 4711×10^4t。根据“十三五”辽河油田油气资源评价结果，雷家地区沙四段湖相碳酸盐岩页岩油资源量可达 2.3×10^8t，勘探潜力较大。

第三节　大民屯凹陷沙四段页岩油

以往勘探实践证实，大民屯凹陷沙四段具有页岩油勘探潜力。沈 224 井在沙四段下部的含碳酸盐岩油页岩层段进行试油，获日产油 6.08t 的工业油流，投产后累计产油 1968t（截至 2018 年底），表明大民屯凹陷沙四段含碳酸盐岩油页岩可以作为页岩油勘探的有利储层。其分布范围较广，面积约 220km^2，厚度在 100～220m 之间。为了进一步探索沙四段页岩油藏，2013 年部署实施系统取心井——沈 352 井，该井取心进尺 145.92m，心长 122.47m，揭示沙四段页岩油层段 200m。综合考虑岩性变化及声波时差和电阻率曲线的响应特征，将页岩油层段自上而下细分为Ⅰ油层组、Ⅱ油层组和Ⅲ油层组，Ⅰ油层组以油页岩为主，Ⅱ油层组以油层泥质云岩为主，Ⅲ油层组为白云岩与油页岩互层。

一、沉积环境

沉积环境对储层的岩性及物性特征起着决定作用，而 Sr/Ba（锶 / 钡）、Cu/Zn（铜 / 锌）等元素比值是反映油页岩沉积环境的优质指标。Sr/Ba 可作为古盐度判别的灵敏标志，Sr/Ba＞1 为咸水环境，Sr/Ba＜1 为微咸水或淡水环境；Cu/Zn 可作为氧化还原环境的指标，Cu/Zn＞0.2 为还原环境，Cu/Zn＜0.2 为氧化环境。沈 352 井沙四段油页岩的 Sr/Ba 和 Cu/Zn 比值（图 1-10-10），揭示了沙四段三个油层组均处于咸化还原环境，两个比值都是随着深度的增加而变大，反映出Ⅲ油层组的还原性最强，从而有利于有机质的沉积和保存。

大民屯凹陷沙四段沉积时期经历了滨浅湖—半深湖—深湖沉积演化过程，湖盆发育早期除荣胜堡、三台子、安福屯及胜东等洼陷处于深水沉积环境外，其他地区水体相对较浅，总体南高北低。湖盆边缘的南部和西北部缓坡带是主要的物源供给区，发育多个扇三角洲沉积砂体，东侧发育较小型的扇三角洲沉积砂体。凹陷大部分为浅湖相沉积，湖盆中心普遍发育一套含碳酸盐岩的油页岩沉积（图 1-10-11）。受古隆起地形和水体介质特征的双重控制，湖盆中心构造活动相对较弱，远离外部沉积水流的影响，水体比较闭塞安静，沉积环境相对稳定，随着蒸发作用增强，湖水盐度增加，还原性较强，形成相当数量的油页岩。另外，由于湖水分层和短期旋回的快速变化，通常形成油页岩、灰黑色泥岩、白云质泥灰岩、泥质白云岩等频繁互层沉积，油页岩中含有较多的碳酸盐

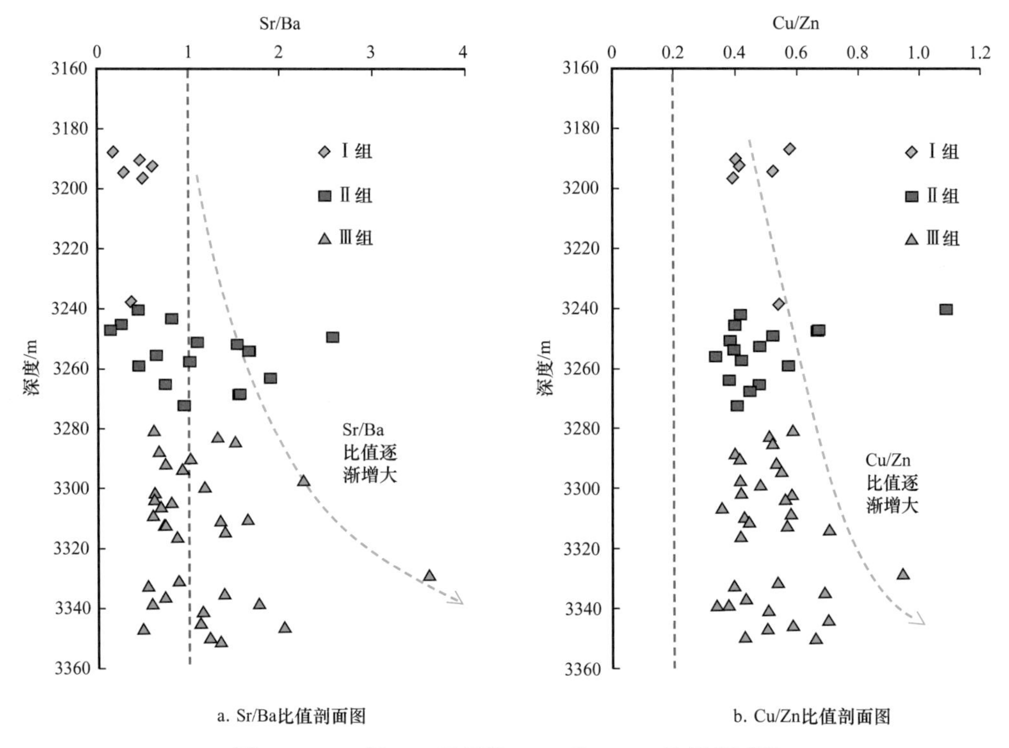

图 1-10-10　沈 352 沙四段 Sr/Ba 和 Cu/Zn 比值剖面图

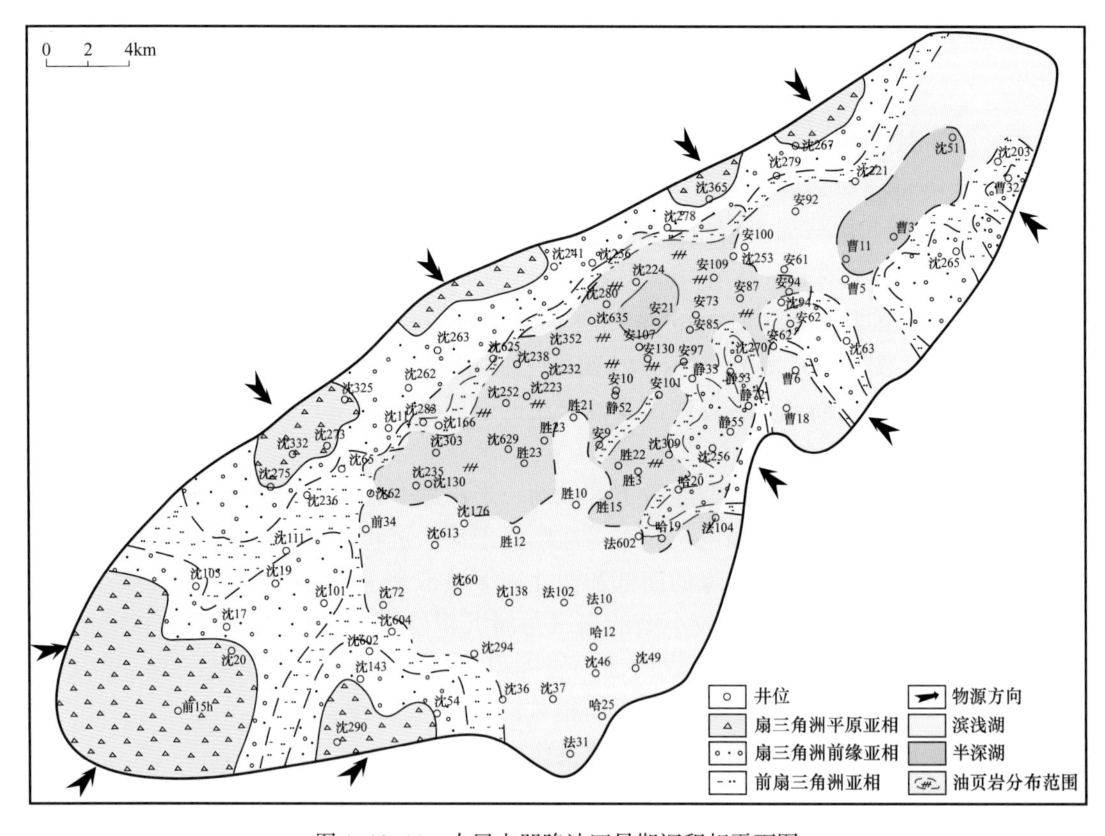

图 1-10-11　大民屯凹陷沙四早期沉积相平面图

岩。滨浅湖的边部水体动荡，不断有外界水流的注入，处于敞开、流动的沉积环境，油页岩不发育。油页岩沉积后水进速度加快，湖水变深，为最大湖盆范围时期。湖中心区域仍为稳定的沉降区，发育了以厚层、质纯、暗色泥岩为主的半深湖—深湖相沉积，即为沙四段上亚段上部的泥岩。

二、油页岩特征

1. 烃源岩分布

沙四段上亚段的烃源岩主要是油页岩，整体披覆在大民屯凹陷中央构造带之上，其形成与分布直接受中央构造带古隆起地形控制，西侧安福屯—静北地区和静安堡地区油页岩发育、分布稳定、连续性较好，面积可达 220km^2，沉积厚度在 100～220m 之间，最厚可达 240m。中部东胜堡地区具有明显的古地貌山特征，潜山高点长期出露在水面之上，因而隆起主体部位未接受沉积，其他地区油页岩沉积厚度较薄，厚度在 20～120m 之间（图 1-10-12）。

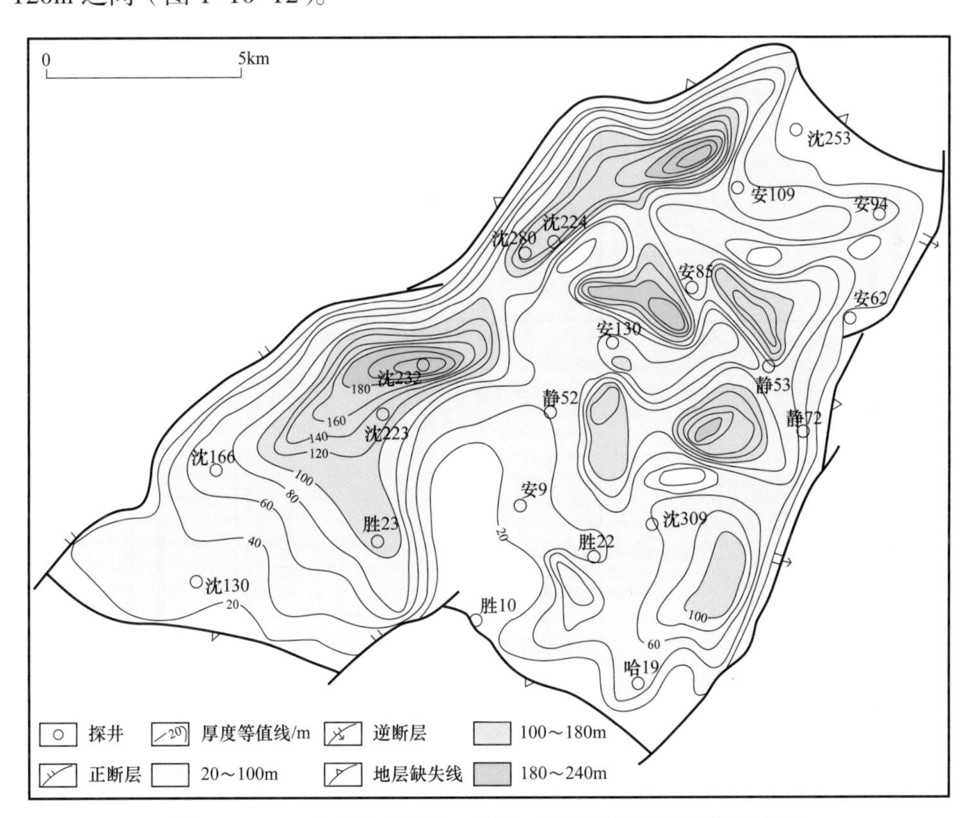

图 1-10-12　大民屯凹陷沙四段上亚段下部油页岩厚度分布图

2. 烃源岩地球化学特征

总体上，大民屯凹陷沙四段上亚段下部油页岩有机碳含量普遍大于 2%，最高可达 15%，干酪根类型以 Ⅰ—Ⅱ$_1$ 型为主；沙四段上亚段上部泥岩有机碳含量在 0.5%～2.5%。干酪根类型有 Ⅰ 型、Ⅱ$_1$ 型和 Ⅱ$_2$ 型，Ⅰ 型干酪根占 47.1%，Ⅱ$_1$ 型干酪根占 11.6%，Ⅱ$_2$ 型占 41.3%。

对大民屯凹陷沙四页岩油段三个油层组的有机质丰度进行统计，得到 Ⅰ 油层组、Ⅱ

油层组、Ⅲ油层组TOC、氯仿沥青“A”、生烃势频率分布直方图（图1-10-13）。Ⅰ油层组的烃源岩有机质丰度绝大部分都达到了好烃源岩标准，TOC大于10%的比例能达到近30%，而Ⅱ油层组和Ⅲ油层组TOC在10%以上的很少。Ⅰ油层组的生烃势绝大部分都大于20mg/g，分布在30～60mg/g之间最多；Ⅱ油层组主要分布在2～10mg/g之间，Ⅲ油层组主要分布在10～30mg/g之间。Ⅰ油层组氯仿沥青“A”分布范围较宽，0.2%～1%之间分布较为集中，Ⅱ油层组采集样品实验点较少，Ⅲ油层组的氯仿沥青“A”主要分布在0.05%～0.5%之间，好烃源岩所占比例较高。

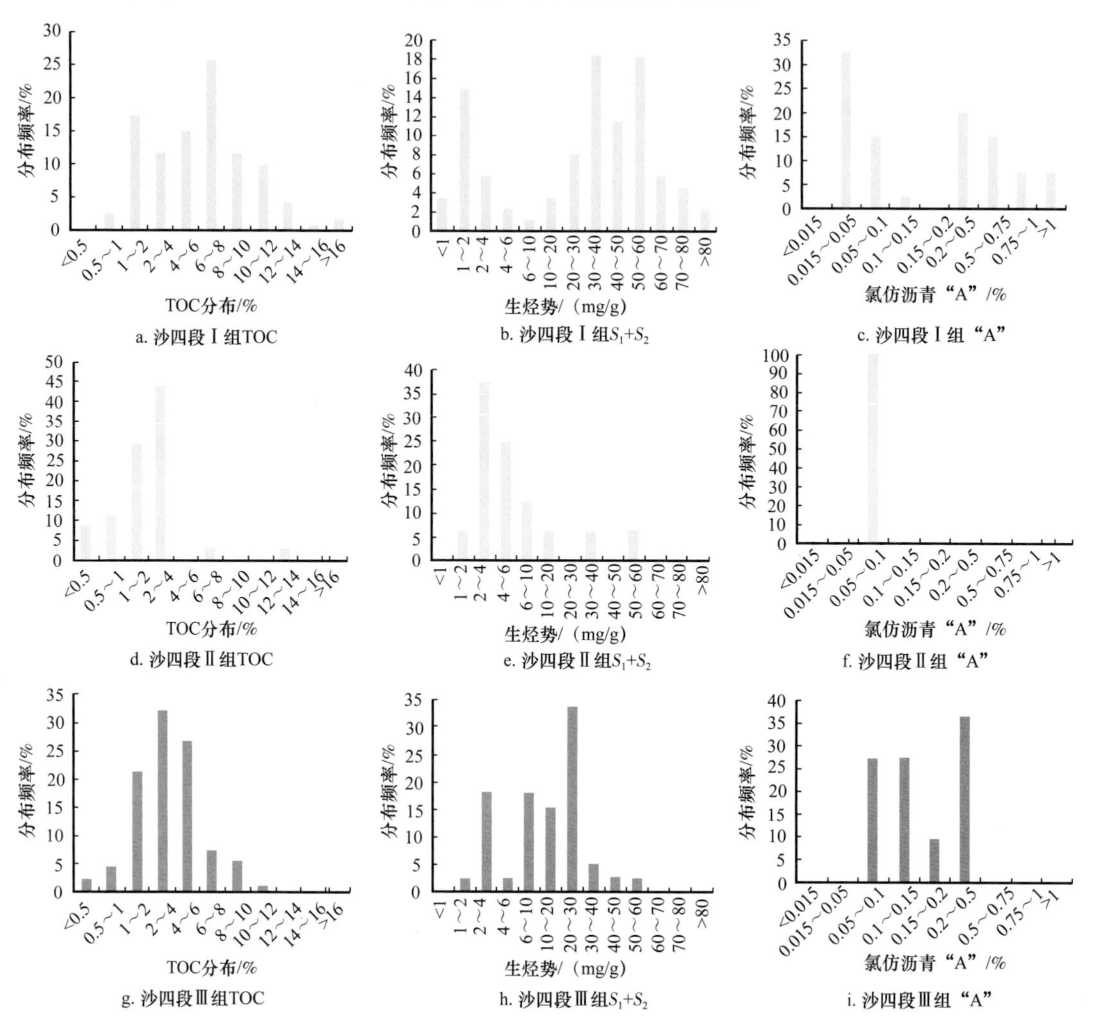

图1-10-13　大民屯凹陷沙四段Ⅰ组、Ⅱ组、Ⅲ组TOC、生烃势及氯仿沥青“A”分布频率直方图

通过对三个油层组有机质类型进行精细评价，得到了各组的T_{max}-HI图（图1-10-14）和有机质类型分布直方图（图1-10-15），结果显示Ⅰ组、Ⅱ组、Ⅲ组的烃源岩有机质类型均以Ⅰ型和$Ⅱ_1$型为主，其中Ⅰ型有机质在三个层组中含量均超过75%。

沙四段的烃源岩成熟度介于0.6%～1.0%之间，处在成熟阶段，实测R_o普遍小于1%，主要受样品深度所限（＜4000m）。大民屯凹陷烃源岩约在2400m时，最大热解温度（T_{max}）值为435℃，R_o值为0.5%；烃源岩埋深约在3300m时，T_{max}值为445℃，达到生油高峰，R_o为0.75%。随着烃源岩埋深加大，有机质成熟度不断增大。

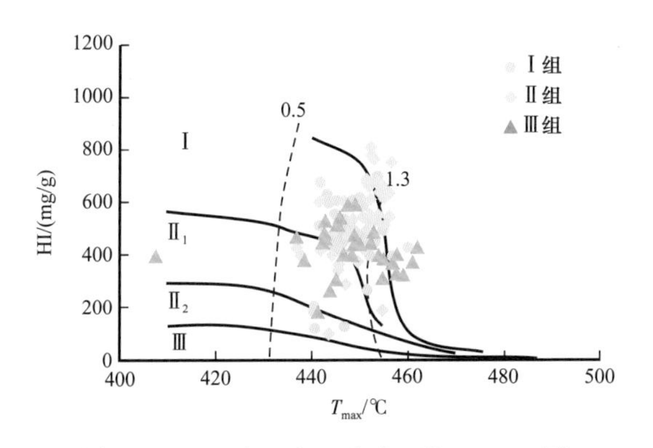

图 1-10-14　大民屯凹陷沙四段 HI-T_{max} 图

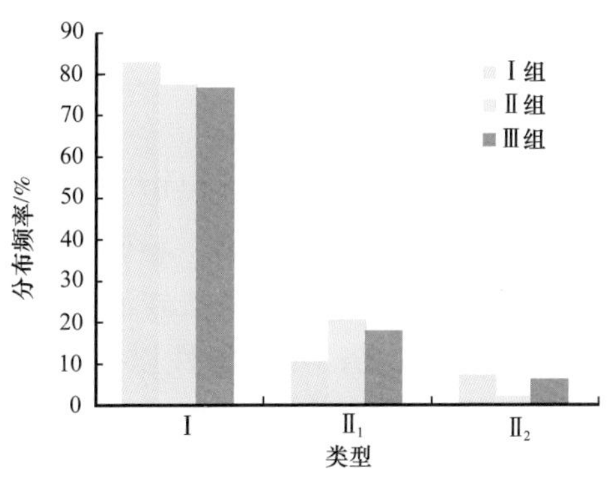

图 1-10-15　有机质类型分布频率直方图

为深入研究页岩油分布规律，完善页岩油评价技术，也为后续开展水平井部署，进行试采及试验性开发做准备，在大民屯凹陷部署了一口系统取心井，即沈 352 井（图 1-10-16），配套相应的测井系列和分析化验资料，对主要目的层实施全井段取心，进行系统岩心观察，分析页岩油宏观储层、含油气特征，建立大民屯凹陷页岩油“铁柱子”，同时通过岩心联测分析化验获取储层微观研究的分析资料。该井为页岩油地质评价提供了资料基础。

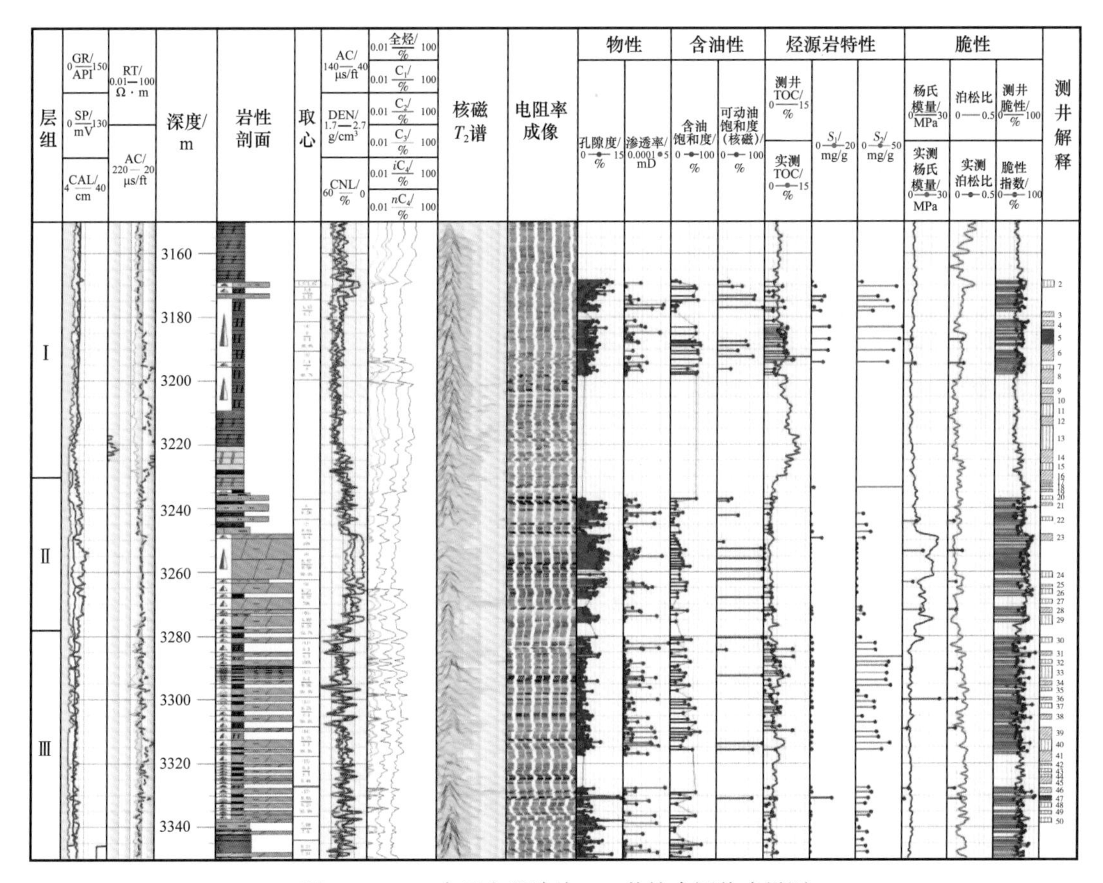

图 1-10-16　大民屯凹陷沈 352 井综合评价成果图

三、储层特征

1. 储层岩性特征及分布

沈 352 井分析表明，大民屯沙四段页岩油储层发育有 5 类岩性，分别为泥质云岩、含碳酸盐岩油页岩、粉砂岩、粉砂质油页岩和油页岩，5 类岩性中都有储层分布。按层段统计，Ⅰ组岩性以含碳酸盐岩油页岩为主，粉砂质油页岩次之；Ⅱ组岩性以粉砂岩为主，泥质云岩次之；Ⅲ组岩性以油页岩和含碳酸盐岩油页岩为主，粉砂质油页岩、泥质云岩次之。三个油层组的地层分布范围相差不大，均发育西部斜坡带和东侧陡坡带两个地层厚度高值区，其中Ⅰ组和Ⅲ组的地层厚度高值区分布面积接近，厚度主体分部在 20～100m 之间；而Ⅱ组地层厚度中心主要分布在东侧地区，最厚可达 120m，而西侧最厚仅有 60m。

2. 储集空间类型及物性特征

利用 CT 扫描、场发射扫描电镜、激光共聚焦、低温氮气吸附、氩离子抛光、铸体薄片等多种方法对沙四段页岩油储集空间进行了评价，目的层发育基质孔、有机孔、溶蚀孔、溶蚀缝、微裂缝等储集空间。图 1-10-17 展示了沙四段三个油层组典型的储层空间类型，Ⅰ组储层储集空间以基质孔、微裂缝为主，局部发育碳酸盐岩等矿物的微溶孔；Ⅱ组也以基质孔、裂缝为主，见少量碳酸盐岩微溶孔；Ⅲ组储集空间以基质孔、裂缝、溶孔为主，局部发育有机孔、生物体腔孔等。含碳酸盐岩油页岩的比表面积较大，纳米级孔隙发育，孔径分布范围广，中值半径大、总孔隙体积大。沙四段上亚段下部含碳酸盐岩油页岩储层物性整体较差，孔隙度主要分布介于 1.2%～11.2%，渗透率分布介于 0.01～8.5mD。

3. 脆性

据 10 口取心探井分析化验资料统计，沙四段油页岩三个层组的矿物整体上可以分为三类，黏土矿物、碳酸盐矿物和石英长石类。

其中Ⅰ组，黏土矿物含量最高，含量为 7.9%～56.6%，整体高于 50%，石英、长石等脆性矿物含量最低，含量为 21.4%～40.2%，碳酸盐矿物含量 3.5%～40.5%；Ⅱ组主要岩性为泥质粉砂岩，黏土含量最低，平均含量为 16.9%，石英、长石及碳酸盐矿物含量最高，平均含量为 44% 和 39%；Ⅲ组油页岩段相对于Ⅰ组来说，不是纯粹的油页岩段，存在钙质夹层，岩性比较复杂，黏土矿物含量较低，含量分布在 24.9%～42.4%，石英、长石和碳酸盐矿物等含量较高，石英、长石和黄铁矿含量分布在 32.7%～60.4%，平均值为 51.7%，碳酸盐矿物含量为 10.5%～60.1%。

总体上，Ⅰ组脆性矿物含量最低，储层条件最差，Ⅱ组和Ⅲ组脆性矿物含量高，储层条件好，沈 352 井脆性矿物含量也符合这一特征。

四、含油性与成藏特征

石英、长石、方解石、白云石等脆性矿物含量较高，在外力作用下易形成天然裂缝和诱导裂缝，形成树状或网状结构缝，有利于油气的聚集。沈 352 井三套层段岩性组合差异很大，储集空间各有不同，导致含油性差异较大。Ⅰ组层段油页岩分布稳定，岩性主要是油页岩、碳酸盐岩油页岩及粉砂质油页岩，普遍发育层理缝、构造缝和层间缝，

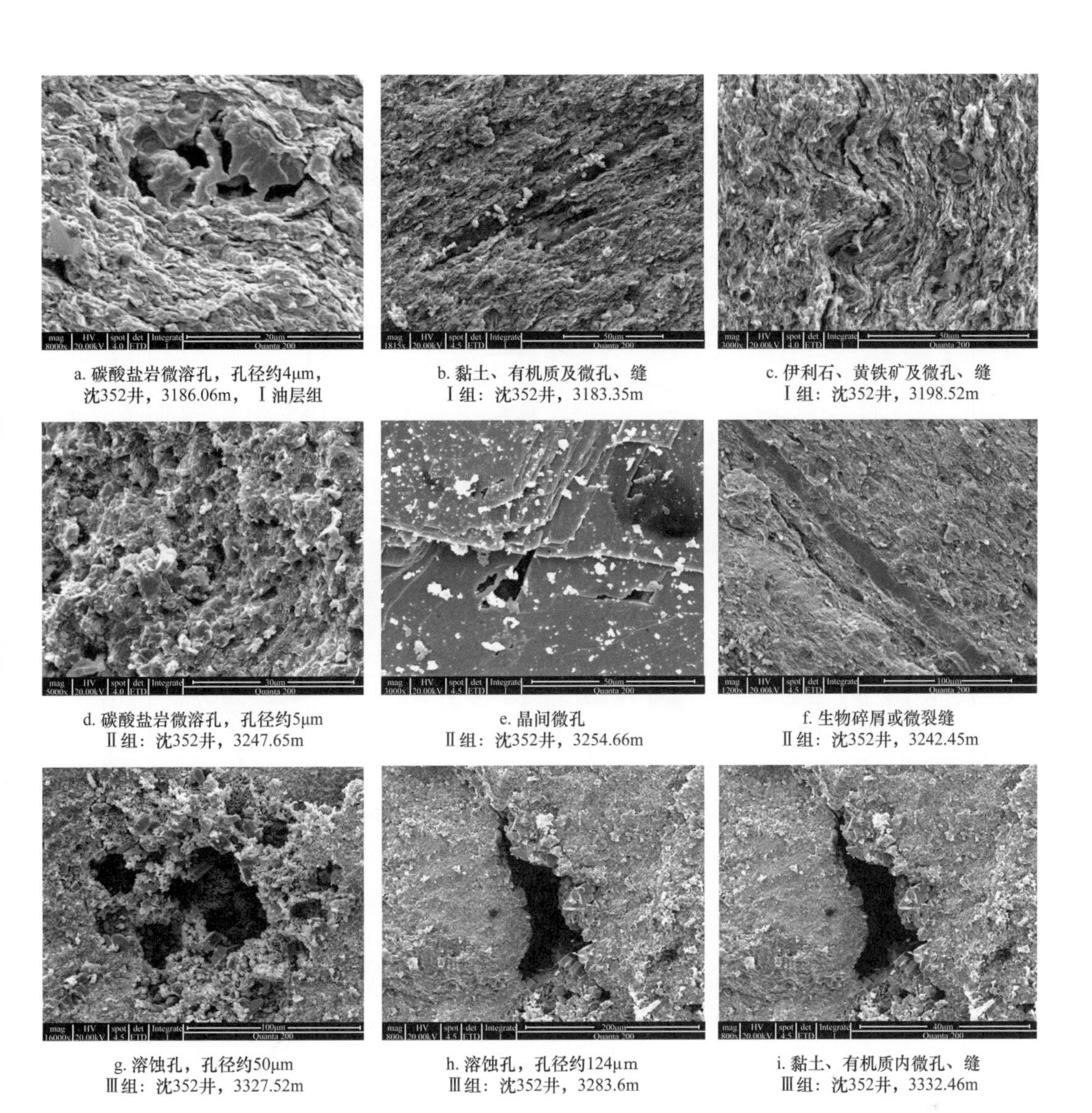

a. 碳酸盐岩微溶孔，孔径约4μm，沈352井，3186.06m，Ⅰ油层组

b. 黏土、有机质及微孔、缝 Ⅰ组：沈352井，3183.35m

c. 伊利石、黄铁矿及微孔、缝 Ⅰ组：沈352井，3198.52m

d. 碳酸盐岩微溶孔，孔径约5μm Ⅱ组：沈352井，3247.65m

e. 晶间微孔 Ⅱ组：沈352井，3254.66m

f. 生物碎屑或微裂缝 Ⅱ组：沈352井，3242.45m

g. 溶蚀孔，孔径约50μm Ⅲ组：沈352井，3327.52m

h. 溶蚀孔，孔径约124μm Ⅲ组：沈352井，3283.6m

i. 黏土、有机质内微孔、缝 Ⅲ组：沈352井，3332.46m

图 1-10-17　大民屯凹陷沙四段Ⅰ组、Ⅱ组、Ⅲ组主要储集空间类型

有利于页岩油藏的形成。Ⅱ组储层岩性为泥质云岩、粉砂岩，矿物成分中脆性矿物含量高，白云石含量高达44%，石英含量平均为25%，发育高角度裂缝。Ⅲ组储层包括泥质云岩、碳酸盐岩油页岩，石英含量达33%，方解石含量达13%，有利于裂缝、溶蚀孔的形成，是页岩油主要发育段。

次生孔隙是大民屯凹陷沙四段页岩油富集的主要储集空间，主要是溶蚀孔和微裂缝。沙四段上亚段下部Ⅲ组的孔隙结构最好，次生孔隙最为发育。这与其沉积环境、演化程度和矿物组成等因素密不可分。富含有机质的泥页岩在埋藏过程中，有机质热降解生成大量的有机酸，可溶解碳酸盐矿物，是次生孔隙形成的主要机制。沙四段上亚段下部Ⅲ组的可溶性矿物比例高，如白云石、方解石和长石，这些不稳定矿物在有机酸的作用下，形成大量的次生孔隙，为页岩油的富集提供了有利储集空间。页岩油运聚的通道主要是裂缝和溶孔，裂缝和溶孔又是密不可分的，溶孔多沿着裂缝走向分布。裂缝与溶孔相互关联的微观匹配关系，可降低油气充注的阻力，是Ⅲ组高含油饱和度的主要因素。

大民屯凹陷页岩油藏具有宏观、微观源储一体页岩油成藏模式（图 1-10-18），Ⅰ组和Ⅲ组为较厚优质烃源岩段，生成大量的油气，存储在孔隙—裂缝双重储集空间，形成源储一体页岩油藏。并且在有机质生烃形成的超压作用下，油气向Ⅱ组运移形成近源油气藏。

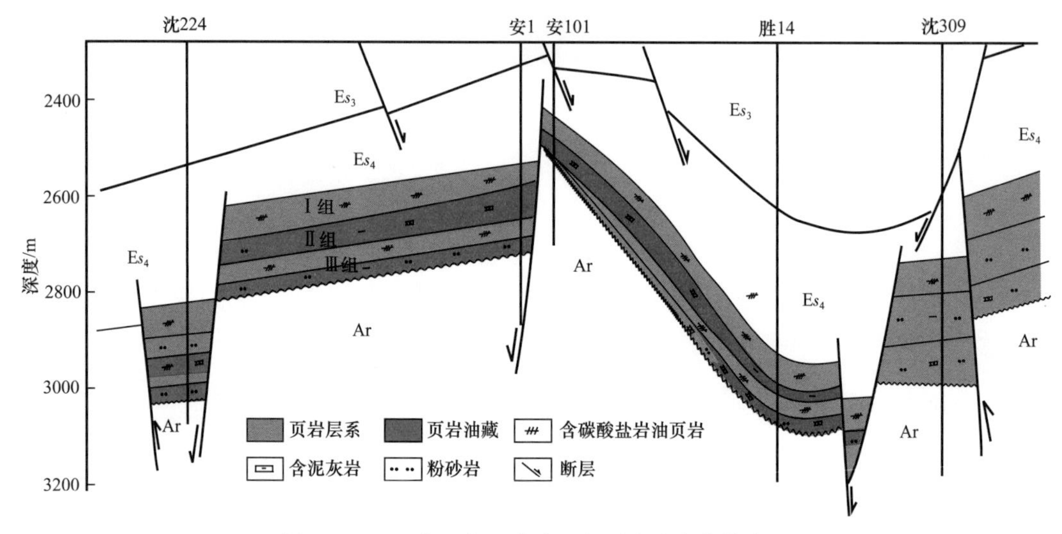

图 1-10-18　大民屯凹陷沙四段页岩油成藏模式图

五、勘探成效

对于大民屯凹陷沙四段页岩油，以综合地质研究为核心，以页岩油优质储层成因及分布特征为研究重点，采用“三步走”的方式有序实施，逐步深化认识，降低风险，取得了一定勘探成效，并形成了相关勘探配套技术。首先是进行老井试油，了解主要目的层含油气及产能情况；其次是进行探井直井部署，通过关键井段取心，进行一系列化验分析，开展储层“七性关系”研究；最后是优选有利地区部署水平井，获得效益产能。

在“甜点”区内开展老井筛查，选取具有代表性油气显示井，进行测井岩性识别、脆性评价、有机碳含量的拟合，优选有利层段，进行系统试油，优选了 9 口老井进行试油，实施了 5 口井，其中安 95 井和胜 14 井两口老井压裂后获得工业油流。安 95 井在 2525.0～2569.0m 井段试油、地层测试，平均液面 2298.1m，折日产液 4.02t，压力系数 1.57；地层温度 87.25℃（2483.13m），本次测试累计回收油 0.778m^3。压裂后试采效果较差，截至 2017 年底，累计捞油 236.9t。

部署直井，实施沈 352 井，该井在 3334.0～3282.0m 井段试油，共 22.0m/7 层，平均液面 2427.5m，折日产液 0.5t；地层压力 37.37MPa，压力数 1.15；累计回收油 0.604m^3。压后放喷，日产油 2.11m^3。

为了落实产能，针对大民屯沙四段页岩油，部署实施 2 口水平井，即沈平 1 井、沈平 2 井，2 口井压后均获工业油流。沈平 1 井于 2015 年 1 月 20 日完钻，主要目的层为页岩油Ⅲ组，水平段长度 620m，分 10 段压裂，总液量 12175m^3，砂 742m^3，排量 9～12m^3/min。2mm 油嘴放喷，返排率 9.0%，见油，累计出压裂液 1257.5m^3，累计出油

2.07m^3。2016 年 1 月 14 日投产，初期日产液 42t，日产油 7.6t，截至 2016 年 4 月 24 日，日产液 3.3t，日产油 0.7t，累计产油 160t，累计产压裂液 856m^3。沈平 2 井于 2015 年 3 月 15 日完钻，主要目的层页岩油Ⅲ组，平段长度 605m，分 10 段压裂。累计挤入压裂液 10440m^3，加砂 575m^3。2017 年 6 月 25 日至 7 月 27 日压裂放喷，返排率 4.5%，见油，累计出压裂液 1440.1m^3，出油 104.32m^3。2017 年 7 月 29 日投产，初期日产液 14.1t，日产油 8.8t，2018 年底间开日产油 0.7t，累计产油 1279t，累计产水 1953t。

第十一章 油气藏形成与分布

辽河坳陷古近纪幕式构造运动和多旋回沉积演化，决定了各凹陷发育有多种类型圈闭和多套生、储、盖组合，形成了多套含油气层系和多种类型的油气藏，不同类型的油气藏在空间上相互叠置，构成了多种类型的复式油气区（带）。

第一节 油气藏形成条件

辽河坳陷油气基本地质特征前面已经进行了详细的论述，本节重点对烃源岩、圈闭、储层、盖层和油气运移等油气藏形成的基本地质条件进行概要分析。

一、烃源条件良好

辽河坳陷发育中生界九佛堂组（梨树沟组）和新生界古近系沙四段、沙三段、沙二段、沙一段及东营组多套烃源层，其中古近系沙四段、沙三段烃源岩厚度大、生烃母质类型丰富且有机质丰度高，是辽河坳陷主力烃源岩。西部凹陷和大民屯凹陷的烃源岩有机质丰度高（TOC＞2%）、类型好，东部凹陷次之。大民屯凹陷沙四段油页岩由于母质类型的特殊性，生成了丰富的高凝油。东部凹陷沙三段上亚段广泛发育碳质泥岩及煤系地层，有利于天然气的生成。

二、圈闭类型丰富

辽河坳陷经历了多期构造运动，断裂十分发育，主干断裂控制着凹陷的形成、发展，次级断层控制着二级构造带的形成与展布。按断裂展布方向可分为北东、北东东、北西、近南北和近东西向等。按断裂性质可分为伸展断层、走滑断层、挤压断层三大类。断裂活动是裂谷发生和发展的主导因素，对辽河坳陷各凹陷及其二级构造带的形成、对沉积体系发育和火山活动等均起着控制作用。受多期构造运动控制，辽河坳陷发育有背斜、断鼻、断块等构造圈闭，同时也发育多种类型的岩性、地层和潜山圈闭。

三、储层类型多样

辽河坳陷储层类型多样，沉积岩（碎屑岩、碳酸盐岩）、火成岩和变质岩三类四种类型储层均有发育。

碎屑岩储层主要为古近系扇三角洲、三角洲、湖底扇和河流相沉积的砂岩，是辽河坳陷最主要的油气储层，岩性包括砂砾岩、中粗砂岩、粉细砂岩等。储集空间以原生的粒间孔和混合的粒间孔、次生的粒间溶孔为主，为孔隙型储层。

碳酸盐岩储层主要发育于中—新元古界和古生界，古近系局部也有发育。岩性主要为石灰岩和白云岩，储集空间以溶孔、微裂缝为主，为孔隙—裂缝型储层。

变质岩储层主要发育于新太古界。岩性主要为混合花岗岩、变粒岩和花岗片麻岩等。储集空间主要为裂缝，见少量溶孔，为裂缝型储层。

火成岩储层主要发育在古近系和中生界。古近系火成岩储层主要岩石类型为粗面岩、玄武岩、火山角砾岩等，中生界火成岩储层主要岩石类型为安山岩、流纹岩、英安岩、火山角砾岩等。储集空间主要为裂缝、角砾间孔和溶孔，为孔隙—裂缝型储层。

四、发育多套盖层

辽河坳陷主要发育沙四段、沙三段中亚段、沙三段上亚段、沙二段、沙一段中亚段、东二段等六套区域盖层，岩性主要为泥岩，其次是油页岩、钙质页岩，其中沙三段中亚段盖层全坳陷均有分布，沙四段盖层分布在西部凹陷和大民屯凹陷，沙三段上亚段和沙二段盖层主要分布在西部凹陷，沙一段中亚段和东二段盖层主要分布在西部凹陷和东部凹陷。

局部盖层在坳陷各层系均有分布，岩性主要有泥岩、砂质泥岩和火成岩等，如东部凹陷南部地区东二段“细脖子”泥岩，大平房和荣兴屯地区东营组和沙一段的玄武岩等。

五、具多期运聚特点

辽河坳陷油气运移从沙三中晚期到现今持续存在，多期运移成藏特征明显。沙三中晚期，西部凹陷和大民屯凹陷沙四段烃源岩进入低熟—成熟阶段，生成的油气近距离运移成藏。大规模油气运移主要有两期，第一期发生在东营末期，三大凹陷主力烃源岩均已进入成熟阶段，生成的大量油气伴随强烈的构造运动发生大规模排烃和二次运移，这一阶段是辽河坳陷主要油气成藏期。第二期发生在馆陶中期并持续至今，该期烃源岩均已进入成熟—高成熟阶段，持续生成的油气伴随构造活动发生大规模运移成藏，该时期的构造活动使部分早期油气藏遭到破坏，发生二次成藏。

第二节　油气藏类型及实例

根据油气藏成因及圈闭形态，将辽河坳陷油气藏划分为构造油气藏、岩性地层油气藏、潜山油气藏和复合油气藏四大类十一亚类（表 1-11-1）。

表 1-11-1　辽河坳陷油气藏类型划分表

大类	亚类	种类	实例
构造油气藏	背斜油气藏	披覆背斜油气藏	兴隆台沙一段—沙二段，月东东一段、馆陶组
		滚动背斜油气藏	齐 2-7-10 沙三段，欧利坨子沙一段中亚段
		挤压背斜油气藏	牛居沙一段，双台子沙二段
	断鼻油气藏	断鼻油气藏	法 101 沙三段，欢 4、欢 103 杜家台，锦 16 沙二段
	断块油气藏	断块油气藏	杜 124、欢 9 沙四段，锦 607 沙三段，锦 270 沙二段
	泥底辟油气藏	泥底辟油气藏	沈 143 沙三段

续表

大类	亚类	种类	实例
岩性地层油气藏	岩性油气藏	砂岩上倾尖灭油气藏	茨榆坨沙三段，欢齐斜坡带齐 2–22–309 沙三段
		砂岩透镜体油气藏	坨 19 沙三段，锦 612、齐 62 沙三段
		物性封堵油气藏	海 57 沙三段，沈 358 沙四段
		沥青封堵油藏	杜 67、杜 84 块馆陶组
		火成岩油气藏	欧 26 区块沙三段，洼 609、坨 32 中生界
	地层油气藏	地层超覆油气藏	铁 17 沙三段，杜 92 沙四段杜家台
		不整合遮挡油气藏	胜 15 沙三段，青龙台沙三段
潜山油气藏	古地貌潜山油气藏	古地貌潜山油气藏	曙古 32 古生界，齐 2–16–06 新太古界
	块状潜山油气藏	块状潜山油气藏	赵古 1、哈 36、东胜堡、边台新太古界
	潜山内幕油气藏	内幕层状油气藏	曙 125 古生界，沈 229、沈 262 中—新元古界
		变质岩内幕似层状油气藏	兴隆台新太古界，沈 289 新太古界
复合油气藏	岩性—构造油气藏	岩性—构造油气藏	锦 611 沙二段，马深 1 沙三段，沈 225、沈 241 沙四段
	构造—岩性油气藏	构造—岩性油气藏	齐 2–20–11 沙四段，洼 111、双 229 沙一段

一、构造油气藏

构造油气藏分为背斜、断鼻、断块和底辟油气藏四个亚类。

1. 背斜油气藏

1）披覆背斜油气藏

披覆背斜油气藏是由于基岩隆起的存在，其上方与周围地区的沉积层有明显厚度差，经差异压实作用使上覆沉积盖层变形为背斜圈闭而形成的油气藏。该类油气藏主要发育在古隆起之上，背斜构造被断层切割成多个断鼻、断块，各断块常具有独立的油水界面，在兴隆台、齐家、海外河、月东、前进、边台、茨榆坨等地区均有分布（图 1–11–1）。

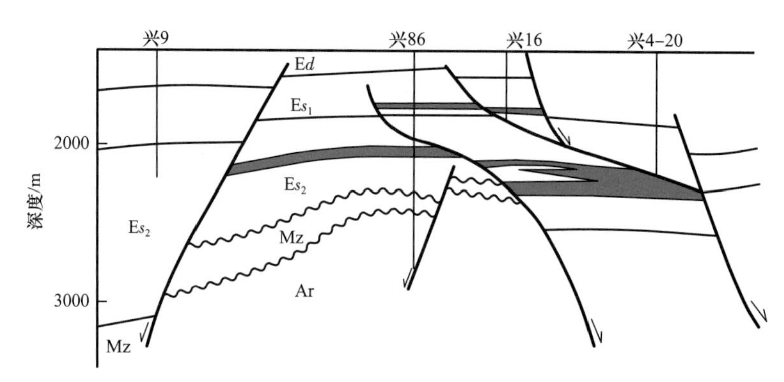

图 1–11–1　兴 9 井至兴 4–20 井披覆背斜油气藏剖面图

2）滚动背斜油气藏

滚动背斜油气藏是生长断层活动时由于两盘的差异压实作用和下降盘沉积层的重力作用形成背斜圈闭而形成的油气藏。该类油气藏在辽河坳陷内分布比较广泛，西部凹陷西侧缓坡带南段齐家、欢喜岭地区最为典型。沙二段沉积时期，南部地区发育的北东向和北东东向两组断裂在欢喜岭潜山相交。在这两组断裂的下降盘，发育一系列的滚动背斜，呈串珠状分布，其延伸方向以及各个滚动背斜的长轴方向和同生断层完全一致，主要分布在西斜坡中、下台阶，如欢 26 块、锦 45 块、曙 2–6–5 块、杜 54 块、齐 13 块等（图 1–11–2）。

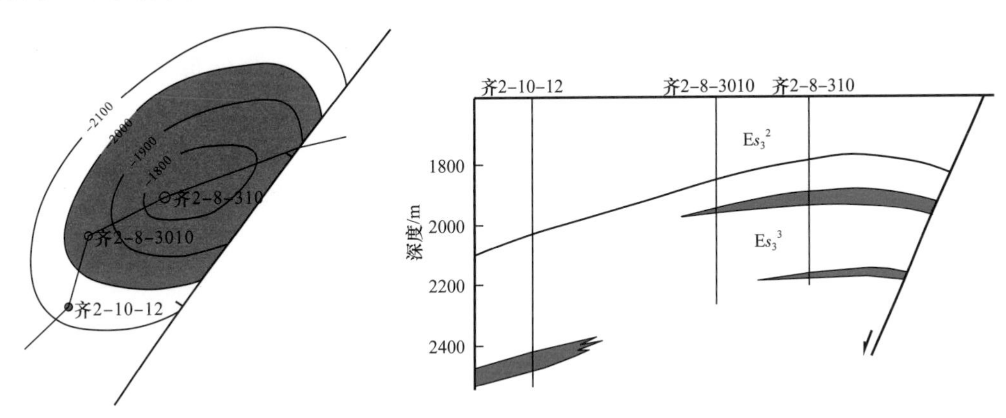

图 1–11–2　齐 2–8–310 井滚动背斜油藏综合图

3）挤压背斜油气藏

挤压背斜油气藏是受区域构造应力挤压作用形成的油气藏，该类背斜圈闭的长轴与主干断层走向呈一定的夹角。东部凹陷的牛居、黄金带等油田，处于中央断裂背斜带，储层为扇三角洲前缘亚相水下分流河道沙体，有主干断层与烃源岩沟通，有利于油气富集。以牛居油田为例，在沙一段沉积中期，构造开始具有雏形，在东营沉积末期定型，油气主要富集在沙一段中部和东营组中，且油气连片分布（图 1–11–3）。

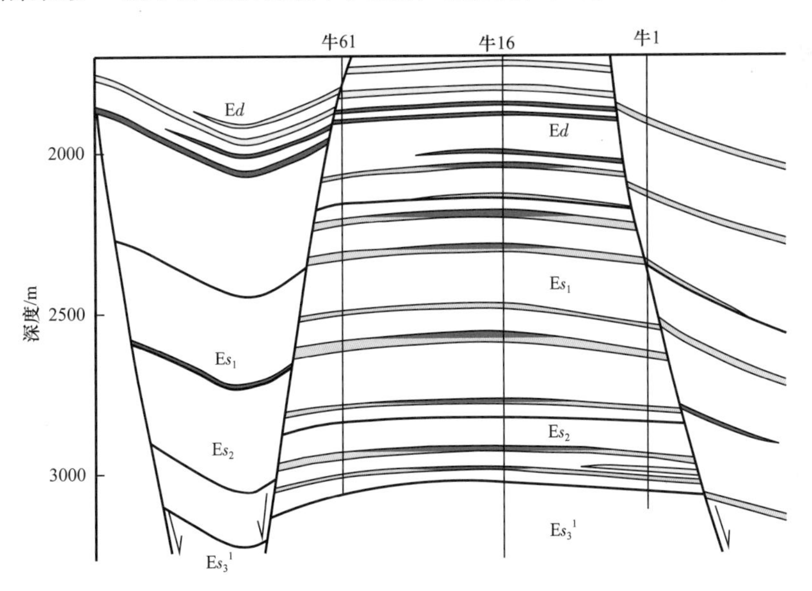

图 1–11–3　东部凹陷牛居地区挤压背斜油气藏剖面图

2. 断鼻油气藏

受构造挤压或差异压实作用在沉积盖层中形成的断裂鼻状构造，油气充注其中而形成的油气藏。该类油气藏多分布于凹陷的两侧斜坡带，多与砂岩尖灭等岩性因素构成混合型油气藏，如法 101 块、千 5 块、欢 47 块、曙 2–7–05 块等（图 1–11–4）。

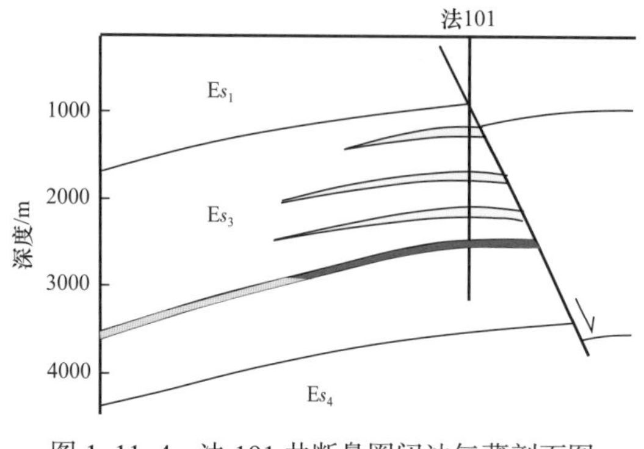

图 1–11–4　法 101 井断鼻圈闭油气藏剖面图

3. 断块油气藏

断块油气藏是由多条断层相互切割，储层为断层所封闭而形成的油气藏。在辽河坳陷中，该类油藏分布广泛，由于断层的分割和遮挡作用，块与块之间油气富集程度不同，油水界面也不相同，如欢 9 块、杜 124 块、曙 51 块、杜古 32 块、锦 2–6–10 块等（图 1–11–5）。

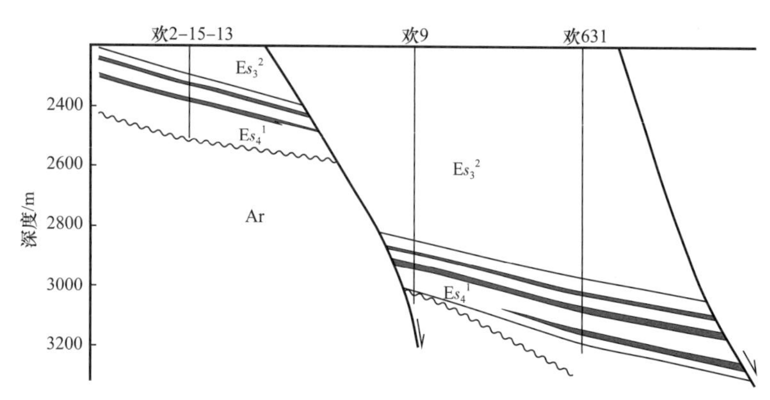

图 1–11–5　欢 2–15–13 井至欢 631 井断块油气藏剖面

4. 泥底辟油气藏

洼陷区的塑性泥岩在差异重力作用下向上拱起，穿刺上覆岩层形成的底辟构造，在其砂岩储层中形成的油气藏，如大民屯凹陷荣胜堡洼陷沈 143 井泥底辟油气藏（图 1–11–6）。

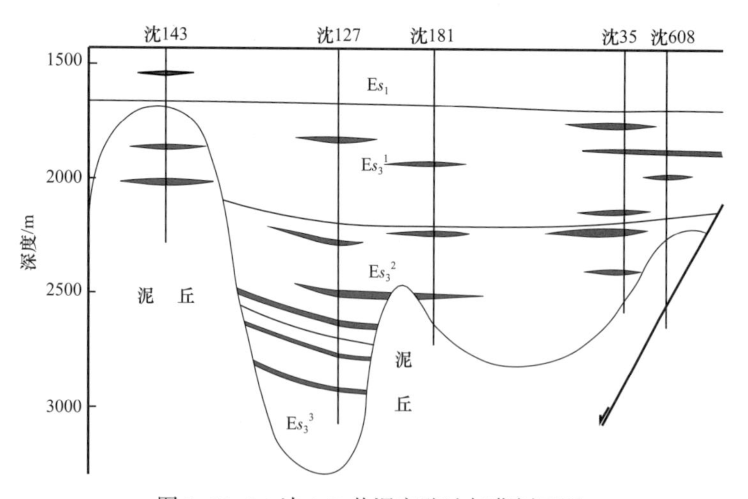

图 1–11–6　沈 143 井泥底辟油气藏剖面图

二、岩性地层油气藏

岩性地层油气藏分为岩性油气藏和地层油气藏两个亚类。

1. 岩性油气藏

岩性油气藏是由岩性、物性或油品性质变化而形成的圈闭中聚集油气而形成的油气藏，它既可是沉积作用（岩性圈闭）形成的，也可是成岩、后生作用而形成的。该类油气藏在辽河坳陷内分布较广，其规模大小不等，主要包括砂岩上倾尖灭、砂岩透镜体、物性封堵、沥青封堵和火成岩油气藏五种类型。

1）砂岩上倾尖灭油气藏

该类油气藏砂体沿斜坡向上倾方向尖灭，砂岩尖灭线与构造等深线相交形成圈闭。最有利的储层是扇三角洲水下分流河道砂岩和前缘席状砂岩。这些砂体置于烃源岩之中或插入烃源岩之中，形成有利的生、储、盖组合。该类油气藏在辽河坳陷斜坡带有广泛分布，如欢齐斜坡带及茨榆坨构造带的中低部位（图 1–11–7）。

2）砂岩透镜体油气藏

四周被泥岩或非渗透层包围的砂体形成的油气藏。砂体类型主要为河道砂、分流河道砂、扇三角洲前缘的河口坝砂及浊积砂体。如西部凹陷坨 19 块油气藏，为沙三段泥岩之中透镜状远端浊积砂体形成的油气藏（图 1–11–8）。

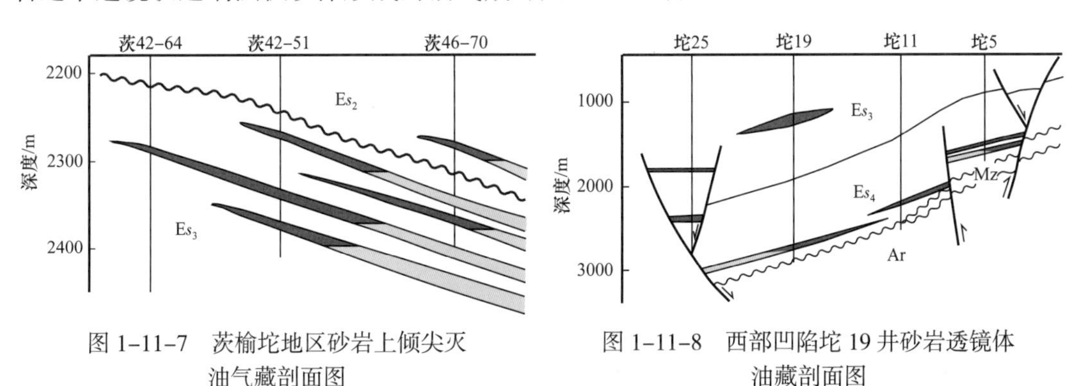

图 1–11–7　茨榆坨地区砂岩上倾尖灭油气藏剖面图

图 1–11–8　西部凹陷坨 19 井砂岩透镜体油藏剖面图

3）物性封堵油气藏

砂体上倾方向由于储层物性变差，阻止油气进一步运移而形成的油气藏。封堵层主要为沉积成因，一般为扇体的根部致密砂砾岩。该类油气藏主要分布在凹陷的陡坡带。如海 57 井沙三段和沈 358 井沙四段油气藏（图 1–11–9）。

4）沥青封堵油气藏

砂体上倾方向或顶部被沥青或沥青壳封堵形成的油气藏。沥青为原油在运移过程中受氧化、水洗、细菌等次生作用而形成。该类油气藏主要分布在西部凹陷西斜坡边部，一般埋藏较浅，如杜 67 井、杜 84 井馆陶组油藏（图 1–11–10）。

5）火成岩油气藏

火成岩油气藏是以火成岩为储层的油气藏。储层岩性主要为粗面岩、火山角砾岩、玄武岩、安山岩、流纹岩、英安岩等。已发现的油气藏主要分布在东部凹陷的沙三段，在房身泡组和中生界也有发现。如欧利坨子地区欧 26 井区沙三段火山岩（图 1–11–11）、注 609 井中生界凝灰岩和坨 32 井中生界流纹岩油气藏。

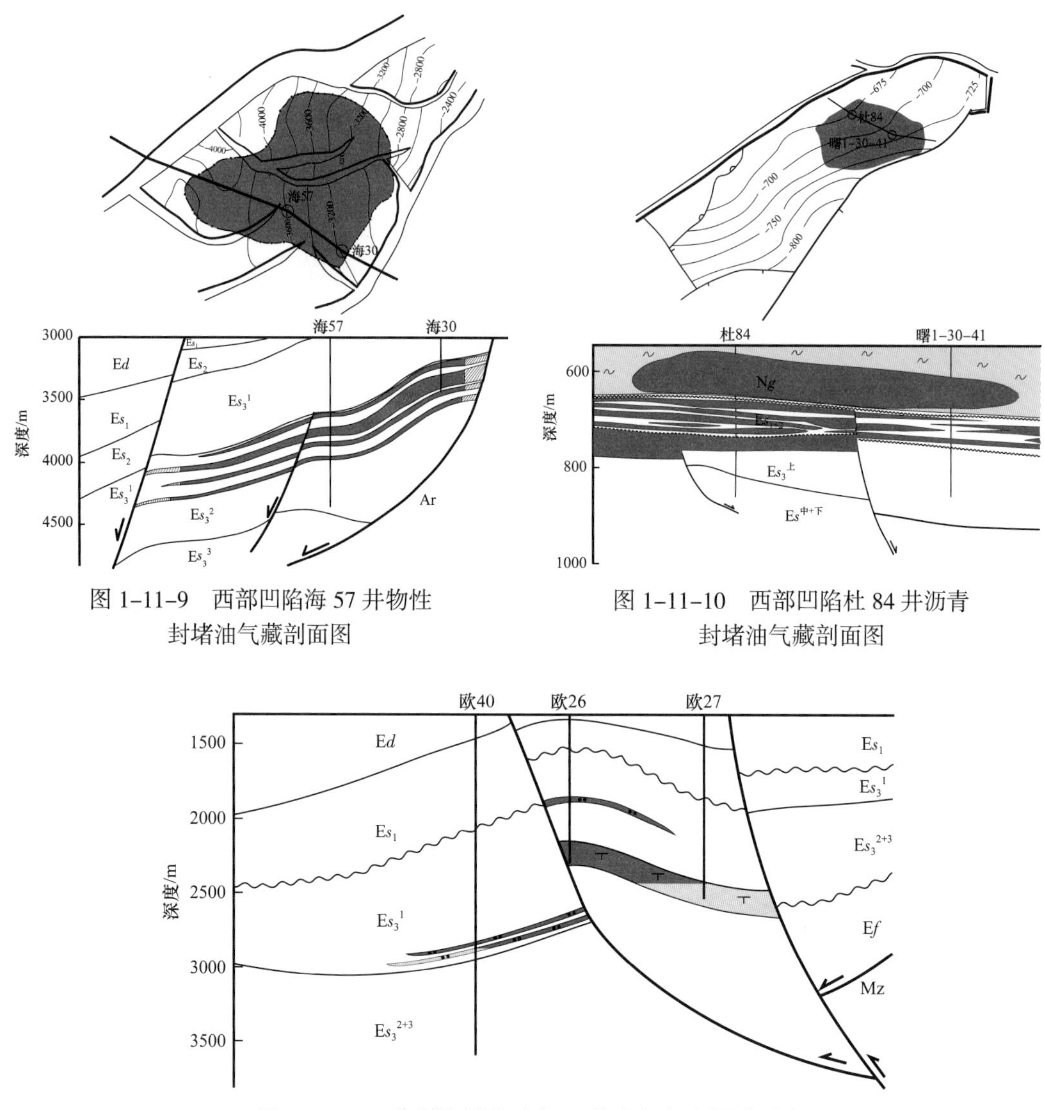

图 1-11-9　西部凹陷海 57 井物性封堵油气藏剖面图

图 1-11-10　西部凹陷杜 84 井沥青封堵油气藏剖面图

图 1-11-11　欧利坨子地区欧 26 井火山岩油藏剖面图

2. 地层油气藏

在不整合面上下形成的地层圈闭中聚集油气而形成的油气藏。根据储层与不整合面的接触关系，可分为地层超覆油气藏和不整合遮挡油气藏两种类型。

1）地层超覆油气藏

地层超覆油气藏是砂岩地层超覆到不渗透的不整合面上，又被不渗透的地层超覆覆盖而形成的油气藏。主要分布在各凹陷斜坡超覆带以及前古近系古突起围斜部位，如杜 92 井（图 1-11-12）、齐家潜山围斜部位杜家台油藏，铁 17 井沙三段油气藏。

2）不整合遮挡油气藏

不整合遮挡油气藏是储层上倾方向被不整合面遮挡而形成的油气藏，该类油气藏大多分布在凹陷斜坡边缘和古隆起翼部。辽河坳陷在三大构造、沉积旋回末期都有形成不整合圈闭的条件，但各旋回的构造活动、沉积条件有差异，因而圈闭的发育程度也不同。沙三段沉积末期是坳陷内一次规模较大的构造活动期，形成区域不整合面，其上覆沙一段湖相泥岩分布稳定，利于不整合遮挡油气藏形成，如东部凹陷西斜坡茨榆坨油田沙三中油气藏、大民屯凹陷胜 15 井沙三段油气藏（图 1–11–13）。

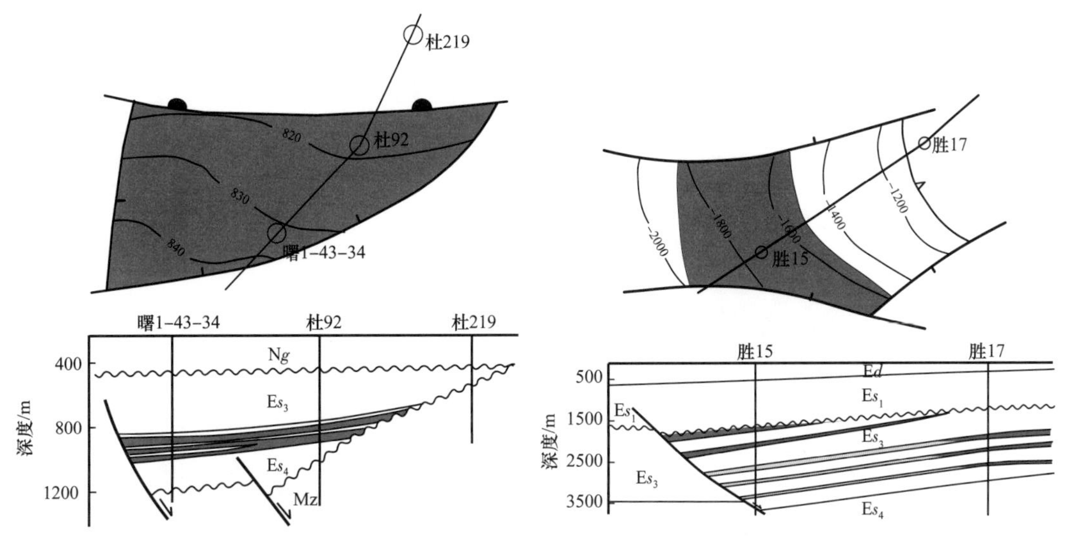

图 1–11–12　西部凹陷杜 92 井地层超覆油气藏

图 1–11–13　大民屯凹陷胜 15 井地层不整合油藏剖面图

三、潜山油气藏

潜山油气藏是被较新地层覆盖的基岩中形成的油气藏。这类油气藏分布广泛，按圈闭形态可分为古地貌潜山油气藏、块状潜山油气藏和潜山内幕油气藏三个亚类。

1. 古地貌潜山油气藏

古地貌潜山指基岩具有突起的特征和“山”的形态（图 1–11–14）。这类油气藏主要分布在西部凹陷，如曙古 32 井古生界，齐 2–16–06 井新太古界。

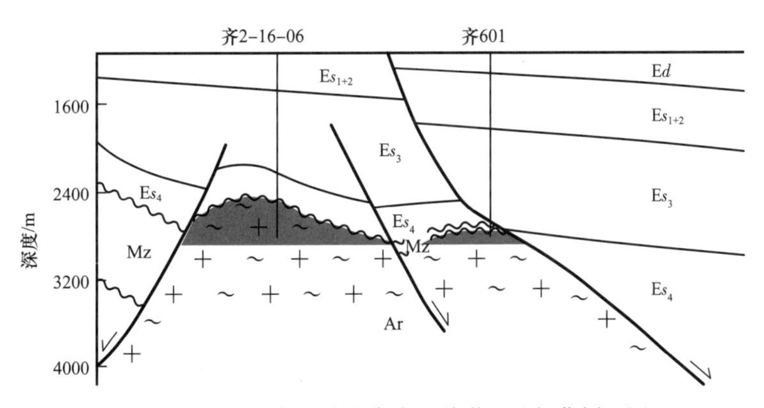

图 1–11–14　西部凹陷齐家古地貌潜山油气藏剖面图

2. 断块潜山油气藏

断块潜山是指基岩受断层切割形成的块体，呈现单斜、地堑或地垒等构造形态。这类油气藏在三大凹陷均有发现，如大民屯凹陷哈 36 井、胜 27 井、边台新太古界油气藏，中央凸起赵古 1 井新太古界油气藏（图 1–11–15）。

3. 潜山内幕油气藏

1）内幕层状油气藏

潜山由沉积岩地层构成，纵向上渗透层和非渗透层间互出现，发育多套储隔组合，从而形成内幕层状油气藏。该类油气藏具有不同的压力系统和油水系统，在西部凹陷和大民屯凹陷广泛发育，如曙光低潜山古生界内幕钻井揭示存在三套油水组合，形成了三个内幕层状油藏（图 1–11–16）。

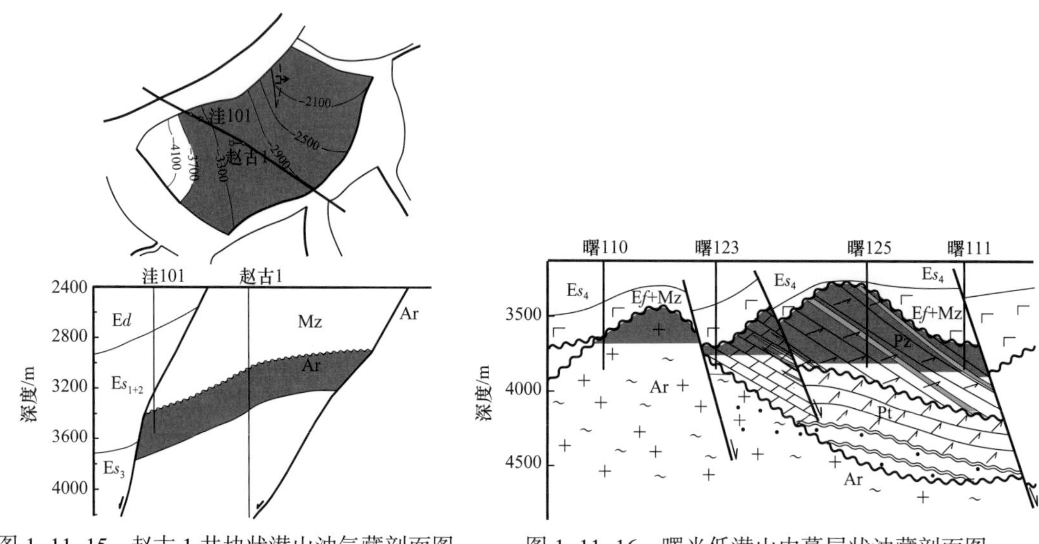

图 1–11–15　赵古 1 井块状潜山油气藏剖面图　　图 1–11–16　曙光低潜山内幕层状油藏剖面图

2）变质岩内幕似层状油气藏

在变质岩地层中，裂缝发育具有不均衡性，脆性地层裂缝发育，塑性地层裂缝欠发育，形成多套储隔组合，从而形成了变质岩内幕似层状油气藏。此类油藏以兴隆台新太古界最为典型，其基岩地层中的黑云母斜长片麻岩、混合花岗岩、中酸性的火山岩岩脉为内幕储层，角闪岩及煌斑岩为隔层，组成内幕储盖（隔）组合，油气在断层的沟通下，在内幕储层中聚集成藏，具有“整体含油，局部富集”的含油气特征（图 1–11–17）。

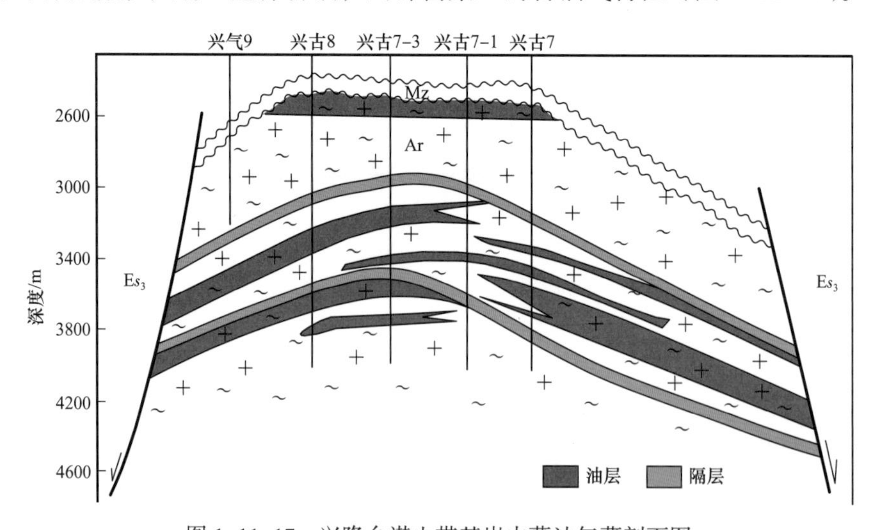

图 1–11–17　兴隆台潜山带基岩内幕油气藏剖面图

四、复合油气藏

复合油气藏是辽河坳陷分布最为广泛的类型，其中主要发育构造—岩性油气藏和岩性—构造油气藏两种类型。

1. 构造—岩性油气藏

构造—岩性油气藏是受构造和岩性双重控制，以岩性为主控因素而形成的油气藏。该类油气藏主要分布在紧邻凹陷的斜坡部位，如西部凹陷西斜坡齐家下台阶齐 2–20–11 井区沙四段油气藏（图 1–11–18），洼 111 井、双 229 井沙一段油气藏等。

2. 岩性—构造油气藏

岩性—构造油气藏是受岩性和构造双重控制，以构造为主控因素而形成的油气藏。该类油气藏主要分布在凹陷两侧的斜坡部位，如西部凹陷马南斜坡马深 1 井沙三段油气藏，大民屯凹陷西斜坡沈 225 井、沈 241 井沙四段油气藏等（图 1–11–19）。

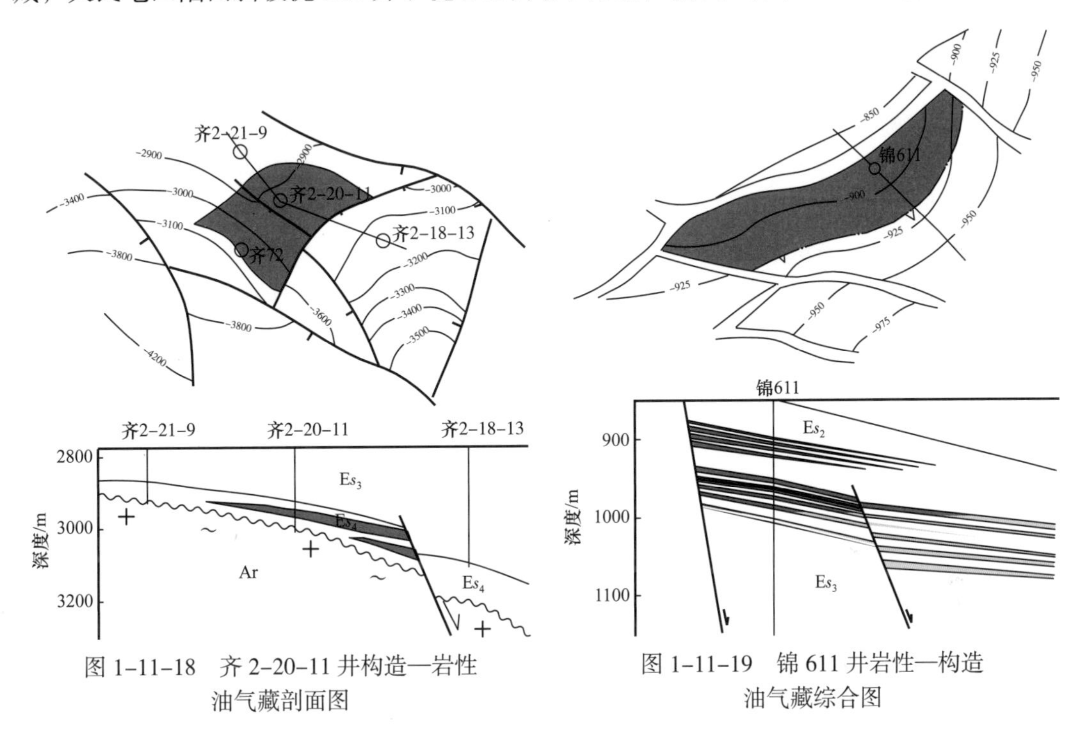

图 1–11–18　齐 2–20–11 井构造—岩性油气藏剖面图

图 1–11–19　锦 611 井岩性—构造油气藏综合图

第三节　油气藏形成的主控因素

构造、沉积、储层、盖层、油源等成藏条件的复杂性，造成了油气藏类型的多样性（胡见义等，1990）。不同地区、不同复式油气聚集带，由于成藏条件的差异，控制油气成藏的主要因素也有所不同。

一、烃源岩对油气成藏的控制作用

1. 主力生烃洼陷控制油气富集区的分布

辽河坳陷内的主力生油洼陷是受坳陷主干断裂活动控制的多个长期持续发育的深洼

陷。在新生代裂谷扩张期（沙四段—沙三段沉积时期），这些洼陷持续沉降，处于半深湖—深湖沉积环境。烃源层分布广泛，沉积巨厚，有机质丰度高，母质类型好，且位于2600m深的生烃门限范围内，处于成熟—高成熟演化阶段，生烃能力强，是各期成藏组合的主力烃源岩层。受洼陷周边各类聚油区的构造、沉积条件控制，油气主要围绕生烃中心分布，与其直接毗邻的正向构造带和延伸到生油洼陷中的各类储集体是油气优先聚集的主要场所。

例如，西部凹陷的盘山—陈家洼陷和清水—鸳鸯沟洼陷是凹陷内生烃强度最大、油气资源丰度最高的两个生油洼陷，因此，西部凹陷中南部地区油气资源也最为富集，目前探明储量占整个凹陷探明储量的80%左右，占全坳陷探明储量的50%以上。

2. 主力生烃层系控制主要富油气层位

根据已发现油气藏的生、储、盖组合特征分析，大型含油气构造以“自生自储”和“新生古储”聚油方式为主，主力生油层系为沙三段、沙四段烃源岩。由于晚期发育的断层切割深层烃源岩层的减少，深层烃源岩生成的油气很难突破上覆多套区域盖层，发生穿层垂向运移，因此，沙三段、沙四段主力烃源岩层生成的油气主要富集于主力烃源岩层上、下储集体内（图1–11–20）。如西部凹陷已发现的六个亿吨级规模油气田有四个油气田以沙三段、沙四段为主要含油气层；有两个油气田以环绕的富油气洼陷中的沙三段、沙四段湖相泥岩为主要烃源岩层，以深大断裂和区域不整合面为主要油气运移通道，垂向、近距离运移至大型二级构造带中，形成包括潜山在内的多层系复合油气聚集带。如已发现的兴隆台—马圈子断裂背斜复式油气聚集带和中央低凸起披覆型复式油气聚集带，主要油源来自邻近生油洼陷的沙三段、沙四段，以深大断裂和多套区域不整合面作为主要油气运移通道，以区域分布的东二段湖泛泥岩为区域盖层，形成特殊类型的油气富集区带。

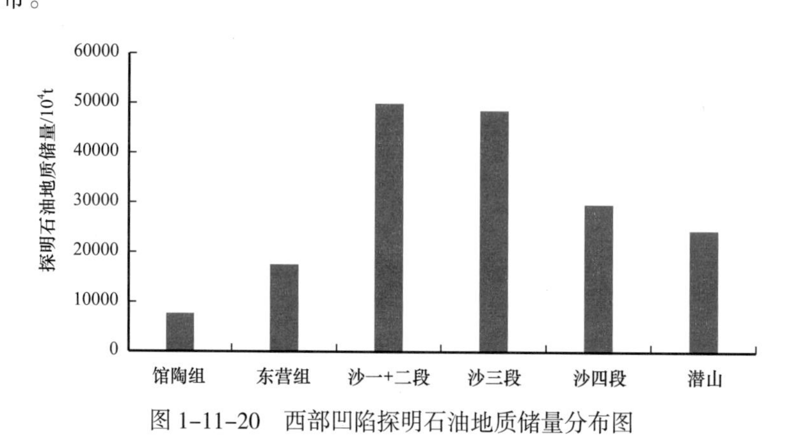

图1–11–20　西部凹陷探明石油地质储量分布图

二、多期次构造运动对油气成藏的控制作用

1. 构造运动所形成的区域不整合面是油气运移的重要通道

前古近纪不整合面之下不同时代潜山的风化壳，是油气聚集的有利场所，同时也是潜山油气运移的主要通道之一。辽河坳陷前古近系基底在地质历史中曾经历了四个复杂的地质演变过程，相应形成了四套大型的区域不整合面及相应的构造层，分别是新太古界构造层、中—新元古界构造层、古生界构造层和中生界构造层。前古近纪四套不同时

代的构造层均以区域不整合面作为构造—层序幕结束的标志，与不同时代的潜山储层和内幕断裂体系共同构成潜山油气储运的网络空间。

新生代古近纪构造运动和旋回式沉积演化形成多套区域不整合面，是新生代油气运移的主要通道，并控制地层、岩性油气藏的分布。辽河坳陷古近系发育五个区域不整合面，分别对应于沙四段底界面、沙三段底界面、沙一＋二段底界面、东营组底界面和东营组顶界面。五个区域性不整合面分别与坳陷构造演化中五次大的构造事件对应。远距离油气运移都与大型不整合面相关，如曙光高潜山油藏和西部凹陷西斜坡的沙一段稠油油藏。区域不整合面是控制地层—岩性油气藏形成的主要界面，位于不整合面上下的油气成藏组合最为富集，如沙四段杜家台油层、沙三段莲花油层和沙二段兴隆台油层等。

2. 不同时期的断裂系统控制了油气的运移和聚集

辽河坳陷新生代断裂十分发育，断裂不但控制坳陷的形成和演化，而且控制凹陷内的沉积建造、油气运聚和分布。多期、多组系的断裂有利于各种类型构造油气藏的形成和网络状油气运移。与构造演化阶段相对应，辽河坳陷在其发育过程中，主要发生了三期不同性质的断裂构造活动。

早期断裂活动发生在沙三段中亚段沉积以前。断裂主要为北东走向的西倾正断层，如西部凹陷的台安—大洼断层、东部凹陷的营口—佟二堡断层、大民屯凹陷的边台—法哈牛断层等。这些断层从中生代晚期—沙四早期开始活动，沙四段沉积时期活动最强，切割前古近系形成潜山，并控制沙四段及沙三段早期沉积，除一级控盆断层长期继承性发育外，其派生的次级断层消失在沙三段中部，对沙三段及其下伏地层构造的形成和油气运聚起主要控制作用。

中期断裂活动是指沙三段中亚段沉积开始，到沙一段沉积末期活动的断裂，是随着台安—大洼、营口—佟二堡等一级大断层的强烈活动，凹陷持续沉降，在区域构造应力和沉积物重力双重作用下，而出现的北东走向的东倾断裂系统。

晚期断裂是指沙一段沉积末期—东营段沉积时期，由于大洼—海外河、营口—佟二堡等一级断层发生右旋平移走滑，使中浅层构造格局发生很大的改变，并形成的晚期张扭型的平移断裂系统，该期断裂主要为近东西向断层。沙一段沉积末期开始活动，东营组沉积中、晚期活动最强，其中一些大的主干断层，持续活动至馆陶期。该期构造运动对沙二段及其以上地层构造的形成及油气运聚起重要的控制作用，对沙三段以下的早期构造没有明显的改造、破坏作用。

3. 控制形成多种类型复式圈闭构造带

辽河坳陷是典型的大陆裂谷盆地，新生代发育多层系、多类型圈闭组合。这些圈闭组合受一定地质因素控制，分布于凹陷特定构造部位，配合以适当的油气运移和聚集条件，利于形成复式圈闭带和相应的复式油气聚集带。不同构造区带，基底结构不同，圈闭形成条件和油气运聚特点不同，具有不同的空间成藏组合特征（图 1–11–21）。辽河坳陷各凹陷复式圈闭带可划分为以下五种基本类型。

（1）斜坡上倾鼻状构造带，位于宽缓斜坡的外侧上倾部位，如西部凹陷西斜坡，基底受一组北东向西倾断层控制，形成多个倾斜断块或基岩翘倾断块。地层不连续，发育多套区域不整合面，具有明显的底超—上剥沉积特征。沉积盖层较薄，构造简单，以鼻状构造为主。该构造带基底有潜山圈闭，沉积盖层有鼻状构造圈闭、断块圈闭、地层超

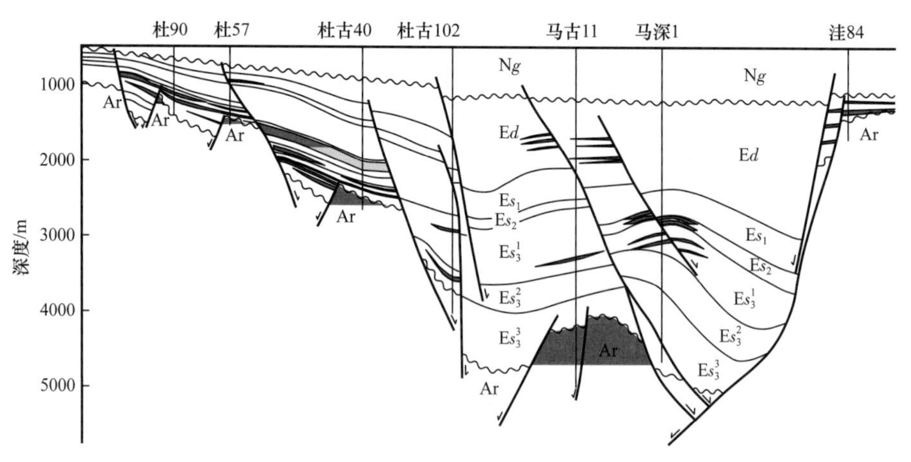

图 1-11-21　西部凹陷复式油气聚集带组合分布图

覆圈闭、不整合遮挡圈闭和岩性圈闭等。

（2）斜坡翘倾断块披覆构造带形成的关键在于深部基底断块体的翘倾作用。中生代晚期—古近纪早期盆地裂陷过程中，东侧控凹主干大断裂强烈活动，下降盘急剧陷落，引起斜坡部位基底产生翘倾运动，并派生一系列北东向展布的西掉反向正断层。使得缓坡带在总体东倾的背景上，古地形起伏较大，尤以斜坡低断阶翘倾幅度最大。新生代沉积巨厚，沉积类型也最为丰富。在基岩断块背景上，深层依次形成了沙三段—沙四段沉积时期的地层超覆圈闭，岩性上倾、下倾及侧向尖灭圈闭和披覆构造圈闭等多种圈闭类型；在东掉同沉积断裂控制下，中浅层还可形成滚动背斜圈闭，更浅层可形成不整合遮挡圈闭。这些具有成因联系的不同类型、不同层次的含油气圈闭在空间有机组合，形成了斜坡区翘倾断块披覆型复式油气聚集带。该带在新生代长期继承性发育，油气藏类型丰富，油气富集程度高。

（3）中央断裂背斜构造带，位于凹陷的中央部位，如西部凹陷兴隆台—双台子中央断裂背斜构造带，东部凹陷牛居—青龙台、欧利坨子—黄金带、大平房—荣兴屯中央断裂背斜构造带，大民屯凹陷静安堡—东胜堡中央断裂背斜构造带。它们都位于深陷带中，被生油洼陷所包围，油气源充足；同时各时期都位于扇三角洲、湖底扇体系的前缘有利岩相带，并以断背斜、断鼻、断块、构造—岩性等圈闭为主，从而构成了中央断裂背斜复式油气聚集区带。

（4）陡坡断阶及洼陷型构造带，由陡坡断阶带和洼陷带两个构造单元构成，陡坡带由于主干断裂发育、演化的多期性、阶段性和盆地沉积的多旋回性，在断阶带及其相邻洼陷中，形成了潜山、断背斜、断块、岩性等多种类型圈闭复合体，是断陷盆地重要的油气聚集带。断阶带不同区、段，由于主干断裂活动性质不同，圈闭成因和油气藏组合类型略有不同，如西部凹陷东侧断阶见有冷东逆冲型复式油气聚集带（图 1-11-22）和大洼断阶型复式油聚集带（图 1-11-23）两种模式。

（5）中央低凸起潜山披覆型复式构造带，一般隆起较高，部分沙一段、东营组超覆或披覆其上，形成由潜山、地层超覆、岩性尖灭、披覆背斜及断鼻、断块等多种类型含油气圈闭构成的复式油气聚集带，如海外河构造带和海南—月东披覆构造带。

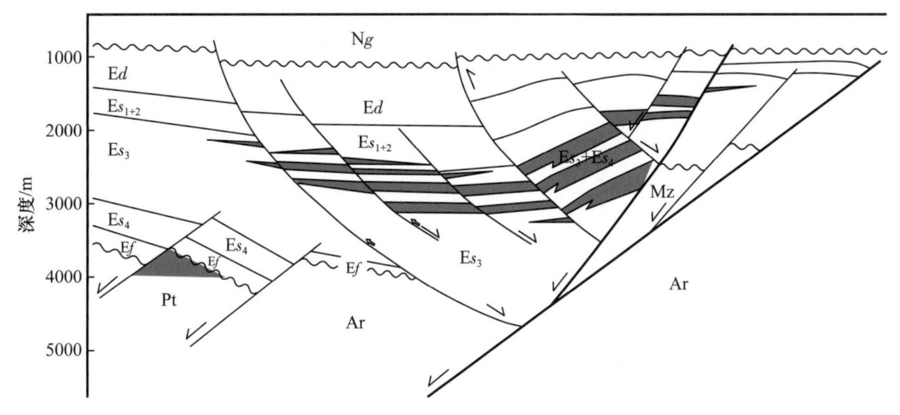

图 1-11-22　西部凹陷冷家逆冲断裂带油气聚集模式图

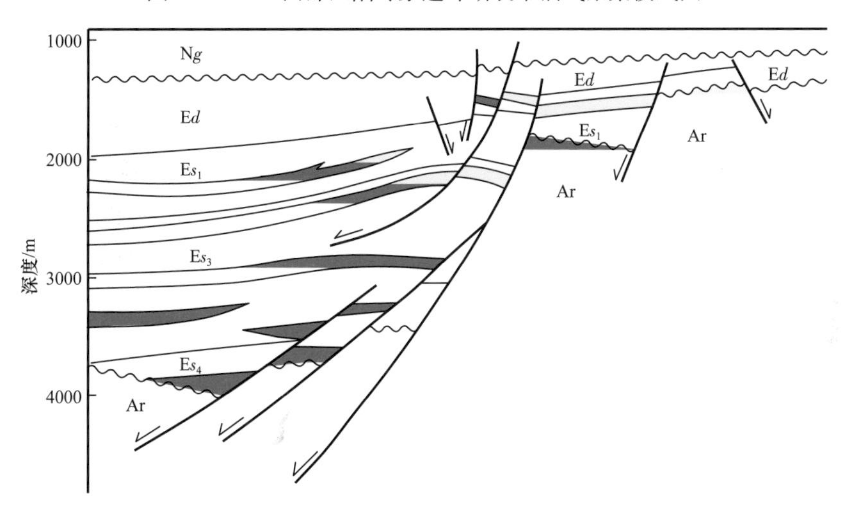

图 1-11-23　西部凹陷清东陡岸带油气聚集模式图

三、沉积演化对油气成藏的控制作用

辽河坳陷新生代沉积演化先后经历了初陷—深陷—扩展—衰减四个发育时期，形成了不同类型的沉积体系。沉积演化对油气成藏的控制作用主要体现在两个方面：一是控制了储集体类型和分布，为油气成藏提供了储集空间；二是控制了生储盖组合，为复式油气藏的形成创造了条件。

1. 沉积演化控制了储集体类型和分布

沙四段沉积时期，西部凹陷和大民屯凹陷为浅湖—半深湖环境，主要发育冲积扇—扇三角洲（辫状河三角洲）沉积体系，储集体岩性主要为砂岩和砂砾岩，凹陷的斜坡部位砂体发育（图 1-11-24）。在西部凹陷北部牛心坨—雷家地区发育了湖湾环境下形成的湖相碳酸盐岩，储集体岩性主要为泥质白云岩和鲕粒灰岩。

沙三段沉积时期，西部凹陷和东部凹陷主要为深湖—半深湖环境，发育冲积扇—扇三角洲—湖底扇沉积体系，储集体岩性主要为砂砾岩、砂岩。大民屯凹陷为浅湖—半深湖环境，主要发育冲积扇—三角洲沉积体系，储集体岩性主要为含砾砂岩、砂岩。沙三段储层各凹陷广泛分布。

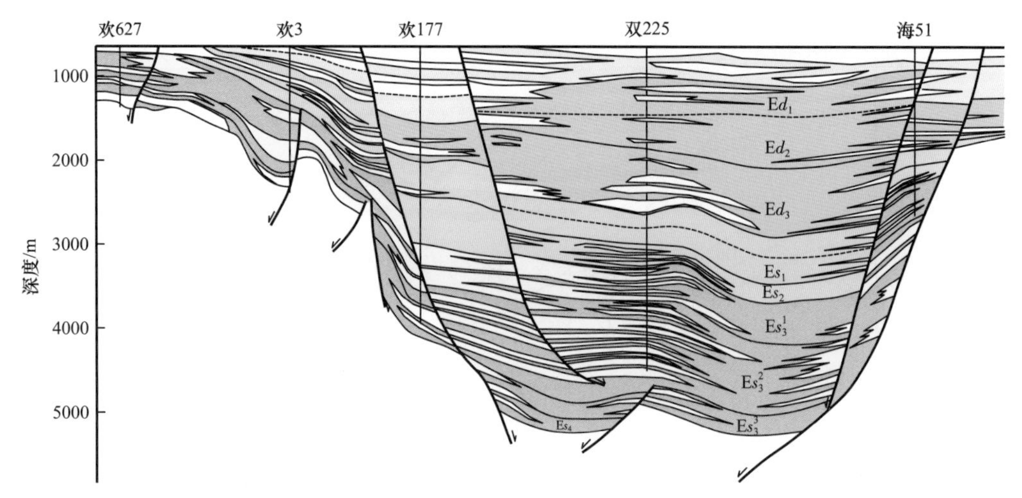

图 1-11-24　西部凹陷欢 627 井—欢 177 井—双 225 井—海 51 井沉积相剖面图

沙一段—沙二段沉积时期，主要为滨浅湖环境，发育冲积扇—扇三角洲沉积体系，储集体岩性主要为砂岩和含砾砂岩，其中沙二段储层主要分布在西部凹陷，沙一段储层在三大凹陷广泛分布。

东营组沉积时期，主要为河流—滨浅湖环境，发育河流—三角洲沉积体系，储集体岩性主要为砂岩，在西部凹陷和东部凹陷广泛分布。

2. 沉积演化控制形成了多套生储盖组合

辽河坳陷新生界受沉积演化的控制，发育 13 套储盖组合和 4 组生烃岩系，同时以古近系泥岩为盖层，在前古近系形成了 4 套储盖组合，为复式油气藏的形成奠定了基础。

古近系沙四段自下而上发育牛心坨、高升和杜家台三套储盖组合；沙三段发育莲花、大凌河和热河台三套储盖组合；沙一段—沙二段发育兴隆台、于楼和黄金带三套储盖组合；东营组发育马圈子储盖组合。

新近系馆陶组发育绕阳河储盖组合；明化镇组发育大平房储盖组合。

前古近系自下而上发育新太古界、中—新元古界、古生界和中生界 4 套储盖组合。

四、输导体系对油气成藏的控制作用

辽河坳陷油气运移主要存在三种通道类型：断裂带、横向连通的储集体以及区域不整合面，它们在地质空间往往是以相互组合的形式存在，并具有显著的时间性。其类型、特征及分布，决定了区内不同构造带油气藏的类型以及油气的富集程度。

1. 断裂输导对油气成藏的控制作用

在古近纪箕状凹陷中，主干断裂主要发育于凹陷东侧缘，长期持续活动，深断至生油洼陷中心成为连接生油层和聚油区的纽带和桥梁，是油气运移最直接、最便捷、最主要的通道。如西部凹陷陡坡断阶带和中央低凸起披覆构造带，与深大断裂相关的多种类型圈闭富集油气，探明储量规模超过 5×10^8t。早期发育的通源断层，是主要的油气运移通道，与其联通的储层，一般油气相对富集，如凹陷中央断裂带和坡折带伸展期发育的北东向东倾或西倾断层；而晚期（东营组沉积时期）近东西向派生断层切割较浅，与深层烃源岩层不能进行有效沟通，虽然形成了大型圈闭带和规模分布的砂体，仍不能形成有效油气聚集，如双台子—双南断裂背斜构造带。

2. 储层输导对油气成藏的控制作用

辽河坳陷窄而狭长，短轴物源形成的扇三角洲、湖底扇储集体发育，且与烃源岩直接沟通，成为重要的输导体。横向上连通的储集砂体，油气将沿着砂体的上倾方向不断运移，在有利圈闭形成油气聚集。如西部凹陷西斜坡的欢喜岭、齐家、曙光等大型储集体造就了亿吨级规模储量。

3. 不整合面输导对油气成藏的控制作用

由于不整合面长期遭受风化剥蚀，形成具有良好孔渗性的风化壳，油气可以沿不整合面运移成藏，不整合面是潜山油气成藏的主要油气运移通道。

4. 复式输导体系对油气成藏的控制作用

辽河坳陷复式油气输导体系主要由砂体—断层—不整合面组合而成，具有两种油气输导模式，一种为“阶梯状”输导模式，另一种为“F”形输导模式。在“阶梯状”输导模式控制作用下，生烃洼陷中生成的油气，首先进入渗透性砂层或不整合面顶部风化壳等输导层中进行侧向运移，然后再沿断层垂向调整，按“阶梯状”重复上述运移过程至古隆起或斜坡上的各种圈闭中聚集成藏（如潜山、沙四段、沙三段）。在“F”形输导模式控制作用下，凹陷中生成的油气首先沿断层垂向运移注入浅层，然后沿区域不整合面或连通砂体侧向调整进入圈闭中聚集成藏。该类输导体系的发育，导致浅层油气富集，例如凹陷中央断裂背斜构造带沙二段、沙一段以及中央低凸起披覆构造带东营组油气藏富集，就是受该类型输导体系的控制。

第四节　油气分布特征及成藏模式

辽河坳陷三大含油气凹陷各自具有相对独立的油气系统，油气分布特征和成藏模式既具有共性，又有特殊性。

一、油气分布特征

辽河坳陷油气资源丰富，具有“满凹含油”的特点，在油气成藏基本条件、油气藏类型、油气主控因素分析的基础上，对油气分布特征进行了概要总结。

1. 油气纵向分布特征

1）含油层系多，主力含油气层系集中

截至 2018 年底，自下而上已在新太古界、中—新元古界、古生界、中生界、古近系和新近系中发现 17 套含油气层系，探明石油地质储量 23.66×10^8t，探明天然气地质储量 725.27×10^8m^3。但纵向上油气分布存在不均一性，已发现油气主要分布在古近系沙河街组中，占总探明储量的 69.6%，其次分布在新太古界、中—新元古界、东营组和馆陶组中，中生界和房身泡组中分布较少（表 1–11–2）。

西部凹陷含油气层系主要是沙一 + 二段和沙三段，占西部凹陷探明储量的 55.9%；其次为沙四段、东营组和新太古界，占西部凹陷探明储量的 34.9%；其他层系零星分布。

东部凹陷含油气层系主要集中在沙三段、沙二段和东营组，占东部凹陷探明储量的 99.5%。

表 1-11-2　分凹陷分层系石油探明储量统计表

含油层系	西部凹陷 /10^4t	东部凹陷 /10^4t	大民屯凹陷 /10^4t
Ng	7647		
Ed	17506	4913	
Es_{1+2}	49848	9012	
Es_3	48407	11642	14762
Es_4	29221		1961
Mz	2465		15
Pz	3935		
Pt	2275		5953
Ar	14619	137	12281

大民屯凹陷含油气层系主要分布在沙三段和新太古界，占大民屯凹陷探明储量的77.3%；其次为中—新元古界，占大民屯凹陷探明储量的 17.0%；沙四段有少部分分布。

2）油气分布具有层次性

不同埋深油品性质差异较大。小于 1600m 以稠油油藏和气藏为主，气藏分布有生物气、生物—热催化过渡带气，天然气绝大多数为纯气藏；1600～3500m 主要为油藏和凝析油藏，同时有伴生气和部分未成熟过渡带气；大于 3500m 为油气藏，气藏主要是凝析气和裂解气。其纵向分布序列自上而下为：气藏—油藏—油气藏。

不同层系具有不同的成藏组合特点，辽河坳陷分为前新生界、古近系和新近系三个层系。前新生界油气藏主要为“新生古储”型油气藏，占总探明储量的 17.6%；古近系为“自生自储”型油气藏，占总探明储量的 79.2%；新近系为“古生新储”型次生油气藏，占总探明储量的 3.2%。

2. 油气平面分布特征

1）油气主要分布在正向构造带

西部凹陷油气主要分布在西部斜坡带的高升、曙光、欢喜岭鼻状构造上，中央构造带的兴隆台和双台子断裂背斜构造上，东部陡坡带北段的牛心坨、雷家、冷家背斜及断鼻构造上，东部陡坡带南部的海外河、海南、月东披覆构造上。

东部凹陷油气主要分布在中部断裂背斜构造带，由北向南依次为茨榆坨、青龙台、欧力坨子、热和台、于楼、黄金带、荣兴屯、大平房等构造带；西部斜坡带也分布有铁匠炉、新开、月东等少量岩性油气藏；东侧陡坡带只是见到油气显示，没有油气藏发现。

大民屯凹陷油气主要分布在西部斜坡安福屯、平安堡、前进构造带上，中央构造带静北、静安堡、东胜堡潜山带上，东部陡坡带边台、曹台及法哈牛构造带上。

2）主要含油气层系具有迁移性

随沉降中心迁移，优质烃源岩分布区有规律迁移，导致凹陷不同部位主力含油气层系有规律地变化。这种规律在西部凹陷最为明显，从北到南含油层系越来越新，北部主要为沙四段、沙三段油气藏，中部以沙三段和沙一＋二段油藏为主，南部则以东营组和馆陶组油气藏为主。

3）油气环洼分布、近源成藏

已发现油气藏在平面上，围绕生油洼陷呈环带状分布，具有近源成藏的特点（图 1-11-25）。从洼陷中心向周边，油气藏类型具有岩性油气藏→构造岩性油气藏→构造油气藏→岩性（地层）构造油气藏演变的特点，油品性质呈现凝析气（油）→稀油→稠油的分布特点。如西部凹陷清水洼陷周缘已发现的双台子、欢喜岭、海外河等油气田上述特征比较明显。

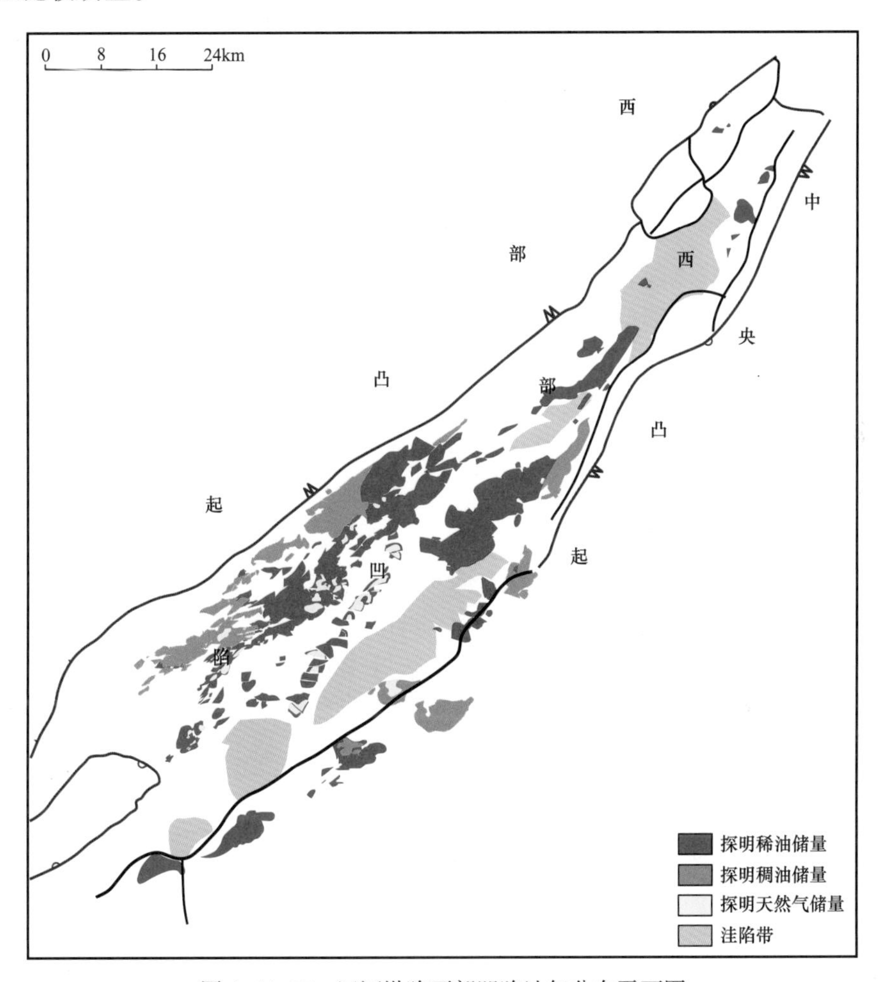

图 1-11-25　辽河坳陷西部凹陷油气分布平面图

4）油气富集程度高，凹陷之间有差异

辽河坳陷是著名的“小而肥”油气聚集区，油气富集程度高，探明含油面积 1070.1km^2，占凹陷面积的 12.2%，储量丰度 221.1×10^4t/km^2。其中西部凹陷探明含油面积 619.2km^2，占凹陷面积的 24.2%，储量丰度 284.1×10^4t/km^2；大民屯凹陷探明含油面积 201.3km^2，占凹陷面积的 19.3%，储量丰度 173.7×10^4t/km^2；东部凹陷探明含油面积 202.2km^2，占凹陷面积的 5.2%，储量丰度 127.1×10^4t/km^2。西部凹陷稠油资源丰富，占凹陷探明储量的 56.8%，大民屯凹陷高凝油资源丰富，占凹陷探明储量的 82.7%。

二、主要复式油气聚集带成藏模式

辽河坳陷经历多期断裂活动，发育多种沉积体系、多种圈闭类型、多套生储盖组合，形成了多种类型的复式油气聚集带，成藏模式各具特色。

1. 斜坡型复式油气聚集带成藏模式

辽河坳陷典型斜坡为西部凹陷西斜坡，西高东低、坡度宽缓。基底由太古宇、元古宇和残留中生界组成。古近纪经历了早洼晚斜、西抬东降的发育过程，上覆古近系具有早超晚剥特点。由于物源供给充分，斜坡带上发育规模较大的扇三角洲—湖底扇沉积砂体和冲积扇—辫状河三角洲沉积砂体，这些砂体在横向上叠加连片，分布广泛。在斜坡基岩古隆起背景和断裂改造作用下，各种类型圈闭发育，配合洼陷区充足油气来源，由斜坡上倾部位至下倾部位形成以地层油气藏、构造—岩性油气藏、岩性油气藏为主，结合其他圈闭类型的斜坡型复式油气聚集带，以西部凹陷西部斜坡带中段为例。

西部凹陷西部斜坡带中段，在西翘东倾斜坡背景上发育杜家台和曙光两个大型鼻状构造，中下台阶断裂发育，北东向主干断层切割鼻状构造形成断阶，派生断层进一步使其复杂化，并与各类砂体配置形成潜山、断块、断鼻、岩性上倾尖灭、砂岩透镜体等多种类型圈闭；上台阶斜坡部位埋藏浅，古近系剥蚀现象明显，形成削截带，发育广泛分布的不整合遮挡型圈闭。

基底岩性以中—新元古界白云岩和变余石英砂岩、古生界白云岩和石灰岩为主，上覆沙四段以泥岩和油页岩为主，局部发育辫状河三角洲砂体，沙三段主要为大套暗色泥岩，中上部发育湖底扇和扇三角洲砂体，沙一＋二段泥岩全区发育，仅在杜家台地区南部发育扇三角洲砂体。

该段东部紧邻盘山洼陷和清水洼陷，是油气运移指向区。沙四段、沙三段烃源岩生成的油气沿砂体—断层—不整合面组成的复合油气输导体系，由斜坡低部位向斜坡边缘运聚成藏，形成斜坡式复式油气聚集带（图 1-11-26）。受埋深及后期生物降解作用影响，斜坡中下台阶稀油油藏发育，斜坡上台阶边缘发育稠油油藏。

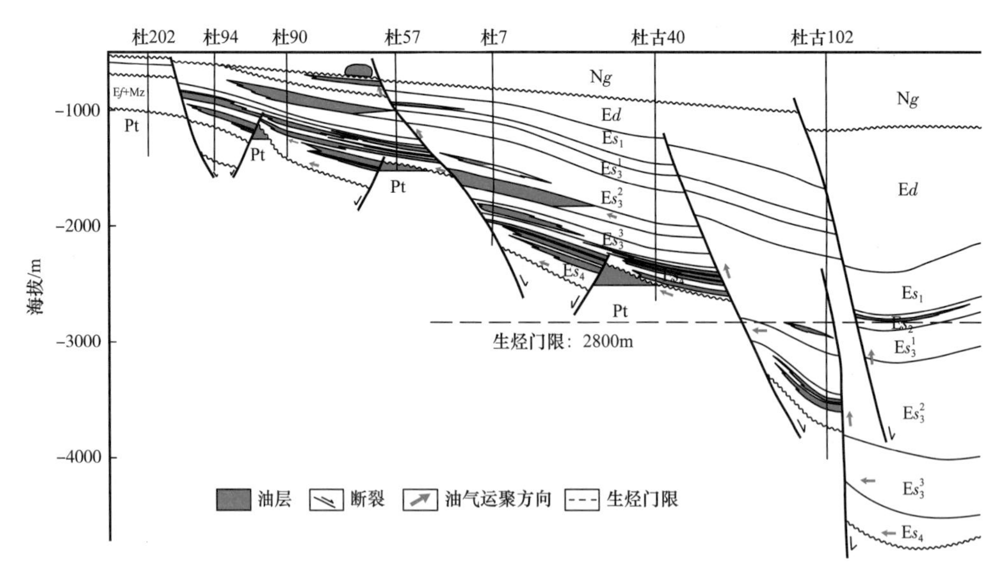

图 1-11-26　西部凹陷西斜坡中段油气成藏模式图

2. 陡坡型复式油气聚集带成藏模式

辽河坳陷主要发育西部凹陷东陡坡、东部凹陷东陡坡和大民屯凹陷西陡坡。陡坡带处于深陷带与凸起交界部位，控凹主断裂与相伴生断裂长期发育，分期分段活动强烈，早期伸展拉伸，晚期走滑挤压。受断层活动影响，古地形起伏大，坡度较陡，发育湖底扇、扇三角洲沉积砂体，具有近物源、相带窄、变化快的特点，断层直接沟通油源和砂体，或砂体被烃源岩直接包裹。不同地区构造背景存在差异，断层类型和组合构成不同的构造样式，配合不同的沉积类型形成以断阶式伸展构造带和挤压背斜构造带为主的陡坡带复式油气聚集带类型，西部凹陷东部陡坡带中段冷家挤压背斜构造带油气最为富集。

冷家挤压背斜构造带为陈家断层和台安—大洼断层夹持的一个北北东向狭长背斜构造，具有东西分带、南北分块特征。北北东向次级断层分割成内、中、外三带，近东西向断层分割成块，在大型长轴背斜构造背景上发育断块、断鼻、物性封堵等多种类型圈闭，平面和纵向叠置形成复合圈闭构造发育带。

冷家挤压背斜构造带东接中央凸起剥削区，陡坡带狭窄、陡峭，短轴物源发育，沙三段湖底扇砂体、沙一 + 二段扇三角洲砂体直插入湖，近岸堆积，相带狭窄、相变快，储层非均质性强，沉积相带控制物性分布。

冷家挤压背斜构造带西侧紧邻陈家洼陷，沙四段和沙三段暗色泥岩厚度大、分布广，有机质类型好、丰度高、热演化适中，生成的油气沿陡坡发育的断裂系统近距离快速运移，在各种类型圈闭中聚集成藏，形成陡坡带挤压背斜构造型复式油气聚集带（图 1–11–27）。

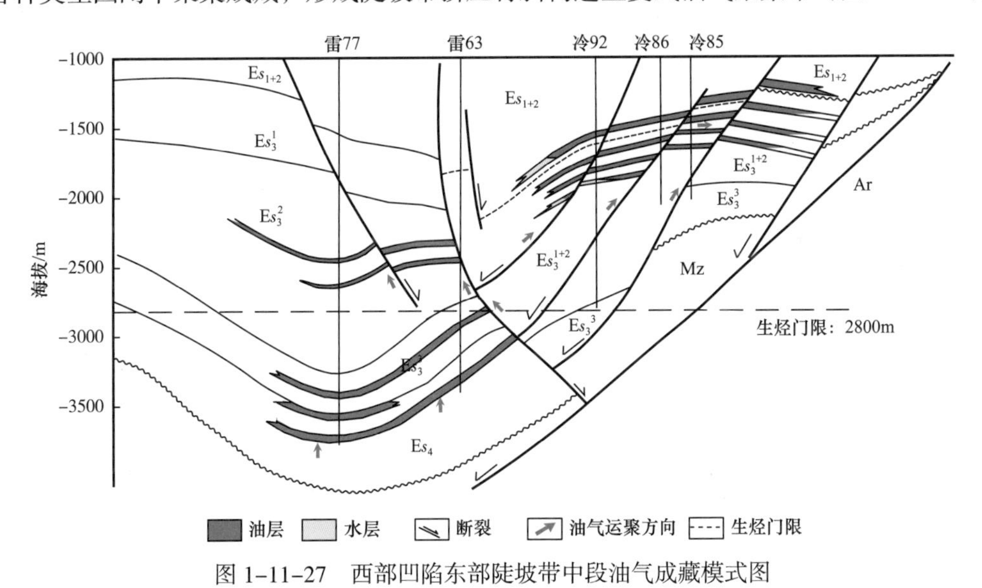

图 1–11–27　西部凹陷东部陡坡带中段油气成藏模式图

3. 中央构造复式油气聚集带成藏模式

中央构造带位于凹陷深陷带的主力生烃区，油气资源丰富，储层以潜山、扇三角洲前缘及湖底扇砂体为主，具有洼中之隆的构造背景，成藏条件有利，形成油气富集区带。根据构造带的特征和成因不同，辽河坳陷油气富集的中央构造带可分为潜山—盖层复合型和中央背斜型复式油气聚集带两种模式，大民屯凹陷静安堡构造带、西部凹陷兴隆台构造带为潜山—盖层披覆复合型复式油气聚集带，东部凹陷中央构造带为中央背斜型复式油气聚集带。

潜山—盖层披覆复合型复式油气聚集带，以大民屯凹陷静安堡构造带为例。

静安堡构造带位于大民屯凹陷中央构造带北部，是在古隆起背景上发育形成潜山披覆构造带。潜山为新太古界浅粒岩和混合花岗岩、中—新元古界白云岩和变余石英砂岩，上覆沙四段主要为泥岩和油页岩，沙三段下部为泥岩，上部发育三角洲砂体。构造带紧邻荣胜堡洼陷和安福屯洼陷。纵向上发育两套成藏组合，其中，下部为潜山 + 沙四段成藏组合，沙四段生成的油气，沿断层侧向运移或直接“倒灌”进入潜山，形成潜山油气藏，为“新生古储”型；上部为沙四段 + 沙三段成藏组合，沙四段和沙三段下部生成的油气，沿断层和砂体运移进入沙三段砂体聚集成藏，为“自生自储”型，进而形成静安堡复式油气聚集带（图 1–11–28）。

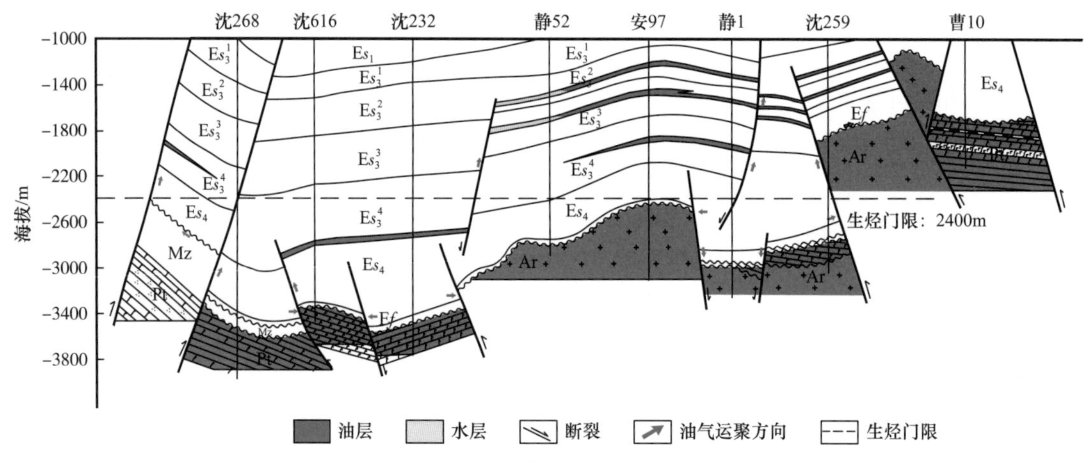

图 1–11–28　大民屯凹陷静安堡构造带油气成藏模式图

中央背斜型复式油气聚集带，以东部凹陷中央构造带为例。

东部凹陷中央构造带属于东部凹陷中央背斜构造带，构造主要发育并定形于东营末期，属于受北东走向主干断裂挤压形成的背斜构造带，由北至南发育欧利坨子、热河台、于楼、黄金带、桃园、大平房等多个断裂背斜构造。地层以新生界为主：下部的房身泡组发育厚层状玄武岩；沙三段下段为厚层状深湖相泥岩沉积、沙三段中亚段为半深—浅湖相泥岩沉积夹层状火山岩、沙三段上段为浅湖—滨湖相砂泥岩互层状沉积，沙一段主要为浅湖相薄层状砂泥岩互层状沉积；东营组以泛滥平原相砂砾岩沉积为主，馆陶组主要以河流相砾岩沉积为主。

发育两种成藏组合类型：下部的为沙三段成藏组合，沙三段生成的油气直接进入火山岩和砂岩储层，形成岩性—构造油气藏，为“自生自储”型；上部为东营、馆陶组 + 沙三段成藏组合，沙三段生成的油气沿断层向上运移进入东营组、馆陶组，形成构造—岩性油气藏，为“下生上储”型（图 1–11–29）。该类型油气藏的构造的主体部位为背斜、断块油气藏，构造翼部是岩性尖灭油气藏；同时，由于广泛发育火成岩储层处于烃源岩中，所以火成岩发育，如黄沙坨、欧利坨构造粗面岩油藏，热河台、于楼、黄金带、大平房构造安山岩、玄武岩油层等。

4. 凸起披覆型复式油气聚集带成藏模式

中央凸起是辽河坳陷一级正向构造单元，在坳陷南部的海月地区，凸起由北向南倾

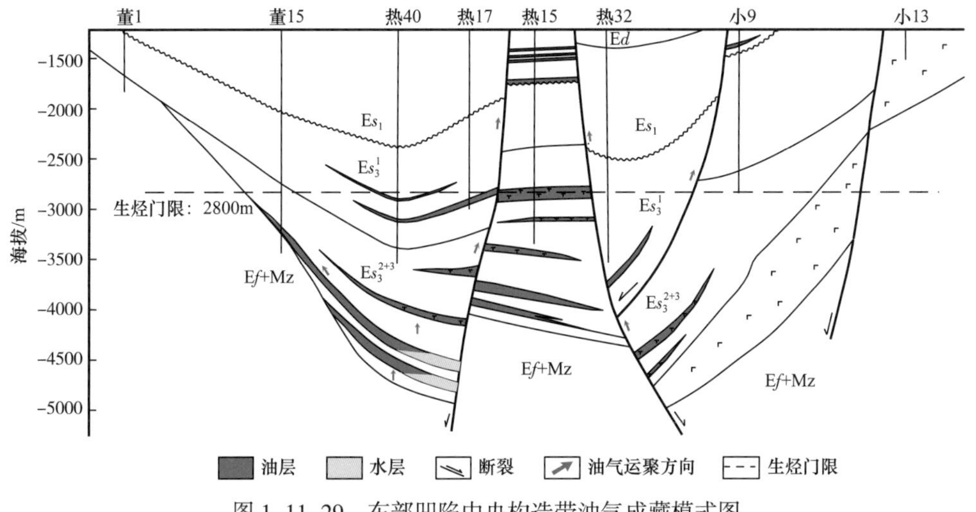

图 1-11-29　东部凹陷中央构造带油气成藏模式图

没，形成了月东披覆构造带。该带是中央凸起陆上向渤海海域的自然延伸部分，东西两侧分别为东部凹陷和西部凹陷。古近系沙三段、沙一 + 二段及东营组由东西两侧分别向中央凸起潜山高部位超覆和披覆沉积，在断层活动及差异压实作用下形成大型披覆构造。

受中央凸起月东古隆起背景和海南断裂活动影响，古近系超覆或披覆于中央凸起基岩隆起之上。西侧早期（沙三段、沙一 + 二段、东三段）与中央凸起潜山为断层接触，东二段为超覆接触，晚期东一段为披覆接触；东侧早期为超覆接触，晚期为披覆接触。受基岩隆起和各级断裂控制，形成了潜山、地层超覆、披覆背斜、断鼻、断块等多层次、多种类型的复式圈闭带。

月东披覆构造潜山为新太古界混合花岗岩、古生界白云岩和石灰岩，上覆层主要为东营组泥岩夹河道砂及滩坝砂，围斜部位为沙三段、沙一 + 二段泥岩和扇三角洲砂体。

构造带东西两侧紧邻盖洲滩洼陷和海南洼陷两个生油洼陷，沙三段、沙一 + 二段暗色泥岩生成油气沿断裂、不整合面运移进入潜山以及沙河街组、东营组和馆陶组砂体形成多种类型油气藏，形成披覆型复式油气聚集带（图 1-11-30）。

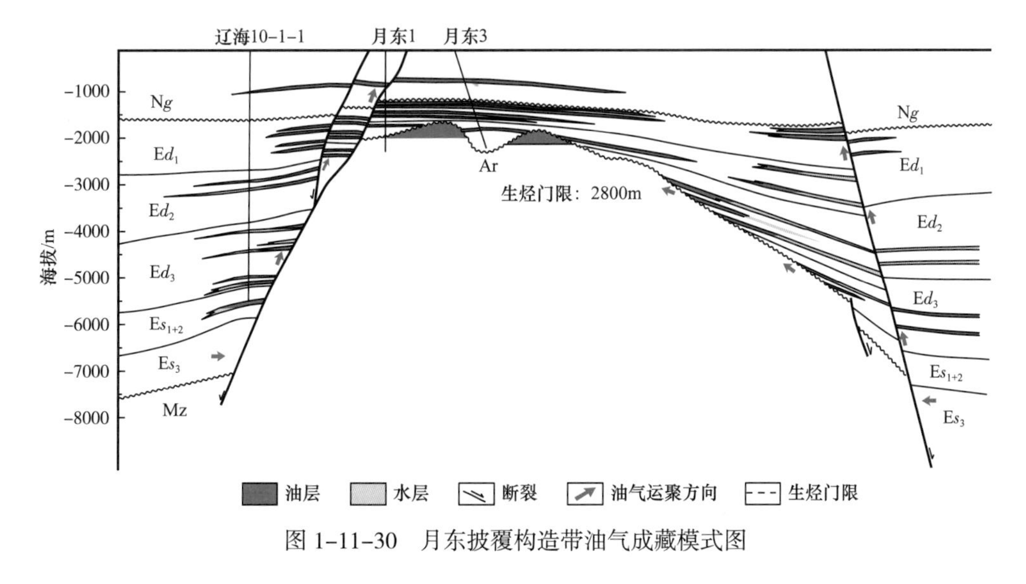

图 1-11-30　月东披覆构造带油气成藏模式图

第十二章　油气田各论

截至2018年底，辽河坳陷共发现17套含油气层系，累计探明32个油气田（表1–12–1），探明石油地质储量23.66×10^8t，可采储量6.08×10^8t；探明溶解气地质储量$1393.10\times10^8m^3$，可采储量$568.13\times10^8m^3$；探明气层气地质储量$725.27\times10^8m^3$，可采储量$467.12\times10^8m^3$。

自1970年投入开发以来，累计开发31个油田，动用石油地质储量19.75×10^8t，可采储量5.40×10^8t（表1–12–2）。1986年年产原油突破1000×10^4t，1995年年产原油达到高峰1498×10^4t后进入递减阶段。历经稀油注水建产、高凝油稠油上产、转换方式稳产三个阶段，到2018年底，油井总数20214口，开井11536口，年产油967.9×10^4t，累计产油4.60×10^8t，可采储量采出程度85.2%，综合含水率83.4%，综合递减率5.50%，自然递减率22.73%；注水井总数2811口，开井1827口，日注水$12.34\times10^4m^3$，年注水$4474\times10^4m^3$。截至2018年底坳陷陆上是油田开发主战场，稠油是油田产量的主体（表1–12–3、图1–12–1）。

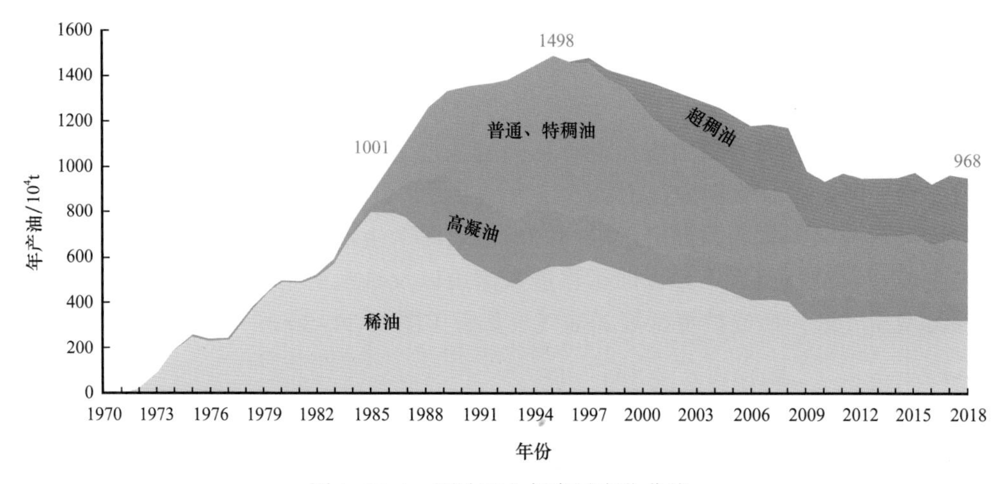

图1–12–1　原油工业年产量变化曲线

累计开发32个气田，动用天然气地质储量$1819.86\times10^8m^3$，可采储量$948.72\times10^8m^3$（表1–12–4、表1–12–5）。在“八五”期间达到产量高峰，年产量稳定在$17.7\times10^8m^3$左右，“九五”以来产气量进入递减阶段（图1–9–2）。到2018年底，投产气井547口，开井85口，年产气$5.68\times10^8m^3$，累计产气$556.13\times10^8m^3$，可采储量采出程度92.33%。

按照“各凹陷储量规模较大、储层类型丰富”的原则，本章选取14个典型油气田（西部凹陷5个、东部凹陷5个、大民屯凹陷3个、滩海1个），从勘探发现、构造及圈闭、储层、油气藏类型与油气分布、流体性质、油田开发简况六个方面进行概要阐述。具体油田位置分布如图1–12–2所示。

表 1-12-1　辽河坳陷已发现油气田综合数据表

序号	名称	构造位置	发现年份	发现井	主要含油层位	储层岩性	油气层埋深/m	含油面积/km^2	探明石油储量/10^4t	溶解气储量/10^8m^3	含气面积/km^2	探明天然气储量/10^8m^3	油气藏类型
1	兴隆台油田	西部凹陷兴隆台断裂背斜构造带	1969	兴 1	太古宇、中生界、沙三段、沙二段、东营组	碎屑岩、火山岩、变质岩	1130～4600	76.59	21374.75	296.62	25.20	170.80	构造、岩性、潜山
2	曙光油田	西部凹陷西斜坡中段	1975	杜 7	潜山、杜家台、大凌河、兴隆台	碎屑岩、白云岩、石英岩	800～3500	154.99	51498.69	136.34	2.16	10.81	岩性、构造、潜山
3	欢喜岭油田	西部凹陷西斜坡南段	1975	杜 4	潜山、杜家台、大凌河、兴隆台	碎屑岩、变质岩	700～3200	185.74	44588.32	213.86	16.70	84.74	岩性、构造、潜山
4	冷家堡油田	西部凹陷东部陡坡带	1971	冷 1	太古宇、沙三段、沙二段、沙一段	碎屑岩、变质岩	1170～3400	41.67	13507.84	13.22			岩性、构造、潜山
5	高升油田	西部凹陷西斜坡北段	1975	高 1	高升、杜家台、莲花	碎屑岩、碳酸盐岩	1300～2500	34.89	11127.50	44.79	6.93	34.93	岩性、构造
6	牛居油田	东部凹陷北段牛居构造带	1971	牛 1	沙河街组、东营组	碎屑岩	1700～3600	20.36	3270.58	73.71	11.16	48.97	构造、岩性
7	茨榆坨油田	东部凹陷北段茨榆坨构造带	1979	茨 2	太古宇、沙三段、沙二段、东营组	碎屑岩	1840～4110	51.96	5458.58	47.72	8.10	25.60	构造、岩性
8	黄沙坨油田	东部凹陷中段黄沙坨构造带	1999	小 22	沙三段	粗面岩	2800～3380	6.46	1121.73	19.41			构造
9	黄金带油田	东部凹陷南部黄金带构造带	1968	黄 1	沙河街组、东营组	碎屑岩	1150～3300	16.24	1278.48	23.38	5.85	37.48	构造、岩性
10	荣兴屯油田	东部凹陷南部荣兴屯构造带	1966	辽 3	沙河街组、东营组、馆陶组	碎屑岩	1400～2700	21.86	2357.04	25.07	9.40	46.11	构造、岩性
11	静安堡油田	大民屯凹陷中部静安堡断裂构造带	1974	沈 21	太古宇、元古宇、中生界、沙三段	碎屑岩、变质岩	1350～3300	110.27	21376.41	84.59	1.70	3.30	构造、潜山

续表

序号	名称	构造位置	发现年份	发现井	主要含油层位	储层岩性	油气层埋深 / m	含油面积 / km^2	探明石油储量 / 10^4t	溶解气储量 / 10^8m^3	含气面积 / km^2	探明天然气储量 / 10^8m^3	油气藏类型
12	大民屯油田	大民屯凹陷南部前进断裂构造带	1971	沈 1、沈 5	元古宇、沙四段、沙三段	砂岩、白云岩、石英岩	1000～3150	54.40	6323.35	63.70	8.42	14.31	构造、岩性
13	边台油田	大民屯凹陷边台—法哈牛构造带	1984	安 36	太古宇、沙三段	碎屑岩、变质岩	1100～1500	24.77	5674.93	18.21	1.68	3.90	构造、潜山
14	月海油田	海南—月东披覆背斜构造带	1996	海南 1、月东 1	东营组、馆陶组	碎屑岩	1210～2750	34.46	10444.43	23.89	4.92	10.50	构造、岩性
15	双台子油田	西部凹陷双台子断裂背斜构造带	1970	双 1	沙三段、沙二段、东营组	碎屑岩	2250～2880	18.88	1787.66	38.17	11.68	78.31	构造、岩性
16	双南油田	西部凹陷双南构造带	1982	双 91	沙二段	碎屑岩	3150～3750	21.21	1176.10	22.58	7.40	15.44	构造、岩性
17	大洼油田	西部凹陷东部陡坡带	1988	洼 16	太古宇、中生界、沙三段、沙二段、东营组	碎屑岩、火山岩、变质岩	1500～4110	37.17	4790.86	34.72	2.00	5.47	构造、岩性、潜山
18	小洼油田	西部凹陷东部陡坡带	1972	洼 1	太古宇、沙三段、沙二段、东营组	碎屑岩、变质岩	1215～2220	23.40	7531.10	3.54	2.03	2.41	构造、岩性
19	牛心坨油田	西部凹陷东部陡坡带	1987	张 1	太古宇、中生界、沙四段、沙三段	碎屑岩、火山岩、碳酸盐岩、变质岩	1500～3700	11.32	2917.72	7.05			构造、岩性、潜山
20	海外河油田	陆上中央凸起南部	1970	海 1	太古宇、沙三段、东营组	碎屑岩、变质岩	1370～2600	13.30	4438.66	15.04	1.80	3.09	构造、岩性、潜山
21	青龙台油田	东部凹陷青龙台断裂背斜构造带	1980	龙 10	沙三段	碎屑岩	1280～1870	23.68	3274.23	28.41	10.10	25.62	构造
22	欧利坨子油田	东部凹陷中段欧利坨子构造带	1967	辽 12	沙三段、沙一段	碎屑岩、火山岩	2200～2900	15.21	3018.04	48.17	3.16	10.68	构造、岩性

续表

序号	名称	构造位置	发现年份	发现井	主要含油层位	储层岩性	油气层埋深 / m	含油面积 / km^2	探明石油储量 / 10^4t	溶解气储量 / 10^8m^3	含气面积 / km^2	探明天然气储量 / 10^8m^3	油气藏类型
23	热河台油田	东部凹陷南段热河台构造带	1966	辽 11	沙三段、沙一段	碎屑岩、粗面岩	1080～2970	9.95	1266.12	14.51	5.10	20.72	构造、岩性
24	于楼油田	东部凹陷黄金带断裂背斜带	1968	于 1	沙三段、沙一段、东三段	碎屑岩	1750～3350	19.86	1595.76	25.57	0.67	3.59	构造、岩性
25	桃园油田	东部凹陷南部桃园构造带	1969	桃浅 1	沙一段、东营组	碎屑岩	1100～2600	1.00	45.00	1.09	3.90	7.14	构造
26	大平房油田	东部凹陷南部大平房构造带	1965	辽 2	沙一段、东营组、明化镇组	碎屑岩	600～2300	5.80	1005.00	9.20	3.80	9.91	构造、岩性
27	铁匠炉油田	东部凹陷董家岗—大湾超覆带	2003	铁 17	沙三段	砂砾岩	2420～2470	3.15	361.54	3.14			构造、岩性
28	新开油田	东部凹陷西部斜坡带中南段	1994	开 13	沙三段、沙一段	碎屑岩	1800～3500	6.68	519.00	11.77	1.25	1.52	构造、岩性
29	法哈牛油田	大民屯凹陷法哈牛—边台构造带	1974	沈 46	太古宇、沙三段	碎屑岩、变质岩	1300～3400	11.89	1597.33	26.19	3.37	12.46	构造、潜山
30	葵花岛油田	辽河滩海葵花岛构造带	1992	辽海 18–1–1	沙一段、东三段、东二段、东一段	碎屑岩	2140～3530	4.11	714.99	5.39	6.83	29.09	构造
31	太阳岛油田	辽河滩海太阳岛构造带	1991	辽海 13–1–1	沙一段、东三段、东二段	碎屑岩	1370～3160	3.50	418.00	2.75	1.70	3.92	构造
32	笔架岭油田	辽河滩海笔架岭构造带	1992	辽海 4–1–1	沙二段、沙一段、东三段	碎屑岩	2400～3200	5.35	738.59	11.30	1.64	4.45	构造、岩性

表 1-12-2　2018 年底探明及动用储量现状表

分类		累计探明			累计动用		
		地质储量 / 10^4t	可采储量 / 10^4t	采收率 / %	地质储量 / 10^4t	可采储量 / 10^4t	采收率 / %
按油品分类	稀油	106917.20	26265.55	24.6	90387.65	23077.29	25.5
	稠油	100755.35	28072.67	27.9	85230.59	25746.74	30.2
	高凝油	28925.78	6491.67	22.4	21848.52	5219.96	23.9
按区域分类	盆地陆上	224282.32	58730.71	26.2	194749.19	53466.97	27.5
	滩海地区	12316.01	2099.18	17.0	2717.57	577.02	21.2
合计		236598.33	60829.89	25.7	197466.76	54043.99	27.4

表 1-12-3　2018 年底油田开发现状表

分类		区块数 / 个	总井数 / 口	开井数 / 口	日产油 / t	年产油 / 10^4t	地质储量		可采储量		综合含水 / %	递减率	
							采油速度 / %	采出程度 / %	剩余油速度 / %	采出程度 / %		综合 / %	自然 / %
分油品	稀油	262	8627	5002	8219	294.8	0.33	21.63	8.35	84.71	81.5	8.35	17.81
	高凝油	19	1544	1179	1870	69.8	0.32	18.63	6.07	77.98	88.8	4.20	6.69
	稠油	106	12854	7182	16841	603.3	0.71	26.26	17.93	86.93	83.9	4.24	26.90
分区域	盆地陆上	377	22667	13148	25440	913.5	0.47	23.30	11.30	84.88	84.3	5.63	23.45
	滩海地区	10	358	215	1490	54.4	2.00	22.80	-127.72	107.38	64.7	3.31	10.98
合计		387	23025	13363	26930	967.9	0.49	23.30	12.04	85.12	83.8	5.50	22.73

表 1-12-4　2018 年底天然气探明储量表

区域	气层气			溶解气			天然气		
	地质储量 / 10^8m^3	可采储量 / 10^8m^3	采收率 / %	地质储量 / 10^8m^3	可采储量 / 10^8m^3	采收率 / %	地质储量 / 10^8m^3	可采储量 / 10^8m^3	采收率 / %
陆上	677.31	442.55	65.3	1349.77	549.34	40.7	2027.08	991.89	48.9
滩海	47.96	24.57	51.2	43.33	18.79	43.4	91.29	43.36	47.5
合计	725.27	467.12	64.4	1393.10	568.13	40.8	2118.37	1035.25	48.9

表 1-12-5 2018 年底天然气已开发储量表

区域	气层气			溶解气			天然气		
	地质储量 / 10^8m^3	可采储量 / 10^8m^3	采收率 / %	地质储量 / 10^8m^3	可采储量 / 10^8m^3	采收率 / %	地质储量 / 10^8m^3	可采储量 / 10^8m^3	采收率 / %
陆上	658.76	433.61	65.8	1104.99	488.81	44.2	1763.75	922.42	52.3
滩海	17.06	9.11	53.4	39.05	17.19	44.0	56.11	26.30	46.9
合计	675.82	442.72	65.5	1144.04	506.00	44.2	1819.86	948.72	52.1

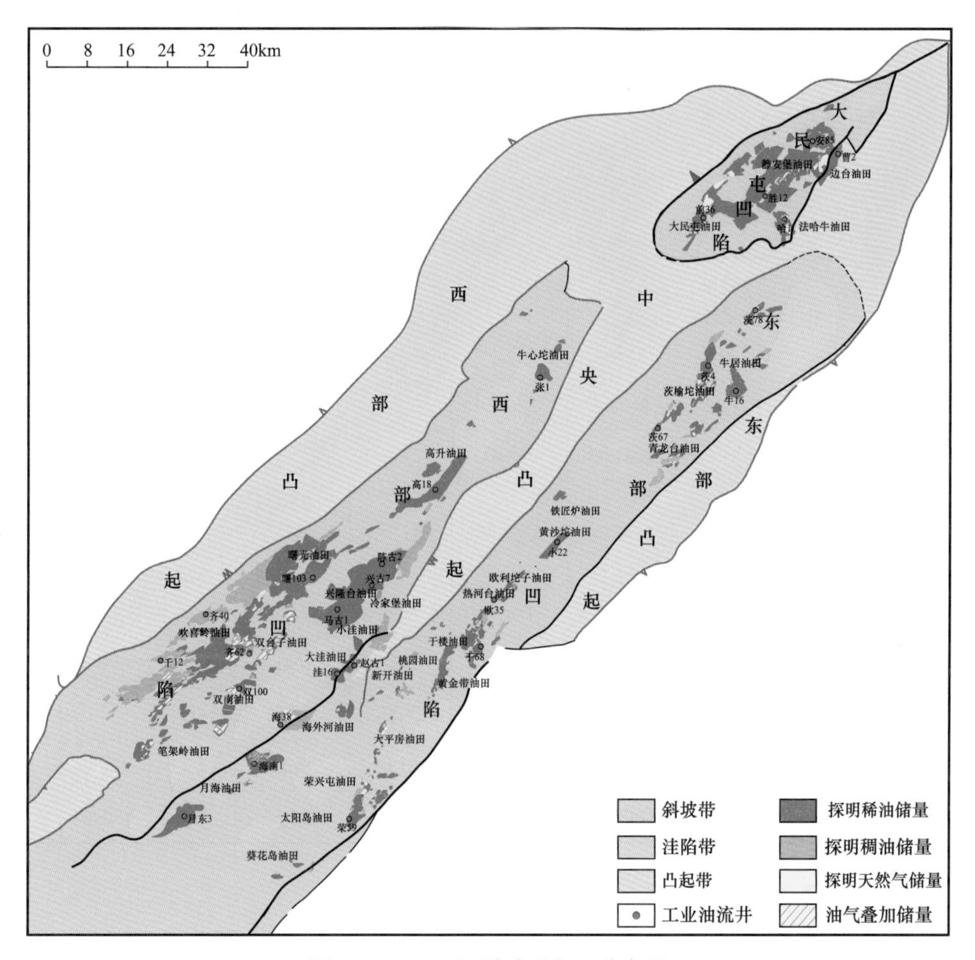

图 1-12-2 辽河坳陷油气田分布图

第一节 兴隆台油田

兴隆台油田位于辽宁省盘锦市兴隆台区、大洼区和双台子区内。构造位置在辽河坳陷西部凹陷兴隆台断裂背斜构造带，构造面积约 $200km^2$。

一、勘探发现

1969 年 5 月 22 日，兴隆台油田第一口探井——兴 1 井开钻，1969 年 9 月 9 日兴 1 井在沙一段 1753.60～1786.40m 井段试油，8mm 油嘴自喷，获日产油 152.4t 的高产油流，发现了兴隆台油田。2001 年 1 月 5 日，兴古 7 井在新太古界 3592.0～3653.5m 井段试油，8mm 油嘴求产，获日产油 66.46t、日产气 23049m^3 的高产油气流，在潜山内幕获油气发现，开启了潜山内幕油气藏的勘探。

截至 2018 年底，共完钻探井 261 口；自下而上发现 6 套油气层，即新太古界潜山、中生界潜山、古近系沙三段上亚段的热河台油层、沙二段至沙一段下亚段的兴隆台油层、沙一段中亚段的于楼油层和东营组的马圈子油层（图 1-12-3）。累计探明含油面积 76.59km^2，石油地质储量 21374.75 × 10^4t，溶解气地质储量 296.62 × 10^8m^3；累计探明气层气含气面积 25.20km^2，地质储量 170.80 × 10^8m^3。其中，潜山累计探明含油面积 62.66km^2，石油地质储量 12706.01 × 10^4t（表 1-12-6）。

表 1-12-6　兴隆台油田分层系探明储量表

<table>
<tr><th rowspan="2">地层</th><th rowspan="2">油层</th><th rowspan="2">含油面积 / km^2</th><th colspan="2">石油储量 /10^4t</th><th colspan="2">溶解气储量 /10^8m^3</th><th rowspan="2">含气面积 / km^2</th><th colspan="2">天然气储量 /10^8m^3</th></tr>
<tr><th>地质</th><th>技术可采</th><th>地质</th><th>技术可采</th><th>地质</th><th>技术可采</th></tr>
<tr><td>东营组</td><td>马圈子</td><td>12.85</td><td>956.69</td><td>306.29</td><td>11.15</td><td>7.67</td><td>16.6</td><td>52.73</td><td rowspan="4">129.46</td></tr>
<tr><td>沙一段中亚段</td><td>于楼</td><td>19.10</td><td>1241.00</td><td>498.91</td><td>13.07</td><td>9.78</td><td>11.1</td><td>32.98</td></tr>
<tr><td>沙一段下亚段</td><td rowspan="2">兴隆台</td><td rowspan="2">38.70</td><td rowspan="2">5599.00</td><td rowspan="2">2355.99</td><td rowspan="2">85.36</td><td rowspan="2">63.92</td><td rowspan="2">14.4</td><td rowspan="2">69.59</td></tr>
<tr><td>沙二段上亚段</td></tr>
<tr><td>沙三段上亚段</td><td>热河台</td><td>5.80</td><td>590.00</td><td>66.69</td><td>5.78</td><td>4.33</td><td></td><td></td><td></td></tr>
<tr><td>沙三段中亚段</td><td>大凌河</td><td>2.79</td><td>282.05</td><td>41.12</td><td>2.72</td><td>0.41</td><td></td><td></td><td></td></tr>
<tr><td>中生界</td><td>中生界</td><td>11.42</td><td>1318.79</td><td>263.76</td><td>16.86</td><td>3.37</td><td></td><td></td><td></td></tr>
<tr><td>新太古界</td><td>新太古界</td><td>51.24</td><td>11387.22</td><td>2570.39</td><td>161.68</td><td>36.17</td><td>2.1</td><td>15.50</td><td>12.93</td></tr>
<tr><td colspan="2">合计</td><td>76.59</td><td>21374.75</td><td>6103.15</td><td>296.62</td><td>125.65</td><td>25.2</td><td>170.80</td><td>142.39</td></tr>
</table>

二、构造及圈闭

兴隆台断裂背斜构造带由下部潜山和上部古近系盖层两部分组成。

兴隆台潜山带为新太古界和中生界组成的双元结构复合型潜山。潜山带整体为北东—南西走向，东、西两侧为台安—大洼断层与兴西断层夹持形成的背斜型隆起。隆起内部受北西、东西向断层分割形成各自独立的潜山圈闭，自南向北依次为马圈子潜山、兴隆台潜山及陈家潜山。不同潜山顶点埋深差异较大，分别为 2950m、2350m、3700m，兴隆台潜山顶界埋深最浅。

潜山带断裂大致分为两组：一组是北东向正断层，为该区主干断层，主要有台安—

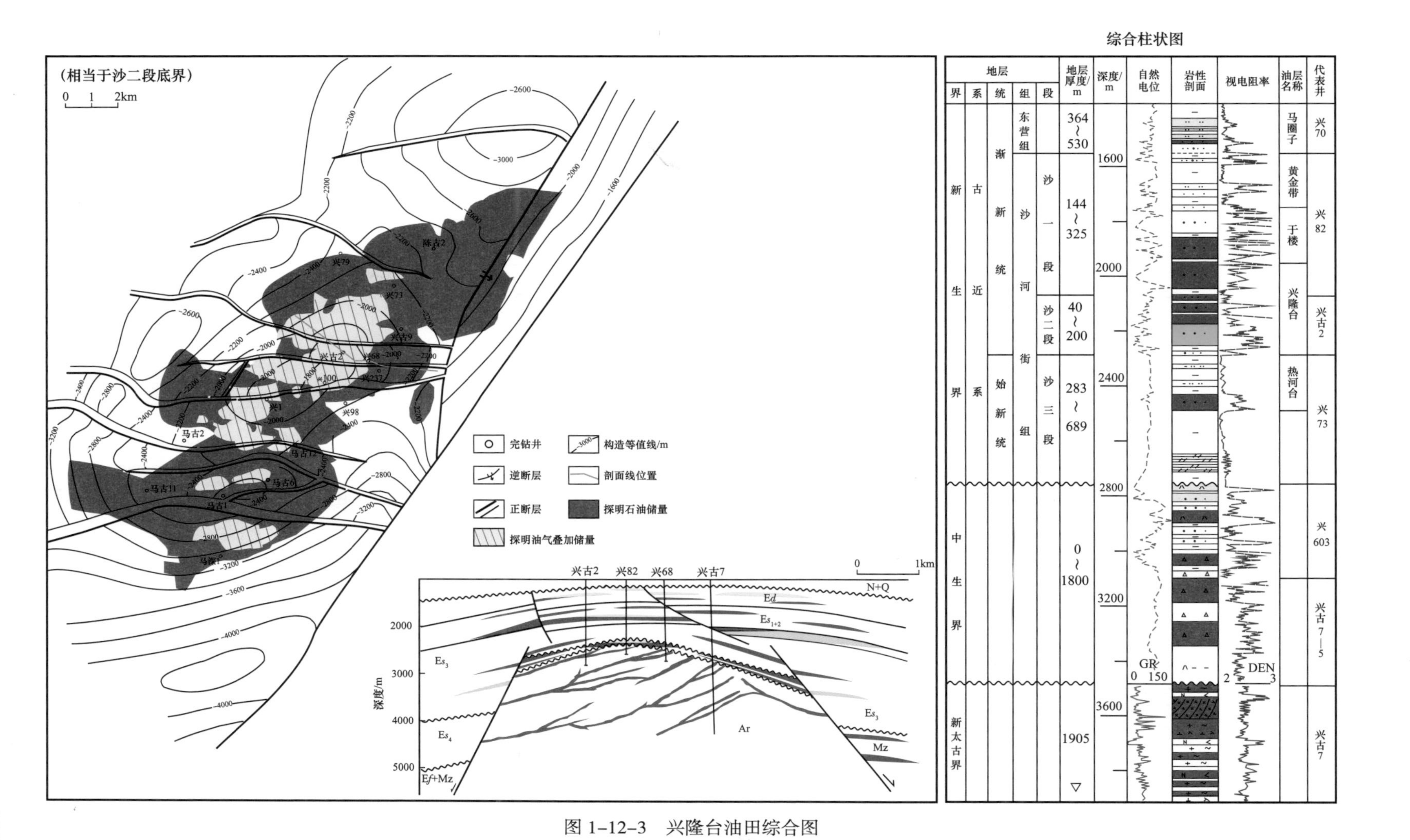

图 1-12-3　兴隆台油田综合图

大洼断裂、兴西断层及其伴生断层，控制着潜山带整体构造格局。另一组为近东西向正断层和逆断层，控制着潜山带中生界的分布，并对潜山带起分割作用。构造活动的多期性和多样性使潜山内部发育多期次、多方位的裂缝系统，形成了潜山内幕圈闭。

古近系总体继承了潜山的构造面貌。沙四段沉积期—沙三段沉积早期为古隆起，到沙三段沉积中期后古隆起全部被沉积物覆盖，沙三段沉积中晚期表现为一低凸起；沙一 + 二段—东营组沉积早期为总体稳定沉降的时期，构造活动不明显；东营组沉积中晚期的走滑构造作用造成兴隆台潜山构造带东西两侧张扭沉降，使得古近系在沙三段沉积时期披覆背斜的基础上，叠加了被东西向断层切割的背斜，形成了兴隆台的复式构造特征。整体表现为北东走向的断裂背斜构造带，受断层切割影响，发育了一系列断裂背斜、断鼻和断块等圈闭（图 1-12-3）。

三、储层

兴隆台油田发现六套油气层，分别为新太古界、中生界、热河台油层、兴隆台油层、于楼油层和马圈子油层，岩性主要包括碎屑岩的砂岩、砂砾岩、角砾岩，火山岩的安山岩，变质岩的片麻岩类、混合花岗岩类、构造角砾岩类、闪长岩类（表 1-12-7）。

表 1-12-7　兴隆台油田储层物性表

地层（油层）	主要岩性	孔隙度 /%			渗透率 /mD			储层类型
		最大值	最小值	平均值	最大值	最小值	平均值	
马圈子油层	粉砂岩	32.7	6.9	25.7	2013	6	209	孔隙型
于楼油层	砂砾岩、砂岩	36.5	7.5	26.0	9256	369	4410	孔隙型
兴隆台油层	砂岩	29.9	5.6	18.6	4346	98	1789	孔隙型
热河台油层	砂岩、砂砾岩	27.2	4.4	15.7	105	＜1	26	孔隙型
中生界	角砾岩、砂砾岩、安山岩	17.6	2.4	7.3	14.60	0.01	1.12	孔隙—裂缝型
新太古界	片麻岩类、混合花岗岩类、构造角砾岩类、闪长岩类	9.2	0.6	2.4	40.60	0.01	0.82	孔隙—裂缝型

四、油气藏类型与油气分布

新太古界油藏埋深 2350～4670m，油层有效厚度一般在 30～400m，最大有效厚度 484.6m，为具有统一油水界面的块状油藏。平面上各潜山块高低的差异及储层裂缝的发育程度控制了油层分布，油层分布有两个特点：一是埋藏浅的潜山油层厚，埋藏深的潜山油层相对薄；二是每个潜山高部位油层厚，翼部低部位相对较薄。

中生界油藏埋深 2196～4670m，油层有效厚度一般在 30～90m，最大有效厚度 198.4m。油层分布受构造和储层物性双重控制，为构造—岩性油气藏。

热河台油层油藏埋深 1900～2400m，油层有效厚度一般在 10～20m，最大有效厚度 32.0m。油层主要分布在构造高部位，同时受岩性影响，为岩性—构造油气藏。

兴隆台油层油气藏埋深1600～2970m，油层有效厚度一般在5～15m，最大有效厚度30.3m。油层分布主要受构造控制，具有油气层厚度大、连通性好、分布面积广等特点，为构造油气藏。

于楼油层油气藏埋深1500～2500m，油层有效厚度一般在3～7m，最大有效厚度13.8m。油层分布主要受岩性发育程度控制，具有含油气井段长而分散、层薄、连通性差、分布面积广等特点，为构造—岩性油气藏。

马圈子油层油气藏埋深1130～2330m，油层有效厚度一般在2～5m，最大有效厚度8.0m。油气层呈层状分布，受岩性及构造的双重控制，具有北气南油、含油气井段长、含油气层多而薄、连通性差、分布面积相对较小等特点，为构造—岩性油气藏。

古近系油气藏类型总体上为岩性—构造油气藏。构造是油气分布的主要控制因素，构造高部位油气富集，含油气层系多。岩性变化对油气分布起着重要作用，特别是于楼、马圈子油层，具有岩性油气藏特征，无统一的油气水界面，为层状岩性油气藏。不同断块油气层的埋藏深度不同，油气水界面差异大，一般来说，高断块油水界面高，油水界面自北向南节节降低（图1–12–3）。

五、流体性质

1. 原油性质

兴隆台油田原油具有低密度、低黏度特点，但不同层位、不同埋藏深度有所差异（表1–12–8）。

表1–12–8 兴隆台油田地面原油性质表

地层（油层）	密度/g/cm^3			黏度（50℃）/mPa·s			含蜡/%			胶质+沥青质/%			凝固点/℃		
	最大值	最小值	平均值	最大值	最小值	平均值	最大值	最小值	平均值	最大值	最小值	平均值	最大值	最小值	平均值
马圈子油层	0.8969	0.8572	0.8771	18.92	7.01	12.97	14.06	11.21	12.64	21.23	12.21	16.72	27	26	26.50
于楼油层	0.9028	0.8416	0.8787	24.13	5.06	15.65	16.50	2.89	7.59	21.06	2.11	13.06	30	22	27.00
兴隆台油层	0.8884	0.8275	0.8665	21.79	4.44	12.52	51.21	6.80	20.55	17.70	10.70	14.20	36	17	28.75
热河台油层	0.8864	0.8243	0.8548	21.86	3.81	9.98	16.90	8.61	11.83	15.99	5.05	10.89	32	25	27.71
中生界	0.8454	0.8134	0.8285	7.44	2.70	4.55	33.41	2.92	11.98	9.80	2.14	6.69	34	16	27.36
新太古界	0.8551	0.8108	0.8332	5.561	3.110	3.79	19.58	4.66	12.12	16.88	3.32	10.10	32	19	23.37

2. 天然气性质

兴隆台油田天然气资源丰富，有气层气和溶解气。溶解气性质随埋深增加天然气相对密度增大，甲烷含量降低。其主要性质见表1–12–9。

表 1-12-9　兴隆台油田天然气性质表

地层（油层）	甲烷含量 /%		相对密度		类型
	最大值	最小值	最大值	最小值	
马圈子油层	95.58	85.64	0.6799	0.5828	溶解气
	97.13	95.92	0.5777	0.5744	气层气
于楼油层	93.59	86.17	0.6688	0.5537	溶解气
	94.95		0.5879		气层气
兴隆台油层	95.26	78.77	0.7418	0.6007	溶解气
	96.68	95.88	0.5831	0.5796	气层气
热河台油层	82.15	77.77	0.7438	0.6990	溶解气
中生界	91.44	73.63	0.7807	0.6127	溶解气
	76.62		0.7576		气层气
新太古界	90.98	74.55	0.7993	0.6205	溶解气

3. 地层水性质

兴隆台油田地层水为 $NaHCO_3$ 型，总矿化度不高，随埋藏深度的增加，矿化度升高（表 1-12-10）。

表 1-12-10　兴隆台油田地层水性质表

地层（油层）	总矿化度 /（mg/L）			水型
	最大值	最小值	平均值	
马圈子油层	3606.0	1828.0	2715.0	$NaHCO_3$
于楼油层	5757.0	3112.0	3904.0	$NaHCO_3$
兴隆台油层	6315.0	3592.0	5014.0	$NaHCO_3$
热河台油层	6889.0	5033.0	6156.0	$NaHCO_3$
中生界	8462.1	2493.0	5025.0	$NaHCO_3$
新太古界	7635.0	3699.1	5770.2	$NaHCO_3$

六、油田开发简况

1971 年 9 月，兴隆台油田古近系油层正式投入开发，经过 4 年产能建设，1974 年油田原油产量突破 150×10^4t，并在该水平线以上稳产 6 年。1975 年达到峰值产量 245.56×10^4t，1979 年产量开始递减。2007 年，古潜山投入开发，2012 年油田产量回升至 107.57×10^4t。2018 年底，共有开发井 856 口，开井 456 口，年产油 62.13×10^4t，含水率 62.45%。累计生产原油 3751.24×10^4t、天然气 $184.92\times10^8m^3$（图 1-12-4）。

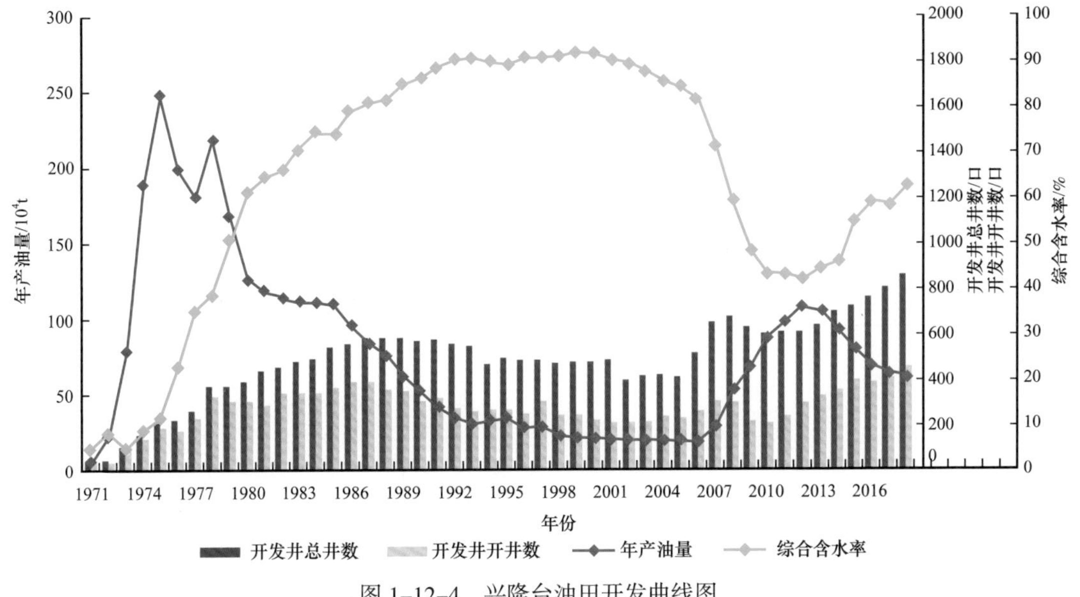

图 1-12-4　兴隆台油田开发曲线图

第二节　曙光油田

曙光油田位于辽宁省盘山县境内，平均地面海拔小于 5m，主要分布在苇田之中。构造上位于辽河坳陷西部凹陷西部斜坡的中段，面积约 $500km^2$。

一、勘探发现

曙光油田于 1962 年开始地球物理普查。1974 年 2 月，曙光油田第一口探井——杜 1 井开钻。1975 年 4 月，杜 7 井首次在沙四段杜家台油层 1946～2016m 井段试油，8mm 油嘴求产，日产油 98.3t，日产气 $6786m^3$，发现了曙光油田。1979 年 2 月，曙古 1 井在中—新元古界石灰岩 1859.4～1884.98m 井段，38.5mm 油嘴求产，获日产 525.6t 的高产油流。1980 年 11 月，曙 2-8-010 井在中—新元古界变余石英砂岩 2190.4～2204.98m 试油，6mm 油嘴求产，获日产油 97.4t，日产气 $7738m^3$ 的高产油气流，发现了曙光和杜家台潜山油气藏。1995 年 4 月，曙 103 井在中—新元古界 3385～3400m 井段灰岩中试油，8mm 油嘴求产，获日产油 184t、日产天然气 $10659m^3$ 的高产油气流，发现了曙光低潜山油气藏。

曙光油田共发育中—新元古界、古生界，沙四段高升、杜家台，沙三段莲花、大凌河、热河台、沙一段—沙二段兴隆台、馆陶组绕阳河九套油气层，其中沙四段杜家台、沙一段—沙二段兴隆台油层为主力油气层，其次为沙三段大凌河油层（图 1-12-5）。

截至 2018 年底，曙光油田已完钻探井 324 口，累计探明含油面积 $154.991km^2$，石油地质储量 51498.69×10^4t，溶解气地质储量 $136.34\times10^8m^3$，探明气层气含气面积 $2.16km^2$，地质储量 $10.81\times10^8m^3$，凝析油地质储量 10.0×10^4t（表 1-12-11）。

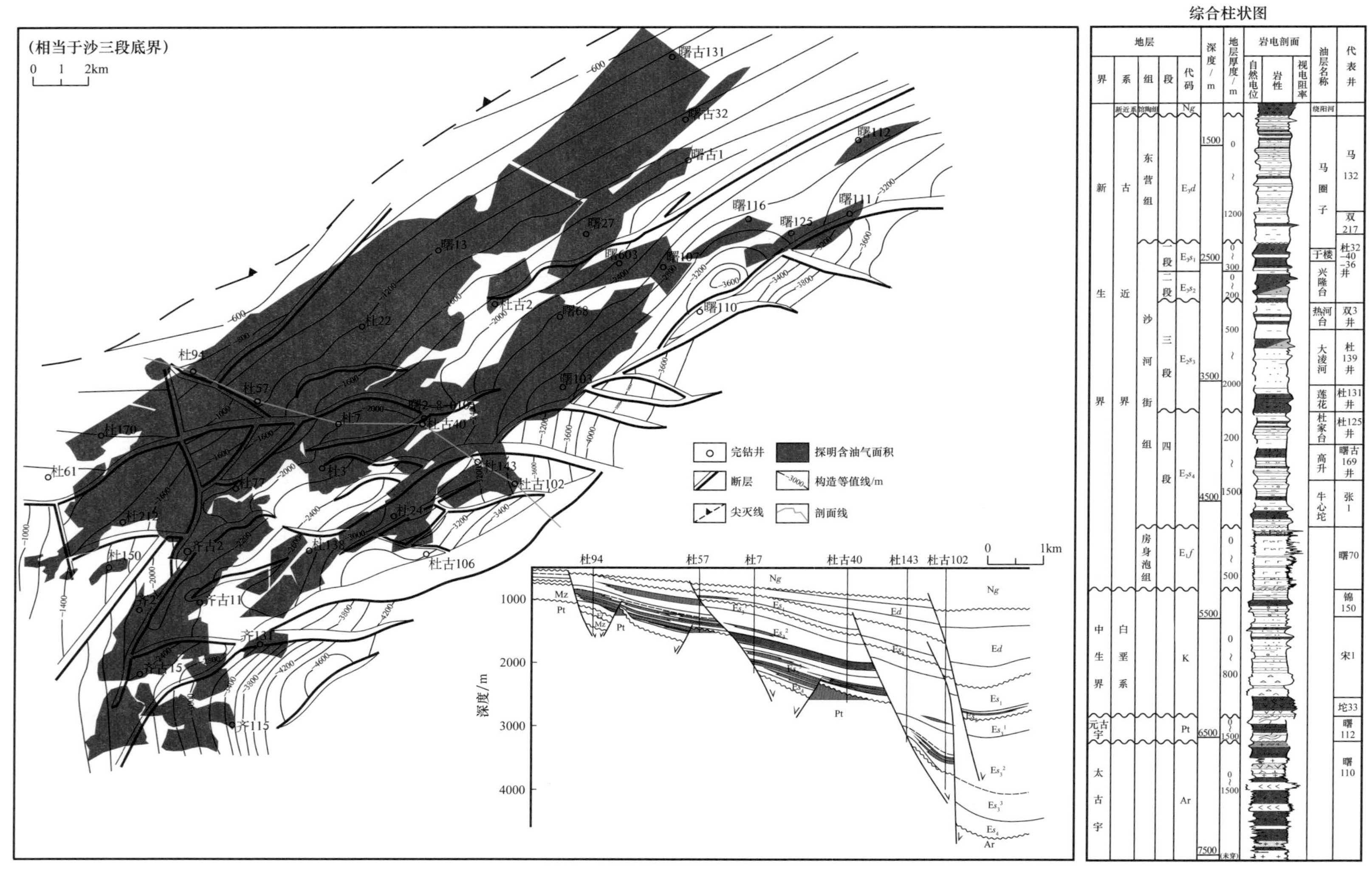

图 1-12-5　曙光油田综合图

表 1-12-11　曙光油田分层系探明储量表

地层	油层	含油面积 / km^2	石油储量 / 10^4t		溶解气储量 / 10^8m^3		含气面积 / km^2	天然气储量 / 10^8m^3	
			地质	技术可采	地质	技术可采		地质	技术可采
馆陶组	饶阳河	2.12	2730.00	1177.36					
沙一段—沙二段	兴隆台	22.21	12315.25	3488.21					
沙三段	热河台	8.40	3563.00	1314.59					
	大凌河	19.23	6420.01	1791.04	21.58	3.80	2.16	10.81	2.65
	莲花	4.30	740.00	100.14	5.97	1.03			
沙四段	杜家台	126.38	19519.82	5103.02	95.32	17.91			
古生界	古生界	28.28	4848.61	1258.74	13.47	2.69			
中—新元古界	中—新元古界	6.65	1362.00	332.26					
合计		154.99	51498.69	14565.36	136.34	25.43	2.16	10.81	2.65

二、构造及圈闭

曙光油田由下部潜山和上部新生界盖层两部分组成。

前新生界主要受北东走向断层控制，发育多个北东走向的潜山带。南部高部位发育胜利塘潜山，低部位发育杜家台潜山；北部发育曙光潜山，由西向东可划分为高、中、低三个潜山带。

古近系总体构造形态为斜坡背景上发育起来的单斜，发育北东、北西、近东西和近南北向四组断层，其中，北东向断层为主干断层，长期发育，北西和近东西向断层沙三段末期开始发育，近南北向断层沙一段—沙二段沉积时期开始发育，几组断层相互切割（图 1-12-5）。受古地貌和断层的控制，形成一系列断块、断鼻和披覆背斜等圈闭。

杜家台油层构造形态整体为一单斜，被断层切割成多个断鼻、断块和披覆背斜；莲花、大凌河、热河台油层分布在下台阶，构造形态整体为北西高、南东低的鼻状构造，被断层切割成多个大小不等的断块；兴隆台油层分布于曙一区杜 32 断层南部，北东向延伸，为一向南东倾斜的单斜构造，被东西向和近南北向断层切割成大小不等的断块。

新近系馆陶组构造比较单一，为一北西向抬起的单斜构造，走向北东，倾向东南，主要发育地层不整合圈闭。

三、储层

曙光油田发现九套油气层。其中潜山油气层主要为孔隙—裂缝型，新生界油气层主要为孔隙型（表 1-12-12）。

表 1-12-12　曙光油田储层物性表

地层（油层）	主要岩性	孔隙度 /%			渗透率 /mD			储层类型
		最小值	最大值	平均值	最小值	最大值	平均值	
绕阳河油层	砂砾岩、砾岩和中细砂岩	22.0	33.0	25.0	2000.0	4000.0	3200.0	孔隙型
兴隆台油层	砂岩、细砾岩	22.8	32.2	24.7	575.0	1653.0	1085.0	孔隙型
热河台油层	砂砾岩	25.0	35.0	27.3	1000.0	2100.0	1511.0	孔隙型
大凌河油层	砂岩、砾岩	17.0	37.0	22.3	100.0	4294.0	349.0	孔隙型
莲花油层	含砾砂岩、砂砾岩	8.0	23.0	11.6	1.0	150.0	54.0	孔隙型
杜家台油层	细砂岩	18.5	28.5	22.0	62.0	1968.0	150.0	孔隙型
高升油层	泥质白云岩	4.0	15.0	11.2	0.1	200.0	49.0	孔隙—裂缝型
古生界	石灰岩、白云岩	3.4	4.1	3.8	3.0	43.0	15.0	孔隙—裂缝型
中—新元古界	白云岩、变余石英砂岩	2.0	5.2	3.9	3.0	41.0	6.7	孔隙—裂缝型

四、油气藏类型与油气分布

潜山油气藏为新生古储型，主要发育块状潜山油气藏和潜山内幕层状油气藏。块状潜山油气藏主要分布于杜家台潜山、胜利塘潜山；内幕层状油气藏主要分布于曙光潜山（图 1-12-5）。

沙四段杜家台油层主要发育构造、构造—岩性、地层不整合及地层超覆等油气藏。披覆背斜油气藏主要分布于杜 66 块、杜 255 块、齐家地区，滚动背斜油气藏主要分布于曙一区，断裂鼻状构造油气藏主要分布于杜 7 块、杜 124 块，断块油气藏主要分布于曙一区、曙二区、曙三区和齐 80 块；构造—岩性油气藏主要分布于曙一区、曙二区；地层不整合油气藏分布于曙三区；地层超覆油气藏分布于杜家台潜山、曙光潜山的侧翼、杜 124 块、杜 300 块和杜 92 块。

沙三段莲花油层主要发育构造、构造—岩性和岩性油气藏，其中构造、构造—岩性油气藏分布于杜 51 块、杜 74 块、双北 28-37 块、杜 67 块和曙二区，岩性油气藏分布于齐 131 块；大凌河油层主要发育构造、岩性—构造、构造—岩性、岩性油气藏，其中构造（断块）、岩性—构造油气藏分布于曙一区、曙二区，构造—岩性、岩性油气藏分布于曙一区、曙二区、杜 124 块、杜 3 块；热河台油层主要发育岩性—构造、构造—岩性和地层不整合油气藏，分布于杜 212 块和杜 84 块。

沙一段—沙二段兴隆台油层主要发育构造、岩性—构造、构造—岩性油气藏。其中构造油气藏主要分布在杜212块、曙一区。岩性—构造油气藏主要分布在杜813块、杜42块、杜229块、杜80块等区块。构造—岩性油气藏主要分布在杜84块。

馆陶组绕阳河油层主要发育地层不整合油气藏，分布于曙一区、杜67块、杜239块等。

五、流体性质

1. 原油性质

曙光油田油品类型多，包括稀油、普通稠油、特稠油和超稠油，不同油层油品性质有所不同（表1-12-13）。

表1-12-13 曙光油田地面原油性质表

地层（油层）	密度/g/cm³			黏度（50℃）/mPa·s			含蜡/%			胶质+沥青质/%			凝固点/℃			油品类型
	最小值	最大值	平均值	最小值	最大值	平均值	最小值	最大值	平均值	最小值	最大值	平均值	最小值	最大值	平均值	
绕阳河油层	0.995	1.007	0.998	529.0	1565.8	835.0	10.8	17.5	13.5	15.0	25.0	18.7	20.0	42.0	28.9	普通稠油—特稠油
兴隆台油层	1.010	1.014	1.012	50000.0	377200.0	70000.0	12.0	25.6	18.6	35.0	43.0	38.0	10.0	38.5	25.7	特稠油—超稠油
大凌河油层	0.840	0.933	0.893	4.1	1619.0	320.0	6.5	10.6	9.7	8.8	24.5	10.6	9.0	35.6	18.7	稀油—普通稠油
莲花油层	0.837	0.935	0.843	3.1	10.6	4.5	7.4	10.6	8.6	5.8	10.6	7.3	13.2	40.5	25.0	稀油—普通稠油
杜家台油层	0.873	0.963	0.912	28.7	5000.0	482.0	9.3	13.9	11.5	22.0	31.0	28.7	17.3	24.2	19.6	稀油—普通稠油
高升油层	0.867	0.897	0.880	35.5	1722.7	86.2	7.0	29.7	18.4	9.7	25.4	20.6	25.0	40.0	33.0	稀油—普通稠油
潜山	0.821	0.977	0.865	4.6	5079.9	603.0	4.4	18.7	10.8	7.9	19.8	13.2	8.0	37.0	23.0	稀油—普通稠油

2. 天然气性质

曙光油田多油少气，属于中低油气比、低饱和压力油气藏。天然气以溶解气为主，气层气探明地质储量只有 $10.81\times10^8m^3$。气层气平均相对密度 0.6532，甲烷含量平均 80.23%；溶解气平均相对密度 0.6413，甲烷含量 85.45%（表 1-12-14）。

表 1-12-14 曙光油田天然气性质表

地层（油层）	甲烷含量 /%			相对密度			类型
	最大值	最小值	平均值	最大值	最小值	平均值	
大凌河油层	93.06	60.62	80.23	0.9032	0.6343	0.6532	气层气
	92.45	65.12	86.43	0.8514	0.5543	0.6153	溶解气
杜家台油层	98.62	78.77	88.64	0.7992	0.5684	0.6314	溶解气
古生界	92.48	64.99	80.35	0.7635	0.6760	0.7256	溶解气
中—新元古界	83.66	54.32	75.35	0.9690	0.6514	0.7865	溶解气

3. 地层水性质

曙光油田地层水属 $NaHCO_3$ 型，总矿化度自下而上逐渐减低，层位老埋藏深矿化度高，层位新埋藏浅矿化度低。平面分布具有自东向西，由北向南逐渐降低的特点（表 1-12-15）。

表 1-12-15 曙光油田地层水性质表

地层（油层）	总矿化度 /（mg/L）			水型
	最大值	最小值	平均值	
绕阳河油层	2770.2	2342.06	2568.45	$NaHCO_3$
兴隆台油层	3347.82	2442.41	2985.63	$NaHCO_3$
大凌河油层	3390.29	2156.84	2856.45	$NaHCO_3$
莲花油层	3663.87	1954.83	2565.25	$NaHCO_3$
杜家台油层	3888.99	1265.30	3125.66	$NaHCO_3$
古生界	4186.80	3641.70	3856.41	$NaHCO_3$
中—新元古界	5792.50	805.40	4321.32	$NaHCO_3$

六、油田开发简况

1975 年曙光油田稀油区块投入开发，油田快速建产，1979 年，年产量超过 100×10^4t。1983 年，普通稠油区块陆续投入蒸汽吞吐开发，油田实现二次上产，1986 年，年产量超过 200×10^4t。1998 年，超稠油投入开发，油田第三次上产，2000 年，油田年产量突破 300×10^4t，2007 年，达到最高年产量 402.20×10^4t。2018 年底，共有开发井 6465 口，开井 3506 口，年产油 359.82×10^4t，含水率 78.50%（图 1-12-6），累计生产原油 11847.63×10^4t、天然气 $17.97\times10^8m^3$。

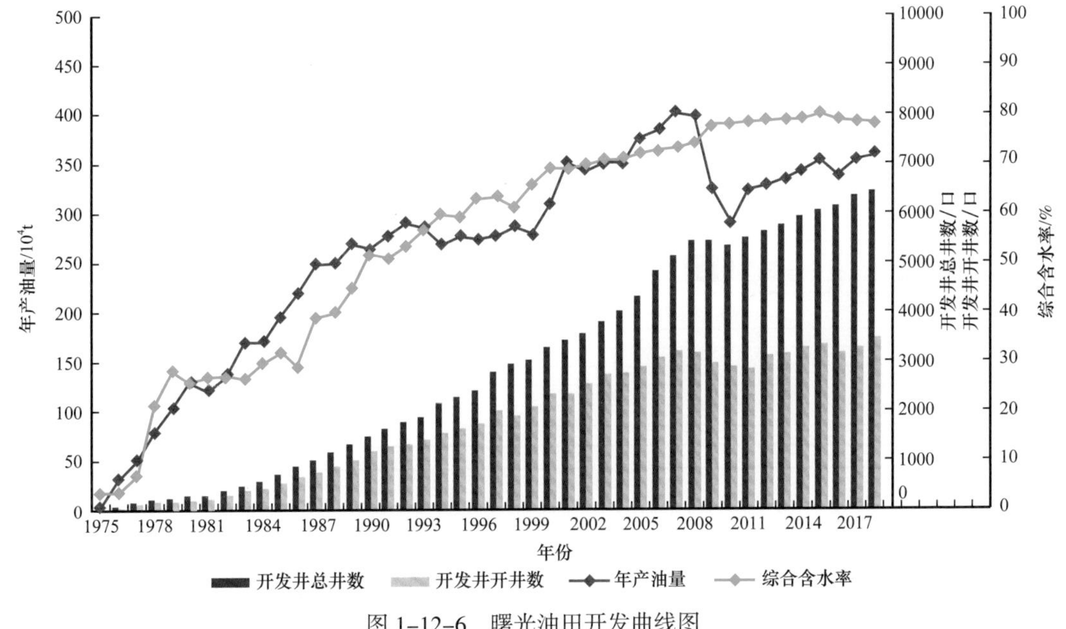

图 1-12-6　曙光油田开发曲线图

第三节　欢喜岭油田

欢喜岭油田位于辽宁省盘锦市和凌海市境内。构造位置在辽河坳陷西部凹陷西斜坡的南端，构造面积约为 410km^2。

一、勘探发现

1973 年 8 月 9 日，欢喜岭油田的第一口预探井——千 1 井开钻。1975 年 4 月初，杜 4 井在沙四段杜家台油层 2641.8～2659.0m 井段试油，10mm 油嘴求产，获日产油 113.8t、日产气 13953m^3 的高产油气流，发现了欢喜岭油田。

截至 2018 年底，共完钻探井 561 口。自下而上发育新太古界、中生界、沙四段杜家台、沙三段莲花、大凌河、热河台、沙一段—沙二段兴隆台、于楼、东营组马圈子及馆陶组绕阳河等十套油气层。累计探明含油面积 185.74km^2，探明石油地质储量 44588.32 × 10^{4}t，溶解气地质储量 213.86 × 10^{8}m^3；累计探明含气面积 16.7km^2，探明天然气地质储量 84.74 × 10^{8}m^3（图 1-12-7、表 1-12-16）。

二、构造及圈闭

前古近系被近北东向三条主干断层分割成三个潜山带，即西八千潜山带、欢喜岭潜山带和齐家潜山带。

沙四段构造形态主要受下伏古地貌和三组断裂控制。三组断裂为北东向断层、北东向转近东西向断层和北西向断层，其中北东向断层为本区的主干断层，控制了区内的构造格局和地层沉积，形成一系列北东向展布的构造带；北西向和北东向转近东西向次级断层将断裂鼻状构造带分割成多个断块和断鼻等圈闭。

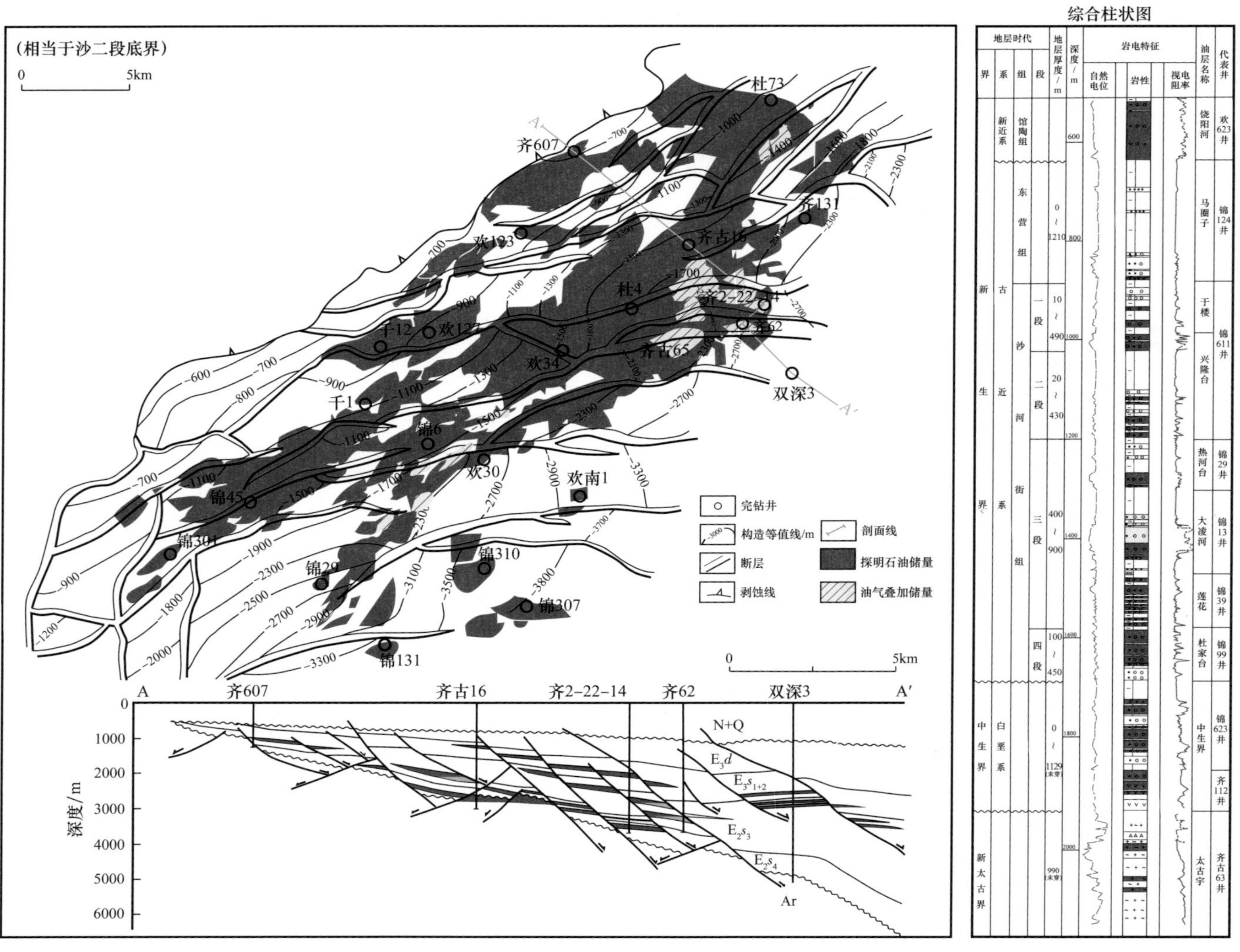

图 1-12-7　欢喜岭油田综合图

<table>
<caption>表 1-12-16 欢喜岭油田分层系探明储量表</caption>
<tr><th rowspan="2">地层</th><th rowspan="2">油层</th><th rowspan="2">含油面积 / km^2</th><th colspan="2">石油储量 / 10^4t</th><th colspan="2">溶解气储量 / 10^8m^3</th><th rowspan="2">含气面积 / km^2</th><th colspan="2">天然气储量 / 10^8m^3</th></tr>
<tr><th>地质</th><th>技术可采</th><th>地质</th><th>技术可采</th><th>地质</th><th>技术可采</th></tr>
<tr><td>馆陶组</td><td>饶阳河</td><td>0.70</td><td>338.00</td><td>64.20</td><td></td><td></td><td></td><td></td><td></td></tr>
<tr><td>东营组</td><td>马圈子</td><td>1.30</td><td>30.00</td><td>5.77</td><td>0.09</td><td>0.04</td><td></td><td></td><td></td></tr>
<tr><td>沙一段中亚段</td><td>于 楼</td><td>20.02</td><td>6333.83</td><td>2282.33</td><td>3.64</td><td>1.47</td><td>2.40</td><td>13.95</td><td rowspan="9">56.68</td></tr>
<tr><td>沙一段下亚段</td><td rowspan="2">兴隆台</td><td rowspan="2">76.12</td><td rowspan="2">16524.12</td><td rowspan="2">5998.70</td><td rowspan="2">71.68</td><td rowspan="2">27.08</td><td rowspan="2">4.20</td><td rowspan="2">8.96</td></tr>
<tr><td>沙二段上亚段</td></tr>
<tr><td rowspan="3">沙三段</td><td>热河台</td><td>5.80</td><td>501.00</td><td>115.32</td><td>6.65</td><td>2.76</td><td>1.90</td><td>11.20</td></tr>
<tr><td>大凌河</td><td>28.49</td><td>4083.07</td><td>1234.30</td><td>43.01</td><td>16.79</td><td>4.87</td><td>29.10</td></tr>
<tr><td>莲花</td><td>27.10</td><td>8046.37</td><td>3405.39</td><td>18.26</td><td>7.92</td><td>1.30</td><td>7.95</td></tr>
<tr><td>沙四段</td><td>杜家台</td><td>80.50</td><td>6735.93</td><td>1475.53</td><td>55.19</td><td>21.82</td><td>2.60</td><td>5.95</td></tr>
<tr><td>中生界</td><td>中生界</td><td>5.12</td><td>511.00</td><td>91.59</td><td>2.66</td><td>0.96</td><td></td><td></td></tr>
<tr><td>新太古界</td><td>新太古界</td><td>7.30</td><td>1485.00</td><td>218.23</td><td>12.68</td><td>4.68</td><td>2.40</td><td>7.63</td></tr>
<tr><td colspan="2">合计</td><td>185.74</td><td>44588.32</td><td>14891.36</td><td>213.86</td><td>83.52</td><td>16.7</td><td>84.74</td><td>56.68</td></tr>
</table>

沙三段总体构造形态为南东倾的宽缓的斜坡，近北东向展布的南东倾正断层将斜坡带分割，成节节南东掉的断阶带，断阶带被次一级的近东西向断层切割，形成了一系列断裂鼻状构造。局部地区受古地貌的影响，形成了披覆构造。

沙一段—沙二段总体上继承了沙三段的构造面貌，并进一步复杂化，斜坡带被主干断裂分割成西部斜坡带、中部高垒带、中部断裂鼻状构造带、东部断裂背斜带四个构造带。主要发育断裂背斜、断块、断鼻和地层不整合等圈闭。

东营组构造形态整体为北东向展布相对平缓的斜坡，被少量的北东东—北东向断层所切割，主要发育构造—岩性圈闭。

馆陶组构造形态相对简单，仍保留有南东倾伏的斜坡面貌，主要发育岩性地层圈闭。

三、储层

欢喜岭油田发育变质岩、碎屑岩两类储层。变质岩储层以混合花岗岩为主，为孔隙—裂缝型储层；碎屑岩储层以砂砾岩和中细砂岩为主，为孔隙型储层，各油气层储层特征见表 1-12-17。

四、油气藏类型与油气分布

新太古界发育块状潜山油气藏，主要分布在欢喜岭、齐家潜山。

中生界发育构造—岩性油气藏，主要分布于齐 112 井、锦 150 井区。

表 1-12-17　欢喜岭油田主力油气层储层物性表

地层（油层）	主要岩性	孔隙度 /%			渗透率 /mD			储层类型
		最大值	最小值	平均值	最大值	最小值	平均值	
于楼油层	砂砾岩、中砂岩、细砂岩	41.9	4.8	22.7	18144.00	<1.00	447.3	孔隙型
兴隆台油层	砂砾岩、中砂岩	35.2	4.9	21.5	13204.00	<1.00	472.9	孔隙型
大凌河油层	砂砾岩、中砾岩、含砾砂岩	33.4	2.1	17.0	11714.00	<1.00	222.0	孔隙型
莲花油层	砂砾岩、中砾岩、含砾砂岩	33.6	3.0	18.9	14011.00	<1.00	326.8	孔隙型
杜家台油层	中细砂岩、砂砾岩	20.0	1.6	15.0	100.00	<1.00	50.0	孔隙型
新太古界	混合花岗岩类、黑云斜长片麻岩	13.7	0.8	4.0	5.58	0.03	0.8	孔隙—裂缝型

沙四段杜家台油层发育构造、岩性—构造、构造—岩性、岩性、地层油气藏。构造和岩性—构造油气藏主要分布于欢古 1 块、欢 26 块、欢 50 块、锦 99 块、新欢 27 块、欢 103 块，岩性和地层油气藏分布于欢 123 块。

沙三段发育构造、岩性—构造、构造—岩性、岩性油气藏。莲花油层以构造、构造—岩性油藏为主，主要分布在齐 40 块、齐 108 块、千 12 块、千 5 块、欢 616 块、锦 607 块；大凌河油层以岩性、构造—岩性油气藏为主，主要分布于齐 62 块、锦 612 块、欢 629 块、欢 17 块、锦 2-6-9 块、欢 2-19-08 块；热河台油层以构造—岩性、岩性—构造油气藏为主，主要分布于齐 2-23-9 块、锦 6 块、锦 2-7-04 块和欢 2-19-16 块。

沙一段—沙二段发育构造、岩性—构造、构造—岩性、岩性、地层油气藏。兴隆台油层以构造、构造—岩性、岩性、地层油气藏为主，主要发育在锦 16 块、锦 45 块、锦 25 块、锦 81 块、锦 92 块、欢 12 块、欢 127 块、欢 26 块、锦 607 块、锦 307 块、锦 310 块；于楼油层发育岩性—构造油气藏，分布在锦 25 块和锦 307 块。

东营组马圈子油层主要为构造—岩性油气藏，分布于锦 124 块。

馆陶组绕阳河油层主要发育地层不整合油藏，分布于千 12 块和欢 623 块。油藏中部油层厚度较大，向四周油层逐渐减薄以至尖灭，形成水包油（沥青壳封堵）。

五、流体性质

1. 原油性质

欢喜岭油田油品种类齐全，既有稀油、普通稠油和特稠油，还有零星分布的高凝油，且不同层位、不同埋藏深度原油性质有所差异，具体见表 1-12-18。

2. 天然气性质

欢喜岭油田天然气包括气层气和溶解气两种。其主要性质见表 1-12-19。

表 1-12-18　欢喜岭油田地面原油性质表

地层	密度 / g/cm³			黏度（50℃）/ mPa·s			含蜡 / %			胶质+沥青质 / %			凝固点 / ℃		
	最大值	最小值	平均值	最大值	最小值	平均值	最大值	最小值	平均值	最大值	最小值	平均值	最大值	最小值	平均值
东营组	0.8969	0.8572	0.8771	18.92	7.01	12.97	14.06	11.21	12.64	21.23	12.21	16.72	27	26	26.50
沙一段	0.9673	0.8206	0.8910	876.19	2.24	90.13	16.89	1.85	5.15	32.11	5.02	19.04	37	21	26.3
沙二段	0.9931	0.8502	0.9048	266.94	5.64	83.17	11.48	3.09	6.42	37.45	6.37	19.65	50	–5	23.86
沙三段上亚段	0.9796	0.8221	0.8904	907.05	1.78	198.33	10.34	2.15	5.93	28.76	4.42	16.61	35	–22	15.00
沙三段中亚段	0.9659	0.7465	0.8974	2308.31	2.84	343.63	12.90	0.42	5.77	35.00	6.08	22.89	38	–45	3.82
沙三段下亚段	0.9977	0.6815	0.8589	3968.23	1.26	55.91	31.50	1.33	9.01	42.24	3.89	14.05	59	–45	22.36
沙四段	0.9986	0.7337	0.8694	14420.00	2.51	225.52	34.00	2.50	10.50	45.26	4.16	16.15	67	–33	24.33
中生界	0.9990	0.8455	0.8774	768.64	9.74	126.54	18.40	5.23	13.10	44.88	11.06	16.93	43	27	35.42
新太古界	0.9298	0.7402	0.8275	222.70	3.56	30.11	20.49	2.17	11.53	28.95	4.56	10.28	43	22	33.10

表 1-12-19　欢喜岭油田天然气性质表

地层	甲烷含量 /%		相对密度		类型
	最大值	最小值	最大值	最小值	
沙一段	98.17	90.27	0.8078	0.7522	气层气
	88.15	83.89	0.7379	0.6054	溶解气
沙二段	91.69		0.7203		气层气
	82.24	50.67	0.7032	0.6446	溶解气
沙三段上亚段	90.83	51.8	0.7389	0.6759	溶解气
沙三段中亚段	98.85	90.33	0.6837	0.5224	气层气
	87.44	56.71	0.6814	0.6189	溶解气
沙三段下亚段	97.56	91.36	0.7481	0.5720	气层气
	85.47	51.52	0.6824	0.5323	溶解气
沙四段	96.36	85.67	0.6748	0.5739	气层气
	83.8	51.82	0.5829	0.5030	溶解气
新太古界	95.83	47.18	0.6827	0.5446	气层气
	74.64	62.48	0.7385	0.5330	溶解气

3. 地层水性质

欢喜岭油田地层水为 $NaHCO_3$ 型。其主要性质见表 1-12-20。

表 1-12-20　欢喜岭油田地层水性质表

地层	总矿化度 / (mg/L)			水型
	最大值	最小值	平均值	
沙一段	8575.43	563.00	5024.59	$NaHCO_3$
沙二段	9221.10	950.57	4023.95	$NaHCO_3$
沙三段上亚段	8453.25	255.49	5349.95	$NaHCO_3$
沙三段中亚段	7569.04	1277.20	4260.89	$NaHCO_3$
沙三段下亚段	15297.00	1423.57	5040.15	$NaHCO_3$
沙四段	11505.45	656.20	4062.86	$NaHCO_3$
中生界	7047.53	1487.96	3641.71	$NaHCO_3$
新太古界	7675.12	1594.90	3931.28	$NaHCO_3$

六、油田开发简况

1975 年 1 月欢喜岭油田稀油区块开始试采，1979 年 1 月正式投入开发，当年油田产量突破 100×10^4t。1984 年稠油区块投入蒸汽吞吐开发，油田实现二次上产。经过 10 年的产能建设，1988 年油田年产量突破 400×10^4t，并在该水平稳产 14 年，1999 年达到最高年产量 492.38×10^4t。2002 年产量开始递减，2009 年进入高含水、低速缓慢递减阶段（图 1-12-8）。2018 年底，共有开发井 6785 口，开井 3794 口，年产油 164.35×10^4t，含水率 89.95%，累计生产原油 12947.87×10^4t、天然气 $80.16\times10^8m^3$。

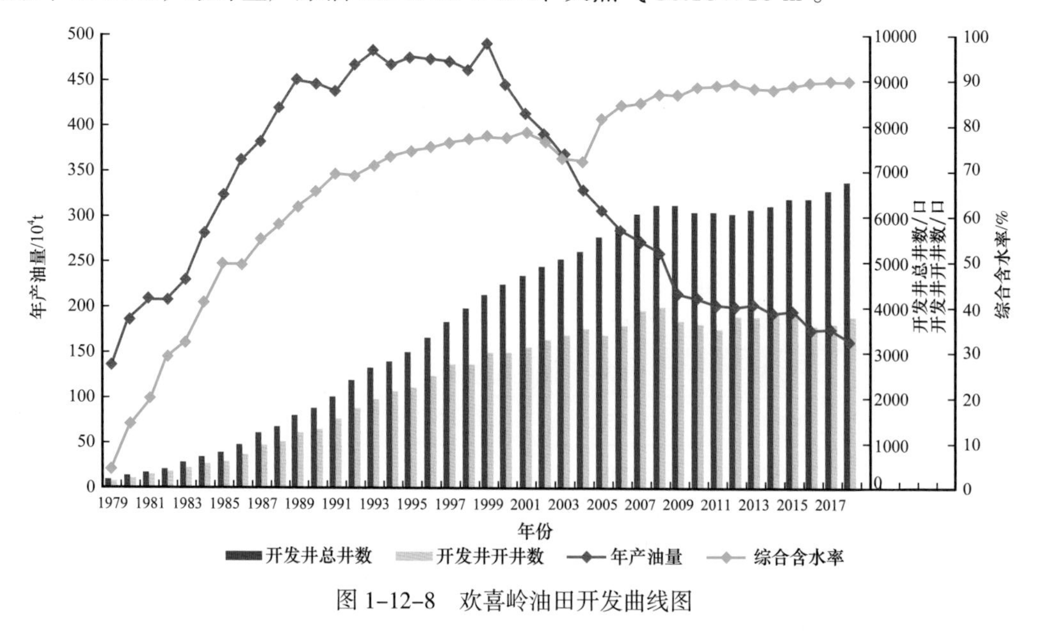

图 1-12-8　欢喜岭油田开发曲线图

第四节　冷家堡油田

冷家堡油田位于辽宁省盘锦市盘山县、大洼区和鞍山市台安县境内。构造位置在辽河坳陷西部凹陷东部陡坡带的中北段，构造面积约 100km^2。

一、勘探发现

1971 年 11 月 9 日，冷 1 井在沙一段下部 2226.8～2230.2m 井段试油，6mm 油嘴求产，获日产油 45.21t、日产气 3326m^3 高产油气流，发现了冷家堡油田。截至 2018 年底完钻探井 202 口，自下而上发现古近系沙三段、沙一段—沙二段、东营组三套油气层，其中沙一段—沙二段和沙三段为主要含油气层系。累计探明含油面积 41.67km^2，探明石油地质储量 13507.84×10^{4}t，溶解气地质储量 13.22×10^{8}m^3（图 1-12-9、表 1-12-21）。

表 1-12-21　冷家堡油田分层系储量数据表

油田名	地层	含油面积 / km^2	石油储量 /10^{4}t		溶解气储量 /10^{8}m^3	
			地质	技术可采	地质	技术可采
冷家堡	东营组	0.90	78.00	11.70		
	沙一段—沙二段	6.10	1866.00	328.96		
	沙三段	40.17	11563.84	2107.52	13.22	3.68
	合计	41.67	13507.84	2448.18	13.22	3.68

二、构造及圈闭

冷家堡油田构造上以陈家逆断层为界，分为东部狭长的冷家断裂背斜构造带和西部宽缓的洼陷带两个构造单元（图 1-12-9）。

1. 冷家断裂背斜构造带

该构造带整体呈北东走向，被冷 48 断层、冷 92 断层和陈家逆断层分割为外带、中带和内带三个次级构造单元。外带即背斜构造带东翼，地层向西缓倾；中带夹于冷 48 断层和冷 92 断层之间，由于受台安—大洼断裂的拖曳作用，地层平缓或有一定的回倾，形成一系列的滚动背斜或平缓的单斜构造，是冷家堡油田主要油藏所在的构造单元；内带即背斜构造带的西翼被强烈挤压，地层向西陡倾，褶皱强烈，不易形成构造圈闭。

2. 西部宽缓洼陷构造带

该构造带位于冷家断裂背斜构造带西部，陈家逆断层以西的陈家洼陷的南翼。该带总体构造形态为节节东掉，地层向北东、东方向缓倾于陈家逆断层之下，形成以单斜，断鼻为主的翘断式断块圈闭。

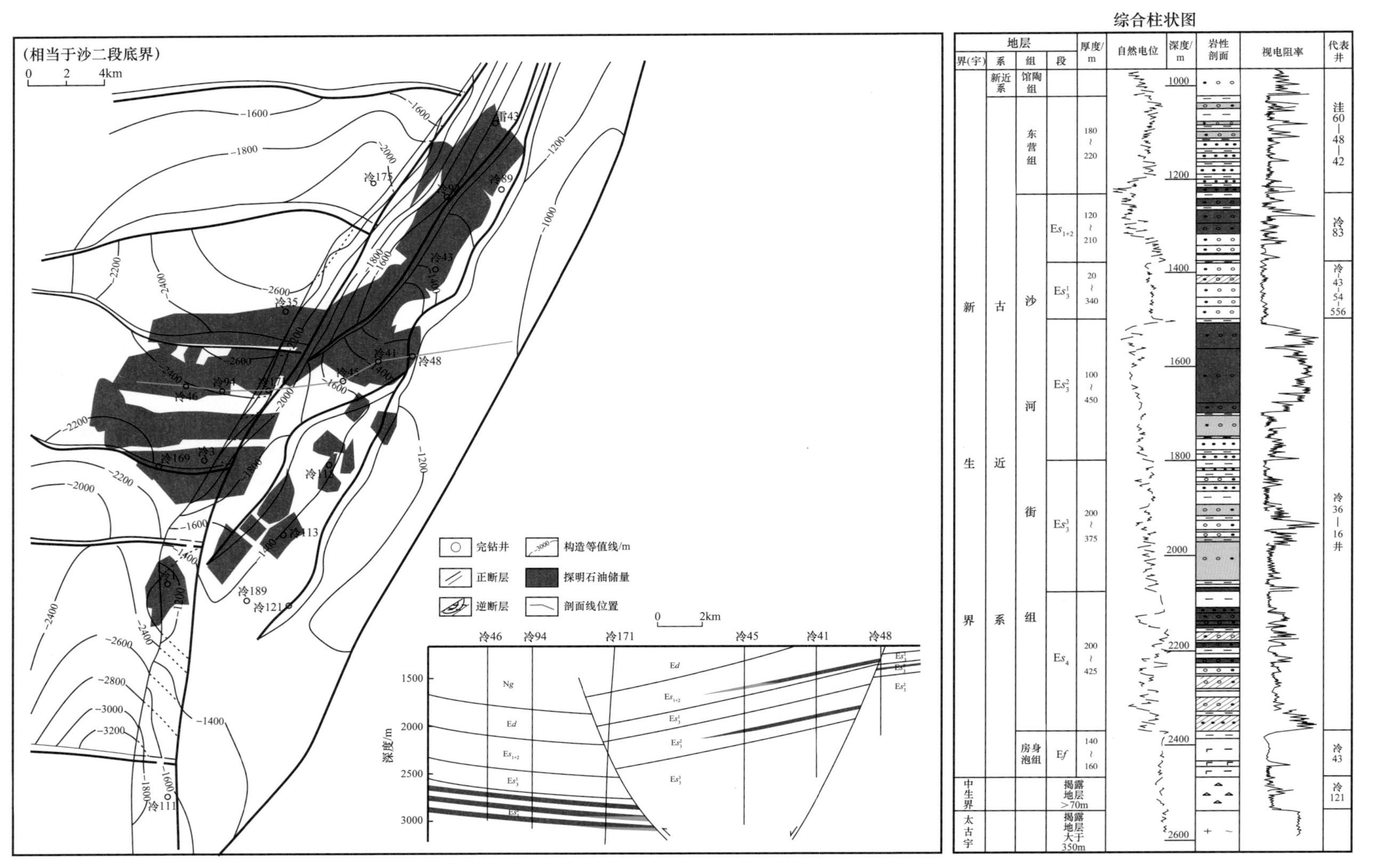

图 1-12-9 冷家堡油田综合图

三、储层

冷家堡油田发育碎屑岩储层，其中沙三段储层岩性以砾岩为主，沙一段—沙二段和东营组储层以细砂岩为主，为孔隙型储层，各套储层特征见表 1-12-22。

表 1-12-22　冷家堡油田储层物性表

地层	主要岩性	孔隙度 /%			渗透率 /mD			储层类型
		最大值	最小值	平均值	最大值	最小值	平均值	
东营组	细砂岩、粉砂岩	34.7	17.6	33.67	23516.0	11.0	1860.1	孔隙型
沙一段—沙二段	细砂岩	31.0	15.7	27.47	4000.0	61.0	1480.5	孔隙型
沙三段	砾岩、含砾砂岩	33.7	5.1	24.54	3252.0	4.0	1462.6	孔隙型

四、油气藏类型与油气分布

沙三段主要为构造和构造—岩性油藏。构造油藏主要分布在陈家逆断层上升盘冷 43、冷 115 等断块，以厚层砾岩稠油油藏为特点；构造—岩性油藏主要分布在西侧洼陷带的冷 35、冷 46、冷 169 等断块。油藏埋深 1340～3400m，油层有效厚度一般在 30～140m，最大油层有效厚度 199.7m。

沙一段—沙二段主要为岩性—构造油藏，主要分布在冷 1、雷 43、冷 43 等断块。油藏埋深 1220～2250m，油层有效厚度一般在 20～70m，最大油层有效厚度 90.9m。

东营组主要为岩性油藏，主要分布在雷 43 井区。油藏埋深 1170～1390m，油层有效厚度一般在 10～20m，最大油层有效厚度 31.7m。

五、流体性质

1. 原油性质

冷家堡油田原油性质相对较差，具有密度高、黏度高、胶质 + 沥青质含量高、含蜡量低和凝固点低的特点（表 1-12-23）。

表 1-12-23　冷家堡油田地面原油性质表

地层	密度 /（g/cm^3）			黏度（50℃）/（mPa·s）			含蜡 /%			胶质+沥青质 /%			凝固点 /℃		
	最大值	最小值	平均值	最大值	最小值	平均值	最大值	最小值	平均值	最大值	最小值	平均值	最大值	最小值	平均值
东营组	0.9603	0.9560	0.9581	1242.0	815.7	1028.8	5.91	5.02	5.46	41.82	34.03	35.85	16	16	16.0
沙一段—沙二段	0.9813	0.8218	0.9408	11435.0	4.0	2179.7	16.34	3.09	5.75	43.30	7.20	28.10	31	−2	12.7
沙三段	0.9898	0.8657	0.9459	78690.0	25.5	6861.5	9.20	1.58	4.95	50.70	13.90	38.45	34	−10	12.1

2. 天然气性质

冷家堡油田天然气主要为沙三段的溶解气，相对密度 0.5603～0.7560，甲烷含量在

82.13%～98.73%。

3. 油田水性质

冷家堡油田地层水为 $NaHCO_3$ 型，总矿化度 1518.2～8213.0 mg/L（表 1-12-24）。

表 1-12-24　冷家堡油田地层水性质表

地层	总矿化度 /（mg/L）			水型
	最大值	最小值	平均值	
东营组	2721.1	1518.2	2119.7	$NaHCO_3$
沙一段—沙二段	4260.9	3769.4	4060.9	$NaHCO_3$
沙三段	8213.0	1590.8	3792.7	$NaHCO_3$

六、油田开发简况

1971 年冷家堡油田稀油区块开始试采，1992 年稠油区块开始试采，1994 年油田正式投入开发。历经两年的大规模产能建设，1995 年油田年产量突破 100×10^4t，并在该水平之上高速开发 11 年，2003 年达到油田最高年产量 142.02×10^4t。2006 年产量开始快速递减，2009 年进入高含水、低速缓慢递减阶段。2018 年底，共有开发井 1391 口，开井 693 口，年产油 35.90×10^4t，含水率 85.03%（图 1-12-10），累计生产原油 2078.18×10^4t、天然气 $0.13 \times 10^8 m^3$。

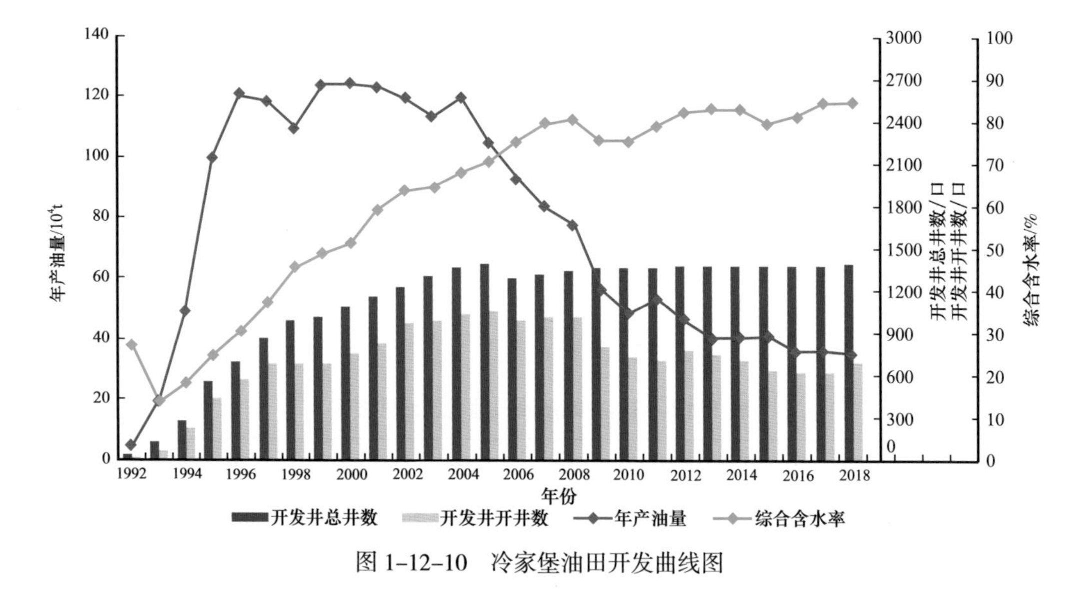

图 1-12-10　冷家堡油田开发曲线图

第五节　高 升 油 田

高升油田位于辽宁省盘山县高升镇。构造位置在辽河坳陷西部凹陷北段，构造面积约 $260km^2$。

一、勘探发现

1975 年 8 月 30 日，高升油田第一口探井——高 1 井开钻，同年 9 月该井在沙四段 1334.6～1362.4m 井段试油，8mm 油嘴求产，日产油 56.3t，获高产油流，发现了高升油田。截至 2018 年底，高升油田共完钻探井 159 口，自下而上发育沙四段高升油层、杜家台油层、沙三段莲花油层、热河台油层四套油气层。累计探明含油面积 34.89km^2，石油地质储量 11127.5 × 10^{4}t，溶解气地质储量 44.79 × 10^{8}m^3；累计探明含气面积 6.93km^2，天然气地质储量 34.93 × 10^{8}m^3（图 1–12–11、表 1–12–25）。

表 1–12–25　高升油田分层系探明储量表

地层	油层	含油面积 / km^2	石油储量 /10^{4}t		溶解气储量 /10^{8}m^3		含气面积 / km^2	天然气储量 /10^{8}m^3	
			地质	技术可采	地质	技术可采		地质	技术可采
沙三段	热河台	0.64	164.62	32.92	0.45	0.22	1.30	5.67	5.51
	莲花	24.41	9509.88	2475.53	35.72	29.72	5.63	29.26	28.44
沙四段	杜家台	13.10	1118.00	183.81	7.01	2.93			
	高升	7.99	335.00	51.63	1.61	0.79			
合计		34.89	11127.5	2743.89	44.79	33.66	6.93	34.93	33.95

二、构造及圈闭

高升油田包括高升和雷家两个局部构造。

高升构造主体是一个斜坡背景上的鼻状构造。古近纪断裂活动频繁，发育北东、北西和近东西向三组断层，其中北东走向的台安、陈家断层是本区的主干断层，控制构造带的展布。高 23 断层将高升鼻状构造分割为上、下两个台阶。西侧上台阶倾向南东，高点在高 1 井附近，圈闭幅度约 200m；东侧下台阶向北东、南东和南西三个方向倾斜，高点在高 25 井附近，圈闭幅度 450m。北西、近东西走向断层将该台阶分割成多个断块圈闭。

南部的雷家构造为被断层复杂化的南东倾的斜坡带。主要发育有两组断层，北东—北北东向断层为该区主要断裂，控制了构造带与碳酸盐岩的分布；近东西向断层节节南掉，与北东向断层相互切割，形成多个断块圈闭。

三、储层

高升油田发育碎屑岩和碳酸盐岩两类储层。碎屑岩储层主要发育于莲花油层和热河台油层，岩性主要为砂砾岩和砂岩，为孔隙型储层；碳酸盐岩储层主要发育于高升油层和杜家台油层，岩性主要为泥质白云岩和鲕粒灰岩，为裂缝—孔隙型储层（表 1–12–26）。

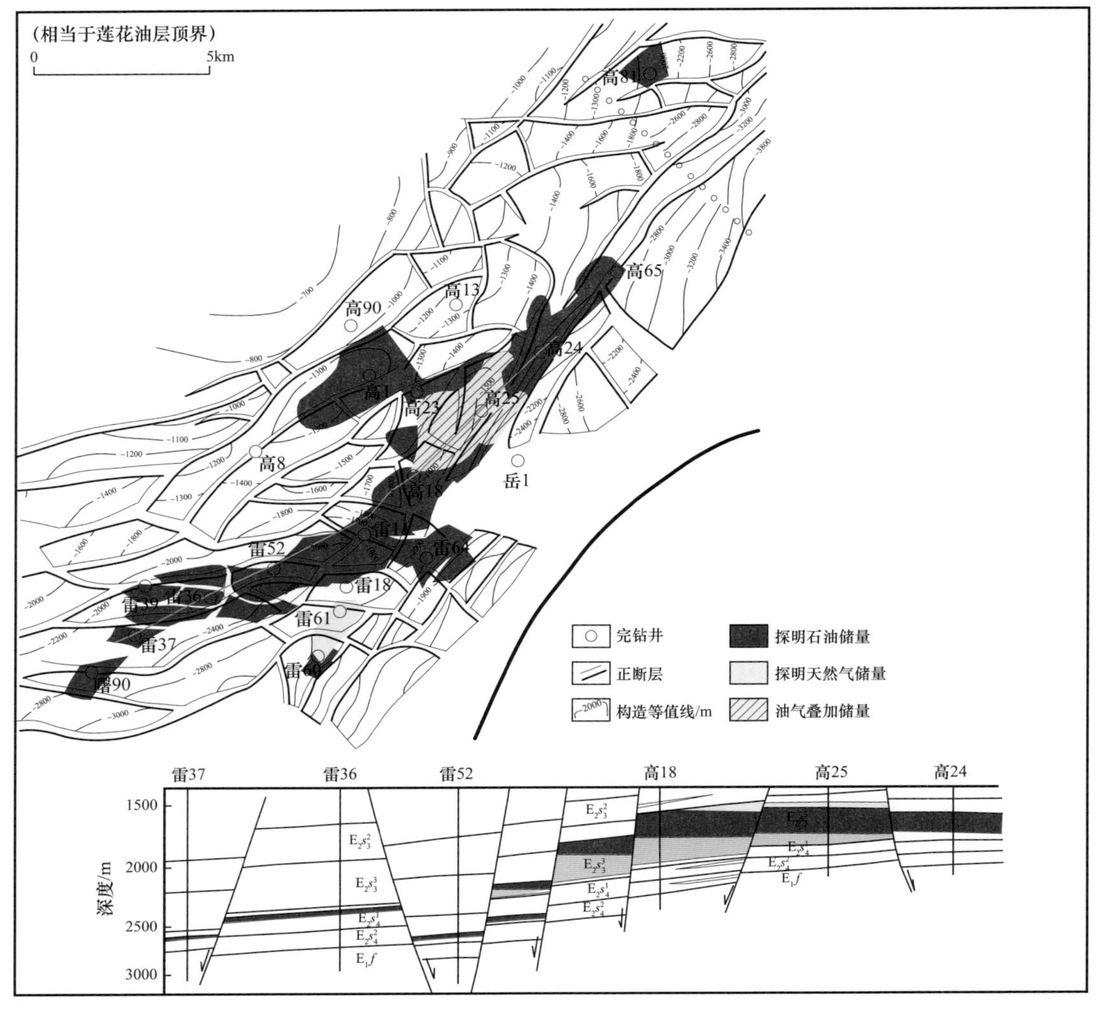

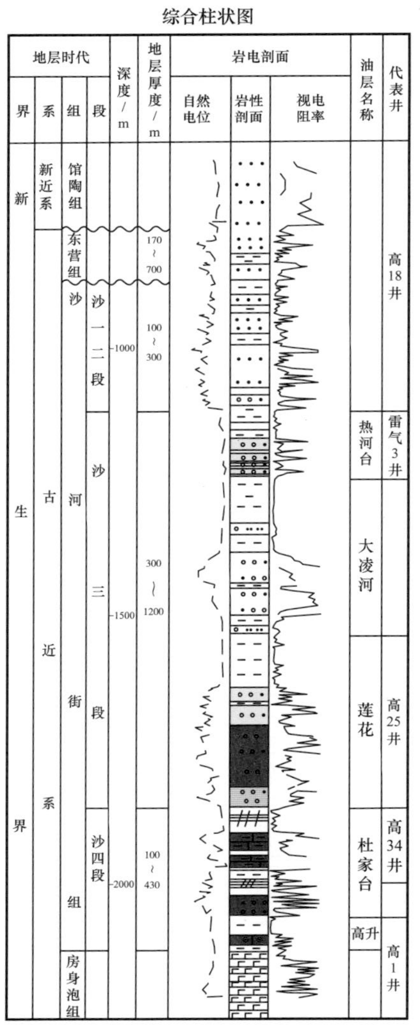

图 1-12-11　高升油田综合图

表 1-12-26　高升油田主要油气层储层物性表

油层	主要岩性	孔隙度 /%			渗透率 /mD			储层类型
		最大值	最小值	平均值	最大值	最小值	平均值	
莲花油层	砂砾岩、砂岩	39.4	2.6	24.0	20675	<1	2420.0	孔隙型
杜家台油层	泥质白云岩、白云质泥岩、砂砾岩	22.0	5.1	10.6	301	1	49.9	裂缝—孔隙型
高升油层	鲕屑云岩	37.9	12.2	23.5	659	<1	15.0	

四、油气藏类型与油气分布

高升油层为构造—岩性油气藏，主要分布在高升鼻状构造上台阶的高一区和下台阶的高三区，物性控藏特征明显，未见边底水，油层埋深 1605～1960m，油层厚度 3.5m。

杜家台油层为构造—岩性、岩性油气藏。由南到北依次分布于雷 39、雷 11、高 81 等区块。雷 39 和雷 11 区块为碳酸盐岩油气藏，未见边底水，油层埋深 2150～2818m；高 81 区块为砂岩油气藏，油层埋深为 1835～1955m，油水界面为 1955m 左右。

莲花油层为构造、岩性—构造油气藏。主要分布在高二区、高三区及雷 64 区块、雷 11 区块，油层埋深 1560～2105m，油层厚度 4.6～77.8m，是高升油田主力含油气层系。

热河台油层为岩性—构造气藏。分布在雷 61 块，气藏埋深 1133～1267m，气层厚度 3.4～38.6m，富集在半背斜构造的高部位，气水界面 -1267m。

五、流体性质

1. 原油性质

原油类型有普通稠油、稀油。原油性质受埋深、构造位置影响，具有高断块油品差、低断块油品相对较好的特点（表 1-12-27）。

表 1-12-27　高升油田地面原油性质表

油层	密度 / g/cm^3			黏度（50℃）/ mPa·s			含蜡 / %			胶质 + 沥青质 / %			凝固点 / ℃		
	最大值	最小值	平均值	最大值	最小值	平均值	最大值	最小值	平均值	最大值	最小值	平均值	最大值	最小值	平均值
莲花油层	0.9590	0.8651	0.9120	3307.00	13.97	1660.49	24.00	3.65	13.83	46.42	7.53	26.98	10.96	3.00	6.98
杜家台油层	0.8882	0.8606	0.8700	21.22	9.42	14.71	10.10	4.91	8.22	26.02	17.97	21.04	31.00	10.00	20.50
高升油层	0.9300	0.8812	0.9056	1200.00	20.23	610.12	21.27	5.50	13.39	48.99	9.74	29.37	48.00	21.00	34.50

2. 天然气性质

高升油田发育有气层气和溶解气两种类型。其主要性质见表 1-12-28。

表 1-12-28　高升油田天然气性质表

油层	甲烷含量 /%		相对密度		类型
	最大值	最小值	最大值	最小值	
热河台油层	97.255		0.5748		气层气
莲花油层	99.000	98.000	0.5800	0.5600	气层气
	95.000	88.000	0.6700	0.6000	溶解气

3. 地层水性质

高升油田地层水为 $NaHCO_3$ 型，随埋藏深度的增加，矿化度升高（表 1-12-29）。

表 1-12-29　高升油田地层水性质表

地层	总矿化度 /（mg/L）			水型
	最大值	最小值	平均值	
沙三段	11149.42	1567.97	6358.49	$NaHCO_3$
沙四段	22429.71	1816.61	12123.16	$NaHCO_3$

六、油田开发简况

1977 年高升油田投入开发，以稠油冷采生产为主。1982 年随着稠油区块投入蒸汽吞吐开发，油田开始快速上产，1988 年达到峰值年产量 125.69×10^4t，随后油田开始快速递减，1995 年进入缓慢递减阶段。2018 年底，共有开发井 1135 口，开井 744 口，年产油 45.02×10^4t，综合含水率 69.99%（图 1-12-12），累计生产原油 2337.23×10^4t、天然气 30.15×10^8m^3。

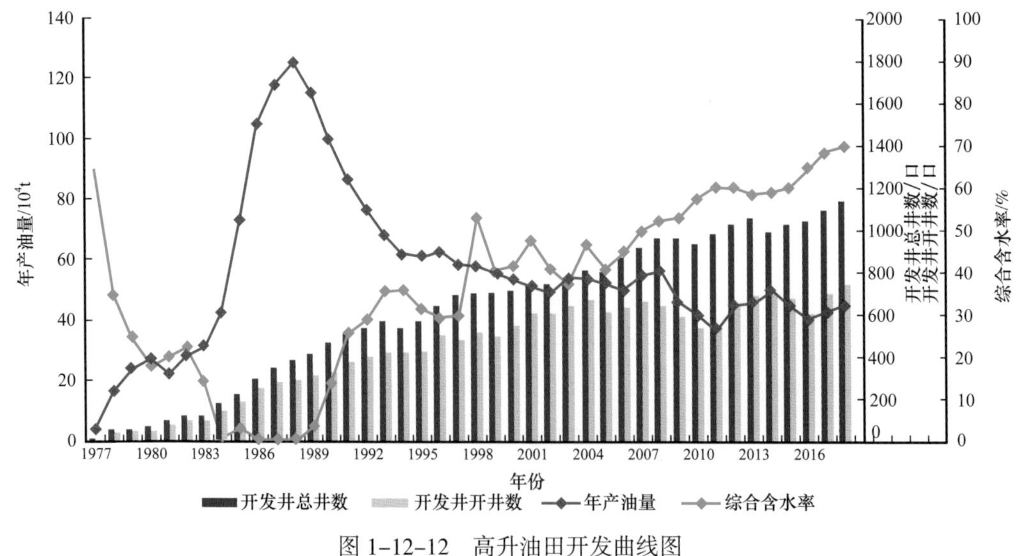

图 1-12-12　高升油田开发曲线图

第六节　牛居油田

牛居油田地理上位于辽宁省沈阳市辽中区和辽阳市灯塔县境内，构造上位于辽河坳陷东部凹陷北段，南起妈妈街断层，北接头台子潜山，西起茨东断层，东到营口—佟二堡断层，呈北东向狭长展布，长约 40km，宽 5～9km，面积约 $280km^2$。

一、勘探发现

1966 年 10 月 2 日，第一口探井——辽 9 井完钻，在东营组和沙一段见到良好含油显示。1974 年 5 月 22 日，牛 5 井开钻，同年 11 月 6 日在沙一段 2350.4～2403.0m 井段试油，10mm 油嘴求产，日产油 $202.88m^3$，日产气 $29284m^3$，获高产油气流，发现了牛居油田。截至 2018 年底，累计完钻探井 65 口，获工业油流井 21 口。自下而上共发现沙三段上亚段、沙二段、沙一段、东营组四套含油气层系。累计探明含油面积 $20.36km^2$，石油地质储量 3270.58×10^4t，溶解气地质储量 $73.10\times10^8m^3$。探明含气面积 $11.16km^2$，天然气地质储量 $48.97\times10^8m^3$（图 1-12-13、表 1-12-30）。

表 1-12-30　牛居油田分层系探明储量表

<table>
<tr><th rowspan="2">地层</th><th rowspan="2">含油面积 / km^2</th><th colspan="2">石油储量 / 10^4t</th><th colspan="2">溶解气储量 / 10^8m^3</th><th rowspan="2">含气面积 / km^2</th><th colspan="2">天然气储量 / 10^8m^3</th></tr>
<tr><th>地质</th><th>技术可采</th><th>地质</th><th>技术可采</th><th>地质</th><th>技术可采</th></tr>
<tr><td>东营组</td><td>7.29</td><td>994.91</td><td>201.53</td><td>15.34</td><td>8.12</td><td>6.20</td><td>24.18</td><td rowspan="3">33.01</td></tr>
<tr><td>沙一段</td><td>10.10</td><td>1127.78</td><td>218.00</td><td>26.40</td><td>12.97</td><td rowspan="2">11.16</td><td rowspan="2">24.79</td></tr>
<tr><td>沙二段</td><td>9.33</td><td>1136.89</td><td>223.83</td><td>31.83</td><td>15.97</td></tr>
<tr><td>沙三段上亚段</td><td>0.30</td><td>11.00</td><td>2.22</td><td>0.14</td><td>0.08</td><td></td><td></td><td></td></tr>
<tr><td>合计</td><td>20.36</td><td>3270.58</td><td>645.58</td><td>73.71</td><td>37.14</td><td>11.16</td><td>48.97</td><td>33.01</td></tr>
</table>

二、构造及圈闭

牛居油田整体为断裂背斜形态，受茨东、牛青两条北东向主干断层和东营末期右旋走滑作用的控制，进一步分为两个构造带，即主体部位为断裂背斜带，西侧为鼻状构造带。

主体部位的断裂背斜构造带，被北东向牛西断层及近东西向断层切割，形成一系列断鼻、断块和背斜圈闭，构造高点在牛 60 井附近。西侧的鼻状构造带，受控于茨东断层，被近东西向断层切割，形成一系列断鼻、断块圈闭。

三、储层

牛居地区储层岩性主要为中—粗砂岩、含砾砂岩，其次为砂砾岩、细砂岩和粉砂岩。颗粒分选中等—较差，磨圆中等，其碎屑组分含量因层位的不同而具有一定的差异，储集类型为孔隙型（表 1-12-31）。

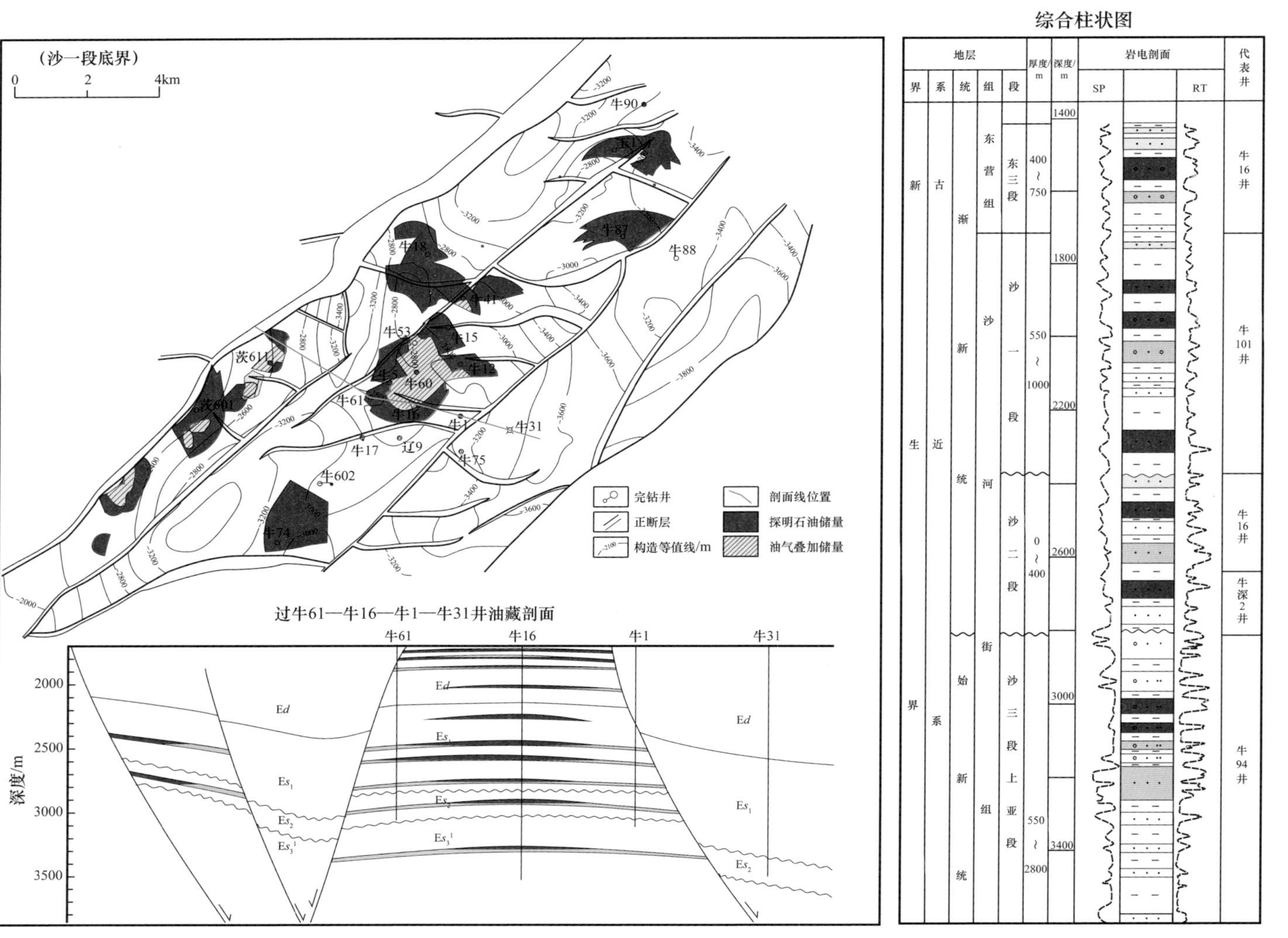

图 1-12-13　牛居油田综合图

表 1-12-31　牛居油田储层物性表

地层	主要岩性	孔隙度 /%			渗透率 /mD			储层类型
		最大值	最小值	平均值	最大值	最小值	平均值	
东营组	砂砾岩	31.4	14.6	23.2	6443	＜1	531.1	孔隙型
沙一段	砂砾岩、中—粗砂岩	24.1	7.9	13.9	3540	＜1	115.0	孔隙型
沙二段	砂砾岩、砂岩	19.6	6.7	12.6	813	＜1	75.1	孔隙型
沙三段上亚段	中—粗砂岩、细砂岩	22.5	3.5	9.7	81	＜1	5.8	孔隙型

四、油气藏类型与油气分布

沙三段为构造—岩性油藏，主要分布在牛 74 块和茨 601 块，油层埋深 3168～3208m，厚度 2～8m。

沙二段为构造—岩性油气藏，主要分布在牛 18 块、牛 60 块、牛 74 块和茨 611 块附近，油层埋深 2740～3344m，厚度 10～27m。

沙一段为构造—岩性和岩性油气藏，主要分布在牛 16 块、牛 18 块、牛 87 块和玉 1 块。中下部油层埋深 2100～2950m，厚度 4～14m，为构造—岩性油气藏；上部油层埋深 2000～2100m，厚度 3～23m，为岩性油气藏。

东营组为构造—岩性油气藏，主要分布在牛 12 块、牛 18 块、牛 60 块和茨 611 块。气层具有含气井段长、单层厚度薄、层数多的特点，埋深 980～2000m，厚度 2～7.4m；油层埋深 1700～2050m，厚度 4～21.5m。

五、流体性质

1. 原油性质

牛居油田原油性质较好，均为稀油，各块变化较小，不同层位、不同埋藏深度有所差异（表 1-12-32）。

表 1-12-32　牛居油田原油性质表

地层	密度 / g/cm^3			黏度（50℃）/ mPa·s			含蜡 / %			胶质 + 沥青质 / %			凝固点 / ℃		
	最大值	最小值	平均值	最大值	最小值	平均值	最大值	最小值	平均值	最大值	最小值	平均值	最大值	最小值	平均值
东营组	0.834	0.808	0.821	5.98	1.50	3.74	15.87	7.90	11.89	9.62	5.11	7.37	27	22	24.5
沙一段	0.828	0.806	0.817	2.62	2.53	2.58	21.06	5.87	13.47	7.79	2.07	4.93	29	21	25.0
沙二段	0.833	0.828	0.831	3.28	2.04	2.66	12.54	3.28	7.91	8.76	4.04	6.41	30	21	26.5
沙三段上亚段	0.834	0.809	0.822	5.83	2.00	3.92	10.14	4.12	7.13	9.46	5.73	7.59	29	13	22.0

2. 天然气性质

牛居油田天然气资源较丰富，气层气和溶解气都有，随着层位的加深，呈现出甲烷含量减少，相对密度增加，重烃含量增加的趋势（表 1-12-33）。

3. 地层水性质

牛居油田地层水属 $NaHCO_3$ 型，总矿化度一般为 2000～6000mg/L（表 1-12-34）。

表 1-12-33　牛居油田天然气性质统计表

地层	甲烷含量 /%			相对密度			类型
	最大值	最小值	平均值	最大值	最小值	平均值	
东营组	99.4	82.1	92.8	0.751	0.557	0.621	气层气
	96.0	73.7	87.8	0.783	0.581	0.652	溶解气
沙一段	92.4	73.0	87.2	0.756	0.558	0.632	气层气
	89.9	78.9	84.2	0.785	0.612	0.674	溶解气
沙二段	87.0	75.4	82.1	0.787	0.637	0.687	溶解气
沙三段上亚段	86.0	73.5	81.6	0.787	0.649	0.699	溶解气

表 1-12-34　牛居油田地层水矿化度统计表

地层	总矿化度 /（mg/L）			水型
	最大值	最小值	平均值	
东营组	3552	1231	2392	$NaHCO_3$
沙一段	6217	1590	3904	$NaHCO_3$
沙二段	5541	1960	3751	$NaHCO_3$
沙三段上亚段	5338	3215	4276	$NaHCO_3$

六、开发简况

1983 年 11 月牛居油田正式投入开发，通过两年的快速建产，1985 年达到峰值年产量 70.27×10^4t。1986 年开始含水率上升，产量快速递减。1999 年油田进入低速缓慢递减阶段。至 2018 年底，共有开发井 304 口，开井 133 口，年产油 11.43×10^4t，综合含水率 80.63%（图 1-12-14），累计生产原油 532.76×10^4t、天然气 25.78×10^8m^3。

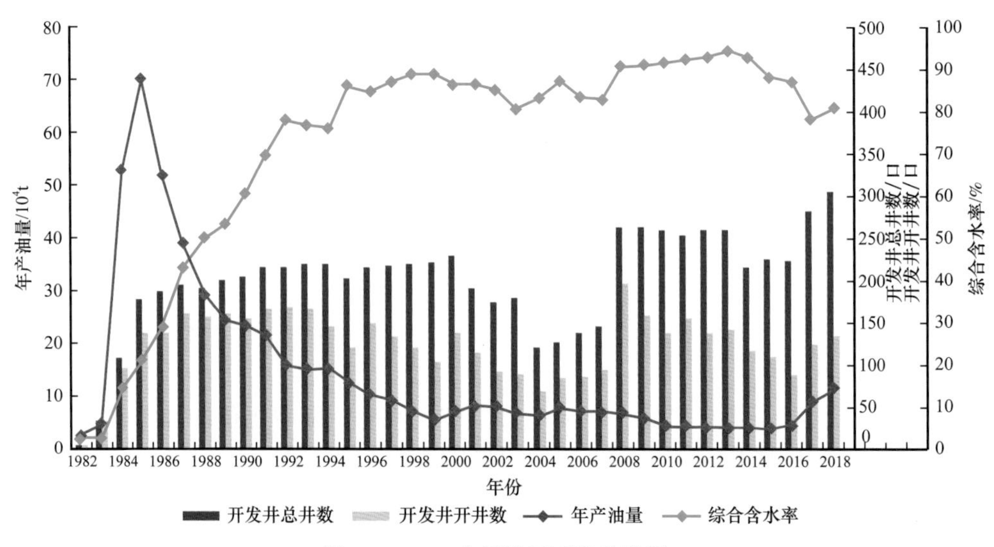

图 1-12-14　牛居油田开发曲线图

第七节　茨榆坨油田

茨榆坨油田位于辽宁省沈阳市辽中区境内。构造位置在辽河坳陷东部凹陷北部茨榆坨构造带，构造面积约 330km^2。

一、勘探发现

1974 年 11 月 7 日首钻牛 4 井，1979 年 9 月，茨 2 井在古近系沙一段见到良好含油气显示，于 1980 年 1 月 16 日在 1801.0～1807.4m 井段试油，日产气 116m^3，拉开了茨榆坨油田勘探开发的序幕。至 2018 年底，自下而上发现新太古界、沙三段、沙一段、东营组四套含油气层系（图 1–12–15）。累计探明含油面积 51.96km^2，石油地质储量 5458.58 × 10^{4}t，溶解气地质储量 47.72 × 10^{8}m^3；探明含气面积 8.10km^2，探明天然气地质储量 25.60 × 10^{8}m^3（表 1–12–35）。

表 1–12–35　茨榆坨油田分层系探明储量表

<table>
<tr><th rowspan="2">地层</th><th rowspan="2">含油面积 / km^2</th><th colspan="2">石油储量 / 10^{4}t</th><th colspan="2">溶解气储量 / 10^{8}m^3</th><th rowspan="2">含气面积 / km^2</th><th colspan="2">天然气储量 / 10^{8}m^3</th></tr>
<tr><th>地质</th><th>技术可采</th><th>地质</th><th>技术可采</th><th>地质</th><th>技术可采</th></tr>
<tr><td>东营组</td><td>4.20</td><td>513.00</td><td>91.24</td><td>6.67</td><td>3.55</td><td>0.7</td><td>2.30</td><td rowspan="3">4.26</td></tr>
<tr><td>沙一段</td><td>16.32</td><td>1679.50</td><td>234.50</td><td>11.00</td><td>7.15</td><td>4.4</td><td>16.41</td></tr>
<tr><td>沙三段</td><td>36.08</td><td>3129.01</td><td>515.48</td><td>28.38</td><td>13.33</td><td>3.5</td><td>6.89</td></tr>
<tr><td>新太古界</td><td>2.52</td><td>137.07</td><td>21.13</td><td>1.67</td><td>0.47</td><td></td><td></td><td></td></tr>
<tr><td>合计</td><td>51.96</td><td>5458.58</td><td>862.35</td><td>47.72</td><td>24.50</td><td>8.1</td><td>25.60</td><td>4.26</td></tr>
</table>

二、构造及圈闭

茨榆坨构造带为一受茨西断层和茨东断层夹持的北东走向地垒。整体呈西高东低、北高南低的单斜构造形态（图 1–12–15）。构造带内发育的茨 11—茨 101 断层、茨 79 西等断层将构造带进一步分为南部斜坡带、中部斜坡带和茨北洼陷带。

南部斜坡带、中部斜坡带倾向南东，前者相对较陡，后者较缓。受古地貌和近东西向断层控制，主要发育断鼻、断块、岩性、地层和潜山圈闭。

三、储层

茨榆坨油田发育变质岩、碎屑岩两类储层。变质岩储层以混合花岗岩为主，为裂缝型储层；碎屑岩储层以砂砾岩和中细砂岩为主，为孔隙型储层，各油气层储层特征见表 1–12–36。

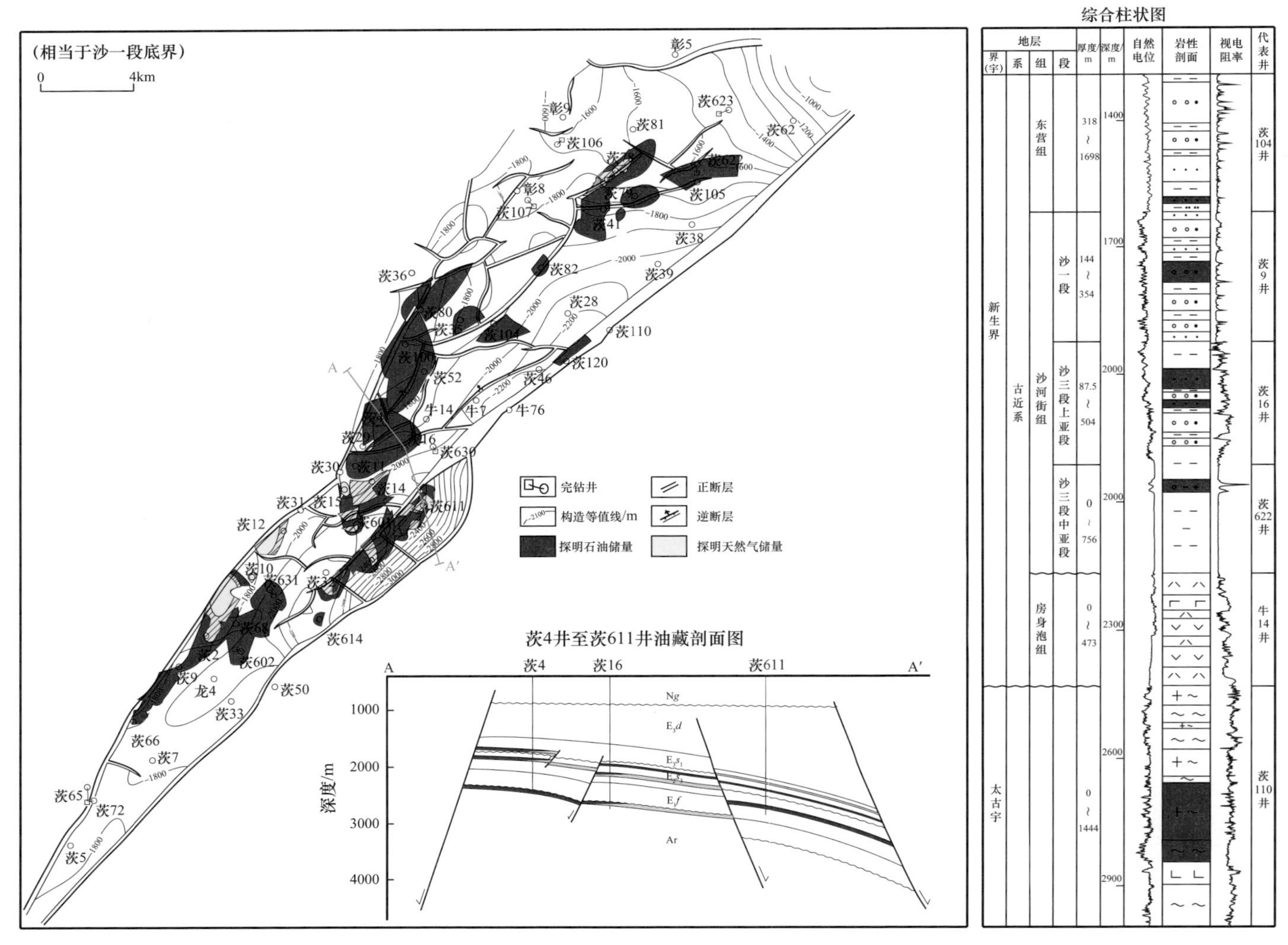

图 1-12-15　茨榆坨油田综合图

表 1-12-36　茨榆坨油田储层物性表

地层	主要岩性	孔隙度 /%			渗透率 /mD			储层类型
		最大值	最小值	平均值	最大值	最小值	平均值	
东营组	砂砾岩、砂岩	28.4	17.6	24.0	984.00	25.00	408.10	孔隙型
沙一段	砂砾岩、砂岩	31.3	6.7	22.5	11860.00	＜1.00	796.10	孔隙型
沙三段	砂砾岩、细砂岩、粉砂岩	29.4	5.6	17.7	9894.00	＜1.00	377.80	孔隙型
新太古界	混合花岗岩、片麻岩	5.1	0.12	2.6	9.00	0.02	0.33	裂缝型

四、油气藏类型与油气分布

茨榆坨油田油气藏类型以构造、构造—岩性油气藏为主，也有岩性油气藏和潜山油气藏。

新太古界发育风化壳和潜山内幕油气藏，分布在茨 4 块和茨 120 块。茨 4 块油层埋深 2250～2400m，厚度 15.4m；茨 120 块油层埋深 2600～4110m，厚度 96.2m。

沙三段发育构造、构造—岩性油气藏，靠近茨西断层的茨 11、茨 13、茨 78 和茨 80 等区块，以构造油气藏为主，油气层埋深 1800～2200m，厚度 2.8～26.9m；远离茨西断层的茨 32、茨 601、茨 629 等区块，以构造—岩性油气藏为主，油气层埋深在 2070～2950m，厚度 6.1～15.6m。

沙一段发育构造油气藏，主要分布在茨 9、茨 11、茨 63 和茨 601 等区块，油层埋深 1650～2440m，厚度 1.6～18.2m。

东营组发育构造—岩性和岩性油气藏，主要分布在中段的茨 611 块、茨 613 块和北段的茨 104 块，油层埋深 1593～2145m，厚度 2.0～6.9m。

五、流体性质

1. 原油性质

茨榆坨油田原油以稀油为主，也有普通稠油，不同层位、不同区块油品性质有所区别（表 1-12-37）。

2. 天然气性质

茨榆坨油田天然气在沙三段上亚段、沙一段和东营组均有分布，主要性质见表 1-12-38。

3. 地层水性质

茨榆坨油田地层水为 $NaHCO_3$ 型，总矿化度分布在 1209.93～7536.73mg/L 之间（表 1-12-39）。

表 1-12-37 茨榆坨油田地面原油性质表

地层	密度 /（g/cm³）			黏度（50℃）/（mPa·s）			含蜡 /%			胶质+沥青质 /%			凝固点 /℃		
	最大值	最小值	平均值	最大值	最小值	平均值	最大值	最小值	平均值	最大值	最小值	平均值	最大值	最小值	平均值
沙一段	0.9825	0.8231	0.9172	1360.4600	0.3093	130.86	27.55	1.57	7.06	33.72	1.79	19.87	35	−27	12.41
沙三段	0.9779	0.7192	0.8796	986.2700	0.0039	71.02	24.74	0.49	6.41	35.53	1.56	16.88	36	−17	15.50
新太古界	0.8593	0.8231	0.8363	10.8200	3.4100	5.44	8.12	3.94	4.67	17.25	8.97	11.91	32	18	23.20

表 1-12-38 茨榆坨油田天然气性质表

地层	甲烷含量 /%		相对密度		类型
	最大值	最小值	最大值	最小值	
东营组	97.26	94.22	0.7000	0.5963	气层气
沙一段	97.85	95.87	0.6772	0.6289	气层气
	97.78	71.77	0.7250	0.5634	溶解气
沙三段	98.76	96.12	0.6425	0.5729	气层气
	93.62	48.26	0.8662	0.6027	溶解气

表 1-12-39 茨榆坨油田地层水性质表

地层	总矿化度 /（mg/L）			水型
	最大值	最小值	平均值	
东营组	6647.75	1209.93	2433.89	$NaHCO_3$
沙一段	7536.73	1498.10	4039.84	$NaHCO_3$
沙三段	7131.81	1291.50	3460.56	$NaHCO_3$
新太古界	3666.90	3666.90	3666.90	$NaHCO_3$

六、油田开发简况

1985 年茨榆坨油田正式投入开发，1987 年产量超过十万吨。1994 年后，随着茨 80、茨 601 等新区块的投产，油田实现第二次上产，1997 年年产量达到峰值 37.38×10^4t，1999 年产量开始快速递减。2006 年油田进入低速稳产阶段。至 2018 年底，共有开发井 333 口，开井 188 口，年产油 10.46×10^4t，综合含水率 86.67%（图 1-12-16），累计生产原油 490.93×10^4t、天然气 $8.30\times10^8m^3$。

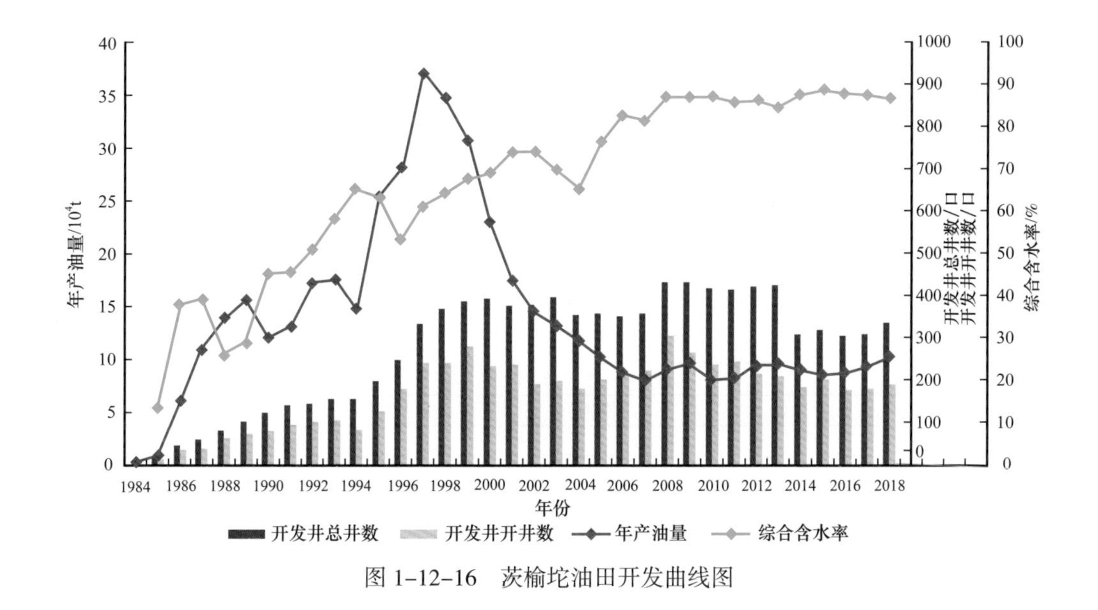

图 1-12-16　茨榆坨油田开发曲线图

第八节　黄沙坨油田

黄沙坨油田位于辽宁省台安县黄沙坨镇境内，构造上位于辽河坳陷东部凹陷中段黄沙坨构造带，面积约 $40km^2$。

一、勘探发现

1980 年 7 月 8 日，黄沙坨油田第一口探井小 4 井完钻，未见油气显示。1999 年 11 月 1 日小 22 井完井，在沙三段粗面岩 3240.0～3288.6m 井段试油，7mm 油嘴求产，日产油 62.47t，日产气 $8169m^3$，发现了火成岩油层的黄沙坨油田（图 1-12-17）。

截至 2018 年底，黄沙坨油田已完钻探井 10 口。累计探明含油面积 $6.46km^2$，石油地质储量 1121.73×10^4t，技术可采储量 158.65×10^4t；溶解气地质储量 $19.41\times10^8m^3$，技术可采储量 $4.85\times10^8m^3$。

二、构造及圈闭

黄沙坨构造是一个依附于界西断层的断裂鼻状构造带，构造带为北东走向。构造的形成及演化受界西和黄沙坨两条北东走向的主干断裂控制，沙三段沉积中期开始形成雏形，沙一段沉积时期以后逐步定型，被晚期发育的东西向、北西向次级断层所切割，鼻状构造进一步复杂化，形成多个断鼻、断块圈闭（图 1-12-17）。

三、储层

黄沙坨油田储层为火成岩，岩性为浅灰、灰绿、灰褐色粗面岩，块状、坚硬、致密。属孔隙—裂缝型储层，孔隙度最大 18.4%，最小 2.3%，平均 9.8%，渗透率最大 299mD，最小 0.03mD，平均 4.63mD。

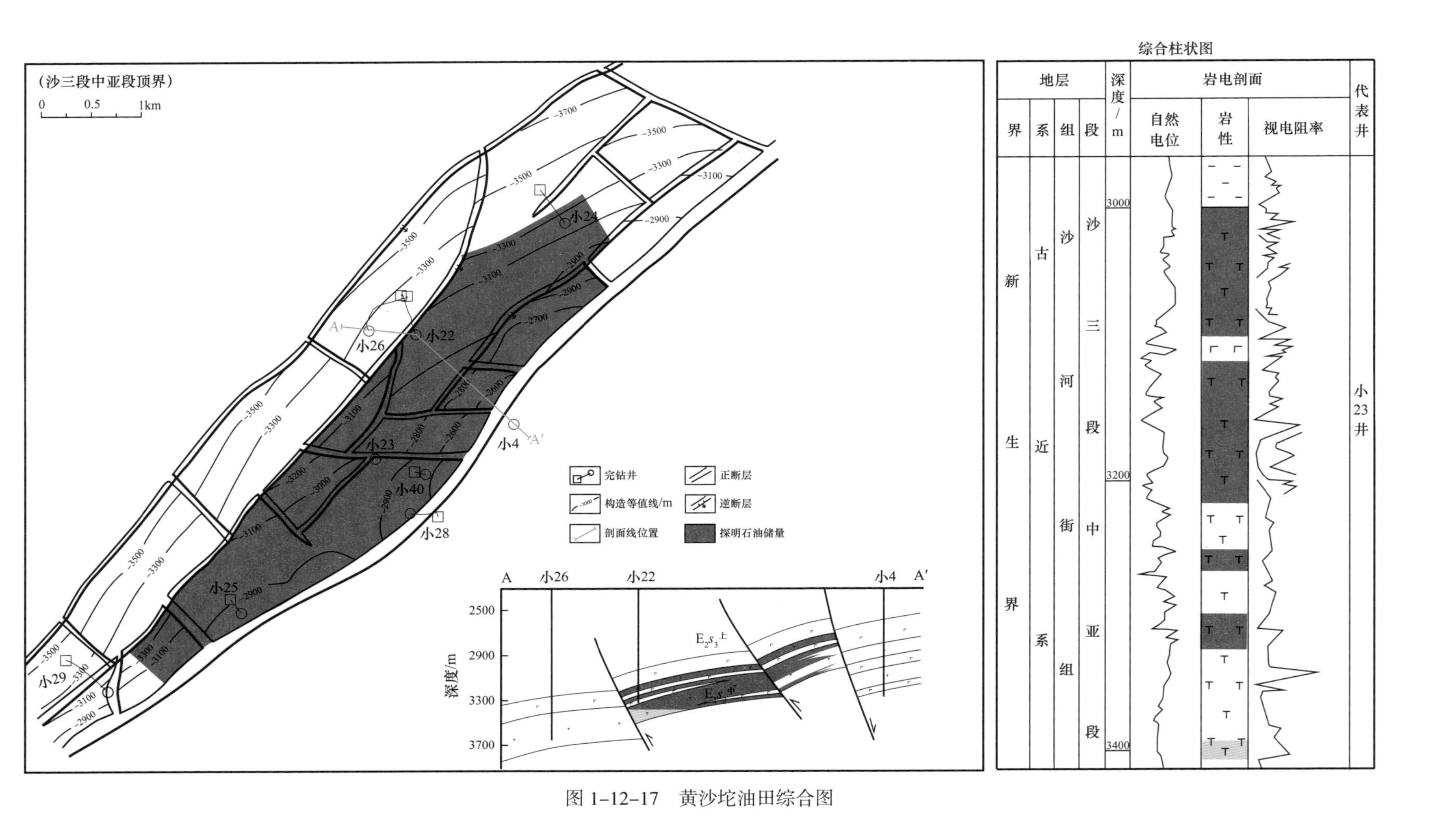

图 1-12-17　黄沙坨油田综合图

四、油气藏类型与油气分布

油藏受储层发育程度和构造控制，为岩性—构造油藏，油层主要分布在小 22、小 23、小 25 断块区，存在边水，油水界面为 3335～3380m（图 1-12-17），油藏埋深 2800～3380m，油层厚度 120～420m。

五、流体性质

1. 原油性质

据 6 口井 14 个油分析样品统计，黄沙坨油田原油为稀油（表 1-12-40）。

表 1-12-40　黄沙坨油田原油性质表

地层	密度 / (g/cm^3)			黏度（50℃）/（mPa·s）			含蜡 /%			胶质+沥青质 /%			凝固点 /℃		
	最大值	最小值	平均值	最大值	最小值	平均值	最大值	最小值	平均值	最大值	最小值	平均值	最大值	最小值	平均值
沙三中	0.8435	0.8230	0.8359	8.41	3.61	5.24	13.6	5.95	10.18	12.27	7.48	9.78	31	21	27

2. 天然气性质

黄沙坨油田天然气为溶解气。甲烷含量 71.69%～82.04%，相对密度 0.7433～0.8905。

3. 地层水性质

黄沙坨油田地层水为 $NaHCO_3$ 型，总矿化度平均为 2511.7mg/L。

六、油田开发简况

1999 年黄沙坨油田开始试采，2001 年正式投入开发，两年建成年产 30×10^4t 的生产规模，2003 年年产量达到峰值 32.38×10^4t。2004 年产量开始快速递减，2005 年油田转注水开发，进入高含水期，2007 年油田进入低速开采阶段。至 2018 年底，共有开发井 72 口，开井 46 口，年产油 0.89×10^4t，综合含水率 95.30%（图 1-12-18），累计生产原油 144.80×10^4t、天然气 $0.51\times10^8m^3$。

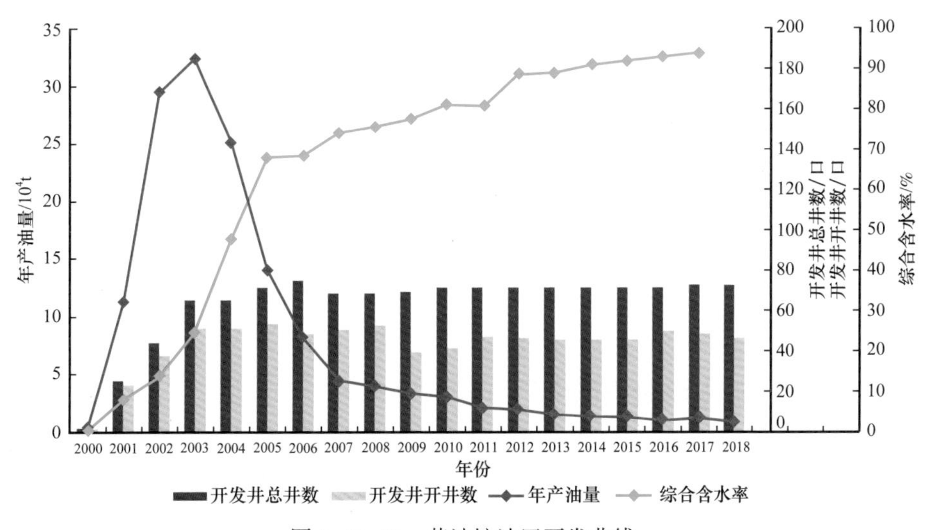

图 1-12-18　黄沙坨油田开发曲线

第九节　黄金带油田

黄金带油田位于辽宁省盘锦市大洼区境内。构造上位于辽河坳陷东部凹陷中南部，构造面积约 50km^2。

一、勘探发现

1964 年，在黄金带构造钻探了辽河油田第一口探井——辽 1 井，该井因钻遇沙一段后发生天然气强烈井喷而工程报废。1968 年 7 月，黄 1 井沙一段 2398.4～2466.0m 试油，8mm 油嘴求产，日产油 22.7t，日产气 6735m^3，获工业油气流，发现了黄金带油田。截至 2018 年底，完钻探井 71 口，发现沙三段上亚段、沙一段、东营组三套含油层系，累计探明含油面积 16.24km^2，石油地质储量 1278.48×10^{4}t，溶解气地质储量 23.38×10^{8}m^3，累计探明含气面积 5.85km^2，天然气地质储量 37.48×108m^3（图 1-12-19、表 1-12-41）。

表 1-12-41　黄金带油田分层系探明储量表

地层	含油面积 / km^2	石油储量 /10^{4}t		溶解气储量 /10^{8}m^3		含气面积 / km^2	天然气储量 /10^{8}m^3	
		地质	技术可采	地质	技术可采		地质	技术可采
东营组	1.52	103.90	19.37	0.81	0.30	3.17	17.13	25.44
沙一段	9.33	775.64	142.35	16.32	6.16	4.70	20.35	
沙三段上亚段	9.82	398.94	24.73	6.25	1.55			
合计	16.24	1278.48	186.45	23.38	8.01	5.85	37.48	25.44

二、构造及圈闭

黄金带油田主要包括黄金带断裂背斜构造带和红星断裂背斜构造带。

黄金带断裂背斜构造带受北东走向的二界沟、驾掌寺断层夹持，为一轴向北北东展布的短轴背斜，东西两翼地层最大倾角 18° 左右，南北两端相对平缓，被北东、北西向次级断层切割成多个断裂背斜、断鼻、断块圈闭。

红星断裂背斜构造带受驾掌寺断层控制，又被多条次级断层切割，形成了一系列大小不一的断鼻、断块圈闭，这些圈闭继承性好，高部位位于驾掌寺断层附近。

三、储层

黄金带油田为碎屑岩储层，岩性主要为细砂岩和粉砂岩，储层类型为孔隙型，储层物性差异较大（表 1-12-42）。

四、油气藏类型与油气分布

黄金带油田已发现的油气藏主要有构造、构造—岩性和岩性三种类型，其中岩性—构造油气藏是本区主要油气藏类型，主要分布在构造的高部位；岩性油气藏主要是砂岩透镜体、砂岩尖灭体，主要分布在斜坡带。

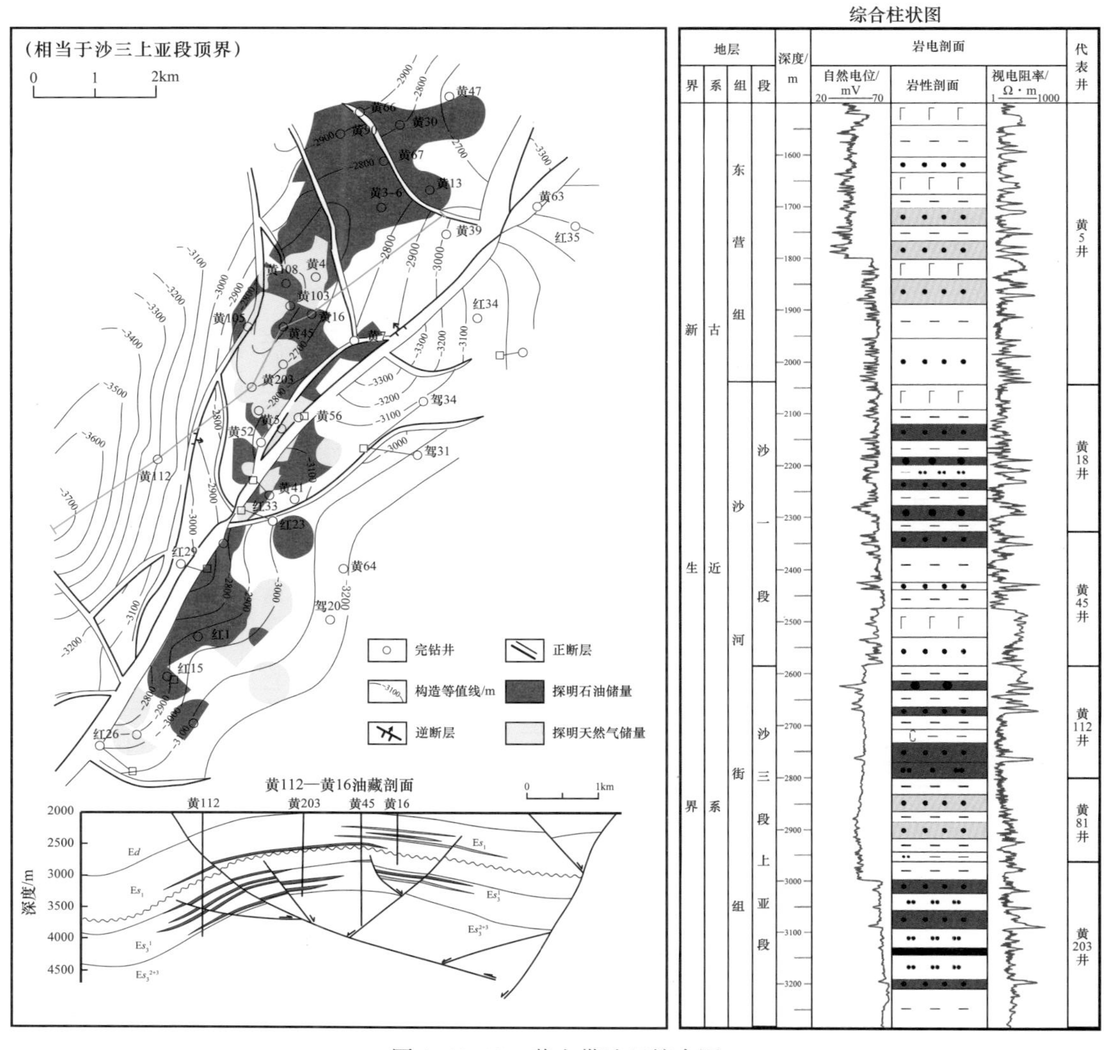

图 1-12-19　黄金带油田综合图

表 1-12-42　黄金带油田物性统计表

地层	主要岩性	孔隙度 /%			渗透率 /mD			储层类型
		最大值	最小值	平均值	最大值	最小值	平均值	
东营组	细砂岩、粉砂岩	28.1	8.0	19.27	1569.9	22.5	636.11	孔隙型
沙一段	细砂岩、粉砂岩	15.5	2.3	8.99	218.9	0.4	50.52	孔隙型
沙三段上亚段	细砂岩、粉砂岩	14.5	0.4	4.66	108.5	0.1	21.53	孔隙型

沙三段上亚段油气层，主要分布在黄 1 块、黄 4 块，类型主要为岩性油气藏，埋藏深度 2660.0～3450.0m，油气层厚度 790m，单层厚度一般 0.8～5.0m，局部存在多套油水系统。

沙一段油气层，主要分布在黄 1 块、黄 4 块、红 1 块，类型主要为构造—岩性油气藏，埋藏深度 1800.8～3296.8m，油气层厚度 1496.0m。

东营组油气层，主要分布在黄 1 块、红 1 块，类型以构造油气藏为主，埋藏深度 1153.0～2219.0m，油气层厚度 1066.0m。

油气具有受构造控制的特点：红 1 井区、黄 5 井区、黄 1 井区和黄 4 井区位于受断裂切割的构造高部位，油气富集程度高。黄金带油田气层最浅埋深 1153m（黄 52 井），气层最大埋深 4139.3m（红 26 井）；油层最浅埋深 1254.8m（驾 4 井），油层最大埋深 4581.7m（红 34 井）。

平面上：沙三段上亚段黄 56 井以北都有油层分布，平面上不连片；沙一段从红 15 井到黄 3-6 井油气层大面积分布。

纵向上：层位越新，埋深越浅，气层越多，沙三段上亚段只发育油层，沙一段以油层为主，有少量气层；东营组以气层为主，有少量油层。

五、流体性质

1. 原油性质

黄金带油田原油属稀油，不同层位、不同埋藏深度原油性质有所差异（表 1-12-43）。

表 1-12-43　黄金带油田地面原油性质表

地层	密度 /（g/cm^3）			黏度（50℃）/（mPa·s）			含蜡 /%			胶质+沥青质 /%			凝固点 /℃		
	最大值	最小值	平均值	最大值	最小值	平均值	最大值	最小值	平均值	最大值	最小值	平均值	最大值	最小值	平均值
东营组	0.8891	0.8741	0.8866	10.87	10.84	10.86	18.98	5.36	10.85	6.87	2.84	5.06	11	10	10.5
沙一段	0.8275	0.8155	0.8226	10.98	2.97	5.16	20.04	13.50	15.84	9.80	2.14	6.69	35	21	27.2
沙三段上亚段	0.8255	0.8233	0.8247	4.25	3.62	3.91	19.34	13.18	15.95	7.03	5.47	6.03	26	24	25.0

2. 天然气性质

黄金带油田天然气资源相对丰富，以气层气为主（表 1-12-44）。

3. 地层水性质

黄金带油田的油田水为 $NaHCO_3$ 型，总矿化度一般在 1828.0～8093.17mg/L（表 1-12-45）。

表 1-12-44　黄金带油田天然气性质表

地层	甲烷含量/%		相对密度		类型
	最大值	最小值	最大值	最小值	
东营组	99.14	89.75	0.6141	0.5583	气层气
	97.47	53.15	1.0030	0.5910	溶解气
沙一段	96.10	93.07	0.6184	0.5762	气层气
	99.39	5.71	1.2079	0.5572	溶解气
沙二段上亚段	92.60	92.22	0.6113	0.6111	气层气
	92.60	42.98	1.1450	0.6113	溶解气

表 1-12-45　黄金带油田地层水性质表

地层	总矿化度/(mg/L)			水型
	最大值	最小值	平均值	
东营组	3606.00	1828.00	2715.00	$NaHCO_3$
沙一段	8093.17	4342.73	6057.49	$NaHCO_3$
沙三段上亚段	4202.50	2598.14	3545.56	$NaHCO_3$

六、油田开发简况

1971 年黄金带油田正式投入开发，经过 2 年快速建产，1973 年达到峰值年产量 10.10×10^4t，1976 年开始注水开发。1981 年至 2001 年，通过油田井网调整和扩边，油田产量有两次回升。至 2018 年底，共有开发井 145 口，开井 61 口，年产油 2.27×10^4t，综合含水率 67.75%（图 1-12-20），累计生产原油 183.92×10^4t、天然气 28.92×10^8m^3。

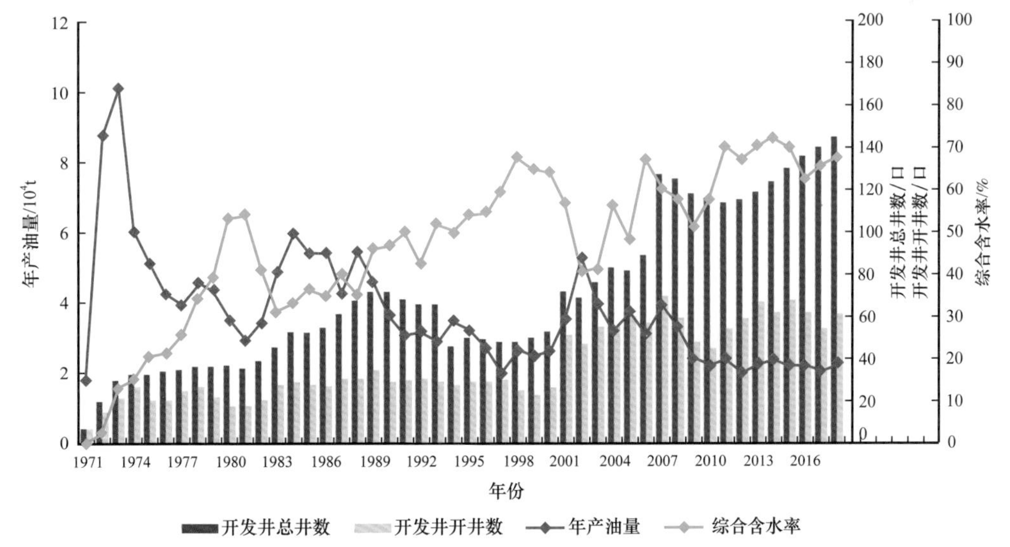

图 1-12-20　黄金带油田开发曲线图

第十节　荣兴屯油田

荣兴屯油田位于辽宁省盘锦市大洼区境内。构造上位于辽河坳陷东部凹陷南段，构造面积约 100km^2。

一、勘探发现

1965 年 9 月 26 日，第一口预探井辽 3 井开钻，1966 年 6 月，该井在东营组 2027.12～2063.13m 井段试油，8mm 油嘴求产，日产油 17.2m^3，日产气 11176 m^3，日产水 11.49 m^3，发现了荣兴屯油田。截至 2018 年底，完钻各类探井 60 口，发现沙三段、沙一段、东营组三套含油气层系（图 1–12–21）。累计探明含油面积 21.86km^2，原油地质储量 2357.04 × 10^{4}t，溶解气地质储量 25.07 × 10^{8}m^3；累计探明含气面积 9.4km^2，天然气地质储量 46.11 × 10^{8}m^3（表 1–12–46）。

表 1–12–46　荣兴屯油田分层系探明储量表

地层	含油面积 / km^2	石油储量 /10^{4}t		溶解气储量 /10^{8}m^3		含气面积 / km^2	天然气储量 /10^{8}m^3	
		地质	技术可采	地质	技术可采		地质	技术可采
东营组	10.00	1080.91	145.82	10.60	4.92	7.1	37.06	10.14
沙一段	12.88	1159.13	156.96	12.90	3.70	2.8	5.95	
沙三段	2.50	117.00	15.19	1.57	0.84	1.3	3.10	
合计	21.86	2357.04	317.97	25.07	9.46	9.4	46.11	10.14

二、构造及圈闭

荣兴屯油田共发育北东向、北西向和近东西向三组断裂，其中北东向主干断裂控制了本区基本构造格局，主要包括荣兴屯断裂背斜构造带和油燕沟潜山披覆构造带。

西侧的荣兴屯断裂背斜带主要形成于东营组沉积时期，背斜形态自下而上趋于完整，背斜轴向近南北向。构造带被次级断层切割，形成了多个断裂背斜、断鼻和断块圈闭。

东侧为油燕沟潜山披覆构造带，呈北东向带状分布，南高北低，沙一段披覆其上。构造带被次级断层切割，形成了多个断裂背斜、断鼻、断块和潜山圈闭。

三、储层

荣兴屯油田主要为碎屑岩，局部见火山岩储层。碎屑岩岩性主要为含砾砂岩、细砂岩和粉砂岩，储层类型主要为孔隙型（表 1–12–47）。

四、油气藏类型与油气分布

荣兴屯油田已发现的油气藏主要有构造、构造—岩性和岩性三种类型，其中构造—岩性油气藏是本区主要油气藏类型（图 1–12–21）。

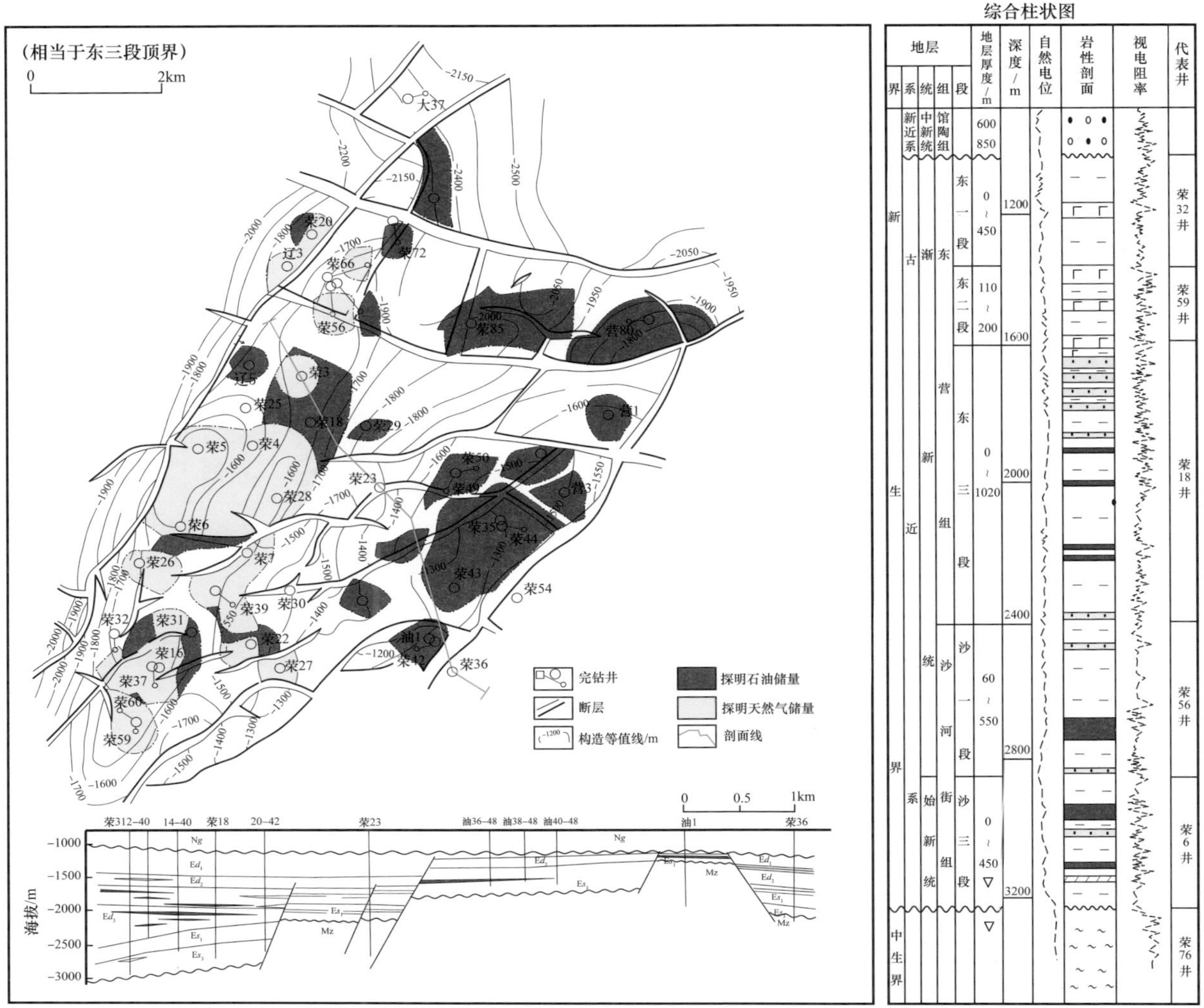

（相当于东三段顶界）

0 2km

完钻井
断层
构造等值线/m
探明石油储量
探明天然气储量
剖面线

海拔/m

综合柱状图

地层					地层厚度/m	深度/m	自然电位	岩性剖面	视电阻率	代表井
界	系	统	组	段						
新生界	新近系	中新统	馆陶组		600 850					
	古近系	渐新统	东营组	东一段	0～450	1200				荣32井
				东二段	110～200	1600				荣59井
				东三段	0～1020	2000 2400				荣18井
		始新统	沙河街组	沙一段	60～550	2800				荣56井
				沙三段	0～450	3200				荣6井
中生界										荣76井

图 1-12-21　荣兴屯油田综合图

表 1-12-47　荣兴屯油田储层物性表

地层	主要岩性	孔隙度 /%			渗透率 /mD			储层类型
		最大值	最小值	平均值	最大值	最小值	平均值	
东营组	细砂岩、粉砂岩、火山岩	32.7	6.9	24.4	771	16	253	孔隙型
沙一段	细砂岩、粉砂岩	36.5	7.5	22.2	442	22	82	孔隙型
沙三段	细砂岩、含砾砂岩	29.9	5.6	20.5	332	2	60	孔隙型

沙三段主要为构造—岩性油气藏，主要分布在荣兴屯断裂背斜构造带南部荣 59—荣 31 井区；其次为岩性油气藏，主要分布在荣 27 等井区。油层埋深 2400～2650m，油层厚度 1.6～9.2m。

沙一段为岩性和构造—岩性油气藏。岩性油气藏主要分布在荣 16—荣 6 井区；构造一岩性油气藏主要分布在荣 35—荣 43 井区。油层埋深 1580～2350m，油层厚度 1.5～17m。

东三段为岩性和构造—岩性油气藏。岩性油气藏主要分布在荣 18、荣 4、荣 20 等井区；构造—岩性油气藏主要分布在荣 6—荣 3 等井区。油层埋深 1800～2250m，油层厚度 1.3～16.9m。

东二段为岩性油气藏，气藏主要分布在荣 28、荣 6 及荣 59 等井区；油藏主要分布在荣 59、荣 43 等井区。油层埋深 1280～1850m，油层厚度 1.7～20.1m。

东一段为岩性气藏，主要分布在荣 7、荣 32、荣 41、荣 59 等井区，未报储量。

五、流体性质

1. 原油性质

荣兴屯油田油品为稀油，原油性质相对较好（表 1-12-48）。

表 1-12-48　荣兴屯油田地面原油性质表

地层	密度 /（g/cm^3）			黏度（50℃）/（mPa·s）			含蜡 /%			胶质+沥青质 /%			凝固点 /℃		
	最大值	最小值	平均值	最大值	最小值	平均值	最大值	最小值	平均值	最大值	最小值	平均值	最大值	最小值	平均值
东营组	0.8898	0.8321	0.8427	6.32	3.54	3.87	19.74	5.26	8.50	21.44	5.64	8.84	28	19	22.3
沙一段	0.9261	0.8315	0.8798	17.26	8.36	14.04	14.20	3.70	6.58	17.83	4.75	6.48	26	13	17.6
沙三段	0.8987	0.8142	0.8426	15.98	3.66	4.75	66.20	7.11	11.43	17.70	3.25	6.47	35	16	19.4

2. 天然气性质

荣兴屯油田天然气资源丰富，既有气层气，又有溶解气，其主要性质见表 1-12-49。

3. 地层水性质

荣兴屯油田的地层水为 $NaHCO_3$ 型，总矿化度一般在 1041.62～6951.00mg/L（表 1-12-50）。

表 1-12-49　荣兴屯油田天然气性质表

地层	甲烷含量 /%		相对密度		类型
	最大值	最小值	最大值	最小值	
东营组	94.12	89.12	0.6199	0.5942	气层气
	90.47	87.01	0.6647	0.6264	溶解气
沙一段	93.88	88.97	0.6607	0.5967	气层气
	95.40	89.82	0.6335	0.6025	溶解气
沙三段	94.87	90.22	0.6523	0.6172	溶解气

表 1-12-50　荣兴屯油田地层水性质表

地层	总矿化度 /（mg/L）			水型
	最大值	最小值	平均值	
东营组	4788.50	1041.62	2915.06	$NaHCO_3$
沙一段	6951.00	2288.00	4619.50	$NaHCO_3$
沙三段	5195.24	1648.86	3422.05	$NaHCO_3$

六、油田开发简况

1991 年荣兴屯油田采用注水开发方式正式投入开发，快速建产，1992 年达到峰值年产量 17.65×10^4t，随后油田开始快速递减。1996 年即进入低速开采，通过多次开发综合调整，实现了油田低速稳产。至 2018 年底，共有开发井 223 口，开井 131 口，年产油 5.17×10^4t，综合含水率 63.76%（图 1-12-22），累计生产原油 205.23×10^4t、天然气 12.34×10^8m^3。

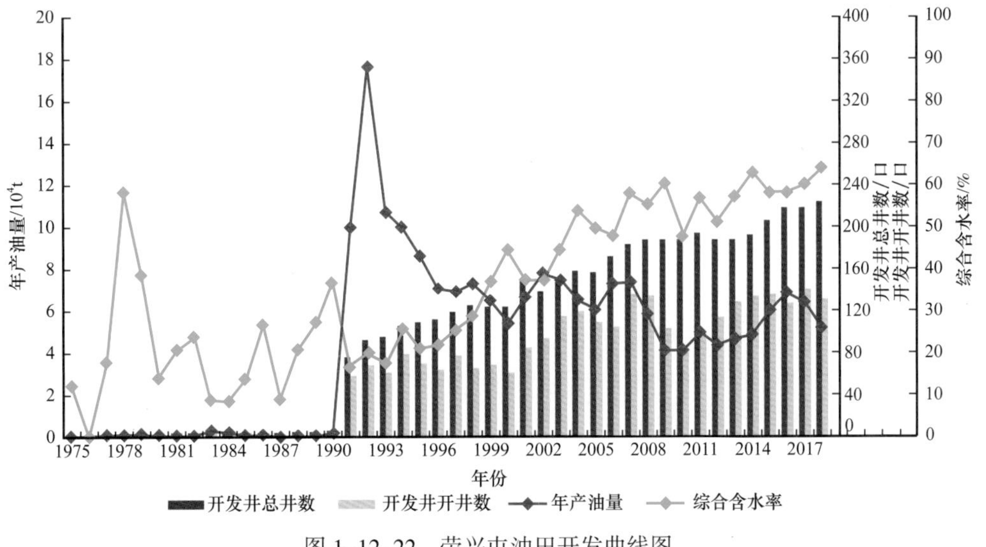

图 1-12-22　荣兴屯油田开发曲线图

第十一节　静安堡油田

静安堡油田位于辽宁省新民市境内，构造上位于大民屯凹陷北部静安堡构造带，面积约 200km^2。

一、勘探发现

1974 年 6 月 11 日，沈 21 井在沙三段 2007.8～2011.4m 井段，定深抽汲（610m），日产油 17.35t，发现了静安堡油田。1982 年 2 月 23 日，胜 3 井在太古宇 2815～2878m 井段，意外地发生井喷，强行压井、下入油管后，对已射开井段进行了系统试油，用 6mm 油嘴、10mm 油嘴、15mm 油嘴分别试油，日产油分别是 93.20t、183.80t、221.40t；日产气分别是 6164m^3、9964m^3 和 15654m^3，使沈阳探区乃至辽河油田首次发现了太古宇变质岩潜山油藏。1984 年 1 月 5 日，静 3 井在元古宇 2640.00～2712.84m 井段，裸眼酸化后，日产油 120t，日产气 3568m^3，揭开了大民屯元古宇潜山油藏的序幕。该油田是辽河坳陷高凝油储量最大的油田。截至 2018 年底，完钻探井 192 口，发现了新太古界、中—新元古界、新生界古近系沙四段和沙三段四套含油气层系。累计探明含油面积 110.27km^2，石油地质储量 21376.41 × 10^{4}t，溶解气地质储量 84.59 × 10^{8}m^3；累计探明含气面积 1.7km^2，天然气地质储量 3.3 × 10^{8}m^3（图 1–12–23、表 1–12–51）。

表 1–12–51　静安堡油田分层系探明储量表

地层	含油面积 / km^2	石油储量 /10^{4}t		溶解气储量 /10^{8}m^3		含气面积 /km^2	天然气储量 /10^{8}m^3	
		地质	技术可采	地质	技术可采		地质	技术可采
沙三段	37.15	8516.37	2123.74	37.73	14.09	1.7	3.30	0.04
沙四段	4.25	456.46	96.40	2.03	0.51			
中生界	0.37	15.48	2.12	0.05	0.02			
中—新元古界	31.85	5436.61	1355.08	20.02	6.64			
新太古界	62.20	6951.49	1496.45	24.76	6.74			
合计	110.27	21376.41	5073.79	84.59	28.00	1.7	3.30	0.04

二、构造及圈闭

静安堡油田基岩潜山西侧受安福屯断层控制，东侧受边台断层控制，潜山带整体表现为北东—南西走向，东西两侧为安福屯断层与边台断层夹持形成的背斜型隆起，分为东胜堡、静安堡、胜西三个变质岩潜山及静北、安福屯两个石灰岩潜山，不同潜山高低差异较大，顶点埋深 2500～4500m，静安堡潜山最浅。

沙三段是在基岩古隆起基础上发育起来的主要沉积盖层，由于沙三段沉积时及其后期断裂活动的结果，使静安堡构造成为一个向西南缓缓倾伏的大型断裂背斜构造，发育

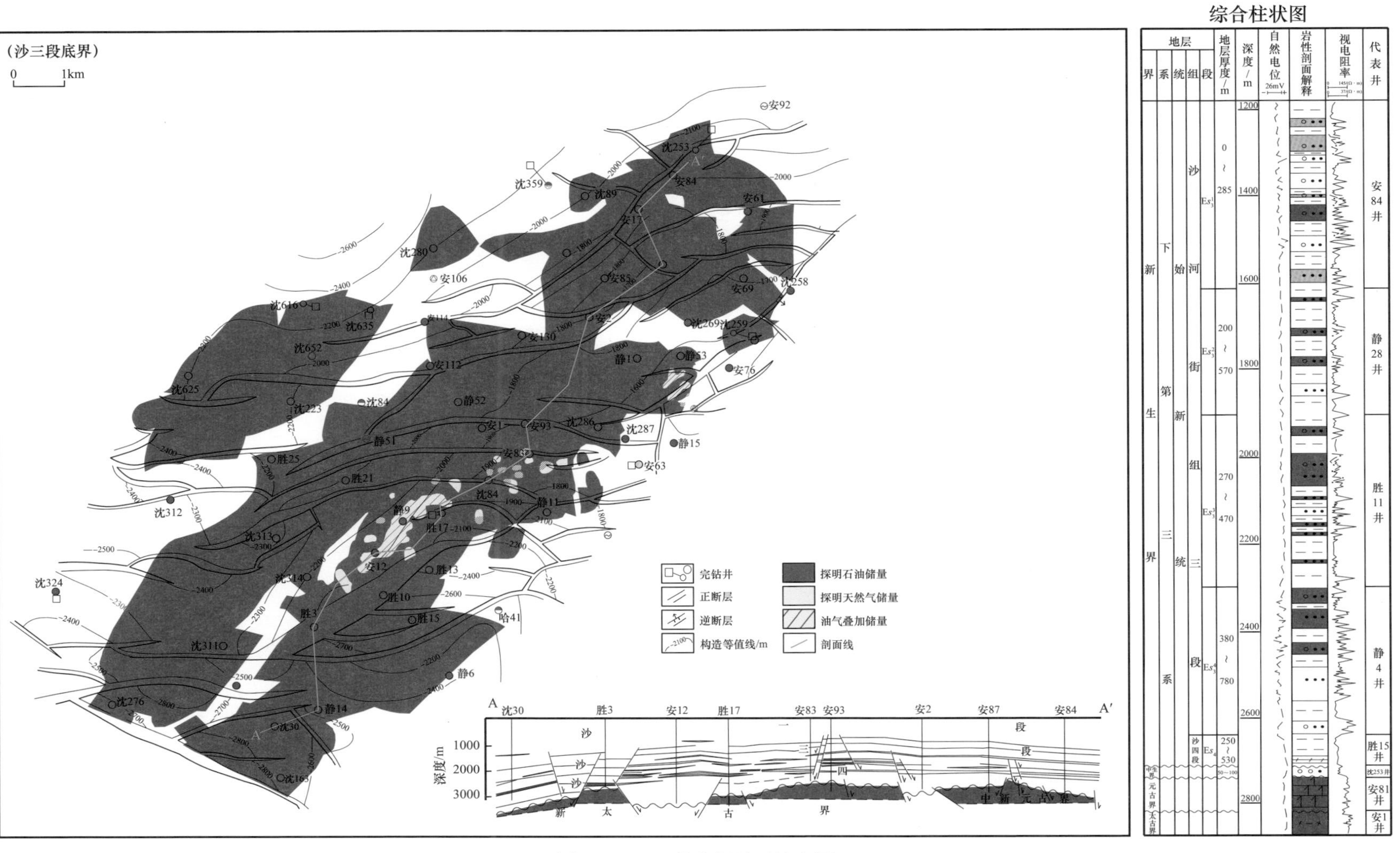

图 1-12-23　静安堡油田综合图

几个以断鼻为主要特征的局部构造高点。由于断层切割，构造比较破碎、局部构造形态不完整、轴向不一致，两翼不对称，靠近断裂一侧较陡，另一翼比较平缓，各局部构造高点又进一步被分成大小不一的多个断块。沙三段沉积时期的断裂多发育在基岩隆起的陡翼，与前期断裂往往平行，下降方向相反，构成“Y”字形或“人”字形，沙一段沉积时期除了前期断裂继续活动外，也产生了新的断裂，它们多为隆起高部位的反向正断层。后期活动的断裂对局部构造发育、圈闭形成、油气聚集都具有明显的控制作用。

三、储层

静安堡油田发育碎屑岩、碳酸盐岩和变质岩三类储层。新太古界主要为混合花岗岩和浅粒岩，为裂缝型储层；中—新元古界主要为白云岩、石灰岩和变余石英砂岩，为孔隙—裂缝型储层；新生界主要为砂砾岩、含砾砂岩和中细砂岩，为孔隙型储层（表 1-12-52）。

表 1-12-52　静安堡油田储层物性表

地层	主要岩性	孔隙度 /%			渗透率 /mD			储层类型
		最大值	最小值	平均值	最大值	最小值	平均值	
沙三段	砂岩、含砾砂岩	22.7	14.0	20.1	2900.00	6.00	80.00	孔隙型
沙四段	砂岩、含砾砂岩	18.0	2.0	7.2	28.00	0.06	1.70	孔隙型
中—新元古界	白云岩、变余石英砂岩	14.0	2.1	5.6	90.00	0.10	19.00	孔隙—裂缝型
新太古界	混合花岗岩、浅粒岩	9.4	0.6	3.1	12.78	0.01	0.18	裂缝型

四、油气藏类型与油气分布

静安堡油田油气资源丰富，油气藏类型众多，潜山油气藏和砂岩油气藏各具特色。

新太古界发育块状潜山油气藏，主要分布东胜堡潜山、静安堡潜山和胜西潜山，油层埋深 2550～3840m，油层厚度一般在 40～1290m。具有整体含油、局部富集的特点，平面上各潜山块高低的差异及储层裂缝的发育程度控制了油层分布。

中—新元古界发育具有层状结构的块状油藏，主要分布在静北潜山和安福屯潜山，油层埋深 2450～3720m，油层厚度一般在 50～200m。

沙四段发育构造—岩性和岩性油气藏，主要分布在沈 267、沈 232 井区，油层埋深 2540～3000m，油层厚度一般在 80～200m。

沙三段发育构造、岩性—构造和岩性油气藏。构造、岩性—构造油气藏主要分布在构造主体部位，岩性油气藏主要分布在构造围斜部位。油层埋深 1410～3280m，油层厚度一般在 70～1380m。

五、流体性质

1. 原油性质

静安堡油田油品主要为高凝油，仅在构造带南部靠近荣胜堡洼陷的边缘地区分布少量稀油（表 1-12-53）。

表 1-12-53 静安堡油田各层位原油性质表

地层	密度 /（g/cm³）			黏度（50℃）/（mPa·s）			含蜡 /%			胶质+沥青质 /%			凝固点 /℃		
	最大值	最小值	平均值	最大值	最小值	平均值	最大值	最小值	平均值	最大值	最小值	平均值	最大值	最小值	平均值
沙三段	0.8786	0.7412	0.8340	20.00	3.30	8.94	47.80	9.18	28.16	23.00	7.72	11.82	55	24	40.78
沙四段	0.8923	0.8391	0.8762	35.42	5.77	7.20	39.48	27.36	36.50	13.35	7.60	10.59	50	37	42.10
中—新元古界	0.9067	0.8339	0.8630	20.55	3.54	9.86	49.93	29.44	37.78	13.96	5.36	10.58	69	48	59.75
新太古界	0.8713	0.8405	0.8580	37.20	21.61	29.19	44.13	17.89	34.24	15.50	5.50	11.89	52	38	44.40

2. 天然气性质

静安堡油田天然气主要为溶解气，气层气较少，不同类型天然气性质见表 1-12-54。

表 1-12-54 静安堡油田天然气性质表

地层	甲烷含量 /%		相对密度		类型
	最大值	最小值	最大值	最小值	
沙三段	97.78	83.37	0.6650	0.5617	气层气
	97.75	76.10	0.7839	0.5727	溶解气
沙四段	87.15	79.19	0.7158	0.5936	溶解气
中—新元古界	79.17	67.60	0.7285	0.6953	溶解气
新太古界	69.00	65.50	0.8750	0.7046	溶解气

3. 地层水性质

静安堡油田的地层水均为 $NaHCO_3$ 型，总矿化度一般在 1659.0～5056.0mg/L（表 1-12-55）。

表 1-12-55 静安堡油田地层水性质表

地层	总矿化度 /（mg/L）			水型
	最大值	最小值	平均值	
沙三段	3609.10	1659.00	2025.87	$NaHCO_3$
中—新元古界	4229.27	2508.81	3046.33	$NaHCO_3$
新太古界	5056.00	3274.90	3836.00	$NaHCO_3$

六、油田开发简况

1975 年静安堡油田开始试采，1986 年全面投入开发，1988 年年产量达到 200×10^4t，并在该水平稳产 7 年，1995 年产量快速递减，2009 年进入低速稳产开发阶段。至 2018 年底，共有开发井 1234 口，开井 976 口，年产油 53.61×10^4t，综合含水率 90.52%（图 1-12-24），累计生产原油 3711.22×10^4t、天然气 10.23×10^8m³。

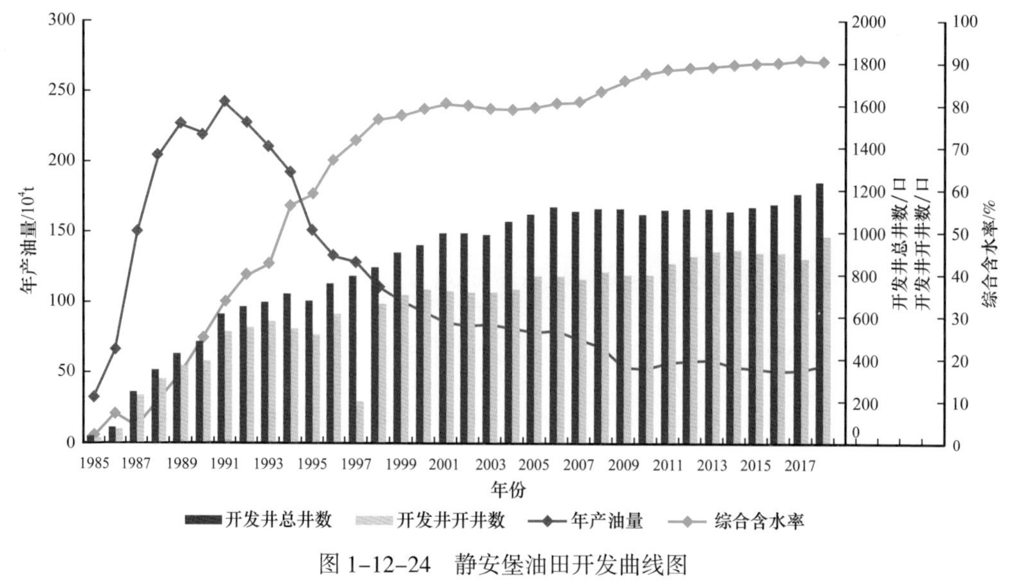

图 1-12-24　静安堡油田开发曲线图

第十二节　大民屯油田

大民屯油田位于辽宁省新民市境内，构造上位于大民屯凹陷前进构造带，面积约 160km^2。

一、勘探发现

大民屯油田是大民屯凹陷最早发现的油田。第一口探井沈 1 井在 1971 年 3 月 22 日开始钻探，同年 7 月，在沙三段 2303.4～2309.6m 井段试油，采用提捞方式，累计产油 13.61m^3，累计产水 9.20m^3，油品分析为高凝原油。1971 年 11 月，第二口探井沈 5 井在沙三段 1489.8～1553.4m 井段试油，8mm 油嘴求产，间喷，日产油 7.5m^3，日产气 2211m^3，获工业油气流，油品分析为正常稀油，发现了大民屯油田。2001 年 10 月，沈 225 井在沙四段 3451.9～3476.9m 井段试油，压裂后地层测试，液面 2479.63m，获日产油 15.03t 的工业油流。2003 年 12 月，沈 262 井在中—新元古界 3532～3512m 井段试油，10mm 油嘴求产，自喷，日产油 142t，获高产油流。

截至 2018 年底，大民屯油田共完成探井 156 口，发现中—新元古界、沙四段和沙三段三套主要含油气层系。累计探明含油面积 54.40km^2，石油地质储量 6323.35×10^4t，溶解气地质储量 63.70×10^8m^3；累计探明含气面积 8.42km^2，天然气地质储量 14.31×10^8m^3（图 1-12-25、表 1-12-56）。

二、构造及圈闭

前进构造带是在基岩潜山基础上长期发育，受北东向主干断层控制的断裂背斜构造带，走向北东，长 21km，宽 3～8km，中段宽，南、北两段窄。构造带西陡东缓。构造带主体发育三个基岩潜山，潜山顶面最浅埋深 2450m，在潜山背景上发育了古近系披覆背斜，形成了大民屯、腰岗子、前当堡三个局部高点，在东斜坡上发育了大古城子鼻状构造。构造带受断层切割，形成了一系列的背斜、断鼻、断块、潜山等圈闭。

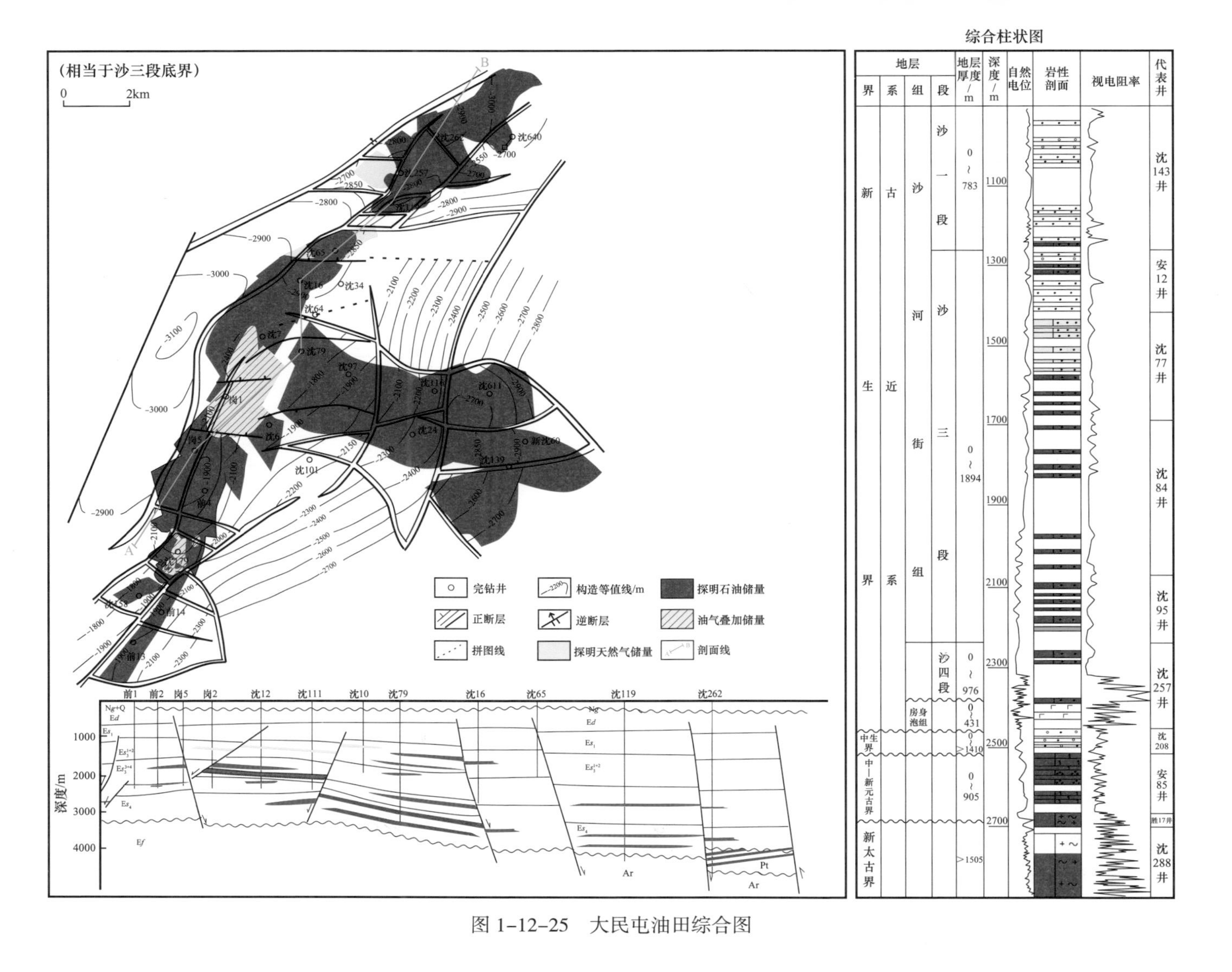

图 1-12-25　大民屯油田综合图

表 1-12-56 大民屯油田分层系探明储量表

地层	含油面积/km²	石油储量/10^4t		溶解气储量/10^8m^3		含气面积/km²	天然气储量/10^8m^3	
		地质	技术可采	地质	技术可采		地质	技术可采
沙二段						0.84	1.10	0.57
沙三段	32.99	4303.31	1138.19	52.95	20.84	7.58	13.21	9.94
沙四段	14.54	1504.04	268.02	8.27	1.86			
中—新元古界	5.87	516.00	118.70	2.48	1.33			
合计	54.40	6323.35	1524.91	63.70	24.03	8.42	14.31	10.51

三、储层

大民屯油田发育碎屑岩、碳酸盐岩两类储层。中—新元古界主要为白云岩，为孔隙—裂缝型储层；新生界主要为砂砾岩、含砾砂岩和中细砂岩，为孔隙型储层（表 1-12-57）。

表 1-12-57 大民屯油田储层物性表

地层	主要岩性	孔隙度/%			渗透率/mD			储层类型
		最大值	最小值	平均值	最大值	最小值	平均值	
沙三段	砂砾岩、细砂岩	20.0	14.0	18.5	1000.00	100.00	578.40	孔隙型
沙四段	细砂岩、砂砾岩、角砾岩	12.4	3.8	8.8	5.40	0.11	0.94	孔隙型
中—新元古界	白云岩	14.0	<1.0	10.1	90.00	0.10	12.00	孔隙—裂缝型

四、油气藏类型与油气分布

大民屯油田主要发育构造、岩性—构造、岩性和潜山油气藏。

中—新元古界发育具有层状结构的块状油藏，主要分布在平安堡潜山，油层埋深3150～3700m，油层厚度一般在 30～110m。

沙四段发育岩性—构造和岩性油气藏，主要分布在沈 257、沈 179 和沈 79 等井区，油层埋深 2010～3350m，油层厚度一般在 10～220m。

沙三段发育构造、岩性—构造和岩性油气藏。构造、岩性—构造油气藏主要分布在断裂背斜构造带的主体部位，岩性油气藏主要分布在构造带的侧翼和东部斜坡。油层埋深 1000～3200m，油层厚度一般在 10～60m。

五、流体性质

1. 原油性质

大民屯油田中—新元古界和沙四段原油为高凝油，沙三段原油以稀油为主（表 1-12-58）。

表 1-12-58　大民屯油田各层位原油性质表

地层		密度 /（g/cm³）			黏度（50℃）/（mPa·s）			含蜡 /%			胶质 + 沥青质 /%			凝固点 /℃		
		最大值	最小值	平均值	最大值	最小值	平均值	最大值	最小值	平均值	最大值	最小值	平均值	最大值	最小值	平均值
沙三段	稀油	0.8750	0.8330	0.8460	49.90	0.80	9.72	25.80	5.10	13.20	16.10	6.00	10.84	38	12	26.28
	高凝油	0.8820	0.8430	0.8636	49.90	2.00	15.50	35.70	34.10	34.90	14.40	13.50	13.95	65	49	57.00
沙四段		0.9115	0.8396	0.8720	9.86	3.50	6.32	43.30	31.76	39.46	18.48	8.36	12.90	62	45	56.50
中—新元古界		0.918	0.8435	0.8700	132.23	23.95	75.13	45.93	32.06	39.18	12.15	9.92	11.09	57	43	47.33

2. 天然气性质

大民屯油田天然气既有溶解气，又有气层气，其天然气性质见表 1-12-59。

表 1-12-59　大民屯油田天然气性质表

地 层	甲烷含量 /%		相对密度		类型
	最大值	最小值	最大值	最小值	
沙三段	97.93	70.8	0.8129	0.5675	气层气
	84.60		0.6780		溶解气
沙四段	98.31	86.23	0.8670	0.5646	溶解气
中—新元古界	67.60		0.8670		溶解气

3. 地层水性质

大民屯油田的地层水为 $NaHCO_3$ 型，其性质见表 1-12-60。

表 1-12-60　大民屯油田地层水性质表

地层	总矿化度 /（mg/L）			水型
	最大值	最小值	平均值	
沙三段	10980	1180	3067	$NaHCO_3$
沙四段	1932			$NaHCO_3$
中—新元古界	4610			$NaHCO_3$

六、开发简况

1986 年大民屯油田正式投入开发，两年建成产能 50×10^4t，并且稳产九年。1998 年产量开始逐渐递减，进入调整挖潜阶段，该阶段主要在老区实施调整工作。截至 2018 年底，共有各类井 835 口，投产油井 583 口，日产油 707t，综合含水率 81.05%（图 1-12-26），累计生产原油 1108.37×10^4t。投产气井 118 口，累计生产天然气 $16.29\times10^8m^3$。

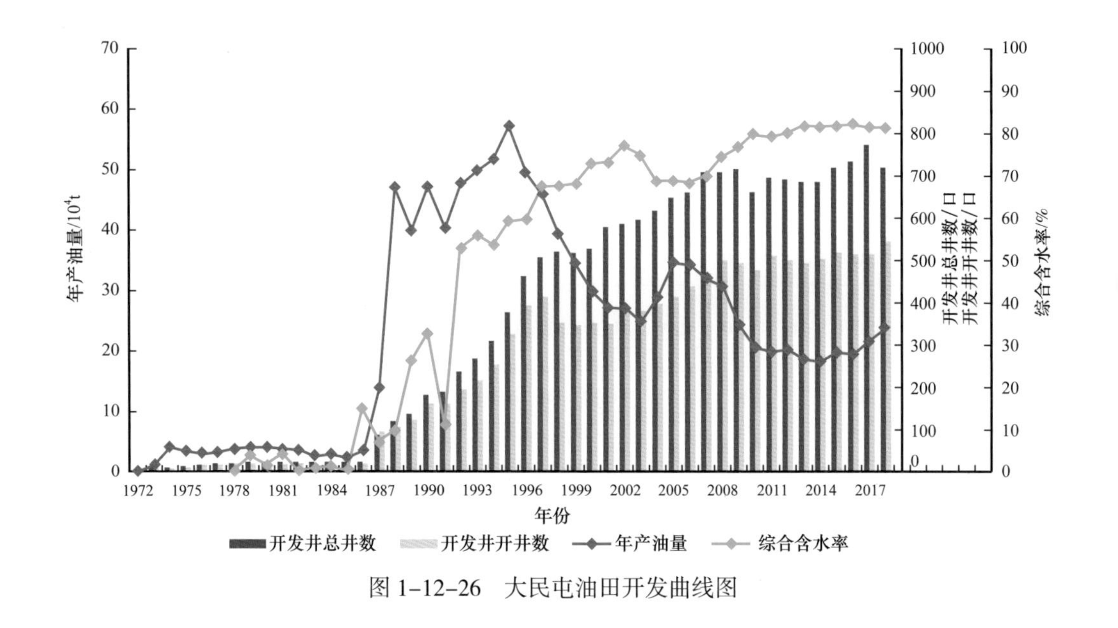

图 1–12–26　大民屯油田开发曲线图

第十三节　边 台 油 田

边台油田位于辽宁省沈阳市于洪区境内，构造上位于大民屯凹陷东部构造带北段，面积约 40km^2。

一、勘探发现

1984 年 1 月，安 36 井在新太古界 1692.78～1819.00m 井段试油，地层测试平均液面 1231.74m，折日产油 12.62t，发现了边台油田。1985 年 3 月，静 2 井在沙三段 1701～1720.60m 井段试油，地层测试平均液面 347.55m，累计产油 3.43t。截至 2018 年底，完钻探井 78 口，发现新太古界和沙三段两套含油层系，累计探明含油面积 24.77km^2，石油地质储量 5674.93 × 10^{4}t，溶解气地质储量 18.21 × 10^{8}m^3；累计探明含气面积 1.68km^2，天然气地质储量 3.9 × 10^{8}m^3（图 1–12–27、表 1–12–61）。

表 1–12–61　边台油田分层系探明储量表

地层	含油面积 / km^2	石油储量 /10^{4}t		溶解气储量 /10^{8}m^3		含气面积 / km^2	天然气储量 /10^{8}m^3	
		地质	技术可采	地质	技术可采		地质	技术可采
沙三段	3.46	427.52	51.78	2.33	0.28	1.68	3.9	0.35
新太古界	24.28	5247.41	1008.92	15.88	3.06			
合计	24.77	5674.93	1060.70	18.21	3.34	1.68	3.9	0.35

二、构造及圈闭

边台油田的构造是在新太古界基岩隆起基础上，受后期压扭推覆形成的断裂背斜构造带，受北东向主干断层控制，形成上下两个台阶，上台阶为曹台潜山，下台阶为

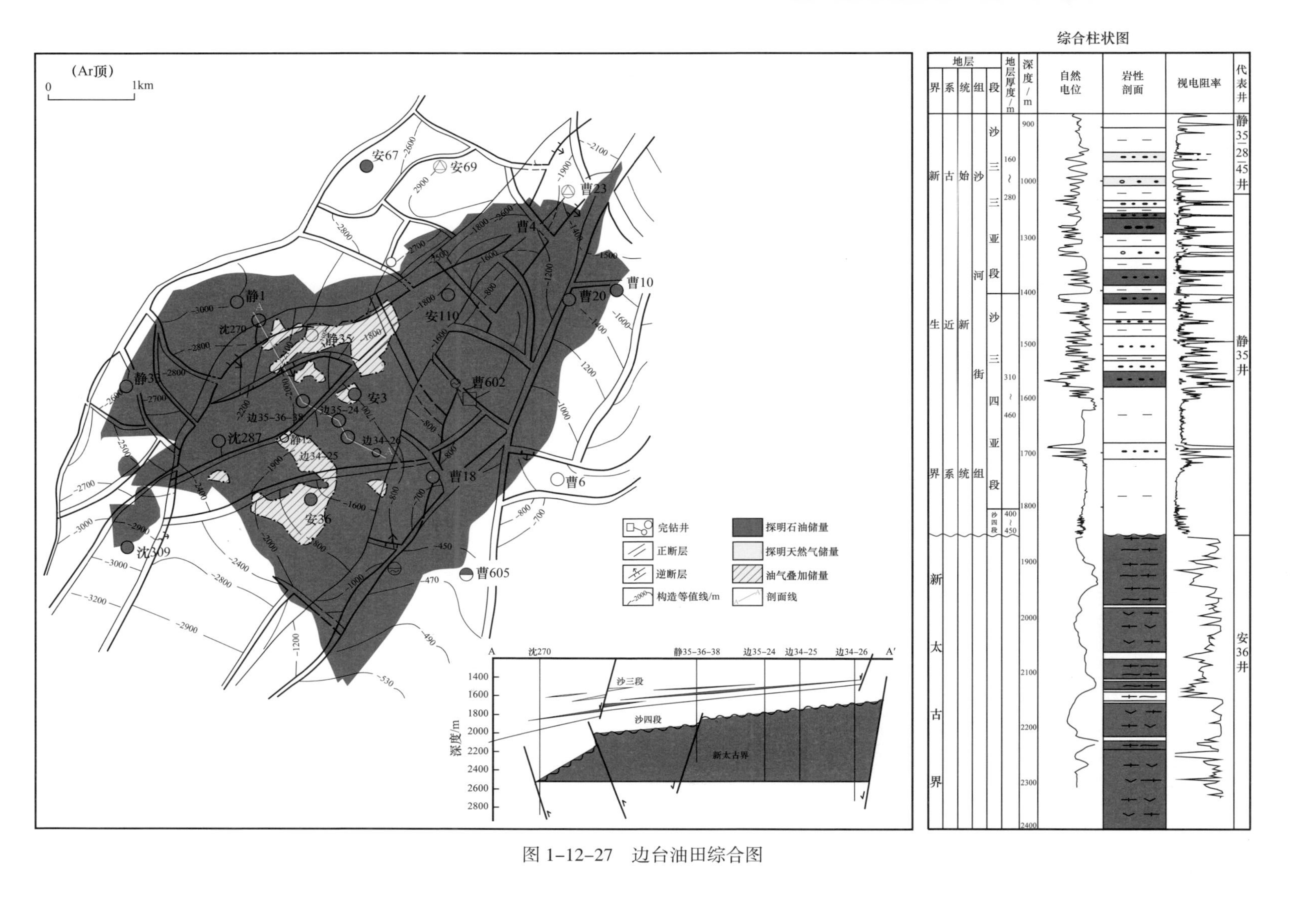

图 1-12-27　边台油田综合图

边台潜山。

边台潜山东高西低，北高南低。最小埋深 1500m，闭合幅度 900m 左右，多条北东、北西和近东西向断层相互切割，形成多个断块；曹台潜山是后期受北西西—南东东向挤压应力作用而使新太古界结晶基底向西逆冲形成的地垒式潜山，顶部最小埋深 450m，南北长约 6km，东西宽 0.6～1.2km，平面上呈北北东向展布的条状垒块形态，发育有曹 2、曹 21、曹 22 三个构造高点。

沙三段是在潜山背景上发育的断裂背斜构造带，受后期曹台潜山逆冲隆升影响，其上地层大部分被剥蚀，边台潜山上覆地层保存相对完整，受多期次断层切割，发育多个断鼻、断块圈闭。

三、储层

边台油田发育碎屑岩和变质岩两类储层。新太古界主要为混合花岗岩，为裂缝型储层；古近系沙三段主要为砂砾岩和中细砂岩，为孔隙型储层（表 1–12–62）。

表 1–12–62　边台油田储层物性表

地层	主要岩性	孔隙度 /%			渗透率 /mD			储层类型
		最大值	最小值	平均值	最大值	最小值	平均值	
沙三段	砂砾岩、中细砂岩	24	22	22.6	922.0	617.0	702.00	孔隙型
新太古界	混合花岗岩	6	1	3.1	1.0	0.1	0.77	裂缝型

四、油气藏类型与油气分布

边台油田主要发育新太古界潜山油气藏和古近系沙三段构造、构造—岩性和岩性油气藏。

边台、曹台潜山整体含油，为底水块状油藏。边台潜山油藏埋深一般在 1400～2520m，油层厚度一般在 80～200m；曹台潜山油藏埋深一般在 500～2460m，油层厚度一般在 600～2100m。

沙三段发育构造、构造—岩性和岩性油气藏，主要分布在曹台逆断层以西的边台地区。沙三段四亚段为主力油气层段，以油层为主，主要为断鼻、断块和砂岩透镜体油气藏，分布于静 35、静 53、静 59 等井区，油层埋深 1700～2100m，油层厚度 10～25m；沙三段三亚段主要为砂岩透镜体油气藏，分布于静 35、安 36 等井区，油层埋深 1300～1600m，油层厚度 10～40m；沙三段二亚段和沙三段一亚段仅发育岩性气藏，主要分布于静 35–29–40 和边 33–23 井区，气层埋深 1000～1300m，气层厚度 50～80m。

五、流体性质

1. 原油性质

边台油田原油均为高凝油，其原油性质见表 1–12–63。

表 1-12-63　边台油田原油性质表

地层	密度 / g/cm^3			黏度（50℃）/ mPa·s			含蜡 /%			胶质+沥青质 /%			凝固点 /℃		
	最大值	最小值	平均值	最大值	最小值	平均值	最大值	最小值	平均值	最大值	最小值	平均值	最大值	最小值	平均值
沙三段	0.8654	0.8413	0.8538	28.13	7.06	14.51	35.02	28.06	32.14	15.92	13.50	14.18	49	43	46.3
新太古界	0.8939	0.8533	0.8657	18.29	9.32	15.06	39.96	25.27	30.58	29.31	10.88	19.45	49	41	44.9

2. 天然气性质

边台油田既有溶解气，也有气层气，其主要性质见表 1-12-64。

表 1-12-64　边台油田天然气性质表

地层	甲烷含量 /%		相对密度		类型
	最大值	最小值	最大值	最小值	
沙三段	99.14	96.31	0.5834	0.5594	气层气
	98.26	96.20	0.5762	0.5439	溶解气
新太古界	97.92	96.15	0.5745	0.5468	溶解气

3. 地层水性质

边台油田地层水为 $NaHCO_3$ 型，总矿化度一般在 906.80～7891.86mg/L（表 1-12-65）。

表 1-12-65　区块地层水性质统计表

地层	总矿化度 /（mg/L）			水型
	最大值	最小值	平均值	
沙三段	7435.06	906.80	3007.9	$NaHCO_3$
新太古界	7891.86	1388.19	4124.1	$NaHCO_3$

六、油田开发简况

1984 年边台油田开始试采，1993 年油田正式投入开发，当年油田产量突破 10×10^4t，1995 年达到峰值年产量 20.46×10^4t，1996 年产量开始快速递减。2007 年起，水平井和复杂结构井陆续投产，边台潜山难采储量获有效动用，油田实现第二次上产，2008 年年产量重上 13×10^4t。至 2018 年底，共有开发井 241 口，开井 153 口，年产油 11.58×10^4t，综合含水率 65.32%（图 1-12-28），累计生产原油 339.50×10^4t、天然气 $0.57\times10^8m^3$。

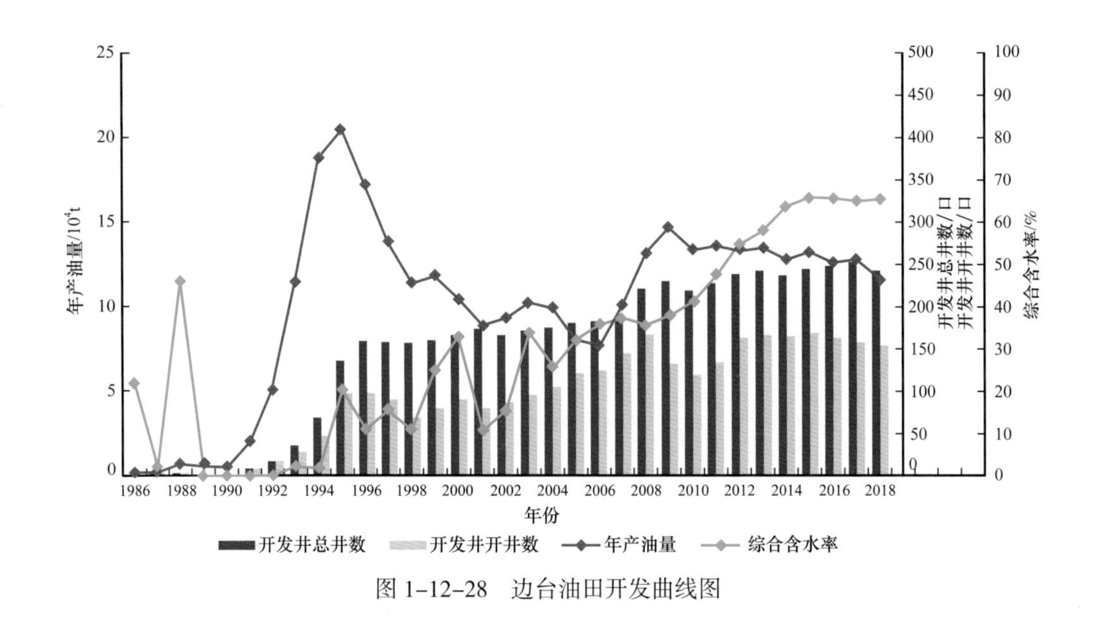

图 1-12-28　边台油田开发曲线图

第十四节　月 海 油 田

月海油田位于辽宁省盘锦市大洼区滩海地区，构造上位于中央凸起南段的月海披覆构造带，面积约 450km^2。

一、勘探发现

1990 年 8 月，首钻 LH10-1-1 井，在东三段试油获含油水层。1996 年 10 月，海南 1 井在东三段 2486.8～2493.0m 井段试油，11mm 油嘴求产，日产油 64.9t，日产气 1626m^3，获工业油气流；同年 9 月，月东 1 井在东一段 1509.2～1513.1m 井段试油，泵深 606.88m 抽汲，日产油 60.0 t，获工业油流，发现了月海油气田。截至 2018 年底，共完钻探井 22 口，发现了东三段、东二段、东一段和馆陶组四套含油气层系（图 1-12-29）。累计探明含油面积 34.46km^2，石油地质储量 10444.43×10^4t，溶解气地质储量 23.89×10^8m^3；探明含气面积 4.92km^2，天然气地质储量 10.50×10^8m^3（表 1-12-66）。

二、构造及圈闭

月海构造是在潜山背景下发育的大型披覆构造带，包括南部的月东构造和北部的海南构造，北东向主干断裂——海南断裂控制了构造的形成和地层展布。

月东构造为形态完整的断裂背斜构造，从东二段开始地层超覆其上，发育背斜和地层超覆圈闭；海南构造为低幅度的断裂背斜，受海南 1 号、2 号断层控制，分为上、中、下三个台阶，发育背斜、断鼻、断块、岩性圈闭。

三、储层

月海油田主要发育碎屑岩储层，其中，东三段、东二段主要为中细砂岩和粉砂岩，东一段和馆陶组主要为砂砾岩，为孔隙型储层（表 1-12-67）。

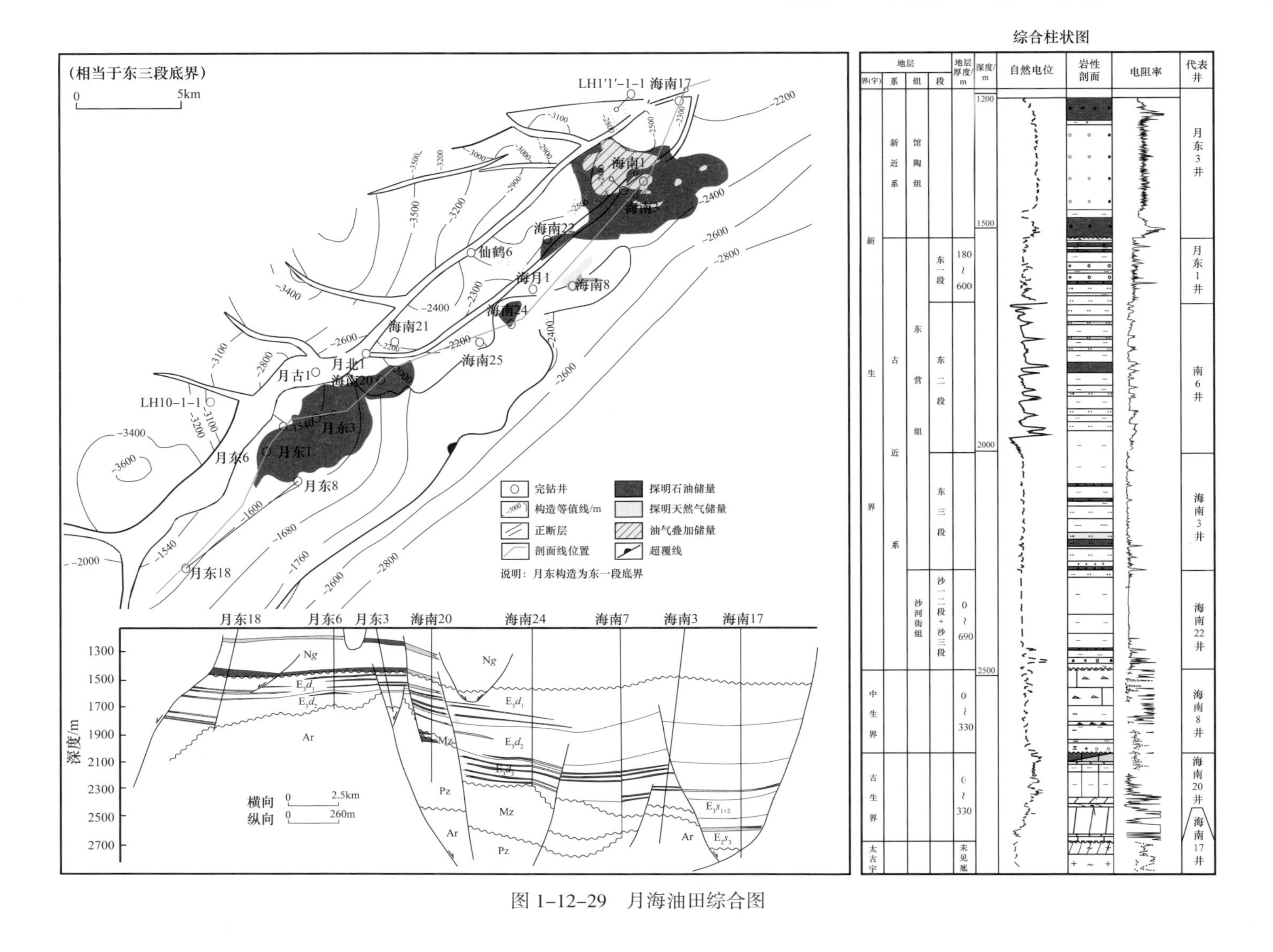

图 1-12-29　月海油田综合图

表 1-12-66　月海油田分层系探明储量表

地层	含油面积 / km^2	石油储量 / 10^4t		溶解气储量 / 10^8m^3		含气面积 / km^2	天然气储量 / 10^8m^3	
		地质	技术可采	地质	技术可采		地质	技术可采
馆陶组	15.79	4578.74	732.60					
东营组	30.57	5865.69	990.45	23.89	11.86	4.92	10.50	5.25
合计	34.46	10444.43	1723.05	23.89	11.86	4.92	10.50	5.25

表 1-12-67　月海油田储层物性表

地层	主要岩性	孔隙度 /%			渗透率 /mD			储层类型
		最大值	最小值	平均值	最大值	最小值	平均值	
馆陶组	砂砾岩、细砂岩	36.2	29.4	32.9	7319	36	964	孔隙型
东一段	砂砾岩、中粗砂岩	38.5	12.0	31.1	6308	10	474	孔隙型
东二段	细砂岩、粉砂岩	35.9	8.8	29.6	6183	3	1329	孔隙型
东三段	不等粒砂岩、中细砂岩	31.5	6.7	22.4	1296	<1	10	孔隙型

四、油气藏类型与油气分布

月海油田主要发育构造、构造—岩性、岩性和地层油气藏。

东三段发育构造、构造—岩性和岩性油气藏，主要分布于海南构造的海南 1、海南 3、海南 8 和海南 24 等井区，油气层埋深 2119.7～2483.6m，油气层厚度 2.7～10.4m。

东二段发育构造—岩性、岩性和地层油气藏，主要分布于海南构造的海南 1 和海南 3 井区、月东构造的月东 3 等井区，油气层埋深 1656.0～1963.6m，油气层厚度 3.0～14.4m。

东一段和馆陶组发育构造油藏，主要分布于月东构造的月东 1 和月东 3 等井区，油层埋深 1210.0～1513.1m，油层厚度 3.9～21.0m。

五、流体性质

1. 原油性质

月海油田原油性质差异较大，既有稀油、普通稠油，又有超稠油（表 1-12-68），普通稠油和超稠油集中分布在月东构造。

2. 天然气性质

月海油田既有溶解气，也有气层气，其天然气性质见表 1-12-69。

3. 地层水性质

月海油田的地层水为 $NaHCO_3$ 型，总矿化度一般在 1692.0～7958.9 mg/L（表 1-12-70）。

表 1-12-68　月海油田地面原油性质表

地层	密度 / (g/cm^3)			黏度 (50℃) / (mPa·s)			含蜡 /%			胶质 + 沥青质 /%			凝固点 /℃		
	最大值	最小值	平均值	最大值	最小值	平均值	最大值	最小值	平均值	最大值	最小值	平均值	最大值	最小值	平均值
馆陶组	1.0270	0.9930	1.0100	138.67	113.33 (100℃)	126.00 (100℃)	3.33	2.38	2.90	44.19	38.29	41.24	26	12	14.7
东一段	0.9983	0.9829	0.9928	7786.00	1333.00	4314.00	6.25	2.49	3.40	41.04	38.24	39.64	18	–5	6.8
东二段	1.0185	0.8389	0.9142	59070.00	5.08	10571.00	6.19	2.07	3.32	48.22	13.20	26.64	25	1	18.4
东三段	0.8620	0.8348	0.8488	8481.00	3.83	5.67	9.45	5.67	7.26	16.24	8.44	11.72	26	22	24.0

表 1-12-69　月海油田天然气性质表

地 层	甲烷含量 /%		相对密度		类型
	最大值	最小值	最大值	最小值	
东二段	84.8	84.8	0.6874	0.6874	溶解气
	81.6	81.6	0.6872	0.6872	气层气
东三段	88.6	57.6	0.9350	0.7194	溶解气
	85.7	33.5	1.2226	0.6448	气层气

表 1-12-70　月海油田地层水性质表

地 层	总矿化度 / (mg/L)			水型
	最大值	最小值	平均值	
馆陶组	1692.0	1692.0	1692.0	$NaHCO_3$
东一段	4782.9	1714.8	3810.6	$NaHCO_3$
东二段	7019.0	2107.4	5154.0	$NaHCO_3$
东三段	7958.9	2745.2	5413.0	$NaHCO_3$

六、油田开发简况

1998 年海南 1 块、海南 3 块正式投入开发，1999 年建成 20×10^4t 生产规模，2000 年转入注水开发，2002 年产量开始递减，2006 年海南 24 井投产，油田在年产量 13×10^4t 的水平平稳生产 3 年。2014 年月东 1 块开始快速上产，油田产量突破 40×10^4t。至 2018 年底，共有开发井 272 口，开井 193 口，年产油 48.73×10^4t，综合含水率 66.81%（图 1-12-30），累计生产原油 444.55×10^4t、天然气 $8.81\times10^8m^3$。

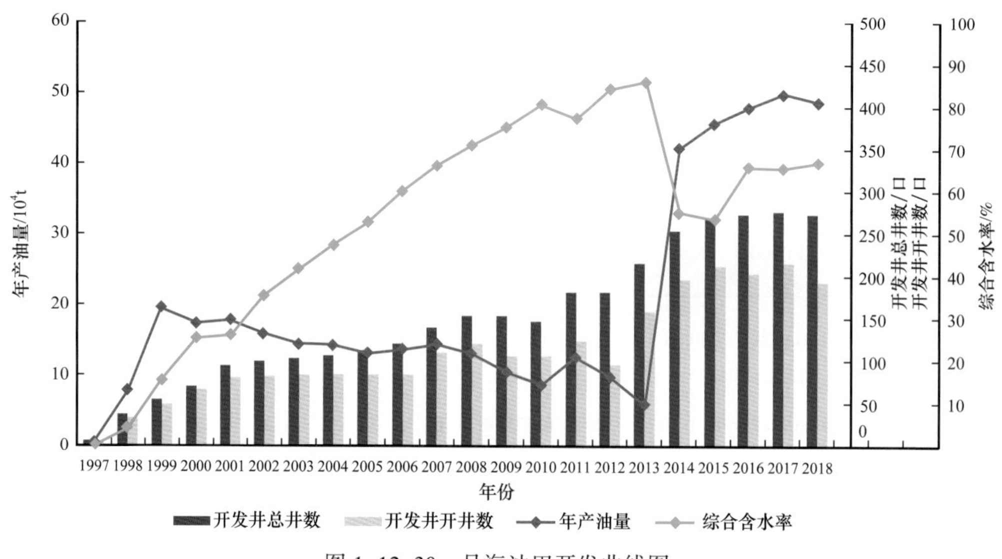

图 1-12-30　月海油田开发曲线图

第十三章　典型油气勘探案例

油气勘探的过程从来都不是一蹴而就的，每项突破和发现都是实践—认识—再实践—再认识的结果。

本着“总结过去、支撑未来”的理念，本章优选西部凹陷兴隆台变质岩潜山、西部凹陷西斜坡、大民屯凹陷和东部凹陷中南部火山岩四个领域的油气勘探作为典型案例（图 1–13–1），系统总结其突破发现过程、成功经验与启示，为辽河探区的深化勘探和其他地区类似领域的勘探工作提供有益借鉴。

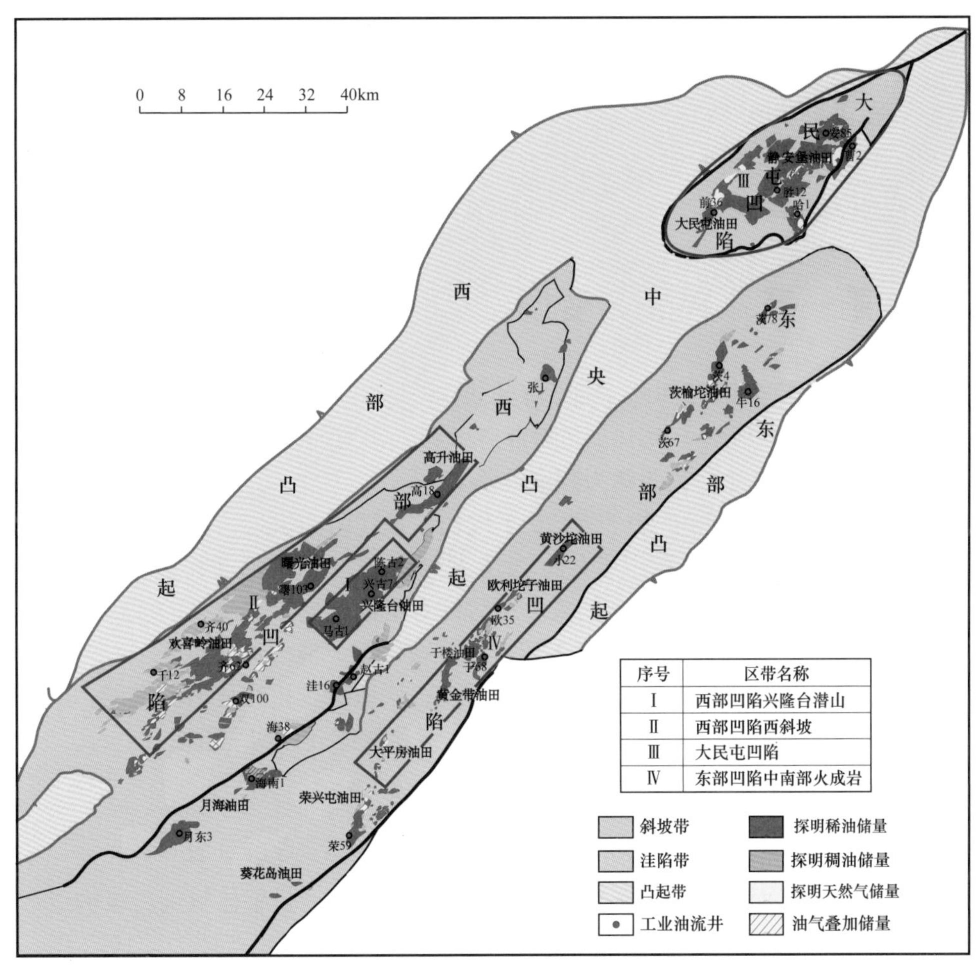

图 1–13–1　辽河坳陷典型案例位置图

辽河坳陷的前古近系勘探，经历了风化壳—深层潜山—潜山内幕—基岩油气藏的勘探阶段，而兴隆台潜山勘探最具代表性。兴隆台构造带是一个老探区，早期已在潜山上覆的古近系中发现了近亿吨的探明石油地质储量。近年来，再次在太古宇潜山内幕发现了亿吨级探明石油地质储量，这在国内老区深化勘探方面实属罕见。在兴隆台潜山的勘探过程中，形成、发展和完善了变质岩内幕油气藏理论，并形成一系列与之相关的配套勘探技术，是辽河乃至渤海湾盆地老区深化勘探实践的成功案例。

富烃凹陷斜坡区是油气聚集的最有利场所，西部凹陷西斜坡随着“高点控油—二级带控油—复式油气聚集—满凹含油”成藏认识的不断深化，各种类型油气藏不断发现，找到了曙光、欢喜岭两个特大（大型）油气田，建成了中国最大的稠油、超稠油生产基地，是渤海湾盆地复式油气聚集带勘探的经典案例，其勘探经验值得后续工作者品味和借鉴。

大民屯凹陷是全国闻名的“小而肥”富油气凹陷，面积仅 800km^2，从 1971 年到 2018 年，累计探明石油地质储量 3.50×10^8t，建成了我国最大的高凝油生产基地。含油气层系从古近系的沙三段到太古宇；油气藏分布纵向上从 321m 到 4100m，横向上从凹陷中心到凹陷边缘；油气藏类型既有古近系的构造和岩性油气藏，也有前古近系的基岩油气藏，还有主力生油层中的页岩油，是体现富烃凹陷“满凹含油”勘探理念的经典案例。

火山岩在沉积盆地广泛分布，但总体上油气储集性能相对较差。从“努力避开”到“积极寻找”，经历几十年的艰难探索，东部凹陷中南部沙三段整装规模火山岩油气藏的发现和有效动用，对火山岩领域的深化勘探具有重要的借鉴意义。

第一节　兴隆台变质岩潜山亿吨级储量发现

兴隆台潜山带位于西部凹陷中部，为长期继承性发育、呈北东向展布的“洼中之隆”，由南至北依次为马圈子潜山、兴隆台潜山和陈家潜山，面积约 200km^2。其南侧为清水洼陷，西侧为盘山洼陷，北侧为陈家洼陷。

兴隆台潜山带的勘探始于 20 世纪 70 年代初，是辽河油田最早勘探发现的潜山含油气构造。1972 年兴 213 井钻遇中生界时发生井喷，1973 年试油获得高产工业油气流，从而在辽河坳陷首次发现了潜山油气藏。之后针对潜山开展了多轮次的钻探，但始终没有取得规模性发现。2003 年马古 1 井在新太古界获得高产油气流，拉开了兴隆台潜山新一轮勘探的序幕。总结兴隆台潜山带的勘探历程、认识的变化和技术的发展，把兴隆台潜山带勘探划分为潜山风化壳、低潜山、潜山内幕和整体勘探四个阶段。

一、潜山风化壳勘探，发现高产油气流

1969 年，兴隆台构造带开始钻探，在构造高点钻探的兴 1 井、兴 2 井在沙一 + 二段获得工业油气流，从而发现了兴隆台含油气构造。之后，通过整体解剖二级构造带，先后发现了兴 1、兴 20、兴 42 等高产含油气断块，并迅速形成生产能力。1972 年，部署于构造高部位的兴 210 井、兴 213 井钻探过程中，在沙三段以下发现高压异常段。兴 210 井在 2438～2588m 井段钻遇巨厚的砂砾岩段，出现大段气测异常，在下油层套管过程中，发生井喷，导致基础下沉，井架倒塌报废；兴 213 井在钻到 2222～2236m 井段

（图 1-13-2），发生强烈井喷，被迫钻杆完井，1973 年，测试日产油 110t，日产天然气 $80\times10^4m^3$，投产以来长期高产稳产。当时认为兴 210 井和兴 213 井钻遇的该套地层都是沙四段，后经研究认为，兴 210 井钻遇的是新太古界，兴 213 井钻遇的是中生界。这一发现证实潜山是重要的勘探领域，从而揭开了辽河坳陷潜山勘探的序幕。

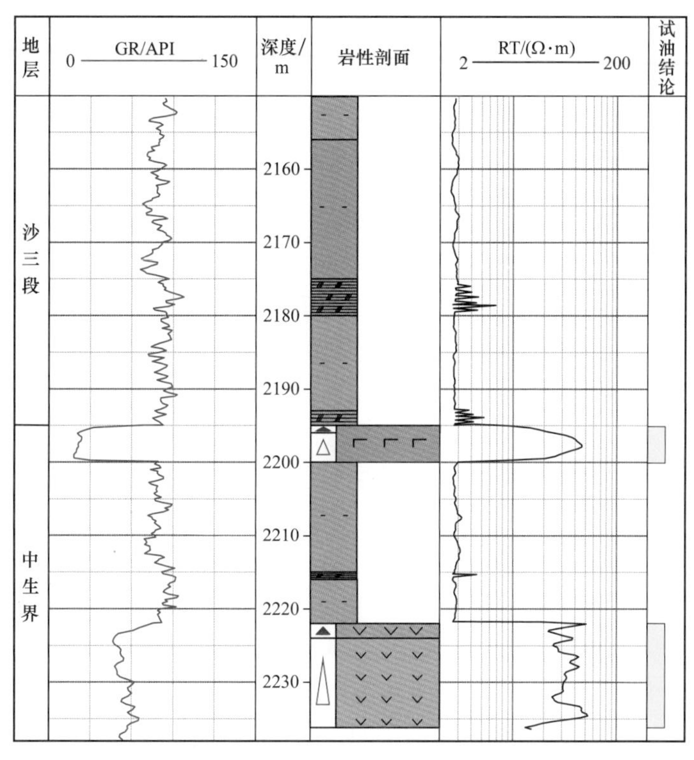

图 1-13-2　兴 213 井单井图

1973—1974 年整体解剖和评价兴隆台潜山。这一阶段共完钻井 15 口，9 口井测试获油气流或高产油气流，初步明确了该潜山风化壳油藏的分布面积、含油气幅度、油气层产能、原油性质、潜山地质结构，分析认为潜山风化壳为一个统一的储集体，具有统一的油水界面，据试油资料分析，油气界面为 2380m（兴 108 井），油水界面为 2550m，但裂缝性油藏储层非均质性特征明显。为了适应裂缝性油藏特点及钻井复杂情况，1975—1977 年，采用新工艺、新措施，攻关油层保护、油层改造技术，阶段完井 6 口，兴 99 井采用先期完成和轻质钻井液打开油层，喜获高产工业油气流，证明先期完井是行之有效的完井方法，但产量降低较快，这些井均未获得满意效果，因此暂缓钻探。

1985 年，受大民屯凹陷东胜堡和西部凹陷齐家新太古界潜山勘探成功的启示，对兴隆台潜山重新进行了分析研究，钻探了兴古 4 井和兴 68 井，其中兴 68 井在 2463.45～2718.00m 井段，采用 12.7mm 油嘴求产，日产油 116t，日产天然气 $8272m^3$。这一成果改变了原出油底界 2550m 的认识。为尽快形成产能和了解裂缝的发育情况，又部署实施了 3 口探井，其中兴古 2 井试油，初期日产油 12.74t，10d 后降至 2t，由于产量下降快，评价开发效果较差。兴隆台潜山带的勘探工作处于停滞状态。

1987—1997 年，仅钻探了滚动探井——兴 603 井，但没有取得好的效果。

该阶段取得的地质认识如下：一是兴隆台潜山具有双层结构，岩性十分复杂，既有中生界碎屑岩、火成岩，又有新太古界变质岩，储层非均质性强；二是兴隆台潜山中生界储层以砂砾岩、火山岩为主，储集性能较好，新太古界储层以混合花岗岩为主，以微裂缝为主要储集空间，储集性能较差；三是中生界含油底界深度在2450m，新太古界含油底界深度为2720m，没有统一的压力系统（邢志贵，2006）。

该阶段仅1986年在中生界潜山探明含气面积2.1km^2，按照产量累计法计算，天然气地质储量15.5×10^8m^3、凝析油地质储量16×10^4t。

二、借鉴低潜山成藏模式，马圈子低潜山油气勘探取得突破

兴隆台构造带是一个勘探老区，自1969年兴1井钻探获高产油气流以来，至20世纪20年代，在披覆于潜山之上的古近系中共发现了大凌河油层、热河台油层、兴隆台油层等5套油气层，探明石油地质储量8669×10^4t，探明天然气地质储量155×10^8m^3。经过30余年的勘探开发，进入了产量高递减期和高含水期，产能接替矛盾日益突出。

资源接替的矛盾，促使勘探人员把目光聚焦到坳陷深层，深层潜山成为重要的勘探领域。1998年，在当时辽河石油勘探局组织的为期两天的勘探论证会上，专题讨论了兴隆台潜山勘探潜力。受当时西部凹陷曙光低潜山以及大民屯凹陷潜山深层勘探发现的启示，一是在3200m的曙光低潜山发现了油气层，二是大民屯凹陷潜山在原认为3000m的含油底界之下发现了新的油气层。通过讨论分析，与会领导、专家达成了共识，兴隆台低潜山与曙光低潜山和大民屯潜山具有相似的成藏条件，勘探潜力较大。鉴于该构造带二维测网密度仅为1.2km×2.4km，并处于兴隆台城区范围内，复杂的地表条件一直成为三维地震资料采集的制约因素，1998年辽河石油勘探局决定克服困难，组织完成兴隆台城市三维地震采集，填补了该区三维地震资料的空白，为重新评价兴隆台潜山带提供了资料基础。在1999年辽河石油勘探局年度油气勘探计划中，明确提出兴隆台构造带潜山和沙三段作为坳陷陆上新区带勘探的重要目标。

兴隆台构造带勘探开发一直是在地震资料不足的情况下进行的，利用一次城市三维地震资料结合已钻井资料，对兴隆台潜山带进行了整体构造解释和比较深入的地质研究。尽管地震资料品质不甚理想，但潜山顶面构造形态基本落实。通过构造解释发现了资料品质相对较好的兴隆台北部的低潜山——陈家潜山。研究认为该潜山构造圈闭比较落实，成藏条件比较有利，在陈家低潜山提出并获中国石油天然气股份有限公司批准通过了1口科学探索井——陈古1井。该井于1999年12月开始钻探，于3973m钻遇新太古界，从4130m开始，气测总烃含量达60%以上，并成功采用欠平衡钻井，点火成功，火焰高度为5～8m，但当钻至4269.82 m时发生钻具断裂，最后，该井工程报废。该井从4000m以下井段气测显示十分活跃，在4123～4269m井段，中途测试获得了日产油3.12t，日产气1038m^{3}的低产油气流。陈古1井的钻探证实了陈家低潜山的含油气性，而且潜山含油底界可以达到4200m，展示了低潜山的勘探潜力，为进一步的勘探提供了依据。

为了落实兴隆台潜山带的整体形态，在地震资料品质较差的情况下，开展了重力、磁法、电法与地震联合勘探，在此基础上，开展了南部马圈子低潜山的评价。通过成藏条件分析，认为低潜山油源条件相对于高潜山、中潜山更为有利，盖层品质更为优越。该潜山南邻清水洼陷，南侧大断层断至洼陷深部，使沙三段的烃源岩通过断面直接与潜

山面侧向接触，形成区域上的“供油窗口”；在异常流体压力作用下，洼陷当中的油气可沿“供油窗口”、断面及不整合面运移至潜山内部聚集形成油气藏（图 1-13-3）。

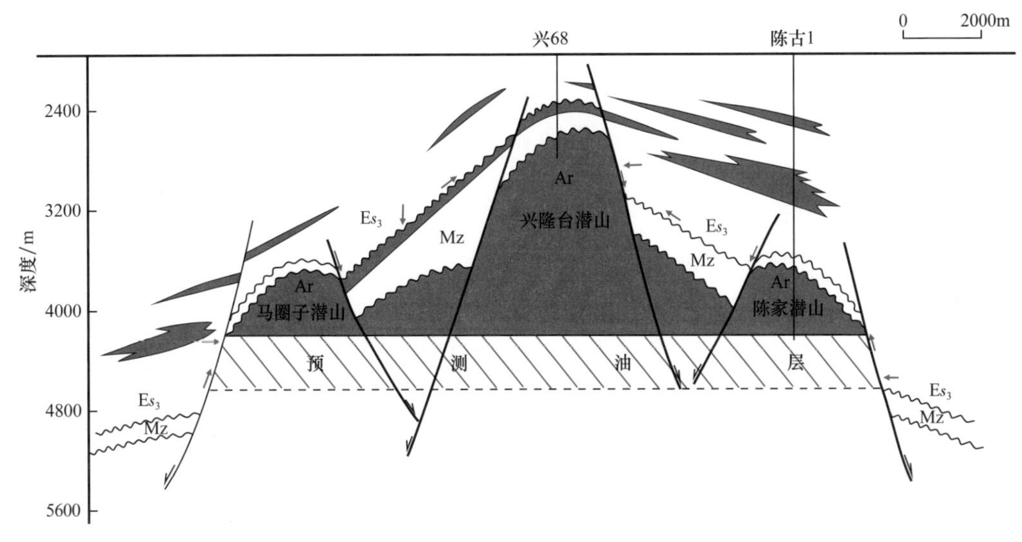

图 1-13-3　兴隆台潜山带油气运聚模式图

2003 年在马圈子低潜山部署实施了马古 1 井。该井于 3816m 揭开新太古界，并采用了欠平衡钻井技术，油气显示十分活跃，气测全烃达 100%，井底压力较高，于 4081m 提前完钻，在 3844.8～4081.0m 的太古宇裸眼井段试油，获得日产油 21.2t，日产气 23441m^3 的工业油气流。马古 1 井钻探成功标志着马圈子低潜山勘探取得重要突破，也是辽河坳陷首次在 4000m 以下深层获工业油气流，是深层勘探的重要成果。

三、创新勘探思路，发现变质岩潜山内幕油气藏

马古 1 井的钻探成功，打开了低潜山的勘探局面，迅速展开勘探部署。在马圈子潜山与兴隆台高潜山之间的中潜山部署了马古 2 井、马古 3 井。两口井的钻探均出现了复杂情况，尤其是马古 3 井的钻探过程十分曲折。该井原设计井深 4000m，预测新太古界顶面埋深 3470m。钻井在 3253m 进入中生界，但迟迟未钻遇新太古界，当钻至 3700m 深度时，仍未见到预测的太古宇，而上覆的中生界地层厚度已达 447m。分析认为，马古 3 井潜山并不是预测中认为的界于高潜山与低潜山之间的中潜山，而是二者之间存在一个中生界较厚的凹槽，是否存在新太古界潜山圈闭？能否聚集成藏？是钻探迫在眉睫的关键问题！经多方论证分析，认为兴隆台新太古界潜山整体具备有利成藏条件，上覆中生界再厚也应该了解其含油气性，为此，决定继续钻探，同时进行 VSP 测井预测新太古界潜山顶面深度。马古 3 井揭露 911m 中生界后，终于在 4167m 钻遇新太古界并见到良好油气显示。在 4173.0～4608.0m 井段试油，9mm 油嘴求产，日产油 39m^3，日产气 9141.0m^3，获得工业油气流，证实含油底界在 4300m。马古 3 井钻穿近千米中生界后，在其下伏的新太古界获工业油气流，说明只要具备“供油窗口”条件和油气输导体系，潜山成藏并不受上覆中生界厚度的控制。

为了取得更大的勘探成果，把勘探目标转向埋藏较浅、幅度更高、规模更大的兴隆台高潜山。2004 年开展了潜山已钻井的深入分析和潜山整体成藏条件的评价，取得三点

认识：一是南北低潜山含油底界可达4300m，中部的兴隆台主体潜山含油底界可能与之相当；二是兴隆台高潜山新太古界钻遇碎裂岩、糜棱岩，表明潜山经历强烈的挤压、逆掩推覆作用，潜山深层可能存在断层和裂缝发育带，通过地震资料精细解释，已在潜山内幕识别出多条逆断层，推测兴213井（累计产天然气$12.9 \times 10^8 m^3$，累计产油$7 \times 10^4 t$，是辽河油田著名的功勋井）和兴68井（太古宇累计产油$3.59 \times 10^4 t$）等高产井可能与内幕断裂直接相关；三是具备更优越的供油和油气输导条件，“供油窗口”幅度超过千米（李晓光等，2009）。

通过深入的分析和大胆构思，建立了潜山内幕多裂缝系统含油气模式，2005年在兴隆台潜山主体部位，针对潜山深层部署实施了兴古7井，设计井深3900m。该井于2590m钻遇新太古界，在钻至设计井深仍见油气显示，决定加深钻探。同年11月8日该井完钻，完钻井深4230m，揭露太古宇厚度1642m，在潜山段共解释油层136m/17层，差油层414.5m/45层，纵向上有3个油层集中发育段。试油3层均获得工业油气流，其中在3592.0～3653.5m井段试油，8mm油嘴求产，获日产油66.46t、日产气$23049m^3$的高产工业油气流，使兴隆台主体潜山的含油底界由以往的2720m下延到4000m。

兴古7井变质岩潜山内幕油气藏的发现，对辽河油田潜山勘探具有里程碑的意义，拉开了变质岩潜山内幕油气藏勘探的序幕，使潜山勘探进入了一个新阶段。

四、整体勘探潜山带，探明亿吨级规模优质储量

在兴古7井勘探发现的基础上，对兴隆台潜山带进行了整体研究、整体评价和整体部署，并开展了配套技术的攻关与应用，建立了变质岩内幕油气成藏理论，形成了变质岩潜山勘探的技术系列，探明了亿吨级规模储量。

1. 持续攻关勘探技术

随着潜山勘探的不断深入，制约兴隆台潜山勘探的问题也日益突出，主要表现在四个方面：

（1）地震资料品质较差，上覆中生界厚度大，新太古界构造形态和内幕结构落实难度大；

（2）潜山岩性和裂缝分布复杂，缺乏有效的识别和评价方法；

（3）潜山裂缝型油气藏钻完井过程中容易造成污染，油气层保护难度大；

（4）裂缝型储层非均质性强，埋藏深度大，储层改造难度大。

这些急需解决的问题直接影响了兴隆台潜山带整体勘探的展开，为此，2005年以来先后开展了“兴隆台潜山高精度三维地震勘探技术攻关”“兴隆台变质岩潜山岩性识别和储层评价技术攻关”“兴隆台潜山配套钻完井技术攻关”与“兴隆台变质岩储层改造技术攻关”等多项研究，均取得了良好的效果，为兴隆台潜山勘探取得整体突破起到了强有力的技术支撑。

1）高精度三维地震勘探技术——为兴隆台潜山整体勘探提供了资料保证

为了解决兴隆台新太古界潜山顶面构造形态和断裂难于识别的问题，2006年在中国石油天然气股份有限公司的大力支持下开展了$330km^2$高精度三维地震资料采集。通过优化三维施工设计和科学组织实施，形成了兴隆台城市低信噪比地区的精细三维采集技术。

针对兴隆台构造复杂、资料信噪比低以及潜山内幕成像等问题，开展精细三维地震资料处理，形成了叠前时间偏移、叠前深度偏移处理流程。坚持处理解释一体化的建模指导思想，进行多重约束下的精细速度建模，进行了Kirchhoff叠前深度偏移、逆时偏移处理攻关，提高复杂构造的成像精度，取得了十分明显的效果，为开展精细地质研究提供了资料保证（图1-13-4）。

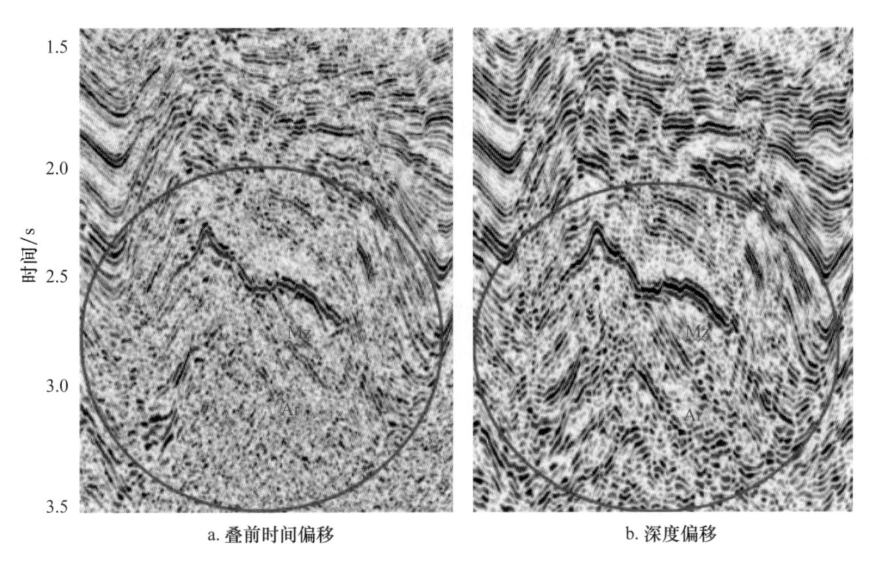

图1-13-4　叠前时间偏移剖面与深度偏移剖面的对比

2）变质岩潜山岩性识别和储层评价技术——为潜山油藏的评价提供了有效手段

兴隆台新太古界变质岩潜山岩石类型多样，并伴随有多种岩浆岩侵入，给潜山岩性识别及储层综合评价带来了一系列困难。2007年以后，利用旋转式井壁取心和钻井取心等系统的取心测试资料标定测井，建立了太古宇岩性识别划分标准和储层划分标准，最终实现对潜山的岩性及储层的评价由定性到定量的转变，以寻找不同类型岩性与裂缝发育程度的关系，研究裂缝发育规律，指导勘探部署。

（1）岩石类型及划分。

兴隆台潜山岩性包括变质岩和侵入岩。变质岩主要发育混合花岗岩、片麻岩和角闪岩等多种类型岩性；侵入岩主要为酸性岩、中性岩和基性岩等。通过系统的取心、井壁取心、岩屑鉴定及统计结果，依据岩石学分类命名原则，将变质岩和侵入岩划分为13亚类25种岩性（表1-13-1）。

（2）岩性测井识别。

相较于传统的岩石学分类方案，虽然不同分类的出发点不同，但不同种类的变质岩和侵入岩具有相近或相似的化学成分与岩矿组成特点，同时，不同类型矿物对测井资料也具有很强的敏感性。因此，从变质岩潜山岩矿和化学成分分析出发结合地层元素测井，在确定敏感元素的基础上（硅>铁>铝>钛>钾），将太古宇变质岩划分为“混合花岗岩、片麻岩、角闪岩”三种；侵入岩划分为“酸性岩类、中酸性岩类、中性岩类、煌斑岩类、辉绿岩类”五种；根据地层元素测井对常规测井的标定和综合分析，最终利用常规测井把变质岩划分为“混合花岗岩、片麻岩、角闪岩”三种，同岩矿与地层元素测井划分结果一致，但侵入岩只能划分出“酸性岩类、中酸性岩类、基性岩类”三种。

表 1-13-1　兴隆台潜山岩石类型及主要矿物组成

分类	亚类	主要类型	岩石名称	矿物成分
变质岩	区域变质岩	片麻岩类	黑云斜长片麻岩	斜长石 40%～70%、黑云母 10%～30%、石英 10%～25%
			角闪斜长片麻岩	斜长石 55%～70%、角闪石 20%～40%、石英 5%～15%
		长英质粒岩类	黑云变粒岩	斜长石 30%～65%、黑云母 20%～40%、石英 10%～30%、碱性长石 0～30%
			角闪变粒岩	斜长石 30%～65%、角闪石 20%～40%、石英 10%～30%、碱性长石 0～30%
		角闪质岩类	斜长角闪岩	角闪石 50%～75%、斜长石 30%～40%、石英 5%～10%
			角闪石岩	角闪石大于 75%，斜长石小于 25%
	混合岩	混合岩化变质岩类	混合岩化黑云斜长片麻岩	斜长石 30%～70%、黑云母 10%～25%、石英 10%～30%、碱性长石 0～30%
			混合岩化黑云斜长变粒岩	斜长石 30%～70%、黑云母 10%～30%、石英 10%～30%、碱性长石 0～30%
		注入混合岩类	石英质（长英质、花岗质）黑云斜长片麻条带状混合岩	斜长石 35%～70%、黑云母 10%～20%、石英 10%～25%、碱性长石 0～30%
		混合片麻岩类	斜长混合片麻岩	斜长石 30%～60%、黑云母 5%～12%、石英 10%～30%、碱性长石 5%～15%
			二长混合片麻岩	斜长石 30%～50%、黑云母 5%～15%、石英 10%～20%、碱性长石 20%～40%
		混合花岗岩类	斜长混合花岗岩	斜长石 50%～70%、黑云母 0～5%、石英 20%～40%
			二长混合花岗岩	斜长石 10%～40%、黑云母 0～5%、石英 15%～25%、碱性长石 20%～60%
	碎裂变质岩	构造角砾岩类	构造角砾岩	长英质矿物 70%～90%，其他 10%～30%
			糜棱岩	长英质矿物大于 95%
		压碎岩类	碎裂混合花岗岩	长英质矿物大于 95%
			长英质碎裂岩	长英质矿物 70%～90%，其他 10%～30%
			长英质碎斑岩	长英质矿物 70%～90%，其他 10%～30%

续表

分类	亚类	主要类型	岩石名称	矿物成分
侵入岩	中基性		辉长闪长玢岩	斜长石 60%～70%，暗色矿物 30%～40%
	中性	闪长岩类	闪长玢岩	斜长石 40%～50%、黑云母 5%～25%、石英 5%～20%、碱性长石 10%～20%
			安山玢岩	
	中酸性		花岗闪长玢岩	斜长石 40%～50%、黑云母 5%～10%、石英 15%～25%、碱性长石 15%～25%
	酸性	花岗岩类	花岗斑岩	斜长石 15%～25%、黑云母小于 5% 石英 25%～30%、碱性长石 40%～50%
	未分岩	辉绿岩类	辉绿岩	斜长石 50%～60%，辉石 40%～45%
	二分脉岩	煌斑岩类	闪斜煌斑岩	角闪石 30%～45%、斜长石 55%～70%
			云斜煌斑岩	黑云母 30%～45%

常规测井岩性识别主要依靠三孔隙度测井，同时参考成像测井。其中变质岩和侵入岩在密度测井上差别较小难以识别，但在补偿中子和自然伽马测井上差别较大，表现为补偿中子变质岩绝对值大于侵入岩、自然伽马变质岩绝对值小于侵入岩，但就变质岩三种岩性而言，由混合花岗岩到片麻岩再到角闪岩，具有密度、补偿中子逐渐增大，自然伽马逐渐减小的特点，成像测井也能比较明显地反映出不同类型岩性的结构特征；岩浆岩由酸性到中性再到基性，也有相同的变化特点。利用此特点就可以很好区分变质岩、侵入岩以及各类岩性在空间上的展布。

根据潜山带已钻井的取心、分析化验等资料再结合地层元素测井和常规测井资料，建立了新太古界岩石的岩矿—测井响应模型，总结了各种岩性的常规测井响应特征（表 1-13-2），用于定性识别新太古界岩性；进而建立了新太古界岩性测井划分标准（表 1-13-3），实现了岩性识别由定性识别到定量识别的突破。

表 1-13-2　兴隆台潜山岩性测井曲线形态特征汇总表

岩石学大类	岩石测井分类	测井曲线形态特征	
		DEN-CNL	GR
变质岩	混合花岗岩类	绞合状或正差异	锯齿状
	混合片麻岩类	小的负差异或绞合状	锯齿状
	片麻岩类	小的负差异或绞合状	锯齿状
	角闪岩类	大的负差异	平直状
侵入岩	酸性岩类	大的正差异	平直状
	中性岩类	绞合状或正差异	平直状
	基性岩类	小的负差异或绞合状	平直状

表 1-13-3　兴隆台潜山岩性测井识别划分标准表

岩石学大类	岩石测井分类	常规测井响应特征			
		DEN/g/cm^3	CNL/%	GR/API	Pe/B/e
变质岩	混合花岗岩类	<2.72	<6	>35	<3.6
	混合片麻岩类	<2.80	5～9	>35	2.7～4.5
	片麻岩类	2.65～2.80	>9	>35	3.0～4.5
	角闪岩类	>2.90	>9	<40	>3.0
侵入岩	酸性岩类	<2.72	<6	>88	<4.0
	中性岩类	2.60～2.78	5～14	>50	3.2～5.3
	基性岩类	>2.74	>12	<50	>4.5

（3）储层评价。

岩性识别之后的关键问题是评价不同类型岩性的裂缝发育状况，从岩心和岩石薄片分析，变质岩裂缝发育程度要好于岩浆岩。就变质岩而言，混合岩最好，其次是片麻岩，角闪岩最差，基本不能作为储层；就侵入岩而言，酸性岩类最好，其次是中性岩类，基性岩类最差，基本不能作为储层。

测井储层评价主要依靠深浅侧向、三孔隙度曲线及成像测井三个方面资料，主要表现在：

深浅侧向，裂缝发育段侧向电阻率呈现“高阻背景下的低阻”（由于裂缝段被钻井液滤液充填），资料较好时深浅侧向会出现较大的幅度差；

三孔隙度测井，裂缝发育段三孔隙度测井呈“增大趋势”，尤其是阵列声波会发生明显的衰减；

成像测井，裂缝发育段显示十分明显，同时，阵列声波的纵波、横波、斯通利波时差增大，幅度发生明显的衰减，波形变得“紊乱”。

在潜山岩性和裂缝识别基础上，结合试油、试采、电测解释资料绘制了 R_t—Δt、R_t—DEN 储层识别图版，并确定储层划分标准（表 1-13-4）。根据储层划分标准，对潜山带储层进行了划分，综合研究认为岩性是控制兴隆台潜山储层发育程度的第一要素，岩性决定裂缝的发育程度，裂缝发育段的岩性主要为暗色矿物含量小于 30% 的斜长片麻岩类、混合花岗岩、中酸性火山侵入岩（花岗斑岩、闪长玢岩）；暗色矿物含量较多的角闪岩及煌斑岩因裂缝不发育而成为本区有效的隔层，使本区的油层在纵向上具有分段性。

表 1-13-4　潜山带储层划分标准

GR/API	CNL/%	DEN/（g/cm^3）	Δt/（μs/m）	R_t/（Ω·m）	暗色矿物含量 /%	结果
75～160	<12	<2.7	>175.2	40～6000	<30	好储层
<75	>12	>2.7	<175.2		>30	非储层

3）配套的钻完井技术——有效地保护了油气层，加快了油气发现

兴隆台潜山勘探的主要对象是深层裂缝型变质岩和侵入岩。主要有三个方面的特点：一是地层压力系数变化大，钻完井过程中容易造成油气层污染；二是埋藏深度大，大部分钻井深度超过 4000m；三是潜山以上覆盖的巨厚古近系包括沙三段、沙一 + 二段及东营组，为该区主要开发层系，泄压十分严重。所有这些特点为兴隆台潜山油气层保护、安全快速钻探提出了更高的要求。在油气层保护和安全快速钻探方面主要开展了三个方面的工作，并取得了十分明显的效果：

（1）优化井身结构，将技术套管下到潜山顶部，对盖层条件较好的地区，采用三层套管结构，对盖层条件复杂、油气层发育（东营组—沙三段）、易漏、易塌地区，采用四层套管结构；

（2）广泛使用针对岩性特点而进行个性化设计的 PDC 钻头，提高了钻进速度；

（3）在潜山段广泛采用低密度无固相钻井液体系、欠平衡钻井技术。

4）变质岩潜山油气层改造技术——保障了产量的有效提升

兴隆台变质岩潜山裂缝型储层，具有“低、深、硬、厚、漏”五大特点，其中“低”主要表现在渗透率低，储油空间以裂缝为主；“深”为埋深大，大多数超过 4000m；“硬”为岩性致密坚硬，抗压、抗张强度大；“厚”为含油井段长，厚度大；“漏”为裂缝发育、压力低、流体滤失严重。形成了六项关键技术，即压前储层评估技术、综合降滤失技术、综合控缝高技术、支撑剂段塞技术、生物酶破胶技术和压后裂缝评价技术，实现了最大压裂深度 4700m，最大加砂量 89m^3，最大施工压力 91MPa，压裂最高地层温度 170℃，取得了十分明显的效果。例如陈古 3 井在新太古界变质岩 4716.8～4772.0m 井段，常规试油，平均液面 2213.6m，折算日产油 1.89t，地层压力 46.7MPa（压力系数小于 1），经过综合分析和论证，确定了合理的施工参数，采用 HPG 压裂液体系，共挤入压裂液 478.8m^3，加砂 45.5m^3，排量 4.5m^3/min，压裂后 8mm 油嘴自喷，日产油 27.7t，日产气 9200m^3。

2. 持续创新理论认识

通过对已钻探井分析，兴隆台变质岩潜山油气藏具有如下特点：一是潜山不仅风化壳含油，而且潜山内部存在多个含油层段，具有整体含油的特征；二是潜山纵向上可以划分出三个油气层集中发育段，含油气层段之间为暗色矿物含量较高的角闪岩类等致密层；三是潜山含油气幅度大，油层埋深在 2400～4300m，尚未见到油水界面（孟卫工等，2009）。

进一步分析研究取得如下认识。

（1）变质岩潜山内幕储层、隔层交互发育，形成多套“储隔组合”：

① 变质岩并非单一岩性，由多种岩性组成，呈层状或似层状结构特征；

② 多期次和多种性质的构造运动决定裂缝发育程度；

③ 裂缝储层发育遵循“优势岩性”序列规则，即同样的构造应力的作用下，暗色矿物含量少的岩性容易产生裂缝成为储层，而暗色矿物含量较高的岩性不容易产生裂缝，不易成为储集岩（表 1-13-5）。

表 1-13-5　变质岩潜山的优势岩性序列

序列	Ⅰ	Ⅱ	Ⅲ	Ⅳ	Ⅴ
岩性	混合花岗岩	中酸性火山岩	片麻岩	煌斑岩、辉绿岩	角闪岩

（2）油气源条件控制含油气丰度：

① 富烃凹陷供烃能力强，多油源、多期次充注有利于内幕成藏；

② 内幕油气藏具近源成藏的特点。

（3）油气输导条件控制含油气幅度：

① 深大断裂系统控制油气纵向运移；

② 侧向供油“窗口”控制潜山整体含油高度。

（4）良好的盖层条件控制了油气藏的形成。

在上述认识的基础之上，形成了变质岩内幕成藏理论认识，其主要内涵为：变质岩内幕由多种岩类构成，具有层状或似层状结构；在统一构造应力场的作用下，不同类型的岩石因其抗压和抗剪能力的差异，形成非均质性较强的多套裂缝型储层和隔层组合；不整合面、不同期次的断裂及内幕裂缝系统构成立体化的油气输导体系；油气以源—储双因素耦合为主导构成有效运聚单元，形成多套相对独立的新生古储型油气藏。

3. 整体勘探探明亿吨级储量

2008 年，按照中国石油天然气股份有限公司“整体部署、集中勘探、快速探明、迅速见效”的指示要求，应用新采集的城市三维地震资料，对兴隆台潜山带进行了精细构造解释和综合评价，整体部署了 12 口预探井（兴古 9、兴古 10、兴古 11、兴古 12、马古 6、马古 7、马古 8、马古 9、马古 12、陈古 2、陈古 3、陈古 5），评价井 24 口，钻探成功率达 92%，其中 5 口预探井（马古 6、马古 7、马古 8、马古 9、马古 12）获得百吨级高产油气流。陈古 3 井和马古 8 井的成功钻探，将兴隆台潜山带太古宇油藏含油底界下推到 4670m，潜山含油幅度达 2300m（图 1-13-5）。2010 年兴隆台潜山累计探明石油地质储量 1.27×10^8t，实现了亿吨级规模储量的发现（图 1-13-6）。

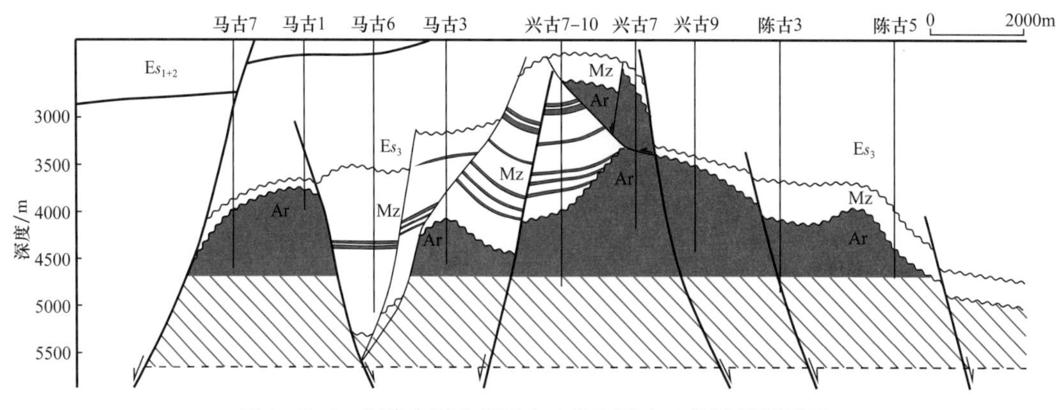

图 1-13-5　兴隆台潜山带马古 7 井至陈古 5 井油藏剖面图

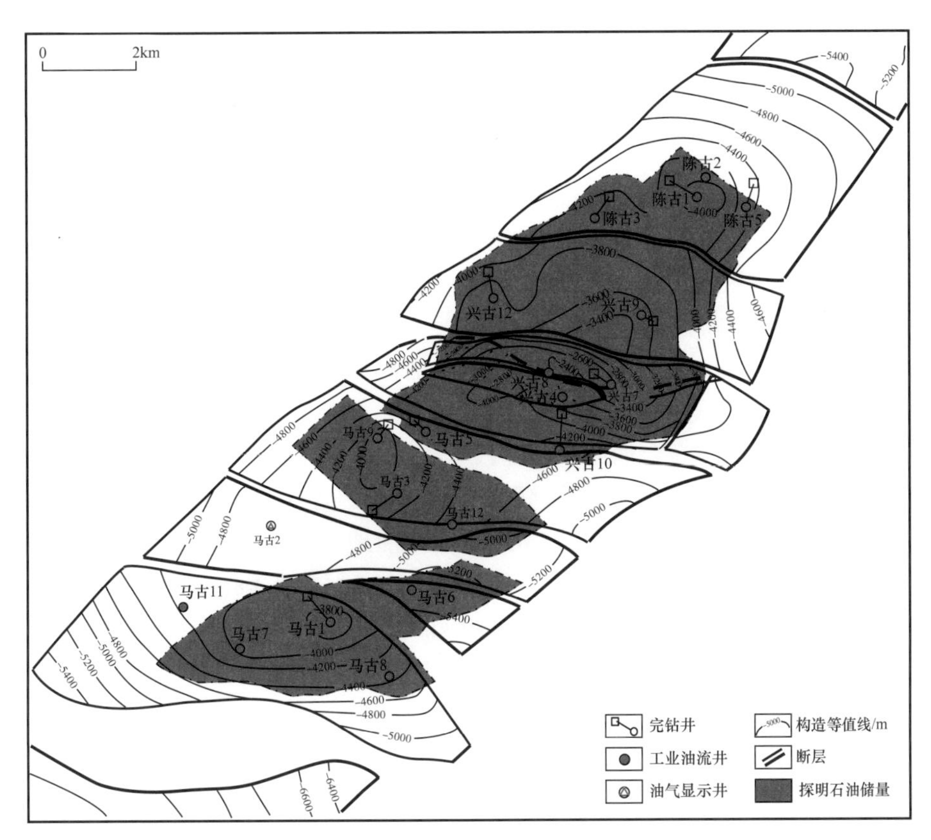

图 1-13-6　兴隆台潜山带太古宇勘探成果图

兴隆台潜山油藏具有油层厚度大、含油层段多、油品好、单井产量高等特点，为了实现油藏的高水平和高效益开发，采用直井控制垂向、常规水平井及叠置式复杂结构井控制平面的“四段七层纵叠交错、平直结合”立体井网，形成多段、多层三维部署的立体开发方案，形成独具特点的潜山内幕油藏开发模式。兴隆台潜山于 2011 年底建成年产百万吨的产能，为油田的增储稳产做出了重要贡献。

2012 年，“变质岩内幕油气重大发现与高效开发技术”获国家科技进步奖二等奖。

兴隆台潜山是我国乃至世界目前发现的油品好、储量丰度高、含油幅度大的变质岩潜山油藏，在勘探过程中形成了变质岩内幕油气成藏理论和配套勘探技术，其勘探成就具有以下意义。

（1）拓展了潜山纵向上的勘探空间。变质岩潜山在多期构造运动的作用下，潜山深层仍可形成裂缝发育段，为内幕油气藏提供了储集空间；供油窗口是潜山能否成藏的关键，供油窗口的底界深度决定了潜山的含油幅度，烃源岩层底界有多深，潜山成藏底界就有多深。

（2）横向上将仅占含油气盆地勘探面积 10%～15% 的具有山形态的潜山，扩大到的油气可能运聚的基岩内幕中，将“潜山”勘探拓展到整个“基岩”勘探领域。

（3）变质岩内幕油气成藏理论和配套技术的形成，为基岩勘探提供了指导和借鉴。

第二节　西部凹陷西斜坡油气勘探

西部凹陷西斜坡位于辽宁省盘锦市大洼区、盘山县和锦州市凌海市境内，构造上位于辽河坳陷西部凹陷西部斜坡带，原来叫作高升—西八千断裂鼻状构造带，是因其从北到南有一系列自西向东倾没的鼻状构造组成而命名，面积 $1230km^2$，约占整个西部凹陷面积的一半（图 1–13–1）。

该区勘探工作始于 1962 年，历经 50 多年的勘探开发，发现了新太古界、中—新元古界、中生界、沙四段高升油层、杜家台油层、沙三段莲花油层、大凌河油层、热河台油层、沙一 + 二段兴隆台油层、沙一段于楼油层、东营组马圈子油层和馆陶组绕阳河油层共十二套含油气层系。发现了曙光、欢喜岭、高升三个特大、大型油气田。截至 2018 年底，累计探明含油面积 $375.62km^2$，石油地质储量 10.72×10^8t（图 1–13–7），其中，稠油探明地质储量 6.87×10^8t，稀油探明地质储量 3.85×10^8t，溶解气地质储量 $394.99 \times 10^8m^3$；累计探明含气面积 25.79 km^2，天然气地质储量 $130.48 \times 10^8m^3$，年产原油 569.19×10^4t，原油储量和年产量分别占辽河油田总储量和年产量的 43.77% 和 57.20%，是中国最大的稠油生产基地。

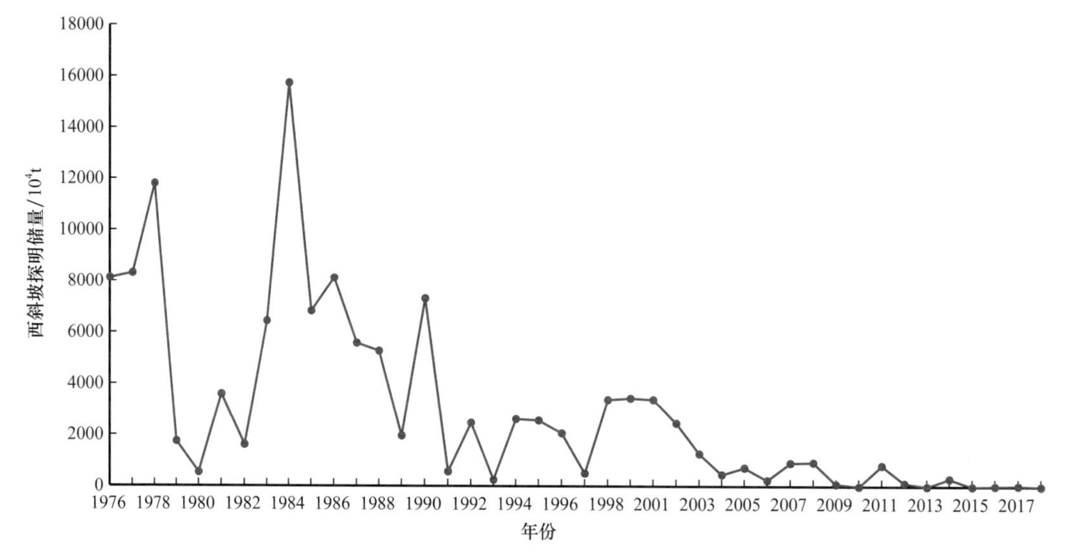

图 1–13–7　西部凹陷西斜坡历年新增探明储量曲线图

总结西斜坡的勘探历程，可分为占断块打高点、主攻局部构造、立体勘探和精细勘探四个阶段。

一、占断块、打高点，展示良好勘探前景

1962 年西斜坡开始地球物理普查，先后完成了重力、磁法等普查工作，1964 年开始地震勘探。经过多年的地震勘探，对西部斜坡带的构造面貌和地质特征有了初步认识，其基本特征是在斜坡背景上发育的成串分布的小型断裂鼻状构造。通过综合分析，认为西斜坡有油源，发育以鼻状构造为主要特征的局部构造圈闭，具有形成油气藏的基

本石油地质条件，已经具备了预探的条件。

借鉴黄金带、于楼、热河台和兴隆台油田的勘探经验，按照“占断块，打高点，沿断层找高产，找到高产多打眼”的勘探方法，1973 年首选西斜坡南端的西八千地区部署实施了千 1 井和锦 1 井，千 1 井在沙河街组录井见 6.5m 油浸、27.5m 油斑显示，锦 1 井在沙二段 3128.8～3131.4m 井段试油，6mm 油嘴求产，日产油 0.285m^3，日产气 7513～2054m^3。1974 年又在西部斜坡带上部署实施了杜 1 井、杜 2 井、锦 2 井、曙 1 井等探井，勘探范围扩大到了斜坡带的中段，这些井普遍见到了油气显示，其中锦 2 井在沙二段 1616.00～1629.80m 井段试油，闸门控制（油管），自喷，日产油 1.28m^3。这些井的钻探成果说明初探斜坡带已取得明显效果，展示了西部斜坡带良好的含油气前景。特别是西部凹陷内发育的主要生油岩系，在西部斜坡带也广泛发育，而且厚度很大（曙 1 井在沙三段揭露暗色泥岩厚度 698.5m），在生油岩系内又发育了多套储层，同时斜坡带内断裂非常发育，形成了多种圈闭类型。西部斜坡带生、储、盖及圈闭条件都很完备，这些均坚定了下一步勘探的信心。

二、主攻局部构造，会战西斜坡，发现三个大油田

1974 年冬到 1975 年春，在西斜坡进行了地震采集会战，并在部分地区首次使用数字地震仪，共采集二维地震 3080km，测网密度 2.4km × 2.4km。在此基础上，开展了综合地质研究，认为该区具有良好的油气成藏条件：（1）紧邻生油洼陷，油源条件优越；（2）在古隆起背景上发育四个北西—南东走向的大型鼻状构造，被北东向断层切割，形成多个断鼻、断块圈闭；（3）发育厚层的砂岩体，具有良好的生储盖组合。进一步评价确定欢喜岭、杜家台、曙光和高升四个鼻状构造为勘探的主攻目标，按照“沿着古轴线追、贴近断层上盘探、洼陷周边找原生、长期高块找次生”的原则同步开展部署。

（1）首钻欢喜岭。1975 年 4 月，斜坡带南段的欢喜岭鼻状构造上的杜 4 井在沙四段杜家台油层 2641.8～2659.0m 井段试油，射开厚度 8.4m/3 层，10mm 油嘴求产，获日产油 113.8t、日产气 13953m^3 的高产油气流，是欢喜岭油田的第一口发现井，也是西斜坡的第一口发现井（图 1-13-8）。

（2）突破曙光。1975 年 4 月，在斜坡带中段曙光鼻状构造上的杜 7 井也在杜家台油层获得百吨高产油气流。该井在 1946.4～2016.0m 井段试油，8mm 油嘴求产，自喷，日产油 98.3t、日产气 6786m^3，是曙光油田的第一口发现井。

（3）整体解剖杜家台。杜 4 井、杜 7 井获得重大突破，坚定了勘探信心。通过与欢喜岭、曙光构造的地下、地面条件对比，1975 年 7 月，选择条件相对优越的杜家台鼻状构造进行整体解剖，按 1.5～2km 井距，部署探井 29 口。至 1975 年底，共完钻探井 18 口，试油 14 口，日产油 20t 以上的井有 10 口，其中杜 20 井在 1859.6～1954.6m 井段试油，8mm 油嘴求产，自喷，日产油 125.2t，日产气 9615.0m^3。

（4）发现高升。1975 年 9 月，斜坡带北段高升鼻状构造上的高 1 井在沙四段高升油层 1334.60～1362.40m 井段试油，酸化后，8mm 油嘴求产，自喷，日产油 56.3t、日产气 1637m^3，获工业油气流。

至此，整个西部斜坡带从南到北捷报频传、全面开花，勘探的形势越来越好。

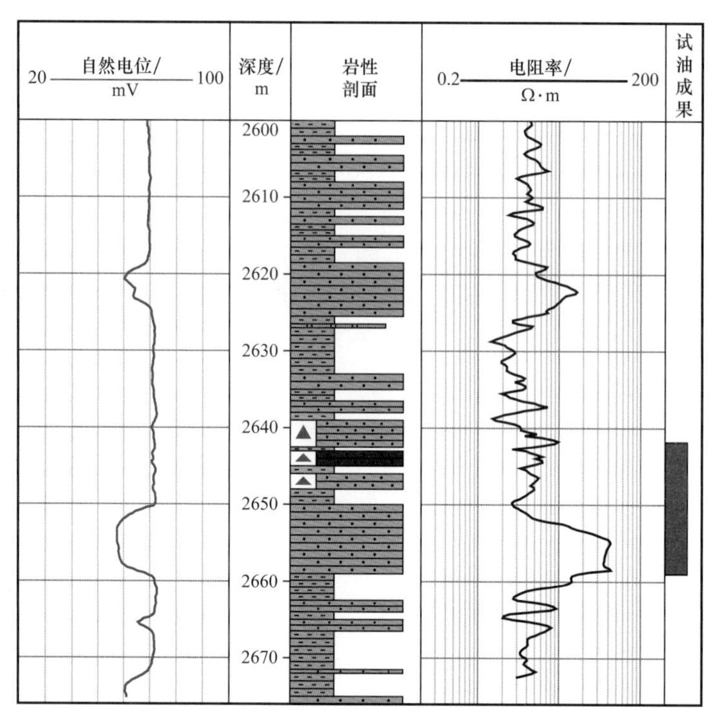

图 1-13-8　杜 4 井杜家台油层综合柱状图

1975 年 9 月，在辽河石油勘探局勘探技术座谈会上，与会专家认真总结前期勘探工作，深化了石油地质规律认识，明确提出“二级构造带控油”的认识，认为油气的聚集与富集，不仅受构造因素控制，而且还受岩相带的控制，构造岩相带是控制油气聚集的基本地质单元；在勘探方法上，认真总结了兴隆台勘探的教训，明确提出勘探必须地震先行，钻探应按预探、整体解剖、详探的程序进行。在上述认识的指导下，沿斜坡轴向的中高部位部署 13 口预探井，垂直轴向（沿倾向）部署 14 条剖面，剖面尽可能过预探井，整体解剖斜坡带，成效显著。

1975 年 10 月，石油工业部在听取西斜坡的勘探成果汇报后，明确西斜坡是我国继大庆油田之后发现的又一个大油田，决定在西斜坡组织石油会战。1975 年底到 1976 年初，大庆、大港等油田的万余人勘探队伍（包括全国闻名的 1205 和 1202 钢铁钻井队）赴辽河参加石油会战。

1975 年 11 月，开始对西斜坡进行全面勘探部署，会战首先在曙光地区展开，以地层油藏为重点，部署 8 条大剖面，在大约 200km^2 的范围内进行全面勘探和开发，至 1976 年底，基本控制了曙光和杜家台地区含油范围，发现了曙一、曙二、曙三区整装的含油气区带，主要含油气层系为杜家台油层，在不到两年的时间里就基本探明了曙光和杜家台两个鼻状构造，探明含油面积 92.3 km^2，石油地质储量 8196×10^4t，建成了曙光油田。

1977—1978 年，高升地区进入全面勘探，其主要目的层是沙三段莲花油层，油层厚而且集中，没有明显的泥岩隔层，高点部位油气层的厚度超过 200m，油、气储量丰度很高，经过一年多勘探，探明含油面积 16.03km^2，石油地质储量 8943.7×10^4t。

1977—1978 年，西斜坡南段欢喜岭地区的勘探工作也在同步展开。该区可进一步分为上台阶、高垒带、下台阶三个次级构造带。由于上台阶主要是稠油分布区，下台阶油层埋藏深度太大，而高垒带油层埋藏深度适中、油层厚度大、产量高，因此把力量优先集中在高垒带上。按照“先肥后瘦、先易后难、先浅后深”的原则，部署实施了锦 10 井、欢 20 井等 35 口探井，发现了杜家台、莲花、大凌河、热河台、兴隆台五套油气层和锦 16、欢 26 等富集高产区块。到 1978 年底，累计探明含油面积 73.79km^2，石油地质储量 10934.3×10^4t，勘探会战成果喜人，从而使欢喜岭地区成为 1978 年辽河油田乃至全国石油勘探开发的重点战场之一。

西部斜坡带会战成效显著，仅用 3 年时间，初步探明近 3×10^8t 石油地质储量，并建成曙光、高升和欢喜岭三个大油田，基本上是一年勘探开发一个大油田，三年跨出三大步，不但体现了较高的勘探速度和成效，也体现了较高的勘探技术水平。

三、建立复式油气成藏模式，立体勘探效果显著

继勘探会战发现欢喜岭、曙光、高升油田后，油气勘探进入了快速发展阶段，平面上向斜坡带的高、低断阶拓展，纵向上向深层和潜山延伸，不仅在潜山获得油气发现，而且在上台阶发现了规模稠油油藏，实现了储量的快速增长。在勘探实践过程中，不断深化研究认识，建立了复式油气成藏模式，形成了复式油气聚集带理论。

1. 拓展勘探，实现储量快速增长

随着勘探程度的提高和研究工作的不断深入，逐步认识到西斜坡具有复式油气藏聚集特征。辽河坳陷断裂活动频繁，构造破碎，不同性质、不同时期断层对油气的运聚起着不同的控制作用，不同时期发育的各种储集体与断裂和构造有机配置，形成了类型多样的圈闭，加之良好的油气源条件，使得不同类型的油气藏在横向上连片，在纵向上叠加，形成了复式油气聚集带（图 1–13–9）。

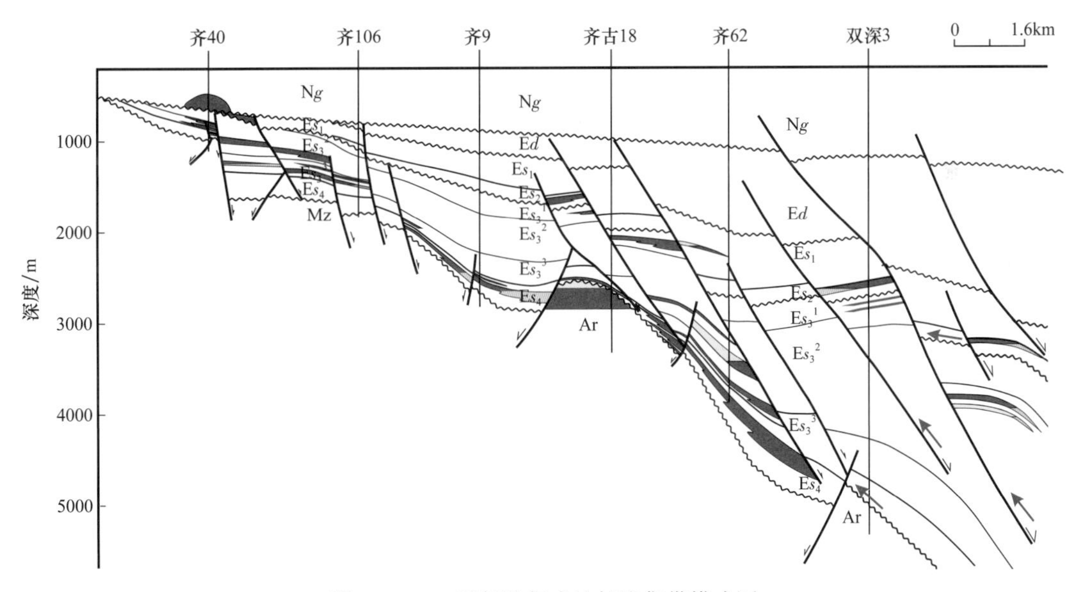

图 1–13–9 西斜坡复式油气聚集带模式图

在复式油气聚集带理论的指导下，相继在斜坡带中南段上台阶发现了欢喜岭油田杜家台油层的欢 123 块、莲花油层的齐 40 块、兴隆台油层的锦 99 块、饶阳河油层的欢 623 块，曙光油田杜家台油层的杜 66 块、大凌河、热河台油层、兴隆台油层的杜 212

块、绕阳河油层的杜 84 块等稠油区块；在下台阶发现了欢喜岭油田杜家台油层的欢 103 块、莲花油层的锦 29 块、大凌河油层的齐 62 块、热河台油层的欢 633 块、兴隆台油层的欢 24 块、马圈子油层的锦 124 块，曙光油田杜家台油层的杜 300 块和杜 129 块、大凌河油层的杜 127 块等稀油区块，在斜坡带北段高升油田发现了高升油层的雷 39、莲花油层的高 3 块等稠油区块，高升油层高 1 块、杜家台油层雷 11 块、莲花油层高 18 等稀油区块。

经过 20 多年拓展勘探，西斜坡新增探明石油地质储量近 6×10^8t，欢喜岭和曙光两个超大型油田的含油面积已经连成一片，为辽河油田储量增长，原油产量登上 1552×10^4t 高峰做出了重要贡献。

通过拓展勘探，对西部斜坡带油气富集规律形成以下几点认识：一是斜坡带紧邻鸳鸯沟、清水、盘山、陈家和台安生烃洼陷，具有雄厚的资源基础；二是斜坡带中南段发育的西八千、欢喜岭、齐家、曙光四大扇体，北段发育的高升扇体，为该区提供了得天独厚的储集条件；三是多期断裂、多期砂体组成复合输导体系，有效沟通烃源岩，高效运聚，在斜坡带形成高丰度、大面积的油气聚集；四是斜坡背景上发育的四个大型鼻状构造为油气规模聚集提供了良好的圈闭条件；五是斜坡带整体表现为下台阶发育岩性—构造油气藏，中台阶发育构造油气藏，上台阶发育地层、岩性和构造—岩性油气藏；六是原油性质受保存条件的控制，下台阶以稀油为主，中台阶为稀油—普通稠油，上台阶以稠油为主，主要为次生降解型。

2. 探索新层系，西斜坡潜山勘探取得重要突破

勘探初期，西斜坡主要勘探目的层为新生界，对前新生界缺乏认识。1975 年 8 月开钻的曙 2 井，在钻穿沙四段下部的玄武岩后，钻遇 84m 的白云岩地层，见良好油气显示，钻进过程中发生溜钻并漏失大量钻井液，随之发生卡钻，钻具断裂，工程报废。当时将该套白云岩地层作为一个夹层划归沙四段。1976—1977 年，在勘探开发曙光油田的过程中，有 11 口井也钻遇了该套地层，同样没有引起重视。

直到 1978 年，受华北油田古潜山油藏发现的启示，开始对辽河坳陷石灰岩潜山进行研究，认为曙 2 井可能钻遇了类似华北油田的石灰岩古潜山。何登骥、梁鸿德等复查了大量的岩屑资料，在曙 2 井发现了中—新元古界白云岩岩屑，随后对所有钻遇这套地层的井进行了全面复查，系统选取岩屑样品进行荧光薄片鉴定，观察描述白云岩缝洞发育情况及含油气特征，同时分析周边区域地质剖面，确认该套地层属于中—新元古界。根据曙 2 井油气显示情况，结合构造、储层特征，认为曙 2 井一带是寻找石灰岩潜山油藏最有利的地区。

1979 年 2 月，在曙 2 井西北 200m 处部署实施了第一口潜山探井——曙古 1 井。该井在中—新元古界 1859.4～1884.98m 井段试油，38.5mm 油嘴自喷，日产油 321m^3。酸化后，38.5mm 油嘴求产，日产油 525.6m^3，日产气 1592m^3，发现了曙光石灰岩潜山油气藏。1980—1982 年，在曙光潜山部署实施的 8 口探井均获成功，探明石油地质储量 3132×10^4t。在勘探曙光潜山的同时，发现了杜家台潜山油气藏，潜山储层为中—新元古界大红峪组石英岩，1982 年在杜家台潜山探明石油地质储量 1048×10^4t。之后又陆续发现了胜利塘、齐家、欢喜岭潜山油气藏，扩大了潜山勘探成果。

进入 20 世纪 90 年代，由于中高潜山勘探程度较高，受地震资料和地质认识程度的束缚，对低潜山认识不足，潜山钻探处于停滞阶段。在这一阶段，主要开展研究工作和资料准备。通过新一轮研究，取得三点认识：一是低潜山近油源，只要储层条件有利，就能聚集成藏；二是低潜山仍可发育良好的裂缝性储层；三是潜山发育多裂缝系统，不受统一油水界面（3100m）控制。同时对深层地震资料进行重新处理，结合 VSP 测井和声波合成记录，精细落实了潜山顶面构造。

1995 年在曙光低潜山部署实施的曙 103 井，在中、新元古界 3359.6～3400.0m 井段试油，22mm 油嘴自喷，日产油 482t，日产气 52603m^3。之后，在曙光低潜山带部署实施的曙 125 井等 5 口探井，均获成功，探明石油地质储量 570×10^4t。至此，揭开了辽河坳陷低潜山勘探的序幕，并对中高潜山带进行了重新评价认识（单俊峰等，2005），取得了较好的勘探效果。

截至 2017 年底，西斜坡潜山累计探明石油地质储量 8206.61×10^4t，勘探领域在横向上和纵向上都得到极大延伸（图 1-13-10）。

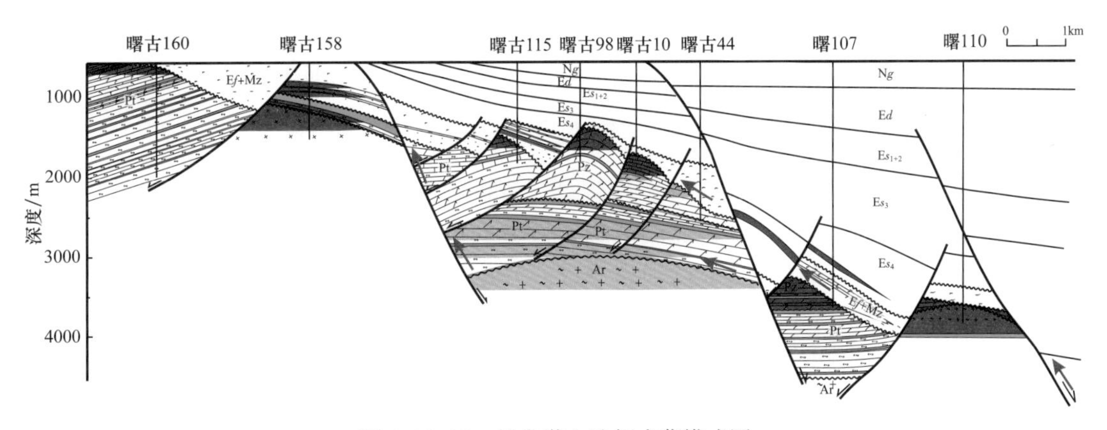

图 1-13-10　曙光潜山油气成藏模式图

3. 应用稠油热采技术，助力稠油储量、产量上台阶

在西斜坡油气勘探过程中，已在欢曙上台阶和高升地区发现了大面积分布的稠油油藏，既有地层条件下流动性较差的普通稠油，又有地层条件下难以流动的特稠油和超稠油。欢曙上台阶稠油类型齐全，主要发育地层、岩性—构造油藏，埋深一般在 600～1800m；高升地区主要为普通稠油，主要为构造—岩性油藏，埋深一般在 1500～2700m。由于常规采油方式难于获得工业油流，制约了探明储量的上报和原油的开发，为此，开展了热采试验和技术攻关。

1982 年在高升油田莲花油层开展了普通稠油蒸汽吞吐试验，高 1506 井注汽前日产油 4.7t，注汽后初期日产油 143t，连续自喷近 40 天，取得了蒸汽吞吐试验的成功，拉开了稠油热采技术攻关的序幕。经过三十多年的持续攻关，辽河油田稠油热采技术不断发展，形成了具有辽河特色的稠油热采技术系列。以曙光油田为例。稠油开发可以划分为三个阶段（图 1-13-11）：一是普通稠油蒸汽吞吐开发（1983—1997 年），形成了稠油注采井网设计、注采参数优化、选层注汽、分层配注等工艺技术；二是超稠油蒸汽吞吐开发（1998—2008 年），形成了组合式吞吐和水平井开发等技术；三是普通稠油、超稠油转换方式开发（2009—2018 年），形成了蒸汽驱、SAGD、火驱等技术。

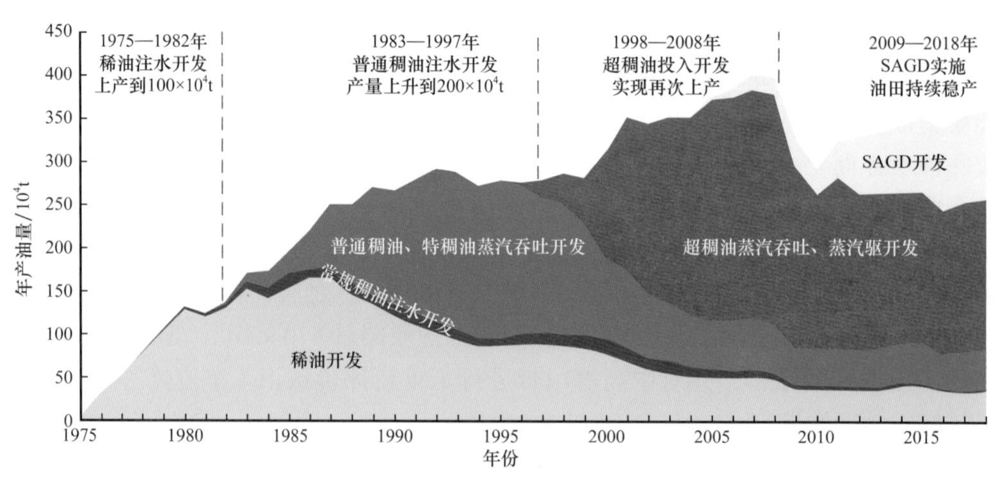

图 1-13-11　曙光油田稠油开发曲线

截至2018年底，西斜坡累计探明稠油地质储量6.87×10^8t，累计生产稠油17220.26×10^4t。2018年年产稠油463.17×10^4t，占辽河油田稠油年产量的76.8%。

四、精细勘探坡洼过渡带，岩性油气藏取得新发现

2003年以后，随着油气勘探程度的提高，规模较大、埋藏较浅的构造油气藏已基本发现，勘探方向转向埋藏相对较深的地层岩性油气藏。综合分析认为，西斜坡下台阶的坡洼过渡带具备岩性油气藏形成的地质条件：一是受北东向主干断裂的控制，分流河道砂、河口沙坝及浊积岩砂体沿主河道向凹陷中心推进，在主干断裂的下降盘沉积，易形成分布范围较大的沉积砂体，分选较好，物性相对较好；二是紧邻生烃洼陷，油源条件优越；三是广泛发育沙三段、沙一段等多套区域盖层。生、储、盖组合优越，是地层岩性油气藏勘探的有利地区。

研究人员从岩性油气藏的形成条件入手，运用层序地层学理论，建立该区的地层格架。运用地震属性综合技术识别砂体空间展布，精细描述砂体的几何形态。并结合沉积学和成岩作用理论等技术和方法，加强多学科的有机配合，建立适用于本地区地质特征的配套勘探技术。研究认为，该区沙一段—沙二段和沙四段扇三角洲沉积体系以及沙三段湖底扇沉积体系均受来自西北方向的物源控制，在断裂下降盘形成砂岩上倾尖灭、砂岩透镜体等岩性储集砂体。储层储集性能主要受原始沉积条件和成岩变化双重因素控制，扇三角洲砂体储集性能普遍好于湖底扇砂体。成岩作用研究表明，埋深2800～3900m发育多个次生孔隙发育带，致使埋深3500m以下的砂岩储层，仍具有较好的储集性能。油气藏类型主要为砂岩上倾尖灭油气藏、砂岩透镜体油气藏和构造—岩性油气藏等（图1-13-12）。

新认识带来了新发现。该区先后部署实施的锦307井、锦310井、齐233井等均获得工业油气流。其中锦310井在沙二段3369.7～3380m井段试油，6mm油嘴自喷，获日产油40t，日产气530m³的工业油气流；锦307井在沙二段3448.50～3533.60m井段试油，液面2184.5m，获日产油28.1t工业油流；齐233井在沙四段3538.30～3568.00m井段试油，8mm油嘴自喷，获日产油69.75t的工业油流。截至2019年底，该区岩性油气藏新增探明石油地质储量608.13×10^4t，展示了该区岩性油气藏的良好勘探前景。

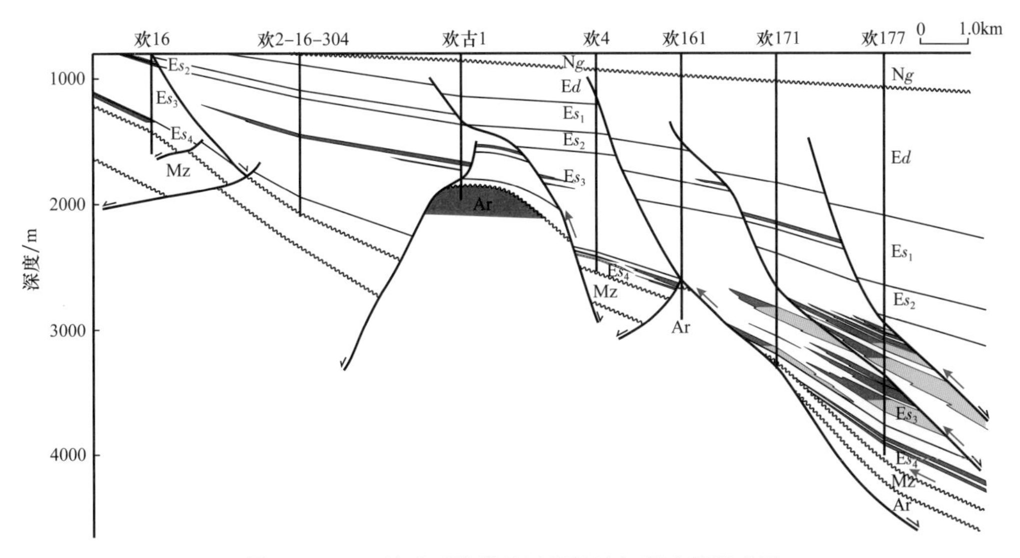

图 1-13-12　坡洼过渡带地区岩性油气藏成藏模式图

西部凹陷西斜坡走过40年的勘探开发历程，逐步形成一套复式油气藏、稠油油气藏的勘探开发地质理论及配套技术系列。破解了特稠油、超稠油开采的一系列世界性技术难题，为我国同类型油气藏的勘探和开发树立了典范。

西斜坡作为国内油气最为富集的油气聚集带，具有几个得天独厚的条件：先洼后斜的构造演化过程是西斜坡油气富集最独特的条件；区域上发育的大型鼻状隆起是油气富集的地质基础；类型多样、大面积分布的储集砂体为油气富集提供了良好的空间；多期多组断层发育使油气富集范围特别广泛。西斜坡从发现到建成两个超级大油田、一个大油田，既得益于地质认识的创新，研究中绝不放弃任何一个地质现象，也得益于勘探开发技术的创新与应用，最终在勘探上才能有不断突破。

第三节　大民屯富油气凹陷整体勘探

大民屯凹陷系辽河坳陷的次级构造单元之一，处于辽河坳陷的东北部。地理上位于辽宁省沈阳市新民市境内，西距沈阳市25km，面积约800km^2。

凹陷整体构造格局呈东西分带、南北分块（段）的特点，根据基底结构及构造几何学特点可划分为西部构造带、中央构造带和东部构造带3个次级构造单元（图1-13-13）。发育沙四段和沙三段两套广泛分布的优质烃源岩，为潜山及上覆盖层提供了充足的油源。目前已发现了新太古界、中—新元古界、沙四段和沙三段共四套主力含油气层系，建成了大民屯、法哈牛、静安堡和边台四个油气田。截至2018年底，累计探明石油地质储量34972.02×10^{4}t。其中，潜山探明石油地质储量20057×10^{4}t，占57.4%，高凝油探明石油地质储量28563.03×10^{4}t，占81.7%。是典型的“小而肥”富油气凹陷。

大民屯凹陷的勘探大致经历了早期中浅层构造油气藏勘探、复式油气聚集带（区）勘探、低潜山油气藏勘探和多领域精细勘探四个阶段，树立了小型富油气凹陷多层系、多领域整体勘探的理念，建立了低潜山油气成藏模式，完善了变质岩内幕成藏理论，形成了潜山、砂砾岩油气藏等勘探技术系列。

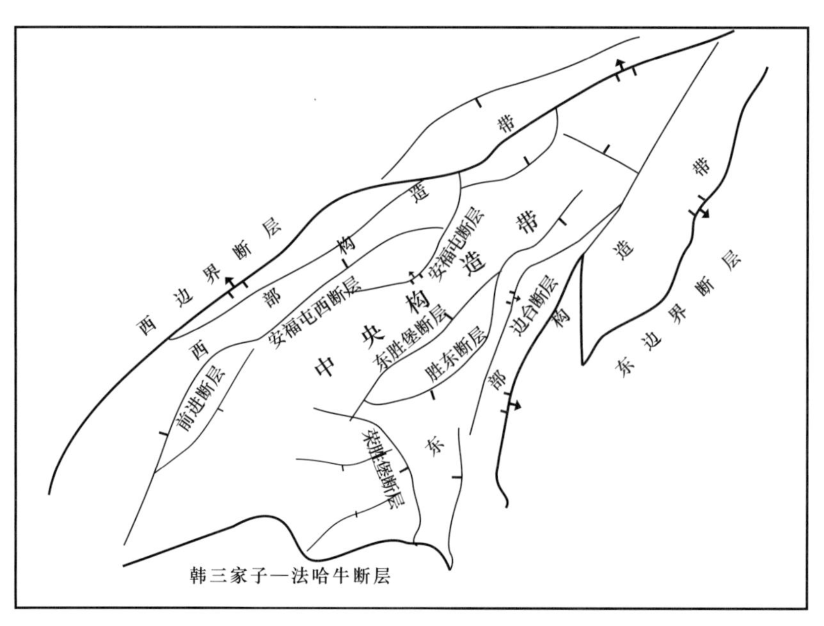

图 1-13-13　大民屯凹陷构造纲要图

一、初探大民屯，中浅层沙三段油气藏初显规模

大民屯凹陷 1955 年开展地震普查，1971 年沈 5 井钻探成功，揭开了大民屯凹陷油气勘探的序幕。随后开展二维地震详探，从二级构造带入手，落实三级构造，先探高点再甩开钻探，实现沙三段含油层系的叠加连片，发现了前当堡断裂背斜构造带和法哈牛—韩三家子构造等沙三段稀油油气藏。

1. 地震先行寻高点，发现大民屯油田

大民屯凹陷自 1955 年开始开展地球物理普查，至 1965 年完成 1：20 万重力、航磁、电法测量，1970 年开始用“5・1”型地震仪进行普查，初步反映出区域构造轮廓、基底起伏及盖层的基本情况。1971 年 3 月大民屯凹陷西部首钻沈 1 井，见到良好油气显示，同年 9 月钻探沈 5 井突破了出油关，该井在沙三段 1489.8～1553.4m 井段试油，8mm 油嘴求产，日产油 6.03t，日产气 2132m^3。初探大民屯凹陷获得成功，由此揭开了大民屯凹陷油气勘探的序幕。

1972 年大民屯凹陷引入磁带仪开展二维地震详探，利用单次模拟地震资料，基本落实了凹陷 4000m 以上一、二级断裂及基本构造形态，初步确定了大民屯、静安堡、法哈牛断裂背斜或断裂鼻状构造带和荣胜堡洼陷带等二级构造单元。1972 年在前进构造带部署实施沈 7 井、沈 8 井等 11 口探井，有 3 口井获得工业油气流，其中沈 8 井在 1773.0～1868.6m 井段试油，4mm 油嘴求产，日产油 14.1t、日产气 13677m^3，取得良好的勘探效果。当年新增探明石油地质储量 1144.32 × 10^{4}t，发现了大民屯凹陷的第一个油田——大民屯油田。

2. 拓展勘探沙三段，发现法哈牛和静安堡油田

1973 年，在前进构造带南部的腰岗子构造部署实施了 15 口探井，钻探成功率大幅下降，暴露出沙三段油气分布规律复杂、不同断块油品性质差异大的特点。

1974年提出了“着眼区域、甩开钻探、二级带入手、解剖构造带”的勘探方针，坚持“先大后小拿面积，先浅后深争时间，先肥后瘦夺高产，油气并举一起干”的部署原则。在地震技术方法上，分析区域速度变化规律，提高构造解释精度；在横向测井系列基础上，进行声感测井、侧向测井试验，为油气水层判断、研究适合的测井系列提供依据。在传统试油工艺基础上，开展酸化、压裂等增产措施试验工作，改造油层提高产量。围绕荣胜堡洼陷周边开展部署研究工作，落实了法哈牛断鼻、大民屯断裂背斜、腰岗子断裂背斜、前当堡断鼻和偏堡子断鼻等局部构造。同年，在法哈牛断裂鼻状构造部署实施的沈35井、沈46井等在沙三段获得工业油气流，其中沈46井在1492.8～1615.6m井段试油，6mm油嘴求产，日产油35.72t、日产气2111m^3。当年新增探明石油地质储量1604.68×10^4t，发现了法哈牛油田。1975年在大民屯断裂背斜等局部构造部署钻探的沈72井、法1井等均获工业油气流，进一步扩大了大民屯油田的含油气范围。至此，在荣胜堡洼陷周边发现了两个稀油富集区。

同期，在中央构造带北部的静安堡断裂背斜构造带沙三段勘探也见得了好苗头。1974年，沈21井在沙三段2007.8～2011.4m井段试油，定深抽汲（610m），获日产油17.35t的工业油流。原油物性：密度0.8361kg/m^3，黏度3.32mPa·s，凝固点21℃，含蜡量2.95%，为稀油。当年新增探明石油地质储量185×10^4t，发现了静安堡油田。随后在该构造主体部位钻探的沈84井、沈95井也在沙三段试油获高凝油层。受当时试采工艺水平所限，高凝油不能连续自喷，无法确定其产能及储量规模，油气分布还认识不清。

1971—1975年，大民屯凹陷共完钻探井66口，其中52口井见到了油气层，前进断裂背斜带和法哈牛断裂鼻状构造沙三段探明石油地质储量5378×10^4t（图1-13-14）。勘探成果证实大民屯凹陷油气资源丰富，沙三段圈闭类型多样，储层发育，既有稀油，也有高凝油，环洼分布的正向构造是油气主要富集区和高产区，突破了“小凹陷无油论、无高产、无大油田”的思想束缚。

20世纪70年代后期，由于缺乏高凝油有效开采技术和方法，加之西部凹陷西斜坡良好的勘探形式，勘探重心转移到西斜坡，大民屯凹陷勘探一度处于停滞阶段。

二、潜山和沙三段并重，复式油气藏勘探获得规模储量

20世纪80年代初，经过地质条件重新论证，认识到大民屯凹陷油气资源丰富，具有小凹陷形成大油田的成藏基础，为此，主要开展了三方面工作：一是开展了三维地震勘探，为准确落实构造提供了资料基础；二是开展高凝油热采工艺攻关，破解了高凝油堵塞井筒的技术难题；三是深化地质研究，明确了潜山是除沙三段主要含油目的层之外的另一重要勘探领域。1983年起，应用复式油气聚集带勘探理论，按照“重新认识、全面评价、重点突破”的部署原则，对全凹陷进行了整体勘探，实现了规模储量的发现。1983—2000年，大民屯凹陷新增探明石油地质储量2.2578×10^8t。

1. 应用热采新工艺，静安堡沙三段高凝油实现规模增储

静安堡油田沙三段原油为高凝油，凝固点44～67℃，油层埋深1080～2845m，油层温度35～88℃。由于井筒温度难以保障，致使原油在井筒中结蜡凝固，常规试采不能正常生产。采用热电缆加热技术，实现了高凝油有效动用，通过热动力液闭式水力活塞泵试采技术可以更多地延长生产时间，提高原油产量。如沈84井电缆加热试采，电缆下

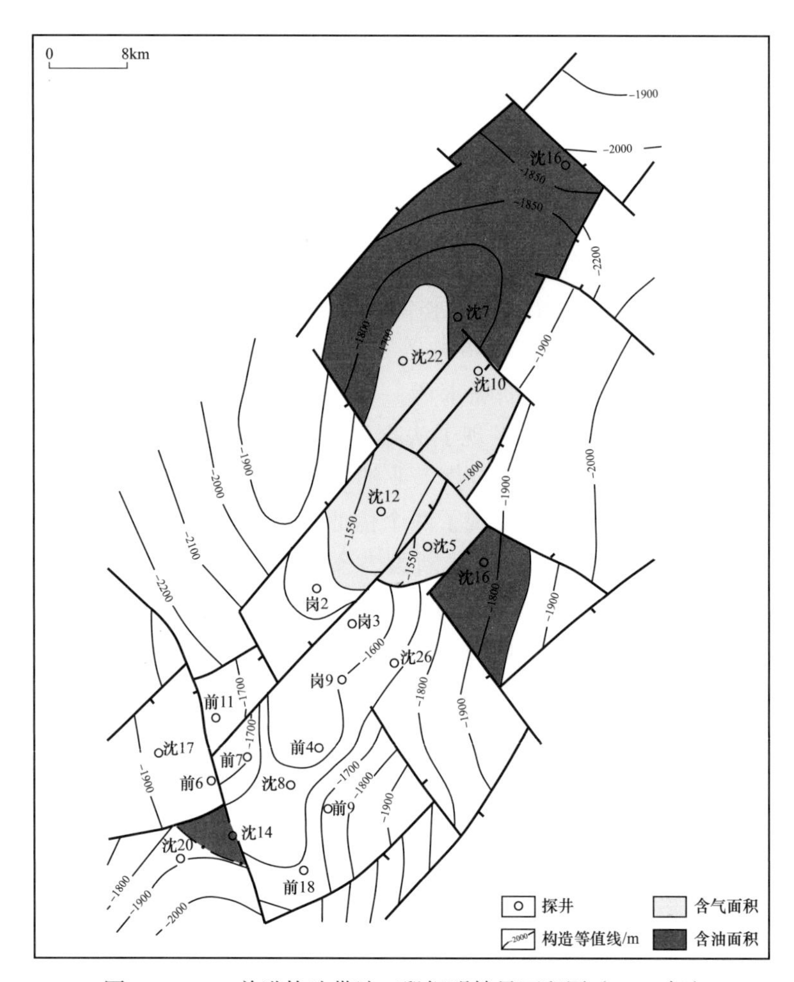

图 1–13–14　前进构造带沙三段探明储量面积图（1975 年）

深 1200m，日产油 42t；沈 95 井采用热力循环水力活塞泵采油，日产油 20t；静 3 井前期采用热电缆自喷生产 211d，平均日产油 41t，几个月后日产量递减到 15t，之后采用热动力液闭式水力活塞泵试采试验，初期日产油量又提高 5 倍。

热采工艺技术的应用，极大地推动了高凝油的勘探进程，勘探成果持续扩大。至 2000 年底，累计探明石油地质储量 1.5846×10^8t。

2. 深化地质认识，潜山勘探取得重大突破

受华北油田古潜山勘探的启示，采取“走出去、请进来”的方式，交流学习勘探经验及技术方法，开展了大民屯凹陷潜山成藏条件的综合评价，确定了潜山这一新的勘探领域。

1984 年首次在静北地区采集三维地震资料 20km²，之后，陆续在重点区带累计采集三维地震资料 551km²。全区范围应用二维和三维地震资料，重新认识凹陷基底、盖层及断裂特征，除在盖层中发现了一批非背斜圈闭、小断块及微幅构造，同时还落实了潜山的分布特征，中央构造带由南至北发育前进、东胜堡、静安堡和静北四个潜山，东部构造带发育法哈牛、边台、曹台和白辛台四个潜山。

利用多种测井信息综合评价潜山储层：一是利用声电感应测井系列进行变质岩岩性

划分；二是地层倾角测井结合岩心资料恢复静北中—新元古界内幕结构；三是采用成像测井、倾角测井、双井径测井及脉冲试井资料，结合岩心分析，确定潜山裂缝展布。

综合勘探技术的广泛应用，加快了大民屯凹陷潜山油气勘探的步伐。

1）东胜堡新太古界潜山油藏喜获高产油气流

东胜堡潜山是西断东倾的单面山。1983 年胜 3 井在新太古界 2878～2815m 井段试油，10mm 油嘴求产，日产油 183.8t，日产气 9964m^3。1984 年 7 月，胜 10 井在新太古界 2774.0～3088.2m 井段试油，酸后 22mm+22mm+38mm 油嘴求产，获日产油 1306t、日产气 70000m^3 的高产油气流，为辽河油田第一口新太古界千吨井。潜山岩性以浅粒岩、变粒岩、黑云斜长片麻岩和混合花岗岩为主，风化壳储层发育，同时潜山经历多期构造运动改造，也发育有内幕裂缝系统，初步确定潜山油水界面为 -3080m。1984 年新增探明石油地质储量 2599 × 10^{4}t。

2）乘势而上向北拓展，发现静安堡潜山油藏

东胜堡潜山的成功勘探带动了整个中央潜山带的油气勘探，乘势而上向北拓展，中部静安堡潜山也进入实质性勘探阶段。1983 年 6 月开钻的安 1 井，在 2736.0～3200.0m 井段常规测试，日产油 54.5t。通过对东胜堡—静安堡潜山已发现油藏进行分析，油气层主要分布在潜山面以下 200～300m 范围内，以风化壳油藏为主。试采资料显示，产能受裂缝发育程度控制，靠近深大断裂附近，裂缝发育，油藏产能高、稳产时间长。1984 年新增探明石油地质储量 6942 × 10^{4}t。

3）静北中—新元古界油藏获日产双千吨高产井

勘探早期利用周边浅孔和磁力异常资料，结合老井复查，在沈 2 井井底确认有 8.5m 的变余石英岩，推测静北地区有中—新元古界分布。1984 年部署实施的静 3 井在中—新元古界潜山试油，获日产油 223.5t，静北潜山预探成功。

随着钻井、试油及投产资料的不断增加，对中—新元古界地质结构和控藏因素有了深入的认识。静北潜山由中—新元古界大红峪组和高于庄组构成，整体呈向斜形态。储层主要为白云岩和变余石英砂岩。白云岩质地较纯，溶孔发育；变余石英砂岩裂缝发育。板岩等塑性隔层裂缝不发育，多套纵向上相互叠置的储隔组合，形成多套油气层，具有构造高点和内幕高点控制油气分布的特点（图 1-13-15）。主要含油层为大红峪组 2 段和高于庄组高 2 段、4 段、6 段和 8 段。

1984 年 9 月，安 74 井在大红峪组 2652.12～2927m 井段试油，13mm 油嘴求产，日产油 2508t，气 58030m^3，取得日产双千吨的喜人成果；1985 年 2 月，安 67 井在高 2 段 2830.0～3060.0m 试油，酸化后 38mm 油嘴求产，日产油 1109t，日产气 19120m^3。1985 年新增探明石油地质储量 6993 × 10^{4}t。

4）甩开勘探东部潜山带，发现边台油田

边台潜山和曹台潜山位于东部潜山带中段。1984 年 1 月，在边台潜山部署实施的安 36 井在新太古界 1692.7～1819.0m 井段裸眼测试，测液面 1231.74m，日产油 12.62m^3。1988 年新增探明石油地质储量 873 × 10^{4}t，发现了边台油田。

法哈牛潜山位于东部潜山带南段。1985 年 2 月，哈 3 井在新太古界 2182.07～2274.40m 井段，裸眼压裂后测液面求产，平均液面 1040m，折算日产油 30.95t。1986 年新增探明石油地质储量 1594 × 10^{4}t，扩大了法哈牛油田的勘探领域和储量规模。

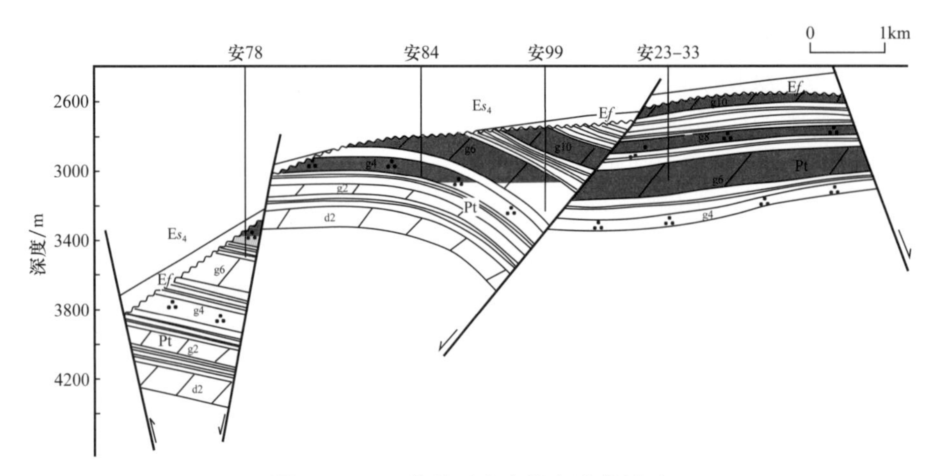

图 1-13-15　静北元古宇潜山油藏剖面

这一时期潜山和碎屑岩勘探齐头并进，对于立体评价和总结大民屯凹陷油气富集规律具有重要意义，再次明确了大民屯凹陷石油地质条件优越，在潜山和古近系发育的两套断裂系统对应两套成藏系统，具有不同形式的油气组合，形成了不同类型复式油气聚集带，其中，中央复式油气聚集带规模最大，潜山油气藏与沙三段各类油气藏叠合连片（图 1-13-16）。

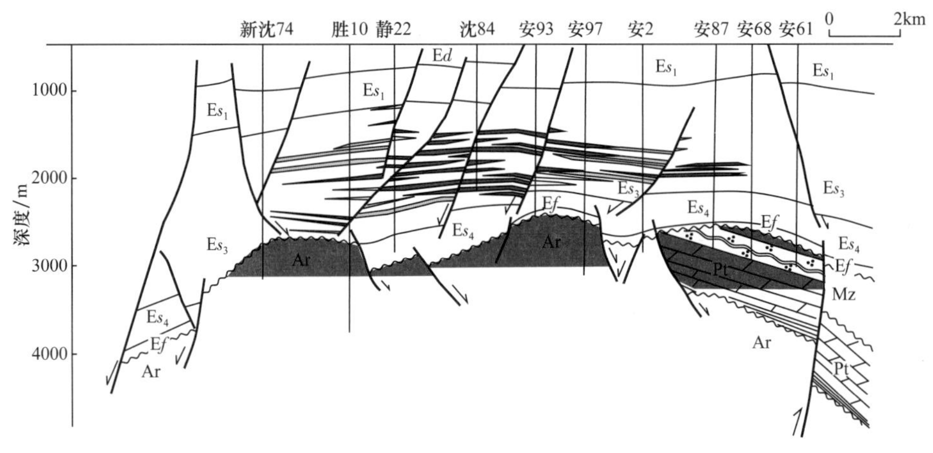

图 1-13-16　中央复式油气聚集带高凝油油藏剖面

这一时期探明的石油地质储量占总探明储量的 66.6%，建成了年生产能力 300×10^4t 的我国最大的高凝油生产基地，取得了高速度、高质量、高效益的勘探开发成果。

三、创新认识，低潜山勘探取得新突破

“九五”末期，大民屯凹陷规模较大、完整的构造带几乎都进行了勘探，面临接替目标准备不足的勘探局面，急需解放思想、深化认识，寻求新的勘探领域。

认真分析凹陷勘探现状，第二次资源评价结果表明，虽然资源探明率达 54%，勘探程度较高，但仍有待探资源 2.7146×10^8t，存在深化勘探的资源基础；平面上，已探明储量区周缘仍有出油气井点，主体构造围斜部位仍有钻探程度较低的地区；纵向上，钻探资料证实潜山含油底界 3100m 之下的深层还有油气层分布，具有向下拓展的空间。分

层系资源评价表明，潜山待探资源量最大，达 13011×10^4t，占待探资源总量的 47.9%，是近期勘探的首选领域。基于上述认识，“十五”期间，将大民屯凹陷列为辽河坳陷陆上深层勘探的重要目标，开展了配套技术攻关研究。2001—2011 年间，建立和完善了低潜山油气成藏模式，发现了安福屯、胜西低潜山亿吨级储量区，同时形成了岩性识别、裂缝预测及储层评价等配套技术。

1. 全三维精细解释变速成图，准确落实构造

2001 年以前，大民屯凹陷三维地震部署侧重解剖二级构造带，多块多年采集，采集参数不统一，资料品质差别较大。部署研究多采用局部编图、局部认识，缺乏整体性。2001 年按照“总体部署、分步实施”的原则，一次部署二次采集三维地震资料 $1026.65km^2$，实现凹陷满覆盖。

采用叠前偏移技术，建立准确速度模型，精选偏移参数，保障了资料处理质量和目标成像精度。采用地震相干体和三维可视化技术准确落实小断层和微幅构造，实现了全三维精细构造解释。初步统计“十五”完钻的 35 口探井中，预测深度与实际潜山顶面深度误差一般小于 2%。通过建立三维空间速度场和构造地质模型，开展了全凹陷连片变速编图，潜山东西分带、南北分阶的总体面貌进一步清晰，高、中潜山已基本获得油气发现，一系列低潜山目标成为主要勘探对象。

2. 解放思想，建立低潜山油气成藏模式

潜山勘探以来，传统认识以为潜山风化壳含油，以块状油藏为主，具有相对统一的含油底界，3100m 之下的潜山一直是勘探的禁区。除东胜堡、曹台潜山见底水外，其余潜山油底都由试油油层界定的。随着潜山钻探深度的加深，中央潜山带胜 20 井、安 1 井及沈 169 井等多口井在 3100m 之下也见到了油气层，探明潜山深层及低潜山是否具有勘探潜力成为现实而紧迫的问题。

大民屯凹陷沙四段主力烃源岩生烃潜力巨大，特别是油页岩的生烃强度达 $1008 \times 10^4t/km^2$，排烃强度约 $424 \times 10^4t/km^2$，在 28Ma（约为东二段沉积期末）达到生烃高峰；烃源岩与潜山披覆式或侧向接触，广泛分布的地层超压使油气持续注入潜山内部，裂缝发育程度控制油气的富集规模；深大断裂作为油气输导的主要通道，控制油藏的含油幅度，有效烃源岩埋深及供油窗口控制了油藏底界深度。本区油页岩埋深一般在 2700～4400m。预示着 3100m 以下的潜山可以成为下步勘探的重要领域。由此建立了低潜山油气成藏模式（图 1–13–17），极大地扩展了潜山勘探的广度。

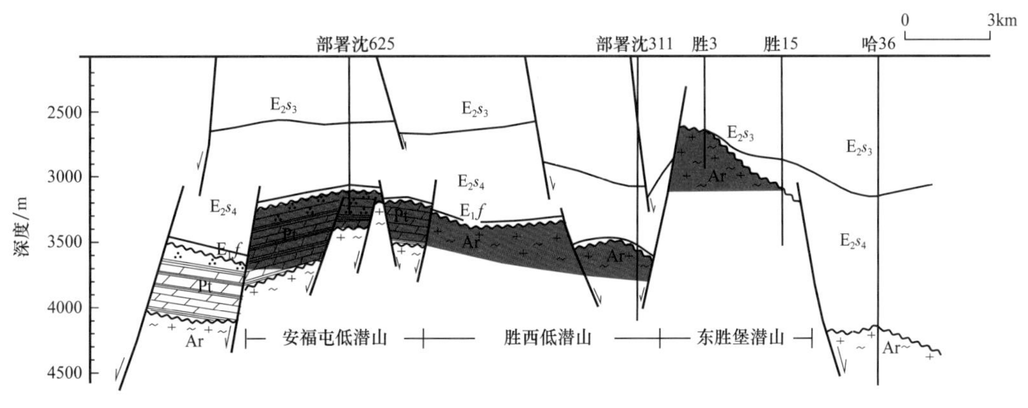

图 1–13–17　中央潜山带低潜山油藏剖面

3. 地震地质结合，探寻潜山有利岩相发育区

勘探开发实践表明，中—新元古界碳酸盐岩是潜山最有利的岩相之一。为了探索中—新元古界的分布，开展了以下三方面研究工作：一是通过岩心观察描述、测井资料综合分析，建立了中—新元古界岩性判别标准，厘定了储隔层的分布；二是利用地层倾角测井综合分析及“羊角”泥质岩标志层的对比，解决了内幕地层产状；三是利用层速度、地震相分析及自然伽马反演技术，预测了中—新元古界分布，在凹陷北部和西部均有发育，总面积约 280km^2，在安福屯、平安堡等地区扩大了约 150km^2，拓宽了中—新元古界潜山的勘探空间。2000 年安福屯潜山钻探的沈 625 井等证实了中—新元古界的存在和勘探潜力。

针对新太古界低潜山，开展测井、地震、地质一体化技术攻关，利用储层测井评价技术识别裂缝性储层，岩石破裂压力试验确定潜山优势岩性序列，地震属性分析及裂缝预测技术预测基岩裂缝展布规律，地层压力预测超压异常带和波及深度。同时系统分析低潜山成藏条件，确定优势岩性分布、潜山裂缝分布规律，重点对源储配置关系、油气输导条件进行深入研究，指出了胜西低潜山具有良好的勘探潜力。

4. 整体部署，低潜山勘探获亿吨级储量规模

2010 年沈 311 井钻探太古宇获得成功，钻井至 3834.97m，全烃值由 24.1% 升至 100%，用液气分离器截流循环，点火成功，火焰高 7～10m；3822.3～3844m 井段试油，压后氮气气举排液后，日产油 119.5t，中央潜山带胜西低潜山获得勘探成功。

2001 年以来，以三维地震解释成果为基础，以低潜山成藏模式为指导，以有利岩相区为目标，整体部署、分步实施，取得了一系列勘探成果。安福屯潜山的沈 625 井在中—新元古界 3157.37～3215.18m 井段裸眼测试，测液面 940.77m，日产油 313.72m^3。平安堡潜山的沈 262 井在中—新元古界 3512.0～3532.0m 试油，10mm 油嘴自喷，日产油 142t。胜西潜山的沈 311 井在新太古界 3822.3～3844.0m 试油，压后气举阀求产（套压 10～12MPa），日产油 119.5t。

累计探明石油地质储量 4238×10^4t，控制石油地质储量 4646×10^4t，预测石油地质储量 4180×10^4t，成为辽河油区增储稳产的重点领域。

四、树立“满凹含油”理念，精细勘探又有新收获

低潜山勘探取得成功后，勘探目标储备不足，勘探又进入了“瓶颈”阶段，寻找新领域、新目标成为勘探工作的重中之重。通过对凹陷油气分布特征及近些年勘探成果的梳理，认为大民屯凹陷具有“满凹含油，局部富集”成藏特点，还有一定规模的剩余资源，可以作为精细勘探、立体勘探的基础。2010 年后，以“满凹含油”理念为指导，通过多学科联合攻关，在基岩断块、西部陡坡带砂砾岩体和页岩油领域获得重要进展。

1. 基岩负向构造发现含油新断块，老区加深钻探又获新油层

在正向构造形态的高、中、低潜山及其内幕已获得油气发现后，基岩负向构造区也成为油气勘探关注的对象。

已完钻井资料分析，1984 年 6 月，胜东断槽内静 1 井太古宇 3131.13～3270.19m 井段裸眼测试，日产油 11.67t，已显现出负向构造基岩的成藏特点。通过负向构造区地层压力和裂缝预测，寻找局部富集断块，2009 年部署实施的哈 36 井、胜 27 井及沈 309 井

获得成功。哈36井在新太古界4076～4131.5m井段试油，压后泵液面3486.92m，日产油17.32t，胜东断槽区勘探见良好开端。

拓宽勘探领域的同时，老区加深钻探也取得明显效果。2007年3月完钻的曹602井，在新太古界1710.62～2263.00m井段试油，裸眼测试液面1451.2m，日产油7.42t，获工业油流，将曹台潜山出油底界由原来的1740m拓深到2340m。但深层井段产能较低，曹台潜山深层评价工作一度停滞。2012年对曹台潜山开展了利用复杂结构井整体评价1740m以下储层及产能情况，部署了6口复杂结构评价井，5口井导眼中途测试均获得油流。2012年边台—曹台新太古界潜山实现规模增储，新增探明石油地质储量2677×10^4t。

2. 多学科联合攻关，陡坡带沙四段砂砾岩体实现规模增储

2000年之前，大民屯凹陷西部陡坡带以潜山为主要勘探目的层，在潜山钻探过程中，部分井已钻遇沙四段砂砾岩体，并见不同程度的油气显示，未引起足够重视。受兄弟油田陡坡带砂砾岩体勘探的启示，2001年以沙四段砂砾岩体为主要目的层部署实施了沈225井，该井在沙四段钻遇258m砂砾岩，在3267.9～3285.9m井段试油，压裂后平均液面2556.4m，日产油15.3t，首次在沙四段获得工业油气流。沙四段砂砾岩具有低孔低渗、储层横向变化快的特点，油气分布规律有待于进一步认识。

2011—2014年由辽河油田公司牵头，成立了大民屯西侧砂砾岩体的整体研究项目组，开展了钻井、测井、地震及地质研究联合攻关。首先对60余口探井进行岩性恢复、岩心描述和单井评价，建立层序格架。其次在层序格架内开展沉积储层及成藏条件研究，初步确定沙四段扇三角洲前缘亚相砂岩储集性能良好，平原亚相砾岩物性普遍较差，上倾方向的物性遮挡，具有“相带控储、物性控藏”的成藏特点。再次采用测井约束反演及测井多属性反演，在西部断槽带自南向北落实前进、平安堡、安福屯、兴隆堡和三台子等五个扇体；进行有效储层的敏感性岩石物理分析，确定出自然电位幅度差作为有效储层的敏感曲线，开展重构、地震多属性反演，预测有效储层分布；同时开展叠后反演，通过精细岩石物理研究，进行多矿物测井最优化处理、横波速度预测和敏感弹性参数分析，刻画有效储层。最后形成了“层序地层学研究定格架、沉积相研究定相带、地震反演及属性研究定砂体展布、叠后多属性及叠前反演定有效储层、综合研究定部署”的技术思路。

2015年部署实施的沈351井、沈354井、沈358井、沈365井获得成功。2015年3月，沈358井在3065.0～3115.0m井段试油，压后5mm油嘴自喷，日产油14.4t。当年新增探明石油地质储量1123.82×10^4t（图1-13-18）。

3. 积极探索新领域，沙四段页岩油攻关有进展

沙四段油页岩分布范围广，稳定连续，钻井揭示油页岩段具有典型的“三明治”结构特征——上部是一套相对较纯的油页岩，中部发育泥质白云岩和粉砂岩，下部为互层状的油页岩、泥质白云岩和粉砂岩。2002年9月，沈224井在2968.0～3010.0m井段油页岩中试油，平均液面2389.08m，日产油16.2t，压力系数为1.31，显现出大民屯凹陷油页岩具有页岩油成藏特点。受资料条件限制，研究程度和认识程度相对较低。

2010年以来，辽河油田公司将大民屯凹陷沙四段页岩油作为重要的勘探领域，开展了地质、地球化学、地球物理、石油工程等多专业联合攻关。一是通过老井试油落实目的层含油性。老井复试5口，4口获得工业油流，其中安95井在2525.0～2569.0m井

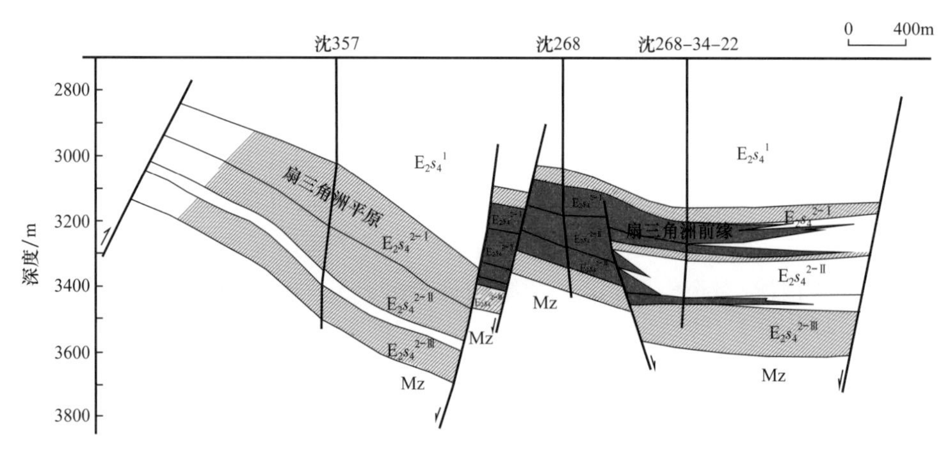

图 1-13-18　西陡坡平安堡砂砾岩体油藏剖面

段压裂，泵深 2399.35m，日产油 7.5t。二是部署实施系统取心井，取全取准各项资料。沈 352 井在目的层系统取心 122.47m，岩心联测项目 7 大类 5449 块次。三是按致密油评价规范，建立了本区的“七性关系”，形成了烃源岩、储层和工程“三品质”综合评价技术。

在单井评价的基础上，落实了优势储层岩性分布区、含油气富集区、脆性矿物高含量区及异常高压分布区，明确了油气聚集的“甜点”区，针对含油气情况相对较好的下部“甜点”段部署实施了沈平 1 井、沈平 2 井两口水平井。其中沈平 2 井体积压裂改造，2017 年 7 月 26 日，3mm 油嘴放喷求产，最高日产油 $11.7m^3$。同年 8 月 1 日投产，截至 2018 年底，累计产油 1161.37t，见到了一定的效果。沈平 1 井由于套管断裂，未能获得有效产能。实践表明，大民屯凹陷页岩油具有良好的资源潜力，需要发展配套的工艺技术，以实现增储上产的工作目标。

油气勘探是一项探索性工程，没有思想的解放和认识的创新，勘探工作就无法取得成功。四十余年来，大民屯凹陷勘探的每一次重要进展都得益于技术的进步和地质认识的不断创新。复式油气聚集带理论的建立和应用，指导了油气勘探从早期的围绕洼陷寻找构造油气藏向多层系、立体高效勘探转变；低潜山油气成藏模式的建立，突破了传统的 3100m 的含油底界，释放了勘探空间；“物性控藏”的认识，使砂砾岩体勘探取得了实实在在的效果；应用地质工程配套技术，页岩油勘探突破了出油关，为老区提供了新的资源接替领域。

第四节　东部凹陷中南部火山岩油气藏勘探

东部凹陷位于辽河坳陷的东部，在平面上呈一北东走向的狭长凹陷，总面积为 $3300km^2$。该区是辽河坳陷较早发现火山岩油气藏和大规模油气储量的地区。东部凹陷中南部指黄沙坨—荣兴屯地区（图 1-13-19），火山岩油气藏主要集中在沙三段中亚段。截至 2018 年底，在火山岩中累计探明石油地质储量 3147.82×10^4t，其中欧利坨子、黄沙坨、热河台和于楼地区沙三段中亚段粗面岩探明石油地质储量 3037.34×10^4t，董家岗地区沙三段中亚段玄武质角砾岩探明石油地质储量 110.48×10^4t；火山岩油气藏累计生产原油 377.8×10^4t、天然气 $0.51 \times 10^8m^3$。

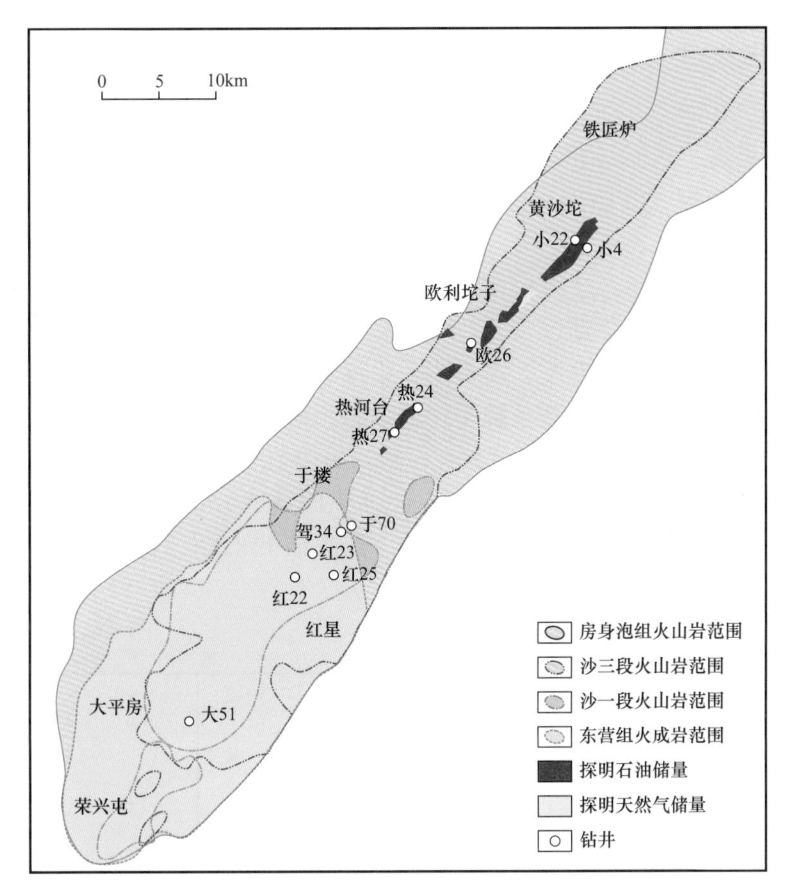

图 1-13-19　东部凹陷中南部新生界火山岩分布图

火山岩油气勘探经历了一个曲折的过程。

在辽河油田勘探初期，火山岩被认为是油气勘探的“禁区”：一是火山岩的发育占据了烃源岩的空间，油气资源有限；二是火山岩储集空间不发育，同时占据了砂岩储层的空间，储层条件差。

20 世纪 70 年代初，热河台地区的热 24 井在针对浅层砂岩勘探的过程中，首次发现了火山岩油气藏，在沙三段获得工业性油气流，成为辽河油田火山岩中第一口工业油流井。当时多数人认为火山岩含油气只是一种偶然现象，甚至认为不会有经济价值，同时受当时资料限制，对该类油气藏无法开展针对性的研究工作，火山岩油气藏并没有投入规模勘探。

20 世纪 80—90 年代，火山岩油气藏勘探一直处于停滞阶段。这一时期主要通过钻井、地震、VSP 测井等资料，开展了火山岩分布特征、火山岩对地震反射波屏蔽作用以及火山岩发育区地震采集和处理的分析工作。

直到 1997 年，欧利坨子地区的欧 26 井在沙三段粗面岩中获日产百吨高产工业油气流，从此揭开了辽河坳陷火山岩油气藏勘探的序幕，开始了有目的性的钻探，并建成了以火山岩为主要目的层的欧利坨子、黄沙坨两个油气田。1997 年至 2018 年火山岩油气勘探得到快速发展，储量不断增长，已成为辽河坳陷油气勘探的重要领域之一。

一、初步探索，欧利坨子火山岩油气藏勘探获重要突破

从20世纪70年代火山岩油气藏的首次发现至90年代初期，随着勘探技术的进步和勘探程度的提高，对火山岩的发育特征和分布规律的认识越来越清晰，但对火山岩油气藏的认识十分模糊，按照传统思想仍将其列为“勘探禁区”，并未作为勘探目标进行系统研究。

20世纪90年代中期，辽河油田油气勘探处于徘徊期。1996年，在辽河油田勘探论证会上，提出了积极加强新区带、新领域和深层的油气勘探工作，认为欧利坨子地区资源潜力与当时勘探现状不匹配，需要进行中深层的探索。通过开展三维地震资料构造解释，重新梳理了该地区的断裂系统和构造形态，落实了有利构造圈闭，并部署实施了欧26井、欧27井两口探井（图1–13–20）。欧26井在兼探地质异常体的过程中，发现了火山岩油气藏，该井1997年5月完钻，在沙三段钻遇150m（未穿）厚的粗面岩，在2176.0～2262.0m井段试油，8mm油嘴求产，日产油158.32t、日产气11253.0m^3，获得高产油气流。

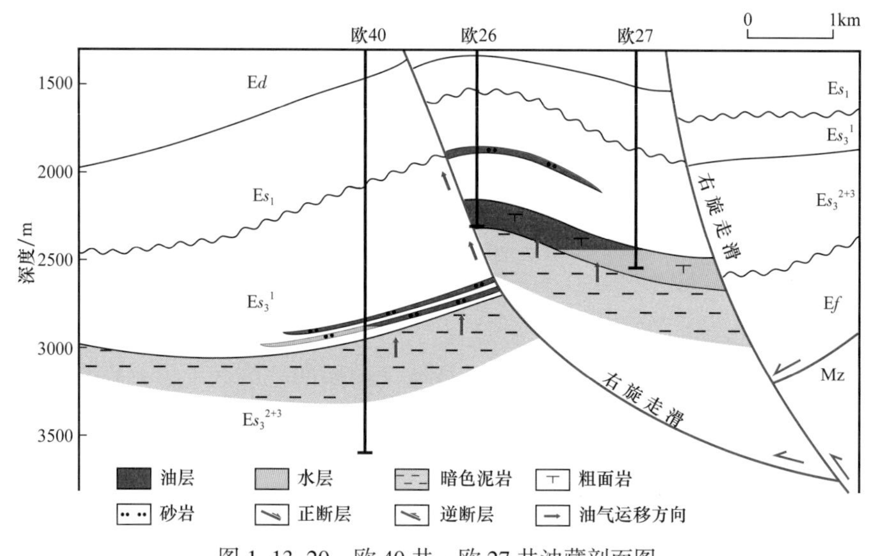

图1–13–20　欧40井—欧27井油藏剖面图

回顾勘探历史，热河台地区的热24井在1971年8月完钻，在沙三段钻遇了约200m厚的火山岩，录井见39m油斑、富含油显示；1975年3月，该井在2186.0～2241.0m井段火山岩试油，液面958.0m，日产油42.24 m^3。热24井、欧26井的钻探成果证实了火山岩也可以成为有利的储层。为此，针对火山岩开展了老井复查，发现欧14井、欧19井等在沙三段火山岩中见油斑级别的油气显示，岩心油味较浓，火山岩油气成藏并非是偶然事件和个别现象。国内外调研显示，从20世纪70年代开始，国际上广泛开展了火山岩油气藏勘探；80年代，渤海湾盆地的渤中坳陷、济阳坳陷、黄骅坳陷等地区在中—新生界火山岩中都有油气藏发现。火山岩油气藏在国内外的广泛勘探，以及东部凹陷火山岩油气藏的发现，改变了对原有“勘探禁区”的认识，并将火山岩作为重要勘探目的层，由此揭开了辽河坳陷火山岩油气藏勘探的序幕。

欧26井钻探成功后，针对火山岩开展了综合地质研究。为了深入认识火山岩形成

机理和油气分布规律，扩大勘探领域，开展了火山岩年代、储集空间、储层评价、油藏特征等多学科联合攻关研究，探讨了粗面岩的形成机理，明确了粗面岩的岩体分布规律，建立了粗面岩油气成藏模式。认为形成火山岩油气藏的首要条件是紧邻生油洼陷，同时还要有长期活动的断裂系统或张性断裂带作为油气运移通道；其次是火山岩具有较好的原生和次生混合孔隙，尤其是这些储层发育的火山岩位于构造高部位时，能够成为油气运移的最优指向，是油气聚集的最有利地区。

1997—2005 年，先后部署实施了欧 35 井、欧 36 井、欧 48 井等 22 口探井，有 15 口井获得工业油气流，其中欧 48 井在 2782.3～2807.9m 井段试油，6mm 油嘴求产，日产油 88.5t、日产气 $6729m^3$。在欧利坨子地区火山岩中累计探明石油地质储量 1670.49×10^4t，建成了以火山岩为主的欧利坨子油气田。截至 2018 年底，累计生产原油 203×10^4t。

二、重新评价，黄沙坨火山岩油气藏勘探再获发现

黄沙坨地区勘探工作始于 1967 年，1980 年部署了小 4 井，完钻层位房身泡组，但并未钻遇沙三段粗面岩，仅在沙一段砂岩中见到了油气显示。当时受油源和储层问题困扰，未部署新的探井，勘探工作一直处于停滞阶段。

1998 年欧利坨子火山岩勘探取得成功后，根据对欧利坨子地区石油地质特征的重新评价和火山岩油气藏勘探理论的新认识，认为黄沙坨地区火山岩具备油气成藏的有利条件：一是西侧的于家房子洼陷具有较强的生油能力，油气源条件好；二是黄沙坨与欧利坨子同属界西断层控制的构造带，具有发育粗面岩的地质背景和输导油气的断裂系统。

基于上述的研究成果和理论认识，利用二维、三维地震资料，结合钻井成果，重新建立了构造解释模式，落实了多个断鼻、断块构造圈闭，部署了该区第一口针对火山岩、兼探碎屑岩的探井——小 22 井。该井于 1999 年 9 月完钻，在沙三段成功钻遇 157m 粗面岩，在 3240.0～3288.0m 粗面岩井段试油，7mm 油嘴求产，获日产油 62.47t、日产气 $8169.0m^3$ 的工业油气流，打破了该区长期处于停滞状态的勘探局面，进一步拓宽了火山岩油气藏的勘探领域。小 22 井获得成功后，对该区构造进行了重新落实，应用伽马联合反演技术预测粗面岩的分布范围，应用电阻率差法和属性分析法预测裂缝发育区。2000—2001 年，先后部署实施的小 23 井、小 24 井、小 25 井等 5 口探井，3 口获工业油气流。其中小 23 井在 3107.0～3134.0m 井段试油，8mm 油嘴求产，日产油 116.74t、日产气 $12435m^3$。2002 年，黄沙坨地区在粗面岩中探明石油地质储量 2171×10^4t，建成了以火山岩为单一油气层的油气田——黄沙坨油田。该油田 2001 年投入开发，截至 2018 年底，累计生产原油 144.8×10^4t、天然气 $0.51 \times 10^8m^3$。

三、老井试油，热河台火山岩油气藏勘探规模扩大

热河台油田是辽河油田最早发现的油田之一，1970 年开始投入开发，20 世纪 70—80 年代为勘探开发高峰期，但对火山岩油气藏并未开展具体研究工作。继欧 26 井、小 22 井取得勘探成功之后，为了进一步扩大勘探规模，2000 年在热河台油田开展了针对火山岩的老井复查工作。共复查老井 120 余口，有 18 口井在火山岩段解释了油层，8 口井进行了老井试油。其中，热 12-6 井在 2361.8～2376m 井段试油，压后泵抽，日产油

14.13t。2001年，在火山岩中投产井8口，初期平均单井日产油21.5t，日产气4915m^3。同年，在热24块、于37块新增探明石油地质储量220×10^4t；2006年，在热27块新增探明石油地质储量25.12×10^4t。截至2018年底，累计生产原油30×10^4t。

四、持续攻关，红星深层火山岩油气藏勘探获新突破

随着欧利坨子、黄沙坨、热河台地区勘探的不断深入，对火山岩油气成藏规律有了更深入的认识：一是火山岩油气藏形成的首要条件是紧邻烃源岩；二是粗面岩和火山角砾岩储集性能相对较好；三是火山岩储层物性受埋深影响较小，中深层仍可具有较好的储集性能；四是油源断层和构造裂缝为油气聚集提供了良好的输导条件。

在上述认识的基础上，2002—2006年，开展了储层分析、测井评价、地震预测等技术的研究工作，逐步探索了地震采集处理、油气层保护、油气层改造等技术，为中深层火山岩油气藏勘探打下了基础，勘探的重点由东部凹陷中部的黄沙坨—欧利坨子地区的中浅层，逐渐转向南部红星地区的中深层。2007年以中深层为勘探目标，部署实施了红22井。2008年1月，该井在3760.0～3808.0m井段试油，6mm油嘴求产，获日产油50.18t、日产气46893.0m^3的工业性油气流。2008年，部署实施的红23井在3979.8～4000.5m井段试油，地层测试，日产油4.42t，出油下限深度首次突破4000m，拓宽了东部凹陷中深层的油气勘探范围。

2012年，应用地震多种属性、反演等方法对火山岩体进行精细刻画，针对红星地区火山岩体部署实施红25井。该井在沙三段中亚段4275.0～4712.0m钻遇大套厚层粗面岩和火山角砾岩，见荧光、油迹显示，试油未获得工业油气流。分析认为红25井失利的主要原因是距离西侧的黄金带、于楼、热河台油源区过远，油气难以在火山岩中进行长距离的运移和聚集。

为了实现火山岩油气勘探再发现，在成藏条件、富集规律上不断深入研究。建立了东部凹陷火山岩岩性划分方案和识别技术系列，首次系统构建了中基性火山岩岩相划分方案和识别技术系列，进一步厘清了粗面岩的分布范围和相带展布特征（图1-13-21），明确了火山岩油气藏受油源、储层、构造裂缝3个主要因素控制，提出了“近油源、近断裂、寻找优势岩性岩相”的勘探部署思路，指出了东部凹陷驾掌寺—界西断裂两侧是火山岩油气勘探的最有利地区。

基于上述研究理论和认识，2013年在近油源范围内部署红28井、于70井等探井，其中红28井在3361.4～3408.9m井段，压后4.5mm油嘴放喷求产，获高产油气流，日产油35.05m^3，日产气8890m^3；于70井钻遇近600m厚粗面岩，在4449.0～4495.7m粗面岩井段试油，压后，连续油管排液，日产油17.9m^3，红星地区火山岩油气勘探再一次获得新发现。

2016年，在红星地区“两宽一高”地震资料采集处理基础上，进一步刻画火山岩优势储层，优选有利勘探目标，部署实施了驾34井，该井在4665～4710m沙三段粗面岩井段，压后5mm油嘴放喷求产，获高产油气流，日产油43.83m^3，日产气7929m^3，东部凹陷出油底界再创新纪录。截至2018年底，在红星火山岩中累计控制石油地质储量2937×10^4t。

东部凹陷中南部火山岩油气勘探从20世纪70—90年代的“避火山岩”，到1997年

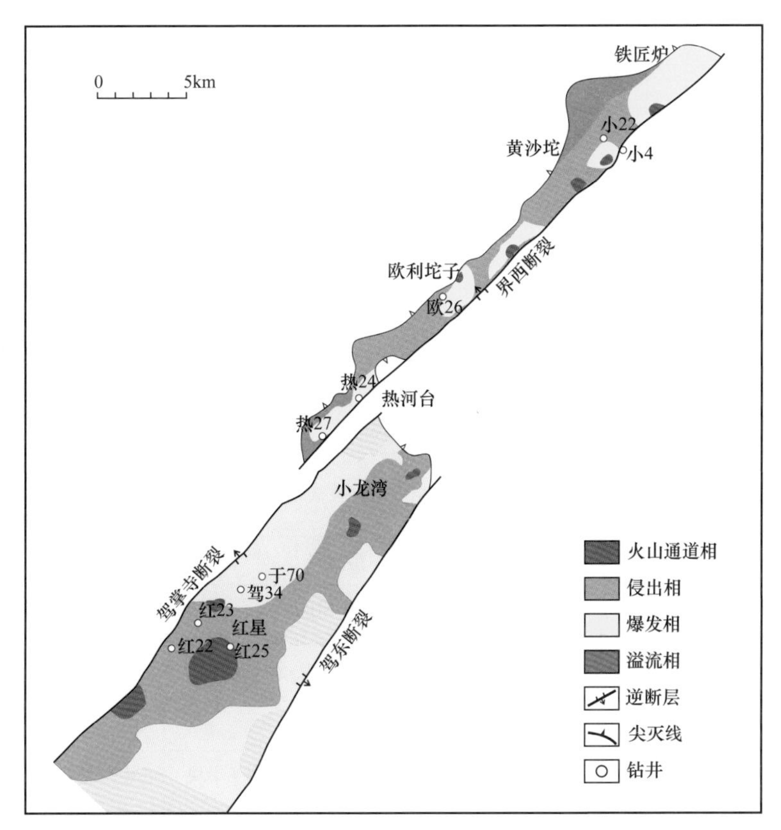

图 1-13-21　东部凹陷中南部沙三段中亚段粗面岩岩相分布图

欧利坨子地区（以欧 26 井为代表）的“突破”，到黄沙坨地区（以小 22 井等为代表）的“再发现”，再到红星地区（以于 70 井等为代表）的“新突破”，使东部凹陷火山岩由原来的油气勘探“禁区”逐渐变为“靶区”，成为辽河油田增储稳产的重要领域。在勘探实践过程中，坚持技术引进和自主创新相结合，经过长期探索和技术攻关，形成了具有辽河特色的火山岩岩性识别、岩相识别、储层测井评价、储层预测和油气藏勘探方向评价等技术系列（孟卫工等，2015）。

火山岩岩性识别技术：通过大量钻井岩心和岩屑资料的精细描述、岩石薄片的鉴定、岩石化学成分分析，根据“岩石结构、化学组成 + 矿物成分、碎屑粒级”三级分类原则，将火山岩分为 4 大类、17 种岩石类型（表 1-13-6），建立了火山岩岩性识别图版。

火山岩岩相识别技术：在火山岩岩性识别的基础上，根据火山岩成分、结构和构造等地质属性，确定火山岩成因、成岩方式、产状和堆积环境，再依据岩浆作用方式和就位环境的不同，同时考虑火山机构不同部位物质组成的差异，将火山岩划分为火山通道相、爆发相、溢流相、侵出相、侵入相和火山沉积相 6 种岩相 16 种亚相（表 1-7-10），并建立火山岩岩相识别图版。井震资料对比，结合火山岩相地质模型，建立典型火山岩相地震识别标准。

火山岩储层测井评价技术：在岩心毛细管压力曲线特征、物性、试油试采资料分类基础上，建立储层测井分类标准，将火山岩储层划分为三类：Ⅰ类储层为裂缝 + 孔隙型，溶蚀孔隙、宏观裂缝均发育，常规试油可获得高产油气流；Ⅱ类储层为孔隙型，孔隙发育，宏观裂缝不发育，储层经压裂改造后可获得工业油气流；Ⅲ类储层为微裂缝+微溶孔或溶蚀孔隙型，微裂缝、微溶孔发育，储层经压裂改造后才可获得工业油气流。

表 1-13-6　东部凹陷新生界中基性火山岩岩性分类及识别方法

<table>
<tr><th colspan="2">结构大类</th><th>成分大类</th><th colspan="2">基本岩石类型</th><th>特征矿物组合或碎屑组分</th></tr>
<tr><td rowspan="7">火山熔岩类（熔岩基质中分布的火山碎屑＜10%，冷凝固结）</td><td rowspan="7">熔岩结构</td><td rowspan="3">基性
SiO_2
45%～52%</td><td colspan="2">致密玄武岩，粗面玄武岩</td><td rowspan="3">玄武岩：基性斜长石、辉石、橄榄石
粗面玄武岩：基性斜长石、碱性长石、辉石、橄榄石</td></tr>
<tr><td colspan="2">气孔（杏仁）玄武岩，粗面玄武岩</td></tr>
<tr><td colspan="2">角砾化玄武岩，粗面玄武岩</td></tr>
<tr><td rowspan="4">中性
SiO_2
52%～63%</td><td colspan="2">玄武安山岩</td><td>中性斜长石、角闪石、黑云母、辉石</td></tr>
<tr><td colspan="2">粗安岩，玄武粗安岩</td><td>碱性长石、中性斜长石、角闪石、黑云母、辉石</td></tr>
<tr><td colspan="2">粗面岩</td><td rowspan="2">碱性长石、角闪石、黑云母、辉石，偶见中性斜长石</td></tr>
<tr><td colspan="2">角砾化粗面岩</td></tr>
<tr><td rowspan="5">火山碎屑熔岩类（熔岩基质中分布的火山碎屑＞10%，冷凝固结）</td><td rowspan="3">熔结结构或碎屑熔岩结构</td><td>基性
SiO_2
45%～52%</td><td colspan="2">玄武质（熔结）凝灰/角砾/集块熔岩</td><td>基性斜长石、辉石、橄榄石</td></tr>
<tr><td rowspan="2">中性
SiO_2
52%～63%</td><td colspan="2">粗安质（熔结）凝灰/角砾/集块熔岩</td><td>中性斜长石、角闪石、黑云母、辉石</td></tr>
<tr><td colspan="2">粗面质（熔结）凝灰/角砾/集块熔岩</td><td>碱性长石、中性斜长石、角闪石、黑云母、辉石</td></tr>
<tr><td rowspan="2">隐爆角砾结构</td><td rowspan="2">基性—中性</td><td colspan="2">玄武质隐爆角砾岩</td><td>基性斜长石、辉石、橄榄石</td></tr>
<tr><td colspan="2">粗面质隐爆角砾岩</td><td>碱性长石、中性斜长石、角闪石、黑云母、辉石</td></tr>
<tr><td rowspan="3">火山碎屑岩类（火山碎屑＞90%，压实固结）</td><td rowspan="3">火山碎屑结构</td><td>基性
SiO_2
45%～52%</td><td colspan="2">玄武质凝灰/角砾/集块岩</td><td>碎屑中：基性斜长石、辉石、橄榄石</td></tr>
<tr><td rowspan="2">中性
SiO_2
52%～63%</td><td colspan="2">粗安质凝灰/角砾/集块岩</td><td>碎屑中：中性斜长石、角闪石、黑云母、辉石</td></tr>
<tr><td colspan="2">粗面质凝灰/角砾/集块岩</td><td>碎屑中：碱性长石、角闪石、黑云母、辉石、中性斜长石</td></tr>
<tr><td rowspan="2">沉火山碎屑岩类（火山碎屑50%～90%，压实固结）</td><td rowspan="2">沉火山碎屑结构</td><td>碎屑＞2mm</td><td rowspan="2">火山碎屑为主</td><td>沉火山角砾/集块岩</td><td>火山角砾、火山集块、外来岩屑</td></tr>
<tr><td>碎屑＜2mm</td><td>沉凝灰岩</td><td>火山灰（岩屑、晶屑、玻屑、火山尘），外碎屑（石英、长石）</td></tr>
</table>

火山岩储层预测技术：利用单井火山岩岩相的地质—测井识别、连井火山岩岩相的对比、层序界面约束下的井震结合技术对火山岩岩相进行立体识别与刻画。使用波阻抗

反演、曲线重构反演等方法预测火山岩优势储层。

火山岩油气藏勘探方向评价技术：通过生烃层系和火山岩发育层系的综合分析，明确源储配置条件是火山岩油气藏勘探层系选择的关键因素。火山岩储层非均质性强、连通性差，油气难以在火山岩体内长距离运移和聚集成藏的特征，决定了火山岩油气藏勘探方向是围绕生烃洼陷周边地区，距离油源越近，油气越富集，勘探越有利。在近油源的范围内，优势的岩性、岩相发育区是火山岩油气藏勘探的有利目标。

火山岩是各类沉积盆地充填序列的重要组成部分，同时也是油气的主要储集岩类之一。火山岩具有岩性和岩相变化快、内幕结构及储层成因复杂等特点，勘探难度远大于碎屑岩。随着我国东部深层陆续发现大量火山岩油气藏，火山岩油气藏逐渐引起人们的重视，目前已成为一类重要的勘探目标。辽河油区经过20年的摸索和实践，得到以下启示：一是先进的技术手段和精细的基础研究工作，是火山岩油气藏勘探获得成功的前提；二是油气成藏规律的准确认识和勘探方向的把握，是火山岩油气藏勘探获得成功的关键；三是火山岩储层压裂改造技术能有效提高成功率，是火山岩油气藏勘探获得成功的保障。

第十四章　油气资源潜力与勘探方向

在刻度区解剖基础上，应用以类比法为主导的多种方法综合评价了辽河坳陷油气资源量。其中常规石油资源为41.13×10^8t，常规天然气约4230×10^8m^3，页岩油资源为4.66×10^8t，致密油为1.92×10^8t，页岩气为3173×10^8m^3，致密气为2472×10^8m^3。进一步分析剩余油气资源分布特征后，结合区带石油地质条件及油气成藏 主控因素分析，指出基岩油气藏、岩性油气藏、火成岩油气藏、中浅层复杂构造油气藏及页岩油是下步勘探的重要领域。

第一节　油气资源评价

利用成因法、统计法、类比法及小面元容积法（郭秋麟等，2013）计算辽河坳陷不同层系、不同区带、不同深度范围内的油气地质资源量和可采资源量，分析油气资源的分布特点，指出主要潜力区。关于资源评价方法，在《中国石油地质志》总卷已阐述，在此仅简述资源评价关键参数及资源评价结果。

一、油气资源评价历程

辽河坳陷经历了五次较大规模的油气资源评价，即第一次资源评价（1981—1985年）、第二次资源评价（1992—1994年）、第三次资源评价（2001—2003年）、第四次资源评价（2013—2016年）和第五次即“十三五”油气资源及经济、环境评价（2018—2019年）。采用的评价方法和评价结果见表1-14-1。前三次仅评价了常规油气资源，后两次增加了非常规油气资源（邹才能等，2013a，b）等内容。就后两次油气资源评

表1-14-1　辽河坳陷历次油气资源评价方法及评价结果表

评价轮次	评价方法	评价结果					
		石油/10^8t			天然气/10^8m^3		
		常规	非常规		常规	非常规	
			致密油	页岩油		致密气	页岩气
第一次	突出地质评价，资源预测采用干酪根热模拟法、齐波夫法、圈闭体积法和特尔菲法	30.5			3493		
第二次	突出盆地模拟技术的应用，勘探程度较高的辽河坳陷陆上采用盆地模拟技术整体评价，勘探程度较低的滩海采用排烃量模拟法预测资源量	41.5			3920		

续表

评价轮次	评价方法	评价结果					
		石油 /10^8t			天然气 /10^8m^3		
		常规	非常规		常规	非常规	
			致密油	页岩油		致密气	页岩气
第三次	建立刻度区，采用以类比法为主导的成因法、类比法和统计法等多种方法进行综合评价	41.8			3950		
第四次	继承了前三次资源评价好的做法。完善并新建潜山、火成岩、致密油等刻度区；引入含油气系统思路开展盆地模拟研究，总体把握坳陷资源规模；采用以类比法为主导的多种方法对区带资源进行详细刻画；最终应用特尔菲法给出综合评价结果。并应用小面元容积法等方法评价了致密油、致密气和页岩气等非常规油气资源	41.1	5.48		4230	2472	3173
第五次	在第四次资源评价的基础上，应用多因素类比法、简化成因法等方法深化深层油气资源评价；并应用 EUR、小面元容积法等评价了页岩油资源；并应用“量版法”对油气资源的经济性进行了评价	41.1	1.92	4.66	4230	2472	3173

价而言，“十三五”油气资源及经济、环境评价是在第四次油气资源评价基础上，强化了深层油气资源评价，厘定了页岩油资源，将第四次预测的 5.48×10^8t 致密油中的 3.56×10^8t 碳酸盐岩致密油划归页岩油，并新增了 1.09×10^8t “纯页岩”型页岩油资源，致使致密油资源减为 1.92×10^8t，页岩油增加到 4.66×10^8t。

二、关键参数

资源评价的关键参数主要有成因法中的地质参数、地球化学参数、热力学参数、运聚系数、可采系数和类比法中的资源丰度、储量丰度等参数（中国石油天然气总公司勘探局，1999）。地质参数方面，主要开展孔隙度—深度关系研究和剥蚀厚度研究；地球化学参数方面，主要开展烃源岩垂向非均质性研究、有效烃源岩厚度研究、有机质丰度研究、产烃率图版和有机碳恢复系数五个方面的研究；热力学参数方面，主要开展地温梯度研究；运聚系数是生烃量与地质资源量之间的转化系数，是成因法资源评价的重要参数，来自刻度区（运聚单元级）解剖；可采系数是将地质资源量转换为可采资源量的必须参数，刻度区的可采系数由可采资源量比地质资源量得到；资源丰度、储量丰度等参数主要通过刻度区解剖获得。刻度区解剖是资源评价研究的核心工作。

1. 刻度区建立

通过对地质条件和资源潜力认识较清楚的地区的分析，总结地质条件与资源潜力的关系，建立两者之间的参数纽带，进而为资源潜力的类比分析提供参照依据。

辽河坳陷在盆地模拟与分析（费琪等，1997）基础上，结合勘探成果与认识，建立了 14 个刻度区，刻度区级别和类型较为全面，满足了获取重要评价参数的需求。刻度区的名称及位置如图 1–14–1 所示。

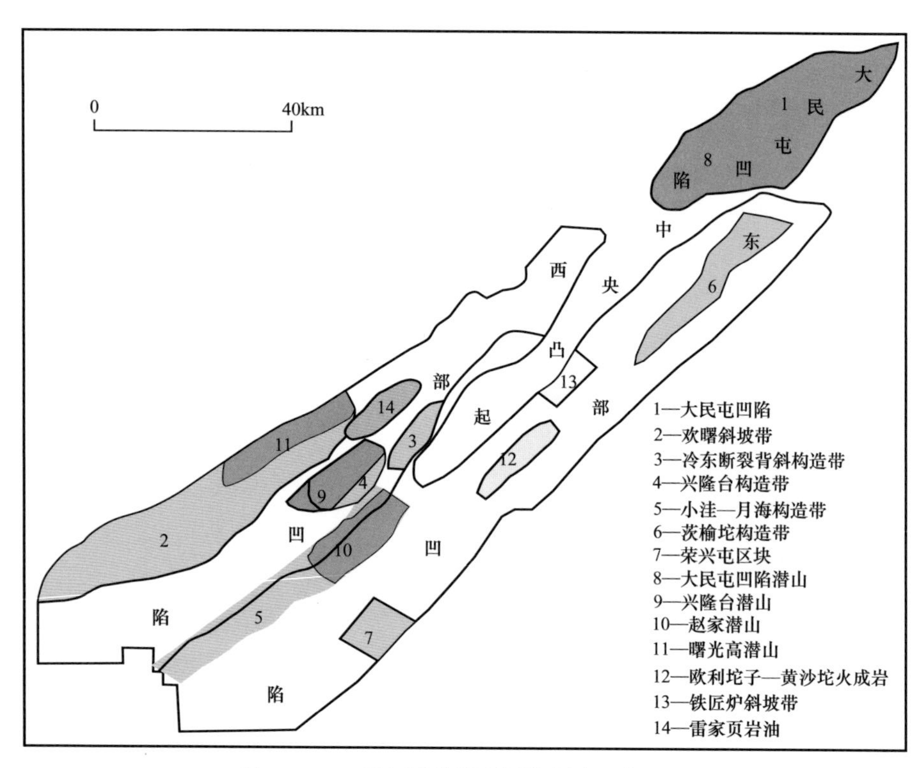

图 1–14–1　辽河坳陷资源评价刻度区位置图

2. 刻度区评价参数体系

“十一五”以来，辽河油田在潜山和火成岩勘探领域取得重要成果，研究程度和认识程度相对较高，为潜山和火成岩刻度区参数体系的建立奠定了基础。

1）潜山刻度区参数体系建立

通过对具有代表性的大民屯凹陷潜山、兴隆台潜山、曙光高潜山以及赵家潜山 4 个类比刻度区解剖，针对储层、烃源岩、配套史、圈闭和保存条件的各项参数进行研究和优选，建立辽河坳陷潜山地质评价参数体系和取值标准。与碎屑岩相比，潜山储层岩性、物性和源储配置关系等参数与油气成藏关系最为密切，因此重点介绍这几项参数。

（1）储层岩性。

辽河坳陷潜山主要包括新太古界变质岩潜山和中—新元古界、古生界碳酸盐岩潜山。变质岩潜山岩性主要为混合花岗岩、片麻岩、浅粒岩和变粒岩等，在同样构造应力作用下，岩石中的浅色矿物含量越高，则脆性越强，越容易产生裂缝（刘兴周等，2012）。碳酸盐岩储层岩石类型主要有白云岩、灰质云岩、石灰岩和云质灰岩等。

（2）储层物性。

变质岩潜山受多次、长期构造运动和风化淋滤作用影响，储集空间以次生为主，包括构造裂缝和破碎粒间孔以及溶蚀成因的孔、缝等，其中构造裂缝为主要的储集空间。

通过对潜山200个样品的物性分析结果，太古宇变质岩储层孔隙度最大为13.3%，最小为0.6%，平均为5.1%；渗透率最大为953mD，最小为0.53mD。碳酸盐岩主要储集空间为孔隙、溶洞和裂缝，测试资料显示白云岩储层基质孔隙度最大为4.0%，最小为0.5%，一般为0.65%～3.69%；基质渗透率最大为250mD，最小为0.015mD，一般为0.341～3.52mD。

（3）源储配置关系。

充足的油源条件是潜山成藏的物质基础，与储量丰度关系密切（孟卫工等，2007a）。根据烃源岩与储层空间位置关系的不同，可分为3种模式（图1–14–2）：① 源内型，烃源岩直接覆盖在潜山之上，生成的油气在异常压力的驱使下，直接向下运移，进入潜山，如东胜堡、兴隆台、安福屯潜山等，储量丰度一般为150×10^4～230×10^4t/km^2；② 源边型，潜山四周被烃源岩覆盖，油气通过断层或不整合面进入潜山，如齐家、赵家、法哈牛潜山等，储量丰度为110×10^4～150×10^4t/km^2；③ 源外型，烃源岩与潜山有一定距离，潜山一般位于较高部位，油气通过断层或不整合面运移一定距离才进入潜山，如胜利塘、曙光高—中潜山等，储量丰度一般为80×10^4～110×10^4t/km^2。

综合上述因素，针对潜山油气成藏特点，优选了26项与潜山成藏相关的参数，建立了资源评价参数体系和取值标准（表1–14–2），充分体现了潜山油气成藏特征的特殊性。

2）火成岩刻度区参数体系建立

辽河坳陷欧利坨子—黄沙坨地区火成岩勘探取得了较好的效果。研究其成藏基本条件，为类比区火成岩评价提供参照标准。火成岩油藏的形成有其特殊的成藏机理，与碎屑岩相比，火成岩岩性、岩相、裂缝、界面及源储配置关系等与油气成藏关系最为密切，因此重点介绍这几项参数。

（1）岩性及岩相。

本区含油储层主要以粗面岩为主，玄武岩、辉绿岩、安山岩也可作为储层。角砾化粗面岩、粗面质角砾岩、玄武质角砾岩整体上物性最好，其次为气孔玄武岩、沉火山碎屑岩、块状粗面岩及凝灰质砂岩，辉绿岩、致密玄武岩物性最差。

不同岩相火成岩成岩方式决定了原生孔隙和裂缝的类型、组合及其空间分布，并影响火成岩的次生改造作用方式和强度，最终导致不同亚相的储集空间构成存在差异，从而间接控制火成岩储层的有效性和分布规律。溢流相玻质碎屑岩亚相、侵出相外带亚相物性最好，属于高孔中渗储层；火山通道相火山颈亚相、爆发相空落亚相、火山碎屑流亚相、侵出相内带亚相、中带亚相物性较好，属于高孔低渗储层；火山通道相隐爆角砾岩亚相、溢流相板状熔岩流亚相、复合熔岩流亚相、火山沉积相含外碎屑火山沉积亚相物性中等，属于中孔低渗储层；火山沉积相再搬运火山碎屑沉积亚相、侵入相边缘亚相物性最差，分别属于中孔特低渗和特低孔低渗储层。

（2）储层物性。

火成岩的储集空间主要包括构造缝、成岩缝和溶蚀孔洞。火成岩储层发育多期宏观缝及微裂缝，早期裂缝多被充填，而晚期裂缝未被充填或部分被充填；成岩缝主要发育在火山岩界面附近，界面越多，成岩缝越发育；次生改造作用主要发生在裂缝发

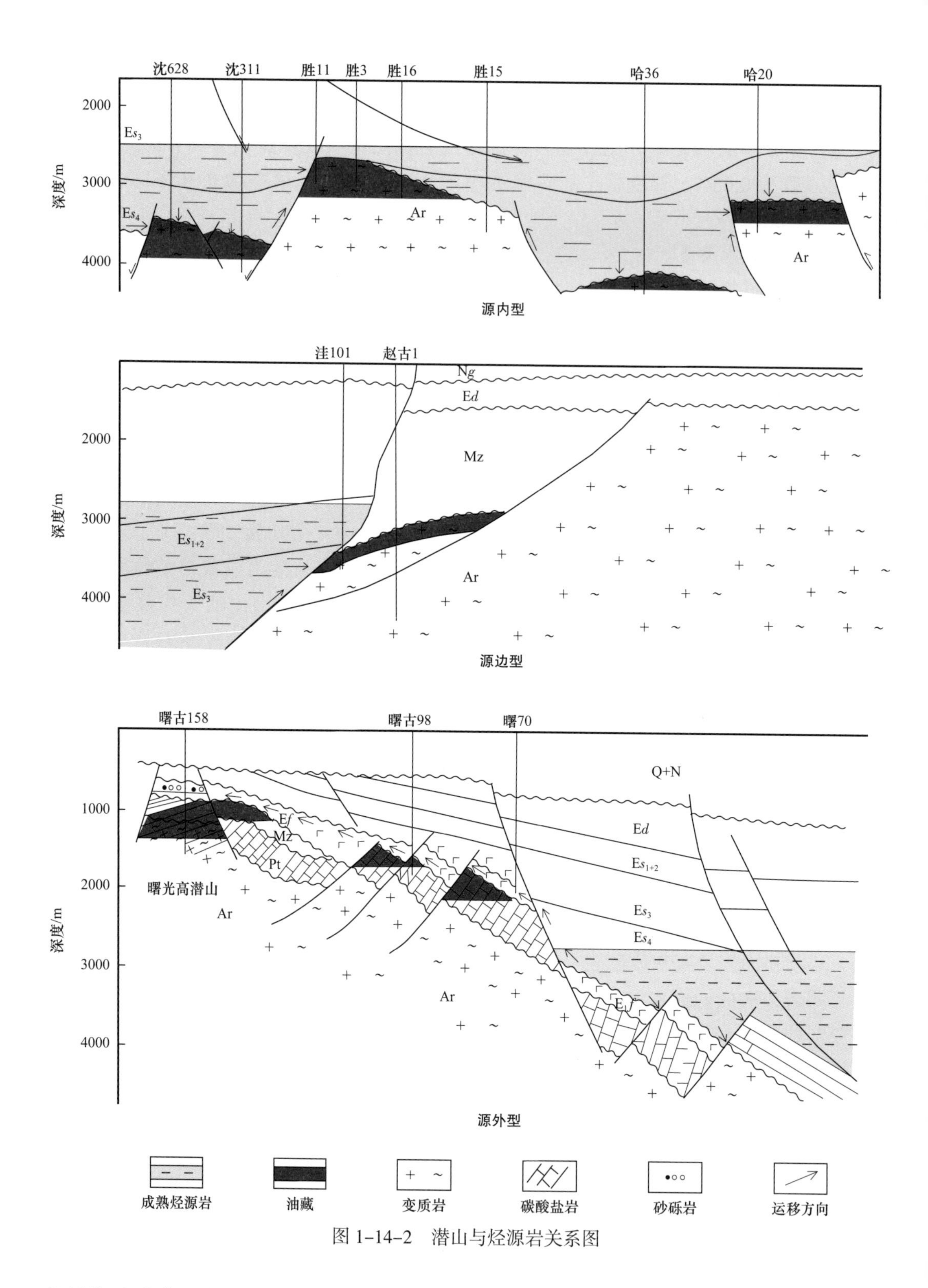

图 1-14-2　潜山与烃源岩关系图

育部位，形成了次生的溶蚀孔洞，共同组成了火成岩储集空间。粗面岩孔隙度一般为7.85%～19.07%，玄武岩孔隙度为6.67%～21.4%，辉绿岩样品较少，孔隙度一般小于10%。火成岩储层渗透率多小于1mD。

表 1-14-2　潜山刻度区风险评价参数体系与取值标准表

参数类型	参数名称			评价系数			
				0.75～1.00	0.50～0.75	0.25～0.50	0～0.25
圈闭条件	圈闭类型			地层		构造	
	圈闭幅度 /m			＞1000	600～1000	200～600	＜200
	圈闭面积系数 /%			＞50	30～50	10～30	＜10
盖层条件	盖层厚度 /m			＞20	10～20	5～10	＜5
	盖层岩性			纯泥岩	油页岩	致密火成岩	致密变质岩
	盖层面积系数 /%			＞1.0	0.8～1.0	0.6～0.8	＜0.6
	盖层以上的不整合数 / 个			0	1～2	3～4	≥ 5
	断裂破坏程度			无破坏	弱破坏	较强破坏	强烈破坏
储层条件	岩性		碳酸盐岩	石灰岩、白云岩		泥质灰岩、灰质白云岩	
			变质岩	变粒岩、浅粒岩	变余石英砂岩	混合花岗岩	片麻岩
	储层平均厚度 /m			＞500	300～500	100～300	＜100
	储层百分比 /%			＞70	40～70	20～40	＜20
	物性	孔隙度 /%	碳酸盐岩	＞7	5～7	2～5	＜2
			变质岩	＞10	5～10	2～5	＜2
		储层渗透率 /mD		＞8.0	4.0～8.0	0.1～4.0	＜0.1
	储层埋深			＜烃源岩埋深		＞烃源岩埋深	
油气源岩条件	烃源岩厚度 /m			＞500	300～500	100～300	＜100
	有机碳含量 /%			＞2.0	1.0～2.0	0.6～1.0	0.4～0.6
	有机质类型			Ⅰ	Ⅱ_1	Ⅱ_2	Ⅲ
	成熟度 /%			0.5～1.3	1.3～2.0	0.3～0.5	＞2.0
	供烃面积系数			＞1.5	1.0～1.5	0.5～1.0	＜0.5
	供烃方式			汇聚流供烃	平行流供烃	发散流供烃	线形流供烃
	生烃强度 /（10^4t/km^2）			＞1000	500～1000	200～500	＜200
	生烃高峰时间			古近纪	白垩纪	侏罗纪、三叠纪	古生代
	输导条件			断层		不整合	
配套条件	潜山形成时间与生烃高峰时间的匹配			早或同时（0.5～1.0）		晚（0～0.5）	
	运移方式			网状	侧向	垂向	线形
	源储配置			源内	源边		源外

（3）源储配置。

火成岩岩体位于烃源岩内，源储配置好，油气从烃源岩中排出后直接进入火成岩储集体聚集成藏（图 1–14–3），这种配置火成岩成藏概率大，储量丰度高；火成岩岩体位于烃源岩外，源储配置差，油气从烃源岩中排出后还要通过断裂、不整合面等输导才能进入火成岩储集体聚集成藏，这种配置火成岩成藏概率小，储量丰度低；火成岩岩体位于烃源岩边部，其成藏概率和储量丰度介于上述两种配置之间。

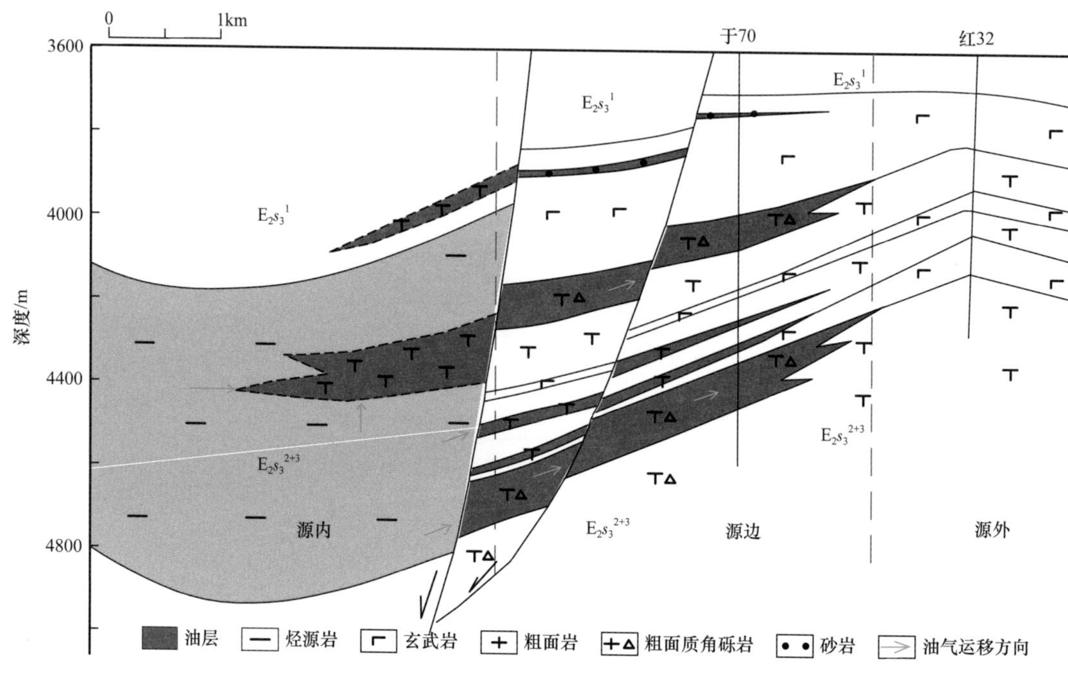

图 1–14–3　东部凹陷红星地区火成岩源储配置关系图

在上述火成岩成藏关键因素研究基础上，优选了 28 项与火成岩成藏相关的参数，建立了火成岩评价参数体系和取值标准（表 1–14–3）。实现了火成岩刻度区与评价区相似性的定量分析，为火成岩资源评价奠定基础。

表 1–14–3　火成岩刻度区风险评价参数体系与取值标准表

参数类型	参数名称	评价系数			
		0.75～1.00	0.50～0.75	0.25～0.50	0～0.25
	圈闭幅度 /m	＞300	200～300	100～200	＜100
	圈闭面积系数 /%	＞30	20～30	10～20	＜10
盖层条件	盖层厚度 /m	＞20	10～20	5～10	＜5
	盖层岩性	纯泥岩	碳质泥岩	致密火成岩	砂质泥岩
	盖层面积系数 /%	＞1.0	0.8～1.0	0.6～0.8	＜0.6
	盖层以上的不整合面数 / 个	0	1～2	3～4	≥5
	断裂破坏程度	无破坏	弱破坏	较强破坏	强烈破坏

续表

<table>
<tr><td rowspan="9">储层条件</td><td>岩相</td><td>溢流相玻质碎屑岩亚相、侵出相外带亚相</td><td>火山通道相火山颈亚相、爆发相空落亚相、火山碎屑流亚相、侵出相内带亚相、中带亚相</td><td>火山通道相隐爆角砾岩亚相、溢流相板状熔岩流亚相、复合熔岩流亚相、火山沉积相含外碎屑火山沉积亚相</td><td>火山沉积相再搬运火山碎屑沉积亚相、侵入相边缘亚相</td></tr>
<tr><td>岩性</td><td>角砾化粗面岩、粗面质角砾岩、玄武质角砾岩</td><td>气孔玄武岩、沉火山碎屑岩和块状粗面岩</td><td>凝灰质砂岩</td><td>辉绿岩、致密玄武岩</td></tr>
<tr><td>裂缝发育程度</td><td>高</td><td>中等</td><td>一般</td><td>不发育</td></tr>
<tr><td>界面 / 个</td><td>>10</td><td>6~10</td><td>3~5</td><td>1~2</td></tr>
<tr><td>储层厚度 /m</td><td>>100</td><td>70~100</td><td>20~70</td><td><20</td></tr>
<tr><td>储层百分比 /%</td><td>>60</td><td>40~60</td><td>20~40</td><td><20</td></tr>
<tr><td>储层基质孔隙度 /%</td><td>>10</td><td>5~10</td><td>3~5</td><td><3</td></tr>
<tr><td>储层渗透率 /mD</td><td>>1.0</td><td>0.5~1.0</td><td>0.1~0.5</td><td><0.1</td></tr>
<tr><td>储层埋深 /m</td><td>2000~3500</td><td>3500~4500</td><td>>4500</td><td><2000</td></tr>
<tr><td rowspan="9">油源条件</td><td>烃源岩厚度 /m</td><td>>500</td><td>300~500</td><td>100~300</td><td><100</td></tr>
<tr><td>有机碳含量 /%</td><td>>2.0</td><td>1.0~2.0</td><td>0.6~1.0</td><td>0.4~0.6</td></tr>
<tr><td>有机质类型</td><td>Ⅰ</td><td>Ⅱ$_1$</td><td>Ⅱ$_2$</td><td>Ⅲ</td></tr>
<tr><td>成熟度 /%</td><td>0.5~1.3</td><td>1.3~2.0</td><td>0.3~0.5</td><td>>2.0</td></tr>
<tr><td>供烃面积系数</td><td>>1.5</td><td>1.0~1.5</td><td>0.5~1.0</td><td><0.5</td></tr>
<tr><td>供烃方式</td><td>汇聚流供烃</td><td>平行流供烃</td><td>发散流供烃</td><td>线形流供烃</td></tr>
<tr><td>生烃强度 /（10^4t/km^2）</td><td>>1000</td><td>500~1000</td><td>200~500</td><td><200</td></tr>
<tr><td>运移距离 /km</td><td>0</td><td colspan="2">0~3</td><td>>3</td></tr>
<tr><td>输导条件</td><td>源储接触</td><td>断层</td><td colspan="2">不整合</td></tr>
<tr><td rowspan="3">配套条件</td><td>生烃期与裂缝发育期关系</td><td colspan="2">早或同时（0.5~1.0）</td><td colspan="2">晚（0~0.5）</td></tr>
<tr><td>运移方式</td><td>网状</td><td>侧向</td><td>垂向</td><td>线形</td></tr>
<tr><td>源储配置</td><td>源内</td><td colspan="2">源边</td><td>源外</td></tr>
</table>

3. 刻度区关键参数

1）运聚系数

运聚系数是指运聚单元内生成的油或气量能够聚集成藏的百分数。该项参数为其他勘探程度相对较低的类比区提供参考，是成因法计算油气资源量的关键参数。

该参数是在盆地模拟基础上，以关键时刻烃源层顶面油势为基础，结合构造、沉积特征等进行综合分析，划分油气运聚单元，进一步划分出刻度区供油范围，计算出刻度区的供烃量，并利用刻度区资源量的期望值比供烃量获得。辽河坳陷6个运聚单元级刻度区运聚系数为6.4%～13.32%，平均值为10.39%（表1-14-4）。

表1-14-4　刻度区解剖关键参数表

序号	刻度区	面积/km²	级别	资源量/10^4t	资源丰度/10^4t/km²	运聚系数/%	可采系数/%
1	大民屯凹陷	891	凹陷级	59505	66.8	11.00	18.7
2	欢曙斜坡带	932	运聚单元级	130429	139.9	10.67	23.2
3	冷东断裂背斜构造带	155	运聚单元级	19167	123.7	12.62	15.9
4	兴隆台构造带	190	运聚单元级	32718	172.2	13.32	26.2
5	小洼—月海构造带	642	运聚单元级	48985	76.3	6.40	24.0
6	茨榆坨构造带	317	运聚单元级	14248	44.9	8.21	16.6
7	荣兴屯区块	110	区块级	6160	56.0	非运聚单元运聚系数难以求取	21.4
8	大民屯凹陷潜山	800	区块级	33055	41.3		26.0
9	兴隆台潜山	190	区块级	21197	111.6		21.0
10	赵家潜山	150	区块级	10258	68.4		15.0
11	曙光高潜山	160	区块级	9332	58.3		25.0
12	欧利坨子—黄沙坨火成岩	94	区块级	7848	83.5		22.0
13	铁匠炉斜坡带	240	区块级	2369	9.9		24.0
14	雷家页岩油	190	区块级	13400	70.5		10.0

2）可采系数

可采系数是指油藏中能够采出的油气量与油气藏地质储量之比值。换句话说就是油气藏中能够采出的油气占油气藏储量的百分比。该项参数与某个评价凹陷、区块、目标或区带的资源量之积即为可采资源量。

可采系数通过解剖刻度区，建立可采系数分布模型获得。辽河坳陷14个刻度区可采系数为10%～26.2%，平均值为20.23%。

3）油气资源丰度与储量丰度

油气资源丰度是油气资源量与评价单元面积之比。储量丰度是评价单元内探明储量与探明含油气面积（叠合）之比。

油气资源丰度获取，首先计算出刻度区油气资源量、可采资源量和地质储量（控制储量、预测储量分别按 60% 和 20% 转化为探明储量）及可采储量，然后分别计算油气资源量和可采资源量与刻度区面积的比值，即为油气资源丰度和可采资源丰度。辽河坳陷 14 个刻度区石油资源丰度差异较大，一般在 9.9×10^4～172.2×10^4t /km^2，平均值为 83.3×10^4t/km^2。

4）含油面积系数

含油面积系数是指评价单元内圈闭含油面积与圈闭面积的比值。也叫充满系数。

该参数根据刻度区中已发现油藏的统计分析得到，如大民屯凹陷含油面积系数为 0.47。

通过对前面 14 个刻度区的解剖，获得了运聚系数、可采系数、资源丰度、储量丰度等油气资源评价关键参数，为成因法、类比法资源评价提供了较为科学的参数。

4. 其他关键参数

1）地温梯度

地温梯度是地温场研究中常用的物理参数。辽河坳陷新近系和第四系地温梯度一般在 20～30℃ /km 之间；古近系的地温梯度基本上在 30～40℃ /km 之间，个别层段可超过 40℃ /km。平面上存在南高北低的变化趋势，北部的大民屯凹陷古近系平均地温梯度较西部凹陷、东部凹陷要低一些。

2）烃产率

烃产率是某一层或某一类烃源岩自进入热演化以来，各阶段烃类产量与其终极烃类产量的比值。它包括了不同热演化阶段对应的干酪根产油率、干酪根产气率、油成气率、总产气率等多组数据，烃产率数据主要用于烃源岩生烃量评价，以及盆地模拟中烃源岩生烃演化过程与生烃量评价研究。不同类型有机质烃产率差异较大，辽河坳陷Ⅰ型有机质终极烃产率可达 600～800mg/g（HC/TOC）；Ⅱ_1 型有机质终极烃产率一般在 350～600mg/g（HC/TOC）；Ⅱ_2 型有机质终极烃产率一般在 200～350mg/g（HC/TOC）；Ⅲ型有机质终极烃产率仅在 100～200mg/g（HC/TOC）。

还有一些参数，如剥蚀厚度及有机碳恢复系数等，在此不赘述。

三、油气资源评价结果

辽河坳陷具有丰富的常规与非常规油气资源。常规油气资源中，石油地质总资源量为 41.13×10^8t，可采资源量 9.28×10^8t；天然气地质总资源量为 4230×10^8m^3，可采资源量 2045×10^8m^3（表 1–14–5）。非常规油气资源中，页岩油资源量为 4.66×10^8t，可采资源量为 0.38×10^8t；致密油资源量为 1.92×10^8t，可采资源量为 0.192×10^8t；致密砂岩气资源量为 2472×10^8m^3，可采资源量为 989×10^8m^3；页岩气资源量为 3173×10^8m^3，可采资源量为 359×10^8m^3（表 1–14–6）。

表 1-14-5 辽河坳陷常规油气资源评价结果表

凹陷名称		石油资源量 /10^8t		天然气资源量 /10^8m^3	
		地质资源量	可采资源量	地质资源量	可采资源量
大民屯凹陷		6.36	1.23	446	167
西部凹陷	陆上	24.80	5.85	1926	1023
	滩海	2.62	0.73	205	105
东部凹陷	陆上	5.31	0.90	1084	505
	滩海	2.04	0.56	569	245
合 计		41.13	9.28	4230	2045

表 1-14-6 辽河坳陷非常规油气资源评价结果表

类型	油地质资源量 /10^8t	气地质资源量 /10^8m^3	油可采资源量 /10^8t	气可采资源量 /10^8m^3
页岩油	4.66		0.38	
致密油	1.92		0.19	
致密砂岩气		2472		989
页岩气		3173		359

第二节 剩余油气资源潜力分析

辽河坳陷剩余常规与非常规油气资源量较大，但分布极不均衡。本节根据"十三五"油气资源评价结果，进行分凹陷、分层系、分深度、分领域的剩余油气资源分析，指出了主要勘探领域的资源潜力。

一、常规油气资源潜力

1. 各凹陷油气资源潜力

截至 2018 年底，累计探明石油地质储量 23.66×10^8t、可采储量 6.08×10^8t；探明天然气地质储量为 $725.27\times10^8m^3$、可采储量 $467.12\times10^8m^3$。根据"十三五"资源评价结果，剩余石油地质资源量 17.47×10^8t、剩余可采资源量 3.19×10^8t；剩余天然气地质总资源量 $3505\times10^8m^3$、剩余可采资源量 $1578\times10^8m^3$（表 1-14-7）。剩余资源量西部凹陷最多，其次是滩海地区，大民屯凹陷最少。

2. 各层系石油资源潜力

层系资源量是根据区带成藏组合类比结果，将区带石油资源分配到层系上，再将凹陷内所有区带层系资源量进行加和获得的。辽河坳陷前古近系剩余石油地质资源最多，为 7.81×10^8t；其次是沙三段，剩余石油地质资源为 4.74×10^8t（表 1-14-8）。

表 1–14–7　辽河坳陷剩余石油资源数据表

凹陷名称		剩余石油资源 /10^8t		剩余天然气资源 /10^8m^3	
		地质资源量	可采资源量	地质资源量	可采资源量
大民屯凹陷		2.86	0.43	412	149
西部凹陷	陆上	8.45	1.32	1520	703
	滩海	1.37	0.42	190	97
东部凹陷	陆上	2.98	0.50	847	400
	滩海	1.80	0.51	536	229
合计		17.47	3.19	3505	1578

表 1–14–8　辽河坳陷各层系剩余石油资源数据表

层系		总资源量 /10^8t		探明储量 /10^8t		剩余资源量 /10^8t	
		地质资源	可采资源	地质储量	可采储量	地质资源	可采资源
馆陶组		0.99	0.29	0.76	0.20	0.22	0.09
东营组		3.57	0.90	2.24	0.52	1.33	0.39
沙河街组	一＋二段	7.31	2.10	5.89	1.79	1.42	0.32
	三段	12.22	2.95	7.48	1.91	4.74	1.04
	四段	5.06	1.02	3.12	0.76	1.94	0.26
前古近系		11.98	2.01	4.17	0.92	7.81	1.09
合计		41.13	9.28	23.66	6.08	17.47	3.19

3. 不同深度石油资源潜力

辽河坳陷已发现的油气资源主要分布在中浅层和中深层，深层和超深层勘探程度低（中浅层小于 2500m，中深层介于 2500～3500m，深层介于 3500～4500m，超深层大于 4500m）。以探明储量与深度关系为基础，根据评价单元各深度段的石油地质条件，对石油总地质资源量、剩余地质资源量等按深度进行了劈分（表 1–14–9）。东部凹陷深层剩余石油资源最多，为 18337×10^4t，其次是中深层；大民屯凹陷深层剩余石油资源最多，为 12820×10^4t，其次是中深层；西部凹陷中浅层剩余石油资源最多，为 43481×10^4t，其次是深层和超深层。

4. 主要领域石油资源潜力

第三次资源评价以来，潜山、火成岩已成为重要勘探领域，同时非常规油气勘探出现了好的苗头。第四次资源评价不仅对碎屑岩，还对潜山、火成岩进行了系统评价，明确未来战略地位。

1）潜山油气资源

辽河坳陷潜山，根据源储关系共划分为 10 个区带。第四次资源评价通过解剖大民屯凹陷的静安堡潜山带、前进—荣胜堡潜山带、边台—法哈牛潜山带和静西潜山带，获得风险评价参数体系、取值标准及资源丰度等重要的评价参数，进而预测出辽河坳陷潜山石油总资源量为 11.59×10^8t，剩余资源 7.43×10^8t（表 1-14-10）。潜山带剩余石油资源由大到小排序依次为：小洼—月海潜山带、东部凹陷西部潜山带、东部凹陷东部潜山带、齐家—曙光低潜山带、双台子—兴隆台潜山带、高升—欢喜岭高潜山带、前进—韩三家子潜山带、静安堡潜山带、静西潜山带和边台—法哈牛潜山带。

表 1-14-9 辽河坳陷石油资源深度分布数据表

凹陷	面积 / km^2	资源分布深度 / m	总地质资源量 / 10^4t	剩余地质资源量 / 10^4t	总可采资源量 / 10^4t	剩余可采资源量 / 10^4t
大民屯	891	中浅层	22374	5800	5462	1288
		中深层	26535	8137	6177	2363
		深层	12820	12820	507	507
		超深层	1885	1885	192	192
西部	3315	中浅层	168236	43481	43691	9014
		中深层	48828	9139	13396	2044
		深层	45040	34576	7692	5599
		超深层	12067	11053	1013	811
东部	3431	中浅层	7465	3025	1622	796
		中深层	35404	14139	7844	4152
		深层	18337	18337	3489	3489
		超深层	12301	12301	1685	1685

表 1-14-10 辽河坳陷前古近系潜山主要区带石油资源预测结果表

潜山类型	区带	探明储量 /10^4t	资源量 /10^4t	剩余资源 /10^4t
源内型	静安堡潜山带	12198	15616	3418
	双台子—兴隆台潜山	12706	20728	8022
源边型	前进—韩三家子潜山带	0	5750	5750
	东部凹陷西部潜山带	137	11976	11839
	东部凹陷东部潜山带	0	10098	10098
	边台—法哈牛潜山带	5536	8331	2795
	齐家—曙光低潜山带	4128	10848	6720
	小洼—月海潜山带	996	15143	14147
源外型	静西潜山带	516	3358	2842
	高升—欢喜岭高潜山	5404	14078	8674
合计		41621	115926	74305

2）复杂构造（断块）油气资源

辽河坳陷构造油气藏勘探程度相对较高，由于辽河构造比较复杂，该领域仍有较大勘探潜力。预测剩余石油地质资源量为 39702.89×10^4t，剩余石油可采资源为 6147.84×10^4t（表 1–14–11）。剩余石油资源由多到少依次为西部凹陷、大民屯凹陷和东部凹陷。

表 1–14–11　辽河坳陷复杂构造石油资源预测数据表

凹陷	面积 / km^2	剩余地质资源量 / 10^4t	剩余可采资源量 / 10^4t
东部	3431	3811.29	637.49
大民屯	891	9077.02	1055.93
西部	3315	26814.58	4454.42
合计	7637	39702.89	6147.84

3）岩性油气资源

辽河坳陷历经 50 余年的勘探，已进入高成熟勘探阶段，勘探主攻方向已由寻找构造油气藏转为寻找地层岩性油气藏。以西部凹陷西斜坡锦 310 区块和东部凹陷新开—大湾斜坡带铁 17 区块为刻度区，对辽河坳陷剩余岩性油气藏规模进行预测。剩余地质资源量为 45263.64×10^4t，剩余可采资源量为 8071.94×10^4t（表 1–14–12）。剩余石油资源由多到少依次为西部凹陷、东部凹陷和大民屯凹陷。

表 1–14–12　辽河坳陷岩性石油资源预测数据表

凹陷	面积 / km^2	剩余地质资源量 / 10^4t	剩余可采资源量 / 10^4t
东部	3431	16450.73	3148.20
大民屯	891	5380.36	1077.55
西部	3315	23432.55	3846.19
合计	7637	45263.64	8071.94

4）火成岩油气资源

火成岩勘探历程曲折，由避火成岩转变为找火成岩，经历了一个漫长勘探研究过程，并且随着勘探人员对火成岩的岩相、岩性等认识的深入，勘探成果日益显著。第四次资源评价在解剖欧利坨子—黄沙坨刻度区基础上，应用类比法预测了辽河坳陷东部凹陷的青龙台—大湾玄武岩、欧利坨子粗面岩、驾掌寺辉绿岩、红星和大平房粗安岩石油地质资源为 21451.12×10^4t。截至 2018 年底，东部凹陷火成岩剩余石油资源量为 18228.30×10^4t（表 1–14–13）。其中红星粗安岩剩余石油资源最多，其次是欧利坨子粗面岩，驾掌寺辉绿岩剩余最少。

表 1-14-13　东部凹陷火成岩石油资源量数据表

凹陷	分布地区	面积 /km^2	探明储量 /10^4t	地质资源量 /10^4t	剩余资源量 /10^4t
东部凹陷	青龙台—大湾玄武岩	158	75.00	3123.18	3048.18
	欧利坨子粗面岩	94	3147.82	7155.34	4007.52
	驾掌寺辉绿岩	60	0	1859.62	1859.62
	红星粗安岩	91	0	6208.84	6208.84
	大平房粗安岩	95	0	3104.14	3104.14
	合计	498	3222.82	21451.12	18228.30

二、非常规油气资源潜力

1. 页岩油、致密油资源潜力

辽河坳陷页岩油主要分布在西部凹陷雷家、大民屯凹陷中央构造带沙四段含碳酸盐岩页岩中，总地质资源量约为 4.66×10^8t（表 1-14-14）；致密油资源分布在西部凹陷双台子致密砂岩、大民屯凹陷西陡坡砂砾岩中，且仅在大民屯凹陷西陡坡砂砾岩上报探明储量 617.51×10^4t。页岩油、致密油剩余石油地质资源量分别为 4.66×10^8t 和 1.92×10^8t，勘探潜力较大。

表 1-14-14　辽河坳陷页岩油、致密油地质资源评价结果表

类别	区带（区块）	层位	面积 / km^2	资源量 /10^4t	
				地质	可采
页岩油	西部凹陷北段碳酸盐岩	Es_4	401	23000	1840
	大民屯碳酸盐岩	Es_4	168	12600	1040
	大民屯油页岩	Es_4	100	10950	876
	合计			46550	3756
致密油	西部凹陷双台子致密砂岩	Es_3	60	5200	520
	大民屯西陡坡砂砾岩	Es_4	211	14000	1400
	合计			19200	1920

2. 页岩气、致密砂岩气资源潜力

辽河坳陷页岩气主要分布在西部凹陷南部鸳鸯沟—双台子地区沙三段中—下亚段和东部凸起石炭系太原组，地质资源量和可采资源量分别为 $3173\times10^8m^3$ 和 $359\times10^8m^3$。致密砂岩气主要分布在西部凹陷鸳鸯沟—双台子沙三段中亚段及东部凹陷牛居—长滩洼陷、红星深层、二界沟洼陷沙三段中—下亚段等领域，预测致密砂岩气地质资源量和可采资源量分别为 $2471.7\times10^8m^3$ 和 $989\times10^8m^3$（表 1-14-15）。

页岩气、致密砂岩气勘探程度较低。页岩气在双兴 1 井泥岩岩心解析实验中获得，

含气量达 $2m^3/t$ 以上；致密砂岩气仅在双 225 井等几口井中有发现，未上报探明储量，勘探潜力较大。

表 1–14–15　辽河坳陷页岩气、致密砂岩气资源量评价结果表

类别	评价单元	层位	面积 / km^2	地质资源量 / 10^8m^3	可采资源量 / 10^8m^3
页岩气	鸳鸯沟—双台子	沙三段中—下亚段	270	2434.0	292.0
	东部凸起	石炭系太原组	802	739.0	67.0
	合计			3173.0	359.0
致密砂岩气	鸳鸯沟—双台子	沙三段中亚段	270	1778.0	711.2
	牛居—长滩洼陷	沙三段中—上亚段	102	212.8	85.1
	二界沟洼陷	沙三段中—上亚段	286	386.9	154.8
	红星深层	沙三段中—下亚段	95	93.9	37.6
	合计			2471.7	989.0

第三节　勘探方向与重点区带

辽河坳陷尽管勘探程度较高，但剩余资源总量仍然较大。坳陷发育多套含油层系，具有复式油气聚集的特点，无论在平面上还是纵向上，均存在勘探的不均衡性，平面上富油气洼陷周边低勘探程度区以及纵向上老区新层系（尤其是深层）都具有较大的勘探潜力。本节重点从潜山、地层岩性、火成岩、中浅层复杂断块、页岩油及滩海等领域介绍下步勘探方向。

一、潜山

辽河坳陷潜山累计探明石油地质储量 4.16×10^8t，剩余资源量为 7.43×10^8t（表 1–14–10），是辽河油田下步勘探的重要领域。目前钻井揭露潜山 25 个，探明潜山油藏 16 个，主要潜山均已钻探，潜山内幕及多元结构潜山的下层系是下步勘探的重要方向。综合评价认为，曙光—高升潜山带、大民屯凹陷潜山、中央凸起南部潜山带、东部凸起等具有较大勘探潜力，是下步勘探的重点区带（图 1–14–4）。

1. 曙光—高升潜山带

曙光—高升潜山带位于辽河坳陷西部凹陷中部，有利勘探面积约 $500km^2$。受一系列北东走向的西掉断层控制，发育高、中、低三个潜山带。经历 20 世纪 70 年代末期的高潜山勘探、90 年代中期的低潜山勘探和 2005 年以来的潜山内幕勘探三个阶段，截至 2018 年底，累计探明石油地质储量 4462×10^4t，剩余石油资源 8200×10^4t。

近期的综合研究表明，该区具有潜山内幕成藏的有利条件：（1）前中生代发育古生界、中—新元古界、新太古界三套地层，潜山内幕具有层状或似层状结构，发育三个大的地层不整合面、新生界房身泡组火山岩和沙四段泥岩两个区域性盖层、元古宇景儿峪

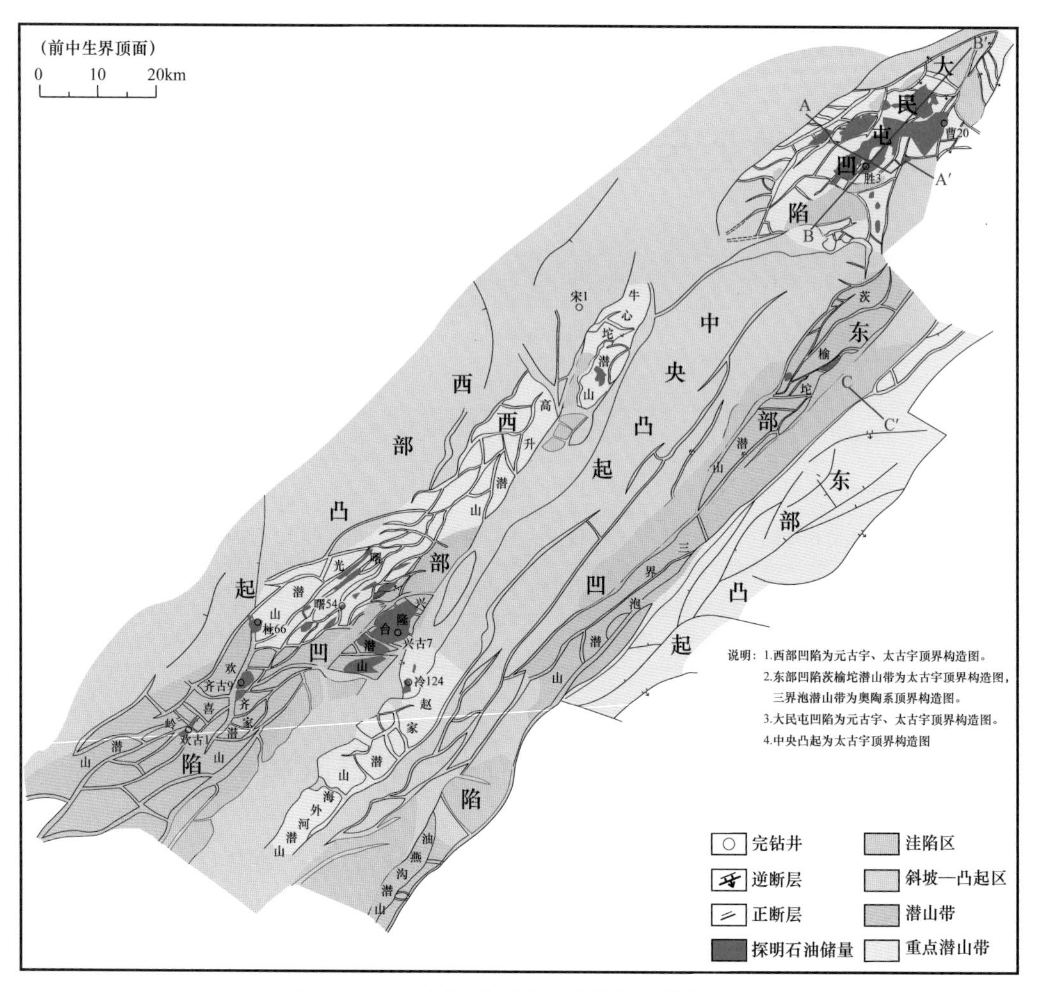

图 1-14-4　辽河坳陷潜山重点勘探区带分布图

组板岩和奥陶系中下部板岩两个内部隔层，纵向上可形成五套储盖组合；（2）存在“供油窗口”，具有较好的油源条件，潜山带邻近盘山、陈家、台安生烃洼陷，油源充足，潜山与烃源岩可以构成断裂—不整合面—储层输导体系，利于内幕成藏；（3）潜山内幕存在有效储集空间，潜山裂缝、溶孔、溶洞十分发育，具有形成高产、稳产的储层条件。2008 年以来钻探的高古 2 井、曙古 169 井、曙古 175 井等获工业油流，也证实了该区不仅风化壳可以成藏，潜山内幕也具有较好的成藏条件。

2. 大民屯凹陷潜山

大民屯凹陷前古近系基底发育新太古界、中—新元古界和中生界，西北部具有新太古界、中—新元古界、中生界三层结构，东南部和边缘部位具有新太古界、中生界双层结构，油气成藏条件十分优越：（1）多套优质烃源岩为潜山提供了充足油源，特别是沙四段烃源岩覆盖基底面积占凹陷总面积的 85%，为基岩提供了近源条件；（2）潜山发育多种类型岩性，新太古界发育浅粒岩、混合花岗岩、混合片麻岩，中—新元古界发育白云质灰岩、石英岩，裂缝、孔洞发育，储层条件好；（3）凹陷内部具有“下宽上窄、上下两套断裂系统”的特殊地质结构，凹陷边部存在沟通油源的深大断裂，使基岩成为油气运移的主要指向区；（4）断层、不整合面及裂缝构成网状通道，为油气向基岩圈闭运移提供了复合式高效输导体系；（5）受深大断裂和岩性控制，在基岩的不同部位发育风化壳或内幕油气藏。

截至2018年底，大民屯凹陷已发现平安堡、安福屯、东胜堡、静安堡、静北、边台、法哈牛、曹台等潜山油气藏，探明石油地质储量 1.82×10^{8}t，剩余石油资源约 1.48×10^{8}t。

多年的勘探实践表明，大民屯凹陷在高、中、低潜山都发现了油气藏，潜山油藏并不存在统一的油水界面，无论埋藏深浅，只要潜山具备良好的储层和供油窗口，都可能有油藏存在。综合评价认为，潜山深层、凹陷内部及边缘的低钻探程度区仍然具有较大勘探潜力，静西潜山、前进—韩三家子潜山、西部高潜山是下一步勘探的重点（图1-14-5、图1-14-6）。

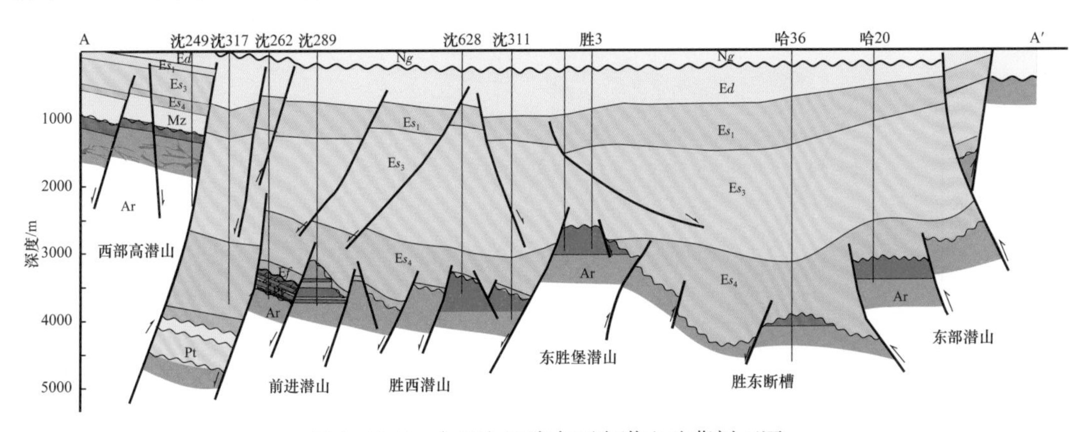

图1-14-5　大民屯凹陷东西向潜山油藏剖面图

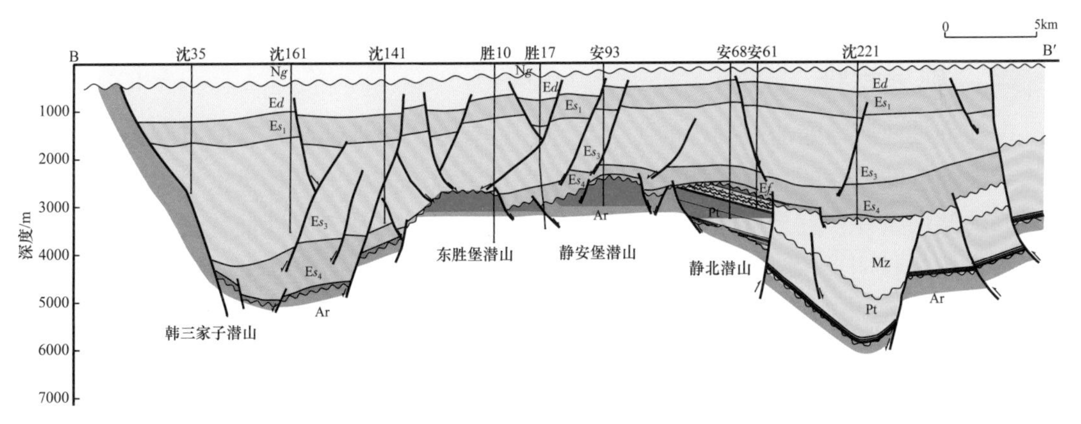

图1-14-6　大民屯凹陷南北向潜山油藏剖面图

3. 东部凸起

东部凸起面积约1600km²，累计完钻11口探井，6口井钻井过程中见油气显示，3口井试油过程中见油气。多年的研究和钻探实践表明，本区具备形成基岩油气藏的有利条件。（1）油源条件较好。凸起北部与其西侧的牛居—长滩生油洼陷侧向对接，油气可通过佟二堡断裂系输导进入凸起内部地层；区内还发育上古生界石炭系—二叠系煤层、中生界梨树沟组泥岩两套有效烃源岩。（2）发育多套有效储层。区内发育下古生界碳酸盐岩及上古生界砂岩、中生界火山岩三套储层，在构造和断裂发育段裂缝发育，储集性能较好。（3）源储配置良好。长滩洼陷与东侧基岩具有较大供油窗口，最大可达2300m以上，沙三段生成的油气可进入邻近洼陷的断裂带，形成“新生古储”型油气藏；古生界和中生界生成的油气也可在其邻近的储层中形成“自生自储”型油气藏（图1-14-7）。

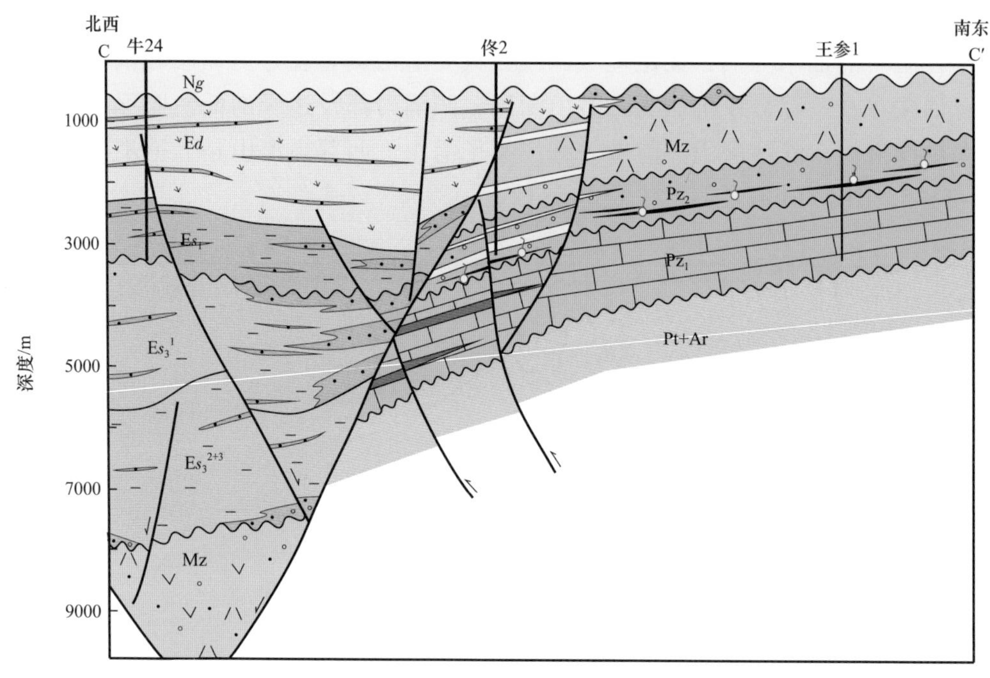

图1-14-7　东部凸起成藏模式图

二、地层岩性

古近系是辽河坳陷油气勘探的主力层系，具有地层岩性油藏发育的有利条件：一是存在岩性油气藏发育的有利构造背景；二是发育多源、多期、多种类型大规模砂体，提供良好的储层条件；三是岩性砂体与烃源岩有机配置，有利于岩性油气藏的形成。以往的勘探已累计探明地层岩性油气藏石油地质储量5.74×10^8t，建立了陡坡带、缓坡带及洼陷带油气分布模式，形成了砂砾岩体评价与预测技术、薄层砂岩地质评价与预测技术。根据新一轮的区带评价结果，三大凹陷周边的斜坡带和洼陷带具有较大的地层岩性油气藏勘探潜力（表1-14-11），具体包括“六坡、四洼”10个有利区带，预测剩余石油资源约4.52×10^8t，是下步勘探的重点目标。其中“六坡”包括西部凹陷东部陡坡带和西部斜坡带、大民屯凹陷西部陡坡带和南部断阶带、东部凹陷西斜坡和青龙台—沈旦堡陡坡带；“四洼”包括清水—鸳鸯沟洼陷带、黄金带—二界沟洼陷带、牛居—长滩洼陷带和荣胜堡洼陷带（图1-14-8）。重点介绍西部凹陷东部陡坡带、大民屯凹陷西部陡坡带、东部凹陷青龙台—沈旦堡陡坡带三个区带。

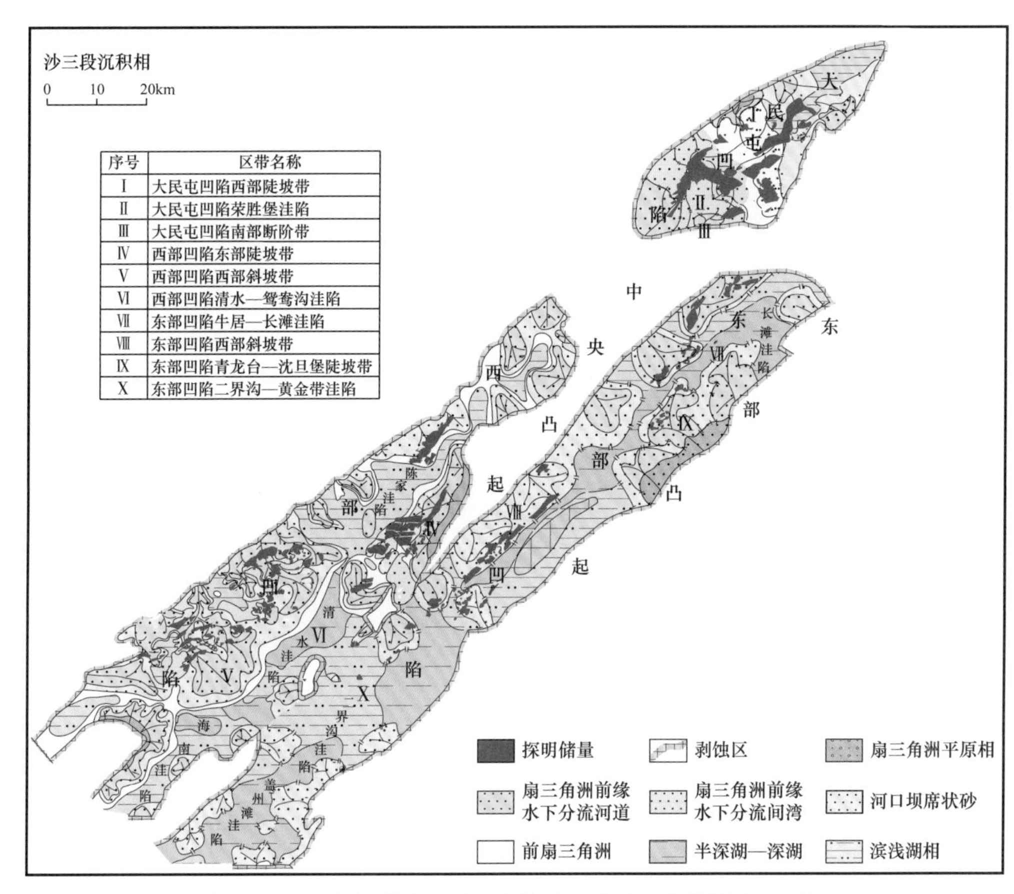

图 1-14-8　辽河坳陷古近系岩性油气藏重点勘探领域分布图

1. 西部凹陷东部陡坡带

西部凹陷东部陡坡带是凹陷与中央凸起的接壤地带，北起牛心坨，南至海外河，总体上为一狭长条带，勘探面积约 800km²。该区西邻清水、陈家、台安和牛心坨等生烃洼陷，油源供给充足，区内发育牛心坨、雷家、冷家堡、清东等近源短轴沉积的冲积扇—扇三角洲沉积体系，砂砾岩体直接与烃源岩接触或通过台安—大洼断裂与油源沟通，油气成藏条件优越。截至 2018 年底，已发现牛心坨、高升、冷家、小洼、大洼、海外河六个油田，累计探明石油地质储量 3.25×10^8t，天然气 83.16×10^8m³。根据第四次资源评价结果，该区剩余石油资源 2.49×10^8t、天然气 126.10×10^8m³。

综合研究和钻探实践证实，该区沿台安—大洼断裂发育多个扇体，是岩性油气藏勘探的有利地区。沙四段沉积时期在东北部发育陡坡扇三角洲沙体，沙三段、沙一 + 二段沉积时期，沉积沉降中心向西南迁移，在中南段发育大型冲积扇—近岸水下扇体；垂向上，北部继承发育厚层砂砾岩储层，南部在陡坡带发育厚层砂砾岩储层，洼陷带发育薄层砂岩储层（图 1-14-9）。

2011 年以来，通过综合评价，落实海外河、清南、清东、清北、马南、雷家等 11 个有利扇体，砂体面积 209km²，并在清东扇体优先部署实施洼 110 井、双 229 井等获得成功，新增探明石油地质储量 2048×10^4t，展示了该区的良好勘探前景。

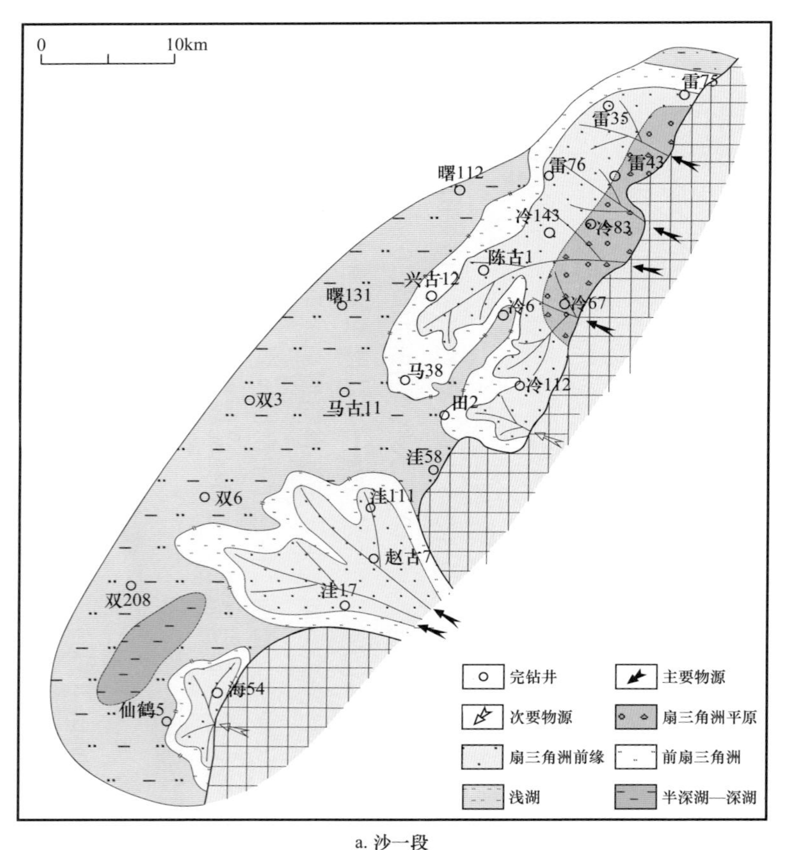

a. 沙一段

b. 沙三段中亚段

图 1-14-9　台安—大洼断裂带沉积相图

2. 大民屯凹陷西部陡坡带

大民屯凹陷西部陡坡带指静安堡构造带西侧、靠近西侧边界断层的地区，面积约 300km²，是大民屯凹陷勘探程度较低地区之一。该区东邻荣胜堡、安福屯洼陷和三台子洼陷，油源充足。古近系沙四时期，西部凸起物源入湖，在湖盆边缘凹槽区形成了前进、平安堡、安福屯和三台子等一系列朵状扇三角洲，有利勘探面积约 220km²（图 1-14-10）。大面积分布的砂砾岩体被生油岩包围，西侧被逆断层遮挡，具有较好的油气成藏条件。

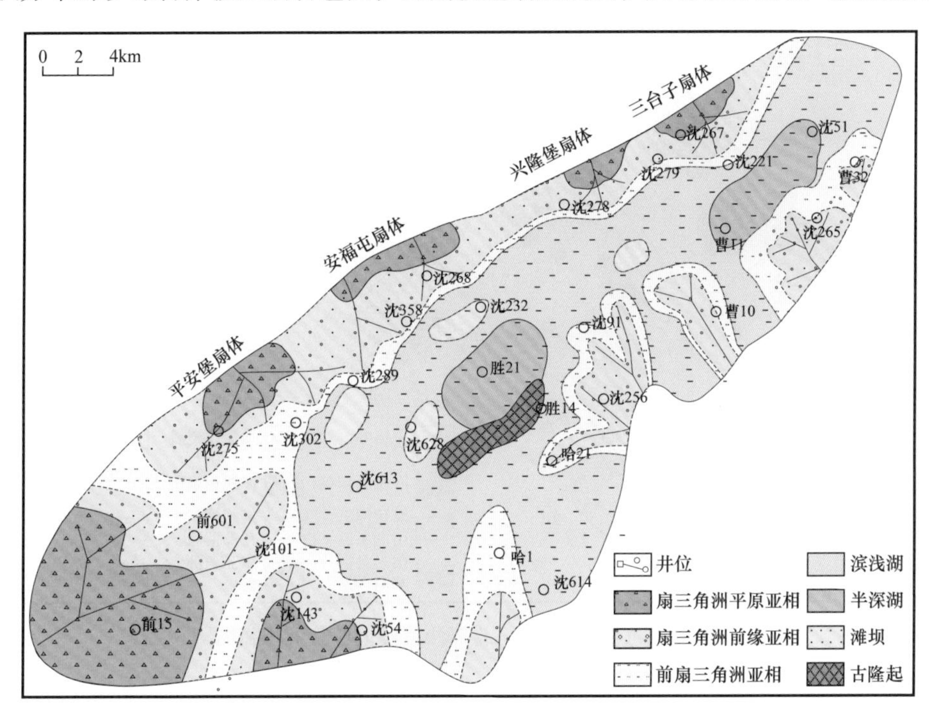

图 1-14-10 大民屯凹陷沙四段上亚段下部沉积相图

2015 年，优选平安堡—安福屯扇体前缘相带部署沈 354 井、沈 358 井获得成功，新增探明含油面积 9.07km²，新增探明石油地质储量 1223.82×10^4t，证实了该区沙四段砂砾岩体的勘探潜力，通过进一步的拓展勘探，有望扩大储量规模。

3. 东部凹陷青龙台—沈旦堡陡坡带

青龙台—沈旦堡陡坡带位于东部凹陷北段牛居—长滩凹陷东侧，总勘探面积 300km²。该区东邻牛居—长滩生油洼陷，油源供给充足；沙三段自南向北发育青龙台、青龙台北、牛居东、沈旦堡四大扇体（图 1-14-11），具备岩性油气藏形成的有利条件。南部青龙台和青龙台北两大扇体已累计探明石油地质储量 1654×10^4t。北部牛居东、沈旦堡扇体仅 5 口探井钻遇沙三段，其中牛 82 块探明石油地质储量 11×10^4t，姚 1 井、旦 2 井等探井均见不同程度油气显示。从钻探情况来看，具有扇中富集、扇根封堵的成藏特征，紧邻油源断层的扇三角洲前缘是下一步勘探的主要方向。

三、火成岩

辽河坳陷火成岩从中生界到新生界古近系东营组均有发育。1997 年，欧 26 井获工业油气流，突破了火成岩不利于油气成藏的传统认识，使火成岩成为新的油气勘探领

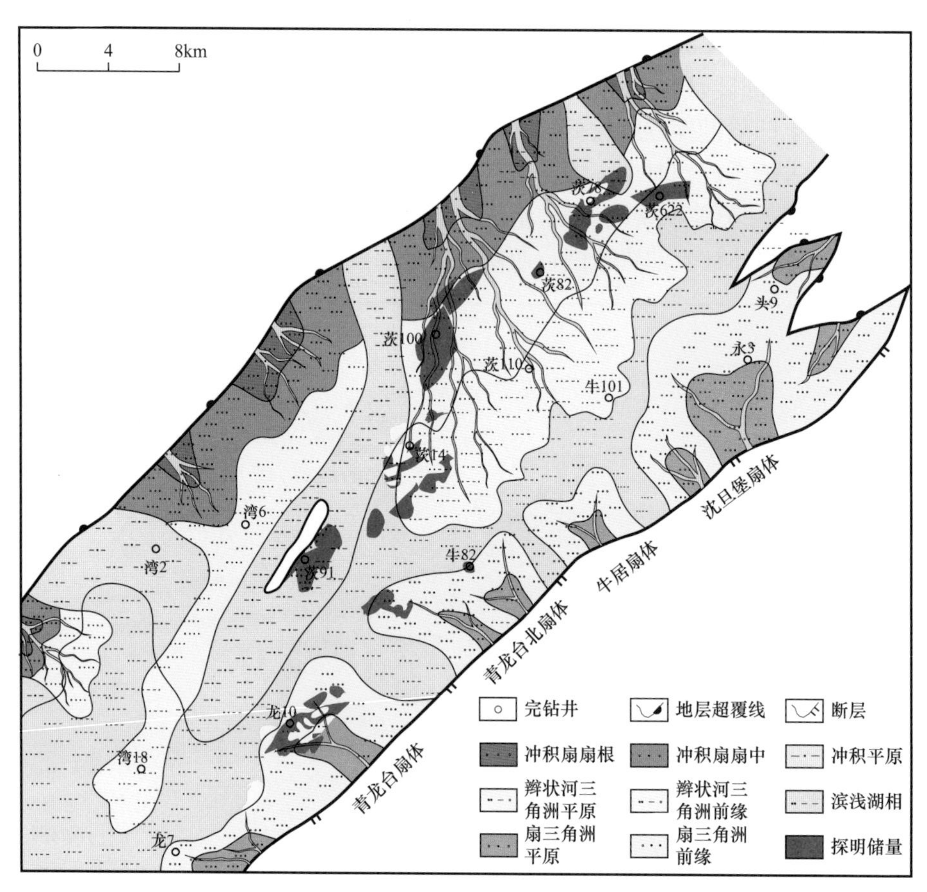

图 1-14-11　东部凹陷北部沙三段上亚段沉积相图

域。通过不断攻关，取得了一系列新认识：一是受火山机构控制和后期构造活动的影响，发育有优势岩性、岩相带，使火成岩成为有效的油气储层；二是深层火成岩储层物性受埋深影响较小，储层条件优于碎屑岩；三是近油源、近断裂有利于火成岩成藏富集。建立了火成岩岩性、岩相测井识别标准、测井储层识别和评价标准，形成了火成岩体刻画与储层预测技术。在东部凹陷建成了以沙三段火成岩为主的黄沙坨、欧利坨子油田，在西部凹陷坨 32 井、洼 609 井等地区的中生界获得突破，已累计探明石油地质储量 4008×10^4t，并取得较好的开发效果。

综合研究认为，辽河坳陷沙三段、中生界和房身泡组火山岩具有较好勘探前景，东部凹陷沙三段火成岩，西部凹陷曙北—雷家地区房身泡组及中生界火成岩具有规模增储的有利条件，是下步勘探重点目标（图 1-14-12）。

1. 东部凹陷沙三段火成岩

古近系火成岩东部凹陷最发育，位于中深层的沙三段火成岩成藏条件有利，资源评价显示，沙三段火成岩石油资源 2.15×10^8t（表 1-14-12）。近几年通过井—震—磁综合研究，在中南段沙三段落实 5 个火成岩体，总面积 498km^2（图 1-7-12）。其中，1999—2006 年，已经在中部黄沙坨—欧利坨子地区，以粗面岩为主上报探明石油地质储量 3147.82×10^4t，至 2018 年底已累计产油 336×10^4t。小龙湾—大平房地区沙三中发育与黄沙坨地区类似的大规模粗面岩体，它们与西侧的黄于热—大平房生烃深陷带侧向

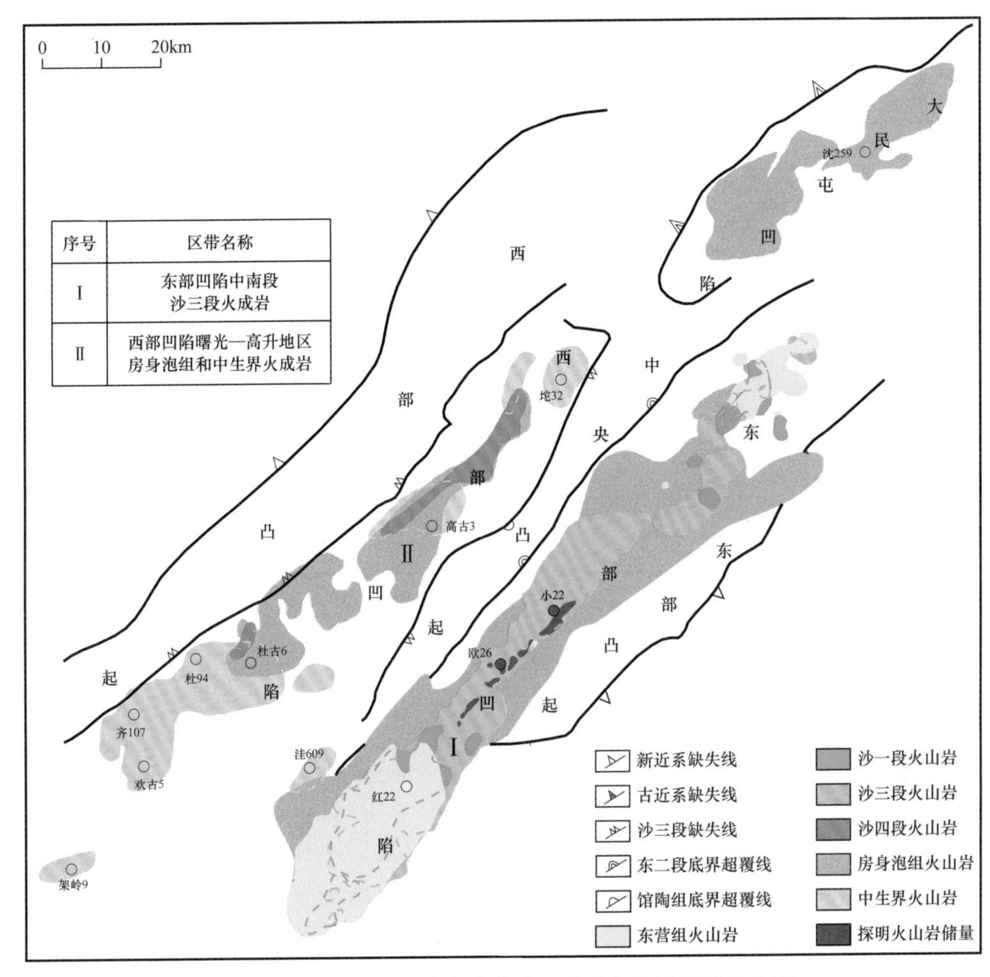

图 1-14-12　辽河坳陷火成岩油气藏重点勘探领域分布图

直接接触，供油窗口大，油气成藏条件较好。2018 年在红星地区沙三中火成岩新增控制石油地质储量 2937×10^4t，并在大平房地区识别火成岩体面积 95km^2，有利岩相面积 54km^2。

2. 西部凹陷曙光—高升地区房身泡组和中生界火成岩

辽河坳陷中生界和房身泡组火成岩在三大凹陷广泛发育，均近邻生油洼陷或生油层系，有利岩性、岩相带可以与砂砾岩互补成藏。以往的勘探在西部凹陷东部陡坡带洼 609 井区、西部斜坡带中南部锦 150 井区、齐古 2 井区、北部坨 32 井区的中生界火成岩中获得工业油流，并上报储量；雷家地区雷 70 井、雷 96 井、雷 99 井等在房身泡组火成岩井段获得工业油流。

研究认为，西部凹陷曙光—高升地区房身泡组玄武岩与上覆沙四段暗色泥岩直接接触，泥岩厚度在 40～100m 之间，供油窗口大；上覆泥岩压力系数 1.2～1.5，超压特征明显，利于油气向下运移；玄武岩气孔、溶蚀孔、裂缝较发育，可作为良好的储集空间，成藏条件有利（图 1-14-13）。该区房身泡组玄武岩有利面积 200km^2，具有规模增储的勘探前景。

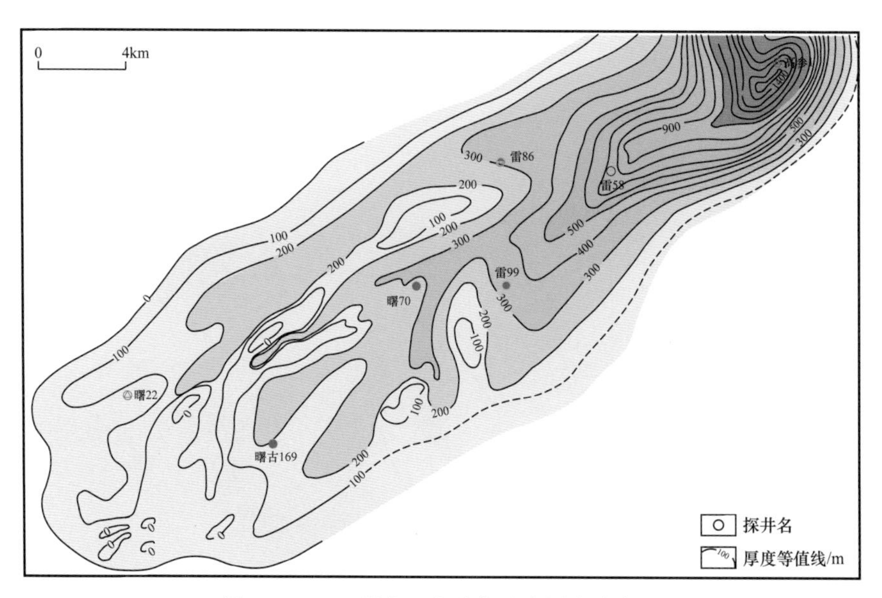

图 1-14-13　曙光—高升玄武岩厚度分布图

四、中浅层复杂构造油气藏

辽河坳陷经历多期构造运动，断裂十分发育，不同时期、不同性质、不同走向的断裂相互交错，形成了辽河坳陷复杂的构造样式以及众多的复杂构造油气藏，成为油气勘探的重要对象，目前已探明石油地质储量 13.42×10^8t，占总探明储量的 58%。也正因为构造的复杂性，仍然存在一些因为地质认识和精细工作程度问题未被发现的油气藏。综合分析认为，中浅层以复杂构造油气藏为主的沙一 + 二段、东营组剩余资源量 2.98×10^8t，仍然具有较大的资源潜力，而且是优质储量发现的主要层系。下步应以西部凹陷西部斜坡带、大民屯凹陷中央构造带、东部凹陷中央构造带等油气富集区带为重点，进一步深化中浅层精细勘探研究工作，精细落实复杂断块、层间微幅度构造，精细油藏分布规律认识，寻找效益储量区块（图 1-14-14）。

1. 西部凹陷西部斜坡带

西部凹陷西部斜坡带，北起曙光，南至西八千，勘探面积 $900km^2$，是著名的复式油气聚集区。截至 2018 年底，已发现曙光、欢喜岭 2 个超亿吨级储量的大油田，累计探明石油地质储量 9.60×10^8t。根据资源评价成果，该区石油资源总量 13.04×10^8t，剩余资源 3.44×10^8t。其中，馆陶组 1449×10^4t，沙一 + 二段 8073×10^4t，沙三段 8622×10^4t，沙四段 7270×10^4t。

该区东邻鸳鸯沟、清水、盘山、陈家生油洼陷，西有西八千、齐家、杜家台、曙光等多期物源供给，加之多期次的砂泥岩组合，油气成藏条件优越。受多期断裂活动和沉积演化控制，古近系发育地层—岩性、构造—岩性、岩性—构造等多种类型油气藏。尽管勘探程度总体较高，但是受地质认识和技术条件制约，以往的勘探重点是规模较大、特征明显的油气藏，各层系仍然存在较大探明储量空白区。沙河街组规模较小、隐蔽性较强的构造—岩性和岩性—构造油气藏，尤其是微幅构造油气藏，仍然具有较大的勘探潜力。

2. 大民屯凹陷中央构造带

大民屯凹陷中央构造带成藏条件优越，四周被荣胜堡、平安堡、安福屯、胜东、

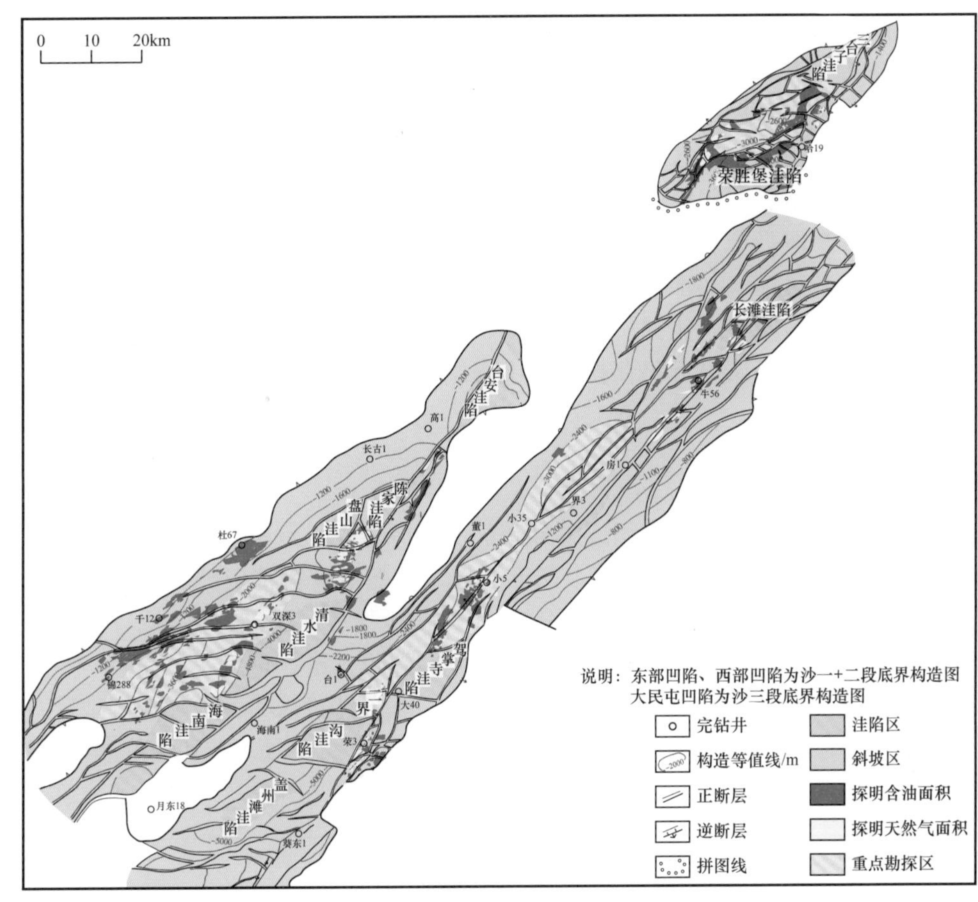

图 1-14-14　辽河坳陷复杂构造油气藏重点勘探领域分布图

三台子等生油洼陷包围，油源条件充足，中央断裂背斜构造带构造高部位是大民屯凹陷油气运移的主要指向区，沙三段沉积早期发育一系列三角洲前积沙体，油藏类型以构造及岩性—构造油气藏为主。目前已探明含油面积 28.99km^2，探明石油地质储量 4845.95×10^{4}t。储量区外完钻探井 120 口，沈 324 井、安 150 井、沈 230 井、沈 94 井等均获工业油流，其中沈 324 井获得日产油 60t、日产气 7219m^3 的高产油气流，证实了中央构造带仍具有较大的勘探潜力。

通过对已知油藏精细研究，认为构造高点及储层分布是沙三段油气聚集的主要控制因素。沙三段已发现油气藏主要集中在构造主体部位，也处于三角洲及河流相沉积沙体发育区，该时期断层多以近东西向展布，缺少南北向或北东向断层的封堵，使得油气沿沉积沙体或断层向中央构造带高部位运移、聚集。同时三角洲前缘河口坝及河流相砂层连通性较差，在主体构造侧翼及向洼陷过渡部位易形成岩性—构造油气藏。通过进一步细分砂层组，厘定了已发现储量纵向上和平面上的分布，认为沙三段还有较大勘探空间。进一步的构造精细解释及沉积储层精细研究认为，中央构造带岩性—构造油气藏是大民屯凹陷下步勘探的有利区，有望发现规模储量。

3. 东部凹陷中央构造带

东部凹陷中央构造带南段，北起热河台构造，南至荣兴屯构造，是在晚期构造走滑作用下形成的一系列反转背斜构造带。已发现热河台、于楼、黄金带、大平房、荣兴屯五个油田，现有探井 240 余口，上报探明石油地质储量 6074×10^4t，天然气探明地质储量 $152 \times 10^8 m^3$，是东部凹陷最为富集的区域之一。综合研究认为，晚期构造运动对浅层构造改造作用强，东营末期区域右旋走滑作用下，发生构造反转，形成黄金带、大平房等多个构造反转背斜。凹陷内的驾掌寺与二界沟两条深大断裂作为油气运移通道持续活动，沟通深部沙三段烃源岩，使油气在中浅层成藏。已知油藏具有单砂组高点控油、含油幅度低、单井产量高、油水关系复杂等特点，可形成一系列的低幅高产富集复杂断块油气藏。经过细分砂组、大比例尺构造成图、小断裂精细识别等工作，中央构造带主体背斜侧翼、深大油源断层附近仍存在多个中浅层微幅构造油气藏，有望成为中浅层效益勘探的重点地区。

五、页岩油

辽河坳陷在古近系发育大面积连续分布优质烃源岩，与致密储层配置关系好，为形成页岩油提供了稳定的物质基础。“十二五”以来，按照“搞清资源、储备技术、逐步突破”的思路，优先西部凹陷雷家地区和大民屯地区沙四段开展页岩油一体化研究攻关，取得了一定效果，初步建立了页岩油测井分类评价标准，形成了“甜点”叠前地震预测技术、页岩油钻完井与储层改造等工程技术。综合评价认为，上述两个地区页岩油资源 4.66×10^8t（表 1-14-14），具有规模储量发现的潜力，是下步勘探的重点目标区（图 1-14-15）。

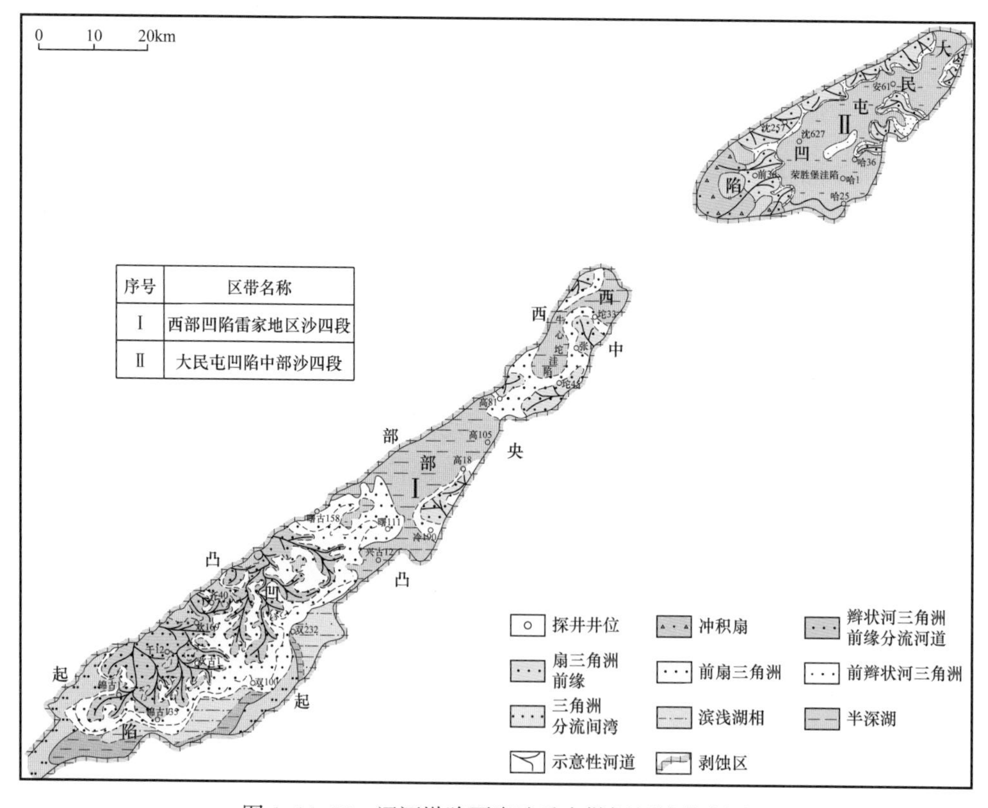

图 1-14-15 辽河坳陷页岩油重点勘探领域分布图

1. 西部凹陷雷家地区沙四段

雷家地区位于西部凹陷中北部，南起曙70井，北到高81井，西起西部凸起，东到陈家潜山—高升隆起一线，包括雷家、高升两个构造单元，面积约580km^2。沙四段沉积时期，受高升地区发育的房身泡组巨厚玄武岩形成的水下隆起带的遮挡影响，形成以陈家洼陷为沉积中心的半封闭湖湾和平缓宽阔的滨浅湖环境，沉积了一套有一定量的陆源碎屑注入的湖相碳酸盐岩（图1-10-2、图1-10-3）。该区杜三段和高升油层致密的碳酸盐岩与泥质岩呈高频率互层发育，可形成典型的自生自储页岩油，资源评价认为该区页岩油资源2.3×10^{8}t。2011—2018年，针对沙四段碳酸盐岩页岩油开展老井试油和新井部署，完成压裂井18口，15口在杜家台油层和高升油层白云岩含量较高的井段获工业油流，在杜家台油层上报控制石油地质储量4199×10^{4}t，高升油层上报预测石油地质储量4711×10^{4}t。通过进一步勘探，有望形成规模经济可采储量。

2. 大民屯凹陷沙四段

大民屯凹陷沙四段主要为浅湖、半深湖沉积，只在湖盆西侧、东侧及南侧边缘有扇三角洲砂体注入，凹陷中部发育面积约220km^2、厚度100～240m、分布稳定、连续性较好的“油页岩”（图1-10-12），主要有泥质云岩、含碳酸盐岩油页岩、粉砂岩、粉砂质油页岩和油页岩5类岩性，纵向上可细分为3组，具有宏观、微观“三明治”结构和源储一体页岩油成藏模式（图1-10-18）。Ⅰ组岩性以含碳酸盐岩油页岩为主，粉砂质油页岩次之；Ⅱ组岩性以粉砂岩为主，泥质云岩次之；Ⅲ组岩性以油页岩和含碳酸盐岩油页岩为主，粉砂质油页岩、泥质云岩次之。3个层段均发育基质孔、有机孔、溶蚀孔、溶蚀缝、微裂缝等储集空间，主要为溶蚀孔和微裂缝。Ⅰ组和Ⅲ组为较厚的优质烃源岩段，生成的油气可以存储在层段内孔隙—裂缝双重储集空间中，形成源储一体页岩油藏，也可以在有机质生烃形成的超压作用下，向Ⅱ组运移形成近源油气藏。

资源评价认为该区页岩油资源2.36×10^{8}t。2014—2018年，完成老井试油5口，实施资料井1口、水平井2口，2口水平井均获得工业产能。通过进一步勘探，有望成为辽河坳陷的现实接替领域。

六、滩海

辽河坳陷滩海属于辽河坳陷向海域的自然延伸（5m水深线以内），其“两凹三凸”的构造格局可与陆上部分一一对应，并具有与陆上相近的石油地质条件。待探明石油、天然气地质资源分别为3.39×10^{8}t和647×10^{8}m^3，勘探潜力较大。综合评价认为，笔架岭斜坡、海月构造带、燕南构造带是下步勘探的重点（图1-14-16、图1-14-17）。

1. 滩海西部笔架岭斜坡

笔架岭斜坡是在基底古隆起的背景上发育起来的继承性斜坡，有利勘探面积约430km^2。斜坡北部高部位笔架岭复杂断块探明含油面积5.35km^2，探明石油地质储量739×10^{4}t，开发效果较好。该带来自葫芦岛凸起扇三角洲以及湖底扇体，存在规模砂体；紧邻海南生油洼陷，油气供给充足，可形成构造、岩性多种油藏类型；截至2018年底，落实沙一+二段3个砂体，叠合面积36km^2，沙三段上亚段3个砂体，叠合面积25km^2。

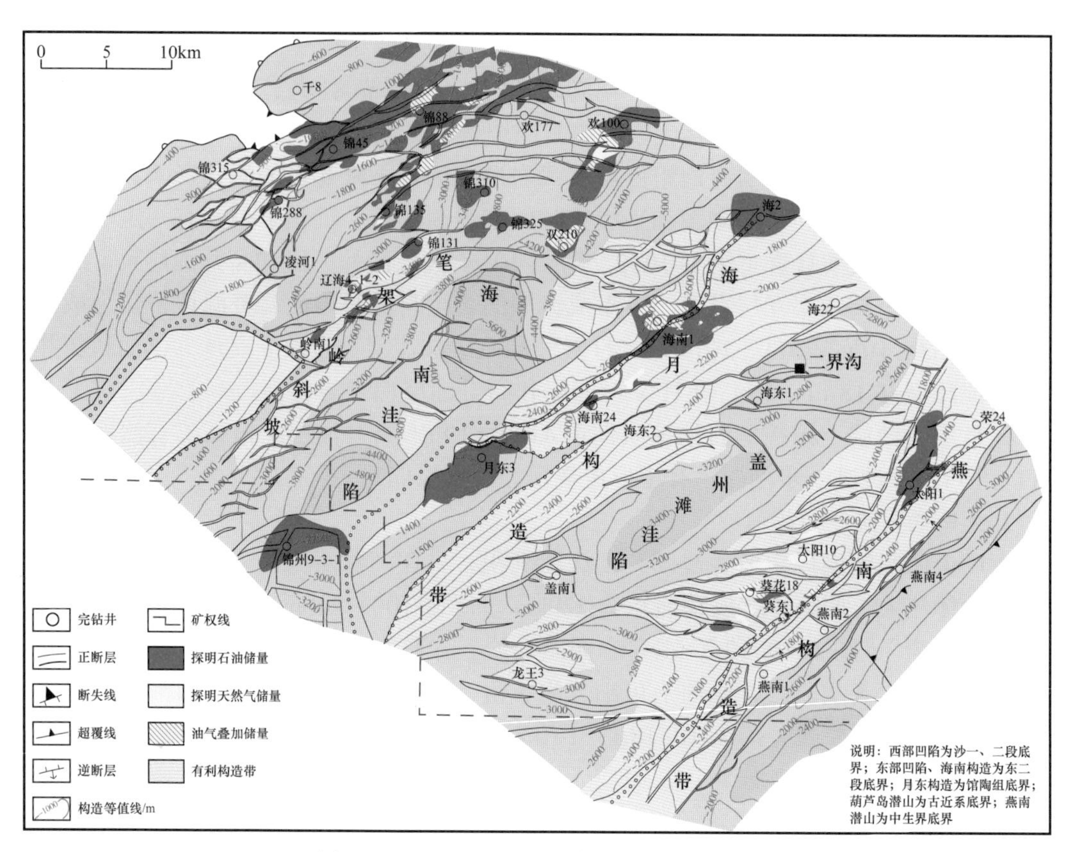

图 1-14-16　辽河滩海重点勘探目标分布图

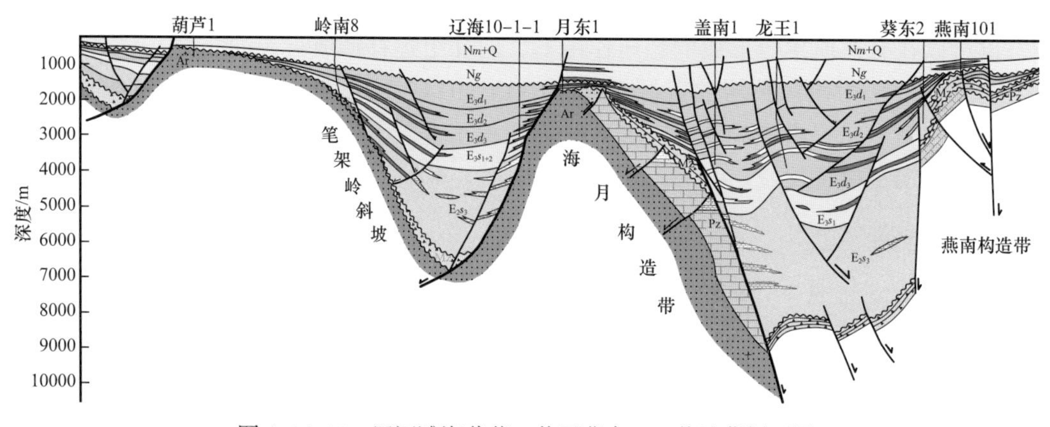

图 1-14-17　辽河滩海葫芦 1 井至燕南 101 井油藏剖面图

2. 滩海中部海月构造带

海月构造带受海南以及盖州滩两大生油洼陷夹持，具有“两洼夹一隆”的构造背景，新生界馆陶组以及东营组已探明含油面积 34.46km^2，探明石油地质储量 1.04 × 10^{8}t。潜山具有中生界、古生界、新太古界三重结构，海南 8-15-17 井在中生界获工业油流，海南 17 井、月古 1 井在新太古界红色混合花岗岩中均获得低产油层，海南 20 井在古生界获含油水层，在其高部位上报预测石油地质储量 815 × 10^{4}t。综合研究认为海月东坡具有规模增储潜力。（1）紧邻盖州滩生油洼陷，油气供给充足。（2）古生界岩性条件较好，储层孔缝发育；地层以东倾为主，倾向盖州滩生油洼陷，供油窗口较大；发育一系列反向断层遮挡形成的断块山，有利于油气聚集。（3）沙三段、沙一段沉积时期西侧月东潜山出露水面遭受剥蚀，在盖州滩断裂坡折带发育多个砂体，这些砂体与洼陷烃源岩侧向接触，油气成藏条件优越。截至 2018 年底落实古生界有利圈闭面积 131km^2，沙河街组有利砂体面积 120km^2。

3. 滩海东部燕南构造带

燕南构造带是受燕南、燕东断层控制的北东走向狭长地垒山，西侧紧邻盖州滩生油洼陷，具有中生界和古生界双重结构。燕南 1 井在古生界见油气显示，气测全烃含量最高 44.1%，槽面见油花和气泡。馆陶组在基底背景上发育地层超覆和披覆构造，燕南 101 井、燕南 4 井等 4 口井在馆陶组获得稠油层。综合评价认为：燕南潜山古生界储层孔洞裂缝发育，钻井过程中有明显钻井液漏失现象，储层条件好，且古生界内部存在多套储盖组合；潜山侧向与沙三段、沙一段和东三段烃源岩直接接触，具备断裂、不整合面等多种油气输导方式，油源条件有利；潜山多层系圈闭发育，规模较大。截至 2018 年底，落实古生界有利圈闭面积 61.8km^2，披覆层馆陶组有利圈闭面积 33.6km^2。按照潜山与馆陶组立体勘探思路，通过钻探有望获得规模储量发现。

第二篇
外围盆地

第一章　概　　况

辽河外围盆地位于辽宁省西部朝阳市和阜新市及内蒙古自治区东部赤峰市和通辽市境内。其东、西两侧分别与吉林省和河北省毗邻，南部紧邻辽东湾海域，北部延入大兴安岭地区。地理坐标：东经 117°00′～124°00′，北纬 40°00′～45°10′。东西长 500km，南北宽 450km。面积 $22.2 \times 10^4 km^2$。到 2018 年底，辽河外围盆地拥有矿权区块 10 个，面积 $18661.335km^2$，主要分布在开鲁盆地、彰武盆地、赤峰盆地和建昌盆地。

第一节　自 然 地 理

一、自然地理条件

1. 地形

辽河外围盆地地貌类型主要为中—低山、丘陵和平原，可分为南部辽西山地丘陵区、西部大兴安岭南部山地丘陵区、东部松南沙丘和平原区三大地形单元。辽西山地丘陵区为燕山山脉东缘延续部分，地势由西北向东南呈阶梯式降低，主要山脉有七老图山、努鲁儿虎山、黑山—松岭山和医巫闾山，七老图山是最高的山峰，海拔 1807m；大兴安岭南部山地丘陵区为大兴安岭山脉西南延续部分，地势西高东低，西侧山峰连绵，沟谷纵横，海拔一般 1000～1500m，黄岗山是最高山峰，海拔 2034m；松南沙丘和平原区为西北部大兴安岭山脉和南部燕山山脉接壤的过渡地带，为西辽河流域沙质冲积平原，沿西拉木伦河两岸分布着众多起伏不平的沙丘和沙地，如著名的科尔沁沙地，海拔 200～400m。

2. 河流

辽西山地丘陵区主要发育大凌河和小凌河两条河流，其中大凌河发源于凌源市打鹿沟，流经朝阳、义县，于凌海市东南注入渤海，全长 397km。小凌河发源于朝阳助安喀喇山，流经朝阳市、葫芦岛市、凌海市，于锦州市南注入渤海，全长 206km。大兴安岭南部山地丘陵区、东部松南沙丘和平原区以西以辽河为主，西辽河发源于河北省七老图山脉的光头山，流经河北省经内蒙古自治区赤峰市、通辽市，向东流至吉林省双辽市又转向南流入辽宁省境内，沿途汇集了老哈河、西拉木伦河等支流，区内长 600km。

3. 气候

辽河外围盆地地处温带，属大陆性季风气候区。其中辽西山地丘陵地区位于暖温带和中温带的交汇处，属于半湿润向半干旱的过渡地区；大兴安岭南部山地丘陵区、东部松南沙丘和平原区处于中温带，属于半干旱地区。春季干旱多风，夏季炎热多雨，秋季少雨多风，冬季寒冷风急。年平均气温南部 5～11℃，北部 0～6℃。1—2 月为严冬季节，

最低温度可达 -30℃，7—8 月为高温季节，月平均气温在 18～25℃。全区年降雨量多在 300～500mm，年降水量四季变化较大，多集中于夏季，占全年的 57%～70%。春、冬两季多风，尤其是春季风，风力可达 7～9 级，最大风速 21.7m/s。

二、矿产资源与工农业

1. 矿产

区内矿产资源十分丰富，已探明多种类型的矿藏。其中煤炭资源广布于全区，有辽宁阜新、北票、南票和内蒙古自治区霍林河、元宝山、平庄等大型煤矿；多个凹陷的多层系发现了油气藏和铀矿床，有奈曼、科尔沁、科尔康油田以及钱家店特大型可地浸砂岩型铀矿床；多地区发现金矿，有赤峰市郊区南部、敖汉旗、喀喇沁旗、宁城县等地的金矿；还有辽宁葫芦岛杨家杖子钼矿、辽宁建昌八家子和凤城青城子铅锌矿；此外，通辽市的天然硅砂储量也居全国之首，被称为冶炼之宝的石墨储量也可观，功能神奇的中华麦饭石蜚声国内外；产于赤峰市巴林右旗沙布尔台苏木牙图山的叶蜡石（鸡血石），被誉为稀世之宝，中外闻名。

2. 工农业

辽河外围盆地处于我国北方农牧交错地区，粮食作物以玉米、高粱、谷子为主；畜牧业主要分布于赤峰—通辽地区，以牛、羊为主。目前区内各省、自治区都建立了相当数量的工业，在一定程度上满足了本地区的经济发展和人们生活的需要。内蒙古自治区赤峰市工业形成了煤炭、电力、冶金、建材、机械、皮革、食品等门类较为齐全又具有地方特色的工业体系。通辽市以民族工业为主，毛纺织业较发达。

三、交通

区内现已形成以铁路和公路相结合的交通运输网。铁路有京沈客运专线、沈山、秦沈、锦承、锦赤、魏塔、集通、通让、平齐、京通、大郑、通霍等干线贯穿全区，并与邻省、自治区相互连接，通往全国各地。公路交通发达，已建成高速路、国道、省道、县（旗）乡级路，以大中城市和县（旗）城为中心向外辐射，形成四通八达的公路网，城市、县城及乡镇三者之间均有公路相连（图 2-1-1）。

第二节　区 域 地 质

辽河外围盆地位于中国东部大陆边缘北东向展布的环（滨）太平洋构造域与近东西向分布的古亚洲构造域交叉复合的构造位置。在地质发展史上，这一地区经历了多阶段不同属性的构造演化，其地质构造具有多变性和复杂性。现今的地质构造属于滨太平洋构造域。前中生代，以赤峰—开原断裂为界，断裂以南为华北陆块的一部分，以北为内蒙古—兴安造山带东段南缘或东北板块南缘。

在区域构造位置上，辽河外围盆地北跨松辽盆地南部；南部以渤海海岸线为界与渤海湾盆地相邻；西部北段跨越大兴安岭中南段隆起与二连盆地相邻，南段与东西向延伸的燕山板内造山带中段毗邻；东部以郯庐断裂带为界与辽吉隆起相连（图 2-1-2）。

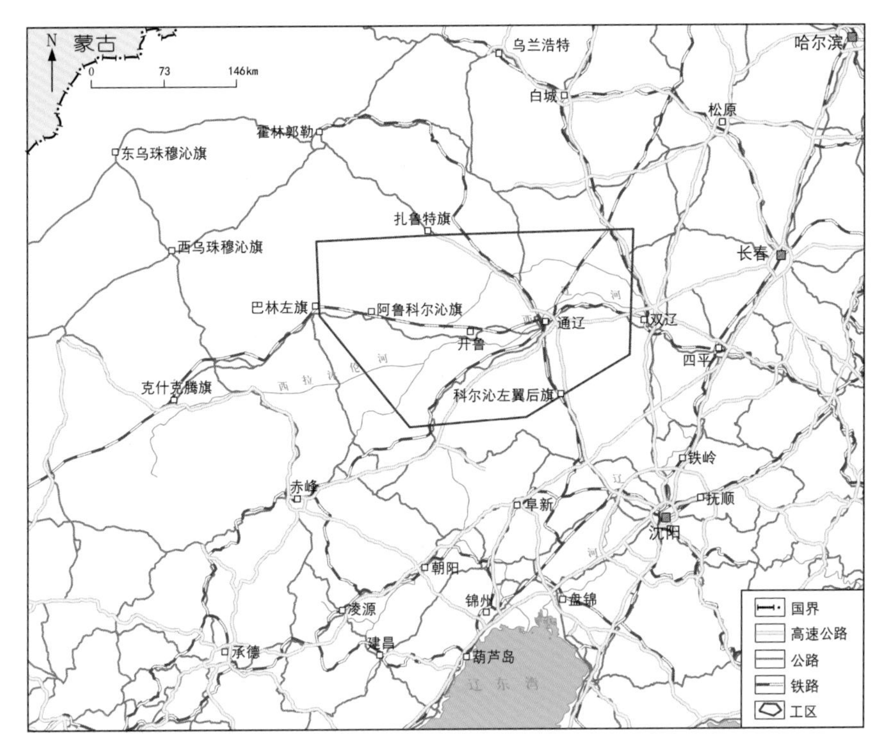

图 2-1-1　辽河外围地区地理位置与交通图

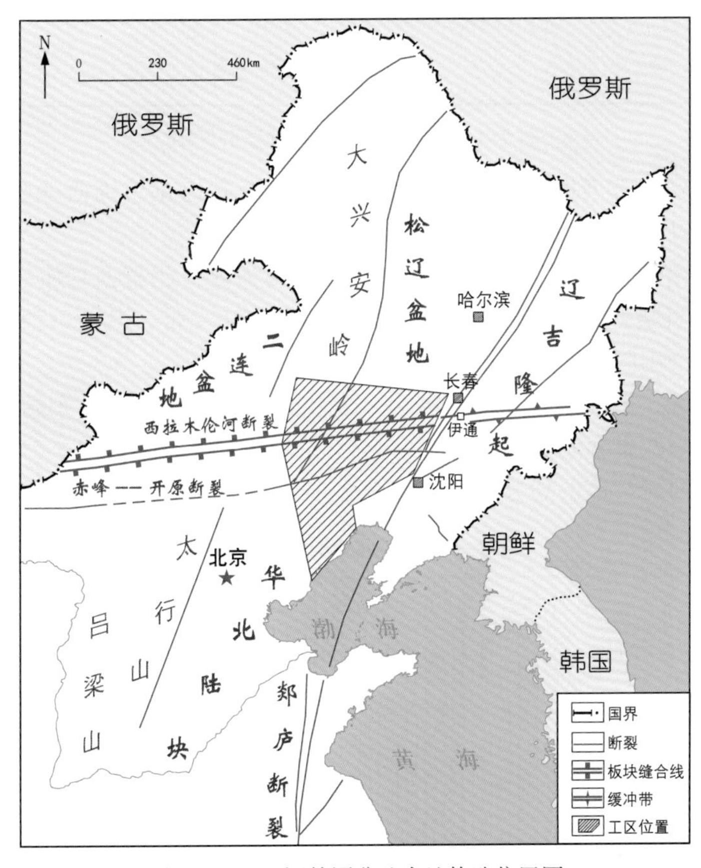

图 2-1-2　辽河外围盆地大地构造位置图

一、区域地层

辽河外围地区前中生代和中生代地层分布与大地构造分区一致，赤峰—开原断裂以南属华北地层区辽西地层分区，以北属内蒙古草原地层区大兴安岭东南地层分区和松南地层分区（图 2-1-3）。

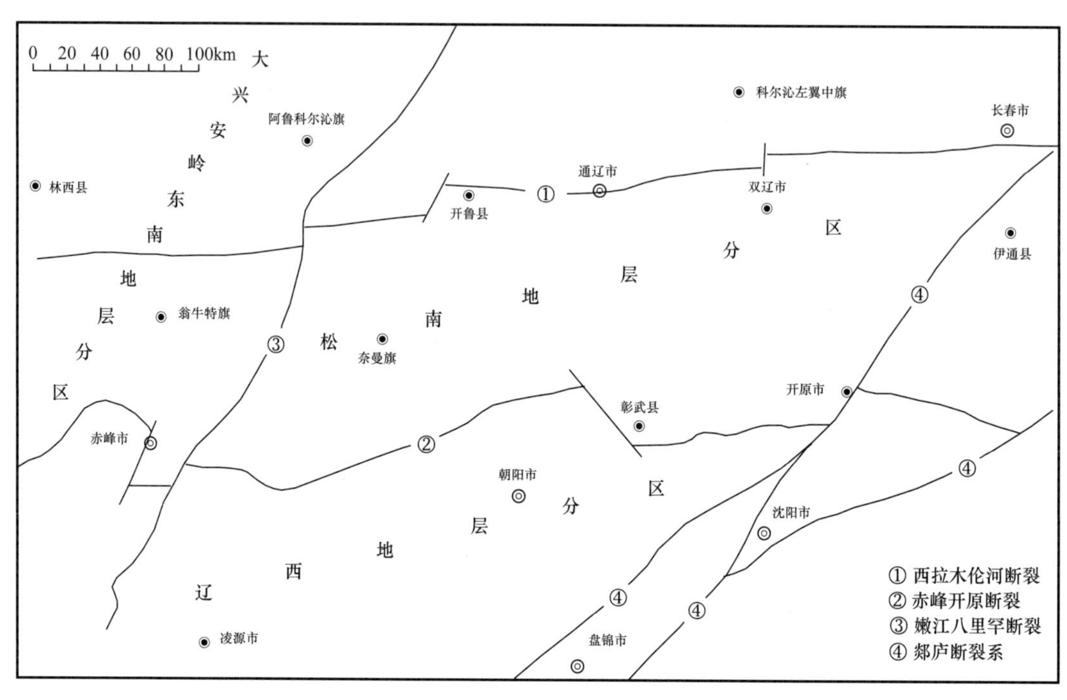

图 2-1-3　辽河外围地区地层分区图

辽西地层分区指郯庐断裂以西，嫩江—八里罕断裂以东、锦西—要路沟断裂以北、赤峰—开原断裂以南区域。

大兴安岭东南地层分区，南以赤峰—开原断裂为界，北至西乌旗—扎鲁特旗一带，东以嫩江—八里罕断裂为界，西至克什克腾旗—迪彦庙一带，其中以西拉木伦河断裂为界，分南、北两个小区，即赤峰小区和林西小区。

松南地层分区，南起赤峰—开原断裂，北止天山—茂林一线，东始于松辽盆地东缘南段，西达嫩江—八里罕断裂。

各地层分区的岩石地层划分与对比见表 2-1-1。

表 2-1-1　辽河外围地层对比表

年代地层单位			大兴安岭东南地层分区	松南地层分区	辽西地层分区
新生界	新近系—第四系			新近系—第四系	新近系—第四系
中生界	白垩系	上统		明水组	
				四方台组	
				嫩江组	
				姚家组	

续表

年代地层单位			大兴安岭东南地层分区	松南地层分区	辽西地层分区
中生界	白垩系	上统		青山口组	
			孙家湾组	泉头组	孙家湾组
					张老公屯组
		下统	阜新组	阜新组	阜新组
			沙海组	沙海组	沙海组
			九佛堂组	九佛堂组	九佛堂组
			梅勒图组	义县组	义县组
	侏罗系	上统	白音高老组		
			玛尼吐组		张家口组
			满头鄂博组		
			傅家洼子组	土城子组	土城子组
		中统	新民组	髫髻山组	蓝旗组
			万宝组	海房沟组	海房沟组
		下统	红旗组		北票组
					兴隆沟组
	三叠系	上统	东宫组		老虎沟组
		中统			后富隆山组
		下统	哈达陶勒盖组	哈达陶勒盖组	红砬组
			老龙头组		
上古生界	二叠系	上统	林西组		蛤蟆山组
			于家北沟组		石盒子组
		下统	额里图组		山西组
			三面井组	石嘴子组	太原组
	石炭系	上统	酒局子组		
		中统	石嘴子组	磨盘山组	本溪组
			白家店组		
		下统	朝吐沟组		
	泥盆系	中统	前坤头沟组		
		下统	西别河组		
下古生界	志留系	上统			

续表

<table>
<tr><th colspan="3">年代地层单位</th><th>大兴安岭东南地层分区</th><th>松南地层分区</th><th>辽西地层分区</th></tr>
<tr><td rowspan="9">下古生界</td><td>志留系</td><td>中统</td><td>晒乌苏组</td><td></td><td></td></tr>
<tr><td rowspan="3">奥陶系</td><td>中统</td><td></td><td>烧锅屯组</td><td>马家沟组</td></tr>
<tr><td rowspan="2">下统</td><td rowspan="2">明安山组</td><td>黄顶子组</td><td>亮甲山组</td></tr>
<tr><td>盘岭组</td><td>冶里组</td></tr>
<tr><td rowspan="5">寒武系</td><td>芙蓉统</td><td rowspan="2">锦山组</td><td rowspan="8"></td><td>炒米店组</td></tr>
<tr><td rowspan="2">第三统</td><td>崮山组</td></tr>
<tr><td rowspan="18"></td><td>张夏组</td></tr>
<tr><td rowspan="2">第二统</td><td>馒头组</td></tr>
<tr><td>昌平组</td></tr>
<tr><td rowspan="2">新元古界</td><td rowspan="2">青白口系</td><td>上统</td><td>景儿峪组</td></tr>
<tr><td>下统</td><td>龙山组</td></tr>
<tr><td rowspan="13">中元古界</td><td>待建系</td><td>下统</td><td>下马岭组</td></tr>
<tr><td rowspan="8">蓟县系</td><td rowspan="2">上统</td><td>杨士屯组</td><td>铁岭组</td></tr>
<tr><td>宋家沟组</td><td>洪水庄组</td></tr>
<tr><td rowspan="6">下统</td><td>石门组</td><td rowspan="3">雾迷山组</td></tr>
<tr><td>二道沟组</td></tr>
<tr><td>虎头岭组</td></tr>
<tr><td>佟家街组</td><td>杨庄组</td></tr>
<tr><td>关门山组</td><td rowspan="2">高于庄组</td></tr>
<tr><td>康庄子组</td></tr>
<tr><td rowspan="4">长城系</td><td>上统</td><td>大迫山组</td><td>大红峪组</td></tr>
<tr><td rowspan="3">下统</td><td rowspan="3"></td><td>团山子组</td></tr>
<tr><td>串岭沟组</td></tr>
<tr><td>常州沟组</td></tr>
<tr><td>新太古界</td><td></td><td></td><td>“建平群”或
“鞍山群”</td><td>“建平群”或
“鞍山群”</td><td>小塔子沟岩组</td></tr>
</table>

1. 新太古界（Ar_3）

分布在辽西地区，称为小塔子沟岩组（原建平岩群），主要为角闪岩相—麻粒岩相的变质岩系。岩性以混合花岗岩、片麻岩、麻粒岩、斜长角闪岩为主，还见有变粒岩、石英岩、大理岩和片岩，局部夹有磁铁石英岩。总厚度2553～5926m。

2. 中—新元古界（Pt_{2-3}）

主要分布在辽西地区燕辽裂陷槽辽西坳陷内，为一套地台型的盖层沉积岩系。地层系统和岩石特征与天津市蓟州区标准剖面基本相同，可划分4个岩系12个组级地层单元。中—新元古界主要由滨海—浅海相富镁碳酸盐岩、碳酸盐岩、碎屑岩、含海绿石碎屑岩夹中性—基性火山岩组成，富含微体古化石和叠层石。厚度4267～11850m。以角度不整合覆盖于新太古界片麻岩之上。

3. 古生界（Pz）

本区古生界以赤峰—开原断裂为界，可分两种类型。断裂以南属地台型（华北型），分布在辽西地层分区，由13个组级地层单元组成。寒武系—中奥陶统为一套以滨海、浅海相碎屑岩—碳酸盐岩为主的稳定型沉积建造；晚奥陶世—早石炭世区域整体隆升，造成区域性沉积间断；上石炭统—二叠系为海陆交互相至陆相的碎屑岩建造、含煤建造。断裂以北属内蒙古—兴安活动型（造山型），古生界为海相—海陆交互相变质岩系和火山岩系，厚度大，生物化石贫乏，分布在大兴安岭东南地层分区和松南地层分区，由18个组级地层单元组成。

4. 中生界（Mz）

分布在辽西地层分区、松南地层分区及大兴安岭东南地层分区，厚度3794～19657m。

1）辽西地层分区

中生界广泛分布在辽西地区中小型盆地内，自下而上划分为三叠系、侏罗系和白垩系。

三叠系分布于凌源、建昌、喀左、朝阳、北票等地，可分为下、中、上三个统，厚度100～1000m。下统为内陆河湖相红色粗碎屑沉积；中统为河湖相杂色细粒碎屑岩沉积；上统为河湖沼泽相碎屑岩沉积，夹泥页岩及薄煤层。

侏罗系主要分布在朝阳、北票、建昌、凌源等盆地。分为下统、中统和上统，由5个组级单位组成，厚度1694～7674m。下统为火山岩系—河湖沼泽相细粒碎屑岩及含煤岩系；中统为冲积相—洪积相粗粒碎屑岩和中酸性、中基性火山岩；上统为洪冲积相、滨浅湖相和风成相红杂色碎屑岩。

白垩系广布于辽西诸中生代盆地，尤以阜新、建昌、凌源、朝阳、黑山等盆地发育较好，分为下统和上统，由6个组级单位组成，厚度2948～9891m。下统为火山—火山碎屑岩建造、河湖相细粒碎屑岩建造、湖沼相含煤建造；上统下部为火山岩建造，上部为山麓洪冲积相类磨拉石建造。

2）大兴安岭东南地层分区

本区中生界自下而上为三叠系、侏罗系和白垩系。

三叠系仅见下统，分布在林西官地一带，岩性为中性及中酸性火山岩和火山碎屑岩夹细粒碎屑岩，产叶肢介化石。厚度大于1595.0m。

侏罗系发育较为齐全，下统为含煤碎屑岩沉积，含火山物质，分布零星；中统分布较下统广泛，下部为正常含煤沉积，向上过渡为无煤的酸性凝灰岩和火山碎屑岩；上统为酸性及中性火山熔岩夹火山碎屑岩，区内呈大面积分布，总厚度达8000m。产叶肢介、介形虫、植物等化石。

白垩系主要分布在赤峰地区，分为上统和下统，由5个组级单位组成，厚度为1666～4710m。下白垩统由火山岩系、湖相细粒碎屑岩系及沼泽相含煤岩系组成，上白垩统为河流—冲积相红杂色粗粒碎屑岩夹泥质岩及煤线。

3）松南地层分区

中生界大部分被新近系和第四系覆盖，仅局部有零星露头。钻井揭示，自下而上划分为三叠系、侏罗系、白垩系，分布在开鲁盆地、彰武盆地及铁岭盆地。

三叠系在开鲁盆地仙参1井和奈参1井钻遇，孢粉组合属下三叠统哈达陶勒盖组。岩性以凝灰岩、凝灰质砂岩、凝灰质泥岩和褐紫色泥岩为主，厚度1516m。

侏罗系在开鲁盆地奈参1井钻遇，孢粉组合属侏罗系中统海房沟组。岩性划分为上下两部分，下部为冲积扇—冲积平原相的红色粗粒碎屑岩，上部为浅水湖相夹沼泽相的细粒碎屑岩及碳质泥岩，厚度300～1000m。在开鲁盆地南缘见有中统髫髻山组出露，厚约1173.0m，岩性以酸性熔岩、凝灰岩和流纹岩为主。上统见于铁岭盆地法库大觉堡和哈户硕西北地区，称为土城子组。岩性为河流相砂岩、砂砾岩，厚度400m左右。

白垩系是辽河外围最发育的地区，厚度大，累计厚度达5000m以上；层位齐全，中国陆相白垩系三大生物群（热河生物群、松花江生物群和明水生物群）在该区皆发育；分布面积广，开鲁盆地、彰武盆地和铁岭盆地均有分布。白垩系由10个组级单位组成，分为上统和下统；下统以断陷形式产出，为火山岩—火山碎屑岩建造、河湖相碎屑岩建造、含煤建造；上统以不整合形式覆盖在早白垩世地层之上，以坳陷形式产出，为河湖相碎屑岩建造。

5. 新生界（Cz）

辽河外围地区均有分布，由新近系细粒碎屑岩和第四系冲积、沼积、湖沼堆积物组成。不整合在白垩系、侏罗系之上。厚度100～300m。

二、区域构造

辽河外围盆地处于华北陆块和内蒙古—兴安造山带上，是中国东部中新生代构造活动最强烈的地区之一。在地壳深部构造和区域主干断裂的控制下，构成了前中生代、中生代区域构造的基本格架及盆地生成、发展与消亡。

1. 深部构造

根据地球物理探测结果，辽河外围地区岩石圈结构具如下特征：其地壳厚度变缓带大致在郯庐断裂辽宁段及伊通段和嫩江—八里罕断裂附近，郯庐断裂辽宁段及伊通段以东地区地壳厚度在28～35km之间，软流圈顶面埋深在90～100km。深部构造走向以北东向为主，兼有北东东向。在嫩江—八里罕断裂以西的南部地区地壳厚36～43km，北部地区地壳厚约47km，软流圈顶面埋深90～100km。深部构造走向以北东东向为主，兼有近东西向和南北向。两条断裂之间地壳厚度较薄，厚30～37km，软流圈顶面埋深为50～80km，呈明显的隆起状态，可进一步划分为松辽幔隆区和下辽河幔隆区。辽西地区莫霍面也相对隆起，地壳较薄，厚30～34km，软流圈顶面埋深80～90km。

2. 区域断裂

深大断裂是岩石圈板块运动的结果，也是地壳活动的证据。辽河外围地区的区域性断裂主要由赤峰—开原断裂、西拉木伦河断裂、嫩江—八里罕断裂和郯庐断裂系组成，断裂走向分为东西向、北东—北北东向两组。

1）赤峰—开原断裂

位于华北陆块北缘，相当于任纪舜等（1980）所称内蒙古地轴北缘断裂带的东段，辽宁省区域地质志（1989）称为“赤峰—开原断裂超岩石圈断裂”。在辽河外围地区，赤峰—开原断裂呈近东西向展布于内蒙古赤峰、平庄马厂、阜新福兴地、法库胡家堡子至铁岭开原一线，长约500km，宽2.0～5.0km。它是构成华北陆块与内蒙古—兴安造山带之间的分界线。断裂北侧古生界为活动型建造；南侧太古宇、古元古界、中—新元古界、古生界广泛发育。沿断裂有华力西期似斑状二长花岗岩、闪长岩及燕山期花岗岩侵入体分布。断裂在地表出露较好的地段，表现为强烈的挤压破碎带和强烈构造变形带及向北逆冲的次级断层。中生代，沿断裂带发育东西向盆地，如敖汉旗二十家子盆地。

2）西拉木伦河断裂

西拉木伦河断裂由林西向东进入辽河外围地区，向西与温都尔庙断裂相接。本区大部被松辽盆地覆盖，地表仅在西拉木伦河西段有出露，表现为揉皱片理化、破裂岩化及糜棱岩化带，具有韧性剪切带特征，沿断裂带断续分布蛇绿岩套及蓝闪石片岩。磁场表现为低缓升高正磁场与降低负磁场的分界线，重力场呈现出一条不连续的重力梯级带。在沉积建造方面，断裂南侧为奥陶纪—志留纪火山—沉积岩系，北侧为弧后盆地复理石建造。断裂南北两侧生物群亦不同，断裂南侧石炭系—二叠系生物群属暖水型太平洋动物群和华夏植物群；北侧则主要是冷水型北极动物群和安哥拉植物群。目前对西拉木伦河断裂的性质及其在区域构造中的作用有三种不同意见：

（1）西拉木伦河断裂是一个斜切早古生代褶皱带，控制晚古生代沉积，是加里东期形成的一条大断裂；

（2）西拉木伦河断裂与温都尔庙断裂相连，为古生代俯冲带（陈琦等，1992）；

（3）西拉木伦河断裂是华北与西伯利亚两大构造域的拼接带，实际上是中小陆块群与华北北缘的拼接带位置。

综上所述，西拉木伦河断裂在本区为早古生代活动的俯冲带，形成于Pz_1。

3）嫩江—八里罕断裂

嫩江—八里罕断裂是辽河外围盆地隆起区与沉降区的分界断裂，由八里罕向北经平庄、奈曼旗、扎鲁特旗以东的白音诺尔与嫩江断裂相连，向南延入河北省，与平场—桑园断裂相接，再向南与太行山东麓断裂相连，控制了我国东部第二沉降带的分布，形成于Pt_3，主活动期Pz、Mz。

断裂带在航磁负异常背景上表现为串珠状正异常，总体走向北东30°，异常带宽10～25km，两侧为密集梯度带。地表大部分被新近系覆盖，仅在平庄—八里罕一线出露地表，表现为强烈的挤压破碎带，沿断裂分布大量酸性岩脉。晚古生代，控制东西两侧石炭系—二叠系沉积，中生代，控制晚侏罗世—早白垩世盆地的生成与发展。新生代，控制新近纪玄武岩和第四系沉积的分布。

4）郯庐断裂系

郯庐断裂系是指由抚顺—营口断裂、二界沟断裂、威远堡—盘山断裂和辽中—大洼四条主干断裂组成的断裂系统。其中，抚顺—营口断裂和二界沟断裂控制辽河坳陷东支裂谷系的东界，威远堡—盘山和辽中—大洼断裂控制辽河坳陷西支裂谷系的西部边界，以及铁岭—昌图盆地的东部边界。

郯庐断裂系是一条长期活动、性质复杂、多变的深大断裂，中生代以来经历了三次构造性质的转变。第一次是在中侏罗世—晚侏罗世之间由压扭性到张性的转变。印支期和早燕山期以压性构造为主，北东向断裂多为逆冲断层或逆掩断层。第二次发生在晚白垩世—古近纪之间，构造性质转变为张性并具左旋走滑的特点，也可分解为以伸展和走滑为主的不同发展阶段。第三次构造性质转变在新近纪后期由右旋张扭性转变为压性，如抚顺—营口断裂地表观察显示为具逆冲断层特点。因此可以推断，新近纪—第四纪郯庐断裂系主要表现为挤压逆冲性质。

3. 构造单元划分与特征

1）前中生代大地构造单元及特征

辽河外围前中生代大地构造是由一些小陆块、微地块经过长期多旋回的构造演化，逐渐拼接而成的东北大陆地壳，它构成了中生代盆地形成发展的基础。

按照板块构造学观点，依据深大断裂、地层古生物、古陆壳基底特征、建造类型及区域重磁场等特征，以西拉木伦河断裂带或拼接带为界，将辽河外围地区前中生代构造划分为东北板块和华北板块两个一级大地构造单元。根据构造活动性质的不同，进一步将东北板块、华北板块划分为松嫩—锡林浩特地块、华北陆块燕辽地块、华北陆块北缘增生带三个二级构造单元。各构造单元之间以深大断裂和拼接带为界，如：华北板块与东北板块之间为西拉木伦河拼接带，华北陆块与华北陆块北缘增生带之间为赤峰—开原断裂，传统上称为“槽台”界限。

（1）锡林浩特—松嫩地块。

位于贺根山—黑河断裂带以南、牡丹江断裂带以西、西拉木伦河断裂带以北，总体呈东宽西窄的三角形地块。辽河外围北部所辖地区为锡林浩特—松嫩地块南缘的中东部。

地块南缘下古生界未见出露，上古生界沉积较为连续，特别是上石炭统与二叠系出露于西部。上石炭统为海相碎屑岩、碳酸盐岩建造。二叠系为海相碎屑岩、火山岩、碳酸盐岩建造，以及海陆过渡相—陆相砂页岩建造，含冷水生物和安格拉植物群分子。

本区蛇绿岩套分布于南部林西、白音布统和北部白音布拉格、孬来可吐一带。岩浆活动为海西晚期石英闪长岩、二长花岗岩、钾长花岗岩侵入。

断裂构造多为北东东向逆断层，断裂面以向南倾为主。褶皱构造以二叠纪线性褶皱为主，轴向北东、北东东。

（2）华北陆块北缘增生带。

位于赤峰—开原断裂与西拉木伦拼接带之间，属天山—内蒙古中部造山带东段的南缘，具有华北板块与东北板块在古生代期间相互多次拼合增生和挤压形成造山带的性质，呈东西向展布。辽河外围中部地区属于华北北部陆缘增生带的中东段。

中元古代早期形成白云鄂博裂谷，新元古代形成洋盆。早古生代发展为活动大陆边缘，奥陶系为岛弧火山—沉积岩系，中志留统为海相碳酸盐岩建造和火山岩建造，中、晚志留世之间发生强烈的造山运动。上志留统由类磨拉石建造和碳酸盐岩建造组成盖层沉积。中泥盆世为浅海类复理石建造，上石炭统—二叠系，发育基性—中酸性火山岩建造、碳酸盐岩建造和海陆交互相碎屑岩建造以及陆相磨拉石建造。

该带岩浆活动强烈，加里东期为石英闪长岩、英云闪长岩，在柯单山、双井子地区有蛇绿岩。华力西晚期侵入岩以石英闪长岩、二长花岗岩为主。

褶皱构造极为复杂，加里东期与海西期为紧闭的线性褶皱，轴向北东东向，与之相伴产生一些逆断层，由南向北逆冲。其中，以早古生代的奥陶系、志留系的变形尤为强烈，产生的近东西向的断裂带和挤压破碎带更为发育。

（3）华北陆块燕辽地块。

燕辽地块是指营口—沈阳—抚顺—密山断裂以西、吴起—大同—张家口断裂带以东、康保—围场—赤峰—开原（台槽分界）断裂以南、永定河—洋河断裂以北的燕辽地区，相当于传统的燕山台褶带和内蒙古地轴。辽河外围南部地区属于燕辽地块东段，即辽宁西部地区。

地块基底由新太古界建平群变质岩系和太古宇变质深成侵入岩组成，呈断块状出露在阜新以西地区。五台运动使地块基底经历了区域高温变质作用，变质程度达麻粒岩相，构造以东西向紧密褶皱带和韧性剪切带为特征。

地块内太古宇基底经长期隆起剥蚀，大约在古元古代晚期地块发生破裂，在其边缘形成近东西向的裂陷槽——燕辽裂陷槽。辽河外围南部地区位于裂陷槽的东部，在近10亿年的时间内，沉积了长城系、蓟县系陆源碎屑岩建造、造礁碳酸盐岩建造和青白口系陆源黏土岩建造、碎屑岩建造，厚度达11850m，是地块内太古宇基底上的第一套盖层。经蓟县运动上升剥蚀之后，古生代时期进入克拉通盖层稳定发展阶段。寒武纪—中奥陶世，在陆表海环境下，沉积了740～1878m的碳酸盐岩建造。中奥陶世末受加里东运动影响，地壳抬升遭受剥蚀，缺失晚奥陶世—早石炭世地层沉积。晚石炭世初，地壳发生继承性沉降，接受晚石炭世滨海沼泽相含煤沉积和二叠纪海陆交互相含煤建造及陆相红色陆屑建造，厚度153～455m。晚二叠纪末，受晚华力西运动影响，南部地区整体抬升成陆，进入中生代陆相盆地发展阶段。

2）中生代构造区划及其基本特征

根据中生代以来的地质特征、主要断裂、基底类型以及沉积特征，将辽河外围地区中生代构造区划为辽吉东部隆起带、大兴安岭隆起带、中央沉降带和山海关隆起带四个一级构造单元（图2-1-4）。

（1）大兴安岭隆起带（Ⅰ）。

位于嫩江—八里罕断裂以西地区。带内发育众多的中、小型中生代盆地，多数属于中生代早中期的火山岩盆地。仅在隆起带南部发育受北北东向断裂控制的晚中生代盆地——赤峰盆地，具备油气形成的地质条件。

（2）中央沉降带（Ⅱ）。

位于辽河外围中部地区，东、西、南三面被隆起带所围限，北面与松辽盆地主体相连。带内发育的盆地面积大、埋藏深、油气资源丰富。根据中生代盆地发育特征，以赤峰—开原断裂和西拉木伦河断裂为界，将中央沉降带划分为北部坳陷区、中部坳陷区及南部断隆区。

① 北部坳陷区（$Ⅱ_1$）。

位于西拉木伦河断裂以北，是松辽中生代裂谷盆地的一部分，由5个断陷组成，面积7850km^2。坳陷区经历了断、坳两个阶段的构造演化。断陷阶段形成了沿北北东向分

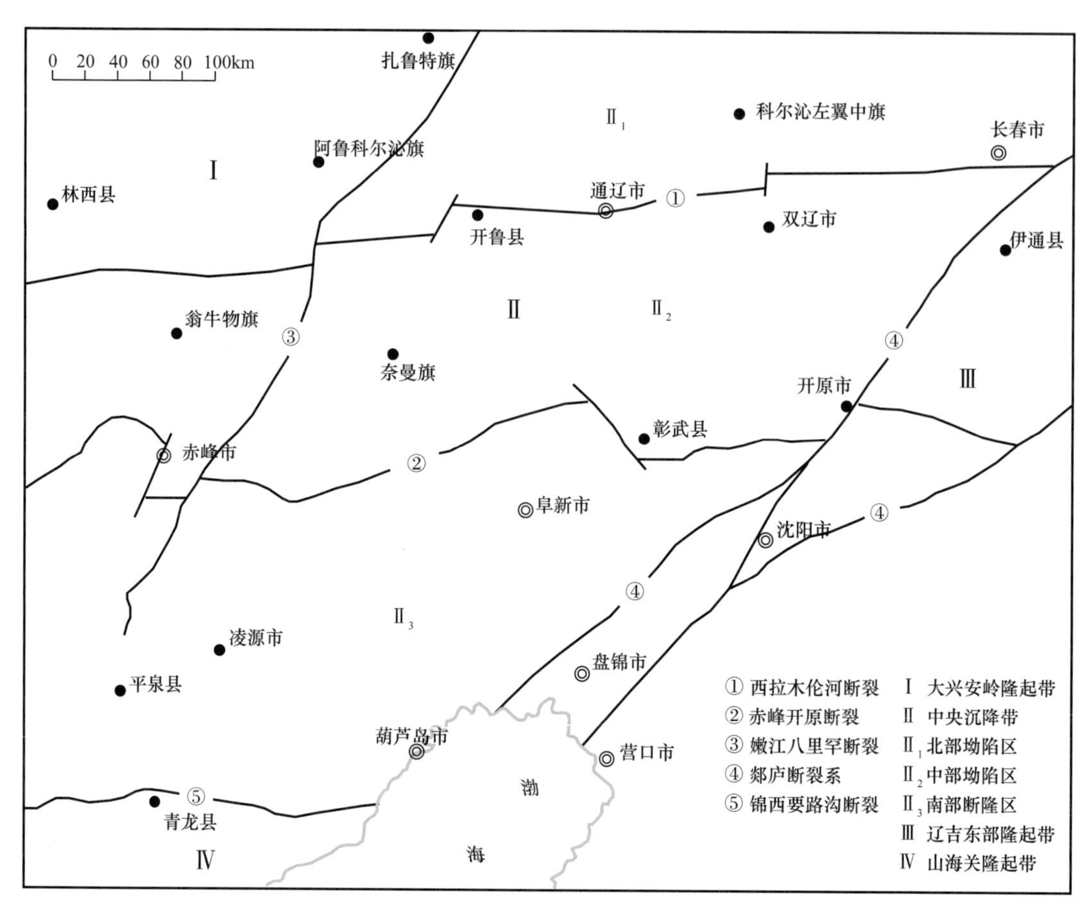

图 2-1-4 辽河外围中生代大地构造单元划分图

布的早白垩世断陷盆地，如陆家堡凹陷、钱家店凹陷，构造样式为不对称地堑和箕状断陷。断陷规模较大，面积在 1300～2600km^2，沉降幅度大，沉积厚度 3000～5000m。沉积物为湖相细粒碎屑岩建造和火山喷发相的火山熔岩类。坳陷阶段为晚白垩世的广覆式沉积，沉积了河湖相细粒碎屑岩、油页岩、鲕粒灰岩，沉积厚度 500～800m。坳陷期沉积的地层相对平缓，形成的构造以平缓的褶皱构造为主，如小幅度背斜和鼻状构造。

② 中部坳陷区（Ⅱ$_2$）。

位于赤峰—开原断裂与西拉木伦河断裂之间，是在海西期褶皱变质基底上发育起来，以晚中生代为主的断—坳型盆地群。早白垩世断陷期，发育了开鲁、彰武、昌图 3 个盆地 24 个断陷，总面积 1.9×10^4km^2。断陷特点是：规模小，面积一般 200～1300km^2，埋藏浅，沉积厚度小，一般厚 2000～4000m，断陷间不连通，没有形成统一的大型断陷盆地。沉积物为含煤、泥页岩及火山岩建造。在盆地结构上，多具有北北东向和近南北向隆坳相间的构造格局，构造样式为不对称地堑断陷和箕状断陷。晚白垩世坳陷期，各盆地普遍充填了一套浅水动荡环境下的河流相细粒碎屑岩和滨—浅湖环境下的泥岩、灰质细砂岩，沉积厚度 450～1200m。

③ 南部断隆区（Ⅱ$_3$）。

位于赤峰—开原断裂以南，由黑山、阜新、金羊、建昌、北票、平庄等六个盆地组成，面积 $2.03 \times 10^4 km^2$。

断隆区中生代由三套构造层组成，各构造层的变形特征明显不同。

下构造层由侏罗系下统兴隆沟组、北票组和中统海房沟组、髫髻山组及上统土城子组及其相当层位组成，构造线方向为近东西和北东向。逆冲断层和推覆构造发育，沿盆地边缘分布，且伴有较强的褶皱。盆地类型属于陆内挤压挠曲盆地，规模较小，充填物为火山岩—火山碎屑岩建造、碎屑岩建造、含煤建造，沉积厚度 3000～5000m。分布在凌源—叨尔噔隆起和大柳河—新台门隆起之间。

中构造层由白垩系下统义县组、九佛堂组、沙海组、阜新组及其相当层位组成，构造线方向为北东向至北北东向，构造层褶皱微弱。构造活动强度大，特别是盆缘伸展断裂控制着盆地的形成与演化，盆内断裂发育，构造面貌复杂。盆地类型为伸展断陷盆地，构造样式为地堑和箕状断陷。盆地规模较大，充填物为火山岩建造、火山碎屑岩建造和半深湖相细粒碎屑岩建造及含煤建造，沉积厚度 2300～6000m。除金羊盆地外，其他各盆地均有分布。

上构造层由上白垩统孙家湾组及其相当层位组成，不整合于侏罗系、下白垩统和前中生代地层及岩体之上。构造线呈北北东向，构造层褶皱微弱，断裂不发育。孙家湾组的沉积与分布受控于盆地边界断层，岩性为冲积扇—冲积平原相红色砂砾岩夹薄层泥页岩，沉积厚度 600～1300m。孙家湾组沉积晚期，断隆区再次发生挤压逆冲，较老地层覆于孙家湾组之上。

（3）辽吉东部隆起带（Ⅲ）。

位于郯庐断裂带辽宁段和伊通段以东地区。基底由太古宇深变质岩系、古元古界变质岩系、新元古界和古生界碳酸盐岩、碎屑岩组成。带内局部地区发育浅而小的中生代盆地。

（4）山海关隆起带（Ⅳ）。

位于锦西—要路沟断裂以南，是一个古老的隆起带，基底为太古宇深变质岩系。带内发育的早白垩世裂陷盆地，被义县组火山岩覆盖，属火山岩裂陷盆地。

第三节 盆地分布与油气勘探简况

辽河外围地区经印支旋回的短暂过渡，从早燕山期开始，受太平洋板块对欧亚板块的俯冲、拉张，在华北板块东北部、东北板块南部形成一系列规模大小不等、孤立而有序、呈北东—北北东向和近东西向展布的中生代盆地。经过 37 年的油气勘探，在陆家堡、奈曼、张强、龙湾筒、钱家店等凹陷建成了具有一定规模的油气田。

一、盆地分布

按辽河油田 1980 年统计，辽河外围地区分布大小中生代盆地 10 个和归属不清的 9 个凹陷，总面积 $84156 km^2$。其中，白垩系盆地 8 个（开鲁、彰武、黑山、昌图、建昌、阜新、赤峰、平庄），面积 $68866 km^2$；侏罗系盆地 2 个（北票、金羊）和 9 个归属不清的凹陷，面积 $15290 km^2$（图 2–1–5、表 2–1–2）。

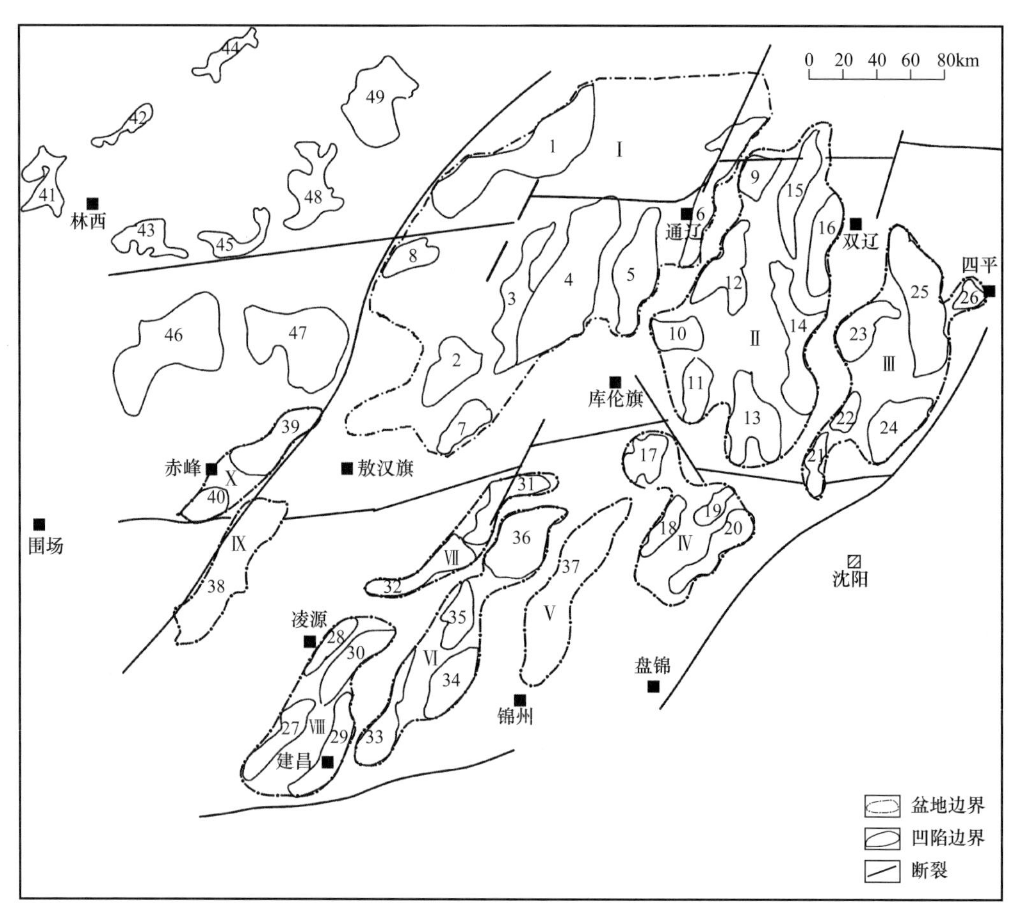

图 2-1-5　辽河外围地区中生代盆地及凹陷分布图

Ⅰ—开鲁盆地；Ⅱ—彰武盆地；Ⅲ—昌图盆地；Ⅳ—黑山盆地；Ⅴ—阜新盆地；Ⅵ—金羊盆地；Ⅶ—北票盆地；Ⅷ—建昌盆地；Ⅸ—平庄盆地；Ⅹ—赤峰盆地

表 2-1-2　辽河外围中生代盆地基础数据表

盆地 / 凹陷				编号	凹陷			地层时代
名称	面积 /km^2	沉积岩面积 / km^2	沉积岩累计厚度 / m		名称	面积 /km^2	小计 /km^2	
开鲁	33200	33200	3500	1	陆家堡	2620	10625	K_1—K_2
				2	奈曼	800		
				3	八仙筒	1440		
				4	茫汉	2150		
				5	龙湾筒	1310		
				6	钱家店	1280		
				7	东胜	700		
				8	新庙	325		

续表

盆地 / 凹陷				编号	凹陷			地层时代
名称	面积 /km^2	沉积岩面积 / km^2	沉积岩累计厚度 / m		名称	面积 /km^2	小计 /km^2	
彰武	12200	12200	4400	9	大林镇	500	5690	J_3—K_2
				10	甘旗卡	450		
				11	大冷	500		
				12	宝格吐	890		
				13	叶茂台	800		
				14	张强	1100		
				15	安乐	800		
				16	扎兰营子	650		
黑山	4800	2800	2000	17	务欢池	370	1630	J_3—K_1
				18	八道壕	350		
				19	姚堡	240		
				20	大红旗	670		
昌图	9700	9700	2500	21	登仕卜	270	3890	K_1—K_2
				22	孟家窝堡	250		
				23	三家子	780		
				24	铁法	670		
				25	昌图	1560		
				26	双庙	360		
建昌	3760	2590	2700	27	四官营子	420	2590	J_3
				28	大城子	510		
				29	建昌	1070		J_1—J_3
				30	梅勒营子	590		
北票	1950	1320	4800	31	北票	760	1360	J_1—J_3
				32	朝阳	600		
金羊	5530	3000	5000	33	北广富营子	910	2700	J_1—K_1
				34	松岭门	560		
				35	章吉营子	250		
				36	马友营子	980		

续表

盆地 / 凹陷				编号	凹陷			地层时代
名称	面积 /km^2	沉积岩面积 / km^2	沉积岩累计厚度 / m		名称	面积 /km^2	小计 /km^2	
阜新	1500	1500	3600	37			1500	J_3—K_1
平庄	2258	1600	2000	38			1600	K_1—K_2
赤峰	1448	1200	1400	39	元宝山	650	950	K_1—K_2
				40	三眼井	300		
大兴安岭南部	7810	7810		41	同兴	480	400	J_2—J_3
				42	五十家子	220	220	J_2—J_3
				43	小城子	600	600	J_2—J_3
				44	福山	400	400	J_2—J_3
				45	黄花庙	380	380	J_2—J_3
				46	五分地	1600	1600	J_3
				47	张三园子	2050	2050	J_3
				48	白音布统	880	880	J_2—J_3
				49	昆都	1200	1200	J_2—J_3
合计	84156	76920					40265	

根据地震、重磁资料，辽河外围共有 10 个盆地，其中，8 个盆地划分出 38 个凹陷，2 个盆地未进行明确的凹陷划分，加之 9 个归属不清的凹陷，凹陷总面积 40265km^2。其中，面积大于 1000km^2 的凹陷有 11 个，即陆家堡、八仙筒、茫汉、龙湾筒、钱家店、张强、昌图、建昌、昆都、张三园子、五分地，面积 17380km^2；面积在 500～1000km^2 的凹陷有 21 个，即奈曼、东胜、大林镇、大冷、宝格吐、叶茂台、安乐、扎兰营子、大红旗、三家子、铁法、大城子、梅勒营子、北票、朝阳、北广富营子、松岭门、马友营子、元宝山、小城子、白音布统，面积 14800km^2；面积小于 500km^2 的凹陷有 15 个。

在上述 10 个盆地和 9 个未归属的凹陷中，分布在中央沉降带的有开鲁、彰武、昌图、黑山、阜新、金羊、建昌、北票、平庄等 9 个盆地，赤峰盆地和 9 个归属不清的凹陷分布在大兴安岭隆起带。

按边界条件及构造位置，辽河外围中生代盆地可分为三种类型，以开鲁盆地为代表受基底伸展断裂控制的断坳型盆地，含油层系为下白垩统义县组、九佛堂组、沙海组和上白垩统青山口组，分布在北部坳陷区和中部坳陷区。以阜新盆地为代表受走滑—伸展断裂控制的断陷盆地，含油层系为下白垩统九佛堂组、沙海组，分布在南部断隆区。以北票盆地为代表受区域性挤压形成的山间盆地或山间断褶盆地，含油层系为下侏罗统北票组，分布在南部断隆区。

二、油气勘探概况

1. 勘探历程

辽河外围地区油气勘查区域广、层系多，不同地区和不同层系的勘探程度和勘探成果差异较大。其中，辽河外围中部、北部地区中生代盆地勘探程度相对较高，已建成油田，形成规模产能。南部地区中—新元古界在早期评价的基础上，已开展了钻探工作，明确了有利的生、储层系及勘探方向。大兴安岭东南部地区古生界的勘探处于早期地质调查阶段。

辽河外围中生代盆地 37 年的油气勘探历程，大致可划分为 3 个阶段。

1）区域普查（1981—1987 年）

1981 年辽河石油勘探局从辽河油田后备接替区勘探战略出发，在收集整理地质部石油地质局、地质部松辽石油普查大队、吉林油田等前期勘查和研究成果的基础上，对开鲁、昌图、彰武、阜新、北票、平庄、建昌、赤峰 8 个盆地进行全面地质调查。并在昌图、阜新和彰武盆地做了少量二维地震，还进行了重磁力精查和高精度航空磁测。共完成二维地震 1721km，重磁 6736km，航磁 17343km。在 8 个主要沉积盆地中，有资料可查的发现油气苗的盆地有 6 个，展示了辽河外围良好的找油气前景。

2）预探发现（1987—2000 年）

1987 以来，先后在陆家堡凹陷实施了陆参 1 井、陆参 2 井、陆参 3 井三口参数井，证实了九佛堂组和沙海组下部具有较好的烃源岩，坚定了在辽河外围地区寻找油气的信心。

1990 年 10 月，在陆家堡凹陷包日温都构造钻探的包 1 井获高产工业油流。至此，拉开了辽河外围地区油气勘探的序幕。其后，相继在陆家堡凹陷庙 3 井、包 20 井、包 21 井、交 2 井、廖 1 井、河 11 井及张强凹陷 1062 井、强 1 井、钱家店凹陷钱 2 井等多口探井喜获工业油气流，展示了辽河外围中生代盆地的油气勘探潜力。

1991 年，辽河外围首次在包日温都构造包 1 块上报控制石油地质储量 552×10^4t。

1992 年，包 1 块上报探明石油地质储量 1075×10^4t，展示了具有形成规模油气田的能力。

1993 年，包 1 块正式投入开发。1994 年共投产油井 350 口，年产油 49.42×10^4t，达到油田产量高峰，为辽河油田原油上产作出了积极贡献。

1994 年后，相继在陆家堡凹陷马家铺半背斜、好北背斜、包北背斜、包 22 块、交南断鼻、前河背斜和龙湾筒凹陷汉代背斜及张强凹陷长北背斜等 8 个构造开展试采油，并建成了科尔沁、交力格及科尔康油田。

3）“下洼找油”勘探阶段（2000 年至今）

受地震资料品质、地质认识和勘探思路的限制，辽河外围地区的油气勘探一度没有新发现和新的勘探成果。为尽快扭转油气勘探的被动局面，辽河油田的勘探人员开展了两个方面的工作：一是改善地震资料品质，满足储层预测和岩性圈闭识别的需要；二是总结外围盆地油气钻探失利原因，进一步分析油气藏形成条件和分布规律，取得了以下主要认识。

其一，辽河外围中生代盆地不仅规模较小，且多呈狭条带状分布，古地形高差大，造成沉积相带狭窄、横向变化快、砂体延伸距离短，储层物性普遍较差，油气不具备长距离运移的条件。

其二，残留凹陷后期改造强烈，遭受强烈剥蚀作用。因此，传统意义上的油气有利聚集带中的斜坡带由于剥蚀强烈而不利于油气藏的保存。相反传统上认为油气相对不易富集的洼陷带由于剥蚀改造弱，保存条件好，距油源近，且发育反转和扭动成因的背斜、断鼻等构造圈闭以及砂体上倾尖灭型岩性圈闭，成为油气成藏的有利区带。

基于上述得出的油气近洼聚集、环洼分布的规律性认识，形成了"下洼找油气"的勘探思路。在"下洼找油气"的勘探思想指导下，相继在元宝山凹陷牤牛营子背斜、奈曼凹陷双河背斜、陆家堡凹陷包 32 块、交 34 块、庙 31 块及张强凹陷强 1 块取得了油气勘探新发现。其中，在奈曼凹陷双河背斜探明储量达到千万吨级规模，在陆家堡凹陷诞生了外围地区第一口百吨井——庙 31 井。2010 年以后，加大了新区新领域的勘探力度，在建昌地区针对中—新元古界钻探了 3 口探井（韩 1 井、杨 1 井、兴隆 1 井），虽未获得油气层，但见多套油气显示，证实了中—新元古界是值得进一步勘探的层系。在林西—扎鲁特旗地区针对古生界开展区域地质调查以及重、磁、电和二维的地震采集工作，初步认为林西—扎鲁特旗地区晚古生代未曾发生所谓的海西期绿片岩相区域变质作用，其变质作用大多为接触变质和动力变质，影响范围有限。

2. 勘探工作量

1）地震勘探

从 1981 年起，辽河石油勘探局在辽河外围地区开始进行地震勘探方法试验，1983 年开始进行大规模二维地震勘探，初期勘探工作量集中在陆家堡、茫汉和龙湾筒凹陷，随后拓展到众多凹陷。其中，陆家堡、茫汉、龙湾筒、奈曼、钱家店、张强、赤峰、阜新等凹陷或盆地的二维地震勘探程度较高，除局部地段外，二维地震测网总体达到了详查精度，其他凹陷，如八仙筒、甘旗卡、北票、朝阳、白音布统等 25 个凹陷或盆地仅进行了二维地震普查或概查，还有 15 个凹陷未开展地震勘探工作。截至 2018 年底，各盆地完成二维地震工作量 36248km（表 2-1-3）。

表 2-1-3 辽河外围盆地各凹陷地震勘探程度表

已勘探盆地 / 凹陷				未勘探凹陷
三维地震	二维地震			
	详查	普查	概查	
陆家堡 龙湾筒 钱家店 张 强 阜 新 奈 曼 赤 峰	陆家堡 茫 汉 龙湾筒 钱家店 张 强 阜 新 奈 曼 赤 峰	八仙筒 甘旗卡 宝格吐 安 乐 叶茂台 昌 图 建 昌	北票、朝阳、马友营子、章吉营子、五分地、松岭门、大林镇、扎兰营子、铁法、孟家窝堡、四官营子、大城子、东胜、昆都、新庙、白音花、大红旗、平庄	大冷、务欢池、八道壕、姚堡、登仕卜、三家子、双庙、梅勒营子、北广富营子、同兴、五十家子、小城子、福山、黄花庙、张三园子

三维地震勘探始于1991年，首次在陆家堡凹陷包日温都构造上完成了114km^{2}的三维地震资料采集。到2018年底，辽河外围已在陆家堡、龙湾筒、钱店家、阜新、张强、元宝山、奈曼7个凹陷进行了三维地震勘探，完成三维地震采集4485km^2（表2–1–4）。总体上地震勘探程度较低，工作量主要集中在探明储量分布的凹陷。

2）钻井勘探

1987年1月11日，陆家堡凹陷首口参数井陆参1井开钻，拉开了外围中生代盆地钻井勘探的帷幕。其后，相继在陆家堡、茫汉、龙湾筒、甘旗卡、钱家店、张强、安乐、昌图、建昌、叶茂台和阜新等17个凹陷或盆地开展了钻探工作。各凹陷的钻探程度差异较大，完钻井主要集中在陆家堡和张强凹陷，占总井数的70%。截至2018年底，辽河外围地区完钻探井和参数井297口，总进尺52.89×10^{4}m。

表2–1–4　辽河外围主要凹陷勘探程度表

序号	凹陷名称	探明储量		地震		探井数/口	进尺/10^{4}m	工业油气流井数/口
		石油/10^{4}t	天然气/10^{8}m^3	二维/km	三维/km^2			
1	陆家堡	4976		12707	2383	167	29.75	56
2	钱家店	50		3770	415	16	3.04	2
3	龙湾筒	233		3239	424	18	4.59	5
4	张强	1040		4536	586	38	5.37	11
5	元宝山		3.26	1566	289	16	2.63	5
6	奈曼	2034		1329	310	12	2.38	6
合计		8333	3.26	27147	4407	267	47.76	85

3）其他勘探

非地震物化探工作始于1984年，集中于20世纪90年代早期，到2018年底完成1：10万～1：5万重力详查测线31346.96km、磁力详查测线17357.66km，大地电磁测深12239个点（面积13440km^2），化探22432点（面积19771km^2），完成1：5万高精度航磁剖面179323.75km（面积83918.65km^2）。基于上述资料，初步确定了辽河外围中生代盆地分布的基本格局及沉积盖层特征。

3. 主要勘探成果

辽河外围地区自包1井在九佛堂组获高产油气流后，经过28年的油气勘探，基本掌握了外围中生代盆地的分布、规模、性质和烃源岩发育、资源规模等基本情况。在12个见油气显示的凹陷中，有8个凹陷获工业油气流，有陆家堡、龙湾筒、钱家店、张强、奈曼和元宝山6个凹陷提交探明石油地质储量8333×10^{4}t，探明含油面积68.12km^2，探明天然气储量3.26×10^{8}m^3，面积3.0km^2。发现义县组、九佛堂组、沙海组和阜新组多套含油层系，以及构造、构造—岩性、砂岩上倾、砂岩透镜体、火山岩和碳酸盐岩等多种类型油气藏，找到了奈曼、科尔沁、交力格及科尔康等4个油气田，并进入油气开采阶段。

第二章　开鲁盆地

开鲁盆地位于内蒙古自治区东部通辽市，西邻大兴安岭山脉东坡，南依冀北—辽西山地，面积 3.32×10^4km^2。盆地内被新近系和第四系覆盖，海拔 200～350m，地形高差一般为 20～30m，盆地西缘及南缘为低缓的丘陵，有老地层出露，盆内由南向北依次为科尔沁沙地和草原，西拉木伦河、西辽河横贯盆地中部。铁路以通辽市为交汇点，可与北京、沈阳、齐齐哈尔、长春相通，各旗（县）之间有公路连接。

开鲁盆地的构造属性相当于松辽盆地开鲁坳陷区，现单独划出，主要强调坳陷层之下早白垩世断陷层的石油地质特征。

第一节　勘探概况

开鲁盆地的石油地质调查和勘探工作始于 1956 年，先后由地质矿产部石油地质局 157 队、内蒙古地质局王家营子地质队、地质矿产部松辽石油普查大队、吉林油田研究院分别开展了区域性的石油地质普查、航磁测量、重力测量、电测深、大地电流、地震勘探及地质浅钻工作。

从 1980 年起，辽河石油勘探局（辽河油田分公司的前身）开展了对开鲁盆地石油地质资料的收集和研究工作。

1982—1984 年，系统描述了东北煤田地质局在开鲁盆地陆家堡凹陷普查找煤钻孔道 1 孔、巨 1 孔、巨 2 孔，发现油砂，增强了在陆家堡凹陷寻找油气的信心。

1983 年，开始对开鲁盆地进行全面的石油地质普查，物探、化探勘探及油气资源早期评价工作。在评价优选的基础上，首先选择含油气远景比较好的陆家堡、茫汉凹陷开展地震连片测量工作。至 1997 年，在 8 个凹陷不同程度地开展了地震勘探，其中在陆家堡、钱家店、龙湾筒、奈曼 4 个凹陷开展了部分三维地震勘探。

1987 年，开展油气钻探工作。1990 年 10 月，在陆家堡凹陷包 1 井突破了出油关，发现了科尔沁油田。1991 年，对陆家堡凹陷进行重点钻探，先后发现和落实了包日温都背斜、马家铺半背斜、交南断鼻、好北背斜；1993 年，将钱家店、龙湾筒凹陷列为重点勘探地区。至 1995 年，相继发现了包北背斜（包 20 块）、前河背斜、后河背斜、广发背斜、包 22 块以及钱 2 块。

1995—2003 年，开展了区域钻探和凹陷预探。区域钻探以开鲁盆地奈曼、八仙筒、东胜凹陷为重点，相继钻探了奈参 1 井、仙参 1 井和东参 1 井，均未达到预期目的。凹陷预探除陆家堡西部发现包 14 块、龙湾筒凹陷发现汉代背斜含油气构造外，在陆家堡凹陷包南背斜、交 25 断鼻和钱家店凹陷钱 4、钱 12、钱 16 断鼻上钻探的一批构造，均未发现有利的含油气构造，油气勘探没有取得新进展。在此期间，油气探矿权发生了变动，由原8个凹陷变为4个凹陷。

2004年至今，在总结各凹陷油气发现与失败经验教训中，根据中生代盆地油气形成的地质条件，提出下洼和围洼找油气的勘探思路（殷敬红等，2005）。2004年，在奈曼凹陷开展实施获得成功，探明了双河背斜千吨级石油地质储量。此后，在陆家堡凹陷五十家子庙洼陷、交力格洼陷部署的多口探井均取得较好的勘探成果。

截至2018年底，开鲁盆地辽河油田矿权管辖区共完成二维地震21299.05km，三维地震3232.74km^2。完钻探井213口，总进尺39.76×10^{4}m。探明石油地质储量7293×10^{4}t（表2-2-1）。发现了下白垩统义县组、九佛堂组、沙海组、阜新组四套含油气层系，建成了科尔沁、交力格、前河、奈曼等6个油气田。

表2-2-1　开鲁盆地主要凹陷勘探工作量、储量统计表

凹陷	面积/km^2	资源量		地震		探井		工业油流井/口	石油地质储量/10^{4}t		
		石油/10^{4}t	天然气/10^{8}m^3	二维/km	三维/km^2	井数/口	进尺/10^{4}m		探明	控制	预测
陆家堡	2620	23846		12707	2383	167	29.75	56	4976	1354	4210
钱家店	1280	3211		3770	415	16	3.04	2	50		
龙湾筒	1310	5261	12	3239	424	18	4.59	5	233		
奈曼	800	6236		1329	310	12	2.38	6	2034		
新庙	1200			254							
合计	7210	38554	12	21299	3232	213	39.76	69	7293	1354	4210

第二节　地　　层

根据地面露头和钻井揭示的资料，开鲁盆地发育的地层有前中生界、中生界和新生界（图2-2-1）。大部分地区被第四系覆盖，仅在盆地西南侧、南侧边缘地带有出露。

一、前中生界

前中生界构成开鲁盆地基底，由上古生界石炭系—二叠系石灰岩、砂岩、板岩、砂页岩、粉砂质页岩、火山碎屑岩、火山岩组成。

二、中生界

中生界是开鲁盆地的主要沉积岩系，自下而上划分为三叠系、侏罗系、白垩系。

1. 三叠系

三叠系仅在奈曼凹陷奈参1井及八仙筒凹陷仙参1井钻遇，按岩性及孢粉组合特征属三叠系下统哈达陶勒盖组（T_1h），自下而上划分为上、下两段。

下段：以仙参1井1191～2405.5m（未穿）井段为代表，视厚度1091.5m。岩性分为上下两部分，下部为深灰色凝灰质泥岩；上部以凝灰岩为主，灰色凝灰质细砂岩及

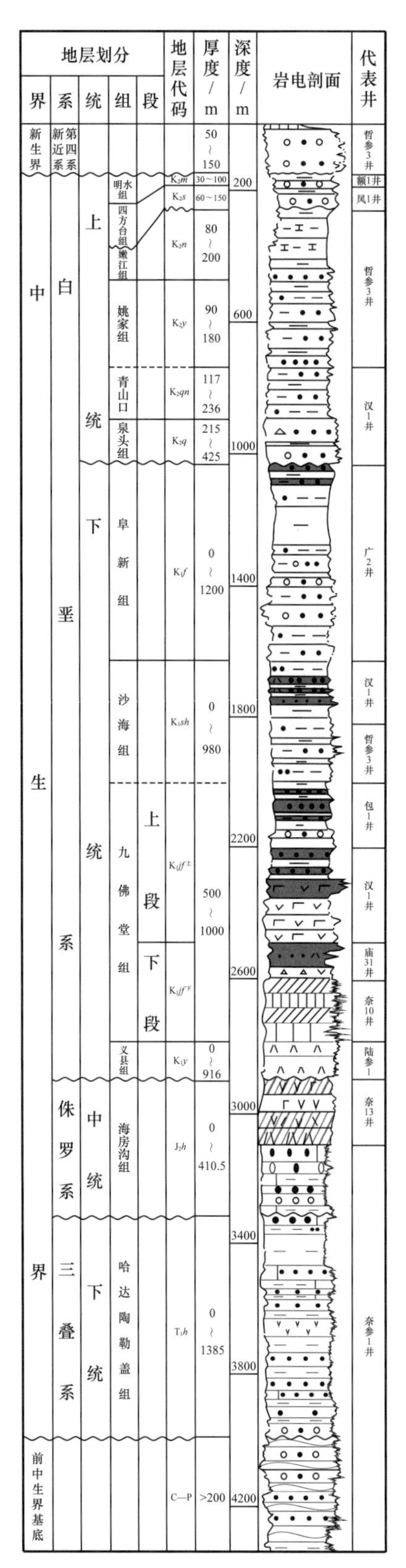

图 2-2-1　开鲁盆地地层综合柱状图

深灰色凝灰质泥岩次之，夹灰、灰黑色泥岩、紫红色含砾泥岩、杂色凝灰质角砾岩。该井与下伏地层关系不明。

该段孢粉组合为 *Calamospora–Lundbladisporites–Alisporites*。其中，裸子植物花粉占优势，含量达 60.9%，蕨类植物含量次之，占 39.0%。

上段：以奈参 1 井 1143.0～1567.5m 井段为代表，视厚度 424.5m，岩性为紫红色、褐紫色泥岩夹紫红色粉砂质泥岩及泥质粉砂岩。

该段孢粉组合为 *Verrucosisporites–Lundbladisporites–Chordasporites*。其中，裸子植物花粉含量达 53.7%，蕨类孢子含量为 46.3%，较下伏组合含量和类型略有增加。

2. 侏罗系

分布在奈曼凹陷，根据奈参 1 井 760.5～1134.0m 井段揭示的岩石组合特征，属中侏罗统海房沟组（J_2h），视厚度为 410.5m。按岩电特征分为上、下两部分。

下部（1014.0～1143.0m）为灰色、紫红色岩屑砂岩与紫红色、灰绿色细砾岩夹深灰色、紫红色、灰绿色泥岩，产少量孢粉化石。与其下伏三叠系哈达陶勒盖组呈角度不整合接触。

上部（760.5～1014.0m）为灰黑、深灰、浅灰色灰质砾岩、灰质泥岩与灰质中、细砂岩夹灰黑色泥质砾岩、粉砂质泥岩。

孢粉为 *Delttoidospora–Asseretospora–Cycadopltes* 组合。其中，蕨类孢子占优势，含量达 67.4%，裸子类花粉含量为 32.6%。

3. 白垩系

白垩系是开鲁盆地主要沉积岩系，厚度大，累计厚度可达 5000m 以上；层位齐全，中国陆相白垩系的三大生物群——热河生物群、松花江生物群、明水生物群均在盆地内发育；分布面积广，盆地内各凹陷广泛分布。根据岩石特征、古生物组合特征，自下而上划分为下白垩统义县组、九佛堂组、沙海组、阜新组和上白垩统泉头组、青山口组、姚家组、嫩江组、四方台组、明水组。

1）下白垩统义县组（K_1y）

零星出露在盆地西南敖汉旗地区，盆地内除奈曼凹陷外，其他凹陷均有钻遇，岩性为灰色、绿灰色、紫红色中性火山喷出岩、凝灰岩及安山质凝灰角砾岩，局部有少量的安山质角砾岩或集块岩。揭示最大厚度916.0m。与下伏地层呈角度不整合接触。

孢粉为*Densoisporites*–*Cicatricosisporites*–*Piceites*和*Densoisporites*–*Aequitradites*–*Piceites*组合。

2）下白垩系统九佛堂组（K_1jf）

盆地内各凹陷广泛分布，厚度500～1000m。按岩性特征分为上、下两段。

九佛堂组下段（称九下段）：岩性以深灰色凝灰质砂岩、砂砾岩、凝灰岩、凝灰角砾岩为主，夹深灰色泥岩、页岩、油页岩及泥灰岩薄层，局部发育火山岩（龙湾筒凹陷）、岩盐（奈曼凹陷北部）和碳酸盐岩（陆家堡凹陷西部）。与下伏义县组呈整合接触。

九佛堂组上段（称九上段）：以湖相深灰色泥质岩与油页岩为主，夹砂岩、砂砾岩。

本组富含介形、孢粉、腹足类等化石，并产有典型热河动物群分子，如*Lycoptera* sp.、*Ephemeropsis trisetalis*、*Eosestheria* sp.等。介形类以*Cypridea vitimensi*–*Limnocypridea jianchangensis*–*Lycopterocypris* aff. *Liaoxiensis*组合为代表，并见有*Cypridea* aff. *Dorsobipina*、*C. rostella*、*C. prognata*、*Djungarica*等九佛堂组常见的重要分子。腹足类有*Viviparus matumotoi*、*Probaicalia vitimensis*；双壳类见*Sphaerium jehoense*。

孢粉以*Cicatricosisporites*–*Concavissimisporites*–*Classopollis*组合为代表。其中裸子植物花粉占优势，含量为54%～95.9%；蕨类孢子占4%～45%；未见被子植物花粉。

3）下白垩统沙海组（K_1sh）

沙海组分布较九佛堂组广泛而稳定，主要由半深湖—浅湖相深灰色、灰黑色泥岩、油页岩夹浅灰、灰绿色细砂岩、泥质粉砂岩组成。厚度300～500m，最厚可达980m。与下伏九佛堂组呈平行不整合接触。

岩性特征在不同凹陷存有差异。陆家堡凹陷东、西部差异主要表现在前者底部为一套褐灰色油页岩夹深灰色泥岩，后者为深灰色泥岩夹油页岩；钱家店、龙湾筒和奈曼凹陷主要为湖相泥岩。

本组介形类以*limnocypridea qinghemenensis*–*Cypridea unicostata*组合为代表；腹足类有*Bellamya fengtienensis*、*Viviparus matumotoi*、*Beiiamya clavilithiformis*、*Propaicalia gerassimovi*、*Zaptychius delicatus*等；双壳类有*Sphaerium jeholense*及*Sph. Anderssoni*。

孢粉组合为*Cycataricosisporites*–*Abdiverrucospora*–*Piceaepollenites*。顶部出现了少量的被子植物花粉。

4）下白垩统阜新组（K_1f）

盆地内各凹陷广泛分布，为一套湖盆回返收缩期的浅湖相、三角洲相及河流沼泽相沉积。由于各凹陷遭受不同程度剥蚀，沉积厚度差异较大，陆家堡凹陷东部三十方地洼陷沉积厚度可达1200m；奈曼、陆家堡凹陷西部以及龙湾筒凹陷沉积厚度为200～600m；钱家店凹陷最厚仅为260m。岩性为灰色粉砂岩、砂岩、灰绿色凝灰质砂岩、砂砾岩与灰色泥岩、粉砂质泥岩呈不等厚互层，下部以泥岩、粉砂质泥岩居多；上部以砂质岩为主，泥岩含炭屑较多。含介形类、腹足类及孢粉化石。与下伏沙海组呈整合接触。

介形类以*Cyprideaglobra*–*Darwinula contracta*–*Ziziphocypris simakovi*组合为代表。腹足

类有 *Viviparus* sp.、*Tulotomoides* sp.、*Probaicaliagerassimovi*、*Zaptychius qanshengxigouensis*。

孢粉为 *Cicatricosisporites–Laevigatosporites–Pilosiporites–Asteropollis* 组合。其蕨类孢子含量较下伏地层明显增长，被子植物花粉开始出现，主要有 *Clavatipollenites*、*Asteropollis* 等。

5）上白垩统泉头组（K_2q）

盆地大部分凹陷均有分布，由河流相灰白、紫红、砖红色或杂色砂砾岩、粉砂岩、砂岩夹红色泥岩、粉砂质泥岩组成。厚度 215～425m。与下伏阜新组呈不整合接触。

6）上白垩统青山口组（K_2qn）

盆地各凹陷广泛分布，岩性为浅红色、浅绿灰色泥岩和灰色砂岩、粉砂岩、杂色砂砾岩互层。含介形类、轮藻和孢粉类化石，以及少量的鱼骨和腹足类碎片。厚度 117～236m。

7）上白垩统姚家组（K_2y）

岩性以浅灰色钙质砂砾岩、细砂岩为主，夹红色泥岩、粉砂质泥岩和粉砂岩。与下伏青山口组呈平行不整合接触。厚度变化较大，陆家堡凹陷为 19～66m，奈曼凹陷为 30～46m，龙湾筒凹陷为 80～200m，钱家店为 90～180m。

介形类以 *Cypridea exernata–Triangulicypris*（外饰女星介—三角星介）组合为代表，主要分子有 *Cypridea infidelis*，*C. tera*，*C. concinaformis*，*Traperoidella mundulaformis* 等。

8）上白垩统嫩江组（K_2n）

嫩江组下部以钙质砂岩、薄层鲕状灰岩为主，上部为深灰色泥岩。含丰富的孢粉、介形类、叶肢介等化石。与下伏姚家组为连续沉积。厚度变化大，陆家堡凹陷为 30～77m，奈曼凹陷为 20～52m，龙湾筒凹陷为 80～200m、钱家店凹陷为 30～110m。

介形类以 *Cypridea gungsulinesis–C. Liaohenensis–Lycopterocypris vialida*（公主岭女星介—辽河女星介—肥胖狼星介）组合为代表。

孢粉以 *Schizaeoisporites–Classopollis–Beaupreaidites*（希指蕨孢—克拉俊粉—基柱山龙眼粉）组合为代表。

9）上白垩统四方台组（K_2s）

分布于龙湾筒凹陷、奈曼凹陷和陆家堡凹陷，岩性以红杂色泥岩及浅灰色砂质泥岩为主，底部为砂岩、粉砂岩。含介形类、孢粉、腹足类、轮藻类化石。厚度 60～150m。与下伏嫩江组呈不整合接触。

10）上白垩统明水组（K_2m）

分布于龙湾筒凹陷、钱家店凹陷、陆家堡东部凹陷，奈曼凹陷、陆家堡西部凹陷缺失。岩性为冲积相、洪积相灰、浅灰色长石砂岩夹红色泥岩、砂质泥岩及泥质细砾岩。含腹足类、介形类、双壳类等化石。厚度 30～100m。与下伏四方台组为连续沉积。

介形类以 *Talicypridea amoena*（愉快似女星介）组合为代表。腹足类有 *Truncatella* sp.（截螺），*Valvata* sp.（盘螺）。

孢粉以 *Schizaeoisporites–Aquilapollenites*（希指蕨孢—鹰粉）组合为代表。

三、新生界

开鲁盆地新生界分布范围广、厚度薄，以新近系和第四系为主，缺失古近系。

1. 新近系

新近系仅发育泰康组，下部为灰白色砂砾岩，中部为灰色细砂岩，上部为黄绿、灰绿色泥岩、砂质泥岩，共同组成一个完整的沉积旋回。厚度 50～80m，最厚可达 150m。变化趋势是东部厚、西部薄。与下伏白垩系呈平行不整合接触。

本组含少量植物及昆虫化石，介形虫：*Candoniella* aff. *Suzini*、*Eucypris* aff. *Privis*，*E.* cf. *Stagnalis* 等。

2. 第四系

第四系为一套以河湖沉积和风积为主的地层。岩性为灰白色松散细砂层，顶部为黄色表土。

第三节　构　　造

开鲁盆地大地构造位置处于华北板块北缘和黑龙江板块南缘之间碰撞、对接的缝合部位，它是在加里东—海西期褶皱带基底上发育起来的晚中生代断坳型盆地，面积 $3.32\times10^4km^2$。东部以茂林—库伦断裂与彰武盆地分界，西部以大兴安岭隆起与二连盆地相隔，南部以赤峰—开原断裂与华北陆块内蒙古隆起相邻，北部与松辽盆地西南隆起区相连（图 2-2-2）。

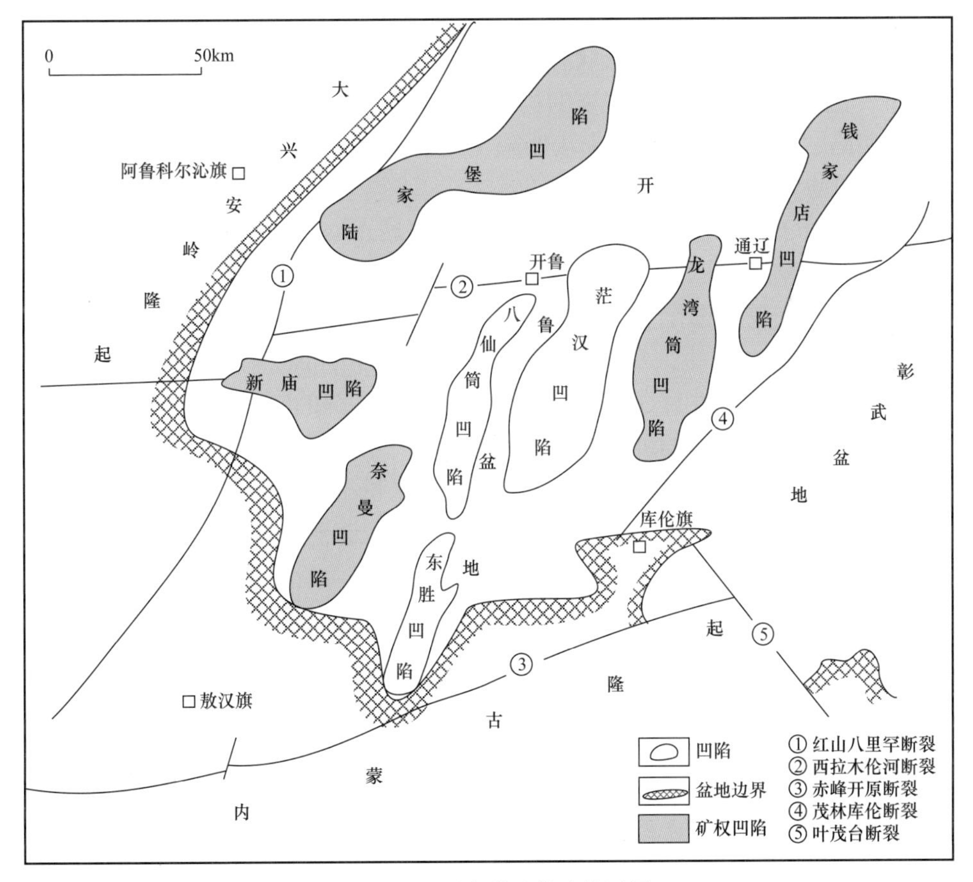

图 2-2-2　开鲁盆地构造位置图

根据沉积建造、岩浆活动、构造运动等资料，将开鲁盆地地质构造分为基底结构和盖层构造两部分。

一、基底结构

开鲁盆地基底由古生代变质岩系和不同时期侵入的花岗岩组成。古生代变质岩系沿西拉木伦河深断裂两侧呈对称性分布，由此断裂向北、向南地层由新变老，北带大致呈北东向展布，南带呈东西向展布，在盆地西南缘、南缘翁牛特旗、敖汉旗、库伦旗一带有古生代地层出露。基底岩性为结晶石灰岩、板岩、杂砂岩、蚀变基性—中酸性火山熔岩、酸性凝灰岩、火山碎屑岩。侵入岩为华力西晚期花岗岩、钾长花岗岩和印支期二长花岗岩、燕山期花岗岩。盆地基底断裂发育，大致分为东西向、南北向、北东—北北东向三组，如西拉木伦河断裂、赤峰—开原断裂、嫩江—八里罕断裂。多组断裂相互切割，导致盆地基底结构破碎。常规剩余重力和剩余磁力出现的北东向正负异常，以及局部呈现的东西向正负异常，反映了前中生代基底顶面的起伏和盆地凸、凹相间的北东向构造格局。

二、盖层构造

根据重、磁、电、地震、地质资料，将开鲁盆地盖层构造划分为 8 个凹陷（陆家堡、奈曼、东胜、八仙筒、茫汉、龙湾筒、钱家店、新庙）和 8 个凸起（舍伯吐、东明、东苏日吐、木里图、大三义井凸起、章古台、架玛吐、哲东南）共计 16 个二级构造单元。这些长而窄、小而深，形状各异、分散、孤立有序的凹陷呈北东、北北东、近南北向展布，构成了地下复杂、多姿的构造图案。目前，辽河油田所辖探矿区为陆家堡凹陷、奈曼凹陷、龙湾筒凹陷和钱家店凹陷（图 2-2-2）。

1. 陆家堡凹陷

陆家堡凹陷位于开鲁盆地西北部，北依西部斜坡，南靠舍伯吐凸起，为北东—北北东向展布的带状凹陷。受凹陷东南边界的断裂控制，凹陷整体表现为东南断西北超、东南陡西北缓的狭长形箕状断陷，在清河地区表现为双断特征。凹陷南北长 110km，东西宽 12～32km，面积 2620km^2，基底埋深 3000～4000m（图 2-2-3）。

凹陷断裂复杂，主要发育 3 期，一是长期继承性发育的断裂，该类断裂控制凹陷的形成、沉积以及二级构造带的展布，如西绍根断裂、西伯花断裂、塔拉干断裂；二是早期断裂，主要发育于义县组沉积时期—九佛堂组沉积早期，受义县期大规模火山活动的影响，产生的一系列断裂，对九佛堂组早期的沉积起到一定的控制作用，如包日温都南 2 号、包日温都北 3 号、马家铺 4 号断裂；三是晚期断裂，主要是在阜新末期地层抬升及伴生走滑产生的断裂，这类断裂使构造变得更加复杂，同时对油藏起到破坏作用。断裂在剖面上的组合主要有阶梯型、地堑型、地垒型、“Y”（反“Y”）字形、“人”（“入”）字形、“X”形、“V”（“∧”）字形等几种样式，平面上呈北北东向展布。

受北北东、北东向断裂切割，凹陷形成 5 个正向构造带和 4 个负向构造带及 2 个斜坡共计 11 个三级构造单元。正向构造带为马家铺高垒带、包日温都断裂构造带、南部断阶带、中央断裂构造带、库伦塔拉断阶带；负向构造带为小井子洼陷、五十家子庙洼陷、交力格洼陷和三十方地洼陷；2 个斜坡为马北斜坡带和清河斜坡带（图 2-2-3）。

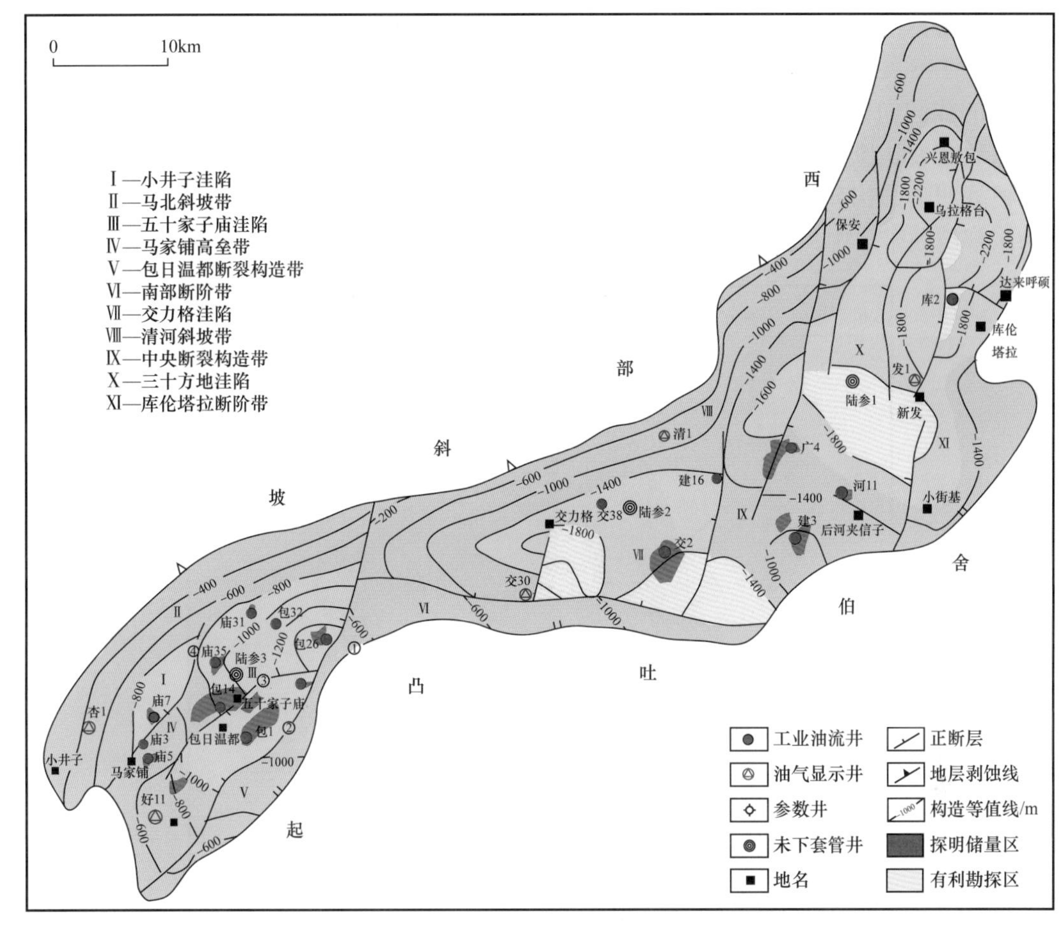

图 2–2–3　陆家堡凹陷沙海组构造图

凹陷发育的圈闭类型与二级构造带的形成密切相关，在正向构造带（指断裂构造带、断阶带），受同生断裂控制，有规律地发育一系列断块、断鼻、半背斜、背斜构造。在洼陷带，受砂体形成条件、沉积环境控制，主要发育以岩性为主的圈闭。在斜坡带，发育有构造背景的岩性圈闭和与火山喷发有关的火山岩圈闭。

2. 奈曼凹陷

奈曼凹陷位于开鲁盆地西南部，西以大三义井凸起与新庙凹陷相隔，东以章古台凸起与八仙筒凹陷相邻。凹陷受断裂控制，南北部盖层表现出不同的结构特征，北部为西陡东缓的单断箕状断陷，南部为双断不对称型地堑式断陷。凹陷整体呈北北东向展布，面积 800km^2（图 2–2–4）。

凹陷断裂发育，按展布方向分为北北东、北东和北西向三组。其中，北北东向断裂为凹陷主要断裂，延伸长，断距大，多为同生断裂，控制凹陷沉积和二级构造带。北东向断裂延伸长度短，断距较小，发育和活动时间晚于北北东向断裂，控制凹陷北部局部构造。北西向断裂为凹陷的晚期断裂，具有延伸短、断距小、活动时间短的特点，对局部构造起到复杂化作用。断裂发育时间分两期，一期是早白垩世初期至阜新末期的同生断裂，对凹陷的演化和沉积起控制作用；另一期为九佛堂组沉积晚期或阜新组沉积时期发育的断裂，这组断裂在剖面组合形式上表现为平行阶梯状和“Y”字形。阶梯式断层组合比较常见，它是同期发育的一组同向断层节节下掉的剖面组合。平面上，这组断裂一般近似平行展布，凹陷内北北东向断层大都属于此类。“Y”字形组合是由高级次断层与反向的或同向的低序次断层所构成的剖面组合。其中，高序次断层往往是控凹断裂，而低序次断裂是控凹断裂的派生断层，这种组合在奈曼凹陷比较普遍。

根据凹陷结构和主干断裂的发育特征，将凹陷划分为三个二级构造带，由东向西分别为东部缓坡带、中央洼陷带和西部陡坡带（图 2–2–4）。

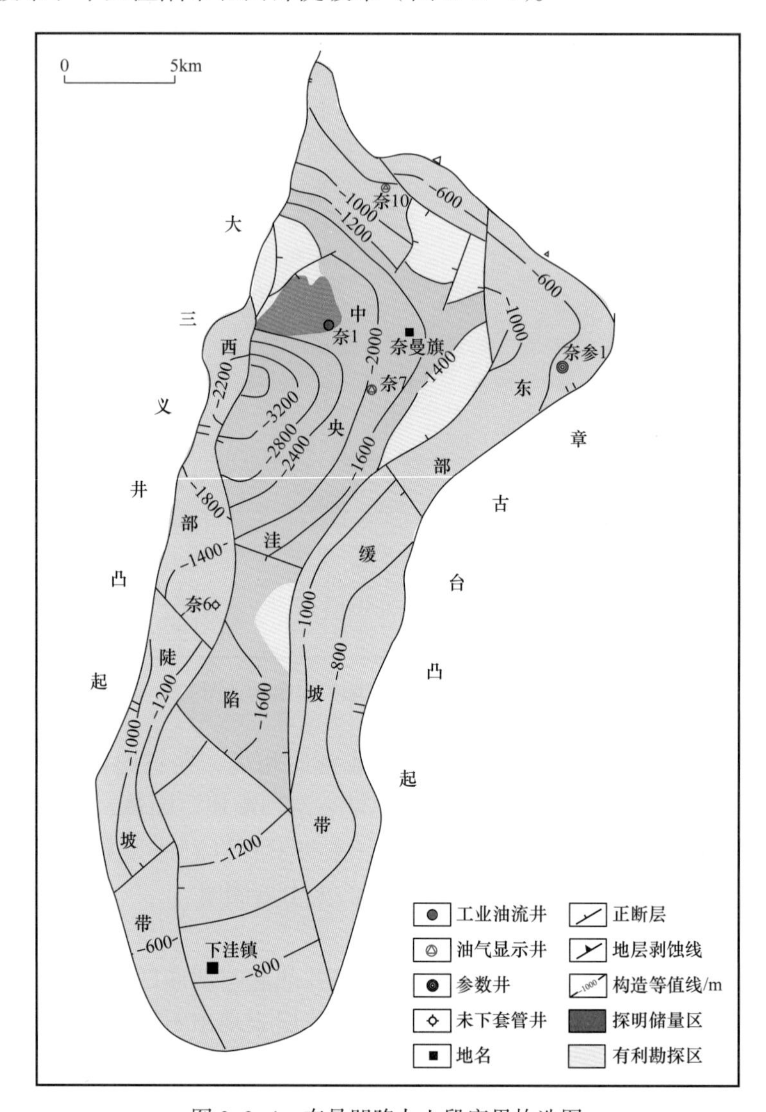

图 2–2–4　奈曼凹陷九上段底界构造图

凹陷的构造圈闭主要有断裂背斜和断鼻两种类型。断裂背斜分布在凹陷西侧主干断裂附近，其形成与同生断裂的牵引作用和差异压实作用有关；断鼻圈闭分布在中央洼陷带和东部缓坡带，主要为由一系列断层遮挡形成的局部构造。

3. 龙湾筒凹陷

龙湾筒凹陷位于开鲁盆地东部，东以木里图凸起与钱家店凹陷毗邻，西以东苏日凸起与茫汉凹陷相邻，南连哲东南凸起，北靠舍伯吐凸起，面积 1310km^2（图 2–2–5）。

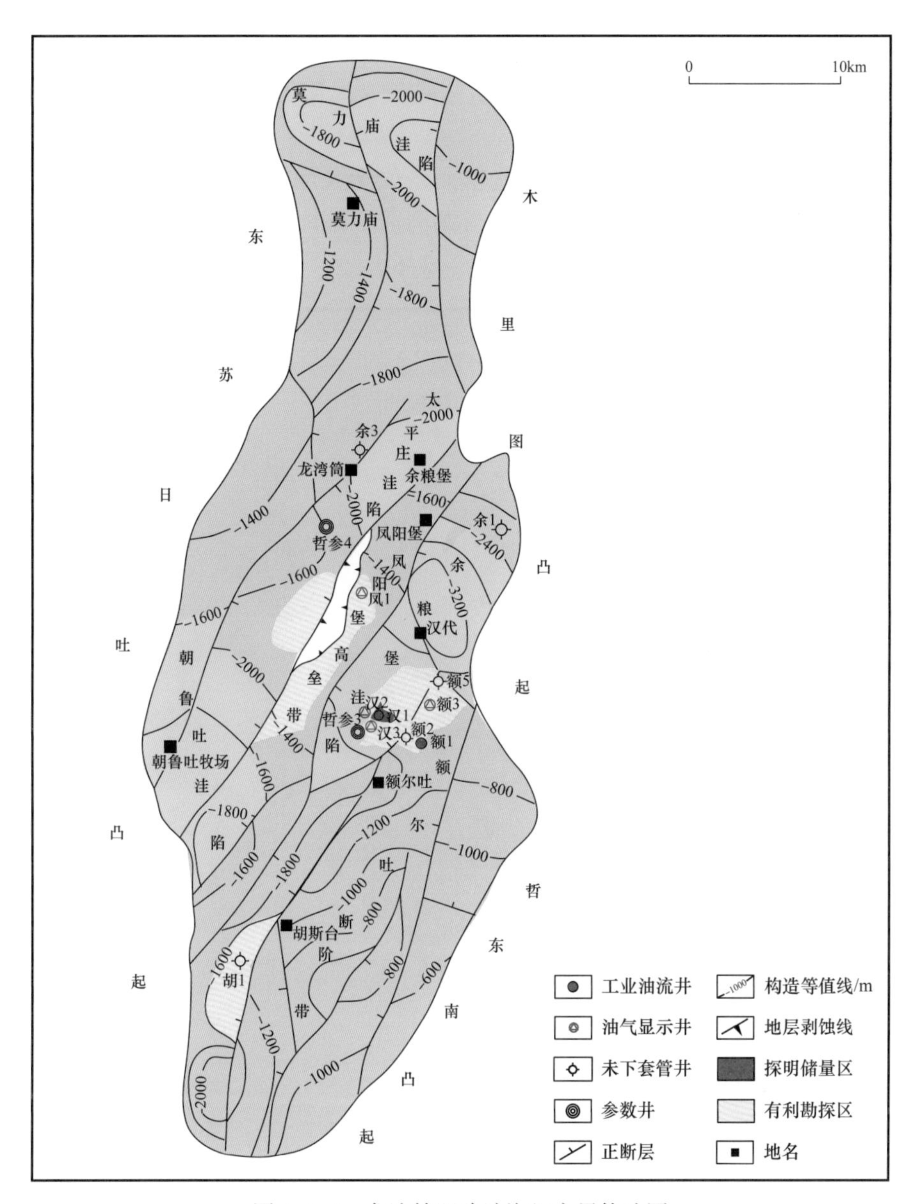

图 2-2-5　龙湾筒凹陷沙海组底界构造图

凹陷断裂发育，主要有北北东向、北北西向和近南北向三组。其中，北北东向和近南北向断裂是凹陷的主干断裂，控制凹陷的构造体系、沉积体系，以及凹陷的基本形态和构造格局。该断裂体系的特点是断裂活动强烈，延伸长，形成于义县组沉积时期或九佛堂组沉积早期，终止于阜新组末期或晚白垩世早期，为长期发育的继承性断裂。北北西向断裂大致垂直于主干断裂分布，具有断距小、断面窄、延伸短等特点，形成于九佛堂晚期，止于阜新末期或晚白垩世早期。由于北北西向断裂切割北北东向断裂，致使凹陷局部构造复杂化和分割成块。断裂在剖面上的组合特征主要有：阶梯状、地堑状、地垒状等。

根据凹陷结构和断裂特征，可将凹陷划分为莫力庙洼陷、太平庄洼陷、朝鲁吐洼陷、凤阳高垒带、余粮堡洼陷及额尔吐构造带等六个二级构造带（图 2-2-5）。

凹陷的圈闭类型多，以构造圈闭为主，主要有断块圈闭、断裂鼻状构造圈闭、背斜和半背斜圈闭，分布于汉代洼陷带、余粮堡洼陷带、凤阳堡高垒带。

4. 钱家店凹陷

钱家店凹陷属开鲁盆地的次一级构造单元，位于盆地东北部。凹陷东部、北部依托于架玛吐凸起，西部和南部以木里图凸起与龙湾筒凹陷毗邻。凹陷为一西断东剥的箕状断陷，呈北东向展布，面积约 1280km^2（图 2-2-6）。

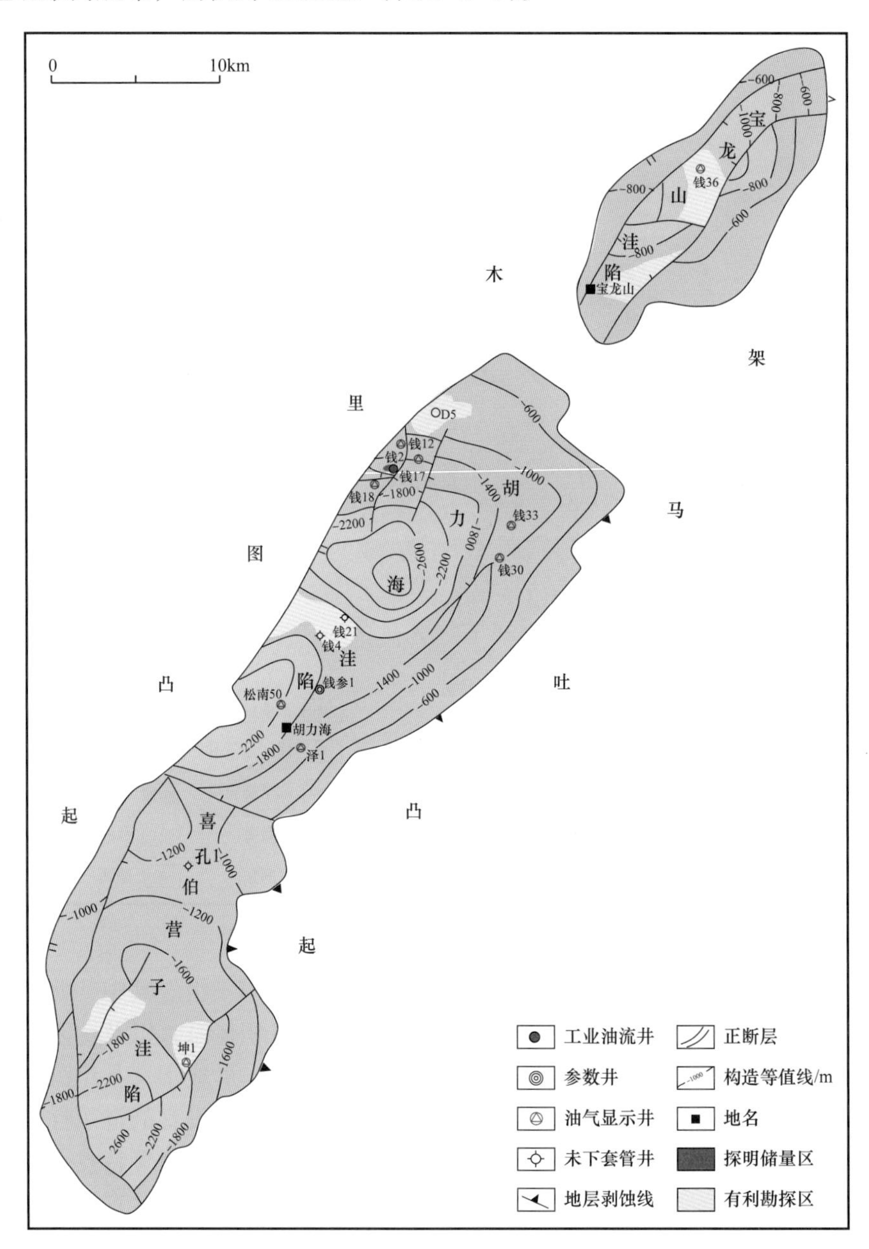

图 2-2-6　钱家店凹陷九佛堂组顶界构造图

凹陷发育不同活动期次、规模大小不等的正断层、逆断层，形成了较为复杂的断裂系统。断裂走向以北东、北北东向为主，次为北西向和近东西向。一级断裂（主干断裂）发育于凹陷西部边界，特点是：北北东向展布，延伸长、断层落差大、多期发育，控制凹陷沉积和构造演化；二级断裂（次主干断裂）为二级构造带分界断层，呈北北东向、北东向展布，具有延伸长、断距较大、多期活动和正、逆相间的特点；三级断裂（一般断裂）多为主干、次主干断裂的派生断层，呈北北东向、北东向、西东向展布，具断距小、延伸短、发育时间短等特点。这组断裂既控制了多种类型圈闭的形成，同时也切割早期形成的大型正向构造，使之构造复杂化，形成断块和断鼻构造。

根据凹陷结构和断裂特征，将钱家店凹陷划分为三个洼陷带，自北向南依次为宝龙山洼陷、胡力海洼陷、喜伯营子洼陷（图 2-2-6）。

凹陷圈闭比较发育，以构造圈闭为主，分为断裂背斜和断鼻两种类型。分布在各洼陷西部陡坡带的中、北段，东部缓坡带发育较少。凹陷中的断鼻构造依附于主干断裂而存在，断裂背斜分布在主干断裂附近，其形成与断裂活动的牵引作用和差异压实作用有关。

三、构造演化史

开鲁盆地是在古生代造山带基底上发育起来的中生代—新生代盆地。中生代早—中期（三叠纪—中侏罗世），南北向的挤压在奈曼、八仙筒地区形成了北东东向的山间盆地，沉积了冲积相、河流相杂色砾岩、砂岩和灰色泥岩。中晚期（晚侏罗世—早白垩世），在区域性走滑断裂和伸展断裂的共同作用下，形成了由多个相互独立断陷组成的断陷群。晚期（晚白垩世），由于岩石圈冷却，产生热收缩，断陷盆地转入整体沉降，沉积了分布面积广、厚度相对较薄的坳陷期地层。依据对盆地演化方面的研究成果，将开鲁盆地晚中生代的构造演化分为早白垩世断陷阶段、晚白垩世早期坳陷阶段及晚白垩世晚期盆地萎缩反转阶段（图 2-2-7）。

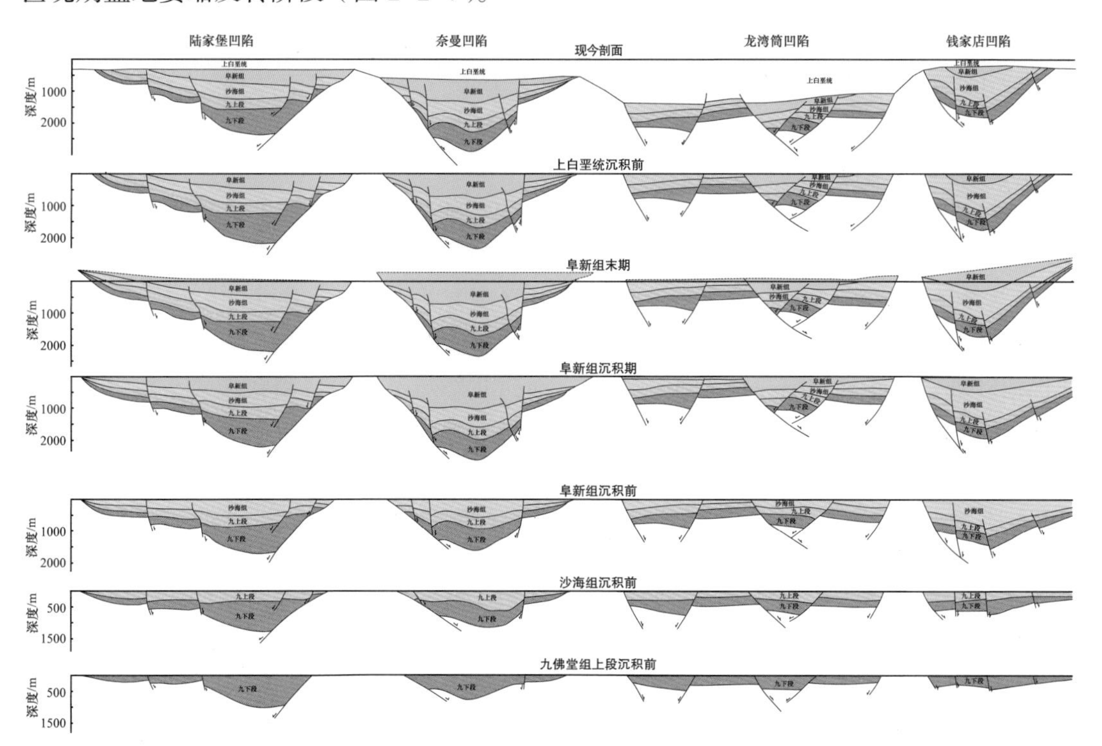

图 2-2-7 开鲁盆地陆家堡凹陷—奈曼凹陷—龙湾筒凹陷—钱家店凹陷构造发育史剖面

1. 断陷阶段

开鲁盆地早白垩世断陷阶段划分为初始张裂期、强烈伸展期、伸展减弱期和伸展余动期。

1）初始张裂期

义县组沉积时期，由于岩石圈地幔上隆，导致开鲁地区地壳拉张减薄产生张裂、断裂，沿断裂、裂隙发生火山喷发，堆积了义县组巨厚的火山熔岩、火山碎屑岩，在火山喷发间歇期，出现多次短暂湖盆环境，沉积多套薄层碎屑岩。该期断层不控制沉积，总体表现为区域上的台地式沉积。

2）强烈伸展期

九佛堂组沉积时期，在区域拉张应力场和地幔拱升的共同作用下，开鲁盆地沿北东向嫩江—八里罕断裂带、茂林—库伦断裂带、沙力好来—白音花断裂带形成了大小不等、相互独立的断陷盆地，如陆家堡断陷、奈曼断陷、龙湾筒断陷、钱家店断陷等，接受九佛堂组沉积。早期，在控陷断裂一侧形成较厚的近岸水下扇、扇三角洲相粗粒碎屑岩沉积，在斜坡边缘发育辫状河三角洲相粗粒碎屑岩沉积，在断陷中部相变为半深湖相沉积。晚期，断陷伸展强烈，形成较厚的半深湖—深湖相暗色泥质岩沉积，构成盆地主要烃源岩。

3）伸展减弱期

沙海组沉积时期，随着控陷断裂伸展活动的逐渐减弱，盆地进入相对稳定的沉降期，沉积了数百米至近千米厚的半深湖相细粒碎屑岩系，此时沉积中心与沉降中心基本一致。

4）伸展余动期

阜新组沉积时期，随着控陷断裂伸展活动的减弱或基本停止，盆地开始趋于萎缩，水域缩小、湖盆淤浅，充填物以泥岩、粉砂岩为主，局部出现沼泽化。阜新组沉积末期，断裂活动停止，盆地周缘发生区域性抬升，阜新组遭受不同程度的剥蚀，但仍呈现箕状断陷盆地结构特征。

2. 坳陷阶段

晚白垩世早期，受岩石圈冷却和热收缩的控制，盆地整体下沉，进入坳陷阶段（图 2-2-7）。在热沉降期，热坳陷范围和热沉降幅度并不均一。泉头组—青山口组沉积期，沉降与沉积中心位于盆地东部龙湾筒、钱家店南部地区，沉积了数百米厚的河流—冲积相砂砾岩、砂岩和滨—浅湖相砂泥岩，而西北部陆家堡地区则缺失泉头组沉积。姚家组—嫩江组沉积期，盆地大面积接受了河流相砂砾岩、砂岩和滨湖、浅湖相砂岩、鲕状灰岩及泥岩沉积。

3. 盆地萎缩反转阶段

晚白垩世晚期，热沉降停止，盆地缓慢抬升，沉积物表现为四方台组和明水组河流相的红色、杂色及浅灰色砂泥岩。晚白垩世末期，太平洋板块向南西俯冲，引发郯庐断裂右行压扭活动，使开鲁盆地区域大面积抬升，此后盆地进入萎缩阶段。

新近纪以来，开鲁盆地在侵蚀夷平、大面积准平原化的基础上，发育了由砂砾岩、砂岩、砂质泥岩组成的河湖相沉积。至此盆地消亡，形成现今的面貌。

总之，开鲁盆地的构造演化，为形成断坳盆地，发育多套烃源岩、多套生储盖组合和多套含油气层系提供了有利条件。勘探实践也证明了开鲁盆地断陷层具有含富油气的特征。

第四节 烃源岩

开鲁盆地在沉积演化过程中，发育了九佛堂组、沙海组、阜新组三套烃源岩。由于受沉积环境的影响，烃源岩的发育程度与时空展布各具不同的地质特征，而且烃源岩在有机地球化学方面也存在较大差异。

一、烃源岩分布与沉积环境

开鲁盆地断陷阶段发育的烃源岩受断陷分割性控制，发育程度与断陷样式、断陷强度、断陷的持续时间密切相关。受上述因素影响，开鲁盆地各凹陷的烃源岩发育程度有所不同。

九佛堂组和沙海组烃源岩为断陷期产物，是盆地主要生烃岩系，岩性以深灰色泥岩、油页岩为主，为还原环境下的半深湖相—深湖相沉积。分布在各凹陷的洼陷区，发育程度不同。

九佛堂组烃源岩：陆家堡凹陷最为发育，最大厚度 700m，平均厚 380～400m；其次是奈曼凹陷，最大厚度 360m，平均厚 200～220m；钱家店凹陷发育最差，平均厚仅为 172m（图 2-2-8）。

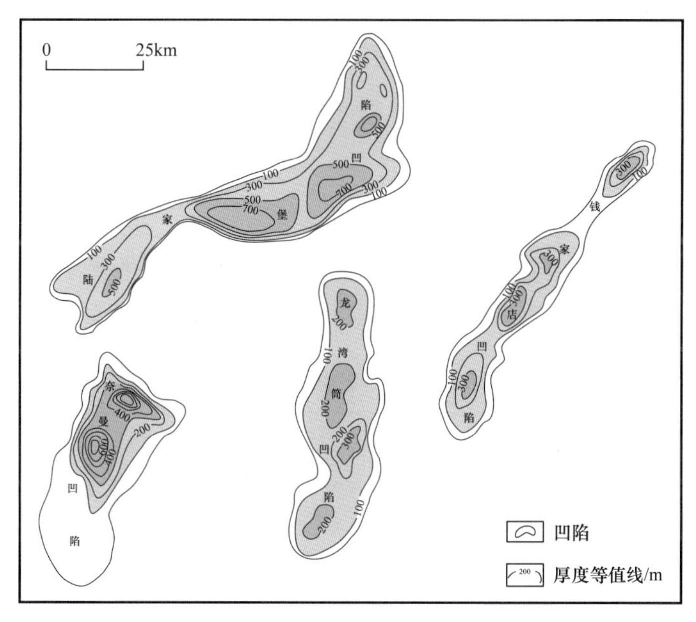

图 2-2-8　开鲁盆地主要凹陷九佛堂组泥岩厚度等值线图

沙海组烃源岩：钱家店凹陷最发育，最大厚度 800m，平均厚 416m；其次是陆家堡、奈曼、龙湾筒凹陷，平均厚度分别为 300m、350m、240m。

阜新组烃源岩为盆地断陷发育晚期产物，岩性以深灰、灰绿色泥岩为主，局部夹煤层，为弱还原环境下河湖、沼泽相沉积，是煤层气的较好气源岩。

二、烃源岩有机质丰度和类型

1. 有机质丰度

有机碳含量、氯仿沥青“A”含量、烃含量和生烃潜量是评价烃源岩有机质丰度的重要指标。开鲁盆地各凹陷的各组烃源岩有机质丰度指标详见表2–2–2。

表2–2–2 开鲁盆地有机质丰度表

凹陷	阜新组				沙海组				九佛堂组			
	TOC/%	氯仿沥青“A”/%	HC/μg/L	S_1+S_2/mg/g	TOC/%	氯仿沥青“A”/%	HC/μg/L	S_1+S_2/mg/g	TOC/%	氯仿沥青“A”/%	HC/μg/L	S_1+S_2/mg/g
陆家堡	1.92	0.018	82.3	4.14	2.91	0.074	427.9	10.19	3.01	0.411	2546.6	11.54
钱家店	2.38	0.016	88.0	1.69	1.91	0.035	224.7	4.60	1.45	0.139	1061.3	4.80
龙湾筒	0.19	0.003		0.02	4.02	0.026	145.7	5.73	0.57	0.103	786.7	1.61
奈曼					2.11	0.083	293.0	11.08	0.25	0.004	22.7	0.37
									1.65	0.252	1137.7	14.75

注：奈曼凹陷九佛堂组分上、下段。

九佛堂组：各项丰度指标均高于阜新组和沙海组，属好—最好烃源岩。

沙海组：各项丰度指标介于阜新组和九佛堂组之间，属较好烃源岩。

阜新组：除龙湾筒凹陷有机碳含量较低外，其他凹陷均具有“一高三低”的特点，即有机碳含量高，氯仿沥青“A”、总烃和生烃潜量含量低，属非—差烃源岩。

经各凹陷有机质丰度指标对比分析，陆家堡凹陷九佛堂组和沙海组烃源岩为较好—最好烃源岩，钱家店、龙湾筒凹陷为较好—好烃源岩，奈曼凹陷九佛堂组下段为好烃源岩，上段则为差烃源岩。

2. 有机质类型

根据干酪根镜鉴（表2–2–3）、元素（图2–2–9）、岩石热解（图2–2–10）等资料综合判别，九佛堂组烃源岩有机质类型总体上属腐殖—腐泥型（II_1），其中陆家堡和奈

表2–2–3 开鲁盆地下白垩统干酪根显微组分组成表

凹陷	阜新组				沙海组				九佛堂组			
	腐泥组/%	壳质组/%	镜质组/%	惰质组/%	腐泥组/%	壳质组/%	镜质组/%	惰质组/%	腐泥组/%	壳质组/%	镜质组/%	惰质组/%
陆家堡	22.55	2.23	45.48	29.74	27.89	2.91	44.19	25.01	73.70	1.12	11.70	14.29
钱家店	0.55	8.05	41.65	49.60	50.70	5.40	20.00	23.70	65.57	13.41	15.57	5.31
龙湾筒	0.70	2.10	27.30	70.60	1.80	3.30	57.80	39.00	21.20	28.90	24.60	25.50
奈曼					82.08	0.30	15.80	1.86	51.78	0.70	44.53	3.00
									88.59	0.10	10.90	0.40

注：奈曼凹陷九佛堂组分上、下段。

曼凹陷九下段为腐殖—腐泥型（$Ⅱ_1$）和腐泥型（Ⅰ），钱家店和龙湾筒凹陷以腐殖—腐泥型（$Ⅱ_1$）为主，腐泥—腐殖型（$Ⅱ_2$）为辅。沙海组烃源岩有机质类型以混合型为主（Ⅱ），其中陆家堡、奈曼凹陷为腐殖腐泥型（$Ⅱ_1$），钱家店凹陷为腐泥—腐殖型（$Ⅱ_2$），龙湾筒凹陷为腐泥—腐殖型（$Ⅱ_2$）和腐殖型（Ⅲ）。阜新组烃源岩有机质类型以腐殖型（Ⅲ）为主，仅陆家堡凹陷发育腐泥—腐殖型（$Ⅱ_2$）。

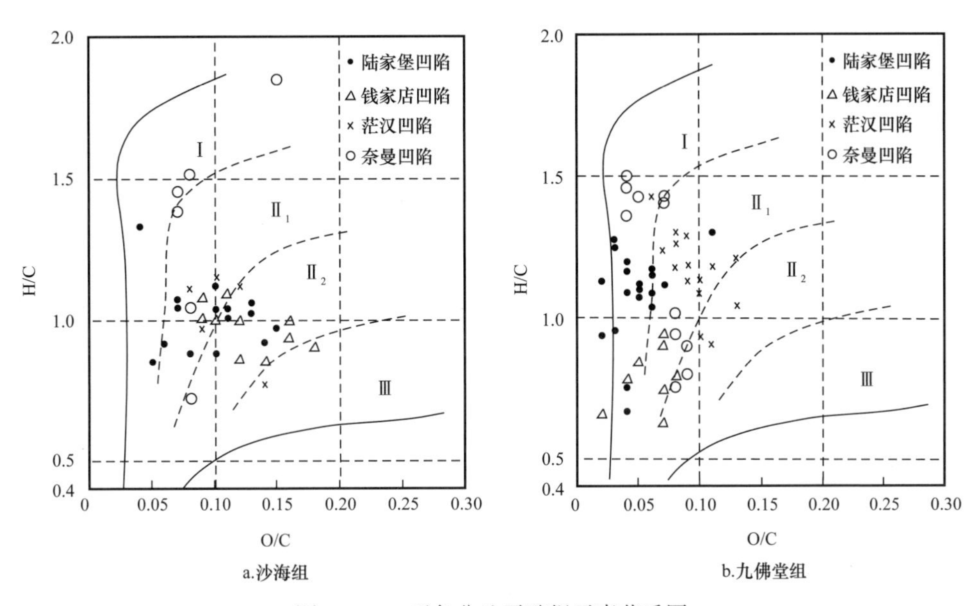

图 2-2-9　开鲁盆地干酪根元素范氏图

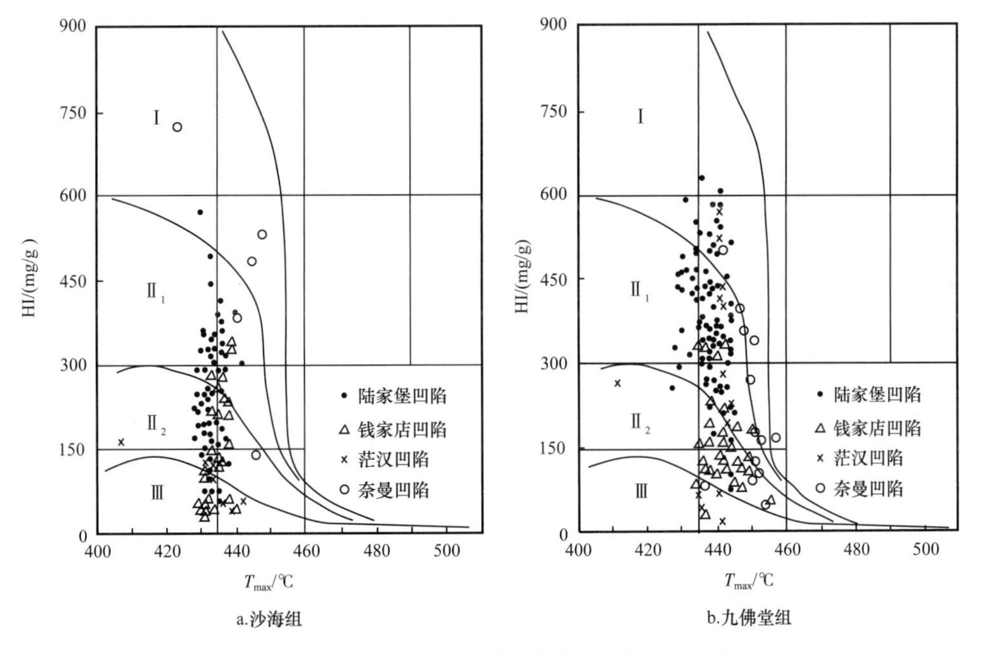

图 2-2-10　开鲁盆地烃源岩氢指数与热解峰温相关图

三、烃源岩有机质热演化特征

石油是由沉积岩中不溶有机质—干酪根在地温场的作用下，经热降解转化而成。它的转化存在一个由未成熟—成熟—过成熟的演化过程。开鲁盆地受多期火山喷发和多次岩浆侵入的影响，地温梯度较高，加速了烃源岩有机质的演化和油气生成。由于各凹陷地质条件的不同，烃源岩有机质热演化特征、生烃门限深度存在差异。

本节以各凹陷的单井资料为例，从不溶有机质和可溶有机质两个方面剖析烃源岩的演化特征，并将烃类演化划分为未成熟、低成熟、成熟、高成熟四个阶段。

1. 不溶有机质干酪根演化特征

1）镜质组反射率（R_o）

镜质组反射率是有机质经受热力作用及其受热时间的综合记录，具有不可逆转性，已成为划分有机质演化阶段的重要参数。一般认为，R_o<0.5% 为有机质未成熟带；R_o=0.5%～0.7% 为低成熟带；R_o=0.7%～1.3% 为成熟带；R_o=1.3%～2.0% 为高成熟带。

现将开鲁盆地各凹陷镜质组反射率值随埋深变化趋势分述如下（图 2-2-11）。

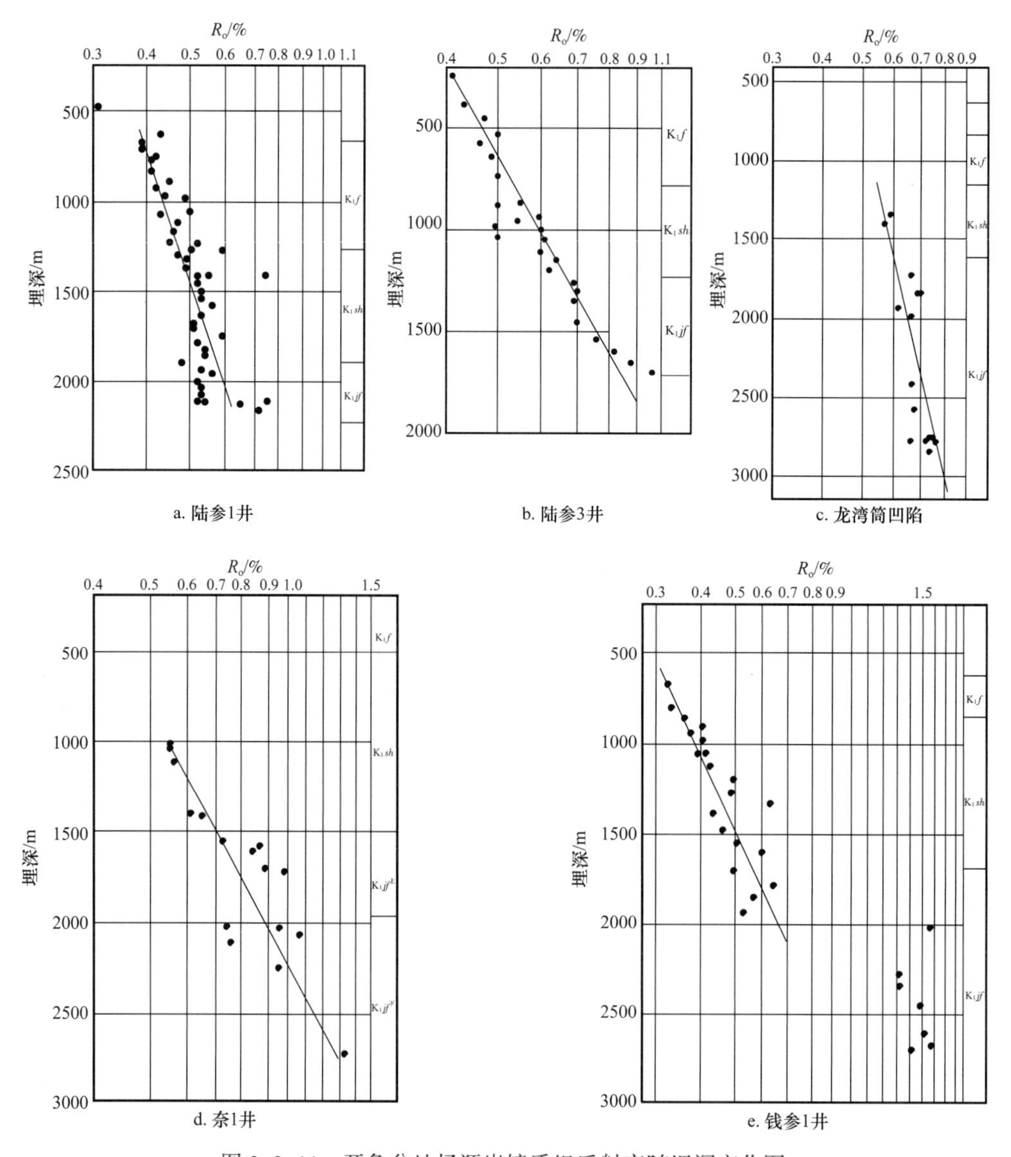

图 2-2-11　开鲁盆地烃源岩镜质组反射率随埋深变化图

陆家堡凹陷：以陆参1井、陆参3井为代表。陆参1井井深小于1400m，R_o<0.5%；井深1400～2100m，R_o为0.50%～0.70%；井深2100～2200m，R_o为0.70%～0.80%；大于2250m未取资料。陆参3井井深小于1150m，R_o<0.5%；井深1150～1550m，R_o为0.50%～0.70%；井深1550～1700m，R_o为0.70%～0.96%。

龙湾筒凹陷：井深小于1350m，R_o<0.50%；井深1350～2750m，R_o为0.50%～0.70%；井深2750～3000m，R_o为0.70%～1.30%。

钱家店凹陷：以钱参1井为代表，井深小于1540m，R_o<0.5%；井深1540～1980m，R_o为0.50%～0.70%；井深1980～2600m，R_o为0.70%～1.30%；埋深大于2600m，R_o>1.30%。

奈曼凹陷：以奈1井为代表，井深小于1000m，R_o<0.5%；井深1000～1520m，R_o为0.50%～0.70%；井深1520～2600m，R_o为0.70%～1.3%；井深大于2600m，R_o>1.30%。

2）干酪根元素组成及有机基团的热演化

以陆家堡凹陷陆参2井为代表：井深小于1640m（图2-2-12），除氢含量基本保持稳定外，氧含量由18%减至5%，碳含量由75%开始增加到85%。红外光谱以1460cm^{-1}为代表的脂类基团平均由16%上升至20%左右，1710cm^{-1}吸收度平均由48%下降至25%，而代表芳香族缩和强度的1600cm^{-1}则保持相对稳定，反映了干酪根没有明显的成烃作用。1640m以下干酪根热降解成烃作用加强，氧含量继续降低，碳含量增高，氢含量开始降低。O/C由0.04降至0.02，H/C由1.2降至0.8左右；1710cm^{-1}/1600cm^{-1}值由0.3降至0.1，显示出相对稳定的特点，脂类基团（1460cm^{-1}）下降趋势显著，并伴随1600cm^{-1}增加，说明进入1640m以后，已开始生烃。

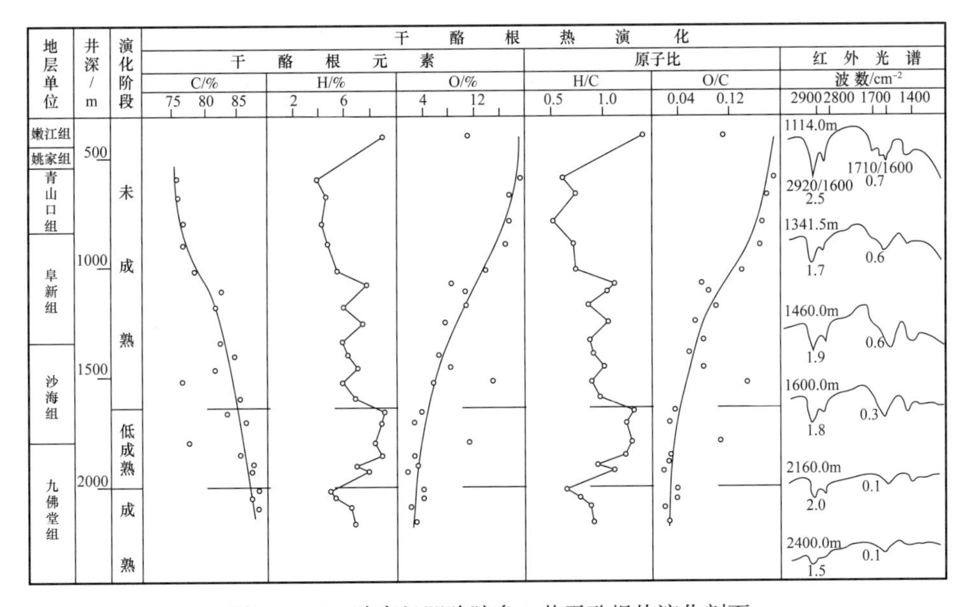

图2-2-12　陆家堡凹陷陆参2井干酪根热演化剖面

3）岩石热解色谱

应用岩石热解资料反映岩石有机质成熟度的常用指标有T_{max}、产率指数（I_p）、烃指数（I_{HC}）。它们随埋深的增加，其成熟度参数呈有规律的变化。以陆家堡凹陷陆参2井为代表：由图2-2-13看出，井深小于1640m，热解最高峰温小于433℃，烃指数

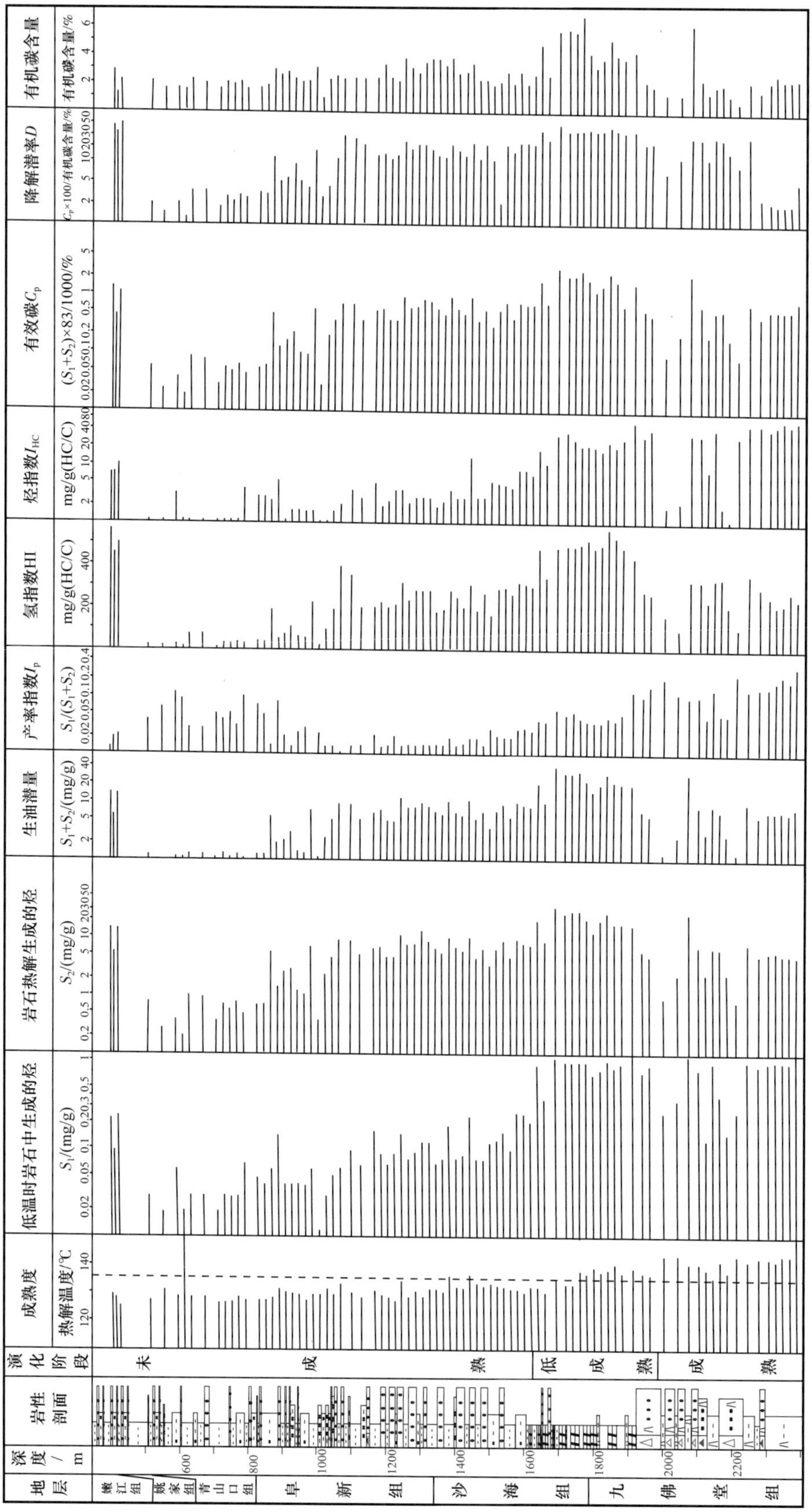

图 2-2-13 陆家堡凹陷陆参 2 井岩石热解演化剖面

为 1.2～4.0mg/g（HC/TOC），产率指数为 0.01～0.02，表明干酪根尚未热解成烃。井深 1640～2400m，烃指数由 10 增至 60mg/g（HC/TOC），产率指数由 0.04 增至 0.2。岩石热解最高峰温由 433℃（1640m）增至 444℃（2400m），表明已有大量烃类物质形成。

2. 可溶有机质演化特征

根据各凹陷可溶有机质演化特征的相似性，本节以钱家店凹陷钱参 1 井为例，叙述氯仿沥青“A”的变化，包括沥青“A”转化率、烃转化率及正构烷烃的变化特征。

1）氯仿沥青“A”及沥青“A”族组成

由图 2-2-14 看出，埋深在 665～1540m 时，氯仿沥青“A”/TOC 小于 3.5%，总烃（饱和烃 + 芳香烃）含量保持在 50%～65% 之间，烃转化率（总烃 /TOC）小于 3.0%。埋深至 1540～1980m 时，氯仿沥青“A”/TOC 达到 11.5%，烃转化率达到 9.0%。埋深至 1980～2600m 时，氯仿沥青“A”/TOC 达到 13.5%，烃转化率保持在 9.0%～10.0% 之间。埋深大于 2600m 时，氯仿沥青“A”/TOC 由 90.0% 下降到 4.0% 左右，烃转化率由 10.0% 减至 3.0%。

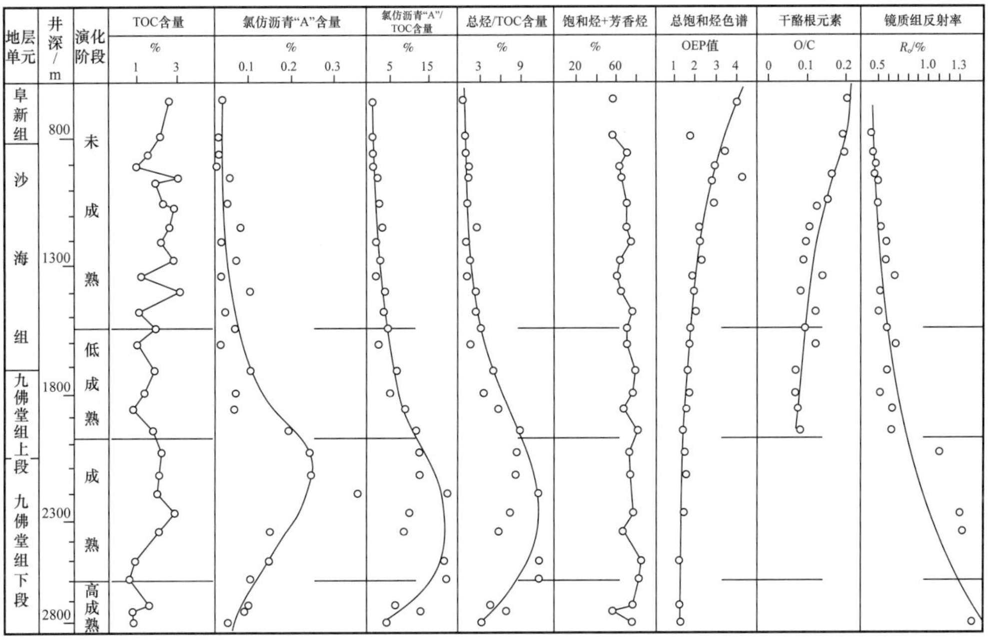

图 2-2-14 钱家店凹陷钱参 1 井烃源岩热演化综合剖面图

2）正构烷烃

埋深在 1540m 时，OEP 值由 4.42 降至 1.6；埋深在 1540～1980m 时，OEP 值降至 1.4；埋深在 1980～2600m 时，OEP 值降至 1.2；埋深大于 2600m 时，OEP 值降至 1.0。从烃源岩有机质正构烷烃分布特征看，随埋藏深度的增加，高碳部分的奇偶优势逐渐消失，低碳部分的轻组分浓度增大，反映有机质的成熟度由低成熟向成熟—高成熟阶段演化。

3. 有机质热演化阶段划分

根据镜质组反射率、岩石热解、生物标志化合物等资料，将开鲁盆地有机质演化划分为未成熟、低成熟、成熟、高成熟四个阶段（表 2-2-4）。

表 2-2-4　开鲁盆地烃源岩演化阶段及生烃门限值

演化阶段	陆家堡凹陷				龙湾筒凹陷	钱家店凹陷		奈曼凹陷
	陆参 1 井		陆参 3 井			钱参 1 井		奈 1 井
	埋深 /m	地温 /℃	埋深 /m	地温 /℃	埋深 /m	埋深 /m	地温 /℃	埋深 /m
未成熟阶段	＜1400	＜62	＜1150	＜51	＜1350	＜1540	＜62	＜1000
低成熟阶段	1400～2100	62～88	1150～1550	51～66	1350～2750	1540～1980	62～79	1000～1520
成熟阶段	2100～2200	88～99	1550～1900	66～79	2750～3000	1980～2600	79～104	1520～2600
高成熟阶段						＞2600	＞104	＞2600
井底深度 /m	2980.78		2350.78		3014	2690		2847.9

综上所述，开鲁盆地九佛堂组基本进入了低成熟和成熟阶段。其中，钱家店凹陷九佛堂组下部已进入高成熟阶段。沙海组演化程度较低，只有下部进入了低成熟和成熟阶段。阜新组演化程度更低，均处在未成熟阶段。

第五节　沉积与储层

沉积环境控制着油气生成与聚集，详细了解断陷盆地沉积演化过程和沉积相带的分布，特别是储集砂体的成因与展布，以及岩性和岩相的变化，对油气勘探和开发具有重要意义。

勘探证实，开鲁盆地发育 4 套储层，即下白垩统义县组、九佛堂组、沙海组和阜新组；两种类型储层，即碎屑岩和火山岩。

一、沉积特征

1. 沉积环境

开鲁盆地断陷阶段具有沉积复杂、环境多变的特点。早白垩世，为温暖潮湿的热带—亚热带气候，湖盆水介质以淡水—微咸水为主，纵向上经历了义县组沉积时期的淡水氧化相—九佛堂组—沙海组沉积时期的微咸水还原相—阜新组沉积时期的淡水弱氧化相，与断陷的发生—发展—衰亡相吻合。

2. 沉积演化特征

凹陷结构上的差异，造成各凹陷在沉积环境、沉积演化序列、沉积体系与沉积相等方面各具不同的特点。开鲁盆地除龙湾筒凹陷为双断型地堑断陷外，其余凹陷均为单断型箕状断陷。

1）单断箕状型凹陷的沉积演化特点

单断箕状凹陷以控陷断裂一侧为主，具有近物源、多物源、快速沉降、快速沉积的特点。但凹陷内的洼陷带和相对隆起带在发展过程中具有继承性，沉积中心和沉降中心基本一致。

义县组沉积时期是盆地的初始张裂期，以堆积大量火山岩为特征。

九佛堂组沉积时期是盆地的强烈伸展期，构造运动转换沿断裂面滑动，以垂直运动为主，盆地急剧下沉，与周边山区形成大的高差，凹陷两侧山区受到强烈的风化剥蚀，大量物质堆积在山前地带。在断裂陡坡带，由于水深坡陡的古地貌条件，使碎屑物质直接进入湖盆中，形成了一系列近岸水下扇、或以冲积扇快速进入湖盆形成扇三角洲；凹陷缓坡带或斜坡带，由于没有边界断层的控制，碎屑物质主要由多条山区辫状河流携带入湖，形成辫状河三角洲；在凹陷中央深水区局部发育有滑塌浊积扇或槽形浊积岩。不同期次的近岸水下扇和扇三角洲垂向叠置，横向连片，围绕凹陷中心成裙边状展布（图 2-2-15）。

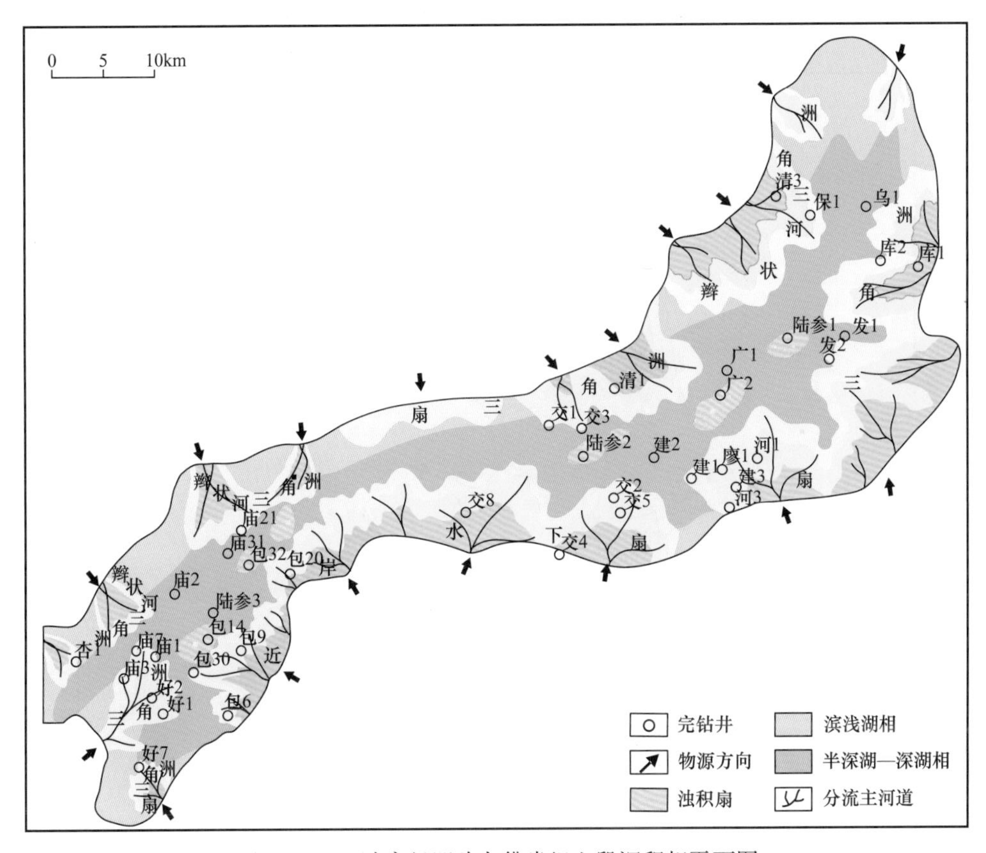

图 2-2-15　陆家堡凹陷九佛堂组上段沉积相平面图

沙海组沉积时期是盆地的稳定沉降期。这一时期，断裂活动减弱，盆地由剧烈下陷转变为缓慢的稳定下沉，由于物源区与沉积区高差缩小，风化剥蚀作用减弱，入湖水系减少，碎屑物质供给不足，整个盆地表现为广阔的半深湖环境，仅洪水期各凹陷才有小型扇三角洲和辫状河三角洲发育；在各凹陷中央局部发育有浊积岩。

阜新组沉积时期是盆地的衰减萎缩期。断裂活动进一步减弱，沉积速率大于沉降速率，整个盆地表现为充填式沉积。由于物源区的进一步后退。碎屑物质的供给仍然匮乏，凹陷大部分地区为开阔的滨浅湖环境，发育有滨湖砂砾滩沉积，进而转变为滨湖沼泽和河流相。阜新组末期，湖盆萎缩抬升，普遍遭受剥蚀。晚白垩世进入坳陷发育阶段，各凹陷上白垩统发育程度不一，一般厚度为 400～800m，陆家堡地区不足 300m，钱家店地区 800～1000m。

2）双断地堑型凹陷的沉积演化特点

双断地堑凹陷在充填演化过程中受两侧控陷断裂的控制，凹陷两侧均为沉积物堆积提供了物源，物源体系的类型具有相似性。但由于断层活动强度、时间上的差异性，其沉积体系规模、影响范围、各沉积环境的体积分配、亚相组成等与单断型凹陷均有区别。沿凹陷短轴方向两侧均发育主要物源体系，早期以冲积扇—扇三角洲体系为主（图 2-2-16）。表现为近物源、快速堆积、厚度大、粒度粗，沉积体伸入较深水湖区与湖相沉积交互的特征。晚期均接受了一定程度的晚白垩世坳陷阶段的沉积，沉积厚度在800～1200m。

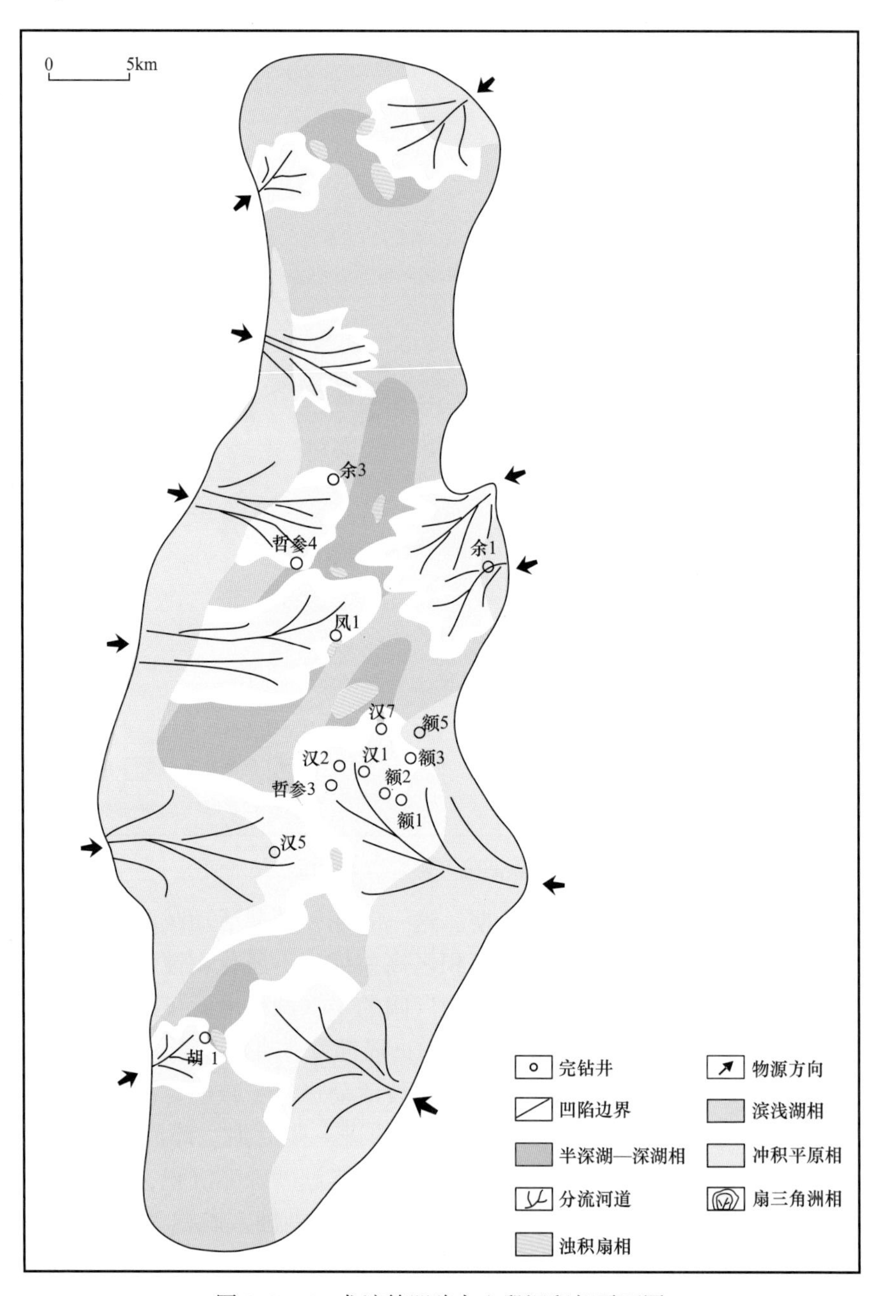

图 2-2-16　龙湾筒凹陷九上段沉积相平面图

二、储层特征

1. *碎屑岩储层*

1）储层发育与分布

储层的发育程度、分布规律与各凹陷的发展史具有密切关系（朱筱敏，1995）。箕状断陷储层的平面分布具有明显的分带性。靠近控盆断裂一侧储层最发育，另一侧次之，中心最差。纵向上主要发育于断陷活动的强烈伸展阶段。地堑断陷则与前者明显不同，靠近盆缘断裂两侧储层都很发育，而中心稍差（徐小林等，2010）。各凹陷碎屑岩储层发育与分布情况从表2-2-5统计结果可以看出，九佛堂组储层无论是累计厚度，还是所占地层比例，总体上均比沙海组和阜新组发育，而且以奈曼和龙湾筒凹陷最为发育。

表2-2-5　开鲁盆地各凹陷碎屑岩储层发育程度统计表

凹陷	阜新组				沙海组				九佛堂组			
	单层厚度/m		累计厚度/m	占地层比例/%	单层厚度/m		累计厚度/m	占地层比例/%	单层厚度/m		累计厚度/m	占地层比例/%
	一般	最大			一般	最大			一般	最大		
陆家堡	1～3	21	29～40	15～60	1～4	34	25～169	15～45	1～7	76	157～436	35～85
钱家店	1～5	12	5～147	6～67	2～5	61	62～92	7～97	5～20	188	225～685	23～76
龙湾筒	1～6	64	19～277	25～60	2～5	61	21～210	7～91	5～15	230	320～913	47～83
奈曼	12	50	120	72	3	6	68	15	16	45	967	66

2）储集砂体类型

勘探实践证实，盆地有效的储油岩体是近岸水下扇、扇三角洲、辫状河三角洲、浊积岩砂体。

（1）近岸水下扇砂体。

发育于凹陷的陡岸带（图2-2-17）。以粗碎屑为主，泥砂混杂，结构成熟度低，颇具冲积扇特征。单个水下扇面积小，延伸短，一般2～4km，但数量多、厚度大，沿陡坡带叠加连片。可分为扇根、扇中、扇端三部分（赵澄林，1987）。扇根岩性粗，以大套厚层砾岩为主，砾岩分选极差，粗砾间常充填中、细砾及砂、泥；块状层理极发育，亦见递变层理；旋回性强，多为正旋回，底界多具冲刷构造，单个旋回厚一般2～5m，如陆家堡凹陷包南背斜上的包6井、包18井所钻遇。扇中则以砂砾岩、砂岩为主；Bouma层序和Lowe层序均发育，常见砾石叠复和变形构造，含炭屑丰富；水道微相极发育，多个水道叠加，组成向上变细的退积序列；泥质含量低。分选相对较好，胶结物含量低，储集物性变好，如包1块。扇端岩性细，常为粉砂岩；递变层理极发育，相当于Bouma层序的T_a；单层厚度薄，一般0.2～0.3m，最厚0.7m；胶结致密，白云质和灰质含量高。这类砂体在陆家堡凹陷发现较多，钱家店凹陷也有发现，钻探已获得工业油流和见到良好的油气显示（赵会民，2013）。

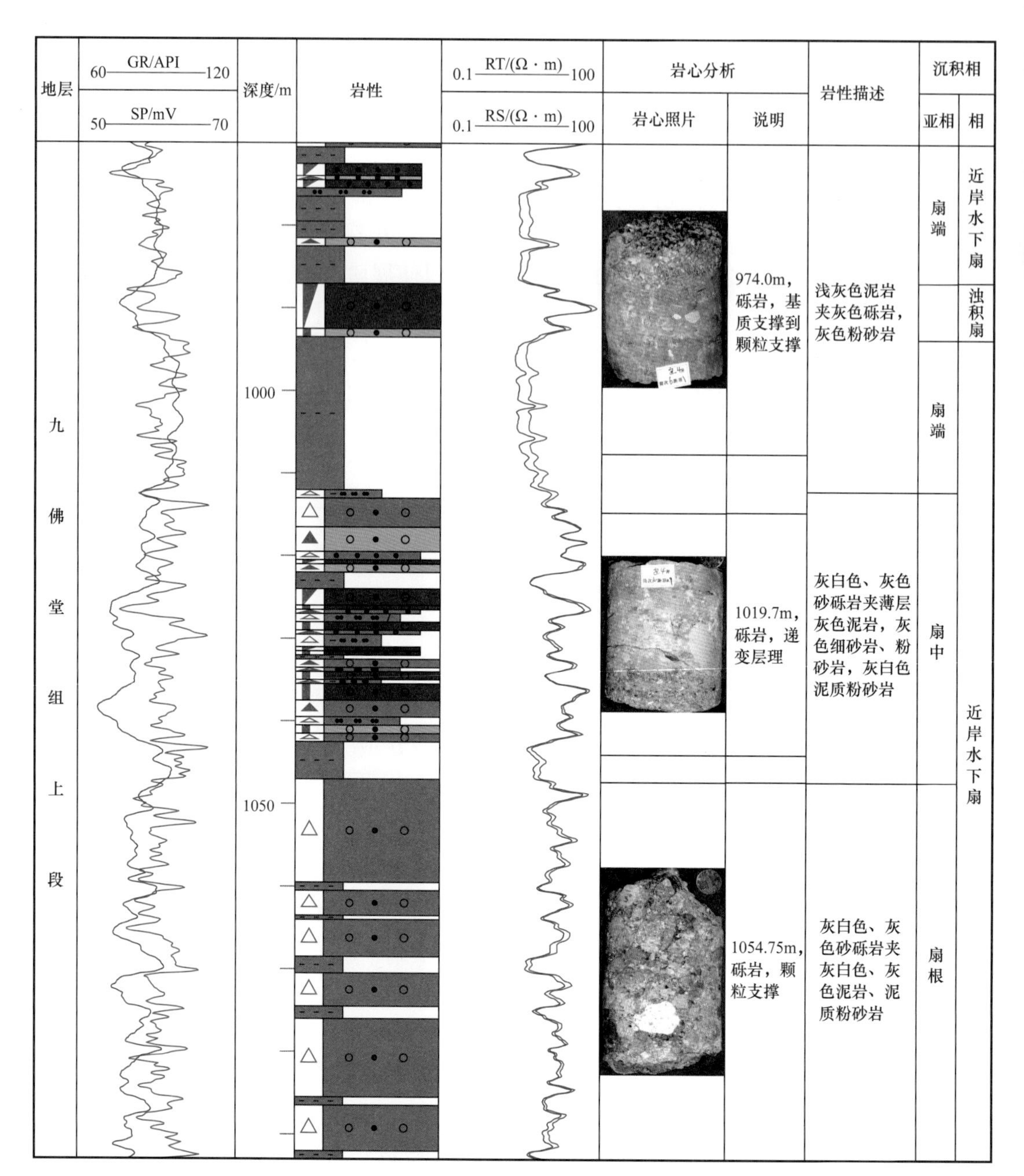

图 2-2-17　陆家堡凹陷包 4 井近岸水下扇沉积特征图

电性特征：扇根，自然电位曲线起伏不大，近于平直，视电阻率曲线为锯齿状低阻；扇中，自然电位曲线为钟形，视电阻率曲线为钟形高—低阻；扇端，自然电位曲线为钟形和箱形，视电阻率曲线为指状中—低阻。

地震相特征：在地震剖面上，近岸水下扇的外形一般为楔形和丘形。其反射构造在倾向剖面上以杂乱前积构造最为常见，走向剖面上则主要为双向前积反射构造。反射结构以杂乱或无反射结构为主。

（2）扇三角洲砂岩体。

形成于凹陷陡坡带或湖盆高位体系域时期，规模较近岸水下扇大，碎屑物质分选较好，三角洲内部相带分界比较清楚。在地层剖面上出现反旋回，前积层沉积覆盖在底积层之上，两者交替出现，形成多旋回沉积（图 2–2–18）。由于后期地层大幅度抬高，三角洲平原亚相多被剥蚀，现存下来的主要是三角洲前缘亚相，常见以扇三角洲前缘水下分流河道和前缘水道间砂体为主，物性相对较好。由砂砾岩、含砾砂岩和中砂岩构成，上部有少量的粉砂岩，分选中等。垂向层序结构特征与陆上分流河道相似，以小型交错层理为主，见块状层理、波状层理和平行层理，在其顶部可受后期水流和波浪的改造，有时出现脉状层理及水平层理。岩石成熟度较低，以岩屑砂岩、长石砂岩为主，胶结类型主要为孔隙式胶结，颗粒接触关系以点、点—线式为主。这类砂体在奈曼凹陷奈 1 块、陆家堡凹陷后河地区已获工业油流。

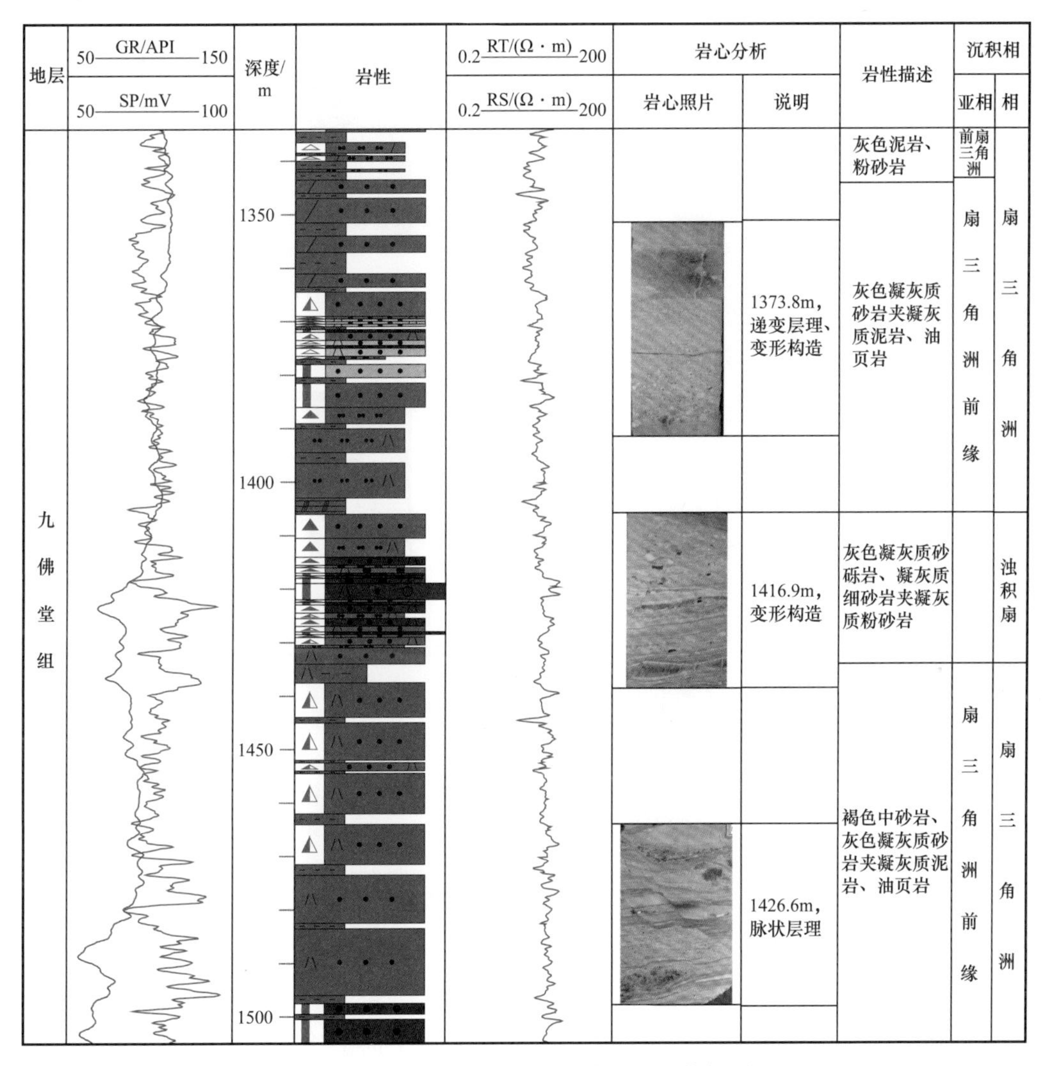

图 2–2–18　陆家堡凹陷扇三角洲沉积特征图

电性特征：自然电位曲线与视电阻率曲线均为漏斗形。

地震相特征：走向剖面的反射形态为丘形，倾向剖面上表现为前积反射结构。

（3）三角洲砂岩体。

分布在凹陷的缓坡带，纵向上互相叠置，平面上叠加连片，为油气储集提供了良好的空间。由于离物源区相对较远，沉积物经长距离搬运，重力分异较好，储集性较好，如陆家堡凹陷马家铺三角洲含油砂体（图 2-2-19）。

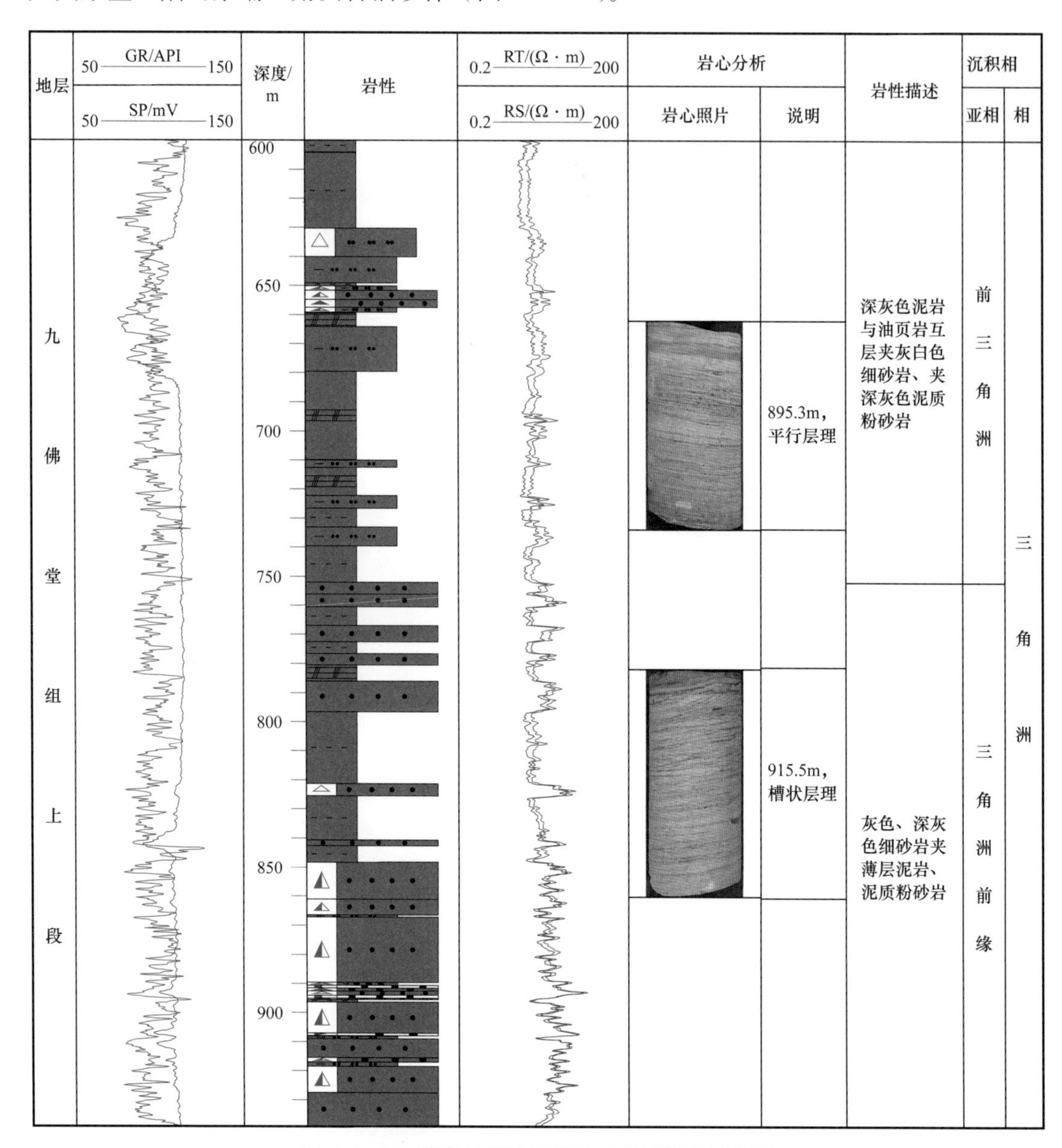

图 2-2-19　陆家堡凹陷马家铺三角洲沉积特征图

（4）辫状河三角洲砂岩体。

分布在凹陷缓坡带，是由辫状河直接入湖形成的三角洲。辫状河三角洲前缘砂体岩性较粗，以大套绿灰色砂砾岩为主夹泥岩，为一套由下向上逐渐变粗的进积序列。前辫状河三角洲砂体岩性细，为大套凝灰质泥岩夹绿灰色凝灰质细砂岩薄层；奈曼凹陷奈 7 井钻遇，主要以辫状河三角洲前缘亚相为主。岩性以浅灰色砂砾岩、砂岩夹薄层灰色粉砂岩、泥质粉砂、泥岩为主，可见块状层理、波状层理、平行层理等沉积构造。砂砾岩正粒序层理，底具冲刷构造，分选较差，磨圆次棱角—次圆状。反映河水稳定、水动力强的主河道特点。

电性特征：辫状河三角洲前缘，自然电位曲线微起伏，视电阻率曲线为漏斗状或刺刀状高—中阻。前辫状河三角洲，自然电位曲线基本平直，视电阻率曲线为齿状中—低阻。

地震相特征：倾向剖面上多表现为斜交前积反射构造，走向剖面上则为丘形反射构造。

（5）浊积扇类砂岩体。

主要有三种类型：湖底扇、滑塌浊积扇和非扇状重力流砂体（断槽型浊积岩）。浊积扇类砂体发育在各凹陷的生烃洼陷内，具有得天独厚的油源条件，可形成岩性油气藏。如陆家堡凹陷陆参3井揭示的九佛堂组下段湖底扇，试油获得低产工业油流；广2井在槽型浊积岩中获工业油流。

3）储层岩性特征

开鲁盆地碎屑岩储层为一套成分成熟度和结构成熟度均低的陆源碎屑岩系，岩石类型主要为岩屑砂岩、长石岩屑砂岩和岩屑长石砂岩。碎屑成分以岩屑为主，其中中性、酸性岩浆岩岩屑含量占碎屑总量的一半以上，其余为变质岩屑和沉积岩屑；石英含量为1%～50%，平均小于25%，长石含量为3%～48%，平均大于25%，部分地区在20%～25%之间。填隙物以泥质杂基和方解石胶结物充填为主，少数见泥微晶碳酸盐和白云石充填。碎屑颗粒分选中等—差，磨圆为次圆状、次棱角—次圆状。接触关系以线—点接触为主，少量点接触、悬浮—点接触。胶结类型有孔隙式、连晶式和接触式。

4）储层物性特征

根据储层物性统计资料（表2-2-6），开鲁盆地沙海组碎屑岩储层属于中孔、低渗储层，九佛堂组上段碎屑岩储层属于中低孔、特低渗超低渗储层，九佛堂组下段属于低孔、超低渗储层。

表2-2-6　开鲁盆地储层物性统计表

凹陷	地区	层位	孔隙度 /%			渗透率 /mD			碳酸盐 /%		
			平均值	最大值	最小值	平均值	最大值	最小值	平均值	最大值	最小值
陆家堡	包1块	K_1sh	15.5	34.1	3.5	5.5	8528.0	<1.0	4.6	22.5	1.0
		K_1jf	16.2	26.0	5.1	35.8	1265.0	<1.0	10.8	28.6	0.6
	包2块	K_1sh	16.2	18.3	12.3	2.0	6.0	<1.0	14.2	27.3	5.4
		K_1jf	14.1	23.8	6.2	<1.0	<1.0	<1.0	11.4	31.9	4.2
	包南	K_1sh	8.7	22.7	7.9	<1.0	<1.0	<1.0	9.1	37.3	2.6
		K_1jf	8.8	18.2	2.5	<1.0	4.0	<1.0	10.0	32.8	3.5
	包14块	K_1sh	22.5	24.5	20.6	<1.0	<1.0	<1.0			
		K_1jf	16.5	25.5	8.5	62.7	273.0	<1.0	9.9	50.3	0.2
	好北地区	K_1sh	17.5	21.3	9.1	<1.0	<1.0	<1.0	16.7	42.9	7.2
		K_1jf	16.8	39.8	2.8	<1.0	11.0	<1.0	15.4	58.4	2.7

续表

凹陷	地区	层位	孔隙度 /%			渗透率 /mD			碳酸盐 /%		
			平均值	最大值	最小值	平均值	最大值	最小值	平均值	最大值	最小值
陆家堡	交力格	$K_1jf^{上}$	16.7	23.6	3.3	15.5	152.5	<1.0			
		$K_1jf^{下}$	14.5	21.0	3.5	<1.0	15.0	<1.0			
	前后河	$K_1jf^{上}$	18.9	22.6	14.7	11.0	91.1	<1.0	11.7	17.9	6.6
		$K_1jf^{下}$	18.2	22.7	13.8	15.0	124.9	<1.0	10.3	18.7	3.3
龙湾筒	汉代	K_1sh	16.3	20.8	8.3	23.6	82.0	<1.0	4.13		
		$K_1jf^{上}$	14.7	18.0	11.4	<1.0	3.0	<1.0	4.0	6.7	1.1
钱家店	钱 2 块	$K_1jf^{上}$	11.7	17.4	6.4	21.4	565.0	<1.0			
奈曼	双河	$K_1jf^{上}$	14.8	23.0	7.0	11.2	804.0	0.1	4.2	23.8	0.1
		$K_1jf^{下}$	11.8	15.6	8.0	0.29	0.8	0.1	8.8	19.4	2.5

5）储集空间类型

储层储集性能的好坏，取决于储集空间类型及其发育程度。根据普通薄片、铸体薄片、扫描电镜及岩心观察，开鲁盆地碎屑岩储层的储集空间类型，按其成因分为原生孔隙、次生孔隙、微孔和裂隙等四种类型。

（1）原生孔隙。

包括原生粒间孔、残余粒间孔。其中，原生粒间孔少见，多见的是原生粒间孔经压实又被矿物充填后残余粒间孔隙，占总孔隙类型的 22.71%～32.35%。

（2）次生孔隙。

本区次生孔隙以岩屑、长石或石英颗粒内的粒内溶孔、粒间溶孔、铸模孔及粒缘孔最发育，占总孔隙类型的 48.93%～64.93%。

（3）微孔。

微孔是指小于 0.5μm 的孔隙，多分布于杂基间和火山岩岩屑基质中。

（4）裂隙。

分三种裂隙类型：第一种为层间裂隙，第二种是岩石受压收缩过程中产生的裂隙，第三种是构造裂缝。其形态有平行层理和垂直层理及斜交层理或割切碎屑层。这类裂隙约占总孔隙类型的 12%～21.6%。

6）孔隙结构特征

根据开鲁盆地各凹陷的压汞资料，采用孔喉半径均值（R_m）、最大连通孔喉半径（R_d）、孔喉半径平均值（$R_{主}$）等作为喉道大小的参数；采用歪度（S_{KP}）、相对分选系数（C）、均质系数（α）等作为喉道分布的参数，将盆地碎屑岩储层的孔隙结构分为以下五种类型，即特细喉较均匀型（$Ⅰ_B$）、特细喉不均匀型（$Ⅰ_C$）、微细喉均匀性（$Ⅱ_A$）、微细喉较均匀型（$Ⅱ_B$）、微细喉不均匀型（$Ⅱ_C$）（表 2-2-7）。

表 2-2-7 开鲁盆地孔隙结构分类表

孔隙结构类型			排驱压力 p_d/MPa	最大连通孔喉半径 R_d/μm	孔喉半径平均值 $R_{主}$/μm	孔喉半径均值 R_m/μm	均质系数 α	相对分选系数 C	歪度 S_{KP}	退汞效率 W_e/%
特细喉	较均匀	I_B	0.11	17.87	9.12	4.63	0.27	0.96	1.22	28.64
	不均匀	I_C	0.09	12.50	6.40	1.64	0.16	1.53	2.20	30.01
微细喉	均匀	II_A	11.40	0.07	0.04	0.03	0.36	0.58	1.89	28.49
	较均匀	II_B	4.99	0.37	0.21	0.11	0.29	0.80	1.76	23.31
	不均匀	II_C	2.29	1.01	0.50	0.15	0.14	1.01	2.49	26.15

7）影响碎屑岩储层物性的因素

影响碎屑岩储层物性的因素是沉积作用和成岩作用。

（1）沉积作用。

开鲁盆地诸凹陷碎屑岩储层具有如下特征。

① 成分成熟度低。稳定组分石英含量少，不稳定组分长石、岩屑含量高，一般为岩屑砂岩、长石岩屑砂岩和岩屑长石砂岩（图 2-2-20）。岩屑成分以岩浆岩岩屑为主，见少量变质岩岩屑。

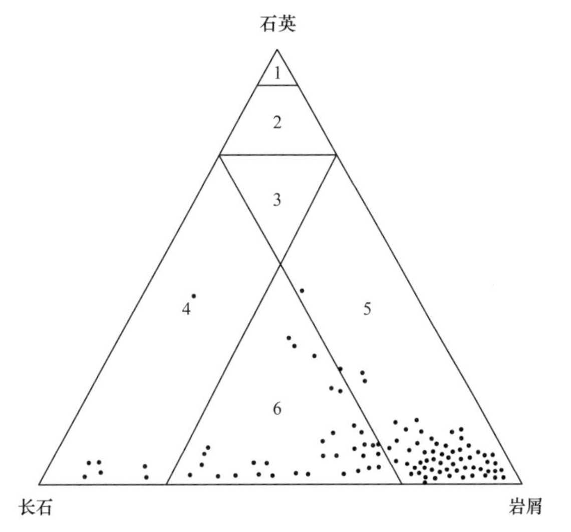

图 2-2-20 开鲁盆地下白垩统碎屑岩储层成分分类图
1—纯石英砂岩；2—石英砂岩；3—次岩屑长石砂岩或长石岩屑质石英砂岩；4—长石砂岩；5—岩屑砂岩；6—岩屑长石砂岩或长石岩屑砂岩

② 结构成熟度低。储集砂岩总体上表现为粒度变化大、分选中—差，非均质性强的特点。磨圆度差，主要为次棱角状，部分为次圆状。填隙物以泥质杂基和碳酸盐胶结物占绝对优势。

③ 火山物质含量丰富。各凹陷碎屑岩储层岩屑含量高，最高达 86.7%，以中酸性火山岩、火山碎屑岩为主。

（2）成岩作用。

开鲁盆地碎屑岩在成岩过程中对储层物性的影响因素表现为机械压实作用、化学压实作用和溶解作用。

① 机械压实作用：由于盆地储集砂岩的成分成熟度和结构成熟度低，抗压实能力弱，经成岩作用早期的机械压实，储层的原生孔隙遭受损失，使储层多表现为低孔、低渗的特点。

② 化学压实作用：主要表现在大量自身矿物的析出，使储层物性变差。作用方式是以孔隙中（特别是粒间孔）形成新矿物的形式使岩石致密化。归纳起来，这些自生矿物主要有六大类，即黏土类、碳酸盐类、长石石英类、沸石类、硫酸盐、硫化物类及其他的矿物类（方少仙等，1998）。

③ 溶解作用：相对前两种作用，总体上溶解作用较弱，仅局部地区的某些层位仍较强烈。溶解作用主要为溶蚀孔的发育，九佛堂组常见此现象。如陆家堡凹陷，在九上段最强烈，沙海组顶部次之。溶蚀作用主要表现在长石、岩屑、杂基和胶结物的溶蚀，由于溶蚀作用而出现粒内溶孔和形成一定的次生孔隙，从而改善了储层物性。

另外，沉积微相也是影响储层物性的主要因素之一。

综上所述，开鲁盆地储层孔隙类型以次生溶孔和裂隙为主，尤其是次生溶孔的发育程度直接决定了储层的储集性能。大量次生溶孔的形成需要多方面条件相互匹配，如沉积微相、成岩阶段等。一般来说，在成分、结构成熟度相对较好的砂岩储层，生储盖组合配备合理、生烃能力较强的层段，溶解作用较强，储层物性能够得到较大程度改善，这类储层构成各凹陷的有效储层。以陆家堡凹陷前后河地区为例，九上段Ⅳ油组扇三角洲前缘水下分流河道微相储层平均孔隙度高、物性好，而扇三角洲平原亚相和前扇三角洲亚相物性较差。可见，沉积相带的变化控制着储层物性的变化（图 2-2-21、图 2-2-22）。

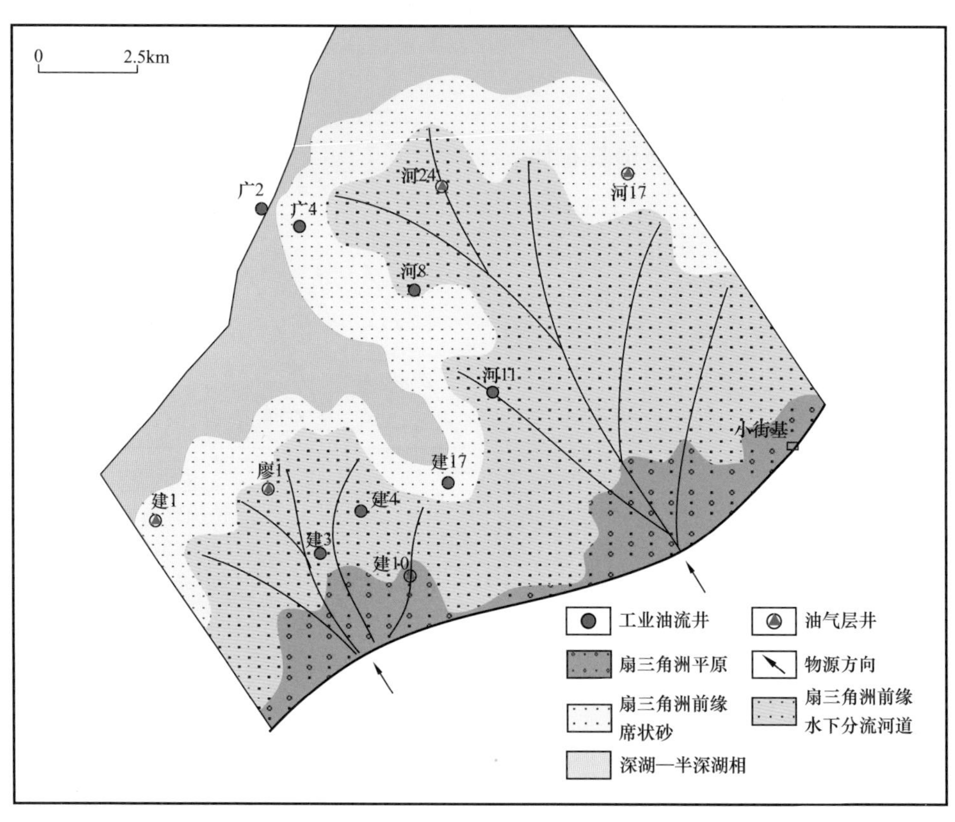

图 2-2-21　陆家堡凹陷前河油田九上段Ⅳ油组沉积相图

2. 火山岩储层

火山岩储层是开鲁盆地另一套重要储集类型，目前已在部分层段获油气流或见油气显示。

1）火山岩分布特征

开鲁盆地火山岩主要沿早白垩世时期的近南北、北北东及北西向断裂分布。从钻井

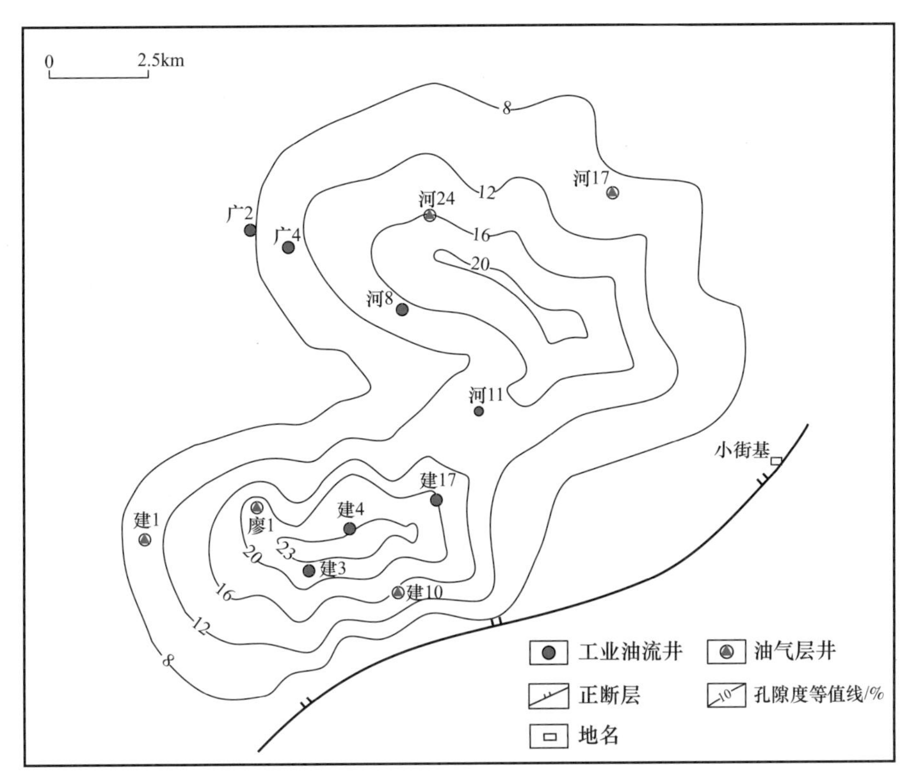

图 2-2-22 陆家堡凹陷前河油田九上段Ⅳ油组孔隙度等值线图

资料看，发育在下白垩统义县组、九佛堂组、沙海组和阜新组，主要分布在陆家堡凹陷、龙湾筒凹陷。

（1）龙湾筒凹陷火山岩。

龙湾筒凹陷火山岩发育于义县组和九佛堂组，分布在额尔吐洼陷带和余粮堡高垒带及新艾里断阶带。

义县组火山岩有 3 口探井钻遇，揭示厚度 118～370m。岩性以中基性熔岩为主。火山喷发方式以裂隙式喷发为主，中心式喷发为辅。前者形成喷溢相，分布在额 3—额 2—额 1 井区及以东地区。后者形成爆发相，分布在汉 2—哲参 3 井区及北部哲参 4—余 1 井区。

九佛堂组火山岩有 13 口探井钻遇，揭示厚度 167～710m。岩性为安山岩、粗面岩、粗安岩、玄武安山岩、集块岩、角砾岩、晶屑凝灰岩。火山喷发方式以中心式喷发为主，裂隙式喷发为辅。前者多构成爆发相，分布在哲参 3、额 1、额 2 井区；后者形成溢流相，分布在哲参 4、余 1、余 3、额 3、额 5、汉 4、汉 3、汉 1 井区。另外，在风 1 井区揭示大套英安斑岩，为浅成侵入相（图 2-2-23）。

（2）陆家堡凹陷火山岩。

陆家堡凹陷白垩系下统火山岩可分为四期。

第一期为义县组火山岩序列，岩性为安山岩、粗安岩、玄武安山岩、玄武岩、凝灰岩，分布在凹陷西部马北斜坡庙 31 块和马家堡高垒带，东部见于发 1、交 2、交 38 等井区。

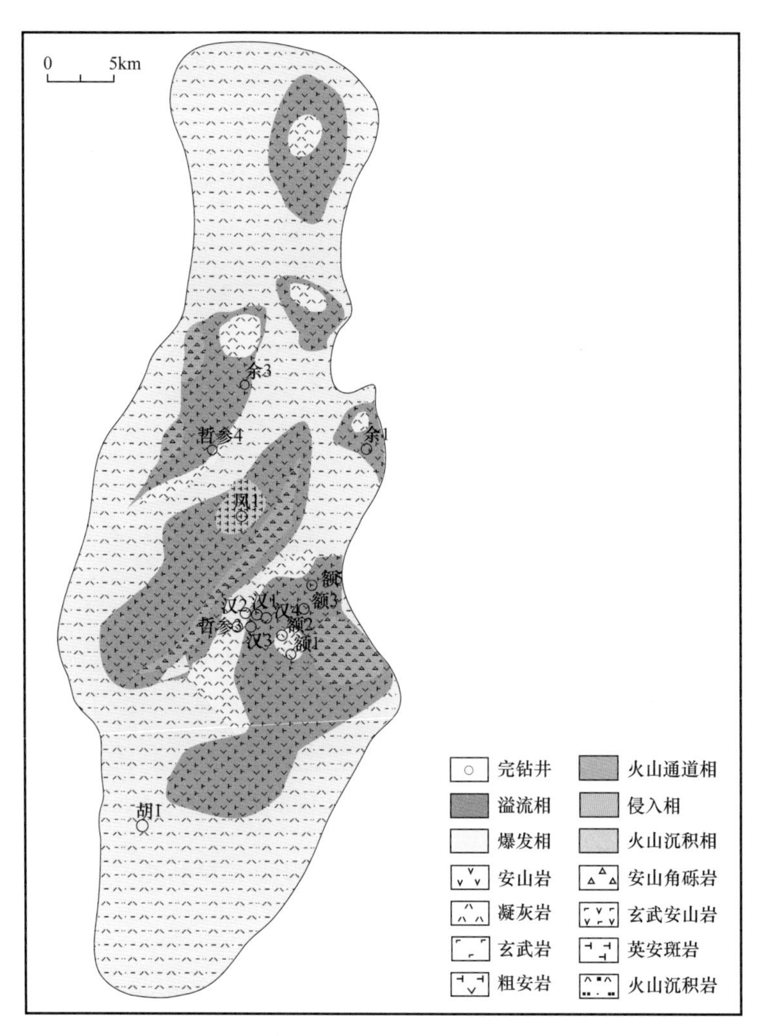

图 2-2-23　龙湾筒凹陷九佛堂组火山岩分布图

第二期为九佛堂组火山岩系列，岩性为玄武岩、安山岩、流纹岩及凝灰岩，厚度6.5～436m。凹陷西部见于好5井、庙9井和包32井，东部见于交2—交12、广1—广6、建2—建16及库2井区。

第三期为沙海组火山岩系列，岩性为玄武岩、凝灰岩，厚度3～49m。分布在凹陷东部建1—建18、广1—广6、交2—交34、陆参1井区。局部地区有辉长岩、辉绿岩侵入。

第四期为阜新组火山岩系列，岩性为玄武岩、安山岩、流纹岩、凝灰岩，厚度5～212.5m。分布在凹陷东部广2—广5、交34、发1—发5、乌1、河17、库2井区（图2-2-24）。

2）岩性及岩相特征

（1）岩性特征。

开鲁盆地火山岩发育6大类20余种（裴家学，2015）。火山熔岩类有玄武岩、安山岩、玄武安山岩、粗安岩、粗面岩；火山碎屑熔岩类有安山质凝灰熔岩、安山质角砾熔岩、安山质集块熔岩、粗安质凝灰熔岩、粗安质角砾熔岩、粗安质集块熔岩、粗面质凝灰熔岩、粗面质角砾熔岩、粗面质集块熔岩、隐爆角砾岩；火山碎屑岩类有集块岩、火山角砾岩、岩屑晶屑凝灰岩；沉火山碎屑岩类有尘屑沉凝灰岩；火山碎屑沉积岩类有凝灰质砂岩、凝灰质泥岩；次火山岩类有流纹斑岩和闪长玢岩。

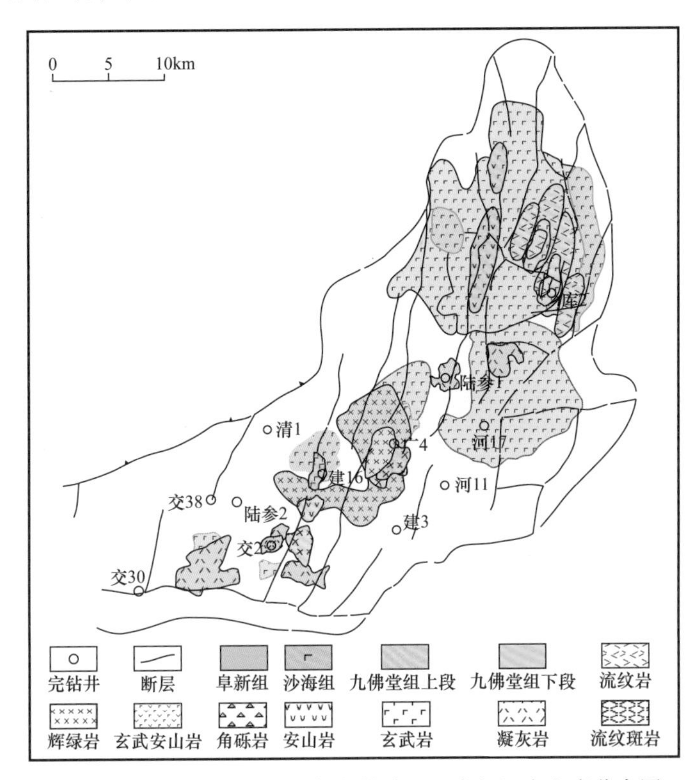

图 2-2-24　陆家堡凹陷东部九佛堂组—阜新组火山岩分布图

（2）岩相特征。

开鲁盆地火山岩相可划分为 5 个大相 16 个亚相。

火山通道相：包括火山颈、次火山岩和隐爆角砾岩 3 类亚相，三者互为依存或交切。火山通道相在陆家堡凹陷中生界火山岩井段中约占 22.9%，以火山颈亚相为主。

爆发相：分为火山碎屑流亚相、热基浪亚相和空落亚相 3 种类型，是火山岩相的主要类型之一。九佛堂组下段和义县组均有大规模发育，发育厚度约占 28.3%，

溢流相：主要由粗安岩、安山岩和玄武岩等熔岩组成。根据喷发机制和就位环境的不同，分为玻质碎屑岩、板状熔岩流和复合熔岩流 3 类亚相。

侵出相：以粗安岩和粗面岩为主。多见于火山喷发旋回中后期，堆积于火山机构上部。侵出相由内而外可划分为内带亚相、中带亚相和外带亚相。内带亚相和中带亚相以块状构造粗安岩为主，外带亚相主要由粗安质角砾 / 集块熔岩和粗安质火山角砾岩 / 集块岩构成。

火山沉积相：包括含外碎屑火山沉积亚相和再搬运火山碎屑沉积亚相，占开鲁盆地中生界火山岩地层的 22.8%。分布在火山岩隆起之间的洼陷之中，构成火山机构远源相带的主体部分。

3）储层物性特征

（1）岩性与物性关系。

据龙湾筒凹陷汉 1 井、额 1 井 98 块火山岩样品实测数据统计结果（表 2-2-8），九佛堂组气孔杏仁发育的火山熔岩类储层物性最好，属特高孔中高渗，其次为块状粗面岩 /

粗安岩和火山角砾岩，块状安山岩、凝灰岩储层物性较差，沉凝灰岩类储层物性最差。义县组安山质角砾岩和凝灰（熔）岩储层物性最好，属特高孔特低渗储层；其次为安山质隐爆角砾岩、角砾凝灰岩和流纹斑岩，属高孔低渗（特低渗）储层；含气孔块状安山岩，气孔和微裂缝发育较少，储层物性最差，属中孔特低渗储层，块状安山岩在局部构造裂缝发育的块状熔岩段，其裂缝储集空间非常发育，亦能够成为良好的裂缝型储集空间（周超等，1999）。

表 2-2-8　龙湾筒凹陷火山岩岩性物性统计表

岩石类型	孔隙度 /%			渗透率 /mD		
	最大值	最小值	平均值	最大值	最小值	平均值
气孔杏仁安山岩	26.0	10.5	20.8	37.000	1.000	8.010
块状安山岩	8.0	0.7	3.6	4.000	0.001	1.250
块状粗面岩、粗安岩	18.4	1.4	10.3	4.000	1.000	1.340
气孔杏仁粗面岩、粗安岩	25.8	9.2	17.3	30.000	0.190	3.300
火山角砾岩	12.5	3.2	6.3	14.900	1.000	5.630
凝灰岩	17.8	2.4	7.2	15.500	0.001	1.170
沉凝灰岩	9.1	4.8	7.6	1.000	1.000	1.000

（2）岩相与储层物性关系。

火山岩岩相，特别是火山岩亚相，与火山岩的物性密切相关。如表 2-2-9 和图 2-2-25 所示，火山通道相火山颈亚相和爆发相热碎屑流亚相储层物性最好，属特高孔中低渗储层；其次为爆发相空落亚相和火山通道相隐爆角砾岩亚相，属高孔低渗（特低渗）储层；喷溢相上部亚相，气孔和微裂缝发育较少，储层物性最差，属中孔特低渗储层，喷溢相下部亚相在局部构造裂缝发育的块状熔岩段，其裂缝储集空间非常发育，亦能够成为良好的裂缝型储集空间。

表 2-2-9　陆家堡凹陷火山岩岩性—岩相物性统计表

岩石类型	岩相	孔隙度 /%			渗透率 /mD		
		最大值	最小值	平均值 / 样品数	最大值	最小值	平均值 / 样品数
含气孔安山岩	喷溢相上部亚相	7.1	7.1	7.1/1	0.089	0.074	0.081/4
块状安山岩	喷溢相下部亚相	12.1	0.6	8.4/8	0.493	0.493	0.493/1
安山质隐爆角砾岩	火山通道相隐爆角砾岩亚相	18.4	9.8	13.5/12	0.089	0.089	0.089/1
安山质角砾岩	火山通道相火山颈亚相	26.3	9.6	19.3/13	0.060	0.060	0.060/1
角砾凝灰岩	爆发相空落亚相	25.1	8.0	14.8/87	0.432	0.090	0.200/3
凝灰熔岩	爆发相热碎屑流亚相	16.1	16.1	16.1/1	0.089	0.089	0.089/1
流纹斑岩	浅成相	12.7	9.5	11.5/4	0.408	0.067	0.160/4

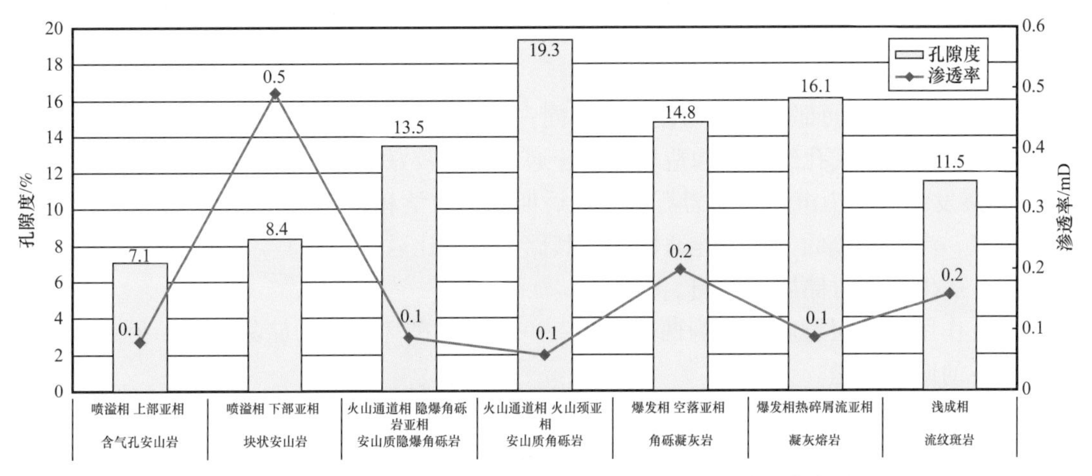

图 2-2-25　陆家堡凹陷火山岩岩性、岩相与物性关系直方图

4）储集空间类型

以龙湾筒凹陷为例，根据岩心、岩石薄片、扫描电镜资料分析，龙湾筒凹陷九佛堂组火山岩储层的储集空间有原生孔隙、次生孔隙及裂缝等 3 种类型。

（1）原生孔隙。

包括气孔和充填剩余孔、杏仁体内孔、收缩孔或收缩缝、粒内孔和粒内缝、粒间孔和粒间缝。

① 气孔和充填剩余孔：这类孔隙发育，且多数气孔被充填，有部分气孔和充填剩余孔被保存下来，分布在熔岩层的上部和底部，气孔直径一般为 0.4～1.5cm。

② 杏仁体内孔：形状不规则，孔径 0.1～0.8cm，分布在熔岩层上部和底部。具气孔—杏仁构造，气孔内充填物被部分或全部溶蚀后，形成杏仁内孔。

③ 收缩孔和收缩缝：形成于冷凝的熔岩内、脱玻化的玻璃质内或火山角砾边缘，发育规模较大，可由粒内到岩层范围，是连通粒内孔、气孔和构造缝的主要通道。

④ 粒内孔和粒内缝：形成于火山角砾内的孔和缝，这种孔和缝形状不规则。

⑤ 粒间孔和粒间缝：发育在火山角砾间的孔和缝，表现为熔结剩余孔和缝、充填剩余孔和缝或充填剩余微孔。

（2）次生孔隙。

包括砾间溶孔、晶间孔、晶内溶孔和溶蚀缝等，形状不规则，孔径小于 0.4cm。

（3）裂缝。

根据形态特点分为张裂缝、张剪性裂缝、剪性裂缝、压性裂缝，以张剪性裂缝为主，次为张性裂缝，少量为剪性和压性裂缝。裂缝密度 0.3 条 /10cm，缝宽 0.05～0.5mm。

5）孔隙结构特征

根据压汞资料，龙湾筒凹陷火山岩储层微观孔隙属特细喉不均匀型。孔喉喉道细，最大连通半径在 4.86～32.9865μm 之间，平均值 13.866μm。饱和度中值孔喉半径在 0.191～6.396μm 之间，平均值 2.986μm。吼道分选差，均值系数 0.09～0.12。孔喉分布不均匀，分选系数在 2.70～2.84 之间。孔喉连通性差，排驱压力大，在 11.513～26.845 MPa 之间，平均 19.10MPa。退汞效率低，在 12.9%～24.43% 之间。

6）影响火山岩储层的因素

（1）火山岩相控制储集性能。

① 火山熔岩不同部位储集物性不同，同一期的火山岩顶底岩层，其顶部和底部易形成大量气孔，这些气孔经后期构造裂缝的连通，产生较好的储集空间。

② 爆发相和火山沉积相的岩石，虽经后期的动力学和化学改造，只产生少量的溶蚀孔和裂缝，渗透率较低，孔隙连通性差，其储集性能比溢流相差。

（2）后生作用对储层的影响。

后生作用对储层影响表现为两个方面：一方面是破坏岩石的储集性能，另一方面是改善岩石的储集性能。

① 破坏作用：岩石中的绿泥石、方解石、沸石及蛋白石不仅交代了大量原生矿物，而且部分或整体充填气孔和裂缝，减少了岩石的储集空间。另外，成岩后的压实作用减少了爆发相及火山沉积相岩石的储集空间。

② 改善作用：火山岩受构造作用影响，产生了一系列不同尺度、不同方向和不同性质的裂缝，这些裂缝不仅提高了火山岩的储集性能，而且提供了油气运移的通道。同时，溶解和溶蚀作用产生的溶蚀孔缝，改善了岩石的导油和储油能力。

第六节　油 气 藏

油气藏是含油气盆地中油气聚集的基本单元。经多年勘探，开鲁盆地在陆家堡、奈曼、龙湾筒和钱家店等凹陷探明了14个含油区块，发现了构造、岩性、复合、火山岩等多种类型油气藏，它们纵向上的叠加和平面上的连片分布，构成了断陷盆地的含油气区带。

一、流体性质与油气源

开鲁盆地具有多沉积中心和多生物源体系，导致生成多种油气类型。地层水作为载体，促进了油气生成、运移、聚集成油气藏。由于断裂的多期次活动，导致各凹陷油气水分布十分复杂。了解油气性质，进行油气源对比，追踪油气运移的轨迹，为油气勘探提供依据。

1. 流体性质

1）原油的物理性质

按原油相对密度划分，开鲁盆地的油品主要有轻质油、中质油和重质油三种类型（表2-2-10）。其中，中质油是开鲁盆地蕴藏量最大的类型，占目前探明石油地质储量的55.5%。次之为轻质油，约占探明石油地质储量的30.2%。重质油约占探明石油地质储量的14.3%。分布在陆家堡凹陷包日温都构造带、马家铺高垒带、交2块和奈曼凹陷奈1块及龙湾筒凹陷汉1块，以科尔沁、交力格、奈曼油田为代表。层位上，分布在义县组和九佛堂组及沙海组，以九佛堂组为主。

2）天然气性质

开鲁盆地天然气主要分布在陆家堡凹陷包1块、交2块。按天然气组成及碳同位素分析（表2-2-11），属油型气。

表 2-2-10　开鲁盆地原油物性统计表

油田		层位	密度（20℃）/ g/cm^3	黏度（50℃）/ mPa·s	含蜡量 / %	沥青质 + 胶质 /%	凝固点 / ℃	初馏点 / ℃	油品
科尔沁	包 1 块	K_1jf	0.8542	44.44	8.33	15.73	21.0	100	轻质油
	包 14 块	K_1jf	0.8720	21.66	10.04	21.49	27.0		中质油
	包 20 块	K_1jf	0.8790	26.00	6.48	16.31	20.5	72	中质油
	包 22 块	K_1jf	0.8728	27.94	12.52	26.99	20.5	113	中质油
	好 1 块	K_1jf	0.8793	30.50	5.92	20.45	17.0	88	中质油
	庙 31 块	K_1jf	0.8635	84.01	12.34	18.66	37.5	124	轻质油
		K_1y	0.8701	38.00	11.31	22.98	37.0		中质油
	庙 7 块	K_1jf	0.8981	75.89	6.80	25.85	16.0	93	中质油
	庙 3、5 块	K_1jf	0.9364	1384.80	5.54	32.30	−4.6	124	重质油
交力格	交 2 块	$K_1jf^{下}$	0.8933	141.50	5.38	28.92	16.0	100	中质油
前河	廖 1 块	$K_1jf^{下}$	0.9196	362.00（100℃）	5.18	33.55	17.0		中质油
	建 3 块	$K_1jf^{上}$	0.9723	304.00（100℃）	3.87	42.73	11.0		重质油
奈曼	奈 1 块	$K_1jf^{下}$	0.8968	153.10	4.56	35.73	20.0		中质油
		$K_1jf^{上}$	0.9160	573.00	5.80	33.60	19.7		中质油
龙湾筒	汉 1 块	K_1sh	0.8875	60.25	9.79	19.00	24.0	122	中质油
		K_1jf	0.8873	44.71	7.95	18.88	25.7	127	中质油

表 2-2-11　交 9 井天然气分析结果表

井段 /m	层位	天然气组成 /%				相对密度	甲烷含量 / %	干燥系数 C_1/C_{2+}	$C_1/\Sigma(C_1+C_{2+})$	$\delta^{13}C_1$/‰	$\delta^{13}C_2$/‰	$\delta^{13}C_3$/‰
		CH_4	C_{2+}	CO_2	N_2					（PDB）		
1641.3～1664.5	K_1jf	62.33	9.65	13.23	18.4	0.8329	86.6	6.46	0.87	−47.74	−27.69	−25.37
1647.3～1664.5		63.53	4.84	13.52	14.5	0.8083	92.9	13.13	0.93	−48.00	−38.00	−30.60

3）地层水性质

开鲁盆地地层水氯离子含量介于239.4～1843.9mg/L之间，碳酸氢根为350.9～6113.5mg/L，总矿化度为1534.6～10426.2mg/L。各地区指标值相差较大，龙湾筒凹陷地层水各项指标普遍低，交力格地区偏高，总体属 $NaHCO_3$ 型。

2. 油气源

开鲁盆地的油气源对比主要采用正构烷烃、异戊二烯烷烃、伽马蜡烷相对丰度、碳同位素组成、甾类化合物相对丰度等5项地球化学指标参数，利用叠合和组合对比法进行油源对比研究。

1）陆家堡凹陷

陆家堡东部地区原油芳香烃 $\delta^{13}C$ 为 $-28‰\sim-30‰$，饱和烃 $\delta^{13}C$ 为 $-30‰\sim-32‰$，Pr/Ph 为 0.67，而九佛堂组烃源岩 $\delta^{13}C$ 为 $-27‰\sim-29‰$，Pr/Ph 为 0.82，依此可以说明九佛堂组为其油源。

另外，在陆家堡西部地区油—岩 Pr/Ph 与 OEP 相关图上（图 2-2-26）和东部地区伽马蜡烷与重排甾烷相对丰度相关图上（图 2-2-27），九佛堂组原油与九佛堂组烃源岩重合较好，表明二者有亲缘关系，证明九佛堂组烃源岩是本区的主力烃源岩。

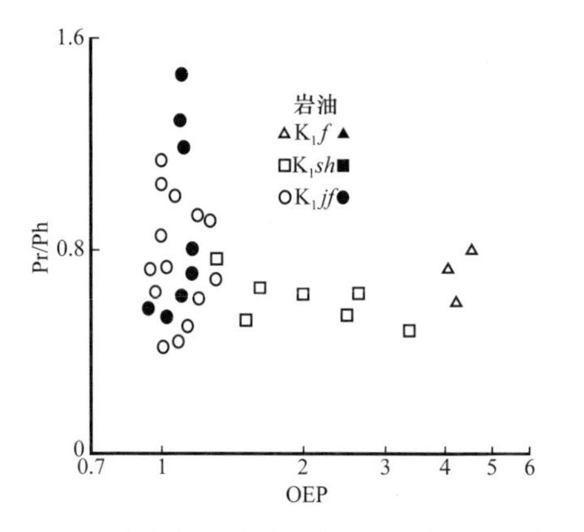

图 2-2-26　陆家堡凹陷油—岩 Pr/Ph 与 OEP 关系图

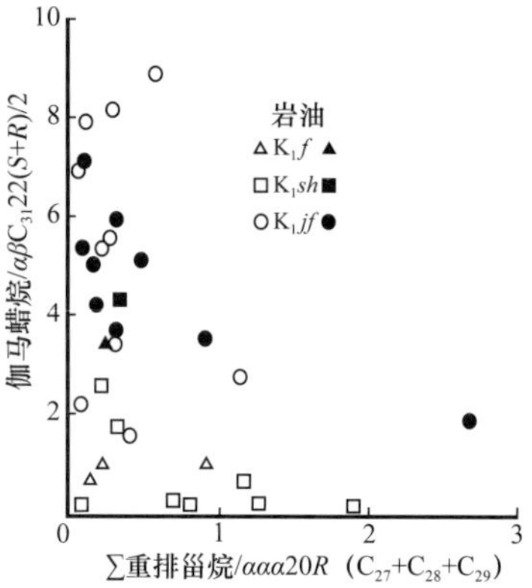

图 2-2-27　陆家堡凹陷油—岩伽马蜡烷与重排甾烷相对丰度相关图

2）奈曼凹陷

奈1井原油与奈1井沙海组、九上段、九下段烃源岩的正构烷烃碳数分布曲线对比（图 2-2-28）发现，奈1井九佛堂组原油与九下段烃源岩之间存在亲缘关系。

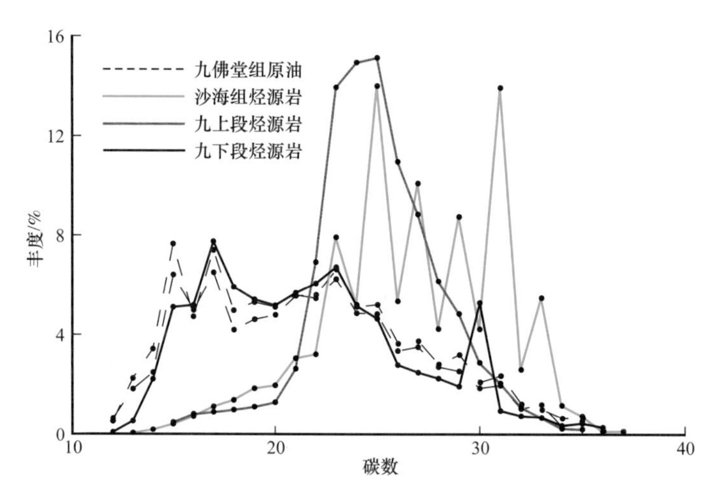

图 2-2-28　奈曼凹陷奈1井油—岩正烷烃碳数分布曲线对比图

3）钱家店凹陷

油—岩甾烷指纹对比表明（图 2-2-29），钱家店凹陷钱 2 井原油主要来自九佛堂下段烃源岩。

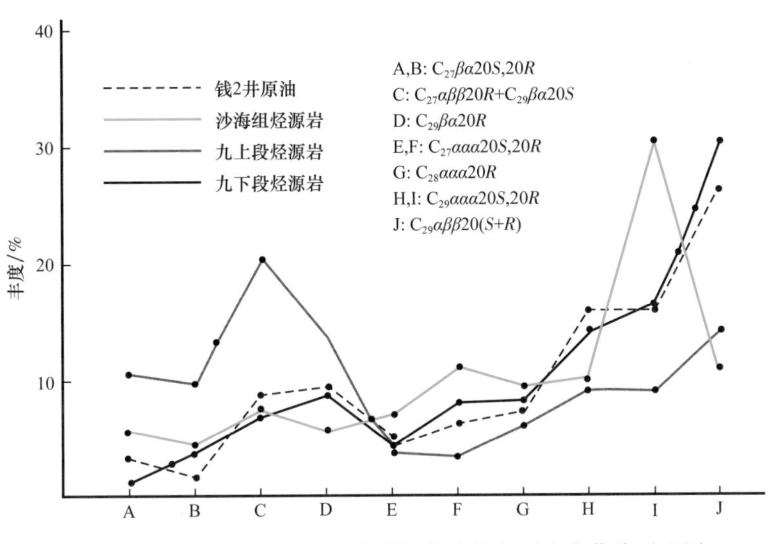

图 2-2-29　钱家店凹陷油—岩甾烷化合物相对丰度曲线对比图

二、油气藏类型与油气分布特征

开鲁盆地不同类型油气藏在三维空间中的相互依托和有规律的分布，构成了断陷盆地独特的复式油气聚集复合体。研究油气藏类型及其油气分布规律，有助于指导勘探实践，不断寻找石油与天然气勘探的新领域。

1. 油气藏类型

开鲁盆地已发现的油气藏，按照圈闭成因和形态特征，可划分构造油气藏、岩性（含火山岩）油气藏和复合油气藏。

1）构造油气藏

受构造圈闭控制而形成的油气藏称为构造油气藏，开鲁盆地属于这类油气藏的主要有背斜、断鼻和断块油气藏等。

（1）背斜油气藏。

由背斜构造圈闭控制油气聚集而形成，按其构造形态，本区油气藏可进一步划分为断裂背斜和披覆半背斜油气藏。

① 裂背斜油气藏。

它是被断层切割、复杂化的背斜圈闭条件下形成的油气藏。由于断层的切割，将完整背斜分割成多个断块，形成多个油气水系统。这类油藏本区普遍发育，如陆家堡凹陷包日温都、前河、后河、广发以及奈曼凹陷双河、龙湾筒凹陷汉代背斜等。以包日温都断裂背斜油藏为例，包日温都断裂背斜位于包日温都断裂背斜构造带中部，由一条北东向断层将断裂背斜分割为包 1 块和包 2 块。受断裂控制，包 1 块和包 2 块油气富集程度相差悬殊。上升盘包 1 块油层厚、产量高，单井初期日产可达 70t。而下降盘包 2 块油气富集程度较差，油层很薄（图 2-2-30）。油层主要分布在构造高部位，受构造控制。

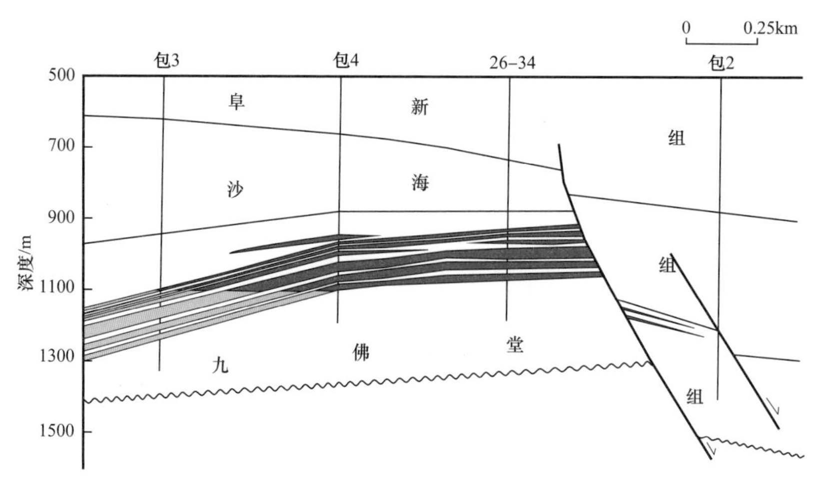

图 2-2-30　包日温都地区包 3 井至包 2 井油藏剖面图

② 披覆半背斜油气藏。

它是在义县组火山岩隆起的背景上，上覆地层披覆沉积而形成的披覆背斜油气藏，如陆家堡凹陷马家铺高垒带庙 11 井九上段油藏（图 2-2-31）。

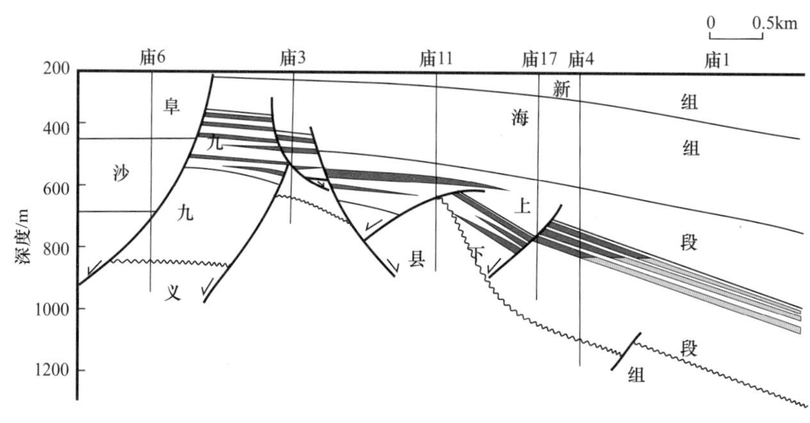

图 2-2-31　马家铺高垒带庙 6 井至庙 1 井油藏剖面图

（2）断鼻油气藏。

断鼻油气藏是指在沉积盖层中形成的鼻状构造和其上倾方向被断层切割形成的断鼻构造油气藏。这类油气藏主要分布在陆家堡凹陷东部地区，如交南断鼻油藏（图 2-2-32）。

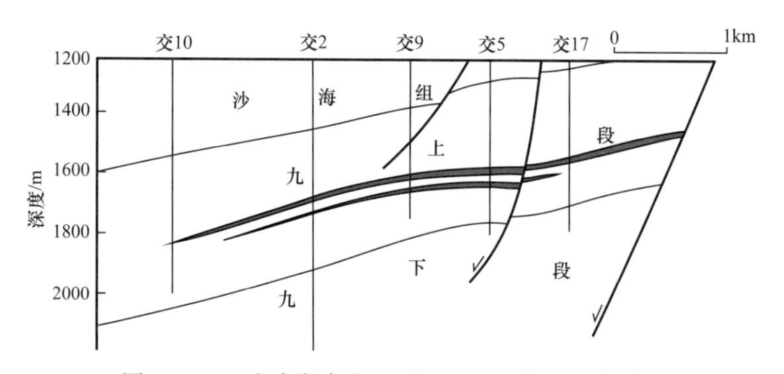

图 2-2-32　交南断鼻交 10 井至交 17 井油藏剖面图

（3）断块油气藏。

在单斜的构造背景上，由多条正断层切割形成的断块油气藏。这类油藏在开鲁盆地各凹陷普遍存在。如钱家店凹陷钱 2 块九下段油藏（图 2–2–33），基本上是在两条主要断裂夹持的构造部位，受断层控制形成的断块油藏。

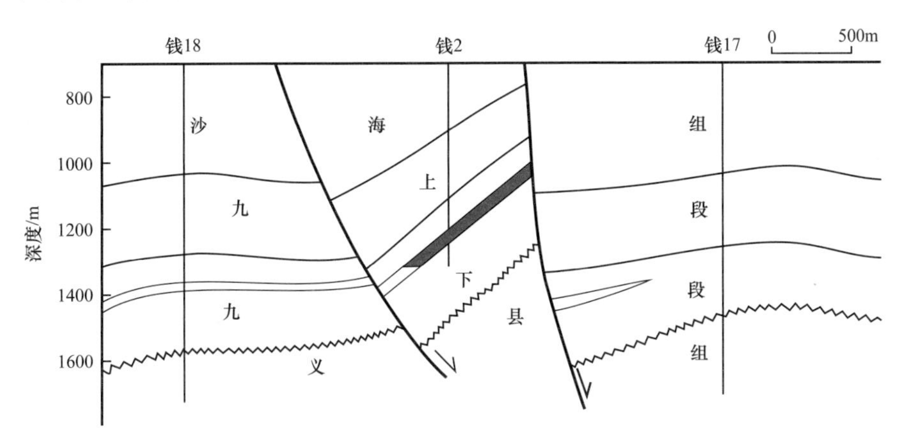

图 2–2–33　钱家店凹陷钱 2 块油藏剖面图

2）岩性油气藏

储层岩性横向相变或物性变化而形成的圈闭中聚集油气而形成的油气藏。根据岩性特点和砂体分布形态，可分为砂岩透镜体油气藏、砂岩上倾尖灭油气藏和火山岩油气藏三种。

（1）砂岩透镜体油气藏。

指由透镜状或其他不规则状砂岩，周围被不渗透性地层所围限组成的非构造圈闭而形成的油气藏。最常见的是泥岩层中的砂岩透镜体，如陆家堡凹陷包 32 块、好 1 块九上段油藏（图 2–2–34）。

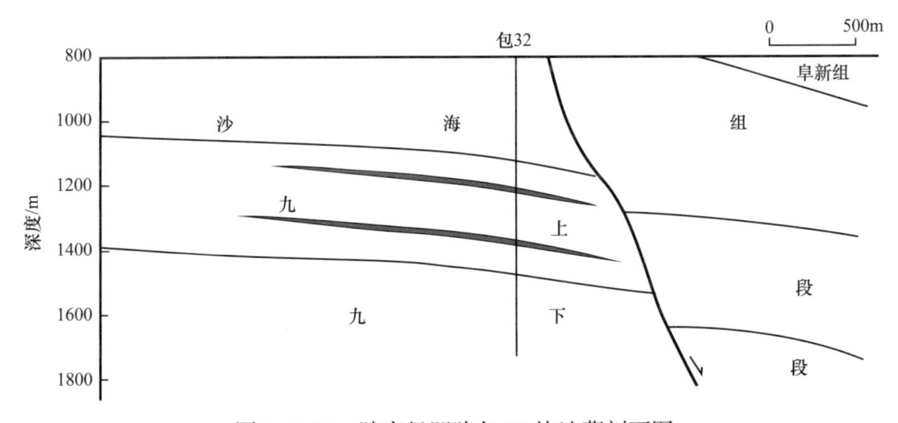

图 2–2–34　陆家堡凹陷包 32 块油藏剖面图

（2）砂岩上倾尖灭油气藏。

在陆相湖盆中各种类型扇体前缘砂体向构造高部位逐渐变薄尖灭，形成砂岩上倾尖灭油气藏。如陆家堡凹陷马家铺高垒带九下段、包 14 块、奈曼凹陷奈 1 块九下段油藏（图 2–2–35）。

包 14 块岩性油藏位于五十家子庙生烃洼陷内，油层分布受来自南侧包日温都扇三角洲砂体控制，该扇体向北伸入五十家子庙生烃洼陷，向西北在马家铺高垒带翼部形成了砂体上倾尖灭圈闭，面积较大，断层不发育，形态比较简单。由于岩性油藏具有自生自储的特点，油藏多为层状，每套油层组都具有独立的油水系统，原始油水界面深度均不相同。

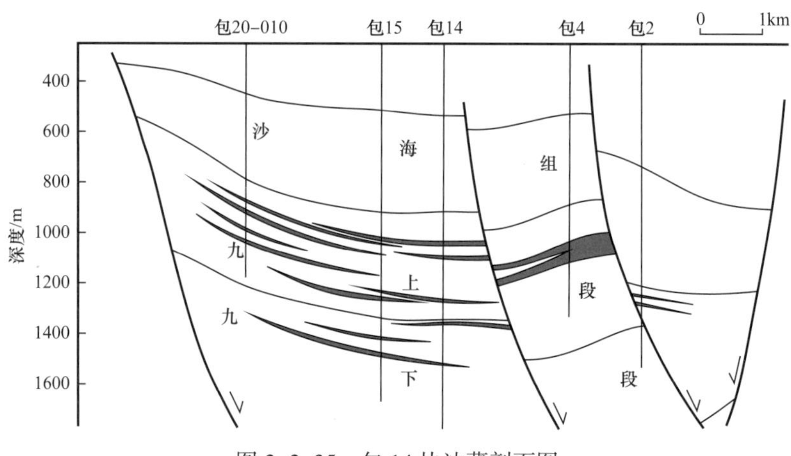

图 2-2-35　包 14 块油藏剖面图

（3）火山岩油藏。

由于火山岩在喷发过程中形成了大量气孔，与后期的构造作用、溶蚀风化作用形成的裂缝、孔隙，以此作为主要储集空间而形成的油气藏为火山岩油气藏。主要分布在陆家堡、龙湾筒凹陷，如庙 31、库 2 块、汉 1 块、额 1 块。

庙 31 块位于陆家堡凹陷马北斜坡带，是在义县组火山岩隆升背景下形成的背斜构造，背斜两侧受近南北及北东走向两条断层夹持，整体呈现中部高南北两侧低的构造格局。钻井揭示，庙 31 块发育九佛堂组下段和义县组两套油层（图 2-2-36、图 2-2-37），庙 31 井在九佛堂组 1208.0～1204.0m 井段试油，压后 8mm 油嘴求产，日产油 127m^3，日产气 848m^3。成为辽河外围盆地自勘探以来第一口日产百吨工业油流井。

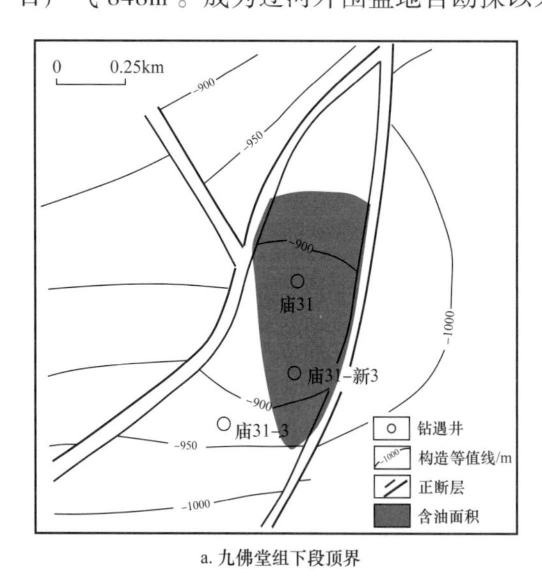

图 2-2-36　庙 31 块探明储量面积图

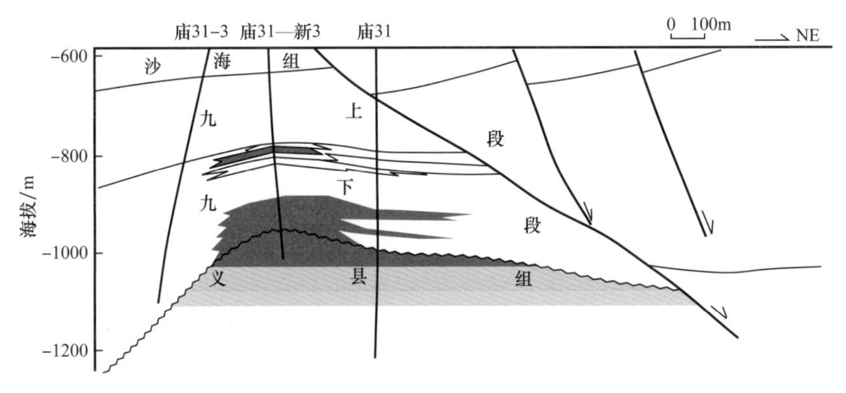

图 2-2-37 庙 31 块庙 31-3 井至庙 31 井油藏剖面图

庙 31 块九佛堂组下段油藏主要分布在庙 31 井和庙 31 井—新 3 井附近，油层分布受硅化凝灰岩分布范围控制。义县组火山岩油藏的储层为粗面质火山角砾岩和粗面岩，顶面形态为一宽缓背斜，面积 0.58km^2，幅度 140m，油层顶点埋深 1175.0m，油藏幅度 65.0m，是一个底水块状油藏。油藏总体上受背斜构造形态控制，油层分布受火山岩储层物性、喷发岩相带以及裂缝网络系统控制。

3）复合油藏

复合油藏是指受构造及储层双重因素控制形成的油藏，包括构造—岩性油藏、岩性—构造油藏。各含油气凹陷均有发现，是开鲁盆地主要油藏类型。如陆家堡凹陷前河、后河断裂背斜油藏、马家铺油藏、交南油藏和奈曼凹陷双河油藏都是受构造和岩性两种以上因素控制的复合油藏，并且以构造—岩性油藏为主。

后河复合油藏位于陆家堡凹陷中央断裂构造带的东南部，靠近三十方地洼陷。受北北东向多条断层切割，划分为河 21、河 13、河 11、河 12 和河 14 等 5 个断块。其中，九佛堂组（包括九上段、九下段）油层分布在河 13 块，九佛堂组上段油层分布在河 11 块。油层分布受构造、储层砂体及物性的多重因素控制，油藏类型为构造—岩性油藏和岩性—构造油藏（图 2-2-38）。

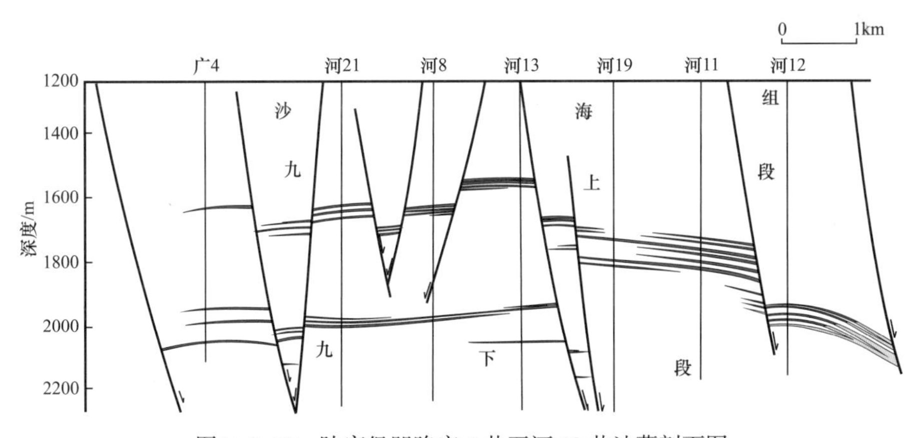

图 2-2-38 陆家堡凹陷广 4 井至河 12 井油藏剖面图

河 13 块位于后河断裂背斜中北部，油藏埋深 1550～1720m，油层厚度 32m，单层 2～8m。油层分布在构造高部位，向下倾方向油层变薄，岩性变细，以粉细砂岩为主，物性、含油性变差，为岩性—构造油藏。

河 11 块位于后河断裂背斜的中部，油藏埋深 1720～1830m，油层厚度 31.0m，单层一般厚 2.0～7.6m。该块东南侧受断层遮挡，西北侧尖灭于致密的凝灰质粉砂岩中，为构造—岩性油藏。

由于开鲁盆地各凹陷具有不同的地质背景和演化特点，其在油气成藏过程中受到构造、断裂、岩相、岩性甚至火山岩活动等多种因素的控制，导致油藏类型复杂多样。即使在同一构造，不同断块、不同层位的油气藏类型也有差异，如马家铺构造九佛堂组上段是构造油气藏，九下段则为岩性油气藏；同为前河构造的建 3 块为构造—岩性油藏，而廖 1 块为岩性—构造油藏；龙湾筒凹陷汉代背斜汉 1 井区沙海组为构造—岩性油藏，九佛堂组下段为火山岩裂缝油藏，而九佛堂组上段则为断裂背斜油藏。

2. 油气分布特征

开鲁盆地发育有两套烃源岩系、四套两类储层，存在三种含油气组合（上生下储、自生自储和下生上储）、多种类型圈闭，按其形成、分布和发育的时空特点，总结其油气分布特征主要有以下几点。

1）平面上油气主要分布在大凹陷中

开鲁盆地目前发现的油气储量主要分布在陆家堡凹陷、奈曼凹陷、龙湾筒凹陷和钱家店凹陷。据统计，含油区块总数的 84.2% 集中分布在陆家堡凹陷，其余 15.8% 则分布在奈曼、龙湾筒、钱家店凹陷。就探明油气储量而言，有 68.2% 的石油地质储量分布于陆家堡凹陷；次之为奈曼凹陷，占石油地质储量的 27.9%；其余的 3.9% 石油地质储量分布龙湾筒、钱家店凹陷。

2）纵向上油气分布区间大，主要分布在九佛堂组

从埋藏深度上看，油气层在 420～2495m 之间。97.1% 的探明石油地质储量分布在 420～2000m 深度范围内，其余 2.9% 的探明石油地质储量分布在 2000～2400m 深度范围内。陆家堡凹陷西部地区油层埋深最浅，在 420～1550m；东部地区油气层埋深在 770～1850m。奈曼凹陷油气层埋藏最深，在 1400～2495m。龙湾筒凹陷油气层埋藏较深，在 1450～1900m。钱家店凹陷油气层埋藏在 1100～1320m。

从层位上，已探明的油气储量主要分布在下白垩统义县组、九佛堂组、沙海组和阜新组 4 套含油气层系内。其中九佛堂组探明储量占 96.33%，储层为碎屑岩、火山碎屑岩；义县组占 0.89%，储层为火山岩；沙海组占 0.18%，储层为碎屑岩；阜新组占 2.6%，储层为碎屑岩。

3）油气藏紧邻生烃洼陷分布

由于开鲁盆地碎屑岩储层物性普遍较差，决定了油气不可能长距离运移。其次是各凹陷具有近物源、多物源的特点，储层岩性变化大，各砂体孤立存在，横向上连通性差，油气生成后主要从烃源岩向邻近的储集岩中运移，油藏紧邻生烃洼陷分布，在生烃洼陷中发育岩性油藏。

三、油气成藏主控因素

开鲁盆地油气资源丰富，但各凹陷之间存在着油气富集程度上的差异，成藏主控因素主要有三个方面。

1）有效烃源岩控制油气藏分布

油气分布严格受有效烃源岩控制，平面上表现为油气紧邻生烃洼陷分布或位于生烃洼陷内；纵向上油气紧邻烃源岩分布，以九佛堂组烃源岩为核心，形成以自生自储为主，兼有下生上储、上生下储为辅的组合类型，油气主要集中分布在九佛堂组。

2）构造区带控制油气藏的形成

单断箕状凹陷，靠近主控边界断裂一侧即陡坡带，由主控边界断裂的长期牵引拉张作用，断层、构造较发育，常发育有背斜、断鼻、断块等圈闭，而远离主控断裂的洼陷带以及斜坡带构造形态相对简单，只发育少量的断鼻构造。双断结构的凹陷，由于受两条边界断裂活动影响，凹陷内次级断裂发育，构造形态复杂，不仅靠近主干断裂附近局部构造发育，即使在洼陷区，由于受侧向挤压、断层的拉张牵引、古隆起等因素影响，洼陷区也发育有背斜、断鼻等局部构造。同时主控边界断裂又是同沉积断裂，控制凹陷沉积和砂体分布。多种因素有效配置形成油气成藏有利区带。如单断箕状凹陷的陡坡带，双断凹陷的中央区带。

3）有利相带控制油气的富集

陡坡带控凹大断裂的下降盘发育有多个多套近岸水下扇、扇三角洲砂体，叠置呈裙带状伸入洼陷区，这些砂体又被多期断层分割，形成构造—岩性油气藏。油气主要来自下倾方向的烃源岩，大量生、排烃，沿着断层与砂体组成的输导体系，向扇中、扇三角洲前缘砂体中运移，受到砂岩层段上方厚层泥岩、断层遮挡而聚集成藏，形成了构造－岩性类油气藏。

4）火山岩油藏受同生断层控制，且多分布于岩体顶部

同生断裂附近容易产生构造破碎带，易于火山岩油藏形成。在义县组火山岩顶部以及九下段火山碎屑岩顶部气孔、裂缝发育，同时受风化、淋滤作用极大地改善了火山岩储层物性，并且直接与烃源岩接触，形成近源成藏。

第七节　油气田开发简况

开鲁盆地共建有科尔沁、前河、交力格、广发、奈曼、龙湾筒六个油田，由于产能普遍较低，开发效果相对较差，连续开发生产的只有科尔沁和奈曼两个油田，其他油田零星或间歇开采。

一、科尔沁油田

科尔沁油田位于内蒙古自治区通辽市阿鲁科尔沁旗境内。构造上处于陆家堡凹陷马家铺高垒带、包日温都断裂构造带、五十家子庙洼陷以及马北斜坡。

科尔沁油田勘探始于 1983 年，1990 年 10 月，在包日温都断裂背斜部署包 1 井，在下白垩统九佛堂组 942.0～990.6m 井段试油，首获工业油流，日产油 21.54t，日产气 733m^3，发现了科尔沁油田。

1991 年，在马家铺构造高部位部署庙 3 井、庙 4 井、庙 5 井均获油流。

1992 年，在该地区钻探 21 口探井，17 口井见油气显示，9 口井获工业油流。同

年，包1块上报Ⅲ类探明含油面积5.6km²，探明石油地质储量1075×10^4t。1993年，马家铺地区（含庙3块、庙4块、庙7块）上报Ⅲ类探明含油面积13.6km²，探明石油地质储量2278×10^4t。2012年复算后，探明含油面积2.12km²，探明石油地质储量187×10^4t。

1994年，对包1块储量进行了复算，复算后含油面积为5.9km²，原油地质储量1795×10^4t。随着勘探力度的加大，在科尔沁油田先后发现了包20、包22、好1、包14、庙31及包38块等含油区块（图2-2-39）。截至2018年底，共探明含油面积24.2km²，探明石油地质储量3434.12×10^4t（含钱家店凹陷50×10^4t）。

含油层位为义县组、九佛堂组，油层埋深900～1550m。发育三种储层类型：碎屑岩、火山岩和碳酸岩。碎屑岩储层沉积相类型为近岸水下扇、三角洲相；火山岩主要为火山喷发相；碳酸岩为粒屑浅滩相等，岩性为砂砾岩、砂岩、凝灰岩、粗面岩、火山角砾岩、粒屑云岩。油藏类型有构造、岩性、复合、火山岩四种，以构造—岩性油藏为主（表2-2-12）。原油类型有两种，除马家铺高垒带庙3、庙4块为稠油外，其余均为稀油。

1993年科尔沁油田包1块正式投入开发，经过1年快速建产，1994年达到峰值年产量49.42×10^4t，1995年转入注水开发，含水率快速上升，产量开始快速递减。1997年包14块投入开发，油田递减减缓。2011年以来随着庙31块、包38块等相继投入开发，油田产量逐步上升。截至2018年底，共有开发井492口，开井251口，年产油7.47×10^4t，含水率79.11%，累计生产原油318.02×10^4t（图2-2-40）。

二、奈曼油田

位于内蒙古自治区通辽市奈曼旗鱼场村西南3.1km处。构造上处于奈曼凹陷北部双河断裂背斜。

奈曼油田勘探工作始于1989年，2005年7月在双河断裂背斜首钻井奈1井获得成功，11月在九佛堂组试油获得工业油流。2006年、2007年上报探明石油地质储量2034×10^4t，含油面积10.09km²。

奈曼油田位于奈曼凹陷北部，整体构造为一个正向不完整断裂背斜。该构造是由北东向铲式断裂的生长发育逆向牵引形成的。构造高点由深至浅，有向上盘方向迁移的特点。背斜构造在铲式断裂的地堑、半地堑式构造地台上发育，后经晚期断裂切割成多个断块，形成断裂背斜构造。该构造呈北北西向展布，整体上南陡北缓，总面积为17.9km²。

含油层位为九佛堂组上段、下段。储集类型为扇三角洲砂体和浊积扇砂体，储层岩性为砂砾岩、砂岩、粉细砂岩。油藏类型以构造、构造—岩性油藏为主（表2-2-13）。

奈曼油田九上段油藏埋藏深度1285～1726m，含油幅度在88～300m之间，划分为三个油层组。平面上，九上段油层主要富集在构造东侧奈1块和奈3块（图2-2-41），构造西侧油层相对不发育。纵向上，九上段油层呈层状分布，油层单层厚度较薄，一般在1～5m之间，受构造因素控制，构造高部位为油层，低部位为水层。同时，还受扇三角洲沉积相带控制，靠近物源区，储层物性差，油层不发育。总体上看，九上段油层受构造及物性双重因素控制，为构造、构造—岩性油藏。

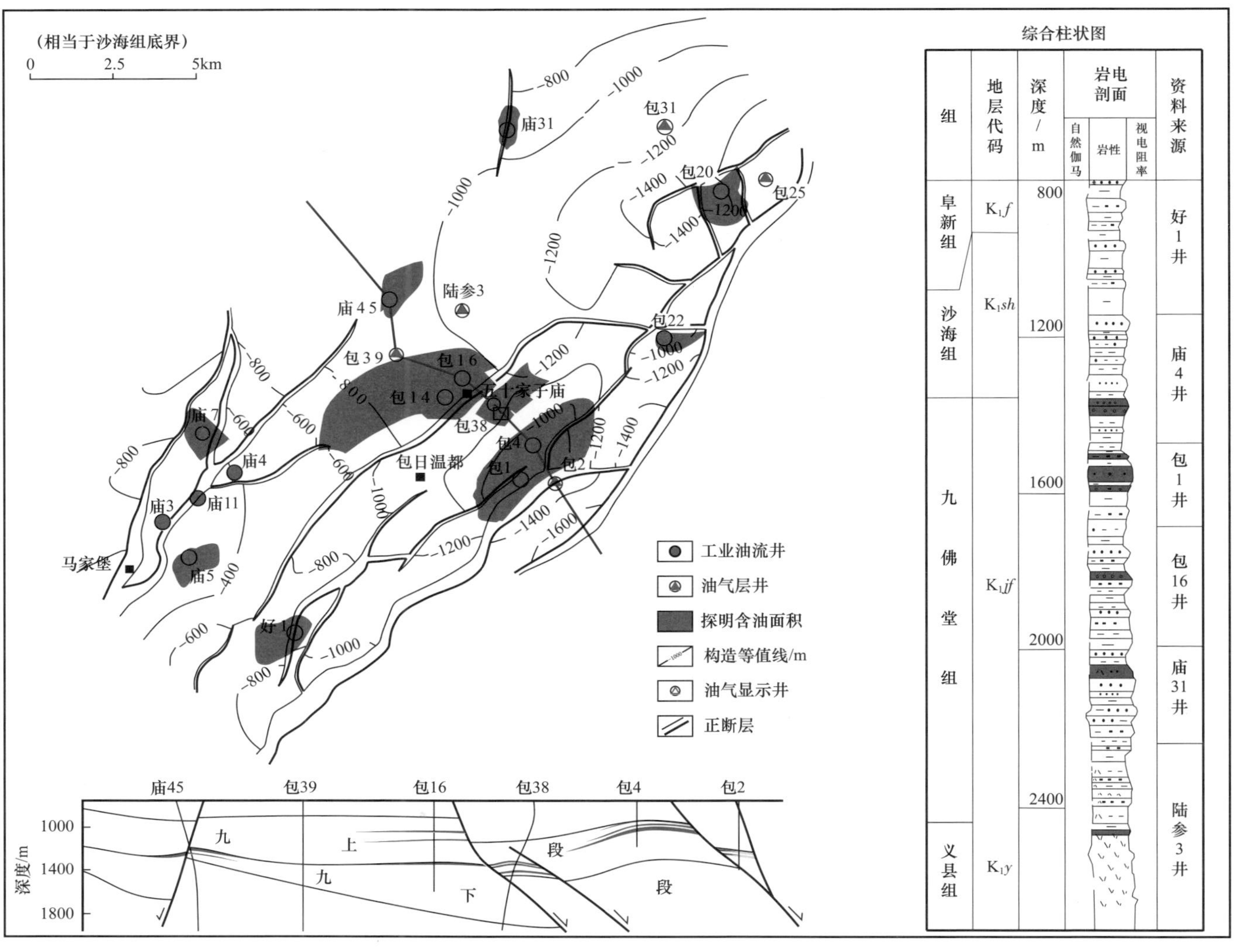

图 2-2-39　科尔沁油田油藏分布图

表 2-2-12　科尔沁油田储层物性特征表

区块	层位	沉积类型	孔隙度 / %	渗透率 / mD	油藏埋深 / m	油藏类型	储层岩性	含油面积 / km^2	原油地质储量 / 10^4t
包 1	K_1jf	近岸水下扇	17.5	36.4	900～1090	构造、构造—岩性	细砂岩、砂砾岩	5.90	1795.00
包 20	K_1jf	近岸水下扇	6.0	＜1.0	1287～1445	构造		1.50	99.00
包 22	K_1jf	近岸水下扇	18.3	10.3	948～988	构造、构造—岩性		0.50	68.00
包 14	K_1jf	近岸水下扇	17.0	27.0	1000～1354	岩性		8.67	717.47
包 38	K_1jf	近岸水下扇	13.3	13.0	1320～1550	岩性—构造	细砂岩、粗砂岩、砂砾岩	1.54	208.63
好 1	K_1jf	浊积扇	16.9	＜1.0	927～1300	岩性	细砂岩、砂砾岩	1.40	109.00
庙 5	$K_1jf^{\text{上}}$	三角洲相	24.5	64.6	420～600	构造、构造—岩性		0.96	87.07
庙 7	$K_1jf^{\text{下}}$	三角洲相	24.5	64.6	1000～1100	构造、构造—岩性		1.16	99.93
庙 31	$K_1jf^{\text{下}}$	沉火山岩相	15.3	33.1	1175～1315	岩性	硅化凝灰岩、硅质岩	0.26	76.58
	K_1y	火山喷发相	12.5	21.5	1235～1315	岩性—构造（火山）	粗面岩、粗面质火山角砾岩	0.57	64.97
庙 45	$K_1jf^{\text{下}}$	粒屑浅滩	15.3	0.8	1186～1286	岩性—构造	粒屑云岩	0.86	38.79
	$K_1jf^{\text{下}}$	火山喷发相	15.4	0.6	1290～1394	岩性—构造（火山）	安山质角砾岩、凝灰岩	0.58	19.68

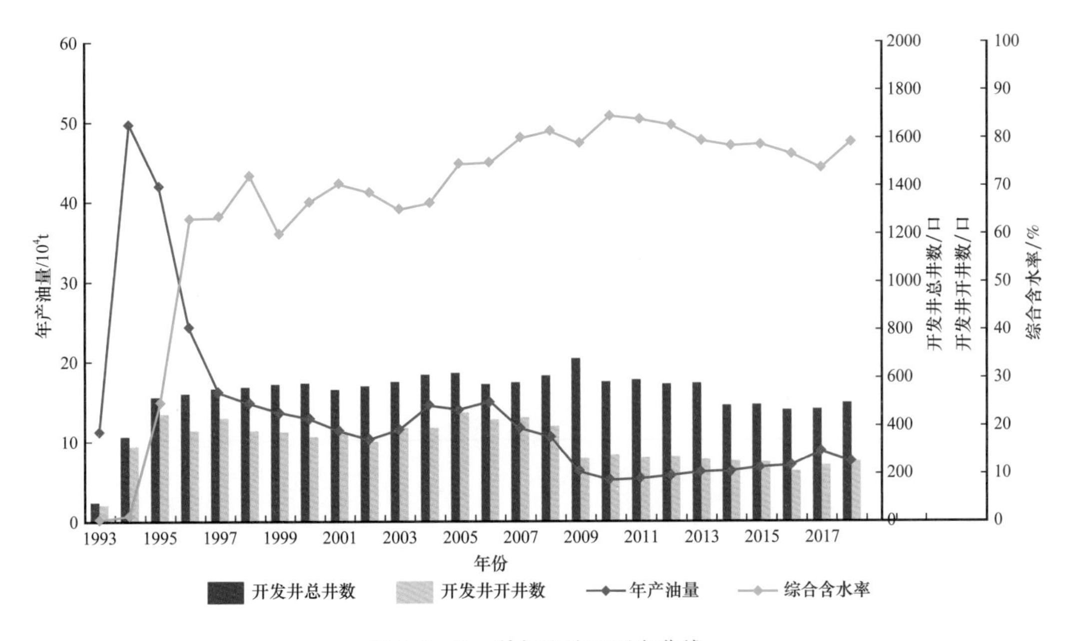

图 2-2-40　科尔沁油田开发曲线

表 2-2-13　奈曼油田奈 1 块储层物性特征表

区块	层位	沉积类型	孔隙度 / %	渗透率 / mD	油藏埋深 / m	油藏类型	储层岩性	含油面积 / km^2	原油地质储量 / 10^4t
奈 1	$K_1jf^{上}$	扇三角洲	13.6	23.2	1400～1726	构造、构造—岩性	砂砾岩、含砾砂岩、细砂岩	5.19	1000.30
奈 3	$K_1jf^{上}$	扇三角洲	15.3	12.4	1285～1644	构造、构造—岩性		1.74	722.03
奈 1-48-38	$K_1jf^{上}$	扇三角洲	14.8	11.2	1480～1568	构造、构造—岩性		0.86	99.61
奈 1	$K_1jf^{下}$	浊积扇	12.9	3.38	1945～2495	岩性	细砂岩、不等粒砂岩、粉砂岩	2.30	212.35

九佛堂组下段油藏埋藏深度 1945～2495m，油层分布主要受浊积扇砂体分布控制，油藏类型为岩性—构造油藏。

奈曼油田油品为中质油，原油密度 0.8968～0.9160g/cm^3、黏度 153.1～573.0mPa · s。

2006 年奈曼油田投入开发，2007 年开始注水试验，随着油田全面注水及规模建产，2011 年年产油达到 8.13 × 10^4t，随后产量开始递减。2016 年油田开始细分层系调整，产油量整体呈上升趋势。2018 年底，共有开发井 264 口，开井 229 口，年产油 11.48 × 10^4t，含水率 62.14%，累计生产原油 88.23 × 10^4t（图 2-2-42）。

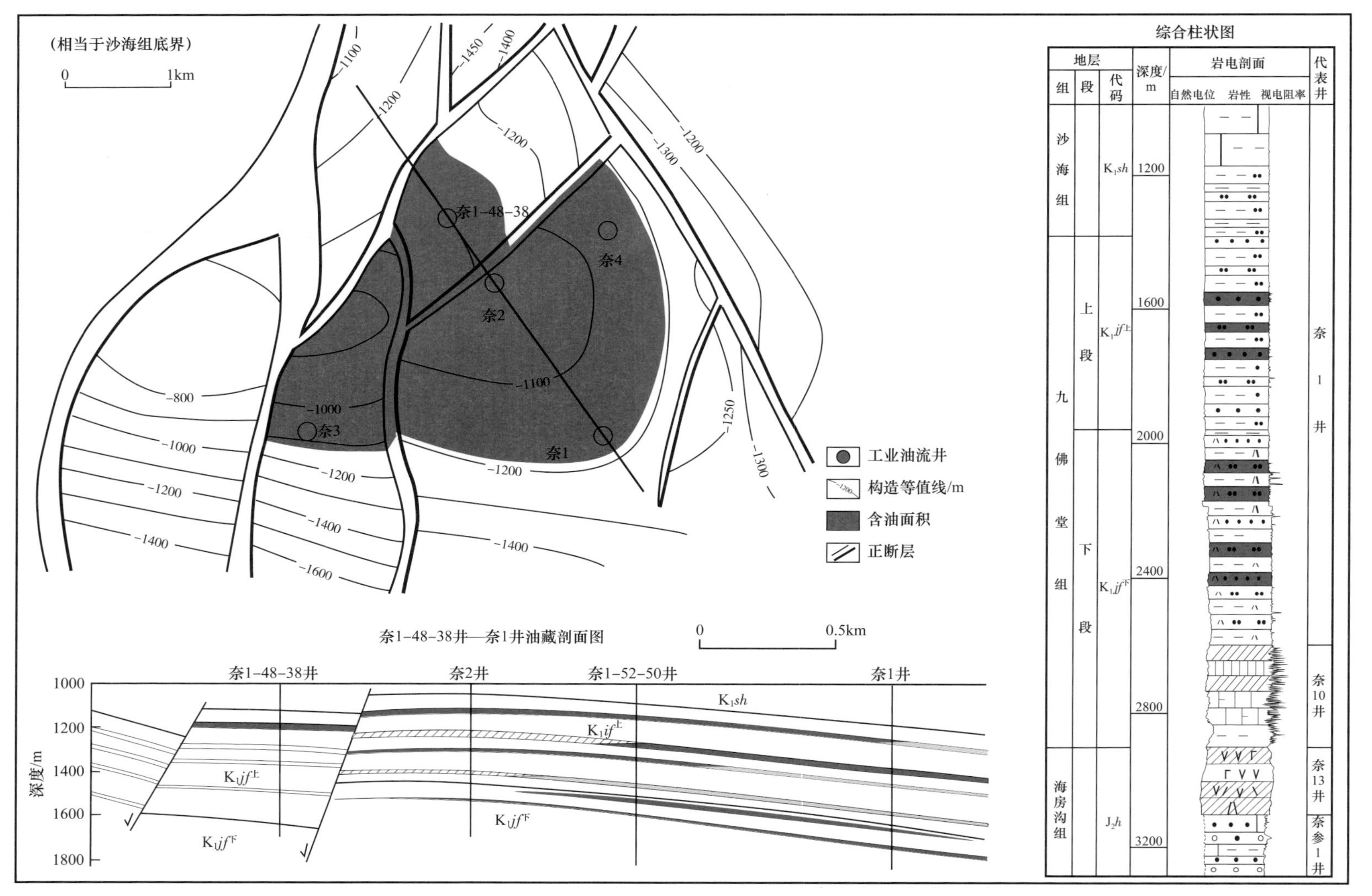

图 2-2-41　奈曼凹陷双河断裂背斜九佛堂组油藏综合图

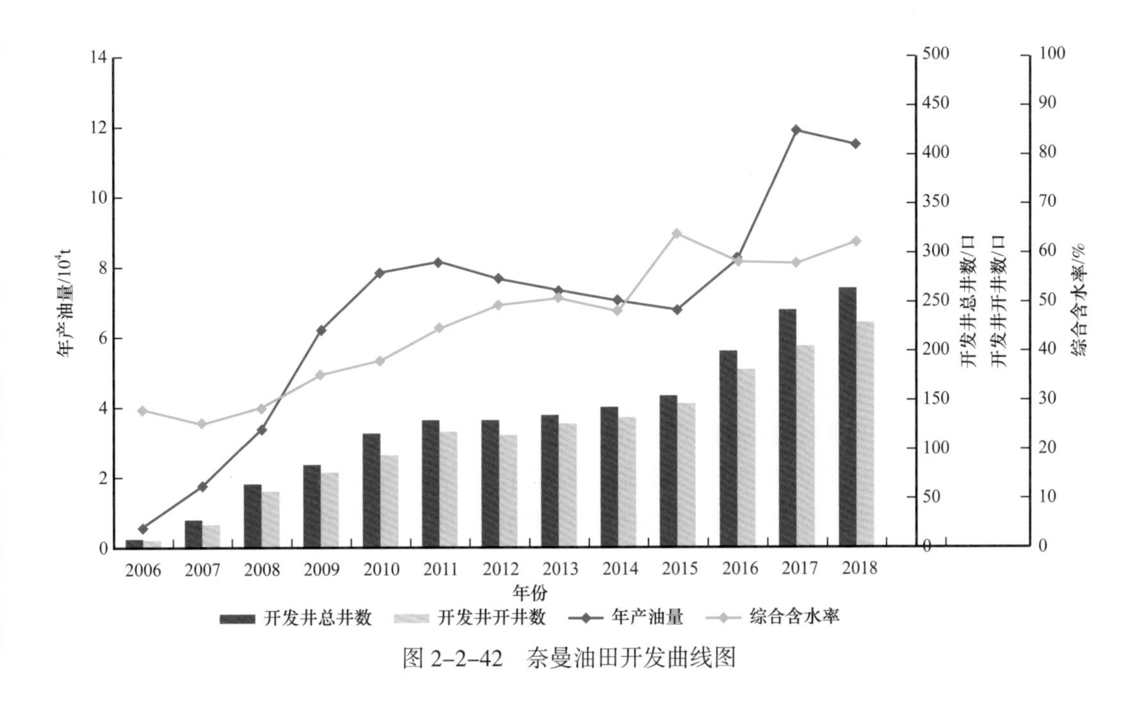

图 2-2-42　奈曼油田开发曲线图

第八节　油气资源潜力与勘探方向

开鲁盆地陆家堡、奈曼、龙湾筒和钱家店等主要含油气凹陷烃源岩发育，有机质丰度高，类型较好，油气资源较为丰富，仍具有良好的勘探前景。

一、资源潜力

根据第四次油气资源评价结果（表 2-2-14），开鲁盆地地质资源量为 38554×10^4t，目前已探明储量 7293×10^4t，探明率为 18.9%，剩余待探资源量为 31261×10^4t，资源潜力大、勘探空间大。由于勘探程度上的差异，使各凹陷的探明率和剩余待探资源差异较大。相比较，奈曼凹陷探明率最高，达 32.6%，待探剩余资源量为 4202×10^4t，有较大的勘探空间。陆家堡凹陷探明率居中，为 20.8%，待探剩余资源量为 18870×10^4t，勘探空间较大。龙湾筒凹陷探明率低，仅为 4.4%，待探剩余资源量为 5028×10^4t，勘探空间大。钱家店凹陷探明率最低，仅为 1.55%，待探剩余资源量为 3161×10^4t，勘探空间大。

表 2-2-14　开鲁盆地重点凹陷资源序列表

凹陷	面积 / km^2	地质资源量 / 10^4t	探明资源量 / 10^4t	探明率 / %	剩余资源量 / 10^4t
陆家堡	2620	23846	4976	20.80	18870
奈曼	800	6236	2034	32.60	4202
龙湾筒	1310	5261	233	4.40	5028
钱家店	1280	3211	50	1.55	3161
合计	6010	38554	7293	18.91	31261

二、勘探方向

开鲁盆地具有良好的资源基础和良好的勘探前景。各凹陷的洼槽区、各类正向构造单元、围绕烃源灶发育的水下扇、扇三角洲、辫状河三角洲储集体是油气聚集的主要场所。另外，火山岩勘探也不容忽视。

基于上面的认知，结合各凹陷的勘探实际情况，提出下步勘探方向。

1. 陆家堡凹陷

陆家堡凹陷是开鲁盆地勘探面积最大、资源量最丰富的凹陷。截至 2018 年 12 月，凹陷完钻各类探井 167 口，其中工业油流井 56 口，探明石油地质储量 4976×10^4t。根据第四次资源评价结果，陆家堡凹陷的资源量为 2.38×10^8t，目前剩余待探资源量为 1.89×10^8t，油气勘探潜力非常大。目前，该凹陷已探明储量区块均围绕洼陷或洼陷内分布，以构造油藏为主。随着勘探程度的提高和勘探工作的逐步深入，岩性—构造油藏、岩性油藏以及火山岩油藏已成为陆家堡凹陷的主要勘探目标。因此，下一步勘探领域是：在陡坡带寻找碎屑岩油藏，在马北斜坡带寻找火山岩—湖相碳酸盐岩复式油藏，在三十方地洼陷带寻找火山岩油藏（图 2-2-43）。

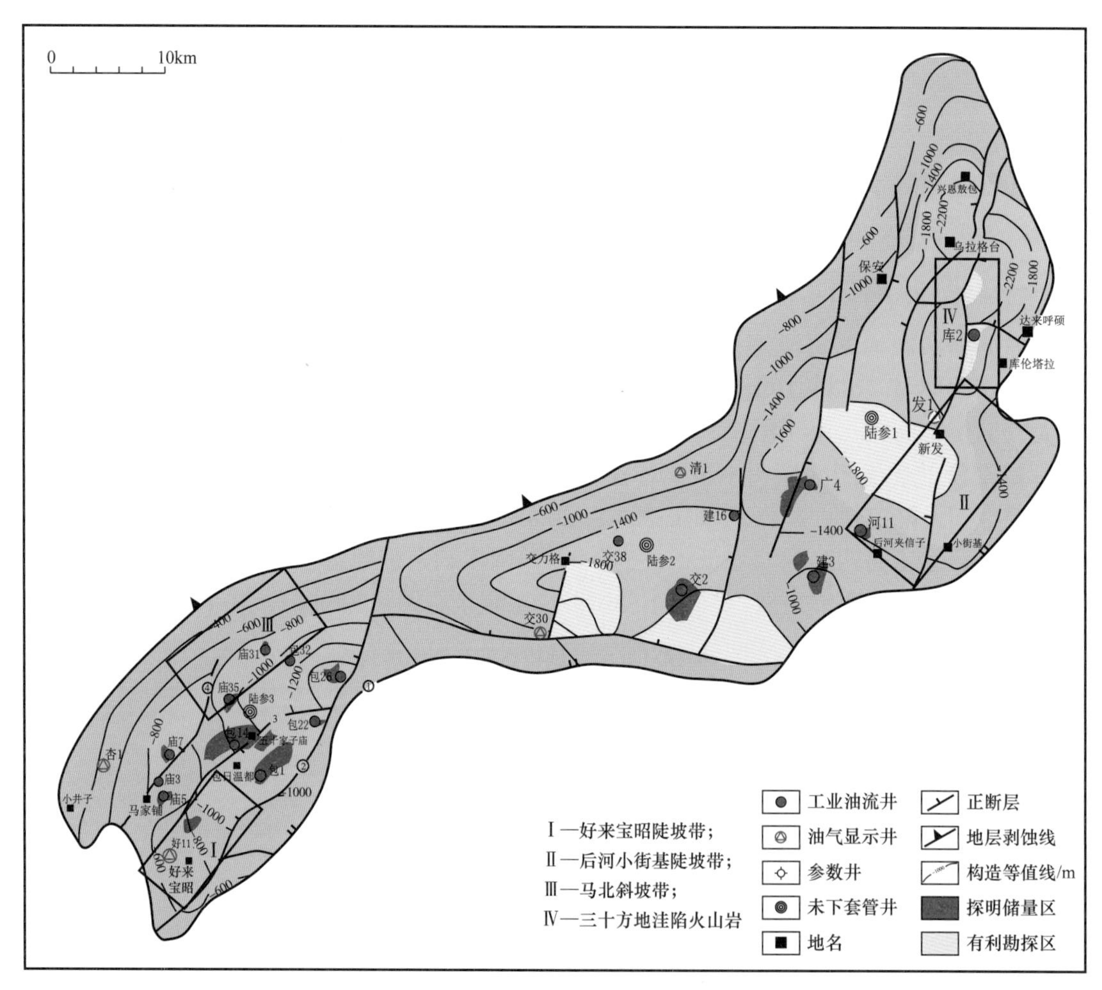

图 2-2-43　陆家堡凹陷有利勘探区分布图

1）东部陡坡带

陡坡带发育扇三角洲和近岸水下扇，砂体横向上成裙带状分布，纵向上互相叠置，储层物性较好，含油层系多，油气富集程度高。2014 年，在包日温都断裂带上完钻的包 38 井于九上段碎屑岩中，试油获日产油 $24.78m^3$ 的高产工业油流，探明了石油地质储量 208.65×10^4t，展示陡坡带碎屑岩的良好勘探前景。目前，陆家堡凹陷陡坡带在包日温都、交南和前河地区已获得突破，并上报了探明储量，其他地区勘探程度较低。因此，下一步碎屑岩的勘探目标是好来宝昭、后河、小街基构造带。

2）西部斜坡带

马北斜坡带在火山岩油气勘探取得显著效果，庙 31 井、庙 35 井、庙 45 井等均见到良好油气显示，其中庙 31 井常规试油获日产油 $127m^3$ 的高产工业油流，探明石油地质储量 141.55×10^4t，充分说明了马北斜坡带火山岩已成为重点勘探领域。

3）洼陷带

三十方地洼陷烃源岩条件优越，缺乏碎屑岩储层，但该区火山岩发育，2012 年在三十方地洼陷库伦塔拉断鼻部署的库 2 井，在沙海组底部钻遇富含油流纹斑岩，试油获日产油 $30.19m^3$ 的高产油流，证明了该地区火山岩将是重要勘探领域。

2. 奈曼凹陷

奈曼凹陷是开鲁盆地油气较为富集的凹陷。目前完钻各类探井 12 口，获工业油流井 6 口，探明石油地质储量 2034×10^4t，剩余待探资源量为 4202×10^4t，资源潜力大。凹陷南部地层埋藏较浅，钻井揭示为冲积扇相和河流相沉积，北部构造圈闭不甚发育。凹陷西部陡坡带奈 1 块九佛堂组下段已发现岩性油气藏，探明石油地质储量 212×10^4t；在东部缓坡带发现岩性圈闭，奈 13 井在九下段，试油获得日产油 $6.3m^3$。因此，岩性圈闭已成为近期勘探的重点。

奈曼凹陷特定的构造背景与所发育的沉积体系相配置，形成多种类型岩性圈闭，在东部缓坡带形成了砂体上倾尖灭型和地层超覆型圈闭，在中央洼陷带形成透镜状岩性圈闭。目前已发现奈 1 和奈 13 两个岩性油藏，其中奈 1 块已取得成效。还有多个有利圈闭待探（图 2–2–44）。

3. 龙湾筒凹陷

龙湾筒凹陷是开鲁盆地勘探程度较低的凹陷，面积 $1310km^2$，完钻探井 18 口，获工业油流井 5 口。钻探主要集中在凹陷中南部汉代背斜及额尔吐构造，探明石油地质储量 223×10^4t。伴随勘探程度的深入，中北部凤阳堡高垒带已成为重点勘探目标区。据凤 1 井揭示，高垒带九佛堂组烃源岩发育，厚度达 210m。烃源岩有机质丰度高，有机碳含量为 5.52%，氯仿沥青“A”为 0.239%，总烃含量为 1454μg/g，生烃潜量为 8.26mg/g。勘探目的层沙海组和九佛堂组埋深在 1500～2000m，进入生烃范畴。构造上处于太平庄洼陷、朝鲁吐洼陷及余粮堡洼陷之间的高垒带（图 2–2–45），属“洼中隆的正向构造”，具有多向供油条件。同时，高垒带发育碎屑岩和火山岩两种类型储层，为油气储集提供了良好的空间。另外，火山喷发及构造作用形成的北东、北西向断裂，不但改善了各类储层的储集性能，而且为油气运移提供了通道。因此推测，凤阳堡高垒带应具有较好的油气藏形成条件，是龙湾筒凹陷下步勘探重点地区。

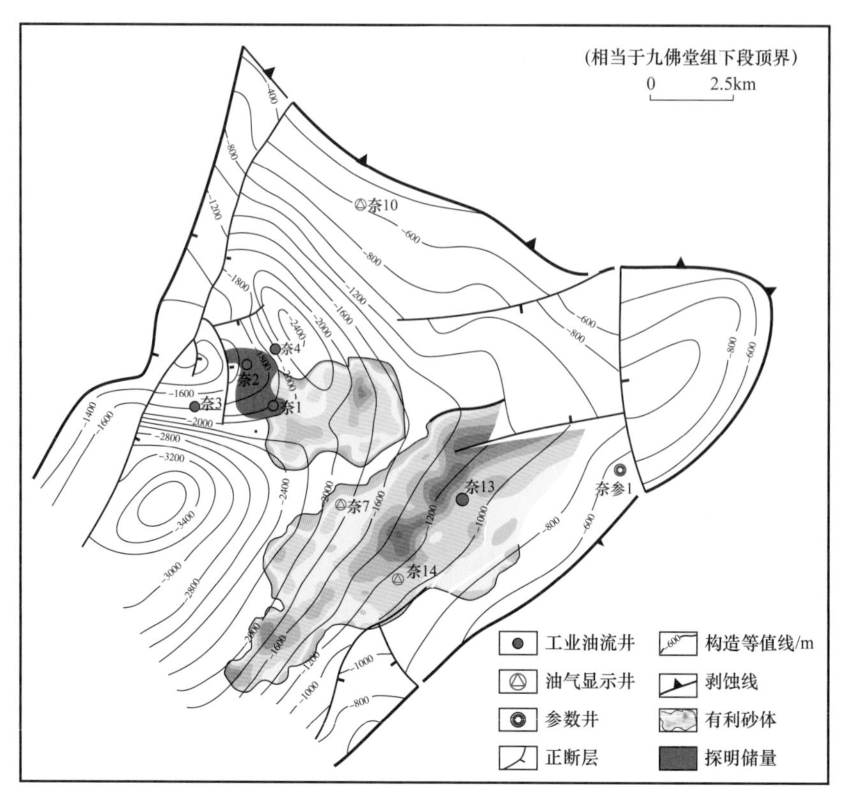

图 2-2-44 奈曼凹陷有利勘探区分布图

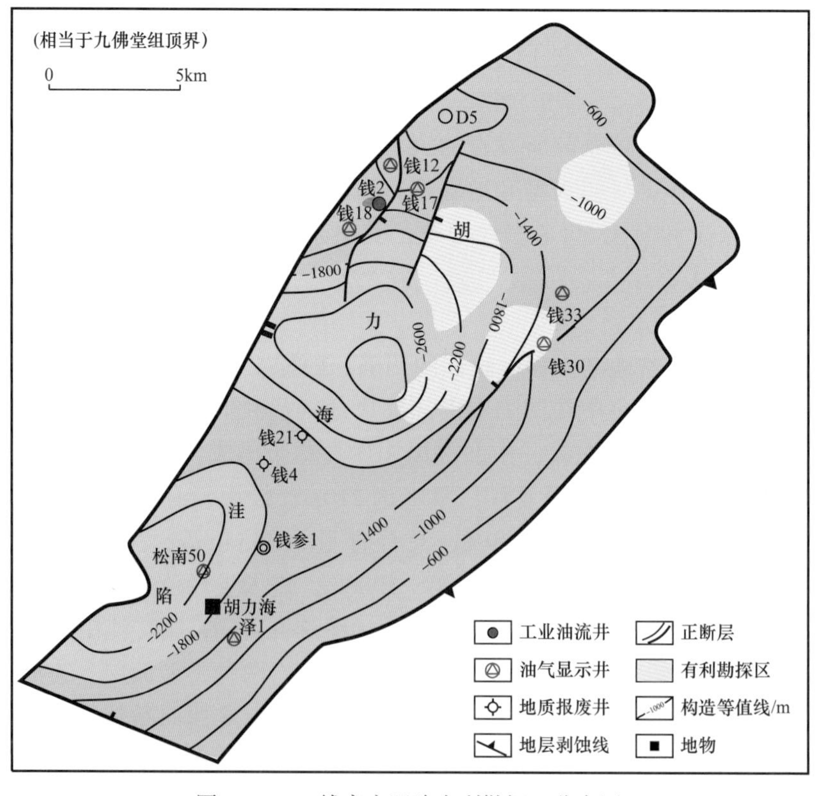

图 2-2-45 钱家店凹陷有利勘探区分布图

4. 钱家店凹陷

钱家店凹陷勘探程度较低，凹陷内共完钻各类探井 16 口，其中有 13 口井分布于胡力海洼陷周边，且主要集中在西部陡坡带上。区内试油井有 11 口，只有位于胡力海洼陷西部陡坡带的钱 2 井、钱 202 井获工业油流，探明石油地质储量 50×10^4t，含油面积 0.3km^2。根据烃源岩研究，钱家店凹陷有机质丰度指标较高，烃源岩热演化程度居盆地各凹陷之首。从勘探程度分析，凹陷有较大的剩余资源潜力和勘探拓展空间。按辽河外围盆地“下洼找油”的勘探理念，胡力海洼陷区周边具备形成构造、岩性油藏的地质条件，为近期油气勘探的主要目标区。截至 2018 年底在洼陷区已发现钱 2 块构造—岩性油藏，而中央洼陷带是寻找岩性油藏较理想的场所。此外，根据二连盆地同类洼陷的勘探经验，胡力海洼陷东部斜坡带也是油气运移的有利指向区，具有形成构造—岩性或岩性油藏的地质条件。据钱 30 井和钱 33 井揭示，斜坡带主要目的层九佛堂组发育物性较好的辫状河三角洲前缘砂体，厚度大，并见到较好的油气显示。经地震反演资料解释，在洼陷区、斜坡带发现 4 个岩性圈闭，面积 15.0km^2，埋深 1400m，砂体厚 200m，经进一步油气钻探，有望取得突破性进展（图 2-2-45）。

综合上述分析，开鲁盆地应针对凹陷的具体地质特点和勘探程度，制订出有针对性的勘探措施。立足洼陷资源基础，以“下洼找油”勘探思路为指导，以陆家堡凹陷勘探为主，整体评价陆家堡凹陷，力争取得油气新发现、落实储量规模，在奈曼、龙湾筒及钱家店几个重点凹陷的有利区带应继续开展预探，争取有新的突破，同时对新庙凹陷继续开展评价工作。

第三章 彰武盆地

彰武盆地位于辽宁省北部和内蒙古自治区东部，地理坐标为东经 122°00′～123°15′，北纬 42°20′～43°40′。东起康平—双辽一线，西至科尔沁左翼后旗—通辽市科尔沁区大林镇，南起彰武县—秀水河，北到西辽河水域双辽段，南北长 150km、东西宽 50～100km，面积 $1.22 \times 10^4 km^2$。

彰武盆地构造属性相当于松辽盆地西南隆起区的一部分，现单独划出并称之为盆地，主要强调坳陷层之下早白垩世断陷层的石油地质特征。

第一节 勘探概况

彰武盆地是一个中生代含煤含油盆地，从 20 世纪 50 年代中后期至 80 年代中期，辽宁省和吉林省煤田地质勘探公司进行了以找煤为主的地质普查，并开展了少量的地球物理勘探工作。

从 1985 年起，辽河石油勘探局对彰武盆地进行石油地质普查和油气资源早期评价工作。

1984—1996 年，盆地先后完成了张强凹陷、安乐凹陷、扎兰营子凹陷、宝格吐凹陷 1∶5 万的重、磁测量，面积 $4357.86km^2$。同时，完成了彰武盆地 1∶5 万高精度航磁及伽马能谱测量，面积 $13194km^2$；完成了张强凹陷、叶茂台凹陷、宝格吐凹陷化探，面积 $2872km^2$。

1991—1996 年，先后对叶茂台、西达拉、甘旗卡、宝格吐、大冷、六家子等凹陷开展了地震概查—普查，完成二维地震测线 2431.05km；对张强凹陷开展了二维地震详查和局部区块的三维地震勘探，完成二维地震测线 4536.53km，三维地震 $54.20km^2$。

1991 年，开始进行油气钻探工作。同年 12 月，在张强凹陷北部长北背斜部署的 1062 井获工业油气流，发现了科尔康油田。

1992—1996 年，对张强凹陷北部长北背斜、莫吐营子半背斜进行重点钻探，相继发现白 18 半背斜、白 5 断鼻、白 4—白 10 块。同时开展了安乐凹陷、甘旗卡凹陷、叶茂台凹陷的区域预探，钻探了乐参 1 井、旗参 1 井、叶参 1 井，未达到预期目的。

1997—2006 年，由于辽河坳陷成为辽河油田勘探的主战场，彰武盆地的勘探工作让位而暂时中断。在此期间（1998 年），彰武盆地油气探矿权发生了较大变动，大部分地区探矿权退出，仅保留张强凹陷南部的探矿权。

2007 年至今，按照下洼寻找油气的勘探思路，对张强凹陷南部七家子洼陷进行重点勘探，基本探明强 1 块油田。同时加强了对章古台洼陷及周边地区的勘探，在义县组发现油气显示。

截至2018年底，完成二维地震测线4536.4km，测网密度，北部地区1km×2km，南部地区1km×1km，三维地震基本实现全区满覆盖，完成探井38口，进尺53693m。在张强凹陷发现下白垩统义县组、九佛堂组、沙海组等三套含油层系，探明石油地质储量1040×10^4t，含油面积24.0km^2，并建成了科尔康油田。

第二节　地　　层

根据周边地质露头和探井资料，彰武盆地发育的沉积盖层主要是中生界白垩系，不整合在古生界基底之上，其次为新生界第四系。其中，下白垩统为断陷沉积，岩性主要为陆相火山岩、含煤碎屑岩和细粒碎屑岩夹油页岩；上白垩统为坳陷沉积，主要为红色粗碎屑岩。

本节以张强凹陷为例，对其白垩系分布及其主要特征进行简述。

一、中生界

白垩系下统包括义县组、九佛堂组、沙海组、阜新组，上统为泉头组。白垩系最大厚度约3500m（图2-3-1）。

1. 下白垩统

1）义县组（K_1y）

分布于凹陷南、北两区，钻遇厚度367～440m。岩性为安山岩、玄武岩、集块岩和凝灰岩，局部地区为少量流纹岩，夹紫红色、灰黑色泥岩。本组与下伏古生界呈不整合接触。

2）九佛堂组（K_1jf）

本组岩性、厚度南北两区差异较大。北部区下部为灰色、绿灰色砂砾岩、含砾砂岩、砂岩夹深灰色泥岩；上部为灰色砂岩、灰黑色泥岩、深灰色粉砂岩夹劣质油页岩。最大厚度414m，平均厚度256m。南部区下部以紫、灰绿、杂色块状砂砾岩、含砾砂岩、砂岩为主，夹紫红色泥岩、灰色泥质粉砂岩；上部为灰绿、紫红色含砾砂岩、砂质砾岩、细砂岩、紫红色泥岩、泥质粉砂岩，含孢粉化石。强参1井揭示厚度1016m（未穿）。与下伏义县组呈平行不整合接触。

本组含丰富的动植物化石，有介形类、中华狼鳍鱼、米氏狼鳍鱼、东方叶肢介、三尾拟蜉蝣。

介形类以维提姆女星介—单肋女星介 *Cypridea*（*Cypridea*）*vitimensis*–*C.*（*C.*）*unicostata* 组合为代表。

孢粉类组合以含凹边瘤面孢—三角孢—无缝双囊粉 *Concaviss imisporifes*–*Deltoidospora*–*Disaccifatrilefes* 组合为代表。

3）沙海组（K_1sh）

分布广泛，为凹陷主要沉积岩系。按岩性组合特征分为上、下两段，下段以灰色砂砾岩、砂岩、深灰色、灰黑色泥岩、粉砂质泥岩为主；上段为灰色、灰绿色粉砂岩、细砂岩、深灰色泥岩、粉砂质泥岩，夹砂砾岩和煤层。厚度变化大，北部区最大厚

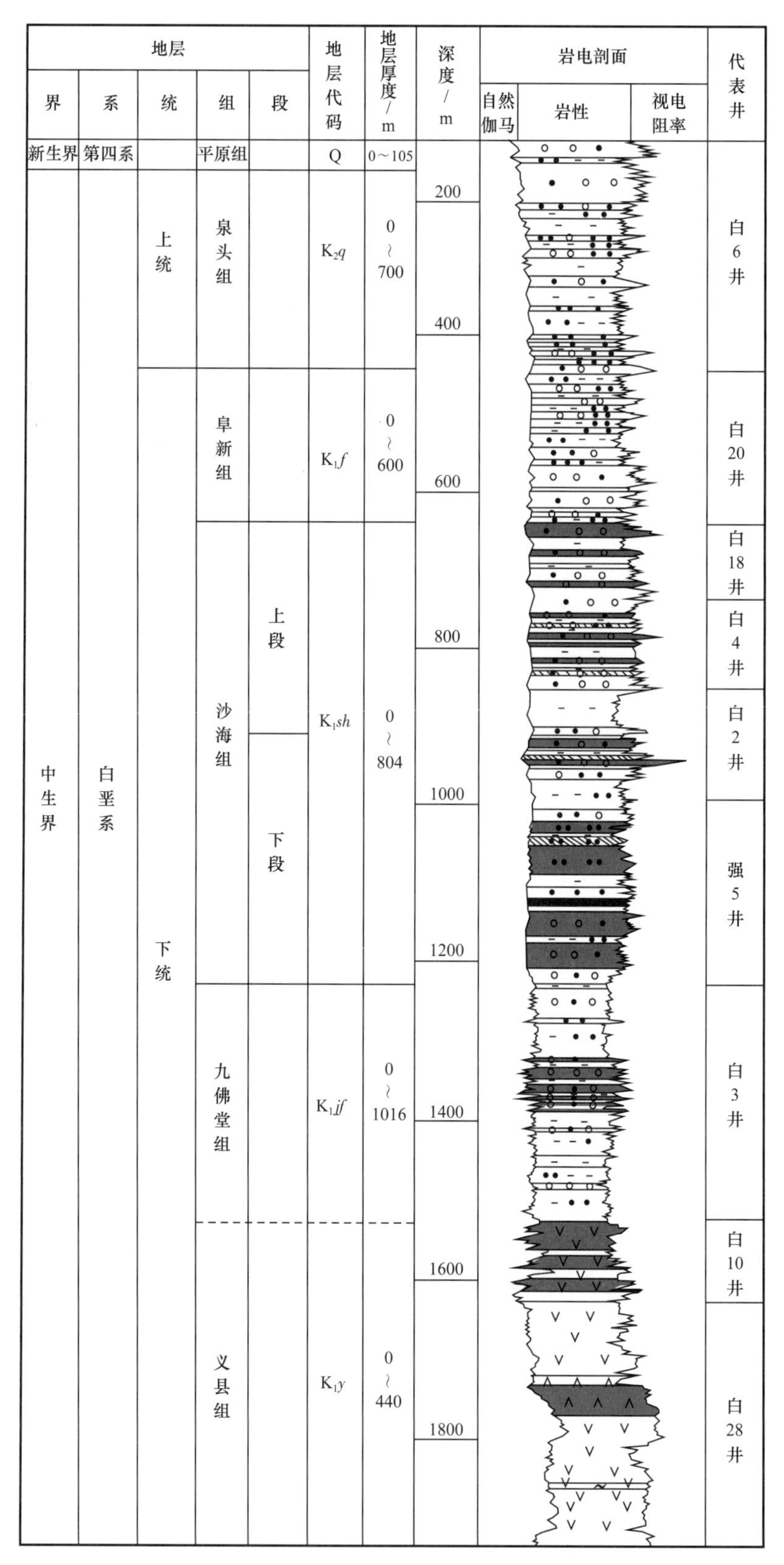

图 2-3-1　张强凹陷地层综合柱状图

度 516m，平均厚 285m；南部区最大厚度 804m，平均厚 586m。与下伏九佛堂组整合接触。

本组古生物化石丰富，有腹足类、双壳类、介形类、鱼类等，并见少量轮藻化石。其中，腹足类以辽宁肩螺—奉天环棱螺—义县平滑螺为代表。介形类以微雅女星介—杨柳屯假伟女星介—清河门湖女星介 *Cypridea*（*Cypridea*）*elegantula–C.*（*Pseudocypridina*）*yangliutunensis–Limnocypridea qinghemenensis* 组合为代表。孢粉以下部的无突肋纹孢—莱蕨孢—克拉梭粉组合 *Cicatricosisporites–Leptolepidites–Classopollis* 和上部的辽西孢—有突肋纹孢—雪松粉 *Liaoxisporis–Appendicisporites Cedripites* 组合为代表。

4）阜新组（K_1f）

凹陷内广泛分布，岩性为灰、灰绿、杂色砂砾岩、砂岩与灰色、灰绿色泥岩、粉砂质泥岩互层，含孢粉及植物化石。由于本组普遍遭受剥蚀，故保留的地层厚度南北两区有差异，南部区残留厚度 400～600m，北部区残留厚度 100～300m。与下伏沙海组整合接触。

本组孢粉以桫椤孢—光面单缝孢—棒纹粉 *Cyathiceae–Laevigatosporites–Clavatipollenites* 组合为代表。

2. 上白垩统

凹陷内以泉头组（K_2q）为主，其他组段缺失。岩性以洪积、冲积相红色碎屑沉积为主，划分为上、下两部：下部为紫红色、灰绿色砾岩、砂砾岩、砂岩，夹泥岩、粉砂质泥岩；上部为杂色、紫红色砂砾岩、砂岩与紫红色泥岩互层。厚度 300～700m。与下伏阜新组呈角度不整合接触。

二、新生界

张强凹陷未见新生界古近系和新近系，仅见第四系，主要为坡积相带的残积物。岩性为黄色黏土、亚黏土、砂土及砂砾质沉积物。厚度 70～105m。与下伏地层呈角度不整合接触。

第三节　构　　造

彰武盆地是在加里东期和海西期多旋回、软碰撞褶皱基底上发育起来的晚中生代断—坳型盆地，东以双辽—康法隆起与铁岭昌图盆地相隔，西以茂林—库伦断裂与开鲁盆地毗邻，南部以柳河断裂和赤峰—开原断裂五峰—叶茂台段与黑山盆地相望，北部以西拉木伦河断裂与架玛吐隆起相连。盆地断陷层由 11 凹 3 凸组成，即扎兰营子凹陷、西达拉凹陷、乌日吐塔拉凹陷、宝格吐凹陷、甘旗卡凹陷、后蒙滚达凹陷、呼勒斯诺尔凹陷、张强凹陷、叶茂台凹陷、大六家子凹陷、大冷凹陷和巴彦塔拉阿都沁凸起、三刀吐—四家子凸起、郎吉尔庙冯家凸起，面积 $1.22\times10^4km^2$（图 2–3–2）。受探矿权范围限制，本节的地质构造以张强凹陷为例进行叙述。

根据沉积建造、岩浆活动、构造运动等资料，将张强凹陷地质构造分为基底结构和盖层构造两部分。

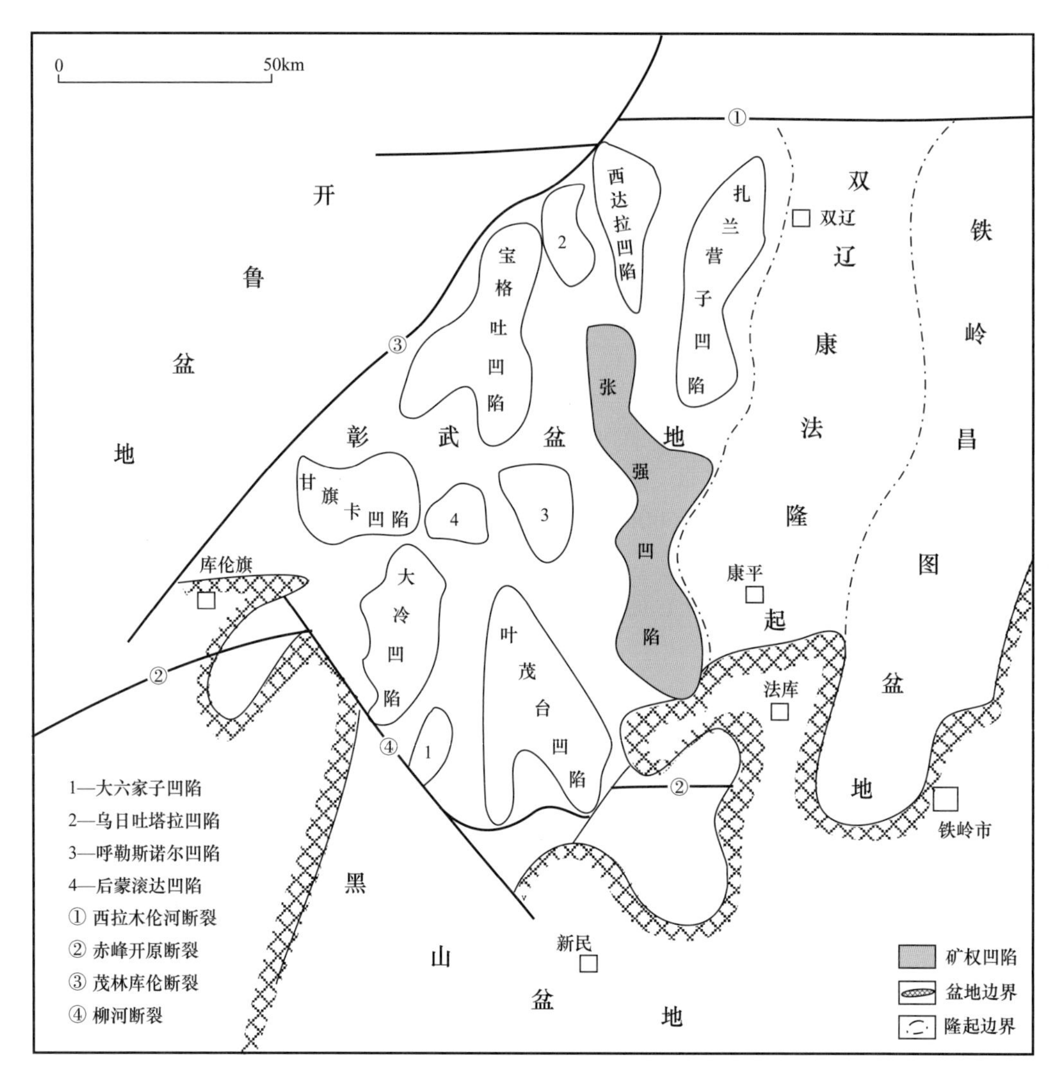

图 2-3-2 彰武盆地构造位置图

一、基底结构

根据周边地区出露的地层推测，张强凹陷前中生代基底由晚古生代变质岩系和侵入岩组成。变质岩为石炭系—二叠系结晶大理岩、石英岩，侵入岩为华力西晚期花岗岩、花岗闪长岩、闪长岩。

凹陷基底断裂发育，分为东西向、近南北向和北西向三组。其中，东西向断裂为古老断裂，形成于加里东中晚期，它控制东西向构造带基底起伏的状态，如勿和稿—散都断裂。近南北向断裂形成于海西期或加里东晚期，该断裂在浅部控制火山喷发，在深部控制凸、凹构造的展布，为凹陷主要断裂，如白兴旺—张强断裂。北西向断裂为后期复活或新生的断裂，多切割东西向、南北向断裂，使凹陷基底破碎、更加复杂化，如谢尔苏—马家寨断裂、宝力高—蔡牛堡子断裂。

经过长期的地质作用，凹陷基底构造起伏较大，由南向北形成了七家子洼陷、散都洼陷、东乌苏根艾勒洼陷和巴雅斯古楞洼陷，基底埋深分别为 4200m、3600m、3500m 和 3000m。

二、盖层构造

张强凹陷是彰武盆地中的一个负向构造单元，位于盆地东部，东邻双辽—康法隆起，西与三刀吐—四家子凸起相接，北以东少海和巴彦塔拉阿都沁凸起与扎兰营凹陷、乌日吐塔拉凹陷毗邻。凹陷走向近南北，东西宽 12～16km，南北长 88km，面积 $1100km^2$。受断裂控制，凹陷南部为西陡东缓的单断箕状断陷，北部为双断对称型地堑式断陷（图 2-3-3）。

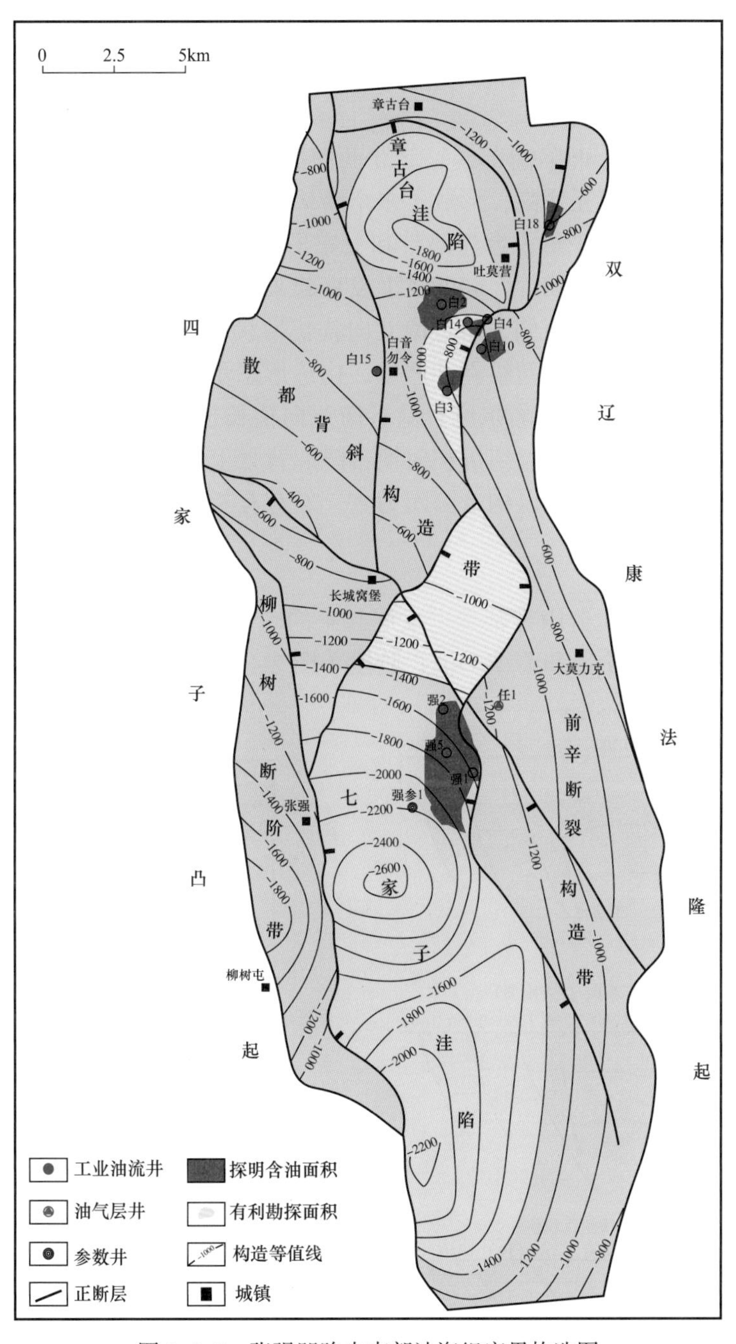

图 2-3-3 张强凹陷中南部沙海组底界构造图

凹陷断裂发育，主要有北北东向、北北西向和北西向三组。北北西向断裂为凹陷主干断裂，控制了凹陷构造体系和沉积体系及构造格局。特点是断裂活动强烈、延伸长、断距大，形成于义县组沉积时期，终止于阜新组沉积时期，为长期继承性发育的正断层。北西向和北北东向断裂斜交于主干断裂，是一组切割构造带的分块断裂。特点是断距小、延伸较短，形成于阜新组沉积时期或晚白垩世早期。这组断裂对洼陷形态起复杂化和分割作用，对局部圈闭的形成也起到了一定的控制作用。

根据张强凹陷断裂规模、展布及构造组合类型特征，将凹陷划分为五个二级构造带，即章古台洼陷带、七家子洼陷带、散都背斜构造带、柳树断阶带、前辛断裂构造带。

章古台洼陷带：位于凹陷北部，面积约 75km²。带内断裂发育，以北北东向和北西向为主，发育断块、断鼻圈闭。

七家子洼陷带：位于凹陷南部，呈北北西向展布，面积约 130km²。带内断裂发育，受北西向和北东向断层相互切割，形成了多个断块、断鼻、断背斜圈闭。

散都背斜构造带：位于章古台洼陷带和七家子洼陷带之间的隆起部位，是在义县组沉积时期和九佛堂组沉积时期古隆起背景上发育起来的披覆构造，面积约 45km²。

柳树断阶带：位于凹陷西侧，呈近南北向狭长带状展布，面积约 105km²。断阶带下白垩统沉积薄，埋藏较浅，阜新组剥蚀严重。构造形态受两条控带断层控制。

前辛断裂构造带：位于凹陷东侧，呈近南北向狭长带状展布，面积约 71km²。构造带是在义县组沉积时期和九佛堂组沉积时期古隆起背景上形成的，断层发育少。

张强凹陷的圈闭类型主要以构造圈闭为主，发育有断块、断裂背斜、断鼻圈闭。

三、构造演化史

张强凹陷是在古生代造山带基础上发展起来的晚中生代沉积盆地。其构造演化划分为断陷阶段、坳陷孕育阶段和萎缩—消亡阶段（图 2-3-4、图 2-3-5）。

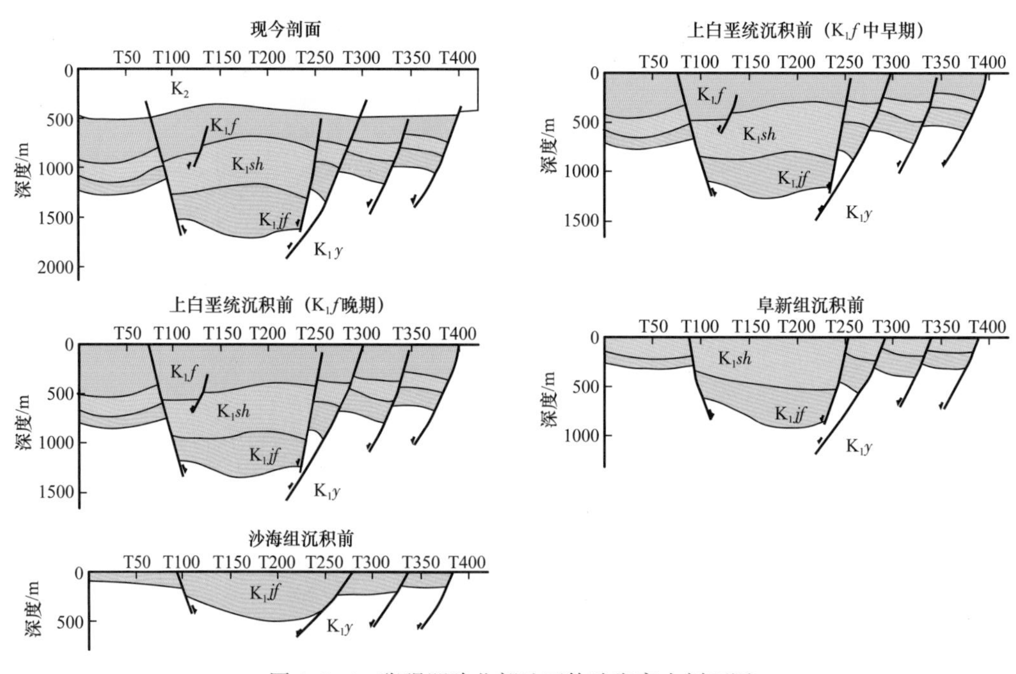

图 2-3-4　张强凹陷北部地区构造发育史剖面图

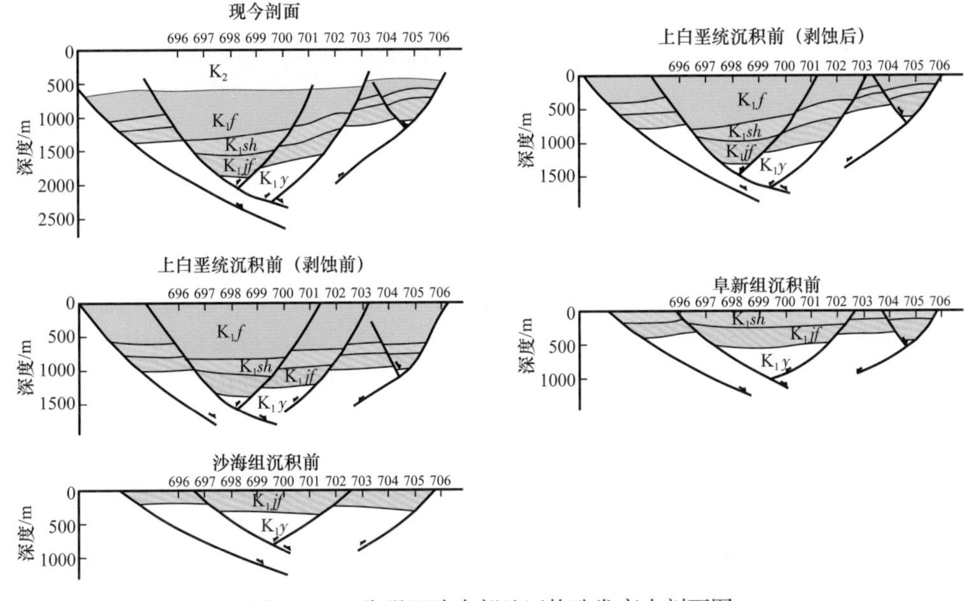

图 2-3-5　张强凹陷南部地区构造发育史剖面图

1. 断陷阶段

早白垩世，张强凹陷进入断陷发育、发展的演化过程，经历了初始张裂期、强烈伸展期、伸展减弱期、伸展余动期。

1）初始张裂期

义县组沉积时期，在区域性地壳拉张减薄产生张裂、断裂背景下，沿南北向的柳树屯断裂发生火山喷发，形成了义县组火山岩和火山碎屑岩，堆积在古生代基底上。

2）强烈伸展期

九佛堂组沉积时期，在区域拉张应力场和岩石圈地幔上涌拱升的共同作用下，沿义县组沉积时期断裂形成断陷盆地。由于控陷断裂在伸展强度上存在差异，致使凹陷南北两区沉积环境发生变化，南部区以山麓冲积相红色粗粒碎屑岩为主；北部区以滨浅湖相碎屑岩为主。

3）伸展减弱期

沙海组沉积时期，断裂伸展活动的强度相对减弱，断陷湖盆进入了相对稳定的沉降期。早期，发育滨湖相砂砾岩和砂岩；晚期，形成了浅湖—半深湖相泥质岩沉积，成为凹陷主力烃源岩。

4）伸展余动期

阜新组沉积时期，随着断裂伸展活动的不断减弱或基本停止，断陷湖盆开始萎缩。早期，伸展断裂控制阜新组下部浅湖相砂泥岩沉积；晚期，断裂伸展活动停止，上部沉积物以滨湖相碎屑岩为主，局部出现沼泽化。阜新组沉积末期，在区域性压扭应力场的作用下，凹陷北部区压扭反转，形成了北北东向的反转构造；同时使凹陷整体抬升，阜新组遭受剥蚀，此后凹陷结束了断陷阶段的发展历史。

2. 坳陷孕育阶段

泉头组沉积时期，由于盆地热冷却沉降幅度小，致使盆地坳陷层发育不全，仅接受泉头组河流相红色碎屑岩沉积，不整合在下白垩统及上古生界之上。

3. 萎缩—消亡阶段

泉头组沉积末期，在郯庐断裂左旋压扭应力场的作用下，凹陷大面积抬升，泉头组遭受严重剥蚀，此后凹陷进入萎缩—消亡阶段。

第四节 烃源岩

张强凹陷在沉积演化过程中，发育了九佛堂组和沙海组两套烃源岩，其中沙海组为主要烃源岩层。由于生烃洼陷之间具有一定的分割性以及沉积环境上的差异，致使烃源岩的发育特征、生烃条件也有较大的差异性。

一、烃源岩分布与沉积环境

九佛堂组烃源岩为断陷早期产物，分布于北部章古台洼陷带（称北部区），岩性为灰色泥岩、粉砂质泥岩、砂质泥岩、凝灰质泥岩。沉积环境为弱还原环境下的浅湖相沉积，湖盆水体为淡水环境。据部分探井资料，烃源岩厚50～110m，平均厚70.5m，占地层厚度21%～52.5%。

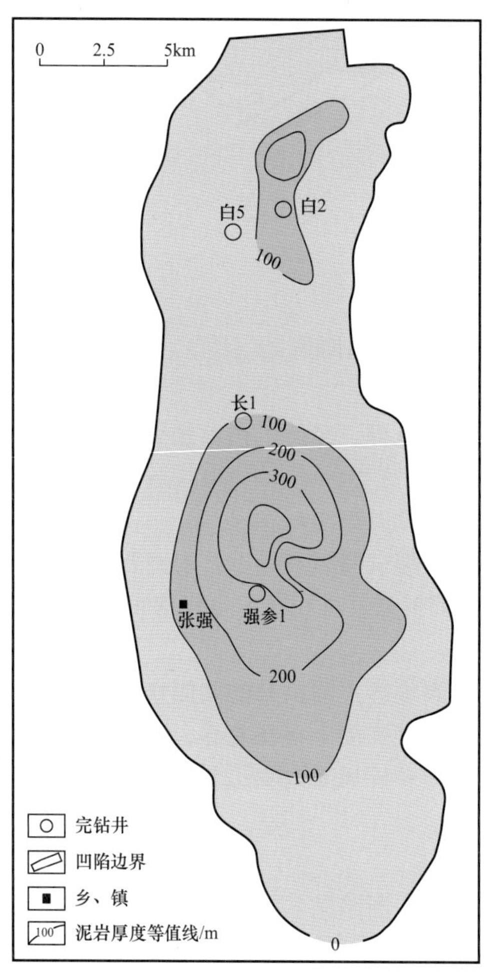

图2-3-6 张强凹陷中南部沙海组烃源岩分布图

沙海组烃源岩为湖盆发育鼎盛期产物，分布于北部章古台洼陷带和南部七家子洼陷带（称南部区）。岩性南、北两区略有差异，北部区为灰黑色、灰色泥岩、粉砂质泥岩、砂质泥岩；南部区为深灰、灰褐、灰黑、黑色厚层状泥岩、云质泥岩、碳酸盐质泥岩、含泥晶云岩。沉积环境为弱还原—还原环境下的半深湖相沉积，湖盆水体处于微咸水—淡水环境。烃源岩厚度南北区变化较大，北部区厚44～140m，最厚192.5m，平均厚89.5m，占地层厚度24.4%～41.6%。南部区厚165～370m，最大厚度421m，平均厚263m，占地层厚度47%～64.3%（图2-3-6）。

二、烃源岩有机质丰度与类型

1. 有机质丰度

在有机地球化学研究中，衡量烃源岩有机质丰度的常用指标有：有机碳含量、氯仿沥青“A”含量、烃含量及生烃潜量。由于张强凹陷南、北地区沉积环境的差异，烃源岩有机质丰度指标具有明显的不同（表2-3-1）。北部章古台洼陷九佛堂组烃源岩属较差烃源岩，沙海组烃源岩属较好烃源岩；南部七家子洼陷沙海组烃源岩属好烃源岩，而九佛堂组目前未钻遇烃源岩。

表 2-3-1 张强凹陷有机质丰度表

<table>
<tr><td rowspan="2" colspan="2">洼陷</td><td colspan="4">沙海组</td><td colspan="4">九佛堂组</td></tr>
<tr><td>TOC/%</td><td>氯仿沥青“A”/%</td><td>HC/μg/g</td><td>S_1+S_2/mg/g</td><td>TOC/%</td><td>氯仿沥青“A”/%</td><td>HC/μg/g</td><td>S_1+S_2/mg/g</td></tr>
<tr><td rowspan="2">章古台</td><td>范围</td><td>0.40～5.74</td><td>0.0080～0.3555</td><td>29.74～2067.59</td><td>5.58～16.25</td><td>0.49～2.21</td><td>0.0087～0.1414</td><td>46.23～941.58</td><td>0.23～4.43</td></tr>
<tr><td>平均值</td><td>2.39</td><td>0.0963</td><td>594.12</td><td>9.82</td><td>1.09</td><td>0.0480</td><td>282.55</td><td>3.38</td></tr>
<tr><td rowspan="2">七家子</td><td>范围</td><td>2.71～5.58</td><td>0.1910～0.5230</td><td>1141.00～4845.00</td><td>6.63～34.82</td><td></td><td></td><td></td><td></td></tr>
<tr><td>平均值</td><td>4.60</td><td>0.4180</td><td>2332.00</td><td>20.98</td><td></td><td></td><td></td><td></td></tr>
</table>

2. 有机质类型

有机质类型是评价烃源岩生烃能力、质量的指标。张强凹陷有机质类型的确定，主要采用干酪根元素、岩石热解色谱和干酪根镜鉴等方法。

根据干酪根镜鉴结果（表 2-3-2）和干酪根元素（图 2-3-7）及岩石热解（图 2-3-8）等参数综合判别，九佛堂组烃源岩有机质类型以腐殖型（Ⅲ）为主，部分为腐殖—腐泥型（$Ⅱ_1$）和腐泥—腐殖型（$Ⅱ_2$）；沙海组以腐殖—腐泥型（$Ⅱ_1$）、腐泥—腐殖型（$Ⅱ_2$）为主，腐殖型（Ⅲ）为辅。

表 2-3-2 张强凹陷干酪根镜鉴组分统计表

组	样品数 / 块	腐泥组 /%	壳质组 /%	镜质组 /%	惰质组 /%	TI 值	干酪根类型
沙海组（七家子洼陷）	33	28.1	42.9	25.4	3.90	27.10	$Ⅱ_2$
沙海组（章古台洼陷）	12	54.5	10.8	20.8	14.0	30.30	$Ⅱ_2$
九佛堂组	4	19.6	7.9	44.4	28.0	-37.75	Ⅲ

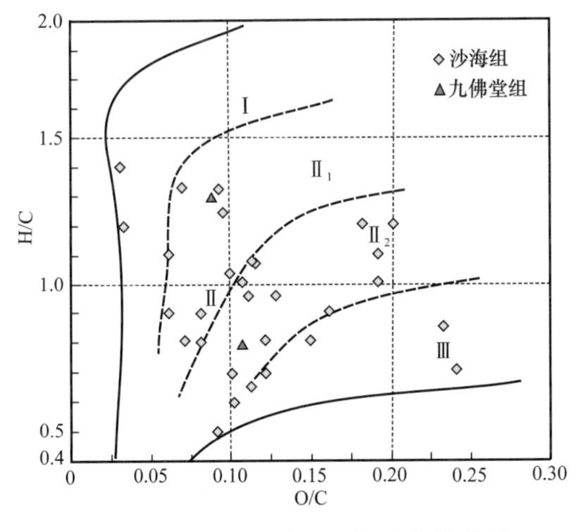

图 2-3-7 张强凹陷干酪根元素范氏图

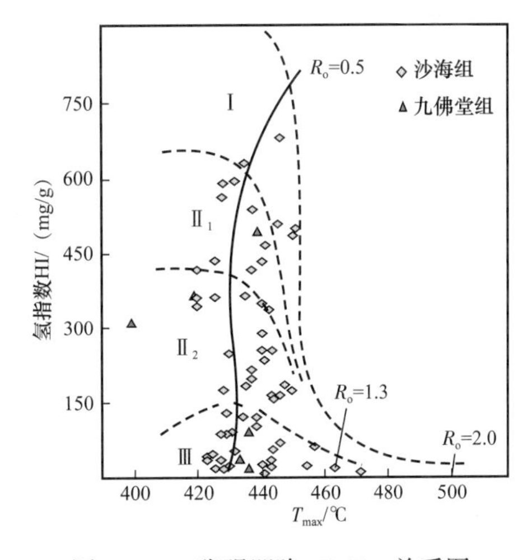

图 2-3-8 张强凹陷 HI-T_{max} 关系图

三、烃源岩有机质演化特征

目前，干酪根热降解成油理论认为石油是由沉积物中不溶有机质（干酪根）在热作用下降解生成的。实践也证实了有机质随埋藏深度的热演化过程及其明显的热演化阶段。

张强凹陷烃源岩有机质演化，南部区以强参1井为例，从可溶有机质和不溶有机质两个方面进行剖析，北部区利用单井的反射率资料确定有机质的成熟度。同时，利用古地温、镜质组反射率、岩石热解峰温指标，将张强凹陷南部地区烃类演化划分为未成熟、低成熟、成熟三个阶段。

1. 不溶有机质干酪根演化特征

1）镜质组反射率（R_o）

镜质组反射率是确定烃源岩有机质成熟度的最佳指标。

章古台洼陷沙海组埋深小于800m，R_o<0.50%，有机质演化处于未成熟带。埋深800～1000m时，R_o为0.68%～0.72%，平均0.68%，处于低成熟带。

七家子洼陷以强参1井为例。由图2-3-9可看出，随埋藏深度的加深，R_o值增大。埋深960～1380m，R_o为0.63%～0.67%；埋深1380～2100m，R_o为0.70%～0.94%。

2）岩石热解峰温T_{max}

利用油分析仪获得的最大岩石裂解温度随深度的变化，可以确定烃源岩的演化程度。当埋深小于1380m时，T_{max}<435℃；埋深1380～1800m时，T_{max}为435～446℃，平均为444℃；埋深1800～2100m时，T_{max}为446～463℃，平均为450℃（图2-3-9）。

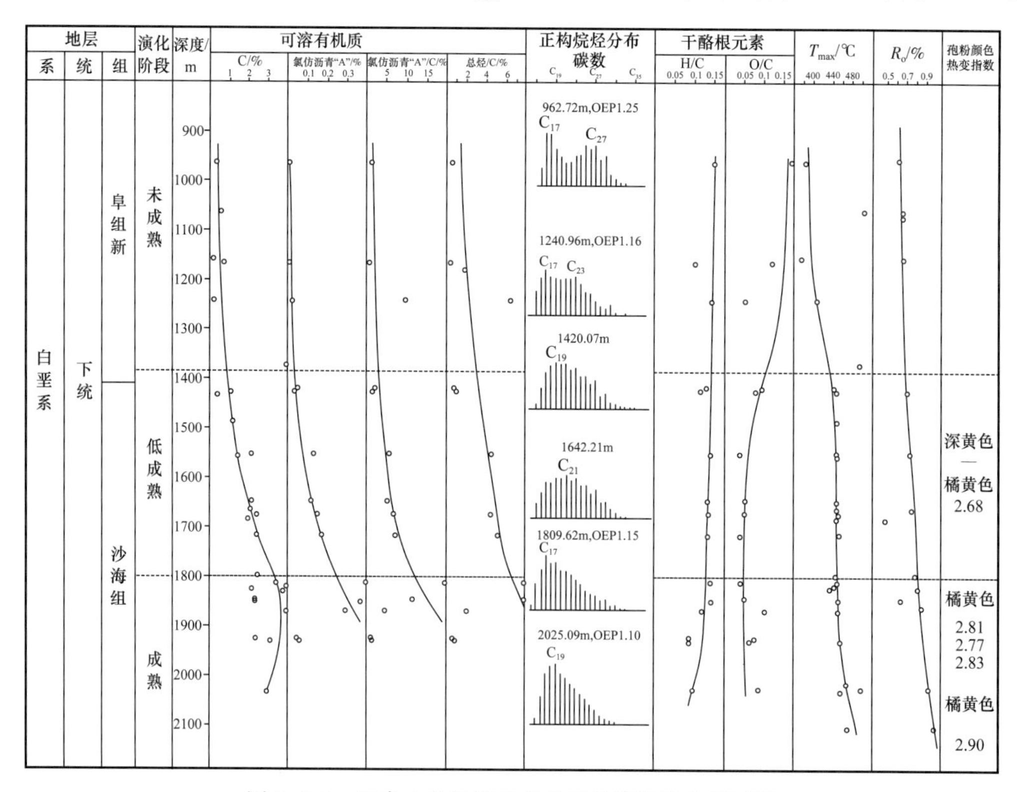

图2-3-9　强参1井烃源岩有机质热演化综合剖面图

3）干酪根元素组成

强参1井的干酪根H/C和O/C随埋藏深度的增加呈有规律的变化（图2-3-9）。其中，H/C大致可分两个变化段，深度900～1380m缓慢降低，由0.15下降至0.13；深度1380～2050m缓慢平稳下降，由0.13下降至0.07左右。O/C在深度小于1380m，急剧减少，由0.16下降至0.10左右；深度1380～2050m缓慢下降，由0.10降至0.05左右。干酪根H/C和O/C的变化表明，深度大于1380m富含氢的烃类物质随烃的生成而排出。

2. 可溶有机质演化特征

1）氯仿抽提物

图2-3-9表明，强参1井氯仿沥青“A”、氯仿沥青“A”/有机碳、总烃/有机碳等指标随深度的增加均呈增大的趋势。埋深小于1380m，氯仿沥青“A”含量小于0.05%，氯仿沥青“A”/C小于4.0，总烃/有机碳（烃转化率）小于3.0%，表明烃类未生成。埋深1380～1800m，生烃作用随埋深增加，氯仿沥青“A”含量由0.03%增至0.4%左右，氯仿沥青“A”/C由4%增至20%，烃/有机碳由3.0%增至8.0%左右。明显的烃转化率增加现象，表明烃类已大量生成。

2）正构烷烃

强参1井烃源岩正构烷烃随埋藏深度增加具有明显的变化特征（图2-3-9）。埋深小于1380m，碳数分布曲线具有明显的奇偶优势，主峰碳位置在C_{25}—C_{29}，OEP值大于1.3，Pr/Ph值大于2。埋深1380～1800m，奇偶优势减弱并逐渐消失，OEP值由1.3减至在1.15左右，Pr/Ph值降至1.6，主峰碳数前移至C_{17}—C_{21}。1800～2150m，奇偶优势消失，OEP值由1.15减至1.10，主峰碳数前移至C_{17}。上述参数随埋藏深度的变化规律，表现出烃类的生成和加强，标志着烃源岩进入成熟阶段。

3. 有机质热演化阶段划分

根据强参1井地温、镜质组反射率、岩石热解峰温、烃类演化资料，将张强凹陷南部区烃源岩划分为未成熟、低成熟、成熟三个阶段（表2-3-3）。

表2-3-3　张强凹陷强参1井烃源岩有机质演化阶段划分表

演化阶段	埋藏深度/m	地温/℃	烃/C/%	镜质组反射率R_o/%	岩石热解峰温T_{max}/℃
未成熟阶段	<1380	59.5	<3.0	0.63～0.68	<435
低成熟阶段	1380～1800	59.5～78.0	3.0～5.0	0.68～0.80	435～446
成熟阶段	1800～2100	78.0～91.0	5.0～8.0	0.80～0.94	446～463

第五节　沉积与储层

张强凹陷在其形成与发展过程中经历了义县组沉积时期的火山岩堆积、九佛堂组沉积时期的山麓冲积相—滨浅湖相沉积、沙海组沉积时期的湖相沉积、阜新组沉积时期的河湖沼泽相沉积，以及泉头组沉积时期的河流相红色碎屑岩沉积。与此相应，形成了碎屑岩储层和火山岩储层。

一、沉积特征

1. 沉积环境

张强凹陷义县组—阜新组沉积时期处于温暖潮湿的亚热带—温带古气候环境。其中，九佛堂组沉积时期气候较为干热，凹陷南部区岩石颜色表现为红色，泥岩层面显示有泥裂、含钙质团块，孢粉面貌为干热型克拉俊粉、麻黄粉、希指蕨孢发育。沙海组—阜新组沉积时期向湿热型气候转化，沉积特点以富含植物炭屑、煤线和黑色泥岩为特征，孢粉面貌中蕨类孢子繁盛。

凹陷早白垩世时期古湖盆水介质为微咸水—淡水。其中，九佛堂组沉积时期和阜新组沉积时期为淡水环境，沙海组沉积时期为微咸水环境。古湖盆水体除九佛堂组北部区为弱还原环境和南部区为强氧化环境外，张强凹陷从沙海组到阜新组经历了由还原—氧化渐次过程。其中，沙海组为还原环境，阜新组为氧化相，与断陷的发生—发展—衰亡相吻合。

2. 沉积演化特征

根据构造活动的差异性，将凹陷的白垩系沉积演化分为早白垩世义县组沉积时期、九佛堂组沉积时期、沙海组沉积时期、阜新组沉积时期和晚白垩世泉头组沉积时期。

早白垩世义县组沉积时期在古生代长期侵蚀准平原化背景上，凹陷的伸展拉张作用产生一系列近南北向基底断裂，沿断裂发生多次岩浆侵入及火山喷发，形成一套火山岩、火山碎屑岩建造，分布于初始断陷内。

九佛堂组沉积时期是断裂活动的主要时期，受西侧控盆断裂的控制，沿凹陷短轴方向两侧发育主要物源体系。沉积物南北两区差异较大，南部区沉积一套由陆上冲积扇相和河流相组成的红色粗碎屑岩建造，厚度2000m以上。北部区为一套由灰色、绿灰色砂砾岩、砂岩、灰黑色泥岩夹油页岩组成的湖泊—扇三角洲沉积体系，局部间有火山喷发，揭示厚度仅有414m。

沙海组沉积时期是断陷湖盆发育的鼎盛时期，湖盆沉积水体南、北两区连通。早期，水动力条件强，物源供给充足，在北部区东、西两侧及南部区西侧发育大型扇三角洲砂体，南部区东侧发育辫状河三角洲砂体。在湖盆中部水体较深的半深湖相区，沉积了一套细粒暗色泥质岩，在湖盆边缘发育滨浅湖相。中晚期，水动力条件减弱，水体变浅，物源供给不足，湖盆处于欠补偿状态，在部分地区出现滨岸沼泽相沉积，发育一定厚度的煤层。沙海末期，湖盆水体有所扩大，但水动力条件进一步减弱，表现在七家子洼陷发育的煤层上部沉积了一套褐色油页岩（图2-3-10）。

阜新组沉积时期湖盆水体逐渐变浅，在滨、浅湖相环境中，沉积了灰绿色、杂色砂岩、泥岩，局部地区有沼泽相沉积，厚度100～600m。阜新末期，受晚燕山运动影响，凹陷抬升，湖盆消失，南北两区遭受不同程度的剥蚀。

晚白垩世泉头组沉积期发生的区域性沉降，沉积一套冲洪积相红色碎屑，厚度400～700m。泉头末期，凹陷整体抬升，结束白垩系的沉积演化历史，形成现今的构造沉积格局。

二、储层特征

张强凹陷断陷期发育两套储层，早期为火山岩储层，中晚期为碎屑岩储层。

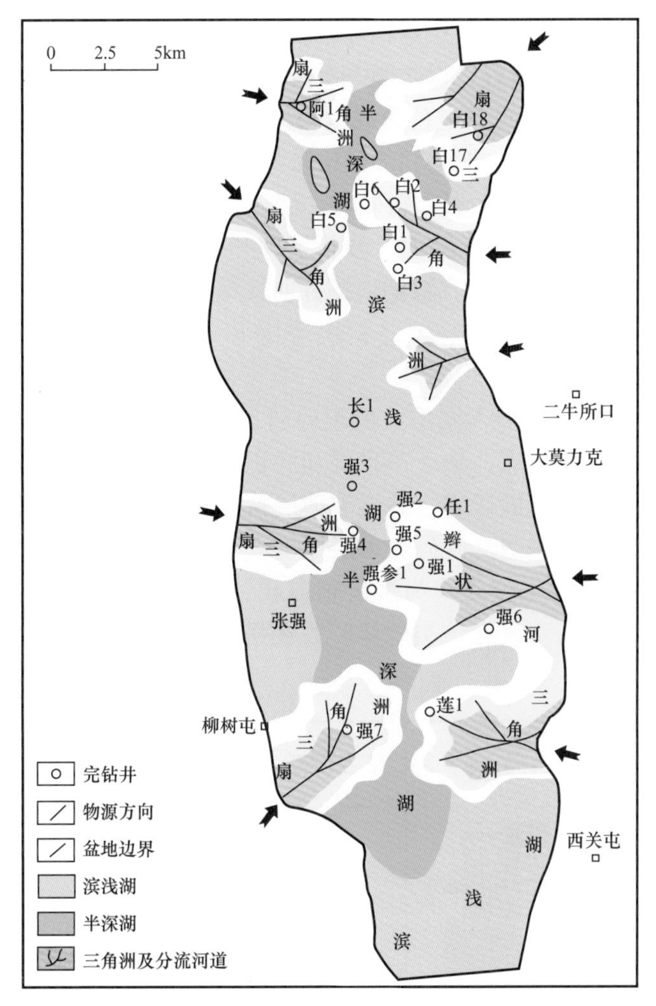

图 2-3-10　张强凹陷中南部地区沙海组沉积相图

1. *碎屑岩储层*

碎屑岩是张强凹陷的主要储层，发育于九佛堂组、沙海组，分布在凹陷南、北两区。

1）储层发育与分布

北部区九佛堂组储层厚 69～260m，平均厚 211.3m。沙海组储层厚 123～305m，平均厚 190.8m。南部区沙海组储层厚 139～325m，最大厚度 529m，平均厚 275m。

2）储集砂体类型

勘探实践证明，张强凹陷的有效储集砂体为扇三角洲砂体和辫状河三角洲砂体，发育在水进时期的九佛堂组和沙海组下段，分布在凹陷东、西两侧（图 2-3-10）。

（1）扇三角洲砂体。

分布于凹陷北部区西侧陡坡带和东侧断阶带及南部区西侧七家子洼陷带，是湖盆陡坡冲积扇入湖在水下形成的扇状沉积体。地震相为斜交前积相，有明显的顶超中止，同相轴具中—强振幅、连续反射特点。本区由于后期地层大幅度抬升，三角洲平原亚相多被剥蚀，现存下来的是扇三角洲前缘亚相水下分流河道和前缘席状砂。

水下分流河道砂体：岩性为砾岩、砂砾岩、砂岩夹深灰色泥岩，砂岩具有正粒序层理、平行层理、小型交错层理、斜层理；砾岩具块状层理砾石排列定向，底部发育滞留砾石和冲刷面构造。颗粒磨圆较好，以次圆—次棱角状为主，分选好—中等，非均质强。单层厚度大，一般 2.0m 以上。自然电位曲线呈箱型，视电阻率曲线为齿状、漏斗形低阻和钟形、漏斗形高阻。该类砂体在凹陷北部区长北背斜白 1 块、白 4 块钻遇均获油气流。

前缘席状砂体：岩性由细砂岩、粉砂岩、泥质粉砂岩组成，间夹深灰色泥岩，呈反韵律，可见小型交错纹层、平行层理、波状层理和变形层理。分选好，滚动组分含量少。单层厚度薄，一般小于 1.0m。双侧向测井曲线呈细齿对称的小漏斗形。该类砂体在强 4 井、白 5 井见油气显示。

（2）辫状河三角洲。

辫状河三角洲是由辫状河入湖形成的粗碎屑三角洲沉积体。地震相为杂乱前积相，是一种高能流动体制沉积特点，缺乏顶积层和底积层，同相轴为中—强振幅、不连续的楔形反射。岩性以灰色块状砂砾岩、砂岩夹薄层粉砂岩、泥质粉砂、泥岩为主，可见波状层理、水平层理等沉积构造。砂砾岩单层厚度大，具正粒序层理，底具冲刷构造，分选较差，磨圆较好。自然电位曲线为多齿箱形或钟形，视电阻率曲线为锯齿状中—高阻。凹陷南部区东侧沙海组发育该类砂体，并在强 1 块、强 2 块、强 3 块钻遇的探井均获油气流（图 2-3-11）。

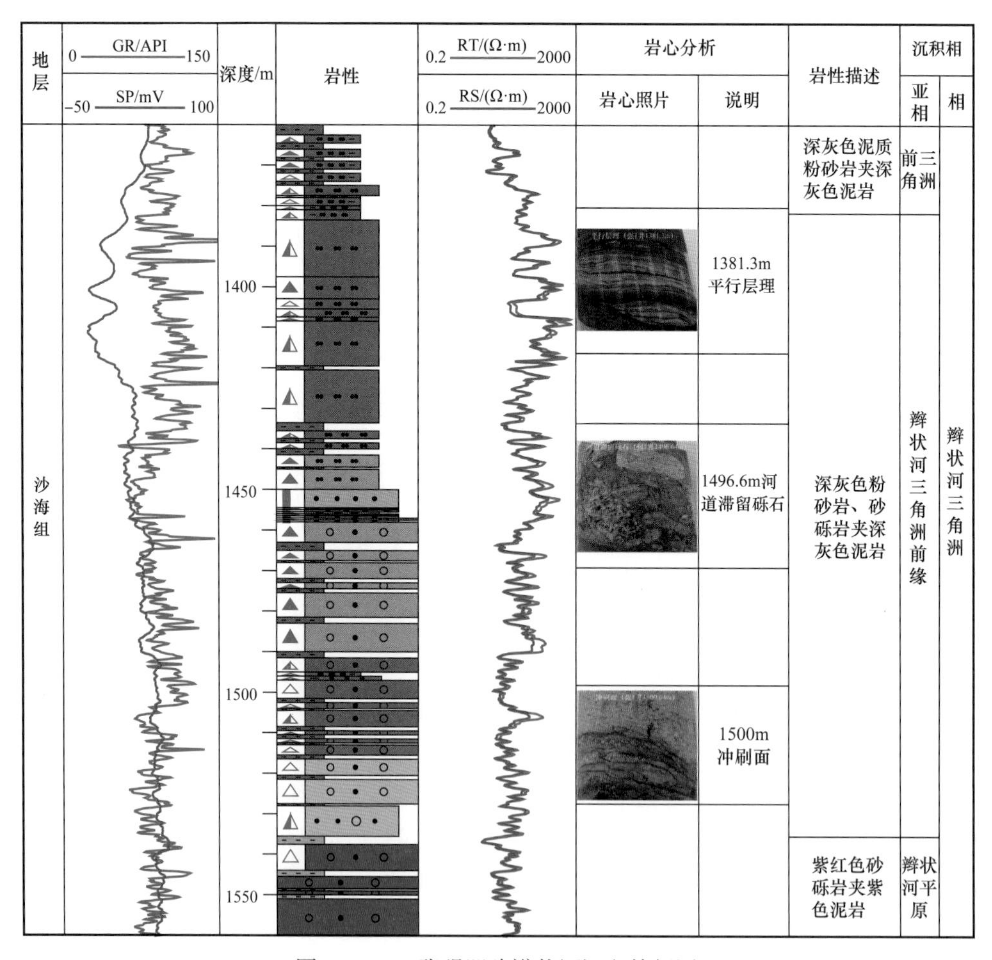

图 2-3-11　张强凹陷辫状河沉积特征图

3）储层岩性特征

张强凹陷碎屑岩储层为一套成分成熟度和结构成熟度低的陆源碎屑岩系，岩石类型以岩屑砂岩、长石岩屑砂岩为主。碎屑成分中，石英含量低，仅为7.0%～24.55%，平均9.53%；长石含量在8.0%～38.1%，平均17.91%；岩屑含量高，一般在38.0%～89.5%。高者达96%，平均65.61%。岩屑成分以基性、中性、酸性火山岩为主，占53.10%，次之为变质岩，占19.56%，沉积岩占6.0%。填隙物中的基质为黏土矿物，含量为4.7%～12.2%，胶结物以方解石、白云石为主，含量分别为4.0%、6.7%。岩石碎屑颗粒分选一般为差—中等，磨圆为次棱角—次圆状，支撑类型为颗粒支撑，接触方式为点—线接触、点接触，胶结类型以孔隙式为主。

4）储层物性特征

北部区九佛堂组孔隙度为7.8%～20.4%，平均12.9%，渗透率为0.012～57.05mD，平均7.804mD，为低孔低渗储层。沙海组孔隙度为8.08%～17.8%，平均12.7%，渗透率平均为3.35mD，为低孔特低渗储层。

南部区沙海组孔隙度为7.96%～16.58%，平均12.32%，渗透率为0.47～3.71mD，平均1.42mD，为低孔特低渗储层。

5）储集空间类型

根据岩心铸体薄片、孔隙图像、扫描电镜资料，结合岩心观察，将张强凹陷碎屑岩储层的储集空间分为原生孔、次生孔、裂缝三类。

（1）原生孔隙。

本区原生粒间孔隙极少，偶见由于伊利石交代物沿碎屑颗粒边缘生长的针状晶体未能充满原生孔隙而残存下来的原生粒间孔隙，其余均由黏土矿物、碳酸盐等胶结物充填后残存下来的粒间残留孔。

（2）次生孔隙。

细分为粒间溶孔、粒内溶孔、填隙物内溶孔和晶间孔。尤以岩屑、长石或少量石英颗粒的粒内溶孔最发育，由粒间和填隙物内碳酸盐等胶结物发生溶解作用形成的粒间溶孔和填隙物内溶孔也较发育，晶间孔和其他溶孔较少见。

（3）裂缝。

裂缝分为微观裂缝和宏观裂缝。

① 微观裂缝：指在显微镜下薄片能观察到的、具有一定宽度、延伸一定距离的微裂缝，包括岩石裂缝和颗粒破裂缝。

颗粒破裂缝：是碎屑颗粒在压实作用过程中随着压力增大，颗粒被压破而形成的裂缝。这类裂缝只局限在颗粒内部，裂缝宽度为30～40μm，被亮晶方解石充填或半充填。

岩石裂缝：具有一定的方向（或组系），延伸较长，能穿越其他颗粒或填隙物。

② 宏观裂缝：又称岩心裂缝，普遍发育，规模较小，充填程度高。发育在砾岩、砂岩、粉砂岩和泥岩中，裂缝宽度一般在0.1～0.3cm之间，长度在5～30cm之间。裂缝产状有垂直裂缝、斜交裂缝和水平裂缝。裂缝主要为方解石充填，有少量泥质、硅质充填，以全充填为主。

6）孔隙结构特征

根据14口探井89块压汞资料（表2-3-4），张强凹陷沙海组储层的微观孔隙属于细喉—特细喉不均匀型，九佛堂组储层的微观孔隙属于微细喉不均匀型。

表2-3-4　张强凹陷碎屑岩储层孔隙结构特征参数表

层位	孔喉半径均值/μm	最大连通孔喉半径/μm	饱和度中值孔喉半径/μm	偏态（歪度）	相对分选系数	均质系数	排驱压力/MPa	饱和度中值压力/MPa	最大汞饱和度/%	退汞效率/%	样品数/块
沙海组	3.552	22.411	0.1789	1.9945	1.3200	0.192	2.4127	13.459	53.30	30.353	76
九佛堂组	0.560	7.225	0.0300	2.1900	1.3966	0.175	5.530	17.500	31.05	40.855	13

7）影响储层物性的因素

影响碎屑岩储层物性的因素主要有以下两方面。

（1）沉积作用对储层物性的影响。

本区碎屑岩储层的成分成熟度和结构成熟度均较低，是造成其缺乏原生粒间孔的重要原因。填隙物含量较高，黏土矿物的生长阻塞了孔隙和喉道，造成储层孔、渗条件变差。总体上，扇三角洲前缘水下分流河道和辫状河三角洲前缘水下分流河道储层物性相对较好。

（2）成岩作用对储层物性的影响。

本区储层在成岩过程中的压实作用是造成储层孔隙度、渗透率均偏低的主要因素之一。另外，溶蚀作用虽然可以造成一定的孔隙度，改变储层储集空间，但渗透率极差。

2. *火山岩储层*

火山岩储层是张强凹陷另一种储集类型，目前已获油气流或见不同级别的油气显示。

1）火山岩分布

对凹陷22口钻遇火山岩探井统计，张强凹陷中生代火山岩主要分布在北部章古台地区，发育层位为九佛堂组下段和义县组上部层段（下部层段未揭示）。

（1）义县组火山岩分布。

义县组火山岩是张强凹陷早白垩世规模最大、延续时间最长、分布面积最广的一次火山喷发产物。从岩性分布图上看（图2-3-12），主要发育在凹陷北部章古台地区，岩性以中基性、中性、中酸性火山熔岩及火山碎屑岩为主。本区的火山喷发活动受控于凹陷近南北向基底断裂，呈裂隙式喷发。火山喷发可分为五期次。

（2）九佛堂组下段火山岩分布。

九佛堂组下段火山岩喷发活动较义县组沉积时期弱，受控于凹陷近南北向、北北东向基底断裂，呈裂隙式喷发，分布在章古台东部地区。从岩性分布特点看（图2-3-12），中性—中基性岩分布在白1—白3区块，中酸性岩分布在白26块，基性—中基性岩分布在白1—白26区块。火山喷发可分为三期次。

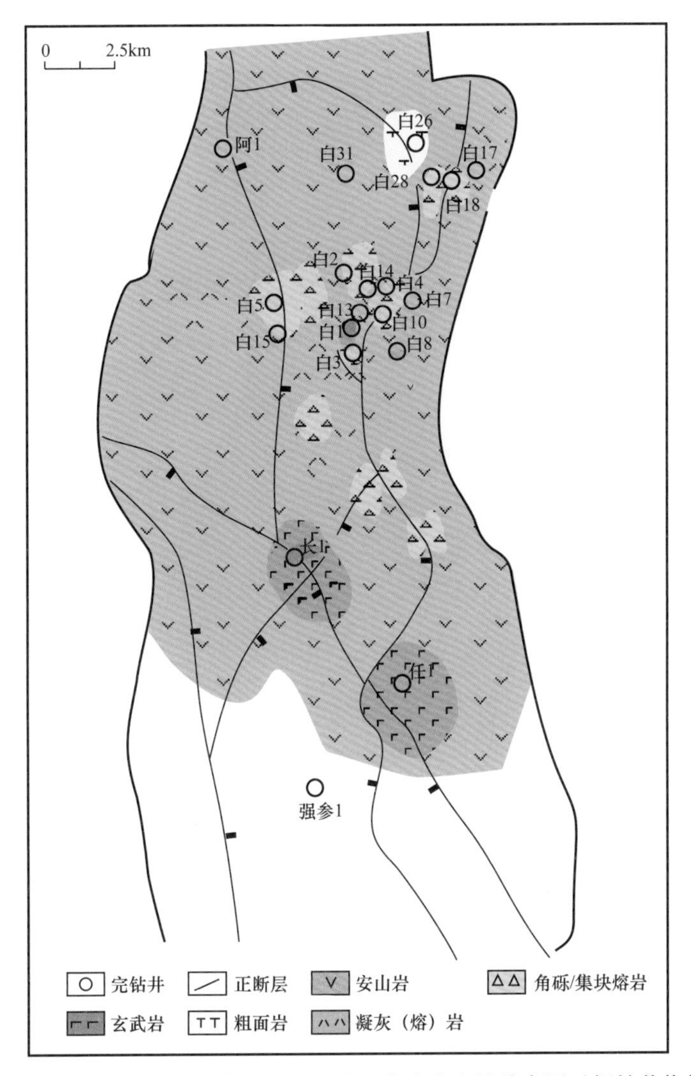

图 2-3-12　张强凹陷章古台地区九下段及义县组火山岩岩性分布图（据钻井优势岩相成图）

2）岩性与岩相特征

（1）岩性特征。

张强凹陷的火山岩岩石类型有熔岩和火山碎屑岩两大类。熔岩主要岩石类型有安山岩、玄武岩、粗面岩。从基性、中性到中酸性均有分布。火山碎屑岩主要有凝灰角砾熔岩、沉凝灰岩。揭示厚度在 65～281m，最厚达 440m，22 口井钻遇累计厚度约 4065m。

（2）岩相特征。

张强凹陷火山岩岩相主要有喷溢相（包括上部亚相、中部亚相、下部亚相）、爆发相（包括空落亚相、热碎屑流亚相）、火山通道相（包括隐爆角砾岩亚相、次火山岩亚相）等 3 个大相 7 个亚相。其中，喷溢相上部亚相累计厚度 2317m，占揭示总厚度的 57%，次为喷溢相下部亚相，厚度 902.8m，占 22.2%，其他岩相较少。火山岩岩相的分布具有分区性，喷溢相和爆发相全区分布，近火山口相、火山通道相沿断裂两侧分布（图 2-3-13）。储集相带最好的为喷溢相上部亚相，次为喷溢相下部亚相和爆发相空落亚相。

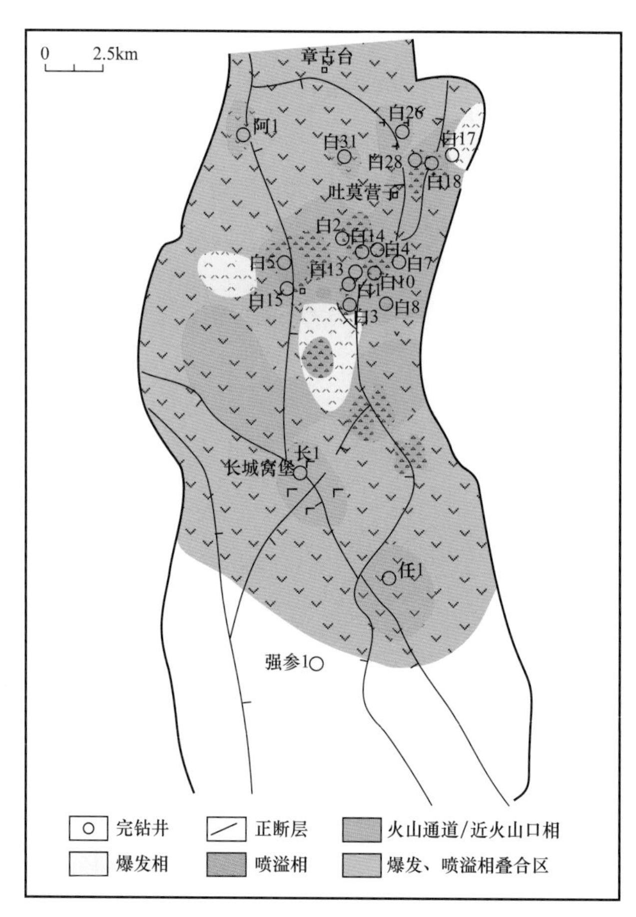

图 2-3-13　张强凹陷章古台地区火山岩岩相分布图（据钻井优势岩相成图）

3）储层物性特征

储层物性是表征储层性能好与差的重要指标。不同类型火山岩具有不同的物性特征。根据凹陷 5 口探井 43 块火山岩样品的分析统计结果（表 2-3-5），本区安山质凝灰（熔）岩、安山质角砾熔岩储层物性最好，属于特高孔中渗储层；其次为气孔杏仁安山岩，属于中孔低渗储层；块状玄武岩、安山岩储层物性差，属于低孔特低渗储层。

表 2-3-5　辽河外围张强凹陷义县组火山岩岩相—物性统计表

岩石类型	岩相		孔隙度 /%		渗透率 /mD		样品数	储层评价
			分布范围	平均值	分布范围	平均值		
块状安山岩 块状玄武岩	喷溢相	下部亚相	3.2～8.0	4.6	0.005～0.030	0.012	13	低孔特低渗
气孔杏仁状安山岩		上部亚相	5.3～14.3	10.1	0.010～1.380	0.240	11	中孔低渗
安山质角砾熔岩	火山通道相	火山颈亚相	10.5	10.5	0.090	0.090	1	高孔特低渗
安山质凝灰（熔）岩	爆发相	空落亚相 + 热碎屑流亚相	8.1～30.0	18.6	0.110～2.960	1.260	8	特高孔中渗

另外，不同火山岩相，特别是不同的火山岩亚相，其物性参数值存在较大差异（表 2–3–5）。爆发相空落亚相 + 热碎屑流亚相孔隙度和渗透率高，物性好；喷溢相上部亚相和火山通道相火山颈亚相孔隙度和渗透率相对略高，物性较好；喷溢相下部亚相孔隙度和渗透率低，物性差。

4）储集空间类型

火山岩储层的储集空间具有孔、缝双重介质的特点。根据对本区火山岩岩心、岩石薄片、扫描电镜观察，按照孔隙成因分为原生孔隙和次生孔隙及裂缝 3 种类型。

（1）原生孔隙。

包括气孔、杏仁体内孔、砾（粒）间孔。其中，气孔是本区主要类型，发育在安山岩、玄武岩和粗面岩中，在火山角砾岩的角砾内部也比较常见。杏仁体内孔发育在安山岩和玄武岩中。砾（粒）间孔隙发育在火山碎屑岩中。

（2）次生孔隙。

次生孔隙以溶蚀孔形式存在，多见于长石、辉石斑晶和基质的溶蚀形成的孔隙。

（3）裂缝。

裂缝分为炸裂缝和构造裂缝。其中，炸裂缝主要表现为长石、角闪石、辉石的炸裂缝和隐爆角砾岩中的隐爆角砾缝。构造裂缝普遍发育，目前见到的是后期被方解石和沸石等矿物充填，形成充填残余构造缝。

5）火山岩优质储层的主控因素

根据张强凹陷火山岩储层自身发育特征和规律，结合岩心和镜下观察及火山岩勘探成效，认为本区火山岩优质储层主要受控于岩性、岩相、裂缝三大因素。

（1）火山岩岩性控制着储层物性。

本区沉火山碎屑岩较火山岩的储集性能好，中酸性岩较中性岩储集性能好，基性岩相对较差。

（2）火山岩岩相控制火山机构内优质储层的分布。

本区优质储层的岩相是爆发相空落亚相 + 热碎屑流亚相、喷溢相上部亚相和火山通道相火山颈亚相。储层物性好的相带为火山口—近火山口相带，其次为近源相带，远源相带物性最差。

（3）裂缝改变火山岩储集空间。

本区火山岩裂缝改变储集空间主要体现在三个方面：第一，火山岩裂缝提高了气孔、杏仁发育段的连通程度，改善了渗透条件；第二，裂缝作为深部流体的良好通道，为次生孔隙发育提供了重要条件；第三，致密火山岩段裂缝发育时，可形成良好的裂缝型储层。

第六节　油 气 藏

张强凹陷断陷期的构造、沉积演化不仅奠定了具有断陷特色的油气生成及成藏地质基础，而且控制着构造油藏、火山岩油藏的形成与分布。目前，张强凹陷在下白垩统中已发现 5 套含油层系，探明了强 1 和长北两个含油区块，现已全面投入开发。

一、流体性质与油气源

断裂的多期次活动和油气的多次聚散，导致流体性质在不同断块具有不同的特征。查明各断块之间油气与烃源岩的亲缘关系，对于探讨张强凹陷南、北两区油气运移方向、方式及油气分布规律有着重要意义。

1. 流体性质

1）原油的物理性质

张强凹陷沙海组原油按密度划分，属中质油。凹陷南、北两区原油的物理性质比较相近。

北部区长北区块：20℃时地面原油密度为0.8764～0.9013g/cm³，平均0.8858g/cm³，50℃时地面脱气原油黏度23.39～47.92mPa·s，平均39.32mPa·s，凝固点平均25℃，含蜡量平均9.4%，胶质和沥青质含量25.5%。

南部区强1块沙海Ⅰ油层组：20℃时地面原油密度为0.8980～0.9044g/cm³，50℃时地面脱气原油黏度为34.41～44.94mPa·s，平均39.68mPa·s，含蜡量平均11.43%，胶质和沥青质含量30.56%，凝固点26℃。

南部区强1块沙海Ⅱ油层组：20℃时地面原油密度0.8806～0.9091g/cm³，平均0.8942g/cm³，50℃时地面脱气原油黏度30.61～89.23mPa·s，平均49.38mPa·s，凝固点24.5℃，含蜡量平均9.47%，胶质和沥青质含量29.91%。

2）地层水性质

本区地层水属$NaHCO_3$型，地层水矿化度为5657～9552mg/L，平均7604mg/L。

2. 油气源对比

张强凹陷油源对比采用甾、萜化合物进行油—岩对比。在对比中，基本上从指纹对比的原则出发，把一般分子相对丰度的相似性与特征分子的相似性相结合，确定其亲缘关系。

图2-3-14是强1-56-19井、强1-42-20井原油与强参1井、强1井沙海组泥岩的甾、萜化合物质量色谱对比图，由图2-3-14看出，本区沙海组原油与沙海组烃源岩具有较好的可比性，说明沙海组原油来自沙海组烃源岩。

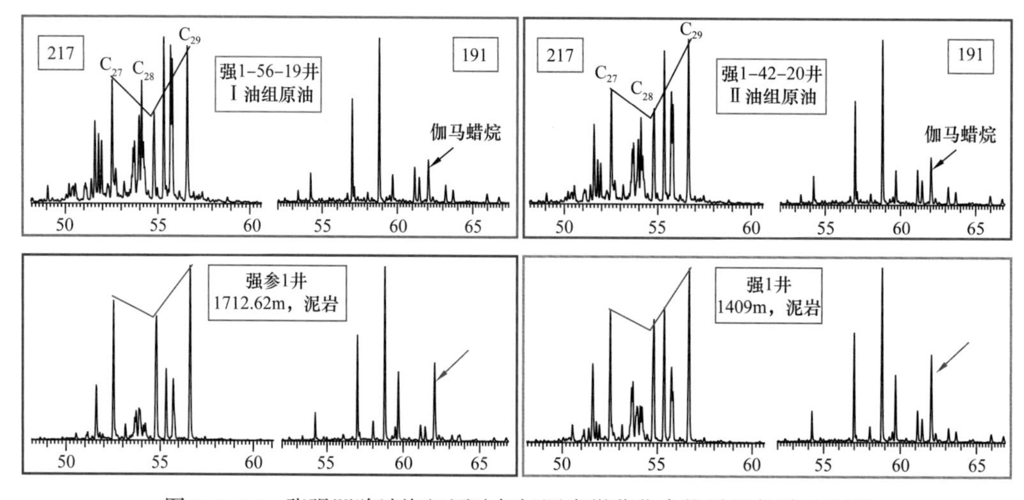

图2-3-14　张强凹陷沙海组原油与烃源岩甾萜化合物质量色谱对比图

二、油气藏类型与油气分布

油气藏是含油气盆地中油气聚集的基本单元，并且具有独立的油、气和压力系统。一个油气田可以由几个或数十个多种类型油气藏组成。张强凹陷的油气聚集与油气分布主要受洼陷带控制，由多套含油层系、多种类型的油气藏组成。

1. 油藏类型

根据油气藏成因和圈闭形态，可将张强凹陷油藏分为构造油藏和火山岩油藏。

1）构造油藏

由构造圈闭控制而形成的油藏称为构造油藏。张强凹陷属这类油藏的有断鼻油藏和断块油藏。

（1）断鼻构造油藏。

在区域地层倾斜的背景下，鼻状构造的上倾方向被断层遮挡形成断鼻构造油藏，如白 2 块、白 3 块沙海组下段油藏（图 2-3-15）。

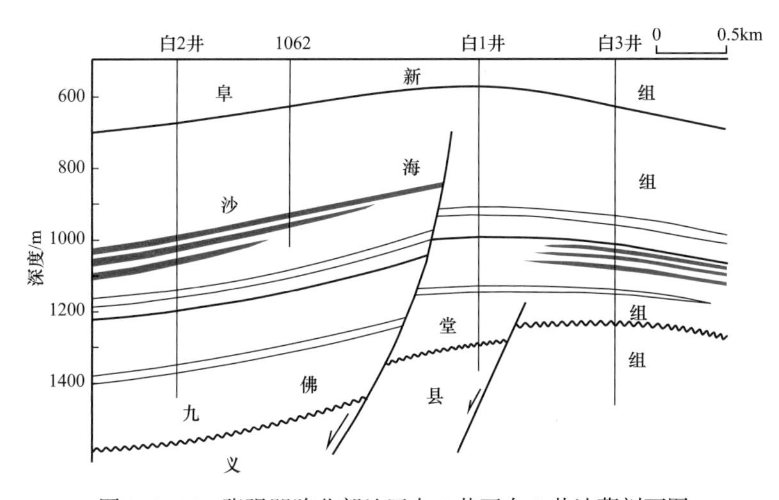

图 2-3-15　张强凹陷北部地区白 2 井至白 3 井油藏剖面图

（2）断块构造油藏。

在单斜或构造背景上，由多条断层切割而形成的断块圈闭油藏。这类油藏是张强凹陷的主要成藏类型，发育于凹陷南部区强 1 块、强 2 块、强 3 块沙海组下段油藏（图 2-3-16）。

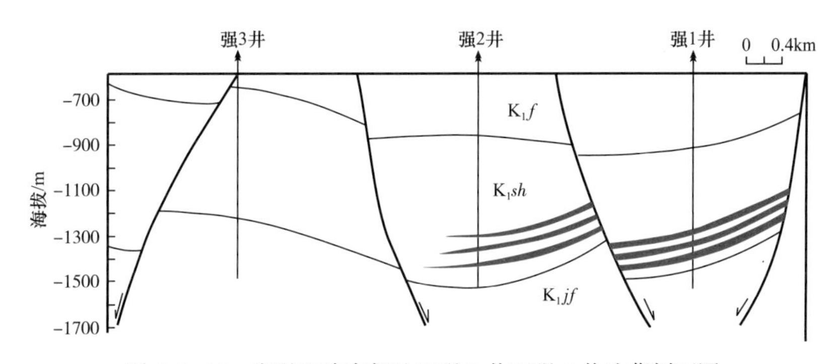

图 2-3-16　张强凹陷南部地区强 3 井至强 1 井油藏剖面图

2）火山岩油藏

火山岩油藏是张强凹陷中生代油藏的特色。由于火山岩体内部结构以及岩体间的分割，其决定了火山岩油藏类型以岩性油藏为主，但又具有构造形态和隆起幅度，因此按其圈闭成因，属构造—岩性油藏（图 2-3-17），如白 5 块、白 4 块。

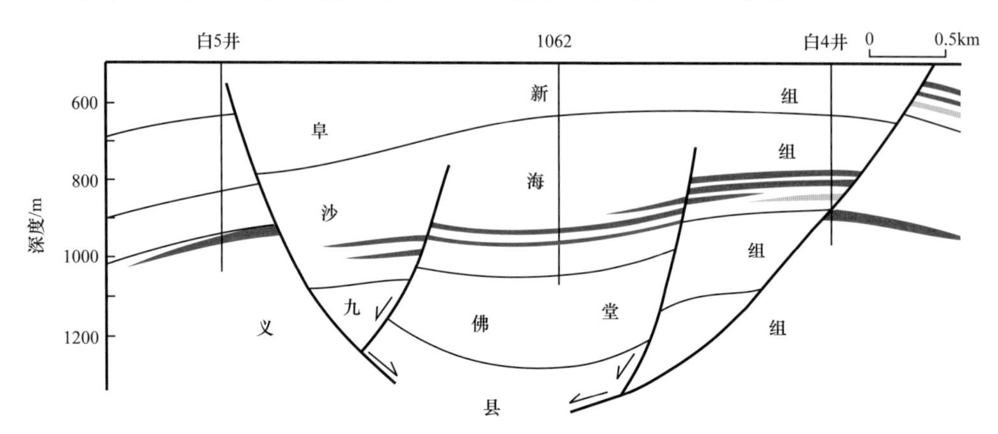

图 2-3-17　张强凹陷北部地区白 5 井至白 4 井油藏剖面图

2. 油气分布特征

多期断裂活动，使张强凹陷构造复杂、断层多、断块多，因而决定了凹陷油气藏分布具有多样性、复杂性，主要表现在以下几个方面。

1）油气纵向分布

张强凹陷油气层埋藏深度在 650～1800m 之间。就探明储量而言，60.8% 的石油地质储量分布在 1150～1800m 深度范围内，约有 39.2% 的石油地质储量分布在 650～1100m 深度范围内。在埋藏深度上，前者分布于凹陷南部区，后者分布在凹陷北部区。

2）油气平面分布

张强凹陷的油气主要分布在北部区长北断背斜、白 18 块、白 4 块至白 10 块和南部区强 1 构造圈闭内的强 1 块、强 2 块、强 3 块。北部地区油气分布在下白垩统义县组、沙海组和阜新组；南部地区油气分布在沙海组下段（分Ⅰ油组和Ⅱ油组）。油气分布规律有如下特点。

（1）围绕生烃洼陷东侧呈带状分布。

张强凹陷生烃洼陷小、油气资源丰度有限，洼陷内生成的油气首先运移和聚集在洼陷附近的有利构造圈闭中。如在章古台洼陷东侧缓坡发现的长北含油区块和七家子洼陷东侧缓坡发现的强 1 含油区块。

（2）油气围绕凹陷东侧砂体分布。

张强凹陷东侧发育的辫状河三角洲、扇三角洲前缘亚相砂体为油气储集提供了良好的储集空间，北北东向和北西向断裂为油气运移提供了良好通道。二者的有机结合，成为油气聚集的主要地区。目前，张强凹陷发现的油气储量均分布在这类砂体中。

（3）油气沿火山机构中心相带 / 火山口近火山口相带分布。

火山机构中心相带通常构造位置高，储集空间以气孔、粒 / 砾间孔、溶蚀孔隙和裂缝为主，储集条件好。岩石孔隙、裂缝发育，储层物性相对最好。目前，张强凹陷北部区义县组火山岩油藏均属此类。而此类油藏通常位于火山岩体的上部或顶部（不整合界面、风化壳、构造高部位），顶部常被致密沉积岩层披覆。同时又靠近大断裂，靠近或紧邻生烃洼陷，供油窗口大，构造位置有利，成为火山岩油藏的最好区带。

3）不同层系中的油气分布

张强凹陷已探明的油气储量主要分布在下白垩统义县组、沙海组和阜新组三套含油气层系，探明石油地质储量 1039.88×10^4t。其中，沙海组占探明储量 89.2%，含油气层为碎屑岩；义县组占探明储量的 6.1%，含油气层为火山岩；阜新组占探明储量的 4.7%，含油气层为碎屑岩。对比而言，沙海组是凹陷的主要含油层系和主要勘探目的层，次为义县组和阜新组。

4）不同类型圈闭中的油气分布

张强凹陷的油气储量分布于正向构造带和负向构造带—洼陷带。其中，33.2% 的石油地质储量分布在正向构造带的构造—岩性圈闭，形成构造—岩性油气藏，围绕生烃洼陷分布。约有 60.8% 石油地质储量分布在负向构造带的构造圈闭、构造—岩性圈闭，形成构造油气藏和构造—岩性油气藏，围绕生烃洼陷内分布。约有 6.0% 的石油地质储量分布在正向构造带的火山岩圈闭，形成火山岩油气藏，围绕生烃洼陷边缘同生断层上升盘的高部位火山岩分布。

3. 油气成藏主控因素

控制张强凹陷油气成藏的主要因素取决于以下地质条件。

1）生烃洼陷控制近源成藏

探井统计资料显示，张强凹陷成功探井约有 90% 在生烃洼陷内或其边缘，如勘探效果最好的强 1 块和白 2 块，而 60% 的失利探井远离生烃洼陷。由此可见，油藏紧邻生烃洼陷分布，生烃洼陷及其周边地区是油气成藏的最有利地区。

2）油气成藏受构造控制

凹陷由于受两条边界断裂活动影响，凹陷内次级断裂发育，构造形态复杂，不仅靠近主干断裂附近局部构造发育，即使在洼陷区，由于受侧向挤压、断层的拉张牵引、古隆起等因素影响，洼陷区也发育有背斜、断鼻等局部构造；同时主干断裂又控制生烃洼陷和各种砂体分布。三者的有机结合，为油气成藏提供了有利条件，形成构造—岩性油气藏和岩性—构造油气藏类型，且多分布在凹陷的中央部位。

3）有利的沉积相带控制油气聚集成藏

张强凹陷储层具有沉积相带变化快、非均质性强的特点，有利沉积相带通常储层物性较好，为油气提供有利储集空间。北部章古台洼陷的有利沉积相带为扇三角洲水下分流河道、河口沙坝及浊积扇。南部七家子洼陷的有利沉积相带主要为扇三角洲前缘及辫状河三角洲前缘亚相。

4）火山岩油藏受岩性、岩相控制

在火山机构中心相带中，火山口、近火山口相带为有利成藏相带，而远源相带成藏条件差。其中，火山口、近火山口相带通常构造位置高；储集空间以气孔、粒/砾间孔、溶蚀孔隙和裂缝为主，储集条件好；远源相带储层物性差，油层横向、纵向变化快，非均质性强。

第七节　油气田开发简况

张强凹陷经多年勘探，截至2018年底仅发现科尔康油田。由于产能低，开发效果差，目前连续投产的只有科尔康油田南部的强1区块，北部的长北区块零星或间断开采。

科尔康油田位于内蒙古自治区通辽市科尔沁左翼后旗和辽宁省康平县境内。构造上处于张强凹陷北部章古台洼陷长北背斜白2块、白18块、白10块和南部七家子洼陷强1区块（图2-3-18）。

1991年12月，张强1062井在下白垩统沙海组见良好油气显示，经试油在沙海组下段首获工业油流。由此拉开了科尔康油田勘探序幕，到1994年底，长北区块共完钻各类井15口井，其中探井10口，6口井获工业油流，上报了Ⅲ类探明含油面积4.8km^2（2001年复算2.8km^2），原油地质储量701×10^{4}t（2001年复算239×10^{4}t）。

1995年，发现了新的含油断块（白10块、白18块）和新的含油层系（白2块阜新组），并于1995年底上报了Ⅲ类探明含油面积1.9km^2，地质储量169×10^{4}t。

2007年7月，在七家子洼陷部署钻探强1井，该井在沙海组下部见到良好含油显示，试油获工业油流，压裂后初期日产油为4.2t。之后相继钻探了强2井、强3井、强4井、强5井，其中强2井、强5井在沙海组下部试油均获工业油流，2008年上报探明储量632×10^{4}t。

科尔康油田含油层位于白垩系下统义县组、沙海组、阜新组，油层埋深700～2040m。储集类型为扇三角洲相、辫状河三角洲相、火山岩相，岩性为砂砾岩、含砾砂岩、砂岩、安山岩。油藏类型以构造、构造—岩性油藏为主（表2-3-6）。原油类型北部章古台洼陷为中质油，南部七家子洼陷为稀油。

表2-3-6　科尔康油田储层物性特征表

区块	层位	沉积类型	孔隙度/%	渗透率/mD	油藏埋深/m	油藏类型	储层岩性	含油面积/km^2	原油地质储量/10^{4}t
白2	K_1f	辫状河三角洲	17	<5	700～830	构造—岩性	砂岩	0.70	49
	K_1sh	扇三角洲	15	292	750～1100		含砾砂岩、砂砾岩	2.80	239
白18	K_1sh	扇三角洲	15	292	750～1100			0.70	57
白10	K_1y	火山岩	15	292	800～920	构造	安山岩	0.50	63
强1	K_1sh	辫状河三角洲	15	292	1400～2040	构造、构造—岩性	含砾砂岩、砂砾岩	6.09	632

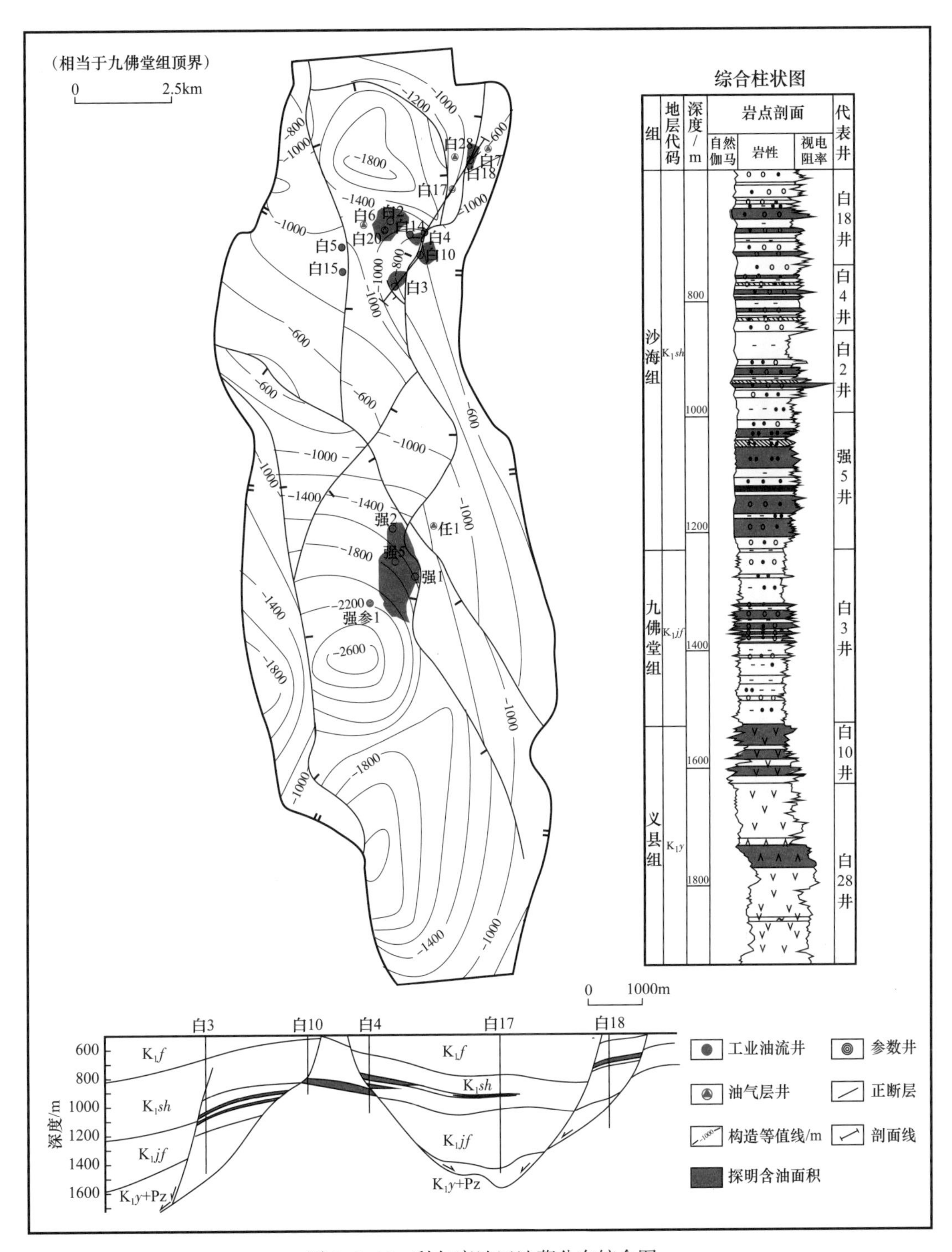

图 2-3-18　科尔康油田油藏分布综合图

1994 年科尔康油田投入试采，1995 年 1 月正式投入开发，当年年产油 5.58×10^4t，随后产量快速递减，2000 年 12 月油田全面停产，2004 年采用选井补层压裂后捞油技术复产。2009 年强 1 块投产，2011 年油田产量达到峰值 7.04×10^4t。截至 2018 年底，共有开发井 100 口，开井 67 口，年产油 3.48×10^4t，含水率 59.86%，累计生产原油 57.41×10^4t（图 2-3-19）。

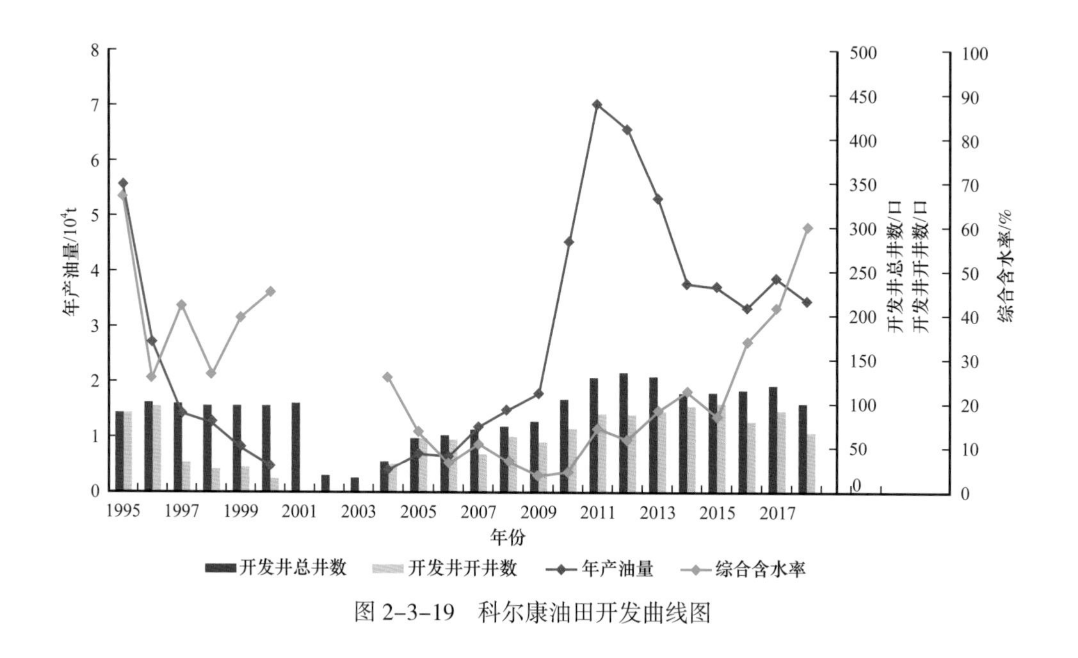

图 2-3-19　科尔康油田开发曲线图

第八节　油气资源潜力与勘探方向

根据对张强凹陷石油地质条件的分析和油气分布规律的认识程度，结合凹陷的勘探潜力和当前的勘探现状，对凹陷下一步勘探方向进行论述。

一、资源潜力

张强凹陷第四次资源评价资源量 1.16×10^8t，目前探明地质储量为 1040×10^4t，探明率仅为 9.0%，勘探潜力大。

张强凹陷矿权面积 804km²。截至 2018 年底，完钻各类探井 38 口，主要集中在白 2 块、白 4 块、白 5 块、白 18 块和强 1 块，凹陷大部分地区处于未钻探的空白地带，有很大的油气勘探空间。

在勘探层系上，凹陷北部区有沙海组、九佛堂组和义县组，南部区有沙海组及中深层。北部区九下段基本无井钻遇，而且九下段和义县组火山岩处于研究的起步阶段，需要进一步深化；南部区沙海组勘探需要在强 1 块成功的基础上向周边延伸，同时中深层也显示出了有利的成藏条件。综合分析，张强凹陷的油气勘探有很大的可拓展空间。

二、勘探方向

张强凹陷东部是油气运移和聚集的主要指向区。这一区域邻近生烃洼陷、储层相带好、圈闭发育、同生断裂发育，是凹陷内油气富集的主要区带。因此，张强凹陷的下步勘探方向是沿东部近南北向二级控洼断裂带附近，即章古台洼陷带、七家子洼陷带和散都断裂背斜带（图 2-3-3）。

1. 章古台洼陷带

章古台洼陷带周缘已探明石油地质储量 408×10^4t，按剩余资源量仍有较大的勘探潜力。钻探结果表明，本带存在两套有利的成藏组合：一套以沙海组、九佛堂组为主要烃源岩和碎屑岩储层，形成自生自储、下生上储组合的油气藏为有利成藏组合；另一套以沙海组、九佛堂组为主要烃源岩，以义县组火山岩为主要储层，形成上生下储组合的义县组火山岩油气藏为有利成藏组合。在勘探方向上，前者组合主要围绕长北断裂背斜开展工作，后者根据近邻生烃洼陷的断裂带是火山岩油藏富集区的认识，选择白15块作为火山岩油气勘探的目标区。

白15块位于章古台洼陷带西侧，面积3.6km^2。该块为义县组火山岩体形成的半背斜构造，东侧与洼陷带的九佛堂组和沙海组烃源岩呈断层接触，有较长的供油窗口，利于油气运移与聚集。岩体内酸性火山岩储层发育，物性好，具有较好的储集能力。目前，白15块上的白15井已经获工业油流。因此，章古台洼陷周边的优势构造和洼陷内岩性油气藏勘探都可作为有潜力的目标区。

2. 七家子洼陷带

七家子洼陷带发现的强1块含油构造，是凹陷南部区唯一获得勘探突破的区域，也是下一步油气勘探的目标区。洼陷带沙海组烃源岩具有分布广、厚度大、有机质丰度高、类型较好、成熟度中等的特点。带内沙海组扇三角洲前缘亚相砂体发育，厚度较大，物性相对较好。砂体与烃源岩的有机配合，有利于捕获油气，可形成岩性、构造—岩性油气藏。

3. 散都断裂背斜带

散都断裂背斜带位于章古台洼陷带和七家子洼陷带之间，是在古隆起背景上发育起来的披覆构造，呈北西向展布。背斜带受断层切割，形成了多个半背斜和断鼻。目前，该带内仅有1口探井——长1井。散都断裂背斜带沙海组构造发育，形态完整；邻近七家子生烃洼陷，油源供给充足；带内扇三角洲前缘亚相砂体发育，为油气聚集提供了有利的空间。由于背斜带长期处于古隆起上，地层埋藏浅，遭风化剥蚀严重，沙海组油气保存条件差，但下伏九佛堂组和义县组保存条件相对较好，如有好的储层也可使油气聚集形成油气藏。因此，散都断裂背斜带可作为油气勘探较有利的目标区。

第四章　赤峰盆地

赤峰盆地地处内蒙古自治区中东部赤峰市所辖区域内，地理坐标为东经118°41′～119°11′，北纬42°00′～42°30′。盆地东、西、南三面分别被燕山山系努鲁尔虎山、七老图山和大兴安岭山系西南余脉环绕，盆内为低山丘陵、台地及冲积平原，地势西南高，东北低，中部近似于平川，海拔一般500～600m，老哈河水系贯穿于盆地北部。铁路和高速公路以赤峰作为交汇点，可与北京、沈阳、长春、丹东、锡林浩特相通，各县（旗）之间也有公路相接。

第一节　勘探概况

赤峰盆地的石油地质勘探自1991年开始，到2018年底，已断续进行了28年，其勘探历程概括起来分为两个阶段。

第一阶段，1991—1996年。1991年，原华北石油管理局对盆地进行了大规模的油气勘探，完成1：10万高精度重力测量、1：20万航磁伽马能谱测量及1：20万油气化学勘探；完成二维地震测线1566.34km，测网密度1km×1km～2km×2km；完钻探井7口（元参1井，元1井，元2井，宝地1井，宝地2井，宝地3井，宝地4井），进尺9722.50m，均见油气显示，试油4口井未获工业油气流。

第二阶段，2002年辽河油田分公司承担了赤峰盆地元宝山凹陷的油气勘探工作，首先对宝地2井进行单井注蒸汽热采试验，累计采出超稠油100t。2004年，在“下洼找油找气”的勘探思路指引下，将元宝山凹陷牤牛营子背斜作为首选勘探目标，部署了宝1井。该井于2004年11月30日开始钻探，完钻井深1901.0m，电测解释油层6.6m/3层，低产油层23.0m/14层。当年试油，在九佛堂组上段1148.5～1122.2m井段，用6mm油嘴求产，日产气15212m^3；8mm油嘴求产，日产气24386m^3。2005—2013年，为了扩展油气的勘探面积和寻找新区块，先后在元宝山凹陷部署实施探井10口，进尺17950.45m，均见油气显示，试油10口井，4口井获工业气流。

截至2018年底，元宝山凹陷共完成二维地震测线1566.34km，完成三维地震资料采集289km^2。完钻参数井1口、预探井12口、评价井4口，总进尺27672.95m，试油13口井，5口井获得工业气流。宝1区块在九佛堂组探明含气面积3.0km^2，探明天然气地质储量$3.26\times10^8m^3$。

第二节　地　　层

赤峰盆地基底是新太古界深变质岩和古生界变质岩及侵入岩组成的复合型基底。上覆的沉积盖层主要为中生界白垩系，厚度3000～3500m，是盆地主要的含油气层系，由碎屑岩夹煤层和火山岩、火山碎屑岩组成。新近系及第四系沉积盖层覆盖在白垩系之上，厚度40～185m。

一、中生界

盆地中生界以白垩系为主，零星出露于盆地东、西两侧，盆内有多口探井和煤田浅钻井钻遇，自下而上划分为下白垩统义县组、九佛堂组、沙海组、阜新组和上白垩统孙家湾组（图2-4-1）。

1. 下白垩统

1）义县组（K_1y）

出露于盆地西缘牛营子、桥头、王家店、双庙、白庙子一带。自下而上划分三个岩性段：下段以中基性熔岩为主，夹凝灰岩、凝灰质砂砾岩、砂页岩，厚度在2083m以上；中段为灰、灰黄、绿色凝灰质砂岩、砂砾岩、砂页岩、粉砂岩夹可采煤层，厚362～1308m；上段下部为灰白、粉红色流纹岩、英安岩、凝灰岩夹凝灰质砂岩、砂砾岩、珍珠岩和松脂岩，上部为灰绿、黑、灰紫、灰色安山岩、集块岩、凝灰岩夹玄武岩、凝灰角砾岩，厚1000～1500m。与下伏石炭系、上侏罗统白音高老组呈角度不整合接触。

2）九佛堂组（K_1jf）

盆地内多数探井钻遇。按岩性特征划分为上、下两段，厚度700～1500m。与下伏义县组呈平行不整合接触或不整合在石炭系之上。

九佛堂组下段（简称九下段），下部为杂色砂砾岩夹深灰色泥岩；中部为紫红色砂砾岩与灰色、深灰色泥互层岩；上部为紫红色、杂色砂砾岩夹深灰色泥岩。厚度200～1000m。产植物：*Balera* sp.，*Coniopteris burejensis*，*Ginkgoites orientalis*，*G.sibiricus*，*Onychiopsis elongata*，*Podoxamites* sp.，*Czekanowskia rigida*。

九佛堂组上段（简称九上段），下部以深灰色白云质泥岩为主；中部为灰色含砾砂岩、砂岩、粉砂质泥岩与白云质泥岩互层；上部为灰色、杂色砂砾岩夹灰色泥岩。产双壳类化石：*Unio* sp.，*Sphaerium* sp. 。厚度100～250m。

3）沙海组（K_1s）

盆地内均有分布。根据岩电组合特征，划分为两个岩性段。下段，浅灰、深灰色泥岩夹薄层砂岩；上段，灰色泥岩与砂岩、砂砾岩互层。厚度350～750m。上段上部产叶肢介、田螺 *Vivip arus* sp.、环索螺 *Bellamya* sp. 等腹足类及热河球蚬 *Sphaerium* cf. *jeholense*（*Grabau*）等及植物化石。与下伏九佛堂组呈整合接触关系。

4）阜新组（K_1f）

分布于盆地北部和南部，零星出露于盆地中部风水沟镇和红庙子镇一带。岩性分下、中、上三部分，下部以灰色、灰白色砂岩、粉—细砂岩夹泥岩为主，上部出现1～3组煤层；中部为灰色、灰白色砂岩、粉砂岩与煤层互层，夹灰色泥岩；上部为灰色粉细砂岩、含砾砂岩、砂岩与泥岩互层。厚度93～600m。与沙海组呈整合接触关系。含植物化石，主要有：*Acanthopteris onychioides*，*Arctopteris kolymensis*，*Doratophyllum niluoniopteroides*，*Glnkgo concinna*，*Sphenobaiera biloba*，*Phoenicopsis angoustifolia* 等。

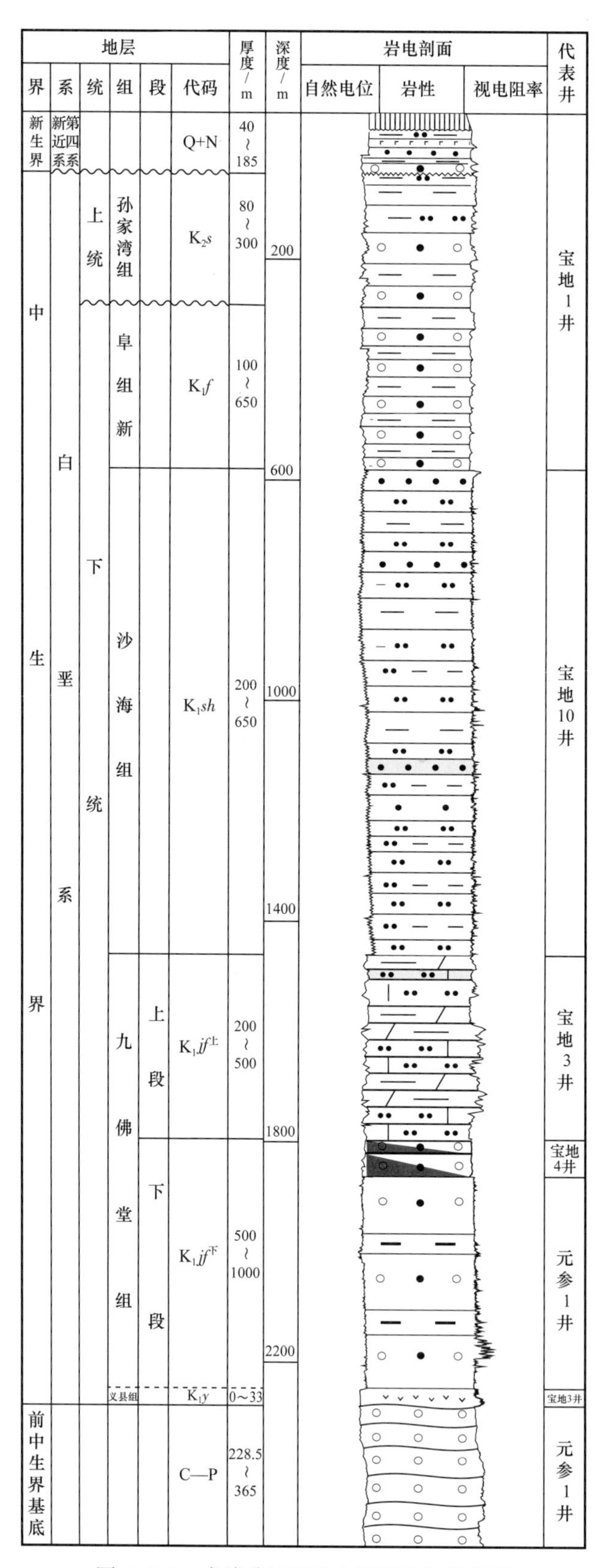

图 2-4-1　赤峰盆地元宝山凹陷地层柱状图

2. 上白垩统

上白垩统仅发育孙家湾组（K_2s），零星出露于盆地东侧老官地镇和南部头道营子地区，岩性为灰绿、紫红色厚层状含砂砾岩，局部夹砂岩、泥岩及煤线。泥岩中含有双壳类、植物、介形类及昆虫和鱼化石。厚度80～300m。与下伏阜新组为角度不整合接触。

二、新生界

盆地新生界缺失古近系，仅发育新近系和第四系。

1. 新近系

零星出露于盆地中部风水沟镇、红庙子镇和北部哈拉道口、四道湾子镇一带，为一套陆相碎屑岩及玄武岩建造，由上新统汉诺坝组构成。岩性分上下两部分，下部为灰、灰黄色砂岩、泥岩、砾岩，泥质胶结，半固结状态；上部为黑色玄武岩夹黄色砂岩、泥岩。玄武岩具气孔构造、杏仁构造。厚度40～150m。与下伏地层呈角度不整合接触。

本组产植物化石 *Populus balsmoides*, *Alnus protomaxinowizi*, *Betula mioluminfera* 等。孢粉化石为 *Ulmus–Juglans*（榆属—胡桃属）组合。

2. 第四系

第四系为松散黄土及大套流砂，遍布于盆地内的丘陵及冲积平原。与下伏地层呈角度不整合接触。厚度多为0～35m。

第三节　构　　造

赤峰盆地位于华北陆块北缘与陆块北缘增生带中东段之间的过渡地带，它是在太古宇深变质基底和加里东、海西期褶皱基底上发育起来的中—新生代盆地。盆地东以明安山隆起与平庄盆地毗邻，西以红花沟隆起与桥头凹陷、老梁底凹陷相邻，北以波罗和硕东断裂与张三园子凹陷相望，南抵喀喇沁旗龙山—头道营子一线，面积1448km^2（图2–4–2）。

赤峰盆地中生代和前中生代分属于不同的地质单元，其基底结构和盖层构造经历了不同地质时期的改造与演化，形成了各具特点的岩性特征、构造格架及断裂的发育与展布。

一、基底结构

赤峰盆地前中生代的基底岩性表现为二分性：以赤峰—开原断裂为界，断裂以南为华北陆块的一部分。断裂以北的华北陆块基底岩性由前中生代变质岩或浅变质沉积岩组成；断裂以北为华北陆块增生带的一部分。断裂以北的华北陆块基底岩性可分两部分：一部分为海西期、印支期和燕山期中酸性侵入岩；另一部分由下古生界奥陶系包尔汉图群火山—沉积岩系、志留系火山岩—碳酸盐岩和上古生界石炭系—二叠系的复理石建造、火山—火山碎屑建造、碎屑岩建造和碳酸盐岩建造组成。

盆地基底断裂发育，大致可分为南北向、北东向（包括北北东向）、北西向三组。其中，北东向断裂是继承海西期构造，为盆地主要断裂，如后敖包呆—元宝山断裂、红庙—头分地断裂、赤峰西—东风断裂。这组断裂具有延伸长、断距大和长期活动的特

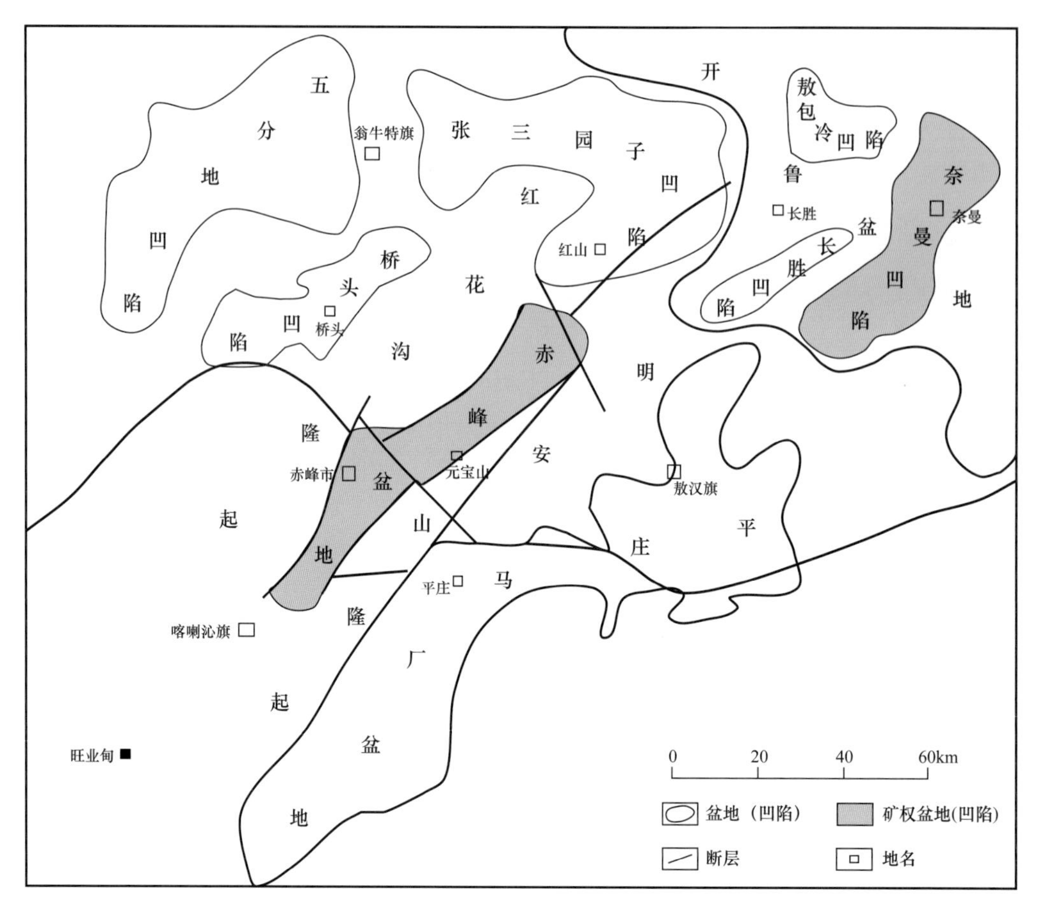

图 2-4-2　赤峰盆地区域构造位置图

点，控制了盆地的形成与发展。北西向断裂横切盆地，对盆地基底的隆、凹构造格局起到分区作用。这组断裂多为后期复活或新生的断裂，如哈拉卜吐东断裂、波罗和硕东断裂。

盆地基底起伏状态与现今地貌景观基本一致。在东西向横切面上，表现为两侧高、中间低的不对称“U”形，在南北向的纵切面上，可见基底由南向北作箕状延伸，并呈隆、凹相间排列。根据形态特征由北向南划分出元宝山凹陷、红庙低凸起和三眼井凹陷，基岩埋深分别为 2200～2500m、1200～1400m 和 1600～1800m。

二、盖层构造

根据重、磁、电、地震、地质资料，可将赤峰盆地盖层构造划分为 2 个凹陷（元宝山凹陷、三眼井凹陷）和 1 个低凸起（红庙低凸起）共计 3 个二级构造单元。这些短而窄、小而深、形状各异凹陷呈北东、北北东向展布。目前，辽河油田在赤峰盆地所辖的探矿权为元宝山凹陷。

元宝山凹陷位于盆地北部，为一东断西剥的单断箕状断陷，走向北东，面积约 650km^2（图 2-4-3）。沉积盖层为下白垩统义县组、九佛堂组、沙海组、阜新组和上白垩统孙家湾组，沉积厚度 1500～2600m。

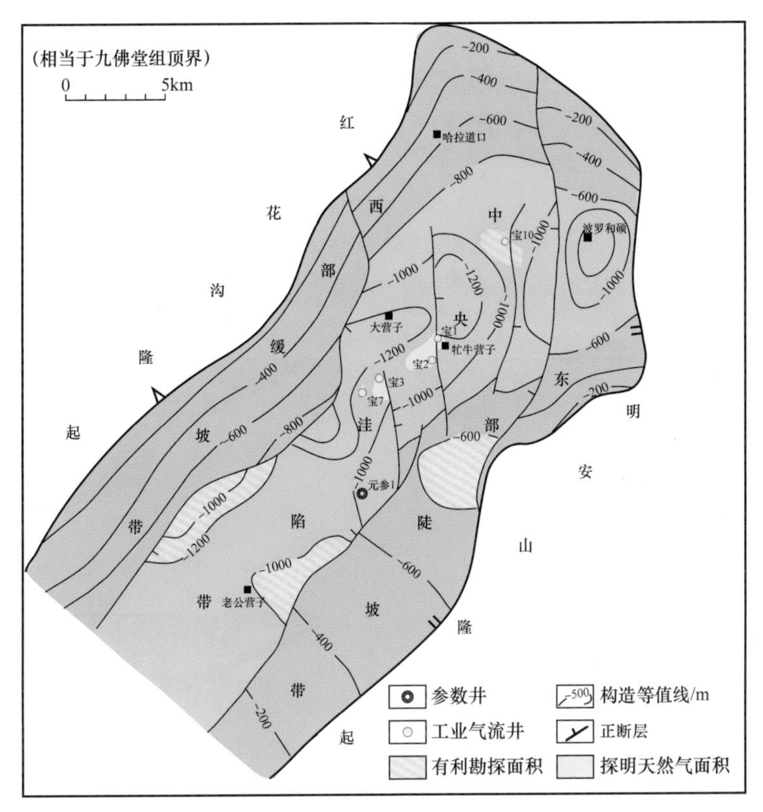

图 2-4-3　元宝山凹陷构造单元划分图

凹陷断裂发育，具有数量多、规模大、多期多组特点。平面上纵横交错，纵向上互相切割。按展布方向划分为北东向、北北东向、近南北向、北西向四组断裂。其中，北东向、北北东向和近南北向断裂为凹陷主干断裂，控制凹陷的形成、演化、沉积发育、圈闭形成以及二级构造带。这组断裂的特点是：延伸长（20.3～35.5km）、断层落差大（100～650m）、发育时间长（义县组沉积时期至阜新组沉积时期）、分段性强，多为同生断裂。北东至北北东向断裂主要分布在凹陷东部边界及凹陷中部洼陷带两侧，近南北向断裂分布在凹陷北部边界；北西向断裂为凹陷晚期断裂，形成于阜新组沉积时期，断距较小（几十米到几百米），延伸距离短，切割早期局部构造，形成众多条形断块，使凹陷的构造面貌进一步复杂化。这组断裂在地震剖面上，表现为“Y”字形补偿断层或阶梯状断层，在平面组合上为羽列帚状展布。

根据元宝山凹陷主干断裂的展布与控制作用，将凹陷划分为西部缓坡带、中央洼陷带和东部陡坡带三个二级构造带。

1. 西部缓坡带

位于凹陷西部，为北东走向的狭长带状缓坡带，埋藏浅，下白垩统各组均遭受不同程度的剥蚀。断裂以北西向断裂为主，局部构造发育程度差，仅发育一个长条形的断鼻构造。

2. 中央洼陷带

位于西部斜坡带和东部陡坡带之间，埋藏相对较深，是元宝山凹陷的主力烃源区。断裂发育，以北北东和北西走向为主。正向构造发育，主要有断裂背斜、断鼻和断块等圈闭。

3. 东部陡坡带

位于凹陷东部，埋藏浅，构造形态简单，主要由北东向和北西向断裂切割成的断块组成，局部构造仅发育宝地 2 断裂背斜。

三、构造演化

元宝山凹陷是在古生代造山带基础上发展起来的晚中生代沉积盆地，其构造演化经历了断陷阶段、坳陷孕育阶段和盆地萎缩—反转阶段（图 2-4-4）。

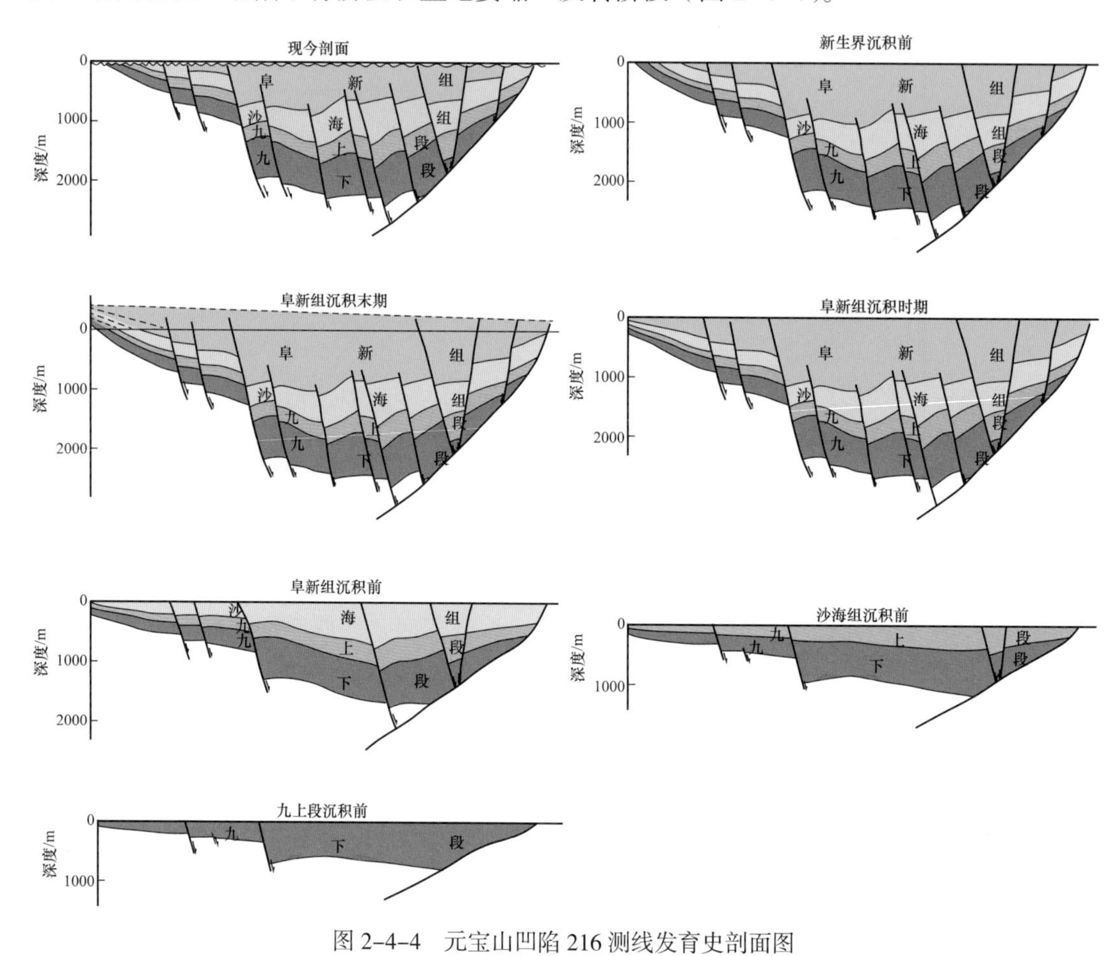

图 2-4-4 元宝山凹陷 216 测线发育史剖面图

1. 断陷阶段

元宝山凹陷的断陷阶段经历了初始张裂期、强烈伸展期、伸展减弱期、伸展余动期。

1）初始裂陷期

初始裂陷期主要表现在早白垩世早期形成的一系列北东向断裂，沿断裂发生火山喷发，堆积了巨厚的义县组火山岩和火山碎屑岩。

2）强烈伸展期

九佛堂组沉积时期，伴随断裂伸展与扩张，裂陷发展为断陷。在控陷断裂的活动下，形成了半深湖相的细粒碎屑岩沉积，成为凹陷主力烃源岩。

3）伸展减弱期

沙海组沉积时期，断裂伸展活动强度减弱，断陷进入稳定沉降期，发育了以浅湖—半深湖相为主的细粒碎屑岩系，成为凹陷第二套烃源岩。

4）伸展余动期

阜新组沉积时期，断裂伸展活动除在凹陷北部部分地区控制阜新组沉积外，凹陷大部地区都趋于停止。表现为断陷湖盆萎缩，水域缩小、变浅，以发育河流—沼泽相碎屑岩及含煤岩系为特征。阜新组沉积末期，在区域性压扭应力场的作用下，凹陷整体抬升，阜新组大部和沙海组部分地层遭受剥蚀，至此结束了断陷盆地的发展阶段。

2. 坳陷孕育阶段

孙家湾组沉积期，由于盆地的热冷却沉降幅度小，致使凹陷的坳陷层发育不全，仅在早白垩世地层及晚古生代基底上沉积一套河流相—山麓堆积相红色、杂色碎屑岩。

3. 盆地萎缩—反转阶段

孙家湾组沉积末期，在郯庐断裂左旋压扭应力场作用下，凹陷整体抬升，此后凹陷进入萎缩阶段。

新近纪中新世以来，伴随间歇性的区域性轻微拉张，在凹陷部分地区沉积了河流相碎屑岩和沿北东向、东西向断裂呈裂隙式喷溢的玄武岩。至此，形成元宝山凹陷现今的地貌。

总之，元宝山凹陷的构造演化，为形成多套烃源岩、多套储盖组合和多套含油气层系创造了有利条件。

第四节　烃 源 岩

元宝山凹陷在沉积演化过程中发育多套烃源岩。其有机质来自湖盆兴盛期生物的大量繁衍，为油气形成提供了母质。由于烃源岩具有不同的沉积环境，导致烃源岩的发育与展布以及地球化学特征及演化特征方面存在差异性。

一、烃源岩分布与沉积环境

元宝山凹陷下白垩统烃源岩主要发育在九佛堂组下段（称九下段）、九佛堂组上段（称九上段）和沙海组，岩性为暗色泥岩。沉积环境为弱还原—还原环境下的半深湖—深湖相，湖盆水介质处于半咸水—淡水环境。

九下段烃源岩：为凹陷发育早期产物，厚度194～350m，占地层厚度19.4%～36.5%，分布在中央洼陷带中东部元2井附近（图2-4-5）。

九上段烃源岩：为湖盆扩张期的产物，分布广泛，厚度100～250m，单层厚10～20m，最大单层厚125m。岩性为白云质泥岩和深灰色泥岩。

沙海组烃源岩：为湖盆发育鼎盛期产物，厚度在160～438m之间，占地层厚度43.8%～82%，单层厚为20～30m，最厚可达160m以上。

二、烃源岩有机质丰度和类型

1. 有机质丰度

有机质丰度是油气生成的物质基础。而有机碳含量、氯仿沥青“A”、总烃含量、生

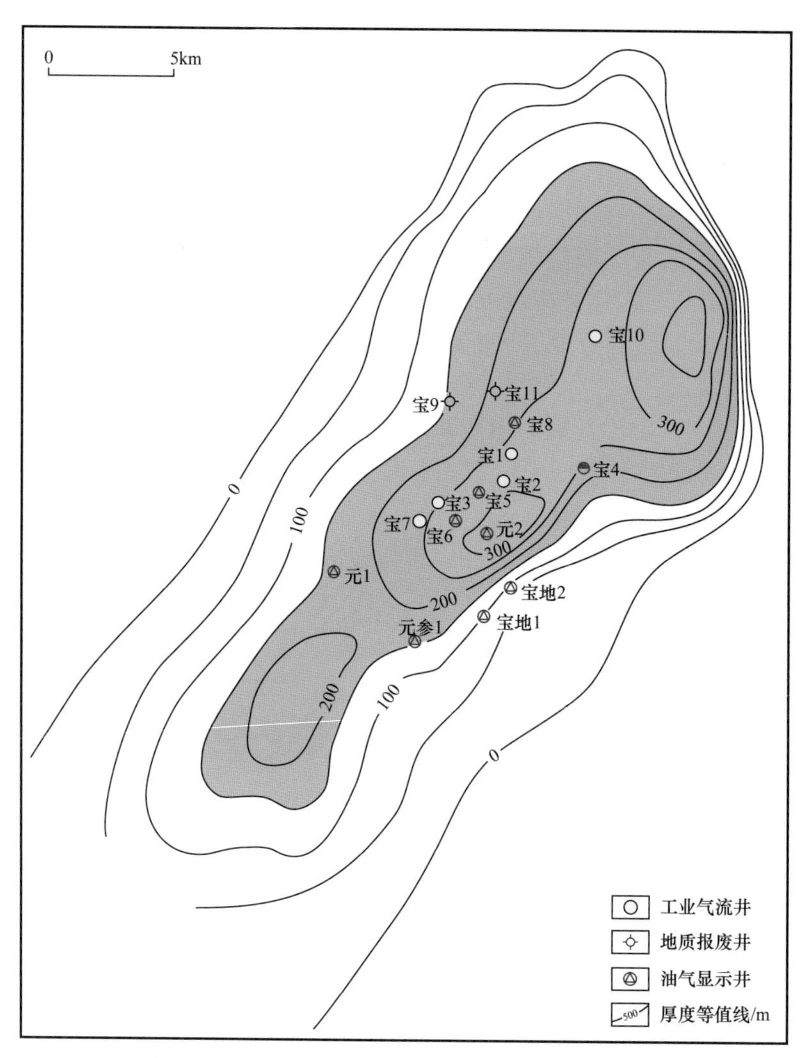

图 2-4-5　元宝山凹陷九佛堂组烃源岩厚度等值线图

烃潜量（S_1+S_2）是评价烃源岩有机质丰度的重要标志之一。元宝山凹陷下白垩统烃源岩的有机质丰度均达到烃源岩标准。具体指标如下：

沙海组烃源岩有机质丰度较高，有机碳含量介于 1.237%～3.828%，平均 2.415%，氯仿沥青“A”含量为 0.011%～0.067%，平均 0.0324%，总烃含量为 83.6～233.8μg/g，生烃潜量为 1.45～19.0mg/g，平均 6.284mg/g，属差—中等烃源岩。

九上段烃源岩有机质丰度高，有机碳含量为 0.852%～5.81%，平均 2.805%，氯仿沥青“A”含量平均 0.22%，总烃含量平均 1212.7μg/g，生烃潜量在 2.47～42.47mg/g，平均 13.1mg/g，属好—最好烃源岩。

九下段烃源岩有机质丰度低，有机碳含量为 0.730%～2.584%，平均 2.008%；氯仿沥青“A”含量介于 0.0008%～0.0373%，平均 0.0209%；总烃含量为 55.3～204.5μg/g，平均 154.7μg/g，生烃潜量平均 2.397mg/g，属较差烃源岩。

2. 有机质性质与类型

有机质类型是判别生烃能力大小的重要指标。一般来讲，从Ⅰ型（腐泥型）到Ⅲ型

（腐殖型）其有机质生烃能力逐渐减弱，而Ⅲ型（以陆生植物残体为主）则主要生成天然气和轻质油，而且在转化过程中消耗的能量逐渐增加。

元宝山凹陷烃源岩有机质类型的判别，主要采用干酪根元素组成和岩石热解色谱指标。

1）干酪根元素组成特征

利用干酪根元素 H/C 和 O/C 划分干酪根类型，是目前常用的方法。从范氏图（图 2-4-6）看，元宝山凹陷沙海组和九下段烃源岩干酪根类型以腐殖型（Ⅲ型）和腐泥—腐殖型（$Ⅱ_2$型）为主；九上段烃源岩干酪根类型以腐泥型（Ⅰ型）和腐殖—腐泥型（$Ⅱ_1$型）为主。

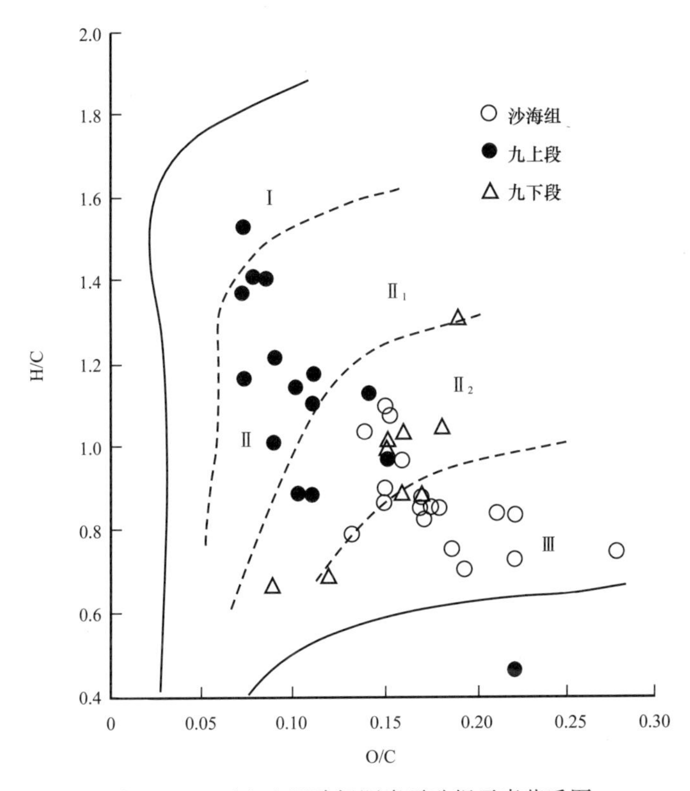

图 2-4-6　元宝山凹陷烃源岩干酪根元素范氏图

2）岩石热解色谱特征

利用烃源岩分析仪获得的氢指数 HI 与热解烃峰峰顶温度 T_{max} 图版来划分烃源岩有机质类型，是评价烃源岩的常用方法。由于大部分探井缺少岩石热解色谱资料，故以宝地 1 井氢指数 HI 与热解峰温 T_{max} 关系图作为凹陷各组烃源岩有机质类型的划分结果。从图 2-4-7 上看，沙海组和九下段烃源岩有机质类型属腐殖型（Ⅲ型）和腐泥—腐殖型（$Ⅱ_2$型），九上段烃源岩有机质类型以腐泥型（Ⅰ型）和腐殖—腐泥型（$Ⅱ_1$型）为主，局部为腐泥—腐殖型（$Ⅱ_2$型）。

三、烃源岩有机质演化特征

元宝山凹陷下白垩统烃源岩样品采集比较零散，难以形成自然的演化剖面，本节以宝地 1 井为例，并附加元 1 井、元 2 井和元参 1 井的镜质组反射率资料，从不溶有机质

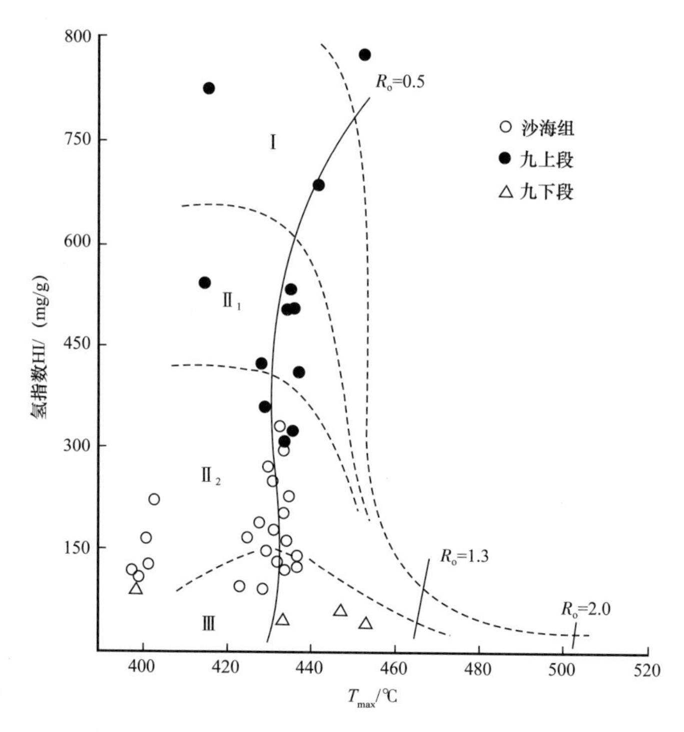

图 2-4-7　宝地 1 井烃源岩热解参数 HI—T_{max} 关系图

和可溶有机质两个方面进行剖析，由图 2-4-8 和图 2-4-9 可以看到下列演化特征。

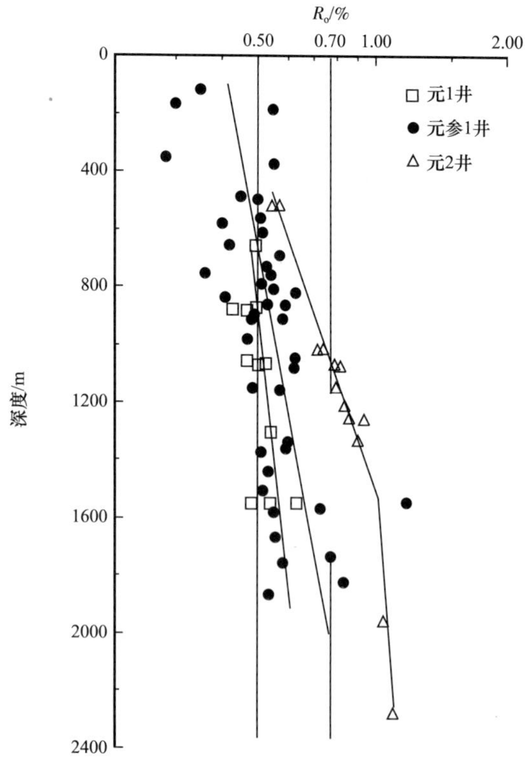

图 2-4-8　元宝山凹陷镜质组反射率随埋深变化图

1. 不溶有机质演化特征

1）镜质组反射率（R_o）

从元宝山凹陷各井镜质组反射率 R_o 与埋藏深度关系图（图 2-4-8）上看，随埋藏深度的加深，R_o 逐渐增大。元参 1 井在埋深小于 730m 时，R_o＜0.50%；埋深 730～1725m 时，R_o 为 0.53%～0.77%。元 2 井埋深小于 510m，R_o 为 0.5% 左右；埋深 510～1900m 时，R_o 由 0.5% 增加到 0.94%；埋深 1900～2273m 时，R_o 值达 1.05%～1.14%。元 1 井埋深小于 1050m，R_o＜0.5%；埋深 1050～1538.84m 时，R_o 为 0.5%～0.63%。

2）岩石热解色谱特征

宝地 1 井岩石热解峰温 T_{max} 和产率指数的演化轨迹如图 2-4-9 所示，随埋藏深度的增加，岩石热解峰温 T_{max} 逐渐增高，产率指数值逐渐增大。

埋深小于 620m，T_{max} 在 420～435℃之间变化。产率指数［S_1/（S_1+S_2）］未发生

明显变化，其值保持在 0.02～0.03 之间；埋深 620～855m，T_{max} 由 435℃增至 440℃，产率指数［S_1/（S_1+S_2）］由 0.03 增至 2.0 左右。

2. 可溶有机质演化特征

从宝地 1 井可溶有机质演化剖面上看（图 2-4-9），随着埋藏深度的增加，烃源岩中的烃转化率、沥青转化率、正构烷烃、甾萜化合物等指标随埋藏深度增加呈有规律地变化。

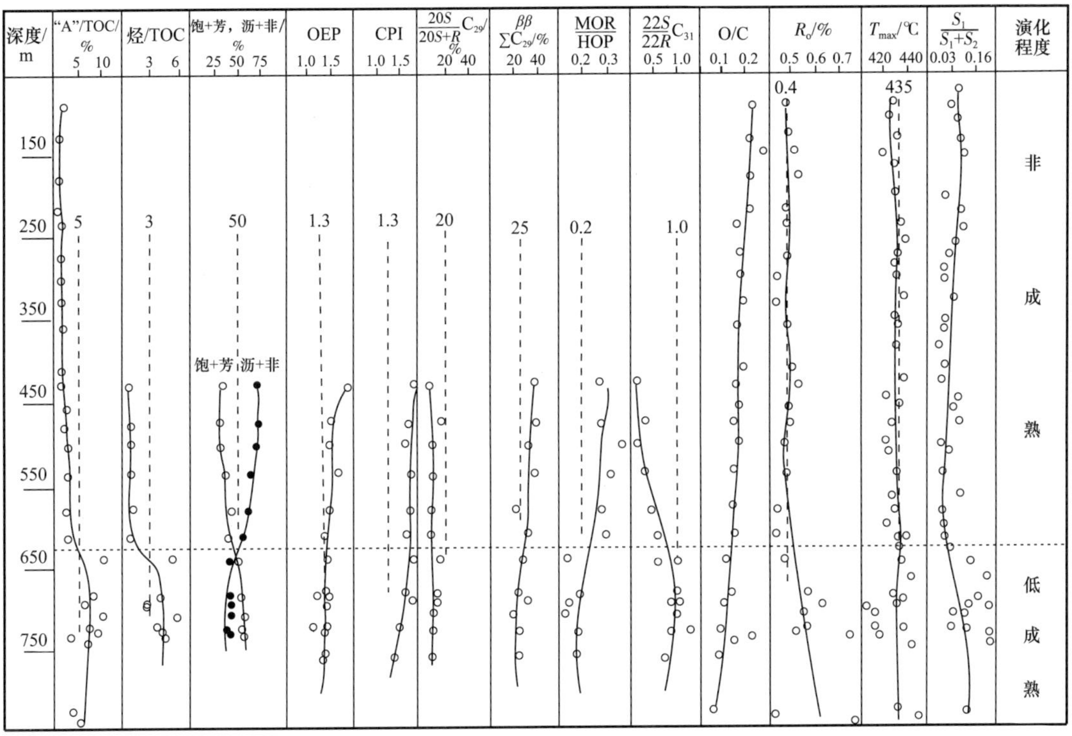

图 2-4-9　元宝山凹陷宝地 1 井下白垩统烃源岩有机质演化剖面

1）氯仿沥青“A”/ 有机碳和烃 / 有机碳

埋深小于 620m，烃 /TOC 和氯仿沥青“A”/TOC 分别小于 3% 和 6%；在埋深 620～800m，HC/TOC（烃 / 有机碳）和氯仿沥青“A”/TOC（氯仿沥青“A”/ 有机碳）由 3.0% 增加至 6.0%。

2）正构烷烃

正构烷烃的 OEP 值或 CPI 值是反映烃源岩成熟度的一个重要指标。宝地 1 井在埋深小于 620m 时，正构烷烃奇偶优势明显，OEP 值均大于 1.5，饱和烃 + 芳香烃含量呈增加趋势，由 30% 增至 45%，非烃 + 沥青质呈降低趋势，由 75% 减至 50% 左右，说明有机质未成熟；埋深 620～800m，除沥青 + 非烃含量继续减少外，饱和烃 + 芳香烃含量增加，由 45% 增至 65%，正构烷烃奇偶优势降低，OEP 值分布范围在 1.3～1.4 之间，表明有机质处于低成熟，并开始进入成熟期。

3）甾萜化合物

宝地 1 井甾萜化合物中的甾烷 $\alpha\alpha\alpha C_{29}20S/(20R+20S)$、藿烷 $C_{31}22S/22R$、莫烷 / 藿烷、$\beta\beta C_{29}$ 藿烷等指标随埋深的变化均表现出明显的规律性。

井深小于620m，各构型转化参数均表现为低值，反映无显著的有机质成烃作用。在甾烷构型分布上，$\alpha\alpha\alpha C_{29}20S/(20R+20S)$比值均小于15%。藿烷$C_{31}22S/22R$一般不足1.0，大部分小于0.5，莫烷/藿烷大于0.2，大部分在0.25～0.35之间，$\beta\beta C_{29}$藿烷含量大于25%。

井深大于620m，除甾烷$\alpha\alpha\alpha C_{29}20S/(20R+20S)$比值未发生变化外，其他构形参数均有明显增加，反映出620m以下烃源岩开始进入生烃门限。藿烷$C_{31}22S/22R$由1.0升至1.8，莫烷/藿烷则由0.2下降至0.1，$\beta\beta C_{29}$藿烷含量略有下降，保持在25%左右。

3. 有机质演化阶段的划分

根据不溶有机质、可溶有机质演化特征的研究，将宝地1井有机质演化划分为未成熟阶段和低成熟阶段。

未成熟阶段：井深小于620m，R_o<0.5%，有机质在熟化中无明显的烃类生成。

低成熟阶段：井深620～855m，R_o=0.53%～0.88%，有机质熟化，有明显的烃类生成。

根据镜质组反射率资料，对元参1井、元1井、元2井烃源岩有机质演化阶段进行了划分。

元参1井：未成熟阶段，井深小于730m，R_o<0.5%；低成熟阶段，井深730～1725m，R_o=0.53%～0.77%。

元1井：未成熟阶段，井深小于1050m，R_o<0.50%；低成熟阶段，井深大于1050m，R_o=0.50%～0.63%。

元2井：未成熟阶段，井深小于510m，R_o<0.50%；低成熟阶段，井深510～1000m，R_o=0.50%～0.70%；成熟阶段，井深1000～2273m，R_o=0.70%～1.14%。

第五节　沉积与储层

沉积环境决定油气生成与聚集，详细了解断陷盆地沉积演化过程和沉积相带的分布，特别是储集砂体的成因与展布，以及岩性和岩相的变化，对油气勘探和开发具有重要意义。

目前，元宝山凹陷发现的含油气层系主要为下白垩统九佛堂组、沙海组、阜新组。其中，九佛堂组为主要含油层系，次之为沙海组。九佛堂组、沙海组为湖相沉积，阜新组为河流—沼泽相沉积。储层类型为碎屑岩。

一、沉积特征

1. 沉积环境

早白垩世，元宝山凹陷处于潮湿、半潮湿的热带—亚热带气候，湖盆水介质以半咸水—淡水为主。纵向上，从九佛堂组沉积时期到阜新组沉积时期，经历了由弱氧化—弱还原—还原—氧化的渐次过程。其中，九佛堂组沉积早期处于半咸水弱还原环境，九佛堂组沉积中晚期和沙海组沉积时期为淡水、弱还原—还原环境，阜新组沉积时期为淡水弱氧化相—氧化相，与断陷的发生—发展—衰亡相吻合。

2. 沉积演化特征

元宝山凹陷是一个断陷盆地，构造作用形成的古地貌对沉积建造起着明显的控制作用，在断陷形成的不同阶段沉积了砂泥岩建造和火山岩—火山碎屑建造。

义县组沉积时期，火山活动频繁，沿凹陷西侧堆积了义县组中基性—中酸性火山岩，最大厚度可达2500m，向东火山岩减薄。火山喷发间歇期发育河流相沉积。

九佛堂组沉积初期，断陷沉降速度远大于补偿沉积速度，断陷内以河流相沉积为主，断陷边缘发育冲积扇，以粗粒碎屑岩为主，厚度约1000m。中—晚期，伴随断陷的扩张，水体的加深，在湖盆中部沉积了九佛堂组上段半深湖相的暗色泥质岩，在湖盆边缘形成了扇三角洲沉积体系。受地势高低的影响，扇三角洲前缘及前扇三角洲部分出现了滑塌而形成了滑塌浊积扇。沉积厚度发生变化，中央洼陷带中部为400～500m，东北部最厚可达1200m（图2-4-10）。

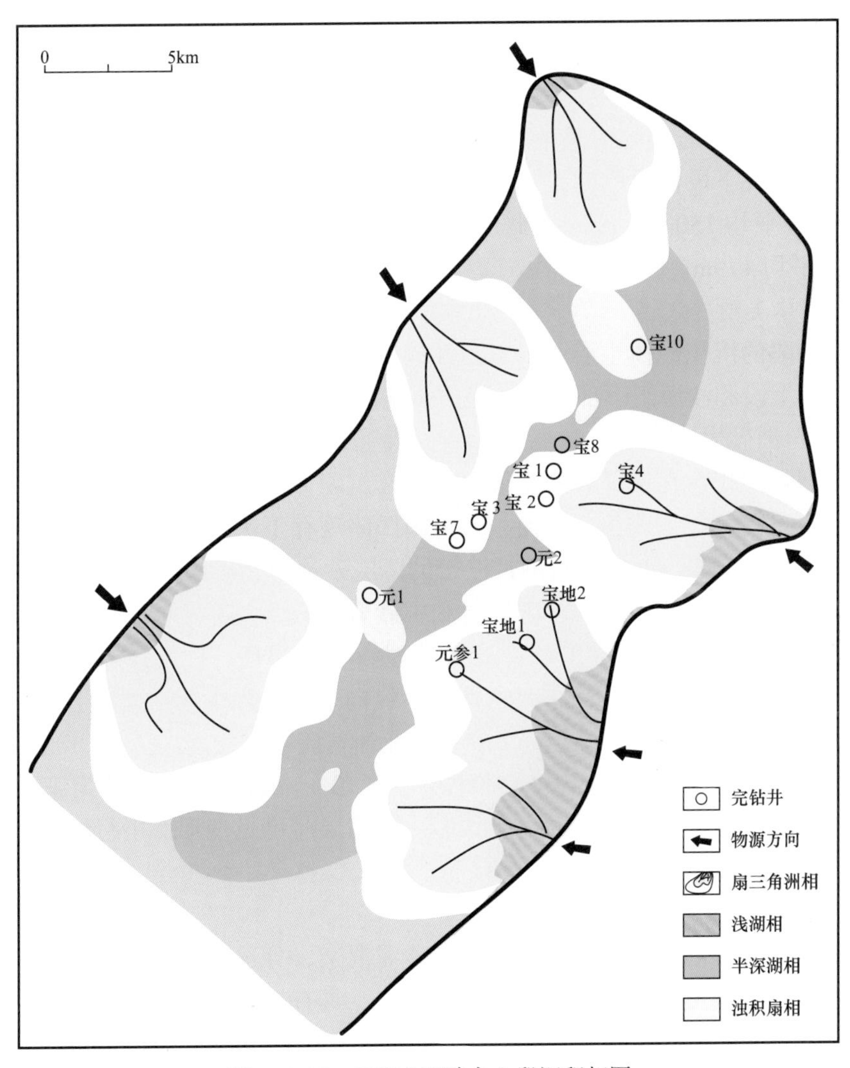

图2-4-10　元宝山凹陷九上段沉积相图

沙海组沉积时期，湖盆水域达到最大，普遍沉积一套以湖相为主的细粒碎屑岩，伴随沉降中心逐渐向北迁移，形成了较为分散的透镜状浊流沉积。

阜新组沉积时期，伴随湖盆的萎缩，水域缩小，发育一套河流—沼泽相沉积。下部以沼泽相为主，岩性为砂岩、灰色泥岩及煤层互层；上部为河流相砂砾岩，局部夹煤层或煤线。阜新组沉积末期，受晚燕山运动影响，凹陷整体抬升，阜新组遭受强烈的风化剥蚀，沙海组也遭受部分剥蚀。

孙家湾组沉积时期，在凹陷剥蚀夷平的基础上，接受山麓—洪积相沉积，岩性为红色、杂色砂砾岩，局部地段由于河流改道，侧向迁移形成砂质泥岩及粉砂岩沉积。孙家湾组沉积末期，伴随强烈的构造活动，凹陷抬升再次遭受剥蚀，结束这一时期的沉积旋回。

二、储层特征

元宝山凹陷碎屑岩储层形成于九佛堂组沉积时期、沙海组沉积时期和阜新组沉积时期。平面上，从凹陷边缘直至中心广泛分布。纵向上，多期形成的碎屑岩储层相互叠置、叠加连片，为油气成藏提供了储集条件。

1. 储层发育与分布

元宝山凹陷碎屑岩储层发育在九佛堂组（分为九上段、九下段）、沙海组和阜新组。钻井揭示，九下段储层厚度大，为221～594m，平均440m；九上段储层厚度较薄，为67～231m，平均150m；沙海组储层厚度51～272m，平均150m；阜新组储层厚度89～278m，平均179m。

2. 储层砂体类型

元宝山凹陷的沉积砂体主要以扇三角洲砂体为主，局部为浊积岩体，发育在水进时期的九佛堂组上段和沙海组下部，分布于中央洼陷带的东、西两侧。

1）扇三角洲砂岩体

扇三角洲是冲积扇直接进入湖盆形成的一套沉积体系，分为扇三角洲平原、扇三角洲前缘和前扇三角洲三个亚相。目前，元宝山凹陷现存下来的储集砂体为扇三角洲前缘水下分流河道砂和前缘与前扇三角洲过渡带的薄层砂（图2-4-11）。

分流河道砂体：由砂砾岩、含砾砂岩和中砂岩构成，上部发育少量粉砂岩。垂向层序结构见块状层理、小型交错层理、波状层理和平行层理。砂体厚40～50m，单层厚5～10m。平面上，分布在中央洼陷带的两侧，纵向上，发育于九佛堂组上段和沙海组下部。该类砂体为凹陷主要储集体，有多井获工业油气流。

扇三角洲前缘前端薄层砂体：砂体单层厚度在3～5m之间，岩性为细砂岩和粉砂岩。多以砂泥间互层出现，具反韵律的粒序。垂向层序可见变形、平行层理。分布于九佛堂组上段浅湖相泥岩中。

2）浊积岩体

发育于九佛堂组下段，岩性特征表现为砂泥混杂、分选差，杂基支撑，且局部有滑塌变形构造。由于该类岩体多形成于生烃洼陷内，具有得天独厚的油源条件，可形成岩性油气藏。如宝4井在九佛堂组下段见良好的油气显示。

3. 储层岩性特征

元宝山凹陷下白垩统储层为一套成分成熟度和结构成熟度均低的陆源碎屑岩，岩石类型为岩屑砂岩、岩屑长石砂岩。碎屑成分中，石英含量低，一般为18.8%～26.0%，

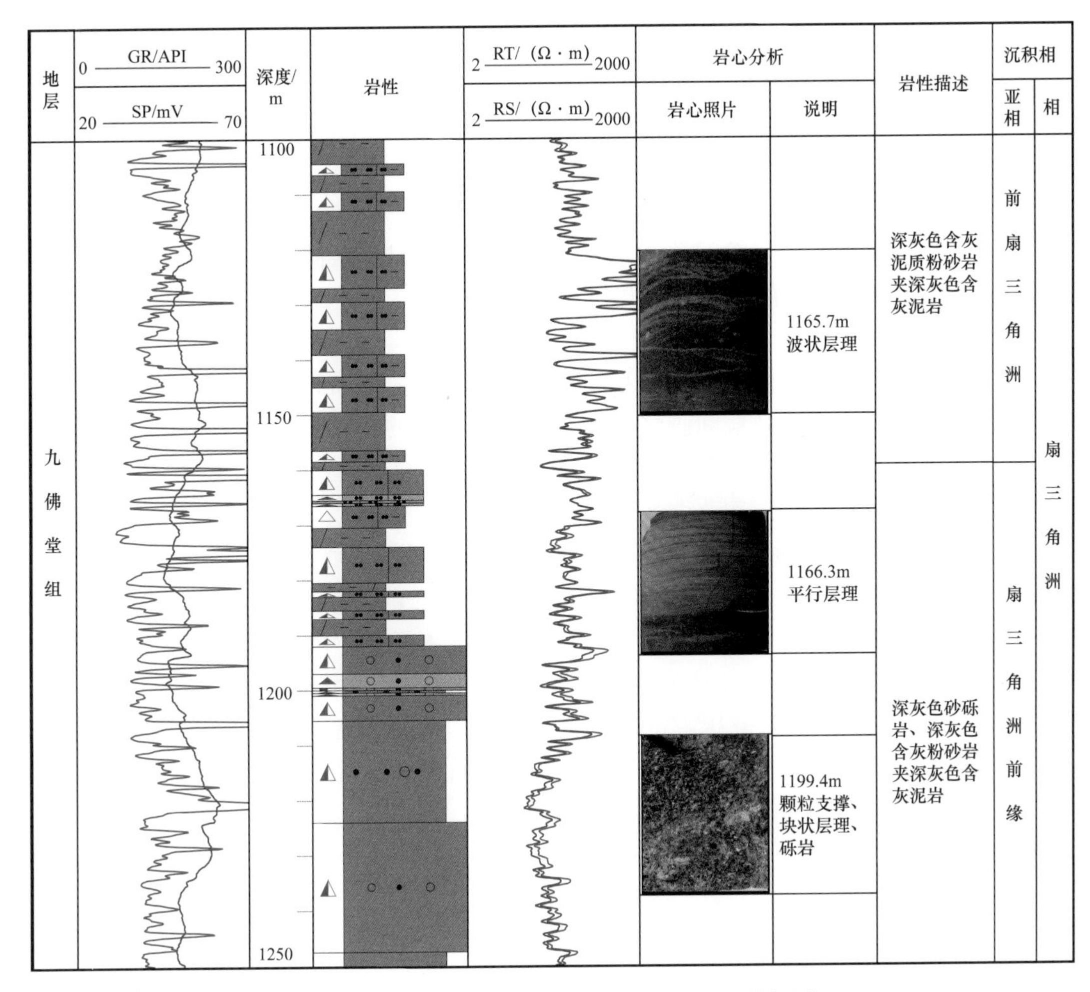

图 2-4-11 元宝山凹陷宝 4 井扇三角洲沉积特征图

平均 21.5%；长石含量高，为 24.9%～51.8%，平均 45.6%；岩屑含量在 29.6%～48.6% 之间，平均 33.4%。填隙物中基质为黏土矿物，含量在 4.3%～12.1%，平均 9.6%，胶结物以白云石为主，平均含量为 9.5%，次为方解石，平均含量为 5.7%。碎屑颗粒分选中—差，圆度为次棱角—次圆状，支撑类型为颗粒支撑，接触方式为点、点—线接触，胶结类型为孔隙、接触和基底胶结。

4. 储层物性特征

元宝山凹陷碎屑岩储层物性变化大，孔隙度为 2.9%～31.4%，渗透率分布在 0.16～8611mD 之间。各组段储层物性特征如下。

九下段孔隙度为 4.4%～14.5%，平均 11.9%，渗透率分布在 0.11～116mD 区间，平均 33.79mD，属低孔低渗储层。

九上段孔隙度介于 8.8%～31.4%，平均 17.6%，渗透率为 0.6～8611mD，平均 513.11mD，属中孔高渗储层。

沙海组孔隙度为 14.6%～32.3%，平均 23.8%，渗透率分布在 263～1852mD 区间，平均 686.85mD，属中孔高渗储层。

阜新组孔隙度为 11.8%～37.4%，平均 25.4%，渗透率为 0.75～533mD，平均

68.15mD，属中高孔中渗储层。

5. 储集空间类型

根据铸体薄片、孔隙图像、扫描电镜观察，凹陷九佛堂组碎屑岩储层的储集空间分为原生孔隙、次生孔隙等 2 类 5 种。

1）原生孔隙

包括正常粒间孔和残余粒间孔。其中，正常粒间孔对本区储层贡献小，残余粒间孔是受到胶结但未完全堵塞的原始粒间孔，对储层有较大贡献。

2）次生孔隙

包括粒间溶蚀孔和粒内溶蚀孔及晶间孔。其中，由长石和岩屑组分溶解形成的粒内溶孔最发育，由颗粒边缘及粒间胶结物和杂基溶解形成的粒间溶蚀孔较发育，由胶结物在颗粒间结晶后形成的晶间孔不发育，不具储集能力。

6. 孔隙结构特征

根据对宝 1 井、宝 2 井的孔隙图像分析，九上段储层的微观孔隙属微孔隙、细孔、大喉道。微孔隙，面孔率为 3.38%～4.73%；细孔，平均孔隙半径为 21.61～21.91μm；大喉道，平均喉道宽度为 8.96～9.81μm。九下段微观孔隙为微孔隙、微细孔、中喉道。微孔隙，面孔率为 2.82%；微细孔，平均孔隙半径 17.63μm；中喉道，喉道宽度平均值 6.12μm。

根据宝地 1 井、宝地 2 井压汞资料（表 2-4-1），九上段储层微观孔隙为特细喉较均匀型和特细喉不均匀型，九下段储层微观孔隙为微细喉不均匀型。

表 2-4-1　元宝山凹陷储层孔隙结构特征参数表

井号	层位	孔喉半径均值 R_m/μm	最大连通孔喉半径 R_d/μm	饱和度中值孔喉半径 R_{50}/μm	偏态（歪度）S_{KP}	相对分选系数 C	均质系数 α	排驱压力 p_d/MPa	饱和度中值压力 p_{50}/MPa	退汞效率 W_e/%
宝地1井	九上段	3.3604	16.4758	0.2801	1.0023	1.0523	0.2578	0.1429	1.6578	35.5835
	九下段	0.0613	0.1866	0.0286	2.3324	1.5414	0.1991	1.9758	25.7685	32.3330
宝地2井	九上段	1.3076	17.9338	0.1233	2.1350	1.2974	0.1860	1.0593	10.9097	35.8309

综合分析，本区九佛堂组上段储层为中孔高渗储层，储集性能中等，孔隙结构类型为特细喉均匀型—不均匀型。九下段储层为低孔低渗储层，储集性能差，孔隙结构类型为微细喉不均匀型。

第六节　油 气 藏

元宝山凹陷受勘探程度的限制，目前仅发现牤牛营子背斜气藏和宝地 2 稠油油藏。气藏分布在中央洼陷带，稠油油藏分布在东部陡坡带。

一、流体性质与油气源

元宝山凹陷下白垩统九佛堂组、沙海组优质烃源岩生成的油气，由于断裂的多期次活动，导致油、气、水分布十分复杂。油气源对比主要是查明油—岩的亲缘关系，追踪油气运移的轨迹，为油气勘探提供依据。

1. 流体性质

1）原油性质

元宝山凹陷原油密度0.9775～0.9848g/cm³，黏度（50℃）11780～370200mPa·s，凝固点30～54℃，胶质+沥青质63.2%～70.92%，硫含量0.32%、含蜡量1.96%～6.10%（表2-4-2）。按原油密度和黏度划分，属于高胶质、高凝固点的重质油或稠油。

表2-4-2　元宝山凹陷原油样品族组成

井号	井段/m	产状	原油族组成/%				总烃/%	饱芳比	非沥比
			饱和烃	芳香烃	非烃	沥青质			
元参1	769.1～936.0	原油	22.0	13.0	47.9	17.1	35.0	1.7	2.8
元1	874.3～1126.4	原油	44.1	16.1	37.3	2.5	60.2	2.7	14.7
元参1	763.0	油砂	35.7	9.6	43.4	10.2	45.3	3.7	4.3
元参1	775.0	油砂	21.3	6.9	67.5	4.2	28.2	3.1	16.0
宝地1	707.0	油砂	15.9	6.4	59.0	18.4	22.3	2.5	3.2
宝地2	650.0	油砂	25.8	9.8	53.0	31.4	35.6	2.6	1.1
典型稠油			<40.0	20.0	10.0～30.0	10.0～30.0			

2）天然气性质

元宝山凹陷天然气属油型气，天然气相对密度0.5777，甲烷含量96.65%，乙烷含量1.00%，丙烷含量0.50%，丁烷含量0.20%。分析结果见表2-4-3。

表2-4-3　宝1井天然气分析统计表

组分	He	CH_4	H_2O	N_2	C_2H_6	O_2	Ar	CO_2	C_3H_8	iC_4H_{10}	nC_4H_{10}
含量/%	0.0460	95.1800	0.0023	2.9900	0.7400	0.2300	0.0100	0.3000	0.2800	0.1100	0.1200

碳同位素 $\delta^{13}C_{PDB}$/‰				
CH_4	C_2H_6	C_3H_8	iC_4H_{10}	nC_4H_{10}
−46.9	−42.8	−35.2	−32.8	−29.7

氢同位素 δD_{VSMOW}/‰		
CH_4	C_2H_6	C_3H_8
−243	−260	−246

$\delta^{15}N_{VS-AIR}$=−4‰

2. 油气源

元宝山凹陷的油源对比利用元参 1 井九佛堂组上段烃源岩和油砂，采用 217m/e 甾烷及 191m/e 萜烷系列进行谱图直接对比（图 2-4-12）。对比结果表明，原油和油砂与九佛堂组上段烃源岩的关系最为密切。

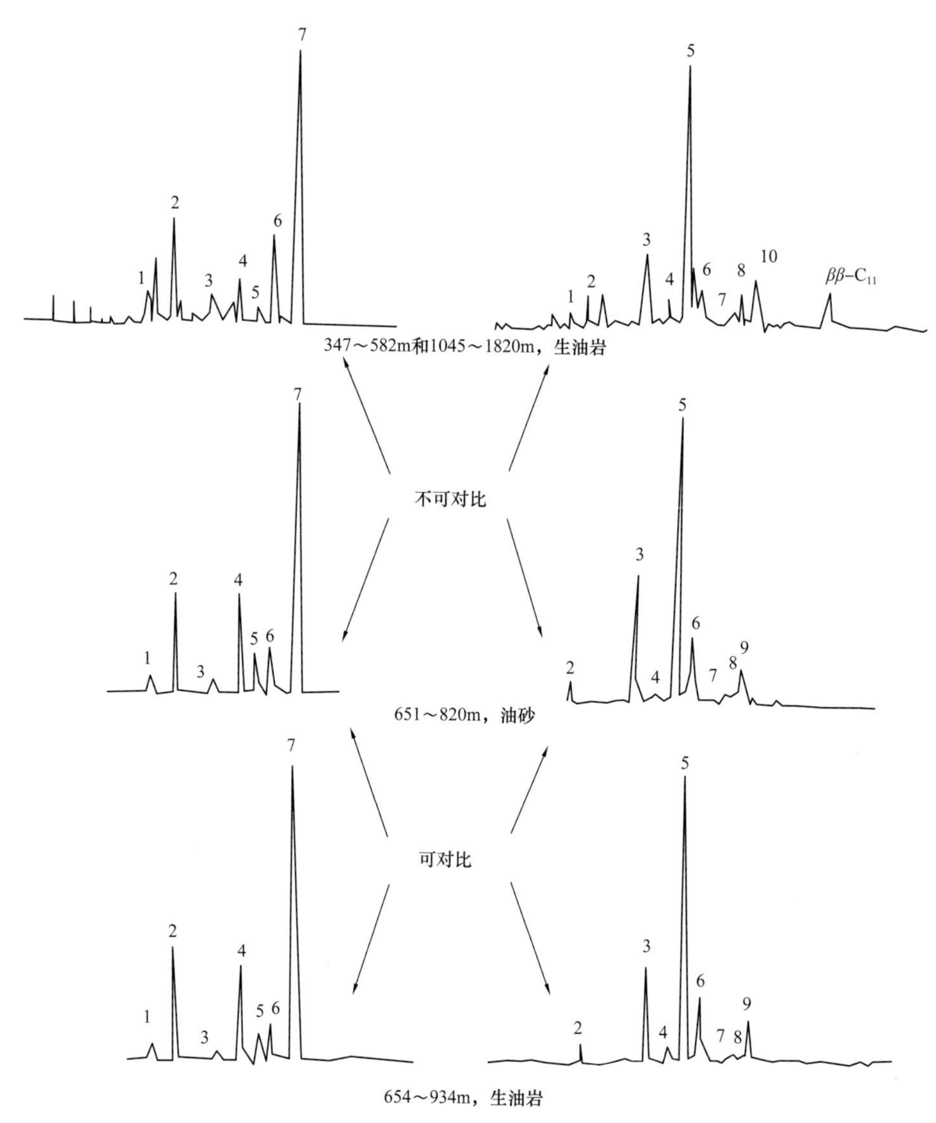

图 2-4-12　元宝山凹陷元参 1 井油—岩对比图

二、油气藏类型与分布特征

元宝山凹陷发现的油气藏，按圈闭的成因和形态属构造油气藏，即牤牛营子断裂背斜气藏和宝地 2 断裂背斜超稠油油藏。

1. 牤牛营子断裂背斜气藏

位于中央洼陷带的中部，为一呈北北东向展布的低幅度反转背斜，分为宝 1 块和宝 3 块，面积 10.8km²。含气层位于九佛堂组上段，含气储层为扇三角洲前缘分流河道砂体和前缘前端薄层砂体，气层分布受构造控制，为断裂背斜气藏。

宝 1 块：气层埋深 1100～1250m，气层厚约 22.0m，单层厚度 1.1～11m，气层分布在构造的高部位，向下倾方向含气性变差，为构造气藏（图 2-4-13）。该块宝 1 井在 1148.5～1122.2m 井段试气，层位九佛堂组上段，6mm 油嘴求产，日产气 $1.5212\times10^4m^3$，8mm 油嘴求产，日产气 $2.4386\times10^4m^3$，成为元宝山凹陷第一口高产气流井。

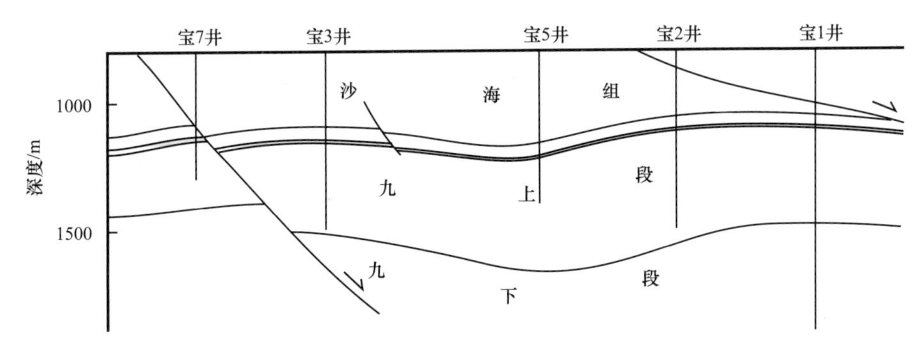

图 2-4-13　元宝山凹陷宝 7 井至宝 1 井气藏剖面图

宝 3 块：气层埋深 1190～1215m，气层厚约 18.0m，气层分布在构造的高部位，向下倾方向含气性变差，为构造气藏。该块宝 3 井在九佛堂组上段 1195.9～1213.8m 井段试气，6mm 油嘴求产，日产气 $2.68\times10^4m^3$。

2. 宝地 2 断裂背斜超稠油油藏

位于东部陡坡带的中北部，为一受基底控制的继承性背斜构造，分为南、北两个断块，面积 10.0km^2。含油层位于九佛堂组上段，含油储层为扇三角洲前缘分流河道，油层分布受构造控制，为断裂背斜油藏。油藏埋深 625～700m，含油井段约 80.0m，油层厚度 45.2m，单层厚度 3.0～10.0m，构造高部位油层厚，低部位薄。该块宝地 2 井，经蒸汽吞吐，累计产油约 100m^3。

三、油气成藏主控因素

元宝山凹陷具有优越的石油地质条件，发育九佛堂组、沙海组两套丰富的油气源层和多种类型的储集体及多种类型圈闭。其中，中央洼陷带及两侧的构造带是油气藏分布的有利地区。其油气成藏主控因素主要有以下几点。

1. 有效烃源岩的发育控制油气藏的分布

凹陷烃源岩的演化程度偏低，成熟烃源岩的分布局限，只发育在凹陷的中央洼陷部位。同时储层物性普遍较差，决定了油气近距离运移，因此含油较好的油藏都围绕生油洼陷分布。

2. 良好的生储配置控制油气藏的形成

断陷中晚期，随着湖盆水体的加深以及湖盆面积的逐渐扩大，在两侧物源不断地注入下，中央洼陷带沉积了湖相泥质岩，洼陷带边缘发育扇三角洲砂岩体和局部出现的浊积扇体。烃源岩与储集砂体在空间上的有机配置，为油气生成和油气储集提供了有效的空间。

3. 近源圈闭是油气聚集的有利场所

构造运动的抬升与挤压，在凹陷的中央洼陷区造就了背斜、断鼻和断块圈闭，且背斜圈闭幅度小于 100m，为微幅度圈闭。同时发育的三级断裂作为油气运移通道，在圈闭内成藏，如宝1块、宝3块气藏。并且在洼陷区内，地层剥蚀程度较低，保存条件好于斜坡带。因此洼陷区内生储盖配置好的区域，是油气聚集的有利区带。

4. 盖层的封盖能力对油气成藏起控制作用

元宝山凹陷稠油分布于断阶带，天然气分布在中央洼陷带，这种呈带状分布的油气，反映出油气成藏对盖层条件的不同需求。也就是说，天然气对于保存条件及封盖能力要高于油藏。元宝山凹陷发育两套盖层，一套是九上段泥质岩的局部盖层；另一套是沙海组泥质岩的区域盖层。九佛堂组上段局部盖层由于封盖能力和保存条件差，致使油气在断阶带富集，并以超稠油形式出现。沙海组区域性盖层的封盖能力和保存条件优于九佛堂组上段，致使九佛堂组生成的天然气在中央洼陷带以同生断裂作为运移通道，聚集到封闭条件好的圈闭形成气藏（图2-4-14）。

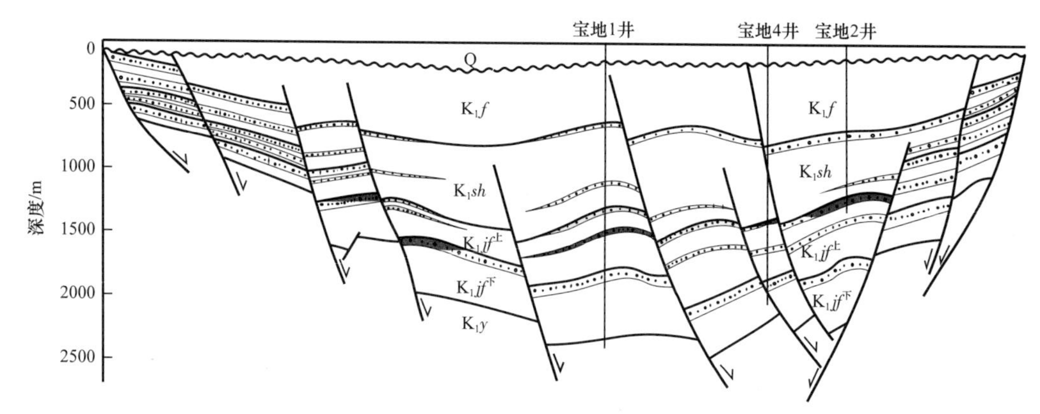

图2-4-14　元宝山凹陷油气成藏模式图

第七节　油气资源潜力与勘探方向

勘探实践证明：中央洼陷带具有较大的天然气藏勘探潜力，是下一步勘探的主要目标区。稠油油藏发育在凹陷边部，在今后的勘探过程中应引起注意。

一、资源潜力

元宝山凹陷石油资源量为1632×10^4t，天然气资源量为$30\times10^8m^3$。目前，探明天然气储量$3.26\times10^8m^3$，含气面积$3.0km^2$，探明率仅为10.9%，勘探潜力较大。

凹陷勘探程度低，目前仅有完钻探井17口，主要集中在牤牛营子背斜、宝地2背斜、元1块、元2块，大部分地区为未钻探的空白地带，有很大的油气勘探空间，如哈拉道口背斜、西波罗胡同断鼻、大营子背斜和张家湾断鼻等。

在勘探层系上，虽然九佛堂组上段获工业油气流，勘探工作有所突破，但需要进一步扩大勘探领域。九佛堂组下段和义县组钻遇探井甚少，是一个未知的领域。综合分析，元宝山凹陷的油气勘探有很大的可拓展空间。

二、勘探方向

元宝山凹陷的下一步勘探方向，按照“下洼寻找油气”的勘探思路，重点围绕中央洼陷带开展构造、岩性圈闭的评价工作。特别是中央洼陷带南部地区具备油气生成的地质条件：一是圈闭类型多、面积大；二是处于生烃洼陷中，烃源条件好；三是发育来自洼陷东两侧的扇三角洲砂体，可在中央洼陷带形成良好储层；四是中央洼陷带保存条件好于斜坡带。另外，埋藏深度也是必不可少的条件。从探井钻探结果分析，在斜坡带，埋藏小于 960m 以上探井仅见油气显示；在洼陷带，埋藏深度大于 960m 探井则获油气流。因此，建议对洼陷带南部九佛堂组开展石油地质评价工作（图 2–4–3）。

第五章 建昌盆地

建昌盆地位于辽宁省西部，地理坐标为东经118°58′～120°40′，北纬40°20′～41°30′。即东起黑山—松岭，西至努鲁儿虎山；南从辽宁省与河北省的省界，北到建平—朝阳一线，南北长125km，东西宽20～45km，面积约4000km²。

本章所称的建昌盆地是指中—新元古代构造层，区域构造相当于燕辽裂陷槽辽西坳陷中南段。

第一节 勘探概况

建昌盆地油气勘探始于1981年，由辽河石油勘探局承担，至1995年先后对建昌中生代盆地开展了油气普查和油气资源评价工作，并在凌源地区开展了1：20万航空磁测工作。

1994年12月，在建昌盆地首钻第一口参数井——喀参1井，完钻井深1947.0m，在古生界、中生界见油气显示。

1996年起，将建昌盆地中—新元古界作为重点目标进行了二维地震资料采集和钻探工作，先后完成二维地震测线1484km，探井三口（韩1井、杨1井、兴隆1井），进尺8609m，在中—新元古界和古生界发现了油气显示。

第二节 地 层

建昌盆地地层发育比较齐全。太古宇中、深变质岩系出露于盆地西北侧。中—新元古界、古生界分布在盆地周边地区及盆地内，由碎屑岩、碳酸盐岩组成。中生界为碎屑岩和火山岩，分布在盆地内。新生界为第四系，盆地内广泛出露。

一、太古宇

太古宇分布于盆地西北部的建平一带，为一套中深变质岩系，本区称为建平岩群，岩性为混合岩化花岗岩、片麻岩、麻粒岩、斜长角闪岩、片岩、变粒岩等，厚度3931～13057m（辽宁省区域地质志，1989）。

二、中—新元古界

中—新元古界分布广泛，地层层序齐全，命名系统与蓟县标准剖面雷同。其中，中元古界三分为长城系、蓟县系及待建系，新元古界暂分为青白口系（图2-5-1）。

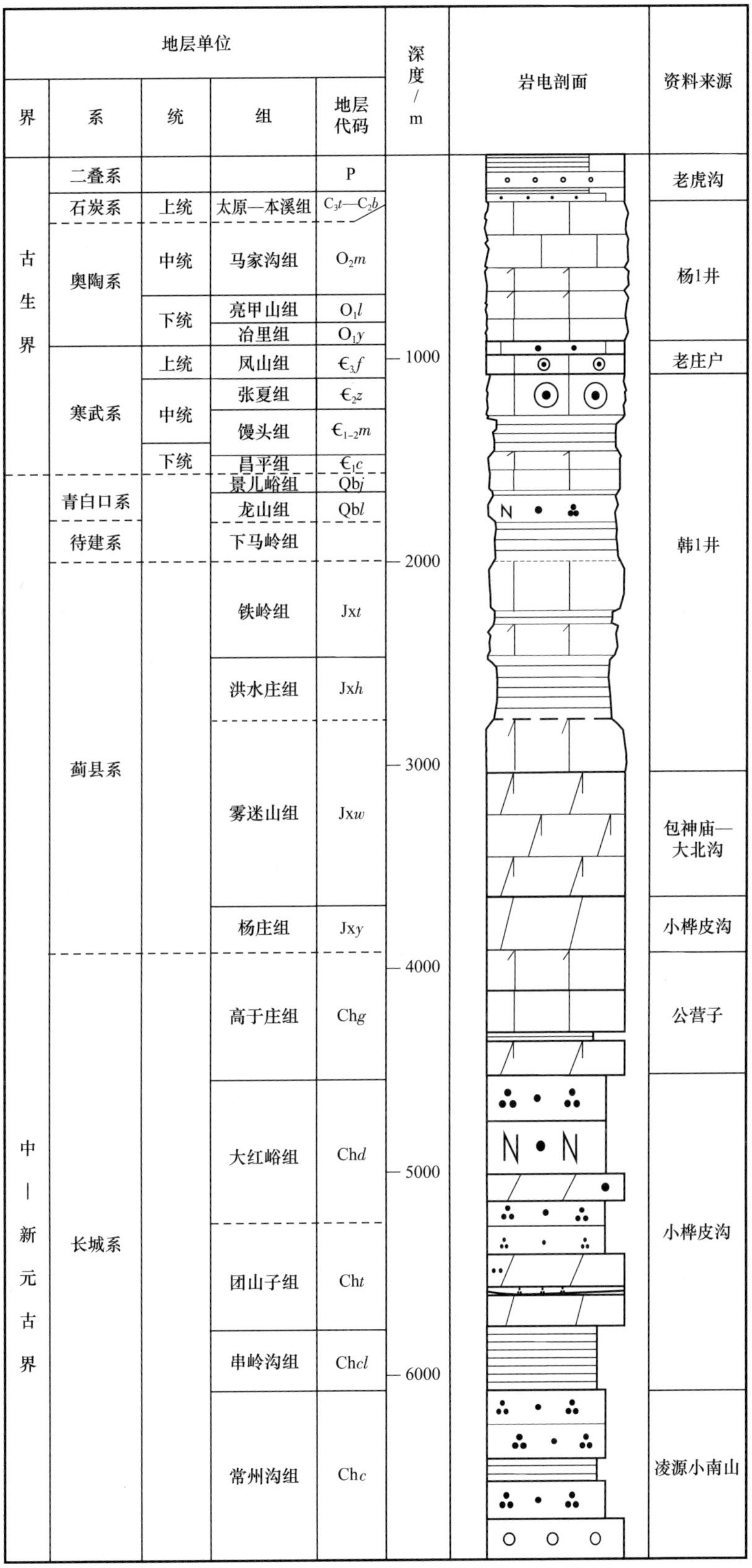

界	系	统	组	地层代码	深度/m	岩电剖面	资料来源
古生界	二叠系			P			老虎沟
	石炭系	上统	太原—本溪组	C_3t—C_2b			杨1井
	奥陶系	中统	马家沟组	O_2m			
		下统	亮甲山组	O_1l			
			冶里组	O_1y			
	寒武系	上统	凤山组	ϵ_3f	1000		老庄户
		中统	张夏组	ϵ_2z			韩1井
			馒头组	$\epsilon_{1-2}m$			
		下统	昌平组	ϵ_1c			
中—新元古界	青白口系		景儿峪组	Qb*j*			
			龙山组	Qb*l*			
	待建系		下马岭组		2000		
	蓟县系		铁岭组	Jx*t*			
			洪水庄组	Jx*h*			
			雾迷山组	Jx*w*	3000		韩1井 / 包神庙—大北沟
			杨庄组	Jx*y*			小桦皮沟
	长城系		高于庄组	Ch*g*	4000		公营子
			大红峪组	Ch*d*	5000		小桦皮沟
			团山子组	Ch*t*			
			串岭沟组	Ch*cl*	6000		
			常州沟组	Ch*c*			凌源小南山

图 2-5-1　建昌盆地中元古界—新元古界—古生界柱状图

1. 长城系

分布于盆地两侧周边隆起区，由常州沟组、串岭沟组、团山子组、大红峪组和高于庄组五个组级单元组成，厚度 526～3528m。角度不整合于太古宇片麻岩之上，各组之间为整合或假整合接触。岩性组合：下部为砂岩、页岩、粉砂岩；中部为白云岩；上部为砂岩、白云岩。

2. 蓟县系

分布与长城系相同，是盆地重点勘探层系，由杨庄组、雾迷山组、洪水庄组、铁岭组四个组级单元组成。厚度 2409.7～6418.03m。与下伏长城系为平行不整合接触。

1）杨庄组（Jx*y*）

岩性为红色、白色含粉砂泥状白云岩，夹燧石白云岩、白云质灰岩及沥青质白云岩，厚度 202～321.3 m。与下伏高于庄组呈平行不整合接触。

2）雾迷山组（Jx*w*）

岩性由燧石条带白云岩、沥青质白云岩及少量泥状含粉砂碎屑白云岩、硅质岩组成，产微体古植物及叠层石，一般厚 200～3000m，最大厚度 5457.2m。与下伏杨庄组呈整合接触。

3）洪水庄组（Jx*h*）

岩性为灰黑、灰绿、褐灰、棕黄色页岩，上部夹薄层石英砂岩，下部夹板层含泥砂质白云岩，产微体古植物化石，厚度 62.7～183.63m。与下伏雾迷山组呈平行不整合接触。

4）铁岭组（Jx*t*）

岩性为含盆屑、含锰白云岩和绿色页岩及叠层石灰岩、白云质灰岩，厚度 102.8～337.6m。与下伏洪水庄组整合接触。

3. 待建系

分布在盆地中南部的两侧隆起区，即喀左县以南地区。该系仅发育下马岭组一个组级单元。钻井揭示，下部为赤铁矿扁豆、铁质粉砂岩及砾岩；中部夹有饼状泥灰岩；上部为黑色硅质页岩。产微体古植物化石，赋存菱铁矿，厚度 40～189m。与下伏铁岭组呈平行不整合接触。

4. 青白口系（Qb）

分布与待建系相同，由龙山、景儿峪两个组级单元组成，厚度 91.5～189.7m。与下伏下马岭组为平行不整合接触。

1）龙山组（Qb*l*）

岩性为砂岩、砾岩和页岩组合。下部为砾岩、含砾含长石石英不等粒砂岩和粉砂岩，砂岩普遍含海绿石；上部为紫红、黄绿色页岩夹薄层，含海绿石细砂岩。产微体古植物化石。厚度 53.4～128.9m。

2）景儿峪组（Qb*j*）

岩性为紫红、紫灰、灰绿和蛋青色薄—中厚层含泥白云质灰岩，底部为一层含海绿石粗粒长石砂岩或细砂岩，厚度 38.09～60.77m。与下伏龙山组呈整合接触。

三、古生界

古生界由下古生界寒武系—中奥陶统和上古生界上石炭统—二叠系组成，缺失上奥陶统—下石炭统。

寒武系和奥陶系中下统分布于盆地东西两侧隆起区，零星出露于杨树沟、谷家岭、东哨、甘招等地，喀参1井、韩1井、兴隆1井、杨1井均有揭示。岩性为白云质灰岩、钙质页岩、钙质粉砂岩、鲕状灰岩、竹叶状灰岩、结晶灰岩、石灰岩，厚度968～1820m。

石炭系上统和二叠系大部分被覆盖，仅零星出露在南公营子、南哨、苏官杖子、杨树沟等地。上石炭统以碎屑岩为主，夹石灰岩和煤层。二叠系以砾岩、页岩、长石石英砂岩为主，局部夹可采煤层。厚度182～630m。与下古生界、中—新元古界呈平行不整合接触。

四、中生界

中生代地层发育，厚度大，分布广泛，自下而上划分为三叠系、侏罗系和白垩系（图2-5-2）。

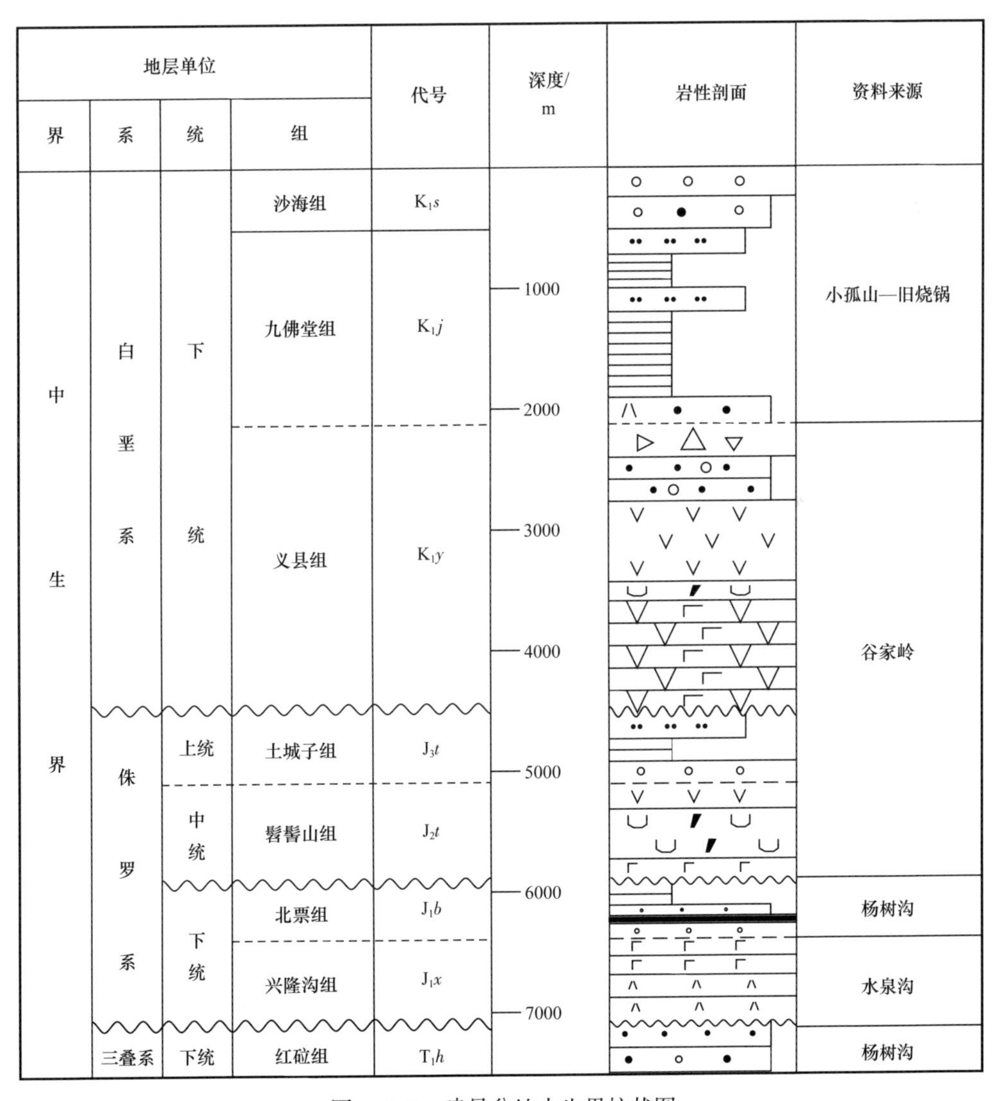

图2-5-2 建昌盆地中生界柱状图

三叠系零星出露于盆地北部西大营子和南部南公营子、杨树沟、苏官杖子、铁杖子等地。岩性以紫红色、杂色砂岩、砂砾岩为主，夹灰白色凝灰岩，厚度200～400m。

侏罗系出露于盆地南部铁杖子和中部杨树沟等地，分为下、中、上三统，由4个组级单元组成，厚度1582～2681m。下统为基性—中性火山岩、火山碎屑岩和湖相细粒碎屑岩及含煤岩系，中统为中性火山岩建造、火山碎屑岩建造，上统为风成相的红色碎屑岩建造。

白垩系遍及全盆地，尤以下白垩统最发育，呈条带状出露于梅勒营子、大城子、四官营子及建昌地区，厚度6000～7404m。下部由冲积扇—滨湖相中—粗粒碎屑岩和火山喷发相基性—中酸性—酸性火山岩、火山碎屑岩组成，中部为河湖相细粒碎屑岩及可燃有机岩，上部为冲积扇相细—粗粒碎屑岩及沼泽相含煤岩系。

五、新生界

新生界为第四系，分布于山间丘陵谷地、河流两侧平地，它的堆积物受地貌和新构造运动控制，由黄土及冲积的砂砾石组成，一般厚20m左右，与下伏地层呈角度不整合接触。

第三节　构　　造

建昌盆地位于华北地台燕山裂陷槽辽西坳陷中南段，北部以桃花吐隆起与朝阳—北票盆地相邻，南部以要路沟—锦西断裂与山海关隆起相接，西部以叨尔登隆起与凌源三十家子盆地相望，东部以凤凰山—瓦房子隆起与金岭寺—羊山盆地相邻。它是在中—新元古界和古生界组成的克拉通盆地基础上发生、发展起来的中生代盆地，面积约4000km^2（图2-5-3）。

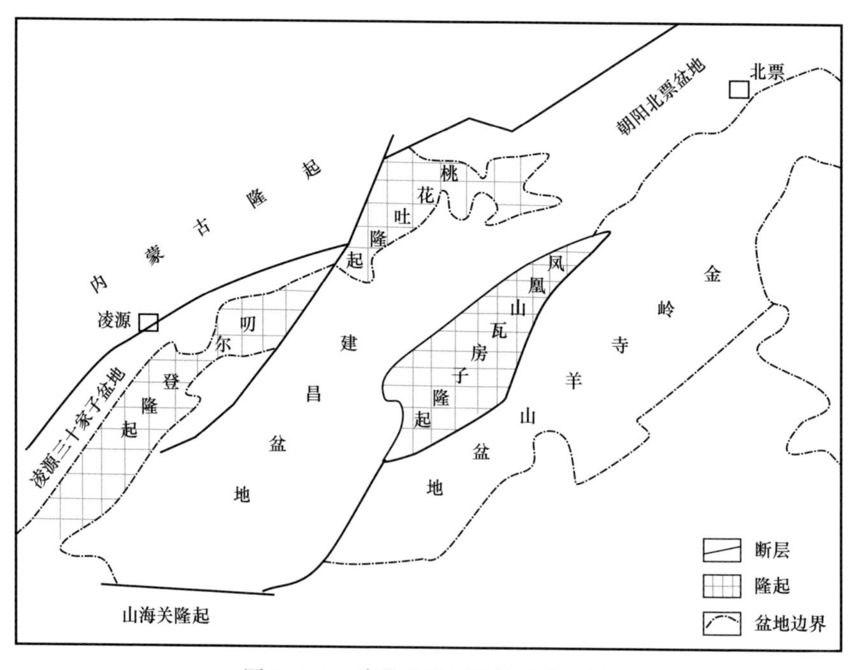

图2-5-3　建昌盆地区域构造位置图

一、基底结构

盆地基底由新太古代建平岩群及同时代的变质深成岩组成。建平群主要为一套角闪岩相—麻粒岩相的变质岩系。变质深成岩由英云闪长岩—奥长花岗岩—花岗质闪长岩（TTG 岩系）、石英闪长质片麻岩、紫苏花岗岩组成。

盆地基底起伏与现今盆地地貌形态基本相似，盆地南北两侧埋藏浅，中部深。鞍山运动使基底构造变形强烈，形成近东西向线性紧密的复式背向斜。

二、盖层构造

建昌盆地是一个具有多旋回盖层结构、多旋回成盆的地区。盆地中元古界—新元古界—中生界在发育过程中经历多期次、多种性质的构造运动，形成了复杂多样的构造样式及不同的盖层构造特征。

纵贯中—新元古代、古生代、中生代的历次构造运动，影响本区盖层褶皱变形、断裂发育的是印支运动和燕山运动。发生在中—晚三叠世间的印支运动，导致本区中元古界、新元古界、古生界与下三叠统、中三叠统一起发生构造变形，在盆地东西两侧形成背斜带或断褶带，覆盖区形成向斜带，奠定了本区的基本构造格架。发生在侏罗纪—白垩纪之间的燕山运动，导致本区断裂活动增强，形成了一系列正断层和逆冲、逆掩断层，以及建昌盆地。断层走向分为北东、北北东和北西向三组。其中，早—中侏罗世形成的断裂主要为北东向，以逆冲、逆掩断层为主，如盆地西缘九佛堂逆断层及中部的杨树沟逆断层。北北东向断裂形成于晚侏罗世—早白垩世，以正断层为主，控制早白垩世盆地的形成与发展，如盆地东缘建昌断裂。北西向断裂形成于早白垩世晚期，切割早期构造线，形成众多条形断块。受多期次不同方向断裂的切割与挤压，在盆地东侧发育了与伸展构造有关的滚动背斜、断鼻圈闭，在西侧发育与收缩构造有关的背斜、断鼻圈闭。

根据北东向、北北东向断裂特征，将盆地中元古代、新元古代、古生代盖层构造划分为东部构造带、中部构造带、西部构造带（图 2-5-4）。

根据盆地中生代盖层与周边的接触关系，以及盆地中部出露的中央凸起带，将盆地中生代盖层构造划分大城子凹陷、建昌凹陷、四官营子凹陷、梅勒营子凹陷、九佛堂凹陷和五虎山凸起、大阳山凸起等 7 个二级构造单元（图 2-5-5）。

三、构造演化

建昌盆地的地质构造发展经历了太古宙—古元古代结晶基底形成和中元古代—中三叠世盖层发育阶段和晚三叠世—早白垩世盆地发育阶段（图 2-5-6）。

1. 结晶基底和盖层发育阶段

1）结晶基底形成阶段

约在 3000Ma 前，本区围绕建平—阜新一带的原始古陆核以海底火山喷发方式堆积了建平群基性、中性熔岩夹超基性、酸性火山岩及硅铁质沉积岩系。在距 2800Ma 前后，鞍山运动一幕的构造—变质热事件，使建平岩群下部强烈变质和混合岩化，形成麻粒岩相的区域变质岩。同时，这次热事件使区内形成最古老的克拉通—萌地台。太古宙晚期

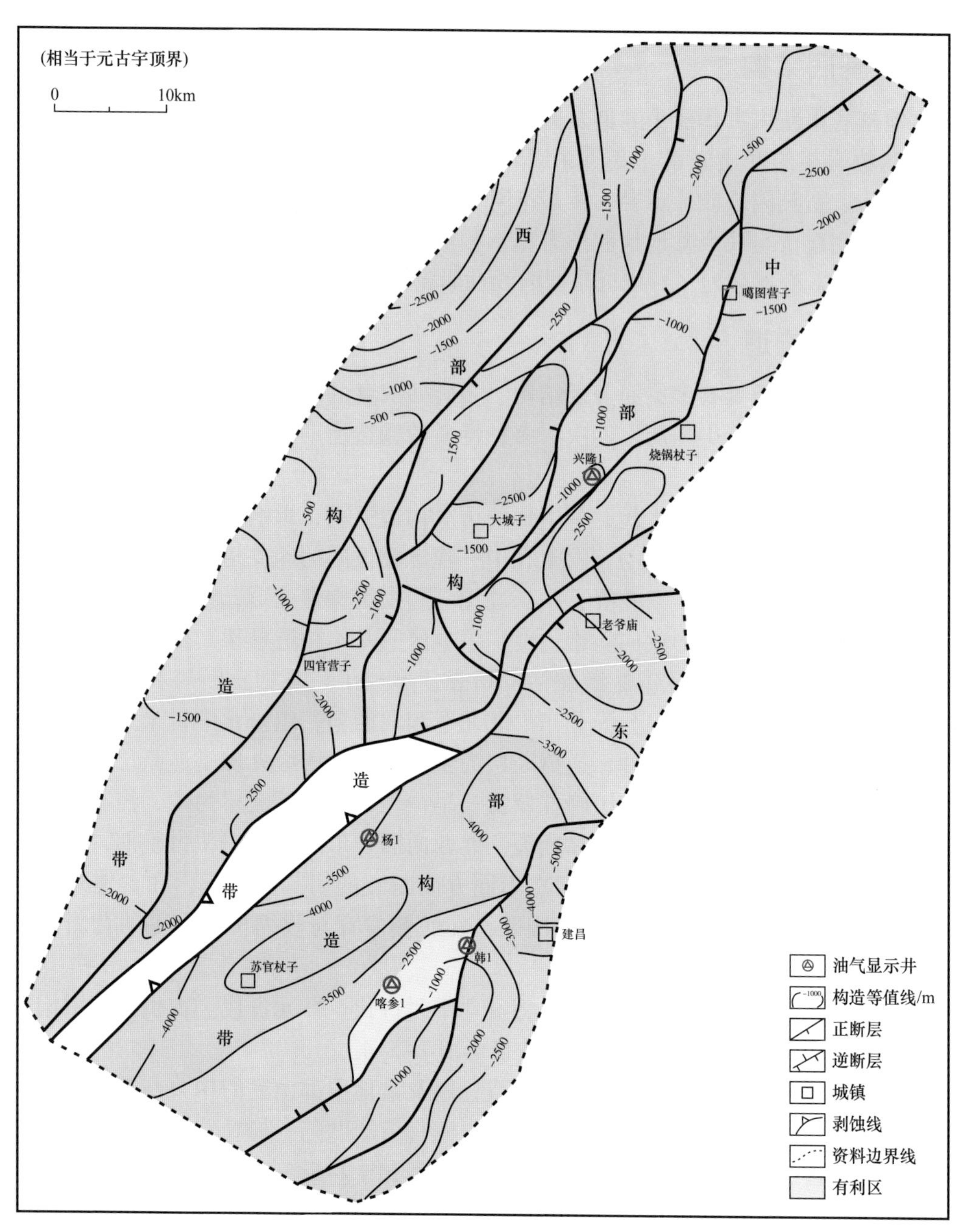

图 2-5-4 建昌盆地中—新元古界构造单元划分图

（2800—2500Ma），在萌地台的周边堆积了建平群上部中酸性火山岩、基性火山岩和火山—沉积岩系。

太古宙末，鞍山运动二幕的构造—变质热事件使太古宇褶皱变质，并遭受混合岩化作用，形成低角闪岩相—高绿片岩相的区域变质岩和变形复杂的褶皱构造。

古元古代末期的吕梁运动，使本区再次发生区域性变质作用和构造变形，最终形成结晶基底。

2）中元古代—中三叠世盖层发育阶段

中元古代—中三叠世，本区发育了中—新元古界、古生界及中生界下—中三叠统三

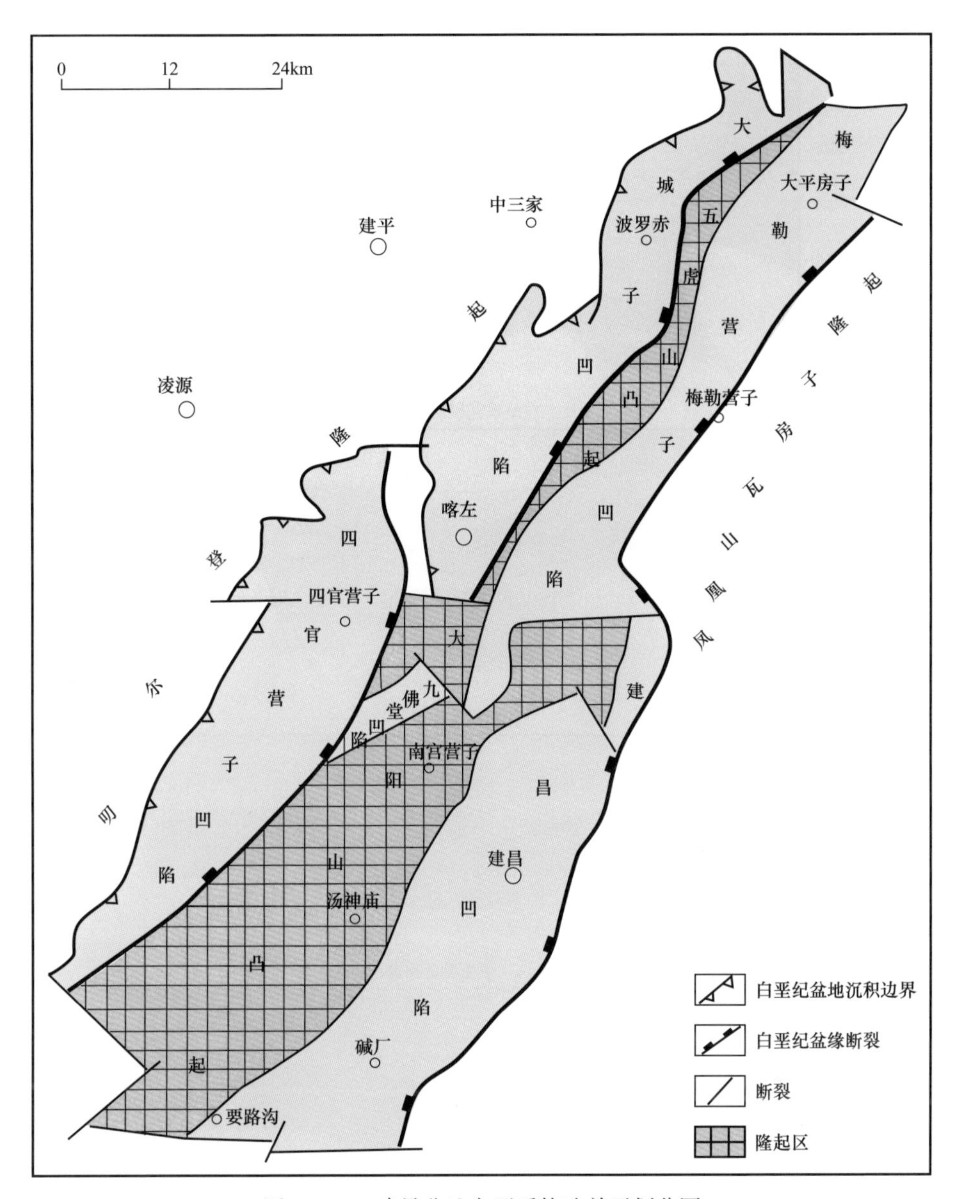

图 2-5-5　建昌盆地白垩系构造单元划分图

套盖层。

中元古代，本区作为华北陆块燕辽裂陷槽辽西坳陷的一部分，早期为断陷阶段，沿凌源—北票—阜新原始的东西—北东东向同沉积断裂，沉积了陆源碎屑建造及火山硅质建造。中晚期转入坳陷阶段，沉积了多种类型的碳酸盐岩建造及陆源黏土建造。新元古代，出现稳定的沉积环境，发育一套含海绿石石英砂岩建造。构造运动形式以整体升降为主，地层接触关系为整合或假整合。

古生代，本区进入克拉通盖层阶段。早期（寒武纪—中奥陶世），为稳定型滨海—浅海相的碳酸盐岩夹有石膏、岩盐和泥页岩沉积；中期（晚奥陶世—早石炭世），与华北陆块一起整体抬升，进入剥蚀阶段；晚期（晚石炭世—二叠纪），进入稳定的海陆交互相—陆相沉积阶段，形成一套海陆交互相含煤单陆屑建造和河湖相碎屑岩系、含煤岩

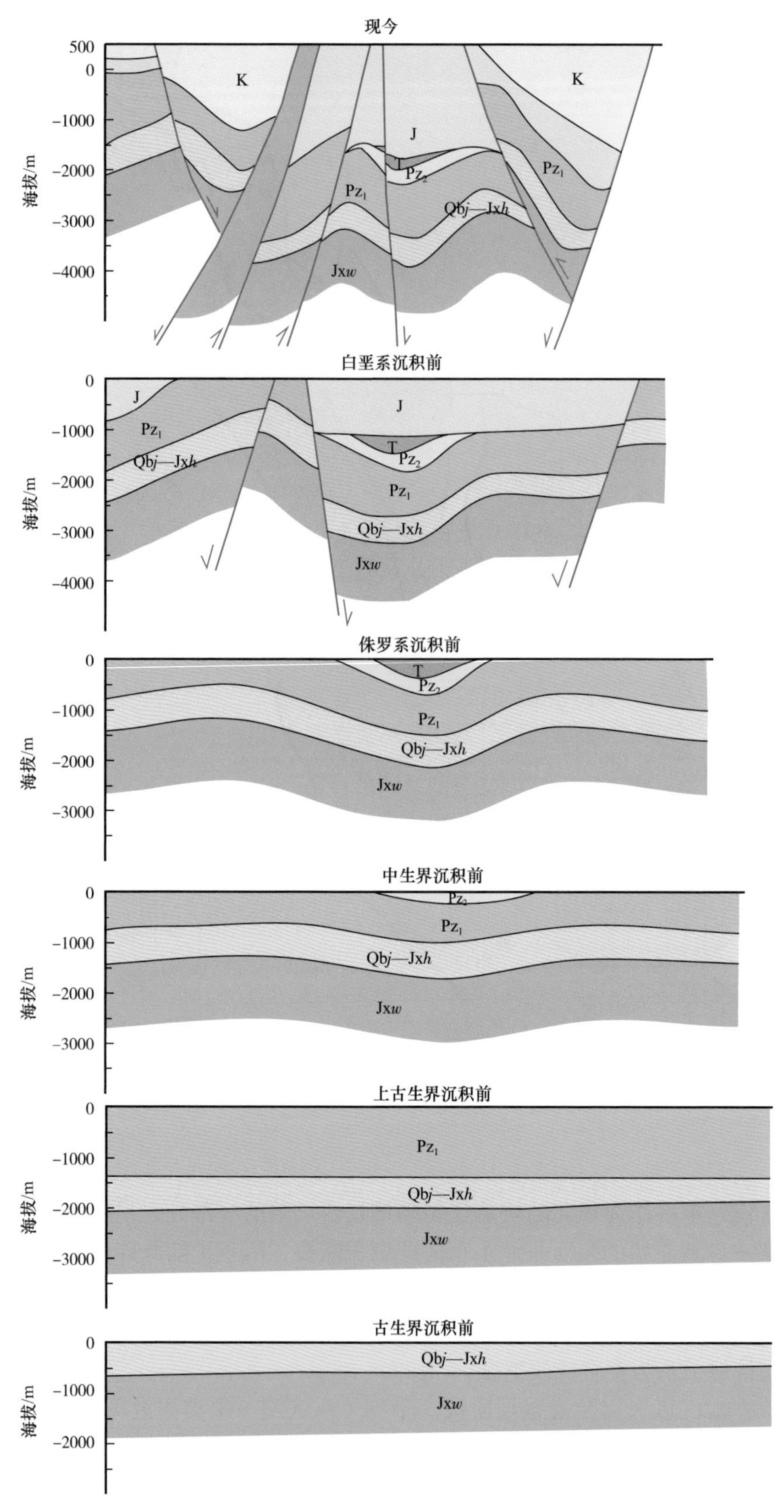

图 2-5-6　建昌盆地构造发育史剖面

系沉积。

中生代早期（早、中三叠世），在区域性整体抬升过程中，早期沉积了由砂砾岩组成的复陆屑建造；晚期发育了由砂岩、砾岩夹粉砂岩及煤线组成的陆屑建造。中三叠世末发生的印支运动，使建昌地区的中—下三叠统与中元古界—古生界褶皱，形成了北东东向和北东向的褶皱带或断褶带。

2. 晚三叠世—早白垩世盆地发育阶段

1）晚三叠世—早侏罗世盆地

本区晚三叠世—早侏罗世盆地形成于印支期近东向断褶带或褶皱带的凹陷部位，属小型内陆山间盆地。红砬组沉积时期，盆地发育一套河流相粗粒碎屑岩。兴隆沟组沉积时期，沿北东东向盆缘断裂堆积了中性火山熔岩和火山碎屑岩。北票组沉积时期，沉积了湖相细粒碎屑岩及沼泽相含煤岩系，角度不整合在中、晚三叠世和前中生代之上。早侏罗世末，受水平挤压应力作用的持续影响，晚三叠世和早侏罗世地层发生褶皱变形，形成北东东向褶皱系统。

2）中、晚侏罗世盆地

在区域性的水平挤压应力减弱情况下，本区中、晚侏罗世盆地进一步扩展，构造形迹从前期的近东西向或北东东向逐渐转变为北东向。髫髻山组，堆积了中性、中基性火山岩和火山碎屑岩。土城子组沉积期，接受了山前冲洪积—河流相的红色粗、细碎屑岩沉积。晚侏罗世末发生的大规模挤压推覆作用，使盆地西侧产生一系列北东向的逆冲、逆掩断层和推覆构造。逆冲推覆作用使前中生界和侏罗系再次褶皱变形，形成一系列呈北东向的复背斜带和复向斜带。受逆冲断层影响，盆地西侧地层倒转，前中生界逆掩在中侏罗统之上。

3）早白垩世盆地

区域性伸展构造活动致使本区早白垩世断陷盆地形成。义县组沉积时期，沿北北东向盆缘断裂堆积了巨厚的中性—中酸性火山岩，在火山喷发的间歇期，沉积了多套河湖相碎屑岩和火山碎屑岩。九佛堂组沉积时期，由于控盆断裂的强烈拉伸，断陷湖盆沉积了较厚湖相细粒碎屑岩。沙海组沉积时期，断裂活动相对减弱，湖盆收缩，发育了以洪积、冲积相为主的扇砾岩和河流沼泽相含煤沉积。沙海组沉积末期发生的构造挤压作用，使盆地发生区域性抬升，盆缘有逆断层发生。后经燕山晚期和喜马拉雅期构造运动的改造，构成了建昌盆地现今的盆岭构造面貌。

第四节　烃源岩

建昌地区中—新元古代至古生代发育的海相原型沉积盆地，接受了巨厚的海相沉积，为油气生成提供了丰富的物质基础。钻井揭示，本区优质烃源岩发育在蓟县系洪水庄组、铁岭组和待建系下马岭组。

一、烃源岩分布

洪水庄组烃源岩分布在建昌老杖子、谷杖子、惠家沟、喀左北洞、杨大门、朝阳瓦房子等地，厚度 60～115m，平均厚 50m。岩性以黑灰色、灰黑色页岩为主。

铁岭组烃源岩发育在铁二段，分布与洪水庄组相同，厚度 50m，岩性为灰黑色云质泥岩。

下马岭组烃源岩分布于喀左以南地区，厚度 25～50m，平均厚 40m，岩性为黑色页岩。

二、烃源岩有机质丰度和类型

1. 有机质丰度

无论是海相泥质类烃源岩，还是陆相泥质类烃源岩，反映烃源岩有机质丰度的常用指标主要有有机碳含量、氯仿沥青“A”含量和生烃潜量。

洪水庄组烃源岩有机碳含量为 0.07%～2.78%，平均 1.11%；氯仿沥青“A”为 0.0001%～0.0624%，平均 0.0141%；生烃潜量为 0.1～7.06mg/g，平均 2.24mg/g；属较好烃源岩。

铁岭组烃源岩有机碳含量为 0.25%～5.03%，平均 1.73%；氯仿沥青“A”含量 0.0022%～0.0152%，平均 0.0144%；生烃潜量在 0.2～2.07mg/g 之间，平均 0.26mg/g；属好烃源岩。

下马岭组烃源岩有机碳含量为 0.03%～5.53%，平均 1.51%，氯仿沥青“A”平均含量 0.0152%，属较好—好烃源岩。

2. 有机质类型

本区有机质类型的判别，主要采用干酪根镜鉴、干酪根同位素两项指标。

1）干酪根镜鉴

洪水庄组干酪根形态特征呈深棕色云雾状无定形，腐泥组分含量 70%～85%，类型指数为 42～71，干酪根类型为腐殖—腐泥型（II_1）。

铁岭组干酪根形态特征多呈棕黄色或棕色云雾状，腐泥组分含量 52%～70%，类型指数在 50 以上，干酪根类型为腐殖—腐泥型（II_1）。

下马岭组干酪根呈棕黄和深棕色无定形结构，腐泥组分含量在 60% 左右，类型指数在 10～70 之间，干酪根类型以腐殖—腐泥型（II_1）为主，部分属腐泥—腐殖型（II_2）。

2）干酪根碳同位素

本区烃源岩的干酪根碳同位素分布在 −33.85‰～−29.4‰之间，来源于低等水生生物，有机质类型属腐泥型（Ⅰ）。其中，洪水庄组干酪根碳同位素为 −33.0‰～−31.6‰，铁岭组在 −33.85‰～−29.4‰之间，下马岭组为 −31.79‰。

三、烃源岩有机质演化特征

选用岩石热解参数 T_{max} 指标评价本区烃源岩有机质成熟度。其中，洪水庄组、铁岭组烃源岩选用韩 1 井资料，下马岭组选用辽西露头资料。

洪水庄组岩石热解最高峰温 T_{max} 在 412～524℃，平均 459℃，烃源岩有机质演化处于成熟—高成熟阶段。

铁岭组岩石热解最高峰温 T_{max} 介于 438～500℃，平均 447℃，烃源岩有机质演化处于成熟阶段。

下马岭组岩石热解最高峰温 T_{max} 在 444～524℃，平均 448℃，烃源岩有机质演化处于成熟阶段。另外，受辉绿岩床侵入的地区，岩石热解最高峰温 T_{max} 多数在 500℃左右，最高达到 596℃，达到干气生成的阶段。

第五节　沉积与储层

建昌盆地的中—新元古界在雾迷山至龙山期的沉积与发展过程中，形成海相碳酸盐台地沉积体系、陆源碎屑岩—碳酸盐岩混积体系及陆源碎屑沉积体系，构成了碳酸盐岩和碎屑岩两套储层。

一、沉积特征

1. 沉积岩石学特征

本区中—新元古界的岩石类型主要有白云岩类、石灰岩类、砂岩类和泥页岩类。白云岩类有叠层石白云岩、粒屑白云岩、泥—微晶白云岩。石灰岩类有泥、隐晶灰岩、白云质灰岩及燧石条带灰岩。砂岩类有石英砂岩和含长石岩屑石英砂岩、含海绿石石英砂岩。泥页岩类包括各种杂色泥页岩、页岩和含粉砂泥页岩。

2. 沉积演化特征

本区中元古代主要为海相沉积，新元古代为陆表海环境，沉积物为陆源碎屑岩建造、滨—浅海相碳酸盐岩建造、泥页岩—黏土岩建造及含海绿石石英砂岩建造。

中元古代，建昌盆地作为华北陆块燕辽裂陷槽辽西坳陷的一部分，开始接受海相沉积。常州沟早期，沉积了河流相粗粒碎屑岩；晚期为滨海相石英砂岩、粉砂岩沉积。串岭沟期—团山子期，坳陷扩展、海水逐渐变深，发育一套浅海潮坪相页岩、砂岩、砂云岩和白云岩。经兴城组沉积时上升，本区出现短暂海退。大红峪组沉积期，受来自西侧的海侵，在滨海—浅海相的潮间、潮下带环境中，沉积了陆源碎屑岩建造夹碳酸盐岩。高于庄组沉积时期，海侵范围扩大，形成一套潮坪相碳酸盐岩沉积，夹页岩及粉砂岩。

蓟县纪—待建纪，本区转入坳陷沉积。杨庄组沉积时期，由于高于庄组沉积晚期的抬升作用，使本区处在半封闭的海湾，发育了潟湖蒸发岩。雾迷山组沉积时期，伴随辽西坳陷规模最大的海侵，沉积了巨厚的燧石条带白云岩及白云岩，并夹有盆屑，沉积相为局限台地相。洪水庄期，本区北部抬升，南部海域收缩，成为闭塞海湾，沉积物以灰黑、灰绿色页岩为主，夹白云岩和白云质灰岩。铁岭组沉积时期，海侵范围有所扩大，发育潮下云坪、潮间云质砂坪及混积陆棚相的泥质云岩。下马岭组沉积时期，由于铁岭末期的区域上升，海侵仅限于建昌地区，并处于半封闭的海湾内，沉积物以陆源细粒碎屑物质为主。

青白口纪，本区进入克拉通盆地阶段。龙山组沉积期，本区再次发生海侵，海侵范围淹没了下马岭期的隆起区，沉积物为一套无障壁滨岸相含海绿石砂岩。龙山组沉积末期发生的蓟县上升运动，造成本区海退，区域抬升，结束了新元古代沉积。

二、储层特征

建昌盆地中—新元古界储层以碳酸盐岩和碎屑岩为主。其中，碳酸盐岩储层发育在铁岭组和雾迷山组，碎屑岩储层发育在铁岭组底部、下马岭组底部及龙山组。

1. *碎屑岩储层*

1）储层岩石学特征

铁岭组岩石类型为含长石岩屑石英砂岩。碎屑成分中石英、变质岩和火山岩各占比例相当，颗粒分选中等，磨圆为次圆—圆状，胶结物多为硅质胶结，胶结类型为镶嵌胶结。

龙山组岩石类型为含海绿石石英砂岩。碎屑成分中，石英含量为35%～95%，平均77.1%；长石含量为5.0%～16%，平均9.2%；岩屑含量为2.0%～45%，平均11.7%。碎屑颗粒分选中等—好，磨圆次圆—圆状，支撑类型为颗粒支撑，接触方式为线接触，部分为点接触，胶结类型为孔隙胶结。

2）储层物性特征

铁岭组孔隙度为0.1%～3.2%，平均1.73%，渗透率小于0.202mD，属特低渗储层。

龙山组孔隙度为0.03%～18.2%，平均5.5%；渗透率在0.006～0.097mD之间，平均0.0045mD；属特低渗储层。

3）储集空间类型

铁岭组砂岩储层的孔隙类型以铸模孔和残余粒间孔为主，局部发育少量粒间溶孔及裂缝。

龙山组砂岩储层的孔隙类型以残余粒间孔、铸模孔、粒间溶孔为主，局部有构造裂缝分布，缝内壁间见碳质沥青。

4）孔隙结构特征

孔隙图像分析，铁岭组砂岩最大孔喉半径为100.17μm，最小孔喉半径为5.85μm，平均孔喉半径为15.8μm，属细喉道。龙山组砂岩最大孔喉半径为200.32μm，最小孔喉半径5.65μm，平均孔喉半径11.64μm，属细喉道。

压汞曲线分析结果表明，龙山组砂岩储层微观孔隙属微细喉均匀型—不均匀型。孔喉喉道细，最大孔喉半径为0.049～0.363μm，平均值0.203μm；孔喉半径平均值0.0575μm。孔喉分布较均匀，分选系数为0.26～0.979。孔道分选差—好，均值系数为0.181～0.61。孔喉连通性不好，渗流能力差，排驱压力高于平均值8.868MPa；进汞饱和度低于平均值20.57%，退汞效率低于31.49%。

2. *碳酸盐岩储层*

1）储层岩石学特征

雾迷山组岩性为灰色白云岩。矿物成分以云石为主，含量达90%以上，方解石少见，局部含硅质，泥质含量2%～8%。基质以泥晶为主。

铁岭组岩性为灰色灰质白云岩。白云石含量为65%～92%，平均74.6%；方解石含量为15%～22%，平均18.7%；泥质含量为4.0%～7.0%，平均5.8%；硅质含量为7.0%～14.0%，平均10%。基质以泥晶、粉晶碳酸盐岩为主。

2）储层物性特征

雾迷山组孔隙度为1.3%～4.7%，平均1.82%，渗透率为0.02～8.04mD，属特低渗储层。

铁岭组孔隙度为1.3%～2.5%，平均1.93%；渗透率为0.02～0.2mD，平均0.1mD；属特低渗储层。

3）储集空间类型

雾迷山组和铁岭组碳酸盐岩储层的储集空间主要为裂缝，按成因可分为压溶缝、溶蚀缝、构造裂缝及层间缝。

构造裂缝指构造力作用形成的裂缝，占碳酸盐岩的主导地位。雾迷山组的构造裂缝主要为高角度裂缝，裂缝宽度为0.01～0.06mm，半充填或全充填泥质、方解石、白云石及硅质。

压溶缝指碳酸盐岩在埋深条件下，经压实作用和相伴的溶解作用共同形成的一种呈锯齿状分布的缝，多被泥质、白云石充填，缝宽为0.01～0.02mm。

溶蚀缝是在其他裂缝基础上溶蚀夸大形成的缝，缝宽可达1.0cm，半充填或全充填方解石、白云石。

层间缝是层状叠层石纹层间发育的一种裂缝。雾迷山组、铁岭组较为发育，此类裂缝多半充填自形石英，具有一定的储渗能力。

4）孔隙结构特征

孔隙图像分析，雾迷山组白云岩孔喉半径最大为109.86μm，最小为5.56μm，平均10.5μm，属细喉道。铁岭组白云岩孔喉半径最大为49.67μm，最小为9.44μm，平均20.64μm，属细喉道。

压汞曲线分析结果表明，雾迷山组和铁岭组白云岩储层的微观孔隙属微细喉均匀型。孔喉喉道微细，最大孔喉半径为0.22μm；孔喉半径平均值0.0845μm。孔喉分布较均匀，分选系数0.405～0.677。孔道分选中—好，均值系数为0.355～0.578。孔喉连通性不好，渗透性差，排驱压力高于平均值5.049MPa；进汞饱和度低于平均值7.94%，退汞效率低于平均值4.31%。

第六节　油 气 显 示

自1972年在河北平泉县双洞背斜铁岭组顶部薄层石灰岩裂隙中发现油苗以来，在辽西坳陷的中—新元古界中不断有沥青（油）苗发现（王铁冠等，2011）。截至2018年底，建昌盆地的韩1井、杨1井及兴隆1井也在中—新元古界雾迷山组、铁岭组、龙山组见到油气显示。

一、油气显示分布

建昌盆地中—新元古界油气显示较为普遍，以铁岭组最多，次为雾迷山组、下马岭组、龙山组。

铁岭组和雾迷山组沥青（油）苗的显示部位相对固定。其中，铁岭组油苗显示在铁三段顶部、铁一段顶部，铁二段白云岩也是重要的显示层位。雾迷山组油苗显示在雾八段顶部白云岩中。下马岭组油苗显示在本组底部页岩层之下的石灰岩之中。龙山组油气显示在含海绿石石英砂岩中。

二、油气显示产态

建昌盆地沥青（油）苗主要有三种产态类型。

（1）液体原油：常呈棕褐色，易挥发，浸染于大小不等的岩石裂隙或孔洞之中，在新鲜岩石表面常能看到原油浸染现象，在大溶洞能见到原油从洞中流出（图 2–5–7、图 2–5–8）。

图 2–5–7　喀左冰沟钻孔铁岭组
灰色白云岩—含沥青

图 2–5–8　喀左冰沟剖面铁岭组
灰色白云岩—含沥青

（2）稠油：呈褐色—黑色半液态黏稠原油，充填于岩石缝隙或孔洞中，并可用小刀刮取。

（3）固体干沥青：是野外最常见、分布最广的一种类型，呈黑色。由于氧化程度的不同，有的沥青可以闻出油味，可溶性较好，在荧光灯下呈亮黄色、淡黄色、天蓝色荧光；干沥青干涸程度较高，可溶性较差，氯仿长时间浸泡后仍不见溶液变色，此类沥青应该属于碳质沥青。

三、油气显示产状

建昌盆地沥青（油）苗分布的产状主要有：裂缝分布、溶蚀孔洞分布、粒（晶）间孔分布、缝合线分布以及分散状分布。

裂缝包括大型顺层缝（层面）、大型穿层缝、短裂缝、微裂缝等。沥青裂缝型多见于建昌盆地及周边地区，发育在铁岭组三段薄层石灰岩中。

溶蚀孔洞（或晶洞）是野外所见到的另一种沥青（油）苗富集类型，见于雾迷山组顶部和铁岭组一段顶部。溶蚀孔洞的大小、封闭程度直接影响沥青（油）苗的产态，封闭较好的孔洞可见到液态原油从洞中流出或渗出，开启性的孔洞所见的为沥青，一般呈固态粉末状。

粒（晶）间孔充填原油、沥青有两种典型的表现：一种是铁岭组一段的粒屑白云岩，在岩石截面可以发现粒屑层含有丰富的沥青，而微晶白云岩层则不含沥青；另一种是龙山组、下马岭组底部石英砂岩中充填的原油、沥青，见于凌源大河北何杖子北沟、喀左北洞、建昌马头山等剖面。

沥青沿缝合线分布在雾迷山组二段、七段以及高于庄组中。其中，雾迷山组七段石灰岩中发现的缝合线规模较大，起伏能达到 1cm，沥青膜厚约 2mm。

分散状沥青在野外露头偶有发现，对于有机质丰度较高的石灰岩一般镜下观察更明显。

第七节　油气资源潜力与勘探方向

建昌盆地的中—新元古界是我国最古老的油气勘探层系，虽然没有取得油气成果，但获得了真正的油气显示，证实了盆地的含油气性。勘探成果显示，控制建昌盆地中—新元古界油气成藏的主要因素在于烃源岩发育以及油气保存条件。基于上述两点认识，认为建昌盆地的下步勘探方向为东南部地区。北部—西北部地区地层埋藏浅，生烃范围小，无法提供充足的油源。钻井揭示，中南部地区中—新元古界发育完整，特别是逆冲推覆体下盘的烃源岩发育更为稳定，埋藏条件适中，而且这一地区受印支运动及燕山运动的影响相对较弱，有利于中—新元古界古老油气藏的保存。因此，建昌盆地东南部逆冲断裂带下降盘喀参 1 断鼻为下步油气勘探的有利目标区（图 2-5-4）。

参考文献

陈践发，妥进才，李春园，等，2000. 辽河坳陷天然气中汞的成因及地球化学意义［J］. 石油勘探与开发，27（1）：46–47.

陈建平，查明，周瑶琪，2000. 准噶尔盆地西北缘地层水化学特征与油气关系研究［J］. 地质地球化学，28（3）：54–58.

陈琦，仇甘霖，杜玉申，等，1992. 白乃庙—温都尔庙区域构造及华北板块北缘构造演化［J］. 长春地质月报，22（S）：119–129.

陈全茂，李忠飞，1998. 辽河盆地东部凹陷构造及其油气性分析［M］. 北京：地质出版社.

陈义才，沈忠民，罗小平，2007. 石油与天然气有机油气地球化学［M］. 北京：科学出版社.

陈义贤，陈文寄，1997. 辽西及邻区中生代火山岩：年代学、地球化学和构造背景［M］. 北京：地震出版社.

陈振岩，陈永成，仇劲涛，等，2002. 辽河盆地新生代断裂与油气关系［J］. 石油实验地质，24（5）：407–412.

陈振岩，陈永成，郭彦民，等，2007. 大民屯凹陷精细勘探实践与认识［M］. 北京：石油工业出版社.

陈振岩，李军生，张戈，等，1996. 辽河坳陷火山岩与油气关系［J］. 石油勘探与开发，23（3）：1–5.

陈振岩，仇劲涛，王璞珺，等，2011. 主成盆期火山岩与油气成藏关系探讨［J］. 沉积学报，29（4）：798–808.

程汝楠，1991. 古水文地质及其应用［M］. 北京：地质出版社.

戴金星，1992. 各类天然气的成因鉴别［J］. 中国海上油气（地质），6（1）：11–19.

邸世祥，1991. 油田水文地质学［M］. 西安：西北大学出版社.

丁志刚，吴敬哲，于涛，等，2011. 下辽河西部凹陷下第三系地层及沉积特征［J］. 辽宁工程技术大学（自然科学版），30（S）：30–33.

董熙平，郝维城，王仁厚，等，2001. 辽河断陷东部晚寒武世至早奥陶世牙形石生物地层［J］. 微体古生物学报，18（3）：219–228.

耳闯，牛嘉玉，顾家裕，等，2011. 辽河双台子构造带沙三段主要的沉积相类型与成因分析［J］. 地质学报，85（6）：1028–1037.

樊爱萍，杨仁超，韩作振，等，2009. 辽河东部凹陷辫状河三角洲沉积体系发现及其意义［J］. 特种油气藏，16（4）：33–36.

方少仙，侯方浩，1998. 石油天然气储层地质学［M］. 东营：石油大学出版社.

费琪，等，1997. 成油体系分析与模拟［M］. 武汉：中国地质大学出版社.

冯有良，2005. 断陷盆地层序格架中岩性地层油气藏分布特征［J］. 石油学报，26（4）：17–22.

冯增昭，1994. 沉积岩石学［M］. 北京：石油工业出版社.

刚文哲，林壬子，2011. 应用油气地球化学［M］. 北京：石油工业出版社.

高华丽，韩作振，樊爱萍，等，2010. 辽河拗陷东部凹陷南部地区古近系沉积体系与储层评价［J］. 海洋科学集刊，50：79–86.

高丽华，韩作振，杨仁超，等，2010. 辽河东部凹陷小龙湾地区含煤地层沉积体系特征［J］. 山东科技大学学报（自然科学版），29（3）：9–13.

葛泰生，陈义贤，1993. 中国石油地质志（卷三）［M］. 北京：石油工业出版社.

郭平，刘其成，2017. 辽河地震资料处理与地质开发试验［M］. 北京：石油工业出版社.
郭秋麟，陈宁生，吴晓智，等，2013. 致密油资源评价方法研究［J］. 中国石油勘探，18（2）：67-76.
韩作振，高丽华，杨仁超，等，2010. 辽河东部凹陷南段沙三上亚段沉积特征与聚煤规律［J］. 煤炭学报，35（5）：776-781.
郝芳，2005. 超压盆地生烃作用动力学与油气成藏机理［M］. 北京：科学出版社.
郝芳，邹华耀，姜建群，2000. 油气成藏动力学及其研究进展［J］. 地学前缘，7（3）：11-21.
侯读杰，冯子辉，2011. 油气地球化学［M］. 北京：石油工业出版社.
胡见义，徐树宝，童晓光，等，1990. 中国陆相盆地油气藏类型及其成因特征［M］. 北京：石油工业出版社.
胡绪龙，李瑾，张敏，等，2008. 地层水化学特征参数判断气藏保存条件——以呼图壁、霍尔果斯油气田为例［J］. 天然气勘探与开发，31（4）：23-26.
回雪锋，管守锐，张凤莲，等，2003. 辽河盆地东部凹陷中段深层沙河街组沉积相［J］. 古地理学报，5（3）：291-303.
贾承造，赵文智，邹才能，等，2008. 岩性地层油气藏地质理论与勘探技术［M］. 北京：石油工业出版社.
金万连，薛叔浩，邱云贞，等，1981. 辽河盆地西部凹陷沙河街组三段浊积岩及其含油性［J］. 石油学报，2（4）：23-30.
鞠俊成，张凤莲，喻国凡，等，2004. 辽河盆地西部凹陷南部沙三段储层沉积特征及含油气性分析［J］. 古地理学报，3（1）：63-70.
李晓光，陈振岩，单俊峰，等，2007a. 辽河油田勘探 40 年［M］. 北京：石油工业出版社.
李晓光，单俊峰，陈永成，2017. 辽河油田精细勘探［M］. 北京：石油工业出版社.
李晓光，郭彦民，蔡国刚，等，2007b. 大民屯凹陷隐蔽型潜山成藏条件与勘探［J］. 石油勘探与开发，34（2）：135-141.
李晓光，刘宝鸿，蔡国刚，等，2009. 辽河坳陷变质岩潜山内幕油藏成因分析［J］. 特种油气藏，16（4）：1-5.
李晓光，张凤莲，邹丙方，等，2007c. 辽东湾北部滩海大型油气田形成条件与勘探实践［M］. 北京：石油工业出版社.
李毅，方石，孙平昌，等，2017. 辽河盆地西部凹陷沙河街组古近系页岩气成藏地质条件研究［J］. 地质与资源，26（2）：140-146.
李应暹，卢宗盛，王丹，等，1997. 辽河盆地陆相遗迹化石与沉积环境研究［M］. 北京：石油工业出版社.
辽宁省地质勘察院，2017. 中国区域地质志·辽宁志［M］. 北京：地质出版社.
廖兴明，姚继峰，于天欣，等，1996. 辽河盆地构造演化与油气［M］. 北京：石油工业出版社.
刘伟新，承秋泉，范明，2011. 盖层、压力封盖和异常压力系统研究［J］. 石油实验地质，33（1）：74-80.
刘兴周，顾国忠，井毅，等，2012. 辽河坳陷太古宇基底储层研究进展［J］. 石油地质与工程，26（6）：32-35.
柳成志，霍广君，张冬玲，1999. 辽河盆地西部凹陷冷家油田沙三段扇三角洲—湖底扇沉积模式［J］. 大庆石油学院学报，23（1）：1-4.

龙武，王伟锋，程俊生，等，2007. 欢喜岭油田南部沙三段浊积扇成因分析［J］. 断块油气田，14（6）：11-13.

楼章华，程军蕊，金爱民，2006. 沉积盆地地下水动力场特征研究——以松辽盆地为例［J］. 沉积学报，24（2）：193-201.

卢造勋，1987. 东北南部地壳与上地幔探测与研究［J］. 东北地震研究，（1）：27-40.

卢造勋，1992. 中国海城地震与地壳上地幔异常结构［J］. 长春地质学院学报，（4）：454-459.

马玉龙，陈专初，陈玉根，等，1994. 科学技术研究院志［M］. 北京：新华出版社.

马玉龙，牛仲仁，1997. 辽河油区勘探与开发［M］. 北京：石油工业出版社.

马志宏，2003. 黄沙坨地区火山岩储层研究及预测［J］. 断块油气田，10（3）：5-8.

马志宏，2013. 辽河坳陷太古宇变质岩内幕油藏成藏特征［J］. 油气地质与采收率，20（2）：25-29.

孟卫工，陈振岩，李湃，等，2009. 潜山油气藏勘探理论与实践——以辽河坳陷为例［J］. 石油勘探与开发，36（2）：136-143.

孟卫工，陈振岩，张斌，等，2015. 辽河坳陷火成岩油气藏勘探关键技术［J］. 中国石油勘探，20（3）：45-57.

孟卫工，李晓光，刘宝鸿，2007a. 辽河坳陷变质岩古潜山内幕油藏形成主控因素分析［J］. 石油与天然气地质，28（5）：584-589.

孟卫工，孙洪斌，2007b. 辽河坳陷古近系碎屑岩储层［M］. 北京：石油工业出版社.

裴家学，2015. 陆家堡凹陷火山活动与油气关系探讨［J］. 石油地质与工程，29（2）：1-4.

漆家福，陈发景，1992. 辽东湾—下辽河断陷的构造样式［J］. 石油与天然气地质 .13（3）：272-283.

漆家福，陈发景，1994. 辽东湾—下辽河盆地新生代构造的运动学特征及其演化过程［J］. 现代地质，8（1）：34-42.

漆家福，杨桥，陈发景，等，1995. 下辽河—辽东湾新生代裂陷盆地的构造解析［M］. 北京：地质出版社.

任芳祥，程仲平，龚姚进，等，2011. 中国油气田开发志（卷三）［M］. 北京：石油工业出版社.

任作伟，李琳，张凤莲，2001. 辽河盆地老第三系深层碎屑岩储层沉积相［J］. 古地理学报，3（4）：85-94.

单家增，张占文，孙红军，等，2004. 营口—佟二堡断裂带成因机制的构造物理模拟实验研究［J］. 石油勘探与开发，31（1）：15-17.

单俊峰，陈振岩，张卓，等，2005. 辽河坳陷西部凹陷西斜坡古潜山的油气运移条件［J］. 现代地质，19（2）：274-278.

单俊峰，黄双泉，李理，2014. 辽河坳陷西部凹陷雷家湖相碳酸盐岩沉积环境［J］. 特种油气藏，21（5）：7-11.

盛和宜，1993. 辽河断陷湖盆的扇三角洲沉积［J］. 石油勘探与开发，20（3）：60-66.

史建南，邹华耀，郝芳，2007. 辽河坳陷西部凹陷低熟油成藏机理［J］. 油气地质与采收率，14（1）：36-39.

史彦尧，谢庆宾，彭仕宓，等，2007. 大民屯凹陷沙四段层序地层学研究［J］. 西安石油大学学报（自然科学版），22（3）：14-18.

宋柏荣，胡英杰，边少之，等，2011. 兴隆台古潜山结晶基岩油气储层特征［J］. 石油学报，32（1）：77-82.

宋柏荣，施玉华，刘玉婷，等，2017. 辽河坳陷结晶基底岩性特征、含油性及测井识别［J］. 地质论评，63（2）：427–440.
孙崇仁，2010. 辽河油田四十年［M］. 北京：石油工业出版社.
孙洪斌，张凤莲，2002. 辽河盆地走滑构造特征与油气［J］. 大地构造与成矿学 26（1）：16–21.
孙洪斌，张凤莲，2008. 辽河坳陷古近系构造—沉积演化特征［J］. 岩性油气藏，20（2）：60–73.
孙向阳，刘方槐，2001. 沉积盆地中地层水化学特征及其地质意义［J］. 天然气勘探与开发，24（4）：47–53.
田文元，李晓光，宁松华，等,2010. 辽河西部凹陷南部古近系沉积物源研究［J］. 特种油气藏,17（1）：45–48.
妥进才，王先彬，陈践发，等，1999. 辽河盆地煤系地层中特高含量的二萜类及其地质意义［J］. 沉积学报，17（2）：120–125.
王丹，陈永成，潘克，等，2007. 大民屯凹陷沙四段沉积体系特征及展布［J］. 特种油气藏，14（2）：36–39.
王珏,2017. 辽河西部凹陷古近系扇三角洲前缘沉积特征［J］. 西南石油大学学报（自然科学版）,39（4）：25–35.
王凯，2002. 辽河西部凹陷西南部沙一、二段沉积体系与层序地层特征［J］. 特种油气藏，9（5）：22–25.
王青春，贺萍，2014. 辽河西部凹陷北区湖盆深陷期沉积储层响应［J］. 石油天然气学报，36（1）：1–6.
王秋华，吴铁生，1989. 辽河坳陷大油气田形成条件及分布规律［M］. 北京：石油工业出版社.
王仁厚，2008. 辽河断陷东部凹陷钻井中含牙形石的中奥陶统马家沟组［J］. 微体古生物学报，25（4）：404–410.
王仁厚，2010. 辽河断陷东部凸起北部乐古 2 井中晚寒武世和早中奥陶世牙形石地层［J］. 微体古生物学报，27（3）：263–273.
王仁厚，舒良树，邢志贵，等，2005. 辽河断陷大民屯凹陷静北灰岩古潜山地层时代研究［J］. 地层学杂志，29（3）：295–302.
王仁厚，魏喜，2001. 辽河断陷元古宙及古生代潜山地层研究［M］. 北京：石油工业出版社.
王铁冠，韩克猷，2011. 论中—新元古界的原生油气资源［J］. 石油学报，32（1）：1–7.
王铁冠，钟宁宁，侯读杰，等，1995. 低熟油气形成机理与分布［M］. 北京：石油工业出版社.
王铁冠，钟宁宁，侯读杰，等，1997. 中国低熟油的几种成因机制［J］. 沉积学报，15（2）：75–83.
王同和，蔡希源，汪泽成，等，2001. 中国油气区反转构造［M］. 北京：石油工业出版社.
王夏斌，姜在兴，胡光义，等，2019. 辽河盆地西部凹陷古近系沙四上亚段沉积相及演化［J］. 吉林大学学报（地球科学版），49（5）：1223–1234.
王燮培，费琪，张家骅，等，1990. 石油勘探构造分析.［M］. 武汉：中国地质大学出版社.
王宇林，赵忠英，姜志刚，2008. 辽河盆地东部凹陷沙三段聚煤特征［J］. 煤炭科学技术，36（4）：89–92.
吴奇之，王同和，1997. 中国油气盆地构造演化与油气聚集.［M］. 北京：石油工业出版社.
邢宝荣，施尚明，2008. 辽河油田二界沟洼陷沙三段沉积体系特征研究［J］. 内蒙古石油化工，2008，34（23）：116–118.
那志贵，2006. 辽河坳陷太古宇变质岩储层特征研究［M］. 北京：石油工业出版社.

徐小林，王勋杰，叶兴树，2010. 开鲁盆地龙湾筒凹陷碎屑岩储层沉积模式［J］. 石油天然气学报，32（2）：182–185.
徐永昌，王先彬，吴仁铭，等，1979. 天然气中稀有气体同位素［J］. 地球化学，（4）：271–282.
薛叔浩，罗平，杨永泰，等，1997. 辽河坳陷沉积体系与油气分布［J］. 石油勘探与开发，24（4）：19–22.
杨红，2009. 辽河盆地东部凹陷中北段沉积相研究［J］. 吐哈油气，14（3）：205–207.
杨雪，杨桥，于福生，2006. 辽河盆地西部凹陷北部地区古近系地层剥蚀量恢复［J］. 西安石油大学学报（自然科学版），21（5）：34–37.
姚建新，孟美岑，薄婧方，等，2015. 中国地层学研究近期面临的主要问题［J］. 地球学报，36（5）：515–522.
姚益民，梁鸿德，1994. 中国油气区第三系（Ⅳ）渤海湾盆地油气区分册［M］. 北京：石油工业出版社.
殷敬红，雷安贵，方炳钟，等，2005. 辽河外围中生代盆地“下洼找油气”理念［J］. 石油勘探与开发，35（1）：6–10.
于兴河，张道建，郜建年，等，1999. 辽河油田东、西部凹陷深层沙河街组沉积相模式［J］. 古地理学报，1（3）：40–49.
查全衡，何文渊，2003. 中国东部油气区的资源潜力［J］. 石油学报，24（5）：1–3.
翟光明，葛泰生，1993. 中国石油地质志（卷三）［M］. 北京：石油工业出版社.
章凤奇，庞彦明，杨树锋，等，2007. 松辽盆地北部断陷区营城组火山岩锆石 SHRIMP 年代学、地球化学及其意义［J］. 地质学报，81（9）：1248–1258.
张金亮，杨子成，司学强，2004. 辽河油田西部凹陷沙三段沉积相及演化［J］. 西北地质，37（4）：7–14.
张巨星，蔡国刚，郭彦民，等，2007. 辽河油田岩性地层油气藏勘探理论与实践［M］. 北京：石油工业出版社.
张卫华，陈荣书，缪素青，等，1997. 辽河盆地东部凹陷南段 Es_3 上段煤的地球化学特征及成烃潜力［J］. 天然气地球科学，8（3）：18–22.
张义纲，1991. 天然气的生成聚集和保存［M］. 南京：河海大学出版社.
张占文，陈永成，1996. 辽河盆地东部凹陷天然气盖层评价［J］. 沉积学报，14（4）：103–108.
张占文，陈振岩，2002. 辽河盆地天然气地质［M］. 北京：地质出版社.
张占文，陈振岩，蔡国刚，等，2005. 辽河坳陷火成岩油气藏勘探［J］. 中国石油勘探，4：16–22.
张占文，程敬，陈永成，1999. 辽河盆地地层流体超压体系特点及封盖能力［J］. 断块油气田，6（1）：13–16.
张震，鲍志东，童亨茂，等，2009. 辽河断陷西部凹陷沙三段沉积相及相模式［J］. 高校地质学报，15（3）：397–397.
张振国，李瑞，周洪义，等，2013. 辽河盆地沙三段水下扇沉积模式［J］. 特种油气藏，20（2）：52–55.
张子枢，1988. 气藏中氮的地质地球化学［J］. 地质地球化学，（2）：51–56.
赵澄林，1987. 油区岩相古地理［M］. 北京：石油工业出版社.
赵澄林，孟卫工，金春爽，等，1999. 辽河盆地火山岩与油气［M］. 北京：石油工业出版社.
赵会民，2013. 钱家店凹陷胡力海洼陷下白垩统九佛堂组层序地层特征及其油气勘探意义［J］. 中国石油勘探，18（3）：18–25.

赵文智，邹才能，汪泽成，等，2004. 富油气凹陷“满凹含油”论——内涵与意义［J］. 石油勘探与开发，31（2）：5-13.

中国石油天然气总公司勘探局，1999. 油气资源评价技术［M］. 北京：石油工业出版社.

周超，董庆勇，许长斌，1999. 龙湾筒凹陷九佛堂组火山岩储层特征研究［J］. 特种油气藏，6（3）：13-18.

朱芳冰，2002. 辽河盆地西部凹陷源岩特征及低熟油分布规律研究［J］. 地球科学，27（1）：25-29.

朱筱敏，1995. 含油气断陷湖盆盆地分析［M］. 北京：石油工业出版社.

邹才能，陶士振，侯连华，等，2013a. 非常规油气地质（第二版）［M］. 北京：地质出版社.

邹才能，杨智，崔景伟，等. 2013b. 页岩油形成机制、地质特征及发展对策［J］. 石油勘探与开发，40（1）：14-26.

Swarbrick R E，Huffman A R，Bowers G L，1999.Summary of AADE forum：Pressure regimes in sedimentary basins and their prediction［J］.Leading Edge 18（4）：511.

附录　大事记

1955 年

是年　开始进行地球物理勘探工作。

1963 年

是年　地矿部在辽河坳陷发现六个二级构造单元，分别为东部凸起、东部凹陷、中央凸起、大民屯凹陷、西部凹陷、西部凸起。

1964 年

7 月 8 日　辽河坳陷第一口预探井——辽 1 井开钻。该井位于东部凹陷黄金带构造，钻探见到良好油气显示（因工程报废，未能试油），揭开了辽河坳陷石油钻探的序幕。

1965 年

7 月 16 日　东部凹陷大平房构造上的辽 2 井获工业油气流，发现辽河坳陷第一个油气田——大平房油气田。

1966 年

4 月 20 日　辽 3 井获工业油气流，发现荣兴屯油田。

6 月 19 日　辽 6 井获高产气流，发现热河台油气田。

9 月 23 日　辽 8 井钻探发现良好储盖组合，并见油气显示，为兴隆台油田发现勘探打下了基础。

1967 年

3 月　成立六七三厂，加快了辽河坳陷的勘探步伐。

9 月 21 日　辽 12 井获高产气流，发现欧利坨子油田。

1968 年

7 月 16 日　黄 1 井获得工业油气流，发现黄金带油田。

10 月 10 日　于 1 井获得工业油气流，发现于楼油田。

1969 年

9 月 9 日　兴 1 井获高产油气流，发现兴隆台油田。

1970 年

10 月 1 日　海 1 井试油获日产油 7.46t 的工业油流，发现海外河油田。

1971 年

4 月 6 日　双 1 井获工业油流，发现双台子油田。

7 月 13 日　沈 1 井获工业油流，发现大民屯油田。

9月24日　牛1井获工业油气流，发现牛居油田。

11月9日　冷1井试油获工业油流，发现冷家堡油田。

1972年

8月12日　洼1井试油获低产油流，发现小洼油田。

1973年

9月17日　马20井试油，获日产油2010t、天然气$42\times10^4m^3$的高产油气流，成为辽河坳陷第一口双千吨井，也是辽河油田第一口古近系双千吨井。

11月11日　兴213井制服强烈井喷后钻杆测试，日产凝析油110t、天然气$80\times10^4m^3$，成为辽河油田第一口中生界潜山千吨井。

1974年

6月11日　沈21井获工业油流，发现静安堡油田。

6月23日　沈46井获工业油气流，发现法哈牛油田。

1975年

3月14日　热24井在沙三段粗面岩中试油，酸化后日产油42.24t，首次在辽河坳陷火成岩中获得高产油气流。

4月1日　杜4井获百吨级以上高产油流，发现欢喜岭超亿吨级大油田。

4月3日　杜7井获百吨级以上高产油流，发现曙光超亿吨级大油田。

9月21日　高1井获高产油气流，发现高升亿吨级油田。

1979年

2月14日　曙古1井酸化后获日产油525.6t的高产油流，发现了曙光古潜山，这是辽河坳陷首次发现中—新元古界石灰岩潜山油藏。

1980年

8月9日　龙10井获得高产油流，发现青龙台油田。

1982年

6月25日　双91井试油获百吨以上高产油气流，发现了双南油田。

1984年

1月5日　静3井试油，获日产油222.3t的高产油流，首次在大民屯凹陷发现中上元古界高产油藏，拉开了勘探静北石灰岩潜山油藏的序幕。

1月10日　安36井获日产油12.62t的工业油流，发现边台油田。

7月11日　胜10井试油，获日产油1306t、天然气$7\times10^4m^3$的高产油气流，成为辽河坳陷第一口太古宇潜山千吨井。

8月23日　安74井试油，获日产油2508t、天然气$5.8\times10^4m^3$的高产油气流，成为辽河坳陷第一口中—新元古界潜山双千吨井。

1985年

5月17日　茨22井获工业油气流，发现茨榆坨油田。

1987年

9月9日　张1井试油获工业油流，发现牛心坨油田。

1988年

1月20日　洼16井试油获百吨以上高产油气流，发现大洼油田。

1990年

10月20日　陆西凹陷包1井试油获日产油21.54t的高产油流，发现科尔沁油田。

1991年

7月8日　辽河滩海地区钻探的LH13–1–1井获工业油气流，发现太阳岛油田。

1992年

3月7日　陆东凹陷交2井获工业油流，发现交力格油田。

8月26日　辽河滩海地区钻探的LH4–1–1井获高产油气流，发现笔架岭油田。

9月27日　辽河滩海地区钻探的LH18–1–1井获高产油气流，发现葵花岛油田。

1994年

5月18日　开13井获工业油流，发现新开油田。

9月14日　陆东凹陷广2井获工业油流，发现广发油田。

11月8日　陆东凹陷廖1井获工业油流，发现前河油田。

1995年

4月15日　曙103井在中—新元古界试油获日产油184t、气10659m^3的高产油气流，突破低潜山（潜山埋深大于3000m）无油的思想禁锢，拓宽了辽河坳陷潜山的勘探领域。

1996年

9月9日　月东1井，10月10日海南1井先后获工业油气流，发现月海油田。

1997年

1月28日　龙湾筒凹陷汉1井试油，获日产油33.12t的高产油流，成为外围盆地第二口高产自喷井。

5月25日　欧26井在火山岩中获百吨以上高产油气流，展示了火成岩广阔的勘探前景。该成果获中国石油天然气集团公司1998年度油气勘探重大发现奖。

1999年

11月27日　小22井在火山岩中获得高产油气流，发现了以火山岩为目的层的黄沙坨油气田，东部凹陷中段火山岩勘探又获重大发现。该成果获中国石油天然气集团公司2000年度油气勘探重大发现奖。

2001年

1月26日　沈625井中途测试，在中上元古界潜山获得300t以上高产油流，发现安福屯低潜山。

5月24日　沈628井中途测试，在太古宇潜山获得百吨以上高产油流，发现东胜堡低潜山。

12月16日　沈225井在沙四段获得工业油气流，打开了大民屯凹陷沙四段岩性油气藏勘探的新局面。该成果获中国石油天然气集团公司2001年度油气勘探重大发现奖。

2002年

6月2日　雷64井试油获百吨以上高产油气流。该成果获中国石油天然气集团公司2002年度油气勘探重大发现奖。

2003年

11月19日　大湾斜坡带的铁17井获得高产油流，标志着辽河坳陷岩性油气藏勘探步入实质性勘探阶段。

12月4日　马古1井在兴隆台低潜山获得高产油气流。

12月22日　大民屯凹陷沈262井在元古宇获得百吨以上高产油气流，发现了平安堡低潜山。

2004年

4月23日　大民屯凹陷沈266井在太古宇潜山3683.1～3728.1m试油，日产油18.02t，将大民屯凹陷潜山油水界限下推700m以上。

10月17日　辽河滩海太阳岛太阳10井在东营组获得$10\times10^4m^3$以上高产气流。

11月11日　葵花19井获得$10\times10^4m^3$以上高产气流，辽河滩海天然气勘探成果不断扩大。

2005年

3月16日　元宝山凹陷的宝1井获得高产气流。

10月30日　葵东1井试油4层均获得百吨以上高产油气流，发现葵东含油气构造带。

11月9日　奈曼凹陷的奈1井获得工业油流，发现奈曼油田。

11月　辽河油田岩性油气藏勘探获中国石油天然气股份有限公司油气勘探重大发现一等奖。

2006年

1月5日　兴古7井揭露潜山1640m，在太古宇试油3层，均获得工业油气流，发现潜山内幕油气藏，拉开了潜山内幕油气勘探的序幕。

7月11日　葵东101井在东营组获日产150t以上的高产油流。

8月11日　葵东103井也获百吨以上高产油气流。

11月　辽河滩海葵东构造带油气藏勘探获中国石油天然气股份有限公司油气勘探重大发现一等奖。

2007年

9月15日　张强凹陷强1井在沙海组试油获工业油流，发现科尔康油田。

11月　大民屯凹陷潜山勘探获中国石油天然气股份有限公司油气勘探重大发现二等奖。

2008 年

1 月 19 日　东部凹陷红 22 井在沙三段 3760.0～3808.0m 火山岩中试油，6mm 油嘴求产，日产油 50.18t、气 46893m^3，东部凹陷出油下限深度突破 3800m。

8 月 26 日　中央凸起潜山实施的风险探井赵古 1 井，揭露太古宇潜山厚度 1169m，在太古宇试油获日产油 27.48t、气 2549m^3 的工业油气流，实现了中央凸起内幕勘探的重大突破。

11 月　兴隆台潜山勘探获中国石油天然气股份有限公司油气勘探重大发现一等奖，中央凸起风险勘探获中国石油天然气股份有限公司重大发现二等奖。

2009 年

5 月 19 日　兴隆台潜山实施的马古 6 井在中生界试油获高产工业油气流。

7 月 7 日　兴隆台潜山陈古 3 井在 4716.8～4772.0m 井段试油获工业油流，将太古宇潜山出油底界扩展到 4700m。

9 月 16 日　盖南 1 井在东营组试油获日产油 45.6m^3，日产气 235424m^3 的高产工业油气流。东部滩海油气勘探获中国石油天然气股份有限公司 2009 年度油气勘探重大发现一等奖。

2010 年

5 月 20 日　大民屯凹陷沈 311 井在太古宇试油获日产油 119.5t 的高产工业油流，证实了基岩负向构造能够成藏。

9 月 12 日　马古 12 井在太古宇试油获日产 121.5t，日产气 14000m^3 的高产工业油气流。

12 月　大民屯凹陷太古宇潜山勘探获中国石油天然气股份有限公司油气勘探重大发现一等奖。

2011 年

4 月 23 日　西部凹陷实施的曙古 165 井在沙三段泥岩段 2704.0～2748.7m 井段试油获工业油流。

11 月　大民屯凹陷太古宇潜山勘探获中国石油天然气股份有限公司油气勘探重大发现一等奖。

2012 年

8 月 25 日　茨榆坨潜山实施的茨 110 井，在太古宇试油获日产 22.0m^3 的工业油流。

8 月 21 日　于 68 井在沙三段 3315.5～3351.2m 井段的辉绿岩及凝灰质砂岩中试油获日产油 55.66m^3 的高产油气流，成为东部凹陷首口辉绿岩中获工业油气流探井。

11 月 2 日　陆家堡凹陷庙 31 井在九佛堂组试油获日产 127m^3、气 848m^3 的高产油气流，成为辽河外围盆地自勘探以来第一口日产百吨工业油气流井。

11 月　茨榆坨潜山勘探获中国石油天然气股份有限公司油气勘探重大发现一等奖。

2013 年

12 月 12 日　曙古 175 井在古生界 3986.57～4000.0m 井段试油获日产 166t 的高产

油流。

2014年

6月3日　红28井在沙三段火山岩井段试油获日产油108m^3，日产气24864m^3的高产油气流。

11月1日　双229井在沙一段试油获日产油52.2m^3、气4592m^3的工业油气流，西部凹陷清水洼陷岩性油气藏勘探成果不断扩大。

11月　雷家地区油气勘探获中国石油天然气股份有限公司重要发现二等奖。

2015年

4月12日　沈354井在大民屯凹陷西部陡坡带沙四段试油获工业油流，标志着大民屯凹陷砂砾岩油藏勘探的突破。

11月　大民屯凹陷西部陡坡带油气勘探获中国石油天然气股份有限公司重要成果二等奖；东部凹陷牛居地区油气勘探获中国石油天然气股份有限公司重要成果二等奖。

2016年

1月24日　沈平1井在沙四段试油获工业油流，实现了大民屯凹陷页岩油勘探新突破。

11月13日　牛101井在沙一段试油获日产百吨的高产油流，证明老区精细勘探大有可为。

11月　大洼—海外河地区油气勘探获中国石油天然气股份有限公司勘探重要发现一等奖。

2017年

11月23日　驾34井在4665.0～4710.0m井段粗面岩中试油，获日产油43.83m^3、日产气7929m^3的高产油气流，东部凹陷出油底界再创新纪录。

11月　东部凹陷红星火山岩勘探获中国石油天然气股份有限公司油气勘探重大发现二等奖；牛居中浅层勘探获中国石油天然气股份有限公司油气勘探重大发现二等奖。

2018年

7月26日　河平1井在1851～2778m水平段试油，压后日产油15.8m^3，产量稳定，实现了对外围低渗透储层提产的目的。陆家堡凹陷石油勘探项目获中国石油天然气集团有限公司勘探重大发现三等奖。

8月30日　永3井在沙三段1927.8～1986.6m井段试油获日产气88356m^3高产气流，打开了东部凹陷头台子地区油气勘探的新局面。

11月　兴隆台构造带中生界石油勘探项目获中国石油天然气集团有限公司勘探重大发现二等奖。

《中国石油地质志》

（第二版）

编辑出版组

总 策 划：周家尧

组　　长：章卫兵

副 组 长：庞奇伟　马新福　李　中

责任编辑：孙　宇　林庆咸　冉毅凤　孙　娟　方代煊
王金凤　金平阳　何　莉　崔淑红　刘俊妍
别涵宇　邹杨格　潘玉全　张　贺　张　倩
王　瑞　王长会　沈瞳瞳　常泽军　何丽萍
申公昱　李熹蓉　吴英敏　张旭东　白云雪
陈益卉　张新冉　王　凯　邢　蕊　陈　莹

特邀编辑：马　纪　谭忠心　马金华　郭建强　鲜德清
王焕弟　李　欣